U0280971

CHINA
RIVER AND LAKE
YEARBOOK

中国河湖年鉴

2023

中华人民共和国水利部　主管

水利部河湖管理司
水利部河湖保护中心　组编

中国水利水电出版社
www.waterpub.com.cn
·北京·

《中国河湖年鉴》在中国出版协会年鉴工作委员会主办的2024年全国年鉴编纂出版质量检查推优活动中，获评“优秀年鉴”。

图书在版编目（CIP）数据

中国河湖年鉴. 2023 / 水利部河湖管理司, 水利部河湖保护中心组编. -- 北京 : 中国水利水电出版社, 2024.5
ISBN 978-7-5226-2386-3

Ⅰ. ①中… Ⅱ. ①水… ②水… Ⅲ. ①河流—中国—2023—年鉴②湖泊—中国—2023—年鉴 Ⅳ. ①K928.4-54

中国国家版本馆CIP数据核字(2024)第077721号

审图号：GS京（2024）0472号

书　　名	**中国河湖年鉴 2023** ZHONGGUO HE-HU NIANJIAN 2023
作　　者	水利部河湖管理司 水利部河湖保护中心　组编
出版发行	中国水利水电出版社 （北京市海淀区玉渊潭南路1号D座　100038） 网址：www.waterpub.com.cn E-mail：sales@mwr.gov.cn 电话：（010）68545888（营销中心）
经　　售	北京科水图书销售有限公司 电话：（010）68545874、63202643 全国各地新华书店和相关出版物销售网点
排　　版	中国水利水电出版社微机排版中心
印　　刷	北京印匠彩色印刷有限公司
规　　格	184mm×260mm　16开本　36印张　1219千字
版　　次	2024年5月第1版　2024年5月第1次印刷
定　　价	**420.00元**

《中国河湖年鉴》编纂委员会

许　兰　海南省水务厅
江　夏　重庆市水利局
郭亨孝　四川省水利厅
周登涛　贵州省水利厅
胡朝碧　云南省水利厅
郑连武　西藏自治区水利厅
和忠华　西藏自治区水利厅
郑维国　陕西省水利厅
牛　军　甘肃省水利厅
刘泽军　青海省水利厅
朱　云　宁夏回族自治区水利厅
张　强　新疆维吾尔自治区水利厅
梅　钰　新疆维吾尔自治区水利厅
孙录勤　新疆生产建设兵团水利局

主　编　陈东明　杨国华

副主编　李春明　刘　江　杨世君　杨元月　叶炜民　吴　健

《中国河湖年鉴》编委会办公室

主　任　杨国华
副主任　李春明　叶炜民　马爱梅
成　员　吴海兵　胡忙全　杨　思　胡　玮　张　攀　谢智龙　冯晓波　岳松涛
戴向前　李　亮　孟祥龙　宋　康　付　健　徐之青　陈　岩　朱　锐
李晓璐　宋海波　常　跃　刘　卓　王若明

《中国河湖年鉴》特约编辑

卞俊杰　水利部长江水利委员会
张　超　水利部黄河水利委员会
付　强　水利部淮河水利委员会
黄垣森　水利部海河水利委员会
韩亚鑫　水利部珠江水利委员会
蔡永坤　水利部松辽水利委员会
李昊洋　水利部太湖流域管理局
沈亚南　水利部办公厅
张光锦　水利部规划计划司
刘　洁　水利部政策法规司
陈艺伟　水利部财务司
喜　洋　水利部人事司
郝　震　水利部水资源管理司
程帅龙　全国节约用水办公室
赵建波　水利部水利工程建设司
曲　璐　水利部运行管理司
魏雪艳　水利部河湖管理司
祁　飞　水利部河湖管理司
谢雨轩　水利部水土保持司
侯开云　水利部农村水利水电司
蓝希龙　水利部水库移民司
李　哲　水利部监督司
闫淑春　水利部水旱灾害防御司
陆鹏程　水利部水文司
李小龙　水利部三峡工程管理司
杨乐乐　水利部南水北调工程管理司
王文元　水利部调水管理司
蒋雨彤　水利部国际合作与科技司
林辛锴　水利部直属机关党委（党组巡视办）
董　青　水利部综合事业局
付　静　水利部信息中心
康立芸　水利部水利水电规划设计总院
张佳丽　水利部宣传教育中心
陈　健　水利部发展研究中心
王　玉　水利部河湖保护中心
徐　伟　水利部河湖保护中心
王　旭　水利部河湖保护中心
汤　博　北京市水务局
刘丽敬　天津市水务局
张永胜　河北省水利厅
张秀福　山西省水利厅
李美艳　内蒙古自治区水利厅

《中国河湖年鉴》编辑部

主　　任　王若明
副 主 任　李　康

责任编辑　王若明　李　康　耿　迪
文字编辑　耿　迪
装帧设计　芦　博　李　菲　龚　煜
文字排版　吴建军　郭会东　孙　静
责任校对　梁晓静　张伟娜
出版印制　崔志强　焦　岩

编辑说明

一、《中国河湖年鉴》（以下简称《年鉴》）是由水利部主管，水利部河湖管理司、水利部河湖保护中心组编的专业年鉴，是集中反映河湖管理与保护过程中大事要事的资料性工具书。

二、《年鉴 2021》为首卷，随后逐年编纂。《年鉴 2023》为第 3 卷，包括 13 个类目：自然概况、综述、重要论述、重要活动和署名文章、政策文件、专项行动、数说河湖、典型案例、流域河湖管理保护、地方管理保护、大事记、附录、索引。为了更直观地展示各地在河湖治理过程中的示范做法和显著成效，在《年鉴 2023》的典型案例中增设了与内容相匹配的图片。

三、《年鉴》所载内容实行文责自负。文稿的技术内容、文字、数据、保密等问题均经撰稿人所在单位审定。

四、《年鉴》中的数字、计量单位、标点符号等按国家规定执行，技术术语、专业名词等力求符合行业规范要求。

五、《年鉴》中的中央国家机关和国务院机构名称、水利部机关各司（局）和直属单位可使用约定俗成的简称。

六、《年鉴》统计资料除有特别说明外，均未包括香港特别行政区、澳门特别行政区和台湾省的数据和内容。

EDITOR'S NOTES

1. The *China River and Lake Yearbook* (hereinafter referred to as the *Yearbook*) is a professional yearbook compiled by the Department of River and Lake Management and the River and Lake Protection Center under the supervision of the Ministry of Water Resources. It records important information and issues in the process of river and lake management and protection.

2. The 1st *Yearbook* was published in 2021. In 2023, the *Yearbook* has 13 Columns, including Natural Conditions, Overview, Important Discourse, Important Events and Signed Article, Government documents, Special Actions, Information about Rivers and Lakes in Digital Edition, Typical Cases, Management and Protection of Rivers and Lakes in River Basins, Management and Protection of Regional Rivers and Lakes, Major Events, Appendix, Index. In order to make the *Yearbook* more readable and impressive especially for the practical experiences and remarkable outcomes of various regions in the process of river and lake management, selected pictures were used a lot in the Typical Cases in the *Yearbook 2023*.

3. The authors of the *Yearbook* are responsible for related contents. The technical content, text, data, confidentiality and other issues of the manuscript shall be reviewed and approved by those organizations the authors work for.

4. In the *Yearbook*, the use of numbers, measurement units, punctuation marks, etc. follows national regulations; technical terms, professional terms, etc. shall strive to meet the requirements of industry norms.

5. In the *Yearbook*, the ministries (departments) of the state organs, the departments (bureaus) and institutions of the Ministry of Water Resources are referred to in abbreviations, as prescribed by conventions.

6. The statistics in the *Yearbook* does not cover the Hong Kong Special Administrative Region, the Macao Special Administrative Region and Taiwan Province unless indicated.

目录

一、自然概况

二、综述

三、重要论述

四、重要活动和署名文章

五、政策文件

六、专项行动

七、数说河湖

八、典型案例

九、流域河湖管理保护

十、地方河湖管理保护

十一、大事记

十二、附录

十三、索引

Contents

1. Natural Conditions

2. Overview

3. Important Discourse

4. Important Events and Signed Article

5. Government Documents

6. Special Actions

7. Information About Rivers and Lakes in Digital Edition

8. Typical Cases

9. Management and Protection of Rivers and Lakes in River Basins

10. Management and Protection of Regional Rivers and Lakes

11. Major Events

12. Appendix

13. Index

一、自然概况

Natural Conditions

中国河流基本情况

【河流概况】 河流是陆地表面汇集、宣泄水流的通道，是溪、川、江、河等的总称。中国江河众多，流域面积在 $50km^2$ 以上的河流有 45 203 条，总长度约为 150.85 万 km；流域面积在 $100km^2$ 以上的河流有 22 909 条，总长度约为 111.46 万 km；流域面积在 $1\ 000km^2$ 以上的河流有 2 221 条，总长度约为 38.66 万 km；流域面积超过 $10\ 000km^2$ 的河流有 228 条，总长度约为 13.26 万 km。

【按行政区统计】 (1) 各省（自治区、直辖市）流域面积 $50km^2$ 及以上河流数量和密度分布见表 1。

表 1 按行政区划分的流域面积 $50km^2$ 及以上河流数量和密度分布

序号	省级行政区	河流数量/条	河流密度/(条/万 km^2)
合计		46 796	48
1	北京	127	77
2	天津	192	163
3	河北	1 386	74
4	山西	902	58
5	内蒙古	4 087	36
6	辽宁	845	57
7	吉林	912	48
8	黑龙江	2 881	61
9	上海	133	163
10	江苏	1 495	143
11	浙江	865	82
12	安徽	901	65
13	福建	740	60
14	江西	967	58
15	山东	1 049	66
16	河南	1 030	63
17	湖北	1 232	66
18	湖南	1 301	62
19	广东	1 211	68
20	广西	1 350	57
21	海南	197	57
22	重庆	510	62
23	四川	2 816	58
24	贵州	1 059	60
25	云南	2 095	55
26	西藏	6 418	53
27	陕西	1 097	54
28	甘肃	1 590	38
29	青海	3 518	51
30	宁夏	406	79
31	新疆	3 484	21

注 31 个省（自治区、直辖市）流域面积 $50km^2$ 及以上河流的总数为 46 796 条，大于全国同标准流域面积河流总数（45 203 条），这是因为同一河流流经不同行政区域（省、自治区、直辖市）时重复统计的结果。

(2) 各省（自治区、直辖市）流域面积 $100km^2$ 及以上河流数量和密度分布见表 2。

表 2 按行政区划分的流域面积 $100km^2$ 及以上河流数量和密度分布

序号	省级行政区	河流数量/条	河流密度/(条/万 km^2)
合计		24 117	24
1	北京	71	43
2	天津	40	34
3	河北	550	29
4	山西	451	29
5	内蒙古	2 408	21
6	辽宁	459	31
7	吉林	497	26
8	黑龙江	1 303	28
9	上海	19	23
10	江苏	714	68
11	浙江	490	46
12	安徽	481	34
13	福建	389	31

续表

序号	省级行政区	河流数量/条	河流密度/(条/万 km^2)
14	江西	490	29
15	山东	553	35
16	河南	560	34
17	湖北	623	34
18	湖南	660	31
19	广东	614	34
20	广西	678	29
21	海南	95	28
22	重庆	274	33
23	四川	1 396	29
24	贵州	547	31
25	云南	1 002	26
26	西藏	3 361	28
27	陕西	601	29
28	甘肃	841	20
29	青海	1 791	26
30	宁夏	165	32
31	新疆	1 994	12

【按一级流域（区域）统计】 （1）按一级流域（区域）划分的流域面积 50km^2 及以上河流数量和密度分布见表3。

表3　按一级流域（区域）划分的流域面积50km^2及以上河流数量和密度分布

序号	一级流域（区域）	河流数量/条	河流密度/(条/万 km^2)
全国		45 203	48
1	黑龙江	5 110	55
2	辽河	1 457	46
3	海河	2 214	70
4	黄河	4 157	51
5	淮河	2 483	75
6	长江	10 741	60
7	浙闽诸河	1 301	63
8	珠江	3 345	58
9	西南西北外流诸河	5 150	54
10	内流诸河	9 245	29

（2）按一级流域（区域）划分的流域面积100km^2 及以上河流数量和密度分布见表4。

表4　按一级流域（区域）划分的流域面积100km^2及以上河流数量和密度分布

序号	一级流域（区域）	河流数量/条	河流密度/(条/万 km^2)
全国		22 909	24
1	黑龙江	2 428	26
2	辽河	791	25
3	海河	892	28
4	黄河	2 061	25
5	淮河	1 266	38
6	长江	5 276	29
7	浙闽诸河	694	34
8	珠江	1 685	29
9	西南西北外流诸河	2 467	25
10	内流诸河	5 349	17

（3）按一级流域（区域）划分的流域面积1 000km^2 及以上河流数量和密度分布见表5。

表5　按一级流域（区域）划分的流域面积1 000km^2及以上河流数量和密度分布

序号	一级流域（区域）	河流数量/条	河流密度/(条/万 km^2)
全国		2 221	2.3
1	黑龙江	224	2.4
2	辽河	87	2.8
3	海河	59	1.9
4	黄河	199	2.4
5	淮河	86	2.6
6	长江	464	2.6

续表

序号	一级流域（区域）	河流数量/条	河流密度/(条/万 km^2)
7	浙闽诸河	53	2.6
8	珠江	169	2.9
9	西南西北外流诸河	267	2.8
10	内流诸河	613	1.9

（4）按一级流域（区域）划分的流域面积 10 000km^2 及以上河流数量和密度分布见表 6。

表 6　按一级流域（区域）划分的流域面积 10 000km^2 及以上河流数量和密度分布

序号	一级流域（区域）	河流数量/条	河流密度/(条/万 km^2)
全　国		228	0.24
1	黑龙江	36	0.39
2	辽河	13	0.41
3	海河	8	0.25
4	黄河	17	0.21
5	淮河	7	0.21
6	长江	45	0.25
7	浙闽诸河	7	0.34
8	珠江	12	0.21
9	西南西北外流诸河	30	0.31
10	内流诸河	53	0.16

【十大河流】　（1）中国十大河流基本情况见表 7。

表 7　中国十大河流基本情况

序号	河流名称	河流长度/km	流域面积/km^2	2022 年水面面积/km^2	流经省（自治区、直辖市）	多年平均年径流深/mm
1	长江	6 296	1 796 000	6 163	青海，西藏，四川，云南，重庆，湖北，湖南，江西，安徽，江苏，上海	551.1
2	黑龙江	1 905	888 711	1 695	黑龙江	142.6
3	黄河	5 687	813 122	3 704	青海，四川，甘肃，宁夏，内蒙古，陕西，山西，河南，山东	74.7
4	珠江（流域）	2 320	452 000	1 070	云南，贵州，广西，广东，湖南，江西	—
5	塔里木河	2 727	365 902	285	新疆	72.2
6	海河（流域）	73（干流）	320 600	222	天津，北京，河北，山西，山东，河南，内蒙古，辽宁	—
7	雅鲁藏布江	2 296	345 953	744	西藏	951.6
8	辽河	1 383	191 946	279	内蒙古，河北，吉林，辽宁	45.2
9	淮河	1 018	190 982	385	河南，湖北，安徽，江苏	236.9
10	澜沧江	2 194	164 778	527	青海，西藏，云南	445.6

注　水面面积（不含滩地）通过遥感影像解译获取。

（陈德清　王旭　张志远　查晨峰）

（2）中国十大河流 2022 年水质见表 8。

表 8　中国十大河流 2022 年水质

序号	河流名称	优良水质（Ⅰ～Ⅲ类）断面比例/%
1	长江	100.0
2	黑龙江	0
3	黄河	100.0
4	珠江（流域）	95.2
5	塔里木河	100.0
6	海河（流域）	66.7
7	雅鲁藏布江	100.0

续表

序号	所在水体	优良水质（Ⅰ～Ⅲ）断面比例/%
8	辽河	50.0
9	淮河	100.0
10	澜沧江	100.0

（生态环境部）

中国湖泊基本情况

【湖泊概况】　湖泊是陆地上洼地积水形成的水体，是湖盆和湖水及其所含物质的自然综合体。中国湖泊众多，常年水面面积 1km² 及以上湖泊数量为 2 865 个，总面积约为 78 007.1km²。

【按行政区统计】　（1）各省（自治区、直辖市）常年水面面积 1km² 及以上湖泊数量见表 1。

表 1　各省（自治区、直辖市）常年水面面积 1km² 及以上湖泊数量

序号	省级行政区	湖泊数量/个
合　计		2 905
1	北京	1
2	天津	1
3	河北	23
4	山西	6
5	内蒙古	428
6	辽宁	2
7	吉林	152
8	黑龙江	253
9	上海	14
10	江苏	99
11	浙江	57
12	安徽	128
13	福建	1
14	江西	86
15	山东	8
16	河南	6
17	湖北	224
18	湖南	156
19	广东	7
20	广西	1
21	海南	0
22	重庆	0
23	四川	29
24	贵州	1
25	云南	29
26	西藏	808
27	陕西	5
28	甘肃	7
29	青海	242
30	宁夏	15
31	新疆	116

注　31 个省（自治区、直辖市）湖泊数量合计值为 2 905 个，全国常年水面面积 1km² 及以上湖泊总数 2 865 个，这是因为重复统计了 40 个跨省（自治区、直辖市）界湖泊数量。

（2）各省（自治区、直辖市）常年水面面积 1km² 及以上湖泊水面面积见表 2。

表 2　各省（自治区、直辖市）常年水面面积 1km² 及以上湖泊水面面积

序号	省级行政区	湖泊数量/个	行政区内水面面积/km²
全　国		2 865	78 007.1
1	北京	1	1.3
2	天津	1	5.1
3	河北	23	364.8
4	山西	6	80.7
5	内蒙古	428	3 915.8
6	辽宁	2	44.7
7	吉林	152	1 055.2
8	黑龙江	253	3 036.9

续表

序号	省级行政区	湖泊数量/个	行政区内水面面积/km²
9	上海	14	68.1
10	江苏	99	5 887.3
11	浙江	57	99.2
12	安徽	128	3 505.0
13	福建	1	1.5
14	江西	86	3 802.3
15	山东	8	1 051.7
16	河南	6	17.2
17	湖北	224	2 569.2
18	湖南	156	3 370.7
19	广东	7	18.7
20	广西	1	1.1
21	海南	0	0.0
22	重庆	0	0.0
23	四川	29	114.5
24	贵州	1	22.9
25	云南	29	1 115.9
26	西藏	808	28 868.0
27	陕西	5	41.1
28	甘肃	7	100.6
29	青海	242	12 826.5
30	宁夏	15	101.3
31	新疆	116	5 919.8

【按一级流域（区域）统计】（1）一级流域（区域）常年水面面积 1km² 及以上湖泊数量和密度分布见表 3。

表 3 一级流域（区域）常年水面面积 1km² 及以上湖泊数量和密度分布

序号	流域（区域）	湖泊数量/个	湖泊密度/(个/万 km²)
全 国		2 865	3.0
1	黑龙江	496	5.4
2	辽河	58	1.8
3	海河	9	0.3
4	黄河	144	1.8
5	淮河	68	2.1
6	长江	805	4.5
7	浙闽诸河	9	0.4
8	珠江	18	0.3
9	西南西北外流诸河	206	2.1
10	内流诸河	1 052	3.3

（2）一级流域（区域）不同标准水面面积湖泊数量分布见表 4。

表 4 一级流域（区域）不同标准水面面积湖泊数量分布 单位：个

序号	流域（区域）	水面面积 10km² 及以上湖泊数量	水面面积 100km² 及以上湖泊数量	水面面积 500km² 及以上湖泊数量	水面面积 1 000km² 及以上湖泊数量
全 国		696	129	24	10
1	黑龙江	68	7	2	2
2	辽河	1	0	0	0
3	海河	3	1	0	0
4	黄河	23	3	2	0
5	淮河	27	8	3	2
6	长江	142	21	4	3
7	浙闽诸河	0	0	0	0
8	珠江	7	1	0	0
9	西南西北外流诸河	33	8	2	0
10	内流诸河	392	80	11	3

（3）一级流域（区域）常年水面面积 1km² 及以上湖泊水面面积见表 5。

表 5 一级流域（区域）常年水面面积 1km² 及以上湖泊水面面积

序号	流域（区域）	湖泊数量/个	区域内水面面积/km²
全 国		2 865	78 007.1
1	黑龙江	496	6 319.4
2	辽河	58	171.7
3	海河	9	277.7

续表

序号	流域（区域）	湖泊数量/个	区域内水面面积/km²
4	黄河	144	2 082.3
5	淮河	68	4 913.7
6	长江	805	17 615.7
7	浙闽诸河	9	19.5
8	珠江	18	407.0
9	西南西北外流诸河	206	4 362.0
10	内流诸河	1 052	41 838.1

【十大湖泊】 （1）中国十大湖泊详情见表6。

表6 中国十大湖泊详情

序号	湖泊名称	水利普查水面面积/km²	2022年水面面积/km²	省级行政区域	平均水深/m
1	青海湖	4 233	4 530	青海	18.4
2	鄱阳湖	2 978	3 275	江西	8.94
3	洞庭湖	2 579	1 819	湖南	—
4	太湖	2 341	2 380	浙江、江苏	2.06
5	色林错	2 209	2 333	西藏	—
6	纳木错	2 018	2 035	西藏	54
7	呼伦湖	1 847	2 186	内蒙古	—
8	洪泽湖	1 525	1 406	江苏	3.5
9	南四湖	1 003	890	山东	1.44
10	博斯腾湖	986	1 100	新疆	—

注 水面面积通过2022年1—12月遥感影像解译获取的最大水体面积。

（崔倩　曹引　杨燈）

（2）中国十大湖泊2022年水质见表7。

表7 中国十大湖泊2022年水质

序号	湖泊名称	优良水质（Ⅰ～Ⅲ类）断面比例/%
1	洞庭湖	45.5
2	鄱阳湖	22.2
3	呼伦湖	0
4	太湖	17.6
5	南四湖	100.0
6	洪泽湖	0
7	博斯腾湖	37.5
8	纳木错	0
9	色林错	0
10	青海湖	0

（生态环境部）

二、综述

Overview

2022年河湖长制工作综述

保护江河湖泊，事关人民群众福祉，事关中华民族长远发展。河湖长制是习近平总书记亲自谋划、亲自部署、亲自推动的重大制度创新。党中央、国务院高度重视河湖长制与河湖治理保护工作，中央全面深化改革委员会第二十五次会议将河湖长制纳入领导干部资源环境相关决策和监管履职情况评价标准。

2022年是党的二十大胜利召开之年，在党中央、国务院的坚强领导下，在全面推行河湖长制工作部际联席会议的统筹协调下，水利部与有关部门、地方共同努力，河湖长制工作进展顺利，成效明显。

一、强化河湖长制制度体系建设，河湖管护体制机制法治不断完善

按照党中央、国务院决策部署，水利部会同各地方、各部门坚持多措并举，狠抓落实，扎实推进强化河湖长制工作，不断提升河湖治理体系和治理能力现代化水平。

一是河湖长制组织体系不断健全。全国31个省（自治区、直辖市）党委政府主要负责同志担任省级总河长，30万名省、市、县、乡级河湖长全年巡查河湖663万人次，主动破解河湖管理保护难题。南水北调工程建立健全河湖长制，东中线干线沿线明确1 150名省、市、县、乡级河湖长，切实维护南水北调工程安全、供水安全、水质安全。各地建立健全河湖长动态调整机制，确保不因领导干部调整而出现河湖长责任“真空”。

二是河湖长制法治建设不断增强。水利部与最高人民检察院印发《关于建立健全水行政执法与检察公益诉讼协作机制的意见》（高检发办字〔2022〕69号），建立健全水行政执法与检察公益诉讼协作机制，推进水利领域检察公益诉讼工作，充分发挥检察公益诉讼的监督、支持和法治保障作用。水利部与公安部印发《关于加强河湖安全保护工作的意见》（水政法〔2022〕362号），强化水利部门和公安机关的协作配合，健全水行政执法与刑事司法衔接工作机制，保障河湖安全。水利部印发《关于加强河湖水域岸线空间管控的指导意见》（水河湖〔2022〕216号），明确河湖水域岸线空间管控边界、严格河湖水域岸线用途管制、规范处置涉水违建问题、推进河湖水域岸线生态修复、提升河湖水域岸线监管能力。废止《水利部　国土资源部　交通运输部关于进一步加强河道采砂管理工作的通知》（水建管〔2015〕310号），理顺河道采砂管理。

三是河湖长制工作机制不断完善。七大流域全部建立省级河湖长联席会议机制，分别召开省级河湖长联席会议，流域管理机构充分发挥省级河湖长联席会议办公室作用，深化与省级河长办协作机制，从河湖整体性和流域系统性出发，强化流域统一规划、统一治理、统一调度、统一管理。贵州、云南、新疆等地建立健全跨界河湖联防联控联治机制；内蒙古、辽宁、福建等20余个省份建立健全“河湖长＋警长”“河湖长＋检察长”协作机制，推进水行政执法与刑事司法、公益诉讼有效衔接。

四是河湖长考核奖惩不断深化。在组织开展实行最严格水资源管理制度考核中，对全国155个县级行政区域、876个河段（湖片）河湖长制落实情况进行现场查看，发现问题462个，督促地方整改。查实整改110个12314群众监督举报问题。落实国务院河湖长制督查激励措施，对河湖长制工作真抓实干成效明显的15个省份（7市8县）予以激励。2022年，各地问责履职不力的河湖长及有关责任人5 297人次。

五是宣传培训不断强化。中央组织部委托水利部举办河湖长制网上专题班，在全国调训5 000名市县级河湖长。举办西藏河湖管护培训班。联合全国总工会、全国妇联组织开展第二届“寻找最美河湖卫士”活动，开展“寻找最美家乡河”“守护幸福河湖”等活动，发布国家水利风景区典型案例、年度河湖长制典型案例、长江河道非法采砂典型案例，编印河长制湖长制工作简报。

六是爱河护河氛围不断浓厚。各地方采取电视问政、有奖举报等方式，开展丰富多彩的宣传活动，引导公众关爱河湖，参与河湖管理保护工作。北京、宁夏等省份开展“优美河湖在身边”“争当‘河小青’”等行动，广东护河志愿者注册人数近100万人，山东“碧水积分”注册用户超170万人，浙江公众“绿水币”使用人数突破360万人，爱河护河氛围日益浓厚。

二、强化水域岸线空间管控，河湖管理保护成效不断提升

坚持山水林田湖草沙综合治理、系统治理、源头治理，着力解决河湖突出问题，加大水域岸线保

护力度，规范采砂管理，不断提升江河湖泊保护治理能力，实现人水和谐共生。

一是深入推进河湖“清四乱”常态化规范化。水利部以长江、黄河等河湖为重点，挂牌督办黄河韩城龙门段侵占河道、长江镇江段违建、辽宁绕阳河溃口、西江干流梧州段违法网箱养殖等重大问题。组织开展全国妨碍河道行洪突出问题排查整治，共清理整治1.24万个问题。开展丹江口“守好一库碧水”、南水北调中线交叉河道突出问题专项整治，完成918个丹江口水库库区侵占水域岸线问题、62个南水北调中线交叉河道突出问题清理整治。保障京杭大运河全线通水，组织沿线省份清理整治补水河道障碍137处；配合永定河全线通水，组织排查整治56个碍洪问题。以流域为单元推进中小河流治理，完成整河治理108条。持续推动小水电绿色发展，长江经济带小水电清理整改全面完成，4.1万座小水电站基本落实生态流量。

二是不断强化河道采砂规范化管理。水利部推进应用河道采砂许可电子证照。2 753个采砂管理重点河段、敏感水域全部落实并公告河长、主管部门、现场监管、行政执法四个责任人。按照长江保护法要求，首次公布长江干流云南段采砂管理五个责任人。水利部、公安部、交通运输部持续深化长江河道采砂管理合作机制。长江、黄河、淮河等大江大河省际联合监管机制全面建立。湖北、湖南等10多个省份推行河道砂石集约化规模化统一开采，采砂管理进一步规范有序。组织开展全国河道非法采砂专项整治行动，累计查处非法采砂行为 5 839起，罚款 12 843万元，查扣非法采砂船舶488艘，挖掘机具 1 334台，拆解“三无” “隐形”采砂船693艘；移交公安机关案件179件，其中涉黑涉恶线索26条；追责问责相关责任人145人，形成有力震慑，规模性非法采砂行为得到有效遏制。

三是持续加强水资源节约管理。水利部建立“十四五”用水总量和强度双控指标体系，严格用水定额和计划管理，严格节水评价，核减取用水量22亿m^3。推进黄河流域深度节水控水，黄河流域和京津冀地区年用水量1万m^3及以上工业和服务业单位实现计划用水管理全覆盖。累计批复77条跨省江河、351条跨地市江河水量分配方案，确定17个省份地下水管控指标。实施取用水管理专项整治行动“回头看”，整治近100万个取水口违规取用水问题。42条跨省江河实施水资源统一调度。加快取用水监测计量体系建设，5万亩❶以上大中型灌区渠首取水实现在线计量。2022年全国万元国内生产总值（当年价）用水量为49.6m^3，比2021年下降1.6个百分点。

四是持续复苏河湖生态环境。水利部确定全国171条跨省河湖、415条省内重点河湖生态流量目标，强化河湖生态流量（水位）管理。开展京杭大运河全线贯通补水行动，向黄河以北707km河段补水，实现京杭大运河百年来首次全线通水。开展华北河湖生态环境复苏、永定河贯通入海行动，华北地区河湖生态补水范围扩大至7个水系48条河（湖）流，贯通河长 3 264km，华北地区大部分河湖实现了有流动的水、有干净的水，改善了过去“有河皆干、有水皆污”的局面。基本完成85个水美乡村试点县建设，受益村庄 4 778个。水利部新增19个国家水利风景区。据监测数据显示，全国地表水Ⅰ～Ⅲ类优良水质断面比例为87.9%，比2021年上升3.0个百分点。

五是持续提升河湖智慧监管能力。水利部充分利用“全国水利一张图”，推进河湖划界成果、大江大河岸线及采砂规划分区成果、长江干流岸线利用项目成果上图，第一次水利普查名录内河湖遥感影像解译工作全部完成，河湖遥感本底数据库进一步补充完善。

三、探索推进幸福河湖建设，人民群众幸福指数不断提高

按照人与自然和谐共生的理念，立足山水林田湖草沙生命共同体，深化实化流域区域统筹协调，强化顶层设计，扎实推进河湖长制“有名有责”“有能有效”，建设造福人民的幸福河湖，推进河湖治理、民生保障、经济发展，不断提升人民群众的获得感、幸福感、安全感。

一是以项目建设为引领，探索推进幸福河湖建设。2022年，水利部在全国遴选7个省份的6条河流和1个湖泊，以“防洪保安全、优质水资源、健康水生态、宜居水环境、先进水文化”为目标，开展幸福河湖建设项目。

二是以流域为单元，共同推动幸福河湖建设。长江流域省级河湖长联席会议发布了“携手共建幸福长江”倡议书。黄河流域省级河湖长联席会议发布“西宁宣言”，强调共同抓好大保护、协同推进大治理、联手建设幸福河。珠江流域通过省级河湖长联席会议，以机制创新为切入点，以造福人民为出

❶ 1亩≈666.67m^2。

发点，加快建设幸福河湖。海河流域省级河湖长联席会议要求，坚持以人民为中心的发展思想，守护幸福安全河湖。

三是以地方行政区域为主体，加快实施幸福河湖建设。各地将幸福河湖建设作为强化河湖长制的重要着力点，山东、甘肃等地签发总河长令部署全面建设幸福河湖工作，江苏、江西印发建设幸福河湖的指导意见，浙江、安徽、广西、海南等地印发建设方案、导则、评价办法等。各地因地制宜开展 2 500 余条河湖健康评价，滚动编制“一河（湖）一策”，选择 1 000 余条河湖探索建设幸福河湖。

进入新发展阶段，要坚持以习近平新时代中国特色社会主义思想为指导，深入贯彻落实党的二十大精神，积极践行“节水优先、空间均衡、系统治理、两手发力”治水思路和习近平总书记关于治水重要讲话指示批示精神，以满足人民群众获得感、幸福感、安全感为目标，主动作为、团结协作，全面强化河湖长制，建设造福人民的幸福河湖，实现人与自然和谐共生。

（朱锐　王玉）

三、重要论述

Important Discourse

习近平在中共中央政治局第三十六次集体学习时强调

深入分析推进碳达峰碳中和工作面临的形势任务　扎扎实实把党中央决策部署落到实处

中共中央政治局1月24日下午就努力实现碳达峰碳中和目标进行第三十六次集体学习。中共中央总书记习近平在主持学习时强调，实现碳达峰碳中和，是贯彻新发展理念、构建新发展格局、推动高质量发展的内在要求，是党中央统筹国内国际两个大局作出的重大战略决策。我们必须深入分析推进碳达峰碳中和工作面临的形势和任务，充分认识实现“双碳”目标的紧迫性和艰巨性，研究需要做好的重点工作，统一思想和认识，扎扎实实把党中央决策部署落到实处。

这次中央政治局集体学习，由中央政治局同志自学并交流工作体会，刘鹤、李强、李鸿忠、胡春华同志结合分管领域和地方的工作作了发言，大家进行了交流。

习近平在主持学习时发表了重要讲话。他指出，党的十八大以来，党中央贯彻新发展理念，坚定不移走生态优先、绿色低碳发展道路，着力推动经济社会发展全面绿色转型，取得了显著成效。我们建立健全绿色低碳循环发展经济体系，持续推动产业结构和能源结构调整，启动全国碳市场交易，宣布不再新建境外煤电项目，加快构建“双碳”政策体系，积极参与气候变化国际谈判，展现了负责任大国的担当。实现“双碳”目标，不是别人让我们做，而是我们自己必须要做。我国已进入新发展阶段，推进“双碳”工作是破解资源环境约束突出问题、实现可持续发展的迫切需要，是顺应技术进步趋势、推动经济结构转型升级的迫切需要，是满足人民群众日益增长的优美生态环境需求、促进人与自然和谐共生的迫切需要，是主动担当大国责任、推动构建人类命运共同体的迫切需要。我们必须充分认识实现“双碳”目标的重要性，增强推进“双碳”工作的信心。

习近平强调，实现“双碳”目标是一场广泛而深刻的变革，不是轻轻松松就能实现的。我们要提高战略思维能力，把系统观念贯穿“双碳”工作全过程，注重处理好四对关系：一是发展和减排的关系。减排不是减生产力，也不是不排放，而是要走生态优先、绿色低碳发展道路，在经济发展中促进绿色转型、在绿色转型中实现更大发展。要坚持统筹谋划，在降碳的同时确保能源安全、产业链供应链安全、粮食安全，确保群众正常生活。二是整体和局部的关系。既要增强全国一盘棋意识，加强政策措施的衔接协调，确保形成合力；又要充分考虑区域资源分布和产业分工的客观现实，研究确定各地产业结构调整方向和“双碳”行动方案，不搞齐步走、“一刀切”。三是长远目标和短期目标的关系。既要立足当下，一步一个脚印解决具体问题，积小胜为大胜；又要放眼长远，克服急功近利、急于求成的思想，把握好降碳的节奏和力度，实事求是、循序渐进、持续发力。四是政府和市场的关系。要坚持两手发力，推动有为政府和有效市场更好结合，建立健全“双碳”工作激励约束机制。

习近平指出，推进“双碳”工作，必须坚持全国统筹、节约优先、双轮驱动、内外畅通、防范风险的原则，更好发挥我国制度优势、资源条件、技术潜力、市场活力，加快形成节约资源和保护环境的产业结构、生产方式、生活方式、空间格局。第一，加强统筹协调。要把“双碳”工作纳入生态文明建设整体布局和经济社会发展全局，坚持降碳、减污、扩绿、增长协同推进，加快制定出台相关规划、实施方案和保障措施，组织实施好“碳达峰十大行动”，加强政策衔接。各地区各部门要有全局观念，科学把握碳达峰节奏，明确责任主体、工作任务、完成时间，稳妥有序推进。第二，推动能源革命。要立足我国能源资源禀赋，坚持先立后破、通盘谋划，传统能源逐步退出必须建立在新能源安全可靠的替代基础上。要加大力度规划建设以大型风光电基地为基础、以其周边清洁高效先进节能的煤电为支撑、以稳定安全可靠的特高压输变电线路为载体的新能源供给消纳体系。要坚决控制化石能源消费，尤其是严格合理控制煤炭消费增长，有序减量替代，大力推动煤电节能降碳改造、灵活性改造、供热改造“三改联动”。要夯实国内能源生产基础，保障煤炭供应安全，保持原油、天然气产能稳定增长，加强煤气油储备能力建设，推进先进储能技术规模化应用。要把促进新能源和清洁能源发展放在更加突出的位置，积极有序发展光能源、硅能源、氢能源、可再生能源。要推动能源技术与现代信息、新材料和先进制造技术深度融合，探索能源生产和消费新模式。要加快发展有规模有效益的风能、太阳能、生物质能、地热能、海洋能、氢能等新能源，统筹水电开发和生态保护，积极安全有序发展核电。第三，推进产业优化升级。要紧紧抓住新一轮科技革命和产业变革的机遇，推动互联网、大数据、人工智能、第五代移动通信（5G）等新兴技术与绿色低碳产业深度融合，建设绿色制造体系和服务体系，提高绿色低碳产业在经济总量中的比重。

要严把新上项目的碳排放关，坚决遏制高耗能、高排放、低水平项目盲目发展。要下大气力推动钢铁、有色、石化、化工、建材等传统产业优化升级，加快工业领域低碳工艺革新和数字化转型。要加大垃圾资源化利用力度，大力发展循环经济，减少能源资源浪费。要统筹推进低碳交通体系建设，提升城乡建设绿色低碳发展质量。要推进山水林田湖草沙一体化保护和系统治理，巩固和提升生态系统碳汇能力。要倡导简约适度、绿色低碳、文明健康的生活方式，引导绿色低碳消费，鼓励绿色出行，开展绿色低碳社会行动示范创建，增强全民节约意识、生态环保意识。第四，加快绿色低碳科技革命。要狠抓绿色低碳技术攻关，加快先进适用技术研发和推广应用。要建立完善绿色低碳技术评估、交易体系，加快创新成果转化。要创新人才培养模式，鼓励高等学校加快相关学科建设。第五，完善绿色低碳政策体系。要进一步完善能耗“双控”制度，新增可再生能源和原料用能不纳入能源消费总量控制。要健全“双碳”标准，构建统一规范的碳排放统计核算体系，推动能源“双控”向碳排放总量和强度“双控”转变。要健全法律法规，完善财税、价格、投资、金融政策。要充分发挥市场机制作用，完善碳定价机制，加强碳排放权交易、用能权交易、电力交易衔接协调。第六，积极参与和引领全球气候治理。要秉持人类命运共同体理念，以更加积极姿态参与全球气候谈判议程和国际规则制定，推动构建公平合理、合作共赢的全球气候治理体系。

习近平强调，要加强党对“双碳”工作的领导，加强统筹协调，严格监督考核，推动形成工作合力。要实行党政同责，压实各方责任，将“双碳”工作相关指标纳入各地区经济社会发展综合评价体系，增加考核权重，加强指标约束。各级领导干部要加强对“双碳”基础知识、实现路径和工作要求的学习，做到真学、真懂、真会、真用。要把“双碳”工作作为干部教育培训体系重要内容，增强各级领导干部推动绿色低碳发展的本领。

（来源：《人民日报》2022 年 01 月 26 日 03 版）

习近平在参加首都义务植树活动时强调
全社会都做生态文明建设的实践者推动者
让祖国天更蓝山更绿水更清生态环境更美好

中共中央总书记、国家主席、中央军委主席习近平 30 日上午在参加首都义务植树活动时强调，党的十八大以来，连续 10 年同大家一起参加首都义务植树，这既是想为建设美丽中国出一份力，也是要推动在全社会特别是在青少年心中播撒生态文明的种子，号召大家都做生态文明建设的实践者、推动者，持之以恒，久久为功，让我们的祖国天更蓝、山更绿、水更清、生态环境更美好。

春回大地，万物更新。上午 10 时 30 分许，党和国家领导人习近平、李克强、栗战书、汪洋、王沪宁、赵乐际、韩正、王岐山等集体乘车，来到位于北京市大兴区黄村镇的植树点，同首都群众一起参加义务植树。

植树点位于大兴新城城市休闲公园内，面积约 1 500 亩。这一地块原为水库滩涂地，目前规划为城市公园，建成后将成为周边群众休闲娱乐、亲近自然的生态空间。

看到总书记来了，正在这里植树的干部群众热情地向总书记问好。习近平向大家挥手致意，拿起铁锹走向植树地点，随后同北京市、国家林业和草原局负责同志以及首都干部群众、少先队员一起忙碌起来。

挥锹铲土、培土围堰、提水浇灌……习近平接连种下油松、碧桃、白玉兰、海棠、小叶白蜡等多棵树苗。习近平一边劳动，一边询问孩子们学习生活情况，叮嘱他们要德智体美劳全面发展，不能忽视“劳”的作用，要从小培养劳动意识、环保意识、节约意识，勿以善小而不为，从一点一滴做起，努力成长为党和人民需要的有用之才。植树现场一派繁忙景象，参加劳动的领导同志同大家一起培土浇水、亲切交流，气氛热烈。

植树间隙，习近平对在场的干部群众强调，实现中华民族永续发展，始终是我们孜孜不倦追求的目标。中华人民共和国成立以来，党团结带领全国各族人民植树造林、绿化祖国，取得了历史性成就，创造了令世人瞩目的生态奇迹。党的十八大以来，我们坚持绿水青山就是金山银山的理念，全面加强生态文明建设，推进国土绿化，改善城乡人居环境，美丽中国正在不断变为现实。同时，我们也要看到，生态系统保护和修复、生态环境根本改善不可能一蹴而就，仍然需要付出长期艰苦努力，必须锲而不舍、驰而不息。

习近平指出，森林是水库、钱库、粮库，现在应该再加上一个“碳库”。森林和草原对国家生态安全具有基础性、战略性作用，林草兴则生态兴。现在，我国生态文明建设进入了实现生态环境改善由量变到质变的关键时期。我们要坚定不移贯彻新发展理念，坚定不移走生态优先、绿色发展之路，统筹推进山水林田湖草沙一体化保护和系统治理，科学开展国土绿化，提升林草资源总量和质量，巩固和增强生态系统碳汇能力，为推动全球环境和气候治理、建设人与自然和谐共生的现代化作出更大贡献。

习近平强调，植绿护绿、关爱自然是中华民族的传统美德。要弘扬塞罕坝精神，继续推进全民义务植树工作，创新方式方法，加强宣传教育，科学、节俭、务实组织开展义务植树活动。各级领导干部要抓好国土绿化和生态文明建设各项工作，让锦绣河山造福人民。

在京中共中央政治局委员、中央书记处书记、国务委员等参加植树活动。

（来源：《人民日报》2022 年 03 月 31 日 01 版）

《求是》杂志发表习近平总书记重要文章　努力建设人与自然和谐共生的现代化

6 月 1 日出版的第 11 期《求是》杂志将发表中共中央总书记、国家主席、中央军委主席习近平的重要文章《努力建设人与自然和谐共生的现代化》。

文章强调，党的十八大以来，我们加强党对生态文明建设的全面领导，把生态文明建设摆在全局工作的突出位置，作出一系列重大战略部署，开展了一系列根本性、开创性、长远性工作，决心之大、力度之大、成效之大前所未有，生态文明建设从认识到实践都发生了历史性、转折性、全局性的变化。

文章指出，生态环境保护和经济发展是辩证统一、相辅相成的，建设生态文明、推动绿色低碳循环发展，不仅可以满足人民日益增长的优美生态环境需要，而且可以推动实现更高质量、更有效率、更加公平、更可持续、更为安全的发展，走出一条生产发展、生活富裕、生态良好的文明发展道路。

文章指出，我国建设社会主义现代化具有许多重要特征，其中之一就是我国现代化是人与自然和谐共生的现代化，注重同步推进物质文明建设和生态文明建设。要完整、准确、全面贯彻新发展理念，保持战略定力，站在人与自然和谐共生的高度来谋划经济社会发展，坚持节约资源和保护环境的基本国策，坚持节约优先、保护优先、自然恢复为主的方针，形成节约资源和保护环境的空间格局、产业结构、生产方式、生活方式，统筹污染治理、生态保护、应对气候变化，促进生态环境持续改善，努力建设人与自然和谐共生的现代化。

文章指出，第一，坚持不懈推动绿色低碳发展。生态环境问题归根到底是发展方式和生活方式问题。建立健全绿色低碳循环发展经济体系、促进经济社会发展全面绿色转型是解决我国生态环境问题的基础之策。第二，深入打好污染防治攻坚战。集中攻克老百姓身边的突出生态环境问题，让老百姓实实在在感受到生态环境质量改善。第三，提升生态系统质量和稳定性。这既是增加优质生态产品供给的必然要求，也是减缓和适应气候变化带来不利影响的重要手段。第四，积极推动全球可持续发展。我们要秉持人类命运共同体理念，积极参与全球环境治理，加强应对气候变化、海洋污染治理、生物多样性保护等领域国际合作，展现我国负责任大国形象。第五，提高生态环境领域国家治理体系和治理能力现代化水平。健全党委领导、政府主导、企业主体、社会组织和公众共同参与的现代环境治理体系，构建一体谋划、一体部署、一体推进、一体考核的制度机制。

文章强调，各级党委和政府要提高政治判断力、政治领悟力、政治执行力，心怀“国之大者”，担负起生态文明建设的政治责任，坚决做到令行禁止，确保党中央关于生态文明建设各项决策部署落地见效。（来源：《人民日报》2022 年 06 月 01 日 01 版）

习近平在《湿地公约》第十四届缔约方大会开幕式上发表致辞

11 月 5 日下午，国家主席习近平以视频方式出席在武汉举行的《湿地公约》第十四届缔约方大会开幕式并发表题为《珍爱湿地　守护未来　推进湿地保护全球行动》的致辞。

习近平指出，古往今来，人类逐水而居，文明伴水而生，人类生产生活同湿地有着密切联系。我们要深化认识、加强合作，共同推进湿地保护全球行动。

——要凝聚珍爱湿地全球共识，深怀对自然的敬畏之心，减少人类活动的干扰破坏，守住湿地生态安全边界，为子孙后代留下大美湿地。

——要推进湿地保护全球进程，加强原真性和完整性保护，把更多重要湿地纳入自然保护地，健全合作机制平台，扩大国际重要湿地规模。

——要增进湿地惠民全球福祉，发挥湿地功能，推进可持续发展，应对气候变化，保护生物多样性，给各国人民带来更多实惠。

习近平指出，中国湿地保护取得了历史性成就，构建了保护制度体系，出台了《湿地保护法》。中国将建设人与自然和谐共生的现代化，推进湿地保护

事业高质量发展。中国制定了《国家公园空间布局方案》，将陆续设立一批国家公园，把约 1 100 万 hm^2 湿地纳入国家公园体系，实施全国湿地保护规划和湿地保护重大工程。中国将推动国际交流合作，在深圳建立“国际红树林中心”，支持举办全球滨海论坛会议。让我们共同努力，谱写全球湿地保护新篇章。

（来源：《人民日报》2022 年 11 月 06 日 01 版）

习近平向《生物多样性公约》第十五次缔约方大会第二阶段高级别会议开幕式致辞

12 月 15 日晚，国家主席习近平以视频方式向在加拿大蒙特利尔举行的《生物多样性公约》第十五次缔约方大会第二阶段高级别会议开幕式致辞。

习近平指出，人类是命运共同体，唯有团结合作，才能有效应对全球性挑战。生态兴则文明兴。我们应该携手努力，共同推进人与自然和谐共生，共建地球生命共同体，共建清洁美丽世界。

——要凝聚生物多样性保护全球共识，共同推动制定“2020 年后全球生物多样性框架”，为全球生物多样性保护设定目标、明确路径。

——要推进生物多样性保护全球进程，将雄心转化为行动，支持发展中国家提升能力，协同应对气候变化、生物多样性丧失等全球性挑战。

——要通过生物多样性保护推动绿色发展，加快推动发展方式和生活方式绿色转型，以全球发展倡议为引领，给各国人民带来更多实惠。

——要维护公平合理的生物多样性保护全球秩序，坚定捍卫真正的多边主义，坚定支持以联合国为核心的国际体系和以国际法为基础的国际秩序，形成保护地球家园的强大合力。

习近平强调，中国积极推进生态文明建设和生物多样性保护，生态系统多样性、稳定性和可持续性不断增强，走出了一条中国特色的生物多样性保护之路。未来，中国将持续加强生态文明建设，站在人与自然和谐共生的高度谋划发展，响应联合国生态系统恢复十年行动计划，实施一大批生物多样性保护修复重大工程，深化国际交流合作，依托“一带一路”绿色发展国际联盟，发挥好昆明生物多样性基金作用，向发展中国家提供力所能及的支持和帮助，推动全球生物多样性治理迈上新台阶。

（来源：《人民日报》2022 年 12 月 16 日 01 版）

四、重要活动和署名文章

Important Events and Signed Article

| 成员单位的重要活动 |

【水利部】

1. 水利部召开妨碍河道行洪突出问题排查整治工作推进会 1月21日，水利部召开妨碍河道行洪突出问题排查整治工作推进会，贯彻落实习近平总书记关于防汛救灾工作的重要讲话指示批示精神，落实全国水利工作会议重点任务安排，交流地方工作进展和经验做法，部署推动下阶段排查整治工作。魏山忠副部长出席会议并讲话。

魏山忠指出，习近平总书记高度重视防汛救灾工作，多次强调防汛救灾关系人民生命财产安全，关系粮食安全、经济安全、社会安全、国家安全，要坚持人民至上、生命至上，始终把保障人民群众生命财产安全放在第一位。开展妨碍河道行洪突出问题排查整治是贯彻落实习近平总书记关于防汛救灾工作重要讲话指示批示精神的具体举措，是提升国家水安全保障能力、推动河湖长制从“有名有责”到“有能有效”的重要举措，各级河长办、水行政主管部门要从讲政治的高度，充分认识开展排查整治工作的重要意义。

魏山忠强调，要全面深入开展问题排查，纵向到底、横向到边，不留空白、不留死角；要对妨碍河道行洪的各类突出问题认真梳理、分类研究，逐一明确整改措施、完成时限和相关责任人，建立问题清单、任务清单、责任清单；要依法依规抓紧清理整治阻水严重的违法违规建筑物、构筑物，5月31日前基本完成；要加强监督执法，将确保河道行洪安全纳入河湖长制目标任务，督促市、县级河长切实履职尽责，加大水行政执法力度，对工作组织推动不力、整改不到位甚至敷衍整改、虚假整改的，要按规定依法依规依纪予以严肃问责。

魏山忠要求，要持续抓好几项重点工作：一是持续巩固河湖管理范围划定成果，依法依规明确河湖管理边界线；二是加强重要节假日、重大活动期间河道采砂管理，切实维护采砂秩序，坚决防止非法采砂反弹；三是扎实推进丹江口“守好一库碧水”专项整治行动，确保2022年4月底取得明显成效；四是抓紧推进岸线保护利用规划编制工作，促进岸线资源科学合理、集约节约利用；五是依法依规推进有关重大河湖问题整改。

会议以视频形式召开，山西、河南、湖北、陕西省水利厅和长江水利委员会、黄河水利委员会、海河水利委员会负责同志作了发言。驻部纪检监察组、水利部河湖管理司、政策法规司、水旱灾害防御司、监督司，信息中心、河湖保护中心，各省（自治区、直辖市）水利（水务）厅（局），新疆生产建设兵团水利局有关负责同志参加会议。

2. 李国英主持召开水利部河湖长制工作领导小组会议 2月10日，水利部党组书记、部长、部河湖长制工作领导小组组长李国英主持召开领导小组会议，研究《水利部关于强化河湖长制的指导意见》，审议淮河、海河、珠江、松辽、太湖流域省级河湖长联席会议机制方案。李国英强调，全面推行河湖长制是习近平总书记亲自谋划、亲自部署、亲自推动的重大改革举措，要进一步提高政治站位，深入推动党中央、国务院关于建立健全和强化河湖长制的决策部署落地生根、开花结果。

会议强调，要全面对表对标习近平总书记关于推行河湖长制的系列重要讲话指示批示精神，以及中共中央办公厅、国务院办公厅印发的《关于全面推行河长制的意见》《关于在湖泊实施湖长制的指导意见》，以钉钉子精神抓好贯彻落实。要准确把握新阶段新特点，针对去年防汛工作复盘检视和查漏补缺中查找出的短板弱项，进一步明确河湖长制工作的重点任务并强化落实，特别是要将确保河道行洪安全纳入河湖长制目标任务，将水库除险加固和运行管护、维护库容不被侵占等纳入河湖长制管理体系。要细化实化各级河湖长职责，从河湖整体性和流域系统性出发，做到上下游、左右岸、干支流全流域统筹。要强化全面推行河湖长制实施绩效评价考核，充分发挥河湖长制考核指挥棒作用。

会议强调，要坚持系统观念，从流域整体出发，打破一地一段一岸治理的局限，充分发挥流域省级河湖长联席会议机制作用，研究部署重大事项，协调解决重大问题，协同推进河湖治理保护重大决策、重大规划，形成目标统一、任务协同、措施衔接、行动同步的流域河湖长制工作机制。要加强跟踪指导，及时了解各流域省级河湖长联席会议机制运行情况，及时研究解决出现的问题，确保机制长期有效运行。流域管理机构要切实承担好联席会议办公室职责，坚持全流域“一盘棋”思想，按照流域统一规划、统一治理、统一调度、统一管理要求，一体推进流域河湖长制有关工作，不断提高江河湖泊治理管理能力和水平，维护河湖健康生命，实现河湖功能永续利用。

3. 水利部与最高人民检察院就建立“水行政执法＋检察公益诉讼”协作机制进行座谈 2月23日，水利部与最高人民检察院举行座谈会，就建立“水行政执法＋检察公益诉讼”协作机制进行座谈。最高人民检察院副检察长张雪樵，水利部部长李国英、副部长魏山忠出席座谈会。

李国英对检察机关长期以来对水利工作的关心支持表示感谢。李国英指出，建立检察公益诉讼制度是以习近平同志为核心的党中央作出的重大决策部署，是以法治思维和法治方式推进国家治理体系和治理能力现代化的一项重要制度安排。水利部对表对标习近平总书记“节水优先、空间均衡、系统治理、两手发力”治水思路和关于治水重要讲话指示批示精神，把强化体制机制法治管理作为推动新阶段水利高质量发展的重要实施路径，以期在法治轨道上推动水利治理管理能力和水平不断提升。水灾害、水资源、水生态、水环境与公共利益密切相关，其治理管理工作具有很强的公益性特征，由此决定了在涉水领域开展公益诉讼的法理逻辑。水利部将在最高人民检察院的支持指导下，在河道、湖泊、水库、堤防、蓄滞洪区等水利工程管理、水资源管理、水土流失防治等重点领域，建立健全“水行政执法＋检察公益诉讼”协作机制，推进相关数据连通、信息共享、线索移送、技术协作，切实提升水行政执法效能，为全面建设社会主义现代化国家提供有力的水安全保障。

张雪樵指出，近年来，各级检察机关深入贯彻落实习近平法治思想和习近平总书记关于治水重要讲话指示批示精神，把水利作为生态环境和资源保护领域的重要内容，积极探索涉水检察公益诉讼工作，办理了一批有影响力的案件，取得了良好效果，积累了宝贵经验。下一步，希望双方在信息共享、资源共享、执法线索移送等方面进一步加强协作，共同出台有关指导意见，探索建立执法数据共享机制，破解流域治理难题，更好发挥公益诉讼检察作用。

最高人民检察院第八检察厅、检察技术信息研究中心和水利部有关司局负责同志参加座谈。

4. 李国英调研北京市地下水超采综合治理和复苏河湖生态环境工作　2月27日，水利部党组书记、部长李国英调研北京市地下水超采综合治理和复苏河湖生态环境工作。

李国英先后深入北京市门头沟区永定河山峡段，石景山区杨庄水厂基岩井、永引渠杏石口枢纽，海淀区西山地区及北坞砂石坑，详细了解永定河生态补水、地下水补给区径流区排泄区地质构造、地下水压采回补及水位回升等情况，并在实地考察结束后主持召开座谈会，与北京市有关负责同志共同研究北京市地下水超采综合治理和复苏河湖生态环境工作。

李国英指出，习近平总书记高度重视地下水超采综合治理和复苏河湖生态环境问题，多次提出明确要求。北京市认真贯彻落实习近平总书记“节水优先、空间均衡、系统治理、两手发力”治水思路和关于治水重要讲话指示批示精神，积极推进地下水超采综合治理，扎实开展复苏河湖生态环境行动，实现了地下水超采区面积大幅减少、地下水位持续回升、河湖生态环境明显改善的阶段目标。面对新形势新要求，北京市地下水超采综合治理和复苏河湖生态环境工作任重道远。要认真贯彻执行《地下水管理条例》，全面检视华北地下水超采综合治理行动方案落实情况和治理成效，不折不扣完成既定目标任务。要深入研究地下水运动规律，准确把握区域水文地质情况和地下水系统水动力特征，抓紧研究制定未来3年北京市地下水超采综合治理方案，科学设定治理目标，细化实化精准化治理措施。要坚持“一河一策”，统筹地表水和地下水，统筹外来水和本地水，统筹上游用水和下游用水，持之以恒复苏永定河、潮白河、北运河等重要河流生态环境。

5. 水利部召开深入贯彻落实习近平总书记“3·14”重要讲话精神会议　3月14日，水利部召开会议，对习近平总书记2014年3月14日在中央财经领导小组第五次会议上关于水安全的重要讲话精神进行再学习、再领会、再贯彻、再落实。水利部党组书记、部长李国英出席会议并讲话，部领导田学斌、陆桂华、魏山忠、刘伟平出席会议。

李国英指出，党的十八大以来，习近平总书记深刻洞察我国国情水情，从实现中华民族永续发展的战略高度，就治水发表一系列重要讲话、作出一系列重要指示批示，提出“节水优先、空间均衡、系统治理、两手发力”治水思路，擘画国家“江河战略”，推动建设国家水网，为新时代治水提供了强大思想武器和科学行动指南。全国水利系统沿着习近平总书记指引的方向，统筹推进水灾害防治、水资源节约、水生态保护修复、水环境治理，解决了许多长期想解决而没有解决的治水难题，水利治理能力和水平实现整体性提升，为经济社会发展提供了有力支撑。

李国英强调，习近平总书记“节水优先、空间均衡、系统治理、两手发力”治水思路和关于治水重要讲话指示批示精神，是科学严谨、逻辑严密的治水理论体系，开辟了中华民族治水思想的崭新境界。要切实提高政治判断力、政治领悟力、政治执行力，完整、准确、全面理解习近平总书记“节水优先、空间均衡、系统治理、两手发力”治水思路和关于治水重要讲话指示批示精神的丰富内涵、精神实质、实践要求，以实际行动捍卫“两个确立”、践行“两个维护”。要坚持心怀“国之大者”，全面对表对标，切实把习近平总书记和党中央各项决策部署体现到谋划水利重大战略、制定水利重大政策、部署水利重大任务、推进水利重大工作的实践中去。要坚持以人民为中心，下大气力解决好人民群众最关心、最直接、最现实的水灾害、水资源、水生态、水环境问题，不断增强人民群众的获得感、幸福感、安全感。要坚持遵循客观规律，尊重自然、顺应自然、保护自然，推动绿色发展，促进人水和谐共生。要坚持统筹发展和安全，全面提升防范化解水安全风险的能力和水平，坚决筑牢水安全保障防线。要坚持系统观念，统筹水灾害防治、水资源节约、水生态保护修复、水环境治理，加强前瞻性思考、全局性谋划、战略性布局、整体性推进。

李国英强调，迈入新阶段、开启新征程，必须坚定不移用习近平总书记“节水优先、空间均衡、系统治理、两手发力”治水思路和关于治水重要讲话指示批示精神武装头脑、指导实践、推动工作。要坚持人民至上、生命至上，加快完善由河道及堤防、水库、蓄滞洪区等组成的现代化流域防洪工程体系，强化预报预警预演预案“四预”措施，贯通雨情水情险情灾情“四情”防御，牢牢守住水旱灾害防御底线。要坚持节水优先，强化水资源刚性约束，全面贯彻“四水四定”原则，建立健全节水制度政策，深入实施国家节水行动，全面提升水资源集约节约安全利用水平。要以自然河湖水系、重大引调水工程和骨干输配水通道为纲，以区域河湖水系连通工程和供水渠道为目，以控制性调蓄工程为结，构建“系统完备、安全可靠，集约高效、绿色智能，循环通畅、调控有序”的国家水网。要深入实施国家“江河战略”，推进流域统一规划、统一治理、统一调度、统一管理，开展“母亲河”复苏行动，深入推进地下水超采治理，扎实推进水土流失综合治理，开展数字孪生流域建设，实施数字孪生水利工程建设。要强化体制机制法治管理，强化河湖长制，持续清理整治河湖突出问题，健全水行政执法与刑事司法的衔接机制、与检察公益诉讼的协作机制，坚持政府作用和市场机制协同发力，加快破解制约水利发展的体制机制障碍，努力推动新阶段水利高质量发展。

6. 李国英以视频方式出席第二届亚洲国际水周开幕式　3月14日，第二届亚洲国际水周在印度尼西亚纳闽巴霍召开，水利部部长李国英以视频方式出席水周开幕式并致辞。

李国英指出，随着气候变化和人类活动影响加剧，应对水安全挑战成为各国共同面临的重大课题。2014年3月14日，习近平主席提出“节水优先、空间均衡、系统治理、两手发力”治水思路，开创了解决中国复杂水问题的崭新局面，指引治水事业取得历史性成就、发生历史性变革。特别是在实现可持续发展议程涉水目标，为人民群众提供可持续、清洁和充足的水方面取得了新的重大进展。全面提高农村居民供水保障水平，建立了较为完整的农村供水工程体系，农村自来水普及率达到84%。深入实施国家节水行动，实行水资源刚性约束制度，中国以占全球6%的淡水资源，保障了全球19%的人口用水，创造了占全球18%的经济总量。全面推行河湖长制，加强河湖生态保护治理，实施地下水超采综合治理，河湖面貌发生历史性转变。建设一批重大跨流域调水工程，构建国家水网主骨架和大动脉，完善水资源优化配置格局。

李国英表示，中国已迈入全面建设社会主义现代化国家的新征程。中国水利部门将完整、准确、全面贯彻创新、协调、绿色、开放、共享的新发展理念，大力推动新阶段水利高质量发展，提升水旱灾害防御能力、水资源集约节约利用能力、水资源优化配置能力、大江大河大湖生态保护治理能力，为经济社会发展提供有力的水安全保障。

第三届亚洲国际水周将于2024年在中国举办。李国英向亚洲各国水利同行和国际组织代表发出诚挚邀请，期待届时继续探讨以水资源可持续利用保障亚洲各国经济发展、人民幸福、社会繁荣。

印度尼西亚副总统马鲁夫·阿敏、联合国前秘书长潘基文、印度尼西亚经济统筹部部长艾尔朗加·哈尔达托、韩国环境部部长韩贞爱、世界水理事会主席洛克·福勋、亚洲水理事会主席朴宰贤等出席开幕式并讲话。与会嘉宾在发言中一致认为，当前气候变化加剧了水资源短缺，导致水相关灾害愈加频发，粮食安全、经济增长、和平发展受到挑战，亚洲各国要进一步加强合作与交流，推动亚洲地区共同实现联合国2030年可持续发展议程涉水目标。

亚洲国际水周是由亚洲水理事会发起的重要国际水事活动，每三年举办一届。第二届亚洲国际水周由亚洲水理事会和印度尼西亚公共工程与住房部共同举办，主题是“为所有人提供可持续、清洁和充足的水”。

7. 李国英以视频方式出席第九届世界水论坛部长级会议　当地时间3月21日，以“保障各国水安全，促进和平与发展”为主题的第九届世界水论坛在塞内加尔首都达喀尔开幕，水利部部长李国英以视频方式出席论坛部长级会议并致辞，中国驻塞内加尔大使肖晗出席论坛开幕式。

李国英指出，水资源是支撑经济、社会、生态可持续发展的基础性资源。在全球疫情蔓延以及气候变化加剧的影响下，各国面临的水安全挑战日益严峻，如期实现2030年可持续发展议程涉水目标任重道远。

李国英表示，中国水利部门积极践行习近平总书记提出的“节水优先、空间均衡、系统治理、两手发力”治水思路，在实现可持续发展议程涉水目标方面取得重大进展。建成以水库、河道及堤防、蓄滞洪区为主要组成的流域防洪工程体系，战胜了多发频发重发的洪涝灾害，最大限度保障了人民群众生命财产安全。大力推进农村饮水安全保障，2016年以来累计提升3.1亿农村人口供水保障水平，农村自来水普及率达到84%，困扰众多农村居民祖祖辈辈的吃水难问题历史性地得到解决。农田有效灌溉面积达到 6 913 万 hm^2，生产了全国 75%的粮食和 90%以上的经济作物，保障了国家粮食安全。建设了一批跨流域、跨区域重大引调水工程，初步形成“南北调配、东西互济”的水资源配置总体格局，经济社会用水保障能力大幅提升。实施国家节水行动，强化水资源刚性约束，中国以占全球6%的淡水资源，保障了全球近1/5的人口用水。全面推行河湖长制，加强河湖保护治理，河湖面貌发生历史性改善，越来越多的河流恢复生命，越来越多的流域重现生机。

李国英强调，2021年9月，习近平总书记提出全球发展倡议，呼吁国际社会加快落实2030年可持续发展议程，推动实现更加强劲、绿色、健康的全球发展。中国水利部门将坚定不移围绕推动构建人类命运共同体，始终秉持创新、协调、绿色、开放、共享的新发展理念，大力推动新阶段水利高质量发展，提升水旱灾害防御能力、水资源集约节约利用能力、水资源优化配置能力、大江大河大湖生态保护治理能力，为经济社会发展提供有力的水安全保障。

李国英倡议，世界各国和地区进一步加强水利多双边合作与交流，分享成功治水经验和技术，携手应对日益严峻的水挑战，为实现2030年可持续发展议程涉水目标作出积极贡献。

世界水理事会主席洛克·福勋，塞内加尔、法国、瑞士、荷兰、塔吉克斯坦、印度、美国等国家水主管部门部长、高级别官员，以及联合国教科文组织、非洲国家水利部长理事会、联合国欧洲经济委员会等国际和地区组织领导人等出席会议。与会代表一致表示，世界面临的水问题不容乐观，水资源短缺、水污染严重、水灾害频发等问题制约着经济社会发展。国际社会应加强水合作与交流，加快实现可持续发展议程涉水目标。

世界水论坛是目前全球规模最大的国际水事活动，由世界水理事会发起，每三年举办一届。

8. 水利部　公安部　交通运输部长江采砂管理合作机制领导小组（扩大）会议召开　3月29日，水利部、公安部、交通运输部长江采砂管理合作机制领导小组（扩大）会议以视频形式在京召开，深入贯彻落实习近平总书记关于推动长江经济带发展系列重要讲话和关于采砂管理重要指示批示精神，总结2021年工作进展成效，研究部署2022年重点工作，进一步深化部门合作、强化工作措施，共同维护长江采砂管理秩序，确保长江河势稳定、防洪安全、供水安全、通航安全、生态安全和重要基础设施安全。水利部副部长、合作机制领导小组组长魏山忠主持会议并讲话。

魏山忠从采砂管理责任全覆盖、协调联动机制不断完善、涉砂活动监管全面加强、采砂综合整治行动成果丰硕、采砂船舶和采砂行为专项治理成效显著、砂石利用不断集约规范等方面充分肯定了长江采砂管理合作机制2021年工作成绩。他指出，各有关部门把贯彻长江保护法、落实长江大保护战略作为践行“两个维护”的重大政治使命，主动作为、分工协作，长江采砂管理秩序总体可控并呈向好态势。

魏山忠强调，长江是中华民族的母亲河，防洪、供水、航运、生态地位十分特殊。长江采砂管理作为维护长江河势稳定、保障长江防洪通航生态安全的重要举措，各有关单位要准确把握面临的新形势新要求，充分认识加强长江采砂管理的重要性、艰巨性、复杂性和长期性，充分估计长江采砂管理面临的突出困难和严峻挑战，全力做好2022年长江采砂管理工作。要深入落实习近平总书记关于打击“沙霸”及其背后“保护伞”等重要指示批示精神，持续开展河道非法采砂专项整治行动，保持高压严打态势，坚决维护长江采砂管理秩序；要加强规范约束、督导考核、激励问责、法律监督，确保采砂管理责任人守土有责、守土担责、守土尽责；要加强部门合作、流域区域协同、行政司法衔接，不断凝聚采砂监管合力；要提高规划采区砂石利用效率，推动集约化、规模化、规范化开采，规范疏浚砂石综合利用；要加强信息化建设，织密监控网络，建立信息管理平台，推行砂石采运电子管理单。

会议审议通过三部合作机制2022年度工作要

点。公安部、交通运输部有关负责同志代表合作机制组长单位讲话，最高人民法院、最高人民检察院、工业和信息化部、市场监管总局有关负责同志应邀参加会议并讲话，水利部河湖司等有关司局单位负责同志参加会议，长江水利委员会、长江航运公安局、长江航务管理局有关负责同志在武汉分会场参加会议。

9. 李国英主持召开水利部部务会议　审议《关于建立健全水行政执法与检察公益诉讼协作机制的意见》等内容　3月31日，水利部党组书记、部长李国英主持召开水利部部务会议，传达贯彻国务院常务会议部署加强水利工程建设的会议精神、全国安全生产电视电话会议精神，审议《水利部水旱灾害防御应急响应工作规程》《关于建立健全水行政执法与检察公益诉讼协作机制的意见》。

会议强调，要心怀“国之大者”，深刻认识水利工程是民生工程、发展工程、安全工程，发挥水利工程吸纳投资大、产业链条长、创造就业机会多等积极作用，为稳定宏观经济大盘、提升国家水安全保障能力提供有力支撑。要以南水北调后续工程等重大引调水工程、骨干防洪减灾工程、病险水库除险加固、灌区建设和现代化改造、水生态保护和中小河流治理、中小型水库等为重点，加快开工建设一批已纳入规划、条件成熟的水利项目。要健全多元化水利投融资机制，用好政府专项债券、水利中长期贷款等金融信贷资金，推进水利领域不动产投资信托基金试点，吸引社会资本参与水利工程建设管理。要对重大工程实行清单化管理，逐项细化要件办理时限，明确责任单位、责任部门和责任人，严格落实工程建设管理制度，确保工程建设进度、质量和安全。

会议强调，要深入贯彻习近平总书记关于安全生产的重要指示精神，认真落实李克强总理批示要求和全国安全生产电视电话会议精神，坚持人民至上、生命至上，统筹发展和安全，树立强烈的安全生产责任意识，时刻绷紧安全生产这根弦，始终如履薄冰对待安全生产，决不能麻痹大意、掉以轻心。要按照“管行业必须管安全、管业务必须管安全、管生产经营必须管安全”要求，健全水利安全生产责任体系，立即扎实深入开展水利行业安全生产大检查，严格水利项目审批和工程建设运行安全管理，严肃查处整治违法违规行为，坚决遏制重特大水利安全生产事故发生，确保人民生命绝对安全。

会议强调，要深入贯彻落实“两个坚持、三个转变”防灾减灾救灾理念，锚定确保人员不伤亡、水库不垮坝、重要堤防不决口、重要基础设施不受冲击，确保城乡供水安全的目标，结合近年来工作实践，调整优化完善水旱灾害防御应急响应各项机制。要强化预报、预警、预演、预案“四预”措施，贯通雨情、水情、险情、灾情“四情”防御，科学设置应急响应启动条件，变“过去完成时”为“将来进行时”，做到防御关口前移，坚决打有准备之仗、有把握之仗。要压紧压实工作责任，完善上下联动、部门联动机制，严格应急响应执行纪律，确保应急响应各环节工作有力有序有效。

会议指出，建立健全水行政执法与检察公益诉讼协作机制，是强化水利体制机制法治管理的重要举措。要针对侵占河湖和库容、危害河道堤防、破坏水库大坝、妨碍行洪安全、非法取水、违法造成水土流失等突出问题，建立健全信息共享、会商研判、线索移送、调查取证、案情通报等协作机制，统筹完善横向到边、纵向到底、分级负责的工作体系，增强水行政执法与检察公益诉讼协作的系统性、操作性、实效性。要充分发挥协作机制效能，依法严厉打击水事违法行为，坚决维护涉水领域国家利益和社会公共利益。

10. 李国英调研北京河湖治理保护和防汛准备工作　4月2日，水利部党组书记、部长李国英调研北京市河湖治理保护和防汛准备工作。他强调，要对表对标习近平总书记“节水优先、空间均衡、系统治理、两手发力”治水思路和关于治水重要讲话指示批示精神，扎实做好北京河湖水系治理保护和防汛准备工作，坚决守护首都水安全，努力在推动新阶段水利高质量发展中走在前、作表率。

李国英先后深入北京市白浮泉、京密引水渠、团城湖、南长河、通惠河、北运河北关分洪枢纽、甘棠闸、榆林庄闸、杨洼闸，详细了解京杭大运河水源流路及地下水超采综合治理、河湖生态补水、防汛准备等情况，并在现场考察结束后主持召开座谈会，与北京市相关负责同志共同研究有关工作。

李国英强调，要持续推进复苏河湖生态环境，以永定河、温榆河—北运河、潮白河、拒马河、泃河等五大水系为重点，“一河一策”制定方案，巩固拓展已有成效，以流域为单元，集中力量，优化调度，持续用力，让河流恢复生命、流域重现生机。要抓好地下水置换、压采、回补，下大功夫加强地下水基础研究、监测评估、地表—地下水转换规律分析研究工作，细化实化精准化治理措施，切实推进地下水超采综合治理。

李国英强调，要锚定今年实现京杭大运河全线通水的目标，细化通惠河、北运河调度工作，统筹做好本地水、客水、再生水等多水源筹集和优化配

置，逐水源算清水量账、路径账、过程账，提高调度精准性，抓好动态跟踪监测，让大运河活起来，统筹保护好、传承好、利用好大运河文化。

李国英强调，要始终绷紧防汛保安这根弦，坚持人民至上、生命至上，始终把保障人民群众生命财产安全放在第一位，按照“拒、绕、排”的思路，逐河流梳理薄弱环节，提前做好各项准备，完善流域防洪工程体系，强化预报预警预演预案措施，加快补好预警监测短板和基础设施短板，确保首都防汛绝对安全。

11．李国英主持召开水利部推动新阶段水利高质量发展领导小组会议　4月7日，水利部党组书记、部长、部党组推动新阶段水利高质量发展领导小组组长李国英主持召开领导小组全体会议，听取完善流域防洪工程体系、实施国家水网重大工程、复苏河湖生态环境、推进智慧水利建设、建立健全节水制度政策、强化体制机制法治管理等六条实施路径工作进展情况汇报，研究推动落实相关工作。

会议指出，推动新阶段水利高质量发展六条实施路径，是水利部“三对标、一规划”专项行动取得的重要成果。2021年，在各方面共同努力下，六条实施路径实现了“十四五”良好开局。

会议强调，要聚焦六条实施路径的指导意见和实施方案，分解细化本年度工作任务，使目标更明确、着力更精准、措施更有效。要以流域为单元，聚焦构建防洪工程体系，加快建设控制性水库、河道堤防、蓄滞洪区。要将国家水网重大工程的“纲”“目”“结”项目化，逐项制定并实施建设方案。要细化实化母亲河复苏行动计划，推进重点河湖生态环境复苏，让河流恢复生命、流域重现生机。要加大华北地区地下水超采综合治理力度，努力修复地下水生态。要加快推进数字孪生流域和数字孪生水利工程建设，确保实现预报、预警、预演、预案功能。要深入实施国家节水行动，研究制定节水产业支持政策，建设全国统一的用水权交易市场。要强化水利体制机制法治管理，深入研究水利建设投融资机制，加快推进涉水法律法规制修订工作，建立健全水行政执法与刑事司法衔接、与检察公益诉讼协作等机制。

会议要求，要根据确定的年度目标任务，建立工作台账，明确责任单位、责任人、完成时限，加强督促推进，确保圆满完成年度目标任务。

12．水利部组织召开京杭大运河2022年全线贯通补水行动启动会　4月13日，水利部组织召开京杭大运河2022年全线贯通补水行动启动会，安排部署京杭大运河全线贯通补水工作。水利部副部长魏山忠出席会议并讲话，总工程师仲志余主持会议。

魏山忠指出，大运河是活态遗产，具有防洪排涝、输水供水、内河航运、生态景观等功能，更承载了中华民族优秀传统文化价值，传承着中华民族的悠久历史和文明。习近平总书记明确要求，要保护好、传承好、利用好大运河这一祖先留给我们的宝贵遗产。此次京杭大运河贯通补水是水利部深入贯彻习近平总书记“节水优先、空间均衡、系统治理、两手发力”治水思路和关于治水重要讲话指示批示精神，推进华北地区河湖生态环境复苏和地下水超采综合治理的重大举措，也是水利部和沿线地方人民政府为民办实事、推进水利高质量发展的重要行动。

魏山忠强调，这次补水水源构成多、补水线路长、涉及范围广、影响面大，是一个系统工程，要抓实抓细抓好各项重点任务的落实。一要加强河道清理整治。充分发挥各级河长湖长作用，加强补水沿线输水河道排查，完成河道内垃圾、障碍物、违章建筑清理任务；对河道内有工程施工、过流条件不好的河段，要协调解决河道施工阻水问题，提高河道过流能力。二要抓好水量联合调度。综合考虑来水蓄水情况、补水河道过流能力，统筹补水进程、河道水位、沿线引水和防洪要求，切实保障河段水流贯通。三要实施水源置换和地下水回补。利用好补水契机，加大农业水源置换力度，置换地下水开采量，有效回补地下水。四要加强动态跟踪监测。实施大运河及补水路径沿线水量、水位、水质、水生态等全要素全过程监测，确保完整控制水量变化过程。五要加大管水护水力度。加强巡护管理，强化水量监管，保障生产人员安全以及沿河居民、建筑物安全。

此次京杭大运河贯通补水由水利部会同北京、天津、河北、山东四省（直辖市）人民政府于4—5月实施。总体目标是统筹南水北调东线一期北延工程供水、四省（直辖市）本地水、引黄水、再生水及雨洪水等多水源，向黄河以北的京杭大运河707km河段补水，实现京杭大运河全线通水，置换沿线约60万亩耕地地下水灌溉用水，补水河道周边地下水水位回升或保持稳定，水生态系统得到恢复改善，为实现“十四五”大运河主要河段基本有水、进一步推动实现京杭大运河全年有水积累经验。

13．李国英以视频方式出席2022年新加坡国际水周　4月18日，水利部部长李国英以视频方式出席2022年新加坡国际水周并在环境与水领导者大会上致辞。本次会议以“化挑战为机遇，构建气候韧性更强的未来”为主题，交流探讨水利及相关领域应对气候变化的最新举措与行动。

李国英指出，全球气候变化不利影响日益显现，是人类社会面临的严峻挑战。近年来，受全球气候变化影响，中国极端天气事件频发，导致水旱灾害的突发性、异常性、不确定性愈发明显，对人民群众生命安全、粮食安全、生态安全、基础设施安全构成严重威胁。

李国英指出，中国水利部门深入践行习近平总书记“节水优先、空间均衡、系统治理、两手发力”治水思路和“两个坚持、三个转变”防灾减灾救灾理念，采取有力措施应对气候变化带来的水旱灾害挑战，为经济社会发展提供有力的水安全保障。一是加快建设流域防洪工程体系，强化流域防汛抗旱统一调度，大力提升水旱灾害防御能力。二是优化水资源空间配置，实施国家水网重大工程，不断增强水资源统筹调配、供水保障能力。三是全面实施国家节水行动，强化水资源刚性约束作用，加强河湖生态环境保护治理，推进水土流失综合治理，让河流恢复生命、流域重现生机。四是加快构建具有预报、预警、预演、预案功能的数字孪生流域和数字孪生水利工程，支撑科学化精准化决策，实现水安全风险从被动应对向主动防控转变。

李国英强调，应对气候变化是人类社会共同责任，需要同舟共济、团结合作。长期以来，中国水利部门积极开展气候变化下水旱灾害防御国际合作，未来，愿继续与国际社会携手努力，加强协调合作，分享治水成功经验和技术，共同提升适应和应对气候变化下水旱灾害防御的能力水平，为实现可持续发展目标付出更大努力、作出更大贡献。

新加坡、阿联酋、荷兰、比利时等国政府部门代表及相关国际组织、大型跨国企业负责人出席了本次大会。与会嘉宾交流分享了应对气候变化领域的措施及经验，一致认为气候变化已成为全球共同面临的紧迫挑战，水资源是应对气候变化、实现可持续发展的关键资源，国际社会应加强交流与协作，共同致力于解决气候变化下的环境与水问题，加快实现联合国可持续发展议程涉水目标。

新加坡国际水周由新加坡政府于 2008 年发起，每两年举办一届，是当今规模和影响力最大的国际水事活动之一。

14. 水利部召开高质量推进中小河流系统治理工作会议　4 月 25 日，水利部召开高质量推进中小河流系统治理工作会议，深入贯彻习近平总书记“节水优先、空间均衡、系统治理、两手发力”治水思路和关于治水重要讲话指示批示精神，落实全国水利工作会议、水利建设工作会议要求，总结流域面积 200～3 000km^2 中小河流治理成效，分析面临的形势任务，部署当前及“十四五”时期中小河流治理工作。会议传达了李国英部长对中小河流治理工作的批示精神，刘伟平副部长出席会议并讲话，仲志余总工程师主持会议。

刘伟平充分肯定了 2009 年以来中小河流治理工作取得的成绩。他指出，经过治理，全国中小河流防汛抗洪能力和防灾减灾能力得到明显提升，河流沿线的重要城镇、耕地和基础设施等得到有效保护，洪涝灾害风险明显降低，河流生态环境持续改善，取得显著的社会效益、经济效益和生态效益。在取得成效的同时，各地创新做法，积累了丰富的工作经验。一是加强组织领导，提供坚实组织保障；二是健全机制，不断规范实施管理；三是严格技术要求，提高治理工作质量；四是多措并举，扎实推进任务完成；五是协同推进，开展系统治理。

刘伟平指出，贯彻习近平总书记防灾减灾救灾理念和关于防汛救灾工作重要指示、落实“节水优先、空间均衡、系统治理、两手发力”治水思路、推动新阶段水利高质量发展对中小河流治理提出了新要求，我们要深刻认识、准确把握新形势新要求，要坚持以人民为中心的发展思想，强化底线思维，增强忧患意识，以问题为导向，加快提升中小河流水安全保障能力。要以流域为单元系统规划，在满足防洪安全的基础上，统筹山水林田湖草沙源头治理、系统治理、综合治理。要聚焦水利高质量发展，锚定完善流域防洪工程体系、复苏河湖生态环境、强化体制机制法治管理等路径，找准定位、理清思路、推进工作，提升中小河流治理工作能力和水平。

刘伟平强调，扎实推进、全面完成今年和“十四五”时期的中小河流治理任务，要重点抓好三方面工作。一是坚持系统观念，以流域为单元推进中小河流系统治理。以防洪保安全为重点，按照“整流域规划、整河流治理、分阶段实施”的原则，逐流域、逐河流编制规划，区分轻重缓急推进系统治理，达到“治理一条，见效一条”，并逐项目、逐河流、逐流域开展验收。二是完善体制机制，规范中小河流系统治理工作。要在各级党委政府领导下完善工作责任体系，按照“资金跟着项目走”的要求规范项目安排程序，严格年度实施情况绩效评价，强化流域管理机构作用，提高中小河流治理智慧化水平。三是狠抓项目实施管理，确保规划任务按期完成。要切实加强项目前期工作，加快初步设计审批；多渠道筹措建设资金，强化资金保障；建立项目台账，加强精准调度；强化监督检查，督促规范组织实施。

会议以视频形式召开。辽宁、江苏、浙江、广东、河北、重庆、甘肃省（直辖市）水利厅（局）和福建省三明市沙县区人民政府作交流发言。水利部机关有关司局、部直属有关单位，各流域管理机构、各省（自治区、直辖市）水利（水务）厅（局）、计划单列市水利（水务）局、新疆生产建设兵团水利局分管负责同志和承担中小河流治理职能的处室负责同志参加会议。

15. 水利部部署推进河湖遥感影像解译及应用工作　4月26日，水利部以视频形式组织召开部长专题办公会议，研究部署流域管理机构加强河湖遥感影像解译及应用工作，魏山忠副部长主持会议并讲话。

魏山忠指出，强化河湖遥感技术应用是提升河湖监管效能的迫切需要，是强化流域“四个统一”的有效举措，是智慧水利和数字孪生流域建设的重要内容，各有关单位要切实提高思想认识，充分认识强化河湖遥感技术应用的重要意义。

魏山忠要求，各有关单位要明确目标任务，加强组织领导，密切协作配合，确保各项工作有序推进，力争在2022年年底前全部完成解译工作，实现第一次全国水利普查名录内河湖（无人区除外）全覆盖。

魏山忠强调，要强化遥感解译成果应用，及时将解译后的疑似问题图斑推送给有关地方进行复核，加快河湖管理范围划界成果、岸线规划功能分区成果、涉河建设项目审批成果上图，进一步完善遥感平台数据，不断提升河湖监管数字化、网络化、智能化能力和水平。

水利部河湖管理司、信息中心等有关司局、单位和各流域管理机构负责同志参加会议。

16. 李国英主持召开水利部部务会议　审议《关于加强河湖水域岸线空间管控的指导意见》等内容　4月28日，水利部党组书记、部长李国英主持召开水利部部务会议，审议《关于加大开发性金融支持力度提升水安全保障能力的指导意见》《关于加强河湖水域岸线空间管控的指导意见》。

会议强调，要深入贯彻中央财经委员会第十一次会议精神，围绕保障全面加强水利基础设施建设资金需求，深化与国家开发银行等金融机构的精准对接，针对水利工程公益性强、投资规模大、建设工期长、回报周期长等特点，进一步拓宽金融资本支持水利基础设施建设的渠道，丰富水利金融支持政策供给与服务，积极创新融资模式，争取加大信贷优惠支持力度，加快构建现代化水利基础设施体系，为全面建设社会主义现代化国家提供坚强有力的水安全保障。

会议强调，要坚持统筹发展和安全，从严从细维护空间完整、功能完好、生态环境优美的河湖水域岸线，确保河湖行洪安全，维护河湖健康生命，实现河湖功能永续利用。要充分发挥河湖长制作用，完善水行政执法跨区域联动机制、跨部门联合机制、与刑事司法衔接机制、与检察公益诉讼协作机制，依法依规处置涉水违法违规问题。要充分利用现代化信息技术手段，提升河湖监管数字化、网络化、智能化水平。

17. 2022年太湖防总指挥长会议暨太湖流域片省级河湖长联席会议召开　5月7日，2022年太湖防总指挥长会议暨太湖流域片省级河湖长联席会议全体会议以视频形式召开。会议深入贯彻习近平总书记关于防汛抗旱、防灾减灾救灾和河湖长制工作系列重要讲话指示批示精神，全面落实党中央、国务院决策部署，按照国家防总、水利部工作要求，总结太湖流域片2021年水旱灾害防御工作和近年来河湖长制工作，分析研判太湖流域片水安全保障形势，安排部署2022年各项工作任务。太湖防总总指挥、太湖流域片省级河湖长联席会议轮值召集人、江苏省省长许昆林，水利部副部长刘伟平出席会议并讲话。江苏、浙江、上海、安徽、福建等省（直辖市）人民政府和中国气象局华东区域气象中心负责同志或代表作交流发言。

许昆林强调，要坚决扛起保障流域片水安全的重大责任，坚持人民至上、生命至上，坚持底线思维、系统观念，抓紧抓细抓实水安全保障各项工作。要从补齐防汛短板弱项、提升防范应对能力、强化关键领域防御、加快推进水利工程建设等方面抓好今年流域片防汛抗旱工作。要统筹流域防洪、供水、水生态、水环境等多目标，突出应急防控和长效治理，多措并举、精准施策，全力确保太湖安全度夏，努力实现更高水平“两个确保”。要用好河湖长联席会议机制，以河湖长制为抓手推进幸福河湖建设，不折不扣落实好河湖长制各项工作，大力推动河湖长制从“有名有责”到“有能有效”，共同打造流域片河湖长制升级版。要增强系统观念，持续弘扬团结治水优良传统，切实用好相关机制，凝聚形成流域片团结治水强大合力。

刘伟平指出，今年将召开党的二十大，做好太湖流域水旱灾害防御工作和河湖长制工作，确保流域水安全具有特殊重要意义。要在太湖防总和太湖流域片省级河湖长联席会议机制下，进一步聚焦“四水”安全，为流域高质量发展提供有力保障。在水旱灾害防御方面，要统筹发展和安全，锚定“人员不伤亡、水库不垮坝、重要堤防不决口、重要基础设施不受冲击”和确保城乡供水安全的目标，筑牢水旱灾害防线。要提高政治站位，全面履职尽责；深入排查隐患，确保安全度汛；强化“四预”措施，掌握防御主动；加强统一调度，发挥综合效益；重视山洪灾害防御，加强城市强降雨防范；密切团结协作，凝聚强大合力。在河湖长制工作方面，要聚焦“有能有效”，引领河湖长制提质增效，完善河湖长体系，严格河湖长履职与考核，充分发挥流域片河湖长联席会议作用，统筹推进河湖长制新老任务落实落地，强化数字赋能提升治理能力。

18. 水利部召开深入推进南水北调后续工程高质量发展工作座谈会　5月13日，水利部召开深入推进南水北调后续工程高质量发展工作座谈会。水利部党组书记、部长李国英出席会议并讲话，强调要深入学习贯彻习近平总书记2021年5月14日在推进南水北调后续工程高质量发展座谈会上的重要讲话精神，立足全面建设社会主义现代化国家新征程，锚定全面提升国家水安全保障能力的目标，继续扎实做好推进南水北调后续工程高质量发展各项水利工作，充分发挥南水北调工程优化水资源配置、保障群众饮水安全、复苏河湖生态环境、畅通南北经济循环的生命线作用。部党组成员、副部长魏山忠主持会议。

李国英指出，水利部坚持把深入学习贯彻习近平总书记重要讲话精神作为重大政治任务，完整、准确、全面学习领会习近平总书记重要讲话的丰富内涵、精神实质、实践要求，会同有关部门、地方和单位，以高度的政治觉悟、强烈的使命担当，大力推进南水北调后续工程高质量发展工作，优化东中线一期工程运用方案，构建中线工程风险防御体系，组织开展重大专题研究，深化后续工程规划设计，坚定不移、积极进取，将习近平总书记重要讲话精神转化为工作实践，取得了阶段性进展，实现了良好开局。

李国英强调，要科学推进南水北调后续工程高质量发展，加快构建“系统完备、安全可靠，集约高效、绿色智能，循环通畅、调控有序”的国家水网，实现水利基础设施网络经济效益、社会效益、生态效益、安全效益相统一。要深入分析致险要素、承险要素、防险要素，建立完善安全风险防控体系和快速反应防控机制，及时消除安全隐患，确保南水北调工程安全、供水安全、水质安全。要提升东中线一期工程供水效率和效益，优化水资源配置和调度，扩大东线一期工程北延供水范围和规模，置换超采地下水，增加河湖生态补水；优化调度丹江口水库，增加中线工程可供水量，提高总干渠输水效率。要加快推进后续工程规划建设，重点推进中线引江补汉工程前期工作，深化东线后续工程可研论证，推进西线工程规划，积极配合总体规划修编工作。要完善项目法人治理结构，深化建设、运营、价格、投融资等体制机制改革，充分调动各方积极性。要建设数字孪生南水北调工程，建立覆盖引调水工程重要节点的数字化场景，提升南水北调工程调配运管的数字化、网络化、智能化水平。

19. 长江流域省级河湖长第一次联席会议召开　7月12日，长江流域省级河湖长第一次联席会议以视频形式召开。会议深入学习贯彻习近平总书记关于推动长江经济带发展系列重要讲话和“共抓大保护、不搞大开发”重要指示精神，认真落实党中央、国务院关于强化河湖长制决策部署，交流各地工作经验，部署2022年长江流域河湖管理保护重点工作，进一步加强流域统筹和区域协作，加快实现河畅、水清、岸绿、景美、人和，携手打造幸福长江。

根据《长江流域省级河湖长联席会议机制》规定，联席会议实行召集人轮值制度，本次联席会议由湖北省省长、总河湖长王忠林召集。水利部副部长刘伟平出席会议并讲话。联席会议副召集人、长江水利委员会主任马建华作长江流域河湖管理保护工作报告。联席会议成员、长江流域上海、江苏、安徽、江西、河南、湖北、湖南、重庆、四川、贵州、云南、西藏、陕西、甘肃、青海等15省（自治区、直辖市）领导彭沉雷、马欣、张曙光、胡强、刘玉江、赵海山、李建中、熊雪、钟勉、王世杰、张治礼、肖友才、王琳、李沛兴、刘涛作交流发言。

王忠林强调，全面推行河湖长制、加强河湖管理保护是以习近平同志为核心的党中央作出的重大决策部署，是长江流域各地的必答题，事关国家经济社会发展大局和中华民族伟大复兴战略全局。要同题共答、高位推动，切实扛牢长江流域河湖管理保护的政治责任；要精准施策、重点发力，切实抓好长江流域河湖生态环境保护修复；要系统治理、高效实施，切实提升长江流域河湖管护水平；要协调联动、联防联治，切实加快形成长江流域河湖一体化治理格局；要知责而担、知重而行，切实推动河湖长制落地见效。

刘伟平指出，全面推行河湖长制是以习近平同志为核心的党中央作出的重大决策部署，是落实绿色发展理念、推进生态文明建设的内在要求，是解决我国复杂水问题、维护河湖健康生命的有效举措，是完善水治理体系、保障国家水安全的制度创新。在党中央、国务院坚强领导下，长江流域各地真抓

实干、狠抓落实，形成了党政主导、水利牵头、部门联动、社会共治的工作局面。下阶段要对表对标、趁势而上，埋头苦干、久久为功，协同打造幸福长江，确保“十四五”时期河湖长制工作实现新作为、展现新气象、取得新成效。

马建华对2021年长江流域河湖管理保护工作进行了总结。他指出，2021年长江流域各地坚决贯彻落实党中央、国务院决策部署，河湖长制工作稳步推进，流域统筹作用不断增强，河湖管理保护成效显著。2022年，要认真落实全面推行河湖长制工作部际联席会议工作要求，加强流域统筹和区域协作，完善河湖管理保护体系，强化水域岸线管理，加强水资源管理保护，复苏河湖生态环境，推进跨省河湖联防联治，提升河湖管理保护能力，共同推动河湖保护治理管理再上新台阶。

会议发布了“携手共建幸福长江”倡议书，审议通过《2022年长江流域河湖保护治理管理工作要点》，对2022年河湖管理保护工作进行了安排部署。

水利部有关司局、长江水利委员会有关单位和沿江15省（自治区、直辖市）有关领导及相关部门参会。

20. 水利部启动全国中小河流治理总体方案编制工作　为高质量推进中小河流治理工作，水利部、财政部印发《关于开展全国中小河流治理总体方案编制工作的通知》。7月13日，水利部召开启动会，部署启动中小河流治理总体方案编制工作。水利部副部长刘伟平出席会议并讲话，总规划师吴文庆主持会议。

刘伟平指出，截至2021年年底，全国中小河流治理累计完成治理河长超过10万km，重点中小河流重要河段的防洪能力得到明显提升，中小河流治理取得了阶段性成果。进入新发展阶段，中小河流治理必须深入贯彻落实“节水优先、空间均衡、系统治理、两手发力”治水思路和“两个坚持、三个转变”防灾减灾救灾理念，以流域为单元，统筹发展和安全，科学编制中小河流治理总体方案。各有关单位要充分认识总体方案编制的重要性，力争用一年多的时间全面完成总体方案编制任务，科学指导今后一个时期的中小河流治理工作。

刘伟平强调，中小河流治理总体方案编制要以习近平新时代中国特色社会主义思想为指导，深入贯彻落实党中央、国务院有关决策部署，统筹发展和安全，聚焦新阶段水利高质量发展，坚持系统观念，强化底线思维，以流域为单元，逐流域规划、逐流域治理、逐流域验收、逐流域建档立卡，有力有序有效推进治理任务，全面提升中小河流防洪减灾能力，为人民群众生命财产安全和经济社会持续健康发展提供坚实的水安全保障。总体方案编制要遵循“确有需要、生态安全、可以持续”的原则，坚持以人为本、系统治理、因地制宜、数字赋能。

刘伟平要求，各有关单位要按照通知要求，充分利用已有工作基础，按计划高质量完成中小河流治理总体方案编制工作。要准确把握三个方面的重点工作：一是开展调查评估，全面摸清我国中小河流治理现状和治理需求。二是坚持流域系统观念，编制省（自治区、直辖市）、流域、全国中小河流治理总体方案和逐河流治理方案。三是构建中小河流信息化平台，实现中小河流治理数字化、网络化、智能化管理。各有关单位要加强组织领导、明确责任分工，加快工作进度，确保工作质量，扎实做好全国中小河流治理总体方案编制工作。

会议以视频形式召开。水利部有关司局和在京直属单位负责同志在主会场参加会议，各流域管理机构，各省（自治区、直辖市）水利（水务）厅（局）、计划单列市水利（水务）局、新疆生产建设兵团水利局分管负责同志和相关处室负责同志在各地分会场参加会议。

21. 华北地区河湖生态环境复苏2022年夏季补水圆满完成　近日，历时一个多月的华北地区河湖生态环境复苏2022年夏季行动顺利结束，累计补水9.68亿m^3，完成计划补水量的134.3%，置换12.68万亩沿线地下水农灌区，唐河、沙河等常年干涸河流实现全线贯通，独流减河、子牙新河、漳卫新河实现贯通入海，夏季补水任务圆满完成。

此次行动是深入贯彻落实“节水优先、空间均衡、系统治理、两手发力”治水思路，推进华北地区河湖生态环境复苏和地下水超采综合治理的重大举措，是充分发挥南水北调工程综合效益、支撑京津冀协同发展战略、回应人民群众对优美生态环境热切期盼的具体行动。一是补水水源构成多、补水线路长、涉及范围广。夏季补水行动涉及5条补水线路，19条补水支线，39条（个）补水河湖，丹江口水库、密云水库、岳城水库、于桥水库等12个水库参与补水，南水北调中线11个退水闸、分水口参与调度。补水量累计达到9.68亿m^3，其中南水北调中线补水达2.13亿m^3，京津冀当地水库补水达7.06亿m^3，均超额完成补水计划。二是推进了华北地区地下水超采综合治理。此次补水累计置换了约12.68万亩耕地的地下水灌溉用水，有效压减超采区地下水开采量，补水沿线地下水亏空得到回补。三是有效改善了华北地区河湖生态环境。唐河、沙河等8条白洋淀补水支线全部贯通，有效改善了大清河白洋淀水系连通性及水质情况。大清河白洋淀水系、子牙河水系、漳卫河水系分别经独流减河、子牙新河、漳卫新河贯通入海，入海水量达 7 842 万 m^3。四是强化了华北地区河湖管护。为保障补水工作全程安全平稳运行，此次补水累计清理垃圾 5.4 万 m^3，清理河障 142 处，清理违建 114 处，处理影响过流的施工场地 4 处，沿线各省市持续加强工程及补水沿线巡查和管护力度，补水河湖面貌显著改善。

22. 淮河流域省级河湖长第一次联席会议召开　7 月 21 日，淮河流域省级河湖长第一次联席会议以视频形式召开。会议的主要任务是深入学习贯彻习近平生态文明思想，认真落实党中央、国务院关于强化河湖长制的重大决策部署，深入推进河湖长制流域统筹与区域协作，协调解决淮河流域河湖管理保护中的重大问题，进一步凝聚淮河流域河湖保护治理合力。

联席会议召集人、河南省人民政府省长王凯出席会议并讲话。水利部副部长刘伟平出席会议并讲话，水利部总工程师仲志余出席会议。联席会议副召集人，河南省人民政府副省长武国定、安徽省人民政府副省长张曙光、江苏省人民政府副省长胡广杰、山东省人民政府党组成员江成、湖北省人民政府副省长赵海山作交流发言。水利部淮河水利委员会作淮河流域河湖长制及河湖保护工作情况汇报。

就共同做好淮河流域河湖长制工作，王凯强调，要共同扛牢流域河湖管理的重大政治责任，推进“清四乱”工作常态化规范化、流域生态修复、流域污染防治，协同推进跨界河湖及周边陆域联防联治，共建协调联动的流域治理工作机制，推动定期协商、信息共享，创新推广各省典型做法，加强议定事项督促落实，形成目标一致、行动同步、措施协同的工作格局，持续推进幸福河湖建设，让人民群众满意、让党中央放心，以实际行动迎接党的二十大胜利召开。

刘伟平指出，在党中央、国务院的坚强领导下，流域五省大力推进河湖长制从“有名有责”到“有能有效”，集中开展“清四乱”专项行动，严厉打击非法采砂，推动河湖面貌持续改善，人民群众的获得感、幸福感、安全感明显增强。他强调，要深刻认识强化河湖长制的重大意义，充分认识流域河湖管理工作的复杂性和艰巨性，准确把握强化河湖长制的工作要求，扎实做好今年淮河流域河湖长制工作；要以激励约束河湖长规范履职为着力点、以实现流域联防联控为切入点、以推进河湖管理保护智慧化为关键点、以建设健康美丽幸福河湖为落脚点，全面强化淮河流域河湖长制工作，以优异成绩迎接党的二十大胜利召开。

会议审议通过了《淮河流域省级河湖长联席会议工作规则》，明确了淮河流域“十四五”幸福河湖建设计划及 2022 年度建设任务，并就强化联防联治、推进河湖“四乱”和碍洪问题清理整治、开展江河湖海水域清漂专项行动等事项进行部署。

水利部有关司局、流域五省有关部门负责人和水利部淮河水利委员会有关负责人参会。

23. 水利部新批复 7 条跨省江河流域水量分配方案　近日，水利部批复了长江流域的湘江、赣江、信江、资水，淮河流域的池河、白塔河及高邮湖，以及松辽流域的霍林河等 7 条跨省江河流域水量分配方案，明确了这些江河流域及相关省份地表水开发利用相关控制指标，为落实水资源刚性约束要求进一步夯实了基础。

湘江是洞庭湖水系中流域面积最大的河流，流经湖南、广东、广西、江西 4 省（自治区），干流全长 856km，流域面积 9.48 万 m^2，多年平均地表水资源量 806.8 亿 m^3。湘江流域水量分配方案明确了不同来水条件下湖南、广东、广西、江西 4 省（自治区）的水量分配份额，以及全州等 14 个主要断面下泄水量、最小下泄流量控制指标。

赣江是鄱阳湖水系的第一大河，流经江西、福建、湖南和广东 4 省，干流长 766km，流域面积 8.09 万 km^2，多年平均地表水资源量 720 亿 m^3。赣江流域水量分配方案明确了不同来水条件下江西、福建、湖南、广东 4 省的水量分配份额，以及丰州等 7 个主要断面下泄水量、最小下泄流量控制指标。

信江是鄱阳湖水系五大河流之一，流经江西、福建和浙江 3 省，干流长 328km，流域面积 1.55 万 m^2，多年平均地表水资源量 186.5 亿 m^3。信江流域水量分配方案明确了不同来水条件下江西、福建、浙江 3 省的水量分配份额，以及二渡关等 6 个主要断面下泄水量、最小下泄流量控制指标。

资水是长江中游右岸洞庭湖水系的重要支流，流经广西、湖南 2 省（自治区），干流全长 653km，流域面积 2.81 万 km^2，多年平均地表水资源量 248.8 亿 m^3。资水流域水量分配方案明确了不同来水条件下广西、湖南 2 省（自治区）的水量分配份额，以及邵阳等 6 个主要断面下泄水量、最小下泄流量控制指标。

池河位于淮河中游南岸，流经安徽、江苏 2 省，干流全长 207.5km，流域面积 0.5 万 km^2，多年平均地表水资源量 12.87 亿 m^3。池河流域水量分配方案明确了不同来水条件下安徽、江苏 2 省的水量分

配份额，以及旧县闸断面下泄水量控制指标。

白塔河为淮河下游入高邮湖的主要支流，流经安徽、江苏 2 省，全长 110km，流域面积 0.16 万 km^2，多年平均地表水资源量 5.52 亿 m^3。高邮湖为淮河下游的大型湖泊，地跨安徽、江苏 2 省，是全国第六大淡水湖。白塔河流域及高邮湖水量分配方案明确了不同来水条件下安徽、江苏 2 省的水量分配份额，以及天长（白）等主要控制断面下泄水量控制指标。

霍林河是嫩江右岸一级支流，流经内蒙古、吉林 2 省（自治区），全长 590km，流域面积 3.66 万 km^2，多年平均地表水资源量 5.98 亿 m^3。霍林河流域水量分配方案明确了不同来水条件下内蒙古、吉林 2 省（自治区）的水量分配份额，以及白云胡硕等 2 个主要断面下泄水量控制指标。

今年以来，水利部已新批复 11 条跨省江河流域水量分配方案。全国计划开展水量分配的 94 条跨省重要江河，目前已累计批复 74 条。水利部指导督促各省份累计批复 346 条跨地市江河流域水量分配方案。下一步，水利部将进一步加大江河流域水量分配工作推进力度，强化水量分配方案实施监管，为全面贯彻落实“四水四定”原则提供重要支撑。

24. “水美中国”首届国家水利风景区高质量发展典型案例发布会在京举办　7 月 28 日，水利部水利风景区建设与管理领导小组办公室联合中国农影中心在京举办“水美中国”首届国家水利风景区高质量发展典型案例发布会。水利部河湖司、水利部综合事业局、中国农影中心等有关负责人出席会议并致辞。河南林州红旗渠、内蒙古巴彦淖尔二黄河、湖北武汉江滩、福建莆田木兰陂、浙江太湖溇港、江苏江都水利枢纽、陕西西安汉城湖、上海浦东新区滴水湖、辽宁本溪关门山、山东沂南竹泉村、湖北兴山高岚河等水利风景区所在省（自治区、直辖市）水利（水务）厅（局）、所在地政府和景区单位有关负责人出席发布会并推介。

会议指出，建设发展水利风景区是深入贯彻落实习近平生态文明思想和习近平总书记“节水优先、空间均衡、系统治理、两手发力”治水思路的重要举措，是维护河湖健康生命、传承弘扬水文化、提供更多优质水生态产品和服务的重要载体。过去二十多年以来，各级水利部门通过科学保护和综合利用水利设施、水域岸线，指导各地建成国家级水利风景区 900 余家，省级以上水利风景区 2 000 余家，已遍布我国大江南北，宛如一颗颗璀璨的明珠扮靓了九州华夏，赢得了广大人民群众的热心青睐和社会各界的积极赞誉。

为深入贯彻落实习近平生态文明思想和水利部党组关于推动水利高质量发展有关部署要求，水利部从各地征集遴选并公布了 30 个国家水利风景区高质量发展典型案例，并公布了第一批重点推介的 10 个标杆景区。这些案例涵盖了东、中、西部不同地区和水库型、河湖型、灌区型等不同景区类型，通过探索“水利＋”科普研学及文旅农康等融合发展模式，积极践行“绿水青山就是金山银山”的理念，坚持以人民为中心的发展思想，在修复健康水生态、构建宜居水环境、弘扬先进水文化、发展美丽水经济、传承红色基因和助力乡村振兴等方面成效显著，凸显了“水利特色鲜明、生态环境优良、文化氛围浓厚、发展动力强劲、管理安全高效、综合效益显著”等特征，是习近平生态文明思想的生动实践，具有较高的借鉴与参考价值。

会议同期，水利部综合事业局与中国农影中心签订了“战略合作协议”，携手共建新阶段国家水利风景区品牌建设协作机制，共同打造“水美中国”品牌，为满足人民日益增长的美好生活需要提供更多优质水生态产品和服务。

《人民日报》《新华社》《光明日报》《农民日报》《经济日报》、人民论坛杂志社等媒体机构代表参加发布会。发布会同步采用融媒体全网线上直播方式进行，农视网、中国三农发布、央视频、抖音、腾讯网、百度、网易新闻、哔哩哔哩、一直播等网络媒体同步线上直播了本次发布会。

25. 黄河流域省级河湖长联席会议召开　8 月 2 日，黄河流域省级河湖长联席会议以视频形式召开。会议全面贯彻习近平总书记“节水优先、空间均衡、系统治理、两手发力”治水思路，深入落实习近平总书记关于推动黄河流域生态保护和高质量发展的重要指示，统筹推进黄河流域河湖长制工作。青海省委书记、省人大常委会主任信长星出席会议并致辞，联席会议轮值召集人、青海省省长吴晓军主持会议。水利部副部长刘伟平出席会议并讲话。

会上，黄河流域九省（自治区）共同发出《“共同抓好大保护　协同推进大治理　联手建设幸福河”西宁宣言》，审议通过《黄河流域省级河湖长联席会议工作规则》《黄河流域省级河湖长联席会议办公室工作规则》《关于纵深推进黄河流域河湖“清四乱”常态化规范化的指导意见》《坚决遏制黄河流域违规取用水实施意见》。

青海省委常委、常务副省长王卫东，四川省副省长胡云，甘肃省委常委、副省长张锦刚，宁夏回族自治区副主席王道席，内蒙古自治区副主席李秉荣，山西省副省长贺天才，陕西省副省长叶牛平，河南省副省长武国定，山东省副省长江成作交流发言。青海省委常委、副省长才让太宣读《西宁宣言》。

信长星在致辞中指出，黄河流域生态保护和高质量发展是习近平总书记亲自擘画的重大国家战略，黄河安澜需要流域省（自治区）共同守护；全面推行河湖长制是习近平总书记亲自部署的重大改革，河湖生态需要流域省（自治区）共同监护；黄河流域省级河湖长联席会议是贯彻落实中央战略和国家部署的制度创新，机制运行需要流域省（自治区）共同维护；此次会议是落实联席会议机制的良好开端，《西宁宣言》需要流域省（自治区）共同呵护。

刘伟平在讲话中指出，在党中央、国务院坚强领导下，黄河水利委员会和流域九省（自治区）党委、政府心怀“国之大者”，以高度的政治责任感和历史使命感，全面推行河湖长制，强化山水林田湖草沙冰综合治理、系统治理、源头治理，流域河湖面貌持续向好，人民群众的获得感、幸福感、安全感明显增强。下阶段，要围绕建设造福人民的幸福河的目标，共同抓好大保护、协同推进大治理，强化流域统一治理管理，强化流域统筹与区域协同，强化责任落实，强化河湖监管，确保黄河流域河湖治理保护工作实现新作为、展现新气象、取得新成效。

吴晓军在总结讲话中指出，此次会议深化了认识，凝聚了共识，进一步坚定了共绘“一张图”的信心和决心；交流了工作，展望了愿景，强化了共护“一河水”的责任担当；创新了机制，形成了合力，构建了共下“一盘棋”的工作格局。流域九省（自治区）必将以此次会议为契机，以更大的合力复苏母亲河生态环境、落实“四水四定”、筑牢抵御自然灾害防线、推进黄河流域高质量发展、保护传承弘扬黄河文化，以实际行动迎接党的二十大胜利召开。

黄河水利委员会作联席会议工作报告，全面总结了黄河流域河湖长制工作开展情况，提出了2022年需要做好的重点工作。

水利部有关司局、黄河水利委员会有关单位和沿黄九省（自治区）河长制办公室、有关责任部门单位负责同志参会。

26. 李国英主持召开水利部部务会议　研究农村供水水质提升、加强河湖安全保护工作等内容　9月1日，水利部党组书记、部长李国英主持召开部务会议，研究农村供水水质提升、加强河湖安全保护工作，审议《太湖流域重要河湖岸线保护与利用规划》。

会议指出，提升农村供水水质是农民群众最直接最现实最关心的利益问题，要聚焦这一目标要求，精准有效实施饮用水水源地保护、水源置换、管网延伸覆盖、净化消毒设施设备配套完善等措施，强化水质检测监测，完善水质安全风险防控机制，强化全过程全链条水质管控，建立健全从“源头”到“龙头”的水质保障体系，形成多部门协作合力，确保“十四五”如期实现农村供水水质提升专项行动各项目标任务。

会议强调，要全面推进水行政执法体系建设，健全完善跨区域联动、跨部门联合执法以及水行政执法与刑事司法衔接、与检察公益诉讼协作等机制，强化全流域联防联控联治，切实提高水行政执法效能，不断提升运用法治思维和法治方式解决涉河湖和水工程安全问题的能力，维护河湖健康生命。

会议指出，太湖流域重要河湖岸线保护与利用，事关流域防洪安全、供水安全、生态安全。要坚持流域统一规划、统一治理、统一调度、统一管理，精准对接国土空间规划，认真落实太湖流域综合规划有关要求，系统谋划河湖岸线保护利用格局。要用好河湖长制和太湖流域调度协调机制，从严从细管控河湖岸线，确保河湖面积不缩小、行蓄洪能力不降低、生态功能不削弱。

27. 水利部印发强化流域水资源统一管理工作的意见　为贯彻落实《水利部关于强化流域治理管理的指导意见》，提升流域治理管理能力和水平，推动新阶段水利高质量发展，水利部办公厅印发《关于强化流域水资源统一管理工作的意见》（简称《意见》）。

《意见》要求，强化流域水资源统一管理必须深入贯彻落实习近平总书记“节水优先、空间均衡、系统治理、两手发力”治水思路和关于治水重要讲话指示批示精神，以流域水资源可持续利用为目标，以合理配置经济社会发展和生态用水、强化水资源统一监管、推动水生态保护治理为重点，着力提升水资源集约节约利用能力、水资源优化配置能力、流域生态保护治理能力，推动新阶段水利高质量发展，为经济社会持续健康发展提供有力支撑；必须坚持“四水四定”，坚持生态优先，坚持系统观念，坚持流域与区域相结合的水资源管理体制。

《意见》明确了强化流域水资源统一管理的重点任务：

一是合理配置经济社会发展和生态用水。保障河湖生态流量，将河湖基本生态流量保障目标作为河湖健康必须守住的底线。加快推进江河水量分配，明确江河流域分配的总水量和各相关地区的水量分配份额、重要控制断面下泄水量流量指标等，防止水资源过度开发。严格地下水取水总量和水位控制，

防治地下水超采，实现地下水可持续利用。在明确江河流域水量分配、地下水管控指标和外调水可用水量等基础上，推动明晰区域水权。强化规划水资源论证，从规划源头促进产业结构布局规模与水资源承载能力相协调。科学规划实施跨流域调水工程，切实守住流域水资源开发利用上限和生态流量管控底线。

二是强化流域水资源统一监管。全面加强流域水资源监测体系建设，提升流域水资源数字化、网络化、智慧化管理水平。强化取水口管理，切实将江河水资源和地下水开发强度控制在规定限度内。加强水权交易及监管，更好发挥市场配置水资源作用。健全水资源考核与监督检查机制，充分发挥考核的激励鞭策和导向作用。

三是推动流域水生态保护治理。开展流域水资源承载能力评价，实时监测流域和重点区域水资源开发情况，发布并动态更新水资源超载地区名录。实行水资源超载地区暂停新增取水许可，按超载的水源类型暂停相应水源的新增取水许可。开展母亲河复苏行动，组织制定“一河一策”“一湖一策”，逐步退还被挤占的生态用水。开展地下水超采区划定，加强地下水禁采区、限采区监管，指导督促地方落实地下水超采治理主体责任。完善饮用水水源地名录，扎实做好饮用水水源地保护。

《意见》强调，要强化流域水资源统一管理的支撑保障，牢固树立流域治理管理的系统观念，加强组织领导和工作推动，注重流域区域协同，强化法治保障，强化科技与投入支撑，加强经验总结推广等。

28\. 李国英出席中共中央宣传部新闻发布会，介绍党的十八大以来水利发展成就　9月13日，水利部党组书记、部长李国英出席中共中央宣传部“中国这十年”系列主题新闻发布会，介绍党的十八大以来水利发展情况，并与相关司局负责人回答记者提问。中宣部对外新闻局局长、新闻发言人陈文俊主持发布会。

李国英指出，党的十八大以来，以习近平同志为核心的党中央高度重视水利工作。习近平总书记站在中华民族永续发展的战略高度，提出“节水优先、空间均衡、系统治理、两手发力”治水思路，确立国家“江河战略”，擘画国家水网等重大水利工程，为新时代水利事业提供了强大的思想武器和科学行动指南，在中华民族治水史上具有里程碑意义。在习近平总书记掌舵领航下，在习近平新时代中国特色社会主义思想科学指引下，社会各界关注治水、聚力治水、科学治水，解决了许多长期想解决而没有解决的水利难题，办成了许多事关战略全局、事关长远发展、事关民生福祉的水利大事要事，我国水利事业取得历史性成就、发生历史性变革。

李国英介绍，十年来，我国水旱灾害防御能力实现整体性跃升，成功战胜黄河、长江、淮河、海河、珠江、松花江辽河、太湖等大江大河大湖严重洪涝灾害，近十年我国洪涝灾害年均损失占GDP的比例由上一个十年的0.57%降至0.31%。去年以来，全国有8 135座（次）大中型水库投入拦洪运用，12个国家蓄滞洪区投入分洪运用，减淹城镇3 055个（次），减淹耕地3 948万亩，避免人员转移2 164万人；有力抗击珠江流域等多区域严重干旱，保障了大旱之年基本供水无虞。今年实施“长江流域水库群抗旱保供水联合调度专项行动”，保障了1 385万群众饮水安全和2 856万亩秋粮作物灌溉用水需求。农村饮水安全问题实现历史性解决，全面解决1 710万建档立卡贫困人口饮水安全问题，十年来共解决2.8亿农村群众饮水安全问题，农村自来水普及率达到84%，农田有效灌溉面积达到10.37亿亩，在占全国耕地面积54%的灌溉面积上，生产了全国75%的粮食和90%以上的经济作物。水资源利用方式实现深层次变革，用水方式由粗放低效向集约节约转变，2021年我国万元GDP用水量、万元工业增加值用水量较2012年分别下降45%和55%，农田灌溉水有效利用系数从2012年的0.516提高到2021年的0.568，我国以占全球6%的淡水资源养育了世界近20%的人口，创造了世界18%以上的经济总量。水资源配置格局实现全局性优化，南水北调东、中线一期工程建成通水，开工建设南水北调中线后续工程引江补汉工程等重大引调水工程，“系统完备、安全可靠，集约高效、绿色智能，循环通畅、调控有序”的国家水网正在加快构建，全国水利工程供水能力从2012年的7 000亿m^3提高到2021年的8 900亿m^3。江河湖泊面貌实现根本性改善，河长制湖长制体系全面建立，华北地区地下水水位总体回升，一大批断流多年河流恢复全线通水，京杭大运河实现百年来首次全线贯通，全国水土流失面积和强度实现“双下降”，越来越多的河流恢复生命，越来越多的流域重现生机，越来越多的河湖成为造福人民的幸福河湖。水利治理能力实现系统性提升，流域统一规划、统一治理、统一调度、统一管理不断深化，长江保护法、地下水管理条例等重要法律法规颁布实施，水行政执法机制不断健全，水利投融资改革取得重大突破，数字孪生流域、数字孪生水网、数字孪生水利工程加快建设，水利科技“领跑”领域不断扩大。

李国英指出，迈入新征程，水利部门将坚持以习近平新时代中国特色社会主义思想为指导，完整、准确、全面贯彻新发展理念，深入贯彻落实“节水优先、空间均衡、系统治理、两手发力”治水思路，锚定全面提升国家水安全保障能力总体目标，扎实推动新阶段水利高质量发展，为奋力谱写全面建设社会主义现代化国家崭新篇章贡献水利力量。

新华社、中央广播电视总台、人民网、香港中评社等25家媒体记者参加发布会。

29. 水利部持续推进永定河水量调度和生态环境复苏　9月13日14时，随着引黄北干线及上游册田、洋河水库开始向永定河生态补水，2022年秋季永定河水量调度工作正式启动。

为做好今年秋季全线通水工作，近日，水利部组织召开2022年秋季永定河水量调度工作部署会，朱程清副部长出席会议并讲话。朱程清充分肯定了近年来永定河水量调度工作取得的成效，指出永定河秋季全线通水工作是贯彻习近平生态文明思想和“节水优先、空间均衡、系统治理、两手发力”治水思路的重要举措，是落实推动新阶段水利高质量发展决策部署的具体实践；强调各单位要深刻认识永定河水量调度工作的形势与要求，在更高水平更大目标上持续推进复苏永定河生态环境。今年秋季永定河水量调度和生态环境复苏工作要统筹分析雨情、水情、旱情和工情等，科学配置当地水、引黄水和再生水，细化调度过程，强化监测分析，提高调度精细化水平，利用好每一方水，确保预期目标实现，以实际行动迎接党的二十大胜利召开。

30. 水利部召开深入推动黄河流域生态保护和高质量发展工作座谈会　9月19日，水利部召开深入推动黄河流域生态保护和高质量发展工作座谈会，进一步学习领悟习近平总书记关于黄河流域生态保护和高质量发展系列重要讲话精神，盘点检视2019年9月18日习近平总书记亲自主持召开黄河流域生态保护和高质量发展座谈会并发表重要讲话以来工作进展，部署推动下一步水利重点工作。水利部党组书记、部长李国英出席会议并讲话，部党组成员、副部长刘伟平主持会议。

李国英指出，以习近平同志为核心的党中央始终高度重视黄河保护治理。习近平总书记从实现中华民族永续发展的战略高度，擘画了黄河流域生态保护和高质量发展的宏伟蓝图，系统阐述了黄河流域生态保护和高质量发展的重大问题和关键任务，为新阶段黄河保护治理指明了前进方向、提供了根本遵循。水利部和沿黄九省区坚持把贯彻落实习近平总书记重要讲话精神作为重大政治责任和重大政治任务，着力加强顶层设计，全力保障黄河安澜，不断强化水资源刚性约束，持续改善河湖面貌，健全完善体制机制，推动黄河保护治理各项工作取得重要进展。

李国英强调，要完整、准确、全面贯彻落实习近平总书记关于黄河流域生态保护和高质量发展重要讲话精神，坚持底线思维、统筹发展和安全两件大事，坚持辩证思维、准确把握保护和发展关系，坚持系统思维、强化流域统一规划、统一治理、统一调度、统一管理，坚持创新思维、善用改革办法破解难题，确保“十四五”时期取得明显成效，为黄河永远造福中华民族而不懈奋斗。要聚焦洪水风险这个最大威胁，科学调控水沙关系，大力推进防洪骨干工程建设，补齐补强防洪短板弱项，加快构建抵御洪涝灾害防线。要针对水资源短缺这个最大矛盾，健全刚性约束指标体系，强化水资源监管，持续实施深度节水控水行动，全方位落实以水定城、以水定地、以水定人、以水定产。要按照“系统完备、安全可靠，集约高效、绿色智能，循环通畅、调控有序”的总体要求，加快构建国家水网主骨架和大动脉，推进区域水资源配置工程建设，提高水资源调蓄能力，完善流域水资源配置格局。要把握生态脆弱这个最大问题，统筹推进山水林田湖草沙综合治理、系统治理、源头治理，以黄土高原多沙粗沙区特别是粗泥沙集中来源区为重点实施水土保持工程，持续开展流域排查整治，着力加强河湖保护治理修复。要着力完善“原型黄河”监测体系，大力推进“数字孪生黄河”建设，进一步强化“模型黄河”建设和运用。要坚持政府和市场两手发力，推进重点领域改革，健全法治保障，加快破除体制机制障碍。

座谈会以视频形式举行。部总师，水利部推进黄河流域生态保护和高质量发展工作领导小组成员，驻部纪检监察组负责同志，部直属有关单位主要负责同志，沿黄九省区水利厅主要负责同志参加会议，部分单位作了交流发言。

31. 水利部党组理论学习中心组专题学习习近平生态文明思想　9月23日，水利部党组书记、部长李国英主持召开部党组理论学习中心组学习会，专题学习研讨《习近平生态文明思想学习纲要》。部领导田学斌、刘伟平，总师、各司局主要负责同志参加学习研讨。

会议指出，习近平生态文明思想系统回答了为什么建设生态文明、建设什么样的生态文明、怎样建设生态文明等重大理论和实践问题，是习近平新时代中国特色社会主义思想的重要组成部分，是马

克思主义基本原理同中国生态文明建设实践相结合、同中华优秀传统生态文化相结合的重大成果，是以习近平同志为核心的党中央治国理政实践创新和理论创新在生态文明建设领域的集中体现，为新时代推进美丽中国建设、实现人与自然和谐共生现代化提供了强大思想武器，为筑牢中华民族伟大复兴绿色根基、实现中华民族永续发展提供了根本指引。要充分认识习近平生态文明思想的重大政治意义、理论意义、历史意义、实践意义、世界意义，深刻领悟蕴含其中的认识论、价值论、方法论，进一步深刻领会“两个确立”的决定性意义，增强“四个意识”、坚定“四个自信”、做到“两个维护”，自觉做习近平生态文明思想的坚定信仰者和忠实践行者，坚定不移用习近平生态文明思想武装头脑、指导实践、推动工作。

会议强调，要坚持以习近平生态文明思想为指导，深入贯彻落实习近平总书记“节水优先、空间均衡、系统治理、两手发力”治水思路和关于治水重要讲话指示批示精神，更加注重尊重自然、顺应自然、保护自然，更加突出节约优先、保护优先、生态优先，坚定不移推动新阶段水利高质量发展，加快提升水旱灾害防御能力、水资源集约节约利用能力、水资源优化配置能力、河湖生态保护治理能力，为建设人与自然和谐共生的现代化作出水利贡献。要实施国家节水行动，大力推进农业节水增效、工业节水减排、城镇节水降损；复苏河湖生态环境，让河流恢复生命、流域重现生机；立足流域整体和水资源空间均衡配置，加快构建国家水网；强化流域治理管理，提升流域生态系统质量和稳定性；推进智慧水利建设，强化预报预警预演预案功能；完善体制机制法治，提升水利治理现代化水平。

会议要求，部属系统各级党组织要引导广大党员干部职工读原著、学原文、悟原理，紧密联系工作实际，在知其然上有新收获、在知其所以然上有新认识、在知其所以必然上有新感悟，把学习成效转化为推动新阶段水利高质量发展、助力美丽中国建设的思路举措、生动实践，为不断开创新时代生态文明建设新局面、全面建设社会主义现代化国家提供有力的水安全保障。

32. 2022 年松花江、辽河流域省级河湖长联席会议召开　9 月 28 日，2022 年松花江、辽河流域省级河湖长联席会议以视频形式召开。会议全面贯彻习近平总书记“节水优先、空间均衡、系统治理、两手发力”治水思路和关于治水重要讲话指示批示精神，深入落实党中央、国务院关于强化河湖长制重大决策部署，安排部署未来一个时期松辽流域河湖长制及河湖管理保护工作。

联席会议召集人、黑龙江省委副书记、省长胡昌升主持会议并讲话。水利部副部长田学斌出席会议并讲话。黑龙江省副省长李海涛、吉林省副省长韩福春、辽宁省副省长王明玉、内蒙古自治区政府有关负责同志分别作交流发言。松辽水利委员会负责同志汇报松辽流域河湖长制及河湖管理保护工作情况。

胡昌升强调，要深入学习贯彻习近平生态文明思想，全面落实党中央、国务院关于强化河湖长制、建设幸福河湖的部署要求，坚决扛起维护国家生态安全重大政治责任，坚持“节水优先、空间均衡、系统治理、两手发力”治水思路，努力实现河湖永续利用、人水和谐共生。要坚持突出重点，完善工作体系和监管体系，坚持依法管水治水，坚持“山水林田湖草沙”一体化保护和系统治理，加快推进幸福河湖建设。要坚持“一盘棋”思想，着力构建松辽流域联防联治机制，加快形成区域协同、信息共享、责任共担、风险齐防的共治格局。

田学斌指出，全面推行河湖长制以来，在党中央、国务院的坚强领导下，松辽水利委员会及流域四省区履职尽责、真抓实干，河湖管理保护工作取得显著成效。要提高政治站位，切实把思想和行动统一到党中央的决策部署上来，深刻认识河湖长制工作面临的新形势、新要求，准确把握新阶段河湖管理保护的主要目标任务。要强化河湖长履职尽责，持续推动河湖长制有能有效；坚持统筹协调，推动解决河湖重点问题；深入推进碍洪问题排查整治，加强涉河建设项目管理；推进智慧河湖建设，提升河湖管理保护现代化水平。

会议审议通过了《松花江、辽河流域省级河湖长联席会议工作规则》和《松辽流域河湖岸线利用建设项目和特定活动清理整治专项行动工作方案》。

水利部有关司局、流域四省区有关部门负责人和水利部松辽水利委员会有关负责人参会。

33. 2022 年珠江流域省级河湖长联席会议召开　9 月 29 日，2022 年珠江流域省级河湖长联席会议以视频形式召开。会议深入贯彻党中央、国务院关于强化河湖长制的决策部署，全面总结流域河湖长制和河湖管理保护工作成效，研究加强河湖长制流域统筹与区域协作，凝聚流域河湖保护治理合力，共商珠江高水平保护大事，共谋流域高质量发展大计。

联席会议召集人、云南省人民政府省长王予波出席会议并讲话。水利部副部长刘伟平出席会议并讲话。珠江流域相关省区人民政府领导和良辉、李再勇、方春明、孙志洋、王一鸥、殷美根、李建成作交流发言。联席会议常务副召集人、珠江水利委员会主要负责同志作珠江流域河湖长制及河湖管理保护工作报告。

王予波强调，珠江流域保护治理事关国家生态安全和高质量发展，事关民族复兴和永续发展，是必须抓好的重大政治任务。要共担流域保护政治责任，把强化河湖长制、守护珠江流域作为贯彻落实习近平生态文明思想的具体行动，共同抓好大保护、协同推进大治理，以实际行动坚决捍卫“两个确立”、坚决做到“两个维护”。要共抓流域治理重点工作，树牢“流域一盘棋”意识，加强综合治理、系统治理、源头治理，持续推进水资源保护、水环境整治、水污染防治、水生态修复，加快实现河畅、水清、岸绿、景美、人和。要共建流域协同体制机制，强化共治共保、基础支撑、责任落实，加快建立目标一致、措施衔接、行动同步的工作体系。要共创流域发展美好明天，在更大范围、更高水平、更深层次上深化产业协作、加强互联互通、强化开放合作，携手打造美丽幸福珠江。

刘伟平指出，党中央部署全面推行河湖长制以来，珠江水利委员会和流域各省区党委政府高度重视、高位推动、狠抓落实，河湖长制向“有能有效”加快推进，流域河湖面貌持续改善，人民群众的获得感、幸福感、安全感显著增强。下阶段，要进一步提高政治站位，全面贯彻落实党中央关于强化河湖长制、推进大江大河和重要湖泊保护治理的决策部署，共同抓好珠江大保护，持续强化河湖长制，强化流域统一治理管理，强化河湖水域岸线空间管控，复苏河湖生态环境，纵深推进珠江流域河湖长制和河湖管理保护工作，为促进流域经济社会高质量发展，服务国家战略、区域发展战略提供强有力支撑。

会议审议通过了《珠江流域省级河湖长联席会议工作细则》。

水利部有关司局、流域七省区有关部门负责人和水利部珠江水利委员会有关负责人参会。

34. 水利部公安部共同发布《关于加强河湖安全保护工作的意见》

构建河湖保护新模式　协力保障国家水安全

10 月 10 日，水利部召开“加强河湖安全保护协作　共同保障国家水安全”新闻发布会，与公安部共同发布《关于加强河湖安全保护工作的意见》（简称《意见》）。水利部总规划师吴文庆介绍有关情况，并与公安部治安管理局、水利部政策法规司负责人回答记者提问。

吴文庆指出，制定《意见》，推进水行政执法与刑事司法有效衔接，加大河湖安全保护力度，是水利部、公安部共同贯彻落实习近平生态文明思想、习近平法治思想和习近平总书记关于治水重要讲话指示批示精神的重要举措，是水利部门和公安机关忠实履行法定职责的重要行动，对于维护河湖管理秩序、提升河湖治理水平、全面提升国家水安全保障能力具有重要意义。《意见》突出问题导向，针对妨碍河道行洪安全，非法侵占水域岸线，破坏水资源、水生态、水环境和水工程，非法采砂等涉及河湖安全的难点堵点，以及阻碍执法、暴力抗法等突出问题，全面加强两部门合作，构建河湖安全保护新模式。《意见》强调协同协作，在各自严格履职的基础上，明确水利部门和公安机关协同机制和责任分工，力求形成部门协作、区域协同、流域统筹的河湖安全保护格局。此次《意见》的出台，是水利、公安两部门进一步全面加强河湖安全保护合作的重要标志和新的起点。

《意见》由 4 个部分组成，重点围绕水利部门和公安机关协作的职责定位、重点任务、协作机制、协作保障等内容作出规定。在职责定位方面，明确水利部门严格执行涉水法律法规，依法查处各类水事违法行为，配合和协助公安机关查处涉水治安和刑事案件。公安机关依法受理水利部门移送的涉嫌犯罪的水事案件，依法严厉打击、严肃查处暴力抗法和妨碍执法人员依法履职等行为。在协作重点任务方面，明确在防洪安全保障、水资源水生态水环境保护、河道采砂秩序维护、重点水利工程安全保卫、水行政执法安全保障等 5 个重点领域加强协作。在协作机制方面，明确建立健全联席会议机制、水行政执法与刑事司法衔接机制、流域安全保护协同机制三项协作机制。《意见》指出，流域管理机构要以流域为单元，建立健全流域上下游、左右岸、干支流、行政区域间水利部门与公安机关的执法协作工作机制。对案情疑难复杂、社会影响大的案件，水利部门可以与公安机关实施联合挂牌督办。

《人民日报》、新华社、《经济日报》《法治日报》《人民政协报》《中国水利报》《人民公安报》等多家媒体记者参加了新闻发布会。

35. 李国英主持召开水利部部务会议　研究进一步推进水行政执法与检察公益诉讼协作机制工作

11 月 15 日，水利部党组书记、部长李国英主持召开部务会议，研究进一步推进水行政执法与检察公益诉讼协作机制工作。

会议强调，要深入贯彻党的二十大精神，积极践行习近平法治思想，认真落实党中央全面依法治国战略部署，更好发挥法治固根本、稳预期、利长

远的保障作用。坚持问题导向、目标导向，善于查找问题、发现问题，切实用好水行政执法与检察公益诉讼协作机制，依法治理妨碍河道行洪、侵占河湖水库、危害水工程安全等水事违法行为。要进一步强化与检察机关的协作，不断完善水行政执法与检察公益诉讼协作机制，不断提升运用法治思维和法治方式推动新阶段水利高质量发展的能力水平。

36. 水利部党组学习贯彻《中华人民共和国黄河保护法》　11月15日，水利部党组书记、部长李国英主持召开党组会议，学习《中华人民共和国黄河保护法》，研究贯彻落实措施。

会议指出，黄河保护法的出台，为统筹推进黄河流域生态保护和高质量发展提供了法治保障。要深刻认识黄河流域在我国经济社会发展和生态安全方面的重要地位，深刻认识黄河流域生态保护和高质量发展对推进中国式现代化的深远影响，深刻认识出台黄河保护法在中华民族治水史上的重要里程碑意义，切实增强宣传贯彻实施好黄河保护法的政治自觉、思想自觉和行动自觉。

会议指出，黄河保护法坚持问题导向、突出重点，落实“重在保护、要在治理”的要求，聚焦黄河流域生态保护和高质量发展的重大问题、目标任务，作出系统性、整体性制度安排，针对黄河水少沙多、水沙关系不协调、生态环境脆弱的现状和特点，以水为核心、河为纽带、流域为基础，统筹上下游、左右岸、干支流，就生态保护与修复、水资源节约集约利用、水沙调控与防洪安全等作出专章规定，为依法履行黄河保护治理职责提供了根本遵循。

会议强调，要深入领会黄河保护法的内在逻辑和具体要求，准确把握生态优先、绿色发展，量水而行、节水为重，因地制宜、分类施策，统筹谋划、协同推进的原则，正确处理保护和发展、全局和局部、当前和长远的关系，进一步增强推动黄河流域生态保护和高质量发展的责任感使命感，切实履行法定职责，完善配套制度标准，建立健全工作机制，做好相关立法、执法、普法全链条各环节工作，确保黄河保护法规定的法律制度落实落地、有效实施。

37. 刘伟平主持召开加强河湖水域岸线空间管控工作推进视频会议　11月18日，水利部在京召开加强河湖水域岸线空间管控工作推进视频会议，深入学习贯彻党的二十大精神，全面贯彻落实习近平总书记“节水优先、空间均衡、系统治理、两手发力”治水思路和关于治水重要讲话指示批示精神，进一步安排部署加强河湖水域岸线空间管控重点工作。水利部副部长刘伟平主持会议并讲话。

刘伟平充分肯定水域岸线管控工作取得的成效。他指出，党的十八大以来，各级水行政主管部门深入贯彻落实党中央决策部署，勇于担当、攻坚克难，依托河湖长制，不断强化河湖管理，重拳整治河湖乱象，一大批长期以来侵占、破坏河湖的“老大难”问题得以解决，新增河湖“四乱”问题得到有力遏制，非法侵占河湖局面得到根本性转变。

刘伟平强调，各级水行政主管部门，特别是河湖管理部门，要认真学习贯彻党的二十大精神，以习近平新时代中国特色社会主义思想为指导，深刻领悟“两个确立”的决定性意义，增强“四个意识”，坚定“四个自信”，做到“两个维护”，真正把党中央的嘱托、人民群众的期待放在心上、落实到行动上。针对妨碍河道行洪突出问题，要坚持底线思维，树立风险意识，以“时时放心不下”的责任感，对河道管理范围内阻水的建筑物、片林、围堤套堤等妨碍行洪突出问题进行再排查、再检视，横向到边、纵向到底，确保排查整治无死角、全覆盖，让清理整治成果经得起实践的检验。

刘伟平对下一步加强河湖水域岸线空间管控工作提出要求：一是明确河湖水域岸线空间管控边界，完善河湖管理范围划定成果，推进水利普查名录以外河湖管理范围划定，因地制宜安排河湖管理保护控制带；二是严格河湖水域岸线用途管制，严格岸线分区分类管控，切实加强河湖岸线保护和节约集约利用，依法依规审批涉河建设项目，规范河湖管理范围内耕地利用；三是提升河湖水域岸线监管能力，强化流域“四个统一”，加强河湖日常巡查管护和监管执法，用好检察公益诉讼协作机制，推进智慧监管，提升河湖监管的数字化、网络化、智能化水平。

中央纪委国家监委驻水利部纪检监察组，水利部河湖管理司、政策法规司、水旱灾害防御司、信息中心、河湖保护中心负责同志在主会场参加会议。各流域管理机构和各省（自治区、直辖市）水利（水务）厅（局）及新疆生产建设兵团水利局负责同志在分会场参加会议。

38. 水利部修订印发《水利监督规定》　为推进水利监督体制机制法治建设，推动新阶段水利高质量发展，水利部修订印发了《水利监督规定》（简称《规定》），2019年7月19日水利部印发的《水利监督规定（试行）》同时废止。

《规定》坚持依法依规、客观公正、问题导向、分级负责、统筹协调的原则定位，进一步健全行业监督工作体系，明确了综合、专业、专项、日常监督相结合的监督工作体制和水利部、流域管理机构、地方各级水行政主管部门的监督工作职责，对于强化行业监督管理，规范水利监督行为具有重要意义。

《规定》全面贯彻落实习近平总书记治水重要论述精神和党中央、国务院关于水利工作的决策部署，要求聚焦党中央、国务院重大决策部署落实情况、水利部重要工作部署落实情况、法定职责履行情况等开展监督检查，梳理规范了15类主要水利监督事项，为统筹发展和安全，防范化解水利行业风险隐患，依法依规履行行业监管职责提供法治保障。

《规定》强调建立水利监督长效机制，通过规范监督程序、创新监督方式、强化成果运用，切实发挥水利监督抓落实、促发展的“利器”作用。进一步明确了水利监督“查、认、改、罚”工作流程，构建“四不两直”飞检、检查、稽察、调查、考核评价等贯通协调的行业监督工作机制。强调运用遥感卫星、无人设备、在线监测等信息化手段开展监督工作，实行问题整改闭环管理，通过“回头看”和再监督，推动整改落实，不断提高科技监督、规范监督的能力水平。

《规定》牢固树立服务基层的工作理念，严格落实中央关于统筹规范督查检查考核事项的有关要求，强调水利监督工作的计划管理和统筹协调，避免集中扎堆、交叉重复，力戒形式主义、官僚主义，切实减轻基层负担；在总结已有监督管理经验基础上，进一步明确监督主体和监督对象的权限责任，增加监督工作保障条文，为行业监督工作顺利开展提供制度基础。

《规定》遵循上位法有关规定，厘清了对单位和个人追责类型与行政处罚边界，细化从重、从轻或免于责任追究的具体情形，完善涉法、违纪线索移送等程序规定，进一步提高了水利监督依法行政、用法治思维解决问题的能力和水平。

39. 李国英主持召开水利部部务会议　审议《洪水影响评价技术导则》等内容　12月8日，水利部党组书记、部长李国英主持召开部务会议，审议《取水计量技术导则》和《洪水影响评价技术导则》，研究水利工程供水价格管理工作。

会议指出，取水计量是落实水资源刚性约束制度的重要基础性工作。要认真审视新形势下水资源管理的新任务新要求，强化取水计量设施建设与管理，加快构建现代化取水计量系统，及时、准确、全面掌握取用水情况，精打细算用好水资源，从严从细管好水资源。

会议要求，要始终把保障人民群众生命财产安全放在第一位，统筹谋划以水库、河道及堤防、蓄滞洪区为主的流域防洪工程体系建设管理，精准分析、科学评价建设项目对防洪工程体系可能产生的影响，以及洪水对建设项目和安置人员避洪可能产生的影响，坚决防止出现侵占防洪库容、蓄滞洪库容、行洪通道问题，牢牢守住防洪安全底线。

会议强调，要深入贯彻习近平总书记“节水优先、空间均衡、系统治理、两手发力”治水思路，认真落实党的二十大部署要求，进一步深化水利工程供水价格改革，建立健全有利于促进水资源集约节约利用和水利工程良性运行、与投融资体制相适应的水价形成机制。

40. 2022年海河流域省级河湖长联席会议召开　2022年12月22日，海河流域省级河湖长第一次联席会议以视频形式召开。会议深入贯彻落实党中央、国务院关于强化河湖长制的重大决策部署，全面总结海河流域河湖长制工作取得的成绩，交流各地工作经验，部署当前与今后一段时期海河流域河湖长制重点工作，进一步加强流域统筹与区域协作，凝聚治水管水护水合力。

联席会议召集人、北京市代市长殷勇主持会议，水利部副部长刘伟平出席会议并讲话。联席会议常务副召集人、水利部海河水利委员会主要负责同志作海河流域河湖长制及河湖管理保护工作报告。联席会议副召集人、海河流域北京、天津、河北、山西、河南、山东、内蒙古、辽宁等8省（自治区、直辖市）负责同志分别作交流发言。

殷勇强调，全面推行河湖长制，是以习近平同志为核心的党中央，立足解决我国复杂水问题、保障国家水安全，从生态文明建设和经济社会发展全局出发作出的重大决策，几年来，河湖长制持续迭代升级，对改善水环境、保护水资源、修复水生态发挥了重要作用。海河流域各省（自治区、直辖市）要坚决贯彻落实习近平生态文明思想，坚决扛起河湖管理保护重大责任；要坚持以人民为中心的发展思想，共同守护幸福安全河湖；要立足生态系统整体性和流域系统性，合力提升水安全保障能力；要充分利用好海河流域省级河湖长联席会议机制，系统研究解决流域管理中的重点问题；要进一步完善党政主导、水利牵头、部门协同、社会共治的河湖保护治理机制，携手推进河湖治理现代化。

刘伟平指出，党中央、国务院部署全面推行河湖长制以来，海河流域各省（自治区、直辖市）党委政府高度重视、高位推动，各级河长办和河湖管理部门密切配合、狠抓落实，持续推动河湖长制从“有名有责”到“有能有效”，一大批健康美丽幸福河湖相继建成。他强调，要深刻认识强化河湖长制的重大意义，准确把握新阶段海河流域河湖长制工

作的总体要求和重点任务，深入研究好用好联席会议机制，搭建好跨区域协作平台，切实把制度优势转化为治理效能，努力打造人民满意的幸福河湖。

会议审议通过了《海河流域省级河湖长联席会议工作规则》，并由联席会议办公室印发实施。

【教育部】 2022年7月，教育部、公安部、民政部、水利部、农业农村部等五部门办公厅印发《关于做好预防中小学生溺水工作的通知》（教基厅函〔2022〕18号），指导各地在预防中小学生溺水工作中充分发挥河湖长制平台作用，要求各地水利部门将预防学生溺水工作纳入河湖管理监督检查。

【人力资源和社会保障部】 党中央、国务院高度重视河湖长制工作相关表彰奖励和创建示范。2022年，涉及河湖长制工作相关的表彰项目有“全国水利系统先进集体、先进工作者和劳动模范”“长江水利委员会先进集体和先进个人表彰”等，创建示范项目有“全国水利文明单位”“国家水土保持示范创建”等。同时，2022年人力资源和社会保障部履行全国评比达标表彰工作领导小组办公室职能，经报中央批准，支持开展临时性表彰项目“全国水土保持工作先进集体和先进个人”，充分体现了中央对河湖长制工作的支持与重视。

【农业农村部】

1. *2022年长江十年禁渔专项执法行动计划部署会* 1月24日，长江禁捕退捕工作专班对2022年长江禁渔系列专项执法行动进行部署，协同公安、市场监管、海事、水利等工作力量，依托长江渔政特编执法船队，组织沿江15省（市）共同开展长江口禁捕管理区整治、重点水域巡航检查、“四清四无”大排查、涉渔工程“回头看”、禁捕水域暗查暗访等5大类专项执法行动和13项具体工作任务。

2. *川渝交界水域禁捕执法监管工作集中研讨会* 1月26日，农业农村部长江办组织四川省、重庆市农业农村、公安、市场监管等部门，集中研究川渝交界水域禁捕执法监管工作。针对媒体反映的川渝两地交界水域存在“泥鳅党”“三无”船舶等非法捕捞问题，坚持问题导向，找实找准强化执法监管工作的着力点，强化禁捕执法监管，严厉打击非法捕捞行为。公安部治安管理局、市场监管总局执法稽查局、农业农村部渔业渔政管理局等部际禁捕退捕工作专班有关成员单位相关处室负责同志参加会议。

3. *打击长江流域非法捕捞专项整治行动视频推进会* 1月27日，农业农村部会同公安部在北京联合召开打击长江流域非法捕捞专项整治行动视频推进会，专题部署长江禁捕执法监管和打击非法捕捞专项整治工作，重点打击货船偷捕、交界水域“打游击”、无人机高科技偷捕、乡镇船舶管理、遗存网具收缴、“三无”涉渔船舶等非法捕捞，推进涉渔风险隐患排查，常态化开展打击整治行动，做到对非法网具应清尽清、对“三无”船舶应拆尽拆、对垂钓等涉渔活动应管尽管，斩断非法“捕运销”黑色链条。农业农村部、公安部、交通运输部、水利部、市场监管总局有关司局负责人在主会场参加会议，沿江15省市农业农村、公安、交通运输、水利、市场监管部门及相关处室负责人在各省级分会场参加会议。

4. *2022年珠江、钱塘江等流域禁渔期管理活动启动* 3月1日，长江办组织珠江、钱塘江、闽江等流域开展为期4个月的禁渔期启动行动。钱塘江、瓯江、椒江、甬江、苕溪、运河、飞云江、鳌江等八大流域统一纳入禁渔范围，涉及8大干流和64条支流。

5. *2022年全国“放鱼日”增殖放流活动在各地举行* 6月6日，全国25个省（自治区、直辖市）、4个计划单列市和新疆生产建设兵团共举办增殖放流242场，放流各类水生生物苗种5.5亿余单位。当天，农业农村部与湖北省人民政府在武汉联合举办“全国放鱼日”主会场活动，放流中华鲟、胭脂鱼和长吻鮠等珍贵濒危物种和重要经济物种3万余尾。

6. *长江渔政特编执法船队工作集中研讨会* 6月22日，农业农村部长江办以视频会议形式组织渔政保障中心，相关省（市）渔业主管部门、公安部长江航运公安局、交通运输部长江海事局、江苏海事局、水利部长江水利委员会等部门对长江渔政特编执法船队工作开展了集中研讨。分析当前执法监管形势，联勤联动工作现状，坚持问题导向，进一步提高政治站位，围绕禁渔执法监管重点，加大打击整治力度，强化执法保障，提升执法效能，不断完善工作机制并狠抓责任落实。要继续发挥长江渔政执法特编船队执法效能，确保长江禁渔大局稳定。

7. *川陕哲罗鲑栖息地种群重建活动* 8月9日，农业农村部长江办在青海省果洛州班玛县组织开展川陕哲罗鲑栖息地种群重建活动。活动共放流川陕哲罗鲑4龄鱼16尾，重口裂腹鱼、齐口裂腹鱼等长江上游特有水生生物共计10万余尾。

8. *2022年长江江豚科学考察活动* 9月19日，农业农村部长江办在江苏南京举行2022年长江江豚科学考察启动活动，本次考察是继2006年、2012年和2017年后第4次长江全流域江豚科学考察，也是长江十年禁渔实施后首次流域性物种系统调查，对于长江江豚乃至整个长江生态系统的保护具有重要意义。长江江豚是我国国家一级重点保护野生动物，属于长江中特有的淡水鲸豚类动物，是评估长江生态系统状况的重要指示物种。2017 年长江江豚科学考察结果显示种群数量约为 1 012 头，种群极度濒危。通过本次考察，全面掌握长江江豚种群数量分布和栖息地环境现状，整体评估长江江豚种群数量、结构及变化趋势，科学分析长江江豚致危因素和保护措施效果，为制定更有针对性的长江江豚保护方案提供依据。

9. 长江口水域非法捕捞专项整治工作集中研讨会　9 月 20 日，农业农村部长江办在江苏南通组织召开长江口水域非法捕捞专项整治工作集中研讨会。公安部、交通运输部、市场监管局、林草局、中国海警局等长江口水域非法捕捞专项整治组各成员单位负责同志参会。会议通报了近期长江口禁捕管理工作开展情况，分析了长江口水域仍存在海洋渔船越界偷捕、“三无”船舶屡打不绝、大马力快艇违规垂钓等新老问题，研究部署了下一阶段重点工作，要求各成员单位压紧压实各方责任，进一步夯实长江口“水域所在地”和“船籍港所在地”两大责任；持续深化打击整治，不断完善执法协作机制并加强协作联动，紧盯重点隐患水域，提高执法分析预判能力；加速推进能力建设，坚持科技赋能，实现情报信息共享。

10. 第四届长江江豚保护日暨第三届鄱阳湖长江江豚保护论坛　10 月 25 日，第四届长江江豚保护日暨第三届鄱阳湖长江江豚保护论坛活动在江西省永修县举行。长江江豚是长江现存唯一的鲸豚类动物，国家一级重点保护野生动物，是检验长江大保护成效和长江生态系统健康状况的重要指示物种。

11. 开展 2021 年度长江流域渔政协助巡护优秀队伍和队员评选活动　10 月 25 日，农业农村部长江办在鄱阳湖畔的江西省九江市永修县举行 2021 年度长江流域渔政协助巡护优秀队伍和队员颁奖活动，本次活动评选出 26 支优秀队伍和 100 名优秀队员。目前，长江全流域已经建立起 522 支协助巡护队伍，发展渔政协助巡护员 2 万余人，协助巡护队员的相当一部分，来自转产上岸的沿江渔民，他们选择反哺母亲河，发挥自身水中作业强项，由“捕鱼人”转身变为“护渔人”，他们参与开展水域巡查、科普宣传、水生生物保护等工作，已成为长江十年禁渔执法监管工作的一支重要补充力量。

【住房和城乡建设部】　充分发挥河湖长制在城市黑臭水体治理中的作用。与生态环境部、国家发展改革委、水利部印发《深入打好城市黑臭水体治理攻坚战实施方案的通知》（建城〔2022〕29 号），指导各地充分发挥河湖长制作用，加强统筹谋划，调动各方密切配合，协调解决重大问题，确保水体治理到位。2022 年，按时完成全国县级城市建成区黑臭水体消除比例 40%的目标任务。

【交通运输部】　建立健全长江经济带船舶和港口污染防治长效机制。一是不断夯实企业、船舶污染防治主体责任。推行企业、船舶环保承诺制度，督促航运企业完成与主要船员签订环保承诺书 26 250 份；二是积极推进水上综合服务区提质增效。推动新建成宜昌“豚小宜”、安徽和县、镇江高桥和江阴等 4 处水上绿色综合服务区，引导长江干线已有服务区完善服务功能，提升整体服务水平，推动长江三峡、武汉新五里、南京龙潭、镇江六圩等 4 处服务区建成样板区；三是着力加强船舶污染治理监督。2022 年全年，长江海事局共计检查船舶 9.5 万艘次，查处偷排超排 526 起、不按规定使用岸电船舶 17 艘次；江苏海事局共计检查船舶 10.2 万艘次，查处涉污违法行为 1 542 起、不按规定使用岸电船舶 45 艘次；沿江省市交通运输主管部门共检查船舶 31.77 万艘次，查处偷排超排船舶 409 艘次、不按规定使用岸电船舶 10 艘。同时加强载运危险货物船舶洗舱作业环节的安全监管，开展洗舱作业现场检查 232 艘次，并严格按照船舶技术法规要求对新建船舶配备防污染设施和安装受电设施情况进行检查，向船舶检验机构通报检查发现的检验质量问题 137 次；四是持续推广应用信息系统。更新信息系统使用指南，不断完善信息系统功能。截至 2022 年年底，信息系统在线注册船舶 9.1 万艘、在线注册用户 28.5 万个，基本覆盖长江经济带所有内河港口码头和到港中国籍营运船舶。以含油污水、化学品洗舱水为重点，随机选择相关船舶重点跟踪监管、闭环管理；五是全面完成 2021 年长江经济带生态警示片反映的涉及长江干线船舶污染防治问题整改。赴四川、江西、安徽、贵州等地开展长江经济带生态环境警示片问题整改督导检查，督促推进问题整改；六是严格落实《船舶大气污染排放控制区实施方案》。充分运用燃油快检设备，开展船舶燃油质量抽查 10 032 艘次，依法查处使用不符合标准燃油的船舶 61 艘次，在江苏段、三峡等地开展船舶尾气排放监测试点。

| 署名文章 |

水利部党组理论学习中心组署名文章：为建设人与自然和谐共生的现代化贡献力量

生态文明建设是关系中华民族永续发展的根本大计。习近平总书记在十九届中央政治局第二十九次集体学习时强调，要充分认识生态文明建设在党和国家事业发展全局中的重要地位，把握进入新发展阶段、贯彻新发展理念、构建新发展格局对生态文明建设提出的新任务新要求，推动建设人与自然和谐共生的现代化。习近平总书记的重要讲话，深刻回答了生态文明建设的一系列重大理论和实践问题，为当前和今后一个时期生态文明建设指明了方向、提供了根本遵循。

水是生态环境的控制性要素，水利在生态文明建设全局中具有基础性、先导性、约束性作用。习近平总书记从实现中华民族永续发展的战略高度，提出“节水优先、空间均衡、系统治理、两手发力”治水思路，统筹水灾害防治、水资源节约、水生态保护修复、水环境治理，更加注重尊重自然、顺应自然、保护自然，更加突出节约优先、保护优先、生态优先，指引治水取得历史性成就、发生历史性变革。

当前，我国已踏上向第二个百年奋斗目标进军新征程。我们要心怀“国之大者”，坚持以习近平生态文明思想为指导，完整、准确、全面贯彻新发展理念，深入贯彻落实习近平总书记“节水优先、空间均衡、系统治理、两手发力”治水思路和关于治水重要讲话指示批示精神，不断提升对生态文明建设的规律性认识，保持战略定力，切实担负好生态文明建设的政治责任，坚定不移、久久为功，为实现我国生态环境改善由量变到质变、建设人与自然和谐共生的现代化作出贡献。

一、实施国家节水行动，提升水资源集约节约利用能力

习近平总书记强调，要抓住资源利用这个源头，推进资源总量管理、科学配置、全面节约、循环利用，全面提高资源利用效率；节水工作意义重大，对历史、对民族功德无量，从观念、意识、措施等各方面都要把节水放在优先位置。这些重要论述凝结着习近平总书记对我国国情水情的深刻洞察和对民族未来的深邃思考。我国人多水少，人均水资源占有量仅为世界平均水平的28%，水资源短缺成为制约生态环境质量和经济社会发展的重要因素。只有立足全局和长远，始终坚持节水优先方针，科学合理利用水资源，才能既支撑当代人过上幸福生活，也为子孙后代留下生存发展根基。

党的十八大以来，我们大力实施国家节水行动，推进用水总量和强度双控，统筹农业、工业、城镇节水，2021年全国用水总量控制在6 100亿m^3以内，万元国内生产总值用水量、万元工业增加值用水量比2015年分别下降32.2%、43.8%，节水成效明显提升。但也要看到，同高质量发展要求相比，我国水资源利用效率仍然偏低，节水潜力巨大。要全方位贯彻以水定城、以水定地、以水定人、以水定产原则，强化水资源刚性约束，大力推动全社会节约用水，加快推进用水方式由粗放向集约节约的根本性转变，促进经济社会全面绿色转型。

湖南省长沙市通过建立河湖长制，大力治理河湖环境，建设城市美丽河湖、幸福河湖。图为流经长沙市的湘江及江中的橘子洲头。

水利部供图

精打细算用好水资源。全面深入实施国家节水行动，打好深度节水控水攻坚战，以节约用水扩大发展空间。充分发挥用水定额的刚性约束和导向作用，深入推进县域节水型社会达标建设，大力推进农业节水增效、工业节水减排、城镇节水降损，挖掘水资源利用的全过程节水潜力。持续加强节水技术研究，强化节水宣传教育，增强全社会节约用水意识。

从严从细管好水资源。实施水资源刚性约束制度，健全省、市、县三级行政区用水总量和强度双控指标体系。严守水资源开发利用上限，强化规划和建设项目水资源论证，规范取水许可管理，推进水资源超载地区暂停新增取水许可，坚决抑制不合理用水需求。健全水资源监测体系，实施全过程用水监管。

建立健全节水制度政策。进一步推动将节水作为约束性指标纳入缺水地区党政领导班子和领导干部政绩考核，坚定不移推动绿色低碳发展。推进合同节水、水效标识、节水认证等机制创新，完善节水产业支持政策，落实节水税收优惠、财政金融支持等政策措施，促使用水主体从“要我节水”向“我要节水”转变。

二、复苏河湖生态环境，提升河湖生态保护治理能力

习近平总书记强调，人与自然是生命共同体，要多谋打基础、利长远的善事，多干保护自然、修复生态的实事，多做治山理水、显山露水的好事；要统筹水资源、水环境、水生态治理，加强江河湖库污染防治和生态保护；要有序实现河湖休养生息，让河流恢复生命、流域重现生机。这些重要论述充分体现了习近平总书记坚持人与自然和谐共生的科学自然观。只有牢固树立人与自然和谐共生理念，加强江河湖泊保护修复，还河湖以休养生息空间，才能让人民群众进一步享受到青山常在、绿水长流、鱼翔浅底的美好生活。

党的十八大以来，习近平总书记赴地方考察调研几乎都会考察江河湖泊保护治理情况，并亲自擘画国家“江河战略”，走遍长江、黄河上中下游省（自治区），5 次主持召开座谈会研究部署长江经济带发展、黄河流域生态保护和高质量发展。我们坚持山水林田湖草沙一体化保护和系统治理，大力推进河湖生态保护修复，水土流失实现面积和强度双下降的历史性转变，江河湖泊面貌实现历史性改善。特别是下大气力实施华北地区地下水超采综合治理和河湖生态补水，2021 年年底京津冀治理区浅层地下水水位较 2018 年同期总体上升 1.89m，深层承压水水位平均回升 4.65m，永定河、滹沱河、大清河、拒马河、潮白河等多年断流河道全线贯通，白洋淀重现生机。2022 年 4 月 28 日，京杭大运河实现近百年来首次全线贯通。但也要看到，我国河湖生态环境问题还没有得到根本解决，一些河湖生态仍然十分脆弱。要坚持绿水青山就是金山银山理念，遵循治水规律，综合施策、精准施治，以更大力度加强江河湖泊生态保护治理，维护河湖健康生命，实现河湖功能永续利用。

实施河湖生态环境复苏行动。针对各地断流河流、萎缩干涸湖泊，制定“一河一策”“一湖一策”，加快修复水生态环境。开展母亲河复苏行动，大力推进京津冀地区河湖复苏，持续恢复白洋淀、永定河、滹沱河、大清河、潮白河、拒马河等，继续实施京杭大运河贯通补水工作，扩大河湖生态补水范围，让越来越多的河湖恢复生命，越来越多的流域重现生机。

加强河湖保护治理。深入落实国家“江河战略”，扎实做好黄河流域生态保护和高质量发展、长江经济带发展涉及水利的各项工作。全面确定全国重点河湖基本生态流量保障目标，推进小水电分类整改，加强生态流量日常监管。加强河湖水域岸线空间分区分类管控，重拳出击整治侵占、损害河湖乱象，因地制宜实施河湖空间带修复，建设造福人民的幸福河湖。

强化地下水超采治理。以对历史负责的态度做好地下水超采治理工作，加强开发利用管理和分区管控，实施取水总量、水位双控管理。持之以恒抓好华北地区地下水超采综合治理，统筹实施其他重点区域超采治理，通过水源置换、生态补水、节约用水、管控开采等措施，压减开采量，增加储量。加强地下水基础研究和监测评估。

推进水土流失综合防治。推进全国水土保持高质量发展先行区建设和国家水土保持示范创建。加大长江上中游、黄河中上游、东北黑土区等重点区域水土流失治理力度，突出抓好黄河多沙粗沙区特别是粗泥沙集中来源区综合治理。以山青、水净、村美、民富为目标，打造一批生态清洁小流域。

三、加快构建国家水网，提升水资源优化配置能力

习近平总书记指出，坚持人口经济与资源环境相均衡的原则，是生态文明建设的一个重要思想。总书记多次研究国家水网重大工程，强调水网建设起来，会是中华民族在治水历程中又一个世纪画卷，会载入千秋史册。这些重要论述彰显了习近平总书记高瞻远瞩的战略眼光和宏阔的战略格局。建设国家水网是解决我国水资源时空分布不均问题的根本举措。只有立足流域整体和水资源空间均衡配置，科学谋划建设跨流域、跨区域水资源优化配置体系，才能全面增强我国水资源统筹调控能力、供水保障能力、战略储备能力。

党的十八大以来，我们科学推进实施一批重大引调水工程和重点水源工程。全国水利工程供水能力超过 8 900 亿 m^3，初步形成“南北调配、东西互济”的水资源配置总体格局，有力保障了国家经济安全、粮食安全、生态安全和城乡居民用水安全。但也要看到，我国水资源优化配置格局还不完善，水利基础设施网络效益还没有充分发挥出来。习近平总书记在部署推进南水北调后续工程高质量发展时强调，进入新发展阶段、贯彻新发展理念、构建新发展格局，形成全国统一大市场和畅通的国内大循环，促进南北方协调发展，需要水资源的有力支撑。我们要遵循确有需要、生态安全、可以持续的重大水利工程论证原则，谋划建设“系统完备、安全可

2022年，水利部会同北京、天津、河北、山东4省（直辖市）开展京杭大运河全线贯通补水工作，向大运河黄河以北河段进行补水。4月28日，京杭大运河实现近百年来首次全线水流贯通。图为大运河天津三岔河口景观。

水利部供图

靠，集约高效、绿色智能，循环通畅、调控有序”的国家水网，把联网、补网、强链作为建设重点，实现经济效益、社会效益、生态效益、安全效益相统一。

构建国家水网之“纲”。统筹存量和增量，加强互联互通，以大江大河大湖自然水系、重大引调水工程和骨干输配水通道为纲，加快构建国家水网主骨架和大动脉。推进南水北调后续工程高质量发展，充分发挥南水北调工程优化水资源配置、保障群众饮水安全、复苏河湖生态环境、畅通南北经济循环的生命线作用。科学推进一批跨流域跨区域重大引调排水工程规划建设，构建重要江河绿色生态廊道。

织密国家水网之“目”。结合国家、省区市水安全保障需求，以区域河湖水系连通工程和供水渠道为目，加强国家重大水资源配置工程与区域重要水资源配置工程的互联互通，形成区域水网和省市县水网体系，改善河湖生态环境质量，提升水资源配置保障能力和水旱灾害防御能力。

打牢国家水网之“结”。综合考虑防洪、供水、灌溉、航运、发电、生态等功能，以控制性调蓄工程为结，加快推进列入流域及区域规划、符合国家区域发展战略的控制性调蓄工程和重点水源工程建设，提升水资源调控能力。

四、强化流域治理管理，提升流域生态系统质量和稳定性

习近平总书记强调，要坚持系统观念，从生态系统整体性出发，推进山水林田湖草沙一体化保护和修复，更加注重综合治理、系统治理、源头治理；要善用系统思维统筹水的全过程治理；要从生态系统整体性和流域系统性出发，追根溯源、系统治疗。这些重要论述深刻揭示了治水规律。水的自然属性决定了流域内山水林田湖草沙等各生态要素和上下游、左右岸、干支流等各类单元紧密联系、相互影响、相互依存，构成了流域生命共同体。只有牢牢把握流域性这一江河湖泊最根本、最鲜明的特性，坚持全流域“一盘棋”，实施综合治理、系统治理、源头治理，才能最大程度保障流域水安全。

党的十八大以来，我们坚持以流域为单元，统筹实施治水管水，取得明显成效。比如，黄河流域通过实施全流域水资源统一调度，成功实现黄河连续22年不断流；面对2021年严重洪涝灾害，统筹调度各流域水库、河道及堤防、蓄滞洪区等工程，打赢防汛抗洪硬仗。但也要看到，流域统一治理管理还不到位，还存在重城区不重郊区、重局部不重整体等现象。要坚持系统观念，以流域为单元，推进“山水林田湖草沙”一体化保护和系统治理，统筹全要素治理、全流域治理、全过程治理，一体强化流域水资源、水生态、水环境保护治理和水灾害防治能力。

强化流域统一规划。立足流域整体，科学把握流域自然本底特征、经济社会发展需要、生态环境保护要求，完善流域综合规划，健全定位准确、边界清晰、功能互补、统一衔接的流域专业规划体系，增强流域规划权威性，构建流域保护治理整体格局。

强化流域统一治理。坚持区域服从流域的基本原则，统筹协调上下游、左右岸、干支流关系，综合考虑水利工程功能定位、区域分布，科学确定水利工程布局、规模、标准，统筹安排水利工程实施优先序，做到目标一致、布局一体、步调有序。

强化流域统一调度。强化流域生态、供水、防洪、发电、航运等多目标统筹协调调度，建立健全各方利益协调统一的调度体制机制，强化流域生态流量水量统一调度、防洪统一调度、水资源统一调度，做到全流域统筹、点线面结合，努力实现流域涉水效益“帕累托最优”。

强化流域统一管理。构建流域统筹、区域协同、部门联动的管理格局，加强流域综合执法，推进流域联防联控联治，打破区域行业壁垒，强化流域河湖统一管理、水权水资源统一管理，一体提升流域管理能力和水平。

五、推进智慧水利建设，强化预报预警预演预案功能

习近平总书记指出，数字技术正以新理念、新业态、新模式全面融入人类经济、政治、文化、社会、生态文明建设各领域和全过程。习近平总书记关于网络强国的重要思想，为我们提升水利数字化、网络化、智能化水平提供了科学指南。我国江河水系众多，保护治理是一个庞大复杂的系统工程，只有依托现代信息技术变革治理理念和治理手段，提供信息快速感知、智能分析研判、科学高效决策的强大技术驱动，才能实现江河保护治理效能全面提升。

党的十八大以来，我们大力推进智慧水利建设，建成各类监测站点 43 万余处，积极应用卫星遥感、无人机、人工智能等新技术，加快治水管水各领域信息化管理步伐。但也要看到，水利业务智能程度相对滞后。国家“十四五”新型基础设施建设规划明确提出，要推动大江大河大湖数字孪生、智慧化模拟和智能业务应用建设。要按照“需求牵引、应用至上、数字赋能、提升能力”要求，全面推进算据、算法、算力建设，以数字化场景、智慧化模拟、精准化决策为路径，加快构建具有预报、预警、预演、预案功能的智慧水利体系。

加快建设数字孪生流域。以物理流域为单元、时空数据为底座、数学模型为核心、水利知识为驱动，建设数字孪生流域，对物理流域全要素和水利治理管理活动全过程进行数字映射、智能模拟、前瞻预演，与物理流域同步仿真运行、虚实交互、迭代优化，实现对物理流域的实时监控、发现问题、优化调度。建设数字孪生水利工程，支撑生态安全、经济安全、工程安全等多目标联合调度。

加快完善水资源水生态监测预警体系。建设布局合理、功能齐全、高度共享、智能高效的水资源水生态综合监测预警体系，充分应用新型信息技术，构建天空地一体化基础信息采集系统。建设水资源水生态承载能力动态数据库和计量、仿真分析以及预警系统。

加快推进水利智能业务应用。构建流域防洪、水资源管理调配、河湖管理、水土保持等覆盖水利主要业务领域的智能化应用和管理体系，实现突发水事件、水生态过程调节等模拟仿真预演，支撑精准化决策。

六、完善体制机制法治，提升水利治理管理能力和水平

习近平总书记强调，要深入推进生态文明体制改革，强化绿色发展法律和政策保障；保障水资源安全，无论是系统修复生态、扩大生态空间，还是节约用水、治理水污染等，都要充分发挥市场和政府的作用。这些重要论述为我们提升水利治理管理能力和水平指明了方向。只有牢牢把握坚持和完善生态文明制度体系、促进人与自然和谐共生的总体要求，实行最严格的制度、最严密的法治，善用体制机制法治，才能把制度优势更好转化为治理效能。

党的十八大以来，党中央对江河湖泊保护治理体制机制法治作出一系列重要部署，习近平总书记亲自部署推动全面推行河湖长制等重大改革，推动水利治理体制不断完善。要坚持目标导向、问题导向、效用导向，善用体制机制法治，不断提升水利治理能力和水平。

强化河湖长制。压紧压实各级河湖长职责，明确各部门河湖保护治理任务，完善基层河湖巡查管护体系。充分发挥七大流域省级河湖长联席会议机制作用，强化上下游、左右岸、干支流管理责任。加强对河湖长履职情况的监督检查、正向激励和考核问责。

促进“两手发力”。全面推开水资源税改革试点。建立水流生态保护补偿机制、生态产品价值实现机制，让保护修复生态环境获得合理回报。完善水利工程供水价格形成机制。推进用水权改革，建立健全统一的水权交易系统，推进用水权市场化交易。

完善水利法治。推动黄河保护法、节约用水条例等尽早出台，抓好长江保护法、地下水管理条例等配套制度建设。强化水行政执法与刑事司法衔接、与检察公益诉讼协作，依法严厉打击涉水违法行为，提升运用法治思维和法治方式解决水问题的能力和水平。

（来源：《求是》2022 年第 11 期）

李国英部长在《人民日报》发表署名文章：推动新阶段水利高质量发展　全面提升国家水安全保障能力——写在 2022 年“世界水日”和“中国水周”之际

3 月 22 日是第三十届“世界水日”，第三十五届“中国水周”的宣传活动也同时开启。联合国确定今年“世界水日”的主题是“珍惜地下水，珍视隐藏的资源”，我国纪念今年“世界水日”“中国水周”活动的主题是“推进地下水超采综合治理 复苏河湖生态环境”。

水是万物之母、生存之本、文明之源。水利事关战略全局、事关长远发展、事关人民福祉。党的十八大以来，习近平总书记深刻洞察我国国情水情，从实现中华民族永续发展的战略高度，提出“节水优先、空间均衡、系统治理、两手发力”治水思路，确立起国家的“江河战略”，部署推动南水北调后续工程高质量发展等重大水利工程建设，为新时代治水提供了强大思想武器和科学行动指南。以习近平同志为核心的党中央统筹推进水灾害防治、水资源节约、水生态保护修复、水环境治理，开展一系列根本性、开创性、长远性工作，书写了中华民族治水安邦、兴水利民的新篇章。在地下水保护治理和河湖生态保护方面，通过实施国家节水行动、强化水资源刚性约束、全面建立河湖长制、推进实施一批跨流域跨区域重大引调水工程，我国水资源利用方式实现深层次变革，水资源配置格局实现全局性优化，江河湖泊面貌实现历史性改善。华北地区地下水超采综合治理取得明显成效，2021 年年底京津冀治理区浅层地下水水位较 2018 年同期总体上升 1.89m，深层地下水水位平均回升 4.65m，永定河实现 26 年来首次全线通水，白洋淀生态水位保证率达到 100%，潮白河、滹沱河等多条河流全线贯通。越来越多的河流恢复“生命”，越来越多的流域重现生机，越来越多的河湖成为造福人民的幸福河湖。

水安全是生存的基础性问题，河川之危、水源之危是生存环境之危、民族存续之危，要重视解决好水安全问题。受特殊自然地理气候条件和经济社会发展条件制约，加之流域和区域水资源情势动态演变，我国水资源水生态水环境承载能力仍面临制约，解决河湖生态环境问题仍须付出艰苦努力，水旱灾害风险隐患仍是必须全力应对的严峻挑战。我们要深入落实习近平总书记“节水优先、空间均衡、系统治理、两手发力”治水思路和关于治水重要讲话指示批示精神，完整、准确、全面贯彻新发展理念，统筹发展和安全，推动新阶段水利高质量发展，着力提升水旱灾害防御能力、水资源集约节约利用能力、水资源优化配置能力、大江大河大湖生态保护治理能力，为全面建设社会主义现代化国家提供有力的水安全保障。

一是完善流域防洪工程体系。坚持人民至上、生命至上，深入落实“两个坚持、三个转变”防灾减灾救灾理念，补好灾害预警监测短板，补好防灾基础设施短板，全面构建抵御水旱灾害防线。以流域为单元，构建主要由河道及堤防、水库、蓄滞洪区组成的现代化防洪工程体系，提高标准、优化布局，全面提升防洪减灾能力。加快江河控制性工程建设，加快病险水库除险加固，提高洪水调蓄能力。实施大江大河大湖干流堤防建设和河道整治，加强主要支流和中小河流治理，严格河湖行洪空间管控，提高河道泄洪能力。加快蓄滞洪区布局优化调整，实施蓄滞洪区安全建设，确保关键时刻能够发挥关键作用。

二是实施国家水网重大工程。坚持全国一盘棋，科学谋划国家水网总体布局，遵循确有需要、生态安全、可以持续的重大水利工程论证原则，以自然河湖水系、重大引调水工程和骨干输配水通道为“纲”，以区域河湖水系连通工程和供水渠道为“目”，以具有控制性功能的水资源调蓄工程为“结”，加快构建“系统完备、安全可靠，集约高效、绿色智能，循环通畅、调控有序”的国家水网，协同推进省级水网建设，全面增强我国水资源统筹调配能力、供水保障能力、战略储备能力。因地制宜完善农村供水工程网络，加强现代化灌区建设，打通国家水网“最后一公里”。

三是复苏河湖生态环境。以提升水生态系统质量和稳定性为核心，树立尊重自然、顺应自然、保护自然的生态文明理念，坚持“山水林田湖草沙”一体化保护和系统治理，加强河湖生态治理修复，实施河湖水系综合整治，开展母亲河复苏行动，实施“一河一策”“一湖一策”，维护河湖健康生命，实现河湖功能永续利用。深入推进地下水超采治理，开展新一轮华北地区地下水超采综合治理，持之以恒加快京津冀地区河湖生态环境复苏。科学配置工程措施、植物措施、耕作措施，扎实推进水土流失综合治理，提升水源涵养能力。

四是推进智慧水利建设。按照“需求牵引、应用至上、数字赋能、提升能力”要求，以数字化、网络化、智能化为主线，全面推进算据、算法、算力建设，加快建设数字孪生流域、数字孪生水利工程。针对物理流域全要素和水利治理管理全过程，构建天、空、地一体化水利感知网和数字化场景，实现数字孪生流域多维度、多时空尺度的智慧化模拟，建设具有预报、预警、预演、预案功能的智慧水利体系，支撑科学化精准化决策，实现水安全风险从被动应对向主动防控转变。

五是建立健全节水制度政策。坚持节水优先、量水而行，全面贯彻“四水四定”原则，推进水资源总量管理、科学配置、全面节约、循环利用，从严从细管好水资源，精打细算用好水资源。强化水资源刚性约束，严控水资源开发利用总量，严格节水指标管理，严格生态流量监管和地下水水位水量双控，严格规划和建设项目水资源论证、节水评价。健全初始水权分配和用水权交易制度，推进用水权市场化交易，创新完善用水价格形成机制，深入推进水资源税改革，建立健全节水制度政策。深入实施国家节水行动，强化节水定额管理、水效标准监管，推进合同节水管理和节水认证工作，深化农业节水增效、工业节水减排、城镇节水降损，建设节水型社会，全面提升水资源集约节约安全利用水平。

六是强化水利体制机制法治管理。强化河湖长制，压紧压实各级河湖长责任，持续清理整治河湖突出问题，保障河道行洪通畅，维护河湖生态空间完整。坚持流域系统观念，强化流域统一规划、统一治理、统一调度、统一管理。完善水法规体系，建立水行政执法跨区域联动、跨部门联合机制，强化水行政执法与刑事司法衔接、与检察公益诉讼协同，依法推进大江大河大湖保护治理。坚持政府作用和市场机制协同发力，深入推进多元化水利投融资、水生态产品价值实现机制、水流生态保护补偿机制等重点领域和关键环节改革，加快破解制约水利发展的体制机制障碍，完善适应高质量发展的水治理体制机制法治体系，为全面建设社会主义现代化国家提供有力的水安全保障。

（作者为水利部党组书记、部长）

（来源：《人民日报》2022 年 03 月 22 日第 14 版）

《人民日报》发表李国英部长署名文章：坚持系统观念　强化流域治理管理

习近平总书记强调，“坚持系统观念，从生态系统整体性出发，推进山水林田湖草沙一体化保护和修复，更加注重综合治理、系统治理、源头治理”“保障水安全，关键要转变治水思路，按照‘节水优先、空间均衡、系统治理、两手发力’治水思路，统筹做好水灾害防治、水资源节约、水生态保护修复、水环境治理”“要从生态系统整体性和流域系统性出发，追根溯源、系统治疗”“上下游、干支流、左右岸统筹谋划，共同抓好大保护，协同推进大治理”。我们要深入贯彻落实习近平总书记的重要讲话精神，坚持系统观念，强化流域治理管理，打造幸福河湖，为建设人与自然和谐共生的美丽中国作出更大贡献。

流域性是江河湖泊最根本、最鲜明的特性。坚持系统观念治水，关键是要以流域为单元，用系统思维统筹水的全过程治理，强化流域治理管理。流域是降水自然形成的以分水岭为边界、以江河湖泊为纽带的独立空间单元，流域内自然要素、经济要素、社会要素、文化要素紧密关联，共同构成了复合大系统。治水只有立足于流域的系统性、水流的规律性，正确处理系统与要素、要素与要素、结构与层次、系统与环境的关系，才能有效提升流域水安全保障能力。

强化流域统一规划。要以流域为单元，一体化谋划流域保护治理全局，为推进流域保护治理提供重要依据。在完善流域综合规划上，立足流域整体，科学把握流域自然本底特征、经济社会发展需要、生态环境保护要求，正确处理需要与可能、除害与兴利、开发与保护、上下游、左右岸、干支流、近远期的关系，对流域的开发利用、水资源节约集约利用、水旱灾害防御作出总体部署，构建流域保护治理的整体格局。流域综合规划具有战略性、宏观性、基础性，流域范围内的区域规划应当服从流域规划。在完善流域专业规划体系上，以流域综合规划为遵循，细化深化实化有关要求，形成定位准确、边界清晰、功能互补、统一衔接的流域专业规划体系。完善流域防洪规划，系统部署流域内水库、河道及堤防、蓄滞洪区建设，统筹安排洪水出路。立足流域水资源时空分布，研判把握水资源长远供求趋势，完善流域水资源规划，增强流域水资源统筹调配能力、供水保障能力、战略储备能力。在强化规划权威性上，规划一经批准，必须严格执行。建立健全流域规划实施责任制，完善流域规划相关指标监测、统计、评估、考核制度，强化结果运用，确保流域规划目标任务全面落实。严格依据相关法律法规和流域规划开展水工程建设规划同意书、河道管理范围内建设项目工程建设方案、建设项目水土保持方案、工程建设影响水文监测等许可审批，对不符合法律法规和流域规划要求的，不予行政审批。

强化流域统一治理。要充分发挥流域规划的引领、指导、约束作用，推进流域协同保护治理，做到目标一致、布局一体、步调有序。统筹工程布局。坚持区域服从流域的基本原则，统筹协调上下游、左右岸、干支流关系，综合考虑工程功能定位、区域分布，科学确定工程布局、规模、标准，着力完善流域防洪工程体系和水资源配置体系。流域内水利工程建设要算系统账、算长远账、算整体账，每个单点工程的论证和方案比选，都要充分考虑对全流域的影响，在流域规划的总体框架下进行。特别是防洪工程，要根据流域上下游防洪保护对象的不同，科学确定防洪标准、工程规模、运行方式等，防止因建设不当而产生系统性不利影响。统筹项目实施。从流域全局着眼，更加注重工程项目的关联性和耦合性，防止畸轻畸重、单兵突进、顾此失彼。合理区分轻重缓急，统筹安排工程实施优先序，做到流域和区域相匹配、骨干和配套相衔接、保护和治理相统筹，坚决避免出现上下游相互掣肘、干支流系统割裂、左右岸以邻为壑的现象。

强化流域统一调度。要充分发挥流域级平台的牵头作用，强化多目标统筹协调调度，建立健全各方利益协调统一的调度体制机制，更好保障流域水安全，实现流域涉水效益的“帕累托最优”。强化流域防洪统一调度。始终把保障人民群众生命财产安全放在第一位，按照洪水发生和演进规律，以流域

为单元，综合分析洪水行进路径、洪峰、洪量、过程，系统考虑上下游、左右岸、干支流的来水、泄水、蓄水、分水，全面考虑不同防洪保护对象的实际需求，精细落实预报、预警、预演、预案措施，精准确定拦、排、分、滞措施，以系统性调度应对流域性洪水。强化流域水资源统一调度。以流域为单元，统筹供水、灌溉、生态、发电、航运等需求，根据雨情、水情、旱情、水库蓄水量等，按照节水优先、保护生态、统一调度、分级负责的原则，加强区域间、行业间不同调度需求统筹，构建目标科学、配置合理、调度优化、监管有力的流域水资源管理体系，实现流域水资源统一调度。强化流域生态统一调度。从全流域出发，依据生态保护对象确定生态调度目标，优化调度方案，保障河流生态功能用水需求。加强生态流量管理，保障河湖生态流量，坚决遏制河道断流和湖泊萎缩干涸态势，维护河湖健康生命。

强化流域统一管理。要打破区域行业壁垒，加强流域综合执法，构建流域统筹、区域协同、部门联动的管理格局，一体提升流域水利管理能力和水平。强化河湖统一管理。充分发挥河湖长制作用，发挥流域层面河湖长制工作协作机制作用，构建目标统一、任务协同、措施衔接、行动同步的流域河湖长制工作机制，推进上下游、左右岸、干支流联防联控联治。完善水行政执法跨区域联动机制、跨部门联合机制、与刑事司法衔接机制、与检察公益诉讼协作机制，严厉打击河道乱占、乱采、乱堆、乱建等违法违规行为，严肃查处非法围垦河湖、人为水土流失等问题，坚决遏制侵占河湖躯体的行为，实现河湖功能永续利用。强化水权水资源统一管理。做好流域初始水权分配，把流域水资源量逐级分解到流域内的行政区域和河流控制断面。强化水资源刚性约束，落实用水总量和强度双控，严格水资源用途管制，对流域内水资源超载地区暂停新增取水许可，及时制止和纠正无证取水、超许可取水、超计划取水、超采地下水、擅自改变取水用途等行为。建立完善流域用水权市场化交易平台和相关制度，培育和发展用水权交易市场，引导推进流域地区间、行业间、用水户间开展多种形式的用水权交易。

在实现第二个百年奋斗目标的新征程上，我们要深入学习贯彻习近平新时代中国特色社会主义思想，善用系统思维统筹水的全过程治理，保持定力、久久为功，大力实施流域统一规划、统一治理、统一调度、统一管理，奋力开拓流域治理管理新局面，为全面建设社会主义现代化国家提供强有力的水安全保障。（作者为水利部党组书记、部长）

（来源：《人民日报》2022 年 06 月 28 日第 10 版）

五、政策文件

Government Documents

| 新修订或施行的法律法规、重要文件 |

中华人民共和国黄河保护法（2022年10月30日第十三届全国人民代表大会常务委员会第三十七次会议通过）

第一章 总　　则

第一条 为了加强黄河流域生态环境保护，保障黄河安澜，推进水资源节约集约利用，推动高质量发展，保护传承弘扬黄河文化，实现人与自然和谐共生、中华民族永续发展，制定本法。

第二条 黄河流域生态保护和高质量发展各类活动，适用本法；本法未作规定的，适用其他有关法律的规定。

本法所称黄河流域，是指黄河干流、支流和湖泊的集水区域所涉及的青海省、四川省、甘肃省、宁夏回族自治区、内蒙古自治区、山西省、陕西省、河南省、山东省的相关县级行政区域。

第三条 黄河流域生态保护和高质量发展，坚持中国共产党的领导，落实重在保护、要在治理的要求，加强污染防治，贯彻生态优先、绿色发展，量水而行、节水为重，因地制宜、分类施策，统筹谋划、协同推进的原则。

第四条 国家建立黄河流域生态保护和高质量发展统筹协调机制（简称“黄河流域统筹协调机制”），全面指导、统筹协调黄河流域生态保护和高质量发展工作，审议黄河流域重大政策、重大规划、重大项目等，协调跨地区跨部门重大事项，督促检查相关重要工作的落实情况。

黄河流域省、自治区可以根据需要，建立省级协调机制，组织、协调推进本行政区域黄河流域生态保护和高质量发展工作。

第五条 国务院有关部门按照职责分工，负责黄河流域生态保护和高质量发展相关工作。

国务院水行政主管部门黄河水利委员会（简称“黄河流域管理机构”）及其所属管理机构，依法行使流域水行政监督管理职责，为黄河流域统筹协调机制相关工作提供支撑保障。

国务院生态环境主管部门黄河流域生态环境监督管理机构（简称“黄河流域生态环境监督管理机构”）依法开展流域生态环境监督管理相关工作。

第六条 黄河流域县级以上地方人民政府负责本行政区域黄河流域生态保护和高质量发展工作。

黄河流域县级以上地方人民政府有关部门按照职责分工，负责本行政区域黄河流域生态保护和高质量发展相关工作。

黄河流域相关地方根据需要在地方性法规和地方政府规章制定、规划编制、监督执法等方面加强协作，协同推进黄河流域生态保护和高质量发展。

黄河流域建立省际河湖长联席会议制度。各级河湖长负责河道、湖泊管理和保护相关工作。

第七条 国务院水行政、生态环境、自然资源、住房和城乡建设、农业农村、发展改革、应急管理、林业和草原、文化和旅游、标准化等主管部门按照职责分工，建立健全黄河流域水资源节约集约利用、水沙调控、防汛抗旱、水土保持、水文、水环境质量和污染物排放、生态保护与修复、自然资源调查监测评价、生物多样性保护、文化遗产保护等标准体系。

第八条 国家在黄河流域实行水资源刚性约束制度，坚持以水定城、以水定地、以水定人、以水定产，优化国土空间开发保护格局，促进人口和城市科学合理布局，构建与水资源承载能力相适应的现代产业体系。

黄河流域县级以上地方人民政府按照国家有关规定，在本行政区域组织实施水资源刚性约束制度。

第九条 国家在黄河流域强化农业节水增效、工业节水减排和城镇节水降损措施，鼓励、推广使用先进节水技术，加快形成节水型生产、生活方式，有效实现水资源节约集约利用，推进节水型社会建设。

第十条 国家统筹黄河干支流防洪体系建设，加强流域及流域间防洪体系协同，推进黄河上中下游防汛抗旱、防凌联动，构建科学高效的综合性防洪减灾体系，并适时组织评估，有效提升黄河流域防治洪涝等灾害的能力。

第十一条 国务院自然资源主管部门应当会同国务院有关部门定期组织开展黄河流域土地、矿产、水流、森林、草原、湿地等自然资源状况调查，建立资源基础数据库，开展资源环境承载能力评价，并向社会公布黄河流域自然资源状况。

国务院野生动物保护主管部门应当定期组织开展黄河流域野生动物及其栖息地状况普查，或者根据需要组织开展专项调查，建立野生动物资源档案，并向社会公布黄河流域野生动物资源状况。

国务院生态环境主管部门应当定期组织开展黄河流域生态状况评估，并向社会公布黄河流域生态状况。

国务院林业和草原主管部门应当会同国务院有

关部门组织开展黄河流域土地荒漠化、沙化调查监测，并定期向社会公布调查监测结果。

国务院水行政主管部门应当组织开展黄河流域水土流失调查监测，并定期向社会公布调查监测结果。

第十二条 黄河流域统筹协调机制统筹协调国务院有关部门和黄河流域省级人民政府，在已经建立的台站和监测项目基础上，健全黄河流域生态环境、自然资源、水文、泥沙、荒漠化和沙化、水土保持、自然灾害、气象等监测网络体系。

国务院有关部门和黄河流域县级以上地方人民政府及其有关部门按照职责分工，健全完善生态环境风险报告和预警机制。

第十三条 国家加强黄河流域自然灾害的预防与应急准备、监测与预警、应急处置与救援、事后恢复与重建体系建设，维护相关工程和设施安全，控制、减轻和消除自然灾害引起的危害。

国务院生态环境主管部门应当会同国务院有关部门和黄河流域省级人民政府，建立健全黄河流域突发生态环境事件应急联动工作机制，与国家突发事件应急体系相衔接，加强对黄河流域突发生态环境事件的应对管理。

出现严重干旱、省际或者重要控制断面流量降至预警流量、水库运行故障、重大水污染事故等情形，可能造成供水危机、黄河断流时，黄河流域管理机构应当组织实施应急调度。

第十四条 黄河流域统筹协调机制设立黄河流域生态保护和高质量发展专家咨询委员会，对黄河流域重大政策、重大规划、重大项目和重大科技问题等提供专业咨询。

国务院有关部门和黄河流域省级人民政府及其有关部门按照职责分工，组织开展黄河流域建设项目、重要基础设施和产业布局相关规划等对黄河流域生态系统影响的第三方评估、分析、论证等工作。

第十五条 黄河流域统筹协调机制统筹协调国务院有关部门和黄河流域省级人民政府，建立健全黄河流域信息共享系统，组织建立智慧黄河信息共享平台，提高科学化水平。国务院有关部门和黄河流域省级人民政府及其有关部门应当按照国家有关规定，共享黄河流域生态环境、自然资源、水土保持、防洪安全以及管理执法等信息。

第十六条 国家鼓励、支持开展黄河流域生态保护与修复、水资源节约集约利用、水沙运动与调控、防沙治沙、泥沙综合利用、河流动力与河床演变、水土保持、水文、气候、污染防治等方面的重大科技问题研究，加强协同创新，推动关键性技术研究，推广应用先进适用技术，提升科技创新支撑能力。

第十七条 国家加强黄河文化保护传承弘扬，系统保护黄河文化遗产，研究黄河文化发展脉络，阐发黄河文化精神内涵和时代价值，铸牢中华民族共同体意识。

第十八条 国务院有关部门和黄河流域县级以上地方人民政府及其有关部门应当加强黄河流域生态保护和高质量发展的宣传教育。

新闻媒体应当采取多种形式开展黄河流域生态保护和高质量发展的宣传报道，并依法对违法行为进行舆论监督。

第十九条 国家鼓励、支持单位和个人参与黄河流域生态保护和高质量发展相关活动。

对在黄河流域生态保护和高质量发展工作中做出突出贡献的单位和个人，按照国家有关规定予以表彰和奖励。

第二章 规划与管控

第二十条 国家建立以国家发展规划为统领，以空间规划为基础，以专项规划、区域规划为支撑的黄河流域规划体系，发挥规划对推进黄河流域生态保护和高质量发展的引领、指导和约束作用。

第二十一条 国务院和黄河流域县级以上地方人民政府应当将黄河流域生态保护和高质量发展工作纳入国民经济和社会发展规划。

国务院发展改革部门应当会同国务院有关部门编制黄河流域生态保护和高质量发展规划，报国务院批准后实施。

第二十二条 国务院自然资源主管部门应当会同国务院有关部门组织编制黄河流域国土空间规划，科学有序统筹安排黄河流域农业、生态、城镇等功能空间，划定永久基本农田、生态保护红线、城镇开发边界，优化国土空间结构和布局，统领黄河流域国土空间利用任务，报国务院批准后实施。涉及黄河流域国土空间利用的专项规划应当与黄河流域国土空间规划相衔接。

黄河流域县级以上地方人民政府组织编制本行政区域的国土空间规划，按照规定的程序报经批准后实施。

第二十三条 国务院水行政主管部门应当会同国务院有关部门和黄河流域省级人民政府，按照统一规划、统一管理、统一调度的原则，依法编制黄河流域综合规划、水资源规划、防洪规划等，对节约、保护、开发、利用水资源和防治水害作出部署。

黄河流域生态环境保护等规划依照有关法律、行政法规的规定编制。

第二十四条 国民经济和社会发展规划、国土空间总体规划的编制以及重大产业政策的制定，应当与黄河流域水资源条件和防洪要求相适应，并进行科学论证。

黄河流域工业、农业、畜牧业、林草业、能源、交通运输、旅游、自然资源开发等专项规划和开发区、新区规划等，涉及水资源开发利用的，应当进行规划水资源论证。未经论证或者经论证不符合水资源强制性约束控制指标的，规划审批机关不得批准该规划。

第二十五条 国家对黄河流域国土空间严格实行用途管制。黄河流域县级以上地方人民政府自然资源主管部门依据国土空间规划，对本行政区域黄河流域国土空间实行分区、分类用途管制。

黄河流域国土空间开发利用活动应当符合国土空间用途管制要求，并依法取得规划许可。

禁止违反国家有关规定、未经国务院批准，占用永久基本农田。禁止擅自占用耕地进行非农业建设，严格控制耕地转为林地、草地、园地等其他农用地。

黄河流域县级以上地方人民政府应当严格控制黄河流域以人工湖、人工湿地等形式新建人造水景观，黄河流域统筹协调机制应当组织有关部门加强监督管理。

第二十六条 黄河流域省级人民政府根据本行政区域的生态环境和资源利用状况，按照生态保护红线、环境质量底线、资源利用上线的要求，制定生态环境分区管控方案和生态环境准入清单，报国务院生态环境主管部门备案后实施。生态环境分区管控方案和生态环境准入清单应当与国土空间规划相衔接。

禁止在黄河干支流岸线管控范围内新建、扩建化工园区和化工项目。禁止在黄河干流岸线和重要支流岸线的管控范围内新建、改建、扩建尾矿库；但是以提升安全水平、生态环境保护水平为目的的改建除外。

干支流目录、岸线管控范围由国务院水行政、自然资源、生态环境主管部门按照职责分工，会同黄河流域省级人民政府确定并公布。

第二十七条 黄河流域水电开发，应当进行科学论证，符合国家发展规划、流域综合规划和生态保护要求。对黄河流域已建小水电工程，不符合生态保护要求的，县级以上地方人民政府应当组织分类整改或者采取措施逐步退出。

第二十八条 黄河流域管理机构统筹防洪减淤、城乡供水、生态保护、灌溉用水、水力发电等目标，建立水资源、水沙、防洪防凌综合调度体系，实施黄河干支流控制性水工程统一调度，保障流域水安全，发挥水资源综合效益。

第三章　生态保护与修复

第二十九条 国家加强黄河流域生态保护与修复，坚持山水林田湖草沙一体化保护与修复，实行自然恢复为主、自然恢复与人工修复相结合的系统治理。

国务院自然资源主管部门应当会同国务院有关部门编制黄河流域国土空间生态修复规划，组织实施重大生态修复工程，统筹推进黄河流域生态保护与修复工作。

第三十条 国家加强对黄河水源涵养区的保护，加大对黄河干流和支流源头、水源涵养区的雪山冰川、高原冻土、高寒草甸、草原、湿地、荒漠、泉域等的保护力度。

禁止在黄河上游约古宗列曲、扎陵湖、鄂陵湖、玛多河湖群等河道、湖泊管理范围内从事采矿、采砂、渔猎等活动，维持河道、湖泊天然状态。

第三十一条 国务院和黄河流域省级人民政府应当依法在重要生态功能区域、生态脆弱区域划定公益林，实施严格管护；需要补充灌溉的，在水资源承载能力范围内合理安排灌溉用水。

国务院林业和草原主管部门应当会同国务院有关部门、黄河流域省级人民政府，加强对黄河流域重要生态功能区域天然林、湿地、草原保护与修复和荒漠化、沙化土地治理工作的指导。

黄河流域县级以上地方人民政府应当采取防护林建设、禁牧封育、锁边防风固沙工程、沙化土地封禁保护、鼠害防治等措施，加强黄河流域重要生态功能区域天然林、湿地、草原保护与修复，开展规模化防沙治沙，科学治理荒漠化、沙化土地，在河套平原区、内蒙古高原湖泊萎缩退化区、黄土高原土地沙化区、汾渭平原区等重点区域实施生态修复工程。

第三十二条 国家加强对黄河流域子午岭—六盘山、秦岭北麓、贺兰山、白于山、陇中等水土流失重点预防区、治理区和渭河、洮河、汾河、伊洛河等重要支流源头区的水土流失防治。水土流失防治应当根据实际情况，科学采取生物措施和工程措施。

禁止在二十五度以上陡坡地开垦种植农作物。黄河流域省级人民政府根据本行政区域的实际情况，可以规定小于二十五度的禁止开垦坡度。禁止开垦的陡坡地范围由所在地县级人民政府划定并公布。

第三十三条 国务院水行政主管部门应当会同国务院有关部门加强黄河流域砒砂岩区、多沙粗沙区、水蚀风蚀交错区和沙漠入河区等生态脆弱区域保护和治理，开展土壤侵蚀和水土流失状况评估，实施重点防治工程。

黄河流域县级以上地方人民政府应当组织推进小流域综合治理、坡耕地综合整治、黄土高原塬面治理保护、适地植被建设等水土保持重点工程，采取塬面、沟头、沟坡、沟道防护等措施，加强多沙粗沙区治理，开展生态清洁流域建设。

国家支持在黄河流域上中游开展整沟治理。整沟治理应当坚持规划先行、系统修复、整体保护、因地制宜、综合治理、一体推进。

第三十四条 国务院水行政主管部门应当会同国务院有关部门制定淤地坝建设、养护标准或者技术规范，健全淤地坝建设、管理、安全运行制度。

黄河流域县级以上地方人民政府应当因地制宜组织开展淤地坝建设，加快病险淤地坝除险加固和老旧淤地坝提升改造，建设安全监测和预警设施，将淤地坝工程防汛纳入地方防汛责任体系，落实管护责任，提高养护水平，减少下游河道淤积。

禁止损坏、擅自占用淤地坝。

第三十五条 禁止在黄河流域水土流失严重、生态脆弱区域开展可能造成水土流失的生产建设活动。确因国家发展战略和国计民生需要建设的，应当进行科学论证，并依法办理审批手续。

生产建设单位应当依法编制并严格执行经批准的水土保持方案。

从事生产建设活动造成水土流失的，应当按照国家规定的水土流失防治相关标准进行治理。

第三十六条 国务院水行政主管部门应当会同国务院有关部门和山东省人民政府，编制并实施黄河入海河口整治规划，合理布局黄河入海流路，加强河口治理，保障入海河道畅通和河口防洪防凌安全，实施清水沟、刁口河生态补水，维护河口生态功能。

国务院自然资源、林业和草原主管部门应当会同国务院有关部门和山东省人民政府，组织开展黄河三角洲湿地生态保护与修复，有序推进退塘还河、退耕还湿、退田还滩，加强外来入侵物种防治，减少油气开采、围垦养殖、港口航运等活动对河口生态系统的影响。

禁止侵占刁口河等黄河备用入海流路。

第三十七条 国务院水行政主管部门确定黄河干流、重要支流控制断面生态流量和重要湖泊生态水位的管控指标，应当征求并研究国务院生态环境、自然资源等主管部门的意见。黄河流域省级人民政府水行政主管部门确定其他河流生态流量和其他湖泊生态水位的管控指标，应当征求并研究同级人民政府生态环境、自然资源等主管部门的意见，报黄河流域管理机构、黄河流域生态环境监督管理机构备案。确定生态流量和生态水位的管控指标，应当进行科学论证，综合考虑水资源条件、气候状况、生态环境保护要求、生活生产用水状况等因素。

黄河流域管理机构和黄河流域省级人民政府水行政主管部门按照职责分工，组织编制和实施生态流量和生态水位保障实施方案。

黄河干流、重要支流水工程应当将生态用水调度纳入日常运行调度规程。

第三十八条 国家统筹黄河流域自然保护地体系建设。国务院和黄河流域省级人民政府在黄河流域重要典型生态系统的完整分布区、生态环境敏感区以及珍贵濒危野生动植物天然集中分布区和重要栖息地、重要自然遗迹分布区等区域，依法设立国家公园、自然保护区、自然公园等自然保护地。

自然保护地建设、管理涉及河道、湖泊管理范围的，应当统筹考虑河道、湖泊保护需要，满足防洪要求，并保障防洪工程建设和管理活动的开展。

第三十九条 国务院林业和草原、农业农村主管部门应当会同国务院有关部门和黄河流域省级人民政府按照职责分工，对黄河流域数量急剧下降或者极度濒危的野生动植物和受到严重破坏的栖息地、天然集中分布区、破碎化的典型生态系统开展保护与修复，修建迁地保护设施，建立野生动植物遗传资源基因库，进行抢救性修复。

国务院生态环境主管部门和黄河流域县级以上地方人民政府组织开展黄河流域生物多样性保护管理，定期评估生物受威胁状况以及生物多样性恢复成效。

第四十条 国务院农业农村主管部门应当会同国务院有关部门和黄河流域省级人民政府，建立黄河流域水生生物完整性指数评价体系，组织开展黄河流域水生生物完整性评价，并将评价结果作为评估黄河流域生态系统总体状况的重要依据。黄河流域水生生物完整性指数应当与黄河流域水环境质量标准相衔接。

第四十一条 国家保护黄河流域水产种质资源和珍贵濒危物种，支持开展水产种质资源保护区、国家重点保护野生动物人工繁育基地建设。

禁止在黄河流域开放水域养殖、投放外来物种和其他非本地物种种质资源。

第四十二条 国家加强黄河流域水生生物产卵场、索饵场、越冬场、洄游通道等重要栖息地的生态保护与修复。对鱼类等水生生物洄游产生阻隔的涉水工程应当结合实际采取建设过鱼设施、河湖连通、增殖放流、人工繁育等多种措施，满足水生生物的生态需求。

国家实行黄河流域重点水域禁渔期制度，禁渔期内禁止在黄河流域重点水域从事天然渔业资源生产性捕捞，具体办法由国务院农业农村主管部门制定。黄河流域县级以上地方人民政府应当按照国家有关规定做好禁渔期渔民的生活保障工作。

禁止电鱼、毒鱼、炸鱼等破坏渔业资源和水域生态的捕捞行为。

第四十三条 国务院水行政主管部门应当会同国务院自然资源主管部门组织划定并公布黄河流域地下水超采区。

黄河流域省级人民政府水行政主管部门应当会同本级人民政府有关部门编制本行政区域地下水超采综合治理方案，经省级人民政府批准后，报国务院水行政主管部门备案。

第四十四条 黄河流域县级以上地方人民政府应当组织开展退化农用地生态修复，实施农田综合整治。

黄河流域生产建设活动损毁的土地，由生产建设者负责复垦。因历史原因无法确定土地复垦义务人以及因自然灾害损毁的土地，由黄河流域县级以上地方人民政府负责组织复垦。

黄河流域县级以上地方人民政府应当加强对矿山的监督管理，督促采矿权人履行矿山污染防治和生态修复责任，并因地制宜采取消除地质灾害隐患、土地复垦、恢复植被、防治污染等措施，组织开展历史遗留矿山生态修复工作。

第四章 水资源节约集约利用

第四十五条 黄河流域水资源利用，应当坚持节水优先、统筹兼顾、集约使用、精打细算，优先满足城乡居民生活用水，保障基本生态用水，统筹生产用水。

第四十六条 国家对黄河水量实行统一配置。制定和调整黄河水量分配方案，应当充分考虑黄河流域水资源条件、生态环境状况、区域用水状况、节水水平、洪水资源化利用等，统筹当地水和外调水、常规水和非常规水，科学确定水资源可利用总量和河道输沙入海水量，分配区域地表水取用水总量。

黄河流域管理机构商黄河流域省级人民政府制定和调整黄河水量分配方案和跨省支流水量分配方案。黄河水量分配方案经国务院发展改革部门、水行政主管部门审查后，报国务院批准。跨省支流水量分配方案报国务院授权的部门批准。

黄河流域省级人民政府水行政主管部门根据黄河水量分配方案和跨省支流水量分配方案，制定和调整本行政区域水量分配方案，经省级人民政府批准后，报黄河流域管理机构备案。

第四十七条 国家对黄河流域水资源实行统一调度，遵循总量控制、断面流量控制、分级管理、分级负责的原则，根据水情变化进行动态调整。

国务院水行政主管部门依法组织黄河流域水资源统一调度的实施和监督管理。

第四十八条 国务院水行政主管部门应当会同国务院自然资源主管部门制定黄河流域省级行政区域地下水取水总量控制指标。

黄河流域省级人民政府水行政主管部门应当会同本级人民政府有关部门，根据本行政区域地下水取水总量控制指标，制定设区的市、县级行政区域地下水取水总量控制指标和地下水水位控制指标，经省级人民政府批准后，报国务院水行政主管部门或者黄河流域管理机构备案。

第四十九条 黄河流域县级以上行政区域的地表水取用水总量不得超过水量分配方案确定的控制指标，并符合生态流量和生态水位的管控指标要求；地下水取水总量不得超过本行政区域地下水取水总量控制指标，并符合地下水水位控制指标要求。

黄河流域县级以上地方人民政府应当根据本行政区域取用水总量控制指标，统筹考虑经济社会发展用水需求、节水标准和产业政策，制定本行政区域农业、工业、生活及河道外生态等用水量控制指标。

第五十条 在黄河流域取用水资源，应当依法取得取水许可。

黄河干流取水，以及跨省重要支流指定河段限额以上取水，由黄河流域管理机构负责审批取水申请，审批时应当研究取水口所在地的省级人民政府水行政主管部门的意见；其他取水由黄河流域县级以上地方人民政府水行政主管部门负责审批取水申请。指定河段和限额标准由国务院水行政主管部门确定公布、适时调整。

第五十一条 国家在黄河流域实行水资源差别化管理。国务院水行政主管部门应当会同国务院自然资源主管部门定期组织开展黄河流域水资源评价和承载能力调查评估。评估结果作为划定水资源超载地区、临界超载地区、不超载地区的依据。

水资源超载地区县级以上地方人民政府应当制定水资源超载治理方案，采取产业结构调整、强化

节水等措施，实施综合治理。水资源临界超载地区县级以上地方人民政府应当采取限制性措施，防止水资源超载。

除生活用水等民生保障用水外，黄河流域水资源超载地区不得新增取水许可；水资源临界超载地区应当严格限制新增取水许可。

第五十二条 国家在黄河流域实行强制性用水定额管理制度。国务院水行政、标准化主管部门应当会同国务院发展改革部门组织制定黄河流域高耗水工业和服务业强制性用水定额。制定强制性用水定额应当征求国务院有关部门、黄河流域省级人民政府、企业事业单位和社会公众等方面的意见，并依照《中华人民共和国标准化法》的有关规定执行。

黄河流域省级人民政府按照深度节水控水要求，可以制定严于国家用水定额的地方用水定额；国家用水定额未作规定的，可以补充制定地方用水定额。

黄河流域以及黄河流经省、自治区其他黄河供水区相关县级行政区域的用水单位，应当严格执行强制性用水定额；超过强制性用水定额的，应当限期实施节水技术改造。

第五十三条 黄河流域以及黄河流经省、自治区其他黄河供水区相关县级行政区域的县级以上地方人民政府水行政主管部门和黄河流域管理机构核定取水单位的取水量，应当符合用水定额的要求。

黄河流域以及黄河流经省、自治区其他黄河供水区相关县级行政区域取水量达到取水规模以上的单位，应当安装合格的在线计量设施，保证设施正常运行，并将计量数据传输至有管理权限的水行政主管部门或者黄河流域管理机构。取水规模标准由国务院水行政主管部门制定。

第五十四条 国家在黄河流域实行高耗水产业准入负面清单和淘汰类高耗水产业目录制度。列入高耗水产业准入负面清单和淘汰类高耗水产业目录的建设项目，取水申请不予批准。高耗水产业准入负面清单和淘汰类高耗水产业目录由国务院发展改革部门会同国务院水行政主管部门制定并发布。

严格限制从黄河流域向外流域扩大供水量，严格限制新增引黄灌溉用水量。因实施国家重大战略确需新增用水量的，应当严格进行水资源论证，并取得黄河流域管理机构批准的取水许可。

第五十五条 黄河流域县级以上地方人民政府应当组织发展高效节水农业，加强农业节水设施和农业用水计量设施建设，选育推广低耗水、高耐旱农作物，降低农业耗水量。禁止取用深层地下水用于农业灌溉。

黄河流域工业企业应当优先使用国家鼓励的节水工艺、技术和装备。国家鼓励的工业节水工艺、技术和装备目录由国务院工业和信息化主管部门会同国务院有关部门制定并发布。

黄河流域县级以上地方人民政府应当组织推广应用先进适用的节水工艺、技术、装备、产品和材料，推进工业废水资源化利用，支持企业用水计量和节水技术改造，支持工业园区企业发展串联用水系统和循环用水系统，促进能源、化工、建材等高耗水产业节水。高耗水工业企业应当实施用水计量和节水技术改造。

黄河流域县级以上地方人民政府应当组织实施城乡老旧供水设施和管网改造，推广普及节水型器具，开展公共机构节水技术改造，控制高耗水服务业用水，完善农村集中供水和节水配套设施。

黄河流域县级以上地方人民政府及其有关部门应当加强节水宣传教育和科学普及，提高公众节水意识，营造良好节水氛围。

第五十六条 国家在黄河流域建立促进节约用水的水价体系。城镇居民生活用水和具备条件的农村居民生活用水实行阶梯水价，高耗水工业和服务业水价实行高额累进加价，非居民用水水价实行超定额累进加价，推进农业水价综合改革。

国家在黄河流域对节水潜力大、使用面广的用水产品实行水效标识管理，限期淘汰水效等级较低的用水产品，培育合同节水等节水市场。

第五十七条 国务院水行政主管部门应当会同国务院有关部门制定黄河流域重要饮用水水源地名录。黄河流域省级人民政府水行政主管部门应当会同本级人民政府有关部门制定本行政区域的其他饮用水水源地名录。

黄河流域省级人民政府组织划定饮用水水源保护区，加强饮用水水源保护，保障饮用水安全。黄河流域县级以上地方人民政府及其有关部门应当合理布局饮用水水源取水口，加强饮用水应急水源、备用水源建设。

第五十八条 国家综合考虑黄河流域水资源条件、经济社会发展需要和生态环境保护要求，统筹调出区和调入区供水安全和生态安全，科学论证、规划和建设跨流域调水和重大水源工程，加快构建国家水网，优化水资源配置，提高水资源承载能力。

黄河流域县级以上地方人民政府应当组织实施区域水资源配置工程建设，提高城乡供水保障程度。

第五十九条 黄河流域县级以上地方人民政府应当推进污水资源化利用，国家对相关设施建设予以支持。

黄河流域县级以上地方人民政府应当将再生水、

雨水、苦咸水、矿井水等非常规水纳入水资源统一配置，提高非常规水利用比例。景观绿化、工业生产、建筑施工等用水，应当优先使用符合要求的再生水。

第五章　水沙调控与防洪安全

第六十条　国家依据黄河流域综合规划、防洪规划，在黄河流域组织建设水沙调控和防洪减灾工程体系，完善水沙调控和防洪防凌调度机制，加强水文和气象监测预报预警、水沙观测和河势调查，实施重点水库和河段清淤疏浚、滩区放淤，提高河道行洪输沙能力，塑造河道主槽，维持河势稳定，保障防洪安全。

第六十一条　国家完善以骨干水库等重大水工程为主的水沙调控体系，采取联合调水调沙、泥沙综合处理利用等措施，提高拦沙输沙能力。纳入水沙调控体系的工程名录由国务院水行政主管部门制定。

国务院有关部门和黄河流域省级人民政府应当加强黄河干支流控制性水工程、标准化堤防、控制引导河水流向工程等防洪工程体系建设和管理，实施病险水库除险加固和山洪、泥石流灾害防治。

黄河流域管理机构及其所属管理机构和黄河流域县级以上地方人民政府应当加强防洪工程的运行管护，保障工程安全稳定运行。

第六十二条　国家实行黄河流域水沙统一调度制度。黄河流域管理机构应当组织实施黄河干支流水库群统一调度，编制水沙调控方案，确定重点水库水沙调控运用指标、运用方式、调控起止时间，下达调度指令。水沙调控应当采取措施尽量减少对水生生物及其栖息地的影响。

黄河流域县级以上地方人民政府、水库主管部门和管理单位应当执行黄河流域管理机构的调度指令。

第六十三条　国务院水行政主管部门组织编制黄河防御洪水方案，经国家防汛抗旱指挥机构审核后，报国务院批准。

黄河流域管理机构应当会同黄河流域省级人民政府根据批准的黄河防御洪水方案，编制黄河干流和重要支流、重要水工程的洪水调度方案，报国务院水行政主管部门批准并抄送国家防汛抗旱指挥机构和国务院应急管理部门，按照职责组织实施。

黄河流域县级以上地方人民政府组织编制和实施黄河其他支流、水工程的洪水调度方案，并报上一级人民政府防汛抗旱指挥机构和有关主管部门备案。

第六十四条　黄河流域管理机构制定年度防凌调度方案，报国务院水行政主管部门备案，按照职责组织实施。

黄河流域有防凌任务的县级以上地方人民政府应当把防御凌汛纳入本行政区域的防洪规划。

第六十五条　黄河防汛抗旱指挥机构负责指挥黄河流域防汛抗旱工作，其办事机构设在黄河流域管理机构，承担黄河防汛抗旱指挥机构的日常工作。

第六十六条　黄河流域管理机构应当会同黄河流域省级人民政府依据黄河流域防洪规划，制定黄河滩区名录，报国务院水行政主管部门批准。黄河流域省级人民政府应当有序安排滩区居民迁建，严格控制向滩区迁入常住人口，实施滩区综合提升治理工程。

黄河滩区土地利用、基础设施建设和生态保护与修复应当满足河道行洪需要，发挥滩区滞洪、沉沙功能。

在黄河滩区内，不得新规划城镇建设用地、设立新的村镇，已经规划和设立的，不得扩大范围；不得新划定永久基本农田，已经划定为永久基本农田、影响防洪安全的，应当逐步退出；不得新开垦荒地、新建生产堤，已建生产堤影响防洪安全的应当及时拆除，其他生产堤应当逐步拆除。

因黄河滩区自然行洪、蓄滞洪水等导致受淹造成损失的，按照国家有关规定予以补偿。

第六十七条　国家加强黄河流域河道、湖泊管理和保护。禁止在河道、湖泊管理范围内建设妨碍行洪的建筑物、构筑物以及从事影响河势稳定、危害河岸堤防安全和其他妨碍河道行洪的活动。禁止违法利用、占用河道、湖泊水域和岸线。河道、湖泊管理范围由黄河流域管理机构和有关县级以上地方人民政府依法科学划定并公布。

建设跨河、穿河、穿堤、临河的工程设施，应当符合防洪标准等要求，不得威胁堤防安全、影响河势稳定、擅自改变水域和滩地用途、降低行洪和调蓄能力、缩小水域面积；确实无法避免降低行洪和调蓄能力、缩小水域面积的，应当同时建设等效替代工程或者采取其他功能补救措施。

第六十八条　黄河流域河道治理，应当因地制宜采取河道清障、清淤疏浚、岸坡整治、堤防加固、水源涵养与水土保持、河湖管护等治理措施，加强悬河和游荡性河道整治，增强河道、湖泊、水库防御洪水能力。

国家支持黄河流域有关地方人民政府以稳定河势、规范流路、保障行洪能力为前提，统筹河道岸线保护修复、退耕还湿，建设集防洪、生态保护等

功能于一体的绿色生态走廊。

第六十九条 国家实行黄河流域河道采砂规划和许可制度。黄河流域河道采砂应当依法取得采砂许可。

黄河流域管理机构和黄河流域县级以上地方人民政府依法划定禁采区，规定禁采期，并向社会公布。禁止在黄河流域禁采区和禁采期从事河道采砂活动。

第七十条 国务院有关部门应当会同黄河流域省级人民政府加强对龙羊峡、刘家峡、三门峡、小浪底、故县、陆浑、河口村等干支流骨干水库库区的管理，科学调控水库水位，加强库区水土保持、生态保护和地质灾害防治工作。

在三门峡、小浪底、故县、陆浑、河口村水库库区养殖，应当满足水沙调控和防洪要求，禁止采用网箱、围网和拦河拉网方式养殖。

第七十一条 黄河流域城市人民政府应当统筹城市防洪和排涝工作，加强城市防洪排涝设施建设和管理，完善城市洪涝灾害监测预警机制，健全城市防灾减灾体系，提升城市洪涝灾害防御和应对能力。

黄河流域城市人民政府及其有关部门应当加强洪涝灾害防御宣传教育和社会动员，定期组织开展应急演练，增强社会防范意识。

第六章 污染防治

第七十二条 国家加强黄河流域农业面源污染、工业污染、城乡生活污染等的综合治理、系统治理、源头治理，推进重点河湖环境综合整治。

第七十三条 国务院生态环境主管部门制定黄河流域水环境质量标准，对国家水环境质量标准中未作规定的项目，可以作出补充规定；对国家水环境质量标准中已经规定的项目，可以作出更加严格的规定。制定黄河流域水环境质量标准应当征求国务院有关部门和有关省级人民政府的意见。

黄河流域省级人民政府可以制定严于黄河流域水环境质量标准的地方水环境质量标准，报国务院生态环境主管部门备案。

第七十四条 对没有国家水污染物排放标准的特色产业、特有污染物，以及国家有明确要求的特定水污染源或者水污染物，黄河流域省级人民政府应当补充制定地方水污染物排放标准，报国务院生态环境主管部门备案。

有下列情形之一的，黄河流域省级人民政府应当制定严于国家水污染物排放标准的地方水污染物排放标准，报国务院生态环境主管部门备案：

（一）产业密集、水环境问题突出；

（二）现有水污染物排放标准不能满足黄河流域水环境质量要求；

（三）流域或者区域水环境形势复杂，无法适用统一的水污染物排放标准。

第七十五条 国务院生态环境主管部门根据水环境质量改善目标和水污染防治要求，确定黄河流域各省级行政区域重点水污染物排放总量控制指标。黄河流域水环境质量不达标的水功能区，省级人民政府生态环境主管部门应当实施更加严格的水污染物排放总量削减措施，限期实现水环境质量达标。排放水污染物的企业事业单位应当按照要求，采取水污染物排放总量控制措施。

黄河流域县级以上地方人民政府应当加强和统筹污水、固体废物收集处理处置等环境基础设施建设，保障设施正常运行，因地制宜推进农村厕所改造、生活垃圾处理和污水治理，消除黑臭水体。

第七十六条 在黄河流域河道、湖泊新设、改设或者扩大排污口，应当报经有管辖权的生态环境主管部门或者黄河流域生态环境监督管理机构批准。新设、改设或者扩大可能影响防洪、供水、堤防安全、河势稳定的排污口的，审批时应当征求县级以上地方人民政府水行政主管部门或者黄河流域管理机构的意见。

黄河流域水环境质量不达标的水功能区，除城乡污水集中处理设施等重要民生工程的排污口外，应当严格控制新设、改设或者扩大排污口。

黄河流域县级以上地方人民政府应当对本行政区域河道、湖泊的排污口组织开展排查整治，明确责任主体，实施分类管理。

第七十七条 黄河流域县级以上地方人民政府应当对沿河道、湖泊的垃圾填埋场、加油站、储油库、矿山、尾矿库、危险废物处置场、化工园区和化工项目等地下水重点污染源及周边地下水环境风险隐患组织开展调查评估，采取风险防范和整治措施。

黄河流域设区的市级以上地方人民政府生态环境主管部门商本级人民政府有关部门，制定并发布地下水污染防治重点排污单位名录。地下水污染防治重点排污单位应当依法安装水污染物排放自动监测设备，与生态环境主管部门的监控设备联网，并保证监测设备正常运行。

第七十八条 黄河流域省级人民政府生态环境主管部门应当会同本级人民政府水行政、自然资源等主管部门，根据本行政区域地下水污染防治需要，划定地下水污染防治重点区，明确环境准入、隐患排查、风险管控等管理要求。

黄河流域县级以上地方人民政府应当加强油气开采区等地下水污染防治监督管理。在黄河流域开发煤层气、致密气等非常规天然气的，应当对其产生的压裂液、采出水进行处理处置，不得污染土壤和地下水。

第七十九条 黄河流域县级以上地方人民政府应当加强黄河流域土壤生态环境保护，防止新增土壤污染，因地制宜分类推进土壤污染风险管控与修复。

黄河流域县级以上地方人民政府应当加强黄河流域固体废物污染环境防治，组织开展固体废物非法转移和倾倒的联防联控。

第八十条 国务院生态环境主管部门应当在黄河流域定期组织开展大气、水体、土壤、生物中有毒有害化学物质调查监测，并会同国务院卫生健康等主管部门开展黄河流域有毒有害化学物质环境风险评估与管控。

国务院生态环境等主管部门和黄河流域县级以上地方人民政府及其有关部门应当加强对持久性有机污染物等新污染物的管控、治理。

第八十一条 黄河流域县级以上地方人民政府及其有关部门应当加强农药、化肥等农业投入品使用总量控制、使用指导和技术服务，推广病虫害绿色防控等先进适用技术，实施灌区农田退水循环利用，加强对农业污染源的监测预警。

黄河流域农业生产经营者应当科学合理使用农药、化肥、兽药等农业投入品，科学处理、处置农业投入品包装废弃物、农用薄膜等农业废弃物，综合利用农作物秸秆，加强畜禽、水产养殖污染防治。

第七章 促进高质量发展

第八十二条 促进黄河流域高质量发展应当坚持新发展理念，加快发展方式绿色转型，以生态保护为前提优化调整区域经济和生产力布局。

第八十三条 国务院有关部门和黄河流域县级以上地方人民政府及其有关部门应当协同推进黄河流域生态保护和高质量发展战略与乡村振兴战略、新型城镇化战略和中部崛起、西部大开发等区域协调发展战略的实施，统筹城乡基础设施建设和产业发展，改善城乡人居环境，健全基本公共服务体系，促进城乡融合发展。

第八十四条 国务院有关部门和黄河流域县级以上地方人民政府应当强化生态环境、水资源等约束和城镇开发边界管控，严格控制黄河流域上中游地区新建各类开发区，推进节水型城市、海绵城市建设，提升城市综合承载能力和公共服务能力。

第八十五条 国务院有关部门和黄河流域县级以上地方人民政府应当科学规划乡村布局，统筹生态保护与乡村发展，加强农村基础设施建设，推进农村产业融合发展，鼓励使用绿色低碳能源，加快推进农房和村庄建设现代化，塑造乡村风貌，建设生态宜居美丽乡村。

第八十六条 黄河流域产业结构和布局应当与黄河流域生态系统和资源环境承载能力相适应。严格限制在黄河流域布局高耗水、高污染或者高耗能项目。

黄河流域煤炭、火电、钢铁、焦化、化工、有色金属等行业应当开展清洁生产，依法实施强制性清洁生产审核。

黄河流域县级以上地方人民政府应当采取措施，推动企业实施清洁化改造，组织推广应用工业节能、资源综合利用等先进适用的技术装备，完善绿色制造体系。

第八十七条 国家鼓励黄河流域开展新型基础设施建设，完善交通运输、水利、能源、防灾减灾等基础设施网络。

黄河流域县级以上地方人民政府应当推动制造业高质量发展和资源型产业转型，因地制宜发展特色优势现代产业和清洁低碳能源，推动产业结构、能源结构、交通运输结构等优化调整，推进碳达峰碳中和工作。

第八十八条 国家鼓励、支持黄河流域建设高标准农田、现代畜牧业生产基地以及种质资源和制种基地，因地制宜开展盐碱地农业技术研究、开发和应用，支持地方品种申请地理标志产品保护，发展现代农业服务业。

国务院有关部门和黄河流域县级以上地方人民政府应当组织调整农业产业结构，优化农业产业布局，发展区域优势农业产业，服务国家粮食安全战略。

第八十九条 国务院有关部门和黄河流域县级以上地方人民政府应当鼓励、支持黄河流域科技创新，引导社会资金参与科技成果开发和推广应用，提升黄河流域科技创新能力。

国家支持社会资金设立黄河流域科技成果转化基金，完善科技投融资体系，综合运用政府采购、技术标准、激励机制等促进科技成果转化。

第九十条 黄河流域县级以上地方人民政府及其有关部门应当采取有效措施，提高城乡居民对本行政区域生态环境、资源禀赋的认识，支持、引导居民形成绿色低碳的生活方式。

第八章 黄河文化保护传承弘扬

第九十一条 国务院文化和旅游主管部门应当会同国务院有关部门编制并实施黄河文化保护传承弘扬规划，加强统筹协调，推动黄河文化体系建设。

黄河流域县级以上地方人民政府及其文化和旅游等主管部门应当加强黄河文化保护传承弘扬，提供优质公共文化服务，丰富城乡居民精神文化生活。

第九十二条 国务院文化和旅游主管部门应当会同国务院有关部门和黄河流域省级人民政府，组织开展黄河文化和治河历史研究，推动黄河文化创造性转化和创新性发展。

第九十三条 国务院文化和旅游主管部门应当会同国务院有关部门组织指导黄河文化资源调查和认定，对文物古迹、非物质文化遗产、古籍文献等重要文化遗产进行记录、建档，建立黄河文化资源基础数据库，推动黄河文化资源整合利用和公共数据开放共享。

第九十四条 国家加强黄河流域历史文化名城名镇名村、历史文化街区、文物、历史建筑、传统村落、少数民族特色村寨和古河道、古堤防、古灌溉工程等水文化遗产以及农耕文化遗产、地名文化遗产等的保护。国务院住房和城乡建设、文化和旅游、文物等主管部门和黄河流域县级以上地方人民政府有关部门按照职责分工和分级保护、分类实施的原则，加强监督管理。

国家加强黄河流域非物质文化遗产保护。国务院文化和旅游等主管部门和黄河流域县级以上地方人民政府有关部门应当完善黄河流域非物质文化遗产代表性项目名录体系，推进传承体验设施建设，加强代表性项目保护传承。

第九十五条 国家加强黄河流域具有革命纪念意义的文物和遗迹保护，建设革命传统教育、爱国主义教育基地，传承弘扬黄河红色文化。

第九十六条 国家建设黄河国家文化公园，统筹利用文化遗产地以及博物馆、纪念馆、展览馆、教育基地、水工程等资源，综合运用信息化手段，系统展示黄河文化。

国务院发展改革部门、文化和旅游主管部门组织开展黄河国家文化公园建设。

第九十七条 国家采取政府购买服务等措施，支持单位和个人参与提供反映黄河流域特色、体现黄河文化精神、适宜普及推广的公共文化服务。

黄河流域县级以上地方人民政府及其有关部门应当组织将黄河文化融入城乡建设和水利工程等基础设施建设。

第九十八条 黄河流域县级以上地方人民政府应当以保护传承弘扬黄河文化为重点，推动文化产业发展，促进文化产业与农业、水利、制造业、交通运输业、服务业等深度融合。

国务院文化和旅游主管部门应当会同国务院有关部门统筹黄河文化、流域水景观和水工程等资源，建设黄河文化旅游带。黄河流域县级以上地方人民政府文化和旅游主管部门应当结合当地实际，推动本行政区域旅游业发展，展示和弘扬黄河文化。

黄河流域旅游活动应当符合黄河防洪和河道、湖泊管理要求，避免破坏生态环境和文化遗产。

第九十九条 国家鼓励开展黄河题材文艺作品创作。黄河流域县级以上地方人民政府应当加强对黄河题材文艺作品创作的支持和保护。

国家加强黄河文化宣传，促进黄河文化国际传播，鼓励、支持举办黄河文化交流、合作等活动，提高黄河文化影响力。

第九章 保障与监督

第一百条 国务院和黄河流域县级以上地方人民政府应当加大对黄河流域生态保护和高质量发展的财政投入。

国务院和黄河流域省级人民政府按照中央与地方财政事权和支出责任划分原则，安排资金用于黄河流域生态保护和高质量发展。

国家支持设立黄河流域生态保护和高质量发展基金，专项用于黄河流域生态保护与修复、资源能源节约集约利用、战略性新兴产业培育、黄河文化保护传承弘扬等。

第一百零一条 国家实行有利于节水、节能、生态环境保护和资源综合利用的税收政策，鼓励发展绿色信贷、绿色债券、绿色保险等金融产品，为黄河流域生态保护和高质量发展提供支持。

国家在黄河流域建立有利于水、电、气等资源性产品节约集约利用的价格机制，对资源高消耗行业中的限制类项目，实行限制性价格政策。

第一百零二条 国家建立健全黄河流域生态保护补偿制度。

国家加大财政转移支付力度，对黄河流域生态功能重要区域予以补偿。具体办法由国务院财政部门会同国务院有关部门制定。

国家加强对黄河流域行政区域间生态保护补偿的统筹指导、协调，引导和支持黄河流域上下游、左右岸、干支流地方人民政府之间通过协商或者按照市场规则，采用资金补偿、产业扶持等多种形式开展横向生态保护补偿。

国家鼓励社会资金设立市场化运作的黄河流域生态保护补偿基金。国家支持在黄河流域开展用水权市场化交易。

第一百零三条 国家实行黄河流域生态保护和高质量发展责任制和考核评价制度。上级人民政府应当对下级人民政府水资源、水土保持强制性约束控制指标落实情况等生态保护和高质量发展目标完成情况进行考核。

第一百零四条 国务院有关部门、黄河流域县级以上地方人民政府有关部门、黄河流域管理机构及其所属管理机构、黄河流域生态环境监督管理机构按照职责分工，对黄河流域各类生产生活、开发建设等活动进行监督检查，依法查处违法行为，公开黄河保护工作相关信息，完善公众参与程序，为单位和个人参与和监督黄河保护工作提供便利。

单位和个人有权依法获取黄河保护工作相关信息，举报和控告违法行为。

第一百零五条 国务院有关部门、黄河流域县级以上地方人民政府及其有关部门、黄河流域管理机构及其所属管理机构、黄河流域生态环境监督管理机构应当加强黄河保护监督管理能力建设，提高科技化、信息化水平，建立执法协调机制，对跨行政区域、生态敏感区域以及重大违法案件，依法开展联合执法。

国家加强黄河流域司法保障建设，组织开展黄河流域司法协作，推进行政执法机关与司法机关协同配合，鼓励有关单位为黄河流域生态环境保护提供法律服务。

第一百零六条 国务院有关部门和黄河流域省级人民政府对黄河保护不力、问题突出、群众反映集中的地区，可以约谈该地区县级以上地方人民政府及其有关部门主要负责人，要求其采取措施及时整改。约谈和整改情况应当向社会公布。

第一百零七条 国务院应当定期向全国人民代表大会常务委员会报告黄河流域生态保护和高质量发展工作情况。

黄河流域县级以上地方人民政府应当定期向本级人民代表大会或者其常务委员会报告本级人民政府黄河流域生态保护和高质量发展工作情况。

第十章　法律责任

第一百零八条 国务院有关部门、黄河流域县级以上地方人民政府及其有关部门、黄河流域管理机构及其所属管理机构、黄河流域生态环境监督管理机构违反本法规定，有下列行为之一的，对直接负责的主管人员和其他直接责任人员依法给予警告、记过、记大过或者降级处分；造成严重后果的，给予撤职或者开除处分，其主要负责人应当引咎辞职：

（一）不符合行政许可条件准予行政许可；

（二）依法应当作出责令停业、关闭等决定而未作出；

（三）发现违法行为或者接到举报不依法查处；

（四）有其他玩忽职守、滥用职权、徇私舞弊行为。

第一百零九条 违反本法规定，有下列行为之一的，由地方人民政府生态环境、自然资源等主管部门按照职责分工，责令停止违法行为，限期拆除或者恢复原状，处五十万元以上五百万元以下罚款，对直接负责的主管人员和其他直接责任人员处五万元以上十万元以下罚款；逾期不拆除或者不恢复原状的，强制拆除或者代为恢复原状，所需费用由违法者承担；情节严重的，报经有批准权的人民政府批准，责令关闭：

（一）在黄河干支流岸线管控范围内新建、扩建化工园区或者化工项目；

（二）在黄河干流岸线或者重要支流岸线的管控范围内新建、改建、扩建尾矿库；

（三）违反生态环境准入清单规定进行生产建设活动。

第一百一十条 违反本法规定，在黄河流域禁止开垦坡度以上陡坡地开垦种植农作物的，由县级以上地方人民政府水行政主管部门或者黄河流域管理机构及其所属管理机构责令停止违法行为，采取退耕、恢复植被等补救措施；按照开垦面积，可以对单位处每平方米一百元以下罚款、对个人处每平方米二十元以下罚款。

违反本法规定，在黄河流域损坏、擅自占用淤地坝的，由县级以上地方人民政府水行政主管部门或者黄河流域管理机构及其所属管理机构责令停止违法行为，限期治理或者采取补救措施，处十万元以上一百万元以下罚款；逾期不治理或者不采取补救措施的，代为治理或者采取补救措施，所需费用由违法者承担。

违反本法规定，在黄河流域从事生产建设活动造成水土流失未进行治理，或者治理不符合国家规定的相关标准的，由县级以上地方人民政府水行政主管部门或者黄河流域管理机构及其所属管理机构责令限期治理，对单位处二万元以上二十万元以下罚款，对个人可以处二万元以下罚款；逾期不治理的，代为治理，所需费用由违法者承担。

第一百一十一条 违反本法规定，黄河干流、重要支流水工程未将生态用水调度纳入日常运行调

度规程的，由有关主管部门按照职责分工，责令改正，给予警告，并处一万元以上十万元以下罚款；情节严重的，并处十万元以上五十万元以下罚款。

第一百一十二条 违反本法规定，禁渔期内在黄河流域重点水域从事天然渔业资源生产性捕捞的，由县级以上地方人民政府农业农村主管部门没收渔获物、违法所得以及用于违法活动的渔船、渔具和其他工具，并处一万元以上五万元以下罚款；采用电鱼、毒鱼、炸鱼等方式捕捞，或者有其他严重情节的，并处五万元以上五十万元以下罚款。

违反本法规定，在黄河流域开放水域养殖、投放外来物种或者其他非本地物种种质资源的，由县级以上地方人民政府农业农村主管部门责令限期捕回，处十万元以下罚款；造成严重后果的，处十万元以上一百万元以下罚款；逾期不捕回的，代为捕回或者采取降低负面影响的措施，所需费用由违法者承担。

违反本法规定，在三门峡、小浪底、故县、陆浑、河口村水库库区采用网箱、围网或者拦河拉网方式养殖，妨碍水沙调控和防洪的，由县级以上地方人民政府农业农村主管部门责令停止违法行为，拆除网箱、围网或者拦河拉网，处十万元以下罚款；造成严重后果的，处十万元以上一百万元以下罚款。

第一百一十三条 违反本法规定，未经批准擅自取水，或者未依照批准的取水许可规定条件取水的，由县级以上地方人民政府水行政主管部门或者黄河流域管理机构及其所属管理机构责令停止违法行为，限期采取补救措施，处五万元以上五十万元以下罚款；情节严重的，吊销取水许可证。

第一百一十四条 违反本法规定，黄河流域以及黄河流经省、自治区其他黄河供水区相关县级行政区域的用水单位用水超过强制性用水定额，未按照规定期限实施节水技术改造的，由县级以上地方人民政府水行政主管部门或者黄河流域管理机构及其所属管理机构责令限期整改，可以处十万元以下罚款；情节严重的，处十万元以上五十万元以下罚款，吊销取水许可证。

第一百一十五条 违反本法规定，黄河流域以及黄河流经省、自治区其他黄河供水区相关县级行政区域取水量达到取水规模以上的单位未安装在线计量设施的，由县级以上地方人民政府水行政主管部门或者黄河流域管理机构及其所属管理机构责令限期安装，并按照日最大取水能力计算的取水量计征相关费用，处二万元以上十万元以下罚款；情节严重的，处十万元以上五十万元以下罚款，吊销取水许可证。

违反本法规定，在线计量设施不合格或者运行不正常的，由县级以上地方人民政府水行政主管部门或者黄河流域管理机构及其所属管理机构责令限期更换或者修复；逾期不更换或者不修复的，按照日最大取水能力计算的取水量计征相关费用，处五万元以下罚款；情节严重的，吊销取水许可证。

第一百一十六条 违反本法规定，黄河流域农业灌溉取用深层地下水的，由县级以上地方人民政府水行政主管部门或者黄河流域管理机构及其所属管理机构责令限期整改，可以处十万元以下罚款；情节严重的，处十万元以上五十万元以下罚款，吊销取水许可证。

第一百一十七条 违反本法规定，黄河流域水库管理单位不执行黄河流域管理机构的水沙调度指令的，由黄河流域管理机构及其所属管理机构责令改正，给予警告，并处二万元以上十万元以下罚款；情节严重的，并处十万元以上五十万元以下罚款；对直接负责的主管人员和其他直接责任人员依法给予处分。

第一百一十八条 违反本法规定，有下列行为之一的，由县级以上地方人民政府水行政主管部门或者黄河流域管理机构及其所属管理机构责令停止违法行为，限期拆除违法建筑物、构筑物或者恢复原状，处五万元以上五十万元以下罚款；逾期不拆除或者不恢复原状的，强制拆除或者代为恢复原状，所需费用由违法者承担：

（一）在河道、湖泊管理范围内建设妨碍行洪的建筑物、构筑物或者从事影响河势稳定、危害河岸堤防安全和其他妨碍河道行洪的活动；

（二）违法利用、占用黄河流域河道、湖泊水域和岸线；

（三）建设跨河、穿河、穿堤、临河的工程设施，降低行洪和调蓄能力或者缩小水域面积，未建设等效替代工程或者采取其他功能补救措施；

（四）侵占黄河备用入海流路。

第一百一十九条 违反本法规定，在黄河流域破坏自然资源和生态、污染环境、妨碍防洪安全、破坏文化遗产等造成他人损害的，侵权人应当依法承担侵权责任。

违反本法规定，造成黄河流域生态环境损害的，国家规定的机关或者法律规定的组织有权请求侵权人承担修复责任、赔偿损失和相关费用。

第一百二十条 违反本法规定，构成犯罪的，依法追究刑事责任。

第十一章 附 则

第一百二十一条 本法下列用语的含义：

（一）黄河干流，是指黄河源头至黄河河口，流经青海省、四川省、甘肃省、宁夏回族自治区、内蒙古自治区、山西省、陕西省、河南省、山东省的黄河主河段（含入海流路）；

（二）黄河支流，是指直接或者间接流入黄河干流的河流，支流可以分为一级支流、二级支流等；

（三）黄河重要支流，是指湟水、洮河、祖厉河、清水河、大黑河、皇甫川、窟野河、无定河、汾河、渭河、伊洛河、沁河、大汶河等一级支流；

（四）黄河滩区，是指黄河流域河道管理范围内具有行洪、滞洪、沉沙功能，由于历史原因形成的有群众居住、耕种的滩地。

第一百二十二条 本法自2023年4月1日起施行。

国务院办公厅关于加强入河入海排污口监督管理工作的实施意见（国办函〔2022〕17号）

各省、自治区、直辖市人民政府，国务院各部委、各直属机构：

入河入海排污口（简称“排污口”）是指直接或通过管道、沟、渠等排污通道向环境水体排放污水的口门，是流域、海域生态环境保护的重要节点。为加强和规范排污口监督管理，经国务院同意，现提出以下意见：

一、总体要求

（一）指导思想。以习近平新时代中国特色社会主义思想为指导，全面贯彻党的十九大和十九届历次全会精神，深入贯彻习近平生态文明思想，按照党中央、国务院决策部署，坚持精准治污、科学治污、依法治污，以改善生态环境质量为核心，深化排污口设置和管理改革，建立健全责任明晰、设置合理、管理规范的长效监督管理机制，有效管控入河入海污染物排放，不断提升环境治理能力和水平，为建设美丽中国作出积极贡献。

（二）工作原则。水陆统筹，以水定岸。统筹岸上和水里、陆地和海洋，根据受纳水体生态环境功能，确定排污口设置和管理要求，倒逼岸上污染治理，实现“受纳水体—排污口—排污通道—排污单位”全过程监督管理。

明晰责任，严格监督。明确每个排污口责任主体，确保事有人管、责有人负。落实地方人民政府属地管理责任，生态环境部门统一行使排污口污染排放监督管理和行政执法职责，水利等相关部门按职责分工协作。

统一要求，差别管理。国家有关部门制定排污口监督管理规定及技术规范，指导督促各地排查整治现有排污口，规范审批新增排污口，加强日常管理。地方结合实际制定方案，实行差别化管理。

突出重点，分步实施。以长江、黄河、渤海等相关流域、海域为重点，明确阶段性目标任务，率先推进长江入河排污口监测、溯源、整治，建立完善管理机制，将管理范围逐步扩展到全国各地。

（三）目标任务。2023年年底前，完成长江、黄河、淮河、海河、珠江、松辽、太湖流域（以下称七个流域）干流及重要支流、重点湖泊、重点海湾排污口排查；推进长江、黄河干流及重要支流和渤海海域排污口整治。

2025年年底前，完成七个流域、近岸海域范围内所有排污口排查；基本完成七个流域干流及重要支流、重点湖泊、重点海湾排污口整治；建成法规体系比较完备、技术体系比较科学、管理体系比较高效的排污口监督管理制度体系。

二、开展排查溯源

（四）组织排污口排查。生态环境部会同相关部门组织开展排污口排查整治试点，指导各地进行排查整治。省级人民政府统筹组织本行政区域内排污口排查整治工作，结合实际制定工作方案。地市级人民政府承担组织实施排污口排查溯源工作的主体责任，制定实施方案，压实生态环境等部门责任；按照“有口皆查、应查尽查”要求，组织开展深入排查，摸清掌握各类排污口的分布及数量、污水排放特征及去向、排污单位基本情况等信息。

（五）确定排污口责任主体。各地要按照“谁污染、谁治理”和政府兜底的原则，逐一明确排污口责任主体，建立责任主体清单。对于难以分清责任主体的排污口，属地地市级人民政府要组织开展溯源分析，查清排污口对应的排污单位及其隶属关系，确定责任主体；经溯源后仍无法确定责任主体的，由属地县级或地市级人民政府作为责任主体，或由其指定责任主体。责任主体负责源头治理以及排污口整治、规范化建设、维护管理等。

三、实施分类整治

（六）明确排污口分类。根据排污口责任主体所属行业及排放特征，将排污口分为工业排污口、城镇污水处理厂排污口、农业排口、其他排口等四种类型。其中，工业排污口包括工矿企业排污口和雨洪排口、工业及其他各类园区污水处理厂排污口和雨洪排口等；农业排口包括规模化畜禽养殖排污口、规模化水产养殖排污口等；其他排口包括大中型灌区排口、规模以下水产养殖排污口、农村污水处理

设施排污口、农村生活污水散排口等。各地可从实际出发细化排污口类型。

（七）明确整治要求。按照“依法取缔一批、清理合并一批、规范整治一批”要求，由地市级人民政府制定实施整治方案，以截污治污为重点开展整治。整治工作应坚持实事求是，稳妥有序推进。对与群众生活密切相关的公共企事业单位、住宅小区等排污口的整治，应做好统筹，避免损害群众切身利益，确保整治工作安全有序；对确有困难、短期内难以完成排污口整治的企事业单位，可合理设置过渡期，指导帮助整治。地市级人民政府建立排污口整治销号制度，通过对排污口进行取缔、合并、规范，最终形成需要保留的排污口清单。取缔、合并的入河排污口可能影响防洪排涝、堤防安全的，要依法依规采取措施消除安全隐患。排查出的入河入海沟渠及其他排口，由属地地市级人民政府结合黑臭水体整治、消除劣Ⅴ类水体、农村环境综合治理及流域（海湾）环境综合治理等统筹开展整治。

（八）依法取缔一批。对违反法律法规规定，在饮用水水源保护区、自然保护地及其他需要特殊保护区域内设置的排污口，由属地县级以上地方人民政府或生态环境部门依法采取责令拆除、责令关闭等措施予以取缔。要妥善处理历史遗留问题，避免“一刀切”，合理制定整治措施，确保相关区域水生态环境安全和供水安全。

（九）清理合并一批。对于城镇污水收集管网覆盖范围内的生活污水散排口，原则上予以清理合并，污水依法规范接入污水收集管网。工业及其他各类园区或各类开发区内企业现有排污口应尽可能清理合并，污水通过截污纳管由园区或开发区污水集中处理设施统一处理。工业及其他各类园区或各类开发区外的工矿企业，原则上一个企业只保留一个工矿企业排污口，对于厂区较大或有多个厂区的，应尽可能清理合并排污口，清理合并后确有必要保留两个及以上工矿企业排污口的，应告知属地地市级生态环境部门。对于集中分布、连片聚集的中小型水产养殖散排口，鼓励各地统一收集处理养殖尾水，设置统一的排污口。

（十）规范整治一批。地市级、县级人民政府按照有利于明晰责任、维护管理、加强监督的要求，开展排污口规范化整治。对存在借道排污等情况的排污口，要组织清理违规接入排污管线的支管、支线，推动一个排污口只对应一个排污单位；对确需多个排污单位共用一个排污口的，要督促各排污单位分清各自责任，并在排污许可证中载明。对存在布局不合理、设施老化破损、排水不畅、检修维护难等问题的排污口和排污管线，应有针对性地采取调整排污口位置和排污管线走向、更新维护设施、设置必要的检查井等措施进行整治。排污口设置应当符合相关规范要求并在明显位置树标立牌，便于现场监测和监督检查。

四、严格监督管理

（十一）加强规划引领。各级生态环境保护规划、海洋生态环境保护规划、水资源保护规划、江河湖泊水功能区划、近岸海域环境功能区划、养殖水域滩涂规划等规划区划，要充分考虑排污口布局和管控要求，严格落实相关法律法规关于排污口设置的规定。规划环境影响评价要将排污口设置规定落实情况作为重要内容，严格审核把关，从源头防止无序设置。

（十二）严格规范审批。工矿企业、工业及其他各类园区污水处理厂、城镇污水处理厂入河排污口的设置依法依规实行审核制。所有入海排污口的设置实行备案制。对未达到水质目标的水功能区，除城镇污水处理厂入河排污口外，应当严格控制新设、改设或者扩大排污口。环境影响评价文件由国家审批建设项目的入河排污口以及位于省界缓冲区、国际或者国境边界河湖和存在省际争议的入河排污口的设置审核，由生态环境部相关流域（海域）生态环境监督管理局（简称“流域海域局”）负责实施，并纳入属地环境监督管理体系；上述范围外的入河排污口设置审核，由属地省级生态环境部门负责确定本行政区域内分级审核权限。可能影响防洪、供水、堤防安全和河势稳定的入河排污口设置审核，应征求有管理权限的流域管理机构或水行政主管部门的意见。排污口审核、备案信息要及时依法向社会公开。

（十三）强化监督管理。地市级、县级人民政府根据排污口类型、责任主体及部门职责等，落实排污口监督管理责任，生态环境部门统一行使排污口污染排放监督管理和行政执法职责，水利等相关部门按职责分工协作。有监督管理权限的部门依法加强日常监督管理。地方生态环境部门应会同相关部门，通过核发排污许可证等措施，依法明确排污口责任主体自行监测、信息公开等要求。按照“双随机、一公开”原则，对工矿企业、工业及其他各类园区污水处理厂、城镇污水处理厂排污口开展监测，水生态环境质量较差的地方应适当加大监测频次。鼓励有条件的地方先行先试，将排查出的农业排口、城镇雨洪排口及其他排口纳入管理，研究符合种植业、养殖业特点的农业面源污染治理模式，探索城市面源污染治理模式。开展城镇雨洪排口旱天污水直排的溯源治理，加大对借道排污等行为的监督管理力度，严禁合并、封堵城镇雨洪排口，防止影响汛期排水防涝安全。流域海域局要加大监督检查力度，发现问题及时通报有关单位。

（十四）严格环境执法。地方生态环境部门要加大排污口环境执法力度，对违反法律法规规定设置排污口或不按规定排污的，依法予以处罚；对私设暗管接入他人排污口等逃避监督管理借道排污的，溯源确定责任主体，依法予以严厉查处。排污口责任主体应当定期巡查维护排污管道，发现他人借道排污等情况的，应立即向属地生态环境部门报告并留存证据。

（十五）建设信息平台。各省（自治区、直辖市）要依托现有生态环境信息平台，建设本行政区域内统一的排污口信息平台，管理排污口排查整治、设置审核备案、日常监督管理等信息，建立动态管理台账。加强与排污许可、环境影响评价审批等信息平台的数据共享，实现互联互通。排污口相关信息及时报送流域海域局并纳入国家生态环境综合管理信息化平台。各地要组织相关部门，建立排污单位、排污通道、排污口、受纳水体等信息资源共享机制，提升信息化管理水平。

五、加强支撑保障

（十六）加强组织领导。建立国家统筹、省负总责、市县抓落实的排污口监督管理工作机制。推动长江经济带发展领导小组办公室、推动黄河流域生态保护和高质量发展领导小组办公室要发挥统筹协调、督促落实作用。生态环境部要会同水利部等有关部门，紧盯目标任务，加强政策协调和工作衔接，健全长效机制，督促地方人民政府落实排污口监督管理相关责任，及时发现新情况新问题，对工作不力的地区进行通报。国务院各相关部门要结合工作职责积极配合，形成合力。省级人民政府要加强对排污口监督管理工作的领导，统筹制定管理制度、政策措施，做好组织调度，压实各方责任。地市级、县级人民政府要落实属地管理责任，切实做好排污口排查及日常监督管理，将工作经费纳入同级财政预算予以保障，督促相关责任主体落实整治责任，确保改革工作落实到位。

（十七）严格考核问责。将排污口整治和监督管理情况作为中央和省级生态环境保护督察的重要内容。省级人民政府要建立激励问责机制，将排污口整治和监督管理情况纳入相关工作考核，对在排污口监督管理工作中存在徇私舞弊、弄虚作假、敷衍塞责等行为的，依法依规严肃追究有关地方、部门和人员责任。

（十八）强化科技支撑。加强科技研发，开展各类遥感监测、水面航测、水下探测、管线排查等实用技术和装备的研发集成，为完成排污口排查整治任务提供保障。深入开展排污口管理基础性研究，分析排污口空间分布及排放规律对受纳水体水质的影响，识别输入输出响应关系，推动构建“受纳水体—排污口—排污通道—排污单位”全过程监督管理体系。

（十九）加强公众监督。加强习近平生态文明思想宣传，引导公众投身美丽河湖、美丽海湾保护和建设，加大对排污口监督管理法律法规和政策的宣传普及力度，增强公众对污染物排放的监督意识。排污口责任主体应通过标识牌、显示屏、网络媒体等渠道主动向社会公开排污口相关信息。生态环境等部门要通过政府网站、政务新媒体等平台，依法公开并定期更新排污口监督管理相关信息。各地要建立完善公众监督举报机制，鼓励公众举报身边的违法排污行为，形成全社会共同监督、协同共治的良好局面。

国务院办公厅

2022 年 1 月 29 日

| 部际联席会议成员单位联合发布文件 |

最高人民检察院　水利部关于印发《关于建立健全水行政执法与检察公益诉讼协作机制的意见》的通知（高检发办字〔2022〕69 号）

各省、自治区、直辖市人民检察院、水利（水务）厅（局），新疆生产建设兵团人民检察院、水利局，各流域管理机构：

为深入贯彻落实习近平生态文明思想、习近平法治思想和习近平总书记关于保障国家水安全的重要论述精神，加强水利领域检察公益诉讼工作，推动新时代治水兴水工作高质量发展，最高人民检察院与水利部共同制定了《关于建立健全水行政执法与检察公益诉讼协作机制的意见》，现印发给你们。请结合本地实际，认真贯彻落实。执行中遇到的问题，请及时层报最高人民检察院、水利部。

最高人民检察院　水利部

2022 年 5 月 17 日

关于建立健全水行政执法与检察公益诉讼协作机制的意见

为深入贯彻落实习近平生态文明思想、习近平法治思想和习近平总书记关于治水重要讲话指示批示精神，建立健全水行政执法与检察公益诉讼协作机制，推进水利领域检察公益诉讼工作，充分发挥检察公益诉讼的监督、支持和法治保障作用，加强对水利领域国家利益和社会公共利益的保护，推动新阶段水利高质量发展，保障国家水安全，提出如下意见。

一、深刻认识水行政执法与检察公益诉讼协作的重要意义

水是生存之本、文明之源，是经济社会发展的重要支撑和基础保障。党的十八大以来，习近平总书记专门就保障国家水安全发表重要讲话，从实现中华民族永续发展的战略高度，提出“节水优先、空间均衡、系统治理、两手发力”治水思路，先后主持召开会议研究部署推动长江经济带发展、黄河流域生态保护和高质量发展、推进南水北调后续工程高质量发展并发表重要讲话，作出一系列重要指示批示，确立起国家“江河战略”，为河湖保护治理提供了根本遵循和行动指南。

建立检察机关提起公益诉讼制度是党中央作出的重大改革部署，是以法治思维和法治方式推进国家治理体系和治理能力现代化的重要举措。习近平总书记在党的十八届四中全会上专门对建立这一制度作了说明，强调“由检察机关提起公益诉讼，有利于优化司法职权配置、完善行政诉讼制度，也有利于推进法治政府建设”。中央全面深化改革领导小组第十二次会议指出，重点是对生态环境和资源保护、国有资产保护、国有土地使用权出让、食品药品安全等领域造成国家利益和社会公共利益受到侵害的案件提起民事或行政公益诉讼，更好维护国家利益和人民利益。党的十九届四中全会明确要求拓展公益诉讼案件范围，完善生态环境公益诉讼制度。

水灾害、水资源、水生态、水环境与公共利益密切相关，其治理管理工作具有很强的公益性特征。目前，妨碍行洪，非法取水，侵占河湖、堤防、水库库容，毁坏水库大坝，人为造成水土流失等违法行为在一些地方还比较突出，威胁国家利益和社会公共利益。建立健全水行政执法与检察公益诉讼协作机制，推动水利部门与检察机关良性互动，形成行政和检察保护合力，共同打击水事违法行为，是深入贯彻习近平生态文明思想、习近平法治思想和党中央决策部署的重要举措，对于强化水利法治管理，在法治轨道上推动水利治理能力和水平不断提升具有重要意义。

各级检察机关要依法推进水利领域检察公益诉讼工作，积极支持水行政执法，共同维护水利领域国家利益和社会公共利益；各级水行政主管部门和国务院水行政主管部门在国家确定的重要江河、湖泊设立的流域管理机构及其所属管理机构（简称“流域管理机构”）要依法全面履职，严格规范执法，协同配合检察机关开展公益诉讼工作。

二、明确水行政执法与检察公益诉讼协作重点领域

建立健全水行政执法与检察公益诉讼协作机制，推进水利领域检察公益诉讼工作，要坚持问题导向、依法治理、协同治理，充分发挥各自职能作用，聚焦水利领域侵害国家利益或者社会公共利益，特别是情节严重、影响恶劣、拒不整改的违法行为，加大协作力度，提升河湖保护治理水平。水行政执法与检察公益诉讼协作的重点领域主要有：

（一）水旱灾害防御方面。主要包括：在水库库区内围垦、侵占库容；在河道、水库弃置、堆放阻碍行洪的物体，种植阻碍行洪的林木；在河道管理范围内建设妨碍行洪的建筑物、构筑物，非法设置拦河渔具，从事影响河势稳定和其他妨碍河道行洪的活动；在蓄滞洪区内违法建设非防洪建设项目；违法建设水工程及跨河、穿河（堤）、临河的工程设施等。

（二）水资源管理方面。主要包括：未经批准擅自取水，未依照批准的取水许可规定条件取水，违法建设取水工程，地下水取水工程未按规定封井或者回填，地下工程建设对地下水补给、径流、排泄等造成重大不利影响，水利水电、航运枢纽等工程未依法实施生态用水调度等。

（三）河湖管理方面。主要包括：非法侵占河湖水域，违法利用、占用河湖岸线，非法围垦河湖或者围河围湖造地，非法采砂；未经批准，在河道管理范围内挖筑鱼塘、修建厂房或者其他建筑设施等。

（四）水利工程管理方面。主要包括：在水库大坝、堤防等水利工程保护范围内，从事影响工程运行和危害工程安全的爆破、打井、采石、取土等活动，在堤防和护堤地建房、开采地下资源等；破坏、侵占、毁损有关水利设施；违法实施对水文监测有影响的活动等。

（五）水土保持方面。主要包括：违法造成水土流失，不依法履行水土流失防治责任，未批先建、未验先投等违反水土保持方案制度的行为，违法在水土保持方案确定的专门存放地外弃渣等。

（六）其他方面。其他违反《中华人民共和国水法》《中华人民共和国防洪法》《中华人民共和国水土保持法》《中华人民共和国长江保护法》等法律法规，导致国家利益或者社会公共利益受到侵害的水事违法行为。

三、建立水行政执法与检察公益诉讼协作机制

（一）会商研判。水行政主管部门、流域管理机构会同检察机关定期开展工作会商，共同分析研判本区域本流域水事秩序和水利领域违法案件特点，研究协作任务和重点事项，协商解决重大问题；工作事项跨省级行政区的，由有关流域管理机构协调相关省级检察机关和水行政主管部门进行会商研判，强化流域统一治理管理；涉及其他行政机关或单位的，通过联席会议、圆桌会议等形式共同会商研判。

（二）专项行动。水行政主管部门或者流域管理机构会同检察机关加强执法司法联动，在水事违法行为多发领域、重点流域和敏感区域等，联合开展专项行动，共同维护水事秩序，提升治理水平。对跨流域或者跨区域、案情复杂或者办理难度较大等方面违法问题，市级以上水行政主管部门或者流域管理机构可以会同检察机关联合挂牌督办，共同推进问题整改。

（三）线索移送。水行政主管部门或者流域管理机构应当及时处理和评估日常监管、检查巡查、水行政执法、监督举报等渠道发现的违法问题线索，对涉及多个行政机关职责、协调处理难度大、执法后不足以弥补国家利益或者社会公共利益损失，以及其他适合检察公益诉讼的问题线索，及时移送有关检察机关。检察机关办理公益诉讼案件中发现水利领域违法问题线索，可以先行与有关水行政主管部门或者流域管理机构磋商，督促依法处理；对跨行政区域或者重大敏感问题线索，及时向有关水行政主管部门的上级机关或者流域管理机构通报情况。线索处理结果应当相互通报。线索移送具体标准由省级检察机关会同省级水行政主管部门或者流域管理机构共同研究确定。

（四）调查取证。检察机关在调查取证过程中，要加强与水行政主管部门或者流域管理机构的沟通协调。检察机关依法查阅、调取、复制水行政执法卷宗材料，收集书证、物证、视听资料、电子数据等证据的，水行政主管部门或者流域管理机构应当予以配合协助。检察机关需要水利专业技术支持的，水行政主管部门或者流域管理机构应当主动或协调有关机构提供技术支持或者出具专业意见。涉及特别复杂或者跨省级行政区案件专业技术问题的，可以由省级以上水行政主管部门或者流域管理机构协助提供技术支持或者出具专业意见。

（五）案情通报。在案件办理过程中，对于涉及水行政执法及公益诉讼案件的重大情况、舆情等，检察机关和水行政主管部门或者流域管理机构及时相互通报，共同研究对策措施，强化协调联动。检察机关发现水行政主管部门或者流域管理机构可能存在履职不到位或者违法风险隐患的，及时通报，督促其依法履职。根据行政机关执法需要，水利领域公益诉讼案件办结后，检察机关可以向有关水行政主管部门或者流域管理机构通报案件办理相关情况。

四、强化水行政执法与检察公益诉讼协作保障

（一）加强组织领导。各级检察机关、水行政主管部门和流域管理机构要加强工作统筹，明确责任分工，强化要素保障，抓好督促落实，推动构建上下协同、横向协作、完整配套的工作体系，提升水行政执法与检察公益诉讼协作水平。最高人民检察院指定有关省级人民检察院建立流域检察公益诉讼协作平台，统一对接相关流域管理机构，牵头协调流域线索移送、案情通报等协作工作。最高人民检察院会同水利部，依托协作平台协调重大案件办理，指导推动流域水行政执法与跨省级行政区检察公益诉讼工作协同开展。

（二）推进信息共享和技术协作。检察机关和水行政主管部门或者流域管理机构共同建立水行政执法与检察公益诉讼相衔接的信息交流平台，推进信息共享交换，实现相关数据、执法线索和专业技术联通。根据检察机关办案需要，水行政主管部门或者流域管理机构提供职责范围内有关监测数据、卫星遥感影像资料及行政管理、行政处罚等信息。省级检察机关会同有关水行政主管部门或者流域管理机构可以探索共建实验室，开展涉水司法鉴定、检测和评估等工作，完善相关工作规则和技术规范。

（三）深化业务交流。检察机关与水行政主管部门或者流域管理机构要建立业务联络机制，明确专人负责日常对接，拓宽交流沟通渠道和方式。根据工作需要，建立健全专家库，互派业务骨干，协助或参与相关执法办案、业务培训、政策研究、挂职交流等。检察机关可聘请水行政执法人员或水利专家为特邀检察官助理，协助办理相关案件。水行政主管部门或者流域管理机构可聘请检察官为普法讲师，提供法律咨询意见，参与水利普法工作。

（四）注重宣传引导。检察机关、水行政主管部门和流域管理机构要积极利用报刊、广播、电视等传统媒体和网站、移动客户端、微信公众号、直播平台等新媒体，广泛宣传水行政执法与检察公益诉讼协作

情况和案件办理成效，不断巩固协作成果，扩大协作影响。联合开展水利领域检察公益诉讼个案剖析和类案研究，通过印发文件、召开新闻发布会等形式，共同发布典型案例，有效发挥典型案例办理一件、影响一片、规范一类的法律效果和社会效果。

各省级检察机关、水行政主管部门和流域管理机构可以依据本意见，结合本区域、本流域实际制定实施细则。

水利部　公安部印发《关于加强河湖安全保护工作的意见》的通知（水政法〔2022〕362号）

各省、自治区、直辖市水利（水务）厅（局）、公安厅（局），新疆生产建设兵团水利局、公安局，各流域管理机构，长江航运公安局：

为深入贯彻落实习近平总书记关于保障国家水安全的重要论述精神，进一步强化水利部门和公安机关的协作配合，健全水行政执法与刑事司法衔接工作机制，保障河湖安全，水利部与公安部共同制定了《关于加强河湖安全保护工作的意见》，现印发给你们。请结合本地实际，认真贯彻落实。执行中遇到的问题，请及时层报水利部、公安部。

水利部　公安部

2022年9月28日

关于加强河湖安全保护工作的意见

为深入贯彻落实习近平新时代中国特色社会主义思想和习近平总书记关于保障国家水安全的重要论述精神，进一步强化水利部门和公安机关的协作配合，健全水行政执法与刑事司法衔接工作机制，提升河湖安全保护工作效能，有效防范和依法打击涉水违法犯罪，维护河湖管理秩序，提出如下意见。

一、充分认识加强河湖安全保护工作的重要性

江河湖泊是水资源的重要载体，是生态系统和国土空间的重要组成部分，是经济社会发展的基础支撑。习近平总书记强调，保护江河湖泊，事关人民群众福祉，事关中华民族长远发展。党的十八大以来，习近平总书记提出“节水优先、空间均衡、系统治理、两手发力”治水思路，先后就推动长江经济带发展、黄河流域生态保护和高质量发展、推进南水北调后续工程高质量发展等发表一系列重要讲话，确立起国家“江河战略”，为加强河湖保护治理提供了根本遵循和行动指南。强化水行政主管部门、流域管理机构与公安机关的协作，加强水行政执法与刑事司法衔接，形成打击河湖违法犯罪合力，保障涉水法律法规严格落实，是贯彻落实习近平总书记关于治水重要讲话指示批示精神和中央决策部署的重要举措，对于推动水利法治建设、提升河湖安全保护水平、提高国家水安全保障能力具有重要意义。

水行政主管部门、流域管理机构要依法履行职责，严格执行涉水法律法规，加强河湖日常执法巡查，受理水事违法行为的举报、投诉，依法查处各类水事违法行为，配合和协助公安机关查处涉水治安和刑事案件。公安机关依法受理水行政主管部门、流域管理机构移送的涉嫌犯罪的水事案件，按照治安管理处罚法、刑法等有关规定，依法严厉打击严肃查处暴力抗法和妨碍执法人员依法执行职务等行为。

二、明确河湖安全保护协作重点任务

（一）加强防洪安全保障。水行政主管部门、流域管理机构强化对重点河段、敏感水域常态化执法巡查，对可能影响到人身安全的涉水行为做好提醒劝阻，依法打击非法侵占河湖水域和水库库容、非法占用河湖岸线等行为，依法严厉查处影响河势稳定，危害大坝及其附属设施、河岸堤防等水利工程安全，侵占河道、违法修建跨河临河建筑物构筑物、弃置或堆放阻碍行洪物体等妨碍河道行洪安全的违法案件。公安机关加强汛期社会面治安巡逻防控，依法打击妨碍防洪安全的违法犯罪行为，切实维护良好社会秩序。

（二）加强水资源水生态水环境保护。水行政主管部门、流域管理机构依法依规加强对水资源、水生态、水环境保护的监管，利用日常监管、专项检查等方式，加大对非法取水、河湖“四乱”、人为造成水土流失危害和因地下工程建设对地下水造成重大不利影响等违法行为的查处力度。公安机关对水行政主管部门、流域管理机构移交的非法围垦河湖、破坏水文监测设施、破坏饮用水水源等涉嫌犯罪的案件，依法及时开展调查。

（三）加强河道采砂秩序维护。水行政主管部门、流域管理机构要加大河道采砂监管力度，严肃查处未经批准擅自采砂，在禁采区、禁采期采砂，以及超范围、超深度、超期限、超许可量等未按许可要求采砂等突出问题。对涉嫌犯罪的，及时将案件移送公安机关，配合公安机关做好涉黑涉恶线索摸排、核查等工作。对水行政主管部门、流域管理机构移交的涉嫌犯罪的非法采砂案件，公安机关依法及时开展调查，依法查处，依法严惩其中的黑恶势力犯罪。各级水利部门和公安机关在查处非法采砂违法犯罪案件中发现公职人员包庇纵容以及充当

“保护伞”的，按照管辖权限，及时移送纪检监察机关、检察机关依法处理。

（四）加强重点水利工程安全保卫。水行政主管部门、流域管理机构要强化重点水利工程安全监管和执法巡查，督促指导工程管理单位完善水利工程安全保障制度，制定突发事件与反恐怖应急预案，强化安全保卫机构和队伍建设，配备专兼职安保人员、必要的装备设备和技术防范设施，加强对重要部位的日常维护和巡查检查，开展相关应急预案的演练，及时发现消除各类安全隐患。公安机关加强对辖区内重点水利工程治安保卫和反恐怖工作的检查，督促指导完善治安保卫和反恐怖制度、落实治安规范和反恐防恐措施，接到单位内部发生治安案件、涉嫌刑事犯罪案件的报警，及时出警，依法处置。

（五）加强水行政执法安全保障。水行政主管部门、流域管理机构要全面依法履职，严格执行涉水法律法规，加强自身执法能力建设，严防、严管、严查失职渎职、充当“保护伞”的行为，保障水事执法秩序。水行政主管部门、流域管理机构依法履职过程中遇到阻碍执法、暴力抗法等违法犯罪行为，及时向公安机关报警，公安机关要及时依法处置。

三、建立健全河湖安全保护协作机制

（一）建立健全联席会议机制。地方水行政主管部门或流域管理机构与公安机关要定期开展河湖安全保护工作会商，互相通报相关工作情况，研究需要解决的重难点问题。各自明确一名主管领导作为联席会议召集人，一名负责人作为联络员。联席会议原则上每半年召开一次，遇有重大事项或紧急情况可随时召开，必要时邀请其他有关部门参加。双方要通过工作简报、信息网络等形式，及时通报和交换相关信息，实现信息共享。

（二）建立健全水行政执法与刑事司法衔接机制。地方水行政主管部门、流域管理机构查处水事违法案件，对涉嫌犯罪的，应当及时将案件移送公安机关，坚决禁止有案不移、以罚代刑。案件移送时应出具书面文件，办理移交手续，依法依规提供相应的证明材料和证据，并配合开展取证、监测、鉴定等工作。公安机关办理涉嫌犯罪的水事案件，水利部门应提供必要的专业支持、技术协助和工作配合。公安机关对工作中发现的水事违法行为，应及时通报水行政主管部门、流域管理机构处理。水行政主管部门、流域管理机构与公安机关应将处理结果及时告知移送单位。对案情疑难复杂、社会影响大的案件，水行政主管部门、流域管理机构可以与公安机关实施联合挂牌督办。

（三）建立健全流域安全保护协同机制。流域管理机构要协调推动流域内地方水行政主管部门与公安机关建立健全流域安全保护协同机制，以流域为单元，建立健全流域上下游、左右岸、干支流、行政区域间水行政主管部门与公安机关的执法协作工作机制，统筹流域内河湖安全保护工作，明确责任主体和职责分工，形成流域统筹、区域协同、部门协作的河湖安全保护格局。要加强跨区域执法协作，依法打击危害河湖安全的跨区域违法犯罪行为。

四、强化河湖安全保护协作保障

（一）强化组织领导。地方水行政主管部门、流域管理机构和公安机关要加强组织领导，利用好河湖长制平台，建立协作长效机制，明确责任部门和责任人，将相关工作情况纳入水利和公安系统目标责任考核，推进河湖安全保护工作常态化、制度化。双方要建立执法资源共享机制，畅通信息共享和业务优化协同渠道，积极对接执法设备和数据平台，实现相关数据共享利用。

（二）强化培训交流。地方水行政主管部门、流域管理机构和公安机关要将联合培训纳入本部门年度业务培训计划，通过典型案件剖析、支部联学等多种形式，系统学习河湖安全保护和刑事办案涉及的法律法规，重点加强案件调查取证、移送办理及法律适用等内容的培训，提升河湖安全保护执法办案能力。可定期互派业务骨干挂职交流，或通过省市县多层次联合集中培训、互相派员培训等方式，强化实践锻炼和专业化建设，并根据办案需要和各方需求，适时扩大挂职交流的范围。

（三）强化要素保障。地方水行政主管部门、流域管理机构要加强河湖安全保护工作资金保障，加大对水利（河湖）公安派出所、警务室的支持力度。地方各级公安机关充实重点区域、敏感水域的执法力量，积极支持水行政主管部门、流域管理机构加强河湖保护执法，保障河湖安全保护工作机制运转有序。地方水行政主管部门和公安机关要推动基层党委和政府督促水域责任单位加强涉水警情、案情多发频发水域的防护设施建设，在水域周边设置安全隔离带、防护栏、警示牌等，布建满足安全防护需要的视频监控等信息化设备，最大限度消除监管、防护“盲区”，有效预警、防范、处置涉水案件、事故。

（四）强化基地建设。有条件的水行政主管部门、流域管理机构要推动在大中型水利工程、涉水违法犯罪高发频发地区等重点区域建设专门执法基地，会同公安机关联合开展执法培训，进一步加强行政执法与刑事司法衔接，提升执法办案效能。水行政主管部门、流域管理机构要做好基地设施设备、日常运维、人员津贴等经费保障工作。公安机关要

配合做好选配执法人员及师资培训力量派驻、装备配备教学使用等工作。

（五）强化宣传引导。地方水行政主管部门、流域管理机构和公安机关要做好河湖安全保护普法和宣传工作，充分利用电视、广播、互联网等各类媒体渠道和深入基层走访座谈、张贴布告等方式，大力宣传河湖安全保护重要意义、法规政策、执法工作成效与典型案例等，通过公布举报电话、邮箱或者公众号等方式，畅通群众涉河湖违法犯罪线索举报渠道，形成强大舆论声势，营造全社会共同保护河湖安全的良好氛围。

地方水行政主管部门、流域管理机构和公安机关可依据本意见，结合实际制定具体实施意见或者协作意见。

工业和信息化部等六部门关于印发工业水效提升行动计划的通知（工信部联节〔2022〕72号）

各省、自治区、直辖市、计划单列市及新疆生产建设兵团工业和信息化主管部门、水利厅、水务厅（局）、发展改革委、财政厅（局）、住房城乡建设厅（建设局、建委）、市场监管局（厅、委），各省、自治区、直辖市通信管理局，有关行业协会，有关中央企业：

现将《工业水效提升行动计划》印发给你们，请结合实际，认真贯彻落实。

工业和信息化部　水利部　国家发展改革委

财政部　住房城乡建设部　市场监管总局

2022年6月20日

工业水效提升行动计划

推进工业水效提升，是推动工业用水方式由粗放低效向集约节约利用转变的内在要求，是缓解我国水资源供需矛盾、保障水安全的重要途径，是推动产业转型升级、促进工业绿色高质量发展的有效举措。为深入贯彻落实党中央、国务院决策部署，进一步提高工业用水效率，制定本行动计划。

一、总体要求

（一）指导思想。以习近平新时代中国特色社会主义思想为指导，全面贯彻党的十九大和十九届历次全会精神，深入贯彻习近平生态文明思想，立足新发展阶段，完整、准确、全面贯彻新发展理念，构建新发展格局，坚持“节水优先、空间均衡、系统治理、两手发力”治水思路，以实现工业水资源节约集约循环利用为目标，以主要用水行业和缺水地区为重点，以节水标杆创建和先进技术推广应用为抓手，以节水服务产业培育和改造升级为动力，优化工业用水结构和管理方式，加快形成高效化、绿色化、数字化节水型生产方式，全面提升工业用水效率和效益，推动经济社会高质量发展。

（二）主要目标。到2025年，全国万元工业增加值用水量较2020年下降16%。重点用水行业水效进一步提升，钢铁行业吨钢取水量、造纸行业主要产品单位取水量下降10%，石化化工行业主要产品单位取水量下降5%，纺织、食品、有色金属行业主要产品单位取水量下降15%。工业废水循环利用水平进一步提高，力争全国规模以上工业用水重复利用率达到94%左右。工业节水政策机制更加健全，企业节水意识普遍增强，节水型生产方式基本建立，初步形成工业用水与发展规模、产业结构和空间布局等协调发展的现代化格局。

表1　重点行业主要产品水效提升预期目标

行业	产品名称		2020年单位产品取水量	2025年单位产品取水量预期下降率
钢铁	粗钢		2.5立方米/吨	10%
石化化工	石油炼制		0.6立方米/吨	5%
	乙烯		9立方米/吨	
	煤制烯烃		22立方米/吨	
	合成氨	无烟块煤	12立方米/吨	
		粉煤、褐煤	16立方米/吨	
		天然气	10立方米/吨	
	煤制甲醇		13立方米/吨	
	工业硫酸	硫铁矿	4.1立方米/吨	
		硫黄	2.6立方米/吨	
	烧碱		7.1立方米/吨	
	聚氯乙烯	电石法	12立方米/吨	
		乙烯氧氯化法	9.5立方米/吨	
	纯碱	氨碱法（使用海水）	8立方米/吨	
		氨碱法（不使用海水）	14立方米/吨	
		联碱法	5立方米/吨	
	钛白粉		60立方米/吨	

续表

行业	产品名称		2020 年单位产品取水量	2025 年单位产品取水量预期下降率
纺织	纱线/针织印染布		95 立方米/吨	10%
	机织印染布		1.6 立方米/百米	15%
	涤纶长丝织物		1.3 立方米/百米	
	锦纶长丝织物		1.1 立方米/百米	
	人造丝织物		0.4 立方米/百米	
造纸	漂白化学木浆		75 立方米/吨	10%
	箱纸板		24 立方米/吨	
	瓦楞原纸		22 立方米/吨	
食品	啤酒		4.5 立方米/千升	15%
	淀粉糖		6 立方米/吨	
	白酒	原酒	51 立方米/千升	
		成品酒	7 立方米/千升	
有色金属	电解原铝液		2.5 立方米/吨	15%
	阴极铜产品	铜精矿	16 立方米/吨	
		含铜二次资源	1.2 立方米/吨	

注：1. 2020 年单位产品取水量为全国平均值，由相关行业协会及研究单位测算。
2. 2025 年相关目标均为预期性指标，不做约束性考核，各地区可结合实际设置目标。

二、强化创新应用，加快节水技术推广

（一）*加强关键核心技术攻关和转化*。落实国家中长期科学和技术发展规划（2021—2035）、“十四五”产业科技创新发展规划，支持行业协会、科研院所、高校等开展工业节水基础研究和应用技术创新性研究。围绕行业节水技术难点和装备短板加强协同攻关，着力突破高浓度有机废水和高盐废水处理与循环利用、高性能膜材料、高效催化剂、绿色药剂、智能监测与优化控制等节水关键共性技术。强化企业创新主体地位，用好“揭榜挂帅”“赛马机制”等方式，鼓励龙头企业、单项冠军企业、专精特新“小巨人”企业等承担攻关项目。完善节水技术产业化协同创新机制，探索建立产业化创新战略联盟，支持企业、园区、高校、科研机构和地方等创建节水技术创新项目孵化器、创新创业基地，推动新技术装备快速大规模应用和迭代升级。做好行业节水关键核心及基础共性技术知识产权战略储备，加强布局和风险预警，强化知识产权保护和运用。

专栏 1　关键核心技术攻关方向

共性通用：智能化水管理、高浓度难降解有机废水循环利用、高盐废水有机物降解与结晶分盐、高性能膜材料、海水淡化高压泵与能量回收装置、高精度监测仪器、高效催化剂、绿色药剂等。

钢铁行业：冷轧酸性废水循环利用、焦化废水近零排放集成、循环水高效冷却、全厂废水零排放等。

石化化工行业：适用于炼化企业的闭式循环冷却塔、中水适度处理梯级回用、高浓度工艺废水循环利用、石油天然气开采废水集中处理及随钻并行处理与回用、煤制气废水高效处理回用、煤化工废水近零排放等。

纺织行业：染液在线添加浸渍染色、印染废水高效处理回用、喷水织机废水近零排放等。

造纸行业：高浓度有机物降解与循环利用、新型造纸废水多级净化深度循环利用等。

食品行业：食品高倍浓缩蒸发、脱水干燥超低 VOCs 排放等。

有色金属行业：有色冶炼重金属废水深度处理与回用、湿法冶金高含盐废水循环利用、重金属冶金污酸废水处理及资源化等。

（二）*遴选推广节水技术装备*。选择应用范围广、节水潜力大的冷却塔、空冷器、水处理膜等工业节水装备，制定工业节水装备行业规范条件，提升节水高端装备供给能力。发布国家鼓励的工业节水工艺、技术和装备目录，分行业制定节水技术推广方案和供需对接指南。鼓励地方、行业协会以及重点企业开展技术交流、业务培训和供需对接等活动，大力推广应用高效冷却和洗涤、废水循环利用、高耗水工艺替代等节水工艺技术装备。到 2025 年，推广应用 200 项先进适用的工业节水技术装备。

三、强化改造升级，提升重点行业水效

（三）*推动重点行业水效提升改造*。鼓励工业企业、园区、集聚区主动开展或委托第三方服务机构开展生产工艺和设备节水评估，深挖节水潜力，实施工业水效提升改造，推进用水系统集成优化，实现串联用水、分质用水、一水多用和梯级利用。开展工业绿色低碳升级改造行动，引导金融机构绿色信贷优先支持水效提升改造项目，加快废水循环利用、海水雨水矿井水等非常规水利用设施建设。

专栏 2　水效提升改造升级重点方向

钢铁行业：水质分级串级利用、加热炉汽化冷却、大型高炉密闭循环冷却水、综合废水再生回用集成、电磁强氧化焦化废水深度处理、浓盐水分盐及零排放、燃-热-电-水-盐五位一体低温多效海水淡化、钢铁废水和市政污水联合再生回用、智慧用水管理等。

石化化工行业：氮肥生产污水零排放、原浆喷雾干燥、纯碱生产用水平带式真空过滤机和干法加灰、聚氯乙烯离心母液水回用、烧碱蒸发二次冷凝水回用、草甘膦副产氯甲烷清洁回收、硫酸生产酸洗净化、石油天然气开采废水处理与回用、高盐废水分步结晶除盐、半水-二水法/半水法湿法磷酸生产、磷铵单（双）管式反应器生产、磷铵料浆三效蒸发浓缩、炼化企业水平衡测试及优化分析软件、管网漏损检测与修复等。

纺织行业：涤纶织物少水连续染色、低浴比间歇式染色、针织物平幅连续染色、数码喷墨印花、工艺水分质回用、印染废水分质处理和技术集成应用、喷水织机废水高效处理和回用等。

造纸行业：网、毯喷淋水净化回用，纸机白水多圆盘分级与回用，造纸梯级利用节水，制浆废水处理与回用等。

食品行业：发酵有机废水膜处理回用、高浓度含糖废水综合利用、糖厂水循环及废水再生回用、发酵行业生产连续离子交换、氨基酸全闭路水循环及深度处理回用、含乳饮料节水集成、洗瓶水循环净化及回用等。

有色金属行业：有色矿山酸性废水源头控制和优化调控、选矿废水分质回用、有色冶炼重金属废水处理与回用等。

（四）推动节水降碳协同改造。聚焦重点用水行业，支持企业优先开展厌氧氨氧化脱氮、新能源耦合海水淡化等节水降碳技术改造。鼓励有条件的中央企业及园区在现有用水管理系统的基础上，实施数字化降碳改造，协同实施用水数据与碳排放数据收集、分析和管理。探索建立上下游企业节水降碳合作新模式，推动上游企业将有机物浓度高、可生化性好、无有毒有害物质的废水作为下游污水处理厂碳源补充，减少外购碳源，实现节水降碳协同增效。

四、强化开源节流，优化工业用水结构

（五）推进工业废水循环利用。聚焦废水排放量大、改造条件相对成熟、示范带动作用明显的钢铁、石化化工、纺织、造纸、食品、有色金属等重点行业，优先选择水效领跑者企业、绿色工厂、绿色工业园区、新型工业化示范基地，稳步推进废水循环利用改造升级，创建一批废水循环利用示范企业、园区，提升水重复利用率。重点围绕京津冀、黄河流域等缺水地区及长江经济带等水环境敏感区域，推动有条件的工业企业、园区与市政再生水生产运营单位合作，完善再生水管网、衔接再生水标准，将处理达标后的再生水用于工业生产，减少企业新水取用量，创建一批产城融合废水高效循环利用创新试点。到 2025 年，梳理形成 50 个可复制、可推广的工业废水循环利用典型应用场景。

（六）扩大工业利用海水、矿井水、雨水规模。鼓励沿海钢铁、石化化工等企业、园区加大海水直接利用以及余能低温多效、反渗透、太阳能光热等海水淡化技术应用力度，配套自建或第三方投建海水冷却、海水淡化设施，扩大海水利用规模。对于沿海缺水地区具备条件但未充分利用海水淡化水的高用水项目和工业园区，依法严控新增取水许可。鼓励有条件的矿区及周边工业企业、园区加强技术改造，建设一批矿井水分级处理、分质利用工程，提高矿井水利用规模。鼓励企业、园区建立完善雨水集蓄利用、雨污分流等设施，加强管网建设，有效利用雨水资源，减少新水取用量。到 2025 年，工业新增利用海水、矿井水、雨水量 5 亿 m^3。

五、强化对标达标，完善节水标准体系

（七）加强工业水效示范引领。聚焦企业、园区等节水主体，树立典型，推动各地区依托节水评价标准创建节水型企业、园区，遴选节水标杆企业、园区，申报国家水效领跑者企业、园区，逐步建立“节水型-节水标杆-水效领跑者”三级水效示范引领体系。通过宣传推广、政策激励，推动工业企业、园区水效对标达标。推动国家绿色工厂、绿色工业园区率先达标。适时将水效领跑者指标纳入节水型企业、园区标准。到 2025 年，钢铁、石化化工等重点用水行业中 50%以上的企业达到节水型企业标准，创建 120 家节水标杆企业、60 家标杆园区，遴选 50 家水效领跑者企业、20 家领跑者园区。

（八）完善工业节水标准体系。构建多方协同推进的节水标准工作机制，依托节水领域标准化技术组织，统筹完善节水国家标准、行业标准、地方标准、团体标准体系。编制工业节水标准制修订计划，聚焦重点用水行业，加快制修订节水管理、节水型企业、用水定额、水平衡测试、节水工艺技术装备等标准，探索制定节水型工业园区评价标准。加强节水行业的标准采信，推进重点标准技术水平评价，建立标准实施动态反馈机制。鼓励制定高于国家标准、行业标准的地方标准、团体标准和企业标准。通过百项团体标准应用示范等方式支持符合条件的工业节水团体标准推广应用。鼓励参与节水领域国际标准化活动，共同制定国际标准。到 2025 年，制修订 100 项节水标准，用水定额、节水型企业等标准基本覆盖重点用水行业。

六、强化以水定产，推动产业适水发展

（九）持续优化用水产业结构。严格执行钢铁、水泥、平板玻璃、电解铝等行业产能置换政策，严控磷铵、黄磷、电石等行业新增产能，新建项目应实施产能等量或减量置换。依法依规推动落后产能退出，遏制不合理用水需求。加快新一代信息技术、高端装备、生物技术、新能源、新材料和绿色环保等先进制造业和战略性新兴产业发展，提高低水耗高产出产业比重，减少水资源消耗。

（十）因地制宜提升区域工业水效。贯彻落实区域重大战略，依据不同区域水资源禀赋、水环境承载力等特点，差异化推进工业水效提升。在京津冀及黄河流域等地区，严控钢铁、炼油、磷铵、电解铝等重点用水行业新增产能，稳妥有序发展现代煤化工产业。推动企业实施节水改造，加快废水循环利用及海水、再生水、苦咸水等非常规水利用，减少新水取用量。在长江经济带等地区，全面推行清洁生产，从源头减少污染物排放。加快长江经济带等城镇人口密集区危化品企业搬迁改造，加强化工园区整治提升。推动沿江企业加大废水循环利用力度，提高水重复利用率，减少废水排放。

七、强化数字赋能，提升管理服务能力

（十一）提高数字化水效管理水平。推动企业、园区健全水效管理制度，完善供用水计量体系和在线监测系统。加强用水计量器具配备和管理，实施分质、分类计量，逐步建立工业废水、市政再生水、海水等非常规水精确计量体系，强化数据统计和过程监管。推动高用水企业、园区对已有数字化平台进行升级改造，开展智能化管控、管网漏损监测等系统建设，促进5G、物联网、人工智能、数字孪生等技术与水系统管理技术深度融合，实现工业用水精准控制和优化管理。发挥5G应用产业方阵、“绽放杯”5G应用征集大赛等平台作用，挖掘5G在工业水效提升方面的应用案例。探索建立“工业互联网＋水效管理”典型应用场景，打造解决方案资源库。到2025年，遴选推广10个以上数字水效管理典型应用场景。

专栏3 数字水效提升重点方向

工业数字水效管理系统：在取水、制水、供水、用水、排水、废水循环利用等水系统全过程安装具有区块链分布式账本功能的水质、水量等智能仪表，打通与平台侧区块链中心服务节点间的通信，将工业水系统数据就地上链存证，建立安全可信的工业水系统数据管理体系。基于链上数据实时监测、评价节水效果、水平衡状态，实现对工业水系统的数据监控和优化管理。

工业管网漏损监测与智能诊断系统：通过具有通信功能的无线流量计终端设备、压力计终端设备采集供水管网数据，上传至云服务器，在线显示管网状态。建立管网损耗模型，实时监测并分析管网损耗状态，智能诊断出疑似损耗节点/管段。

工业废水循环利用智能系统：安装水质智能化管理装置（包含在线水质检测单元和水处理化学品加药单元）在线监测废水pH、电导率、浊度、荧光等指标，判断无机物溶度积、饱和指数，实现自动加药和补水。安装废水回用装置（包含多介质过滤单元、超滤单元、反渗透单元、检测单元等）按需精准加药、自动反洗和清洗，将处理后的水根据水质要求回用到不同生产环节。结合边缘计算物联网技术，实现工业废水循环利用全流程可视化监测，提升工艺运行稳定性。

（十二）提升智慧化节水服务能力。推动新型、智能节水计量器具研发、生产和应用，提升节水计量服务能力和智慧化水平。鼓励第三方机构按照市场化原则，通过物联网、5G、人工智能等新一代信息技术，面向工业企业和产业链上下游提供水资源技术、数据、政策等信息服务。遴选水效提升系统解决方案服务商，打造水效提升服务领域的专精特新“小巨人”企业，为企业、园区提供节水提效设计咨询、系统集成、设施建设、运营管理、数字化改造等综合解决方案。搭建“水效提升第三方服务库”，开展入库服务机构评价和服务情况跟踪，建立动态筛选制度。到2025年，培育100家优质水效提升系统解决方案服务商。

八、保障措施

（一）加强组织领导，形成工作合力。工业和信息化部会同国务院有关部门充分发挥节约用水工作部际协调机制作用，整合节水相关配套政策和资源，按照职责分工抓好任务落实。加强部省协同，鼓励各地区结合实际制定相关工作方案，落实行动计划总体要求和目标任务。充分发挥行业协会、科研院所、第三方机构等桥梁纽带作用。工业和信息化部将定期开展实施情况动态监测和评估，推动计划落实。

（二）加强队伍建设，夯实工作基础。明确各级工业节水管理队伍工作职责和相关要求。探索建立企业节水负责人管理制度，鼓励年用水总量超过10万m^3的企业、园区设立节水负责人岗位，接受相关培训。组织开展院士、专家行活动，鼓励行业协会、第三方培训机构开展节水政策标准、技术、职业技能等相关培训，全面提升工业节水队伍能力。

（三）强化政策支撑，完善激励机制。充分发挥市场机制作用，落实节水、资源综合利用等税收优惠政策，鼓励企业加大对传统产业节水技术改造、先进节水技术创新应用力度，有条件的地方政府可研究设计多元化的财政资金投入保障机制。落实首台（套）重大技术装备保险补偿机制，支持水污染

处理装备推广应用。落实促进工业绿色发展的产融合作专项政策，发挥国家产融合作平台作用，引导金融机构为企业提供专业化的节水金融产品和融资服务。

（四）深化宣传交流，推动国际合作。充分利用世界水日、中国水周等大型活动及新媒体，广泛宣传节水法律法规和政策标准，不断强化企业节水意识。召开水效领跑者经验交流会、工业节水技术供需对接会，宣传推广先进技术、管理模式，推动企业不断提升节水水平。加强政府间、社团间、企业间国际交流合作，积极引进消化吸收国外先进节水技术和管理模式。鼓励企业积极参与“一带一路”建设，开展境外节水技术咨询、工程建设和运营管理。

工业和信息化部　国家发展改革委　住房和城乡建设部　水利部关于深入推进黄河流域工业绿色发展的指导意见（工信部联节〔2022〕169号）

山西省、内蒙古自治区、山东省、河南省、四川省、陕西省、甘肃省、青海省、宁夏回族自治区工业和信息化主管部门、发展改革委、住房和城乡建设厅、水利厅：

为贯彻落实习近平总书记关于推动黄河流域生态保护和高质量发展的重要讲话和指示批示精神，按照《黄河流域生态保护和高质量发展规划纲要》《“十四五”工业绿色发展规划》要求，深入推进黄河流域工业绿色发展，现提出以下意见。

一、总体要求

（一）指导思想

以习近平新时代中国特色社会主义思想为指导，全面贯彻党的二十大精神，深入贯彻习近平生态文明思想，完整、准确、全面贯彻新发展理念，加快构建新发展格局，以推动高质量发展为主题，加快发展方式绿色转型，实施全面节约战略，着力推进区域协调发展和绿色发展，立足黄河流域不同地区自然条件、资源禀赋和产业优势，按照共同抓好大保护、协同推进大治理要求，加快工业布局优化和结构调整，强化技术创新和政策支持，推动传统制造业改造升级，提高资源能源利用效率和清洁生产水平，构建高效、可持续的黄河流域工业绿色发展新格局。

（二）主要目标

到2025年，黄河流域工业绿色发展水平明显提升，产业结构和布局更加合理，城镇人口密集区危险化学品生产企业搬迁改造全面完成，传统制造业能耗、水耗、碳排放强度显著下降，工业废水循环利用、固体废物综合利用、清洁生产水平和产业数字化水平进一步提高，绿色低碳技术装备广泛应用，绿色制造水平全面提升。

二、推动产业结构布局调整

（一）促进产业优化升级

坚决遏制黄河流域高污染、高耗水、高耗能项目盲目发展，对于市场已饱和的高耗能、高耗水项目，主要产品设计能效要对标重点领域能效标杆水平或先进水平，水效对标用水定额先进值或国际先进水平。严格执行钢铁、水泥、平板玻璃、电解铝等行业产能置换政策。禁止新建《产业结构调整指导目录》中限制类产品、工艺或装置的建设项目。强化环保、能耗、水耗等要素约束，依法依规推动落后产能退出。推动黄河流域煤炭、石油、矿产资源开发产业链延链和补链，推进产业深加工，逐步完成产业结构调整和升级换代。（工业和信息化部、国家发展改革委、水利部，沿黄河省、区按职责分工负责）

（二）构建适水产业布局

落实“十四五”用水总量和强度控制、能源消费总量和强度控制、碳排放强度控制等要求，推动重化工集约化、绿色化发展，严格控制现代煤化工产业新增产能。加快布局分散的企业向园区集中，推进能源资源梯级、循环利用。稳步推进黄河流域城镇人口密集区未完成大型、特大型危险化学品生产企业搬迁改造。推动兰州、洛阳、郑州、济南等沿黄河城市和干流沿岸县（市、区）新建工业项目入合规园区，具备条件的存量企业逐步搬迁入合规园区。推动宁夏宁东、甘肃陇东、陕北、青海海西等重要能源基地绿色低碳转型，推动汾渭平原化工、焦化、铸造、氧化铝等产业集群化、绿色化、园区化发展。（工业和信息化部、国家发展改革委、水利部，沿黄河省、区按职责分工负责）

（三）大力发展先进制造业和战略性新兴产业

开展先进制造业集群发展专项行动，推动黄河流域培育有竞争力的先进制造业集群。支持黄河流域国家新型工业化产业示范基地提升。推动黄河流域培育一批工业绿色发展领域的专精特新“小巨人”企业和制造业单项冠军企业。推动兰州新区、西咸新区等国家级新区和郑州航空港经济综合实验区做精做强主导产业，依托山东新旧动能转换核心区，打造济南、青岛节能环保产业聚集区。打造能源资源消耗少、环境污染少、附加值高、市场需求旺盛的产业发展新引擎，加快发展新一代信息技术、新能源、新材料、高端装备、绿色环保、新兴服务业等战略性新兴产业，带动黄河流域绿色低碳发展。以黄河流域中下游产业基础较强地区为重点，搭建产供需有效对接、产业上中下游协同配合、产业链创新链供应链紧密衔接的产业合作平台，推动产业体系升级和基础能力再造。（工业和信息化部、国家发展改革委，沿黄河省、区按职责分工负责）

三、推动水资源集约化利用

（一）推进重点行业水效提升

鼓励黄河流域工业企业、园区、集聚区自主或委托第三方服务机构积极开展生产工艺和设备节水评估，根据水资源条件和用水实际情况，实施工业水效提升改造，推进用水系统集成优化，实现串联用水、分质用水、一水多用、梯级利用。在黄河流域大力推广高效冷却及洗涤、废水循环利用、高耗水生产工艺替代等先进节水工艺、技术和装备，鼓励黄河流域中上游企业、园区新建工业循环冷却系统优先采用空冷工艺。聚焦钢铁、石化化工、有色金属等重点行业，推动黄河流域各省、区创建一批废水循环利用示范企业、园区，提升水重复利用水平。（工业和信息化部、国家发展改革委、水利部，沿黄河省、区按职责分工负责）

（二）加强工业水效示范引领

加快制修订节水管理、节水型企业、用水定额、水平衡测试、节水工艺技术装备等行业标准，鼓励黄河流域各省、区根据自然条件等实际制定地方标准，鼓励企业开展用水审计、水效对标达标，提高用水效率。推动黄河流域绿色工厂、绿色工业园区率先达标。黄河流域各省、区要依托重点行业节水评价标准，推动创建节水型企业、园区，遴选节水标杆企业、园区，积极申报国家水效领跑者企业、园区。到2025年，在黄河流域创建60家节水标杆企业、30家节水标杆园区，遴选20家水效领跑者企业、10家水效领跑者园区。（工业和信息化部、国家发展改革委、水利部，沿黄河省、区按职责分工负责）

（三）优化工业用水结构

严格高耗水行业用水定额管理，推进非常规水资源的开发利用。推动有条件的黄河流域工业企业、园区与市政再生水生产运营单位合作，完善再生水管网、衔接再生水标准，将处理达标后的再生水用于钢铁、火电等企业生产，减少企业新水取用量。创建一批产城融合废水高效循环利用创新试点，总结推广产城融合废水高效循环利用模式。鼓励黄河流域下游沿海地区直接利用海水作为循环冷却水，加大海水淡化自主技术和装备的推广应用力度。鼓励山西、内蒙古、陕西等省（自治区）根据当地苦咸水特点，采用适用的苦咸水淡化技术，因地制宜补充工业生产用水。鼓励陇东、宁东、蒙西、陕北、晋西等能源基地矿井水分级处理、分质利用。鼓励黄河流域企业、园区建立完善雨水集蓄利用、雨污分流等设施，有效利用雨水资源，减少新水取用量。（水利部、国家发展改革委、工业和信息化部、住房城乡建设部，沿黄河省、区按职责分工负责）

四、推动能源消费低碳化转型

（一）推进重点行业能效提升

推进重点用能行业节能技术工艺升级，鼓励黄河流域电力、钢铁、有色、石化化工等行业企业对主要用能环节和用能设备进行节能化改造，有序推动技术工艺升级，利用高效换热器、热泵等先进节能技术装备，减少余热资源损失。推进实施四川短流程炼钢引领工程。加快烧结烟气内循环、高炉炉顶均压煤气回收、铁水一罐到底等技术推广。鼓励青海、宁夏等省（自治区）发展储热熔盐和超级电容技术，培育新型电力储能装备。实施能效“领跑者”行动，遴选发布能效“领跑者”企业名单及能效指标，引导黄河流域企业对标达标，提升能效水平。以黄河流域钢铁、铁合金、焦化、现代煤化工等行业企业为重点，开展工业节能监察，加强节能法律法规、强制性节能标准执行情况监督检查。组织实施工业节能诊断服务，帮助黄河流域企业、园区挖掘节能潜力，提出节能改造建议。（工业和信息化部、国家发展改革委，沿黄河省、区按职责分工负责）

（二）实施降碳技术改造升级

围绕黄河流域煤化工、有色金属、建材等重点行业，通过流程降碳、工艺降碳、原料替代，实现生产过程降碳。加强绿色低碳工艺技术装备推广应用，提高重点行业技术装备绿色化、智能化水平。推动重点行业存量项目开展节能降碳技术改造。对照重点行业能效标杆和基准水平，开展相关领域标准的制修订和推广应用工作。鼓励黄河流域各省、区发展绿色低碳材料，推动产品全生命周期减碳。探索低成本二氧化碳捕集、资源化转化利用、封存等主动降碳路径。发挥黄河流域大型企业集团示范引领作用，在主要碳排放行业以及可再生能源应用、新型储能、碳捕集利用与封存等领域，实施一批降碳效果突出、带动性强的重大工程。（国家发展改革委、工业和信息化部，沿黄河省、区按职责分工负责）

（三）推进清洁能源高效利用

鼓励氢能、生物燃料、垃圾衍生燃料等替代能源在钢铁、水泥、化工等行业的应用。统筹考虑产业基础、市场空间等条件，有序推动山西、内蒙古、河南、四川、陕西、宁夏等省（自治区）绿氢生产，

加快煤炭减量替代，稳慎有序布局氢能产业化应用示范项目，推动宁东可再生能源制氢与现代煤化工产业耦合发展。提升工业终端用能电气化水平，在黄河流域具备条件的行业和地区加快推广应用电窑炉、电锅炉、电动力等替代工艺技术装备。到2025年，电能占工业终端能源消费比重达到30%左右。支持青海、宁夏等风能、太阳能丰富地区发展屋顶光伏、智能光伏、分散式风电、多元储能、高效热泵等，在河南等省、区开展工业绿色微电网建设，推进多能高效互补利用，为黄河流域工业企业提供高品质清洁能源。（工业和信息化部、国家发展改革委，沿黄河省、区按职责分工负责）

五、推动传统制造业绿色化提升

（一）推进绿色制造体系建设

围绕黄河流域重点行业和重要领域，持续推进绿色产品、绿色工厂、绿色工业园区和绿色供应链管理企业建设，鼓励黄河流域各省、区创建本区域的绿色制造标杆企业名单。推动黄河流域汽车、机械、电子、通信等行业龙头企业，将绿色低碳理念贯穿于产品设计、原料采购、生产、运输、储存、使用、回收处理的全过程，推动供应链全链条绿色低碳发展。鼓励黄河流域开展绿色制造技术创新及集成应用，充分依托已有平台，提升信息交流传递、示范案例宣传等线上绿色制造公共服务水平，积极培育一批绿色制造服务供应商，为企业、园区提供产品绿色设计与制造一体化、工厂数字化绿色提升、服务其他产业绿色化等系统解决方案。（工业和信息化部，沿黄河省、区按职责分工负责）

（二）加强工业固废等综合利用

推进黄河流域尾矿、粉煤灰、煤矸石、冶炼渣、赤泥、化工渣等工业固体废物综合利用，积极推进大宗固废综合利用示范基地和骨干企业建设，拓展固废综合利用渠道。探索建立基于区域特点的工业固废综合利用产业发展模式，建设一批工业资源综合利用基地。大力推进黄河流域中上游省、区偏远工业园区工业固废处置，着力提升内蒙古、宁夏等省、区大宗工业固废综合利用率，推动下游地区加强复杂难用工业固废规模化利用技术研发，鼓励多措并举提高工业固废综合利用率。鼓励建设再生资源高值化利用产业园区，推动企业聚集化、资源循环化、产业高端化发展。推动山西、四川、陕西等省、区积极落实生产者责任延伸制度，强化新能源汽车动力蓄电池溯源管理，积极推进废旧动力电池循环利用项目建设。提前布局退役光伏、风力发电装置等新兴固废综合利用。（工业和信息化部、国家发展改革委，沿黄河省、区按职责分工负责）

（三）提高环保装备供给能力

实施环保装备制造业高质量发展行动计划，在黄河流域培育一批环保装备骨干企业，加大高效环保技术装备产品供给力度。鼓励环保装备龙头企业，针对环境治理需求和典型应用场景，组建产学研用共同参与的创新联盟，集中力量解决黄河流域环境治理热点、难点问题。开展重点行业清洁生产改造，以河南、陕西、甘肃、青海等省、区为重点，引导钢铁、石化化工、有色金属等重点行业企业，推广应用清洁生产技术工艺以及先进适用的环保治理装备。（工业和信息化部、国家发展改革委，沿黄河省、区按职责分工负责）

六、推动产业数字化升级

（一）加强新型基础设施建设

积极推进黄河流域新型信息基础设施绿色升级，降低数据中心、移动基站功耗。依托国家“东数西算”工程，在中上游内蒙古、甘肃、宁夏、成渝算力网络国家枢纽节点地区，开展大中型数据中心、通信网络基站和机房绿色建设和改造。到2025年，新建大型、超大型数据中心运行电能利用效率降至1.3以下，积极创建国家绿色数据中心。分行业建立黄河流域全生命周期绿色低碳基础数据平台，统筹绿色低碳基础数据和工业大数据资源，建立数据共享机制，推动数据汇聚、共享和应用。（工业和信息化部，沿黄河省、区按职责分工负责）

（二）推动数字化智能化绿色化融合

采用工业互联网、大数据、5G等新一代信息技术提升黄河流域能源、资源、环境管理水平，深化生产制造过程的数字化应用，赋能绿色制造。鼓励黄河流域企业、园区开展能源资源信息化管控、污染物排放在线监测、地下管网漏水检测等系统建设，实现动态监测、精准控制和优化管理。加强对再生资源全生命周期数据的智能化采集、管理与应用。推动主要用能设备、工序等数字化改造和上云用云。支持采用物联网、大数据等信息化手段开展信息采集、数据分析、流向监测、财务管理，推广“工业互联网＋水效管理”“工业互联网＋能效管理”“工业互联网＋再生资源回收利用”等新模式。（工业和信息化部、水利部，沿黄河省、区按职责分工负责）

七、保障措施

（一）加强组织领导

国家各有关部门要加强对黄河流域工业绿色发展的指导、调度和评估，在重大政策制定、重大项目安排、重大体制创新方面予以积极支持。沿黄河9省、区工业和信息化主管部门要充分认识深入推进黄河流域工业绿色发展的重要意义，以企业为主体，落实工作责任，进一步强化各部门、各地区、各领域协同合作，细化工作方案，逐项抓好落实。（各有关部门，沿黄河省、区按职责分工负责）

（二）强化标准和技术支撑

发挥水耗、能耗、碳排放、环保、质量、安全，以及绿色产品、绿色工厂、绿色工业园区、绿色供应链和绿色评价及服务等标准的引领作用，鼓励各地结合实际，推动工业绿色发展相关标准建设。加大绿色低碳技术装备和产品的创新，推动先进成熟技术的产业化应用和推广，支撑黄河流域工业绿色发展。（各有关部门，沿黄河省、区按职责分工负责）

（三）落实财税金融政策

充分利用现有资金渠道，支持黄河流域绿色环保产业发展、能源高效利用、资源循环利用、工业固废综合利用等项目实施。落实国家有关节能节水环保、资源综合利用以及合同能源管理、环境污染第三方治理等方面企业所得税、增值税等优惠政策。落实促进工业绿色发展的产融合作专项政策，发挥国家产融合作平台作用，引导金融机构为黄河流域企业提供专业化的金融产品和融资服务。开展工业绿色低碳升级改造行动，引导金融机构绿色信贷优先支持黄河流域工业绿色发展改造项目。推动山西、内蒙古、山东、河南、陕西，宁夏、四川继续落实水资源税改革相关办法。（各有关部门，沿黄河省、区按职责分工负责）

（四）创新人才培养和合作机制

依托沿黄河 9 省、区现有人才项目，完善人才吸引政策及市场化、社会化的人才管理服务体系，加大专业技术人才、经营管理人才的培养力度。深化绿色“一带一路”合作，拓宽节能节水、清洁能源、清洁生产等领域技术装备和服务合作，鼓励采用境外投资、工程承包、技术合作、装备出口等方式，推动绿色制造和绿色服务率先“走出去”。（各有关部门，沿黄河省、区按职责分工负责）

工业和信息化部
国家发展改革委
住房城乡建设部
水利部
2022 年 12 月 12 日

“十四五”城市黑臭水体整治环境保护行动方案

为认真贯彻《中共中央　国务院关于深入打好污染防治攻坚战的意见》，深入打好城市黑臭水体治理攻坚战，制定本方案。

一、总体要求

（一）指导思想

以习近平生态文明思想为指导，认真贯彻党中央、国务院决策部署，坚持综合治理、系统治理、源头治理，坚持精准、科学、依法治污，以提升城市污水垃圾收集处理效能为重点，持续开展城市黑臭水体整治环境保护行动，督促各地加快补齐城市环境基础设施短板，加强各类污染源治理，建立健全长效管理机制，努力从根本上消除城市黑臭水体，改善人居环境，增强人民群众获得感、幸福感、安全感。

（二）工作原则

1. 严格监督，实事求是

依据《中华人民共和国国民经济和社会发展第十四个五年规划和 2035 年远景目标纲要》和《中共中央　国务院关于深入打好污染防治攻坚战的意见》，坚持问题导向，严格开展监督，重实质求实效，坚决反对形式主义、弄虚作假行为。

2. 突出重点，带动全局

以提升城市污水垃圾收集处理效能为重点，强化各类污染源治理，加快补齐城市环境基础设施短板，建立健全长效管理机制。以长江经济带、黄河流域、京津冀、长三角、珠三角等区域为重点，全面推动城市黑臭水体治理。

3. 标本兼治，重在治本

既查看城市水体是否符合消除黑臭水质标准，更关注导致水体黑臭的实质性问题是否得到有效解决，长效机制是否建立，督促各地从根本上治理黑臭水体。

4. 群众满意，成效可靠

黑臭水体整治效果必须与人民群众的切身感受相吻合，赢得群众认可。凡是黑臭现象反弹、群众反映强烈的水体，经核实后重新列入城市黑臭水体清单，继续督促治理。

（三）工作目标

到 2025 年，推动地级及以上城市建成区黑臭水体基本实现长治久清；县级城市建成区黑臭水体基本消除，京津冀、长三角和珠三角等区域力争提前一年完成。

（四）工作范围

县级及以上城市建成区，以及直接影响建成区水体治理成效的城乡接合部等区域。

二、工作任务

“十四五”期间，采取国家与地方相结合的方式，每年开展城市黑臭水体整治环境保护行动。

（一）地方落实

省级生态环境、住房和城乡建设部门（简称“省级两部门”）按照党中央国务院关于深入打好污染防治攻坚战工作部署，制定实施省级城市黑臭水体整治环境保护行动方案，指导帮助地方摸清城市黑臭水体现状和存在问题，督促补齐设施短板、加快治理进度、建立健全长效管理机制，并对治理成效进行核实，实现全覆盖。

1. 核实清单

省级两部门组织对城市建成区黑臭水体清单进行核实，重点核实县级城市建成区黑臭水体，地级及以上城市未完成治理、治理效果不稳定和新增的黑臭水体。

2. 组织排查

省级两部门可通过调阅资料、明察暗访等方式，排查城市黑臭水体水质、污水垃圾收集处理效能、工业和农业污染防治、河湖生态修复、长效管理机制等方面的问题。重点包括：

（1）治理措施实施情况

源头污染治理。重点包括以下方面：

一是建成区内污水管网空白区，存在破损、混错接、直接利用现有河道输送污水等问题；

二是污水直排雨水管网、工业企业借道排污、小散乱污直排等问题，汛前管网清淤到位情况；

三是污水处理能力不足、污水处理厂不能稳定达标排放、污水处理厂进水污染物浓度偏低等问题；

四是直接影响建成区水体治理成效的工业企业/工业集聚区废水收集、处理、达标排放情况及城乡接合部农业农村面源污染治理情况；

五是河面是否存在大量垃圾、浮油等影响水体观感的漂浮物；

六是河岸是否存在非正规垃圾堆放点。

内源治理。开展清淤的水体重点包括以下方面：

一是底泥清理是否开展科学评估，水体清淤是否合理规范；

二是含有害物质的底泥是否得到妥善处理处置等情况。

生态修复。重点包括以下方面：

一是仅实施河道撒药、简单加盖、临时调水冲污、河道曝气而不注重岸上截污控污等治标不治本问题；

二是缺乏岸线生态功能保护恢复措施、生态用水不能有效保障等问题。

（2）长效管理机制落实情况

重点了解污水垃圾处理费用保障情况；污水雨水管网运行维护机制情况；河湖长履职尽责，建立防止水体返黑返臭长效管理机制情况等。

3. 成效判定

按照《城市黑臭水体整治工作指南》和《关于做好城市黑臭水体整治效果评估工作的通知》，判定城市黑臭水体治理成效。

4. 跟踪督办

省级两部门定期梳理发现的突出问题，理清责任区域和责任河湖长，建立城市黑臭水体问题清单，及时将问题清单移交城市人民政府，督促限期整改，相关情况报送省级人民政府。

（二）国家抽查

结合统筹强化监督工作安排，对省级行动成效进行抽查，建立健全城市黑臭水体清单动态管理机制。通过卫星遥感、群众举报、断面监测、现场检查等方式，精准识别突出问题和工作滞后地区，将其纳入水生态环境问题发现和推动解决工作机制，进行调度通报、约谈督办，推动压实市级人民政府主体责任和省级相关部门指导监督责任。对于突出问题久拖不决的，将有关问题线索移交中央生态环境保护督察和长江经济带、黄河流域生态环境警示片现场拍摄。

三、保障措施

（一）加强组织领导

各地要深刻认识深入打好城市黑臭水体治理攻坚战的重要意义，全面落实生态环境保护党政同责、一岗双责，充分发挥河湖长作用，进一步压实责任、强化举措、狠抓落实，以钉钉子精神，确保实现城市黑臭水体治理攻坚战目标。国家两部门加强监督指导，将城市黑臭水体治理目标任务完成情况纳入污染防治攻坚战成效考核。省级两部门加强统筹协调，每年组织开展省级行动，督促地方认真完成治理任务。

（二）开展指导帮扶

国家两部门组织编制城市黑臭水体整治环境保护行动工作指南，对省、市两级有关部门管理人员和技术团队开展培训，组织专家深入现场开展定点帮扶；省级两部门对技术力量薄弱、专业力量不足的城市，加大指导帮扶力度，对重点、难点问题组织队伍集中攻关，推动各项工作顺利开展。

（三）强化信息公开

国家和省级两部门主动向媒体公开城市黑臭水体治理相关信息，鼓励群众监督举报。结合“美丽河湖”优秀案例征集，利用喜闻乐见的宣传方式，面向广大群众宣传城市黑臭水体治理好经验、好做法，引导群众自觉维护治理成果，形成全民参与治理的良好氛围。

（四）遵守廉政纪律

城市黑臭水体整治环境保护行动工作期间，严明政治纪律和政治规矩，严格落实中央八项规定及其实施细则精神和党风廉政建设相关规定，树立良好形象，确保行动工作风清气正。

（来源：生态环境部）

住房和城乡建设部　生态环境部　国家发展和改革委员会　水利部关于印发深入打好城市黑臭水体治理攻坚战实施方案的通知（建城〔2022〕29 号）

各省、自治区住房和城乡建设厅、生态环境厅、发展改革委、水利厅，直辖市住房和城乡建设（管）委、生态环境局、发展改革委、水务局、水利局，海南省水务厅，新疆生产建设兵团住房和城乡建设局、生态环境局、发展改革委、水利局：

现将《深入打好城市黑臭水体治理攻坚战实施方案》印发给你们，请认真组织实施。

住房和城乡建设部
生态环境部
国家发展和改革委员会
水利部
2022 年 3 月 28 日

深入打好城市黑臭水体治理攻坚战实施方案

为贯彻落实《中共中央　国务院关于深入打好污染防治攻坚战的意见》，持续推进城市黑臭水体治理，加快改善城市水环境质量，制定本方案。

一、总体要求

以习近平新时代中国特色社会主义思想为指导，全面贯彻党的十九大和十九届历次全会精神，深入贯彻习近平生态文明思想，把更好满足人民日益增长的美好生活需要作为出发点和落脚点，紧密围绕深入打好污染防治攻坚战的总体要求，坚持系统治理、精准施策、多元共治，落实中央统筹、省负总责、地方实施、多方参与的城市黑臭水体治理机制，全面整治城市黑臭水体。

已经完成治理、实现水体不黑不臭的县级及以上城市，要巩固城市黑臭水体治理成效，建立防止返黑返臭的长效机制。到 2022 年 6 月底前，县级城市政府完成建成区黑臭水体排查，制定城市黑臭水体治理方案。到 2025 年，县级城市建成区黑臭水体消除比例达到 90%，京津冀、长三角和珠三角等区域力争提前 1 年完成。

二、加快城市黑臭水体排查

（一）全面开展黑臭水体排查。地级及以上城市政府要排查新增黑臭水体及返黑返臭水体，及时纳入黑臭水体清单并公示，限期治理。县级城市政府要对建成区全面开展黑臭水体排查，明确水体黑臭的成因、主要污染来源，确定主责部门，2022 年 6 月底前，统一公布各城市黑臭水体清单、黑臭水体位置图、河湖长、主责部门、计划达标期限。到 2022 年、2023 年、2024 年县级城市黑臭水体消除比例分别达到 40%、60%、80%。（住房和城乡建设部牵头，自然资源部、生态环境部、农业农村部参与）

（二）科学制定黑臭水体整治方案。城市政府要对排查出的黑臭水体逐一科学制定系统化整治方案，2022 年 9 月底前，报省级住房和城乡建设、生态环境部门及主责部门对口省级部门。对于影响范围广、治理难度大的黑臭水体系统化整治方案，省级相关部门要加强指导。（住房和城乡建设部牵头，国家发展改革委、自然资源部、生态环境部、水利部、农业农村部参与）

三、强化流域统筹治理

（三）加强建成区黑臭水体和流域水环境协同治理。统筹协调上下游、左右岸、干支流、城市和乡村的综合治理，对影响城市建成区黑臭水体水质的建成区外上游、支流水体，纳入流域治理工作同步推进。根据河湖干支流、湖泊和水库的水环境、水资源、水生态情况，开展精细化治理，提高治理的系统性、针对性和有效性，完善流域综合治理体系，提升流域综合治理能力和水平。（国家发展改革委、生态环境部、住房和城乡建设部、水利部、农业农村部按职责分工负责）

（四）加强岸线管理。因地制宜对河湖岸线进行生态化改造，统筹好岸线内外污水垃圾收集处理工作，及时对水体及河岸垃圾、漂浮物等进行清捞、清理，并妥善处理处置。建立健全垃圾收集（打捞）转运体系，建立相关工作台账。（自然资源部、生态环境部、住房和城乡建设部、水利部、农业农村部按职责分工负责）依法清理整治河道管理范围内违法违规建筑，明确责任主体和完成时间。（水利部牵头，自然资源部、住房和城乡建设部参与）加强对沿河排污单位的管理，建立生态环境、排水（城管）等多部门联合执法的常态化工作机制。（生态环境部、住房和城乡建设部按职责分工负责）

四、持续推进源头污染治理

（五）抓好城市生活污水收集处理。推进城镇污水管网全覆盖，加快老旧污水管网改造和破损修复。

在开展溯源排查的基础上，科学实施沿河沿湖旱天直排生活污水截污管道建设。公共建筑及企事业单位建筑用地红线内管网混错接等排查和改造，由设施权属单位及其主管部门（单位）或者管理单位等负责完成。到2025年，城市生活污水集中收集率力争达到70%以上。（国家发展改革委、住房和城乡建设部按职责分工负责）

现有污水处理厂进水生化需氧量（BOD）浓度低于100毫克/升的城市，要制定系统化整治方案，明确管网排查改造、清污分流、工业废水和工程疏干排水清退、溯源执法等措施，不应盲目提高污水处理厂出水标准、新扩建污水处理厂。到2025年，进水BOD浓度高于100毫克/升的城市生活污水处理厂规模占比达90%以上。结合城市组团式发展，采用分布与集中相结合的方式，加快补齐污水处理设施缺口。（住房和城乡建设部、生态环境部、国家发展改革委牵头）

有条件的地区在完成片区管网排查修复改造的前提下，采取增设调蓄设施、快速净化设施等措施，降低合流制管网雨季溢流污染，减少雨季污染物入河湖量。（国家发展改革委、住房和城乡建设部按职责分工负责）

（六）强化工业企业污染控制。工业企业应加强节水技术改造，开展水效对标达标，提升废水循环利用水平。（工业和信息化部牵头，科技部参与）工业企业排水水质要符合国家或地方相关排放标准规定。工业集聚区要按规定配套建成工业污水集中处理设施并稳定运行，达到相应排放标准后方可排放。（生态环境部牵头）

新建冶金、电镀、化工、印染、原料药制造（有工业废水处理资质且出水达到国家标准的原料药制造企业除外）等工业企业排放的含重金属或难以生化降解废水以及有关工业企业排放的高盐废水，不得排入市政污水收集处理设施。对已经进入市政污水收集处理设施的工业企业进行排查、评估。经评估认定污染物不能被城镇污水处理厂有效处理或可能影响城镇污水处理厂出水稳定达标的，要限期退出市政管网，向园区集聚，避免污水资源化利用的环境和安全风险。（国家发展改革委、生态环境部、住房和城乡建设部按职责分工负责）

（七）加强农业农村污染控制。对直接影响城市建成区黑臭水体治理成效的城乡接合部等区域全面开展农业农村污染治理，改善城市水体来水水质。水产养殖废水应处理达到相关排放标准后排放。设有污水排放口的规模化畜禽养殖场应当依法申领排污许可证，并严格持证排污、按证排污。严格做好“农家乐”、种植采摘园等范围内的生活及农产品产生污水及垃圾治理。（生态环境部、住房和城乡建设部、农业农村部按职责分工负责）

五、系统开展水系治理

（八）科学开展内源治理。科学实施清淤疏浚。调查底泥污染状况，明确底泥污染类型，合理评估内源污染，制定污染底泥治理方案。鼓励通过生态治理的方式推进污染底泥治理。实施清淤疏浚的，要在污染底泥评估的基础上，妥善处理处置；经鉴定为危险废物的底泥，应交由有资质的单位进行处置。严格落实底泥转运全流程记录制度，不得造成环境二次污染，严禁底泥随意堆放倾倒。（国家发展改革委、生态环境部、水利部、农业农村部按职责分工负责）

（九）加强水体生态修复。减少对城市自然河道渠化硬化，恢复和增强河湖水系自净功能，为城市内涝防治提供蓄水空间。不得以填埋或加盖等方式代替水体治理。河渠加盖形成的暗涵，有条件的应恢复自然水系功能。有条件的，要因地制宜建设人工湿地、河湖生态缓冲带，打造生态清洁流域，营造岸绿景美的生态景观和安全、舒适的亲水空间。（国家发展改革委、生态环境部、住房和城乡建设部、水利部、林草局按职责分工负责）

统筹生活、生态、生产用水，合理确定重点河湖生态流量保障目标，落实生态流量保障措施，保障河湖基本生态用水需求。（水利部牵头）严控以恢复水动力为由的各类调水冲污行为，防止河湖水通过雨水排放口倒灌进入城市排水系统。（住房和城乡建设部、水利部按职责分工负责）鼓励将城市污水处理厂处理达到标准的再生水用于河道补水。（国家发展改革委、生态环境部、住房和城乡建设部、水利部按职责分工负责）

六、建立健全长效机制

（十）加强设施运行维护。杜绝污水垃圾直接排入雨水管网。定期对管网进行巡查养护，强化汛前管网的清疏管养工作，对易淤积地段要重点清理，避免满管、带压运行。推广实施“厂—网”一体化专业化运行维护，保障污水收集处理设施系统性和完整性。鼓励依托国有企业建立排水管网专业养护企业，对管网等污水收集处理设施统一运营维护。鼓励有条件的地区在明晰责权和费用分担机制的基础上将排水管网养护工作延伸到居民社区内部。（国家发展改革委、生态环境部、住房和城乡建设部、水利部、国务院国资委按职责分工负责）

（十一）严格排污许可、排水许可管理。排放污水的工业企业应依法申领排污许可证或纳入排污登记，并严格持证排污、按证排污。全面落实企业治污责任，加强证后监管和处罚。（生态环境部牵头）到2025年，对城市黑臭水体沿线的餐饮、洗车、洗涤等排水户的排水许可核发管理实现全覆盖，城市重点排水户排水许可证应发尽发。（住房和城乡建设部牵头）强化城市建成区排污单位污水排放管理，特别是城市黑臭水体沿岸工业生产、餐饮、洗车、洗涤等单位的管理，严控违法排放、通过雨水管网直排入河。开展城市黑臭水体沿岸排污口排查整治。对污水未经处理直接排放或不达标排放导致水体黑臭的相关单位和工业集聚区严格执法，推动有关单位依法披露环境信息。（生态环境部、住房和城乡建设部按职责分工负责）

七、强化监督检查

（十二）定期开展水质监测。对已完成治理的黑臭水体要开展透明度、溶解氧（DO）、氨氮（NH_3-N）指标监测，持续跟踪水体水质变化情况。每年第二、三季度各监测一次，有条件的地方可以增加监测频次。加强汛期污染强度管控，因地制宜开展汛期污染强度监测分析。省级生态环境、住房和城乡建设部门于监测次季度首月10日前，向生态环境部、住房和城乡建设部报告上一季度监测数据。（生态环境部牵头，住房和城乡建设部参与）

（十三）实施城市黑臭水体整治环境保护行动。省级有关部门要切实担负起责任，积极开展省级城市黑臭水体整治环境保护行动，排查治理过程中的突出问题，建立问题清单，督促相关部门和城市按期整改到位。各城市政府做好自查和落实整改工作。国务院有关部门每年对省级行动整改情况进行抽查，推动问题解决。黑臭水体整治不力问题纳入中央生态环境保护督察和长江经济带、黄河流域生态环境警示片现场调查拍摄范畴。（生态环境部、住房和城乡建设部负责）

八、完善保障措施

（十四）加强组织领导。城市政府是城市黑臭水体治理的责任主体，要组织开展黑臭水体整治，明确消除时限，治理完成的水体要加快健全防止水体返黑返臭长效机制，及时开展评估；每季度向社会公开黑臭水体治理进展情况，每年年底将落实情况向上级政府报告。省级政府有关部门要按照本方案要求将治理任务分解，明确各部门职责分工和时间进度，每半年将区域内城市黑臭水体治理进展情况向社会公开，每季度向住房和城乡建设部、生态环境部报告城市黑臭水体治理进展，每年年底提交城市黑臭水体治理情况报告。（住房和城乡建设部、生态环境部负责）

（十五）充分发挥河湖长制作用。各地要充分发挥河长制湖长制作用，落实河湖长和相关部门责任，河湖长名单有变更的，要及时公布更新。河湖长要带头并督促相关部门以解决问题为导向，通过明察暗访等形式做好日常巡河，及时发现并解决问题，做好巡河台账记录，形成闭环管理。河湖长要切实履行职责，加强统筹谋划，调动各方密切配合，协调解决重大问题，确保水体治理到位。（水利部牵头，住房和城乡建设部、生态环境部参与）

（十六）严格责任追究。落实领导干部生态文明建设责任制，对在城市黑臭水体治理工作中责任不落实、推诿扯皮、未完成工作任务的，依纪依法严格问责、终身追责。每条水体的主责部门，要督促各参与部门积极作为、主动承担分配任务。推动将城市黑臭水体治理工作情况纳入污染防治攻坚战成效考核，做好考核结果应用。（住房和城乡建设部、生态环境部牵头，中央组织部、水利部参与）

（十七）加大资金保障。加大对城市黑臭水体治理、城市污水管网排查检测等支持力度，结合地方实际，创新资金投入方式，引导社会资本加大投入，坚持资金投入同攻坚任务相匹配，提高资金使用效率。（国家发展改革委、生态环境部、住房和城乡建设部、水利部、农业农村部、人民银行按职责分工负责）落实污水处理收费政策，各地要按规定将污水处理收费标准尽快调整到位。推广以污水处理厂进水污染物浓度、污染物削减量和污泥处理处置量等支付运营服务费。在严格审慎合规授信的前提下，鼓励金融机构为市场化运作的城市黑臭水体治理项目提供信贷支持。（国家发展改革委、财政部、生态环境部、住房和城乡建设部、人民银行按职责分工负责）

（十八）优化审批流程。落实深化“放管服”改革和优化营商环境的要求，深化投资项目审批制度改革和工程建设项目审批制度改革，加大对城市黑臭水体治理项目支持和推进力度，优化项目审批流程，精简审批环节。（国家发展改革委、自然资源部、生态环境部、住房和城乡建设部按职责分工负责）

（十九）鼓励公众参与。各地要做好城市黑臭水体治理信息发布、宣传报道、舆情引导等工作，建立健全多级联动的群众监督举报机制。采取喜闻乐见的宣传方式，充分发挥新媒体作用，面向广大群众开展形式多样的宣传工作。（住房和城乡建设部、生态环境部按职责分工负责）

国家林业和草原局　自然资源部　生态环境部　水利部　农业农村部关于印发《互花米草防治专项行动计划（2022—2025年）》的通知（林湿发〔2022〕124号）

天津、河北、辽宁、上海、江苏、浙江、福建、山东、广东、广西、海南省（自治区、直辖市）林业和草原、自然资源、生态环境、水行政、农业农村主管部门：

为深入贯彻落实党的二十大精神和习近平总书记等中央领导同志关于互花米草的重要批示精神，有效治理互花米草，遏制扩散态势，国家林业和草原局、自然资源部、生态环境部、水利部、农业农村部会同有关部门编制了《互花米草防治专项行动计划（2022—2025年）》（见附件），现印发你们，请认真落实。同时，各省（自治区、直辖市）应抓紧编制互花米草防治专项行动实施方案，于2023年2月28日前抄送国家林草局。

附件：互花米草防治专项行动计划（2022—2025年）

附件

互花米草防治专项行动计划（2022—2025年）[1]

互花米草是禾本科米草属多年生草本植物，原产于北美东海岸及墨西哥湾，具有根系发达、耐盐耐淹、繁殖力强、种群扩散快和入侵力强等特性，现已成为全球滨海湿地生态系统中最严重的入侵植物。互花米草自20世纪70年代被我国引种以来，在我国沿海地区迅速扩张，已成为我国沿海滩涂危害最大的外来入侵植物。互花米草的入侵，不仅挤压其他植物生存空间，破坏底栖生物、鱼类和鸟类栖息环境，改变沿海滩涂生态系统结构，导致滨海湿地生态系统退化、生物多样性降低，严重威胁我国滨海湿地生态系统安全，而且还阻碍潮水的正常流动，降低江河入海口泄洪能力，影响人民群众的生产生活，制约沿海地区经济社会可持续发展。近年来，我国积极开展互花米草防治，初步取得了一定成效，但互花米草防治难度大、区域整体防治协调不够，保护和监管能力还比较薄弱，防治制度建设还不尽完善，扩散蔓延趋势依然严峻。为全面贯彻党中央、国务院决策部署，科学有序推进互花米草防治工作，提高我国滨海湿地生态系统质量和稳定性，国家林业和草原局、自然资源部、生态环境部、水利部、农业农村部会同国务院有关部门制定本行动计划。

一、总体要求

（一）指导思想

以习近平新时代中国特色社会主义思想为指导，全面贯彻落实习近平总书记重要批示精神和党中央、国务院关于生态安全的决策部署，以提高我国滨海湿地生态系统质量和稳定性为核心，坚持科学治理、精准施策，重点突破与全面推进相衔接，有效遏制互花米草扩散态势，全面防控互花米草危害，确保滨海湿地生态安全。

（二）基本原则

1. 生态优先，防治并重。突出滨海湿地生态系统生态功能，全面加强滨海湿地保护，互花米草未入侵区域以预防为主；互花米草入侵区域，强化治理，尽快消除不利影响。

2. 尊重自然，科学治理。遵循滨海湿地生态系统演替规律，坚持系统治理、绿色治理理念，生态措施和工程措施相结合，科学开展互花米草防治。

3. 因地制宜，有序推进。结合区域自然条件、生态状况、施工条件等因素，因地制宜、科学设计互花米草防治方案，逐步有序推进。

4. 分级负责，多方参与。按照中央和地方事权划分，明确互花米草防治责任，构建社会参与机制，激励和引导社会力量参与互花米草防治。

（三）防治区域范围

根据摸底情况，目前，除辽宁省外，我国沿海省份均有互花米草分布。防治重点区域是江苏、浙江、上海、山东、福建、广西等省份。

（四）行动目标

经过四年集中防治，力争到2025年，全国互花米草得到有效治理，互花米草无限扩散态势得到遏制，综合防治能力得到全面提升，滨海湿地生态危害基本消除，治理攻坚取得阶段性胜利。

二、重点行动

（一）开展互花米草调查

1. 开展互花米草调查。按照自然资源调查监测相关要求，借鉴国内外最新调查技术方法，利用卫星遥感、无人机、人工智能和现地调查等技术手段，制定全国互花米草调查工作方案和技术规程，开展互花米草现状调查，全面摸清我国互花米草分布现状，为科学开展互花米草综合治理提供基础支撑。到2023年4月底前，完成互花米草调查，建立全国互花米草现状数据库，编制调查报告，将互花米草

[1] 限于篇幅、版式，原文件中的插图未予登载。

分布数据纳入自然资源“一张图”。（地方各级人民政府负责落实，林草局负责，自然资源部、农业农村部参与）

（二）科学开展互花米草综合治理

2. 明确互花米草治理任务。实施《全国重要生态系统保护和修复重大工程总体规划（2021—2035年）》《海岸带生态保护和修复重大工程建设规划（2021—2035年）》《生态保护和修复支撑体系重大工程建设规划（2021—2035年）》等，在国土空间生态修复、海岸带修复、湿地保护、自然保护地体系建设中，强化互花米草综合治理内容和任务。各省（自治区、直辖市）要因地制宜制定互花米草防治专项行动实施方案，确定重点内容，细化防治目标，明确工作任务，落实资金来源，有序推进互花米草综合治理各项任务。各县（区、市）要根据当地互花米草生物学特性和生长规律，制定实施路线图，逐一明确治理的具体斑块、范围、面积、治理模式和完成时限及相关责任人，实行“清单化管理”，确保责任到岗到人，扎实推进互花米草综合治理工作。力争到2025年，各省（自治区、直辖市）互花米草清除率达到90%以上，全国互花米草得到有效治理，重点在长江三角洲沿海省份、山东和福建开展攻坚战，其中江苏2.0万hm^2、浙江1.56万hm^2、上海1.2万hm^2、山东0.93万hm^2、福建0.93万hm^2、广西0.13万hm^2、天津0.04万hm^2、河北0.01万hm^2，海南和广东完成各自互花米草零星存量治理。（地方各级人民政府负责落实，自然资源部、生态环境部、交通运输部、农业农村部、林草局按职责分工负责）

3. 科学精准开展互花米草综合治理。各地针对互花米草在低潮滩、中潮滩、高潮滩等不同生长环境的具体分布、生长阶段、面积大小、危害程度、扩散趋势等，综合应用物理、化学、生物替代以及综合防治等方法，科学精准制定治理措施，做到“除早、除少、除了”，有步骤、分区域地开展互花米草综合治理。优先在生态保护红线、自然保护地、重要湿地、红树林分布区、鸟类重要栖息地和其他生态功能重要区域内开展互花米草综合治理。（地方各级人民政府负责落实，自然资源部、生态环境部、交通运输部、农业农村部、林草局按职责分工负责）

4. 持续推进治理后的生态修复。各地要统筹综合治理和后续生态修复，以互花米草入侵前的原生生态系统为参照，按照“宜林则林、宜滩则滩、宜渔则渔”的原则，科学确定互花米草治理后的滩涂生态修复方式，因地制宜开展分类修复，合理利用土地。加强后期管护，防止互花米草复发反弹，持续巩固治理成果。（地方各级人民政府负责落实，自然资源部、生态环境部、农业农村部、林草局按职责分工负责）

（三）加强互花米草监测与评估

5. 提高互花米草动态监测能力。制定互花米草监测评估技术标准，完善现有监测体系，提升潮间带监测能力，建立健全互花米草监测网络，构建互花米草监测监管信息平台，利用卫星遥感、无人机等高新技术手段，结合现场调查，开展互花米草动态监测，及时掌握互花米草的动态变化尤其是互花米草的扩散情况，为互花米草动态监管、科学治理提供支撑。（地方各级人民政府负责落实，林草局负责，科学技术部、自然资源部、生态环境部、农业农村部等参与）

6. 实施互花米草治理全过程跟踪评估。对互花米草治理项目实施情况、区域生态环境、生物多样性、治理效果、生态系统服务功能和价值以及综合效益进行跟踪评估，促进生态修复水平不断提高。（地方各级人民政府负责落实，林草局负责，自然资源部、生态环境部、水利部、农业农村部等参与）

（四）加强互花米草潜在分布区域防控

7. 开展互花米草扩散蔓延预测研究。利用互花米草调查结果，借鉴现有研究成果，综合运用人工智能、细胞自动机模型、最大熵模型和计算机技术等，进一步研究总结互花米草入侵我国滨海湿地生态系统的遗传进化机制、快速扩张的生态机制和分子机理、繁殖策略、生理生态学特征，以及与其他植物、底栖生物等相互关系，预测互花米草在我国的潜在分布区域及扩散蔓延趋势、入侵可能性高的重点区域，科学评估互花米草入侵风险，为提前防控互花米草扩散蔓延、实施早期防控措施、有计划地开展重点区域的防控提供决策依据。到2023年12月底前，完成互花米草扩散蔓延机理与预测研究。（地方各级人民政府参与，科学技术部、林草局负责，自然资源部、生态环境部、农业农村部等参与）

8. 强化互花米草联防联控。各地、各部门之间建立联防联控制度与工作机制，协同开展互花米草防控，做好源头预防，消除防控盲区，切实提升防控效能。到2023年6月底前，各地、各部门建立互花米草联防联控制度与工作机制。（地方各级人民政府负责落实，自然资源部、生态环境部、水利部、农业农村部、林草局按职责分工负责）

（五）强化互花米草防治科技支撑

9. 开展互花米草综合防治技术集成和推广应用。系统梳理国内外互花米草防治研究成果，总结包括

上海崇明东滩、山东黄河三角洲、福建闽江河口国家级自然保护区等在内的我国互花米草综合防治成功经验、治理模式、技术体系及生态环境影响，分区域、分类型总结凝练可复制、可推广、成本低、低污染的互花米草综合防治模式和技术，制定《互花米草综合防治技术指南》，指导各地精准治理。到2023年6月底前，完成互花米草综合防治技术集成，并持续推广应用。（地方各级人民政府参与，科学技术部、林草局负责，自然资源部、生态环境部、农业农村部等参与）

10. 加强互花米草治理机械设备推广应用。积极推广应用旋耕机等互花米草治理现有机械设备，根据我国互花米草分布区域特征，筛选和改装适用农机应用于互花米草刈割或翻耕。（地方各级人民政府负责落实，自然资源部、科学技术部、工业和信息化部、生态环境部、农业农村部、林草局按职责分工负责）

（六）完善互花米草防治法律法规和制度体系

11. 完善互花米草防治制度。各地要立足实际，根据《生物安全法》《湿地保护法》《海洋环境保护法》以及《外来入侵物种管理办法》，在省级湿地保护法规制修订过程中强化互花米草的防治；出台相关互花米草防治标准，健全互花米草防治制度体系。鼓励地方进行有利于互花米草防治的政策和制度创新。（地方各级人民政府负责落实，林草局负责，科学技术部、自然资源部、生态环境部、农业农村部等参与）

12. 建立巡护和风险预警机制。建立日常巡护制度，组织实施网格化管理，明确网格管理员责任，实现信息共享，持续有效遏制增量。建立互花米草风险预警机制，实行“月统计、年通报”调度机制。（地方各级人民政府负责落实，林草局负责，自然资源部、生态环境部、农业农村部等参与）

三、保障措施

（一）强化责任落实

按照“国家统筹、省负总责、市县落实”原则，全面落实互花米草防治属地责任。省级人民政府为互花米草防治责任主体，组织编制互花米草防治专项行动实施方案，确定治理目标，明确任务时序，强化日常监管，确保行动计划取得实效。林草局牵头，建立“部际协同、央地合作、区域联动”工作机制，相关部门按职责加强工作指导，林业和草原部门指导自然保护地和重要湿地、自然资源部门指导生态保护红线内等重点区域、交通运输部门指导港口和航道、水利部门指导河口和河道、农业农村部门指导养殖区互花米草的防治工作，海关指导口岸检疫监管。（地方各级人民政府负责落实，自然资源部、生态环境部、交通运输部、水利部、农业农村部、海关总署、林草局按职责分工负责）

（二）加大资金投入

建立“中央引导、地方为主、政策激励、社会参与”的多元化资金投入机制。中央层面继续加强支撑保障，地方要切实发挥主动性和能动性，多渠道筹措资金，按规定统筹重点区域生态保护和修复、海洋生态保护修复、林业草原转移支付等中央资金和自有财力，支持开展互花米草防治工作。鼓励各地充分利用市场投融资机制，探索建立政策激励机制，吸引社会资金投入。（地方各级人民政府负责落实，发展改革委、财政部、自然资源部、生态环境部、农业农村部、林草局按职责分工负责）

（三）严格目标考核

互花米草防治纳入林长制考核重要内容，考核结果作为党政领导干部综合考核评价重要参考，对实施防治专项行动计划取得明显成效的，作为林长制督察考核加分项的重要依据，对责任落实不到位、履职尽责不到位，未能完成年度防治目标任务的地方，督促限期整改。（地方各级人民政府负责落实，林草局负责，自然资源部、农业农村部参与）

（四）构建长效机制

成立专家指导组。在互花米草调查、治理、管护等决策过程中开展咨询论证评估工作，为互花米草防治提供支撑。建立全民参与机制。各地要积极开展互花米草防治方面的科普宣传教育，对典型案例、有效治理模式进行广泛宣传。支持公益组织、社会团体、志愿者参与防治工作。建立健全社区共建共管机制，充分调动公众参与互花米草防治的积极性。通过共同努力，在全社会形成防治互花米草的合力。建立长效管护制度，加强日常巡护管护。加强国际交流合作，引进技术和资金，学习借鉴国外互花米草防治的成功经验。（地方各级人民政府负责落实，自然资源部、生态环境部、水利部、农业农村部、林草局按职责分工负责）

国家林业和草原局　自然资源部　生态环境部　住房和城乡建设部　水利部　农业农村部关于印发《重要湿地修复方案编制指南》的通知（林湿发〔2022〕125号）

各省、自治区、直辖市、新疆生产建设兵团林业和草原、自然资源、生态环境、住房和城乡建设（园林绿化）、水行政、农业农村主管部门：

根据《中华人民共和国湿地保护法》关于修复

重要湿地应当编制湿地修复方案的规定，国家林业和草原局、自然资源部、生态环境部、住房和城乡建设部、水利部、农业农村部编制了《重要湿地修复方案编制指南》（见附件）。现印发给你们，请认真贯彻落实。

特此通知。

附件：重要湿地修复方案编制指南

附件

重要湿地修复方案编制指南

2022 年 12 月

目　　录

第一部分　总　　则

第一条　为规范重要湿地修复方案的编制，保证方案的科学性、完整性和规范性，依据《中华人民共和国湿地保护法》等法律法规，制定《重要湿地修复方案编制指南》（简称《编制指南》）。

第二条　重要湿地修复方案是针对重要湿地存在的生态退化等问题而组织编制的一定时期内重要湿地修复的总体方案。重要湿地内的所有修复项目应当按照总体方案进行布局实施。

第三条　《编制指南》适用于纳入名录管理的国家重要湿地（含国际重要湿地）和省级重要湿地修复方案的编制，一般湿地修复方案可参照执行。

第四条　重要湿地修复方案应针对区域湿地资源特点、面临的主要问题，以第三次全国国土调查及最新年度国土变更调查成果数据为基础，依据国土空间规划，与流域综合规划、防洪规划、生态保护修复专项规划等充分衔接，以自然恢复为主、自然恢复和人工修复相结合，坚持系统治理理念，从满足湿地修复实际需求出发进行编制，并纳入国土空间基础信息平台。

重要湿地修复方案应合理安排工作任务和任务量，并按规定进行财政可承受能力评估。

第五条　重要湿地修复方案的深度应符合相关规定，达到可操作、可实施的要求。涉及河流湖泊的不得影响防洪和供水安全。涉及国家公园、自然保护区等自然保护地的，应符合相应规定和要求。涉及的基本术语应符合相关标准和习惯用法，对内容有重要影响的术语，应给出必要的定义或解释说明。

第六条　重要湿地修复方案应根据湿地类型，由重要湿地所在县（市、区）及以上地方林业草原主管部门（含重点国有林区森工企业、国家公园管理机构等，下同）和同级人民政府有关部门组织编制。

第七条　国际重要湿地修复方案由所在县（市、区）及以上地方林业草原主管部门提出申请，经省级林业草原主管部门（含国务院有关部门直接管理的直属单位，下同）征求省级人民政府有关部门[1]意见并形成审核意见后，报国务院林业草原主管部门。经现地审核、专家论证等，且征求国务院有关部门意见后，由国务院林业草原主管部门批准。省级林业草原主管部门报送国务院林业草原主管部门材料包括：

（1）申报文件；

（2）国际重要湿地修复方案及编制说明；

（3）省级审核意见。

国家重要湿地和省级重要湿地修复方案由所在县（市、区）及以上地方林业草原主管部门提出申请，报省级林业草原主管部门。经现地审核、专家论证等，且征求省级人民政府有关部门意见后，由省级林业草原主管部门批准。国家重要湿地修复方案报国务院林业草原主管部门备案。

第八条　重要湿地修复方案批准后，所有修复须按照重要湿地修复方案，紧急情况可根据情况特

[1] 根据《中华人民共和国湿地保护法》及部门意见，有关部门指发展改革、财政、自然资源、水行政、住房城乡建设、生态环境、农业农村等主管部门。

殊处理。若因自然原因或国家重大项目建设、防灾减灾等原因导致区域湿地修复方案发生变化的，应编制短期或区域性修复方案，按要求报送原修复方案批准机关批准。

第九条 国际重要湿地修复方案到期后，经所在县（市、区）及以上林业草原主管部门组织自查、省级林业草原主管部门会同同级人民政府有关部门审核验收，将合格的报国务院林业草原主管部门，不合格的责令限期整改。

国务院林业草原主管部门根据省级林业草原主管部门的申请组织验收，征求国务院有关部门意见验收合格后依法公开修复情况。验收不合格的，由国务院林业草原主管部门责令限期整改。

国家重要湿地和省级重要湿地修复方案到期后，经所在县（市、区）及以上林业草原主管部门组织自查后，由省级林业草原主管部门会同同级人民政府有关部门组织验收，属于国家重要湿地的应报国务院林业草原主管部门备案。验收不合格的，由省级林业草原主管部门责令限期整改。

第十条 重要湿地修复方案提交的装订形式依次为封面、编制单位职签页、编制人员名单页、前言、目录（二级以上）、正文、附表、附件、附图。上报重要湿地修复方案纸质材料 3 份，电子文件 1 份。

第十一条 重要湿地修复方案封面内容包括方案名称、编制单位（加盖公章）和日期；职签页内容包括方案名称、编制单位、编制单位法人代表（签章）、编制单位技术质量负责人（签章）、项目负责人（签章）等。

第十二条 重要湿地修复方案的章节编号采用阿拉伯数字，分级宜小于 4 级，一级标题用 2 号黑体或宋体加粗，二级标题用 3 号黑体，三级标题用小 3 号楷体，四级标题用 4 号宋体加粗或仿 4 宋加粗，正文用 4 号宋体或仿宋体。宜用 A4 标准白纸双面印制，左侧装订；附表和附图宜用 A4 或 A3 标准白纸宋体或仿宋字体印制。

第十三条 重要湿地修复方案的附图应遵守《中华人民共和国测绘法》《地图管理条例》《公开地图内容表示若干规定》等法律法规的规定，地理要素表示方式和注记要素等应符合国家和林草行业的相关标准和规范。

第二部分　编制大纲

1　方案概要

1.1　方案名称

＊＊＊＊＊＊重要湿地修复方案。

1.2　主管部门

重要湿地的主管部门全称。

1.3　实施单位

重要湿地修复方案实施单位的全称、所在地址及法定代表人。

1.4　编制单位

重要湿地修复方案编制单位的全称。

1.5　主要生态问题

系统梳理重要湿地面临的主要生态问题。

1.6　修复目标

修复目标包括总体目标和年度目标两个方面的内容。

1.7　编制依据

包括法律法规、政策制度、标准规范、相关规划等。

1.8　建设内容及规模

重要湿地修复的具体建设内容以及相应的建设规模，分项目类型描述。

修复规模的面积单位采用“公顷”或“万公顷”（下同），其他建设规模单位参考国家和林草行业有关要求。

1.9　建设期限

重要湿地修复方案实施期限原则上不超过 5 年。

2　建设条件

2.1　基本情况

2.1.1　自然概况

包括重要湿地区域地理位置、地形地貌、气候、土壤、水资源条件和承载能力等自然概况。

2.1.2　湿地资源

包括湿地类型和面积、主要保护对象、湿地生态系统价值及功能、水系水源、湿地植物与植被、湿地野生动物等。

2.1.3　社会经济

重要湿地涉及的县（区）、乡镇、人口情况以及社会生产总值、城乡居民收入、区域交通等社会经济资料。

2.2　项目实施情况

重要湿地近五年以来已实施的湿地保护修复项目建设情况，修复的成功经验和存在问题。

2.3　管理基本情况

重要湿地的管理机构、人员构成、制度建设、相关规划等方面的具体情况。

2.4　主要生态问题

系统梳理重要湿地存在的生态问题并分项阐述问题产生的原因，例如生物多样性丧失、外来物种入侵、重要物种栖息地退化、水文条件恶化、地表水和地下水环境污染、生产建设活动侵占等。

3 必要性与可行性

3.1 必要性分析

针对重要湿地修复实际需求和对保护物种及其栖息地的影响，有针对性分析重要湿地修复的必要性。

3.2 可行性分析

从政策需求、规划协调、实际需要、技术可行、制度支撑、管理水平等方面进行分析。

4 修复目标

包括总体目标和年度目标两个方面的内容，目标要有具体的量化修复指标。

总体目标：立足重要湿地所在区域的自然经济状况和湿地生态系统存在的主要问题，确定重要湿地修复的指标，明确湿地修复的主攻方向和目标任务，解决重要湿地生态系统退化的问题。

年度目标：根据重要湿地修复方案的目标和任务，确定每个年度目标。

5 修复方案及进度安排

5.1 修复地点

用第三次全国国土调查及其基础上开展的年度国土变更调查成果为底版，描述重要湿地修复的具体图斑地点，边界坐标采用2000国家大地坐标系。若重要湿地为自然保护地，概述修复地点在自然保护地功能分区中的位置。

5.2 修复内容及措施

详细描述各修复图斑的主要内容及规模，修复主要措施包括但不限于：

(1) 湿地水源保障：生态补水、水系连通、自然湿地岸线维护等。

(2) 湿地植被修复：红树林恢复、滩涂植被恢复、沼泽植被恢复、水生植被恢复等。

(3) 湿地污染治理：改善湿地水质、土壤环境治理等。

(4) 栖息地生境修复：地形地貌修复、栖息地恢复等。

(5) 有害生物防治：疫源疫病监测、外来入侵物种防治等。

(6) 水生生物养护：资源监测、增殖放流等。

(7) 干扰及成效监测：外界干扰监测、修复成效监测等。

5.3 进度安排

5.3.1 准备阶段

重要湿地修复方案批复前期的各项准备工作，包括成立领导小组、制定方案实施的工作计划，编制项目实施方案。

5.3.2 实施阶段

依照批复的修复方案，制定工作计划，编制项目施工方案，抓好项目实施，同时做好自查评估工作。

5.3.3 验收阶段

方案到期后，按程序做好验收和公示。

5.3.4 监测管护阶段

重要湿地修复后应加强监测管护，开展监测评估和适应性管理工作，及时发现生态风险、调整措施，保护修复成果、总结成功经验。

5.4 技术支持

确定为重要湿地修复方案提供技术支持的单位、技术支持方式，以及技术支持的主要内容等。

6 保障措施

6.1 政策保障

6.2 组织保障

6.3 技术培训

6.4 监测评价

7 成效分析

7.1 生态效益

7.2 社会效益

7.3 经济效益

8 附表和附件

8.1 现状统计表

(1) 重要湿地各类湿地资源统计表；

(2) 修复地点湿地资源统计表。

8.2 附件

(1) 与修复方案有关的专题调查报告的相关部分内容等；

(2) 重要湿地管理机构法人证书；

(3) 修复地点土地权属证明或相关协议；

(4) 其他。

9 附图

以第三次全国国土调查及其年度国土变更调查成果为底版，制作相应的附图。

(1) 重要湿地位置图；

(2) 重要湿地范围图；

(3) 重要湿地功能分区图（若重要湿地为自然

保护地）；

（4）重要湿地植被类型分布图；

（5）重要湿地保护动植物分布图；

（6）重要湿地修复地点布局图（具体到图斑）。

关于印发《生态环境损害赔偿管理规定》的通知（环法规〔2022〕31号）

各省、自治区、直辖市人民政府，新疆生产建设兵团：

《生态环境损害赔偿管理规定》已经中央全面深化改革委员会审议通过。现印发给你们，请结合实际认真贯彻落实。

生态环境部　最高人民法院
最高人民检察院　科技部
公安部　司法部
财政部　自然资源部
住房和城乡建设部　水利部
农业农村部　卫生健康委
市场监管总局　林草局
2022年4月26日

生态环境损害赔偿管理规定

第一章　总　　则

第一条　为规范生态环境损害赔偿工作，推进生态文明建设，建设美丽中国，根据《生态环境损害赔偿制度改革方案》和《中华人民共和国民法典》《中华人民共和国环境保护法》等法律法规的要求，制定本规定。

第二条　以习近平新时代中国特色社会主义思想为指导，全面贯彻党的十九大和十九届历次全会精神，深入贯彻习近平生态文明思想，坚持党的全面领导，坚持以人民为中心的发展思想，坚持依法治国、依法行政，以构建责任明确、途径畅通、技术规范、保障有力、赔偿到位、修复有效的生态环境损害赔偿制度为目标，持续改善环境质量，维护国家生态安全，不断满足人民群众日益增长的美好生活需要，建设人与自然和谐共生的美丽中国。

第三条　生态环境损害赔偿工作坚持依法推进、鼓励创新，环境有价、损害担责，主动磋商、司法保障，信息共享、公众监督的原则。

第四条　本规定所称生态环境损害，是指因污染环境、破坏生态造成大气、地表水、地下水、土壤、森林等环境要素和植物、动物、微生物等生物要素的不利改变，以及上述要素构成的生态系统功能退化。

违反国家规定造成生态环境损害的，按照《生态环境损害赔偿制度改革方案》和本规定要求，依法追究生态环境损害赔偿责任。

以下情形不适用本规定：

（一）涉及人身伤害、个人和集体财产损失要求赔偿的，适用《中华人民共和国民法典》等法律有关侵权责任的规定；

（二）涉及海洋生态环境损害赔偿的，适用海洋环境保护法等法律及相关规定。

第五条　生态环境损害赔偿范围包括：

（一）生态环境受到损害至修复完成期间服务功能丧失导致的损失；

（二）生态环境功能永久性损害造成的损失；

（三）生态环境损害调查、鉴定评估等费用；

（四）清除污染、修复生态环境费用；

（五）防止损害的发生和扩大所支出的合理费用。

第六条　国务院授权的省级、市地级政府（包括直辖市所辖的区县级政府，下同）作为本行政区域内生态环境损害赔偿权利人。赔偿权利人可以根据有关职责分工，指定有关部门或机构负责具体工作。

第七条　赔偿权利人及其指定的部门或机构开展以下工作：

（一）定期组织筛查案件线索，及时启动案件办理程序；

（二）委托鉴定评估，开展索赔磋商和作为原告提起诉讼；

（三）引导赔偿义务人自行或委托社会第三方机构修复受损生态环境，或者根据国家有关规定组织开展修复或替代修复；

（四）组织对生态环境修复效果进行评估；

（五）其他相关工作。

第八条　违反国家规定，造成生态环境损害的单位或者个人，应当按照国家规定的要求和范围，承担生态环境损害赔偿责任，做到应赔尽赔。民事法律和资源环境保护等法律有相关免除或者减轻生态环境损害赔偿责任规定的，按相应规定执行。

赔偿义务人应当依法积极配合生态环境损害赔偿调查、鉴定评估等工作，参与索赔磋商，实施修复，全面履行赔偿义务。

第九条　赔偿权利人及其指定的部门或机构，有权请求赔偿义务人在合理期限内承担生态环境损害赔偿责任。

生态环境损害可以修复的，应当修复至生态环境受损前的基线水平或者生态环境风险可接受水平。

赔偿义务人根据赔偿协议或者生效判决要求，自行或者委托开展修复的，应当依法赔偿生态环境受到损害至修复完成期间服务功能丧失导致的损失和生态环境损害赔偿范围内的相关费用。

生态环境损害无法修复的，赔偿义务人应当依法赔偿相关损失和生态环境损害赔偿范围内的相关费用，或者在符合有关生态环境修复法规政策和规划的前提下，开展替代修复，实现生态环境及其服务功能等量恢复。

第十条 赔偿义务人因同一生态环境损害行为需要承担行政责任或者刑事责任的，不影响其依法承担生态环境损害赔偿责任。赔偿义务人的财产不足以同时承担生态环境损害赔偿责任和缴纳罚款、罚金时，优先用于承担生态环境损害赔偿责任。

各地可根据案件实际情况，统筹考虑社会稳定、群众利益，根据赔偿义务人主观过错、经营状况等因素分类处置，探索分期赔付等多样化责任承担方式。

有关国家机关应当依法履行职责，不得以罚代赔，也不得以赔代罚。

第十一条 赔偿义务人积极履行生态环境损害赔偿责任的，相关行政机关和司法机关，依法将其作为从轻、减轻或者免予处理的情节。

对生效判决和经司法确认的赔偿协议，赔偿义务人不履行或者不完全履行义务的，依法列入失信被执行人名单。

第十二条 对公民、法人和其他组织举报要求提起生态环境损害赔偿的，赔偿权利人及其指定的部门或机构应当及时研究处理和答复。

第二章 任务分工

第十三条 生态环境部牵头指导实施生态环境损害赔偿制度，会同自然资源部、住房和城乡建设部、水利部、农业农村部、国家林草局等相关部门负责指导生态环境损害的调查、鉴定评估、修复方案编制、修复效果评估等业务工作。科技部负责指导有关生态环境损害鉴定评估技术研究工作。公安部负责指导公安机关依法办理涉及生态环境损害赔偿的刑事案件。司法部负责指导有关环境损害司法鉴定管理工作。财政部负责指导有关生态环境损害赔偿资金管理工作。国家卫生健康委会同生态环境部开展环境健康问题调查研究、环境与健康综合监测与风险评估。市场监管总局负责指导生态环境损害鉴定评估相关的计量和标准化工作。

最高人民法院、最高人民检察院分别负责指导生态环境损害赔偿案件的审判和检察工作。

第十四条 省级、市地级党委和政府对本地区的生态环境损害赔偿工作负总责，应当加强组织领导，狠抓责任落实，推进生态环境损害赔偿工作稳妥、有序进行。党委和政府主要负责人应当履行生态环境损害赔偿工作第一责任人职责；党委和政府领导班子其他成员应当根据工作分工，领导、督促有关部门和单位开展生态环境损害赔偿工作。

各省级、市地级党委和政府每年应当至少听取一次生态环境损害赔偿工作情况的汇报，督促推进生态环境损害赔偿工作，建立严考核、硬约束的工作机制。

第三章 工作程序

第十五条 赔偿权利人应当建立线索筛查和移送机制。

赔偿权利人指定的部门或机构，应当根据本地区实施方案规定的任务分工，重点通过以下渠道定期组织筛查发现生态环境损害赔偿案件线索：

（一）中央和省级生态环境保护督察发现的案件线索；

（二）突发生态环境事件；

（三）资源与环境行政处罚案件；

（四）涉嫌构成破坏环境资源保护犯罪的案件；

（五）在生态保护红线等禁止开发区域、国家和省级国土空间规划中确定的重点生态功能区发生的环境污染、生态破坏事件；

（六）日常监管、执法巡查、各项资源与环境专项行动发现的案件线索；

（七）信访投诉、举报和媒体曝光涉及的案件线索；

（八）上级机关交办的案件线索；

（九）检察机关移送的案件线索；

（十）赔偿权利人确定的其他线索渠道。

第十六条 在全国有重大影响或者生态环境损害范围在省域内跨市地的案件由省级政府管辖；省域内其他案件管辖由省级政府确定。

生态环境损害范围跨省域的，由损害地相关省级政府共同管辖。相关省级政府应加强沟通联系，协商开展赔偿工作。

第十七条 赔偿权利人及其指定的部门或机构在发现或者接到生态环境损害赔偿案件线索后，应当在三十日内就是否造成生态环境损害进行初步核查。对已造成生态环境损害的，应当及时立案启动索赔程序。

第十八条 经核查，存在以下情形之一的，赔偿权利人及其指定的部门或机构可以不启动索赔

程序：

（一）赔偿义务人已经履行赔偿义务的；

（二）人民法院已就同一生态环境损害形成生效裁判文书，赔偿权利人的索赔请求已被得到支持的诉讼请求所全部涵盖的；

（三）环境污染或者生态破坏行为造成的生态环境损害显著轻微，且不需要赔偿的；

（四）承担赔偿义务的法人终止、非法人组织解散或者自然人死亡，且无财产可供执行的；

（五）赔偿义务人依法持证排污，符合国家规定的；

（六）其他可以不启动索赔程序的情形。

赔偿权利人及其指定的部门或机构在启动索赔程序后，发现存在以上情形之一的，可以终止索赔程序。

第十九条 生态环境损害索赔启动后，赔偿权利人及其指定的部门或机构，应当及时进行损害调查。调查应当围绕生态环境损害是否存在、受损范围、受损程度、是否有相对明确的赔偿义务人等问题开展。调查结束应当形成调查结论，并提出启动索赔磋商或者终止索赔程序的意见。

公安机关在办理涉嫌破坏环境资源保护犯罪案件时，为查明生态环境损害程度和损害事实，委托相关机构或者专家出具的鉴定意见、鉴定评估报告、专家意见等，可以用于生态环境损害调查。

第二十条 调查期间，赔偿权利人及其指定的部门或机构，可以根据相关规定委托符合条件的环境损害司法鉴定机构或者生态环境、自然资源、住房和城乡建设、水利、农业农村、林业和草原等国务院相关主管部门推荐的机构出具鉴定意见或者鉴定评估报告，也可以与赔偿义务人协商共同委托上述机构出具鉴定意见或者鉴定评估报告。

对损害事实简单、责任认定无争议、损害较小的案件，可以采用委托专家评估的方式，出具专家意见；也可以根据与案件相关的法律文书、监测报告等资料，综合作出认定。专家可以从市地级及以上政府及其部门、人民法院、检察机关成立的相关领域专家库或者专家委员会中选取。鉴定机构和专家应当对其出具的鉴定意见、鉴定评估报告、专家意见等负责。

第二十一条 赔偿权利人及其指定的部门或机构应当在合理期限内制作生态环境损害索赔磋商告知书，并送达赔偿义务人。

赔偿义务人收到磋商告知书后在答复期限内表示同意磋商的，赔偿权利人及其指定的部门或机构应当及时召开磋商会议。

第二十二条 赔偿权利人及其指定的部门或机构，应当就修复方案、修复启动时间和期限、赔偿的责任承担方式和期限等具体问题与赔偿义务人进行磋商。磋商依据鉴定意见、鉴定评估报告或者专家意见开展，防止久磋不决。

磋商过程中，应当充分考虑修复方案可行性和科学性、成本效益优化、赔偿义务人赔偿能力、社会第三方治理可行性等因素。磋商过程应当依法公开透明。

第二十三条 经磋商达成一致意见的，赔偿权利人及其指定的部门或机构，应当与赔偿义务人签署生态环境损害赔偿协议。

第二十四条 赔偿权利人及其指定的部门或机构和赔偿义务人，可以就赔偿协议向有管辖权的人民法院申请司法确认。

对生效判决和经司法确认的赔偿协议，赔偿义务人不履行或不完全履行的，赔偿权利人及其指定的部门或机构可以向人民法院申请强制执行。

第二十五条 对未经司法确认的赔偿协议，赔偿义务人不履行或者不完全履行的，赔偿权利人及其指定的部门或机构，可以向人民法院提起诉讼。

第二十六条 磋商未达成一致的，赔偿权利人及其指定的部门或机构，应当及时向人民法院提起诉讼。

第二十七条 赔偿权利人及其指定的部门或机构，应当组织对受损生态环境修复的效果进行评估，确保生态环境得到及时有效修复。

修复效果未达到赔偿协议或者生效判决规定修复目标的，赔偿权利人及其指定的部门或机构，应当要求赔偿义务人继续开展修复，直至达到赔偿协议或者生效判决的要求。

第四章　保 障 机 制

第二十八条 完善从事生态环境损害鉴定评估活动机构的管理制度，健全信用评价、监督惩罚、准入退出等机制，提升鉴定评估工作质量。

省级、市地级党委和政府根据本地区生态环境损害赔偿工作实际，统筹推进本地区生态环境损害鉴定评估专业力量建设，满足生态环境损害赔偿工作需求。

第二十九条 国家建立健全统一的生态环境损害鉴定评估技术标准体系。

科技部会同相关部门组织开展生态环境损害鉴定评估关键技术方法研究。生态环境部会同相关部门构建并完善生态环境损害鉴定评估技术标准体系框架，充分依托现有平台建立完善服务于生态环境损害鉴定评估的数据平台。

生态环境部负责制定生态环境损害鉴定评估技术总纲和关键技术环节、基本生态环境要素、基础方法等基础性技术标准，商国务院有关主管部门后，与市场监管总局联合发布。

国务院相关主管部门可以根据职责或者工作需要，制定生态环境损害鉴定评估的专项技术规范。

第三十条 赔偿义务人造成的生态环境损害无法修复的，生态环境损害赔偿资金作为政府非税收入，实行国库集中收缴，全额上缴本级国库，纳入一般公共预算管理。赔偿权利人及其指定的部门或机构根据磋商协议或生效判决要求，结合本区域生态环境损害情况开展替代修复。

第三十一条 赔偿权利人及其指定的部门或机构可以积极创新公众参与方式，邀请相关部门、专家和利益相关的公民、法人、其他组织参加索赔磋商、索赔诉讼或者生态环境修复，接受公众监督。

生态环境损害调查、鉴定评估、修复方案编制等工作中涉及公共利益的重大事项，生态环境损害赔偿协议、诉讼裁判文书、赔偿资金使用情况和生态环境修复效果等信息应当依法向社会公开，保障公众知情权。

第三十二条 建立生态环境损害赔偿工作信息和重大案件信息的报告机制。

省级生态环境损害赔偿制度改革工作领导小组办公室于每年 1 月底前，将本地区上年度工作情况报送生态环境部。生态环境部于每年 3 月底前，将上年度全国生态环境损害赔偿工作情况汇总后，向党中央、国务院报告。

第三十三条 生态环境损害赔偿工作纳入污染防治攻坚战成效考核以及环境保护相关考核。

生态环境损害赔偿的突出问题纳入中央和省级生态环境保护督察范围。中央和省级生态环境保护督察发现需要开展生态环境损害赔偿工作的，移送有关地方政府依照本规定以及相关法律法规组织开展索赔。

建立重大案件督办机制。赔偿权利人及其指定的部门或机构应当对重大案件建立台账，排出时间表，加快推进。

第三十四条 赔偿权利人及其指定的部门或机构的负责人、工作人员，在生态环境损害赔偿过程中存在滥用职权、玩忽职守、徇私舞弊等情形的，按照有关规定交由纪检监察机关依纪依法处理，涉嫌犯罪的，移送司法机关，依法追究刑事责任。

第三十五条 对在生态环境损害赔偿工作中有显著成绩，守护好人民群众优美生态环境的单位和个人，按规定给予表彰奖励。

第五章 附　　则

第三十六条 本规定由生态环境部会同相关部门负责解释。

第三十七条 本规定中的期限按自然日计算。

第三十八条 本规定自印发之日起施行。法律、法规对生态环境损害赔偿有明确规定的，从其规定。

水利部　公安部　交通运输部长江河道采砂管理合作机制领导小组办公室关于印发长江河道采砂管理合作机制 2022 年度工作要点的通知

领导小组成员单位，云南省、四川省、重庆市、湖北省、湖南省、江西省、安徽省、江苏省、上海市水利（水务）厅（局）、公安厅（局）、交通运输厅（局、委）：

《水利部　公安部　交通运输部长江河道采砂管理合作机制 2022 年度工作要点》经水利部、公安部、交通运输部长江河道采砂管理合作机制领导小组（扩大）会议审议通过，现印发给你们，请结合实际认真贯彻落实。

水利部、公安部、交通运输部长江河道
采砂管理合作机制领导小组办公室
2022 年 4 月 1 日

水利部　公安部　交通运输部长江河道采砂管理合作机制 2022 年度工作要点

2022 年，水利部、公安部、交通运输部坚持以习近平新时代中国特色社会主义思想为指导，全面贯彻党的十九大和十九届历次全会精神，认真践行习近平生态文明思想、习近平法治思想，深入落实习近平总书记关于推动长江经济带发展系列重要讲话和关于采砂管理重要指示批示精神，围绕长江大保护战略要求，深入贯彻实施长江保护法，坚持惩防并举、疏堵结合、标本兼治，压实属地管理责任，继续深化部门合作，巩固和深化长江河道采砂综合整治行动成果，维护长江河道采砂管理秩序，保障防洪、供水、通航、生态安全，助力长江经济带高质量发展，以优异成绩迎接党的二十大胜利召开。工作要点如下：

一、强化落实采砂管理责任制

（一）明确并公告责任人名单。督促沿江各地明确省、市、县三级政府责任人、河长责任人、水行政主管部门责任人、采砂现场监管责任人、采砂执

法责任人名单，并在主要媒体公告。主汛期前，水利部网站公布长江干流河道采砂管理责任人名单。

（二）明晰采砂管理职责任务。指导沿江地方细化明晰采砂管理责任人的具体职责，依据“三定”职责，围绕“人、船、砂、证”等要素和“改、采、驳、运、销、用”等环节，细化明确有关部门采砂管理具体任务，完善采砂管理责任体系。

（三）督促履行采砂管理职责。结合暗访、巡江检查、执法监管、案件查处等，加强对沿江地方采砂管理责任人及有关部门履职情况的监督检查，推动地方强化履职绩效考核。对不作为、慢作为或采砂监管不力，导致非法采砂反弹的，予以约谈、通报；采砂管理秩序混乱、造成恶劣影响的，提请有关地方对相关责任人严肃追责问责。

二、强化监督检查和执法打击

（四）加强涉砂“采、运、销”监督检查。督促沿江各地加强日常巡江检查，聚焦“人、船、砂”，利用砂石采运管理单，重点检查砂石开采、运输、过驳、上岸、堆存、销售活动，依法严厉打击各类涉砂违法行为。长江委联合长航公安局、长航局加强对问题易发多发的重点江段和敏感水域进行暗访检查，督导沿江各地切实维护国家重大活动、重要节假日期间采砂管理秩序。

（五）加强非法采运砂执法打击。指导督促沿江各地常态化开展非法采运砂执法打击，发现一起、查处一起、打击一起，保持高压严打态势。长江委、长航公安局、长航局视非法采砂动向，适时组织开展联合执法行动，严防非法采砂反弹。强化行刑衔接，有关行政部门查处的涉砂违法行为涉嫌犯罪的，及时移交公安机关依法查处；公安机关组织开展长江非法采砂犯罪专项打击行动，依法严厉打击各类涉砂犯罪活动，坚决铲除涉砂领域黑恶势力及其“保护伞”，不断净化涉砂环境。

三、强化协调配合和联合共治

（六）加强部门协作配合。充分发挥河湖长制平台作用，指导督促沿江地方因地制宜建立采砂管理协调联动机制，凝聚工作合力，推动构建河长和政府行政首长挂帅、水利牵头、有关部门分工协同、社会参与的采砂管理工作格局。长江委、长航公安局、长航局加强联合会商，研究落实重点任务，协调解决相关问题。

（七）加强区域联防联治。指导督促相邻省级行政区域间全面签订河道采砂联合共治协议，加强联合巡查、联合执法、联合打击，逐步形成上下游、左右岸区域间相互配合、密切协作的联防联控格局。

（八）加强干支流联动。充分发挥长江干流河长的统领作用，推动建立完善干流与通江支流、湖泊采砂监管执法联动机制，强化干流与支流交汇水域的监管，形成干支流监管合力。

（九）加强信息共享。指导沿江各地加强采砂管理信息化建设，推动实现部门间、区域间信息共建共管共享。沿江地方水利、交通运输等部门及时向公安机关移送非法采运砂犯罪线索和涉黑涉恶线索，公安机关及时向线索移送部门反馈案件侦结情况，对不够刑事处罚的案件，及时移交属地有关行政部门处理，处罚结果反馈公安机关。

（十）加强行刑衔接。深入落实“两高”关于非法采砂入刑司法解释，加强与审判机关、检察机关协作配合，发挥公益诉讼作用，推动解决河道采砂管理中的突出问题，推动与非法采砂相关联的违法活动入刑。

四、强化采砂船舶监督管理

（十一）加强采砂船舶修造监管。指导督促沿江各地加强对船舶修造企业（点）的监管，严禁非法改造、建造采砂船舶，严禁隐藏采砂设备，发现一起、查处一起、整治一起。

（十二）加强涉砂船舶作业监管。坚持对“三无”采砂船和“隐形”采砂船零容忍态度，严查证件不齐、船证不符的采砂船。推动地方政府加大“三无”“隐形”采砂船拆解力度，干流基本实现“动态清零”。依法严厉打击运输船参与盗采江砂、非法运输江砂等违法犯罪活动。

（十三）加强采砂船舶集中停靠管理。指导督促沿江各地建立完善采砂船舶集中停靠管理制度，明确责任主体，强化监控措施，全天候严格管控，严禁采砂船舶非法移动行为。对集中停靠点采砂船舶监管不严，致使采砂船舶非法移动的，依法追究有关责任人的责任。

五、强化砂石综合利用管理

（十四）加强采砂许可管理。指导督促沿江各地严格执行长江河道采砂管理规划，鼓励和支持各地采用政府主导、统一开采管理的方式，规范采砂许可管理，强化事中事后监管。落实《河道采砂规划编制与实施监督管理技术规范》（SL 423—2021），加强现场监管，规范可采区作业环境，依法查处超许可范围采砂行为。

（十五）加强疏浚砂利用管理。督促沿江各地深入贯彻执行《水利部、交通运输部关于加强长江干流河道疏浚砂综合利用管理工作的指导意见》（水河湖〔2020〕205号），制定符合各地实际的疏浚砂综合利用管理办法，规范疏浚砂综合利用行为。长江委、长航局加强对疏浚砂综合利用实施情况的监督检查，禁止以疏浚为名非法采砂。

（十六）完善砂石采运管理单制度。加强指导督促，完善砂石采运管理单信息平台，推动干流和通江支流、湖泊全面推行统一的砂石采运电子管理单。沿江各地要加强采运管理单管理，确保所有单据可查可控，适时开展砂石采运管理单专项检查，对于监管不力、管理混乱、违规开具、不按规定执行砂石采运管理单有关要求的，依法严肃追究有关责任人的责任。严厉打击伪造、买卖、冒用砂石采运管理单的违法犯罪行为，打掉一批伪造、买卖砂石采运管理单的中介、“黄牛”，深挖彻查幕后人员和“保护伞”。

六、其他工作

（十七）召开领导小组会议。适时召开水利部、公安部、交通运输部长江采砂管理合作机制领导小组（扩大）会议，邀请最高人民法院、最高人民检察院、工业和信息化部、市场监管总局参加，贯彻落实长江保护法，总结 2021 年工作进展成效，分析新形势新任务新要求，研究部署 2022 年重点工作。

（十八）推进条例修订。开展《长江河道采砂管理条例》实施二十周年宣传活动，加快推进《长江河道采砂管理条例》修订工作。

教育部办公厅等五部门关于做好预防中小学生溺水工作的通知（教基厅函〔2022〕18 号）

各省、自治区、直辖市教育厅（教委）、公安厅（局）、民政厅（局）、水利（水务）厅（局）、农业农村（农牧）厅（局、委），新疆生产建设兵团教育局、公安局、民政局、水利局、农业农村局：

近期，各地中小学生溺水事件频发。特别是 2022 年 7 月以来，多地连续发生多起 3 人以上溺亡事件，造成多名中小学生死亡，反映出一些地方存在预防学生溺水教育不到位、家长履行监护责任不到位、农村地区开放水域巡查防护不到位等突出问题。为尽最大努力减少学生溺水事件发生，切实保障学生生命安全，现就进一步做好预防中小学生溺水工作通知如下。

一、强化思想认识。各地教育、公安、民政、水利、农业农村部门要深入贯彻落实习近平总书记关于“人民至上、生命至上”的重要指示精神，充分认识当前预防学生溺水工作面临的严峻形势，以“时时放心不下”的责任感，把保障学生生命安全作为重中之重，从严从实从细从快做好预防学生溺水工作，坚决防范和遏制学生溺水事件发生。

二、强化隐患排查。各地教育、公安、水利、农业农村部门要会同相关部门，以农村地区学校、村庄周边和学生上下学沿途水域为重点，对行政区域内的开放水域逐一进行摸排，摸清权属主体、水域深浅和警示标志、救援设施配置等情况，绘制危险水域地图，评估风险等级，建立工作台账，推动明确责任单位与责任人，逐一落实隐患排查治理工作。

三、强化巡查防控。各地要充分发挥河湖长制平台作用，水利、公安、民政、农业农村等部门要组织村（社区）党员干部、驻村（社区）辅警、学生家长、志愿者和水域承包人、责任人等，开展常态化巡查，重点在午后、傍晚等游泳高峰时段加强对危险水域巡逻管理，坚决制止学生私自下水游泳玩耍。各级公安机关要紧盯学生涉水活动的重点时段、重点部位，针对性强化动态巡查管控，加大重点水域岸线巡护力度，常态化开展专业培训演练，切实提升水上救援反应能力与施救水平。

四、强化防护设施。各地公安、水利、农业农村部门要推动基层党委和政府督促水域责任单位因地制宜，在水域周边设置安全隔离带、防护栏等，推进落实一个警示牌、一个救生圈、一根救生绳、一根救生杆“四个一”建设，通过“人防＋技防＋物防”叠加互补的方式，确保对重点水域岸线的全覆盖。有条件的地方，可在事故多发水域安装视频监控和警报系统，进行全天候监视防范。

五、强化宣传教育。各地教育、公安、民政、水利、农业农村部门要深入学校、村（社区），在主要交通路口、周边水域、人员密集场所悬挂标语，设立预防溺水宣传板报（墙报）、警示标牌等，并依托各类媒体，剖析典型事故案例，讲解预防溺水知识和救援知识，广泛开展高频次、全覆盖预防溺水宣传教育。教育部门和学校要通过线上线下主题班会、家访、家长会、发放告知书等形式，组织全体学生和家长学习预防溺水知识，开展安全警示教育。周末和节假日期间，要采取发送短信、微信提示等方式，经常性提醒学生和家长增强安全意识，特别是暑期要实行定期提醒制度，确保覆盖到每一名学生及每一位家长或监护人。

六、强化关心关爱。各地民政部门要以农村留守儿童和困境儿童为重点，完善关爱服务体系，健全救助保护机制，督促乡镇（街道）儿童督导员和村（社区）儿童主任加强家庭探访和安全提醒。要加强与家庭、学校、社会之间的衔接配合，与教育、农业农村等部门组织村（社区）干部、志愿者和“五老人员”加强对农村留守儿童和困境儿童的关爱帮扶。

七、强化疏堵结合。各地特别是水网密集地区教育部门要结合课后服务，统筹利用社会游泳资源，面向中小学生广泛开展游泳教育和自救、互救技能培训，确保学生正确掌握自救方法。要通过党委教育工作领导小组，推动地方党委和政府结合本地实际，鼓励支持村（社区）在有条件的区域建设适宜的游泳、戏水场所及相应设施，加强安全人员配备，为中小学生提供安全、便利、规范的亲水环境。教育、民政、农业农村等部门要统筹用好社会组织、社会工作者、志愿者等多方力量，利用村（社区）综合服务设施、新时代文明实践中心等设施，在周末、节假日为农村学生提供综合素质培养、爱心陪伴、心理抚慰等服务，满足学习休闲娱乐需要，减少私自下水现象。

八、强化督导考核。各地教育督导部门要将预防学生溺水工作纳入对政府履行教育职责评价，水利部门要将预防学生溺水工作纳入河湖管理监督检查，民政部门要将预防学生溺水工作纳入未成年人保护示范创建工作，督促各地压实责任，确保各项措施落实到位。对工作责任不落实、管理措施不到位、重点水域漏管失控等导致发生学生溺亡事故的，存在迟报、漏报、瞒报等行为的，依规依纪依法严肃追究相关单位和责任人的责任。

教育部办公厅
公安部办公厅
民政部办公厅
水利部办公厅
农业农村部办公厅
2022年7月26日

部际联席会议成员单位发布文件

水利部办公厅关于加强春节、全国“两会”和北京冬奥会、冬残奥会期间河道采砂管理工作的通知（办河湖函〔2022〕30号）

各流域管理机构，各省、自治区、直辖市水利（水务）厅（局），新疆生产建设兵团水利局：

2022年春节即将来临，北京冬奥会、冬残奥会将于2—3月隆重举行，全国“两会”将于3月胜利召开。加强重要节假日、重大活动期间河道采砂管理，保障河道防洪、供水、通航、生态安全，维护安定祥和的良好氛围，意义特殊，责任重大，各级水利部门务必高度重视，增强政治责任感和使命感，不折不扣履行管理职责，严防河道非法采砂活动反弹，坚决维护河道采砂管理秩序。现就有关事项通知如下：

一、制订完善工作预案。各地要进一步梳理辖区内采砂管理重点河段、敏感水域，进一步排查掌握辖区内非法采砂潜在群体，深入分析重要节假日、重大活动期间非法采砂行为表现特征，结合全国河道非法采砂专项整治行动，有针对性制订完善河道采砂管理工作预案，加强组织领导，明确责任分工，健全工作机制，落实具体措施，加强值班值守，实行领导带班，保证24小时信息畅通，及时应对和处置涉砂突发事件。

二、进一步夯实管理责任。各地进一步明确辖区内有采砂管理任务河道的河长责任人、水行政主管部门责任人、现场监管责任人和行政执法责任人，长江干流还要明确省、市、县级人民政府行政首长责任人。充分发挥行政首长和河长责任人的组织领导作用，细化明晰职责任务，把重点任务逐一落实到部门、岗位和具体人员，把重要措施落实到每一项具体任务、对应到每一个工作环节，做到分工负责、密切配合，形成一级抓一级、层层抓落实的工作格局。强化流域统筹，加强区域间联合会商、信息共享，推进上下游、左右岸、干支流协同联动，形成采砂管理合力。请各单位于2022年4月11日前将重点河段、敏感水域采砂管理责任人名单（姓名、单位、职务、电话）报水利部，水利部统一向社会公布。

三、进一步强化巡查监管。各地要严格落实日常巡查制度，坚持暗访与明查相结合，综合运用“人防＋技防”手段，强化夜间暗访巡查，加密重点河段、敏感水域巡查频次，及时发现、查处非法采砂问题。充分发挥新闻媒体、社会舆论和群众监督作用，畅通举报渠道，及时响应、核查公众举报反映的问题。流域管理机构要加强对直管河道采砂的监督检查，省级水行政主管部门要适时组织对区域内河道采砂进行暗访检查。

四、进一步强化执法打击。各地要不间断开展全国河道非法采砂专项整治行动，聚焦“采、运、销”关键环节和“采砂业主、采砂船舶（机具）、堆砂场”关键要素，紧盯“隐形式”“小散乱”偷采活动，发现一起、查处一起，高压严打有组织性、团伙性非法采砂行为，从严从重从快查处无证采砂、非法移动、非法运砂、非法销售等各类涉砂违法活动，及时向公安机关移交涉砂犯罪案件和涉黑涉恶线索，积极配合有关部门打击“沙霸”及其背后

"保护伞"。

五、进一步强化采区管理。加强许可采区现场监管，按照《河道采砂规划编制与实施监督管理技术规范》要求，落实现场监管责任、措施，在采区显著位置设立明显标识，规范采砂作业环境，严防超范围超深度超量开采。充分运用高清视频监控、GPS定位、电子围栏等技术手段，结合现场专人值守监督，实现24小时动态监管。严格落实环保要求和安全生产措施，及时平整修复河道，防止发生人身伤亡、水污染、海损等事故。

六、进一步强化采砂船舶集中停靠管理。严格落实采砂船舶集中停靠管理制度，明确集中停靠管理主责单位，落实现场监管责任人，实行24小时值班值守，严格采砂船舶移动管理。强化集中停靠点安全管控，采取有效措施，防止人员溺水、船只脱锚、沉没等安全事故发生。依法拆解"三无""隐形"采砂船，从源头上消除安全隐患、维护河道采砂管理秩序。

其间，如发生重大非法采砂案件、涉砂安全事故等，有关地方水行政主管部门应当按有关要求及时报告水利部。

联系人：河湖管理司　马彬彬　陈岩

电　话：010－63202681　63202938

传　真：010－63202952

邮　箱：wmye@mwr. gov. cn

水利部办公厅

2022年1月11日

水利部办公厅关于印发2022年河湖管理工作要点的通知（办河湖〔2022〕45号）

部直属有关单位，各省、自治区、直辖市水利（水务）厅（局）、河长制办公室，各计划单列市水利（水务）局、河长制办公室，新疆生产建设兵团水利局：

为贯彻落实水利部党组关于推动新阶段水利高质量发展的安排部署和2022年全国水利工作会议精神，扎实做好河湖长制及河湖管理工作，水利部制定了《2022年河湖管理工作要点》。现印发给你们，请结合实际做好相关工作。

水利部办公厅

2022年2月21日

2022年河湖管理工作要点

2022年，河湖管理工作以习近平新时代中国特色社会主义思想为指导，全面贯彻党的十九大和十九届历次全会精神，完整、准确、全面贯彻新发展理念，深入落实习近平总书记"节水优先、空间均衡、系统治理、两手发力"治水思路和关于治水重要讲话指示批示精神，贯彻落实党中央、国务院关于完善河湖管理保护机制、强化河湖长制部署，按照全国水利工作会议要求，从河流整体性和流域系统性出发，强化体制机制法治管理，严格河湖水域岸线空间管控和河道采砂管理，纵深推进河湖"清四乱"常态化规范化，推动各级河湖长和相关部门履职尽责，建设健康美丽幸福河湖。

一、强化河湖长制

1. 制定强化河湖长制的指导意见。从履职尽责、监督检查、考核评价、协调联动等方面，指导各地立足新阶段、新形势、新特点、新任务，全面强化河湖长制，提请全面推行河湖长制工作部际联席会议审议通过后印发实施。

2. 强化流域统筹区域协同。七大流域全面建立省级河湖长联席会议机制，办公室设在各流域管理机构，健全完善流域管理机构与省级河长办协作机制，充分发挥流域管理机构统筹作用，协调上下游、左右岸、干支流联防联控联治。各地要加强跨行政区域河湖的协同管护，变"分段治"为"全域治"。

3. 强化部门联动。报请召集人同意，筹备召开全面推行河湖长制工作部际联席会议暨加强河湖管理保护会议，加强对全国河湖长制工作的统筹协调。各地要完善联席会议机制，充分发挥各部门作用。提高各级河长办组织、协调、分办、督办工作能力。

4. 完善地方河湖长制组织体系。各地要全面检视河湖长制体系建设情况，建立完善河湖长动态调整机制和河湖长责任递补机制，确保组织体系、制度规定和责任落实到位。在充分发挥河道、堤防管理单位作用的同时，采取政府购买服务、设立巡（护）河员岗位等方式，加强河湖日常巡查管护，打通河湖管护"最后一公里"。指导工程沿线各省份全面建立完善南水北调工程河湖长制体系。

5. 加强河湖长制监督检查。建立健全省、市、县河湖长制及河湖管理保护日常监管体系，明确分级负责的责任要求和目标任务。按程序报经批准后，水利部继续组织各流域管理机构开展以暗访为主的河湖管理监督检查，并选取部分省份进行进驻式检查。

6. 严格河湖长制考核评价。指导各地严格执行河湖长制考核制度，县级及以上河湖长要组织对相关部门和下一级河湖长目标任务完成情况进行考核，对河湖长要考核到个人，强化结果运用，发挥考核"指挥棒"作用。落实国务院督查激励机制，继续对

河湖长制工作推进力度大、成效明显的地方给予激励。推动出台对省级政府全面推行河湖长制实施绩效的评价考核办法。

7. 开展幸福河湖建设。各省级河长办要组织开展河湖健康评价，积极推进河湖健康档案建设；滚动编制“一河（湖）一策”，深入推进河湖综合治理、系统治理、源头治理，打造人民群众满意的幸福河湖。持续推动建设一批高质量国家水利风景区。

8. 加强宣传培训。承办中央组织部全面推行河长制湖长制网上专题班，专题培训河湖长 5 000 名。开展“逐梦幸福河湖”主题实践活动，面向全国基层河湖长寻找“最美河湖卫士”，征集“建设幸福河湖”优秀短视频作品，开展寻找“最美家乡河”活动。

9. 加强法规制度建设。制定加强河湖水域岸线管控指导意见，加快推进河道采砂管理条例、长江河道采砂管理条例制定修订进程，开展河道管理条例修订前期研究，指导地方加快完善河湖长制与河湖管理保护法规制度。

二、加强河湖水域岸线空间管控

10. 巩固完善河湖管理范围划界成果。对划界成果进行省级复核、流域管理机构抽查，对于不符合要求的划界成果，督促地方及时整改。推进水利普查河湖名录以外河湖管理范围划界。

11. 抓好岸线保护与利用规划编制实施。实施长江、黄河、淮河、海河、珠江、松辽流域重点河段岸线保护与利用规划，推进太湖流域重要河湖岸线保护与利用规划审查批准，指导地方加快省级负责的河湖岸线规划编制报批工作，强化岸线分区管控，确保重要江河湖泊规划岸线保护区、保留区比例总体达到 50%以上。

12. 加强河湖水域岸线空间分区分类管控。指导监督流域管理机构、地方水行政主管部门按照审查权限，严格依法依规审批涉河建设项目和活动。

13. 纵深推进河湖“清四乱”常态化规范化。持续清理整治“四乱”问题，坚决遏增量、清存量，将清理整治重点向中小河流、农村河湖延伸。组织开展监督检查，建立台账，指导督促有关地方抓好河湖突出问题整改。

14. 开展妨碍河道行洪突出问题排查整治。将确保河道行洪安全纳入河湖长制目标任务，依法依规严肃处理侵占河道、湖泊等行为，汛前基本完成阻水严重的违法违规建筑物、构筑物等突出问题清理整治。

15. 开展丹江口“守好一库碧水”专项整治行动。依托河湖长制，对丹江口水库水域岸线存在的突出问题进行全面排查，开展清理整治，切实维护南水北调工程安全、供水安全和水质安全。

16. 加强南水北调中线交叉河道妨碍行洪问题清理整治。全面排查、集中整治南水北调中线以倒虹吸、渡槽、暗渠等型式交叉的河道“四乱”问题，对违法违规、严重妨碍行洪安全的问题集中整治，有效保障工程防汛安全风险隐患处置和供水保障任务。

三、加强河道采砂管理

17. 全面落实采砂管理责任。指导督促各地严格落实河道采砂管理责任制，5 月 1 日前向社会公布重点河段、敏感水域采砂管理河长、水行政主管部门、现场监管和行政执法责任人名单，接受社会监督。研究制订采砂管理责任人履职规范。

18. 规范河道砂石利用管理。制订河道采砂许可证电子证照技术标准，试行河道采砂许可电子化。推进河道砂石规模化、集约化统一开采，指导地方、有关流域管理机构编制完善河道采砂规划，以规划为依据依法开展河道采砂许可，加强事中事后监管。指导督促地方加强河道疏浚砂综合利用管理，合理利用河道、航道整治中产生的砂石资源，禁止以河道整治、航道疏浚为名行非法采砂之实。

19. 开展河道非法采砂专项整治。持续开展全国河道非法采砂专项整治行动，组织流域管理机构开展调研或督导，指导督促地方加强巡查执法，严厉打击非法采砂行为，强化行政执法与刑事司法衔接，及时移交违法犯罪线索，配合有关部门严厉打击“沙霸”及其背后“保护伞”，推动专项行动走深走实。

20. 加强长江、黄河采砂管理。深入落实水利部、公安部、交通运输部长江河道采砂合作机制，加强与工业和信息化部、市场监管总局协调配合，持续治理“三无”“隐形”采砂船舶，巩固长江河道采砂综合整治成果；强化流域统筹，上下游、干支流、左右岸联动，推行长江砂石采运电子管理单，加强砂石“采、运、销”过程管控。深入开展黄河非法采砂专项治理，加强日常巡查监管，高压严打非法采砂行为，维护黄河采砂管理秩序。

21. 强化流域直管河道采砂管理。充分发挥河湖长制作用，督促落实流域管理机构直管河道采砂管理责任，完善流域管理机构与相关地方协作机制，强化协调配合，共同维护直管河道采砂秩序。

四、加强智慧河湖建设

22. 提升河湖监管信息化水平。全面完成第一次全国水利普查名录内河湖划界成果上图，推动全国大江大河岸线功能分区成果和采砂管理规划成果上图，利用“全国水利一张图”完善涉河建设项目和活动审批许可数据，加强涉河建设项目信息化管理，推动流域管理机构直管河道采砂管理信息化建设，提高管理水平，提升管理效能。

23. 开展河湖遥感监管。结合数字孪生流域（河流）建设，完善现有河湖遥感监控平台，推进图斑智能识别、疑似问题预警预判，对侵占河湖问题快速响应，做到早发现、早制止、早处置。

24. 完善河湖管理信息系统。完善全国河湖长制管理信息系统、河湖管理督查 App，优化完善各省级系统与水利部系统之间互联互通，实现业务协同和数据共享。

五、全面加强党的建设

25. 强化理论武装。深入学习贯彻习近平新时代中国特色社会主义思想、习近平总书记“节水优先、空间均衡、系统治理、两手发力”治水思路和关于治水重要讲话指示批示精神，巩固拓展党史学习教育成果，推动党史学习教育常态化、长效化，不断提高政治判断力、政治领悟力、政治执行力，心怀“国之大者”，增强河湖管理工作的使命感、责任感、紧迫感。

26. 加强政治建设。始终把党的政治建设放在首位，扎实开展模范机关、“四强”党支部创建，深入推进党支部标准化规范化建设。严格执行党内政治生活、重大事项请示报告等制度，进一步增强“四个意识”、坚定“四个自信”、做到“两个维护”。

27. 纵深推进全面从严治党。始终贯彻以人民为中心的发展思想，认真落实中央八项规定及其实施细则精神，坚定不移纠“四风”、树新风，深入开展调查研究，认真回应社会关切。全面落实党风廉政建设责任制，坚持“一岗双责”，持续实现党建和业务工作深度融合。加强基层河湖管理队伍建设，不断提高河湖管理能力和水平，推动新阶段水利高质量发展。

水利部关于印发第四批重点河湖生态流量保障目标的函（水资管函〔2022〕7 号）

各有关省、自治区、直辖市人民政府：

为合理开发与优化配置水资源，切实加强河湖生态流量水量管理，强化河湖生态环境保护，推进生态文明建设，依据《中华人民共和国长江保护法》等法律法规，水利部组织长江水利委员会、有关省（自治区、直辖市）人民政府水行政主管部门制定了《第四批重点河湖生态流量保障目标（试行）》，现予以印发，并将有关事项函告如下。

一、河湖生态流量是维系河流、湖泊等水生态系统的结构和功能，需要保留在河湖内符合水质要求的流量（水量、水位）及其过程。保障河湖生态流量，事关河湖生态环境复苏，事关生态文明建设，事关高质量发展。做好河湖生态流量保障工作，要以习近平生态文明思想和“节水优先、空间均衡、系统治理、两手发力”治水思路为指导，全面落实水资源刚性约束要求，坚持以水而定、量水而行，科学合理配置水资源，保障河湖基本生态用水，确保水资源安全和生态安全，全力支撑经济社会高质量发展。

二、全国第四批重点河湖生态流量保障目标是长江流域相关江河湖泊流域水量分配、生态流量管理、水资源统一调度和取用水总量控制的重要依据。长江水利委员会要依法履行跨省江河流域水资源管理职责，全面实施流域水资源统一调度，加强流域取用水总量控制，合理配置水资源，保障河湖基本生态用水。长江水利委员会要抓紧制定重点河湖生态流量保障实施方案，明确流域管理机构、有关省级人民政府、相关工程管理单位等生态流量保障责任和管理措施，健全生态流量监测预警机制，严格监督管理和问题处置，切实保障河湖生态流量。

三、各有关省（自治区、直辖市）人民政府依据有关规定，落实水资源管理和保护责任，组织有关职能部门完善生态流量监管体系，强化地方河湖生态流量管理责任，抓好生态流量保障目标的落实。把保障生态流量目标作为经济社会发展的刚性约束，严格流域区域取用水总量控制，严守河湖水资源利用上线，严控河湖生态流量底线，统筹安排好生活、生产和生态用水需求。加强控制性工程水量统一调度，严管控制性工程下泄流量和河道外取用水管理，切实改善河湖生态环境。加快水资源监测体系建设，加大监测设施投入，完善监测手段，提升监管能力。

四、水利部将把河湖生态流量保障工作纳入全面推行河长制湖长制、实行最严格水资源管理制度的重要内容，加强监督检查和督导，强化跨省江河流域省界断面、重要控制断面和生态流量控制断面下泄流量水量考核，定期通报河湖生态流量保障目标落实情况，并将监督检查结果纳入最严格水资源管理制度年度考核。

有关地方在河湖生态流量保障目标落实和管理中有关情况和问题，请及时向我部反映。

水利部

2022 年 2 月 21 日

水利部办公厅关于做好第二十批国家水利风景区申报工作的通知（办综合〔2022〕53号）

各流域管理机构，各省、自治区、直辖市水利（水务）厅（局），新疆生产建设兵团水利局：

为科学保护和综合利用水利设施、水域岸线，维护河湖健康美丽，推动建设幸福河湖，助力乡村振兴和城镇绿色发展，服务美丽中国建设，满足人民对美好生活需要，让广大人民群众共享水利改革发展最新成果，根据2022年全国水利工作会议部署要求，按照《水利风景区管理办法》（水综合〔2004〕143号），现将申报第二十批国家水利风景区的有关事项通知如下：

一、申报范围

以优质水资源、健康水生态、宜居水环境、先进水文化、现代水管理为宗旨，具有一定资源规模、环境质量、服务条件和管理水平，水利特色充分彰显，可以开展文化、科普、教育等活动或者供人们休闲游憩的省级水利风景区、美丽河湖、幸福河湖等（2020年4月30日前设立），自评达到国家水利风景区标准。

二、基本条件

（一）水利风景区范围、边界清晰，与自然保护地不存在交叉或者重叠情况。

（二）管理主体明确，主要职责明确了水利风景区建设管理相关内容。

（三）水利风景区安全管理规范并制定应急预案，水利工程设施及游憩设施无重大安全隐患。无水事违法行为及河湖“四乱”（乱占、乱采、乱堆、乱建）等突出问题。

（四）水利风景区涉及的河湖和大中型水利枢纽工程管理范围已划定并公告，划界成果依法合规。

（五）水利风景区设立符合《水功能区划分标准》（GB/T 50594—2010）及《全国重要江河湖泊水功能区划》要求，水域水质不低于Ⅳ类。

（六）水利风景区规划成果符合《水利风景区规划编制导则》（SL 471—2010）要求且获得批复。

（七）景区内设置了水利风景区标识标牌、导览标识、安全警示牌，设有水文化和科普教育活动设施或展示场所。

（八）景区具备一定的智能化管理条件，并与“水利风景区综合服务平台”（网址：http：//sj.leshuiyou.cn）实现信息衔接。

三、工作流程

（一）申报单位向各流域管理机构或省级水行政主管部门提出申请，并按要求提交申报材料。

（二）各流域管理机构或省级水行政主管部门完成材料初审和现场审核，并将符合条件要求的景区，择优向水利部推荐（不超过3个）。

（三）水利部水利风景区建设与管理领导小组办公室（简称“水利部景区办”）对符合基本条件、程序等要求的景区，委派专家组开展实地核查评价。

（四）水利部审议、公示后，公布第二十批国家水利风景区。

四、具体要求

（一）各流域管理机构或省级水行政主管部门于2022年4月30日前，通过“水利风景区综合服务平台”向水利部景区办提交申报材料。

（二）申报材料格式文本及制备要求详见附件，电子文件可从水利风景区网站公告栏下载（网址：http：//slfjq.mwr.gov.cn）。

五、联系方式

联系单位：水利部景区办

联系人：张蕾　汤勇生

电话：010－63204554/63204428

传真：010－63203543

通信地址：北京市西城区南线阁街58号

邮编：100053

水利部办公厅

2022年2月28日

附件

国家水利风景区申报材料汇编样式及要求

景区名称 ____________

申报单位 ______（盖章）______

负责人 ______（签字）______

负责人电话 ____________

联系人 ______（签字）______

联系人电话 ____________

填报日期 ____________

中华人民共和国水利部制

申报材料清单

序号		文件名称	电子版（√）
一、申报表		国家水利风景区申报表	
二、证明材料	（一）	流域管理机构或省级水行政主管部门推荐文件及初审报告	
	（二）	省级水利风景区、幸福河湖等认定文件	
	（三）	水利风景区规划	
		水利风景区规划批复文件	
	（四）	水利风景区范围批复文件	
	（五）	水利风景区涉及的河湖管理范围和水利工程管理与保护范围划定文件	
	（六）	水利风景区管理主体相关职责批准文件	
	（七）	水域水质等级的检测证明（附采样点位置图）	
	（八）	水利风景区安全管理等相关证明	
三、自评及介绍材料	（一）	水利风景区自评报告	
	（二）	水利风景区管理制度目录及应急预案文件	
	（三）	水利风景区照片及说明	
	（四）	水利风景区影视片及解说词	

一、申报表

国家水利风景区申报表

水利风景区名称：

申报景区所在地政府（县级以上）（盖章）：

（或流域管理机构）（盖章）：

填报时间：　　　年　　月　　日

中华人民共和国水利部制

填 报 说 明

水利风景区名称：景区命名应得体大方，体现文化内涵和品位，有利于形象塑造；地理位置表述应清晰准确，原则上保留省、市两级，如广西桂林灵渠水利风景区。

规划面积：指景区所在地政府（县级以上）批复同意的水利风景区范围面积。

景区林草覆盖率：指景区实有林草面积占宜林宜草面积的比例。

景区水土流失综合治理率：指已治理的水土流失面积占景区内水土流失总面积的比例。

水利遗产：指在一定历史时期，人类对水的利用、认知所留下的水利文化遗存，以工程、文物、知识技术体系、水的宗教、文化活动等形态存在。

景区智能化管理：指利用现代电子技术、通信技术、计算机及物联网技术与水利风景区的管理和服务工作进行有机融合，实现景区信息整合、资源监管及科学决策，提升景区现代化管理与服务能力，提高游客的体验度和满意度。

国家水利风景区申报表

<table>
<tr><td>景区地址</td><td colspan="5">省　　市　　县（市、区）</td></tr>
<tr><td>景区网站地址</td><td colspan="2"></td><td colspan="2">微信公众号</td><td></td></tr>
<tr><td>景区管理机构名称</td><td colspan="2"></td><td colspan="2">管理机构批准文号</td><td></td></tr>
<tr><td>管理机构隶属情况（√）</td><td colspan="2">□地方政府　□水行政主管部门　□企业
□其他＿＿＿＿＿</td><td colspan="2">景区性质（√）</td><td>□公益性
□非公益性</td></tr>
<tr><td>管理机构通信地址</td><td colspan="5">省　　市　　县（市、区）　　街（路、道）　　号</td></tr>
<tr><td>管理机构负责人</td><td></td><td>职务/职称</td><td></td><td>办公电话/手机</td><td></td></tr>
<tr><td rowspan="2">管理机构联系人</td><td></td><td>职务/职称</td><td></td><td>办公电话/手机</td><td></td></tr>
<tr><td>微信号</td><td colspan="2"></td><td>传真</td><td></td></tr>
</table>

续表

申报景区 已获称号 （√）	□世界灌溉工程遗产 □国家AAAAA级旅游景区 □国家AAAA级旅游景区 □国家水情教育基地 □国家爱国主义教育基地 □全国科普教育基地 □国家水土保持科技示范园区 □节水教育社会实践基地 □水利遗产 □水利法治宣传教育基地 □水利部考核验收单位 其他________					
省级水利风景区批准时间：		年 月		批准文号		
依托工程/ 河湖水域名称		工程规模	□大型 □中型 □小型	依托河湖水域 岸线长度		（公里）
景区规划面积	（平方公里）		其中：水域面积			（平方公里）
景区林草覆盖率/%			景区水土流失综合治理率/%			
环境空气质量达到标准（√）			□一类区	□二类区		□三类区
景区内污水处理达到标准（√）			□一级标准A □一级标准B	□二级标准		□三级标准
水质（级）			负氧离子浓度 （个/立方厘米，年平均值）			
依托城市名称及距离	1.	（公里）		2.	（公里）	
景区可进入性（√）	□高速公路		□一级公路	□二级公路	□三级公路	□其他
水利遗产名称			□世界遗产 □国家水利遗产 □其他			
水文化水科普建设情况	□场馆（面积： 平方米）		□室外设施 □其他________			
上一年度访客总量（万人次）	日最高接待量	（人次）		上一年度营业收入		（万元）
投入情况	近三年累计总体投入 （万元）		其中：生态治理 （万元）	文化服务设施 （万元）		
景区概述：(500字以内) 景区位于××省××市××县，依托××工程而建，属于××型水利风景区。景区面积××平方公里，其中水域面积××平方公里。 景区依托工程简介；水利风景资源在自然、人文等方面特色简介；景区在水环境保护、水生态修复、水文化弘扬等方面所做的工作及成效；景区建设管理情况，包括数字化建设情况。						
景区范围（与批准文件所明确的水利风景区范围一致）： 范围批准文号：________景区面积：________（平方公里） 景区四至范围：东至 ××市××区A路（E=0°0′0″，N=0°0′0″）； 南至 ××市××区B路（E=0°0′0″，N=0°0′0″）； 西至 ××市××区C路（E=0°0′0″，N=0°0′0″）； 北至 ××市××区D路（E=0°0′0″，N=0°0′0″）。 ××人民政府联系人姓名：______ 电话：______						

续表

景区平面图示例：(彩图并加盖县级以上人民政府公章)　　　　(公章)

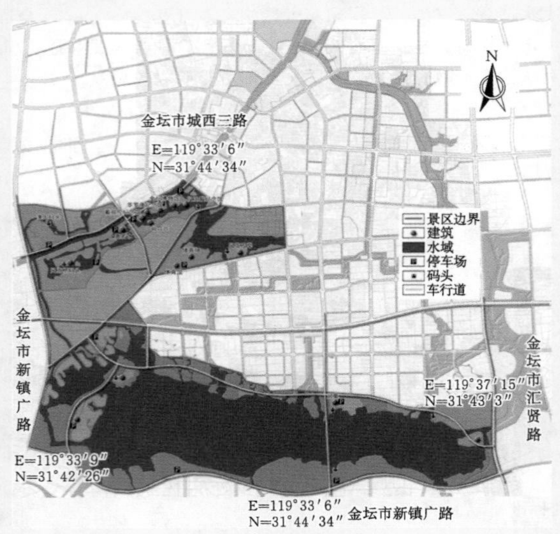

水利风景区规划概述：

规划编制单位：____________________

(水利风景区规划水平年、发展目标，景区功能分区及空间布局，专项规划，保障措施，1 500 字以内。)

申报理由：(如景区资源禀赋、规模、特色，维护河湖健康生命的措施，开发利用条件，申报目的以及对于提升当地社会、生态、经济等方面的作用和意义，500 字以内。)

景区所在地水行政主管部门意见：

负责人签名：

(盖章)　　　　年　　月　　日

续表

景区所在地政府（县级以上）意见：   负责人签名： （盖章）　　年　月　日
流域管理机构或省级水行政主管部门审核意见：   负责人签名： （盖章）　　年　月　日
水利部水利风景区评审委员会意见：   （盖章）　　年　月　日
水利部水利风景区建设与管理领导小组意见：   （盖章）　　年　月　日

二、证明材料

（一）流域管理机构或省级水行政主管部门推荐文件及初审报告

推荐文件应附初审报告，主要包含以下内容：

1. 景区基本情况。

2. 基本条件审查情况（按申报通知基本条件要求逐条说明）。

3. 申报材料初审情况。

（1）申报材料合规性、完整性、真实性审查情况；

（2）材料修改情况。

4. 景区现场审核情况。

（1）现场情况是否和申报材料反映一致；

（2）整改情况。

5. 初审报告结论。

6. 评价赋分表及专家组名单。

（二）省级水利风景区、美丽河湖、幸福河湖等认定文件

（三）水利风景区规划成果及批复文件

1. 景区规划需按照《水利风景区规划编制导则》编制，应由景区所在地有管辖权的县级以上人民政府批复。

2. 景区规划相关图件（如景区平面图、河流水系图等）。

3. 规划实施情况简介。

（四）水利风景区范围批复文件

水利风景区范围批复文件应由景区所在地有管辖权的县级以上人民政府批复，应包含以下内容：

1. 景区面积。

2. 通过行政区界、地名、经纬度坐标或交通线路等，对水利风景区四至范围进行准确文字描述（见申报表中景区四至范围描述）。

3. 景区范围平面图底图应为彩色平面图（可另附），要求在底图上勾勒出景区范围红线，在图上标注四至点及经纬坐标（四至点应与文字描述一致，见申报表中景区平面图示例），并提供景区边界矢量数据电子文件包。

4. 水利风景区范围的确定应依据以下原则：

（1）水利风景资源的连续性及生态环境的完整性；

（2）历史文化与社会的整体性；

（3）地域单元的相对独立性（地形、行政区划等）；

（4）保护、开发、管理的可行性；

(5) 与自然保护地不存在交叉或者重叠。

(五) 水利风景区涉及的河湖与水利工程管理范围划定文件

(六) 水利风景区管理主体基本信息及机构职责批准文件

水利风景区管理主体基本信息，包括主要工作职责、人员等情况，以及明确水利风景区建设管理相应职责的批准文件。

(七) 申报景区水域水质检测证明及采样点位置图（标明经纬度）

申报单位应委托具有相应资质的专业机构，根据《地表水环境质量标准》（GB 3838—2002）规定的基本检查项目出具检测报告。水质报告包括申报省级景区和申报国家级景区（2021 年 7 月 1 日以后）的检测报告。

(八) 水工程安全运行证明

证明应由水工程管理单位的上级水行政主管部门出具。

三、景区自评及介绍材料

(一) 景区自评报告

根据《水利风景区评价标准》（SL 300—2013）附录 A 内容逐项赋分，说明赋分理由，另附图片说明情况。景区自评报告应另附自评表。

(二) 景区文字介绍材料

包括景区概述，资源特色，区域开发条件，景区范围内社会经济情况，景区管理机构情况，景区规划建设情况，水利工程设备及游憩设施，景区标识标牌情况，文化科普设施，水文化遗产、景区信息化建设及其他需要说明的情况（文字介绍材料不要与自评报告内容重复）。

(三) 景区管理制度、规章等相关经营管理文件目录

1. 自评表中管理评价相关评价内容应当在景区管理制度、规章中有所体现。

2. 文件目录加盖景区管理单位公章。

(四) 景区照片

1. 数量要求。10～20 幅，能全面真实反映申报景区现状。以自然风光为主，其中景区鸟瞰图、全景图、广角图 3～5 幅，景点或风光照片 5～10 幅，其他突出景区特色照片 2～5 幅。也可附带提供反映景区建设发展历程、景区节事活动、景区历史人文旅游资源，以及景区在水资源、水生态环境保护方面的照片资料，张数不限。

2. 质量要求。

(1) 照片内容须为申报景区实景，拥有自主版权。应达到专业照片水准，即主题突出、图像清晰、色彩鲜艳，力求一定艺术性。

(2) 报送照片类型为 JPG 格式，边长像素不小于 3 000，每张照片文件不小于 3M。照片分辨率应满足常规宣传工作需要（如做宣传册、纸媒等）；可适当调整照片亮度、对比度、色彩饱和度及构图剪裁等必要的后期处理，照片版面上不得有拍摄时间、文字介绍、印花等内容，不得报送通过扫描或翻拍形成的照片电子版及效果图。

(3) 另附照片名称和简要文字说明，用于介绍照片反映的主题内容。

(五) 景区影视片及解说词

1. 规格：影像比例 16∶9，视频格式为 MP4，至少 2k 的分辨率，时长 15～20 分钟。

2. 影片需配背景解说，文字解说内容与画面一致，并将完整解说词及电子版单独上报。

3. 画面请勿插入标题、字幕、特效、水印等。

4. 拍摄内容须为申报景区实景。

5. 内容要求：

(1) 景区概况（地理风貌、区位情况、风土人情、依托水利工程、经济社会发展情况等）。

(2) 景区风景资源介绍（水利特色、景点特色、人文历史遗迹、文化元素等）。

(3) 景区资源开发及保护、水生态环境修复与保护情况（水资源和水环境保护、水生态修复、水文化建设等方面工作成效）。

(4) 经营管理等情况（含景区安全、卫生、旅游服务、基础设施、规划设计理念等）。

四、申报材料制备要求

(1) 文字材料排版要求：标题用 2 号方正小标宋体字（不加粗），正文用 3 号仿宋体字，正文中的小标题用 3 号黑体字。顺序参照《申报材料清单》。

(2)《国家水利风景区申报表》应为原件，单独装订，一式两份。其中的景区范围图需为清晰、分辨率不低于 300 像素的彩图（包括底图、规划红线、图例、四至范围及经纬坐标）。

(3) 景区边界矢量数据、视频、照片等资料另附光盘，按要求寄至水利部景区办。

水利部关于废止《水利部　国土资源部　交通运输部关于进一步加强河道采砂管理工作的通知》的公告（中华人民共和国水利部公告 2022 年第 5 号）

根据 2018 年中共中央办公厅、国务院办公厅印发的水利部“三定”规定，经商自然资源部、交通运输部同意，决定废止《水利部、国土资源部、交通运

输部关于进一步加强河道采砂管理工作的通知》（水建管〔2015〕310号），现予以公告。废止的文件自本公告印发之日起停止执行，不再作为行政管理的依据，河道采砂管理按现行法律法规和有关规定执行。

水利部

2022年3月9日

水利部关于印发《水利风景区管理办法》的通知（水综合〔2022〕138号）

部机关各司局，部直属各单位，各省、自治区、直辖市水利（水务）厅（局），各计划单列市水利（水务）局，新疆生产建设兵团水利局：

《水利风景区管理办法》已经部务会审议通过，现印发给你们，请结合实际，认真贯彻落实。

水利部

2022年3月28日

水利风景区管理办法

第一章 总 则

第一条 为加强水利风景区建设与管理，维护河湖健康美丽，促进幸福河湖建设，满足人民日益增长的美好生活需要，根据《中华人民共和国水法》《中华人民共和国河道管理条例》《水库大坝安全管理条例》等法律法规和《水利部关于印发机关各司局职能配置内设处室和人员编制规定的通知》，制定本办法。

第二条 本办法适用于水利风景区的建设与管理。

本办法所称水利风景区，是指以水利设施、水域及其岸线为依托，具有一定规模和质量的水利风景资源与环境条件，通过生态、文化、服务和安全设施建设，开展科普、文化、教育等活动或者供人们休闲游憩的区域。

第三条 水利风景区建设与管理以习近平新时代中国特色社会主义思想为指导，贯彻落实习近平总书记“节水优先、空间均衡、系统治理、两手发力”治水思路和关于治水重要讲话指示批示精神，以推动新阶段水利高质量发展为主题，以维护河湖健康生命为主线，坚守安全底线，科学保护和综合利用水利设施、水域及其岸线，传承弘扬水文化，为人民群众提供更多优质水生态产品，服务幸福河湖和美丽中国建设。

第四条 水利部指导全国水利风景区建设与管理工作。

水利部在国家确定的重要江河、湖泊设立的流域管理机构（简称“流域管理机构”）指导所管辖范围内的水利风景区建设与管理工作。

县级以上地方水行政主管部门指导本行政区域内所管辖的水利风景区建设与管理工作。

水利风景区管理机构原则为其所依托的水利设施、水域及其岸线的管理单位，具体负责水利风景区建设与管理工作。

第五条 水利风景区建设与管理应当在政府统筹协调下，充分利用河长制湖长制平台，发挥各部门资源优势，建立部门协同、社会参与的工作机制。

第二章 规划与建设

第六条 水利风景区规划包括水利风景区总体规划和水利风景区建设规划。

第七条 水利部负责组织编制和审批全国水利风景区总体规划。省级水行政主管部门负责组织编制和审批本行政区域的水利风景区总体规划，并报水利部备案。

水利风景区总体规划应当符合水利发展规划、流域综合规划，并与有关水利专业专项规划相衔接。

第八条 水利风景区建设规划由水利风景区管理机构负责组织编制，水行政主管部门审查，按程序报批，并报上一级水行政主管部门备案；省级水行政主管部门或者流域管理机构直接管理的水利风景区，其建设规划由水利风景区管理机构负责组织编制，报省级水行政主管部门或者流域管理机构审批。

水利风景区建设规划应当符合水利风景区总体规划。

水利风景区建设规划实施过程中需要作重大调整的，应当按照规划编制程序经原批准机关批准。

第九条 水利风景区总体规划和水利风景区建设规划编制标准由水利部制定。

第十条 水利风景区建设应当按照批复的水利风景区建设规划实施，有关建设项目应当依法履行相关行政许可和管理程序。

第十一条 水利风景区建设应当完善基础设施，体现水文化内涵。

结合新建、改建、扩建水利工程，河湖综合治理、水土流失综合防治和绿色小水电、移民村落等建设，完善安全、文化、服务等设施。

结合世界灌溉工程遗产、国家水利遗产、水利法治宣传教育基地、国家水土保持科技示范园区、国家水情教育基地、节水教育社会实践基地等，建设水利知识普及和教育设施、水文化展示场所。

第十二条 水利风景区应当建立和完善信息化

和智能管理设施，建立信息档案和监测数据库。

第三章 申报与认定

第十三条 依照水利风景区评价标准评价且符合相应条件的，可以申报国家水利风景区或者省级水利风景区。

国家水利风景区由水利部认定。省级水利风景区由省级水行政主管部门认定。

第十四条 申报国家或者省级水利风景区，应当完成景区涉及的河湖管理范围和水利工程管理与保护范围划定，无水事违法行为以及河湖“四乱”（乱占、乱采、乱堆、乱建）等突出问题，水利工程设施无重大安全隐患。

申报国家水利风景区，一般需认定为省级水利风景区二年以上。流域管理机构直接管理的水利风景区符合水利风景区评价标准相关要求的，可以直接申报国家水利风景区。

水利风景区评价标准由水利部制定。

第十五条 申报国家水利风景区，由水利风景区管理机构向省级水行政主管部门提出申请，附具景区所在市县人民政府出具的意见。省级水行政主管部门依照水利风景区评价标准审核后，连同申报材料一并转报水利部认定。

省级水行政主管部门或者流域管理机构直接管理的水利风景区，由水利风景区管理机构提出申请，经省级水行政主管部门或者流域管理机构依照水利风景区评价标准审核后，报水利部认定。

国家水利风景区申报材料应当包括申请报告、水利风景区建设规划和实施情况等。

第十六条 国家或者省级水利风景区的名称、范围、管理机构等重大事项变更，应当由水利风景区管理机构按原程序办理。

第四章 运行管理

第十七条 水利风景区经认定后，应当在显要位置设置水利风景区标志。标志内容应当包括水利风景区标识、水利风景区名称、认定时间、范围以及水利设施、水治理成效、河湖水情、水文化等相关说明。

国家水利风景区标识由水利部制定，省级水利风景区标识由省级水行政主管部门制定。

第十八条 水利风景区的运行管理应当服从水旱灾害防御、水资源利用和调度，并遵守水利工程设施管理、水资源保护、河湖管理、水土保持、水污染防治等规定。

水利风景区管理机构应当建立并完善管理与保护制度，合理划分功能分区，落实管护措施，明确管理责任。

第十九条 水利风景区管理机构应当收集景区内主要设施、水质水量等监测信息，加强水利风景区安全监测。

第二十条 水利风景区管理机构应当充分利用已有场所及设施，开展水利科普、水利法治和水文化宣传教育等活动。

第二十一条 水利风景区管理机构应当加强对水利风景区内水利遗产调查、保护与利用，建立并完善水利遗产档案和数据库，明确保护重点，制定保护措施，充分挖掘水利遗产时代价值，凸显水文化元素，创新水利遗产利用方式。

第二十二条 在水利风景区内开展游憩观光、文化体验等活动应当符合有关规定，不得对水利工程设施、水资源水环境、河湖水域岸线、水土保持等造成不利影响。

水利风景区应当采用节水技术和节水设施，鼓励建设污水收集、净化和利用设施，使用绿色低碳交通工具。

第二十三条 水利风景区管理机构应当加强景区公共安全与应急管理，编制突发公共事件应急预案，建立健全安全管理制度。

第二十四条 水利风景区管理机构应当在游览路线沿线设置路标、指示牌等标识。在不宜对公众开放区域的显著位置，应当设置安全警戒标识并落实管控措施；在对公众开放的区域，应当设置安全警示牌并设立必要的安全防护设施，定期对安全防护设施进行检查和维护，确保防护设施正常使用，及时排除安全隐患。

第二十五条 在水利风景区内禁止从事下列活动：

（一）影响防洪和供水安全的；

（二）影响水利工程设施安全运行的；

（三）超标准排放污水、废气，乱弃、乱堆、乱埋、垃圾等；

（四）违规存放或者倾倒易燃、易爆、有毒、有害物品；

（五）违规占用河湖水域岸线或者破坏河湖空间完整性、损害河湖功能的；

（六）污染水环境、破坏水生态或者造成水土流失的；

（七）乱搭乱建建筑物、构筑物和临时设施；

（八）法律、法规、规章禁止的其他行为。

第二十六条 鼓励社会资本参与水利风景区建设与运营。

第五章 监管管理

第二十七条 县级以上水行政主管部门和流域管理机构应当建立健全监督管理制度，按照管理权限对水利风景区开展监督检查，充分利用数字化、网络化、智能化技术手段加强对水利风景区动态监管。

各地根据工作实际情况，可以将水利风景区建设与管理工作纳入河长制湖长制考核。

第二十八条 国家水利风景区管理机构应当按要求每年开展自查，并向水利部报送自查报告。

第二十九条 水利部组织流域管理机构或者省、自治区、直辖市水行政主管部门对认定五年以上的国家水利风景区开展复核。

省级水行政主管部门应当定期对省级水利风景区开展复核。

第三十条 根据工作需要，水利部不定期对国家水利风景区开展重点抽查和专项检查。

第三十一条 因水利设施、水域及其岸线功能调整等原因，不符合原认定条件的国家水利风景区，由水利部予以撤销并向社会公告。

经复核、重点抽查或者专项检查发现不符合原认定条件的国家水利风景区，由水利部责令限期整改；逾期未整改或者整改不到位的，由水利部予以撤销并向社会公告。

第三十二条 水行政主管部门应当注重对水利风景区的宣传推广，成效突出的可以纳入水利公益性宣传范围。

第三十三条 违反本办法规定，损坏水利风景区内资源、设施、设备或者有其他违反水利风景区管理规定行为的，依照有关法律法规的规定处理。

第六章 附则

第三十四条 省级水行政主管部门可以根据本办法，结合当地实际，制定本地区的水利风景区管理办法或者细则。

第三十五条 本办法自2022年4月15日起施行。2004年5月8日水利部印发的《水利风景区管理办法》（水综合〔2004〕143号）同时废止。

水利部办公厅关于开展长江干流岸线利用项目排查整治行动“回头看”的通知

（办河湖〔2022〕121号）

上海、江苏、安徽、江西、湖北、湖南、重庆、四川、云南省（直辖市）河长制办公室、水利（水务）厅（局），长江水利委员会：

根据推动长江经济带发展领导小组办公室《关于开展长江干流岸线保护和利用专项检查行动的通知》（第60号）和《关于印发长江干流岸线利用项目清理整治工作方案的通知》（第83号）要求，2017年12月开始，沿江9省（直辖市）对长江干流跨河、穿河、穿堤、临河的桥梁、码头、道路、渡口、管道、缆线、取水、排水等工程设施和护岸整治工程、生态环境整治工程等岸线利用项目进行了排查整治。但从近期媒体曝光的江苏省镇江段长江岸线利用项目整治情况看，一些地方前期排查整治及“清四乱”工作存在排查不彻底、整治不到位、整改后反弹等问题。为切实加强长江大保护，进一步清理整治违法违规侵占、损害长江水域岸线行为，水利部决定开展长江干流岸线利用项目排查整治行动“回头看”，现就有关事项通知如下：

一、全面排查

各省级水行政主管部门组织有关市、县对2017年起开展的长江干流岸线利用项目排查整治行动进行“回头看”，对本行政区域内长江干流沿线进行全面排查、查漏补缺，做到横向到边、纵向到底，不留空白、不留死角，坚决防止和纠正排查不彻底、少报漏报瞒报现象。同时，结合2018年以来河湖“清四乱”专项行动和正在开展的妨碍河道行洪突出问题排查整治行动，对长江河道管理范围内的“四乱”问题及妨碍行洪突出问题进行全面排查，对漏查漏报问题，及时纳入问题台账。

二、清理整治

对照排查问题台账，各省级河长制办公室、水行政主管部门要指导市、县逐项明确整改措施、完成时限及市、县级长江河长责任人。省级河长制办公室、水行政主管部门审核汇总形成问题清单、任务清单、责任清单（见附件，简称“三个清单”），并指导督促市、县依法依规抓紧进行清理整治。对之前清理整治不到位或整治后出现反弹的问题，要严肃查处，彻底整治。特别是对于阻水严重的违法违规建筑物、构筑物，要在2022年5月31日前基本完成清理整治，对确实难以及时完成的，要在“三个清单”中逐项说明原因，并报省级人民政府或省级河长同意。2022年5月31日起，各省级河长制办公室在每月月底前更新“三个清单”进展情况报送水利部，抄送长江水利委员会。

三、有关要求

各地各有关单位要切实提高政治站位，坚决扛起长江大保护政治责任，采取有力措施扎实开展长江干流岸线利用项目排查整治行动“回头看”和

"四乱"问题清理整治工作。各地要将长江干流岸线利用项目和"四乱"问题的清理整治纳入河湖长制有关考核激励，对问题隐瞒不报、整改弄虚作假，以及不作为、慢作为的，要按程序严肃处理。长江水利委员会要结合妨碍河道行洪突出问题排查整治行动工作安排，对地方问题排查和整改完成情况进行抽查指导，发现问题及时督促地方整改，并于11月底前将有关工作开展情况报送水利部。

2022年12月15日前，各省级河长制办公室将此次长江干流岸线利用项目排查整治行动"回头看"工作总结，结合妨碍河道行洪突出问题排查整治工作总结一并报送水利部。

联系人：吴琼　孟祥龙

联系电话：(010) 63202572、(010) 63206036

电子邮箱：anxian@mwr. gov. cn

水利部办公厅

2022年4月22日

附件：____省（直辖市）长江干流岸线利用项目排查整治行动"回头看""三个清单"

附件

______省（直辖市）长江干流岸线利用项目排查整治行动"回头看""三个清单"

（盖章）　　　　　　　　　　　　　　　　　　　　　　　　　　填表日期：

序号	问题类型	问题清单							任务清单			责任清单		对于2022年5月31日前不能完成的项目	
		问题描述	问题位置						整改措施	完成时限	整改进展	河长及职务		原因说明	报省人民政府或省级河长同意
			市	县	乡	村	经度	纬度				市级	县级		
	（是/否）岸线利用项目														（是/否）

审核人：　　　　　　　　　　　　填表人：　　　　　　　　　　　　联系方式：

备注：1. 岸线利用项目按照推动长江经济带发展领导小组办公室《关于开展长江干流岸线保护和利用专项检查行动的通知》（第60号）规定范围确定。如跨河、穿河、穿堤、临河的桥梁、码头、道路、渡口、管道、缆线、取水、排水等工程设施和涉及岸线利用的护岸整治工程、生态环境整治工程等。

2. 每月月底前更新任务清单中整改进展情况，报送水利部。

水利部办公厅关于强化流域管理机构河湖管理工作的通知（办河湖〔2022〕154号）

各流域管理机构，各省、自治区、直辖市河长制办公室、水利（水务）厅（局），新疆生产建设兵团水利局：

根据《水利部关于强化流域治理管理的指导意见》（水办〔2022〕1号），结合河湖长制与河湖管理工作实际，现就强化流域管理机构河湖管理工作有关事项通知如下。

一、加强河湖长制统筹协调

*（一）发挥流域省级河湖长联席会议机制作用。*根据水利部关于各流域省级河湖长联席会议（简称"联席会议"）机制总体要求，流域管理机构作为联席会议办公室，要会同联席会议各成员单位做好流域统筹、区域协同、部门联动工作。协助轮值召集人做好联席会议召集工作，加强与联席会议各成员单位沟通协调，组织提出提请联席会议研究解决的重大问题。加强议定事项的督办，及时向各成员单位通报有关情况，营造良好议事协作氛围，确保联席会议机制高效运行。及时总结联席会议机制运行情况，需对联席会议主要职责、成员单位、工作规则等进行优化完善的，商流域片内各省（自治区、直辖市）提出意见，报水利部同意。

*（二）完善与省级河长制办公室协作机制。*流域管理机构要建立健全与省级河长制办公室协作机制，统筹上下游、左右岸、干支流，加强协调、指导、

监督和监测，完善流域信息共享、跨省界河湖联防联控等机制，协调解决流域江河湖泊保护治理管理重大问题。要指导流域片内跨省级行政区域河湖建立联合会商、联合巡查、联合执法等联合共治机制，因地制宜设立联合河湖长、共建联合河长办、互派河湖长等，促进河湖保护治理管理目标一致、任务协同、措施衔接。指导地方有序开展河湖健康评价，科学编制实施“一河（湖）一策”，省级领导担任河湖长的河湖“一河（湖）一策”需征求相关流域管理机构意见，省级河湖长审定后的“一河（湖）一策”要及时报送相关流域管理机构备案。

（三）建立“河长+”机制。流域管理机构要指导流域片内各省（自治区、直辖市）河长制工作部门与相关部门加强沟通协调，建立完善水行政执法跨部门联合机制、与刑事司法衔接机制，加强与公安、检察机关协调联动，健全“河（湖）长+警长”“河（湖）长+检察长”，充分发挥检察公益诉讼作用，推进相关数据联通、信息共享、线索移送、技术协作。

二、强化水域岸线空间管控

（一）依法依规明确河湖管控边界。流域管理机构直接管理的河湖，其管理范围由流域管理机构会同有关县级以上地方人民政府依法划定，逐步竖立界桩、标示牌。对于地方负责划定的河湖管理范围，流域管理机构要加强抽查检查，发现漏划或不按法律法规划定的问题，及时督促有关地方整改，并重新公告。各省（自治区、直辖市）河湖管理范围划定成果，要及时报送有关流域管理机构。

（二）强化规划约束。国家确定的重要江河湖泊岸线保护与利用规划、采砂管理规划由流域管理机构组织编制，按程序报批。其他河湖岸线保护与利用规划、采砂管理规划由地方负责编制，流域管理机构要立足河流整体性和流域系统性，加强指导督促；各省（自治区、直辖市）需要编制规划的河湖名录和编制主体，由各省级水行政主管部门组织提出，征求相关流域管理机构意见；省级负责编制审批的规划，以及直接涉及省际河流（河段）或跨国界河流（含跨界、边界河流和湖泊）的规划，需征求相关流域管理机构意见，审批后的规划成果要及时报送相关流域管理机构备案。规划一经批准要严格执行，流域管理机构要加强对规划落实情况的监督检查。

（三）严格涉河建设项目和活动审批管理。流域管理机构按照法律法规和水利部明确的涉河建设项目和活动审批权限，依法依规严格审批。按照“谁审批、谁监管”原则，对审批的项目和活动加强事中事后监管，坚决防止并及时调查处理未批先建、越权审批、批建不符等问题。对地方审批权限的项目和活动，流域管理机构要指导地方依法依规严格审批，督促地方加强事中事后监管；按有关规定须向流域管理机构备案的，应及时备案。

（四）强化河道采砂管理。流域管理机构要切实履行直管河段和授权河段采砂管理责任，逐河段明确主管部门、现场监管和行政执法责任人，并协调地方落实河长责任人；加强采砂许可管理，规范疏浚砂综合利用，强化采砂现场监管，推进集约化、规模化、规范化统一开采；推行采运管理单制度，协同地方强化“采、运、销”过程管控，及时发现并严厉查处非法采砂行为。指导监督流域片内河道采砂管理工作，督促地方明确重点河段、敏感水域采砂管理责任人，压紧压实属地管理责任，织密“人防+技防”监管网络，有力维护采砂管理秩序。长江干流宜宾以下河道按照《长江河道采砂管理条例》及其实施办法执行。

三、抓好监督检查和考核评价

（一）加强监督检查。流域管理机构对于直接管理的河湖履行主体责任，强化日常巡查检查；对于其他河湖，流域管理机构要指导负责的省（自治区、直辖市）建立完善省、市、县监督检查体系，开展常态化监督检查。流域管理机构要根据水利部年度工作安排，对负责的省（自治区、直辖市）进行监督检查，及时发现问题，建立台账，督促整改，对突出问题跟踪督办并及时上报水利部，对地方整改落实情况进行抽查复核，确保整改到位。加强宣传引导，主动曝光违法典型案件，营造良好舆论氛围。

（二）纵深推进河湖“清四乱”常态化规范化。按照河湖长制有关规定，流域管理机构直管河段“清四乱”纳入属地管理，由各级河湖长负责，流域管理机构要积极配合。各地要继续以长江、黄河、淮河、海河、珠江、松花江、辽河、太湖及大运河、南水北调工程沿线等为重点，向中小河流、农村河湖延伸，持续推进河湖“四乱”问题清理整治。流域管理机构要加强对流域片内各地的指导督促和负责的省（自治区、直辖市）的监督检查，重大问题挂牌督办。

（三）强化考核。发挥考核“指挥棒”作用，流域管理机构按照水利部要求，参加国务院河长制湖长制督查激励相关工作，每年对直接负责监督检查的省（自治区、直辖市）予以赋分，对流域片内各省（自治区、直辖市）的河湖长制及河湖保护治理管理情况，结合日常监管掌握的情况，进行综合排名。

四、推进智慧河湖建设

（一）加强河湖长制管理信息系统建设。流域管理机构要指导流域片内各省（自治区、直辖市）建立健全本地河湖长制管理信息系统，完善水域岸线管理保护、采砂管理业务系统，加强信息系统的互联互通、业务协同和数据共享。强化河湖管理督查App应用，结合工作实际推动系统优化完善。

（二）强化遥感解译和应用。流域管理机构要充分利用“全国水利一张图”，将直管河湖管理范围、岸线保护与利用规划分区成果、涉河建设项目审批情况、采砂管理规划等上图入库，形成可视化成果。充分运用卫星遥感、航空遥感、人工智能等科技手段和无人机、无人船、视频监控等技术设备，加快流域片内遥感影像解译，强化遥感应用，加强动态监控，提高水域岸线监管和采砂管理信息化水平。

各流域管理机构要加强河湖管理队伍和能力建设，按照流域统一规划、统一治理、统一调度、统一管理要求，切实履职尽责，与各省级河长制办公室、水利（水务）厅（局）密切合作，共同打造人民满意的幸福河湖。

各流域管理机构每年1月底前将上一年度河湖管理工作总结报送水利部河湖管理司。

水利部办公厅

2022年5月14日

水利部关于加强河湖水域岸线空间管控的指导意见（水河湖〔2022〕216号）

部机关各司局，部直属各单位，各省、自治区、直辖市河长办、水利（水务）厅（局），各计划单列市河长办、水利（水务）局，新疆生产建设兵团水利局：

河湖是水资源的重要载体，是生态系统的重要组成部分，事关防洪、供水、生态安全。空间完整、功能完好、生态环境优美的河湖水域岸线，是最普惠的民生福祉和公共资源。全面推行河湖长制以来，各地落实责任，强化管理，河湖面貌明显改善。同时，一些地区人为束窄、侵占河湖空间，过度开发河湖资源、与水争地等问题仍然存在。为进一步加强河湖水域岸线空间管控，复苏河湖生态环境，实现人水和谐共生，依据《中华人民共和国水法》《中华人民共和国防洪法》《中华人民共和国河道管理条例》《水库大坝安全管理条例》等法律法规，提出如下意见。

一、总体要求

以习近平新时代中国特色社会主义思想为指导，全面贯彻党的十九大和十九届历次全会精神，完整、准确、全面贯彻新发展理念，认真践行“节水优先、空间均衡、系统治理、两手发力”治水思路，坚持以人民为中心，把保护人民生命财产安全和满足人民日益增长的美好生活需要摆在首位，统筹发展和安全，确保防洪、供水、生态安全，兼顾航运、发电、减淤、文化、公共休闲等需求，强化河湖长制，严格管控河湖水域岸线，强化涉河建设项目和活动管理，全面清理整治破坏水域岸线的违法违规问题，构建人水和谐的河湖水域岸线空间管理保护格局，不断提升人民群众的获得感、幸福感、安全感。

二、明确河湖水域岸线空间管控边界

（一）完善河湖管理范围划定成果。河湖管理范围划定是河湖管理保护的重要基础性工作，要抓紧完善第一次全国水利普查名录内河湖划界成果，在“全国水利一张图”上图，同步推进水利普查以外其他河湖管理范围划定工作。对于不依法依规，降低划定标准人为缩窄河道管理范围，故意避让村镇、农田、基础设施以及建筑物、构筑物等问题，各流域管理机构、各省级水行政主管部门要督促有关地方及时整改，并依法公告。做好河湖划界与“三区三线”划定等工作的对接，积极推进与相关部门实现成果共享。

（二）因地制宜安排河湖管理保护控制带。依法依规划定的河湖管理范围，是守住河湖水域岸线空间的底线，严禁以任何名义非法占用和束窄。各地可结合水安全、水资源、水生态、水环境及河湖自然风貌保护等需求，针对城市、农村、郊野等不同区域特点，根据相关规划，在已划定的河湖管理范围边界的基础上，探索向陆域延伸适当宽度，合理安排河湖管理保护控制地带，加强对河湖周边房地产、工矿企业、化工园区等“贴线”开发管控，让广大人民群众见山见水，共享河湖公共空间。法律法规另有规定的，从其规定。

三、严格河湖水域岸线用途管制

（三）严格岸线分区分类管控。加快河湖岸线保护与利用规划编制审批工作，省级水行政主管部门组织提出需编制岸线规划的河湖名录，明确编制主体，并征求有关流域管理机构意见。按照保护优先的原则，合理划分岸线保护区、保留区、控制利用区和开发利用区，严格管控开发利用强度和方式。要将岸线保护与利用规划融入“多规合一”国土空间规划体系。

（四）严格依法依规审批涉河建设项目。严格按

照法律法规以及岸线功能分区管控要求等，对跨河、穿河、穿堤、临河的桥梁、码头、道路、渡口、管道、缆线、取水、排水等涉河建设项目，遵循确有必要、无法避让、确保安全的原则，严把受理、审查、许可关，不得超审查权限，不得随意扩大项目类别，严禁未批先建、越权审批、批建不符。

（五）严格管控各类水域岸线利用行为。河湖管理范围内的岸线整治修复、生态廊道建设、滩地生态治理、公共体育设施、渔业养殖设施、航运设施、航道整治工程、造（修、拆）船项目、文体活动等，依法按照洪水影响评价类审批或河道管理范围内特定活动审批事项办理许可手续。严禁以风雨廊桥等名义在河湖管理范围内开发建设房屋。城市建设和发展不得占用河道滩地。光伏电站、风力发电等项目不得在河道、湖泊、水库内建设。在湖泊周边、水库库汊建设光伏、风电项目的，要科学论证，严格管控，不得布设在具有防洪、供水功能和水生态、水环境保护需求的区域，不得妨碍行洪通畅，不得危害水库大坝和堤防等水利工程设施安全，不得影响河势稳定和航运安全。各省（自治区、直辖市）可结合实际依法依规对各类水域岸线利用行为作出具体规定。

（六）依法规范河湖管理范围内耕地利用。对河湖管理范围内的耕地，结合“三区三线”划定工作，在不妨碍行洪、蓄洪和输水等功能的前提下，商自然资源部门依法依规分类处理。原则上，对位于主河槽内、洪水上滩频繁（南方地区可按5年一遇洪水位以下，北方地区可按3年一遇洪水位以下）、水库征地线以下、长江平垸行洪“双退”圩垸内的不稳定耕地，应有序退出。对于确有必要保留下来的耕地及园地，不得新建、改建、扩建生产围堤，不得种植妨碍行洪的高秆作物，禁止建设妨碍行洪的建筑物、构筑物。严禁以各种名义围湖造地、非法围垦河道。

四、规范处置涉水违建问题

（七）依法依规处置。统筹发展和安全，严守安全底线，聚焦河湖水域岸线空间范围内违法违规建筑物、构筑物，依法依规、实事求是、分类处置，不搞“一刀切”。

（八）对增量问题“零容忍”。2018年年底河湖长制全面建立，将2019年1月1日以后出现的涉水违建问题作为增量问题，坚决依法依规清理整治。

（九）对存量问题依法处置。将1988年6月《中华人民共和国河道管理条例》出台后至2018年底的涉水违建问题作为存量问题，依法依规分类处理。对妨碍行洪、影响河势稳定、危害水工程安全的建筑物、构筑物，依法限期拆除并恢复原状；对桥梁、码头等审批类项目进行防洪影响评价，区分不同情况，予以规范整改，消除不利影响。

（十）对历史遗留问题科学评估。将1988年6月《中华人民共和国河道管理条例》出台前的涉水违建问题作为历史遗留问题，逐项科学评估，影响防洪安全的限期拆除，不影响防洪安全或通过其他措施可以消除影响的可在确保安全的前提下稳妥处置。

五、推进河湖水域岸线生态修复

（十一）推进河湖水域岸线整治修复。组织开展岸线利用项目清理整治，对违法违规占用岸线，妨碍行洪、供水、生态安全的项目要依法依规予以退出，对多占少用、占而不用等岸线利用项目进行优化调整。积极推进退圩还湖，逐步恢复湖泊水域面积，提升调蓄能力。按照谁破坏、谁修复的原则，对受损岸线进行复绿和生态修复，可结合河湖治理等工作统筹开展。岸线整治修复应顺应原有地形地貌，不改变河道走向，不大挖大填，不束窄或减少行洪、纳潮断面，不进行大面积硬化，尽量保持岸线自然风貌。

（十二）规范沿河沿湖绿色生态廊道建设。依托河湖自然形态，充分利用河湖周边地带，因地制宜建设亲水生态岸线，推进沿河沿湖绿色生态廊道建设，打造滨水生态空间、绿色游憩走廊。生态廊道建设涉及绿化或种植的，不得影响河势稳定、防洪安全，植物品种、布局、高度、密度等不得影响行洪通畅，除防浪林、护堤林外不得种植影响行洪的林木。具备条件的河段，滩地绿化可与防浪林、护堤林建设统筹实施。

六、提升河湖水域岸线监管能力

（十三）加强组织领导。地方各级河长办要切实履行组织、协调、分办、督办职责，及时向本级河湖长报告责任河湖水域岸线空间管控情况，提请河湖长研究解决重大问题，部署安排重点任务，协调有关责任部门共同推动河湖水域岸线空间管控工作。各级水行政主管部门要切实加强本地区河湖水域岸线管控工作，强化规划约束，严格审批监管，加强日常管理，确保水域岸线空间管控取得实效。流域管理机构要发挥统一规划、统一治理、统一调度、统一管理作用，切实履行流域省级河湖长联席会议办公室职责，建立健全与省级河长制办公室协作机制，全面加强对流域内河湖水域岸线空间管控工作的协调、指导、监督、监测。

（十四）加强日常监管执法。加大日常巡查监管和水行政执法力度，强化舆论宣传引导，畅通公众举报渠道，探索建立有奖举报制度，及时发现、依法严肃查处侵占河湖水域岸线、影响河势稳定、危害河岸堤防安全和其他妨碍河道行洪的违法违规问题，严肃查处未批先建、越权审批、批建不符的涉河建设项目。坚持日常监管与集中整治相结合，充分发挥河湖长制平台作用，纵深推进河湖“清四乱”常态化规范化，坚决遏增量、清存量，继续以长江、黄河、淮河、海河、珠江、松花江、辽河、太湖和大运河、南水北调工程沿线等为重点，开展大江大河大湖清理整治，并向中小河流、农村河湖延伸。加强行政与公安检察机关互动，完善跨区域行政执法联动机制，完善行政执法与刑事司法衔接、与检察公益诉讼协作机制，提升水行政执法质量和效能。

（十五）加强河湖智慧化监管。实现部省河湖管理信息系统互联互通。加快数字孪生流域（河流）建设，充分利用大数据、卫星遥感、航空遥感、视频监控等技术手段，推进疑似问题智能识别、预警预判，对侵占河湖问题早发现、早制止、早处置，提高河湖监管的信息化、智能化水平。利用“全国水利一张图”及河湖遥感本底数据库，及时将河湖管理范围划定成果、岸线规划分区成果、涉河建设项目审批信息上图入库，实现动态监管。

（十六）强化责任落实。地方各级河长办、水行政主管部门要加强河湖水域岸线空间管控的监督检查，建立定期通报和约谈制度，对重大水事违法案件实行挂牌督办，按河湖长制有关规定，将河湖水域岸线空间管控工作作为河湖长制考核评价的重要内容，考核结果作为各级河湖长和相关部门领导干部考核评价的重要依据，加强激励问责，对造成重大损害的，依法依规予以追责问责。

水利部

2022 年 5 月 20 日

水利部办公厅关于印发 2022 年华北地区河湖生态环境复苏实施方案的通知（办资管函〔2022〕509 号）

部机关有关司局，部直属有关单位，北京市、天津市、河北省、山东省水利（水务）厅（局）：

为全面落实《水利部关于复苏河湖生态环境的指导意见》（水资管〔2021〕393 号），深入推进华北地区地下水超采综合治理工作，现将《2022 年华北地区河湖生态环境复苏实施方案》印发给你们。请各有关司局、单位高度重视，按照职责分工，认真落实各项工作任务。

水利部办公厅

2022 年 6 月 8 日

附件

2022 年华北地区河湖生态环境复苏实施方案

为复苏河湖生态环境、治理地下水超采，改善大运河及华北地区其他河湖资源条件，依据华北地区河湖生态环境复苏总体要求，结合水源条件及各河湖生态补水需求，制定本方案，具体内容如下。

一、河湖范围

2022 年，华北地区河湖生态环境复苏行动实施范围主要包括北三河、永定河、大清河、子牙河、漳卫河、黑龙港运东地区诸河、徒骇马颊河等 7 个河流水系，48 条（个）河湖，总河长约 5 128km。考虑流域水系、河湖现状、水源条件、生态功能定位等因素，选择京杭大运河以及蓟运河、潮白河、永定河、大清河（白洋淀）、子牙河、漳卫河等 6 个水系中生态价值高、社会影响大、水源条件好的河湖，作为利用腾库弃水集中补水，实现水流贯通的重点河湖。见表 1，贯通补水河湖范围见表 2。

表 1　2022 年华北地区河湖生态环境复苏河湖名录

河流水系	条/个	河湖名录
北三河	10	潮白河、潮白新河、温榆河、通惠河、北运河、泃河、州河、蓟运河、大黄堡洼、七里海
永定河	2	永定河、永定新河
大清河	14	北拒马河—白沟河、南拒马河—白沟引河、瀑河、府河、唐河、孝义河、沙河—潴龙河、白洋淀、赵王新河、大清河、牤牛河—中亭河、团泊洼、北大港、独流减河

续表

河流水系	条/个	河湖名录
子牙河	12	滹沱河、洨河、泜河、七里河—顺水河、洺河、滏阳河、子牙河、子牙新河、天平沟、北沙河—槐河、午河、白马河
漳卫河	4	漳河、卫河（卫运河）、南运河、漳卫新河
黑龙港运东地区诸河	3	衡水湖、清凉江—南排河、南大港
徒骇马颊河	2	小运河、六分干—七一河—六五河
其他	1	海河

表 2　　2022 年集中贯通补水河湖范围

补水河湖		补水河段范围		补水河长/km
		起始断面	终止断面	
京杭大运河	通惠河	东便门	北关拦河闸	20
	北运河	北关拦河闸	三岔河口	142
	小运河	位山闸	临清站	103
	卫运河	临清站	四女寺枢纽	94
	南运河	四女寺枢纽	三岔河口	347
潮白河	潮白河—潮白新河	密云水库	宁车沽防潮闸	212
永定河	永定河—永定新河	官厅水库	永定新河防潮闸	317
蓟运河	泃河、州河、蓟运河	杨庄水库	九王庄汇合口	355
		于桥水库	九王庄汇合口	
		九王庄汇合口	蓟运河闸	
大清河	北拒马—白沟河	北拒马河退水闸	新盖房枢纽	95
	南拒马河—白沟引河	中线北易水退水闸	白洋淀	79
	瀑河	中线瀑河退水闸	白洋淀	61
	唐河干渠——亩泉河—府河	西大洋水库	白洋淀	110
	沙河干渠—月明河—孝义河	王快水库	白洋淀	172
	白洋淀—赵王新河—大清河—独流减河	白洋淀枣林庄枢纽	工农兵闸	142
	牤牛河	牤牛河东分水口	西河闸枢纽	67
子牙河	滹沱河、子牙河、子牙新河	中线滹沱河退水闸	献县枢纽	472
		献县枢纽	子牙新河挡潮闸	
		献县枢纽	西河闸	
	滏阳河	中线滏阳河退水闸	献县枢纽	441
	石津干渠—天平沟	中线田庄分水口	滏阳河	145
	北沙河—槐河	中线槐河退水闸	滏阳河	61
	午河	中线午河退水闸	北澧河	47
	白马河	中线白马河退水闸	北澧河	39
	七里河—顺水河、北澧河	中线七里河退水闸	滏阳河	89

续表

补水河湖		补水河段范围		补水河长/km
		起始断面	终止断面	
漳卫河	漳河	合漳村	漳卫河汇合口	170
	卫运河	漳卫河汇合口	四女寺枢纽	157
	漳卫新河	四女寺枢纽	入海	244
贯通河长合计				4 181

注：贯通河长合计中已扣除重复河长。

二、年度目标

按照"统筹协调、量水而行、先清后补、保障重点、补管结合"的原则，综合考虑补水水源条件、生态重要性、河道清理整治情况等因素，实施京杭大运河以及蓟运河、潮白河、永定河、大清河（白洋淀）、子牙河、漳卫河等6个水系集中贯通补水，贯通期补水13.57亿～14.66亿m^3，实现约4 181km河道全线有水，贯通线路见表2。实现2022年华北地区河湖生态环境复苏补水共计42.08亿m^3。其中，重点保障白洋淀及8条常态化补水河流年度补水约20.0亿m^3（含上下游重复水量0.80亿m^3）。

通过实施48条（个）河湖生态补水，有效增加地下水回补，实现华北地区补水河湖形态面貌明显改观，置换沿线约173万亩耕地地下水灌溉用水，入渗水量不少于19亿m^3，持续有水河长占比超过25%，推动华北地区河湖生态环境持续改善。主要目标指标见表3。

表3　2022年河湖生态环境复苏主要目标指标表

序号	主要指标	目标
1	年生态补水量/亿m^3	42.08
2	水源置换面积/万亩	173
3	年入渗水量/亿m^3	≥19
4	补水期间有水河长占比①/%	≥25

① 指河道内有水且维持7天以上的河段长度比例。

三、水源条件

根据南水北调中东线、引黄、引滦、当地水库、沿河再生水及雨洪水等水源条件，通过水源合理调配与优化联合调度，本年计划生态补水约42.08亿m^3，其中当地水库补水15.19亿～15.42亿m^3，再生水及雨洪水补水8.85亿m^3，南水北调中线补水约10.48亿m^3，南水北调东线一期工程北延应急供水工程补水1.83亿m^3，引黄工程补水4.10亿～4.33亿m^3，引滦工程补水1.40亿m^3。

（一）当地水库

2022年，密云、官厅（含友谊、册田、洋河水库下泄量）、于桥、杨庄、海子、安格庄、西大洋、王快、岗南、黄壁庄、临城、东武仕、岳城等水库计划向下游河道生态补水15.19亿～15.42亿m^3。各水库根据来水及蓄水情况，相机增加补水量。

当地水库主要补水河湖：潮白河—潮白新河、州河、泃河、蓟运河、温榆河、北运河、永定河—永定新河、南拒马河—白沟引河、唐河、沙河—潴龙河、府河、孝义河、白洋淀、滹沱河、泜河、滏阳河、漳河—卫运河、南运河、漳卫新河及其他河湖。

（二）再生水及雨洪水

2022年，补水河道沿线城镇再生水及雨洪水计划补水总量约8.85亿m^3，其中北京市向潮白河、通惠河、北运河、永定河等补水约5.06亿m^3，天津市向大黄堡洼、七里海、团泊洼、独流减河、北运河等补水约2.79亿m^3，河北省向滹沱河、白洋淀补水约1.00亿m^3。

（三）南水北调中线

2022年，南水北调中线一期工程计划生态补水约10.48亿m^3。将南水北调中线生态补水计划统筹纳入月度水量调度方案，实际调度过程中，在保障正常供水，满足工程运行安全和防洪安全的前提下，结合渠道输水能力及退水闸下游河道情况，具体实施生态补水工作。把握丹江口水库汛前腾库和汛期来水丰沛的有利时机，兼顾输水调度和防汛抗洪，在空间和时间上进行实时优化调度，视情况增加补水量。

南水北调中线一期工程主要补水河湖：永定河、北拒马河—白沟河、南拒马河—白沟引河、瀑河、唐河、沙河—潴龙河、牤牛河、白洋淀、滹沱河、洨河、泜河、午河、七里河—顺水河、天平沟、北沙河—槐河、白马河、洺河、滏阳河等。根据来水情况可相机向其他河湖补水。

（四）南水北调东线一期工程北延应急供水工程

2022年，南水北调东线一期工程北延应急供水工程计划调水（穿黄断面）1.83亿m^3，经小运河、六分干、七一河、六五河向南运河生态补水约1.54亿m^3（四女寺断面），实施南运河生态补水，置换沿线深层地下水开采。实际补水过程中，可结合北延西线穿卫枢纽施工和邱屯枢纽隔坝拆除情况，相机增供补水量。

南水北调东线一期工程北延应急供水工程主要补水河湖：小运河、南运河。此外，在南运河生态补水的基础上，相机开展北大港、南大港和衡水湖等其他河湖补水。

（五）引黄工程

2022年，引黄计划生态补水4.10亿～4.33亿m^3，折算到渠首水量约7.93亿m^3。其中，引黄入冀生态补水量约3.28亿m^3，折算到渠首水量约5.58亿m^3；万家寨引黄生态补水量0.82亿～1.05亿m^3，折算到渠首水量约2.35亿m^3。实际调水过程中结合降水情况统筹引黄与防洪关系，可适当调整引黄水量。

1. 引黄入冀

2022年，引黄渠首生态补水量约5.58亿m^3。其中，向白洋淀补水约1.20亿m^3，折算渠首水量约2.91亿m^3；向衡水湖补水约0.60亿m^3，折算渠首水量约0.78亿m^3；向南排河补水约0.40亿m^3（含南大港补水0.20亿m^3），折算渠首水量约0.49亿m^3；向南运河补水1.08亿m^3，折算渠首水量约1.40亿m^3。根据黄河实际来水及华北地区地下水超采综合治理河湖生态补水需求情况，可适当调整渠首生态引水量，相机向其他河流补水。

2. 万家寨引黄

2022年，万家寨引黄北干线计划调水量约2.35亿m^3，其中入册田水库1.41亿～1.65亿m^3，向桑干河张家口段生态补水约0.15亿m^3，入官厅水库0.82亿～1.05亿m^3。根据来水情况和引黄北干线供水能力，相机增加补水量。

（六）引滦工程

2022年，引滦枢纽工程计划向天津市河湖生态补水约1.40亿m^3。在统筹考虑潘家口、大黑汀水库来水情况和天津市、唐山市正常供水需求的基础上，结合水库水质情况，2022年引滦工程计划向天津市海河补水约1.22亿m^3，向北大港湿地补水约0.18亿m^3。

四、集中贯通补水方案

在补水过程中，充分利用防洪腾库弃水有利时机，实施京杭大运河以及蓟运河、潮白河、永定河、大清河（白洋淀）、子牙河、漳卫河等6个水系大流量集中贯通补水，贯通期补水13.57亿～14.66亿m^3。

（一）京杭大运河

汛前择机实施集中贯通补水。利用南水北调东线一期工程北延应急供水工程供水、岳城水库、密云水库、潘庄引黄、沿线再生水及雨洪水等水源，为京杭大运河提供水源保障，预计可为京杭大运河提供补水量5.15亿m^3。其中，入京杭大运河水量4.66亿m^3，含从京杭大运河卫运河段引走向衡水湖生态补水量1.0亿m^3，以及从南运河段引走灌溉水量1.27亿m^3。补水线路总长1 230km。

1. 通惠河—北运河线路

现状正常来水年份基本全线有水。补水期按照10～27m^3/s平均流量向河段补水，总补水量约1.02亿m^3，入通惠河—北运河约0.97亿m^3。集中贯通期间维持通惠河20.4km河道全线有水；维持北运河北关拦河闸至子北汇流口142km河道全线有水，实现北运河局部段旅游通航；维持补水路径河流（温榆河）48km全线有水。

其中，密云水库补水期按照12m^3/s流量补水，经京密引水渠向温榆河补水约0.30亿m^3，入北运河约0.25亿m^3。沿线再生水及雨洪水补水期形成约10～15m^3/s平均流量入通惠河与北运河，北京市城市再生水及雨洪水向通惠河补水约0.02亿m^3；充分利用沿线省市雨洪及再生水向北运河补水约0.70亿m^3。北运河下游天津市相机增加引滦水补水。

2. 小运河—卫运河—南运河线路

补水期按照15～80m^3/s流量经漳河、南水北调东线一期工程北延应急供水工程输水线路、潘庄引黄工程线路向河段补水，总补水量约4.13亿m^3，其中入小运河—卫运河—南运河水量约3.69亿m^3。集中贯通期间，实现京杭大运河段及补水路径河流1 019.5km全线有水。

其中，在汛前补水期，南水北调东线一期工程北延应急供水工程（穿黄断面）以平均15～38m^3/s流量补水入小运河1.83亿m^3，经邱屯枢纽以14～36m^3/s流量向六分干、七一河、六五河补水1.74亿m^3，经四女寺枢纽以12～32m^3/s流量向南运河补水1.54亿m^3。

潘庄引黄渠首以15～25m^3/s流量补水入潘庄引黄总干渠0.30亿m^3，经穿漳卫新河倒虹吸工程以10～15m^3/s流量向南运河补水0.24亿m^3。

岳城水库以10～80m^3/s下泄2.00亿m^3，向卫运河（临清断面）补水约1.62亿m^3，向南运河补水约0.50亿m^3。

（二）蓟运河水系

包括州河、泃河两条补水支线。其中，州河补水支线补水河段起点为于桥水库，经州河至九王庄汇合口入蓟运河至蓟运河闸，全长221km；泃河补水支线补水河段起点为杨庄水库，经泃河、海子水库至九王庄汇合口入蓟运河，全长134km。集中贯通补水期间，杨庄水库、海子水库根据水库蓄水来水情况相机实施集中补水。

（三）潮白河水系

在密云水库1—3月向下游潮白河补水的基础上，汛前择机实施集中贯通补水。密云水库以30～40m^3/s下泄，沿途纳入密云新城再生水厂、引温济潮等的再生水，河槽村汇合口至运潮减河汇入口段实现填坑入渗并形成连通水面；运潮减河汇入口以下河段承接上游下泄水量和运潮减河、牛牧屯引河及青龙湾减河补水量，力争实现潮白河至潮白新河全线贯通，集中贯通期间实现212km河道全线有水。运潮减河汇入口以上补水量1.22亿～1.61亿m^3。

（四）永定河水系

官厅水库以下永定河至永定新河，春季（5—6月）与秋季（9—10月）实施2次集中贯通补水，永定河两次集中贯通期间补水约3.44亿m^3。通过集中贯通补水力争实现官厅水库至屈家店255km河道全线通水，下游与永定新河水面相接，维持流动时间不少于3个月、有水时长不少于5个月，贯通上下游河道、溪流与湿地、地表与地下，促进河流生态系统功能恢复。

（五）大清河（白洋淀）水系

汛前择机实施集中贯通补水。通过安格庄水库、南水北调中线等水源向南拒马河—白沟引河、瀑河补水，在入淀河流下泄补水基础上，通过引黄和再生水向白洋淀补水，经枣林庄枢纽向下游补水，贯通期补水2.39亿～2.78亿m^3。牤牛河、北拒马河、府河、孝义河根据水源情况相机补水。

1. 南拒马河—白沟引河

汛前补水期，安格庄水库以10～20m^3/s下泄，南水北调中线北易水退水闸以30m^3/s向下游补水，集中贯通期间共补水1.31亿～1.70亿m^3，力争实现南拒马河—白沟引河79km全线贯通，下游与白洋淀水面相接。

2. 瀑河

汛前补水期，结合瀑河河道输水能力，南水北调中线瀑河退水闸以12m^3/s向下游补水，集中贯通期间补水约0.46亿m^3，力争实现瀑河61km全线贯通，下游与白洋淀水面相接。

3. 白洋淀至独流减河

集中贯通补水期间，通过上下游、多水源联合统一调度向白洋淀补水，其中通过上游水库、引黄、再生水等水源向白洋淀补水约1.32亿m^3（含上游重复水量0.7亿m^3）。白洋淀下泄水量通过枣林庄枢纽向赵王新河补水约0.4亿m^3，实现赵王新河、大清河全线有水，与独流减河连通。

牤牛河、北拒马河、府河、孝义河根据上游水库蓄水和南水北调中线来水情况，相机实施集中贯通补水。

（六）子牙河水系

汛前择机实施集中贯通补水。通过黄壁庄水库、东武仕水库、南水北调中线等水源向滹沱河、滏阳河补水，贯通期补水1.43亿～1.78亿m^3。天平沟、北沙河—槐河、午河、白马河、七里河—顺水河等根据水源情况相机补水。

1. 滹沱河

汛前择机实施集中贯通补水。黄壁庄水库以12～15m^3/s流量下泄，南水北调中线滹沱河退水闸以20～25m^3/s汇入，向下游补水0.83亿～1.04亿m^3，同时纳入沿河再生水补水0.10亿～0.20亿m^3，集中贯通期补水0.93亿～1.24亿m^3，力争实现滹沱河退水闸—子牙河西河闸河段或滹沱河退水闸—子牙新河防潮闸河段全线有水。

2. 滏阳河

汛前择机实施集中贯通补水。东武仕水库以10～15m^3/s流量下泄约0.25亿m^3；南水北调中线滹沱河退水闸以10～15m^3/s汇入约0.25亿m^3，集中贯通期共补水0.50亿m^3，力争实现滏阳河退水闸至子牙河西河闸河段全线有水。

天平沟、北沙河—槐河、午河、白马河、七里河—顺水河等根据上游水库蓄水和南水北调中线来水情况。

（七）漳卫河水系

起点为合漳村（漳河干流起点），出岳城水库后经漳河、卫运河—四女寺枢纽，后经漳卫新河—漳卫新河辛集挡潮蓄水闸后向东入海，全长571km。其中，漳河（合漳村—岳城水库—漳卫河汇合口）170km，卫运河（漳卫河汇合口—四女寺枢纽）157km，漳卫新河（四女寺枢纽—辛集挡潮蓄水闸—入海）244km。

集中贯通补水期，上游来水向岳城水库上游漳河河段及岳城水库补水。岳城水库在完成京杭大运河全线贯通补水计划的同时，向漳卫新河实施补水。

五、全年总体补水方案

全年计划生态补水共约42.08亿m^3。在补水过

程中，根据来水和弃水情况，加强水源联合调度，尽可能增加生态补水量。具体水源、线路及补水河湖情况见附图、附表。

（一）滹沱河

南水北调中线、岗南水库和黄壁庄水库、再生水等水源向滹沱河补水约 3.96 亿 m^3。其中，南水北调中线通过滹沱河退水闸补水约 2.00 亿 m^3；岗南水库、黄壁庄水库补水约 1.56 亿 m^3；再生水补水约 0.40 亿 m^3。

（二）滏阳河

南水北调中线、东武仕水库等水源向滏阳河补水约 1.00 亿 m^3。其中，南水北调中线通过滏阳河退水闸补水约 0.50 亿 m^3；东武仕水库补水约 0.50 亿 m^3。

（三）南拒马河—白沟引河

南水北调中线、安格庄水库等水源向南拒马河—白沟引河补水约 2.03 亿 m^3。其中，南水北调中线通过北易水退水闸补水约 1.50 亿 m^3；安格庄水库经中易水河向南拒马河—白沟引河补水约 0.53 亿 m^3。

（四）永定河

万家寨引黄、官厅水库、南水北调中线、沿线再生水等水源向永定河官厅水库以下河段生态补水约 5.31 亿 m^3。其中，官厅水库承接引黄及上游水库集中输水后，共向下游补水 4.76 亿 m^3（含北京市城市河湖生态补水 0.70 亿 m^3）；小红门再生水向平原段补水 0.30 亿 m^3；南水北调中线补水 0.25 亿 m^3。

（五）唐河

南水北调中线、西大洋水库等水源向唐河补水约 0.76 亿 m^3。其中，南水北调中线通过唐河退水闸补水约 0.36 亿 m^3；西大洋水库补水约 0.40 亿 m^3。

（六）沙河—潴龙河

南水北调中线、王快水库等水源向沙河—潴龙河补水约 1.90 亿 m^3。其中，南水北调中线补水约 1.50 亿 m^3；王快水库补水约 0.40 亿 m^3。

（七）北拒马河—白沟河

南水北调中线通过北拒马退水闸向北拒马河—白沟河补水约 0.50 亿 m^3。

（八）七里河—顺水河

南水北调中线通过七里河退水闸向七里河—顺水河补水约 0.50 亿 m^3。

（九）白洋淀

南水北调中线、引黄入冀补淀、王快水库、西大洋水库、沿线再生水等水源向白洋淀补水约 3.40 亿 m^3，维持白洋淀正常水位（十方院）6.5～7.0m（非汛期，国家 85 高程），合理安排补水计划与汛限水位平稳衔接。其中，引黄入冀补淀工程向白洋淀补水约 1.20 亿 m^3；上游水库下泄入淀水量约 0.90 亿 m^3（含 0.10 亿 m^3 上游河道补水重复水量）；南水北调中线补水约 0.70 亿 m^3（为上游河道补水重复水量）；再生水向白洋淀补水约 0.60 亿 m^3。在具体实施过程中，可根据各水源来水及白洋淀需水、泄水情况，对水源水量进行动态调整，保障白洋淀生态需水与防洪安全。

（十）潮白河

密云水库、沿线再生水等水源向潮白河补水约 3.34 亿 m^3。其中，密云水库下泄水量约 2.73 亿 m^3；密云新城沿河再生水厂、引温济潮等再生水补水约 0.61 亿 m^3。

（十一）潮白新河

承接潮白河下泄水量及牛牧屯引河、青龙湾减河等来水，实现潮白河—潮白新河全线贯通，上下游水面相接。

（十二）温榆河

密云水库下泄约 1.04 亿 m^3，经京密引水渠沿线口门向温榆河补水。

（十三）通惠河

通过北京市城市再生水及雨洪水向通惠河补水约 0.13 亿 m^3。

（十四）北运河

密云水库跨流域调水、沿线再生水等水源向北运河补水约 4.98 亿 m^3。其中，密云水库下泄 1.04 亿 m^3，经京密引水渠、温榆河向北运河补水约 0.77 亿 m^3。沿线再生水及雨洪水向北运河补水约 4.21 亿 m^3，其中北京市补水 4.02 亿 m^3，天津市补水 0.19 亿 m^3。

（十五）大黄堡洼

利用青龙湾减河和北京排水河雨洪资源，经天津市武清区境内二级河道向大黄堡洼补水约 0.60 亿 m^3。

（十六）七里海

利用潮白新河雨洪资源与上游来水，通过沿岸乐善闸和七里海北站、淮淀闸向七里海补水约 0.30 亿 m^3。

（十七）永定新河

承接上游永定河、北运河等下泄水量，实现永定河—永定新河全线贯通，上下游水面相接。

（十八）瀑河

南水北调中线通过瀑河退水闸向瀑河补水约 1.55 亿 m^3。

（十九）赵王新河

白洋淀下泄水量经枣林庄枢纽向赵王新河补水

约 0.40 亿 m^3。

（二十）大清河

承接上游赵王新河下泄水量，实现上下游河道全线贯通，水面相接。

（二十一）团泊洼

利用周边河道雨洪资源，向团泊洼湿地补水约 0.30 亿 m^3。

（二十二）北大港

引滦水通过于桥水库—州河暗渠—引滦明渠—永金引河—新开河—海河—洪泥河—独流减河倒虹吸—北大港线路，向北大港湿地补水约 0.18 亿 m^3。

（二十三）独流减河

在承接上游下泄水量基础上，利用再生水向独流减河补水约 1.40 亿 m^3，其中津沽污水处理厂再生水通过赤龙河向独流减河补水，咸阳路污水处理厂再生水直接进入独流减河。

（二十四）洨河

南水北调中线通过洨河退水闸向洨河补水约 0.30 亿 m^3。

（二十五）泜河

南水北调中线、临城水库等水源向泜河补水约 0.70 亿 m^3。其中，南水北调中线通过泜河退水闸补水约 0.50 亿 m^3；临城水库补水约 0.20 亿 m^3。

（二十六）洺河

南水北调中线通过洺河退水闸向洺河补水约 0.10 亿 m^3。

（二十七）子牙河

结合滹沱河和滏阳河生态补水，在滹沱河集中贯通补水期间，实现子牙河或子牙新河全线贯通。

（二十八）子牙新河

结合滹沱河和滏阳河生态补水，在滹沱河集中贯通补水期间，实现子牙河或子牙新河全线贯通。

（二十九）漳河

岳城水库下泄约 2.00 亿 m^3 向漳河补水。

（三十）卫河（卫运河）

卫河干流由沿线再生水及雨洪水补水，与漳河来水汇合后入卫运河。

（三十一）南运河

利用南水北调东线一期工程北延应急供水工程、引黄工程和岳城水库等水源向南运河补水约 3.12 亿 m^3。其中，岳城水库下泄水量 0.50 亿 m^3；南水北调东线一期工程北延应急供水工程输水期间补水约 1.54 亿 m^3；引黄入冀补水约 1.08 亿 m^3。

（三十二）衡水湖

利用岳城水库、引黄工程补水约 1.00 亿 m^3，其中岳城水库下泄水沿漳河、卫运河，经和平闸向卫千干渠补水约 1.00 亿 m^3，入衡水湖约 0.40 亿 m^3；利用位山引黄线路，经位山三干渠—穿卫枢纽—卫千干渠向衡水湖补水约 0.60 亿 m^3。

（三十三）清凉江—南排河

通过位山、潘庄引黄工程线路，利用引黄水共向清凉江—南排河补水约 0.40 亿 m^3。

（三十四）南大港

利用位山、潘庄等引黄工程线路，经南排河向南大港补水约 0.20 亿 m^3。

（三十五）小运河

南水北调东线一期工程北延应急供水工程输水期间，向小运河补水约 1.83 亿 m^3。

（三十六）六分干—七一河—六五河

南水北调东线一期工程北延应急供水工程输水期间，经小运河向六分干—七一河—六五河补水约 1.74 亿 m^3。

（三十七）海河

海河补水约 1.50 亿 m^3，其中南水北调中线补水约 0.28 亿 m^3；引滦水通过于桥水库—州河暗渠—引滦明渠—永金引河—新开河—海河线路，向海河干流补水约 1.22 亿 m^3。

（三十八）州河

于桥水库根据蓄水和来水情况，相机为州河补水。

（三十九）泃河

杨庄、海子水库根据蓄水和来水情况，相机为泃河补水。

（四十）蓟运河

根据上游州河、泃河来水情况相机补水。

（四十一）府河

西大洋水库根据蓄水和来水情况，相机为府河补水。

（四十二）孝义河

王快水库根据蓄水和来水情况，相机为孝义河补水。

（四十三）牤牛河

南水北调中线相机为牤牛河补水。

（四十四）天平沟

南水北调中线相机为天平沟补水。

（四十五）北沙河—槐河

南水北调中线相机为北沙河—槐河补水。

（四十六）午河

南水北调中线相机为午河补水。

（四十七）白马河

南水北调中线相机为白马河补水。

（四十八）漳卫新河

根据上游卫运河来水情况相机补水。

（四十九）其他河流

在保障48条（个）河湖完成计划补水任务的前提下，根据上游水库蓄水情况以及南水北调中东线、引黄等水源情况，相机向沙河—南澧河、大沙河、南洺河、北洺河、南甸河、李阳河、蒲阳河、曲逆河、滏东排河、支漳河、老漳河、北排河、宣惠河、洋河、桑干河、马厂减河等其他河流补水。其中，上游水库补水约1.32亿m^3，南水北调中东线、引黄补水相机实施。

六、组织实施与任务分工

水利部水资源司会同规计司、河湖司、监督司、防御司、水文司、南水北调司、调水司等有关司局负责组织实施2022年华北地区河湖生态环境复苏行动。

长委[1]、黄委、南水北调集团按照职责分工负责引江、引黄水资源调度等。

海委负责跟踪工作进展，逐月校核、汇总河湖复苏信息，编制复苏监测月报报送水利部；协调有关单位做好年度方案实施和动态跟踪，实施水量水质监测任务，配合开展效果评估等。

水规总院会同有关单位开展效果评估。

京津冀鲁四省（直辖市）作为河湖生态环境复苏责任主体，负责严格落实补水任务，有序推进补水河湖清理整治和本地水水量调度；开展水量水质水生态等监测，逐月将有关信息报送海委；严格取用水管理，加强河道管护与安全管理；与上下游相关省市及水源管理单位协调建立生态补水水价与水费结算机制。

七、保障措施

（一）突出重点，确保年度方案任务落地

京津冀鲁四省（直辖市）水行政主管部门要按照本方案要求，严格落实年度任务。认真落实各市（区、县）政府责任分工，充分发挥各级河长、湖长作用，督促做好河湖清理整治工作，结合河湖“清四乱”，继续做好相关河湖清理整治，持续推进主槽和滩地清理任务，实现河道清洁通畅，为实施河湖补水创造条件；统筹防洪和供水安全，相关水库、湖泊入汛日必须降至汛限水位以下，合理配置水库泄水和其他水源，重点实施好6条集中贯通河流补水任务，同时保障白洋淀和8条常态化补水河流补水量，相机对其他河流补水。要切实维护方案的严肃性，协调好河湖补水和涉河工程建设安排，对因故不能按期补水或者需要调整方案向其他河湖补水的，应及时报水利部和海委备案。结合来水及调度情况，统筹考虑补水河湖沿线农业灌溉需求，积极推进水源置换工作。

（二）加强监督，推动复苏行动取得实效

持续加强对河湖生态补水、河道清理整治等任务的督导检查。京津冀鲁四省（直辖市）要将河湖生态环境复苏行动作为落实河（湖）长制的重要举措，主动协调有关部门，处理好补水、防洪、治污的关系，确保安全度汛、补水水质达标。贯彻落实好《地下水管理条例》，加强灌溉期补水河段沿线无序取水行为管控，推进农业用水精细化管理，落实机井关停等任务。建立健全安全生产责任制，加强管辖范围内工程和河道的巡查管护，强化水量监管，严控沿程用水排污，加大水质安全防护力度，完善各项应急预案，健全应急管理体系，有效防范和快速处置突发事件，确保输水安全和生态安全。举一反三抓好监督检查对发现问题及时整改。

（三）强化跟踪，准确掌握河湖补水动态

相关单位要及时收集汇总河湖补水信息，跟踪掌握各地补水任务落实情况。水利部组织有关单位及时开展补水监测与分析，监测河湖补水量、水质与水生态、水面恢复、地下水水位与水质变化等情况。京津冀鲁四省（直辖市）水行政主管部门务必于每月5日前将上月河湖补水水量、水质等信息报送海委，海委校核、汇总后于每月10日前将上月补水信息报送水利部。水规总院及时收集有关监测与分析资料数据，做好年度河湖复苏效果评估。

（四）加大投入，持续完善各项工作机制

建立河湖生态环境复苏实施工作机制，健全信息报送与发布机制，明确各方工作责任与任务分工，确保年度任务落实落地。建立省际生态水量费用协调机制，水利部、京津冀鲁四省（直辖市）定期开展沟通协调，根据过境水量、水源结构、水质状况、源水价格、生态水量实际需求等因素，共同协商确定省市间过境生态水量费用及其收缴机制。四省（直辖市）及沿线市（区、县）政府要切实落实主体责任，加大人力投入，加强队伍保障，落实资金及经费来源，为河道清理整治、河道巡查管护和动态监测评估等工作提供保障。

（五）广泛宣传，积极营造良好社会氛围

各级各单位要充分发挥新闻媒体和网络作用，广泛宣传河湖生态环境复苏行动，强化公众惜水护水意识，切实提高人民群众的参与性、知晓率、满意度，把握舆论导向，形成良好氛围与环境。

附表　2022年度华北地区河湖生态环境复苏补水计划表。

[1] 此处保留原文件中的单位简称，长委即“长江委”。

附表

2022 年度华北地区河湖生态环境复苏补水计划表

单位：亿 m^3

河流水系	序号	河湖名称	上游水库	南水北调中线	南水北调东线	引黄	引滦	再生水及雨洪水	合计	贯通补水时间	备注
北三河	1	潮白河	2.73					0.61	3.34	汛前择机实施，动态调整	贯通
	2	潮白新河									
	3	温榆河	1.04						1.04	汛前择机实施密云水库下泄补水，动态调整	贯通
	4	通惠河						0.13	0.13	汛前择机实施，动态调整	贯通
	5	北运河	0.77[①]					4.21	4.98	汛前择机实施，动态调整	贯通
	6	大黄堡洼						0.60	0.60		
	7	七里海						0.30	0.30		
	小计		3.77	0	0	0	0	5.85	9.62		
永定河	8	永定河	3.71～3.94[②]（上游水库和河道来水总水量）	0.25		0.82～1.05[②]		0.30	5.31	春季（5—6 月）与秋季（9—10 月）择机实施，动态调整	贯通
	9	永定新河									
	小计		3.71～3.94	0.25	0	0.82～1.05	0	0.30	5.31		
大清河	10	北拒马河—白沟河		0.50					0.50		
	11	南拒马河—白沟引河	0.53	1.50					2.03	汛前择机实施，动态调整	贯通
	12	瀑河		1.55					1.55	汛前择机实施，动态调整	贯通
	13	唐河	0.40	0.36					1.40		
	14	沙河—潴龙河	0.40	1.50					1.90		
	15	白洋淀	0.90[①]（含 0.10 亿 m^3 重复水量）	0.70[①]		1.20		0.60	3.40		
	16	赵王新河	0.40[①]						0.40	结合白洋淀入淀水量情况，适时开展	贯通
	17	大清河									
	18	团泊洼						0.30	0.30		
	19	北大港					0.18		0.18		
	20	独流减河						1.40	1.40		
	小计		2.13	6.05	0	1.20	0.18	2.30	11.86		
子牙河	21	滹沱河	1.56	2.00				0.40	3.96	汛前择机实施，动态调整	贯通

续表

河流水系	序号	河湖名称	上游水库	南水北调中线	南水北调东线	引黄	引滦	再生水及雨洪水	合计	贯通补水时间	备注
子牙河	22	洨河		0.30					0.30		
	23	泜河	0.20	0.50					0.70		
	24	七里河—顺水河		0.50					0.50		
	25	洺河		0.10					0.10		
	26	滏阳河	0.50	0.50					1.00	汛前择机实施，动态调整	贯通
	27	子牙河	1.00①						1.00	根据上游来水，适时开展	贯通
	28	子牙新河									
	小计		2.26	3.90	0	0	0	0.40	6.56		
漳卫河	29	漳河	2.00						2.00	汛前择机实施岳城水库下泄补水，动态调整	贯通
	30	卫河（卫运河）									
	31	南运河	0.50①		1.54①	1.08			3.12	汛前择机实施，动态调整	贯通
	小计		2.00	0	1.54①	1.08	0	0	4.62		
黑龙港运东地区诸河	32	衡水湖	0.40①			0.60			1.00	汛前择机实施岳城水库下泄补水，动态调整	
	33	清凉江—南排河				0.40			0.40		
	34	南大港				0.20①			0.20		
	小计		0.40①	0	0	1.00	0	0	1.40		
徒骇马颊河	35	小运河			1.83				1.83	汛前实施南水北调东线一期工程北延应急供水工程调水，动态调整	贯通
	36	六分干—七一河—六五河			1.74①				1.74	汛前实施南水北调东线一期工程北延应急供水工程调水，动态调整	贯通
	小计		0	0	1.83	0	0	0	1.83		
其他	37	海河		0.28			1.22		1.50		
	其他河流		1.32						1.32		
	合计		15.19～15.42	10.48	1.83	4.10～4.33	1.40	8.85	42.08		

① 补水量合计中扣除了补水河湖之间的重复水量。

② 官厅水库向下游生态补水 4.76 亿 m^3（含万家寨引黄与册田、友谊、洋河水库集中输水水量）。

③ 州河、泃河、蓟运河、府河、孝义河、牤牛河、天平沟、北沙河—槐河、午河、白马河、漳卫新河等河流根据水源情况相机补水。

水利部关于印发母亲河复苏行动方案（2022—2025年）的通知（水资管〔2022〕285号）

部机关有关司局，部直属有关单位，各省、自治区、直辖市水利（水务）厅（局），新疆生产建设兵团水利局：

《母亲河复苏行动方案（2022—2025年）》已经部务会议审议通过，现印发给你们，请认真贯彻落实。

水利部

2022年7月6日

母亲河复苏行动方案（2022—2025年）

河流湖泊是水资源的重要载体，是生态系统的重要组成部分。河流生命的核心是水，命脉在于流动。受资源禀赋条件限制、人类活动加剧及全球气候变化等因素影响，我国部分地区出现河道断流、湖泊萎缩干涸等生态问题，严重影响人民群众生活生产，制约经济社会高质量发展，对供水安全、生态安全、粮食安全、防洪安全构成威胁。母亲河是与国家民族以及省市县沿河区域人民世代繁衍生息紧密相关，对所在流域区域地貌发育演化、生态系统演变、经济社会发展格局构建、人类文明孕育、文化传承和民族象征等起到重大作用的河流湖泊。从各地的母亲河做起，开展母亲河复苏行动，让河流流动起来，把湖泊恢复起来，是生态文明建设的必然要求，是水利高质量发展的重要路径，是建设幸福河湖的具体行动。

一、总体要求

（一）指导思想

深入贯彻习近平生态文明思想，完整、准确、全面贯彻新发展理念，坚持“节水优先、空间均衡、系统治理、两手发力”治水思路，聚焦河道断流、湖泊萎缩干涸问题，加强水资源节约保护和优化配置，推进江河流域水资源统一调度，强化河湖生态流量水量管理，实施河湖生态空间和地下水超采综合治理，因地制宜推进河湖水系连通和生态补水，复苏河湖生态环境，维护河湖健康生命，让母亲河永葆生机活力，实现人水和谐共生。

（二）基本原则

以人为本，改善生态。处理好水资源开发利用与生态保护的关系，守住生态安全的底线，有序实现河湖休养生息，提供更多优质水生态产品和服务，不断增强人民群众的获得感、幸福感、安全感。

问题导向，综合施策。针对不同流域区域河湖存在的突出问题，统筹水资源条件、开发利用实际和生态保护需求，实行一河一策、一湖一策，靶向施策，持续促进河湖生态环境改善。

统筹兼顾，有序推进。以流域为单元，统筹上下游、左右岸、干支流，统筹地表水和地下水，统筹生活、生产和生态用水，把解决当前突出问题与建立健全长效机制结合起来，分级、分类推进河湖复苏。

完善机制，强化监管。充分发挥各级河湖长作用，加强部门联动，强化流域治理管理和区域协作；落实地方主体责任，加强监督检查，完善激励考核机制，确保河湖复苏各项目标任务落地见效。

（三）工作目标

全面排查断流河流、萎缩干涸湖泊，分析河湖生态环境修复的紧迫性和可行性，确定2022—2025年母亲河复苏行动河湖名单，制定并实施母亲河复苏行动“一河（湖）一策”方案，优化配置水资源，恢复河湖良好连通性，恢复和改善河道有水状态，恢复湖泊水面面积，修复受损的河湖生态系统，确保实施一条、见效一条，让河流恢复生命、流域重现生机。

二、重点任务

（一）全面排查确定断流河流、萎缩干涸湖泊修复名录

按照河流、湖泊规模进行排查。重点针对流域面积1 000km^{2}及以上的河流、常年水面面积1km^{2}及以上的湖泊，充分利用第三次全国水资源调查评价成果、水文监测数据及其他相关成果，全面排查主要受人为活动影响导致河道断流、湖泊萎缩干涸问题的河湖，研判河道断流和湖泊萎缩干涸的成因，分析修复的必要性、拟采取的主要修复措施及实施的可行性。对流域面积小于1 000km^{2}的断流河流和常年水面面积小于1km^{2}的萎缩干涸湖泊，地方水行政主管部门组织排查。

在排查分析基础上，选取确有修复必要且具备修复可行性的断流河流和萎缩干涸湖泊，纳入修复名录。断流河流、萎缩干涸湖泊排查分析成果分别填写附表1、附表2。

排查分析要求如下：

1. 常年流水河流。出现河道断流或有水无流情况的，重点分析河道断流或有水无流的河段、河长、时长及趋势，研判问题的成因。

2. 季节性河流。出现断流程度加剧的，重点分析出现断流问题加剧的河段、河长、时长及趋势，研判问题的成因。

3. 湖泊。出现萎缩干涸情况的，重点分析湖泊水位、水域面积、出入湖水量、水域岸线占用变化

情况及趋势等，研判问题的成因。

4．必要性分析。重点关注河湖生态功能定位和保护需求，分析正在实施或正在制定的相关政策、规划、方案的要求，说明河湖修复在国家和区域发展战略实施中的重要性和紧迫性，在流域区域水安全和生态安全保障中的重要作用等。

5．可行性分析。结合河道断流、湖泊萎缩干涸问题的类型及成因，根据已有工作基础、水资源和水利工程等修复条件，进行分析。

对水资源过度开发，挤占河道内生态用水或超采地下水等导致河道断流、湖泊萎缩干涸的，分析流域区域水资源双控管理、节约保护、合理配置、优化调度、引调水、生态流量目标确定和保障、非常规水利用等措施进展和实施条件，分析修复可行性。

对围垦、水产养殖、城乡建设等侵占湖泊，导致湖泊萎缩的，应分析退田还湖、退圩还湖、退养还湖、河湖整治疏浚等工作进展和实施条件，分析修复可行性。

（二）合理确定2022—2025年母亲河复苏行动河湖名单

结合断流河流、萎缩干涸湖泊修复名录，根据修复工作目标及必要性、可行性分析，按照以下情形，提出2022—2025年母亲河复苏行动河湖名单，填写附表3、附表4。经水利部复核后公布。

1．在京津冀协同发展、长江经济带发展、长三角一体化发展、粤港澳大湾区建设、黄河流域生态保护和高质量发展等重大国家战略中具有重要地位和作用的河湖。

2．县级以上行政区域的母亲河。在本区域经济、社会、文化中地位突出，对防洪安全、供水安全、粮食安全、生态安全具有重要保障作用或发挥重要影响的河湖。

3．水生态环境问题突出，人民群众反映强烈，修复措施合理、可操作性强、修复效果显著的河湖。

（三）组织制定母亲河复苏行动“一河（湖）一策”方案

1．母亲河复苏行动“一河（湖）一策”方案原则上由省级水行政主管部门组织编制。跨省河湖由流域管理机构指导协调或会同相关省级水行政主管部门编制。

京津冀河湖、京杭大运河生态环境复苏方案，由水利部组织相关流域管理机构和相关省级水行政主管部门制定。

2．以流域为单元编制母亲河复苏行动“一河（湖）一策”方案，方案要与流域综合规划、防洪规划、江河流域水量分配方案、水资源调度方案、河湖生态流量保障实施方案、河湖综合治理与生态修复规划或方案等相衔接，支流方案要与干流保护修复要求相衔接，入湖河流方案要与湖泊保护修复要求相衔接。

3．编制母亲河复苏行动“一河（湖）一策”方案，要统筹流域与区域，坚持问题导向、目标导向和效果导向，强化综合治理、系统治理、源头治理，提出明确的修复目标，细化主要任务、重点措施、进度安排，明确实施主体、组织分工、管理措施和保障措施。

4．结合水资源条件、工程条件和河湖生态保护需求，分析提出河流恢复有水、全线过流、保障生态流量水量以及湖泊水面恢复等可量化、可监测、可考核的目标，主要包括河流主要控制断面生态流量（水量）、恢复有水河长及时长，湖泊生态水位、湖泊水面面积等指标。

5．坚持以流域为单元，从生态系统整体性和流域系统性出发，统筹干支流、左右岸、上下游，统筹地表水和地下水、本地水与外调水，精准研判、靶向施策，合理确定保护与修复的任务措施，主要包括：

（1）退还挤占。加强水资源节约保护和优化配置，严守水资源开发上限，促进产业结构和布局优化调整；强化节水型社会建设，加大工业、农业和生活节水力度，提高用水效率；将河湖生态流量水量纳入水资源统一配置，压减河道外不合理用水，逐步退还被挤占的河湖生态用水，实现还水于河。

（2）优化调度。加强流域水资源统一管理和调度，严格取用水监管；加强水利水电工程生态流量泄放监管，开展已建水利水电工程生态流量目标复核，推进生态流量泄放设施建设和改造，切实保障生态流量水量下泄。

（3）水系连通。因地制宜推进河湖水系连通工程，针对存在河湖水系割裂、水体流动性差等问题的河湖，实施河道开挖、河湖输水通道建设等水系连通措施。

（4）生态补水。优先使用本地水，合理利用外调水，鼓励利用再生水，充分利用雨洪资源，加强多水源联合调度，实施河湖生态补水。

（5）河道整治。实施河道主槽和滩地清理、沿河湿地生境保护、堤防生态化建设、河湖岸线整治、违规耕种养殖活动治理等水生态空间管护和修复措施。

（6）治理超采。地下水超采地区实施高效节水、退灌减水、水源置换、机井封填、休耕轮作、种植结构调整、人工回补工程等综合治理措施。

（7）监测评估。强化水文水资源和水生态监测，做好河流生态流量、湖泊生态水位、河道外取用水、关键断面过流状况、地下水位变化、河湖水质、水生态变化等情况的动态监测与评估，推进河湖生态环境监测预警能力建设。

（四）推进母亲河复苏行动实施

1. 按照母亲河复苏行动“一河（湖）一策”方案，明确地方主体责任和任务分工，建立工作任务台账，分解年度目标和任务，区分轻重缓急，有序推进实施。

2. 实施母亲河复苏行动，要与正在开展的国家水网建设、中小河流治理、河湖生态流量保障、地下水超采综合治理、水系连通及水美乡村建设、小水电分类整改等工作有机衔接，增强各项修复治理措施的协同性，提升整体工作成效。

三、工作组织和进度计划

（一）工作组织

1. 水利部负责母亲河复苏行动的组织、协调和管理，具体由水资源司会同规计司、财务司、河湖司、农水水电司、水文司、南水北调司、调水司等司局和单位负责。水利水电规划设计总院作为技术牵头单位，做好技术支撑和指导工作。

2. 流域管理机构会同省级水行政主管部门负责跨省断流河流、萎缩干涸湖泊的排查分析和修复名录确定；指导、协调本流域内相关省区确定断流河流、萎缩干涸湖泊修复名录及2022—2025年母亲河复苏行动名单；指导、协调或会同相关省级水行政主管部门编制跨省河湖母亲河复苏行动“一河（湖）一策”方案；对本流域内母亲河复苏行动的组织实施进行协调、指导和监督。

流域管理机构会同相关省级水行政主管部门编制的跨省河湖母亲河复苏行动“一河（湖）一策”方案，报水利部审核后，由流域管理机构会同有关省份联合印发实施；流域管理机构指导、协调省级水行政主管部门编制的跨省河湖母亲河复苏行动“一河（湖）一策”方案，经流域管理机构审核后，由省级水行政主管部门印发实施。

3. 省级水行政主管部门负责本行政区母亲河复苏行动的组织、协调和管理，组织市县水行政主管部门，全面排查确定省内断流河流、萎缩干涸湖泊修复名录和2022—2025年母亲河复苏行动河湖名单；编制母亲河复苏行动“一河（湖）一策”方案并组织实施。

（二）进度安排

2022年10月底前，全面排查确定断流河流、萎缩干涸湖泊修复名录，并确定2022—2025年母亲河复苏行动河湖名单，将附表1～附表4提交水利部水资源司。

组织开展母亲河复苏行动“一河（湖）一策”方案编制。修复条件好、前期工作扎实的河湖，应尽早完成“一河（湖）一策”方案编制和审查，于2022年开始实施。海河流域京津冀河湖生态环境复苏行动按既定工作要求组织推进。

2023年3月底前，力争完成母亲河复苏行动“一河（湖）一策”方案审定。需水利部、流域管理机构审核的方案，于2023年1月底前提请审核。

四、保障措施

（一）加强组织领导

流域管理机构和各省级水行政主管部门要按照本行动方案，制定年度工作计划，细化工作安排，强化责任落实，加强区域协作和部门协同联动，确保各项工作有序开展。强化督导考核，工作落实情况纳入实行最严格水资源管理制度考核和国务院河湖长制督查激励等有关考核激励机制。流域管理机构和各省级水行政主管部门每年6月和12月向水利部报送工作进展情况。

（二）加大投入力度

各级水行政主管部门应加强协调，统筹整合相关渠道资金，拓宽投资渠道，保障资金投入，落实水文监测经费等，对母亲河复苏行动给予支持。积极推行政府和社会资本合作，加大政府购买服务力度，推行第三方治理，通过政策引导、以奖代补等形式吸引社会资本投入。

（三）提升能力保障

加强科学研究和成果转化，加大先进适用技术推广应用，形成一批可复制、可推广的母亲河复苏技术模式。结合智慧水利建设，建立母亲河复苏行动信息化监管平台，深化拓展业务应用，提高母亲河复苏行动数字化、网络化、智能化水平。

（四）强化宣传引导

加大母亲河复苏行动宣传力度，营造良好舆论氛围。加强母亲河本底监测数据、图片、影像收集、留存，全面跟踪记录母亲河治理修复情况。开展母亲河复苏行动典型案例评选和推广宣传。鼓励与引导社会公众发挥监督作用，动员社会各方力量共同参与母亲河复苏行动。

附表1：____流域（省区）河流断流排查分析表

附表2：____流域（省区）湖泊萎缩干涸排查分析表

附表3：____流域（省区）2022—2025年母亲河复苏行动河流名单

附表4：____流域（省区）2022—2025年母亲河复苏行动湖泊名单

附表 1

____流域（省区）河流断流排查分析表

序号	河流或河段名称	水资源一级区	水资源二级区	涉及省级行政区	河长/km	流域面积/km²	河流级别	是否季节性河流	涉及的地级行政区	涉及的主要县级行政区	河道断流（干涸）情况①				已开展修复工作及实施效果	河道断流发展趋势②	人为活动导致断流的起始年份	河道断流原因分析③							是否具有修复必要④	拟采取的主要修复措施及实施可行性⑤	河流断流分析数据来源
											断流（干涸）河段分布	断流（干涸）河长/km	断流（干涸）天数	断流年份/次				断流河段过度取水	地下水超采	上游用水超载	水工程无生态流量目标	水工程调度不合理	水利水电工程缺乏生态流量泄放设施	上游天然径流衰减			
1	河流1																										
2	河流2																										
3	⋮																										

① 应充分利用第三次全国水资源调查评价成果及近 5 年最新水文监测数据，分析河道断流（干涸）情况；无监测数据的，可采取走访调查、实际调研等方法，有条件的地区利用卫星遥感图像解译；季节性河流的天然断流期和冰冻河流的冰冻季不纳入统计时段，主要填写断流程度加剧的河长和天数；断流河段分布要说明断流河段在河流上的分布位置和起止断面。

② 可分总体稳定、逐步恢复、日趋恶化等不同类型，分析说明近 5～10 年河道断流发展趋势。

③ 重点分析由于人为活动导致的断流原因，包括但不限于断流河段及上游区域水资源过度开发利用、地下水超采等人为活动；受人为活动和天然径流衰减叠加影响的，还应分析天然径流衰减情况；涉及水工程调度的，要分析具体情况以及相关原因，特别是河流是否批复水资源调度方案（计划）及审批部门。

④ 重点分析断流河流修复已有工作基础、各地开展河流修复的重要性和紧迫性等。

⑤ 针对河道断流问题类型及成因，分析拟采取措施包括但不限于水资源优化配置、水量调度管理、地下水压采、引调水及河湖水系连通、生态补水等主要措施及实施可行性。

附表 2

____流域（省区）湖泊萎缩干涸排查分析表

序号	湖泊名称	水资源一级区	水资源二级区	涉及省级行政区	涉及地级行政区	主要涉及县级行政区	咸淡水类型	入湖水量情况①/万 m^3		出湖水量情况①/万 m^3		湖泊水位变化①/m			湖泊水量变化①/万 m^3			湖泊水面面积变化①/km^2			已开展修复工作及实施效果	湖泊萎缩干涸趋势②	萎缩干涸起始年份	湖泊萎缩干涸原因③				是否具有修复必要④	拟采取的主要修复措施及实施可行性⑤	湖泊萎缩干涸数据来源
								1980—2000 年	2001—2020 年	1980—2000 年	2001—2020 年	1980—2000 年	2001—2020 年	变化值	1980—2000 年	2001—2020 年	变化值	1980—2000 年	2001—2020 年	变化值				水资源过度开发	水工程调度不合理	湖泊围垦等空间占用	入湖天然径流衰减			
1	湖泊 1																													
2	湖泊 2																													
3	⋮																													

① 1980—2000 年系列和 2001—2020 年系列分别填写多年平均的入湖水量和出湖水量、平均水位和平均水量；变化值主要填写 1980—2000 年系列和 2001—2020 年系列的差值，水位上升、水量增加和水面面积增加用“+”号表示，水位下降、水量减少和水面面积萎缩用“－”号表示。

② 可分总体稳定、逐步恢复、日趋恶化等不同类型，分析说明近 5～10 年湖泊干涸萎缩发展趋势。

③ 重点分析由于人为活动导致的湖泊萎缩干涸原因，包括但不限于水资源过度开发、湖泊围垦等人为活动；若湖泊干涸，只填写“干涸起始年份”和“萎缩干涸原因”项；受人为活动和天然径流衰减叠加影响的，还应分析天然径流衰减情况；涉及水工程调度的，要分析具体情况以及相关原因。

④ 重点分析湖泊修复已有工作基础、各地开展湖泊修复的重要性和紧迫性等。

⑤ 针对湖泊萎缩干涸问题类型及成因，分析拟采取措施包括但不限于水资源优化配置、水量调度管理、河湖水系连通、生态补水、整治疏浚、退田还湖、退圩还湖、退养还湖还湿等主要措施及实施可行性。

附表 3

____流域（省区）2022—2025 年母亲河复苏行动河流名单

序号	河流或河段名称[①]	水资源一级区	水资源二级区	涉及省级行政区	涉及地级行政区	涉及的主要县级行政区	河长/km	流域面积/km^2	断流河段分布	断流河长/km	近期修复目标[②]	主要修复措施[③]						母亲河复苏行动方案编制责任主体[④]	行动实施期限
												退还挤占	优化调度	水系连通	生态补水	河道整治	治理超采		
1	河流1																		
2	河流2																		
3	⋮																		

① 根据母亲河复苏行动河湖名单确定情形，从附表 1 中筛选确定 2022—2025 年开展母亲河复苏行动的河流填写。

② 针对不同河流的生态保护要求填写，如主要控制断面下泄生态水量、断流河段恢复有水河长、正常来水条件下实现全线过流、河道生态流量保障等。

③ 针对近期修复目标和任务，分析说明河流修复的主要措施和要求，如优化调度，则提出具体调度措施以及优化调度目标。

④ 按照编制责任主体，填写流域管理机构、省级及市县水行政主管部门。

附表 4

____流域（省区）2022—2025 年母亲河复苏行动湖泊名单

序号	湖泊名称[①]	水资源一级区	水资源二级区	涉及省级行政区	涉及地级行政区	涉及的主要县级行政区	湖泊萎缩干涸面积变化量/km^2	近期修复目标[②]	主要修复措施[③]						母亲河复苏行动方案编制责任主体[④]	行动实施期限
									退还挤占	优化调度	水系连通	生态补水	河道整治	治理超采		
1	湖泊1															
2	湖泊2															
3	⋮															

① 根据母亲河复苏行动河湖名单确定情形，从附表 2 筛选确定 2022—2025 年开展母亲河复苏行动的湖泊填写。
② 针对不同湖泊的生态保护要求填写，如湖泊水面或湿地恢复面积、湖泊水位或矿化度维持目标等。
③ 针对近期修复目标和任务，分析说明湖泊修复的主要措施和要求，如优化调度，则提出具体调度措施以及优化调度目标。
④ 按照编制责任主体，填写流域管理机构、省级及市县水行政主管部门。

水利部关于印发《关于推动水利风景区高质量发展的指导意见》的通知（水综合〔2022〕316号）

部机关各司局，部直属各单位，各省、自治区、直辖市水利（水务）厅（局），各计划单列市水利（水务）局，新疆生产建设兵团水利局：

《关于推动水利风景区高质量发展的指导意见》已经部务会审议通过，现印发给你们，请结合实际，认真贯彻落实。

水利部

2022年7月30日

关于推动水利风景区高质量发展的指导意见

建设发展水利风景区是贯彻落实习近平生态文明思想、建设美丽中国的重要举措。为充分发挥水利设施功能、维护河湖健康生命，推动新阶段水利风景区高质量发展，现提出以下意见。

一、总体要求

（一）指导思想

以习近平新时代中国特色社会主义思想为指导，深入贯彻习近平生态文明思想和习近平总书记“节水优先、空间均衡、系统治理、两手发力”治水思路及关于治水重要讲话指示批示精神，完整、准确、全面贯彻新发展理念，加快构建新发展格局，统筹发展和安全，加强水利设施和水域岸线保护，强化水文化建设，在确保水利工程安全平稳运行、功能完全发挥的前提下推动水利风景区高质量发展，满足人民日益增长的美好生活需要。

（二）基本原则

——坚持生态优先、安全发展。践行绿水青山就是金山银山的理念，以资源环境为刚性约束，科学合理保护与利用水利风景资源，确保水利工程安全，维护河湖健康生命，守牢安全底线。

——坚持目标导向、服务民生。牢固树立以人民为中心的发展理念，为人民群众提供更多文化、休闲、游憩空间，提高人民群众获得感、幸福感、安全感。

——坚持依法依规、有序发展。强化法治思维，依法依规利用水利设施和水域岸线，加强水利风景区全生命周期管理，推动协调发展、有序发展，着力提高水利风景区发展质量。

——坚持水利特色、彰显文化。立足流域系统性，依托水利设施，突出水利特色，提升文化内涵，打造高质量水利风景区品牌，助力水利高质量发展。

（三）发展目标

到2025年，围绕实施国家重大战略与区域发展战略，推进生态文明建设，完善水利风景区总体布局，建立健全水利风景区管理制度体系，监管能力得到明显提升；推动水利风景区风光带和集群发展，新建100家以上国家水利风景区，推广50家高质量水利风景区典型案例，水利风景区发展质量整体提升，使水利风景区成为幸福河湖、水美中国建设的突出亮点。

到2035年，水利风景区总体布局进一步优化，发展体制机制进一步完善，综合效益显著增强，更好地满足人民日益增长的美好生活需要，使水利风景区成为幸福河湖的重要标识、生态文明建设的水利名片。

二、完善水利风景区总体布局

（四）推动水利风景区风光带和集群发展

以河流水系为轴线，水利工程、湖泊为载体，统筹上下游、左右岸水利风景资源，串联河流水系沿线不同特色景区，形成水利风景区风光带。结合国家战略和区域战略，重点在长江两岸、黄河沿岸、大运河沿线、南水北调工程沿线等推出一批国家水利风景区，发展水利风景区风光带。以区域为单元，结合水网建设，串联区域内河、湖、库、渠、塘等水利风景资源，发展水利风景区集群。

（五）建设一批特色鲜明的国家水利风景区

结合重大水利工程建设，统筹水利风景资源，着力推动建设一批特色鲜明的国家水利风景区。在风景资源丰富、生态环境优良的大中型水库重点打造一批水库型水利风景区；在中东部河湖资源丰富、河网密集区域重点打造水清岸绿、环境优美的河湖型水利风景区；在长江中下游、黄河上中游、淮河流域、东部平原等大中型灌区分布密集地区重点打造具有田园风光、乡村特色的灌区型水利风景区；在长江流域上游、黄河流域上中游、松辽流域黑土分布区、滇桂黔石漠化片区等地区重点打造自然景观特色鲜明、文化科普内涵丰富的水土保持型水利风景区。

三、加强水利风景区保护与利用

（六）提升文化内涵

水利风景区要充分挖掘水利工程文化内涵，突出其文化功能和时代价值。开展水利风景区水利遗产资源调查，加强水利遗产和古代水利工程遗迹的保护与利用。在水利工程规划、设计、建设中融入水文化和当地人文元素，充分挖掘红色资源、廉洁文化，合理利用已有建筑、既有设施和闲置场所，开展文化、科普、教育等活动，推出一批传承红色基因的水利风景区名录。鼓励在国家水利风景区建设水情教育基地、水利科普教育基地、水利法治宣传教育基地、节水教育社会实践基地、水土保持科技示范园等。

（七）完善绿色安全服务设施

加强水利风景区水生态环境保护，维护河湖生态风貌，在水利风景区内推广使用先进节水技术、节水器具和绿色低碳交通工具。污水集中处理达标排放，鼓励污水再生利用。严格执行水利工程设施安全运行、水旱灾害防御、水资源水生态保护、河湖管理等法律法规和规定，完善安全防护设施，因地制宜推进健身步道、休闲绿道、亲水平台等建设，为人民群众提供身边的休闲游憩空间。

（八）提升智慧服务水平

搭建和完善国家水利风景区动态监管平台，加强对河湖水质、生态流量、水生态环境监测，建立数据共享机制，推动实现部、省、市、县（区）、景区数据汇聚和一体化管理。推动物联网、大数据、云计算、区块链、人工智能、数字孪生等现代信息技术在景区服务中的应用，促进景区服务线上线下融合，及时发布水利风景区环境质量和服务等信息。鼓励高质量水利风景区率先推行智慧管理。

四、强化水利风景区监督管理

（九）落实景区管理责任

流域管理机构和地方各级水行政主管部门要进一步核实景区范围，明确涉及的河湖管理范围和水利工程管理与保护范围。水利风景区管理机构要进一步明确景区管理和运营主体责任边界，建立责任体系，完善管理制度和安全应急预案，落实安全保障措施和管理责任。

（十）强化监督管理

建立水利风景区监督管理体系，完善激励约束机制，严把入口关，强化事中事后监管。水利部负责水利风景区监督指导，组织开展复核、重点抽查和专项检查。制定复核工作方案，落实退出机制。对因水利设施、水域及其岸线功能调整，不符合原认定条件的国家水利风景区，或者存在影响行洪安全、侵占水库库容及河湖岸线、发生侵害河湖健康生命行为的国家水利风景区，依法依规予以摘牌并全国通报。流域管理机构和地方各级水行政主管部门负责落实监督管理责任，按照管理权限对水利风景区开展复核和监督检查。

五、加强水利风景区品牌建设和价值实现

（十一）强化品牌建设

开展高质量水利风景区遴选，持续开展“水美中国”品牌赛事活动，打造品牌标杆。通过各类媒体媒介、线上线下，推广景区高质量发展经验与成效。各地要利用自身优势资源，通过重大活动节点和各类媒介平台，深入开展系列宣传活动，提高水利风景区知名度、美誉度和社会影响力。

（十二）探索推动水利风景区水生态产品价值实现

开展水利风景区水生态产品价值实现机制试点，提出水生态产品清单，开展水生态产品价值评估，研究水利风景区水生态产品价值实现的路径，推进“水利风景区＋”融合发展。鼓励水利风景区通过生态产品认证、生态标识等方式培育具有水利特色的生态产品区域公用品牌，提升水生态产品价值。积极推进水利风景区多元化投融资机制创新，挖掘水利风景区优势资源和水生态产品价值，拓展水利风景区市场融资途径，吸引社会资本参与水利风景区建设与管理。

六、保障措施

（十三）加强统筹协调

流域管理机构和地方各级水行政主管部门要切实加强水利风景区的组织领导，建立工作机制，保障工作经费，加强政策指导和资源共享，合力推进新阶段水利风景区高质量发展。充分利用河湖长制工作平台，加强与有关部门的沟通与协调，建立多部门融合发展机制。

（十四）加强能力建设

流域管理机构和地方各级水行政主管部门要结合实际建立健全水利风景区管理制度，加强水利风景区人才队伍与专家队伍建设，开展水利风景区建设管理培训，深化与高等院校、科研机构等合作，建设高端智库，共同开展重大理论问题研究与技术应用推广。

水利部关于开展 2022 年度实行最严格水资源管理制度考核工作的通知（水资管函〔2022〕102 号）

各省、自治区、直辖市人民政府：

经中共中央办公厅和国务院办公厅批准，实行最严格水资源管理制度考核列入 2022 年度考核工作计划。为做好 2022 年度实行最严格水资源管理制度考核工作，按照中央关于统筹规范督查检查考核工作有关要求，以及《国务院办公厅关于印发实行最严格水资源管理制度考核办法的通知》（国办发〔2013〕2 号），水利部商国家发展改革委、工业和信息化部、财政部、自然资源部、生态环境部、住房城乡建设部、农业农村部和国家统计局，制定了《2022 年度实行最严格水资源管理制度考核方案》，

现将有关事项通知如下。

一、2022年度实行最严格水资源管理制度考核内容包括目标完成情况、重点任务措施落实情况，其中目标完成情况重点考核2022年度指标完成情况；重点任务措施落实情况主要考核2022年度重点工作落实情况。

二、2022年度实行最严格水资源管理制度考核采用日常监督与年终考核、定量考核与定性考核、明察与暗访等相结合的方式。日常监督主要采用"四不两直"等方式进行检查，年终考核以各省（自治区、直辖市）人民政府自查，考核工作组核查或抽查等方式开展。根据日常监督与核查抽查情况进行年度考核结果评定，考核结果由水利部等9个部门联合上报国务院审定。

三、2022年度用水总量控制、用水效率控制、水功能区限制纳污管理目标值，依据有关控制目标确定。

四、2023年2月15日前，各省（自治区、直辖市）人民政府将2022年度目标完成情况初步结果、重点任务措施落实情况自查报告经省级人民政府主要负责人审签后报送国务院，并抄送水利部等考核工作组成员单位。自查报告和支撑材料电子版通过国家水资源信息管理系统同时报送水利部。截至时间为2023年2月15日，逾期不受理。

五、请各省（自治区、直辖市）人民政府高度重视，认真组织，切实做好2022年度实行最严格水资源管理制度考核工作。各省（自治区、直辖市）报送资料务必真实、准确。存在弄虚作假情况，一经查实，考核结果为不合格，情节严重的，对有关责任人员依法依纪追究责任。

（联系人：王华　联系电话：010－63202900）

水利部

2022年9月2日

水利部办公厅关于强化流域水资源统一管理工作的意见（办资管〔2022〕251号）

各流域管理机构，各省、自治区、直辖市水利（水务）厅（局），新疆生产建设兵团水利局：

为贯彻落实《水利部关于强化流域治理管理的指导意见》（水办〔2022〕1号），提升流域治理管理能力和水平，推动新阶段水利高质量发展，现就强化流域水资源统一管理提出如下意见。

一、总体要求

（一）指导思想。深入贯彻落实习近平总书记"节水优先、空间均衡、系统治理、两手发力"治水思路和关于治水重要讲话指示批示精神，以流域水资源可持续利用为目标，以合理配置经济社会发展和生态用水、强化水资源统一监管、推动水生态保护治理为重点，着力提升水资源集约节约利用能力、水资源优化配置能力、流域生态保护治理能力，推动新阶段水利高质量发展，为经济社会持续健康发展提供有力支撑。

（二）基本原则。坚持"以水定城、以水定地、以水定人、以水定产"，强化流域水资源管控，将水资源刚性约束要求落到实处；坚持生态优先，处理好流域水资源开发利用与节约保护的关系；坚持系统观念，从全流域出发统筹干流与支流、地表水与地下水、当地水与外调水、常规水与非常规水的优化配置；坚持流域与区域相结合的水资源管理体制，在充分发挥区域水资源管理作用的同时，进一步强化流域水资源统一管理。

二、合理配置经济社会发展和生态用水

（三）保障河湖生态流量。将河湖基本生态流量保障目标作为河湖健康必须守住的底线。从全流域出发，以维护河湖生态系统功能为目标，统筹流域内生活、生产和生态用水配置，科学确定河湖生态流量保障目标。有序开展已建水利水电工程生态流量复核工作。流域管理机构要进一步加强生态流量管理的统筹协调，会同各省级水行政主管部门对河湖生态流量实施清单式管理，按管理权限逐一制定河湖生态流量保障实施方案，落实管理责任，将生态流量保障目标纳入水资源调度方案、年度调度计划，加强生态流量监测预警，严格落实生态流量保障目标。

（四）加快推进江河水量分配。以流域为单元，以流域综合规划为依据，统筹考虑重大水资源配置工程，明确江河流域分配的总水量和各相关地区的水量分配份额、重要控制断面下泄水量流量指标等，防止水资源过度开发。对尚未完成水量分配的跨省江河，流域管理机构要进一步加大协调力度；各相关省份要从全流域出发、从大局出发，尽快配合完成水量分配。各省级水行政主管部门要加快推进跨市县江河水量分配。开发利用地表水必须符合水量分配方案要求。

（五）严格地下水取水总量和水位控制。统筹流域内各水源配置，以县级行政区为单元确定地下水水位和地下水取水总量控制指标，防治地下水超采，实现地下水可持续利用。流域管理机构要强化对流域内省级边界且属于同一水文地质单元的区域地下水管控指标的协调，确保地下水管控指标体系科学合理；指导和监督流域内各省（自治区、直辖市）落实地下水管控指标。开发利用地下水，必须符合地下水取水总量控制、地下水水位控制等要求。

（六）推动明晰区域水权。流域与区域相结合，在明确江河流域水量分配、地下水管控指标和外调水可用水量等基础上，明确各地区来自不同水源的可用水量，以此为基础明晰区域水权。水量分配方案批复的可用水量，作为区域在该流域的地表水用水权利边界；确定下来的地下水可用水量，作为区域的地下水用水权利边界；对已建和在建的调水工程，调水工程相关批复文件规定的受水区可用水量，作为该区域取自该工程的用水权利边界。

（七）强化规划水资源论证。各级水行政主管部门要全面推动对工业、农业、畜牧业、林业、能源、自然资源开发等规划和重大产业、项目布局及各类开发区、新区规划等开展规划水资源论证工作，从规划源头促进产业结构布局规模与水资源承载能力相协调。需由流域管理机构审查的涉及流域水资源配置的专业（专项）规划，流域管理机构应同步组织对其规划水资源论证报告书进行审查。

（八）科学规划实施跨流域调水工程。按照“确有需要、生态安全、可以持续”的原则，科学规划实施跨流域调水工程，切实守住流域水资源开发利用上限和生态流量管控底线。对调出水资源的流域，各级水行政主管部门按管理权限审查的调水工程规划及可行性研究报告，应论证与江河水量分配方案、生态流量保障目标等水资源管控指标的符合性。对调入水资源的流域，应论证水资源需求的合理性以及与区域用水总量控制指标的符合性；工程实施后应统筹本地水和外调水，充分发挥调水工程效益。

三、强化流域水资源统一监管

（九）全面加强流域水资源监测体系建设。流域管理机构要围绕流域水资源管控指标，以重要江河控制断面下泄流量水量监测、重要湖泊水位监测、重点取水口取水在线计量为重点，系统完善监测计量体系。统筹推进水资源管理信息系统整合，切实强化流域区域数据资源共享，全面准确掌握全流域水资源及其开发利用保护信息，形成流域水资源信息“一张图”和水资源监管“一本账”。流域管理机构对本流域范围内的水资源监测与信息共享开展监督检查。推进数字孪生流域建设，建设流域水资源管理与调配应用系统，提升流域水资源数字化、网络化、智能化管理水平，提高水资源调配决策能力。

（十）强化取水口管理。以流域为单元建立取用水总量管控台账，严格流域取用水动态管控，切实将江河水资源和地下水开发强度控制在规定限度内。对依法应纳入取水许可管理的取水口，全面实施取水许可。严格水资源论证和取水许可，未开展水资源论证或未通过水资源论证技术审查的，不得批准取水许可。流域管理机构加强流域重大水资源配置工程项目、控制性水利水电枢纽工程和规模以上重大建设项目取水审批。全面推广应用取水许可电子证照。严厉打击未经批准擅自取水、未取得审批文件擅自建设取水工程或设施、无计量取水、超许可取水、擅自改变取水用途等违法行为，完善取用水管理长效监管机制。

（十一）加强水权交易及监管。对位于同一流域或者位于不同流域但具备调水条件的行政区域，县级以上地方人民政府或者其授权的部门、单位，可以对区域可用水量内的结余或预留水量开展交易。取用水达到或超过可用水量的地区，原则上要通过水权交易满足新增用水需求。推进取水权交易和灌溉用水户水权交易，探索用水权有偿取得。强化用水权交易审核，防止以用水权交易为名套取取用水指标，防止用水权交易挤占生活、基本生态用水和农田灌溉合理用水。流域管理机构要加强管辖范围内水权交易活动的监督管理工作。

（十二）健全水资源考核与监督检查机制。按照建立水资源刚性约束制度的要求，完善考核内容，优化考核方式，健全工作机制，强化问题整改和责任追究，发挥考核的激励鞭策和导向作用。充分发挥流域管理机构作用，流域管理机构参与制定水资源考核办法、年度工作方案等工作，全过程参加考核，将掌握的情况作为考核赋分的重要依据，并对考核结果提出意见和建议；在水资源管理监督检查中，流域管理机构参与制定监督检查工作方案，并组织实施。

四、推动流域水生态保护治理

（十三）开展流域水资源承载能力评价。建立流域水资源承载能力监测预警机制，流域管理机构会同各省级水行政主管部门定期开展流域和特定区域水资源承载能力评价，实时监测流域和重点区域水资源开发情况。水利部依据流域区域水资源承载能力监测结果，发布并动态更新水资源超载地区名录。

（十四）实行水资源超载地区暂停新增取水许可。在水资源超载地区，按超载的水源类型暂停相应水源的新增取水许可。对合理的新增生活用水需求以及通过水权转让获得取用水指标的项目，可以继续审批新增取水许可，但需严格进行水资源论证，原由市级、县级水行政主管部门负责审批的，审批权限调整为省级水行政主管部门；省级水行政主管部门在审批新增取水许可前，应当征求流域管理机构意见。流域管理机构要指导有关省级水行政主管部门组织水资源超载地区制定实施水资源超载治理方案，明确超载治理的目标、完成时限、具体治理措施，切实解决水资源超载问题。

（十五）开展母亲河复苏行动。流域管理机构会同省级水行政主管部门全面排查断流河流（河段）、萎缩干涸湖泊，确定母亲河复苏名单，组织制定“一河一策”“一湖一策”，推进修复目标、任务和措施落实，逐步退还被挤占的生态用水。继续深入实施华北地区河湖生态环境复苏行动，推进大运河生态保护与修复、永定河综合治理与生态修复、西辽河量水而行工作，继续做好黄河、塔里木河、黑河、石羊河水资源优化配置和调度，巩固修复治理成果。

（十六）推进地下水超采治理。开展地下水超采区划定。流域管理机构对流域内各省（自治区、直辖市）的超采区划定成果进行复核。有关省级水行政主管部门要加强地下水禁采区、限采区监管。相关省级水行政主管部门、流域管理机构要以京津冀地区为重点，系统推进华北地区地下水超采综合治理。推动实施三江平原、松嫩平原、辽河平原、西辽河流域、黄淮地区、鄂尔多斯台地、汾渭谷底、河西走廊、天山南北麓与吐哈盆地、北部湾地区等重点区域地下水超采治理工作，落实治理任务，及时开展成效评估。流域管理机构结合地下水水位变化通报和地下水超采治理要求，指导督促地方落实地下水超采治理主体责任。

（十七）扎实做好饮用水水源地保护。以流域为单元完善饮用水水源地名录，实施名录动态调整，有序开展饮用水水源地安全评估。摸清流域范围内地级以上行政区应急备用水源地建设、管理及运行情况。加强饮用水水源日常监管和监督性监测，建立完善流域区域沟通协调机制。推动建立跨部门水资源保护协作机制。严格落实重大突发水污染事件报告制度，及时掌握污染影响范围内饮用水水源情况、水利工程情况等，加强应急调度配置，提升应急处置能力。

五、强化支撑保障

（十八）加强组织领导。各级水行政主管部门要牢固树立流域治理管理的系统观念，把强化流域水资源统一管理工作作为事关新阶段水利高质量发展的重要任务，加强组织领导和工作推动，调动各方力量，确保各项措施落实落地。流域管理机构要严格落实“三定”规定，充分发挥自身优势，履职尽责、主动作为。在强化流域水资源统一管理的同时，要注重流域区域协同，为区域经济社会发展提供服务和水资源支撑，区域发展要与流域水资源承载能力相适应。

（十九）强化法治保障。加快推进黄河保护法立法进程。加大水资源领域突出问题的执法力度。充分发挥流域管理机构统筹协调作用，建立健全流域内水行政执法跨区域联动、跨部门联合、与刑事司法衔接、与检察公益诉讼协作等机制，强化全流域联防联控联治。建立完善与公安机关、检察机关、审判机关的信息共享、案情通报、证据衔接、案件移送、工作协助等程序和机制，充分发挥执法在水资源管理领域的支撑保障作用。

（二十）强化科技与投入支撑。按照贯彻落实水资源刚性约束的要求，充分考虑不同流域水资源特点、水资源开发利用存在的问题等，开展流域水资源宏观战略研究，加强前瞻性思考、全局性谋划、战略性布局、整体性推进。充分利用水资源监测、水生态保护和修复、地下水超采治理等方面的先进实用科技成果，强化水资源管理的科技支撑。加大流域水资源监测体系、管控、科研等方面的投入，加大地下水超采治理、水生态保护与修复治理的投入，努力保障流域水资源管理治理的资金需求。

（二十一）加强经验总结推广。在推进强化流域水资源统一管理的基础上，遴选一批管理科学、成效显著、可复制可推广的流域水资源管理典型，总结经验、广泛宣传推广，凝聚强化流域水资源管理的智慧和力量，进一步推动流域水资源管理。

水利部办公厅
2022 年 9 月 6 日

水利部办公厅关于推广应用河道采砂许可电子证照的通知（办河湖〔2022〕263 号）

各省、自治区、直辖市水利（水务）厅（局），新疆生产建设兵团水利局，有关流域管理机构：

为贯彻落实国务院关于深入推进“互联网＋政务服务”的决策部署，根据《国务院关于深化“证照分离”改革进一步激发市场主体发展活力的通知》（国发〔2021〕7 号）、《国务院办公厅关于加快推进电子证照扩大应用领域和全国互通互认的意见》（国办发〔2022〕3 号）等文件精神，现就推广应用河道采砂许可电子证照有关事项通知如下。

一、总体目标

按照全国一体化在线政务服务平台建设总体部署，完善水利部电子证照系统，推广应用河道采砂许可电子证照，持续优化政务服务，便利企业和群众办事。2022 年 12 月底前，长江、黄河、淮河、海河水利委员会启用河道采砂许可电子证照；2023 年 6 月底前，各省、自治区、直辖市启用河道采砂许可电子证照，全国实现电子证照信息交互共享和互信互认。

二、主要任务

（一）完善电子证照系统。按照《全国一体化在线政务服务平台电子证照河道采砂许可证》（C0290—2022）等有关标准，完善水利部电子证照系统，具备河道采砂许可电子证照签发、查询、验证和日志管理等功能。各省级水行政主管部门结合本地实际，在省级政务服务平台上建设完善本地区的河道采砂许可审批系统，推动河道采砂许可在线审批。

（二）实现部省系统对接。按照《水利部电子证照系统（河道采砂许可证）省级对接技术方案》（见附件），省级河道采砂许可审批系统与水利部电子证照系统对接，具备自动生成、发放统一版式的河道采砂许可电子证照条件。暂不具备对接条件的省份，登录水利部电子证照系统，通过信息录入方式生成河道采砂许可电子证照。有关流域管理机构直接应用水利部政务服务平台，河道采砂许可审批与电子证照发放“一站式”办理。

（三）开展电子化、标准化转换。有关流域管理机构和地方各级水行政主管部门对现行有效的河道采砂许可证进行电子化、标准化转换。针对纸质证书，登录水利部电子证照系统，通过信息录入方式实现电子化、标准化转换；针对电子证书，通过系统对接方式套用统一版式的河道采砂许可电子证照，实现标准化转换。

（四）推动电子证照共享互认。水利部信息中心及时将全国河道采砂许可电子证照目录信息归集至全国一体化在线政务服务平台，实现河道采砂许可电子证照信息查询、校验、共享、互认，提高政务服务水平。

三、工作要求

（一）加强组织领导。有关流域管理机构和各省级水行政主管部门要高度重视河道采砂许可电子证照应用推广工作，加强组织领导，强化统筹协调，明确职责分工，实化推进措施，及时完成各项任务，确保按期启用河道采砂许可电子证照。

（二）加强支撑保障。各省级水行政主管部门要积极争取省级政府政务服务平台建设管理部门的支持，将河道采砂许可电子证照应用推广列入政府在线政务服务平台的重点工作内容，强化经费保障、技术支持和运行维护，确保各项工作有序有效推进。

（三）加强审核把关。有关流域管理机构和地方各级水行政主管部门要加强河道采砂许可审批管理，严把数据质量审核关，确保河道采砂许可电子证照信息与许可审批信息完整、准确、一致。

（四）加强安全保障。有关流域管理机构和地方各级水行政主管部门要按照全国一体化在线政务服务平台安全保障要求，强化风险防控，建立健全河道采砂许可电子证照库安全保障体系，规范电子证照的签发、使用、管理以及系统日常运行维护等，确保系统安全和信息数据安全。

（五）加强宣传引导。有关流域管理机构和地方各级水行政主管部门要采取多种形式、利用各种媒介，广泛宣传河道采砂许可电子证照应用的有效做法和典型经验，积极推广应用河道采砂许可电子证照，为进一步优化营商环境提供有力支撑。

联系人及联系方式：

河湖管理司　鲍　军　010－63202938

部信息中心　王爱莉　010－63202518

田晶鑫　010－63203043/15663118710

水利部办公厅

2022 年 9 月 23 日

附件

水利部电子证照系统（河道采砂许可证）省级对接技术方案

按照《国务院办公厅关于切实做好各地区各部门政务服务平台与国家政务服务平台对接工作的通知》（国办函〔2018〕59 号）和《全国一体化在线政务服务平台　电子证照　河道采砂许可证》（C0290—2022，简称“C0290”）等有关要求，水利部依托全国一体化在线政务服务平台建设了水利部电子证照系统，具备了为地方各级水行政主管部门提供河道采砂许可电子证照签发证服务功能。为保证河道采砂许可电子证照签发证服务质量，做好与各省级水行政主管部门有关系统的技术对接工作，制定本技术方案。

一、系统定位与功能

水利部电子证照系统提供河道采砂许可电子证照签发、查询及验证等服务，同时具备将现行有效的河道采砂许可证进行电子化、标准化转换。

已经建设运用河道采砂许可审批系统的省份，可在河道采砂许可证书颁发环节与水利部电子证照系统对接，自动生成河道采砂许可电子证照，加盖满足全国一体化在线政务服务平台技术标准的电子印章；暂不具备对接条件的省份，可登录水利部电子证照系统，通过信息录入方式生成河道采砂许可

电子证照。生成的河道采砂许可电子证照版式文件和基本信息可按照省级水行政主管部门的需要存储到指定数据库。

二、对接条件

为实现与水利部电子证照系统对接，各省级水行政主管部门有关系统须具备以下条件：

（一）网络环境

各省级水行政主管部门有关系统的网络应与国家电子政务外网互联互通。访问水利部电子证照系统接口的地址为59.255.43.99：8080。

（二）电子印章

各省级水行政主管部门需按照国家政务服务平台电子印章技术要求，先行完成电子印章系统建设，与国家政务服务平台电子印章系统实现对接；支撑的CA机构须纳入国家密码管理局发布的《电子政务电子认证服务机构目录》；电子印章须在国家政务服务平台完成备案。

电子印章系统建设、对接需满足以下要求：

1. 各省级水行政主管部门的电子印章系统应支持OFD格式的电子文件签章。

2. 电子证照元数据等信息在签章时不可被破坏。

3. 签章方式支持UKEY签章或云签章。具备电子印章对接条件的省份，UKEY签章需要提供签章页面进行集成，云签章需要提供签章接口。

三、对接方式与发证

（一）系统对接发证

系统对接发证适用于已经建设运用河道采砂许可审批系统的省份。

工作内容：有关省级水行政主管部门根据C0290标准，改造审批系统，完善系统功能，增加发证环节，补充完善河道采砂许可全量数据，调用水利部电子证照系统提供的新办、变更等接口，执行盖章操作后实现河道采砂许可电子证照签发。调用水利部电子证照系统接口需联系水利部，申请正式（及测试环境）系统账号和密钥。

发证方式：各省级水行政主管部门完善河道采砂许可信息，并将全量数据推送至水利部电子证照系统，完成模板生成，同时执行盖章（或调用印章）操作，完成河道采砂许可电子证照签发。

（二）信息录入发证

信息录入发证适用于无河道采砂许可审批系统或系统不完善的省份。

工作内容：有关省级水行政主管部门应保障国家电子政务外网畅通，先行完成电子印章系统建设，并与水利部电子证照系统实现对接。

发证方式：登录水利部电子证照系统，录入河道采砂许可全量数据，确认发证信息，并执行盖章操作后，完成河道采砂许可电子证照签发。

水利部关于印发水利监督规定的通知
（水监督〔2022〕418号）

部机关各司局，部直属各单位，各省、自治区、直辖市水利（水务）厅（局），各计划单列市水利（水务）局，新疆生产建设兵团水利局：

《水利监督规定》已经部务会议审议通过，现印发给你们，请认真遵照执行。

水利部

2022年12月5日

水利监督规定

第一章 总 则

第一条 为强化水利行业监督管理，依法履行水利监督职责，规范水利监督行为，依据《中华人民共和国水法》等法律法规和《水利部职能配置、内设机构和人员编制规定》等有关文件，制定本规定。

第二条 本规定所称水利监督，是指水利部、流域管理机构、地方各级水行政主管部门在法定职权范围内，对本级及下级水行政主管部门、其他行使水行政管理职责的机构及其所属企事业单位，组织开展的监督工作。

前款所称“本级”包括内设机构和所属单位。

第三条 水利监督坚持依法依规、客观公正、问题导向、分级负责、统筹协调的原则，实行综合监督、专业监督、专项监督、日常监督相结合的监督体制。

水利监督应当按照中央关于统筹规范督查检查考核事项的有关要求，加强计划统筹管理，执行中强化统筹协调，避免集中扎堆、交叉重复，切实减轻基层负担。

第四条 水利部统筹协调、组织指导全国水利监督工作。

流域管理机构依据职责和授权，负责流域内或指定范围的水利监督工作。

地方各级水行政主管部门按照管理权限，负责本行政区域内的水利监督工作。

第二章 范围和事项

第五条 水利监督范围包括：党中央、国务院重大决策部署落实情况，水利部重要工作部署落实情况，法定职责履行情况等。

第六条 水利监督事项主要包括：

（一）水利安全生产和质量监督管理；

（二）流域综合规划、流域专业（专项）规划、区域水利规划编制与实施，水利建设项目前期工作；

（三）重点防洪工程设施水毁修复、大中型水库防洪调度和汛限水位执行、山洪灾害监测预警、蓄滞洪区建设和管理；

（四）水资源开发、利用、节约、保护、配置和管理；

（五）河长制湖长制落实，河湖水域及其岸线管理和保护，河道采砂管理；

（六）水土保持和水生态修复；

（七）灌区工程、农村供水工程建设与管理，小水电管理；

（八）水利建设市场监督管理，水利工程建设与运行；

（九）水资源调度及调水工程调度运行管理；

（十）中央水利资金使用和管理；

（十一）水文水资源监测、预报、评价；

（十二）水利工程移民及水库移民后期扶持政策落实；

（十三）水政监察和水行政执法；

（十四）水利网络安全和信息化建设及应用；

（十五）其他水利监督事项。

第三章 机构及职责

第七条 水利部成立水利监督工作领导小组，统筹协调、组织指导水利监督工作，水利监督工作领导小组办公室设在监督司。

流域管理机构成立水利监督工作领导小组，统筹协调流域内或指定范围的水利监督工作。

第八条 水利部水利监督工作领导小组职责：

（一）审定水利监督规章制度；

（二）研究部署水利监督重点工作；

（三）协调解决有关重大问题；

（四）提出责任追究意见。

第九条 综合监督由监督司负责，具体承担以下工作：

（一）制订年度水利监督检查考核工作计划并统筹协调组织实施；

（二）拟订水利监督规章制度；

（三）督促水利重大政策、决策部署和重点工作的贯彻落实，组织开展职责范围内的监督检查，受理监督检查异议问题申诉；

（四）指导协调水利行业监督检查体系建设和水利监督信息化建设；

（五）综合汇总各项监督检查成果，组织实施责任追究和年度水利监督工作综合评价；

（六）完成水利监督工作领导小组交办的其他工作。

第十条 专业监督由各业务司局负责，具体承担以下工作：

（一）按照职责提出本业务范围内的年度监督检查考核工作计划，配合做好中央计划事项和备案事项申报管理；

（二）根据工作需要组织制订或修订专业监督检查办法，明确监督检查方式方法、问题清单、责任追究标准等；

（三）组织开展专业监督检查，提出本业务范围内的监督检查工作要求，对有关问题进行认定，指导督促问题整改，实施责任追究；

（四）组织汇总分析专业监督检查成果，对典型性、系统性问题进行分析，提出加强行业管理的政策措施。

第十一条 专项监督由监督司负责，具体承担以下工作：

（一）开展对党中央、国务院领导同志指示批示贯彻落实情况、“急难险重”事项的监督检查；

（二）对水利部或流域管理机构直接管理的重大水利工程开展监督检查，指导督促问题整改，实施责任追究；

（三）重要举报事项调查。

第十二条 日常监督由流域管理机构负责，具体承担以下工作：

（一）统筹流域内年度监督检查考核工作计划和任务；

（二）组织开展、协调指导列入年度工作计划的监督检查任务，对发现问题进行认定，印发整改通知，提出责任追究建议或参与实施责任追究，指导督促问题整改；

（三）参与流域内水利监督工作考核评价；

（四）参与搭建水利监督信息系统；

（五）完成水利部交办的其他工作。

第十三条 地方各级水行政主管部门按照规定的权限，制定年度监督检查考核工作计划，统筹协调开展本行政区域内的监督检查，对有关问题进行认定，指导督促问题整改，实施责任追究，配合上级水行政主管部门或有关流域管理机构的监督检查工作。

第十四条 水利监督与水行政执法等相互协调、分工合作。水利监督检查发现有关单位、个人等涉水活动主体涉嫌违反水法律法规的，可根据具体情

节联合相关部门开展前期调查取证工作，并移送水行政执法机构查处；发现涉嫌违反党纪政纪等行为，向纪检监察机关移送问题线索。

第四章 程序及方式

第十五条 水利监督通过“查、认、改、罚”等环节开展工作，相关信息应及时录入水利监督信息系统，主要工作流程如下：

（一）按照年度工作计划制定监督检查工作方案；

（二）组建监督检查组，组织开展监督检查；

（三）对发现的问题进行现场认定；

（四）提出问题整改及责任追究意见建议，建立问题台账，下发整改通知；

（五）实施责任追究；

（六）跟踪问题整改和开展复查。

第十六条 水利监督检查方式包括飞检、检查、稽察、调查、考核评价等。

飞检，是指以“四不两直”方式开展工作，检查前不发通知、不向被检查单位告知行动路线、不要求被检查单位陪同、不要求被检查单位汇报，直赴项目现场、直接接触一线工作人员。

检查，是针对某个单项或专题开展的现场检查或巡查，一般在检查前印发通知，通知中明确检查时间、内容、对象、范围和参加人员，以及需要配合的工作要求等。

稽察，是按照国家有关法律、法规、规章、政策和技术标准等，对水利工程建设活动全过程进行监督检查。主要包括项目前期工作与设计工作、项目建设管理、项目计划下达与执行、资金使用、工程质量和安全等。

调查，是针对举报线索、某项专题或带有普遍性问题开展的专项活动，可结合其他监督方式开展工作。

考核评价，是针对某个专项或综合性工作开展的年度或阶段性考核，一般通过日常考核和终期考核相结合实施。

第十七条 水利监督检查依据相关法律法规、规章制度和技术标准等认定问题，并向被检查单位或其上级主管单位反馈意见。被检查单位对认定结果有异议的，可提交说明材料，向有关监督检查单位或监督工作组织单位反映。必要时，可聘请第三方技术服务机构协助复核。

第十八条 水利监督工作组织单位或监督检查单位按照各自职责，依据相关规定和工作程序，向被检查单位或其上级主管单位印发整改意见通知，适时视情开展复查。

被检查单位接到整改意见通知后，制定整改措施，建立销号台账，明确整改责任，组织问题整改，整改情况要在规定期限内反馈，同时向上级主管单位报告。

第十九条 被检查单位是问题整改的责任主体，其上级主管单位是督促问题整改的责任单位。

第二十条 水利监督工作组织单位或检查单位依据职责或授权，按照本规定或专业监督检查办法相关标准实施责任追究。

第五章 权限和责任

第二十一条 监督检查组一般由两名或以上监督人员组成，工作现场应主动出示工作证件，可采取以下措施：

（一）进入与检查项目有关的场地、实验室、办公室等场所；

（二）调阅、记录或复制与检查项目有关的档案、工作记录、会议记录或纪要、会计账簿、电子影像记录、技术文件等；

（三）查验与检查项目有关的单位资质、个人资格等证件或证明，水利工程项目建设参与方签署和履行廉洁协议情况；

（四）调阅、复制涉嫌造假的记录、单位资质、行政许可证件、个人资格、验收报告等资料，涉嫌重大问题线索的相关账簿、凭证、档案等资料；

（五）责令停止使用已经查明的存在瑕疵、缺陷或以假充真、不符合国家相关标准的产品；

（六）运用遥感卫星、无人机、无人船、监测站网、在线业务系统等监测技术手段进行检查；

（七）协调有关机构或部门参与调查，控制可能发生严重问题的现场，进行必要的延伸检查和质证等；

（八）按照行政职责可采取的其他措施。

第二十二条 水利监督检查应落实回避要求。监督人员遇有下列情况应主动报告，并申请回避：

（一）涉及本人利害关系的；

（二）涉及与本人有需要回避近亲属关系的；

（三）其他可能影响公正履职关系的。

上述申请经组织程序批准后生效。

第二十三条 被检查单位应遵守国家法律法规和有关规定，接受或配合监督检查，提供与检查内容相关的文件、记录、账簿等资料。

被检查单位有维护本地区、本部门、本项目正当合法权益的权利，有对检查发现问题进行合理申辩的权利，有向监督工作组织单位或纪检监察机关反映的权利。

第二十四条 监督人员应当具备与其从事监督

工作相适应的专业知识和业务能力，应当廉洁自律、客观公正、保守秘密。

水利监督工作接受社会监督，不得干预被检查单位的正常工作，凡发现监督检查组存在不符合有关规定、监督人员违反工作纪律等情况，可向有关监督工作组织单位或纪检监察机关反映。

第二十五条 各级水行政主管部门要保障监督检查工作顺利开展，依法依规落实监督工作经费、人员力量、业务培训和必要的监督工作装备等。

第六章 责任追究

第二十六条 水利部按照职责权限，对工作中不履行或不正确履行工作职责的单位和个人，依法依规实施责任追究或提出责任追究建议。

第二十七条 责任追究包括单位责任追究和个人责任追究。

单位责任追究，是对被检查单位进行的责任追究，以及对该单位上级主管单位进行的行政管理责任追究。

个人责任追究，是对检查发现问题的直接责任人的责任追究，以及对直接责任人的直接领导、分管领导和主要领导进行的责任追究。

第二十八条 对单位的责任追究，一般包括：责令整改、约谈、情况通报（含向省级水行政主管部门通报、水利行业内通报、地方人民政府通报等，下同)，以及其他相关法律法规、规章等规定的责任追究方式。

对个人的责任追究，由有管理权限的单位实施。一般包括：责令整改、约谈、情况通报，以及劳动合同约定的责任追究方式。构成违规违纪违法的，按照有关规定提出处理建议。

第二十九条 责任单位或责任人发生弄虚作假、隐瞒问题、干扰或拒不配合监督检查、严重问题整改措施不当或拒不整改等恶劣行为，以及一年内多次被追究责任等，应予以从重责任追究。责任单位或责任人主动自查自纠问题，并及时采取有效措施消除问题隐患的，可予以减轻或免于责任追究。

第三十条 对发现严重问题或问题较多，以及未按要求整改或整改不到位的地区或单位，报水利部水利监督工作领导小组审定后，纳入有关考核评价。

第七章 附 则

第三十一条 流域管理机构、地方各级水行政主管部门可结合本流域、本地区工作实际制定相关实施办法。

第三十二条 本规定自颁布之日起施行。2019年7月19日水利部印发的《水利监督规定（试行）》同时废止。

农业农村部关于调整黄河禁渔期制度的通告（农业农村部通告〔2022〕1号）

为养护黄河水生生物资源、保护生物多样性、促进黄河渔业可持续发展、推动黄河流域生态保护和高质量发展，根据《中华人民共和国渔业法》有关规定和《黄河流域生态保护和高质量发展规划纲要》《关于进一步加强生物多样性保护的意见》有关要求，我部决定自2022年起调整黄河禁渔期制度。现通告如下。

一、禁渔期和禁渔区

黄河干流青海段、四川段和甘肃段及白河、黑河、洮河、湟水、渭河（甘肃段）、大通河、隆务河及扎陵湖、鄂陵湖、约古宗列曲、玛多河湖泊群从2022年4月1日起至2025年12月31日实行全年禁渔。2026年以后的禁渔时间另行通知。

黄河干流宁夏段、内蒙古段、陕西段、山西段、河南段、山东段及大黑河、窟野河、无定河、汾河、渭河（陕西段)、南洛河、沁河、金堤河、大汶河及沙湖、乌梁素海、哈素海、东平湖的禁渔期为每年4月1日至7月31日。

二、禁止作业类型

禁渔期内禁止除休闲垂钓外的所有捕捞作业类型。

三、其他要求

（一）各省（自治区）人民政府渔业主管部门可根据本地实际，在上述禁渔规定基础上，适当扩大禁渔区范围，延长禁渔期时间。

（二）在上述禁渔区和禁渔期内，因教学科研、驯养繁殖等特殊需要，采捕黄河天然渔业资源的，须经省级人民政府渔业主管部门批准。

（三）开展增殖渔业的湖泊和水库，要严格区分增殖渔业的起捕活动与传统的天然渔业资源捕捞生产，加强对禁渔期内增殖渔业资源起捕活动的规范管理，具体管理办法可由省级人民政府渔业主管部门另行规定。

四、实施时间

上述规定自本通告公布之日起施行，《农业部关于实行黄河禁渔期制度的通告》（农业部通告〔2018〕2号）相应废止。

农业农村部

2022年2月15日

农业农村部关于进一步加强黄河流域水生生物资源养护工作的通知（农渔发〔2022〕5号）

黄河是中华民族的母亲河，是中华文明的发祥地。由于受到人类活动长期影响，黄河水生生物多样性遭到破坏，渔业资源呈现衰退趋势，水生生物资源保护工作日益成为黄河流域生态保护的短板。为提升黄河流域水生生物多样性保护水平，促进渔业可持续发展，推动黄河流域生态保护和高质量发展，现就进一步加强黄河流域水生生物资源养护工作通知如下。

一、总体要求

（一）指导思想

坚持以习近平生态文明思想为指导，全面贯彻习近平总书记关于推动黄河流域生态保护和高质量发展的重要讲话精神，认真落实《黄河流域生态保护和高质量发展规划纲要》和《关于进一步加强生物多样性保护的意见》有关要求，坚持绿水青山就是金山银山的理念，补短板、重保护、促发展，完善制度体系，强化科技支撑，严格执法监管，保护渔业资源，修复水域生态环境，加强黄河流域水生生物资源养护工作，努力开创黄河渔业水域生态保护和高质量发展新局面。

（二）主要原则

保护优先，自然恢复。坚持把水生生物资源养护工作摆在推进黄河流域生态保护的突出位置，以自然恢复为主，全面加强黄河流域水生生物资源及其栖息地、渔业水域生态环境保护。充分发挥渔业水域生态系统自我修复能力，科学开展水生生物资源增殖和水域生态修复，促进黄河水域生态系统休养生息。

统筹谋划，协同治理。充分认识黄河流域生态系统的统一性、完整性，把水生生物资源和渔业水域生态环境保护作为流域综合治理的重要内容，全面布局、科学规划、系统保护、重点修复。加强部门合作、区域联动、协同治理，积极采取有效措施实施黄河水生生物多样性保护。

因地制宜，分类施策。针对黄河上中下游、干支流、水库湖泊等水域的不同特点和渔业实际，实施不同的禁渔期制度。根据各河段、各省区的实际情况，科学合理实施资源养护和生态修复，提高政策和措施的针对性、有效性，全面提升水生生物资源养护效果。

管护结合，绿色发展。完善黄河水生生物资源养护管理制度，严格渔政执法监管，保证各项制度措施落实落地。统筹资源环境保护与渔业发展的关系，科学发展大水面生态渔业，实现生态效益与经济、社会效益有机统一。

（三）主要目标

到2025年，严格、完善的黄河禁渔期制度全面建立实施，水产种质资源保护区监管能力显著提升，关键生境修复取得突破，重要水生生物资源恢复性增长，水生生物多样性下降趋势初步遏制。到2035年，水生生物栖息生境得到全面保护，水生生物资源显著增长，水生生物完整性持续恢复，水域生态环境明显改善，为黄河流域生态文明建设和高质量发展发挥重要支撑作用。

二、完善禁渔期制度

（四）黄河河源区及上游重点水域实行全年禁渔。黄河干流青海段、四川段和甘肃段及白河、黑河、洮河、湟水、渭河（甘肃段）、大通河、隆务河及扎陵湖、鄂陵湖、约古宗列曲、玛多河湖泊群从2022年4月1日起至2025年12月31日实行全年禁渔。2026年以后的禁渔时间另行通知。

（五）黄河宁夏段至入海口延长禁渔时间。黄河干流宁夏段、内蒙古段、陕西段、山西段、河南段、山东段及大黑河、窟野河、无定河、汾河、渭河（陕西段）、南洛河、沁河、金堤河、大汶河及沙湖、乌梁素海、哈素海、东平湖在原禁渔期基础上延长一个月，即每年4月1日至7月31日。

（六）鼓励实施更严格的禁渔期制度。各省（自治区）渔业主管部门可根据本地实际，在上述禁渔规定基础上，适当扩大禁渔区范围，延长禁渔期时间。禁渔期内禁止除休闲垂钓外的所有捕捞作业类型。开展增殖渔业的湖泊和水库，要严格区分增殖渔业的起捕活动与传统的天然渔业资源捕捞生产，加强对禁渔期内增殖渔业资源起捕活动的规范管理，具体管理办法可由省级渔业主管部门另行规定。

三、加强重要物种栖息地保护

（七）提升水产种质资源保护区生态保护功能。明确保护区管理机构，配备必要的管护人员，加大管理设施建设投入，建立健全管理机制和配套制度，提升保护区监管能力和保护效果。开展重要水产种质资源登记，将重要水产种质资源纳入国家渔业生物种质资源库。强化重要物种种质资源及其关键栖息地养护，提升保护区的种质保存与保护功能。开展保护区种质资源调查和保护区范围核查，调整优化保护区及功能区范围。

（八）加强黄河三角洲水生生物多样性保护。开展黄河口水生生物多样性就地保护，做好黄河禁渔期制度和海洋伏季休渔制度的有效衔接，切实保护河口洄游性鱼类、滨海水生生物及其栖息地环境。

在河口外近岸海域建设海洋牧场，逐步恢复水生生物资源。利用水生生物生态屏障构建、栖息生境营造、区域分级养护等技术在黄河口推动开展水生生物修复，修复黄河口退化的水生生态系统功能，提升水生生物多样性水平。

（九）强化珍贵濒危水生生物物种及其栖息地保护。持续开展黄河水生生物资源和生态环境调查，摸清黄河流域水生生物资源家底，开展黄河水生生物完整性评价。开展黄河珍贵濒危水生野生动物栖息地调查，发布北方铜鱼、大鼻吻鮈、骨唇黄河鱼、秦岭细鳞鲑等黄河特有鱼类重要栖息地名录，保护黄河流域水生野生动物及其栖息环境。开展珍贵濒危物种繁育研究，抢救性保护水生野生动物资源。建设黄河鲤、兰州鲇、黄河鳖等重要土著鱼类以及其他重要水生动植物种质保存与扩繁基地，保护黄河流域特有水生动植物种。

四、加强生态修复

（十）科学实施水生生物增殖放流。根据《农业农村部关于做好“十四五”水生生物增殖放流工作的指导意见》（农渔发〔2022〕1号）有关要求，进一步完善增殖放流管理机制，科学制定水生生物增殖放流规划，合理确定适宜的放流水域、物种、数量，适当加大黄河特有鱼类和重点保护物种放流数量。设立一批水生生物增殖站，切实保障增殖放流苗种供给和苗种质量。加强增殖放流效果监测和评估工作，确保增殖放流效果。强化增殖放流监管力度，规范社会放生活动，禁止向天然开放水域放流（放生）外来种、杂交种、转基因种以及其他不符合生态要求的水生生物物种，防范外来物种入侵，确保水域生态安全。

（十一）强化生态补偿和生态修复。建立健全渔业生态保护补偿制度，开展渔业水域污染对渔业资源的公益诉讼和损害赔偿。严格黄河流域涉渔工程建设项目专题论证，组织开展建设项目生态补偿措施落实情况监督检查，确保各项生态补偿措施落实到位，减轻工程建设项目对水生生物资源及其栖息地的不利影响。会同有关部门在黄河上游及河源区重点水域开展鱼类生态通道及栖息地修复，推动实施生境连通重大工程；在黄河中下游开展鱼类产卵场修复与重建，开展水沙治理对水生生物资源生境影响评价，实施水沙调控区域水生生物及其栖息地保护措施，探索建设鱼类庇护场。根据水利部、生态环境部、农业农村部等七部门印发的《关于进一步做好小水电分类整改工作的意见》《关于开展黄河流域小水电清理整改工作的通知》有关要求，配合水利部门做好小水电清理整改工作，落实生态流量，要求相关建设单位建设必要的过鱼设施或实施增殖放流，使河湖连通性满足水生生物保护要求。

（十二）发展健康生态养殖。依法落实养殖水域滩涂规划制度，依法开展规划环评，科学划定禁养区、限养区和养殖区，禁止在行洪区开展网箱养殖。加强水产养殖技术研究与创新，发展生态健康养殖，在不影响河道行洪和河湖生态环境的前提下，推广适宜的环保型网箱养殖、循环水养殖、稻渔综合种养、大水面生态渔业、盐碱地渔农综合利用、设施装备养殖等绿色健康养殖和生态养殖模式。发展不投饵滤食性、草食性鱼类养殖，实现以渔控草、以渔抑藻、以渔净水，修复水域生态环境。加强水产养殖环境管理和风险防控，推进相关区域池塘标准化改造和养殖尾水治理。

五、加强监管执法

（十三）加强渔政执法力量。根据《中共中央办公厅、国务院办公厅关于深化农业综合行政执法改革的指导意见》和《农业农村部关于加强渔政执法能力建设的指导意见》（农渔发〔2021〕23号）有关要求，健全强化黄河流域各级渔政执法机构和力量。加强渔政队伍建设，按照水域特点和执法任务量，配齐配强渔政执法人员；鼓励组建规模适度、架构合理的协助巡护队伍，形成与黄河水生生物保护管理相适应的监管力量。

（十四）配齐渔政执法装备。依据《农业综合行政执法事项指导目录》《渔政执法装备配备指导标准》要求和黄河上中下游不同的水上执法特点，按照职权法定、属地管理、重心下移的原则，统筹配备各层级渔政执法装备，加强执法船艇、车辆、无人机、视频录像和雷达监控等执法装备配备，全方位提升执法监管能力，适应黄河流域水生生物保护执法需求。

（十五）强化重点水域执法。严格落实休禁渔规定，健全部门协作、流域联动、交叉检查等合作执法和联合执法机制，提升重点水域和交界水域的执法管理效果。在扎陵湖、鄂陵湖、东平湖、河源区、干支流、黄河口及水生生物保护区等重点水域，组织开展专项执法行动，严厉打击“电毒炸”以及违反禁渔期、禁渔区、水产种质资源保护区规定等非法行为，坚决清理取缔涉渔“三无”船舶和“绝户网”。

六、强化组织保障

（十六）加强组织领导。要深刻认识黄河水生生物养护工作的重大意义，高度重视黄河水生生物资源保护工作，增强责任意识，落实属地责任。积极争取地方党委、政府支持，将养护黄河水生生物资

源纳入地方政府议事日程，健全工作机制，形成共同保护黄河水生生物资源的工作格局。

（十七）加大支持力度。各地要积极创新水生生物保护管理体制机制，加大对黄河水生生物保护工作的政策扶持和资金投入。支持科研单位开展黄河水生生物保护研究、珍贵濒危水生生物人工繁育技术攻关和生态修复技术研究。鼓励企业、社会组织和公众支持黄河水生生物保护事业，建立健全多主体参与、多元化融资、精准化投入的体制机制。

（十八）营造舆论氛围。积极开展形式多样的黄河水生生物保护宣传活动，鼓励各类媒体加大公益广告投放力度。保护、传承和弘扬黄河渔文化，挖掘黄河流域特有水生生物历史文化内涵和生态价值，营造全社会关心支持黄河水生生物资源养护的良好氛围。

农业农村部

2022年2月21日

农业农村部关于印发《“中国渔政亮剑2022”系列专项执法行动方案》的通知（农渔发〔2022〕6号）

为贯彻落实党中央、国务院有关决策部署，进一步规范渔业生产活动，强化渔业水域生态环境保护，全面推进乡村振兴和渔业高质量发展，我部研究制定了《“中国渔政亮剑2022”系列专项执法行动方案》。现印发你们，请结合本地实际抓好贯彻落实。

“中国渔政亮剑2022”系列专项执法行动方案

为确保“中国渔政亮剑2022”系列专项执法行动（以下称“亮剑2022”）顺利实施，特制定本方案。

一、指导思想

以习近平新时代中国特色社会主义思想为指导，深入贯彻党的十九大和十九届历次全会以及中央农村工作会议、全国农业农村厅局长会议精神，坚持问题导向、目标导向、结果导向，按照保供固安全、振兴畅循环的工作定位，聚焦禁渔重点任务和渔业管理突出问题，坚持严格规范公正文明执法，严厉打击各类涉渔违法违规行为，维护渔业生产秩序、渔区公平正义和国家渔业权益，加强渔业水域生态环境保护，全面推进乡村振兴和渔业高质量发展，以实际行动迎接党的二十大胜利召开。

二、组织领导

“亮剑2022”由农业农村部统一领导，农业农村部渔业渔政管理局（简称“渔业渔政局”）会同农业农村部长江流域渔政监督管理办公室（简称“长江办”）统筹协调，各省级渔业渔政主管部门或渔政执法机构（包括承担渔业行政执法职责的农业综合行政执法机构和相对独立设置的渔政执法机构，下同）具体组织实施。

“亮剑2022”成立指挥部，指挥长由渔业渔政局局长刘新中担任，副指挥长由长江办主任马毅、渔业渔政局副局长江开勇和各省级渔业渔政主管部门分管负责同志担任，成员包括渔业渔政局、长江办和各省级渔业渔政主管部门相关处室负责同志。指挥部办公室设在渔业渔政局渔政处。

三、行动任务

“亮剑2022”分为十个具体专项执法行动。

（一）长江流域重点水域常年禁捕专项行动

落实《国务院办公厅关于切实做好长江流域禁捕有关工作的通知》《依法惩治长江流域非法捕捞等违法犯罪的意见》有关要求，充分发挥长江禁捕退捕工作专班和打击长江流域非法捕捞专项整治行动工作专班协调监督作用，强化非法捕捞全链条执法监管，推动长江流域重点水域“四清四无”常态化，完成好“三年强基础、顶得住”的长江十年禁渔阶段性任务。工作重点为：

1. 摸排违法线索。按照全覆盖、无死角的要求，加强长江流域重点水域暗查暗访、走访摸排，深挖细查各类违法捕捞活动线索，利用通报约谈、挂牌整治等手段，压实属地监管责任。

2. 严打非法捕捞。聚焦重要时段、重要水域、重点对象、重点物种，强化日常巡查、蹲点驻守，有针对性地开展执法，严厉打击各类非法捕捞行为。落实水域、船籍港两个属地责任，加大长江口禁捕管理区常态化巡航检查力度，严肃查处沿海作业渔船违规跨区捕捞行为。

3. 规范垂钓管理。严厉打击一人多杆、单线多钩、长线多钩等生产性垂钓作业行为，严禁使用对水生生物资源破坏较大的钓具钓法。

4. 强化经营监管。建立健全水产品“合格证+追溯凭证”索证索票制度，配合市场监管等部门强化对电商平台、水产市场、餐饮场所和渔具市场等经营环节的执法监管，推动长江野生江鲜禁售禁食。

5. 加强能力建设。加快实施“亮江”工程，推进网格化管理制度落实落地，发挥协助巡护、社会监督作用，充分利用信息化装备设施，进一步提升渔政执法效能。

承担单位：长江流域重点水域各级渔业渔政主管部门及渔政执法机构。

（二）海洋伏季休渔专项行动

按照《农业农村部关于调整海洋伏季休渔制度的通告》（农业农村部通告〔2021〕1号）等文件确定的时间节点和相关制度，继续坚持最严格的伏季休渔执法监管，严肃查处违法违规行为，确保海洋捕捞渔船（含捕捞辅助船，下同）应休尽休、海洋渔业资源得到休养生息。工作重点为：

1. 落实船籍港休渔。以县（区）为单位建立应休渔渔船名册，落实“依港管船”“定人联船”“船位报告”“定期点船”“信息周报”等管理制度，发现未按规定回船籍港休渔的，限期返回船籍港休渔；擅自出海作业的，要及时召回并依法严处。

2. 强化执法巡查。充分利用全国渔船动态监控管理系统（https://www.vmscenter.com）等信息化平台，加强渔船渔港动态监控，及时掌握渔船动态船位及轨迹，强化信息实时通报、随机查验和执法协查。坚持日常巡查与专项检查相结合，组织海上日常巡查、交叉检查、突击抽查、区域联查。加强渔港船位监管，发现渔船疑似出海的，及时核实查处。加大重点港口、海域巡查频率，突出“机动渔船底拖网禁渔区线”“省际交界线”和渤海、黄海北部、长江口外等重点海域的巡航监管。严厉打击涉渔船舶跨线、跨海区作业。

3. 聚焦重点对象。抓好异地休渔渔船、大型冷冻船、“拖改刺”“拖改围”“拖（围、刺）改钓”渔船、法院扣押渔船、生态环境（渔业资源）监测调查船、养殖船（含采捕自繁自养贝类船只）等渔业船舶执法监管，发现违法从事捕捞的，依法严处。

4. 严管特许捕捞。加强特许捕捞执法监管，落实特许捕捞渔船标识网具核查、生产全程动态监控、指定港口卸货等监管措施。发现违反特许捕捞规定的，从严处罚，情节严重的，依法取消特许捕捞资格。

5. 强化全链条执法。积极争取政府支持，加强部门协作，从捕捞、运输、销售全链条打击违法违规行为。适时组织省际联合交叉执法行动。

承担单位：沿海各级渔业渔政主管部门及渔政执法机构。

（三）清理取缔涉渔“三无”船舶和“绝户网”专项行动

落实党中央部署要求和《国务院对清理、取缔“三无”船舶通告的批复》等规定，在海上涉外渔业综合管理协调机制下，完善地方党委政府牵头、多部门齐抓共管的工作机制，持续实施涉渔“三无”船舶和“绝户网”清理取缔行动，推动涉渔“三无”船舶和“绝户网”数量持续减少。

1. 整治“三无”船舶。联合相关部门加大水上执法力度，发现“三无”船舶（含套牌船舶）、无法提供合法有效证书的船舶等从事涉渔活动，一律押回渔港处置；利用休禁渔期等时间段集中组织封港清船，发现疑似涉渔“三无”船舶，责令禁止离港或指定地点停靠，并组织调查，对查实的涉渔“三无”船舶，一律依法依规予以取缔。

2. 整治违规网具。严厉打击使用禁用渔具、网目尺寸不合格渔具等严重破坏渔业资源的“绝户网”作业行为，特别是使用多层囊网、加装衬网渔具的违规行为。联合公安、工信、市场监管等部门，依法查处生产、经营“绝户网”等禁止使用的渔具行为。

3. 组织公开销毁。积极组织涉渔“三无”船舶和“绝户网”等违规网具公开集中拆解、销毁活动，以案释法，充分发挥震慑作用。

承担单位：地方各级渔业渔政主管部门及渔政执法机构。

（四）水生野生动物保护和规范利用专项行动

落实《全国人民代表大会常务委员会关于全面禁止非法野生动物交易、革除滥食野生动物陋习、切实保障人民群众生命健康安全的决定》《关于开展“清风行动”的通知》等规定要求，严厉打击非法猎捕、交易（贸易）、运输水生野生动物及其制品行为，提高水生野生动物保护和经营利用水平。工作重点为：

1. 强化栖息地监管。加强对海龟、斑海豹等物种栖息地巡护监管，严厉打击非法猎捕等破坏水生野生动物资源及栖息地行为。

2. 强化经营利用执法。按照职责分工，会同相关部门规范经营利用水生野生动物行为，重点整治市场、餐饮场所等重点区域内非法经营海马、加利福尼亚湾石首鱼、鳄鱼、中国鲎等物种的行为。加强对海洋馆、水族馆等繁育展演场所监管。

3. 严格特许利用管理。加强水生野生动物经营利用许可事中事后监管，严厉打击未经批准或超期限、超范围人工繁育（或经营利用）活动。

承担单位：地方各级渔业渔政主管部门及渔政执法机构。

（五）涉渔船舶审批修造检验监管专项联合行动

落实农业农村部等七部门印发的《关于加强涉渔船舶审批修造检验监管工作的意见》（农渔发〔2021〕18号），依托涉渔船舶审批修造检验监管协调机制，严厉打击违法违规审批修造检验行为，全面加强涉渔船舶综合监管工作。工作重点为：

1. 渔船拆解报废执法。落实《海洋捕捞渔船拆

解操作规程》及有关规定，严厉打击使用报废渔船违规从事渔业活动行为。

2. 渔船身份标识执法。会同公安、船舶检验等部门加强渔船执法检查，严厉查处伪造、变造船舶户牌，涂改船舶发动机号码，以及未经检验擅自下水作业等违法行为。

3. 渔船修造监管及溯源倒查执法。配合工信、市场监管等部门加强渔船修造活动监管执法，全面摸排辖区内渔船修造厂点，检查修造生产经营活动，重点查处违法修造、无照经营等违法活动，清理取缔“沙滩船厂”。协同公安、海关、海警等部门将修造情况纳入涉渔船舶案件调查范围，涉嫌违法违规修造的，会同有关部门溯源倒查船舶修造厂点，对修造厂点违法违规活动依法处罚。

承担单位：地方各级渔业渔政主管部门及渔政执法机构。

（六）黄河等内陆重点水域禁渔专项行动

落实《农业农村部关于调整黄河禁渔期制度的通告》《农业农村部关于发布珠江、闽江及海南省内陆水域禁渔期制度的通告》《农业农村部关于实行海河、辽河、松花江和钱塘江等 4 个流域禁渔期制度的通告》等禁渔制度要求，严厉打击禁渔期违法捕捞活动，推动渔业资源持续好转。工作重点为：

1. 落实禁渔渔船管理。以县（市、区）为单位建立禁渔渔船台账，因地制宜实施“集中停靠”“定人联船”“定期点船”等管理措施，强化渔船管理，掌握所辖渔船动态。

2. 加强重点区域执法。组织水上、陆上重点区域巡回检查、交叉执法、联合执法，对电鱼等非法捕捞活动易发、高发水域和交界水域实行分片包干、高频巡查，必要时实施蹲守驻守检查。会同市场监管等部门强化餐饮环节管理，严厉打击在禁渔期以“野生鱼”等为噱头销售水产品，扰乱禁渔秩序行为。

3. 组织实施交叉执法。强化地区间执法合作，适时组织省际间联合执法、交叉执法行动。

4. 加强休闲垂钓执法。严厉打击一人多杆、一杆多钩等以营利为目的的生产性垂钓作业行为。以休闲为目的的垂钓行为不列入执法查处范围，地方另有规定的除外。

承担单位：黄河、海河、辽河、松花江、钱塘江、淮河、珠江、闽江和海南内陆水域等禁渔水域各级渔业渔政主管部门及渔政执法机构。

（七）水产养殖用投入品规范使用专项行动

按照《农业农村部关于加强水产养殖用投入品监管的通知》（农渔发〔2021〕1 号）安排部署，依法打击水产养殖用兽药、饲料和饲料添加剂等投入品使用环节相关违法行为，提升养殖水产品质量安全水平。工作重点为：定期巡查水产养殖场所，检查养殖记录，严肃查处使用假劣水产养殖用兽药、禁用药品与其他化合物、停用兽药、人用药、原料药等养殖水产品的违法行为。对使用冠以“非药品”“动保产品”“水质改良剂”“底质改良剂”“微生态制剂”等名义的假劣兽药的，按照《兽药管理条例》第六十二条的规定处罚。发现违规生产、经营假劣兽药，或违反《饲料和饲料添加剂管理条例》《农药管理条例》规定使用饲料、饲料添加剂和农药等违法活动线索，及时依法查处或者移交有关部门处理。

承担单位：地方各级渔业渔政主管部门及渔政执法机构。

（八）涉外渔业监管专项行动

加强与周边国家渔政执法合作，深化与公安、海警等部门协调配合，完善信息共享机制，严厉打击侵渔和非法捕捞、越界捕捞行为，保护渔民合法权益，稳定周边和公海海域渔业生产秩序，树立我负责任渔业国家形象。其中：

1. 中俄边境水域。在黑龙江、乌苏里江、松阿察河、兴凯湖等水域，抓好重点区域布控和水面巡查，会同相关部门严厉打击非法捕捞和侵渔行为。实施好中俄春季和秋季渔政联合执法检查。

2. 中朝边境水域。在辽宁省水丰水库，吉林省云峰水库、渭源水库、鸭绿江（吉林白山、通化段）、图们江（干流及红旗河、珲春河等主要支流），联合公安、海事等部门开展非法捕捞治理，严厉打击无证生产、越界捕捞和侵渔等违法违规行为。

3. 中老和中越边境水域。加强中老渔政联合巡航执法，保护和修复澜沧江水生生物资源。在中越边境条件具备的区段加大执法力度，推动开展同步执法行动。

4. 公海和周边海域。深化与公安、海警等部门的执法合作，强化源头治理和港口管理，严厉打击涉渔“三无”船舶、套牌渔船非法出境（越界）捕捞和海上侵渔活动。加强联合执法，严格规范从业人员管理，强化捕捞生产物资补给等环节管控，依法取缔涉外渔业黑中介，斩断非法利益链，督办一批大案要案。

承担单位：沿边沿海各级渔业渔政主管部门及渔政执法机构。

（九）打击电鱼行为专项行动

严厉打击电鱼活动，确保大范围、群体性电鱼行为现象基本杜绝，散发性电鱼行为持续减少。工作重点为：

1. 严打违法电鱼活动。加大对举报频繁、存在时间长、群众反映多的电鱼行为高发、频发水域的执法巡查频度，必要时开展驻守监管。依法从重处罚使用电拖网等违法作业活动，涉案电鱼器具和船舶一律没收，涉嫌犯罪的，坚决移送司法机关处理。

2. 严打违法制售活动。会同公安、市场监管、网信等部门，深挖排查电鱼违法线索，严厉打击违法制造电鱼相关器具行为，依法取缔制造电鱼器具的黑窝点、黑作坊。严肃查处从事电鱼器具销售的商店、商家和电商平台，消除违法土壤。

3. 加强执法监督考核。落实打击电鱼执法行动纳入地方"河长制""湖长制"绩效考核体系相关工作，加大考核力度。

承担单位：地方各级渔业渔政主管部门及渔政执法机构。

（十）渔业安全生产监管专项行动

落实《国务院安全生产委员会关于印发〈全国安全生产专项整治三年行动计划〉的通知》《国务院安全生产委员会关于加强水上运输和渔业船舶安全风险防控工作的意见》有关要求，以防范化解渔业重大安全风险为主线，坚持精准治理、依法治理和源头治理，扎实开展渔业安全生产监管专项行动，实现更高水平的安全，服务好渔业高质量发展。其中：

1. 巩固提升专项整治三年行动。对照安全生产专项整治三年行动计划，逐条逐项抓好落实，深入分析渔业安全生产共性问题和突出隐患，实施好《中华人民共和国渔业船员管理办法》《渔业船员违法违规记分办法》《渔业船舶重大事故隐患判定标准（试行）》等规章制度。健全渔业安全生产约谈机制，实施守信激励和失信惩戒，开展较大等级以上安全事故调查报告评估评查。

2. 深化推进"商渔共治 2022"专项行动。深化联合宣传教育，开展典型事故警示警醒、防碰撞专题培训和商渔船船长"面对面"活动。强化商渔船联合执法，加大对商渔船密集区、事故多发水域巡查力度，突出"网位仪 AIS"清理治理，坚决遏制重特大商渔船碰撞事故发生。

3. 大力开展渔业船员违规上岗专项整治。对职务船员配备不齐、普通船员人证不符、不持证上岗等违法违规行为进行专项整治，推进"职务船员缩短晋升时限、理论实操合并考试和配员标准优化完善"三项改革，提升渔业船员整体安全水平。

4. 持续开展渔业安全专项整治。聚焦"拖网、张网、刺网"三类高危渔船和"自沉、碰撞、风灾、火灾"四类事故高发情形，以防范船舶不适航、船员不适任、冒险航行作业为重点，深入开展渔业安全风险隐患自查自纠、交叉排查和集中整治。

承担单位：地方各级渔业渔政主管部门及渔政执法机构，其中"商渔共治 2022"专项行动由沿海各级渔业渔政主管部门及渔政执法机构承担。

除上述十个专项执法行动外，各地应按照《关于加快推进水产养殖业绿色发展的若干意见》等部署要求，统筹抓好水产养殖、水产苗种生产、水产种质资源、涉渔工程等方面执法工作。

四、工作要求

（一）加强组织领导。各省级渔业渔政主管部门按照本方案的部署要求，结合实际，制定本地区"亮剑 2022"工作实施方案，部署做好专项执法行动，确保取得实效；推荐指挥部副指挥长（厅局级负责同志担任，负责本地区"亮剑 2022"统筹协调、条件保障等相关工作）、指挥部成员（渔政主管处室或省级渔政执法机构主要负责同志，负责本地区"亮剑 2022"具体实施方案的制定及实施）、联络员（一般工作人员，负责工作联络，并按月通过中国渔政管理指挥系统报送执法数据等）人选。相关人员名单于 3 月 20 日前报渔业渔政局。

（二）完善工作机制。加强与外事、公安、海警、水利、网信、市场监管、交通运输、工信等部门沟通协调，推动实施部门联合执法、联合办案，构建捕捞、运输、销售全链条打击违法违规行为机制，提升监管合力。统筹执法力量，在重点区域、重点时段开展联合执法、联动执法，形成水陆执法闭环。对于发现的大案要案要坚决查处、依法公开，强化渔政执法与刑事司法衔接，达到"查办一起、震慑一片"的效果。我部将视情况针对重点地区和重大案件开展执法监督。执法过程中，发现属于其他部门管辖的案件线索，要依法移送相关部门处理。

（三）创新执法制度。创新方式方法，在工作手段、资源整合、平台搭建等方面加强创新，提升渔政队伍履职能力，确保完成工作任务。加强《重大渔业违法违规案件挂牌督办工作规定》《长江流域非法捕捞重点地区挂牌整治实施办法》《依法严厉打击海洋渔业违法犯罪的指导意见》等渔政执法相关制度的宣贯落实。要充分发挥社会公益组织作用，公开举报电话，完善有奖举报机制，构建专群结合监管机制。依法依职能强化渔业生态公益诉讼，加大违法行为惩处力度。

（四）助力扫黑除恶。落实《中华人民共和国反有组织犯罪法》，按照扫黑除恶常态化部署安排，继续深挖渔业领域内组织涉渔"三无"船舶非法捕捞、

非法越境（界）、电毒炸鱼和海洋捕捞中划界圈海、渔港码头“扒皮”等涉黑涉恶线索，及时移送公安机关。要积极配合公安、法院、检察院等部门做好案件查办，坚决打击组织化、团伙化、链条化违法犯罪活动。

（五）强化执法保障。按照《财政部、农业农村部关于实施渔业发展支持政策推动渔业高质量发展的通知》《农业农村部关于加强渔政执法能力建设的指导意见》等文件部署要求，积极协调财政等部门，加强渔政执法装备建设，并将装备运行维护、罚没物品处置等执法所需经费纳入同级财政预算。加强疫情防控物资保障供应，保障渔政人员健康安全。加强渔船动态监控管理系统使用培训，提高系统应用能力。完善执法激励机制，对于工作突出的渔政执法集体和个人，要以适当方式给予表扬奖励。

（六）积极宣传引导。将执法宣传摆到更加突出位置，与执法行动同研究、同部署。加强以案释法，推动重大涉渔违法犯罪案件在重点渔区公开宣判，强化警示作用。指定信息员做好向“中国渔政”微信公众号等新媒体报送信息。充分发挥电视、电台、报纸等主流媒体宣传作用，及时宣传发布各地渔政执法重大案件，及时回应执法行动中的热点敏感信息。落实普法责任制，加大渔业法、野生动物保护法等法律的宣传，营造“有法必依、执法必严、违法必究”的执法监管氛围。

请将“亮剑2022”执法数据调度汇总表（每月10日前）、上半年执法行动工作总结（7月10日前）、海洋伏季休渔专项执法行动工作总结（9月22日前）、全年执法行动工作总结（11月20日前）报送至渔业渔政局（工作总结电子版请同时发送），涉及长江流域渔政执法任务的，同时抄报长江办。填报要求另行通知。

专项执法行动期间，遇重大情况请及时报我部。

农业农村部

2022年3月14日

农业农村部办公厅关于开展2022年黄河禁渔联合交叉执法行动的通知（农办渔〔2022〕8号）

为推动黄河流域生态保护和高质量发展，维护黄河禁渔期秩序，根据《“中国渔政亮剑2022”系列专项执法行动方案》《农业农村部关于调整黄河禁渔期制度的通告》有关要求，定于6月下旬在黄河流域9个省（自治区）同步开展2022年黄河禁渔联合交叉执法行动（简称“联合交叉执法行动”）。现就有关事项通知如下。

一、组织协调

本次联合交叉执法行动由我部统一组织，我部渔业渔政管理局（简称“渔业渔政局”）统筹协调，沿黄9省（自治区）渔业渔政部门及渔政监督管理机构（包括相对独立设置的渔政执法机构和承担渔政执法职责的农业综合行政执法机构，下同）具体实施。联合交叉执法行动分交叉执法和调研核查两个阶段进行。

二、时间安排及人员分组

（一）行动时间。联合交叉执法行动时间为6月底至7月初。联合交叉执法工作具体时间可由工作组与相应省（自治区）渔业渔政部门商量确定，工作时间总体不得少于5天。

（二）人员分组。联合交叉执法行动共分9个工作组，每个组负责一个省（自治区）的联合交叉执法工作（分组名单见附件1）。根据工作需要，我部将从相关单位选派精干力量编入相关工作组。

三、执法水域

（一）青海省。黄河青海段海东市、海北州、黄南州及共和县、贵德县区域。

（二）四川省。黄河阿坝藏族羌族自治州若尔盖段、红原段。

（三）甘肃省。黄河干流临夏州段、兰州段、玛曲段。

（四）宁夏回族自治区。黄河干流宁夏银川段、石嘴山段、吴忠段。

（五）内蒙古自治区。黄河干流乌海段、巴彦淖尔段、鄂尔多斯段。

（六）陕西省。黄河干流陕西渭南段。

（七）山西省。黄河干流垣曲段、河津段、三门峡库区及汾河太原段。

（八）河南省。黄河干流洛阳段、济源段、新乡段。

（九）山东省。黄河齐河段、入海口水域和东平湖。

四、主要任务

开展联合交叉执法行动，严厉打击各类违法捕捞活动，强化渔政执法监督，推动黄河禁渔秩序持续向好和基层渔政执法水平持续提升。工作组须于到达当日晚9时至次日凌晨6时期间开展晚间执法。交叉执法完成后，工作组须从执法水域中选择1～2个县开展调研核查。

（一）查处电毒炸鱼行为。综合违法捕捞举报线索和执法区域内违法行为发生特点，采用水面巡查、岸边蹲守等措施，从严从重打击电毒炸违法活动。

查获的电毒炸鱼工具一律依法予以没收。

（二）查处“绝户网”等违规渔具。全面检查执法区域内的渔船网具情况。对渔业资源破坏严重的禁用和违规渔具（参照农业部通告〔2017〕2号规定执行），要依法予以没收、集中销毁。

（三）查处涉渔“三无”船舶。全面检查执法区域内涉渔船舶持证情况。对非法从事渔业生产经营活动的涉渔“三无”船舶，要及时扣押，并移交当地渔业渔政部门按照“可核查、不可逆”的原则进行清理取缔。

（四）查处其他违法行为。按照“零容忍”要求，严肃查处其他违反黄河禁渔期制度的违法违规活动，重点打击长线多钩、多线多钩等生产性垂钓作业行为。对违规从事娱乐性垂钓的，要加强政策宣讲并及时劝离。对发现的违规宣传、售卖、加工非法渔获物的线索，要及时移交市场监管等部门处理。

（五）推进基层禁渔管理执法工作。调研核查县市禁渔管理工作及渔政监督管理机构开展禁渔执法行动、案件查办、案卷制作、举报受理和队伍规范化建设等方面情况。调研核查中发现渔业渔政主管部门在禁渔管理存在严重问题或者不作为、慢作为等问题的，要及时督促整改；发现执法机构裁量权明显适用不当、执法程序不完备、以罚代刑等执法不规范的，要严肃指出、限期整改。以上情况应同时报我部渔业渔政局。

五、相关要求

（一）加强领导，确保实效。各省级渔业渔政部门要高度重视联合交叉执法工作，切实做好执法人员、渔政船艇、车辆及疫情防控等保障，确保工作顺利开展。各工作组要按照规定的时间和区域扎实开展联合交叉执法，保护好执法人员人身安全。行动期间工作组人员确需更换的，需报我部渔业渔政局同意。

（二）规范办案，注意保密。各执法工作组要按照《中华人民共和国渔业法》《中华人民共和国行政处罚法》《渔政执法工作规范（暂行）》等法律文件规定，严格规范公正文明执法，并留存视频、照片等资料备查。开展夜间行动、陆域调查时，做好保密工作，到达执法区域前，不得提前通知当地县级主管部门。对查获的涉嫌犯罪的案件，要及时移送公安机关处理。

（三）强化宣传，扩大效果。要树立“宣传也是执法”的理念，加强与新闻媒体的联系。要在联合交叉执法行动结束后，及时宣传此次联合交叉执法成果，推动大案要案公开审理、判决，强化舆论引导，震慑违法行为。

（四）严守纪律，抓好总结。联合交叉执法行动期间，各工作组要严格遵守中央八项规定及其实施细则精神，轻车简从、简化接待，严禁相互赠送礼品，不参加与工作无关的活动，食宿费用自理。要认真分析总结本次行动县市一级在禁渔管理和执法监管中的工作亮点、创新做法和典型经验，并于7月15日前将工作总结和执法数据报我部渔业渔政局。

农业农村部

2022年6月23日

农业农村部关于加强水生生物资源养护的指导意见（农渔发〔2022〕23号）

水生生物资源是水生生态系统的重要组成部分，也是人类重要的食物蛋白来源和渔业发展的物质基础。养护和合理利用水生生物资源，对于促进渔业高质量发展、维护国家生态安全、保障粮食安全具有重要意义。党的十八大以来，我国水生生物资源养护工作取得了明显成效，但水生生物资源衰退趋势尚未得到扭转。为进一步加强水生生物资源养护与合理利用，保护生物多样性，推进生态文明建设，现提出以下意见。

一、总体要求

（一）指导思想

以习近平生态文明思想为指导，深入贯彻落实党的二十大精神，牢固树立和践行绿水青山就是金山银山的理念，尊重自然、顺应自然、保护自然，从水域生态环境的系统性保护需要出发，以养护水生生物资源为重点任务，以可持续发展为主要目标，实施好长江十年禁渔，促进渔业绿色转型，进一步完善制度体系、强化养护措施、加强执法监管，提升渔业发展的质量和效益，加快形成人与自然和谐共生的水生生物资源养护利用新局面。

（二）主要原则

——坚持生态优先、绿色发展。正确处理养护与利用的关系，在保护渔业水域生态环境的前提下，进一步加强资源养护，推进合理利用，使渔业发展与资源环境承载力相适应，实现保护生态和促进发展相得益彰。

——坚持系统治理、分类施策。统筹考虑江河湖海的资源禀赋和水生生物的流动性、共有性特点，对水生生物资源和水域生态环境进行整体保护，提升生态系统多样性、稳定性、持续性。针对不同水域和水生生物的特点，分流域、分区域、分阶段实施差异化的养护措施，坚决防止“简单化”处理和

“一刀切”。

——坚持制度创新、强化监管。根据我国渔业发展和管理实际，借鉴国际管理经验，进一步完善休禁渔、限额捕捞、总量管理等制度，建立养护与利用结合、投入和产出并重的管理机制，推进渔船渔港管理制度改革，建强渔政队伍，加快能力建设，加强执法监督，提高管理效果。

——坚持多元参与、共治共享。充分发挥各级政府保护资源的主导作用，加强部门合作、协同治理，提高全民保护意识，形成全社会共同参与的良好氛围。加强渔业国际交流与合作，积极参与全球渔业治理，履行相关国际责任和义务，树立负责任渔业大国良好形象。

（三）主要目标

到2025年，休禁渔制度进一步完善，国内海洋捕捞总量保持在1 000万t以内，捕捞限额分品种、分区域管理试点不断扩大；建设国家级海洋牧场示范区200个左右，优质水产种质资源得到有效保护，每年增殖放流各类经济和珍贵濒危水生生物物种300亿尾以上；长江水生生物完整性指数有所改善，中国对虾、梭子蟹、大黄鱼等海洋重要经济物种衰退趋势持续缓解，长江江豚、海龟、斑海豹、中华白海豚等珍贵濒危物种种群数量保持稳定。

到2035年，投入与产出管理并重的渔业资源养护管理制度基本建立；长江、黄河水生生物完整性指数显著改善，海洋主要经济种类资源衰退状况得到遏制，长江江豚、海龟、斑海豹、中华白海豚等珍贵濒危物种种群数量有所恢复；水产种质资源保护利用体系基本建立，水产种质资源应保尽保。

二、完善水生生物资源养护制度

（四）实施好长江十年禁渔。坚持部际协调、区域联动长效机制，强化考核检查、暗查暗访、通报约谈，压实各方责任。持续做好退捕渔民精准帮扶，鼓励有条件的地区积极吸纳退捕渔民参与资源养护、协助巡护、科普宣传等公益性工作，多措并举促进转产转业，动态跟踪保障长远生计。发挥长江渔政特编船队作用，加强部省共建共管渔政基地建设，常态化开展专项执法行动，强化行政执法和刑事司法衔接，严厉打击各类涉渔违法犯罪行为，确保“禁渔令”得到有效执行。落实《长江生物多样性保护实施方案（2021—2025年）》，健全水生生物资源调查监测体系，实施中华鲟、长江鲟、长江江豚等珍贵濒危物种拯救行动。

（五）坚持并不断完善海洋和内陆重点水域休禁渔制度。坚持总体稳定，区域优化，进一步优化海洋伏季休渔制度，推进统一东海海域不同作业类型休渔时间。根据“有堵有疏、疏堵结合、稳妥有序、严格管理”原则，稳妥有序扩大休渔期间专项捕捞许可范围。贯彻落实《中华人民共和国黄河保护法》，严格执行黄河禁渔期制度，推进完善珠江、松花江等水域禁渔期制度。各地要强化监测、摸清底数、科学论证，妥善处理全面禁渔和季节性休禁渔的关系。积极开展休禁渔效果评估，科学开展大水面生态渔业，合理利用渔业资源。

三、强化资源增殖养护措施

（六）科学规范开展增殖放流。各地要加快推进水生生物增殖放流苗种供应基地建设，建立“数量适宜、分布合理、管理规范、动态调整”的增殖放流苗种供应体系。要严格规范社会公众放流行为，建设或确定一批社会放流平台或场所，引导开展定点放流。要定期开展增殖放流效果评估，进一步优化放流区域、种类、数量、规格，适当加大珍贵濒危物种放流数量。要加强增殖放流规范管理，强化涉渔工程生态补偿增殖放流项目的监督检查。禁止放流外来物种、杂交种以及其他不符合生态安全要求的物种。

（七）推进现代化海洋牧场建设。落实国家级海洋牧场示范区建设规划（2017—2025年），持续推进国家级海洋牧场示范区创建，到2035年建设国家级海洋牧场示范区350个左右。各地要加强对国家级海洋牧场示范区的检查考核，确保建设进度和建设质量，对不达标的要按程序取消其示范区称号。要积极探索海洋牧场创新发展，分别在黄渤海、东海和南海海域发展以增殖型、养护型和休闲型等为代表的海洋牧场示范点。积极开展海洋牧场渔业碳汇研究，加强效果监测评估。创新海洋牧场管护运营，推动建立多元化投入机制，探索海洋牧场与深远海养殖、旅游观光、休闲垂钓等产业融合发展。

（八）加快推动国内海洋捕捞业转型升级。各地要严格落实海洋渔业资源总量管理制度，各省（自治区、直辖市）每年海洋捕捞产量不得超过2020年海洋捕捞产量分省控制指标。要积极推进分品种、分区域捕捞限额管理试点，优化捕捞生产作业方式，科学实施减船转产。支持渔船更新改造，逐步淘汰老旧、木质渔船，鼓励建造新材料新能源渔船以及配备节能环保、安全通导、电子监控等设施设备。强化渔获物管理，限制饲料生物捕捞，禁止专门捕捞幼鱼用于养殖投喂和饲料加工，探索实施渔获物可追溯管理。提高捕捞业组织化程度，支持海洋大中型捕捞渔船公司化经营、法人化管理。建立健全休闲垂钓管理制度。加快渔具准用目录制定，推进渔具标识管理，支持废弃渔具回收利用，鼓励可再生渔具生产。

四、加强水生野生动物保护

（九）加强重点物种及其栖息地保护。各地要加强《国家重点保护野生动物名录》的宣贯，切实落实长江江豚、中华鲟、长江鲟、鼋、中华白海豚、海龟、斑海豹等保护行动计划，加强中国鲎、珊瑚等物种的保护管理，有条件的地方要建立相关物种保护基地。要加强栖息地保护，开展重点珍贵濒危物种资源和栖息地调查，分批划定、公布重要珍贵濒危物种栖息地。强化珍贵濒危物种就地保护，科学合理开展迁地保护，防止濒危物种灭绝。要加强与林草等相关部门的沟通协调，依法履行自然保护地内水生物种保护管理职责。要充分发挥旗舰物种保护联盟作用，集合各方力量和优势，共同促进旗舰物种的保护和恢复。

（十）开展重点物种人工繁育救护。各地要健全水生野生动物救护网络，建立健全水生野生动物救护场所及设施，对误捕、受伤、搁浅、罚没的水生野生动物及时进行救治、暂养、野化训练和放生。要发挥海洋馆、水族馆等单位的优势，认定一批水生野生动物救护和科普教育基地。要组织开展水生野生动物驯养繁育核心技术攻关，推进长江江豚、海龟、中国鲎、黄唇鱼、珊瑚等重点物种人工繁育技术取得突破，开展大鲵、中华鲟、长江鲟等人工繁育技术成熟物种的野外种群重建。要建立健全人工繁育技术认定和标准体系，有条件的要建设水生野生动物驯养繁殖基地。

（十一）强化物种利用特许规范管理。要严格水生野生动物利用特许审批，对捕捉、人工繁育、运输、经营利用、进出口等环节进行规范管理，加快推进水生野生动物标识管理。充分发挥濒危水生野生动植物种科学委员会作用，为人工繁育技术认定、经营利用许可评估、物种鉴别、产品鉴定、价值评估、培训等提供技术支撑。

五、推进水域生态保护与修复

（十二）开展渔业资源调查和渔业水域生态环境监测。建立健全中央、地方调查监测工作协作机制和数据共享机制，定期编制渔业资源和渔业水域生态环境状况报告，分批划定公布重要渔业水域名录。各地要每五年开展一次渔业资源全面调查，常年开展监测和评估，重点调查珍贵濒危物种、水产种质资源等重要资源状况和经济生物产卵场、江河入海口、南海等重要渔业水域环境状况。长江、黄河流域各地要组织开展长江、黄河流域水生生物完整性评价，并将评价结果作为评估长江、黄河流域生态系统总体状况的重要依据。要发挥专业渔业资源调查船作用，完善调查监测网络，提高渔业资源环境调查监测水平。

（十三）加强水产种质资源保护区等重要渔业水域保护管理。各地要落实《水产种质资源保护区管理暂行办法》要求，强化水产种质资源保护区规范管理。积极参与自然保护地体系改革，按程序推进水产种质资源保护区优化完善。落实《国家公园等自然保护地建设及野生动植物保护重大工程建设规划（2021—2035 年）》，提升保护区监管能力。开展重要水产种质资源登记，将重要水产种质资源纳入国家渔业生物种质资源库。加强重要渔业水域保护与修复研究，会同有关部门开展生态廊道及栖息地修复，推动实施生境连通、产卵场修复与重建，使河湖连通性满足水生生物保护要求。

（十四）切实落实涉渔工程生态补偿措施。各地要严格涉渔工程建设项目环境影响评价和专题论证，提出生态补偿措施，减轻工程建设对水生生物资源及其栖息地的不利影响。各地要针对涉渔工程生态补偿资金和措施落实差、“重评审、轻落实”等问题，定期开展涉渔工程生态补偿措施落实情况检查，对检查结果进行通报，督促建设单位落实补偿资金，建设必要的过鱼设施、鱼类增殖站，实施增殖放流、栖息地修复、人工鱼礁（巢）建设等措施，协调生态环境部门对拒不整改的建设单位依法予以处罚。开展渔业水域污染事故调查处置，推动渔业水域污染公益诉讼，改善水域生态环境。

六、切实强化执法监督

（十五）加强重点领域执法监管。各地要以“中国渔政亮剑”系列专项执法任务为重点，强化各关键领域执法监管。坚持最严格的海洋伏季休渔执法监管，落实黄河等内陆重点水域休禁渔制度，确保渔业资源得到休养生息。坚决清理取缔涉渔“三无”船舶和“绝户网”，努力实现涉渔“三无”船舶和“绝户网”等违规网具数量持续减少。严厉打击“电毒炸”等严重破坏渔业资源的非法行为，会同有关部门，清理取缔非法捕捞工具、网具的制造、销售点，从源头进行整治。

（十六）强化日常执法监管。落实进出渔港报告和作业日志制度，加强渔具、渔获物监管和幼鱼比例检查，做好渔获物定点上岸试点工作，推动捕捞限额和总量管理制度有效实施。全面加强涉渔船舶综合监管工作，多部门联手严厉打击违法违规审批修造检验行为。强化水生野生动物执法监管，规范管理水生野生动物繁育利用活动，严厉打击偷捕、滥食等破坏水生野生动物资源行为。加强与相关执法部门的协作配合，探索建立联合执法监管和惩戒

机制。广泛开展普法宣传活动，加大以案释法工作力度，完善信息公开和有奖举报制度，充分发挥社会监督作用。

（十七）提升渔政执法能力。根据《中共中央办公厅、国务院办公厅关于深化农业综合行政执法改革的指导意见》和《农业农村部关于加强渔政执法能力建设的指导意见》有关要求，健全渔政执法机构，加大驻港执法力量，鼓励组建适度合理的协助巡护队伍。落实渔政执法人员资格管理和持证上岗，加大执法实战化演训力度，强化执法人员能力建设。按照《渔政执法装备配备指导标准》等有关要求，配齐配强各级渔政执法装备，支持配备执法车辆、高速船艇、船位监控、视频监控、小目标雷达、无人机等，提升执法现代化水平和信息化手段。

七、保障措施

（十八）加强组织领导。各地要高度重视水生生物资源养护工作，切实加强领导，明确目标任务，细化政策措施，确保各项任务落到实处。强化考核监督，把水生生物资源养护作为实施乡村振兴战略、促进生态文明建设的重要内容予以落实。要加强部门协同，不断完善渔业部门为主体，相关部门共同参与的水生生物资源养护管理体系。

（十九）强化科技支撑。要组织相关科研教学单位开展水生生物资源养护关键和基础技术研究，大力推广相关适用技术。要发挥各级各地科研院所、技术推广体系优势，加强人才培养和学术交流，培育水生生物资源养护科技领军专家，建设高素质专业化人才队伍。要加强水生生物资源养护宣传科普教育，营造良好社会氛围。

（二十）开展国际合作。扩大水生生物资源养护的国际交流与合作，积极参与生物多样性公约、濒危野生动植物种国际贸易公约等相关国际公约谈判磋商，做好国内履约工作。实施公海自主休渔，主动养护公海渔业资源，树立负责任国家形象。加强与有关国际组织、外国政府、非政府组织和民间团体等的交流与合作，促进水生生物资源养护知识、信息、科技交流和成果共享。

（二十一）完善多元投入。要争取将水生生物资源养护工作纳入地方政府和有关生态环境保护规划，积极争取加大财政投入力度，落实好现有资金项目，加大对水生生物资源养护的支持力度。要积极拓展个人捐助、企业投入等多种资金渠道，统筹利用好生态补偿资金，建立健全政府投入为主、社会投入为辅，各界广泛参与的多元化投入机制。

农业农村部

2022 年 11 月 20 日

| 地方法规规章 |

江西省实施河长制湖长制条例（2022 年修订）（2018 年 11 月 29 日江西省第十三届人民代表大会常务委员会第九次会议通过，2022 年 7 月 26 日江西省第十三届人民代表大会常务委员会第四十次会议第一次修正）

第一条 为了实施河长制湖长制，推进生态文明建设，根据《中华人民共和国水污染防治法》等法律、行政法规和国家有关规定，结合本省实际，制定本条例。

第二条 在本省行政区域内实施河长制湖长制适用本条例。

第三条 本条例所称河长制湖长制，是指在江河水域设立河长、湖泊水域设立湖长，由河长、湖长对其责任水域的水资源保护、水域岸线管理、水污染防治和水环境治理等工作予以监督和协调，督促或者建议政府及相关部门履行法定职责，解决突出问题的机制。

本条例所称水域，包括江河、湖泊、水库以及水渠、水塘等水体及岸线。

第四条 建立流域统一管理与区域分级管理相结合的河长制组织体系。

按照行政区域设立省级、市级、县级、乡级总河长、副总河长。

按照流域设立河流河长。跨省和跨设区的市重要的河流设立省级河长。各河流所在设区的市、县（市、区）、乡（镇、街道）、村（居委会）分级分段设立河长。

第五条 建立区域分级管理的湖长制组织体系。

按照行政区域设立省级、市级、县级、乡级总湖长、副总湖长，由同级总河长、副总河长兼任。跨省和跨设区的市重要的湖泊设立省级湖长。各湖泊所在设区的市、县（市、区）、乡（镇、街道）、村（居委会）分级分区设立湖长。

第六条 河长、湖长的具体设立和调整，按照国家和本省有关规定执行。

第七条 县级以上总河长、副总河长、总湖长、副总湖长负责本行政区域内河长制湖长制工作的总督导、总调度，组织研究本行政区域内河长制湖长制的重大决策部署、重要规划和重要制度，协调解决河湖管理、保护和治理的重大问题，统筹推进河湖流域生态综合治理，督促河长、湖长、政府有关部门履行河湖管理、保护和治理职责。

乡级总河长、副总河长、总湖长、副总湖长履行本行政区域内河长制湖长制工作的督导、调度职责，督促实施河湖管理工作任务，协调解决河湖管理、保护和治理相关问题。

市、县、乡级总河长、副总河长、总湖长、副总湖长兼任责任水域河长、湖长的，还应当履行河长、湖长的相关职责。

第八条 省级河长、湖长履行下列主要职责：

（一）组织领导责任水域的管理保护工作；

（二）协调和督促下级人民政府和相关部门解决责任水域管理、保护和治理的重大问题；

（三）组织开展巡河巡湖工作；

（四）推动建立区域间协调联动机制，协调上下游、左右岸实行联防联控。

第九条 市、县级河长、湖长履行下列主要职责：

（一）协调解决责任水域管理、保护和治理的重大问题；

（二）部署开展责任水域的专项治理工作；

（三）组织开展巡河巡湖工作；

（四）推动建立部门联动机制，督促下级人民政府和相关部门处理和解决责任水域出现的问题，依法查处相关违法行为；

（五）完成上级河长、湖长交办的工作事项。

第十条 乡级河长、湖长履行下列主要职责：

（一）协调和督促责任水域管理、保护和治理具体工作任务的实施，对责任水域进行巡查，及时处理发现的问题；

（二）对超出职责范围无权处理的问题，履行报告职责；

（三）对村级河长、湖长工作进行监督指导；

（四）完成上级河长、湖长交办的工作事项。

第十一条 村级河长、湖长履行下列主要职责：

（一）开展责任水域的巡查，劝阻相关违法行为，对劝阻无效的，履行报告职责；

（二）督促落实责任水域日常保洁和堤岸日常维养等工作任务；

（三）完成上级河长、湖长交办的工作事项。

第十二条 县级以上河长、湖长应当定期组织开展巡河巡湖工作。总河长、总湖长每年带队巡河巡湖不少于一次，省级河长、湖长每年带队巡河巡湖不少于两次，市级河长、湖长每年带队巡河巡湖不少于三次（每半年不少于一次），县级河长、湖长每季度带队巡河巡湖不少于一次。

乡级河长、湖长每月巡河巡湖不少于一次，村级河长、湖长每周巡河巡湖不少于一次。

第十三条 县级以上河长、湖长应当组织巡查下列事项：

（一）水资源保护，重点是水资源开发利用控制、用水效率控制、水功能区限制纳污制度是否得到落实；

（二）河湖岸线管理保护，重点是是否存在侵占河道、围垦湖泊、侵占河湖和湿地，非法采砂、非法养殖、非法捕捞，违法占用水域、违法建设、违反规定占用河湖岸线，破坏河湖岸线生态功能的问题；

（三）水污染防治，重点是排查入河湖污染源，工矿企业生产、城镇生活、畜禽养殖、水产养殖、船舶港口作业、农业生产等是否非法排污，污染水体；

（四）水环境治理，重点是是否按照水功能区确定的各类水体的水质保护目标对水环境进行治理；

（五）水生态修复，重点是是否在规划的基础上实施退田还湖、退田还湿、退渔还湖、恢复河湖水系的自然连通，是否进行水生生物资源养护、保护水生生物多样性，是否开展水土流失防治、维护河湖生态环境；

（六）执法监管，重点是是否建立健全部门联合执法机制，建立河湖日常监管巡查制度，实行河湖动态监管，落实执法监管责任主体、人员、设备和经费以及打击涉河湖违法行为，治理非法排污、设障、捕捞、养殖、采砂、采矿、围垦、运输、侵占岸线等活动的情况。

县级以上湖长除了应当组织巡查前款事项外，还应当组织巡查是否按照法律、法规规定，根据湖泊保护规划，划定湖泊的管理范围和保护范围，控制湖泊的开发利用行为，实施湖泊水域空间管控。

第十四条 对通过巡查或者其他途径发现的问题，县级以上河长、湖长应当按照下列规定处理：

（一）属于自身职责范围或者应当由本级人民政府相关部门处理的，应当及时处理或者组织协调和督促有关部门按照职责分工予以处理；

（二）依照职责应当由上级河长、湖长或者属于上级人民政府相关部门处理的，提请上一级河长、湖长处理；

（三）依照职责应当由下级河长、湖长或者属于下级人民政府相关部门处理的，移交下一级河长、湖长处理。

县级以上河长、湖长对通过巡查或者其他途径发现的问题，属于自身职责范围、现场可以处理的，

可以现场督办有关单位整改问题；对需要本级人民政府相关部门处理的，可以采取发送督办函或者交办单的方式交办。本级人民政府相关部门应当依法办理。

第十五条 县级以上河长、湖长对责任水域的下一级河长、湖长工作予以指导、监督，对目标任务完成情况进行考核。

第十六条 县级以上人民政府应当设立河长制湖长制工作机构，主要负责河长制湖长制工作的组织协调、调度督导、检查考核等具体工作，履行下列职责：

（一）协助河长、湖长开展河长制湖长制工作，落实河长、湖长确定的任务，定期向河长、湖长报告有关情况；

（二）协调建立部门联动机制，督促相关部门落实工作任务，协助河长、湖长协调处理跨行政区域上下游、左右岸水域管理、保护和治理工作；

（三）加强协调调度和分办督办，组织开展专项治理工作，会同有关责任单位按照流域、区域梳理问题清单，督促相关责任主体落实整改，实行问题清单销号管理；

（四）组织开展河长制湖长制工作年度考核、表彰评选，负责拟定河长制湖长制相关制度，组织编制一河一策、一湖一策方案；

（五）开展河长制湖长制相关宣传培训等工作；

（六）总河长、副总河长、总湖长、副总湖长或者河长、湖长交办的其他任务。

县级以上人民政府应当为本级河长制湖长制工作机构配备必要的人员，河长制湖长制工作经费列入本级财政预算。

第十七条 县级以上人民政府应当将涉及河湖管理和保护的发展改革、公安、自然资源、生态环境、住房和城乡建设、交通运输、水利、农业农村、林业等相关部门列为河长制湖长制责任单位，并明确责任单位工作分工。各河长制湖长制责任单位应当按照分工，依法履行河湖管理、保护、治理的相关职责。

第十八条 县级以上总河长、副总河长、总湖长、副总湖长应当定期组织召开总河长、总湖长会议，研究、解决本行政区域内河长制湖长制工作重大问题。

县级以上河长、湖长根据需要应当适时组织召开河长、湖长会议，研究、解决责任水域河长制湖长制工作重大问题。

县级以上河长制湖长制工作机构应当适时组织召开河长制湖长制责任单位联席会议，研究、通报河长制湖长制相关工作。

第十九条 县级以上河长制湖长制工作机构应当建立河长制湖长制管理信息系统，实行河湖管理、保护和治理信息共享，为河长、湖长实时提供信息服务。

河长制湖长制责任单位应当按照要求向河长制湖长制工作机构提供并及时更新涉及水资源保护、水污染防治、水环境改善、水生态修复等相关数据、信息。

下级河长制湖长制工作机构应当向上级河长制湖长制工作机构及时报送河长制湖长制相关工作信息。

第二十条 县级以上河长制湖长制工作机构应当向社会公布本级河长、湖长名单。乡、村两级河长、湖长名单由县级河长制湖长制工作机构统一公布。

各级河长制湖长制工作机构应当在水域沿岸显著位置规范设立河长、湖长公示牌。公示牌应当标明责任河段、湖泊范围，河长、湖长姓名职务，河长、湖长职责，保护治理目标，监督举报电话等主要内容。

河长、湖长相关信息发生变更的，应当及时予以更新。

第二十一条 县级以上河长制湖长制工作机构应当根据工作需要，对河长制湖长制责任单位和下级人民政府河长制湖长制工作落实情况、重点任务推进落实情况、重点督办事项处理情况、危害河湖保护管理的重大突发性应急事件处置情况、河湖保护管理突出问题情况等进行通报。

第二十二条 县级以上河长制湖长制工作机构应当对河长制湖长制责任单位和下级人民政府河长制湖长制工作贯彻实施情况、任务实施情况、整改落实情况等进行督察督办。

第二十三条 县级以上人民政府应当建立公安、自然资源、生态环境、住房和城乡建设、交通运输、水利、农业农村、林业等多部门联合执法机制，加强日常监管巡查，依法查处非法侵占河湖岸线、非法排污、非法采砂、非法养殖、非法捕捞、非法围垦、非法填埋、非法建设和非法运输等行为。

第二十四条 总河长、总湖长应当组织对本级河长制湖长制责任单位和下一级人民政府落实河长制湖长制情况进行考核，县级以上河长、湖长应当组织对责任水域的下一级河长、湖长履职情况进行考核。考核工作由本级河长制湖长制工作机构承担。

县级以上河长、湖长应当每年就履职情况向责任水域的上一级河长、湖长和本级总河长、总湖长述职。县级以上总河长、总湖长应当每年向上一级总河长、总湖长提交书面述职报告，报告履行职责情况。各河长制湖长制责任单位主要负责同志应当每年向本级总河长、总湖长提交书面述职报告，报告履行职责情况。

各级河长、湖长履职情况应当作为干部年度考核述职的重要内容。

县级以上人民政府应当将河长制湖长制责任单位履职情况，纳入政府对部门的考核内容。

第二十五条 县级以上人民政府应当按照有关规定和程序，对河长制湖长制工作成绩显著的集体和个人予以表彰奖励。

第二十六条 各地应当根据河流长度或者水域面积，聘请河湖专管员或者巡查员、保洁员，负责河湖的日常巡查和保洁。

市、县级人民政府应当统筹财政资金，采取政府购买等方式，对河湖专管、巡查、保洁等工作进行统一采购。

第二十七条 鼓励开展河湖保护志愿服务。鼓励制定村规民约、居民公约，对水域管理保护作出约定。鼓励举报水域违法行为。

第二十八条 每年3月22—28日为河湖保护活动周。各级人民政府应当组织开展河湖保护主题宣传活动，发动全社会参与河湖保护工作。

第二十九条 县级以上河长制湖长制工作机构、河长制湖长制责任单位未按照规定履行职责，有下列情形之一的，本级河长、湖长可以约谈该部门负责人，也可以提请总河长、副总河长、总湖长、副总湖长约谈该部门负责人：

（一）未按照河长、湖长的督查要求履行日常监督检查或者处理职责的；

（二）未落实整改措施和整改要求的；

（三）接到属于河长制湖长制职责范围的投诉举报，未依法履行处理或者查处职责的；

（四）其他违反河长制湖长制相关规定的行为。

县级以上河长制湖长制工作机构、河长制湖长制责任单位有前款情形之一，造成水体污染、水环境水生态遭受破坏等严重后果的，对直接负责的主管人员和其他直接责任人员依法给予处分。

第三十条 各级河长、湖长未按照规定履行职责，有下列行为之一的，由上级河长、湖长进行约谈：

（一）未按照规定要求进行巡查督导的；

（二）对发现的问题未按照规定及时处理的；

（三）未按时完成上级布置专项任务的；

（四）其他怠于履行河长、湖长职责的行为的。

第三十一条 本条例第二十九条、第三十条规定的约谈可以邀请媒体及相关公众代表列席。约谈针对的主要问题、整改措施和整改要求等情况应当向社会公开。

约谈人应当督促被约谈人落实约谈提出的整改措施和整改要求，并由整改责任单位向社会公开整改情况。

第三十二条 本条例自2019年1月1日起施行。

湖北省河湖长制工作规定（2022年9月16日中共湖北省委常委会会议审议批准 2022年9月28日中共湖北省委、湖北省人民政府发布）

第一章 总 则

第一条 为了保障河湖长制实施，统筹流域水安全，推进生态文明建设和高质量发展，根据党中央、国务院有关部署和规定精神，结合我省实际，制定本规定。

第二条 本规定所称河湖长制，是指在相应河湖设立河长、湖长（以下统称河湖长），组织领导其责任河湖的管理保护工作，统筹、协调、督促相关党委和政府以及有关部门履行法定职责，推动落实河湖管理保护的目标任务和行动计划的工作制度。

第三条 全省河湖长制工作以习近平新时代中国特色社会主义思想为指导，贯彻落实习近平生态文明思想，完整、准确、全面贯彻新发展理念，坚持节水优先、空间均衡、系统治理、两手发力，构建责任明确、协调有序、监管有力、保护有效的河湖管理保护机制，为建设全国构建新发展格局先行区，维护河湖健康生命、实现河湖功能永续利用提供制度保障。

第四条 全面实施河湖长制工作，应当坚持生态优先、绿色发展，党政领导、部门联动，问题导向、因地制宜，强化监督、严格考核的原则。

第五条 本规定所称河湖，包括江河、湖泊、水库、渠道以及人工水道等水体及岸线。

根据国家和我省有关规定纳入河湖长制实施范围的塘堰、溪沟等小微水体，适用本规定。

第六条 河湖管理保护工作主要包括水资源保护、水域岸线管理、水污染防治、水环境治理、水生态修复、执法监管，以及国家和我省规定的其他任务。

第二章　组织体系

第七条　建立流域统一管理与区域分级管理相结合的河湖长制组织体系。

按照流域设立河湖长，跨省、市重要河湖设立省级河湖长；河湖所在的市（含州、直管市、神农架林区，下同）、县（含县级市、区，下同）、乡（含镇、街道，下同）、村（含社区，下同）分级分段设立河湖长。乡级以上河湖长原则上由同级党委和政府负责人担任。村级河湖长由乡级党委和政府明确。

按照行政区域设立省、市、县、乡级总河湖长、副总河湖长，分别由同级党委和政府主要负责人、分管负责人担任。

乡级以上河湖长实行席位制，担任河湖长的负责人职务发生变动的，由相应岗位新任负责人接替。新任负责人未到岗前，由同级其他党委和政府负责人或者联系部门主要负责人代为履行相应河湖长工作职责。

鼓励和支持设立民间河湖长，配合各级河湖长做好相关工作，共同保护河湖生态环境。

第八条　各级党委和政府要切实加强对河湖长制工作的领导，建立健全工作组织领导体系。

县级以上党委和政府应当设立河湖长制办公室，承担本级河湖长制日常工作，对本级总河湖长负责。省河湖长制办公室设在省水利厅。各级河湖长制联席会议要发挥统筹协调作用。联席会议成员单位根据职责分工，依法履行河湖管理保护相关职责，协同推进河湖长制工作。

县级以上党委和政府应当配齐配强河湖长制办公室工作人员，将工作经费纳入本级财政预算。乡级党委和政府应当明确负责河湖长制工作的机构。

第九条　县级以上党委和政府应当根据本级河湖长设立情况明确河湖长联系部门，由其协助相应河湖长做好有关工作。

第十条　全省公安机关明确省、市、县、乡四级河湖警长，由同级公安机关或者公安派出机构负责同志担任。

第十一条　全省检察机关明确省、市、县三级河湖检察长，分别由同级检察机关负责同志担任。省、市、县检察机关均至少明确一名检察官负责联系同级河湖长制办公室，协助河湖长开展河湖长制有关工作。

第三章　工作职责

第十二条　各级总河湖长负责组织领导本行政区域内河湖管理保护工作，是本行政区域全面推行河湖长制工作的第一责任人，对本行政区域河湖管理保护负总责。主要履行以下职责：

（一）贯彻落实党中央、国务院关于河湖长制工作决策部署和省委、省政府工作要求；

（二）组织建立健全党政领导负责制为核心的责任体系，建立全面推行河湖长制工作领导机制；

（三）主持研究河湖长制推行中的重大政策措施、重要制度以及河湖管理保护的重大事项；

（四）统筹河湖管理保护工作，部署安排河湖管理保护重点任务、重大专项行动；

（五）组织召开总河湖长会议，研究解决河湖长制推进过程中的全局性问题以及河湖管理保护的重大问题；

（六）组织督导落实河湖长制监督考核与激励问责制度，督促指导本级河湖长、河湖长制办公室、河湖长联系部门和下级河湖长履行职责。

副总河湖长协助本级总河湖长开展工作。

第十三条　省级河湖长主要履行以下职责：

（一）组织领导责任河湖的管理保护工作，协调和督促解决责任河湖管理保护的重大问题；

（二）组织审定责任河湖的“一河（湖）一策”等河湖管理保护方案并督导实施；

（三）明晰责任河湖上下游、左右岸、干支流地区管理保护目标任务，推动建立流域统筹、区域协同、部门联动的河湖联防联控机制；

（四）组织开展责任河湖的巡查和突出问题专项整治工作；

（五）组织对省级相关部门（单位）和下级河湖长履职情况进行督导，对目标任务完成情况进行考核；

（六）完成省总河湖长交办的工作任务。

第十四条　市、县级河湖长主要履行以下职责：

（一）审定并组织实施责任河湖“一河（湖）一策”方案或者细化实施方案；

（二）组织研究责任河湖管理保护中的重大问题，协调和督促相关部门（单位）予以解决；

（三）组织开展责任河湖的巡查和侵占河道、围垦湖泊、超标排污、违法养殖、非法采砂、破坏航道、电毒炸鱼等专项治理、整治行动；

（四）牵头协调上下游、左右岸、干支流相关地区以及部门（单位）落实流域（跨界）河湖联防联控机制；

（五）对本级相关部门（单位）和下级河湖长履职情况进行督导，对其目标任务完成情况组织考核；

（六）完成上级河湖长和本级总河湖长交办的工

作任务。

第十五条 乡级河湖长主要履行以下职责：

（一）组织落实责任河湖管理保护的具体工作；

（二）开展责任河湖经常性巡查，及时处理和上报发现的相关河湖问题；

（三）组织开展河湖日常清漂、保洁等活动；

（四）组织落实小微水体的管理保护工作；

（五）指导监督村级河湖长开展工作；

（六）完成上级河湖长和本级总河湖长交办的工作任务。

第十六条 乡级党委和政府应当与村级河湖长明确约定其具体职责，主要包括以下工作：开展责任河湖的日常巡查工作，及时发现并劝阻相关违法行为，并向上级河湖长或者有关部门报告相关情况；落实小微水体具体管理保护工作；教育引导村民、居民保护河湖资源、改善河湖生态环境；完成上级河湖长交办的工作任务。

乡级党委和政府在村级河湖长职责约定中，应当同时明确经费保障和未履行职责承担的责任等事项。

第十七条 各级河湖长制办公室负责全面推行河湖长制的组织实施、综合协调、检查督办和考核评价等工作，主要履行以下职责：

（一）组织完成本级党委和政府、总河湖长和副总河湖长确定或者交办的事项，协调完成本级其他河湖长确定或者交办的事项，及时请示报告有关情况；

（二）督促协调本级河湖长制联席会议成员单位、河湖长联系部门履行职责；

（三）研究起草河湖长制相关制度，组织编制和监督落实“一河（湖）一策”等河湖管理保护规划、方案；

（四）组织开展河湖长制工作监督检查、考核评价、评选表彰；

（五）组织开展河湖长制及河湖管理保护的宣传、培训等工作；

（六）完成上级河湖长制办公室交办的工作任务；

（七）其他有关职责。

第十八条 河湖长联系部门协助相应河湖长做好相关工作，主要履行以下职责：

（一）协助、提醒相应河湖长履职，承担相应河湖长的办公室日常工作；

（二）掌握责任河湖基本情况和存在的主要问题；

（三）定期组织开展责任河湖巡查工作，协助相应河湖长抓好问题的跟踪督办落实；

（四）及时向相应河湖长以及河湖长制办公室报告有关河湖长制工作情况，报送有关履职信息；

（五）完成相应河湖长以及河湖长制办公室交办的其他工作。

第十九条 各级河湖警长在相应河湖长的领导下，研究解决河湖管理保护工作中存在的治安问题，依法遏制、打击涉河湖违法犯罪行为。主要履行以下职责：

（一）组织本级公安机关依法打击污染水环境、非法采砂、非法捕捞等涉河湖违法犯罪行为，及时查处在河湖管理保护领域中违反治安管理处罚法的违法行为；

（二）健全本地河湖区域治安防控网络，及时排查化解矛盾纠纷和治安隐患；

（三）参与部门联合执法，依法查处妨害公务等违法犯罪行为；

（四）协助相应河湖长开展巡查、调研、督查等工作，定期向相应河湖长和上级河湖警长报告工作开展情况，及时报告工作中遇到的重大问题，为河湖治理提供非涉密公安业务数据信息，配合开展法治宣传工作。

第二十条 河湖检察长负责推动行政监管执法与检察监督有效衔接，推进落实涉河湖公益诉讼制度，依法打击涉河湖违法犯罪行为，督促行政机关依法履职，督促水生态环境损害责任人依法对水生态环境进行修复或者补偿，维护社会公共利益。

河湖长制办公室联络检察官协助本级河湖长开展河湖长制有关工作，督促有关行政机关落实本级河湖长以及河湖长制办公室反馈的涉河湖有关问题。

第四章　工作机制

第二十一条 县级以上总河湖长可以就本行政区域内河湖管理保护和河湖长制工作的重大事项签发总河湖长令，对有关工作作出部署。

第二十二条 各级河湖长以及联系部门应当定期或者不定期组织开展河湖巡查工作，巡查频次、形式、内容和情况通报按照国家和我省有关规定执行。根据实际情况，对跨界河湖组织开展联合巡查、联合执法工作。

对于巡查中发现的问题，按照以下规定处理：

（一）属于自身职责范围的，应当及时予以处理；

（二）根据职责应由本级相关部门处理的，应当及时协调、督促相关部门予以处理；

（三）根据职责应由上级河湖长或者上级相关部门处理的，提请上一级河湖长协调处理；

（四）根据职责应由下级河湖长或者下级相关部门处理的，移交下一级河湖长组织处理。

第二十三条 县级人民政府应当建立河湖日常管护机制，通过聘请河湖巡查员、保洁员或者政府购买服务等方式，开展河湖日常巡查和保洁工作。

河湖垃圾（含水面漂浮物）纳入城乡一体化垃圾处理范围。

第二十四条 县级以上人民政府应当提高河湖水质水量监测能力，优化监测站点布设，加强河湖跨界断面动态监测，强化监测结果的运用。

第二十五条 县级以上人民政府应当建立统一高效的信息共享机制，在管理部门之间实现河湖水文、自然资源、生态环境、执法处置等数据信息的及时共享，提高河湖管理保护信息化、数字化、智慧化水平。跨界河湖问题突出的，相关县级以上人民政府或者其授权部门应当主动共享跨界河湖的水质水量、环境风险等基本信息，共同防御水灾害、水污染等风险。

第二十六条 县级以上河湖长名单应当通过本地政府门户网站或者主要媒体公开发布；乡、村级河湖长名单根据实际情况以适当方式公开发布。

河湖重点水域和沿岸显要位置应当设立河湖长公示牌，载明河湖长姓名、职务、职责、河湖管理保护范围以及监督举报电话等内容。公示牌所载信息发生变动的，应当及时更新。

第二十七条 县级以上人民政府应当聘请河湖长制社会监督员，参与监督评价河湖管理保护工作。

鼓励和引导公民、法人和其他组织参与河湖保护工作，从事河湖保护志愿服务。

倡导村规民约、居民公约对河湖管理保护作出约定。

第二十八条 县级以上人民政府应当鼓励和吸纳社会资本以多种形式参与河湖保护，可以通过市场化机制设立河湖保护基金，重点支持实施河湖管理保护、重大生态环境治理等项目。

基金管理组织机构依法依规接受社会捐赠，按照捐赠者意愿用于本地或者具体河湖的管理保护。

第二十九条 县级以上人民政府应当建立危害河湖行为举报制度以及对举报人的奖励、保护制度。

有关部门接到公民、法人和其他组织对危害河湖行为的举报、投诉后，应当及时予以核查、处理。

第三十条 加强河湖管理保护领域检察公益诉讼工作，建立健全检察公益诉讼制度与生态环境损害赔偿制度的有效衔接机制。

县级以上人民政府及其部门和检察机关、审判机关，应当依法履行推进检察公益诉讼工作的职责。

第三十一条 县级以上党委和政府应当做好实施河湖长制的宣传教育和舆论引导工作，加强河湖管理保护相关法律法规的普及，增强社会各界的责任意识、参与意识，凝聚生态文明建设的共识与合力，形成全社会共同参与河湖保护的良好氛围。

鼓励广播、电视、报刊、互联网等媒体开展河湖保护和河湖长制的公益性宣传。

第五章 考核奖惩

第三十二条 严格河湖长制考核。县级以上总河湖长应当组织对本级河湖管理保护和河湖长制工作有关部门（单位）以及下一级地方河湖长制工作情况进行年度考核和专项考核，县级以上河湖长应当组织对相应河湖的下一级河湖长履职情况进行年度考核和专项考核。

强化考核结果运用。将河湖长制考核结果作为地方党政领导干部综合考核评价的重要依据，作为干部选拔任用的重要参考和领导干部自然资源资产离任审计的重要依据，并与河湖长制“以奖代补”资金安排挂钩。

第三十三条 对河湖长制工作成绩显著的相关部门（单位）或者个人，各级党委和政府按照国家和我省有关规定，给予表彰或者奖励。

第三十四条 对未履行职责或者履行职责不力的，县级以上总河湖长应当约谈本级河湖长和下级总河湖长，副总河湖长应当约谈本级相关部门（单位）、下级河湖长和下级河湖长制办公室，河湖长应当约谈联系部门和下级河湖长。

第三十五条 各级河湖长未按照规定履行职责，有下列行为之一，造成不良后果或者影响的，根据情节轻重，按照管理权限，依规依纪依法给予处理处分：

（一）未认真落实河湖长制有关政策规定，执行上级河湖长指令不力的；

（二）未按照规定进行巡查，或者对巡查发现的问题未按规定进行处理的；

（三）对社会反映强烈的河湖问题未采取及时有效处置措施的；

（四）其他怠于履行河湖长职责的行为。

第三十六条 县级以上河湖长制办公室未按照规定履行职责，有下列行为之一，造成不良后果或者影响的，根据情节轻重，按照管理权限，依规依纪依法给予处理处分：

（一）未认真落实河湖长制有关政策规定，执行本级党委和政府以及总河湖长、副总河湖长、上级河湖长制办公室要求不力的；

（二）对社会反映强烈的河湖问题，未及时提醒相关河湖长履职，未及时分办、督办相关职能部门履职的；

（三）未组织开展编制“一河（湖）一策”，未组织开展河湖长制考核的；

（四）其他违反河湖长制相关规定的行为。

第三十七条 县级以上河湖长联系部门未按照规定履行职责，有下列行为之一，造成不良后果或者影响的，根据情节轻重，按照管理权限，依规依纪依法给予处理处分：

（一）未认真落实河湖长制有关政策规定，执行本级总河湖长、副总河湖长和相应河湖长要求不力的；

（二）未按照规定履行责任河湖巡查和问题跟踪督办职责的；

（三）履行联系部门职责不力，对责任河湖的河湖长制工作推进造成严重影响的；

（四）履行职能部门职责不力，造成河湖生态环境严重损害等后果的；

（五）其他违反河湖长制相关规定的行为。

第六章 附 则

第三十八条 本规定由中共湖北省委、湖北省人民政府负责解释，具体解释工作由省委办公厅、省政府办公厅商省水利厅承担。

第三十九条 本规定自印发之日起施行。

六、专项行动

Special Actions

联合开展的专项行动

【水利部联合开展的专项行动】

水利部等四部门联合开展农村供水水质提升专项行动　2022年10月，水利部会同生态环境部、国家疾病预防控制局、国家乡村振兴局印发《关于开展农村供水水质提升专项行动的指导意见》（简称《意见》），旨在通过联合开展农村供水水质提升专项行动，加快提升农村供水水质保障水平，推动农村供水高质量发展，助力推进乡村全面振兴。

《意见》指出，要坚持问题导向和目标导向相统一，聚焦解决农村供水水质问题，加强农村饮用水水源地保护，配套完善净化消毒设施设备，强化水质检测监测和卫生监督，加快建立健全从源头到龙头的水质保障体系，提升农村供水水质保障水平，确保供水水质安全。

《意见》明确，力争用三年左右时间，基本完成乡镇级饮用水水源保护区划定，千人以上供水工程按要求全面配套净化消毒设施设备，农村集中供水工程实现水质巡检全覆盖，农村供水工程规范化管理管护水平不断完善。到2025年底，农村供水水质总体水平基本达到当地县城供水水质水平。

《意见》要求，要落实全面摸排问题、合理制定方案、改善水源水质、强化水源保护、注重净化消毒、加强检测监测、建立风险防控机制等7个具体工作任务，健全完善地方主体责任、保障资金投入、强化技术支撑、注重总结宣传、加强监督检查等五个方面保障措施。

《意见》强调，地方各级人民政府要将水质提升专项行动作为“十四五”农村供水保障的重要工作，加大地方政府资金投入，依法依规通过整合财政涉农资金、使用地方政府债券和银行信贷等资金，统筹推进实施。多渠道筹集资金，因地制宜采取水源置换、水源保护、管网延伸覆盖、配套完善净化消毒设施设备、强化水质检测监测和工程管理管护等措施，不断提升农村供水水质保障水平。

【交通运输部联合开展的专项行动】　一是推动落实《水利部　公安部　交通运输部长江河道采砂管理合作机制2022年度工作要点》，强化与水利、公安部门在打击非法采砂船舶、船员信息共享、非法采砂入刑证据搜集移交等方面的合作，常态化开展联合执法，共参与打击非法采砂联合执法行动1 500余次，出动执法人员3.4万人次，检查涉砂船舶2.5万艘次，查获违法采运砂船舶94艘；二是严格按照《水利部　交通运输部关于长江河道采砂管理实行砂石采运管理单制度的通知》要求，对到港、过闸运砂船舶四联单实施检查，现场检查四联单2 147次，发现问题并移交42次；三是指导长航局联合湖北省水利厅、公安厅、省委军融办、省交通运输厅开展联合行动。5月中旬开展了“2022-联动1号”非法采砂专项治理行动，9—10月联合长江委、长航公安开展全线联合督查，对沿江河汊、采砂船舶集中停靠点、锚地等敏感水域、重要目标进行巡查检查，对江面上疑似隐形采砂船舶、疑似运输江砂船舶进行登船检查，上下联动，形成执法合力。

【农业农村部联合开展的专项行动】

1. 长江流域重点水域冬季执法排查行动　2021年12月26日至2022年1月4日，长江办组织由渔政、海事、水政、长航公安组成的长江渔政特编执法船队开展了为期10天的长江流域重点水域冬季执法排查行动。本次行动聚焦“元旦”等重点时段，对长江流域上中下游和鄱阳湖、洞庭湖开展全时段全覆盖、“拉锯式”巡航执法排查，重点检查长江禁捕水域“四清四无”落实情况，对挂牌整治地区、问题多发集中水域开展反复排查，对非法捕捞、违规垂钓、商货船携带网具等行为进行有效打击，确保执法监管落到实处。行动期间，共出动执法船艇47艘、执法人员330人，航程26 520km，检查商货船58艘，查处违规携带非法网具船舶13艘，清理取缔非法网具29顶、违法垂钓渔具49个，查处违法案件4起，进一步强化了禁捕监管力度。

2. 长江流域“七一”重点时段专项行动　6月26日至7月5日，农业农村部长江办组织由渔政、海事、水政、长航公安组成的长江渔政特编执法船队对长江流域重点水域进行了巡航督查，共发现问题线索27条。总的来看，长江流域禁捕管理秩序良好，未发现“电毒炸”和团伙化、规模化非法捕捞现象。本次督查共处置违规垂钓行为21起，占问题线索总数的78%，查处违规垂钓人员6人，劝离（驱逐）人员48人，收缴钓具20根。共登临检查商货船38艘，收缴违规携带网具2顶。本次行动对指导流域各地加强垂钓管理、强化商货船携带网具整治、开展“四清四无”大排查等工作起到了积极作用。

| 成员单位开展的专项行动 |

【水利部开展的专项行动】

1. 水利部组织实施华北地区河湖生态环境复苏2022年夏季行动　5月27日14：30，南水北调中线工程滹沱河、滏阳河退水闸提闸放水，七里河、槐河退水闸加大流量，沙河、瀑河、午河、白马河、牤牛河（东）退水闸保持下泄流量，王快、安格庄水库加大下泄流量，密云、于桥、西大洋、岗南、黄壁庄、东武仕、岳城等水库保持下泄流量，华北地区河湖生态环境复苏2022年夏季行动正式开始实施。

此次行动是深入贯彻落实习近平总书记“节水优先、空间均衡、系统治理、两手发力”治水思路和关于治水重要讲话指示批示精神，推进华北地区河湖生态环境复苏和地下水超采综合治理的重大举措，是充分发挥南水北调工程综合效益、支撑京津冀协同发展战略、回应人民群众对优美生态环境热切期盼的具体行动。

当前，全国已进入汛期，水库需要及时按防洪要求腾出库容备汛迎汛。水利部在前期实施京杭大运河、永定河全线贯通补水的基础上，抓住腾库迎汛这一重要“窗口期”，加大南水北调中线工程生态补水流量，充分利用丹江口水库及海河流域的密云、于桥、西大洋、岗南、黄壁庄、东武仕、岳城、王快、安格庄等水库蓄水，统筹本地水库、南水北调中线一期工程、再生水等水源，加大生态补水力度，向大清河白洋淀、子牙河、漳卫河、蓟运河、潮白河等水系的39条（个）河湖进行补水，推进复苏河湖生态环境。

此次行动的目标是，6月底前实施补水7.21亿m^3，形成水流贯通河长约3 264km，大清河水系、子牙河水系、漳卫河水系实现贯通入海；白洋淀改善水动力和水质，生态得到进一步恢复；燕山、太行山山前平原尤其是密怀顺、滹沱河、一亩泉等地下水水源地得到补给，补水河道周边地下水水位回升或保持稳定；为沿线约10万亩耕地提供灌溉用水，压减深层地下水开采。

此次行动包括大清河白洋淀、子牙河、漳卫河、蓟运河、潮白河等水系5条补水线路，19条补水支线。大清河白洋淀补水线路包括瀑河、府河、孝义河、唐河、沙河—潴龙河、牤牛河、北拒马河—白沟河、南拒马河等8条支线，其中瀑河、府河、孝义河、唐河、沙河—潴龙河5条支线至白洋淀，白洋淀下泄水量经枣林庄枢纽入赵王新河、独流减河，贯通入海，贯通河长806km。子牙河补水线路包括滹沱河、滏阳河、天平沟、北沙河—槐河、午河、白马河、七里河—顺水河等7条支线，经献县枢纽，一路入子牙河—西河闸，一路经子牙新河入海，贯通河长1 320km。漳卫河补水线路起点为合漳村（漳河干流起点），出岳城水库后经漳河、卫运河至四女寺枢纽，经漳卫新河入海，贯通河长571km。蓟运河补水线路包括州河、泃河2条补水支线，贯通河长355km。潮白河水系补水线路起点为密云水库，经潮白河、潮白新河至宁车沽防潮闸，贯通河长212km。

此次行动补水水源构成多、补水线路长、涉及范围广。为确保补水行动安全顺利实施，水利部要求有关部门和单位抓好各项重点任务的落实。一是加强河道清理整治。充分发挥各级河长湖长作用，及时开展主槽和滩地清理，完成河道内垃圾、障碍物、违章建筑清理任务。对河道内有工程施工、过流条件不好的河段，要妥善解决河道施工阻水问题，提高河道过流能力。二是控制安全水位。统筹防洪、供水、补水的关系，加强丹江口、岳城等水库及白洋淀的调度管理，依法依规开展水量调度，严格汛限水位监管，在保证防洪安全前提下有序做好补水工作。加强南水北调中线输水线路安全保障，强化各退水闸、供水口门下泄流量统筹调度。做好水情预测预报，根据来水情况和受水河道过流情况实时优化调整补水流量。三是严格补水管护。加强补水水源工程、补水河道及沿线闸站等的巡护管理，强化水量、水位监管，完善应急预案及措施，保障沿河居民、建筑物安全。四是加强监测评估。实施补水沿线水量、水位、水质、水生态等水文全要素全过程监测，为今后深入开展河湖生态环境复苏提供成果支撑和经验借鉴。

2. 水利部开展守好一库碧水专项整治行动取得明显成效　为深入贯彻落实习近平总书记“要把水源区的生态环境保护工作作为重中之重，划出硬杠杠，坚定不移做好各项工作，守好这一库碧水”的重要指示精神，进一步加强丹江口水库水域岸线管理保护，2021年11月起，水利部依托河湖长制，组织开展守好一库碧水专项整治行动，相关地方党委政府狠抓落实，扎实推进，专项行动取得明显成效。

按照水利部部署要求，库区所在河南、湖北两省对丹江口水库存在的非法侵占水域、占用岸线等问题进行全面自查。同时，水利部通过卫星遥感、无人机航拍、现场巡查等方式，将排查出的疑似问题推送地方进一步调查核实，确保问题不遗漏。

2022 年 3 月，水利部派出工作组，重点选取对防洪(库容)、水质存在不利影响的 121 个项目开展现场复核。根据复核情况，印发《水利部办公厅关于加快清理整治丹江口库区违法违规问题的函》，明确清理整治原则和要求。对照清理整治标准，两省组织对相关市县报送完成整改的项目开展全覆盖复核。水利部组织长江水利委员会开展 5 轮次现场抽查，基本实现所有项目整改验收全覆盖。

截至 2022 年 6 月底，两省共完成问题整改 886 个，主要包括线下及孤岛建房、筑坝拦汊、违规养殖、涉河建设项目未批先建等问题。专项行动以来，累计拆除违法违规建构筑物 23.38 万 m^2、网箱 2.44 万 m^2、拦网 22.90km、堤坝 24.20km，恢复岸线 22.50km、防洪库容 1 724.42 万 m^3，复绿库岸 82.13 万 m^2，专项行动取得明显成效。

通过清理整治，拆除了一批影响防洪安全的筑坝拦汊、违规建房等问题，恢复了防洪库容，保障了防洪安全；清理取缔了一批影响水质的网箱养殖、拦网养殖、筑塘（坝）养殖、大棚种植等问题，修复了水环境，保障了水质安全；一大批长期侵占库区岸线的“老大难”问题得到有力解决，起到了重要的宣传和警示作用，侵占水库的行为得到有效遏制，共同“守好这一库碧水”的良好氛围逐步形成。

3. 水利部组织实施母亲河复苏行动　为深入贯彻习近平生态文明思想，完整、准确、全面贯彻新发展理念，推动新阶段水利高质量发展，7 月 6 日，水利部印发《母亲河复苏行动方案（2022—2025 年）》，全面部署开展母亲河复苏行动。

本次行动所指母亲河是与国家民族以及省市县沿河区域人民世代繁衍生息紧密相关，对所在流域区域地貌发育演化、生态系统演变、经济社会发展格局构建、人类文明孕育、文化传承和民族象征等起到重大作用的河流湖泊。母亲河复苏行动，聚焦河道断流、湖泊萎缩干涸两大问题，从各地的母亲河做起，锚定“让河流恢复生命、流域重现生机”，坚持问题导向、目标导向、效用导向，强化综合治理、系统治理、源头治理，分级负责，一河（湖）一策，复苏河湖生态环境，让河流流动起来，把湖泊恢复起来，维护河湖健康生命，使母亲河永葆生机活力。

水利部将组织全面排查断流河流、萎缩干涸湖泊的情况，分析河湖生态环境修复的紧迫性和可行性，进一步确定 2022—2025 年母亲河复苏行动河湖名单，组织编制并实施母亲河复苏行动“一河（湖）一策”方案，通过优化配置水资源，恢复河湖良好连通性，恢复和改善河道有水状态，恢复湖泊水面面积，修复受损的河湖生态系统，确保实施一条、见效一条。

母亲河复苏行动重点关注三类河湖，一是在京津冀协同发展、长江经济带发展、长三角一体化发展、粤港澳大湾区建设、黄河流域生态保护和高质量发展等重大国家战略中具有重要地位和作用的河湖；二是县级以上行政区域的母亲河，在本区域经济、社会、文化中地位突出，对防洪安全、供水安全、粮食安全、生态安全具有重要保障作用或发挥重要影响的河湖；三是水生态环境问题突出，人民群众反映强烈，修复措施合理、可操作性强、修复效果显著的河湖。

复苏的措施，将坚持以流域为单元，从生态系统整体性和流域系统性出发，统筹干支流、左右岸、上下游，统筹地表水和地下水、本地水与外调水，精准研判、靶向施策，合理确定退还挤占生态用水、优化调度水资源、推进水系连通工程、河湖生态补水、河道整治、地下水超采治理、监测评估等方面的工作内容。

4. 全国河道非法采砂专项整治行动成效显著　为深入贯彻习近平总书记关于打击“沙霸”及其背后“保护伞”重要指示批示精神，按照中央扫黑除恶常态化暨加快推进重点行业领域整治的决策部署，2021 年 9 月，水利部部署开展为期一年的全国河道非法采砂专项整治行动，要求各地严肃查处非法采砂行为，配合有关部门严厉打击“沙霸”及其背后“保护伞”。

各地按照水利部部署要求，高位组织推动，坚持“疏”“堵”结合、“打”“治”并举，有力有序推进专项整治行动。一是采砂管理责任全面落实。发挥河湖长制作用，以县为主体，明确了 2 753 个采砂管理重点河段敏感水域河长、主管部门、现场监管、行政执法“四个责任人”10 292 名，长江干流宜宾以下 8 省（直辖市）明确了省、市、县三级采砂管理责任人 860 名。二是采砂监管合力初步形成。各地坚持河长责任人或行政首长挂帅、水利部门牵头，强化部门协同、区域联动，深化水行政执法与刑事司法衔接，建立完善“河长＋”、流域管理机构与省级协作、交界水域联防联控等协调联动机制，初步形成共治共管格局。三是采砂许可管理不断规范。以规划为依据依法许可采砂，全国编制完成 2 600 余个采砂规划，一年来依法开采利用河道砂石近 5 亿 t，18 个省份推行规模化、集约化统一开采，采砂现场监管进一步规范。四是执法打击成果显著。各地加强日常巡查监管，非法采砂发现一起、打击一起，累计出动 256.7 万余人次，巡查河道里程

1 535.8 万 km，查处非法采砂行为 5 839 起，查扣非法采砂船舶 488 艘、挖掘机具 1 334 台，拆解“三无”“隐形”采砂船 693 艘，移交公安机关案件 179 件，其中涉黑涉恶线索 26 条。追责问责相关责任人 145 人，其中河长 64 人。

经过一年的集中整治，规模性非法采砂行为得到有效遏制，河道采砂管理秩序总体平稳向好。下一步，水利部将全面贯彻党的二十大精神，认真践行习近平生态文明思想，深入落实“节水优先、空间均衡、系统治理、两手发力”治水思路，强化体制机制法治管理，进一步压紧压实管理责任，强化责任追究；加强流域治理，深化部门、区域联防联控；加强日常巡查监管，高压严打非法采砂；结合智慧水利、数字孪生流域建设，加强信息化建设，推进智慧监管；坚持疏堵结合，推进规模化、集约化统一开采，规范疏浚砂利用管理，持续巩固专项整治行动成果，切实维护河道采砂管理秩序，助力新阶段水利高质量发展。（来源：水利部网站）

【工业和信息化部开展的专项行动】 大力推进工业节水减污。开展 2022 年工业废水循环利用试点工作，以钢铁、石化化工等行业为重点，围绕用水过程循环、区域产城融合、智慧用水管控、废水循环利用补短板等试点模式，培育 29 家工业废水循环利用试点企业和 3 家试点园区，提高工业用水重复利用水平，强化河湖水资源保护和节约集约利用。

【公安部开展的专项行动】 2022 年 1 月，制定下发《关于印发〈公安机关“长江禁渔 2022”行动工作方案〉的通知》（公治安〔2022〕391 号），部署开展打击长江流域非法捕捞犯罪“长江禁渔 2022”专项行动，全年共侦破长江非法捕捞类刑事案件 7 700 余起，抓获犯罪嫌疑人 1.3 万余人，查扣涉案船只 600 余艘、非法捕捞器具 1.5 万余套，查获渔获物 40.2 万余 kg。

2022 年 1 月，制定下发《关于印发〈2022 年度公安机关打击长江非法采砂犯罪专项行动工作方案〉的通知》（公治安〔2022〕392 号），继续组织开展打击长江非法采砂犯罪专项行动，全年共侦破长江非法采砂类刑事案件 270 余起，抓获犯罪嫌疑人 900 余名，打掉团伙 90 余个，查扣涉案船舶 190 余艘、江砂 220 万余 t，涉案金额约 3.5 亿元。

【农业农村部开展的专项行动】

1. 2022 年春节期间禁捕执法巡航督查 1 月 29 日至 2 月 7 日，农业农村部长江办组织中国渔政 001 等 8 艘直属渔政执法船开展了为期 10 天的重点时段巡航检查行动。其间，各执法船艇对长江口、长江干流以及鄱阳湖、洞庭湖等水域进行了检查，重点检查了巡航水域内“三无”涉渔船舶整治、乡镇自用船舶规范管理、残存渔具清理取缔、生产性垂钓管控以及商货船携带违规网具行为等情况，直接查处违规携带非法网具商船 1 艘，清理取缔非法网具 1 顶，违法垂钓渔具 10 个，并督促带动各地加大监管工作力度，进一步压紧压实属地责任，此次行动取得预期效果，禁捕水域管控态势总体良好。

2. “中国渔政亮剑 2022”系列专项执法行动 2022 年 3 月 14 日印发《“中国渔政亮剑 2022”系列专项执法行动方案》，继续将长江流域重点水域常年禁捕、清理取缔涉渔“三无”船舶和“绝户网”、黄河等内陆重点水域禁渔以及打击电鱼等专项执法行动纳入其中。长江流域重点水域常年禁捕专项行动共检查渔船 22 891 艘次、检查渔港码头及渔船自然停靠点 46 846 个次、检查船舶网具修造厂点 2 880 个次、检查市场 129 012 个次、查办违规违法案件 14 972 件、查获涉案人员 16 825 人、移送司法处理人员 2 884 人。清理取缔涉渔“三无”船舶和“绝户网”专项行动共清理取缔涉渔“三无”船舶 18 982 艘，清理整治违规网具数量 801 876 张（顶）。黄河等内陆重点水域禁渔专项行动共检查渔船 43 309 艘次、检查船舶网具修造厂点 2 534 个次、检查市场 15 317 个次、检查渔港码头及渔船自然停靠点 24 154 个次。打击电鱼行为专项行动共查办违规违法案件 1 753 件，查获涉案人员 12 042 人，移送司法处理人员 2 299 人，收缴电鱼器具 7 253 台（套）。

3. 长江流域“五一”重点时段专项行动 4 月 21 日至 5 月 5 日，长江禁捕退捕工作专班紧盯“五一”重点时段，聚焦长江口、跨省交界水域、水生生物保护区等重点水域，组织沿江 15 省市执法力量开展长江禁渔专项执法行动。其间，各地结合疫情防控实际，积极探索“非接触性”执法模式，依托“智慧渔政”等信息化平台，对“三无”涉渔船舶、生产性垂钓、商货船违规携带网具等各类违法捕捞行为进行查处，各地累计出动执法人员 8.94 万人次，执法船艇 5 950 艘次、运用视频监控巡查水面 1.19 万次、清理“三无”涉渔船舶 325 艘，取缔违规网具 7 076 顶、违规钓具 1.06 万个，查办行政案件 809 起，司法移送 148 人。部际专班同步组织 10 艘直属渔政船开展巡查监督，此次行动取得预期成果，禁捕管控态势总体平稳可控。

4. 长江流域国庆期间执法巡航督查行动 9 月

27 日至 10 月 3 日，农业农村部长江办部署、渔政保障中心组织实施长江流域国庆期间打击非法捕捞巡航检查行动。共出动执法船（艇）34 艘，总航程 20 838km，总航时 1 174 小时（无人机巡查 4.5 小时），对长江口、长江干流（中下游）、长江上游部分江段以及鄱阳湖、洞庭湖等水域内“三无”涉渔船舶整治、乡镇自用船舶规范管理、非法渔具清理取缔、违规垂钓管控以及商货船违规携带网具等情况开展了重点检查。据统计，共发现（清理）地笼网 5 顶、“三无”船舶 2 艘；观察记录（驱离）垂钓人员 50 余名，收缴钓鱼竿 3 根、暂扣 16 根；登临检查中小型商货船行动 31 艘次，收缴其中 3 艘商货船钓鱼竿 5 根；在长江口水域驱离跨界作业渔船 3 艘；移交相关属地渔政执法机构问题线索 3 条。

七、数说河湖

Information about Rivers and Lakes in Digital Edition

【水资源量】

2022 年全国及各省级行政区水资源量

全国及各省级行政区	降水量/mm	地表水资源量/亿 m^3	地下水资源量/亿 m^3	地下水与地表水资源不重复量/亿 m^3	水资源总量/亿 m^3	用水总量/亿 m^3
全　国	631.5	25 984.4	7 924.4	1 103.7	27 088.1	5 998.2
北　京	482.1	7.4	26.8	16.4	23.7	40.0
天　津	584.7	11.0	6.8	5.6	16.6	33.6
河　北	508.1	88.5	152.8	99.5	188.0	182.4
山　西	592.5	108.2	112.6	45.3	153.5	72.1
内蒙古	271.8	365.9	223.1	143.3	509.2	191.5
辽　宁	914.6	513.8	154.3	47.9	561.7	126.0
吉　林	820.7	625.2	192.6	79.9	705.1	104.5
黑龙江	578.8	771.4	307.1	147.0	918.5	307.7
上　海	1 072.8	27.6	8.4	5.5	33.1	105.7
江　苏	813.3	142.5	102.7	50.4	192.8	611.8
浙　江	1 567.0	918.0	208.3	16.3	934.3	167.8
安　徽	979.8	476.7	159.0	68.5	545.2	300.5
福　建	1 712.4	1 173.1	303.7	1.6	1 174.7	167.9
江　西	1 599.3	1 533.6	363.7	22.6	1 556.2	269.8
山　东	878.0	391.1	225.4	117.9	508.9	217.0
河　南	621.7	172.2	140.4	77.2	249.4	228.0
湖　北	987.2	690.1	258.1	24.2	714.2	353.1
湖　南	1 305.3	1 677.2	416.2	6.6	1 683.8	331.0
广　东	2 114.3	2 213.3	546.2	10.3	2 223.6	401.7
广　西	1 696.7	2 207.6	436.9	0.9	2 208.5	264.0
海　南	2 068.6	356.1	100.3	7.7	363.8	45.6
重　庆	945.2	373.5	82.6	0.0	373.5	68.8
四　川	842.7	2 207.8	547.2	1.4	2 209.2	251.6
贵　州	1 016.6	912.4	246.5	0	912.4	96.3
云　南	1 173.8	1 742.8	602.6	0	1 742.8	163.4
西　藏	538.7	4 139.7	928.1	0	4 139.7	31.8
陕　西	671.1	330.6	139.9	35.1	365.8	94.9
甘　肃	253.6	221.6	112.7	9.4	231	112.9
青　海	341.1	707.5	319.8	18.2	725.7	24.5
宁　夏	253.7	7.1	15.3	1.8	8.9	66.3
新　疆	141.3	871.0	484.3	43.1	914.1	566.4

（来源：《2022 年中国水资源公报》）

【地级以上城市饮用水水源优良水质（Ⅰ～Ⅲ类）断面比例】

2022年地级以上城市饮用水水源优良水质（Ⅰ～Ⅲ类）断面比例

序号	省　份	城　市	优良水质达标率/%
1	北京市	北京市	100.0
2	天津市	天津市	100.0
3	河北省	石家庄市	100.0
4	河北省	唐山市	100.0
5	河北省	秦皇岛市	100.0
6	河北省	邯郸市	100.0
7	河北省	邢台市	100.0
8	河北省	保定市	100.0
9	河北省	张家口市	100.0
10	河北省	承德市	100.0
11	河北省	沧州市	100.0
12	河北省	廊坊市	100.0
13	河北省	衡水市	100.0
14	山西省	太原市	100.0
15	山西省	大同市	62.5
16	山西省	阳泉市	0.0
17	山西省	长治市	100.0
18	山西省	晋城市	100.0
19	山西省	朔州市	100.0
20	山西省	晋中市	100.0
21	山西省	运城市	100.0
22	山西省	忻州市	100.0
23	山西省	临汾市	50.0
24	山西省	吕梁市	100.0
25	内蒙古自治区	呼和浩特市	100.0
26	内蒙古自治区	包头市	100.0
27	内蒙古自治区	乌海市	100.0
28	内蒙古自治区	赤峰市	80.0
29	内蒙古自治区	通辽市	0.0
30	内蒙古自治区	鄂尔多斯市	80.0
31	内蒙古自治区	呼伦贝尔市	0.0
32	内蒙古自治区	巴彦淖尔市	100.0
33	内蒙古自治区	乌兰察布市	100.0
34	内蒙古自治区	兴安盟	100.0
35	内蒙古自治区	锡林郭勒盟	0.0

续表

序号	省 份	城 市	优良水质达标率/%
36	内蒙古自治区	阿拉善盟	80.0
37	辽宁省	沈阳市	100.0
38	辽宁省	大连市	100.0
39	辽宁省	鞍山市	100.0
40	辽宁省	抚顺市	100.0
41	辽宁省	本溪市	100.0
42	辽宁省	丹东市	100.0
43	辽宁省	锦州市	100.0
44	辽宁省	营口市	100.0
45	辽宁省	阜新市	100.0
46	辽宁省	辽阳市	100.0
47	辽宁省	盘锦市	100.0
48	辽宁省	铁岭市	100.0
49	辽宁省	朝阳市	100.0
50	辽宁省	葫芦岛市	100.0
51	吉林省	长春市	50.0
52	吉林省	吉林市	100.0
53	吉林省	四平市	100.0
54	吉林省	辽源市	100.0
55	吉林省	通化市	100.0
56	吉林省	白山市	100.0
57	吉林省	松原市	100.0
58	吉林省	白城市	100.0
59	吉林省	延边朝鲜族自治州	100.0
60	黑龙江省	哈尔滨市	100.0
61	黑龙江省	齐齐哈尔市	50.0
62	黑龙江省	鸡西市	100.0
63	黑龙江省	鹤岗市	100.0
64	黑龙江省	双鸭山市	100.0
65	黑龙江省	大庆市	100.0
66	黑龙江省	伊春市	50.0
67	黑龙江省	佳木斯市	0.0
68	黑龙江省	七台河市	100.0
69	黑龙江省	牡丹江市	100.0
70	黑龙江省	黑河市	100.0
71	黑龙江省	绥化市	50.0

续表

序号	省 份	城 市	优良水质达标率/%
72	黑龙江省	大兴安岭地区	100.0
73	上海市	上海市	100.0
74	江苏省	南京市	100.0
75	江苏省	无锡市	100.0
76	江苏省	徐州市	100.0
77	江苏省	常州市	100.0
78	江苏省	苏州市	100.0
79	江苏省	南通市	100.0
80	江苏省	连云港市	100.0
81	江苏省	淮安市	100.0
82	江苏省	盐城市	100.0
83	江苏省	扬州市	100.0
84	江苏省	镇江市	100.0
85	江苏省	泰州市	100.0
86	江苏省	宿迁市	100.0
87	浙江省	杭州市	100.0
88	浙江省	宁波市	100.0
89	浙江省	温州市	100.0
90	浙江省	嘉兴市	100.0
91	浙江省	湖州市	100.0
92	浙江省	绍兴市	100.0
93	浙江省	金华市	100.0
94	浙江省	衢州市	100.0
95	浙江省	舟山市	100.0
96	浙江省	台州市	100.0
97	浙江省	丽水市	100.0
98	安徽省	合肥市	100.0
99	安徽省	芜湖市	100.0
100	安徽省	蚌埠市	100.0
101	安徽省	淮南市	100.0
102	安徽省	马鞍山市	100.0
103	安徽省	淮北市	100.0
104	安徽省	铜陵市	100.0
105	安徽省	安庆市	100.0
106	安徽省	黄山市	100.0
107	安徽省	滁州市	100.0

续表

序号	省 份	城 市	优良水质达标率/%
108	安徽省	阜阳市	75.0
109	安徽省	宿州市	100.0
110	安徽省	六安市	100.0
111	安徽省	亳州市	33.3
112	安徽省	池州市	100.0
113	安徽省	宣城市	100.0
114	福建省	福州市	100.0
115	福建省	厦门市	100.0
116	福建省	莆田市	100.0
117	福建省	三明市	100.0
118	福建省	泉州市	100.0
119	福建省	漳州市	100.0
120	福建省	南平市	100.0
121	福建省	龙岩市	100.0
122	福建省	宁德市	100.0
123	江西省	南昌市	100.0
124	江西省	景德镇市	100.0
125	江西省	萍乡市	66.7
126	江西省	九江市	100.0
127	江西省	新余市	100.0
128	江西省	鹰潭市	100.0
129	江西省	赣州市	100.0
130	江西省	吉安市	100.0
131	江西省	宜春市	100.0
132	江西省	抚州市	100.0
133	江西省	上饶市	100.0
134	山东省	济南市	100.0
135	山东省	青岛市	100.0
136	山东省	淄博市	100.0
137	山东省	枣庄市	66.7
138	山东省	东营市	100.0
139	山东省	烟台市	100.0
140	山东省	潍坊市	100.0
141	山东省	济宁市	100.0
142	山东省	泰安市	100.0
143	山东省	威海市	100.0

续表

序号	省 份	城 市	优良水质达标率/%
144	山东省	日照市	100.0
145	山东省	临沂市	100.0
146	山东省	德州市	100.0
147	山东省	聊城市	100.0
148	山东省	滨州市	100.0
149	山东省	菏泽市	100.0
150	河南省	郑州市	100.0
151	河南省	开封市	100.0
152	河南省	洛阳市	90.0
153	河南省	平顶山市	100.0
154	河南省	安阳市	100.0
155	河南省	鹤壁市	100.0
156	河南省	新乡市	100.0
157	河南省	焦作市	100.0
158	河南省	濮阳市	100.0
159	河南省	许昌市	100.0
160	河南省	漯河市	100.0
161	河南省	三门峡市	100.0
162	河南省	南阳市	100.0
163	河南省	商丘市	100.0
164	河南省	信阳市	100.0
165	河南省	周口市	100.0
166	河南省	驻马店市	100.0
167	湖北省	武汉市	100.0
168	湖北省	黄石市	100.0
169	湖北省	十堰市	100.0
170	湖北省	宜昌市	100.0
171	湖北省	襄阳市	100.0
172	湖北省	鄂州市	100.0
173	湖北省	荆门市	100.0
174	湖北省	孝感市	100.0
175	湖北省	荆州市	100.0
176	湖北省	黄冈市	100.0
177	湖北省	咸宁市	100.0
178	湖北省	随州市	100.0
179	湖北省	恩施土家族苗族自治州	100.0

续表

序号	省 份	城 市	优良水质达标率/%
180	湖南省	长沙市	100.0
181	湖南省	株洲市	100.0
182	湖南省	湘潭市	100.0
183	湖南省	衡阳市	100.0
184	湖南省	邵阳市	100.0
185	湖南省	岳阳市	100.0
186	湖南省	常德市	100.0
187	湖南省	张家界市	100.0
188	湖南省	益阳市	100.0
189	湖南省	郴州市	100.0
190	湖南省	永州市	100.0
191	湖南省	怀化市	100.0
192	湖南省	娄底市	100.0
193	湖南省	湘西土家族苗族自治州	100.0
194	广东省	广州市	100.0
195	广东省	韶关市	100.0
196	广东省	深圳市	95.2
197	广东省	珠海市	100.0
198	广东省	汕头市	100.0
199	广东省	佛山市	100.0
200	广东省	江门市	100.0
201	广东省	湛江市	100.0
202	广东省	茂名市	100.0
203	广东省	肇庆市	100.0
204	广东省	惠州市	100.0
205	广东省	梅州市	100.0
206	广东省	汕尾市	100.0
207	广东省	河源市	100.0
208	广东省	阳江市	100.0
209	广东省	清远市	100.0
210	广东省	东莞市	100.0
211	广东省	中山市	100.0
212	广东省	潮州市	100.0
213	广东省	揭阳市	100.0
214	广东省	云浮市	100.0
215	广西壮族自治区	南宁市	100.0

续表

序号	省 份	城 市	优良水质达标率/%
216	广西壮族自治区	柳州市	100.0
217	广西壮族自治区	桂林市	100.0
218	广西壮族自治区	梧州市	100.0
219	广西壮族自治区	北海市	33.3
220	广西壮族自治区	防城港市	100.0
221	广西壮族自治区	钦州市	100.0
222	广西壮族自治区	贵港市	100.0
223	广西壮族自治区	玉林市	100.0
224	广西壮族自治区	百色市	100.0
225	广西壮族自治区	贺州市	100.0
226	广西壮族自治区	河池市	100.0
227	广西壮族自治区	来宾市	100.0
228	广西壮族自治区	崇左市	100.0
229	海南省	海口市	100.0
230	海南省	三亚市	100.0
231	海南省	三沙市	—
232	海南省	儋州市	100.0
233	重庆市	重庆市	100.0
234	四川省	成都市	100.0
235	四川省	自贡市	100.0
236	四川省	攀枝花市	100.0
237	四川省	泸州市	100.0
238	四川省	德阳市	100.0
239	四川省	绵阳市	100.0
240	四川省	广元市	100.0
241	四川省	遂宁市	100.0
242	四川省	内江市	100.0
243	四川省	乐山市	100.0
244	四川省	南充市	100.0
245	四川省	眉山市	100.0
246	四川省	宜宾市	100.0
247	四川省	广安市	100.0
248	四川省	达州市	100.0
249	四川省	雅安市	100.0
250	四川省	巴中市	100.0
251	四川省	资阳市	100.0

续表

序号	省份	城市	优良水质达标率/%
252	四川省	阿坝藏族羌族自治州	100.0
253	四川省	甘孜藏族自治州	100.0
254	四川省	凉山彝族自治州	100.0
255	贵州省	贵阳市	100.0
256	贵州省	六盘水市	100.0
257	贵州省	遵义市	100.0
258	贵州省	安顺市	100.0
259	贵州省	毕节市	100.0
260	贵州省	铜仁市	100.0
261	贵州省	黔西南布依族苗族自治州	100.0
262	贵州省	黔东南苗族侗族自治州	100.0
263	贵州省	黔南布依族苗族自治州	100.0
264	云南省	昆明市	100.0
265	云南省	曲靖市	100.0
266	云南省	玉溪市	100.0
267	云南省	保山市	66.7
268	云南省	昭通市	100.0
269	云南省	丽江市	100.0
270	云南省	普洱市	100.0
271	云南省	临沧市	100.0
272	云南省	楚雄彝族自治州	100.0
273	云南省	红河哈尼族彝族自治州	100.0
274	云南省	文山壮族苗族自治州	100.0
275	云南省	西双版纳傣族自治州	100.0
276	云南省	大理白族自治州	100.0
277	云南省	德宏傣族景颇族自治州	100.0
278	云南省	怒江傈僳族自治州	100.0
279	云南省	迪庆藏族自治州	100.0
280	西藏自治区	拉萨市	100.0
281	西藏自治区	日喀则市	100.0
282	西藏自治区	昌都市	100.0
283	西藏自治区	山南市	100.0
284	西藏自治区	那曲市	100.0
285	西藏自治区	阿里地区	0.0
286	西藏自治区	林芝市	100.0
287	陕西省	西安市	100.0

续表

序号	省 份	城 市	优良水质达标率/%
288	陕西省	铜川市	100.0
289	陕西省	宝鸡市	100.0
290	陕西省	咸阳市	100.0
291	陕西省	渭南市	100.0
292	陕西省	延安市	100.0
293	陕西省	汉中市	100.0
294	陕西省	榆林市	100.0
295	陕西省	安康市	100.0
296	陕西省	商洛市	100.0
297	甘肃省	兰州市	100.0
298	甘肃省	嘉峪关市	100.0
299	甘肃省	金昌市	100.0
300	甘肃省	白银市	100.0
301	甘肃省	天水市	100.0
302	甘肃省	武威市	100.0
303	甘肃省	张掖市	100.0
304	甘肃省	平凉市	100.0
305	甘肃省	酒泉市	100.0
306	甘肃省	庆阳市	100.0
307	甘肃省	定西市	100.0
308	甘肃省	陇南市	100.0
309	甘肃省	临夏回族自治州	100.0
310	甘肃省	甘南藏族自治州	100.0
311	青海省	西宁市	100.0
312	青海省	海东市	100.0
313	青海省	海北藏族自治州	100.0
314	青海省	黄南藏族自治州	100.0
315	青海省	海南藏族自治州	100.0
316	青海省	果洛藏族自治州	100.0
317	青海省	玉树藏族自治州	100.0
318	青海省	海西蒙古族藏族自治州	100.0
319	宁夏回族自治区	银川市	100.0
320	宁夏回族自治区	石嘴山市	100.0
321	宁夏回族自治区	吴忠市	0.0
322	宁夏回族自治区	固原市	100.0
323	宁夏回族自治区	中卫市	100.0

续表

序号	省 份	城 市	优良水质达标率/%
324	新疆维吾尔自治区	乌鲁木齐市	83.3
325	新疆维吾尔自治区	克拉玛依市	100.0
326	新疆维吾尔自治区	吐鲁番市	100.0
327	新疆维吾尔自治区	哈密市	100.0
328	新疆维吾尔自治区	昌吉回族自治州	100.0
329	新疆维吾尔自治区	博尔塔拉蒙古自治州	100.0
330	新疆维吾尔自治区	巴音郭楞蒙古自治州	100.0
331	新疆维吾尔自治区	阿克苏地区	100.0
332	新疆维吾尔自治区	克孜勒苏柯尔克孜自治州	100.0
333	新疆维吾尔自治区	喀什地区	100.0
334	新疆维吾尔自治区	和田地区	50.0
335	新疆维吾尔自治区	伊犁哈萨克自治州	100.0
336	新疆维吾尔自治区	塔城地区	100.0
337	新疆维吾尔自治区	阿勒泰地区	100.0

（生态环境部）

【地表水优良水质（Ⅰ～Ⅲ类）断面比例】

2022 年全国及各省级行政区地表水优良水质（Ⅰ～Ⅲ类）断面比例

序号	全国及各省级行政区	地表水优良水质（Ⅰ～Ⅲ类）断面比例/%
1	全国	87.9
2	长江流域	98.1
3	黄河流域	87.5
4	珠江流域	94.2
5	松花江流域	70.5
6	淮河流域	84.5
7	海河流域	74.8
8	辽河流域	84.5
9	北京	75.7
10	天津	58.3
11	河北	84.4
12	山西	87.2
13	内蒙古	76.9
14	辽宁	88.7
15	吉林	81.7
16	黑龙江	81.3
17	上海	97.5

续表

序号	全国及各省级行政区	地表水优良水质（Ⅰ～Ⅲ类）断面比例/%
18	江苏	91.0
19	浙江	99.4
20	安徽	87.1
21	福建	98.1
22	江西	96.2
23	山东	83.0
24	河南	81.9
25	湖北	95.8
26	湖南	99.3
27	广东	92.6
28	广西	100.0
29	海南	91.8
30	重庆	98.6
31	四川	99.5
32	贵州	98.3
33	云南	91.6
34	西藏	95.8
35	陕西	97.3
36	甘肃	95.9
37	青海	100.0
38	宁夏	90.0
39	新疆	95.9
40	新疆兵团	82.6

（生态环境部）

【国家水利风景区认定数量】

第二十批新增国家水利风景区基本情况一览表

序号	流域管理机构/省级行政区	景区名称	依托河湖或水利工程	类型	认定时间
1	淮委	中运河宿迁枢纽水利风景区	宿迁闸、宿迁船闸	城市河湖型	2022 年
2	河北	迁西滦水湾水利风景区	迁西县城段滦河治理工程	城市河湖型	2022 年
3	黑龙江	铁力呼兰河水利风景区	呼兰河、铁甲河	城市河湖型	2022 年
4	江苏	南京浦口象山湖水利风景区	象山水库	水库型	2022 年
5	江苏	武进滆湖水利风景区	滆湖、孟津河、滆湖北大堤、扁担河枢纽	城市河湖型	2022 年
6	浙江	丽水瓯江源—龙泉溪水利风景区	龙泉溪综合治理工程	城市河湖型	2022 年

续表

序号	流域管理机构/省级行政区	景区名称	依托河湖或水利工程	类型	认定时间
7	浙江	金华梅溪水利风景区	梅溪流域综合治理工程	自然河湖型	2022年
8	浙江	德清洛舍漾水利风景区	东苕溪、洛舍漾	自然河湖型	2022年
9	福建	上杭城区江滨水利风景区	汀江防洪工程、汀江	城市河湖型	2022年
10	福建	德化银瓶湖水利风景区	涌溪水库	水库型	2022年
11	江西	乐安九瀑峡水利风景区	九瀑峡河谷、九瀑峡拦水坝	自然河湖型	2022年
12	江西	泰和槎滩陂水利风景区	槎滩陂灌溉水利工程、牛吼江	灌区型	2022年
13	山东	郯城沭河水利风景区	沭河及治理工程	城市河湖型	2022年
14	湖北	襄阳引丹渠水利风景区	引丹渠灌溉工程	灌区型	2022年
15	广西	贵港九凌湖水利风景区	九凌水库	水库型	2022年
16	四川	洪雅烟雨柳江水利风景区	花溪河及杨村河堤防工程	自然河湖型	2022年
17	四川	仪陇柏杨湖水利风景区	燎原电站大坝枢纽工程	水库型	2022年
18	四川	剑阁翠云湖水利风景区	杨家坝水利枢纽工程	水库型	2022年
19	甘肃	庆阳西峰清水沟水利风景区	清水沟小流域综合治理工程	水土保持型	2022年

（水利部水利风景区建设与管理领导小组办公室）

八、典型案例

Typical Cases

| 北京市 |

全力擦亮碧水润城新画卷
——洵河新城段向幸福河湖迭代升级

2012 年以来，北京市平谷区分阶段开展了对洵河的治理和生态修复。洵河新城段（上纸寨—泇河汇入口）是洵河治理任务的核心部分，通过结合生态自然设计理念，优化尊重原有河道流向的自然形态，进行河道疏浚、堤防填筑、景观绿化、巡河路建设等综合措施来增强河道行洪能力，改善水生态环境。建设污水截流管线，将直排入河污水引入污水处理厂，处理后通过再生水管线回补河道，与湿地公园水系连通，作为景观用水；在河道内种植水生植物净化水质，对岸坡、滩地进行绿化，在河道两岸滩地建设人行步道、环河建设休闲绿道，实现河道景观生态功能。尤其是 2021 年以来，通过科学调蓄水资源，复苏河道生态，吸引了广大市民前来“打卡”，市民“伴着河流骑回家”的美好愿景得以实现。

洵河新城段治理突出与园林绿化相结合，与绿道建设相结合，与湿地公园建设相结合，与截污、治污、再生水利用相结合，与文旅产业相结合，实现河道防洪和生态效益。

注重与园林绿化相结合。在规划设计阶段，与滨河森林公园、林网景观相结合，建成林水相依、城水相依、人水相亲的生态新城。注重与绿道建设相结合。将河道治理与绿道建设同步规划设计，同步实施。堤顶巡河路与城市绿道相结合，沿水带岸边，种植适应能力强、观赏性好的绿树、鲜花，建设环城林水绿道。串联起平谷区森林公园、体育健身中心等公园、健身场所。注重与湿地公园建设相结合。利用河道周边天然地形条件建设城北、城东和城西南三处大的湿地公园，河道与湿地公园水系连通，既可为湿地公园涵养补水，也达到净化水源的效果，极大地提高区域水资源和水环境承载能力，支撑区域经济发展。注重与截污、治污、再生水利用相结合。沿河铺设截污管线，治理沿河排污口，达到污水不入河的目的，经过处理后的高品质再生水，回补河道，作为河道景观和市政绿化用水，增加可利用水量。注重与文旅产业相结合。结合生态治河，启动实施绿道贯通项目，通过在河道沿线桥下新建堤坡步道和栈桥步道，连接上下游现状绿道，不断增强步道“运动＋”“文旅＋”等复合功能。沿河建设观花、沿途亲水、融入自然的原生态休闲驿站和休憩平台，为休闲产品赋予文化内涵，丰富河道休闲功能、方便市民运动健身，也为承办高水平体育赛事奠定坚实基础。通过赛事融合旅游产业，带动经济发展，助推洵泇河休闲经济区建设发展。

洵河新城段东门桥绿道贯通（王萌敏　拍摄）

治理后的洵河新城段风貌（王萌敏　拍摄）

（平谷区河长制办公室）

| 天津市 |

织密永定新河保护网　共享绿色发展新成果
——天津经济技术开发区打造永定新河“水清、河畅、岸绿、鸟飞”生态新画卷

永定新河天津经济技术开发区（简称“开发区”）段位于永定新河最下游，东侧紧邻天津市海洋生态红线区，全长 3.6km，河段平均宽度 550m，是北三河郊野公园的重要组成部分，全线为自然岸坡，湿生植物茂盛，河道生态系统良好。多年来，开发区高标准抓好河湖长制工作，通过清整疏浚河道、调整产业结构、建设生态河道等方式，持续提升河湖管理保护质量和水平，不断推动沿岸生态建设和人居环境改善。

一、强化防汛责任，筑牢津沽大地安全屏障

永定新河是市管一级行洪河道，主要承泄永定河、北京排污河、金钟河、潮白河、蓟运河洪水，是天津市北部防洪的主要屏障，肩负中心城区和滨海新区防洪安全。开发区严格落实市委、市政府关于防汛工作的部署要求，压实以行政首长负责制为核心的各项防汛责任制，开展防洪隐患排查并建立台账，推动解决妨碍河道行洪突出问题，积极与永定河流域投资有限公司对接，配合实施河道清淤、恢复加固两岸堤防、新建堤顶巡视路、改造穿堤建筑物等工程，实现辖区内永定新河段行洪通畅、河岸清整，有力保障人民群众生命财产安全。

二、优化产业结构，引领生态文明绿色发展

永定河流域光照充足、气候凉爽、昼夜温差大、森林覆盖率高。开发区依托得天独厚的自然生态和经济地理条件，实施低碳经济改革，减少传统高能耗产业，扶持文旅康养等新兴产业，形成了特色鲜明的绿色生态产业结构。在绿色能源开发方面，充分利用风能、太阳能、农林废物等资源，大力发展风力、光伏、生物质发电和氢能制造、冷能等项目，逐步实现区域内“碳中和”与“碳达峰”；在文旅资源开发方面，围绕永定新河、三河岛、北塘古镇等自然人文资源，建设文化遗址、自然生态、都市娱乐和滨海休闲四大功能区域，打造辐射京津冀地区的生态旅游示范区。

三、履行河长职责，巩固流域协作治理成果

2021 年 9 月，永定河流域自 1996 年以来首次实现连山通海全线通水。2022 年，开发区认真落实党中央、国务院及市委、市政府关于河湖长制的各项决策部署，全面落实水资源保护、河湖水域岸线管理保护、水污染防治、水环境治理等工作要求，进一步压实各级河湖长责任，充分利用河湖长制平台，定期开展巡河调研，落实“清四乱”常态化规范化管理；通过“河长吹哨　部门报到”机制，协调园林绿化部门补植增植堤岸植物植被、精细化养护沿岸景观设施；通过汛前管道清淤减少污染物入河，全面排查整改雨污管网混接、错接，汛期加密对雨水泵站的水质监测频次，杜绝借雨排污行为，确保汛期雨水达标排放。

水清岸绿永定新河

［滨海新区河（湖）长制办公室　供图］

经过不懈努力，永定新河天津开发区段河湖环境进一步提升，河湖水质进一步提高，现在的永定新河沿岸已构建起“水清、河畅、岸绿、鸟飞”“河海景观交融辉映、花草树木相得益彰”的景观格局，成为人们远离喧嚣、感受绿色、亲近生态、回归自然的绝佳去处。　［天津市河（湖）长制办公室］

| 河北省 |

注重长效建机制　合作共赢促发展

——创建潘家口水库区域联防联治联建长效管护机制的实践经验

一、背景情况

潘家口水库是“引滦入津”的重要工程，其横跨承德市宽城满族自治县、兴隆县和唐山市迁西县，坝址位于宽城满族自治县西部罗台、塌山、独石沟三乡所辖地域的结合部，由一座拦河大坝和两座副坝组成，水库总容量 29.3 亿 m^3。受多重因素影响，一段时期内潘家口水库网箱养鱼、非法捕捞等问题突出，整治前水面分布超过 27 000 个网箱，严重影响水库水质。2022 年为凝聚水库治理多方力量，宽城满族自治县政府和海委引滦工程管理局积极开展库区及周边区域联防联治，保障“一泓清水送津唐”。

二、主要做法

（一）构建“联防”体系

一是建立联合巡查机制。海委引滦工程管理局负责技术指导，县政府负责划定水库及周边淹没区乡（镇）管护范围；构建水库管理单位及周边县、乡两级河长网格化包保责任体系，海委引滦工程管理局选派“督查专员”，配合县、乡级河长开展调研巡查，确保问题早发现、早处理。二是建立技防合作机制。整合海委引滦工程管理局卫星遥感和当地政府智能视频监控、无人机巡查等技术手段，建立健全信息共享机制，提升全天候、全方位实时发现问题能力。三是建立联合问题认定机制。通过政策讲解、现场办公、案例剖析等方式，组织专家对各级河长、县直部门有关人员、包保“督查专员”等进行专题培训，统一问题认定标准、程序和处置方式，全面提高巡查发现问题、解决问题时效。

（二）构建"联治"体系

一是建立问题处置协作机制。海委引滦工程管理局对认定的水库管理范围内"四乱"重难点问题，及时与当地政府对接，通过联合办公会商，确定整改方案，落实整改责任。问题整改由当地政府协调解决，海委引滦工程管理局给予政策、技术、资金上的支持，确保整改工作落到实处。二是建立联合监管执法机制。成立由流域监管执法机构与县公安、生态环境等部门组成的联合监管执法队伍，签订联合执法巡查与处置方案，开展常态化联合巡查、联合执法，与检察公益诉讼相衔接，协同处置跨界违法案件。三是建立联席会议和联合办公机制。引滦工程管理局与县河长办负责同志担任总召集人，组织召开联席会议，协调解决水库管护有关事项。其中海委引滦工程管理局"督查专员"常驻县河长办，负责跨界上下游具体事项联络；县河长办负责县域内部门协调联动和下级河长履职情况的监督、指导、检查和考核工作。

（三）构建"联建"体系

一是建立项目建设会审机制。水库周边区域开发建设遵循"绿色、清洁、安全"的原则，重大建设项目实行联合会审机制，海委引滦工程管理局选派技术专家全程参与，在政策、业务方面提供技术支撑，确保重大开发建设项目依法合规。二是建立治理协作机制。海委引滦工程管理局结合实际，对库区治理及时提出意见和建议，合理确定治理区域和实施项目，协助跑办审批手续；当地政府对海委引滦工程管理局提出的意见和建议，在充分论证的基础上，协商处理相关事项，满足水库水生态和水安全需求。三是建立建设项目联查机制。海委引滦工程管理局与当地政府对水库周边区域实施建设的重大项目进行联查，做到事前有告知、事中有监管、事后有验收，共同"签字背书"，形成督查合力。

三、取得成效

宽城满族自治县和海委引滦工程管理局构建"联防""联治""联建"三大工作和九项长效机制，解决了一些历史遗留问题，推动潘家口水库库区及周边区域生态环境得到长效保护。包括联合实施桲罗台镇环境综合整治、孟子岭乡水体水质提升及生态保护综合治理、水库增殖放流等项目；联合开展"四乱"清理和联合监管执法，拆除违法违章建筑物和构筑物61处，拆除面积 2 752m^2，清理水库水面漂浮物超过700m^3，查处违法违规案件27件；全面落实库区环卫一体化和第三方巡查管护，设立45名河湖管理员对库区开展日常巡查。潘家口水库库区及周边实现了"滦河安澜、潘大水清"的巨大变化，"水源涵养、生态支撑"能力持续提升。

四、经验启示

（一）党委和政府重视是"联防""联治""联建"体系建立和发挥成效的关键

在构建潘家口水库"联防""联治""联建"体系上，宽城满族自治县党委和县政府高度重视，成立了由县委、县政府主要负责同志担任组长的领导小组，负责统筹谋划、协调调度、业务指导和督导检查，及时解决推进中出现的重大问题。党政领导重视使制度体系具有强大号召力、高效执行力和统一向心力，有效破解了河湖治理中区域、部门间复杂的系统性协同难题。

（二）强化河湖长制是实化流域统筹区域协同的重要路径

河湖管理保护涉及上下游、左右岸、干支流协同联动，不同行业部门的协调配合需要打破行政区域障碍和部门行业壁垒，宽城满族自治县充分利用河湖长制平台，以解决重难点问题为切入点，与海委引滦工程管理局建立了协调联动机制，通过强化河长办组织协调、分办督办职能，使流域管理机构统筹协调、指导监督作用得到充分发挥。

治理后的潘家口水库（傅强　拍摄）

（三）有效的工作机制和制度体系是协同治水的重要保障

海委引滦工程管理局和宽城满族自治县政府联合制定九项工作机制，完善了"联防""联治""联建"制度体系，有效构建了跨界河湖共建共治共享的生态治理新格局。通过构建职能上互补、信息上互通、监管上互助的多边合作共享机制，充分发挥了流域管理机构监管职能和地方政府主体职能，实现了全过程协作配合，有效提升了共防共治共建共享成果。

（王仲国　傅强）

山西省

芮城县人民检察院督促保护黄河河道行洪安全行政公益诉讼案

对于行政机关难以合力推进整改的公益诉讼案

件，检察机关应充分发挥制度优势，主动组织相关行政机关共同磋商，督促其既各司其职又相互协作，有序有力推进问题整改。在跟进监督中发现整改不到位的，可以制发检察建议，督促全面充分履职，有效维护社会公共利益。

一、基本案情

2011年，山西省运城市芮城县某润实业有限公司（简称“某润公司”）在芮城县永乐镇沿河公路南侧投资建立奶牛养殖基地，内有多座养殖厂房、饲料储存室、养殖人员居住平房，占地面积5.78万m^2。2016年后，某润公司将奶牛养殖基地迁往外地发展，该基地空置后被黄某个人承包用于果渣堆放。2019年8月，水利部河湖保护中心在暗访黄河干流问题清单中明确指出某润公司奶牛养殖基地存在占用黄河河道违建问题，应予拆除。直至2020年，该养殖基地违建问题仍一直存在，妨碍河道行洪，影响黄河生态环境。

二、调查和督促履职

2020年4月，芮城县人民检察院（简称“芮城县院”）收到芮城县河长制办公室（简称“芮城河长办”）移交的该黄河河道“四乱”问题线索，经初步调查核实后，于2020年5月12日立案。芮城县院通过实地勘验、利用无人机航拍取证及走访调查，查明该养殖基地违建物均位于黄河河道管理范围内，影响黄河行洪安全和生态保护，依法应予拆除。同时，查明芮城县永乐镇人民政府（简称“永乐镇政府”）及芮城县三门峡库区管理局（简称“芮城三管局”）对此负有监督管理职责。

为高效高质推进解决河道违建等问题，芮城县院分别与永乐镇政府、芮城三管局进行磋商，各方均表示要依法积极履职。但在跟进监督中发现，永乐镇政府、芮城三管局在具体工作的开展和分配上难以取得共识，无法形成工作合力；加之需统筹考虑清运4 000余t果渣的环保需求，遂牵头组织芮城河长办、永乐镇政府、芮城三管局和运城市生态环境局芮城分局（简称“芮城生态环境分局”）召开督促整改协调会，共同磋商解决河道违建拆除、果渣清运、恢复河道原貌等问题。经过充分磋商，各方达成了共识，强化了协作，明确芮城三管局负责拆除违建，永乐镇政府负责果渣清运、资金保障、恢复河道原貌等工作，芮城生态环境分局协助果渣清运等工作。

芮城县院在持续跟进监督中发现违建主体部分虽已拆除，但河道内仍有大量建筑垃圾和果渣未被清运，河道原貌尚未恢复，公益损害持续存在，遂依法向永乐镇政府、芮城三管局制发检察建议。检察建议发出后，永乐镇政府高度重视，积极向县政府争取河道清理、生态修复专项资金，共计80万余元。2020年7月20—21日，芮城县院先后收到芮城三管局、永乐镇政府的书面回复。经办案检察官现场核实，全部违章建筑（约8 600m^2）已拆除，4 000余t果渣已全部清运，5.78万m^2耕地已恢复，实现了恢复河道原貌的目标，社会公共利益得到有效保护。在个案办结后，芮城县院就黄河河道范围内的违法情形进行全面排查、化解，办理涉黄河生态环境保护问题案件34件，拆除违章建筑1.53万m^2，清理垃圾1 350t，恢复保护湿地面积8.1亩，恢复被占用河道面积90.3亩。

治理后的黄河运城市芮城段风陵渡

（李会荣　拍摄）

三、典型意义

黄河河道是黄河生态系统的重要要素，河道畅通对于行洪安全具有重要作用。在清理河道违章建筑工作中，检察机关针对行政机关难以合力推进整改、影响公益受损问题解决的情况主动组织相关行政机关共同磋商，有利于督促多个负有监督管理职责的行政机关既各司其职又相互协作，有序有力推进问题整改；在跟进监督中，针对实现整改目标仍有差距的情况，依法及时制发检察建议，进一步强化监督，进一步督促行政机关加大整改力度，高质高效实现彻底拆除河道违建、全面清理建筑和生产垃圾、恢复河道原貌的整改目标，展现了实施黄河流域生态保护和高质量发展国家战略的检察自觉和担当。

（山西省河长制办公室）

| 内蒙古自治区 |

攥指成拳　聚焦发力
打造绿色亮丽文明新河湖

——呼和浩特市大黑河科学规划重点建设做法

一、河湖概况及区域发展定位

大黑河是黄河的一级支流，秦朝时称黑水河，隋唐时期称金河，明代将黑水河分别称大黑河和小黑河，其蒙古名为伊克图尔根河，位于内蒙古河套地区东北隅，是呼和浩特市域内最大的河流，发源于乌兰察布市卓资县境内。北齐歌手斛律金的《敕勒歌》写道："敕勒川，阴山下。天似穹庐，笼盖四野。天苍苍，野茫茫，风吹草低见牛羊。"这首歌充分展现出包括大黑河流域在内的土默川的壮丽景色。大黑河河源地理坐标东经 112°46′，北纬 40°46′。呼和浩特市境内的大黑河干流由东北向西南流经赛罕区、玉泉区、土默特左旗、托克托县四个旗县（区），于托克托县双河镇河汇入黄河。大黑河在呼和浩特市境内流域面积 3 271.31km²，河长 149km，主要有蓿麻湾沟、小黑河、水磨沟等 8 条一级主要支流，除洪水期外，基本呈断流状态。

党的十八大以来，习近平总书记多次实地考察黄河流域生态保护和发展情况，先后两次到内蒙古考察调研，连续 5 年在全国两会期间参加内蒙古代表团审议，就内蒙古工作发表一系列重要讲话、作出一系列重要指示批示。习近平总书记指出，要把内蒙古建设成为我国北方重要生态安全屏障、祖国北疆安全稳定屏障，建设国家重要能源和战略资源基地、农畜产品生产基地，打造我国向北开放的重要"桥头堡"。大黑河所在的呼和浩特市位于黄河流域上中游，是内蒙古自治区的首府，是全自治区的政治、经济和文化中心，是呼包鄂榆城市群的区域中心城市，是连接我国东北、西北、华北的重要交通枢纽，是国家"一带一路"建设的重要节点城市，还是我国向北开放的重要"桥头堡"。

呼和浩特市委、市政府高度重视黄河流域生态保护和高质量发展，紧紧围绕"重在保护、要在治理"的总体要求，以三个时间段、三项总任务、三个总目标积极推进黄河流域生态保护和高质量发展，提出加快"四带"建设，其中大黑河被定位为"郊野花带"。通过近年来大黑河城区段的治理，已经打造了"水清、岸绿、景美"城市水环境，营造了大黑河"花海""碧水"呼应的休闲胜地，有力助推了呼和浩特经济的高质量发展。

二、河湖治理过程

党的十八大以来，呼和浩特市积极贯彻落实习近平新时代生态文明思想，对大黑河城区段持续进行治理，河道面貌持续向好。

（1）大黑河城区段综合整治工程。2016 年 4 月至 2017 年 12 月，实施了大黑河城区段综合整治工程，治理河段全长 13.24km，防洪标准为 100 年一遇洪水，堤防建筑物级别为 1 级。建设堤防总长 25.365km，新建堤顶道路长 25.3km，设置 7 级休闲观景水面，堤顶、堤坡及土丘绿化 43.81 万 m²，堤内 3m 宽滨河步道 31.89km，休闲场地 15 个，码头 3 个，亲水木栈道长 800m。

（2）大黑河右岸防洪堤整治工程。2018 年，实施了大黑河右岸防洪堤整治工程，全长 6.2km。新建 100 年一遇堤防 5.9km，20 年一遇堤防 0.3km，建设河堤路、河堤护坡、绿化、照明及其他附属工程。

（3）大黑河军事主题公园。2021 年始，呼和浩特市人民政府在大黑河沿岸建设大黑河军事主题公园，依托现有自然风光，在河道管理范围外，种植各类花草 45 万 m²、油菜花田 66.67 万 m²，建设木栈道 7km，并建设包括飞机、坦克、舰艇、火车等一批军事题材游览项目。

（4）大黑河郊野花带。2022 年始，大黑河河道两岸建设郊野花带，河堤边坡及两岸种植天然花草籽，建设木栈道、入口碎石路，打造了金桥游园、金河花田拾光等节点游园，建成集环形木栈道、草坪露营营地、乡间郊野民宿为一体的原生态休闲游憩的游园；修复湖区面积 14.14hm²，播撒种植约 2.5 万 m² 格桑花籽，打造花海、亲水、自助饮品、美食、酒吧弹唱、婚纱摄影等休闲区域，供市民体验游玩。

三、面临形势

随着大黑河上游地表和地下水资源开发利用程度的增加，入大黑河径流量大幅度减少。加之蒸发、渗漏等因素影响，治理段河道断流严重，河道内水体不连通，水体流动性差，生物多样性较低、河道生态系统退化。另外，沿河有东风、朝阳、涌丰、永济等 12 个大型灌区中紧邻河道的大面积农田存在化肥、农药及其他污染物进入河道的隐患。

四、主要做法

（1）领导担纲，拿起修复河湖的指挥棒。呼和浩特市总河湖长多次对大黑河规划建设实地调研，多次召开总河湖长和专题会议，研究部署河湖长制各项任务落实。市、县两级政府分管领导分别兼任本级河长办主任，列出目标点、时间表、路线图，直接挂帅督导落实，推动河湖长制工作落地见效。据不完全统计，近五年来，大黑河段 168 名河长累计巡河 3.5 万余人次，累计行程 10 万余 km，发现并解决河湖问题 470 个，在 2022 年生态环境部的综合检查评估中，被一致认可治理有效，受到通报表彰。

（2）建章立制，压实河湖治理的责任单。2017 年，呼和浩特市委、市政府印发《呼和浩特市全面推行河长制工作方案》（呼党办通〔2017〕30 号），相继出台多个河湖长制工作制度，圆满完成河湖划界工作，及时完成岸线保护利用规划编制，并将成果纳入生态环境准入清单。全面建立"一河一档"，及时修编"一河一策"，为各级河湖长和责任单位履职提供重要技术支撑。此外，把"河湖长制工作经费列入财政预算"作为一项制度固定下来，为工作开展提供重要保障。重点河段设立巡河保洁员，给予工资补助，解决河道管护“最后一公里”问题。

(3) 突出重点，形成河湖整治的冲击力。市、旗县（区）两级政府以河湖长制工作为抓手，重拳治理“四乱”及乱排问题，持续开展河湖保护“春季”“秋季”“百日攻坚”“常态化规范化”等“清四乱”专项行动，市河长办每半月开展 1 次暗访巡河，监督问题整改，严格销号管理。累计自查自纠河湖问题 2 000 余个，累计清理建筑和生活垃圾 17.3 万 t，清理水面漂浮垃圾 1.45 万 t，河湖清淤疏浚长度 108.6km、治理面积土方量 117 万 m^3，拆除违章建筑 4.44 万 m^2，开展执法检查 4 822 人次，“清四乱”投入资金近亿元。实行污水入河“零容忍”制度，持续开展市级河流跨界断面水质监测，河湖水质得到显著提升。

(4) 联合发力，打好河湖整治的组合拳。河长办联合检察院和公安局制定出台河湖管理行政执法与刑事司法衔接工作机制，开展多种形式的联合巡河行动，全面开展检察公益诉讼，加大涉河涉水违法犯罪行为打击力度。河湖长制各成员单位积极履职尽责，水务、生态环境、住房和城乡建设、园林、自然资源、城管等部门按月巡河履职，联合开展“清四乱”督导检查。运用科技手段，联合治水。2019 年，建立全市河长制信息平台，高效运用河湖管理信息系统和河长 App。2022 年，启动实施市级河流河湖信息管控平台项目，构建河湖管理智能可视化系统。

(5) 注重宣传，形成河湖治理的长效应。河长办利用“世界水日”“中国水周”“世界环境日”等重要时间节点，举办“关爱山川河流，保护母亲河”“强化依法治水，携手共护母亲河”等公益宣传活动，通过电视、报纸、网络新媒体等不断加大宣传力度，营造“人人爱大河、人人护大河”的浓厚氛围。

五、取得成效

(1) 河畅水清，“绿色河湖”实至名归。通过实施河道综合整治，大黑河城区段防洪标准达到 100 年一遇洪水，有效提升了河道防洪保障能力。同时，全流段设置了 15 个再生水注水口，金桥和辛辛板污水处理厂处理后的再生水可分别由大黑河南岸和北岸注水口注入大黑河，年均注水超过 800 万 t。利用再生水形成碧波荡漾的景观水面，提升了河道空间活力，为呼和浩特市筑起一道城市防洪安全新防线，打造了一条城市水系生态链。栽下梧桐树，引得凤还巢。大黑河石人湾附近，玉泉区千岛湖光景观区域内红嘴鸥、黑嘴鸥、绿头鸭、鸬鹚等大量候鸟和留鸟在此“定居”，成为全市生态文明建设成就斐然的生动写照。

(2) 岸绿景美，“亮丽河湖”善作善成。大力进行河堤两岸周边绿化环境治理工作，建设节点游园，在原有裸露土地上进行填绿、补绿等生态修复工作，持续建设提升大黑河郊野花带，打造花海、花田，利用植物主题，突出田园美景，体现人文风光，让市民可以傍碧水而憩、穿花海而游、踏青草而嬉，实现人与自然和谐交融，提升景观层级。

(3) 文旅相随，“文明河湖”让人流连忘返。打造河湖，文化是核心。着眼形势的需要，在赛罕区东二环快速路以东大黑河沿岸建设军事主题公园，以体系化、科技化、沉浸化、专业化角度，建设一个国防教育主题公园，旨在提高全民国防意识，深化爱国主义教育，打造独具时代感的国防文明。

被誉为呼和浩特“母亲河”的大黑河通过新建堤防及护岸、河床整治、主槽重塑，水清了，岸绿了，花多了，人来了，两岸空间的风貌重塑以及沿河旅游休闲功能得到全面提升，构建了融合自然生态、游憩休闲、文化旅游等元素的综合生态体系。现如今，踏入大黑河，这里望得见山、看得见水、留得住乡愁，市民脸上绽放出久违的笑容，到此的游客徐徐回味，总觉不虚此行……

治理后的呼和浩特市大黑河休闲广场
（葛格日　拍摄）

治理后的呼和浩特市大黑河 3 号堰景观带
（葛格日　拍摄）

（樊霞霞　李美艳）

辽宁省

齐抓共管　构建河湖管护共同体

——辽宁省沈阳市沈北新区全面实施河长制建设宜居宜养宜游新生态

沈阳市沈北新区位于辽河之滨，是国家级经济技术开发区。曾经的这里，河道沿岸工业化、城市化进程加快，出现了先发展、再治理、再发展、再治理的恶性循环。近年来，沈北新区围绕河长制六大任务，统筹“优化水资源、健康水生态、宜居水环境、持久水安全”，全力做好辽河、蒲河“两河流域”保护与建设工作，走出一条绿色发展之路。

一、河长调度，聚焦重点环节

建立区、乡、村“三级河长＋护河员”体系，各级河长按照“两函四巡三单两报告”工作法，依托河长制信息系统，开展河湖管护工作。采用明察暗访、航拍、群众舆情等方式了解水环境突出问题，通过周报告、月总结、动态清零的方式逐一销号，所在地区问题全部销号方可退出月度会议。

二、部门协调，破解矛盾难题

水利、环保、城管、公检法司等河长办成员单位，各司其职，密切配合。2022 年，封堵废弃排水口 6 处。对于重点河流，每天投入 10 条作业船只、约 35 人对水面漂浮垃圾、水草进行清理，清理河道垃圾 1.4 万 m^3。建立“河长＋检察长”工作机制，解决了非法捕鱼、乱占滥耕等多项问题；生态环境部门规范整治入河排污口，精准掌握河流水质变化情况；城管部门建立排水口档案，清理淘雨水井、清掏管线。

三、区域联动，协谋发展大计

有序落实河长制联席会议制度，与大东区建立河长制联席会议，协调解决河道边界、垃圾清运等问题。与法库县开展辽河水安全联合执法行动，并对周边群众进行宣传教育，有效改善河道环境，合力保障河道安全运行，维护水生生物多样性。

四、社会参与，营造爱河氛围

一是招募巡护河员，对辖区内河道进行日常巡查；二是对灌区、泵站和水库进行物业化管护，推进水利设施规范运行，实现智慧治水；三是实施蒲河廊道物业化管理、管家式服务，提高管理专业化水平。

在全社会共同努力下，沈北新区水环境不断改善，宜居宜养宜游的生态属性不断凸显。辽河七星国家湿地公园湿地水面面积 1.2 万亩，蓄水量 2 300 万 m^3，鸟类 50 余种、鱼类 18 种、野生植物 69 种、野生动物 79 种，动植物资源十分丰富。其中传统与创意齐头并进的“稻梦空间”生态农业观光体验区、腰长河“锡伯人家——锡伯族民族特色村寨”形成了多元一体的生态农家乐。蒲河生态廊道绿化面积超 640 万 m^2，形成“一河七湖两湿地、两岸六区十八景”的生态带和经济带，成为沈阳置地、兴业、游乐、休闲胜地和生态治理的典范。

治理后的七星湿地鸟瞰图（付爱平　拍摄）

沈北新区未来还将继续立足新发展阶段，以强化河长制为契机，统筹生态保护和经济发展，全面推进区域绿色转型发展，实现经济行稳致远、社会安定和谐，持续增强人民群众获得感、幸福感、安全感。

（刘玥　高萌　李威）

吉林省

吉林永吉积极探索河道保洁长效机制

一、开发河道保洁公益岗位，发挥救助“兜底线、救急难”作用

永吉县河长办联合县就业局，每年以河道保洁公益岗位形式，安置无法离乡、无业可就的脱贫人员 140 名。在岗位对象的选择上，在向贫困家庭和低收入家庭倾斜的同时，也注重公平、公正、公开和社情民意，确保上岗的工作人员就地就近、责任心强、能够胜任，此项工作是河长制的再深入和再细化。2022 年，以 700 元/月的薪资招聘河道保洁员 140 名，增加脱贫人口家庭收入共计 98 万元。不仅推动河道水环境持续改善，还促进了脱贫人口稳定就业，巩固了脱贫攻坚成果，接续推进乡村全面振兴。

二、落实日常管护职责，促进河道环境改善

按照“谁用人、谁管理”的原则，永吉县各乡、镇（区）明确河道保洁员任务河段，为河道保洁员配备必要的保洁工具和劳保用品，做好岗前技能和安全培训，使河道保洁队伍更加规范化。各级河长对各河段保洁员上岗开展保洁情况进行监督；村级河长兼任巡查员，做好河道保洁员的日常管理和日常河道巡查工作，充分发挥河道保洁员作用，确保河面无杂物、河中无障碍、河道无垃圾的清洁效果。永吉县河长办、就业局依据《河道保洁员管理制度》和《河道保洁员用工协议》对河道保洁履职情况开展走访检查，对不履职、履职不到位的不称职河道保洁员予以辞退处理，进一步强化保洁队伍工作能力。

三、延伸岗位职责，营造浓厚氛围

每位河道保洁员不仅是河道的保护者，还是保护环境的宣传者和监督者。河道保洁员在管理好自己所辖河段的同时，还要在村屯当中积极开展爱护水环境宣传引导工作，教育村民不随意往河道倾倒生活垃圾，号召大家养成爱护水环境的良好习惯。随着“生态公益岗位建设”的不断深入和群众环保意识的不断提高，永吉县的河道保洁工作进入了良性循环。工作人员的工作量逐渐减少，“脏乱差”的河道已成为历史，清澈流畅的河水成为新的风景。

永吉县率先在全省以公益岗位形式聘用河道保洁员，创建常态化、规范化、制度化的河道保洁队伍，在招聘、使用、管理、监督等方面强化跟踪问效，形成工作闭环，让基层河长工作有了抓手，实现了河道从“没人管”到“有人管”、从“管不住”到“管得好”的转变，河道环境不断改善，得到了人民群众的好评。

河道保洁员常态化清理河道周围垃圾（徐宏 拍摄）

（徐宏）

| 黑龙江省 |

做好治水兴水文章　绘就水韵骊城新卷

黑龙江省伊春市铁力市深入贯彻落实习近平生态文明思想，不断推进河湖治理体系和治理能力现代化进程，水生态环境持续向好，2022 年荣获国务院河湖长制督查激励县（市）。

一、齐抓共管聚合力

一是坚持条块共治。压紧压实三级河湖长职责，全面构建“河湖长＋警长＋检察长”治河护河机制，做实巡河规定动作。2022 年以来，166 名河湖长累计巡河 3 600 余次，发现解决问题 12 个。二是坚持联管联治。坚持“上下游一盘棋，左右岸同治理”，铁力市在黑龙江省率先建立跨界河流联动共治机制，232km 跨界河段实现监管无盲区、全覆盖。三是坚持群防群治。将河湖治理纳入市民公约和村规民约，开展“保护母亲河、我们在行动”等活动 20 余场，6 000 名群众、1 500 名志愿者主动参与，共同守护河湖。

二、改革创新增动力

一是创新开展信息化河湖管护。投资 1 175 万元建设“智慧水利”平台，实现对巡河保洁、水利工程管理动态监控和统一管理，铁力市成为黑龙江省第一个运用“智慧水利”平台开展河湖长制工作的县（市）。二是创新推进市场化河道保洁。以公开招标的方式向社会购买服务，建立“保姆式”护水模式，有效提升了水体环境，成为全省率先实行河道保洁市场化的县（市）。三是创新实施专业化水库管理。与 6 家专业管护公司签订水库日常管护协议，进一步提升管护效率，增加水库资源利用效益，是黑龙江省首个实现水库管护市场化的县（市）。

三、生态开发添活力

一是规划引领、有序开发。与黑龙江省水利水电勘测设计研究院合作，编制完成《“一河（湖）一策”方案》《河道采砂总体规划》，通过“系数招标法”“错季采砂”等方式，实现河湖资源合法合规永续利用。二是合理利用、绿色发展。积极推进新能源产业发展，谋划实施的小呼兰河抽水蓄能电站项目已与中国葛洲坝集团有限公司达成合作共识，进一步拓宽“两山”转化通道。三是生态优先、和美乡村。整合沿河乡村特色产业，高标准打造生态农业、田园民宿等特色产业综合体；以水装点乡村建设，“一河清水绕村过、一域翠绿靓乡村”成功获得

治理后的呼兰河水利风景区（郭建峰　拍摄）

综合治理后的文化景观工程（连金梅　拍摄）

国家乡村振兴示范县、全省农村人居环境整治标兵县等荣誉。四是文化赋能、惠泽民生。全力争取水利部专家工作站和数字孪生展示工作站落地。坚持把治河惠民作为出发点和落脚点，依托呼兰河治理工程推进水文化展馆建设，成功打造呼兰河国家级水利风景区。呼兰河综合治理文化景观工程被水利部评为水工程与水文化有机融合案例。（周易）

上海市

浦东幸福河、中国人居环境范例——张家浜

一、基本情况

张家浜系黄浦江主干支流，为浦东新区“五横六纵”骨干河网中的“一横”，是重要的自然地表水体。张家浜西起黄浦江，东至长江口，全长 24km，横贯浦东中北部，流经 3 个街道和 5 个镇，占地 14.54km²，辐射人口超过 100 万人。张家浜现状河口宽 30～73m，承担浦东新区腹地的排涝、引水和水资源调度重任。

二、特色做法

一是党建引领。以“水连十方”党建品牌与政企党支部共商共建，推进河道绿地改造、水桥加固、栏杆设置、新增防汛通道等水景观设施建设。二是林水相依。串联了碧云、森兰等楔形绿地中绿道；三八河、川杨河等滨水空间绿道；锦绣文化公园、泾南公园、浦发绿城公园等绿道建设，形成“珠链”般的生态空间，打造“人民水岸、活力水环”。三是文化提质。张家浜上的“水舞桥”连接起南侧的逸飞创意街与北岸的上海科技馆，体现创意与创新的活力相融；自 2005 年起，来自五湖四海的龙舟队于每年端午齐聚张家浜角逐，以龙舟运动文化展示浦东生态建设成果。四是生态示范。张家浜畔的世纪公园内 12.5hm² 的镜天湖与公园外缘的张家浜活水相通，波光粼粼、碧波荡漾，吸引了无数市民泛舟湖上；在塘桥公园，张家浜蜿蜒其中，形成水生和湿生植物生态净水的人工湿地。五是彰显亲水。张家浜岸线充分利用日常游赏、徒步夜跑、城市公益、科普宣传等活动，将“人民城市”重要理念落到实处。张家浜生态清洁小流域坚持一张蓝图绘到底，统筹水、绿、路、管“四网”建设，在中心城区探索特大型城市水土保持系统治理和河湖生态复苏路线。

三、整治成效

张家浜流域曾是棚户区、“滚地龙”的集中地，20 世纪 70 年代后，由于自然淤塞和污水直排，河道水体严重污染、功能丧失，水质黑臭、蚊蝇肆虐。如今，东西贯通的张家浜，外源污染被截留纳入市政污水管网，初期雨水与周边面源污染经海绵措施拦截净化后进入河道；宽窄不一、分叉无序的乡村道路被市政路网取代，形成生态涵养、蓝绿交融的城市“绿肺”；在管理上，数字赋能、监测监控，及时掌握水量、水质、水生态和水域面积等变化情况；数十千米的滨水道路设置了丰富的水上活动，将河边环境还于民，为市民提供了休闲好去处。

治理后的上海市浦东新区张家浜上海科技馆段亲水平台（陈斌　拍摄）

治理后的上海市浦东新区张家浜楔形绿地湖泊
［上海浦东开发（集团）有限公司　供图］

2003年以来，张家浜获原建设部“中国人居环境范例奖”，获中国市政工程协会“市政金杯示范工程奖”；2004年被联合国副秘书长托普弗赞为“城市规划的典范”；2011年被评为上海市三星级河道；2022年张家浜小流域被水利部认定为国家水土保持示范工程。（李佳）

江苏省

“实名、压责、赋能、提效”
——淮安市“八字工作法”建设幸福河湖

淮安是一座通济江淮的生态水城，在江苏省各设区市中，淮安河湖数量最多、流域性河湖省级领导担任河湖长数量最多。自全面推行河湖长制以来，淮安市创新实践“实名、压责、赋能、提效”八字工作法，奋力建设“河安湖晏、水清岸绿、鱼翔浅底、文昌人和”的幸福河湖。

一、以“实名”为抓手，担当河湖管护“守卫者”

近年来，淮安市在全面建立“双总河长”与“领导小组＋河长办”组织架构的基础上，创新“三长一体”机制、“一河长两助理”协调推进机制、跨地区部门联防联控机制，建立“河长制＋检长制＋警长制”工作体系等，同时配套出台巡查督查、河长述职、责任追究等一系列制度，推动河湖长制落地深耕，加快推进认河、巡河、治河、护河。截至2022年6月，淮安市共明确市、县、镇、村四级河湖长5 505名，累计巡河履职16.5万人次，交办、整改问题3.8万余件。

二、以“压责”为重点，按下专项整治“快进键”

淮安市专门印发《河湖长十条工作职责》，明确要求河湖长履行“三管”（管水体、管河道、管堤岸）、“三治”（治违建、治乱排、治侵占）、“三保”（保河畅、保水清、保岸绿）工作责任，创新实施河湖长“一线三单”制度，要求各级河湖长主动到河湖一线开展巡河活动，规范运用“提请单、交办单、反馈单”，解决实际问题。

2022年，印发《关于建立定期排查报送市级河湖长所管河湖突出问题长效机制的通知》，建立市级河湖长所管河湖突出问题库，常态化推进河湖问题整治，推进各项工作落地见效。开展专项整治，系统施策。一是突出碍洪问题整改。2022年5月，碍洪问题全部完成整改；8月，完成市级验收销号工作；12月，通过省级销号验收。二是常态化推进“清四乱”工作。印发《关于持续推进河湖“清四乱”常态化规范化工作的通知》，对“清四乱”常态化规范化工作做出进一步部署安排。三是持续开展“三水”清除行动。印发《关于深入开展水葫芦水花生水浮萍“三水”清除行动的通知》《关于开展“三水”清除行动市级督查与考核的通知》，全市“三水”清除攻坚行动投入资金1 630万余元，排查清理“三水”问题河道1 258条，清除河道面积607万m^2。

三、以“赋能”为关键，跑出基层治理“加速度”

淮安市将河湖长制与网格化管理相结合，借助大数据、无人机、5G等新一代信息技术手段，探索跨界河湖协同治理机制，多措并举为基层治理赋能。实施境内白马湖、洪泽湖等5个省管湖泊网格化管理全覆盖，共计落实50名网格长发挥网格化基层治理精细化优势，推动水域管理全覆盖、政令传达畅通便捷、问题处理规范高效。构建“淮安河长”信息化平台，凝聚多方力量共同参与流域性河湖保护，探索跨界河湖多方协同治理机制。全市48条县级以上、92条乡镇级以上跨界河湖全部建立协同共诊机制。

治理后的五岛湖（淮安市河长办　供图）

四、以“提效”为目标，构建幸福河湖“大格局”

淮安市印发《淮安市幸福河湖建设实施方案》，明确全市幸福河湖建设基本原则和建设任务；高标

入江水道金湖县城区段治理成效
（淮安市河长办　供图）

准编制《淮安市幸福河湖建设总体规划》，从水安全保障、水资源优配、水环境宜居等方面着手，精心谋划幸福河湖建设，打造淮安“六横两纵五湖”幸福河湖大格局。充分发挥示范引领作用，2022 年重点推进 94 条幸福河湖建设，通过开展河道清淤疏浚、生态修复、主题公园建设等项目，河湖面貌发生显著性转变。淮安市淮河入江水道金湖城区段、涟水县五岛湖已通过水利部淮河水利委员会和江苏省水利厅联合验收，创建成为首批淮河流域幸福河湖暨江苏省级幸福河湖。（江苏省河长制办公室）

| 浙江省 |

江南水乡明珠　世界科创绿谷

——浙江幸福河湖治理典型案例祥符荡

万顷祥符荡，风静水无波。祥符荡位于浙江省嘉兴市嘉善县，地处江南水乡文化腹心，水域面积 0.62km^2，湖泊周长 4.77km，平均水深 2.97m，是沪、苏、浙交界区域互通互联的重要水体。随着嘉善县升级为长三角生态绿色一体化示范区和全国县域科学发展示范点的“双示范”战略高地，祥符荡被定位为示范区战略的先行启动区，嘉善县被定位为幸福河湖建设的主战场，锚定世界级科创绿谷的高标准定位，按照世界级生态湖区的标准，全面推进祥符荡水安全、水环境、水生态、水文化、水经济等多维目标的统筹治理，着力打造高品质“幸福新水乡”的引领示范成果。

嘉善县 2021 年入选浙江省首批幸福河湖试点县建设，并将祥符荡作为示范区生态绿心之一，绘制祥符荡幸福河湖治理新蓝图，2022 年投入幸福河湖建设资金超 10 亿元，谋划实施“13820”行动计划，高品质建成祥符荡科创绿谷等 12 个项目，将祥符荡全域打造成为“虽由人作，宛如自然”的全域秀美场景。

一是聚焦系统治理、厚植生态优势，再现春水

祥符荡治理后生态景观（沈海铭　拍摄）

江南的梦里画境。嘉善县对祥符荡的治理立足合圩统筹、蓝绿织网的系统治水策略，统筹协调祥符荡与周边河湖的关系，新开河道 698m，连通南北湖荡，打通断头浜、疏拓口段使湖荡河网互通互联、活水畅流，形成以祥符荡为核心的层级分明、功能清晰、引排通畅的水网格局。

同时，将水生态修复作为重点，建成 190 万 m^2 的“水下森林”，恢复生态岸线达 90%，水体透明度从原来的平均 20cm 提高至平均 2m 以上，主要水质指标达到地表水Ⅱ类水平，生物多样性指数显著提高，再现了春水碧于天、鱼鹭嬉水间的梦里水乡画境。

祥符荡治理后澄澈碧水效果（嘉兴市嘉善县长三角生态绿色一体化发展示范区管委会　供图）

二是彰显人文风韵，立足民生福祉，勾绘出新江南水乡幸福典范。祥符荡幸福河湖建设着力彰显江南水韵和人文根脉，在保护水文化遗产的同时，将一湖风雅、千年传奇化作祥符石坝、荆桃映水、祥符揽云等可以看得见的风景与触得到的乡愁。

注重人水相亲、幸福宜居，将“15 分钟亲水圈”与“15 分钟公共服务圈”“15 分钟生活圈”等有机融合，建成环湖绿道 5km，沿湖节点融合了休闲垂

钓、文化展示、湿地科普、亲子乐享等综合功能，形成丰富和多功能的高品质水岸休闲空间。人们依水而歌，逐水而行，嬉水而乐，演绎着新江南水乡人水和谐的理想栖居模式。

治理后的祥符荡环湖绿道（嘉兴市嘉善县长三角生态绿色一体化发展示范区管委会　供图）

三是推动协同治水、实现价值转化，打造长三角生态共富新高地。嘉善县被列入浙江省幸福河湖试点县后成立了幸福河湖建设工作领导小组，从过去的水利部门一家主导到现在各个部门联合参与，建立了完善的工作机制和考核机制，有力保障了祥符荡的综合治理管护工作。同时，通过示范区河湖长制“五大联合机制”实现了对祥符荡生态环境的联防联控和协同治理。

依托祥符荡高品质的湖荡资源，嘉善县着力推动水生态优势转化为经济优势，围绕“世界级科创绿谷”的定位，以“七星伴月环祥符”为总布局，引导河湖资源与产业布局相互融合，全面推进祥符荡湖区高端人才引育、创新资源集聚、科创产业发展，打造长三角创新引擎。积极推动祥符荡融入西塘古镇5A级景区的发展，联动汾湖、沉香荡等水乡客厅，纳入嘉善县全域旅游发展的大格局中，促进了周边闲置农业资产的特色整合与功能转化，有效带动了嘉善县生态共富的发展。

治理后的祥符荡科创绿谷
（嘉兴市嘉善县传媒中心　供图）

天光连云影，湖色一镜开。“生态＋科创＋旅游”正成为祥符荡全新的注脚，祥符荡逐渐蜕变为长三角生态绿色一体化中一颗耀眼的明珠，引领着浙江省幸福河湖的全域建设。（李梅凤）

| 安徽省 |

多部门联动　进驻式督查
水岸同治推动派河水生态环境全面提升

派河是巢湖的重要支流，也是引江济淮的重要输水通道，一头连着巢湖综合治理，另一头连着皖北人民饮水安全。为了确保引江济淮调水水质安全，2022年3月8日，合肥市河长办组织水务、生态环境、住房和城乡建设等部门，开展了为期100天的派河流域河湖长制进驻式督查。

一、坚持高位推动，建立河长挂帅、专班进驻的指挥体系

市级总河长针对流域水环境问题提出整治方向及要求；派河市级河长加强调度，担任督查领导小组组长，驻点县（区）并致“亲笔督办信”；流域内5县（区）成立整改专班，党政主要负责同志定期调度，形成比学赶超的良好氛围。

二、聚焦问题根源，推行因地制宜、溯本求源的排查模式

坚持“水岸同治”，通过无人机飞、人工步巡、机器人爬、潜望镜探的“空地管”一体化方式，排查“水下”入河排口481个、不规范截流设施71座；摸排“岸上”汇水范围内小区536个、工厂1 205家、学校88所、工地40处，发现管网错接漏接、面源污染等问题434个。

三、强化共管共治，健全部门协同、市县齐抓的联动机制

坚持问题导向，整合行业资源，建立“五个一”调度协调机制（每日一巡查、每晚一例会、每天一交办、每周一调度、每旬一通报）；针对流域内大型企业、省部高校和老旧小区等老大难主体，市、县联合多次宣讲政策、督促整改，对敷衍整改的企业采取暂停补贴、公开曝光、降低信用分等方式倒逼其进行整改。

四、创新工作方式，实行运转高效、动真碰硬的督办机制

播放警示片及晴雨天排口对比视频，剖析现状；实施色彩对比的方式督办，选取52个加密监测断面并赋色对外公布。依托“河长＋检察长”机制，先后移交检察机关线索 43 条，约谈 32 家责任企业，对 106 家问题企业下发整改通知书，查处 41 家违规企业，罚款 366.56 万元；纪检、组织部门约谈 230 人，组织处理 6 人，函询 204 人，调离领导岗位 1 人。

绿美派河（牛禄源　拍摄）

潭冲仙境（牛禄源　拍摄）

五、实化工作流程，开展层层相扣、坚持到底的闭环工作

创新实行第四方监管，对水环境问题涉及工程开展“设计、施工、检测”全过程监督并设立治污公示牌，实现精准倒查。做好督查后半篇文章，对市级交办的问题逐个开展集中式销号，对新发现的问题移交督查室和纪委，全力夯实整改成效，制定《督查评估报告》，复盘过程，提升成效。

“派河行动”取得明显成效。交办的 615 个问题中动态销号 566 个，谋划治理项目 779 个，投资约 62.68 亿元，拆除违建 123 处，铲除违垦 494.73 亩，清理垃圾 3.93 万 t；2021 年，派河国考断面水质为Ⅳ类，2022 年下半年已稳定达到Ⅲ类，提前一年达到国家考核要求，奠定引江济淮水生态基础。

（谢国祥）

福建省

全民动员齐参与　共建省会幸福河

福建省福州市高度重视河湖长制工作，上下一心担当尽责，不断完善机制，既因地结合又开拓创新，在开展河道常态化监管的基础上，积极强化各种行之有效的举措，组织全民参与、全民推进，共同打造幸福河湖。

一、组建社会参与机构

一是成立河湖研究院。福州市大力推进政府与高校深度融合，围绕“绿水青山就是金山银山”的绿色发展理念，共同推进福州市河湖长制技术研发和应用的全面合作。2021 年 3 月，福州市河长办联合福州大学共同建立福州市河湖研究院，发挥高校专业优势，拓展河湖长制工作内涵与外延，开展河湖健康相关公益科研活动，进行河湖健康状况调查、评估和提升。2022 年以来，福州市不断加强院校间的合作，与中国科学院合作协同，开展河湖治理科研攻关，培养创新人才；联合福建师范大学与闽江学院共建人才培养基地和科技研发平台。

二是推动成立幸福河湖促进会。福州市以打造“安全、健康、生态、美丽、和谐”的幸福河湖为目标，推动组建福州市幸福河湖促进会，广泛动员社会各方面力量参与幸福河湖建设，共吸纳 56 家企业单位参与到河湖管护工作中。

福州市幸福河湖促进会成立大会现场
（福州市河长制办公室　供图）

三是建立护河协会。福州市罗源县率先建立护河协会，作为政府力量的有效补充，搭建一个社会各界互联互通的桥梁，提供一个通过投工投劳、捐资捐物等方式参与到爱护河湖行动的平台，切实营造全民参与护水、管水、治水、节水的浓厚氛围，有力推动河湖长制工作从“有名”“有实”向“有

能”“有效”转变。

四是建立“政协委员基层联系点”。福州晋安区象园街道在全省率先设立省、市、区三级政协基层联系点，让政协委员们与群众面对面交流，听取对内河整治的想法和建议，并督导河道整治。打通“最后一公里”，让政协更好地成为基层群众与政府有效沟通的桥梁。

二、创新公众参与机制

一是建立城区内河“行政＋企业”双河长制联动机制。福州市结合城区内河 PPP 水系综合治理工作实际，建立五城区内河“行政＋企业”双河长制联动机制。城区 136 条内河设立企业河长 96 名，水系巡查队员 60 人。其中企业河长主要负责河道的日常管养，每日开展河道巡查，并将巡查情况记录在案备查。企业河长的成绩直接和企业运营、服务费等挂钩，连续 2 年或累计 3 年考核不达标的，解除合同且不再支付任何费用。

二是创新河湖物业化管理。福州市敢闯敢试，敢为人先，率先开启“向社会采购服务”的模式，成立永泰县河湖物业化管理中心，建立起河湖物业化管理服务工作机制，通过标准化巡河工作和巡河管理机制的建设，推进河湖系统保护和水生态环境整体改善，实现河流功能永续利用，打造河湖管理保护的先进经验。

三是开展第三方巡查暗访。采用购买社会化服务方式，利用无人机等专业化技术手段，对重点河流、河段开展第三方河湖问题巡查暗访。

四是推行“随手拍”奖励机制。2021 年 8 月 20 日起，福州市正式推行城区内河违法事件“随手拍”首报奖励机制，每月公布奖励名单，鼓励市民成为内河的“巡查员”“监督员”“联络员”，营造全民爱河护河、参与管护的浓厚氛围。截至 2022 年 5 月，已公布 8 期城区内河违法投诉奖励名单，涉及河湖问题 30 个，均已整改完成。

五是设立河湖治理专项基金。福州市启动河湖治理基金试点工作，长乐区松下镇率先设立河湖治理专项基金，筹集 2 231 万元社会捐资，在全市范围内积极引进民间力量助力河湖治理，形成良性的社会资金运作生态，更好地服务全市河湖长制工作。

六是建立“司法生态＋保险”机制。福州永泰县与中国人民财产保险股份有限公司签订大樟溪流域水环境质量综合保险协议，运用保险机制筹集生态修复费用和治污费用，以生态环境部门官方公布的监测结果为理赔依据，断面水质每次超标赔偿责任限额为 2 万元，每年累计赔偿责任限额 1 000 万元。

三、拓展公众参与渠道

一是开展“护河爱水、清洁家园”行动。福州市将“河长日”延伸为“护河爱水、清洁家园”行动，坚持水岸同治，广泛发动市直各部门、各县（市）区、街（镇）、村（居）共同清理整治河道，提升全市河湖水系治理与农村人居环境整治工作水平。

二是开展各类社会志愿活动。福州市先后成立包括企业河长、民间河长、老兵河长、社会监督员、河道志愿者、巾帼护水岗、薪火志愿护河队等各种形式的护河队伍，使之成为各级河长、湖长的“顺风耳”“千里眼”。全市共有各类民间河长队伍 195 支，共计 18 460 人，开展了各类团体志愿护河活动 15 946 场，解决河湖问题 8 846 个。同时，作为全国 5 个城市（福建省唯一的城市）参加中国宋庆龄青少年科技文化交流中心与水利部宣传教育中心共同主办的“可持续发展　青少年在行动——加油小河长”系列活动。

三是开展河湖健康评估。按照水利部和福建省河湖健康评估标准和要求，由福州市河湖研究院牵头开展“八溪一湖”河湖健康评估工作，将评估结果与溯源成因结合分析，为各级政府决策部门和生态文明建设提供重要科学依据。

四是开展河湖摄影、绘画等比赛。组织“河长杯·文明福州　幸福河湖”主题摄影大赛，举办“守护江河安澜”线上有奖知识竞答活动，在第三十五届“中国水周”之际举办“我画家乡河”中小学生绘画比赛等，通过一系列活动，进一步提高社会群众、青少年河湖保护意识，推动全市上下形成爱水、亲水的良好氛围。

五是加大宣传力度。在人民网福建频道、福州电视台、福州新闻网设立河湖长制专栏、在福州日报开设专版；在全省率先开通“闽都江河志”政务抖音公众号、“福州河湖长制”微信公众号、发布福州市河长制工作简报等，全方位、多渠道开展河湖长制宣传工作，让群众第一时间了解河湖长制工作政策和动态资讯。

（福建省河长制办公室）

江西省

高效完成试点任务　全力打造幸福宜水

江西省抚州市宜黄县宜水幸福河湖建设作为水利部首批幸福河湖的七个试点之一，坚持高位推动，围绕河道综合整治、河湖空间带修复、生态廊道建设、建设数字孪生流域、水文化挖掘与保护以及提升流域生态产品价值等任务，着力打造“宜居宜水、休闲宜水、绿色宜水、幸福宜水”。

一、推进河道整治，建设安全河

注重突出流域特点，因地制宜选择不同的治理方案。2022 年，新建生态护坡 8.6km、生态护岸 17.2km，除险加固中型水库 1 座、小（2）型水库 2 座和山塘 5 座，对原有防洪堤进行生态化改造，确保安全度汛的同时进一步美化堤岸。

二、修复河湖生态，建设宜居河

坚持“以原生态河道为主，人工景观措施为辅”的原则，对河湖空间带和生态廊道进行“微创式”修复，恢复了河道两岸的野趣和生机，形成了山石嶙峋、深潭浅滩、草长莺飞、鱼翔浅底、茂林修竹的自然生态景观。

三、探索数字孪生，建设智慧河

建设数字孪生宜水综合管理系统。强化对雨水情监测、水质监测、岸线及水利工程视频监控、流量监测和排污口等方面的监测，推出包括流域态势、河湖管护、防洪“四预”、水资源管理、文化宣传、云上旅游等功能的掌上 App。

四、传承文化精神，建设文明河

按照“一心、二轴、三区、四线”的空间格局，根据每个区域当地自然资源和文化资源，设置多样化的文化、旅游、休闲精品路线，为不同人群提供多样的选择空间和游览体验。以水生态文明村为载体，展示沿线水生态文明建设成果，进一步提升流域民众的幸福感、获得感、安全感。

抚州市宜黄县下南水库宜水流域风景（邹文胜　拍摄）

五、转化生态价值，建设富民河

将项目管理纳入农村基础设施运维重要改革内容，综合引进河道经营权改革、小型水库管理体制改革、农业水价综合改革等成功经验，创新建立“6＋X”管护模式，将流域内山塘、水库纳入小型水库管理体制改革中建立的第三方“物业化、标准化”管护，将流域内防洪堤和新建生态护岸纳入全县圩堤管理范畴。建设蔬菜、制种、百合等产业示范基地，积极打造农旅结合示范县，实现水生态产品价值有效转化，有力促进了当地乡村振兴。（占雷龙）

凤岗河湿地公园——禾杠舞表演（尹文兵　拍摄）

山东省

完善智慧巡河功能　提升巡河监管水平

一、背景情况

山东省淄博市河长制湖长制管理信息系统（简称“系统”）是助力河湖长制管理信息化支持的保障手段。曾经在使用过程中，巡河路径全覆盖和入河雨排口监管是河湖管护工作的短板，淄博市在系统原有功能的基础上，创新开发了河管员巡河周期覆盖率和建成区外入河雨排口巡查覆盖率考核 2 个新功能，打通了河湖管护的“最后一公里”，通过科技赋能走出了一条河湖管护的“智慧”新路。

二、主要做法

（一）明确巡河周期，实现巡河路径全覆盖。系统设置河管员的巡河覆盖频率为每月 4 个周期，每 7 天为一个巡查周期，河管员在完成每日有效巡河的基础上，在每个巡河覆盖周期内必须完成所负责河道长度的全覆盖，每月将各区（县）河管员巡河的周期覆盖率考核情况纳入巡河简报中并进行通报，确保河管员巡河路径全覆盖，有效推动河管员巡河履职落实落地。

（二）统一立牌管理，提升雨排口监管水平。淄博市河长办组织各区（县）实地掌握建成区外入河雨排口情况，设立标识牌 3 261 个，实行“一口一牌”“一口一码”，标明排口编码、所在位置、责任单位、河长信息、监督电话、二维码等信息，每个排口有了“身份证”，实现了入河雨排口智慧化监

管，真正牵住了影响河湖水质的“牛鼻子”。系统增设建成区外入河雨排口巡查覆盖率考核模块，河管员在完成每日有效巡河的基础上，对负责河段的雨排口进行扫码打卡，将排水情况上传系统，系统将排水异常的雨排口自动分配给相关区（县）部门进行核实、处理、销号。

（三）加强智能考核，推动巡河任务有效落实。系统设置短信提醒功能，在巡河周期结束前2天发送短信给还未巡河的河湖长，督促其按时完成巡河任务，将上传系统的巡河事件和投诉事件发送给区（县）河长办负责人，督促区（县）河长办及时处理；实时更新全市巡河考核数据，将巡河情况纳入河湖长制简报，督促各级河湖长和河管员定期巡河，进一步规范了系统智能考核模块，充分发挥考核推动的“指挥棒”作用，进而提高了河湖长有效巡河率。

（四）畅通举报渠道，激发公众参与热情。系统完善了公众参与河湖管护功能，一方面，群众可通过“淄博河湖”微信公众号监督投诉模块，上传河湖问题；另一方面，也可扫描入河雨排口标示牌上的二维码进入监督举报界面，上传雨排口排水颜色和气味异常等问题；系统将群众反映的问题自动发送至相关区（县），由区（县）河长办负责核实、整改和反馈，做到件件有回应，既提高了市民共同参与河湖管理的积极性，又强化了入河雨排口的监管效果。

孝妇河湿地之齐风塔（周庆义　拍摄）

孝妇河湿地全景（李青青　拍摄）

三、取得成效

统计显示，系统新设的两个功能自2022年1月正式运行以来，淄博市河管员巡河周期覆盖率由61.35%提升至99.96%，切实提升了巡河效率和监管效果；智慧化监管86.9万余次，发现处理问题269个，雨排口巡查覆盖率由30.49%提升至99.16%，实现了建成区外入河雨排口的精细化、智慧化管理。同时，搭建了市民参与河湖监管的平台，进一步提升了河湖长制工作的公众参与度，对淄博市河湖长制提标升级起到了助力作用。

（淄博市河长制办公室）

| 河南省 |

平顶山市河道生态修复型采砂新模式

河南省平顶山市立足长远和根本，把全面推行河道生态修复型采砂新模式，作为强化河湖生态保护，维护河湖健康生命，提升河湖治理体系和治理能力现代化水平的重要举措，不断完善规划科学、管理有效、开采有序、整治有力的河道采砂管理体制机制，推动河长制从由全面建立转向全面见效，从“有名有实”走向“有力有为”，河湖面貌持续改善。2022年，白龟山水库、燕山水库分别成功入选国家、省级美丽河湖优秀案例。

一、主要做法

（一）科学编制规划。科学编制生态修复型采砂规划，明确禁采区、可采区，合理确定年度开采总量、可采范围与高程、采砂机具数量与功率等要求，并增加河道生态修复专章，明确具体措施，同步开展生态修复。

（二）实行统一经营。按照“政府主导、国有经营、统一管理”模式，有采砂任务的县均成立了国有平台公司，实行封闭化、工厂化、生态化、标准化作业，产、运、销一体化市场运营。

（三）严格源头管理。强化年度方案管控，严格审查备案，按照已批复的采砂规划、年度采砂计划，依法发放采砂许可证，建立采砂权有偿出让制度，出让收益的10%，由县直接划转上缴市财政，统筹用于全市河湖管理保护工作。

（四）加强现场监管。按照工程管理的方法和生态修复的标准，委托具备相应资质的监理机构，对河道砂石开采放线、现场施工及现场清理、验收等进行全程监理。在采砂现场派驻人员实行旁站式监管，严格落实进出场计重、监控、登记、采运管理单等制度，强化采、运、销全过程监管。

（五）强化生态修复。采取高挖低填的方式对河道内砂坑和砂堆进行平整，在采砂的同时对主河槽及岸坡进行整治，边采砂、边回填，修复过去因采砂后形成的坑洼不平的河床，确保年度采砂方案实施完成后形成一段河势顺畅、河槽规整、河底平整、岸坡清晰、水清岸绿的良好生态环境河道。

（六）建立评估制度。采砂活动结束后，由市水利局委托具有相应设计资质的机构，依据年度实施方案进行全面评估，对不符合要求的，限期整改，作为下一年度河道采砂许可审批的主要依据，并作为河长制年度考核的重要内容。

二、取得成效

平顶山市推行的河道生态修复型采砂管理新模式坚持科学规划、依法许可、统一经营管理，与河道生态治理修复紧密结合起来，既保障了市场砂石供应，又治理修复了河道，实现了生态效益、社会效益、经济效益三赢效果。平顶山市已在北汝河等河道推行该模式，正在起草制定《河道生态修复型采砂管理技术规程》地方标准，推动河道采砂进入科学化、规范化、法制化的轨道。

三、经验启示

平顶山市自全面推行河道生态修复型采砂新模式以来，先后建立了河道生态修复型采砂规划、监理、评估、验收等制度，出台了《河道保护条例》《河道采砂管理办法》，起草制定《河道生态修复型采砂管理技术规程》等地方性法规、标准，作为构建河湖生态治理格局的创新机制。治理和经营兼顾，采砂和疏浚结合，开采和修复同步，有力促进了砂石行业健康有序发展，有效破解了诸多长期困扰的河湖生态治理难题，为河南省北方地区季节性河道采砂提供了示范样板，为河道水生态修复提供了借鉴。

湛河治理成效（赵军委　拍摄）

沙河治理成效（赵军委　拍摄）

下一步，各地将深入学习贯彻党的二十大精神，坚持守正创新，紧紧围绕健全河湖长制组织体系、责任体系、工作体系、制度体系，河湖突出问题整治，幸福河湖建设等内容，不断探索河湖长制、河湖管理保护新路径、新经验、新机制，用创新思维破解当下河湖治理难点、堵点，积极打造具有河南特色的“河湖长制 3.0”升级版，开创新时代新征程河湖管理保护新格局。（平顶山市河长制办公室）

湖北省

红绿相融幸福来

——湖北省红安县七里坪河幸福河湖建设案例

七里坪河为长江一级支流——倒水河的支流，发源于河南省信阳市新县，起始于湖北红安境内七里坪镇草鞋店村，于七里坪镇万田畈村汇入倒水河，总河长 38km。依河而建的七里坪镇是“黄麻起义”策源地、红四方面军诞生地，被誉为“中国红军第一镇”“中国历史文化遗址最多的乡镇”。

2018 年，红安县开始谋划七里坪河幸福河湖建设，结合红色资源发掘、绿色生态建设、乡村振兴、产业发展等高标准打造“七里坪河样板”，通过整合资金 2 000 万余元建设幸福七里坪河，充分发挥幸福河湖建设对周边的辐射带动作用，助力区域经济发展。

红安县坚持生态优先、绿色发展、共同缔造、系统治理的理念，围绕“游客有风景可看，村民有发展之源，居民有休闲之地，党员干部有受教育之处”的“四有”幸福河湖建设目标，采取了红色为魂、绿色为本、文化为纲、产业为要等四大举措。

一是红色为魂。把握革命历史主线，红色赋能。在七里坪河沿线建村史馆，两边修建将军碑；整修红军洞、烈女崖；新建红色纪念建筑，武警交通部

队援建“八一长胜桥”；编辑历史书籍，摄制七里坪革命视频，讲好红色故事，擦亮红色招牌。

二是绿色为本。突出生态绿色建设，保护河道。构建“三级河长、四级管护”网络；严打危害河道非法行为，拆除800余m^2违规建筑，清除影响河道泄洪杨树16亩，堵截偷排生活污水和养殖污水排管5处，取缔非法采砂场3处，取缔临河养猪场3个、河滩养牛场2个。

三是文化为纲。坚持挖掘文化因子，赋予内涵。开展好婆婆、好媳妇、好丈夫、十星农户评比；举行最美家庭、最美庭院竞赛；举办银杏摄影大赛；征集天台山、双城塔相关历史故事；临河的列宁小学设立了“小小河湖长”，定期组织开展爱河护河宣传和清河行动。

四是产业为要。持续探索兴业富民，促进发展。成立红坪旅游开发公司，整合全镇旅游资源；沿河两岸重点发展花生、红薯、金银花、药用菊花、朝天椒、银杏六大产业；草鞋店村开发“河吧”旅游项目，每年增收10万多元；张家湾村引进华润公司，建“华润希望小镇”，带动70余农户、40余脱贫户实现家门口就业，一跃成为“省级文明村”；柳林河村发展蕲艾产业，年增收7万余元，村民人均增收千元；贡家河村银杏基地带领村民致富；古峰岭村推进节水农业建设，做大做实红薯产业。

水清木华七里坪河（袁继胜　拍摄）

通过幸福河湖建设，七里坪河逐步实现“河水清澈见底，河床绿草如茵，两岸山峰如碧，人水和谐共生”的美好画面，村民获得感、幸福感、安全感显著提升，真正实现了建设幸福河湖，河湖造福于民的目标。　（黄冈市红安县河湖长制办公室）

湖南省

长沙市推进浏阳河流域综合治理实践

浏阳河，作为湘江一级支流，流经距离长、跨越县（市、区）多。但随着经济社会发展，出现了污染负荷严重、截污治污能力不够等问题。河湖长制实施以来，长沙市围绕“截污、提标、调水、监管”治水方针，通过“河长领治、部门联治、上下齐治、大小统治、三口同治、全民共治”的方式，推动浏阳河河湖面貌和水生态环境改善。2020年，浏阳河成功入选全国首批示范河湖建设名单。

一、河长领治

浏阳河是湖南省唯一一条不跨地市却由省级领导担任河长的河。近年来，五级河长巡河履职累计解决流域各类突出问题1 300余个；编制浏阳河“一河一档（策）”，形成“截污、提标、调水、监管”的治水方针，推进浏阳河流域综合治理工作。

二、部门联治

由长沙市水利局牵头，生态环境、住房和城乡建设、城市管理、农业农村等部门及属地政府参与联合执法，查处涉河违法行为；组织住房和城乡建设、生态环境等部门对排水设施运行、入河排污口整治、水质不达标等工作开展联合督查调研、会商研判；建成水质、水文监测站35座；利用卫星遥感监测手段整改问题200余个；编制岸线保护和利用规划，对砂石实施全线禁采，推进“清四乱”专项行动。

三、上下齐治

上游生态涵养，探索实施浏阳河流域生态补偿机制。2019年，浏阳市出境断面水质达Ⅱ类。中游控源截污，流域配套建设污水干支管网。乡镇污水处理厂均达到一级A排放标准，在干流500m退养的基础上，完成禁养区畜禽规模养殖退出。下游综合整治，开展城区污水处理厂扩容提标工程建设。主城区段堤防全部达到100年一遇的防洪标准，打造滨水步道57.4km。

四、大小统治

抓干流系统治理，累计投入治理资金 70 余亿元，完成铺排年度任务 279 项，纳入市对县（市、区）的绩效考核内容。抓不达标支流治理，全面消除Ⅴ类及劣Ⅴ类水质。圭塘河曾是长沙城区的一条臭水河，现已取得阶段整治成效。抓小微水体治理，已建成小微水体管护示范片区 15 个。

五、三口同治

对 44 处排污口实施末端改造，解决前池滞留污水和初期雨水直排问题。对不符合要求的入河排污口一律不予批准设置，从源头控制污染源排入浏阳河。强化支流入河口及两岸水景观营造，两岸的“三馆一厅”、婚庆文化园、月岛公园等与浏阳河相得益彰。

治理后的浏阳河曲尺湾（罗豪正　拍摄）

浏阳河南源小溪河（罗辑学　拍摄）

六、全民共治

水利部连续在长沙开展“逐梦幸福河湖”等主题活动，多家央媒对浏阳河全线采访报道。首部反映河湖长制工作的电影《浏阳河上》上映，演绎长沙护水之歌。聘“道德模范”“中国好人”为民间河长，带动社会各界参与保护浏阳河的工作。设立河长制监督举报电话，畅通公众参与管河护河渠道，提升问题处置效率。

（潘文秀）

广东省

广州市黄埔区努力打造大都市小流域幸福河湖建设样板

南岗河是广州黄埔人民的“母亲河”。河流背山、穿城、面海，坐拥“山水林田湖草”多样化生态格局；流域自然禀赋优越，文化底蕴深厚，高新技术产业集聚，是大湾区岭南水系的缩影。2022 年 4 月，南岗河作为广东省唯一入选水利部首批幸福河湖建设项目的河流，开启了河湖治理的新篇章。一年来，在水利部的大力指导支持下，省、市、区三级协调联动、强力推进，推动南岗河幸福河湖建设取得明显成效，其探索的高度城市化地区小流域打造幸福河湖的新路径为幸福河湖建设创造了生动范本。

一、系统治水、源头治水，筑牢幸福河湖建设基础

将防洪排涝作为城市规划建设的刚性约束，率先开展规划建设项目洪涝安全评估，系统评估开发建设项目所处流域、片区洪涝安全，与国土空间规划有效衔接，从源头破解城市洪涝污治理难题。构建“上蓄、中滞、外挡、分散调蓄”的防洪排涝工程体系，新建防洪（潮）标准 200 年一遇的南岗河水闸，筑牢流域防洪安全壁垒。以轻置入的方式，综合采用“净、蓄、滞、渗、用、排”等措施，建设海绵生态系统。全面推行“四洗清源”、网格化治水，用绣花功夫推进排水单元达标雨污分流整治，新增污水处理能力 15 万 t/d，南岗河水质由 2017 年的劣Ⅴ类稳定提升到Ⅲ类水标准，部分水体达到Ⅱ类。

二、生态筑底、营造生境，厚植幸福河湖绿色本底

坚持低碳生态修复理念，营造多样生境，构建韧性河道生态系统。创新推行降水位、少清淤、不调水的生态修复“三板斧”、不刻意追求景观效果，不人为抬高河道水位，依靠自然力量修复水生态，让淤泥见阳光，中间走活水，形成河底湿地，促进了水质和生态双修复。水体流动加快，在光照、温度、氧气等要素作用下，水生植物快速生长，有效促进了底泥消解，减少了内源污染，增强了水体自净能力。按照“食物链自然法则”通过微干扰生境设计手法，营造沙洲、浅滩、湿地等 24 种多样的生境栖息地，成为水鸟觅食、栖息的乐园。通过系统治理，南岗河重现勃勃生机，生态环境已根本好转。增加绿化

面积 8.7 万 m^2，升级改造绿化面积约 240 万 m^2，生态岸线达到 90%以上，现有鸟类 68 种，其中包括国家二级重点保护鸟类 3 种；上游重现麦穗鱼、南方波鱼、拟细鲫等对水质要求较高的鱼类。

三、智慧引领、低碳减排，助力幸福河湖提质增效

借助先进的信息化、智能化技术，以科技为牵引，开展洪涝风险图、卫星遥感影像、数字孪生、元宇宙等技术的应用实践，重点打造南岗河数字孪生流域。建设“2+1+N”业务应用平台，实现水雨情自动化监测，库闸泵智能化调度，河湖“四乱”问题信息化监管，实现河流高效智慧化管护。全面推行流域水资源循环利用，创建国家典型地区再生水利用配置试点，建设萝岗水质净化厂再生水利用示范点，将再生水引入生态湿地净化后反哺河道，同时满足沿线市政、绿化用水需求，每年节水 200 万余 m^3，降低成本 900 万余元。

四、筑境营城、传承文化，促进幸福生活品质提升

以碧道为纽带，重塑沿河滨水空间。南岗河流域新增碧道长度 34km，其中干流 7km，打通慢行系统断点 10 处，实现全线贯通，增设驿站 5 座、亲水平台 14 处，优化利用桥下空间近 1 万 m^2，打造公共活动场所 36 处，设置科普、休闲、健身设施 81 项。以水脉筑文脉，将岭南传统文化与水文化充分融合，上游重点恢复“鸢飞鱼跃，山高水长”的岭南山水意境；中游活化利用当地古村落、鱼耕及田园文化、岭南书院文化，建设二十四节气科普长廊和幸福河湖主题展馆；下游打造龙舟文化体育公园等水上运动、传承龙舟文化的平台，构成“段段有文化，道道有特色”的水文化系统。南岗河为人民群众提供了最宜居、最健康、最生态、最能亲近大自然的幸福生活空间，让居住在现代化都市的人们“看得见山、望得见水、记得住乡愁”。依托南河成功举办“到黄埔去·户外音乐季——畅享幸福河湖”草地音乐会，一连 3 场的免费演出，每场都车水马龙、人头涌动。漫步在南岗河边，河畅、水清、堤固、岸绿、景美、人和，目之所及皆是美景，人们脸上洋溢着笑容，在如醉的风景里感受音乐与自然交织融汇的美妙韵律。

生态兴则城市兴。南岗河优美的生态环境，打造了独特的营商环境，激活了两岸城市腹地，补全城市功能，吸引了众多高端人才，聚集了大量科研院所和科技企业。2022 年，南岗河流域 4 个街道中“四上企业”1 300 多家，较 2019 年增加 104%；商业土地价值从 2015 年的 8 400 元/m^2，上升到 14 900 元/m^2；黄埔区引进各类科研机构超 1 000 家、院士 110 余名、高层次人才 1 200 余名，中游的广州科学城更是成为广州东部最具活力的科技创新版块。南岗河流域正以其独特的魅力实现聚人、营城、兴业，成为闪耀粤港澳大湾区的“金丝带”“活力带”和“幸福带”。

[广州市城市管理办公室（河长制办公室）]

南岗河边 游人欢乐（李汉标 拍摄）

南岗河的红花绿草（姚泽林 拍摄）

广西壮族自治区

梧州市全面完成西江干流梧州段网箱清理整治典型案例

西江干流梧州段网箱养殖始于 20 世纪 90 年代，在长洲水利枢纽工程蓄水运行以后迅速发展。截至 2021 年年底，西江干流梧州段网箱养殖面积 40.66 万 m^2，其中苍梧县 18.29 万 m^2、藤县 19.38 万 m^2、长洲区 2.99 万 m^2。年产淡水鱼 3 万余 t，产值约 5 亿元，约占梧州市水产品总产值的 30%，涉及养殖户 230 户，带动脱贫户 293 户、从业人员 2 000 余人。

为确保西江干流行洪安全，优化西江水生态环境，梧州全力推动西江干流网箱清理整治工作。2022

年累计发动 3.3 万人次，出动各类作业机械 2 680 台（次），筹措清理整治资金约 1 亿元，于 2022 年 5 月 25 日全面完成约 40.66 万 m^2 网箱养殖清理整治工作，累计清理存鱼约 1 537.22 万 kg，清理养殖网箱 9 717 个，为筑牢西江生态防线贡献力量。

一、科学谋划，高位推动整治工作

梧州市委常委会、市政府常务会及市政府专题会多次研究部署网箱清理整治工作，明确整治行动计划。总河长认真履行职责，多次通过巡河、实地调研督导水利工作等方式，压紧压实相关县（区）属地责任和各级河长责任，现场协调推进网箱清理整治和渔业转型转产。同时，成立网箱清理整治及转型转产工作专班，统筹推进网箱清理整治工作。

二、紧密联动，织密整治“一张网”

工作专班紧盯目标、挂图作战，统筹县（区）组成 60 余个工作组，实行“处级干部包片、科级干部包户”工作模式，建立“一天一通报”“一周一调度”工作机制，科学有序推动清理整治各项工作进入快车道。运用“5+2”“白+黑”等工作方法，开展调查摸底工作。通过了解网箱养殖情况，建立“一户一档”工作台账，全面摸清网箱底数。在此基础上，及时梳理问题、掌握进度、研究对策，有效化解工作过程中遇到的阻力和矛盾。

三、关注民生，化解存鱼销售难题

梧州市开辟临时存鱼区以及码头上鱼点，免费提供设备，协调场地供养殖户集中拆解网箱。协调组织相关部门配合做好服务保障工作，确保网箱清理整治有序进行。组织商务等部门利用多种渠道联系区内外客商收购存鱼。累计清理存鱼约 1 537.22 万 kg。

四、协同转产，推动产业做大做强

为促进渔业可持续发展，梧州市推进网箱养殖转型转产工作。规划稻渔综合种养等渔业转型升级项目，落实土地约 1 160 亩，项目总投资约 2.71 亿元，拟申请财政资金 1.24 亿元。推动转型转产过程中，尊重养殖户意愿和实际情况，引导部分养殖户向水果种植、乡村旅游等乡村振兴产业转移。

西江干流梧州藤县段网箱清理整治前后对比
（甘辛新　拍摄）

西江干流梧州苍梧县段网箱清理整治前后对比
（甘辛新　拍摄）

五、确保稳定，扎实做好社会稳控

梧州市相关部门对养殖网箱清理整治情况进行社会稳定风险评估，针对性制定应急处置预案，切实做好信访维稳工作，为网箱养殖清理整治工作提供强有力保障。

（广西壮族自治区梧州市河长制办公室
李远强　高立基）

| 海南省 |

美丽难舍　乡愁归来

海口美舍河水利风景区位于海口市境内，涉及龙华区、琼山区和美兰区。景区总用地面积约 4.60km^2，其中，水域面积 1.46km^2。上游沙坡水库水质达到国家Ⅲ类水质，下游城区段（凤翔湖湿地）水质达到国家Ⅳ类水质。美舍河上游景区空气质量属于国家一级空气，下游段景区空气质量属于国家二级空气。景区规划范围为东至群上路，南至梧桐路，西至苍东村，北至长堤路。景区范围以美舍河为中心，上游至沙坡水库，下游至长堤路河口，成为从南到北贯穿市区的休闲绿带，包括沙坡水库、凤翔湖湿地等在内。人文资源丰富，周边地域有丰富的人文遗迹和建筑物，例如琼台书院、丘濬故居、五公祠、海瑞故居、琼台福地和鼓楼街等，具有较高的观光游览、历史体验等价值。

一、景区概况

海口美舍河水利风景区依托美舍河水域及其相关水利设施而建，以美舍河为中心，上游至沙坡水库，下游至长堤路河口，成为从南到北贯穿市区的休闲绿带和湿地公园。其中沙坡水库、凤翔湖湿地等属于城市河湖型水利风景区，涉及海口市龙华区、琼山区和美兰区。景区总用地面积约 4.60hm^2，其中水域面积 1.46hm^2。

2017 年被水利部认定为国家水利风景区。该景

区已入选国家湿地公园、全国第一批黑臭水体治理“十大光荣榜”，同时被评选为黑臭河流生态治理十大案例。2020 年 1 月，生态环境部在官网上推介美舍河水体治理成功案例。2022 年 2 月，美舍河入选水利部第二届“最美家乡河”。

二、景区特色

美舍河是海口的水脉，也是海口的文脉；是海南文明的发源地和城市文化兴起的根基点，也是海口多元文化交融汇合、共生发展之地。海口的儒释道文化、妈祖文化、冼夫人文化、南洋文化、火山文化、宗祠文化等也大多都与美舍河有关。近年来，海口结合美舍河的治理和文化遗存的挖掘，不仅让美舍河变得更美，难得一见的小白鹭、棕背伯劳、白头鹎等频繁在此出没，重塑了城市新形象，城市品质和价值不断提升，实现了“望得见山，看得见水，记得住乡愁”。美舍河风景区已成为海口“人水相亲”的靓丽名片和城市骄傲，由一个百姓经常投诉的黑臭水体变成了水清、岸绿、景美、民乐的生态之河、景观之河、活力之河、人文之河、发展之河、幸福之河。

三、做法与成效

（一）以河长制为抓手，开展流域综合治理，打造河湖景区美丽空间

打造生态治水的典范。20 世纪 90 年代，随着城市发展，开始有大量污水直排进入美舍河，美舍河水质逐步恶化，沿岸居民称其为“臭水沟”。近年来，海口市以系统思维的方式融入海绵城市、生态治水、基础设施修复、城市更新等理念，开展美舍河水利风景区的建设。

打造美丽休闲的公共空间。2016 年，海口市以习近平生态文明思想为指导，牢固树立绿水青山就是金山银山理念，坚持把良好的生态环境作为海口最强优势和最大本钱，进一步提升流域水安全、水生态、水景观，构建人水和谐的共生空间。近年来，海口市投入资金超 10 亿元，开展美舍河流域综合治理，系统推进污水处理厂建设、污水治理、岸坡绿化、生物净化、生态补水等各项措施，提升流域的生态质量和文化内涵品质。充分利用沙坡水库上游来水、南渡江补水，置换美舍河水系水体，有效改善水质。建设凤翔湿地公园、慢行亲水栈道，打造市民健身休闲长廊，其中海口市凤翔湿地公园占地面积 1 100 余亩，公园内设有梯田、河道、岸滩、林木、湿地等。梯田道路蜿蜒贯穿于景区间，景观交错有致、若隐若现，风景区中水清岸绿白鹭飞，别有柳暗花明又一村之寓意，引得游人流连忘返。

建立健全治理管护工作机制。为了治理好美舍河，让市民有一个良好的生活环境，海口市委、市政府在全省率先全面推行河长制，建立覆盖全市 373 个水体的四级河长组织体系，构建了市委书记担任第一总河长、市长任总河长的“河长牵头、部门协作、分级管理、齐抓共管”的治水责任机制，共同维护河湖健康生命。海口还是国内第一批大规模推进水环境综合治理 PPP 项目的城市，采取“业主＋施工企业＋专业顾问＋政府监管”的“PPP＋EPC＋跟踪审计＋全程监管”模式，以控源截污、内源治理、生态修复为主线，开展水体环境综合治理工作。此外，海口 12345 热线发挥指挥棒、绣花针、连心桥作用，建立群众监督和意见征求机制，形成了政府、企业、公众共同参与治水新模式。一个个优质生态产品，重塑了“天涯断兮遥隔海，烟波澹兮远连村”的美好画面，不仅提升了城市的颜值和人民群众的生活品质，还增强了百姓的幸福感、获得感。

（二）以人民为中心，深度融合历史与文化，推动景区高质量发展

推动景区融合发展。依托美舍河成功治理经验，以周边历史文化为魂、水景观为形，坚持水生态、水环境、水文化相结合，主动融入海口文化和生态文明建设，以“最美家乡河”为地标，做活“水美经济”，以凤翔湿地公园为中心打造与自然生态深度融合的“城市绿肺”和“森林氧吧”。打造全民休闲健身场所，整合提升美舍河水利风景区特色文化景观，促进水文化与休闲旅游有机融合。通过建设市民果园、热带苗木树种教育示范基地、湿地苗圃科普教育基地、鸟类栖息地、亲水平台休闲栈道等，打造出传承海口历史、展现热带风情文化的观光旅游景点和休闲目的地。同时，采纳美舍河沿线居民意见，增设广场舞场地、步行道扶手、门球场、鹅卵石步道等，增建市民活动广场 22 个，面积 11 911m^2，把美舍河沿线空间建设成为市民满意的休闲场所。

提升城市文化内涵。美舍河承担着海口生态修复的示范作用，将海南文化体育公园、府城、五公祠、仙人峒、“琼州第一塔”——明昌塔、海口老城等重要的人文历史场所串联起来，让南洋文化、海南本土文化在美舍河两岸交相辉映，让海口文化的“根”和灵魂得以延续。把周边地域丰富的人文历史遗迹和建筑物融入美舍河水利风景区中，提高旅游热度；把琼台书院、琼台福地、丘濬故居、五公祠、海瑞故居、明昌塔和鼓楼街等与美舍河水利风景有机结合，有效提升景区的文化内涵。

普及生态教育理念。依托美舍河源头的沙坡水库，开展水利科普教育活动，在景区内设立专门科

普馆，推广治水理念和经验做法，教育引导民众自觉维护良好环境。同时，海口市完善法规，加强美舍河水利风景区保护，制定并颁布了首个城市内河水系保护地方性法规——《美舍河保护管理实施规定》及相关配套文件，将治水经验、方法等纳入法制化轨道，强化监管，有效保证景区的健康发展。

（三）以高质量发展为动能，结合水美椰城目标，全面提升城市品质

美舍河的治理遵循生态自然规律，打破传统“三面光”模式，始终以高质量发展为动能，结合水美椰城的目标，退堤还河，退塘还湿，坚持河流两岸生态化、水利工程艺术化和景观化、滨海景观特色化、环境自然化和景区化、湖泊工程环境湿地化、近湖秀美化，顺应水的自然规律，构建健康多样的水生态系统和蓝绿交织的滨水空间，美舍河从“臭名远扬”到华丽转身，走出一条湿地保护、河湖修复和水利风景完美融合的创新发展之路。

一是水环境得到有效改善。美舍河生态治理取得了明显的成效，由之前的黑臭水体改善为水质常态下达到地表水Ⅴ类水及以上标准，微生物、两栖生物、鱼类、鸟类群落的栖息空间初步形成，河道自净能力逐步恢复，成为城市水体生态修复的典范。

二是水安全得到有效保障。美舍河水环境综合治理完成后，河道的雨洪蓄排能力有效增强，缓解了流域的内涝问题。通过原有“三面光”断面的形态改变，拓宽了河道洪水位断面。经测算，断面调整后，20 年一遇的洪水水面线比改造前平均降低 0.4m，洪水流速降低了 30%，增强了河道排涝能力。

三是水景观得到有效提升。在保障水环境和水安全的前提下，构建城市滨水景观系统及凤翔湿地公园，为市民提供优质的公共生态产品。美舍河下游 6km 慢行系统全线贯通，增建市民活动广场 22 个，融合水岸空间，为市民营造亲水体验和活动空间。在绿化植物的选择上，以本地草、本地花、本地树为主，在体现本地特色的同时又可有效控制成本。

美舍河治理成效（肖超　拍摄）

四是水体治理推动城市增值。美舍河水体治理完全融入了“城市经营”的理念，充分利用美舍河优美的绿化带、湿地公园等资源，打造以休闲产业为主的滨河新业态。

（胡志华）

重庆市

从“坡坎崖坑”蝶变至“玉带清波”

——重庆市荣昌区遵循“原生理念”打造玉带河生态文化公园的实践

重庆市荣昌区以河湖长制为抓手，压实河长查河、治河、管河责任，在实施河道保护治理工作过程中，因地制宜进行高起点谋划、高质量推动，全社会参与玉带河生态文化公园建设，以实际行动建设造福人民的幸福河。

一、矿坑引入活水打造坑塘湖泊，变废为宝释放生态红利

玉带河矿坑生态修复综合整治项目于 2021 年 6 月竣工，该项目是集矿坑修复、河道治理、水环境保护、水文化传承等为一体的综合性整治项目。该项目沿玉带河主河道打造，占地面积 614 亩，共有采石形成的废弃矿坑 7 座，矿坑总面积 5.46 万 m^2。主要是从上游水库引来活水，对原采石形成的矿坑进行生态修复，并对玉带河 4.6km 的河道进行综合治理，生态修复面积约 34.43 万 m^2，补充植物种类达 80 余种。通过项目建设，实现了生态修复与历史文脉、自然环境的融合，城市矿坑生态修复与多领域生态修复治理的融合，不仅解决了矿坑的安全隐患、黑臭死水、垃圾坑等问题，还变废为宝为广大市民建设了亲近、感受大自然的“玉带河生态文化公园”。

玉带河矿坑公园治理成效（代宽勇　拍摄）

2021 年，玉带河矿坑生态修复综合整治项目被评为重庆首届生态保护修复十大案例、发现重庆之美—荣登“最美坡坎崖”点赞榜首。2022 年，荣昌区以“玉带河公园”为基础，建设重庆市首个河长制主题公园，高质量完成濑溪河（荣昌段）市级示范河流创建，不断增强人民群众的安全感、获得感、幸福感。

二、历史风情结合现代治河理念，水文化浸润香国古色

在公园建设中突出河长制主题，深度挖掘中华传统水文化内涵，融入荣昌地方水文化和水利史，打造青少年科普教育基地，进一步增强全社会的参与度和体验性。同时，按照“生态-人文-游憩”一体化设计理念，以“海棠香国”为主题，结合原有地形地貌，按“一园三区”进行打造，分为上游段盛世棠城、中游段醉美海棠、下游段玉带烟雨三个区域节点。“盛世棠城”主要依托原采石形成的石坑和崖壁，重现香国古城风貌，展示香国古城悠久的历史文化；“醉美海棠”主要依托原梯田及峡谷进行生态修复，在尽量保留原生植物及自然的自身修复功能，使上百种植物得到保护的基础上，遍植海棠及开花植物达 87 种，重点突出海棠文化；“玉带烟雨”主要依托原宽阔的河面及浅滩，打造生态湿地，对河道进行生态修复，还原河道的生态自然之美。

三、突出生态和文化主题，河长牵头一体化推进治理修复

荣昌区双总河长亲自部署、专题推动，荣昌区人大常委会主任、玉带河区级河长多次主持召开公园建设调度会，现场指导并详细了解公园的水环境保护、水污染防治以及“生态”“文化”主题落实情况。

一是注重对矿坑进行保护、利用、开发，并对其进行生态修复，变废为宝。如利用采石形成的坑壁，对其进行处理加工，使之形成昌州古城墙的形态，既解决了安全隐患问题，又降低了成本。同时，利用矿坑宽阔的水面，注入游乐项目和水景，提升矿坑资源的利用率。

二是注重地方文化的融入，通过广泛征求社会各界建议及意见，结合公园固有特征，有选择性地将本地的历史文化、非物质文化遗产等融入其中，使整个公园文化气息浑厚，底蕴深厚。

三是注重对原生态植物的保护和利用，不是全部推倒重来，而是尽量保留原生态植物，保留大自然的自身修复功能。

四是注重对河道水质的改善，通过在沿河两岸新建污水管网、沿河栽植大量水生植物等工程措施，实现对河道两岸的污水进行雨污分管收集处理，对河道水质进行净化，水环境明显改善。

四、全面见效展“六性”，绿色新生提升城市品质

玉带河生态文化公园建设成效体现在“六性”，即唯一性、文化性、生态性、亲水性、安全性、参与性，成为景观优美、生态自然、环境宜人的城市生态空间，提升了广大群众的幸福感、获得感。

唯一性。充分利用玉带河生态环境和 7 个废弃矿坑将荣昌厚重的历史文化资源与人文自然景观相融合、城市风情与田园风光相辉映，打造成为一个独具特色的城市生态文化公园，为广大市民的休闲、娱乐、游玩、健身提供了场所。

文化性。在玉带河上段打造城门、城墙、塔楼、亭台楼榭等建筑体，以城的形式重现香国古城风貌，展示香国古城悠久的历史文化。中段建筑物转为明清风格，下段建筑风格为民俗建筑。4.6km 的玉带河各风景名胜处刻挂了荣昌区诗词楹联学会多位联家撰写的 28 副佳联，均由荣昌区书协组织区内著名书法家书写。自然生态与传统优秀文化交相辉映，使公园有了厚重的文化积淀，荣获“重庆市楹联创作示范基地”荣誉称号、重庆师范大学美术学院“教学实践基地”。

生态性。遵循河流自身的特点和生态环境的需要，坚持“生态优先”原则，注重对原有生态的保护和利用，尽量保留原生植物及自然的自身修复功能，使这里的上百种植物得到保护，并栽种 87 种开花植物、10 余种水生植物。湿地得到保护修复，植物多样性更加丰富，城市绿化覆盖率和空气质量明显提升，城市空间更加趋于宜居。河里放置的自然石和鹅卵石给水生动物、鸟类提供休憩繁衍的场所。结合海绵城市理念，玉带河两岸 11.5km 采用透水彩色混凝土路面铺装。

亲水性。在湿地设置亲水栈道 691m，人行其中，如在水中走。在峡谷浅滩设置汀步，既可体验“人在水中行”，也可“亲水戏水”，小朋友还可在浅滩中摸鱼虾，捉螃蟹，找到童年的欢乐。

安全性。河道治理新建堤防 6 442m，河道疏浚 2 988m。通过在两岸设置 15 座排水箱涵解决雨水排泄，建设 3 座拦河堰调节水流，满足 20 年一遇洪水标准。通过在消落区建设拦河堰，河岸建设格宾笼，深水区域设置栏杆、防护网及栽种灌木，不仅美化了环境，而且也提高了防护力，保护人民群众生命财产安全。

参与性。玉带河的绿色变迁促进了市民素质的整体提升。市民们很自然地养成了爱河护河的好习惯，“全民河长”应运而生，“珍爱河流是每一个公民的义务，爱护河流是每个公民的美德”成为一种普遍共识。

从玉带河生态文化公园的成功建设可得出如下经验启示：

压实河长责任，形成治理合力。充分发挥河长制制度优势，切实发挥各级河长的核心作用，进一步做好河长牵头统筹抓总，部门、镇街齐心协力，整体谋划、高位推动突出重点地抓好水环境系统治理。

注重源头治理，加强小流域环境系统治理修复。从流域生态系统整体性和系统性出发，找准问题病根，追根溯源，系统全面实施水环境质量改善措施。治理过程中要遵循河库自然，不搞大拆大建，深填厚培，综合控源截污、清淤疏浚和垃圾收运拦截等多项措施，实现污染物全面控制，清水补给，活水循环，构建活力生态系统，推动河流水质持续改善。

建设文化公园要注重文化的传承。通过建立网络投票、公众信箱等渠道，广泛征求社会各界建议及意见，结合公园固有特征，充分融合当地历史、非遗、乡情等文化元素，使公园成为传承当地历史文化的有效载体。（重庆市河长办公室）

四川省

四川天府新区建设兴隆湖幸福河湖

兴隆湖位于成都市天府新区核心区域，湖区面积约 6 500 亩，库容约 670 万 m^3，是天府新区全面强化河长制、建设公园城市幸福河湖的重要载体。2022 年，湖区水生植物覆盖率达 74.54%，湖泊综合营养状态指数为 29.97，湖区水质整体稳定达到湖库Ⅲ类、部分指标达到Ⅰ类，透明度最深 4m 以上，成为成都网红打卡地和群众美好生活乐园，成功入选第一批 15 家国家水上（海上）国民休闲运动中心试点。

一、“统筹管”——构建完善河湖管理体系

一是河长统筹。天府新区总河长亲自挂帅兴隆湖建设整治，区级河长深入一线，现场调度建设和治理，街道、社区河长加密巡查，民间河长积极担当巡河员、监督员、宣传员、劝导员，协作有力推动兴隆湖建设管理。二是严密监管。认真执行《成都市兴隆湖区域生态保护条例》，委托第三方单位成立专业河湖巡查队，组织开展无人机巡查，织密“天地一体化”监管体系。三是专业管护。深化“供排净治”一体化机制，建立市场化、专业化管护队伍，依托水体生态系统健康评价预警系统，及时调度、精准溯源、靶向处置。

二、“系统治”——全域治理提升水生态

一是治水浑。在兴隆湖上游鹿溪河干流新建设泄洪道 7.9km，河湖分离减少洪水入湖，同时建设长度 7.6km、面积 700 亩河流型湿地，为兴隆湖上游蓄水、净水、滞沙提供条件。二是提水质。先后实施“重拳治水”“农业面源污染治理”“消黑除劣”等治水行动，关停环湖区域不符合环保标准的养殖企业和高排放企业，新增污水处理能力近 20 万 t/d，其中煎茶污水处理厂提升至准Ⅲ类水质，20 户以上农民集中居住区污水处理设施覆盖率达到 100%。三是促水活。坚持林水一体，应用清水型生态系统构建技术，以“沉水植物群落＋水下食物网结构”为重点，塑造“水泽-草泽-林泽-灌丛-河岸林带”。

兴隆湖全景（天府新区河长制办公室　供图）

三、“湖城融”——打造宜居宜业幸福空间

一是塑造优质滨水岸线。以“生态柔性驳岸”为主，设计构筑砾石滩、沙滩、草坡等 7 种生态驳岸，自然岸线率达 90%，实现自然、经济、美观、安全相统一；实施“清河”“清四乱”行动，有效解决侵占河湖、违法倾倒、非法排污等突出问题；科学布局湖边两侧亲水生态带，打造具有公园城市特色、精彩天府韵味的高品质滨水岸线。二是营造多元兴水场景。高效利用兴隆湖沿线土地资源，引入中科院光电所、海康威视等创新源项目，植入会展业态，营建 10 个特色商业街区、创新交流主题公园和 20 处咖啡馆、书吧等交流空间，让“新蓉漂”“科创客”在天府新区“人尽其才”“宜居宜业”。三是打造活力亲水空间。打造灯光球场、演绎中心、儿童乐园、人造沙滩、皮划艇赛道，培育环湖荧光跑道、湖畔书店等网红打卡地，并以“固定 AI 公交环线＋定制服务＋智能调度”构建绿色出行的滨湖交通体系，让兴隆湖成为人民群众亲水乐水的幸福空间。

兴隆湖治理成效（天府新区河长制办公室　供图）

（四川省河长制办公室）

| 贵州省 |

强管护　抓治理　共建美丽赤水河

一、河流概况

赤水河系中国长江上游一级主要支流与重要生态保护屏障。赤水河遵义段流经仁怀、习水、赤水后进入合江县，全长236.3km，占赤水河总长的54.1%，境内流域面积9 323km²，占赤水河流域总面积的46%，占贵州省境内流域面积的76%。

二、主要做法

（一）深入推动河长制联动管理

一是赤水河流域内干支流共明确省、市、县、乡、村五级河长1 284名，实现干支流河长全覆盖，设置河道警长72名，招募志愿者497名作为义务监督员，聘请保洁员353名，建立完善了“省、市、县、乡、村五级河长＋河道警长＋义务监督员＋巡河保洁员”的责任体系。二是2011年10月正式颁布施行了《贵州省赤水河流域保护条例》，2021年7月云南、贵州、四川三省人大常委会审议通过了《关于加强赤水河流域共同保护的决定》。三是全面建立了联动保护机制。2017年，云南、贵州、四川三省政协签订了《云贵川三省政协助推赤水河流域生态经济发展协作协议书》，毕节、遵义、昭通、泸州联合制定了《赤水河流域市级政协主席联席会议制度》；遵义与泸州市生态环境局签订了《遵泸两市赤水河流域环境保护联动协议》，连续8年开展联合执法；遵义与泸州市检察院正式签署了《关于开展赤水河流域司法保护协作机制（试行）》，每年召开会议合力推动赤水河绿色发展；贵州与四川省、市、县三级河长办签订了《跨界河流（段）联防联控合作协议》。

（二）全面加强赤水河流域治理

一是2017年在全省率先实现了赤水河流域城乡生活污水处理厂全覆盖，建成城乡生活污水处理厂76座，总处理能力26.6万t/d。二是深入推进白酒行业污染清理整治，清理退出白酒生产企业622家、兼并重组117家，完成茅台镇区工业污水管网升级改造和石火炉等8座污水处理厂的提标升级改造，全面启动了茅台镇11条支流溪沟综合治理。三是分类制定了“一矿一策”整改流域内煤矿企业，2017年以来，先后投入4.5亿余元，实施矿山修复700余hm²。四是自2017年以来，投入约5亿元治理水土流失面积约900km²，投入35亿元综合治理干支流约150km。五是持续推进小水电清理，近3年共计退出赤水河流域小水电站120座。六是排查、清理、整治赤水河流域“四乱”问题500余个，全面清退赤水河沿岸10座非法码头，完成了赤水河干流52个涉嫌违法违规岸线利用项目和支流22座拦水坝清理整治。

三、取得成效

一是赤水河水质明显提升。历经5年的努力，赤水河9个水质自动监测站24项水质指标达标率100%，出境断面水质稳定维持在Ⅱ类水标准。二是树立典型标杆。2018年在第二届“寻找中国好水”中荣获“中国好水”优质水源称号；2020年成功创建全国第一批示范河湖并高分通过水利部验收；2022年荣获全国第二届“最美家乡河”称号。三是生物多样性成果凸显。鱼类早期资源物种数量由禁渔前的31种增加至40种，鱼类种群恢复至167种，其中长江珍稀特有鱼类恢复至49种。

四渡渔都船舶治理前（陈小燕　拍摄）

四渡渔都船舶治理后（陈小燕　拍摄）

（杨静）

云南省

“顺丰洱海模式”实现“牛粪变黄金、秸秆变宝贝”
——云南省大理白族自治州探索生态文明新实践

云南省大理白族自治州以优质的服务鼓励企业投身“湖泊革命”攻坚战，云南顺丰洱海环保科技股份有限公司（简称“顺丰洱海公司”）探索了“牛粪变黄金、秸秆变宝贝”的生态文明新实践。

一、探索“环境与经济融合”的有效途径

一是“指标题”越答越好。通过政府引导和市场化运营，顺丰洱海公司实现洱海流域有机废弃物全收集、全处理，日均收集处理量超 1 000t，累计收集处理 250 万余 t，成为中国最大的“绿色粪坑”。通过专业生产线和资源化利用“变废为宝”，累计生产有机肥、园林绿化肥等系列产品 200 万余 t，年生产生物天然气产品 2 000 万余 m^3，投放生物天然气出租车 200 辆。

二是“基础桩”越夯越实。在洱海流域 18 个乡镇（街道）建成 25 座有机废弃物收集站、若干非固定式流动收集点，投放废弃物收集车辆 251 辆，建成 4 座大型有机肥料加工厂、1 座特大型生物天然气加工厂、1 座天然气加气站。组建了 48 人的科研专家团队，与中国农业科学院、上海交通大学等科研机构及高校建立产、学、研合作机制，研发的 8 个大类 100 余个品种通过“有机生产资料投入品”认证，“洱海”牌获评中国驰名商标。

三是“生态账”越算越清。通过过硬的技术攻关，实现废气、废渣、废液闭合式循环“零排放”，减排二氧化碳 67 479.92t，从源头上阻断了化学需氧量 80 070.37t、总氮 5 179.75t、总磷 1 942.41t、氨氮 863.30t 进入洱海。同时，大理白族自治州推广 80 万亩生态种植使用商品有机肥，实现生物质能源和有机农业的发展。

四是“朋友圈”越来越大。顺丰洱海公司日服务餐饮单位 15 078 户、养殖户 4 559 户、污水处理厂近 100 座，产品远销缅甸等东南亚国家，年接待国内外、省内外考察调研组 1 000 余批次 10 000 余人次，“朋友圈”由小变大。

二、提供了“环境与经济融合”的宝贵经验

一是深化改革是根本保证。大理白族自治州深入优化环境，让企业放手创业。推进“放管服”改革，打造“办事不求人、审批不见面、最多跑一次”和“全程服务有保障”的政务服务环境。先后出台系列措施，在市场准入、工商登记、信贷、土地、财税等方面能放则放、能宽则宽、能惠则惠。设立担保基金，建立中小企业信用担保体系。精准服务，让企业竞相创业。主要领导深入一线调研、精准对接需求，整合多部门力量，多方面给予支持帮扶和要素保障。

二是部门联动是根本依靠。各级各部门加强汇报对接，积极争取项目、资金、政策、技术、人才支持。整合资源力量，积极申报政府环保项目，备足发展后劲，让公司如虎添翼。2009 年以来共争取项目 12 个、涉及资金 16 亿元。鼓励企业在更广范围、更深程度、更大力度上创新。

三是政策调动是根本保障。大理白族自治州在洱海流域收集处理畜禽粪污、农作物秸秆、水葫芦、枯死水草给予企业 80 元/t 的补助。对洱海流域农作物种植主体每年每亩给予商品有机肥使用奖补 500 元。出台政府出资购买、贴息补助等政策措施，以项目为支撑，为企业“雨中打伞”“雪中送炭”。金融部门对顺丰公司用于洱海流域有机废弃物资源化利用、科技转化项目建设满 12 个月以上、单笔 500 万元及以上贷款给予 3%贴息。

四是企业主动是根本动力。企业永葆环保情怀真担当，扛起纳污治污的社会责任，推动转型发展勇担当，激发团队自立自强、敢闯敢干，凝聚工作合力，壮大实力。

五是全民行动是根本支撑。建立政府引领、市场驱动、企业施治、公众参与的体制机制，让“洱海清、大理兴”生态发展观，“像保护眼睛一样保护洱海”的理念家喻户晓。适时召开新闻发布会、新

闻通气会等，及时发布权威声音，回应社会关注，引导全民参与洱海保护治理。

绿色在延伸，希望在升腾。“顺丰洱海模式”积极效应正逐步放大，环境优化经济，经济反哺环境，二者相互倚重，相得益彰，前景可待！

生态之“花”绽放洱海（赵渝　拍摄）

洱海流域万亩油菜花盛放（赵渝　拍摄）

（杨碧　王应武　赵渝）

西藏自治区

勇做高原河湖卫士　倾心守护“亚洲水塔”

西藏地处青藏高原，被称为“亚洲水塔”，孕育了长江、雅鲁藏布江、印度河、恒河、澜沧江（湄公河）、怒江（萨尔温江）等亚洲的重要河流，是全国重要的战略水资源储备基地和生态安全屏障，流域面积 $50km^2$ 以上的河流有 6 418 条，长度约占全国 1/7，常年水面面积大于 $1km^2$ 的湖泊有 808 个，总面积约占全国湖泊面积的 1/3，保护好西藏生态环境，利在千秋、泽被后世。

西藏之美，离不开水；河湖之美，离不开一个默默付出的群体——西藏自治区水利厅河湖管理处（西藏自治区河长制办公室工作处，简称“河湖处”）。他们始终铭记习近平总书记“保护好青藏高原生态就是对中华民族生存和发展的最大贡献”的殷殷嘱托，继承和发扬老西藏精神，按照新时期人民群众对优质水资源、健康水生态、优美水环境的需要，全面建立五级河湖长体系，探索建立高原河湖管理保护长效机制，推动河湖长制从“有名有责”到“有能有效”，为保护好“亚洲水塔”、创建国家生态文明高地作出积极贡献。

一、求真务实，用实干担当守护“亚洲水塔”

面对艰巨繁重的河湖管护任务，河湖处的工作人员克服海拔高、交通不便的困难，经常深入一线，帮助分析问题成因，指导解决问题，提出整改的意见和要求，协调解决河湖水系的新老水问题。

通过他们的努力工作，西藏自治区于 2018 年 6 月全面建立河湖长制，提前半年完成中央提出的目标任务；区、市、县、乡、村 1.47 万名河湖长在岗在位，让全自治区每条河流、每个湖泊都有了“家长”；指导设立河湖长制公示牌 6 700 余块；督导各级河湖长巡查河湖 39.1 万人次；查处非法采砂行为 30 起；明察暗访 52 次，督办涉河湖突出问题。

一本本台账，书写了河湖处同志实干苦干的奉献精神；一串串数据，折射出西藏河湖治理水平的明显提升；一项项举措，彰显着雪域儿女守护家园绿水青山的决心。

二、多措并举，用实际行动守护“亚洲水塔”

过去，西藏部分河道存在偷采乱采、乱堆乱建现象，汛期河水淹没农田情况时有发生。

河湖治理，问题在水中，根子在岸上。河湖处聚焦查河要实、治河要实、管河要实，齐心协力打出一套治河“组合拳”。

严格落实考核激励机制，创新出台河湖长巡河、河湖长助理、考核激励等制度，把履行河湖长制工作职责纳入干部考核考察，推动建设跨界河湖联防联控联动机制。运用信息化手段，按照“统一建设、分级部署”的原则，研发和构建覆盖五级河湖长的综合信息化应用平台，为河湖长履职和河湖管理保护提供了有力支撑。

编制完成雅鲁藏布江、长江（金沙江）等 21 条自治区级河湖管理范围划定及岸线保护与利用规划编制，指导各地（市）筹集资金 2.27 亿元完成 533 个河湖管理范围划定及 289 个河湖岸线保护与利用规划编制工作，以规划引领河湖管护。

完善“一河（湖）一档”，编制完成“一河（湖）一策”方案，逐河逐湖提出了任务清单、责任清单。

全面建立“河湖长＋检察长＋警长”协作机制，

开展联合河湖巡查，打击违法行为，2021 年受理涉河案件线索 132 条，立案 113 件，排查涉河安全隐患 74 起，解决了一批长期想解决而没有解决的突出问题。

制定河湖“清四乱”问题认定、清理整治标准，范围由大江大河向中小河流、农村河湖延伸，1 666 个“四乱”问题全部整改销号，清理非法占用河道岸线 148.7km。

开展河道非法采砂专项整治行动，对不符合采砂规划、管理不规范的 330 个砂场予以关停。

“以前，拉萨河两岸环境不太好，河水也没这么清澈。如今，不仅河水清澈，两岸的风光也越来越美了。”家住仙足岛的市民平措扎西老人在河边散步时，看着风景如画的河岸，发出了由衷的赞叹。

三、共识共为，用公众力量守护“亚洲水塔”

为守护好一方碧水，河湖处在落实五级河湖长的基础上，动员社会各界参与开展河湖保护行动，指导建立民间河湖长、企业河湖长、河湖志愿服务队，设立“水生态保护和村级水管员”岗位 6.15 万个，有效解决河湖管理“最后一公里”问题。

“墨竹工卡县有 156 名水生态保护和村级水管员，我们会在村委会的组织下不定期开展河湖垃圾清理活动，大家亲身参与，共同保护河湖生态环境。”墨竹工卡县水生态保护和村级水管员巴桑说。

近年来，越来越多的群众参与到河湖保护中。拉萨连心桥下有垃圾、色林错上有皮艇、尼洋河中有人挖石头……群众反映问题的电话接连不断。同时很多居民开始注意并积极清理河面漂浮物、沿河两岸的白色垃圾、废旧塑料等。

通过开展河湖长制工作，西藏各族群众河湖保护意识明显提高，全社会关爱河湖、珍惜河湖、保护河湖的局面逐渐形成，“水清、河畅、岸绿、景美”的良好水环境成为越来越多人的共同追求，沿河两岸也成为市民休闲乘凉的好去处。

雅鲁藏布江（林芝市墨脱段果果塘大拐弯）治理成效（李君　拍摄）

西藏主要江河、湖泊水质整体保持良好，国控断面、省控断面水质达标率均为 100%，河湖长制工作群众满意度为 100%。西藏自治区河湖长制工作推进力度大、河湖管理保护成效明显，2020 年、2021 年连续两年获国务院督查激励。2021 年被水利部评为全面推行河长制湖长制工作先进集体。2022 年水利厅河湖处获得党中央、国务院授予的全国人民满意的公务员集体荣誉称号。

狮泉河治理成效（李君　拍摄）

羊卓雍措治理成效（李君　拍摄）

（次旦卓嘎　柳林）

陕西省

一泓清水绘底色　生态经济惠民生
——佛坪县椒溪河幸福河湖建设纪实

椒溪河发源于秦岭南坡佛坪县北庙子，全长 70km，流域面积 592.1km²，是佛坪人民的母亲河。

2017 年以来，佛坪县委、县政府肩扛“一泓清水永续北上”的政治责任，秉承“绿水青山就是金山银山”理念，全面推行河湖长制，努力打造人民

满意的幸福河湖。椒溪河于2019年被评为汉中市十大最美河流，2022年被命名为“陕西省幸福河湖”。2022年佛坪县水利局因水土保持工作成绩显著，被水利部授予“国家水土保持先进集体”称号。

夯实治水责任，筑牢河湖长制主阵地。设立县、镇、村三级河湖长体系，108名河长对全县河流实行网格化管理。建立联席会议、履职巡查、“四不两直”暗访督查等工作制度，创建“排查、交办、点评、述职、考核”五项机制，搭建智慧巡河App系统。县级河长湖长带头巡河调研，带动各级河湖长巡河常态化、规范化。将河湖长制纳入镇办及部门年度综合考核，倒逼责任落实。构建“河小青”、义务监督员、河道保洁员队伍体系，形成河长主抓、部门联动、全员参与的管治格局。

坚持问题导向，确保河湖生态健康。扎实开展“清四乱”、入河排污口整治、妨碍河道行洪整治、秦岭小水电整治等16个专项行动，对非法采砂、乱倒垃圾、乱占河道等进行重点治理，实现河湖由乱到净的跃升。多次对全县河塘沟渠“四乱”问题进行拉网式排查和清单化管理，全县调度交办，限时整改销号。有效推进了河湖生态健康保护工作。

坚持综合治理，强化河湖修复能力。扎实开展治污水、防洪水、排涝水、保供水、抓节水＋智慧治水的“5＋1”治水建设幸福河湖三年行动和中小河流治理、水土保持治理、抽水蓄能电站等一批重大水利项目建设。有序推进沙窝村及大龙洞沟排洪沟修复治理、耖家庄水保基础设施治理工程建设。近年来，椒溪河新建堤防48.6km，加固堤防12.2km，防洪标准提升到30年一遇。治理水土流失面积160km^2、修复排洪沟渠8.1km，在椒溪河及其支流放流赤眼鳟、多鳞白甲鱼、秦岭细鳞鲑等鱼种58万尾，有效促进生态修复。

挖掘治水文化，推动深度融合发展。积极践行“绿水青山就是金山银山”理念，做大水文章，推进河湖生态治理、乡村振兴和全域旅游深度融合，走出一条水生态经济化的富民之路。投资2.6亿元，以妖精潭为主题打造乡村旅游示范点，带动100多名村民参与乡村旅游产业。投资6 500万元完成沙窝红二十五军旧址搬迁、修缮及建设，打造红色教育基地。沙窝村获评“全国乡村旅游重点村”和全国第三批红色美丽村庄建设试点村。椒溪河自上而下串起了熊猫谷、红色教育基地、花海密林、携程农庄、贝壳山居、冷水鱼养殖基地等，为奋力谱写中国式现代化建设的佛坪篇章提供有力支撑。

治理后的椒溪河袁家庄村段（吴康　拍摄）

治理后的椒溪河塘湾村段（吴康　拍摄）

（杜超）

甘肃省

守护盈盈碧水　共建幸福家园

——石羊河幸福河湖建设

石羊河发源于祁连山北麓，由大靖河、古浪河、黄羊河、杂木河、金塔河、西营河、东大河、西大河8条河流及多条小沟小河组成，涉及武威、金昌、张掖和白银4市9县（区），面积4.16万km^2。流域内武威市多年平均水资源量11.27亿m^3，人均占有量约700m^3，为全省平均水资源量的1/2、全国的1/3，是流域内218万人民的生命河。2013年2月5日，习近平总书记视察甘肃时强调，“特别要实施好石羊河流域综合治理和防沙治沙及生态恢复项目，确保民勤不成为第二个罗布泊”。

一、石羊河治理情况

一是健全体制机制。武威市委、市政府建立由党委、政府主要负责同志任河湖长的市、县、乡、村四级河湖长体系，高规格设置河长制办公室。建立工作督察、“红黑榜”等17项制度，推动河湖管

石羊河尾闾青土湖治理成效（李军　拍摄）

金强河治理成效（王寿辉　拍摄）

理保护制度化、规范化。实行“五抓”、“八化五动”、联防共治等长效机制，保障河湖管护责任到位。二是夯实基础工作。批复实施 17 条（个）河湖岸线保护与利用规划，完成 79 条河流范围划定，修订“一河（湖）一策”、开展河湖健康评估、自然资源确权登记工作，建成河湖信息化平台。建立五级用水总量控制体系，实施《武威市节约用水条例》。科学编制采砂规划，强化河道采砂事中、事后监管。三是强化河湖管护。紧盯突出问题，加强日常巡查监管和执法检查，制定印发《全市公安机关“昆仑 2022”专项行动工作方案》，全市共立危害环境资源安全犯罪案件 53 起，移送起诉 83 人，“三长”联合巡查 19 次，立案 37 件，发出检察建议 30 件。2022 年，共查处违规取水案件 31 起，结案 29 起，收缴罚款 40.1 万元。强化河湖岸线保护，常态化开展河湖“清四乱”。清理河道垃圾 6.93 万 t，开展“五进”宣传，发放宣传资料 20 万余份，营造全社会参与浓厚氛围。2022 年，播放河湖长制公益宣传片 400 余次，发放宣传资料 2 万余份，开展业务培训班 6 场次。四是推动创新升级。巩固石羊河全国示范河湖建设成效，建成金强河省级美丽幸福河湖和古浪河、杂木河、柳条河市级美丽幸福河湖。创新实施“五赋两转一打造”工程，全面推进河湖管护创新升级。

经过持续不断努力，流域环境质量持续改善，

“三长”联合巡查（卓继良　拍摄）

发展方式明显转变，实现了河湖治理与生态文明建设互促共赢。一是国家节水行动取得实效。统筹推进“六大节水行动”，农业高效节水面积达到 252 万亩，占灌溉面积的 53.4%。城市再生水利用率达到 46%。“十三五”期间，武威市用水总量由 15.9 亿 m^3 减少到 14.2 亿 m^3。二是生态产业体系初步构建。2013 年以来，武威市累计完成治沙造林 237.8 万亩，封育 182.9 万亩，生态产业占比达 76%。其中，2022 年完成人工造林 24.11 万亩，封育 8.5 万亩，退化林分修复 4 万亩，国土绿化提质增效 12.72 万亩，碳汇林建设 5.04 亩。完成镇区绿化 21 个，村庄绿化 209 个，景区景点绿化 12 个，产业园区绿化 34 个，通道绿化 810km，建设农田林网 0.19 万亩，新建乡村森林小游园 59 个。实施国家重点水土保持工程 2 项，完成水土流失治理 12.9km^2，完成投资 450 万元。武威市、天祝县天堂镇分别被甘肃省林业和草原局授予“省级森林城市”“省级森林小镇”称号，印发《武威市“十四五”湿地保护规划（2021—2025 年）》，武威市湿地面积达到 40.62 万亩。全国防沙治沙综合示范区通过国家林业和草原局验收，成为全国保留的 6 个地市级防沙治沙综合示范区之一。三是河湖生态环境持续改善。“四乱”行为得到有效遏制，沿河群众环境保护意识不断增强，群众满意度不断提升，逐步形成了全社会爱河、惜河、护河新风尚。全市 4 个国控、5 个省控、1 个全国重要水功能区及 7 个县级及以上集中式饮用水水源地水质达标率 100%，城区无黑臭水体。四是系统治理成效显著。通过系统治理，干涸 51 年的青土湖水域面积达 26.7km^2，旱区湿地达 106km^2，地下水位由治理初的 4.02m 上升到 2.91m。2020 年，石羊河创建成为全国第一批 17 个示范河湖之一。2022 年，石羊河（武威段）成功入选全国首批美丽河湖提名案例。天祝县被评为 2022 年度国务院河长制湖长制督查激励县。武威市河长制工作连续五年全省

考核为优秀。

二、美丽幸福河湖创建

甘肃省印发实施总河长令第6号《关于开展美丽幸福河湖创建工作的决定》，从2022年开始至2025年，分批分类推进美丽幸福河湖创建，每年创建数量不少于25条（段）。结合实际制定印发《甘肃省美丽幸福河湖创建评价办法（试行）》。2022年，全省共创建美丽幸福河湖41条（段）。其中，创建省级试点4条（段），市（县）级37条（段）；按类型可分为城市段21条（段），农村段20条（段）。创建总长度380km。

三、甘肃省美丽幸福河湖创建主要做法

（一）科学谋划，树立“一盘棋”思想。创建工作开展以来，省总河长高度重视，进行了总体安排部署，要求河湖长牵头抓总；省水利厅精心谋划，全面建立了创建制度和评价标准体系，强化督促指导；地方党委、政府科学统筹谋划、多部门协同建设、全流域治理“一盘棋”，抓好河流生态综合治理、生态景观体系赋魂打造等治理行动，促进水资源、水生态、水环境和经济社会协调发展，高位推动河湖治理持续向好。

（二）研究河湖特点，发展系统治理模式。甘肃地理环境复杂，水系众多，各流域间情况迥异。针对甘肃省内陆河流域、黄河流域、长江流域不同特点，对同一水系河流间区别分析研究，分类制定相应治理策略。总结提炼美丽幸福河湖创建成功经验，探索高效管理体制机制、新技术新手段，为河流的同一河段或水系治理提供借鉴。分别在黄河流域探索西北黄土高原“水土流失区幸福河”建设样板，在长江上游探索水源涵养区“涵养型幸福河”建设样板，在内陆河地区打造西北干旱区“绿洲型幸福河湖”建设样板。

（三）从点到面，实现全面创建。甘肃美丽幸福河湖创建经历示范河湖、省级试点创建、全面创建几个阶段，通过从起步探索积累经验，到全面推广多点开花的过程，从点到面，实现全省所有市（州）同步创建。2022年，积极响应水利部创建精神，鼓励市（州）开展整条河美丽幸福河湖创建，突出流域治水单元，集中力量综合治理、系统治理、源头治理。显著提升各级河湖管护水平，逐步铺开甘肃美丽幸福河湖网。

（四）齐抓共治，强化部门协同。推进水岸同治，各炒一盘菜，共办一桌席。多部门、多行业、多领域共同谋划，从河流水资源功能、生态功能、休闲娱乐功能、景观服务功能等方面进行全面打造，致力实现全流域的安全性、舒适性。挖掘水文化、讲好水故事。通过实施美丽幸福河湖创建，改变乡村面貌，缩小城乡差距，为积极推进乡村振兴、文化振兴、产业振兴、人才振兴提供重要平台，探索农村发展新模式，助推打造乡村振兴陇上新样板。

（五）提升信息化，推进河湖治理能力现代化。美丽幸福河湖建设以来，多地探索河湖“智慧管护”工作模式，打造智慧、科学、高效的现代化河湖管理系统试点，实现河湖水质水量监测、河湖健康、水域岸线空间管控、河湖突发事件、社会公众参与等动态精细、智慧化管理，使管理工作高效、准确、实时，逐步将河湖管理智能化辐射到全河段、全流域，全面推进河湖治理能力现代化，为河湖治理提供强有力技术支持。

（武威市水务局）

青海省

河长齐努力，碧水绕古城

——西宁市以南川河为样板推动幸福河湖建设

潺潺流水，生生不息，南川河是湟水一级支流，古名牛心川水，发源于距青海省西宁市湟中区南部的拉脊山口西北1km处的高地，河源海拔3 991m，河长49.2km，流域面积398km^2，流经湟中区南川园区、城中区、城西区后入湟水，各断面水质稳定向好，是西宁市水生态环境重要的组成部分，对西宁地下水的补给和流域内生态环境的调整起着至关重要的作用，也承载着西宁许多代人的美好记忆。

一、南川河治理情况

西宁市委、市政府历来高度重视南川河治理工作，先后提出“治宁方略，水为大政”的治水理念，自2002年起，先后实施了南川河治理、西宁防洪及流域管理利用世行贷款项目；西宁市南川河综合治理、西宁市南川河清水入城、南川河水生态文明等工程，治理河道35km，核心段建成23级梯级景观坝面，形成水面面积12万m^2，将防洪标准由不足30年一遇提高到100年一遇，使南川河形成完善的防洪体系，重塑河流生态系统，增强水资源、水环境承载力，提高水体自净能力，保护水域生态环境，为市民提供休闲娱乐的场所，提高了城市品位，发挥了良好社会、生态和经济效益。

二、主要做法

注重生态修复，维护河流健康。以生态理念治理南川河，通过高标准规划建设集生态防护、景观绿地、文化展示、旅游景观、自然生态环境恢复功能为一体的生态系统，深挖河湖生态潜力，以实现南川河作为西宁城市客厅的宜人魅力，构建水下“森林”，营造会“呼吸”的河流。沿南川河两岸修建滨水休闲绿道，串联起西宁中心广场、麒麟湾公园、西宁体育馆、长青公园、南川湿地公园、河湟公园等多个自然人文景点。绿道沿线植物错落有致，色彩丰富，有丁香、金叶榆、牵牛花等，不时有骑行和跑步的人经过。每年从“惊蛰”到“寒露”，许多候鸟飞临到这儿“安家落户、繁衍生息”，诸如大天鹅、绿头鸭、白鹭、渔鸥、草鹭、赤麻鸭等，形成另一个西宁版的“沙鸥翔集，锦鳞游泳，岸芷汀兰，郁郁青青”。

建立补偿机制，调动治水能效。坚持生态优先、绿色发展，积极探索完善多元化生态补偿机制，制定实施《西宁市南川河流域水环境生态补偿方案》（简称《方案》），在国内首创了以县（区）级横向补偿为主的水量水质一体式生态补偿机制。《方案》实施以来，各水质监测断面均达到目标水质，对周边区域及流域上下游的环境改善、水土保持、气候调节等产生系统性影响。

发挥河长优势，形成部门合力。“河湖管护不光是水务部门一家的事，一定要让各部门都积极参与进来，共同惜水护水”，市总河湖长在全市河湖长制工作会议上作出了指示。自此，跨部门、跨县（区）、跨市（州）联防联控联治成为工作重点。通过出台《西宁市河长制湖长制管理规定》，签署落实《湟水流域跨市州联防联控联治协议》《兰州—西宁城市群生态环境联防联治专项合作协议》、建立“河湖长＋检察长”联动机制和部门联席会议制度等一系列举措，形成强大合力，流域内河湖水质、漂浮物等问题得到极大改善。

河湖长治理成效——俯瞰中心广场及南川河

（黎晓刚 拍摄）

漫步在茂密葱茏的树荫下，静观堤岸临水高楼，水天一色，朝阳不经意间让整座城市焕发出生机，彼时的南川河边又热闹起来，鼓乐声弥漫在整个麒麟湾公园，土戏的唱调总是能唤起西宁人的共鸣，晨练的市民身影在河岸交错，一幅城水相依、人水和谐的画卷又一次在深冬的早晨徐徐展开，大绿化、大水面互融的高原生态水城格局逐步显现，人民群众的获得感、幸福感、安全感明显增强。

碧水蓝天梦——南川河麒麟湾公园

（万玛奔 拍摄）

（李红旭）

宁夏回族自治区

泾源县水系连通和水美乡村建设优秀经验做法

泾源，因泾河发源于此而得名，位于宁夏最南端，有着良好的生态环境和动植物资源，被誉为黄土高原上的“绿色明珠”和西北的“小九寨”，素有“秦风咽喉，关陇要地”之称，是宁夏南部重要的生态屏障和森林水源涵养地。近年来，泾源县深入践行“绿水青山就是金山银山”的理念，统筹推进泾河水系连通和生态环境系统治理，泾河出省断面水质稳定保持在Ⅱ类。天高云淡、碧空绿草、小桥流水、“江南小镇”已成为泾源真实写照。

始终坚持“水里的问题岸上治、岸上的问题流域治”的思路，通过完成泾河水系综合整治工程，在沿河两岸建设了40.75km的绿化带，河流植被展现出空间层次和色彩季节的变化，形成美丽的河流岸坡生态防护屏障；构建了滨岸带多种多样适生水生植物群落，深度净化水质美化环境；实施小流域综合治理，建立起了比较完备的以林草植被为主的生态体系，促进了河流自然生态系统逐步恢复和良性发展。坚持建管并重，创新建立“三级河长”“四员管护”工作机制，开展“网格化分区、巡防式执法、组团式服务”工作模式，推行“两带三线”管理长效机制，划分绿化隔离带 1 166 亩、湿地保护带 896 亩，划定河岸线 29.46km（两岸总长，下同）、湿地线 29.86km、绿地线 27.22km，划定区域全部纳入管理范围，实现水岸同治同管，为泾河生态环境保护和群众生产生活划定了“楚河汉界”。泾河流域水生态环境质量明显提升，川流不息的活水缓缓地从水生植物间流过，鱼类在其中嬉戏觅食，天鹅、野鸭、大雁等 20 余种水鸟在此驻足安家，一个鱼翔浅底、百鸟栖息的优良生态系统渐渐形成。

健康美丽的河流装点了生活，居民精气神劲头更足了。泾河清水长流、绿色连绵、山川相融的自然山水风貌，成为托起当地老百姓幸福生活的“基本盘”。村民看到河里清亮亮的水说：“以前，我们这条河就是个垃圾河，下大雨时院子里和路上的垃圾就冲到泾河去了，现在治理好了，干净得让人舍不得弄脏了。”以前村民的简易路、木头桥，遇到暴雨动辄被冲毁，如今激流、跌水、步道相映成趣，水乡美景蔚然形成，群众脸上洋溢着满满的安全感、幸福感和获得感，直接受益村庄达 30 个，直接受益人口达 3.04 万人。

固原市泾原县水系连通及农村水系综合整治成效（郭浩国　拍摄）

水系综合治理成效（郭浩国　拍摄）

泾河良好的生态资源带动了各行各业发展，也富了一方群众。通过泾河水系连通和水美乡村建设，沿河耕地、村镇防御洪水的能力提高了，全县旅游、草畜、苗木、中华蜜蜂等特色优势产业得到了更加优质的水资源保障，泾河水系一处处节点成为游客驻足赏景的“打卡地”。泾源县先后荣获“中国最美生态休闲旅游名县”“中国最美休闲度假旅游名县”称号；“六盘山苗木”被认定为中国驰名商标；“泾源蜂蜜”地理标志通过农业农村部登记认证；“六盘山土蜂蜜”商品商标通过国家知识产权局认证。

（马海军）

| 新疆维吾尔自治区 |

新疆头屯河流域统筹两岸共治
携手打造幸福河湖

2017 年以来，新疆头屯河流域全面推行河湖长制，以流域管理单位为主体，通过河长高位推动，统筹协调兵团及地方政府相关责任部门，形成流域与兵地齐抓共管格局。

一是夯实河湖管护基础。建立健全组织体系，整合流域资源力量，头屯河流域建立了五级河长制组织体系，印发信息报送等相关制度，制定河长名录、工作通讯录，确定专职联络员，建立交流群，拓宽信息报送途径。编制《头屯河综合治理一河一策》《头屯河水域岸线保护与利用规划》《头屯河三年整治行动方案》，科学管理水域岸线资源，系统治理流域突出问题，解决流域“四乱”痼疾。编制 2019—2021 年三年整治行动目标任务，确定 18 个问题并完成清理整治工作。

二是强化水资源管理。建设头屯河楼庄子水库，提升调蓄能力，2021 年，头屯河楼庄子水库工程建成，每年增加调蓄水量 9 464 万 m^3，有效缓解了缺水问题，提高城市和工业供水保证率。落实最严格水资源管理，推进节水型社会和水生态文明建设，明确工业、农业用水总量控制红线，141 眼机电井实现井电双控，17 个一级取水口办理取水许可证、安装计量。

三是加强生态治理修复。加强水污染防治，推动行业企业绿色发展，2022 年 6 月，完成兖矿硫磺沟煤矿问题整改。2018—2022 年，对河道 13 个排污口进行排查整治，关停 12 个。实施生态修复项目，以点带面修复流域生态。两岸四地（乌鲁木齐市、昌吉回族自治州、兵团第六师、第十二师）政府分两期共出资 2 000 万元用于生态修复治理，已完成 13 项生态修复项目，正在推进 4 项。头屯河生态修复资金撬动两岸政府实施生态修复，全力打造兵地融合生态修复示范河湖。昌吉市投资 38.17 亿元实施头屯河庭州生态绿谷工程、兵团第十二师投资 14 亿元打造头屯河谷森林公园工程，推进头屯河生态治理与整体产业规划相结合。

四是营造宣传氛围，保障"河长制、河长治"观念深入人心，2022 年 11 月 18 日，中央新影发现之旅频道播出《生态绿谷——昌吉》，形成良好宣传效应。

头屯河城市段生态治理后景观（摘自中央新影发现之旅频道《生态绿谷——昌吉》影片）

头屯河上游治理成效（刘强　拍摄）

（刘强）

新疆生产建设兵团

坚持水岸同治理　守护幸福河湖

新疆生产建设兵团第十二师充分发挥河长职能作用。全面推进确权划界，水流统一确权登记等工作，为保护河流水生态文明奠定基础。"两岸三地"，按照头屯河流域规划，以"一河一策"为蓝本。统一规划、统筹协调，同步开展河道治理等工作，实现水域岸线水功能区的恢复和生态效益的提升。坚持兵地"一盘棋"，以兵地融合发展为目标，全面启动头屯河兵地融合生态产业示范区建设，头屯河东岸综合治理，谱写了兵地融合发展新篇章。昔日生态被破坏的头屯河变成了今日的"生态河、幸福河"。

一、河湖概况

头屯河为新疆维吾尔自治区乌鲁木齐市与昌吉回族自治州界河，两岸辖属新疆生产建设兵团和地方政府，西岸辖属昌吉回族自治州昌吉市，东岸辖属乌鲁木齐县及乌鲁木齐市经济技术开发区（头屯河区）、兵团第十二师，下游辖属兵团第六师五家渠市。干流全长 144km，流域总面积 2 885m^2，年径流量 2.34 亿 m^3。

二、治理过程

2016 年，《头屯河沿岸综合整治区域协调发展总体规划》获得自治区批复。同年，昌吉回族自治州和第十二师加快建设防洪河道、景观湖、桥梁、绿化景观、道路等，推进生态治理和绿化工程进度。2018 年，第十二师投资 2 000 万余元，实施完成头屯河第十二师五一农场段护岸工程。2019 年，第十二师全面启动头屯河兵地融合生态产业示范区建设，累计投入资金超 10 亿元，建设道路 26km、土方平整 628 万 m^3、绿化面积 1 万余亩、栽植苗木 300 万株，打通多条断头路。2021 年 8 月 21 日，在《人民日报》上刊登《头疼河变成幸福河》，成为生态环境治理工程、民心工程、兵地融合生态产业发展示范工程。

秋季的头屯河谷森林公园（田园　拍摄）

夏季的头屯河谷森林公园（田园　拍摄）

三、主要做法

一是突出顶层设计，打造兵地融合发展示范工程。兵团第十二师党委牢固树立大局观念和全局意识，坚持高起点规划、高标准建设，以生态为底，从顶层规划、产业布局、施工管理等方面入手，全力保障头屯河兵地融合生态产业示范区项目建设。二是兵地团结协助，保障生态环境持续向好。依托头屯河综合整治，兵地团结协作，共同调整土地5 500亩，实施石河子路大桥、头屯河大桥、健康路大桥南、北、中三个连接两地的重要交通项目，推动两岸产业缝合、交通缝合、生态缝合。兵地建立“头屯河生态修复治理资金”，共筹集 1 000 万元用于头屯河生态修复治理工作。

四、取得成效

一是发挥示范作用，推动兵地融合发展进入新阶段。坚持把头屯河兵地融合生态产业示范区打造成生态工程、民心工程、兵地融合发展的样板示范工程，谱写兵地融合发展新篇章。二是带动两岸生态修复，全力打造兵地融合生态修复示范河湖。2019 年 5 月，启动头屯河谷森林公园项目，通过头屯河两岸政府持续加大对生态修复基础设施建设工程的投入及实施系统生态治理，实现了生态效益、经济效益、社会效益协同发展。

（新疆生产建设兵团第十二师河长制办公室）

九、流域河湖管理保护

Management and Protection of Rivers and Lakes in River Basins

长江流域

【流域概况】 长江是亚洲第一长河和世界第三长河，发源于青藏高原的唐古拉山主峰各拉丹冬雪山西南侧；干流全长约 6 300km，自西向东流经青海、四川、西藏、云南、重庆、湖北、湖南、江西、安徽、江苏、上海等 11 省（自治区、直辖市），于崇明岛以东注入东海；支流延展至甘肃、陕西、河南、贵州、浙江、广西、广东、福建等 8 省（自治区）。

长江流域面积约 180 万 km^2，占全国陆地总面积的 18.75%。长江干流宜昌以上为上游，长度为 4 504km，流域面积约 100 万 km^2；宜昌至湖口为中游，长度为 955km，流域面积约 68 万 km^2；湖口以下至长江入海口为下游，长度为 938km，流域面积约 12 万 km^2。

1. 河流概况 长江流域水系发达，共有集水面积 50km^2 以上河流 10 741 条（含山地河流 9 440 条、平原水网河流 1 301 条），总长度为 35.8 万 km。其中：集水面积 100km^2 以上河流 5 276 条，总长度为 25.85 万 km；集水面积 1 000km^2 以上河流 464 条，总长度为 8.86 万 km；集水面积 1 万 km^2 以上河流 45 条，总长度为 3.09 万 km。集水面积超 8 万 km^2 的支流有雅砻江、岷江、嘉陵江、乌江、湘江、沅江、汉江、赣江等共 8 条。

长江流域近 95% 的河流集水面积为 50～1 000km^2，88.1%的河流长度小于 50km。河流条数较多的省级行政区有四川省、湖南省、湖北省。长江流域共有跨省界河流 458 条。

2. 湖泊概况 长江流域湖泊众多，常年水面面积 1km^2 及以上的湖泊共计 805 个（含淡水湖 748 个、咸水湖 55 个、盐湖 2 个），水面总面积为 1.76 万 km^2。其中：常年水面面积为 1～10km^2 的湖泊 663 个，占流域湖泊总数的 82%；常年水面面积 10km^2 及以上湖泊 142 个，水面总面积为 1.56 万 km^2；常年水面面积 100km^2 及以上湖泊 21 个，水面总面积为 1.199 万 km^2。水面面积排名前五的湖泊分别为鄱阳湖（2 978km^2）、洞庭湖（2 647km^2）、太湖（2 341km^2）、巢湖（774km^2）、滇池（299km^2）。

湖泊主要分布在长江干流水系、洞庭湖水系、鄱阳湖水系、太湖水系。湖泊数量较多的省级行政区有湖北省、湖南省、青海省。长江流域共有跨界湖泊 25 个。

3. 水文水资源 长江是中国水量最丰富的河流，水资源总量为 9 871.2 亿 m^3，约占全国河流径流总量的 36%。

根据第三次全国水资源调查评价结果，长江流域 1956—2016 年多年平均年降水深为 1 080.7mm，折合降水总量为 19 275.5 亿 m^3，占全国降水量的 31.1%，属于降水较丰沛的地区。其中山丘区面积占 90.6%，多年平均年降水深为 1 066.8mm，多年平均年降水量占长江流域的 89.5%；平原区面积占 9.4%，多年平均年降水深为 1 214.7mm，多年平均年降水量占长江流域的 10.5%。

长江流域 1956—2016 年系列多年平均年地表水资源量为 9 775.7 亿 m^3，占全国地表水资源量的 35.8%。其中：山丘区多年平均年地表水资源量为 8 931.6 亿 m^3，占长江流域的 91.4%；平原区多年平均年地表水资源量为 844.1 亿 m^3，占长江流域的 8.6%。

长江流域 2001—2016 年系列多年平均年地下水资源量为 2 449.7 亿 m^3。其中：山丘区多年平均年地下水资源量为 2 213.5 亿 m^3，平原区多年平均年地下水资源量为 250.2 亿 m^3，平原区与山丘区之间的重复计算量为 14.0 亿 m^3。

长江流域 1956—2016 年系列多年平均年水资源总量为 9 871.2 亿 m^3，占全国水资源总量的 34.9%。其中：地表水资源量为 9 775.7 亿 m^3，占水资源总量的 99%；地下水资源量为 2 449.7 亿 m^3，占水资源总量的 24.8%；地下水资源量与地表水资源量的不重复计算水量为 95.5 亿 m^3，占水资源总量的 1%。长江上游地区多年平均年水资源总量为 4 423.1 亿 m^3，占长江流域的 44.8%；长江中游地区多年平均年水资源总量为 4 768.8 亿 m^3，占长江流域的 48.3%；长江下游地区多年平均年水资源总量为 679.3 亿 m^3，占长江流域的 6.9%。

（梅军亚　袁德忠　邵骏　吴琼）

【河湖长制工作】

1. 流域统筹与区域协作 2021 年，长江流域建立省级河湖长联席会议机制，联席会议实行召集人轮值制度。2022 年，湖北省总河长（省人民政府主要负责同志）担任轮值召集人，并召集流域 15 省（自治区、直辖市）和水利部长江水利委员会，召开长江流域省级河湖长第一次联席会议，发布《“携手共建幸福长江”倡议书》，印发《2022 年长江流域河湖保护治理管理工作要点》，进一步加强河湖长制流域统筹与区域协作。

2. 联防联控与信息共享 长江委发挥流域管理机构统筹作用，印发《长江流域片跨省河湖联防联控指导意见》《丹江口水库及上游地区跨省河流联防联治工作机制（试行）》《唐白河流域跨省河流联防联治工作机制（试行）》等文件，组织召开丹江口水库及上游地区跨省河流联防联治工作机制第一次工作会议，指导各地推进跨省河湖联防联控。印发《长江流域片河湖长制信息共享实施细则》《长江流域片重要河湖、省级河湖及跨省河湖名录》，强化流域内河湖长制信息共享。

3. 监督检查与协调指导　长江委开展责任片区7省（自治区、直辖市）河湖长制落实情况监督检查，跟踪督促问题整改。组织对水利部进驻式暗访检查发现问题整改情况开展现场复核，督促地方加快推进问题整改。指导地方开展河湖健康评价，滚动编制新一轮“一河（湖）一策”，共反馈流域有关省份“一河（湖）一策”方案复核意见30余项。开展江苏省焦港河、江西省宜水、重庆市临江河等中央财政水利发展资金支持的幸福河湖建设项目实施的跟踪指导，指导各地规范有序推进幸福河湖建设。开展委管水利风景区监督检查；长江委丹江口大坝、陆水水库2个国家级水利风景区成功入选全国传承红色基因水利风景区名录。

（刘刚　颜剑　冯兆洋　陈辉　卞俊杰）

【水资源保护】

1. 水资源刚性约束　2022年，长江委组织编制《长江流域水资源刚性约束制度实施方案》，提出强化水资源刚性约束的总体要求、主要任务及职责分工。组织开展汉江流域水资源承载能力评价和分区管控研究，探索南方丰水地区水资源承载能力评价指标体系和评价方法；以2021年为基准，以地市为单元开展水资源承载能力核算、水资源承载现状负荷核算、水资源承载状况评价，划定水资源超载区和临界超载区，开展水资源承载状况成因分析并提出分区管控措施。开展长江流域地下水取用水总量、地下水水位等管控指标复核，编制《长江流域地下水管控指标确定成果报告》。配合水利部开展新一轮全国地下水超采区划定工作，完成对19省（自治区、直辖市）在长江流域的地下水超采区划定成果报告的复核，并配合开展技术审查，基本复核确定长江流域地下水取用水总量和地下水水位控制指标。

2. 节水行动　长江委推进县域节水型社会达标建设复核，完成西藏、四川等6省（自治区、直辖市）80个县（区）2022年县域节水型社会达标建设资料复核和18个县（区）现场复核，复核通过的63个县（区）全部列入水利部公告名单；举办西藏自治区2022年县域节水型社会达标建设培训班。规范开展用水定额评估管理，完成湖南省、西藏自治区省级用水定额评估；完成江西省《稀土重点行业用水定额》评估。加强重点监控用水单位节水监督管理，探索建立计划用水台账，对270余家国家级重点监控用水单位开展节水调查；完善监管平台，累计纳入各级重点监控用水单位455家，其中新增249家。完成西藏、四川等7省（自治区、直辖市）35个县（市、区）节约用水现场监督检查。11家委属单位按期完成节水机关建设，70余家各级委属单位建成节水型单位，创建单位人均用水指标平均降幅20%以上。严格执行节水评价制度，2022年共开展节水评价审查21项。组织编制滇中引水工程受水区节水指标评价体系，并推广至鄂北地区水资源配置工程受水区；推动云南省、湖北省将“单位地区生产总值用水量”纳入省级高质量发展综合绩效评价体系。创新“世界水日”“中国水周”“全国科普日”等线上宣传，建立节水“五进”宣传教育体系。

3. 生态流量监管　长江委贯彻落实《中华人民共和国长江保护法》，推进实施河湖断面生态流量管理，建成长江流域重点河湖生态流量保障目标体系。编制《长江流域第二批重点河湖生态流量保障实施方案》，明确53条跨省河流69个控制断面生态流量监测预警、责任主体和保障措施等；截至2022年年底，长江流域累计确定85条重点跨省河湖131个断面、153条省内重点河湖300个断面的生态流量保障目标。督导水工程运行管理单位将生态用水调度纳入日常运行调度规程，建立特殊情况下生态流量保障调度会商制度。实现131个控制断面生态流量实时监测预警、会商研判和响应处置，开展月度保障评估并配合水利部开展年度考核。完成2021年最严格水资源管理制度考核中长江流域142个控制断面生态流量目标满足状况复核。加强对有关省级行政区生态流量保障的指导，2022年，长江流域内重要河湖断面生态流量保障程度均在90%以上。持续开展生态调度试验，实施溪洛渡、向家坝、三峡等长江上游水库群联合生态调度及汉江中下游敞泄，促进鱼类产卵期繁殖。确定需开展生态流量复核与保障的跨省河流和水利水电工程名录，编制《长江流域已建水利水电工程生态流量复核与保障先行先试工作方案》。

4. 取水管理

（1）取水许可审批。长江委印发《武汉长江新城总体规划水资源论证报告书评审会议纪要》，编制《丹江口库区水资源论证区域评估报告》《丹江口库区取水许可告知承诺制实施方案》。2022年组织审查建设项目水资源论证报告书33份；批复取水许可申请 23 份，组织评估并批复延续取水申请 58 份；完成建设项目的取水工程（设施）现场验收 12 个、项目审核验收（直接利用已有的取水设施取水）13 个；颁发取水许可证 25 套、换发 55 套、变更 57 套、注销 15 套。截至 2022 年年底，保有有效取水许可证 392 套，许可水量 28 824.7 亿 m^3，其中河道外用水 723.6 亿 m^3、河道内用水 28 101.1 亿 m^3。

（2）取用水监测计量。长江委制定《长江委管理取水口监测计量体系建设实施方案》，每月编制《长江流域取水监测信息通报》。实现委管 241 个河道外规模以上取水项目在线计量监测全覆盖。推进 5 万亩以上重点大中型灌区、规模以上非农取水项目和重要引调水工程在线监测，完成湖南等 10 个省级水资源监控平台监测数据直连工作，获取 1.6 万个监测点取水信息。2022 年，长江水资源监控平台年度累计监测取用水量超 1 500 亿 m^3。

（3）最严格水资源管理考核专项检查。长江委对长江流域片及西南诸河 20 省（自治区、直辖市）2021 年度用水总量核算成果提出复核意见。完成 50 个跨省江河流域水量分配断面 2021 年度水量分配目标完成情况考核评价，对江西等 5 省（直辖市）753 户超许可问题进行复核认定和考核评分。现场检查江西省赣州市地下水禁采区、限采区 3 眼机井封填及台账建设情况，并将其作为 2022 年最严格水资源管理制度考核内容。配合水利部编制《2022 年度水资源管理、节约用水和河湖长制落实情况监督检查实施方案》，筛选确定 7 省（直辖市）30 个县（市、区）300 个取水项目检查名录，开展专项培训，组织完成现场监督检查，印发“一省一单”。

5. 江河流域水量分配　长江委加快推进跨省江河水量分配方案审批，截至 2022 年年底，新一批 14 个跨省河流水量分配方案中，湘江、赣江、资水、信江、澧水、洞庭湖环湖区、饶河、綦江、御临河、富水、青弋江及水阳江等 11 个方案获批；滁河、长江干流宜宾至宜昌河段和长江干流宜昌至河口河段等 3 个水量分配方案进入审批程序。

（马拥军　邱凉　王海伟　李庆航　叶玉适　夏欢　杨帆　李斐　唐海滨）

【水域岸线管理保护】

1. 河湖管理范围划界复核及河湖遥感影像解译　2022 年，长江委制定河湖管理范围划界复核及遥感影像解译工作方案，重点针对省界、省际边界河湖划界成果进行抽查复核，共抽查复核各类河段（湖片）960 条（个），印发“一省一单”17 份，督促地方整改。完成 9 769 条河流（流域面积 50～1 000km^2）河道管理范围内的地物遥感影像解译工作，解译河流总长约 26 万 km，获取“占”“采”“堆”“建”及其他类型图斑总计 26.2 万个。

2. 岸线保护与利用规划　长江委会同湖北、河南两省编制《丹江口水库岸线保护与利用规划》，形成规划成果送审稿并报送水利部。反馈嘉陵江、汉江、丹江等河湖岸线保护与利用规划成果审核意见 86 项，指导地方科学划定岸线功能分区，合理制定管控要求。收集流域相关省份岸线保护与利用规划报告及岸线功能分区矢量数据等，推进岸线功能分区成果录入长江“水利一张图”。完成长江中下游及洞庭湖、鄱阳湖区洲滩民垸基本信息填报及复核、洲滩民垸行蓄洪作用分析等工作，编制《长江中下游及洞庭湖、鄱阳湖区洲滩民垸防洪治理方案》。

3. 采砂规划管理　长江委对重庆、湖北、湖南、江西和上海实施的 46 个规划可采区实施情况和镇江、泰州、九江等地航道疏浚砂利用项目进行检查，许可上海市整修长江堤防吹填固基采砂项目 1 项，批复重庆市、湖北省 4 个规划可采区完成保留区转化，同意重庆市 1 个规划可采区调整为禁采区。2022 年，长江干流规划许可采区 44 个，许可采砂 2 950.5 万 t，实施许可采区 46 个，实施总量 2 258 万 t（含跨年度实施项目）；河道疏浚砂综合利用项目 41 个，实施利用总量 2 574 万 t。对汉江、江西省“五河一湖”等重要支流采砂规划编制提出指导性意见。

4. 河湖“四乱”清理整治　长江委组织对责任片区 7 省（自治区、直辖市）开展河湖管理监督检查，共派出 14 个工作组，对 7 省（自治区、直辖市）35 个县级行政区河湖“清四乱”、河湖管理、河湖长履职尽责等情况进行检查，检查河段（湖片）250 个，新发现问题 116 个，通过河湖长制平台及时反馈地方并跟踪督促问题整改，编制工作总结报送水利部。运用长江经济带水利纪检监察沟通协调机制，会同驻水利部纪检组对金沙江下游有关违建问题开展联合督导。

5. 采砂监督管理　长江委督促长江干流 9 省（直辖市）公告长江河道采砂管理责任人名单，对部分采砂管理存在问题的省、市进行督导约谈并提请对相关责任人问责。指导各地统一拆除采砂船舶 45 艘，查获非法采砂作业船舶 17 艘，非法移动采砂船舶 35 艘，查获非法运砂船舶 36 艘，沿江各省（直辖市）办结涉砂行政处罚案件 59 件，移送司法机关非法采砂案件 13 件，经行政处罚拆除和没收采砂船 9 艘、机具 11 台（套）。对沿江 9 省（直辖市）河道非法采砂综合整治行动进行检查调研。开展《长江河道采砂管理条例》宣传，推进《长江河道采砂管理条例实施办法》修订，会同相关部门开展统一的长江河道采砂管理信息平台的调研和开发。

6. 涉河建设项目审批及监管　长江委完善涉河建设项目管理制度体系，印发《长江委河湖管理范围内建设项目工程建设方案审查工程规模划分表》《长江委三峡水库库区涉河建设项目审查范围（暂行）》；发布《长江流域和澜沧江以西（含澜沧江）区域河湖管理范围内建设项目工程建设方案洪水影响审查技术标准》（T/CTESGS 02—2022）、《长江流域和澜沧江以西（含澜沧江）区域河湖管理范围内建设项目防洪影响补救措施专项设计报告编制导则》（T/CTESGS 03—2022）。2022 年，组织召开涉河建设项目洪水影响评价报告专家审查会 186 项，办理涉河建设项目工程建设方案审批 174 项，行政许可服务满意率保持 100%。印发《长江委办公室关于印发长江委事中事后监管实施方案的通知》（办政法〔2022〕89 号），统筹长江委 11 项行政许可事中事后监管工作；对 434 个在建项目全覆盖监管，其中现场监管 135 个。

7. 河湖管理问题专项整治　长江委指导湖北、河南两省开展丹江口“守好一库碧水”专项整治行动，共排查整治问题 918 个，截至 2022 年年底，913 个问题完成整改；开展长江流域妨碍河道行洪突出问题排查整治重点核查，反馈疑似问题 136 个；开展长江干流岸线利用项目排查整治行动“回头看”、赤水河干流岸线利用项目排查整治抽查复核、金沙江下游违法违规占用水域岸线问题排查整治抽查检查，以及长江经济带生态环境涉及水域岸线突出问题督导，现场复核问题整改完成情况，督促地方加快问题整改。

（张细兵　王驰　周劲松　李卫　赵瑾琮　申康）

【水污染防治】　2022 年，长江委完成贵州省、湖北省 2 个长江经济带生态环境警示片反映的涉水污染问题现场督导。截至 2022 年年底，11 个涉及水污染的长江经济带生态环境突出问题全部完成整改验收销号。调研检查贵州、重庆等地的 40 个全国重点饮用水水源地安全保障达标建设情况，对发现的问题按“一省一单”予以反馈。（吴敏　金海洋　邓瑞）

【水环境治理】

1. 重要饮用水水源地名录制定　2022 年，长江委配合水利部制定并印发《长江流域重要饮用水水源地名录》，纳入含丹江口水库、陆水水库等在内的 324 个（含太湖流域 22 个）水源地。

2. 饮用水水源地安全评估　长江委完成流域内 205 个全国重要饮用水水源地安全保障达标评估复核。2022 年，长江流域 205 个国家重要饮用水水源地年度供水量为 188.8 亿 m^3，占设计年供水能力的 55.4%，取水口水质达标率稳步提升，86.8% 的水源地一级保护区、二级保护区实现全封闭管理，并配备水质水量在线监测设施；流域内水源地基本完成饮用水水源保护区划分工作；80.5% 的水源地建立水源地安全保障部门联动机制，实行资源共享和重大事项会商制度。

3. 重要饮用水水源地保护　长江委配合有关部门联合开展丹江口库区及支流专题调研，组织编制丹江口水库总氮、总磷专题分析与水质安全保障研究报告；完成丹江口水库水源地安全保障达标建设评估；组织开展丹江口水库库区和入库支流河口断面 109 项全指标水质、浮游生物、生物残毒及底质监测，开展丹江口库区、总干渠和受水区外来水生植物和鱼类种群生存条件现场调查。组织开展三峡库区饮用水水源地安全评估及隔离带建设，以三峡库区 42 个县级以上饮用水水源地为典型，建立饮用水水源地安全保障评估系统。（陈力　李斐　邓瑞）

【水生态修复】

1. 生物多样性保护　2022 年，长江委承担“全国部分水域水生态监测”工作，对 10 个水域、148 个采样点和 10 余个鱼类重要生境开展水生态监测。联合相关单位开展中华鲟自然繁殖监测，成功实现全人工繁殖的子二代中华鲟雄性个体参与繁殖。开展中华鲟增殖放流活动，在武汉放流中华鲟鱼苗 5 万余尾，在江苏苏州及湖北宜昌等地放流中华鲟约 4 000 尾；连续 3 年实现长江源关键鱼类人工繁殖，首次在长江源开展鱼类增殖放流活动。制定长江干流和重要支流河湖水系连通修复工作方案，积极推进涨渡湖生物通道恢复试点工作；指导安徽省开展江湖水系连通，推动开展升金湖、菜子湖等鱼道建设。基本建成三峡工程影响水域重要水生生物遗传资源保存库，截至 2022 年年底，累计收集 150 余种长江水生动物的活体、标本、组织样本、DNA、细胞、精子等遗传资源，并建设水生动物标本展示厅。

2. 水土流失治理　2022 年，长江流域各地积极推进水土流失综合治理，共计治理水土流失面积 184.64 万 hm^2。

（1）国家水土保持重点工程。2022 年，长江流域国家水土保持重点防治工程在 16 省（自治区、直辖市）315 个县（市、区）完成水土流失治理面积 49.41 万 hm^2。建设坡改梯 3 469hm^2、营造水土保持林 11 273hm²、栽植经果林 13 367hm²、种草 1 838hm²、封禁治理 355 006hm²、采取其他措施 109 115hm²，配套小型水利水保工程 3 474 处；工程总投资 21.59 亿元，其中中央投资 16.86 亿元，地方投资 4.73 亿元。

(2) 省级水土保持治理工程。长江流域各级水行政主管部门积极推进水土流失治理，2022 年完成水土流失治理面积 8.29 万 hm²。建设坡改梯 587hm²、营造水土保持林 2 394hm²、栽植经果林 426hm²、种草 513hm²、封禁治理 71 771hm²、采取其他措施 7 183hm²，配套小型水利水保工程 584 处。

(3) 其他行业水土流失治理。长江流域各地将水土保持工作纳入国民经济和社会发展规划，统筹相关部门协同推进、共同治理，全年完成水土流失治理面积 126.94 万 hm²。建设坡改梯 14.17 万 hm²、营造水土保持林 22.34 万 hm²、栽植经果林 14.68 万 hm²、种草 11.81 万 hm²、封禁治理 38.99 万 hm²、采取其他措施 24.95 万 hm²，配套小型水利水保工程 4 138 处。

3. 人为水土流失监管　2022 年，长江流域各级水行政主管部门共审批生产建设项目水土保持方案 3.36 万个，防治责任范围 4 979km²，对 4.5 万个生产建设项目开展了水土保持监督检查。长江委完成 26 个部批水土保持方案的研究提出意见，对 42 个部批项目开展现场检查核查，完成 19 个遥感监管问题项目复核处理，对 74 个部批项目开展书面检查，发布《2021 年长江流域（片）部批生产建设项目水土保持监督检查情况公告》；开展西藏、贵州、四川、重庆、湖北、湖南、江西 7 省（自治区、直辖市）水土保持监督管理履职监督检查，印发“一省一单”并督促整改。

4. 水土保持监测　2022 年，依托全国及省级水土流失动态监测项目，基于 2m 或优于 2m 分辨率的遥感影像，长江流域实现水土流失动态监测全覆盖；其中，长江委完成 13 个国家级重点防治区水土流失动态监测，监测范围涉及 354 个（市、区），面积 110.74 万 km²。长江委利用第三次国土调查等共享数据，开展了长江经济带云南、贵州、四川、重庆、湖北 5 省（直辖市）坡耕地专项调查，调查范围共计 541 个县（市、区），面积 133 万 km²。

（廖小林　田华　李伟　万彩兵）

【执法监管】

1. 长江干流及重点区域综合执法监督检查　2022 年，长江委结合卫星遥感动态监测等手段，联合地方水行政主管部门开展长江干流和三峡、丹江口、陆水、皂市水库及洞庭湖、鄱阳湖地区综合执法现场监督检查 20 余次，检查项目 174 个，现场发现、制止水事违法行为 7 起。组织开展防汛保安专项执法行动，长江流域 7 省（自治区、直辖市）共上报问题线索 808 条，立案查处碍洪案件 123 起，省级水行政主管部门挂牌督办案件 5 起。开展丹江口专项监督检查 3 次，现场核查各类涉水问题 80 余个，向湖北、河南两省水利厅通报违规项目 53 个。

2. 跨部门、跨区域联合执法协作　长江委与有关部门联合开展省际边界河段采砂综合整治专项执法行动，共开展联合执法 75 次，出动执法人员 1 275 人次，出动执法艇 158 艘次。参与农业农村部组织开展的长江禁捕执法工作专班，严厉打击各类非法捕捞行为。指导各地加强行政执法和刑事司法衔接，各地依法办结涉砂行政处罚案件 136 起（其中非法采砂 19 起），移送案件 13 起。

3. 长江干流省际边界重点河段采砂管理　开展重点敏感时段采砂管理监督检查，暗访 27 次、累计巡查河道 1.5 万 km，开展巡江检查 4 次，对发现的问题及时向有关地方通报并跟踪督办。开展巡江执法 1 376 次，累计出动执法人员 8 159 人次，巡查河道 2.2 万 km，巡查水域面积 3.88 万 km²。查办水事违法案件 2 起，移送案件 1 起，罚没款金额 85.207 3 万元。指导各地加强执法打击，各地查获非法采砂作业船 26 艘（其中隐形船 14 艘）、非法移动采砂作业船 46 艘次、非法运砂作业船 76 艘次。

4. 流域水行政执法监督　2022 年，根据水利部政策法规司《关于做好长江经济带生态环境突出问题整改有关执法工作的函》要求，长江委完成 13 个涉及水利的长江经济带生态环境突出问题整改进展核查，其中 8 个问题完成整改验收销号，3 个问题完成整改待销号，2 个问题推进整改。

5. 信访举报案件核查督办　长江委按照《信访工作条例》相关要求，及时赴现场核查，妥善处理信访举报事项，加强跟踪督办，按时回复举报人，并将处理情况报送信访管理部门。各类举报处置率 100%，满意度 100%。2022 年，现场调查汉江干流丹江口市非法采砂举报、湖南石门澧水以疏浚之名非法采砂举报、汉江夹河（白河）电站违规弃渣举报、蕲州港区扎营作业区散货码头涉嫌违法、池州市天宇船舶修造有限公司涉嫌违法等信访案件 13 起。

（季卫　向继红）

【水文化建设】

1. 组织领导　长江委党组加强对水文化建设的

领导，统筹推进水文化工作；多次召开主任办公会议、水文化建设专题会议，贯彻“顶层谋划、政策引导、全民参与、稳步推进”的长江水文化建设工作思路，督促有关工作落实。2022年10月，长江委联合有关部委派出机构、长江水文化所涉及领域和区域相关行政管理部门、高校与科研机构、企事业单位、社会团体共59家单位共同组建长江水文化建设联盟，搭建具有流域特点和长江特色的水文化建设平台。

2. 规划引领　长江委围绕长江国家文化公园建设战略部署，落实《水利部关于加快推进水文化建设的指导意见》《“十四五”水文化建设规划》，推进长江水文化建设顶层设计，对流域和委属单位开展全覆盖摸底调查，对部分省级行政区及汉江流域开展现场调研查勘，在委内开展问卷调查和访谈；2022年4月，印发《“十四五”长江水文化建设规划》《“十四五”长江委文化塑委规划》，提出“十四五”时期长江水文化建设发展目标，明确“文化塑委”任务。

3. 试点工作　长江委创新开展汉江流域水文化建设试点，制定推进汉江水文化建设实施方案，根据丹江口水利枢纽工程特点完善水文化、水利科普等场馆设施，编制《汉江水文化遗产目录》，收集整理《丹江口治水故事集》《丹江口红色治水精神》，组织创作歌曲《北流长歌》、辞赋《中线水源赋》、图书《丹心寄北流》等。实施长江水文站点文化提升工程，截至2022年年底，汉口水文站完成文化提升改造，沙市水文站、城陵矶水文站文化提升工程有序实施。

4. 阵地建设　长江委持续构筑教育展示阵地，截至2022年年底，拥有1个全国爱国主义教育示范基地（丹江口水利枢纽工程）、长江文明馆等3个国家水情教育基地、丹江口大坝等3个国家级水利风景区、长江文明馆等3个全国中小学生研学实践教育基地、长江展览厅等3个特色展厅，陆水试验枢纽工程、丹江口水利枢纽工程入选水利部水工程与水文化有机融合案例。充分发挥长江委报、网、刊、展、史志、音像及出版等媒体平台作用，宣传治江工作成就和典型经验，传播展示长江水文化，打造媒体融合的长江品牌，拥有《人民长江报》《人民长江》《长江年鉴》等报纸杂志8个。

5. 科普宣传　长江委广泛宣传弘扬“最美奋斗者”郑守仁先进事迹。2022年11月，协助中央新闻纪录电影制片厂拍摄制作全球首部全景展示三峡工程的纪录片《新三峡》。积极推动长江国家文化公园建设，参与长江国家博物馆筹建工作，联合武汉大学、武汉市社会科学院等单位举办长江文化学术研讨会。推进澜湄水资源合作，组织宣传中国治水成效和澜湄水资源合作成果，参加第九届世界水论坛、第二届亚洲国际水周等多边水事活动及国际水利技术交流，强化水文化交流与合作。

6. 志愿行动　长江委利用“世界水日”“中国水周”等时间节点，开展“节水护水进机关、进网络、进社区、进企业、进校园、进乡村”系列水利科普宣传活动。“走进百年老站·感悟水文历史”亲子科普体验活动获评中国科学技术协会“全国科普日优秀活动”；“讲好水利故事”“做节水先锋，护碧水长清”志愿服务分获第六届中国青年志愿服务项目大赛金奖、铜奖。（王凡　胡曦男　韩诗）

【智慧水利建设】

1. 河湖管理与信息化融合

（1）长江委涉河建设项目审批辅助系统上线运行。依托长江委中心数据库，融合岸线保护与利用规划、防洪规划等管控要求，以及历史序列遥感影像等重要基础数据，利用长江“水利一张图”的空间分析能力，构建涉河建设项目空间合规性研判模型，为项目技术审查提供智能化研判工具。截至2022年年底，该系统为120余个涉河建设项目的审批工作提供技术支撑，累计研判发现5大类共39个疑似问题。

（2）长江“水利一张图”支撑河湖管理相关监督检查。2022年，长江委基于长江“水利一张图”及移动端App扩展了妨碍河道行洪突出问题排查整治重点核查、赤水河干流岸线利用项目排查整治情况抽查复核、丹江口“守好一库碧水”专项整治行动3个专题，支撑长江流域河湖水域岸线动态监管。

（3）河湖管理基础资料信息化。完成丹江口水库岸线保护与利用规划相关基础资料整理；收集各地河湖划界、岸线规划、涉河建设项目等数据，并在长江“水利一张图”集成，不断提升基础信息数字化水平。

2. 人工智能遥感影像解译技术研发　长江“水利一张图”遥感影像解译样本标注工具迭代升级，新增多种影像源标绘、任务自动分配与管理等功能。长江委组织人员采用目视解译方式，构建大坝、码头、水体等10类约18万个解译样本数据集，在此基础上完成目标地物深度学习识别模型训练，经检验，在自建数据集上模型精度和召回率达80%。

3. 砂石采运信息系统推广应用　长江委组织建设国内第一个基于移动互联的砂石采运管理信息化平台，升级原砂石采运管理平台为“长江采砂管理信息系统””，扩大案件信息电子化填报与管理范围，强化采运砂全链条数字化管理，持续提升全流域涉砂信息化管理水平。继续深化推动砂石采运管理单在全流域的运用，增加对砂石运输过驳各场景的支持。2022 年，服务采区 57 个、疏浚区 35 个，开出采运单 10 364 张、疏浚单 4 370 张。在四川省试行陆运砂石自动计量模式，完成建设监管设备 153 套，生成有效单据 22.06 万张。

（徐靖钧　李岸昀　张扬　刘哲　王巧　曾俊轩）

| 黄河流域 |

【流域概况】　黄河是中华民族的母亲河，也是中国的第二大河，孕育了光辉灿烂的华夏文明。黄河发源于青藏高原巴颜喀拉山北麓的约古宗列盆地，流经青海、四川、甘肃、宁夏、内蒙古、山西、陕西、河南、山东 9 省（自治区），在山东省东营市垦利区注入渤海。干流河道全长 5 464km，落差 4 480m，流域面积 79.5 万 km^2（包括内流区 4.2km^2），流域人口 1.1 亿，耕地面积 0.163 亿 hm^2。根据 1956—2000 年系列水资源调查评价，黄河流域水资源总量为 647.0 亿 m^3，多年平均河川天然径流量为 534.8 亿 m^3，相应径流深 71.1mm。

黄河按地理位置及河流特征划分为上、中、下游，从黄河河源到内蒙古托克托县的河口镇为上游，干流河道长 3 472km，流域面积 42.8 万 km^2；从河口镇到河南郑州桃花峪为中游，干流河道长 1 206km，流域面积 34.4 万 km^2；桃花峪以下至入海口为下游，河长 786km，流域面积 2.3 万 km^2。

黄河是世界上输沙量最大、含沙量最高的河流。1919—1960 年受人类活动影响较小，基本可代表天然情况，三门峡站实测多年平均输沙量约 16 亿 t，其中粗泥沙（$d>0.05$mm）约占总沙量的 21%，其淤积量约为下游河道总淤积量的 50%。

黄河流域位于东经 95°53′～119°05′、北纬 32°10′～41°50′，西起巴颜喀拉山，东临渤海，北抵阴山，南达秦岭，横跨青藏高原、内蒙古高原、黄土高原和华北平原 4 个地貌单元，地势西部高，东部低，由西向东逐级下降。黄河流域大部分位于干旱半干旱地区，生态环境脆弱，水土流失严重，是我国生态脆弱区分布面积最大、脆弱生态类型最多的流域之一。

黄河流域是我国重要的经济地带，黄淮海平原、汾渭平原、河套灌区是农产品主产区，粮食和肉类产量占全国 1/3 左右。黄河流域又被称为“能源流域”，煤炭、石油、天然气和有色金属资源丰富，煤炭储量占全国一半以上，是我国重要的能源、化工、原材料和基础工业基地。

（魏青周　张超）

【河湖长制工作】　2022 年，水利部黄河水利委员会和黄河流域 9 省（自治区）深入贯彻落实习近平生态文明思想和习近平总书记关于治水特别是黄河保护治理重要讲话指示批示精神，牢牢扛起河湖管理保护政治责任，加强流域统筹与区域协调，不断强化河湖长制，深化体制机制法治管理，共同抓好大保护，协同推进大治理，持续推动黄河流域河湖长制从“有名有责”向“有能有效”转变。

1. 河湖长制运行情况　2022 年，黄河流域 9 省（自治区）均召开了河湖长制工作会议和厅际联席会议，共发布省级总河长令 11 个，省级河长带头巡河查河 118 次，高位推动河湖管理保护工作落地落实，河长制办公室组织、协调、分办、督办职能进一步强化，部门协调更加顺畅。四川、山东等省（自治区）积极探索基层河湖管护模式，解决河湖管护“最后一公里”问题。进一步强化河湖长制工作监督考核激励问责，加强考核结果运用，充分发挥考核“指挥棒”作用，四川、甘肃、山东 3 省河湖长制工作受到国务院督查激励。

2. 召开第一次黄河流域省级河湖长联席会议　2022 年 8 月 2 日，第一次黄河流域省级河湖长联席会议以视频会议形式在青海省西宁市召开，水利部、黄委、黄河流域 8 省（自治区）设分会场。会议由联席会议召集人、青海省省长吴晓军主持会议，青海省委书记信长星出席会议并致辞，水利部副部长刘伟平出席会议并讲话，黄委党组副书记、副主任苏茂林作联席会议工作报告，会议审议通过了《黄河流域省级河湖长联席会议工作规则》《黄河流域省级河湖长联席会议办公室工作规则》《关于纵深推进黄河流域河湖“清四乱”常态化规范化的指导意见》《坚决遏制黄河流域违规取用水实施意见》，发出了《“共同抓好大保护 协同推进大治理 联手建设幸福河”西宁宣言》。联席会议办公室主任、黄委副主任周海燕作审议事项起草情况说明，黄河流域 9 省（自治区）省级河长作交流发言。会议在更高层面、从更广范畴强化流域统一治理管理、强化流域统筹与区域协同、强化责任落实和河湖监管。水利部有关司局和单位、黄委有关部门和单位、黄河流域省（自治区）河长办成员单位和水利厅有关部门负责同志参加会议。

3. 河湖长制监督检查　2022 年，黄委印发《黄

委关于组织开展2022年水资源管理、节约用水和河湖长制落实情况监督检查工作的通知》(黄监督〔2022〕277号),组织开展河湖长制落实情况监督检查工作。2022年8—11月,黄委累计派出监督检查组9组次、35人次,共监督检查河南、陕西、内蒙古、宁夏、甘肃、青海、新疆7省(自治区),涉及14个市(州)、35个县(区),督查河流(河段)及湖泊(湖片)260个,形成了分省报告报送水利部。

(魏青周 张超)

【水资源保护】

1. 强化水资源刚性约束 2022年,黄河干支流水量分配取得重要突破,9条重要跨省支流6条水量分配方案获水利部批复,5省(自治区)的地下水管控指标通过流域复核,流域水资源刚性约束指标体系基本建立。制定黄河干流山东段落实水资源刚性约束实施方案,构建河南黄(沁)河刚性约束指标体系。严格用水总量和强度双控,推动非常规水纳入统一配置,通过水权转让和非常规水落实36个项目用水。对水资源超载地区暂停新增取水许可,督促地方加快推进超载治理。

2. 组织开展节水行动 2022年,黄委建立黄河流域深度节水控水行动工作台账,组织召开黄河流域深度节水控水攻坚战协商推进会。完成流域省(自治区)年用水量1万m^3及以上工业和服务业计划用水管理覆盖复核。推进火电行业水效对标达标行动,完成黄河流域354家火电企业997台机组用水效率复核。

2022年,黄委新建成节水型单位14家,组织开展强制性用水定额研究。向水利部水资源管理中心报送《陕西省用水定额评估报告》,提出用水定额修订完善建议。对58个规划和建设项目开展节水评价审查,累计核减水量2 742万m^3。开展西北6省(自治区)56个县域的节水型社会达标建设复核工作。

黄委组织参加全国节约用水办公室举办的2022年“节水中国 你我同行”联合行动,广泛动员开展节水主题宣传活动,黄委荣获“优秀组织奖”,2项委属单位开展的活动荣获“优秀活动奖”。组织参加第三届“节水在身边”全国短视频大赛,原阳黄河河务局作品《一个把黄河弄丢的故事2022》荣获“优秀奖”。在黄河报和黄河网分别开设黄河流域深度节水控水攻坚战专栏,累计在水利部网站(报纸)、全国节约用水办公室官网(微信公众号)等发布宣传稿件154篇。

3. 强化生态流量监管 2022年,黄委对已确定生态流量保障目标的黄河干流、洮河、大通河、渭河、北洛河、无定河、伊洛河、湟水、泾河、窟野河等10条重点河流,按照“日跟踪、月通报”的方式实施监管,各河流主要控制断面生态流量全部达标,保障了河道内基本生态用水需求。编制已确定生态流量保障目标的10条重点河流生态流量保障实施方案,逐河流确定生态流量预警方案和预警响应机制,明确各断面责任主体、评估考核要求及保障措施。

4. 加大取用水监管力度 2022年,黄委统筹推进环保督察等各类取用水问题整改,对41个项目开出“专家处方”,出具了“一事一单”整改方案,对72个项目实施水行政处罚,解决了37处无证取水问题,挂牌督办包头首创超量取水等典型问题整改。组织1 515人次对855个取用水户现场监督检查全覆盖,着力打造国家能源集团宁夏煤业、神东煤炭等水资源节约集约利用示范基地,以示范引领带动重点行业提升取用水管理水平。通过黄河流域省级河湖长联席会议印发《坚决遏制黄河流域违规取用水实施意见》,实行黄委、省、市、县“四级联动”监管体系,对取用水问题逐步改善为“持续发力、稳步提升”,打造了江河水资源监管的黄河模板,流域取用水秩序明显好转。

(王明昊 张丽娟)

【水域岸线管理保护】

1. 妨碍河道行洪突出问题排查整治 2022年,根据水利部安排部署,黄委和黄河流域9省(自治区)扎实开展黄河流域妨碍河道行洪突出问题排查整治工作。截至2022年2月底,流域9省(自治区)共排查出10类问题1 637个,其中阻水严重的违法违规建筑物、构筑物等突出问题520个。2022年3—5月,黄委派出工作组23组次,对7省(自治区)的28个市(州)、87个县(区)进行重点核查,核查发现并经省(自治区)认定问题310个。针对省(自治区)排查和黄委重点核查发现的问题,建立问题台账,加强跟踪督导,流域省(自治区)多措并举、攻坚克难,加大清理整治力度。截至2022年年底,省(自治区)发现问题中已完成整改1 622个,剩余15个,阻水严重问题已全部完成整改;黄委重点核查发现问题已完成整改257个,剩余53个。其余68个问题已由相关省(自治区)河长办按水利部要求制定整改方案,经省级人民政府或省级河长同意后报水利部备案。

2. 纵深推进河湖“清四乱”常态化规范化 2022年,黄河流域加大河湖“四乱”问题清理整治力度,纵深推进河湖“清四乱”常态化规范化。黄委通过发函、电话督办、监督检查等多种形式，督促流域省（自治区）深入自查自纠，遏增量、清存量，2022 年共整改完成黄委台账内各类河湖“四乱”问题 6 226 个，流域河湖面貌不断改善，水生态、水环境持续向好。利用卫星遥感监测和核查认定确认黄委直管河段“四乱”问题 1 270 个，已整改销号 602 个。全力推进黄河岸线利用项目专项整治收尾工作，持续跟踪督促内蒙古、山西、陕西 3 省（自治区）开展整改工作，剩余 5 个问题已全部完成整改，并通过了省级验收销号。组织开展黄河河口河道管理范围内“四乱”问题排查整治，排查认定的 26 个问题（现行流路 12 个、刁口河备用流路主河槽 14 个）已全部完成整改。持续推进 2021 年黄河流域生态环境警示片问题清理整治，警示片中 60 个问题中已有 56 个基本完成整改。

3. 督办重大“四乱”问题清理整治　2022 年，黄委挂牌督办陕西韩城龙门段固体废物侵占河道问题、黄河干流濮阳市和菏泽市交界河段浮舟侵占河道问题等重大“四乱”问题。按照水利部和黄委党组要求，跟踪督导陕西韩城龙门段固体废物侵占河道问题整改，成立现场督导组，实行半月报制度，紧盯整改进展，确保按时完成整改，同时举一反三，对黄河干流违法倾倒、填埋固体废物问题进行全面排查，督促山西、陕西两省对发现的 20 个问题及时进行清理整治。按照部河长办督办通知单要求，全力推进黄河干流濮阳市和菏泽市交界河段浮舟侵占河道问题整改，历时 4 个月，将 9 组浮舟和 1 艘拖轮全部拆解清运出黄河河道，累计切割外运钢材约 3 400 余 t，彻底消除防洪安全隐患。

4. 严格河湖水域岸线空间管控　2022 年，黄委按照水利部安排部署，组织完成黄河流域（片）3 218 条河流的河湖遥感影像解译工作，开展河湖遥感影像解译成果应用，持续提升河湖管理保护效能和水平。指导流域内省（自治区）开展省级负责的河湖岸线保护与利用规划编制工作，对四川、甘肃、陕西、河南等省的 22 个省级河湖岸线保护利用规划进行审查并提出审核意见，对青海省黄河流域 10 条河流、4 个湖泊的“一河（湖）一策”进行审查并提出审核意见。制定印发《黄委直管河段河道管理范围内有关活动审批事中事后监管实施方案》（黄河湖〔2022〕227 号），受理中石化 2023 年东濮凹陷西南洼陷带三维地震勘探项目等 3 项河道管理范围内特定活动审批事项，切实加强和规范水事活动审批的事中事后监督管理。

5. 河湖管理范围划定及成果复核　2022 年，按照水利部划界工作安排，黄委组织编制印发《2022 年度直管河道和水利工程划界实施方案》（黄河湖〔2022〕90 号），开展黄委年度划界预算项目工作，完成河南、山西、陕西、甘肃 4 省 15 个县级水管单位的划界任务，工作范围涉及黄河干流、渭河、三门峡库区和花果山库区。按照水利部安排，对黄河流域省界、省际河湖管理范围划界存在问题进行重点核查，核查河流 25 条，发现问题 25 个，涉及青海、甘肃、宁夏、内蒙古、山西、陕西、河南、山东等 8 省（自治区）。针对抽查核查情况，及时向相关省（自治区）水利厅发函，要求进行复核整改并在“全国水利一张图”中更新上图。

6. 全面落实采砂管理 4 个责任人　2022 年，黄委逐段落实直管河段重点河段、敏感水域采砂管理河长责任人、行政主管部门责任人、现场监管责任人、水行政执法责任人共计 1 456 名。河长责任人统一由县长担任，行政主管部门责任人由黄委所属管理单位相关负责人担任，现场监管责任人由乡镇长担任，水行政执法责任人由黄委所属水政监察队伍负责人担任，并向社会进行公示，同时，要求采砂管理责任人知责、尽责、担责，进一步压紧压实采砂管理责任。

7. 部署开展全国河道非法采砂专项整治行动　2022 年，按照水利部要求，黄委认真部署落实全国河道非法采砂专项整治任务，共出动人员 6 038 人次，巡河长度 9.7 万余 km，依法查处（制止）非法采砂行为 38 起，拆解“三无”采砂船 2 艘，查处非法采砂挖掘机械 11 台，行政处罚 33 人，罚款 40.4 万元，刑事处罚 4 人。同时，黄委派出暗访督查组共 3 组次，对黄河大北干流进行监督检查，河道采砂秩序良好，未发现违法违规采砂问题。

8. 开展 2022 年黄河流域河道采砂专项整治行动　2022 年，黄委组织流域内省（自治区）及委属单位开展了为期一年的 2022 年黄河流域河道采砂专项整治行动，重拳整治河道非法采砂行为，推进砂石开采规范化。采砂专项整治行动开展以来，黄委会同沿黄地方，以县为单元，出动 50 万余人次，累计巡查河道 268 万余 km，查处（制止）非法采砂行为 925 起，对非法采砂形成有力震慑。

9. 探索工程性产砂综合利用管理　2022 年，黄委积极推动开展引黄涵闸闸前清淤疏浚及疏浚砂综合利用试点。在地方人民政府领导下，黄委所属有关单位与地方相关部门协同开展疏浚砂综合利用。疏浚砂由黄委所属有关管理单位商地方人民政府统一处置，不得由企业或个人自行销售，优先保障重点基础设施建设和民生工程，有条件的情况下可兼顾社会市场需求。疏浚砂综合利用实行信息化全过

程监管，确保砂石利用的高效、安全、规范、有序。

（张超　侯牧村）

【水污染防治】　2022年7月，黄委组织人员前往银川永宁县，石嘴山大武口区、惠农区、平罗县，榆林定边县、靖边县，对黄河流域生态环境警示片中地下水取用水问题开展“回头看”行动。8月，对陕西省榆林市、咸阳市2地市的榆阳区、定边县、三原县、兴平市4县（市、区）用水户开展取用水监管。9月，赴银川永宁县，石嘴山大武口区、惠农区、平罗县，榆林定边县、靖边县，宝鸡岐山县、扶风县，西安阎良区、渭南蒲城县等10县（市、区）开展地下水超采治理情况监督检查，现场督查发现问题及时反馈各县（市、区）整改落实，稳步推进流域地下水超采治理。（徐晓琳）

【水环境治理】　2022年，黄委首次与水利部信息中心联合开展现场查勘，完成甘肃、内蒙古、山东、新疆4省（自治区）和新疆生产建设兵团共17个水源地现场查勘工作，完成黄河流域重要饮用水水源地摸底调查全覆盖，编制《黄河流域（片）2022年度全国重要饮用水水源地达标建设抽查评估报告》，形成了“一省一单”意见建议。（张丽娟）

【水生态修复】

1. 水土流失综合治理　2022年，黄河流域内9省（自治区）争取水利部下达流域各省（自治区）的用于水土流失综合治理的中央投资（包括财政部项目和发改委项目）55.6亿元，占全国所有投资总额的67%，再创历史新高。加强中央投资执行调度，确保中央投资完成率达95%以上。黄委开展重点工程督导，抽查48个国家水土保持重点工程并印发“一省一单”，督促105个问题整改。完成重点省（自治区）新建淤地坝、拦沙坝建设管理专项督查。

2. 水土保持制度建设　编制《黄河流域水土保持规划》通过部审查，明确水保目标、任务。黄委印发《关于印发〈黄委贯彻落实推动黄河流域水土保持高质量发展的指导意见“十四五”实施方案的通知〉》（黄水保〔2022〕47号），确定重大任务36项。起草的淤地坝建设管理办法、登记销号办法经水利部印发，制定印发老旧坝提升改造指南、信息系统管理办法、公报编制管理办法。

3. 加强淤地坝安全运用　2022年，黄委扎实做好淤地坝运用监管，汛前完成1.68万座中型以上淤地坝风险隐患排查。汛期，暗访督查7省（自治区）470座坝，问题整改率超98%。及时推送风险提醒28期5.23万坝次，电话抽查“三个责任人”（行政责任人、技术责任人、巡查责任人）1 773人次。针对29座坝出险情况，迅速查弱项补短板，梳理出的5方面20项任务全部完成。实现“不死一人”安全度汛目标并受到水利部表扬。

4. 严格人为水土流失监管　2022年，黄委完成22个部批水土保持方案意见反馈，对其中1项提出“不同意”意见。检查核查部批在建生产建设项目87项，对其中2个项目提出“验收核查不通过”意见，约谈4个项目建设单位。完成8省（自治区）履职督查，印发“一省一单”并督促整改。

（刘志刚　田金梅）

【执法监管】

1. 强化河湖执法监管　2022年，黄委印发《关于进一步加强和规范水行政执法工作的通知》（黄政法〔2022〕22号），要求全链条落实法定水行政执法程序，严格履行法定职责。组织实施水行政执法专项行动，开展“防汛保安”、地下水超采治理两项专项执法行动，累计上报直管河段问题线索133条，立案81件，办结74件。强化日常河道巡查监管，累计河道巡查4.6万余人次，巡查里程67万余km，现场制止查处违法行为2 145起，立案查处198件。制定《水行政执法效能提升行动实施方案》，对水利部行动方案中明确的19项任务，提出51项具体工作措施，明确了工作计划、责任部门单位并扎实推进落实。

2. 完善联合执法机制　2022年，黄委启动水行政联合执法协作平台试点工作，加大与相关部门的联合和与公检法机关的沟通协作，深入推动黄河流域跨区域跨部门水行政联合执法机制建设，沿黄设立黄河环境资源巡回法庭37处、司法修复基地26处。黄委学习宣传贯彻落实《最高检、水利部关于建立健全水行政执法与检察公益诉讼协作机制的意见》，会同河南省人民检察院编制《黄河流域推动涉水领域检察公益诉讼协作实施细则》，搭建检察公益诉讼协作平台。黄委联合地方检察机关制定出台协作文件8个，开展联合专项行动18次，向地方检察机关移送问题线索131个。

3. 加强涉河建设项目管理　2022年，黄委印发《河道管理范围内建设项目专项执法检查活动实施方案》（黄政法〔2022〕79号），制定《黄委河道管理范围内建设项目专项执法督查应知应会手册》，全面开展河道管理范围内建设项目专项执法检查，对发现问题进行督办整改，及时消除隐患，累计检查项目300余个。持续推进水行政审批事项简化整合，编制印发《黄委水行政许可"四个一"改革工作方案（试行）》（黄政法〔2022〕104号）、《黄委"四个一"行政许可事项工作细则（试行）》（黄政法〔2022〕228号）和《黄委"四个一"行政许可事项服务指南（试行）》（黄政法〔2022〕229号），实现窗口部门一次受理、一次集中会议审查、一个文件批复的审批流程，为服务对象提供更加优质、便捷、高效的服务。推进项目审批技术审查等关键环节改革，不断吸纳优秀专业人员充实技术审查专家库。加强项目实地查勘，严格河道管理范围内建设项目审批工作。印发《黄河流域河湖管理范围内建设项目规模划分标准》（黄政法〔2022〕133号），规范涉河建设项目审批的同时，加强涉河建设项目水行政许可工作指导。指导呼南高铁焦洛平段涉河项目审批，不断推进G240范县、S304濮阳白堽黄河公路大桥项目进展，积极配合建设单位做好后续相关服务工作。实行"三减一优"（减内部流转环节、减申报资料、减审批时间和优化审批流程），不断优化服务。克服疫情影响，线上线下相结合审批，缩短审批时间，加速审批发文流程，推进办事流程简化优化和服务方式创新。持续推动互联网与政务服务深度融合，实现行政许可事项"全流程网上办"，群众办理业务便捷度明显提升，2022年共计受理涉河建设项目许可申请38个，发放许可文件47件，按时办结率和申请人满意度好评率均达100%。（张硕）

【水文化建设】

1. 推进黄河水文化遗产调查保护　2022年，黄委以黄河古灌区、古渡口、历代治河碑刻题刻等为调查对象，联合流域内9省（自治区）水利部门启动黄河流域水文化遗产资源调查。组织委属单位对治河遗址遗迹等进行重点调查，搜集梳理调查资料，编制黄河故事名录。整理挖掘典型涉河工程水文化元素，完成河南省地方标准《涉河工程水文化价值评估规范》编制。在山东菏泽、德州、淄博建设3处传统治河技艺教育展示基地，在河南开封建设"黄河埽工文化苑"，活化传承传统治河技艺等非物质文化遗产。

2. 打造黄河水文化传播平台　2022年，黄河博物馆累计接待参观者近4万人次，接待团队500余批次。适时向联合国教科文组织全球水博物馆官网"黄河博物馆专题网页"提供黄河保护治理素材，促进黄河文化的国际化传播。推动治河工程与黄河文化深度融合，截至2022年年底，黄河已建成山东冀鲁豫黄河水利委员会旧址展厅、河南兰考东坝头等融合案例、黄河文化展示场点100余处。联合地方文旅部门，在山东黄河段开展"河润山东"文化品牌建设，积极参与推进黄河国家文化公园建设；在河南黄河段打造"千里研学之旅"文化品牌。结合重要时间节点，在花园口等国家重点水文站举办"公众开放日"活动34次，累计接待社会公众500余人次；依托"模型黄河"试验基地开展科普研学活动40余次，累计接待社会公众近800人次，打造社会公众亲水近河的窗口。

3. 加强黄河水文化系统研究　2022年，黄委按照全国政协安排，以古今治河重大历史事件为基础，编撰出版《黄河画传》。组织编撰《一部黄河史就是一部治国史》《黄河故事》系列丛书等治河历史研究图书，梳理治河与治国历史关系及内在逻辑。参与河南省政协重点项目《黄河记忆》专题史料征编，推荐稿件近百篇。完成中国政研会"黄河流域红色文化资源保护传承弘扬研究"课题研究。联合河南省委党史研究室完成《新中国成立以来河南对黄河保护与治理》国家重大课题研究。续编《黄河水文志》，积极开展续修《黄河志》、黄河断代史研究项目申报。

4. 丰富黄河水文化产品　2022年，黄委配合国家广电总局制作的电视专题片《黄河安澜》《远方的家·黄河行》，指导河南豫剧院三团制作的豫剧现代戏《大河安澜》，指导联合芒果TV、山东电视台制作的电视连续剧《天下长河》、综艺节目《黄河文化大会》等，陆续登上主流平台公演公映，取得热烈社会反响。配合央视焦点访谈拍摄《为了黄河岁岁安澜》专题节目，讲述龙门水文站的故事。编撰出版《山东黄河记忆》《山东黄河映像》《最忆是长河》《河南黄河防洪工程名录》等文化类图书。摄制《薪火传承》第六季，记述治河英模故事。制作黄河文化专题展板《文化潮涌千秋河》。利用委属媒体平台传播黄河文化，《黄河　黄土　黄种人》杂志推出黄河文化专刊，黄河网更新"黄河故事"专栏，委属新媒体制作播发黄河保护治理科普短视频等"爆款"文化产品。（侯娜）

【智慧水利建设】

1. 持续提升黄河"一张图"　2022年，黄委升级完善黄河"一张图"基础支撑能力，融合"水利一张图"、黄河保护治理等多源数据，整合水利部图层25个、黄委业务图层80个，开发专题16个，提供共享服务84个；将16 627座淤地坝等工程信息上图，初步形成统一的黄河流域基础地理信息服务和信息汇聚展示平台，为黄河防汛、水资源管理及

节约用水、河湖管理等工作提供支撑。充实全流域空间数据，提供“一张图”综合搜索接口，完善湖泊水库水闸及计划用水户等水利对象图层服务。按照防汛工作业务重点，开发防汛调度全要素图层，叠加8大水库、2个分洪区、测站以及主要干支流图层。拓展黄河“一张图”二三维一体化应用功能，为流域“四预”业务提供信息化支撑。

2. 完善“一个库”数据内容　2022年，黄委将水普数据与“一个库”数据进行整编融合，完成断面水量水质、一级取水口、水库、险工险段、涵闸、堤防工程信息的更新与整合，并将相应数据结构纳入图数据库进行治理，完善黄河流域基础水利对象知识图谱。更新完善“一个库”数据信息，录入河道断面数据311条、一级取水口5166个、水库4280座、险工险段131个、涵闸12432座、堤防6104处。8月23日，印发《黄委网信办关于组织开展2022年度数据资源目录元数据更新工作的通知》（网信办〔2022〕17号），各相关单位按照通知要求相继在黄河数据服务平台完成数据资源目录更新工作，共计更新发布301条数据资源目录信息。

3. 建成“一本账”基本版　2022年，黄委在全国第一次水利普查现有成果的基础上，以黄河流域为单元（黄河自然流域、黄河流域省域、黄河流域片），围绕数据梳理整合、台账系统建设、保障措施机制建设三方面主要工作，在流域管理机构中率先建立水利工作“一本账”基本版。整编融合数据340万余条，内容涵盖河湖基本情况、水利工程基本情况、河湖治理保护、经济社会用水、水土保持、水利行业能力建设等6大类32小类基础数据，初步构建下游河道花园口至赵口重点河段和枣树沟工程、赵口闸等典型区域L2级空间地理数据底板。9月23日，集“查、录、改、记、管”功能为一体的台账系统平台在黄委综合信息门户上线，实现了对黄河流域水利对象基础数据的存储、更新、查询、统计及管理维护。9月30日，印发《黄河流域水利工作“一本账”管理办法（试行）》（黄网信〔2022〕330号），明确了“一本账”管理的原则、工作分工、更新维护等规定。

4. 河湖监测台账系统　2022年，黄委完成河湖监测台账系统开发工作，系统包含两类数据，以统计表的形式直观展示黄河流域各省（自治区）、各河流和总体“四乱”问题的统计情况。一类是基于省（自治区）上报的台账数据，对数据整理后上图，展示了自2019年“清河”行动以来，乱占、乱堆、乱建、乱采问题的清理整治情况。另一类是遥感监测台账数据，依照“四乱”问题整治实况，结合2022年1月前后的遥感影像，跟踪监测了2019年9月18日前后黄河岸线范围内疑似“四乱”问题的整治情况。河湖监测成果以“查-认-改-销”4个环节闭环管理疑似“四乱”问题，详细展示了图斑的疑似类型、所属省、市、县及占地面积；可以根据行政区划、河流、“四乱”类型进行图斑筛选，填写关键词进行模糊查询。图斑均具有空间属性，与位置自动绑定，地图与表格图斑可进行联动显示，能够快速准确地定位到疑似问题所在位置，方便巡查人员前往确认。

5. 遥感监测支撑河湖管理　2022年，黄委落实水利部河湖遥感解译任务，完成流域（片）10省（自治区）3218条河流中500余条河流4大类26小类地物对象类型的分析解译与图斑勾绘等工作。开展黄委直管河道“四乱”疑似问题监测，组织开展“四乱”疑似问题认定工作，制作图斑专题图353张，动态更新“四乱”问题台账。9月，开展黄河流域河道采砂专项整治监测，形成了2022年河道采砂专项整治监测成果。

6. 数字孪生　2022年，黄委编制并印发《数字孪生黄河建设规划（2022—2025）》（黄国科〔2022〕94号）、《数字孪生黄河建设规划实施方案》（黄国科〔2022〕127号）、《数字孪生黄河建设项目管理办法》（黄国科〔2022〕424号）、《数字孪生黄河建设资金管理办法》（黄财务〔2022〕373号）等文件，完成流域（片）9家省级水行政主管部门14项先行先试实施方案，以及小浪底等2个水利工程数字孪生建设方案审核工作。完成黄河干流三花间以及花园口—马渡段与干流济南河段以及东平湖连接干流区域2个典型河段数字孪生黄河先行先试建设，获评水利部优秀案例。基本完成先行先试流域数据底板构建，共享水利部L1级数据底板，建成西霞院至入海口875km L2级数据底板，初步搭建了小花间、马渡段、济南段、东平湖等地的典型三维场景。开展黄河泥沙通用模型研发以及黄河中游典型区洪水智能预报技术研究，建设黄河水工程联合调度模型，同步开展了黄河模型云平台以及人工智能模型和可视化模型研发，并已在生产实践中进行了应用。

（黄华　孙正华）

淮河流域

【流域概况】

1. 自然地理　淮河流域地处我国东中部，位于东经 111°55′～121°20′、北纬 30°55′～36°20′，流域面积约 27 万 km²，西起桐柏山、伏牛山，东临黄海，南有大别山、江淮丘陵、通扬运河和如泰运河与长江流域接壤，北以黄河南堤和沂蒙山脉与黄河流域毗邻。流域内以废黄河为界分为淮河和沂沭泗河两大水系，流域面积分别为 19 万 km²、8 万 km²。淮河流域西部、南部和东北部为山丘区，面积约占流域总面积的 1/3，其余为平原（含湖泊和洼地）。淮河发源于河南省桐柏山，由西向东流经河南、湖北、安徽、江苏 4 省，干流在江苏扬州三江营入长江，全长约 1 000km，总落差 200m。淮河干流洪河口以上为上游，洪河口至洪泽湖出口中渡为中游，中渡以下至三江营为下游。淮河上游河道比降大、中下游比降小，干流两侧多为湖泊、洼地，支流众多，主要支流有洪河、沙颍河、史河、淠河、涡河、怀洪新河等，整个水系呈扇形羽状不对称分布。淮河下游主要有入江水道、入海水道、苏北灌溉总渠、分淮入沂水道和废黄河等出路。沂沭泗河水系位于流域东北部，由沂河、沭河、泗运河组成，均发源于沂蒙山区，主要流经山东、江苏 2 省，经新沭河、新沂河东流入海。两大水系间有京杭运河、分淮入沂水道和徐洪河沟通。

2. 河湖概况　淮河流域河流湖泊资源丰富，其中 50km² 及以上的河流 2 483 条，100km² 及以上的河流 2 483 条，1 000km² 及以上的河流 86 条，10 000km² 及以上的河流 7 条；1km² 及以上的湖泊 68 个，10km² 及以上的湖泊 27 个，100km² 及以上的湖泊 8 个，1 000km² 及以上的湖泊 2 个。

3. 水文气候　淮河流域地处我国南北气候过渡带，北部属于暖温带半湿润季风气候区，南部属于亚热带湿润季风气候区。流域内天气系统复杂多变，降水量年际变化大，年内分布极不均匀。流域多年平均降水量为 878mm（1956—2016 年系列，下同），北部沿黄地区为 600～700mm，南部山区可达 1 400～1 500mm。汛期（6—9 月）降水量约占年降水量的 50%～75%。流域多年平均水资源总量为 812 亿 m³，其中地表水资源量为 606 亿 m³，占水资源总量的 75%。

（周正涛）

【河湖长制工作】

1. 组织机构　组织召开水利部淮河水利委员会、沂沭泗水利管理局推进河湖长制工作领导小组会议，印发 2022 年淮委、沂沭泗水利管理局河湖长制工作计划，部署河湖长制、河湖管理工作，确定年度河湖长制工作重点，扎实有序推进淮河流域、直管河湖河湖长制工作落到实处。根据工作需要和人员变动情况，完成淮委推进河湖长制工作领导小组及办公室组成人员调整。

2. 协作机制

（1）淮河流域省级河湖长联席会议机制。2021 年 12 月，淮委组织编制《淮河流域省级河湖长联席会议机制（初稿）》；2022 年初，发文征求流域 5 省意见，经多次沟通协商后报水利部；同年 3 月，水利部印发《水利部关于建立淮河流域省级河湖长联席会议机制的函》（水河湖函〔2022〕18 号），标志着淮河流域省级河湖长联席会议机制正式建立。2022 年 7 月 21 日，成功召开淮河流域省级河湖长第一次联席会议，印发《淮河流域省级河湖长联席会议工作规则》，明确了淮河流域“十四五”幸福河湖建设计划及 2022 年度建设任务，有力推动淮河流域妨碍河道行洪突出问题、河湖“四乱”问题，以及违建涉河建设项目等的清理整治。

（2）“淮委＋5 省河长办”沟通协商机制。2022 年 12 月 14 日，以视频形式，组织召开 2022 年淮河流域河湖长制工作沟通协商会议，会议通报第一次淮河流域省级河湖长联席会议议定事项落实情况，以及 2022 年淮河流域河湖长制工作完成情况及 2023 年工作计划，淮委和流域 5 省河长办、水利厅、青岛市水务管理局以及沂沭泗水利管理局负责同志作了交流发言，会议对强化河湖长制和河湖管理保护工作提出具体要求。

（3）水行政执法与检察公益诉讼协作机制。2022 年 6 月 15 日，淮委会同生态环境部淮河流域生态环境监督管理局、蚌埠市人民检察院建立淮河流域（蚌埠片）水行政执法、水生态环境监管与检察公益诉讼协作机制，并先行先试办理一批典型问题；指导安徽省明光市、蚌埠市五河县和江苏省宿迁市泗洪县签订《关于建立淮河、怀洪新河跨区域生态环境保护公益诉讼协作机制的实施意见》，进一步深化跨区域公益诉讼检查机制。沂沭泗水利管理局与江苏徐州，山东枣庄、临沂、济宁检察院签订加强水行政执法和检察公益诉讼协作的实施意见。淮委与流域 5 省人民检察院数次沟通交流，就建立流域层面的协作机制基本达成共识。

（4）沂沭泗河市级河长办联席会议机制。沂沭泗水利管理局联合山东省枣庄、济宁等 7 市建立沂沭泗市级河长办联席会议机制，并召开首次联席会议，形成会议纪要，明确了河湖问题清理整治、幸福河湖建设等事项。根据联席会议精神，南四湖水利管理局建立南四湖县（市、区）级河长办联席会议机制，组织召开南四湖县（市、区）级河长办联席会议，为统筹协调做好南四湖管理保护工作奠定了基础保障。

3. 河湖长制落实情况监督检查 组织完成江苏、山东2省4市10县（市、区）河湖长制落实情况监督检查工作，发现并下发问题14个，已全部完成整改销号，有力推动了有关地方河湖长履职尽责；配合水利部河湖中心完成对安徽省河湖长制落实情况监督检查。

4. “一河（湖）一策”及健康评价 2022年4月、10月，淮委审核南四湖、高邮湖“一湖一策”实施方案，推动安徽、江苏、山东3省共同做好南四湖、高邮湖管理保护与系统治理工作；指导推动各省修编实施淮河干流、沂河等20余个重要河湖“一河（湖）一策”健康评价工作。

5. 幸福河湖建设 2022年，淮河流域省级河湖长联席会议第一次会议明确了“‘十四五’期间累计建设不少于2 000个幸福河湖”的工作目标及2022年度建设任务；淮委指导流域各地不断健全完善幸福河湖评价标准体系，会同流域各省积极落实“两手发力”政策，高质量建成了安徽六安市淠河、河南漯河市沙澧河、江苏扬州古运河、山东威海市五渚河、湖北孝感市竹竿河等27个流域幸福河湖和1 400余个省市级幸福河湖。淮河流域幸福河湖建设成果丰硕，被中央主要媒体播出的《江河奔腾看中国》节目重点报道，擦亮了流域河湖的“新名片”。

（杨丹　季鹏　海潇　杨耀宁）

【水资源保护】

1. 水资源刚性约束

（1）水资源刚性约束制度。组织编制淮河流域水资源刚性约束制度实施方案，初步提出包括由用水总量、生态流量保障目标达标率等组成的刚性约束指标体系。指导流域5省将“十四五”用水总量和强度双控目标分解下达至市级行政区；督促流域5省将双控目标进一步分解至淮河流域各市级行政区，湖北、安徽、江苏3省已完成分解。

（2）最严格水资源管理制度。根据水利部部署，2022年2月，配合完成2021年度淮河流域跨省河湖水量分配、重点监管取水口取水管控等目标完成情况考核评价；7—10月，完成2022年安徽、江苏、山东3省15个县（市、区）取用水管控情况、150个取水项目取水口审批及监管情况监督检查；9—11月，完成安徽、江苏、山东3省45个建设项目水资源论证和取水许可审批情况抽查检查，形成监督检查报告及问题“一省一单”，相关成果报送水利部。

（3）用水统计调查制度。持续完善淮委直管取用水户名录库建设，督促直管取用水户及时完成各季度用水数据填报并做好审核。2022年12月至2023年1月，完成流域5省2022年度用水总量核算初步成果技术复核，复核意见及时发送各省，力求全面、真实、客观反映流域水资源消耗总量情况。

2. 节水行动

（1）节水监督管理。2022年，对安徽、江苏、山东3省15个县级水行政主管部门、48个用水单位进行节约用水监督检查，推动流域各级单位履行节约用水管理职责和义务。完成34个项目节水评价审查登记，规范台账管理。

（2）用水定额管理。2022年，完成河南、安徽、山东3省2 170个一般工业和服务业用水定额评估工作，深入分析定额覆盖性、合理性、实用性和先进性，提出完善用水定额体系管理的意见建议。

（3）节水型社会建设。2022年，完成河南、安徽、山东3省63个县（市、区）节水型社会达标建设复核工作，3省均超额完成《“十四五”节水型社会建设规划》确定的目标任务。

3. 生态流量保障

（1）重点河湖生态流量保障实施方案。组织编制流域第三批重点河湖生态流量保障实施方案，并于2022年6月正式印发，至此，淮河流域17条（个）重点河湖生态流量目标确定及保障实施方案编制任务全面完成。按照水利部部署，完成淮河流域各省确定的省辖重点河湖生态流量保障目标复核工作，形成复核意见报水利部审核，推动流域河湖生态流量保障工作纵深发展。

（2）生态流量监管工作。按照淮河流域17条（个）重点河湖生态流量保障实施方案要求，密切关注各主要控制断面生态流量保障情况，2022年发布预警信息60余次。2022年6月以来，针对淮河干流吴家渡、小柳巷控制断面生态流量不达标情况，滚动发布预警信息20余次，淮委2次赴淮干沿线调查应急抗旱及取用水管控情况，督促省级水行政主管部门加强管控调度。针对沭河大官庄、骆马湖洋河滩闸上断面预警，及时协调督促地方保障生态用水。开展流域四省2021年“最严格水资源管理制度考核”有关重点河湖生态流量目标保障情况的考核评价，指导监管河湖生态流量保障工作。结合数字孪生淮河建设，初步建立淮委水情系统生态流量监控预警平台，提升生态流量监管能力水平。

（3）已建水利水电工程生态流量核定与保障先行先试。2022年6月，组织梳理流域重点河湖已建工程规模和数量，初步确定淮河流域重点河湖已建水利水电工程复核先行先试河湖名单。2022年11月，组织各省开展淮河区生态流量核定与保障先行先试河湖和工程名录确定工作，研究提出淮河区跨省及省内生态流量核定与保障先行先试河湖和工程名录，并于2022年12月报送水利部。

4. 取水管理

（1）取用水监管。严格取水许可审批，依法审批华能山东石岛湾核电厂扩建一期工程等50个项目取水许可（含新申请、延续、变更），对3个不符合水资源管控要求的项目不予许可。加强事中事后监管，对2021年度涉嫌未按规定条件取水的取水户开展调查，依法对3家取用水户予以行政处罚，推动将违法信息纳入信用中国（江苏）体系，联合对失信主体开展惩戒。2022年10月，印发施行《水利部淮河水利委员会取水许可管理实施细则》，规范淮委取水许可全过程管理要求；按期完成淮委取水许可管辖范围内非农业取水户68个项目101个取水口及28处大中型灌区取用水管理整改提升。

（2）取水权交易。2022年3月，组织召开山东省临沂市郯城县水权交易管理工作座谈会；6月，完成水权交易实施方案审查；12月8日，批复同意李庄灌区与山东省临沂市郯城县水务集团水权交易方案；12月16日，交易协议在中国水权交易所签订，山东省临沂市郯城县水利局将持有的李庄灌区 1 000万 m^3 灌溉节约水量转让给郯城水务集团工业地表水厂，交易期限为3年。

5. 水量分配

（1）跨省河湖水量分配。2022年7月，水利部批复《池河流域水量分配方案》《白塔河流域及高邮湖水量分配方案》，至此，水利部部署淮委开展的15条跨省河湖水量分配已获批14条；12月，根据水利部会议讨论要求，提出以流域地表水资源为分配对象的南四湖水量分配方案初步成果。

（2）流域水资源统一调度。2022年4月，编制印发涡河2022年度水资源调度计划；9月，编制印发沂河、沭河2022—2023年度水资源调度计划；12月，编制印发淮河、沙颍河、史灌河、涡河2023年度水资源调度计划。抓好淮河、沂河等6条跨省河流年度水资源调度计划组织实施，持续加强水资源调度计划执行情况监督管理。

（3）重大调水工程水量调度。强化南水北调东线一期工程水量调度监督管理，保障从东平湖以南向北输送淮河水1.34亿 m^3，助力京杭大运河实现百年来首次全线水流贯通。组织编制南水北调东线一期工程2022—2023年度水量调度计划，2022年9月，由水利部印发实施；配合编制北延应急供水工程2022—2023年度水量调度计划。及时跟踪引江济淮工程建设及试通水情况，组织编制引江济淮工程水资源调度方案。初步建立流域82个大中型调水工程台账，相关信息录入淮委水资源管理系统平台。落实南水北调后续工程高质量发展要求，牵头编制完成南水北调东线一期工程运用现状研究、水量消纳方案、供水能力挖潜分析等3个专题报告并报送水利部南水北调工程管理司。

（张文杰　张梦婷　高子瑾）

【水域岸线管理保护】

1. 河湖管理范围划定　开展淮河流域省界河流河湖管理范围划定成果抽查，共抽查94条省界河流划界成果，发现存在不完整、不连贯、交叉重叠等问题70处，抽查成果于2022年11月底上报至水利部河湖管理司。同时，将抽查发现的问题反馈河南、安徽、江苏、山东等省水利厅有关部门督促复核整改，推动划界成果进一步完善。

2. 岸线保护利用规划　严格落实淮河流域重要河道岸线保护与利用规划，加强水域岸线空间管控，指导《河南省重要河湖岸线保护与利用规划》《江苏省水域岸线功能区管理办法》修改完善。

3.《淮河流域重要河段河道采砂管理规划（2021—2025年）》实施　严格落实流域采砂管理规划管控要求，指导流域各省落实采砂分区管控要求，严厉打击非法采砂行为；积极推进直管河湖规划实施，完成直管河湖2022年度采砂实施方案的编制批复及沂河高大村—宋园村等4个砂场招标工作。

4. "四乱"整治

（1）妨碍河道行洪突出问题排查整治。组织开展河南、安徽、江苏、山东4省14个河道（河段）及天岗湖妨碍河道行洪突出问题重点核查，发现并指导203个问题整改，截至2022年年底，已完成整改117个，清除了河南郑州贾鲁河欢河桥阻水、苏鲁省界违法违规布设网箱、安徽亳州涡河光伏等一批碍洪建筑物构筑物，有力保障河道行洪通畅。

（2）京杭大运河保护治理。会同苏鲁两省河长办、水利厅开展34个大运河"清四乱"进驻式暗访检查问题整改核查工作，截至2022年年底，已完成整改27个。

（3）淮河干流、直管河湖"四乱"问题整治。督促各省对淮河干流"四乱"问题及岸线利用项目清理整治问题进行清理整治，动态更新问题台账，截至2022年年底，共排查出349个"四乱"问题，已清理整治310个。完成直管河湖碍洪排查工作，排查阻水建筑物、阻水片林等5类河道内碍洪问题共计 1 516处，建立问题一本账，实行动态管理，提出分类清理整治建议，并分级报送地方河长办，落实责任、督促整改。截至2022年年底，推动完成

问题整改 433 处。

5. 采砂管理

(1) 采砂联防联控机制。2022 年 8 月 26 日，召开豫皖淮河等跨界河段（水域）采砂联合监管协议签署会，组织河南、安徽 2 省信阳、阜阳、六安 3 市 5 县的水行政主管部门共同签署《河南、安徽淮河等跨界河段（水域）采砂联合监管协议》，标志着淮河干流河南、湖北、安徽、江苏 4 省省界段采砂联防联控机制全面建立。

(2) 淮河干流跨界河段联合行动。为进一步加强淮河干流跨界河段采砂管理工作，严厉打击非法采砂行为，2022 年 5 月 4 日、8 月 26 日，淮委先后组织开展淮河干流蚌埠市、滁州市交界水域联合打击非法采砂综合整治行动，豫皖省界淮河干流打击非法采砂“蓝盾-汛期”联合行动，维护了淮河干流省际、市际边界河段采砂管理秩序。

(3) 河道非法采砂专项整治行动。2022 年 9 月，直管河湖河道非法采砂专项整治行动圆满收官，专项行动期间共出动执法人员 4 768 人次，巡查河道长度 6.3 万 km，立案查处非法采砂行为 18 起，直管河湖采砂管理秩序持续向好。3—6 月，通过现场调研和书面调研的方式，对河南、安徽、山东 3 省河道非法采砂专项整治行动进行了调研，检查了 3 省河道非法采砂专项整治行动开展情况，梳理总结了专项行动中的典型经验做法，并针对调研发现的问题提出了意见建议。

(4) 泥沙综合利用。严格落实河道采砂管理责任，推动直管河湖 8 个疏浚砂综合利用项目全部实施完成，累计开采砂石 127.5 万 t。

(5) 非法采砂问题整改。指导督促 2022 年长江经济带生态环境突出问题水利台账中淠河金安区违规超量采砂问题完成整改验收销号；组织完成淠河寿县因采砂不外运堵塞河道等 4 起群众举报问题核实整改工作。

6. 涉河建设项目审批及监管

(1) 涉河建设项目工程建设方案许可。遵循“确有必要、无法避让、确保安全”的原则，按照行政许可时限要求，2022 年淮委共完成涉河建设项目建设方案许可决定书 71 项，其中委本级受理办结 57 项，沂沭泗水利管理局受理办结 14 项。

(2) 涉河建设项目事中事后监管。对 126 项在建涉河建设项目进行视频、现场检查，汛前对存在问题的 22 项建设项目以“一省一单”方式进行通报，并督促整改落实。

（赵法鑫　杨丹　张斌　李鹏　周炜翔）

【水环境治理】　持续开展年度重要饮用水水源地安全保障达标建设评估工作，组织对安徽省阜阳市供水有限公司水源地、山东省威海市文登米山水库水源地等 20 个流域内重要饮用水水源地安全保障达标建设情况进行现场检查和评估，评价等级均为优，为最严格水资源管理制度考核提供了支撑。部署开展淮河区建制市和县城集中式饮用水水源地（含备用水源地）摸底调查工作，初步建立了涵盖 524 个水源地的淮河区饮用水水源地信息台账，为进一步加强流域饮用水水源地保护工作夯实了基础。

（高子瑾）

【水生态修复】

1. 河湖生态复苏　制定印发《淮委“十四五”时期复苏河湖生态环境实施方案》（淮委河湖〔2022〕83 号），及时总结 2022 年工作进展，其中确定淮河区母亲河复苏行动修复名单、淮河流域重点河湖重要河湖生态流量目标以及实行地下水取水总量、水位控制 3 项工作于 2022 年年底前全部完成，并明确 2023 年推进母亲河复苏等 22 项工作任务；组织开展流域内黄河故道、洪泽湖、白马湖等重要河湖生态环境调研，为推动流域内重要河湖生态环境复苏提出对策建议。

2. 退圩还湖　推动洪泽湖清退 43km^2 历史圈圩，打造“百里画廊”“醉美湖湾”沿湖生态屏障，推动流域河湖生态环境系统质量及稳定性提升。

3. 水土流失治理　水土保持重点工程监督检查。开展安徽、江苏、山东 3 省 2022 年国家水土保持重点工程投资计划执行情况周调度工作；开展 7 县 9 个国家水土保持重点工程项目督查，及时反馈发现问题，提出整改意见建议，并印发“一省一单”。

4. 水土保持预防监督

(1) 生产建设项目水土保持方案审核及事中事后监管。制定《水利部审批生产建设项目水土保持方案淮委内部审核工作规则（试行）》，对引江济淮二期工程（水利部分）等 8 个部批项目方案开展内部审核；发文督促各地在建生产建设项目水土保持安全监管和安全度汛工作，组织开展山东省湖东滞洪区建设工程等 4 个在建项目现场检查；完成水利部水土保持区域监管平台下发淮委的所有在建项目风险图斑核查工作；编印并公布了 2021 年度生产建设项目水土保持监督检查情况公报；督促 8 个完建未验收项目完成自主验收报备；开展黄墩湖滞洪区调整与建设工程（宿迁市境内）等 4 个项目水土保持设施自主验收核查。

(2) 省级水土保持监管履职情况监督检查。开展安徽、江苏、山东3省9个在建生产建设项目、9个市县级水行政主管部门监管履职情况抽查检查，对发现的27个问题及时指导，督促问题整改并印发“一省一单”督查意见。

5. 水土保持监测管理

（1）淮河流域全国水土流失动态监测。组织实施沂蒙山泰山国家级水土流失重点防治区等4个国家级水土流失重点防治区［49个县、区（7.86万 km^2）］的水土流失监测工作；动态监测2022年重点防治区土地利用、植被覆盖等状况，编制完成相关成果报告；完成淮河流域及上中下游、南水北调东线水源区等监测成果汇总与分析；完成2021年度流域重点防治区和流域监测成果的汇编。

（2）组织完成2022年度淮河流域不同土壤侵蚀类型区4条典型小流域及4个典型监测点定位观测工作及年度观测数据整编并报送。

（3）组织完成2022年《中国水土保持公报》淮河流域基础资料的整编与上报。

（4）持续开展安徽省引江济淮工程（引江济巢段）等25个大中型生产建设项目水土保持监测。

（杨丹　毕旸）

【执法监管】

1. 日常巡查　2022年共巡查河道长度9.2万km，巡查水域面积0.8万 km^2，出动执法人员8 600余人次，巡查监管对象3 000余个；持续巩固“3＋3”执法监督机制，规范执法巡查和日常监管工作，加快落实行政执法“三项制度”，严格规范查处新增水事违法行为。

2. 水行政执法　印发《淮委水行政执法效能提升行动实施方案》及年度工作计划，2022年共查处水事违法案件22起；开展“防汛保安”专项执法行动，上报22条问题线索均立行立改；完成安徽、江苏、山东3省专项执法行动监督检查，巡查河道3.6万余km，派出巡查人员3 500余人次、巡查车900余车次，现场制止各类水事违法案件160余件。

3. 省际边界水事纠纷调处　印发《关于开展淮河流域省际水事纠纷集中排查化解工作的通知》（淮委政法〔2022〕172号），牵头组织流域5省开展省际水事矛盾纠纷排查化解活动；核查时湾水库库区盱眙县境内违法圈圩线索，发文督促江苏省水利厅妥善处理时湾水库盱眙县境内违法圈圩。

（海潇　杨耀宁　季鹏）

【水文化建设】

1. 持续强化顶层设计　印发《淮委“十四五”水文化建设实施方案》，加快推进淮河水文化建设。

2. 治淮陈列馆升级改造　开展展馆调研，编制完成治淮陈列馆升级改造内容方案大纲和展陈布局方案，多渠道收集展陈资料，丰富展陈内容。2022年，治淮陈列馆共接待社会各界参观团体60批，共计1 000余人次。

3. 水文化与水工程有机融合　组织开展第一届淮委文明创建案例征集、水工程与水文化有机融合案例征集活动，评选确定10个文明创建典型案例、6个水工程与水文化有机融合案例，其中“用心传播淮河文化，用情讲好治淮故事”入选第二届水利系统基层单位文明创建案例。

4. 立体化宣传　一是配合中宣部、水利部完成《江河奔腾看中国》节目淮河部分主题宣传，展示新时代淮河保护治理高质量发展的显著成效；二是配合完成《人民日报》、新华社、中央电视台、《中国水利报》《中国水利》杂志等媒体重要专题、栏目宣传工作；三是加强“淮河水利网”门户网站宣传，2022年累计发布、转载新闻稿件2 500余条；四是强化官方微信公众号宣传，2022年共制作发布公众号261期，主要反映淮河保护治理事业高质量发展各方面取得的成效；五是完成12期《治淮》杂志编辑出版发行工作，2022年编辑稿件620余篇，发稿448篇，总计146万余字；六是拍摄制作《长淮安澜披锦绣》等11部宣传片、微视频、微动漫，策划制作《奋进新征程　建功新时代——2021年淮河保护治理工作回顾》等4次专题展览，完成《聚焦治淮——2021年媒体报道选编》的编印工作。

5. 志愿行动　将开展志愿服务活动作为2022年精神文明建设重要工作内容推动落地落实。开展义务植树、节水宣传，组织参加“幸福蚌埠青年行动”“助力疫情防控·守护美好家园”等形式多样的志愿服务活动。

（王佳）

【智慧水利建设】

1. 组织机构　成立数字孪生淮河领导小组和工作专班，先后召开31次专题调度会议，制定《数字孪生淮河总体规划》等11个重要文件和方案；协同推进贾鲁河、淠河、引江济淮等数字孪生流域和数字孪生工程先行先试建设；指导完成河南、安徽、青岛3家先行先试单位实施方案审查和中期评估工作，以及6项应用案例（含江苏）评优工作。

2. 数据底板建设　数字孪生淮河（干流出山店水库—王家坝河段）建设了高标准的“三级数据底板”，构建了精细化“五大专业模型”、智能化防洪“四预”系统，并成功应用于2022年淮河暴雨洪水

预报、预警、预演、预案中，为科学有序调度水工程提供重要支撑，获得水利部中期评估和案例评选双优。数字孪生南四湖二级坝先行先试建设工作基本完成，搭建了南四湖流域 L1 级、湖区和闸区 L2 级、水闸 L3 级数据底板。

3. 数字孪生项目　探索建立“基建＋数字孪生”模式，重点孵化数字孪生淮河蚌浮段、数字孪生沂沭河上中游堤防加固工程、数字孪生淮河王临段 3 个数字孪生项目。

4. 水利 N 项业务　按照“2＋N”建设要求，部署推进河湖管理等 N 项业务建设；制作流域内 14 条跨省河湖碍洪问题分布专题图，支撑妨碍河道行洪障碍排查专项行动。

5. 技术标准　根据淮河先行先试项目实际需求，初步编制《数字孪生淮河数据底板建设技术要求》等标准并不断优化完善，以期为后续数字孪生淮河项目建设提供技术支撑。（马亚楠）

海河流域

【流域概况】

1. 自然地理　海河流域位于北纬 35°～43°、东经 112°～120°，西与黄河流域接界，北与内蒙古高原内陆河流域接界，南接黄河，东临渤海。行政区划包括北京市、天津市全部，河北省绝大部分，山西省东部，山东省、河南省北部，辽宁省及内蒙古自治区的一部分，流域总面积 32.06 万 km^2，总人口约 1.5 亿，占全国人口总数的 11%。流域地势西北高、东南低，高原和山地占 59%，平原占 41%。海岸线北起山海关，南止黄河口，长度为 920km。海河流域地处温带半湿润、半干旱大陆性季风气候区，年平均气温由南往北、由平原向山地降低，温度变化范围为 0～14.5℃。

2. 河湖概况　海河流域主要由海河、滦河、徒骇马颊河三大水系组成，其中海河水系由蓟运河、潮白河、北运河、永定河、大清河、子牙河、漳卫河、黑龙港及运东地区等河系和海河干流组成；滦河水系之滦河发源于内蒙古高原，流域面积 4.59 万 km^2，冀东沿海诸河指滦河下游两侧单独入海的 32 条河流，流域面积 0.97 万 km^2；徒骇马颊河水系由徒骇河、马颊河、德惠新河及滨海诸小河等平原河道组成，流域面积 2.99 万 km^2。为排泄洪水，先后开辟永定新河、潮白新河、独流减河、子牙新河、漳卫新河等人工入海河道。

海河流域内流域面积 50km^2 及以上河流（包括平原河流和混合河流）2 214 条；流域面积 100km^2 及以上河流 575 条；流域面积 1 000km^2 及以上河流总数 59 条；流域面积 5 000km^2 及以上河流 14 条；流域面积 10 000km^2 及以上河流 8 条。海河流域常年水面面积 1km^2 及以上湖泊 9 个，水面总面积约 278km^2；常年水面面积 10km^2 及以上湖泊 3 个，水面总面积 260km^2；常年水面面积 100km^2 及以上湖泊 1 个，水面总面积 107km^2；特殊湖泊 19 个。

3. 水文水资源　海河流域降水时空分布不均，年内降水 80%左右集中在 6—9 月，多年平均降水量 527mm，平均年水资源总量 327 亿 m^3，是我国各大流域中降水量较少的地区。2022 年海河流域平均降水量 554.4mm，比 2021 年少 33.9%，比多年平均多 5.2%，属平水年。地表水资源量 202.64 亿 m^3，地下水资源量 283.48 亿 m^3，地下水资源与地表水资源不重复量 180.84 亿 m^3，水资源总量 383.48 亿 m^3。

2022 年汛期，海河流域重要河道干流水势平稳，涨水过程偏少，未发生流域性洪水，流域内各省（自治区、直辖市）共发布洪水预警 2 次。一是徒马河系德惠新河郑店闸洪水蓝色预警：2022 年 7 月 12 日 16 时 30 分，山东省德州市郑店闸水位 9.97m（达到蓝色预警指标 9.80m，较警戒水位 10.27m 低 0.3m），山东省水文局于同日 17 时发布洪水蓝色预警，18 时 24 分最高水位 10.03m，13 日 16 时回落至 9.79m（较蓝色预警指标低 0.01m），洪水预警解除；二是漳卫河系共产主义渠黄土岗站洪水蓝色预警：2022 年 7 月 28 日 14 时，河南省新乡市黄土岗站水位 69.52m（达到蓝色预警指标 69.50m，较警戒水位 70m 低 0.48m），河南省水利厅于 28 日 16 时发布洪水蓝色预警，29 日 2 时最高水位 69.81m，洪峰流量 182m^3/s，30 日 6 时回落至 69.48m（较蓝色预警指标低 0.02m），洪水预警解除。

4. 海委概况　水利部海河水利委员会直属工程包括 3 座水库，其中岳城水库、潘家口水库为大（1）型，大黑汀水库为大（2）型；各类水闸共 55 座，其中大型水闸 20 座，中型水闸 8 座，小型水闸 24 座，船闸 3 座。直属堤防 1 553.823km，包括漳河 201.022km、卫河 362.353km、卫运河 320.8km、岔河 85.014km、减河 95.734km、漳卫新河 300.552km、南运河 50.328km、共产主义渠 88km、岔河嘴防洪堤 10km、陈公堤 23km、海河下游堤防 17.02km。（杨婧　杨敏　刘慧　孟文）

【河湖长制工作】

1. 河湖长制体制机制运行情况

（1）完善流域河湖协同治理机制。2022 年 3 月

3日，水利部印发《水利部关于建立海河流域省级河湖长联席会议机制的函》（水河湖函〔2022〕19号），推进海河流域河湖协同治理。2022年3月7—8日，海委会同冀、鲁两省河长办对漳卫新河辛集闸至入海口段河道两岸开展联合巡河；6月14—17日，海委会同天津、河北、河南3省（直辖市）河长办及委属相关单位，对永定河、漳卫南运河等河道开展联合巡河；7月，海委会同河北省水利厅、河南省河长办对南水北调中线工程交叉河道妨碍河道行洪突出问题开展专项督导，并督导滹沱河石家庄医专问题整改；12月22日，2022年海河流域省级河湖长联席会议以视频形式召开，会议召集人、北京市代市长殷勇主持会议，水利部副部长刘伟平出席会议并讲话，会议审议通过《海河流域省级河湖长联席会议工作规则》，进一步凝聚治水管水护水合力。

（2）建立健全中央直管河库与地方河湖长办联防联控机制。海委指导委属单位进一步融入属地河长制工作体系，围绕河湖"清四乱"、打击河道非法采砂、碍洪突出问题排查整治等重点工作，强化上下游、左右岸联防联控联治，开展联合巡河、联合督查、联合验收，进一步凝聚流域区域协同治水工作合力。漳卫南运河管理局对纳入水利部重点核查河段的漳河、卫河、卫运河、漳卫新河合计61.4km的河道进行全面核查，发现的29个问题全部完成整改。引滦工程管理局与河北省承德市宽城满族自治县人民政府联合签署《潘家口水库库区及周边区域联防联治联建工作实施方案》，创建完善库区管理保护机制，细化落实联合巡查、技防合作、联合监管执法、联席会议、项目建设会审、流域治理协作、流域建设项目联查等9项长效合作机制。海河下游管理局完成天津市妨碍河道行洪39项问题整改情况复核和海河口"四乱"点位阻水障碍物拆除。海河上游管理局开展妨碍河道行洪突出问题排查专项行动，累计清理障碍物约6 900m^3、阻水建筑物2处，查处影响行洪违法行为4起，拆除石城闸违建1处。

2. 开展2022年海河流域片河湖管理督查　2022年8月，海委先后派出6组次21人次，对北京、天津、河北3省（直辖市）15个县（区）的70个河段采取"四不两直"方式开展暗访督查，持续跟踪督促排查发现的9个问题落实整改。指定专人主动协调对接相关省级河长办，对河湖督查系统内延期整改问题、水利部进驻式暗访发现问题多次进行现场督导整改，河湖管理督查系统内2022年前下发的问题实现全部清零。

3. 开展妨碍河道行洪突出问题排查整治　海委指导督促地方进一步压实河湖长责任，将确保河道行洪安全纳入河湖长制目标任务。2022年5月12日，海委组织召开海河流域妨碍河道行洪突出问题排查整治工作推进会，通报相关工作开展情况，推进排查整治工作进度。5月26日，海委向北京市河长办发函，督促其对整改进度滞后的问题进一步加大督促力度。6月28日至7月1日，成立工作组抽查大清河系重点河段妨碍河道行洪突出问题，以暗访方式抽查大清河、赵王新河等4条河道碍洪突出问题整改落实情况，以明查的形式检查潴龙河、孝义河等4条入白洋淀的河流，并现场核查南水北调中线唐河退水闸上下游河段碍洪突出问题整改落实情况。7月22日，向北京、河北河长办发函推进问题整改。截至2022年年底，海河流域各地共确认2 060个突出问题，完成整改销号1 997个，河道行洪空间得到有效恢复。

（赵栋　黄垣森）

【水资源保护】

1. 水资源刚性约束

（1）地下水管理。一是海河流域地下水管控指标确定。2022年，海委牵头组织完成北京、天津、河北、山西4省（直辖市）地下水管控指标确定成果复核，配合淮委、松辽委完成河南、山东、内蒙古、辽宁4省（自治区）成果复核。北京、天津、河北、山西、河南、内蒙古、辽宁7省（自治区、直辖市）成果已经水利水电规划设计总院技术审查，为管控指标的确定出台奠定坚实基础。二是编制完成《流域地下水监督管理信息简报》。组织编制完成2期《流域地下水监督管理信息简报》。针对流域地下水开发利用现状，强化地下水管理基础工作，动态反映2021年全年和2022年上半年流域深、浅层地下水位状况，为流域地下水管理提供支撑。

（2）健全流域水资源承载能力监测预警机制。2022年，海委开展流域水资源承载状况动态评价，研究提出海河流域水资源超载区取水许可限批初步成果。为推进流域水资源刚性约束制度建设、强化水资源刚性约束管理提供有力支撑。

2. 节水行动

（1）县域节水型社会达标建设年度复核。完成对天津市（2个）、河北省（21个）、山西省（12个）共计35个县（市、区）的县域节水型社会达标建设复核，形成省级复核报告报送水利部，复核结果为35个县（市、区）达标，被水利部采纳并公布。截至2022年年底，北京、天津、河北、山西4省（直辖市）县域达标率分别为100%、100%、59.3%、52.1%，均已完成"2022年北方50%以上县（市、区）达标"的建设目标。

（2）节水监督管理。完成北京、天津、河北、山西4省（直辖市）共计20个县级水行政主管部门节水管理情况和64个工业、服务业用水单位节约用水情况检查，形成2022年节约用水监督检查报告和“一省一单”，报送全国节约用水办公室。完成北京、天津、河北、山西4省（直辖市）年用水量1万m^3及以上的工业和服务业用水单位计划用水管理覆盖情况复核。完成对北京市（14项）、天津市（140项）、河北省（1项）共计155项制修订用水定额发布前的把关，切实强化用水定额管理。

（3）节水评价。完成4个水利工程项目、9个非水利建设项目共计13个项目水资源论证报告节水评价部分审查，及时更新节水评价登记台账，按时向全国节约用水办公室备案。选取已批复取水许可的红旗渠、跃进渠、磁县跃峰渠、邯郸市跃峰渠等引漳工程开展节水评价资料复核和现场复核工作，复核结果向河北省正式反馈，推动节水评价落地见效。

（4）节水教育宣传。印发《海委办公室关于进一步做好节水宣传教育工作的通知》（办节保〔2022〕5号），明确宣传重点和方式，建立海委系统节水宣传长效机制。以《公民节约用水行为规范》为重点，开展网络答题、专题讲座、县域节水型社会达标建设优秀典型征集展示、“六进”活动等；在海委门户网站开设“节水海河　你我同行”宣传专栏；联合天津市水务局、共青团天津市委员会、天津市水利学会等单位，面向天津市55所高校举办《公民节约用水行为规范》主题节水创意设计大赛，开展离退休职工节水主题书画作品征集等活动；原创节水短视频获全国节水短视频大赛优秀奖；“节水海河　学子同行”高校节水创意设计大赛和“节水护水在行动”系列宣传活动获评2022年“节水中国　你我同行”联合行动“优秀活动”。

3. 生态流量监管　2022年3月，印发《潮白河生态水量水位保障实施方案（试行）》和《南运河生态水位保障实施方案（试行）》。4月，印发《海委关于继续做好海河流域重点河湖生态流量监测数据报送工作的通知》（海节保函〔2022〕30号），组织流域相关单位做好重点河湖生态流量监测数据报送工作，开展白洋淀、七里海、滦河、永定河、潮白河、南运河等37个重点河湖48个断面生态流量保障达标评估和动态监管，压实保障责任，2022年流域生态流量考核断面实现100%达标。开展对流域相关省（自治区、直辖市）已印发的31个省内河湖生态流量保障目标的复核，对其生态保护对象确定情况、生态流量控制断面设置情况以及已确定目标的合理性等提出复核意见并报水利部。根据水利部《已建水利水电工程生态流量核定与保障先行先试工作方案》，选取永定河、滦河为典型试点河流，启动已建水利水电工程生态流量核定与保障先行先试工作。

4. 取水管理

（1）取水许可审批。2022年，海委共批复取水许可申请22份，审批水量8.41亿m^3，核减水量2.24亿m^3；延续取水申请113份，核减水量0.26亿m^3；注销取水许可证1套，涉及水量0.02亿m^3。此外，海委强化取水许可审批刚性约束作用，严格取水许可审批，2022年对1个项目作出不予许可决定，涉及水量0.35亿m^3。2022年共召开4次主任专题办公会，审议山西潞安矿区古城矿井及选煤厂等8个取用地下水项目的取水许可事项。

（2）取用水事中事后监管。2022年，海委完成233套存在问题的取水许可证电子证照数据治理工作；组织委直属各管理局对196个海委发证取水户组织开展取用水日常监督检查，规范取水户取用水行为。

（3）取用水管理专项整治行动整改提升及“回头看”。2022年，海委完成取用水管理专项整治行动整改提升工作，完成了海委发证取水户280个问题的整改工作。开展取用水管理专项整治行动“回头看”工作，对新查出的38个问题全部完成整改。完成29个大中型灌区取用水问题整改。

（4）取用水管理制度制定。制定出台《海委对取水户取用水行为的监管事项事中事后监管实施方案》，印发《海委关于进一步加强审批权限内取水许可管理工作的通知》（海资管〔2022〕16号），探索加强海河流域水资源超载区取水许可限批管理。

（5）用水统计调查制度实施。根据水利部的工作部署，依托全国用水统计调查直报管理系统，持续开展海河流域用水统计调查工作。组织直管用水户填报取用水信息并完成数据审核，完成海河流域2022年各季度用水统计数据抽查审核及2021年度海河流域水资源三级区用水总量数据复核核算，有效提高流域用水统计数据质量，为水资源管理工作提供技术支撑。

5. 水量分配　2022年，海委推进跨省河流水量分配工作，创新水量分配工作思路。提出以可用水量确定为抓手，分步统筹推进跨省河流水量分配的思路，即先研究提出流域内省级行政区及省级区套水资源二级区可用水量，在此基础上，各省（自治区、直辖市）细化分解提出各河系地表水可用水量和重要断面水量成果，经水利水电规划设计总院和海委审核确认。海委研究提出的海河流域省级行政区和省级区套水资源二级区可用水量技术成果经发文征求意见和多轮协调后，流域内 8 个省级水行政主管部门行文确认同意，为推进跨省河流水量分配工作奠定坚实基础。（王守辉　马克迪　孙蓉）

【水域岸线管理保护】

1. 开展行洪空间管控调查　2022 年 3—9 月，海委开展海河口、独流减河口行洪空间管控调查，精准勘测、核对两河口治导线及周边工程设施位置坐标、经纬度等相关数据，做好现场标记，将河口治导线从图纸落到实地。

2. 开展河湖遥感解译工作及河湖管理范围划定成果复核　2022 年 5 月，海委落实部长办公会工作部署，组织委属相关部门及单位，成立 126 人工作专班，对流域内 977 条、长度 2.49 万 km 的河道开展遥感解译工作，年内共解译图斑 32 157 个，疑似问题图斑 32 070 个。海委组织 7 组 21 人次对天津、河北、河南、山东 4 省（直辖市）的 330 个河湖遥感疑似图斑、210 个碍洪突出问题及 21 处河道管理范围线疑似问题进行现场检查。对 205 个省际省界河湖管理范围划定成果实现全覆盖复核，并对省界上下游 10km 河段进行遥感解译，累计发现 736 个管理范围线疑似问题并移交相关省级河长办及省级水行政主管部门复核整改。

3. 直管河道“清四乱”和清障工作　海委发挥河长制平台作用，推进直管河库“四乱”问题清仓见底。结合碍洪排查整治专项行动，督促指导委属单位和相关市级河长办落实“三个清单”，将 188 个直管河库“四乱”清单内漏报问题及 1 个河湖管理督查系统内超期问题移交有关省级河长办，持续督导 2021 年山东省进驻式暗访发现的南运河 8 个问题的整改落实，采取发函提醒、驻场督办、暗访复核等方式，推动解决滩地片林、临河房屋违建等历史遗留问题。2022 年，海委直管河道管理范围内共清理围埝 75 万 m^2、光伏发电板 5.8 万 m^2、违建 2.65 万 m^2、树障 170 万 m^2、垃圾 2.8 万 m^3，直管河道形象面貌持续改善。

4. 采砂管理

（1）直管河道重点河段和敏感水域采砂管理 4 个责任人。2022 年 4 月，按照《水利部办公厅关于加强春节、全国“两会”和北京冬奥会、冬残奥会期间河道采砂管理工作的通知》（办河湖函〔2022〕30 号）要求，海委组织有关单位结合 2021 年水利部公告，对 2022 年海委直管河道重点河段、敏感水域进行复核，明确 13 个直管河道重点河段和敏感水域采砂管理 4 个责任人，并以《海委关于报送直管河道重点河段和敏感水域采砂管理责任人的函》（海河湖函〔2022〕6 号）向水利部河湖管理司报送并在水利部网站公示。

（2）河道非法采砂专项整治行动。按照《水利部办公厅关于开展全国河道非法采砂专项整治行动的通知》（办河湖〔2021〕252 号）要求，海委组织开展直管河道非法采砂专项整治行动。海委主要负责人及分管负责人多次作出批示，专题研究部署非法采砂专项整治行动。2022 年 1 月，海委印发《海委办公室转发〈水利部办公厅关于加强春节、全国“两会”和北京冬奥会、冬残奥会期间河道采砂管理工作的通知〉》（办河湖〔2022〕1 号），要求委直属各管理局完善工作预案、压实管理责任、强化巡查监管、强化执法打击。专项行动期间，海委先后派出 6 个工作组，对漳河、卫河、卫运河、漳卫新河等河段进行明察暗访，督导非法采砂专项整治行动，查阅基层单位监管巡查制度、河道巡查记录等档案资料，各级采砂管理队伍累计出动执法人员 1 014 人次，巡查河道长度 14 200km，保持对各类非法采砂行为“零容忍”。9 月 15 日，海委以《海委关于报送非法采砂专项整治行动工作总结的函》（海河湖函〔2022〕020 号）向水利部河湖管理司报送。

5. 涉河建设项目审批及监管

（1）河道管理范围内建设项目工程建设方案审批。2022 年，海委认真落实水利“放管服”改革要求，始终坚持依法、高效、便民理念，不断提高办事效率，共准予许可 27 项河道管理范围内建设项目工程建设方案。主动服务京津冀协同发展、雄安新区建设等国家重大发展战略，对北京大兴国际机场综合保税区（一期）北京部分空侧联络道工程桥梁跨永兴河、雄安新区白洋淀生态水文气象监测系统等国家战略的重点项目，积极推动并高效服务，实现“一小时受理、全过程跟办”，压茬推进许可各环节。

（2）涉河建设项目事中事后监管。2022 年，海委深入推进规范化监管，在委直属各管理局试推广应用《涉河建设项目事中事后监管指南》；制定事中事后监管实施方案，对安阳至罗山高速公路豫冀省界至原阳段跨卫河特大桥项目开展全过程监管试点。累计对京雄高铁雄安 220kV 牵引站配套工程、雄县至白沟连接线（一期）工程跨新盖房分洪道特大桥、雄县 2019 年气代煤改造工程中压管道工程等 18 个重点项目开展涉河建设项目专项检查，督促河道主管部门落实现场监管责任，保障河道行洪安全和重要基础设施安全。（赵栋　黄垣森）

【水污染防治】

1. 突发水污染事件联防联控　落实跨省河流突发水污染事件联防联控协作机制，会同生态环境部海河流域北海海域生态环境监督管理局组织召开2022年海河流域跨省河流突发水污染事件联防联控工作联席会议，通报工作情况，研讨交流跨省河流突发水污染事件联防联控工作。

海委漳卫南运河管理局协调河北省邯郸市，河南省安阳市、濮阳市和山东省聊城市与生态环境局和水利局签署漳河（观台—徐万仓和岳城水库）、卫河、卫运河突发水污染事件联防联控工作协议，实现管辖范围跨省流域突发水污染事件联防联控全覆盖，初步建立跨省流域突发水污染事件应对和联防联控机制，为协同应对和处置跨省流域突发水污染事件、保障流域环境安全创造条件。

2. 潘家口、大黑汀水库水源保护　敦促地方政府加快实施大黑汀水库增殖放流工作，持续做好水质日常及应急监测，组织实施海委潘家口国家基本水文站提档升级工程，按计划完成引滦工程管理局水资源能力年度建设任务。2022年，潘家口、大黑汀水库重要水质监测断面始终保持地表Ⅲ类水标准，部分断面达到Ⅱ类水标准。

3. 加强入河排水（污）排查　印发《漳卫南局关于严格入河排水、排污监管工作的通知》（漳资源〔2022〕9号），在2021年排查确认273处排水（污）口的基础上，对管辖范围内可能对输水造成危害的入河支流、渠道、口门、涵闸、暗管等300余处工程开展现场再排查，并协调生态环境部门加强监管。

4. 保障补水水质　在京杭大运河2022年全线贯通补水行动和华北地区河湖生态复苏行动（2022年夏季）生态补水期间，海委协调河北省、山东省、河南省生态环境厅及沿河各市河长办、生态环境局配合做好河道清理整治和水污染防治，保障生态补水水质安全。（王守辉　刘凌志　姚德贵）

【水环境治理】

1. 饮用水水源保护　2022年，开展海河流域重要饮用水水源地抽查评估，完成华北地区地下水超采区14个地下水型饮用水水源地安全保障达标建设检查评估工作，评估结果均在良好以上。持续跟踪直管的岳城水库、潘家口水库和大黑汀水库水质，积极答复河北省人大代表提出的“关于加快岳城水库生态修复实现水环境长治久安的建议”，指导引滦局推进在大黑汀水库开展增殖放流工作，积极参加迁西县农业部门组织的大黑汀水库生态渔业项目实施方案论证。2022年，岳城水库、潘家口水库和大黑汀水库水质均保持在Ⅲ类水标准及以上。

2. 水质监测

（1）地表水水质监测。海委组织开展82处地表水国家重点水质站水质监测工作，其中河流站71处、水库站11处。编制并印发监测方案，对潘家口水库、大黑汀水库、岳城水库的库心和坝上站等6处水库水源地每月监测1次，其余河流、水库站每季度监测2次；河流站监测指标为《地表水环境质量标准》中的24项基本项目，水库站在24项基本项目基础上，增加5项水源地补充监测项目；2022年5—10月，潘家口水库、大黑汀水库、岳城水库等9处水库站在29项监测项目基础上，每月再进行1次水体富营养化指标监测。

（2）地下水水质监测。海委组织开展对565处地下水监测站的地下水水质监测工作，其中地下水水源地取水口站25处，生产井站186处、国家地下水监测工程站354处。编制并印发监测方案，监测频次为地下水水源地取水口站全年监测10次、生产井站和国家地下水监测工程站全年监测1次；监测指标为《地下水质量标准》（GB/T 14848—2017）中的39项常规指标。

（3）水生态监测试点。根据水利部统一部署，海委对白洋淀开展水生态监测分析工作，细化监测方案，实施4处断面的水质监测和浮游植物、浮游动物、大型底栖动物、大型水生植物等水生生物监测；汇总北京、天津、河北、山东4省（直辖市）的水生态监测数据。

（4）流域水质资料整理汇编。海委组织流域各省（自治区、直辖市）对2021年度海河流域片重要水质站监测资料进行整编，海委对各省（自治区、直辖市）的整编资料进行汇编并刊印。

（韩朝光　王守辉）

【水生态修复】

1. 京杭大运河2022年全线贯通　配合水利部编制完成《京杭大运河2022年全线贯通补水行动方案》，推动委属岳城水库本地水纳入补水计划，岳城水库累计向大运河补水3.47亿m^3，成为京杭大运河全线贯通补水的主要水源。协调各水管单位及沿线地方水行政管理部门做好补水期间水资源联合调度，开展部分补水河道管护情况的监督检查，配合完成每日信息报送、补水效果评估及宣传报道等工作。2022年4—5月，统筹多水源向京杭大运河黄河以北707km河段实施生态补水，累计补水8.4亿m^3，京杭大运河近百年来首次实现全线水流贯通，与永定河实现“世纪交汇”。

2. 华北地区河湖生态环境复苏　配合开展华北地区河湖生态环境复苏行动，牵头编制《2022 年华北地区河湖生态环境复苏行动方案》，逐月校核汇总各河湖生态补水量报送水利部。2022 年，向 48 条（个）重点河湖实施生态补水 70.22 亿 m^3，完成补水计划的 167%。配合水利部开展华北地区河湖生态环境复苏夏季补水行动，参与编制《华北地区河湖生态环境复苏行动方案（2022 年夏季）》，大清河白洋淀、子牙河、漳卫河、蓟运河、潮白河等 5 个水系 39 条（个）河湖累计补水 9.68 亿 m^3，唐河、沙河等常年干涸河流全线贯通，独流减河、子牙新河、漳卫新河实现贯通入海。开展母亲河复苏行动，协调各省（自治区、直辖市）研究提出海河流域“2022—2025 年母亲河复苏行动河湖名单”并报送水利部。

3. 永定河综合治理与生态修复

（1）永定河全线通水。2022 年，海委围绕永定河全线通水百日目标，加强协调督导，推动疏通重点卡口段生态补水通道，协同优化多水源调配、上下游各类水工程生态水量统一调度，实施当地水、再生水、引黄水和引江水“四水统筹”和流域上下游“五库联调”，完成永定河春秋两次全线通水，有效保障北京冬奥会、冬残奥会生态用水需求。结合官厅、册田等上游水库蓄水情况及中长期水文预报，综合考虑引黄北干线富余供水规模，及时对 2022 年度补水计划进行优化调整，累计补水 9.73 亿 m^3，其中官厅水库以上累计补水 4.55 亿 m^3（引黄生态补水 2.23 亿 m^3），官厅水库及以下累计补水 5.18 亿 m^3，完成率 109%。5 月 12 日，春季 865km 全线通水期间，引黄北干线 1 号隧洞至册田水库输水收水率达到 71.8%，册田水库至官厅水库输水收水率达到 60.7%。10 月 7 日，永定河秋季再次实现全线通水，累计全线通水 123 天，全线有水 184 天，超额完成全年通水不少于 3 个月、有水不少于 5 个月的目标任务。

（2）强化水资源节约保护。按照 2022 年度计划，指导永定河流域公司推进实施重点河段和重要节点生态治理，全年完工 17 个项目。山西省大同市桑干河阳高县段河道综合治理工程、怀来县洋河二灌区续建配套与节水改造工程等 8 个项目已完工验收。新开工建设包括河北省廊坊市永定河泛区综合整治工程、山西省朔州市朔城区恢河太平窑水库下游至东榆林水库库区段河道治理工程等 15 个项目。河北省廊坊东安庄连线公路漫水桥已开工建设，建成后可彻底疏通永定河平原段生态补水堵点。协调指导永定河流域公司多措并举、有序推进农业节水工程实施。2022 年，山西省 4 个农业合同节水项目已累计节水 478 万 m^3，完成目标值的 100%。怀安小洋河灌区、涿鹿七一灌区和怀来洋河二灌区等 3 个项目完工后，可实现新增节水能力 931 万 m^3 的目标要求。指导永定河流域公司开展体制改革、农业水价改革及节水量交易等工作，推动以特许经营权方式获取洋河二灌区及涿鹿桑干河灌区水权及经营管理权。

（3）加快重点项目实施。2022 年共安排永定河项目中央预算内投资 13.6 亿元，截至 2022 年年底，中央投资完成率达到 90%。海委积极协调指导永定河流域公司加强投资计划执行的过程管控，逐项目分解落实年度建设任务，推进设计一批、开工一批、在建一批、运营一批的“四个一批”动态机制，保证项目建设进度。超前谋划 2023 年建设项目清单，并对永定河 2023 年中央预算内水利建设投资计划进行复核。研究制定 2023—2025 年项目清单，力争 3 年内完成所有河道治理项目及大部分农业项目前期工作，为实现 2025 年阶段性目标奠定基础。

（4）完善综合治理推进机制。组织编制完成《永定河综合治理与生态修复总体方案（2022 年修编）》，并由国家发展和改革委员会、水利部、国家林业和草原局印发；指导永定河流域公司编制完成《永定河流域建立健全生态产品价值实现机制试点方案》，初步确立“4＋1”的工作模式，即以流域为整体，由永定河流域公司联合永定河沿线山西省大同市、河北省张家口市、北京市门头沟区、天津市武清区联合开展生态产品价值实现研究，共同探索建立政府主导、企业和社会各界参与、市场化运作、可持续的生态产品价值实现机制；开展永定河水量调度管理办法立法研究，编制完成《永定河水量调度管理办法（征求意见稿）》，进一步明确水量调度方式、调度权限、调度计划、取用水管理、水量监测与发布及监督管理等内容，并在专家咨询和征求有关省市、单位意见的基础上完善办法条款；协调永定河流域投资有限公司完善《永定河流域横向水生态补偿实施方案》，就加强水量统一调度机制、推动河道内基本农田调出和轮作休耕试点工作、增加外调水量、建立对口协作机制、推动综合性补偿等方面进一步与北京、天津、河北、山西 4 省（直辖市）对接，磋商框架协议。

（5）生态水量调度水量监测监督分析。为持续复苏永定河生态环境，确保实现全线通水 3 个月的年度调度目标，海委组织开展永定河全线重要控制断面和主要支流水量监测、监督和分析工作。组织北京、天津、河北、山西 4 省（直辖市）的 8 家水

文单位对补水沿线25处水量重要监测断面同步开展协同监测，以补水水源出口、省界断面为重点，在永定河全线选取11处水量监测断面，开展流量监督性监测16轮次，取得监测成果194站次；系统梳理2022年春季、秋季生态补水情况，编制《永定河年度生态水量优化调度及补水效果评估报告》；2022年度共完成水位及流量监测 5 058站次，共编制每日补水动态365期、补水周报15期、旬报6期、动态信息16期，实现全年全线通水123天，超额完成年度调度目标，为永定河综合治理与生态修复提供重要技术支撑。

4. 华北地区地下水超采综合治理　海委配合水利部编制完成《华北地区地下水超采综合治理实施方案（2023—2025年）》。开展新一轮海河流域超采区划定，复核通过流域内8省（自治区、直辖市）超采区划定成果，编制完成海河流域地下水超采区划定初步成果报告。完成北京、天津、河北、山西4省（直辖市）地下水禁限采区管理情况检查。

5. 水土保持　2022年，海委依法履行监管职责，锚定“看住人为水土流失”目标，持续推进流域部批生产建设项目水土保持监督管理工作，针对不同行业特点，明确差异化针对性要求，细致制定督查方案，严格实施监管，广泛开展水土保持法律法规宣贯，对流域内部批生产建设项目开展全覆盖、全过程、全链条监管。组织开展部批生产建设项目水土保持监督检查，2022年累计检查项目71个（次）；完成海河流域10个生产建设项目的水土保持信息化监管工作；开展水土保持责任追究，对3个存在违法违规行为的项目开展约谈，共约谈项目建设、施工、监理、监测等单位8家。完成北京、天津、河北、山西4省（直辖市）省级水行政主管部门生产建设项目水土保持监管履职督查工作。依托全国水土保持管理信息系统，对北京、河北、山西3省（直辖市）水土保持重点工程247个项目进行项目实施关键时期周调度，共开展了20次调度并将调度结果上报水利部水土保持司。组织开展北京、天津、山西3省（直辖市）水土保持重点工程督查工作，抽查了3个省9个项目县的23个项目并进行现场检查，对2021年度督查发现问题的整改落实情况进行了复核。开展《水土保持法》施行十一周年宣传活动，发布《2022年度海河流域部批生产建设项目水土保持公报》，首次编制印发《海河流域水土保持公报》，初步构建流域水土保持“一本账”。印发《海委2022年水土保持工作要点》。开展燕山山地水蚀林地水土流失防治调查分析、白洋淀上游生态清洁型小流域建设调查研究工作。完成2022年度海河流域国家级水土流失重点防治区22万km^2的水土流失动态监测、12个典型监测点水土流失监测工作；完成山东省、宁夏回族自治区和新疆维吾尔自治区省级水土流失动态监测抽查复核工作。

6. 水利绿化　汇总海委各直属管理局和机关党委、机关服务中心绿化相关工作，编写《海委2022年水利绿化工作总结》并上报水利部绿化委员会。2022年，庭院新增绿化面积0.09hm^2，河渠湖库周边新增绿化面积12.81hm^2，海委系统共投入绿化经费 1 696.67万元。2022年，海委系统共组织参加义务植树活动53次，共参与 1 190人次，完成义务植树 82 695棵，获得尽责证书5份。

（王雪梅　郑雪慧　成诚　刘鑫杨　朱静思）

【执法监管】

1. 组织开展执法巡查与检查　海委不断强化源头防控、动态治理，坚持预防为主、事前防范和事后查处相结合的水行政执法模式。2022年，海委系统执法队伍累计巡查河道10.36万km，巡查水域面积1.78万km^2；巡查监管对象590个，出动执法人员1.1万人次、车辆 2 593辆次、船只109航次，现场制止违法行为为864起，全年各级执法队伍查处水事违法案件27件，案件查处数再创新高，有力维护了流域良好水事秩序。引滦工程管理局与河北省承德市宽城满族自治县签订《潘家口水库库区及周边区域联防联控合作框架协议》，印发《潘家口水库库区及周边区域联防联治联建工作实施方案》等，构建“联防”“联治”“联建”工作体系。漳河上游局在做好常态化巡查的同时，根据河道管理的难点和重点，开展为期一年的非法采砂专项整治行动。

2. 开展水行政联合执法巡查工作　为贯彻落实习近平总书记关于做好北京2022年冬奥会和冬残奥会筹办工作的指示批示精神和水利部工作部署，维护官厅水库（2022年北京冬奥会和冬残奥会重要水源地）的良好水事秩序，2022年1月12日，海委会同北京、河北2省（直辖市）水利（水务）部门部署开展北京2022年冬奥会和冬残奥会官厅水库水行政联合执法检查工作。海委统筹协调各方顺利开展各项工作，组织北京市水务综合执法总队、官厅水库管理处和张家口市水务局、怀来县人民政府及其有关涉水管理部门和乡镇人民政府开展联合执法行动100余次，出动执法人员650余人次，现场制止涉水违法行为为85起，依法立案查处10件，向水库周边群众发放水法规材料等保水护水宣传品近200份，为维护冬奥会和冬残奥会期间官厅水库良好水事秩序奠定坚实基础。

3. 完成2022年海河流域防汛保安专项执法行动 为进一步贯彻落实习近平法治思想和习近平总书记关于防灾减灾救灾的重要讲话指示批示精神，依法严厉打击妨碍河道行洪、影响水库大坝等防洪工程安全的违法行为，按照《水利部办公厅关于开展2022年防汛保安专项执法行动的通知》（办政法〔2022〕55号）和水利部政策法规司工作要求，海委组织完成2022年防汛保安专项执法行动并取得显著成效，切实保障流域防洪安全。2022年4月1日，海委印发《2022年防汛保安专项执法行动监督检查工作方案》，要求有关部门、单位针对2021年流域罕见夏秋连汛暴露出的问题，细致排查，加强执法，全面消除河道行洪安全隐患。海委各级水政监察队伍推进专项执法行动走深走实，不断加大直管河道、水库巡查力度，确保线索排查不留死角，并充分发挥信息化技术支撑，利用无人机和视频监控系统等现代化执法设备辅助巡查和调查取证，对于违法案件依法逐案作出行政处理措施，严控时间节点，对案件查处等关键信息进行动态管理，保证各项执法数据真实可靠。5—10月，海委各级水政监察队伍累计出动执法人员7 299人次、车辆1 717车次，巡查河道长度69 109km，巡查水域10 928km^2，巡查监管对象407个，排查问题线索33个，立案查处21起，现场制止违法行为397次，有效打击妨碍河道行洪畅通和工程安全运行的违法行为，助力海河流域安全度汛。

2022年7—9月，海委派出4个监督组分赴北京、天津、河北、山西4省（直辖市），通过查阅资料、现场查看、座谈交流等方式，对10个县（市、区）的57个执法案件进行监督检查，针对部分单位存在的案件查处整改进展缓慢等问题进行现场反馈，要求有关单位强化跟踪督导，切实整改到位，提升办案质量和效果，确保专项执法行动规范高效开展，办案依法合规。（解文静）

【水文化建设】

1. 永定河治理成效宣传 指导永定河流域投资有限公司结合冬奥会、党的二十大等重大事件，与40多家中央和地方主流媒体建立联系和互动，开展启动永定河春季生态补水、“关爱河流 保护永定河”、永定河全线通水等活动宣传工作策划，推出深度采访和报道。《人民日报》、新华社、中央广播电视总台、《中国水利报》《北京日报》等逾30家主流媒体共推出报道200余篇。协调永定河流域投资有限公司注册完成“永定河流域文旅联盟”标识，推荐专家成为文旅联盟智库专家，积极推动成立北京市永定河流域文化旅游发展促进会注册工作。

2. 海河流域水文化遗产调研整编 按照《水利部关于加快推进水文化建设的指导意见》要求，海委扎实开展漳卫南运河水文化遗产调查，在现场调查的基础上，围绕以河渠、堤坝、闸涵、历代挑挖的减河、桥梁、码头等为代表的物质文化遗产和以传统治水方法、水神崇拜祭祀仪式、文化现象、非遗制作技艺、涉水神话传说、治水人物故事为代表的非物质文化遗产等进行系统梳理，形成《漳卫南运河水文化遗产集萃》（待出版），全书共计20万字。

3. 大运河文化传承保护 大力开展大运河文化传承与保护，积极开展京杭大运河全线贯通补水专题宣传，并借助海委门户网站、“海河水利”微信公众号等平台积极报道。配合新华社、央视新闻等中央权威媒体和《中国水利报》等行业媒体，扎实做好京杭大运河全线通水直播报道，进一步扩大宣传影响力，弘扬大运河文化。深入挖掘大运河文化资源，以流域内京杭大运河卫运河、南运河等河段为对象开展水文化研究。

4. 水利枢纽文化宣传保护 着力推进流域水利工程与文化融合，依据工程特点配建水文化、水利科普、水法治宣传教育场所等设施，面向社会公众开放。深入挖掘北运河历史和水闸工程史，于2022年建成屈家店枢纽运河文化展览馆，全面展现大运河千年历史和屈家店枢纽在守护地方安澜上发挥的重要作用。积极推进岳城水库水法治文化广场建设，切实打造法治与治水有机融合的水法治宣传教育场所。

5. 水利风景区建设 扎实推动水利风景区建设，以水利工程资源为优势，持续培育发展漳卫南运河水利风景区、潘家口水利风景区2个国家级水利风景区。海委引滦工程管理局健全水利风景区内部制度，先后制定并完善《旅游服务中心管理制度》《船队管理制度》《船队安全管理规定》《船队水上搜救应急预案》等一系列规章制度，规范建设监管和日常管理。结合景区实际，深入挖掘文化资源，加大资金投入，全面提升景区环境，提升文化厚重感。组织拍摄《60秒看水美中国——潘家口水利风景区》视频风光片等，推介景区自然风光，展示水利风景区的美丽与魅力。

6. 水文化宣传出版 强化水文化宣传与科普工作，结合流域实际，不断创新形式，围绕水旱灾害防御、水资源节约保护等社会关注问题，开展流域水情科普，在“世界水日”“中国水周”等重要时间节点，组织开展宣传进校园、进社区等丰富多彩的科普活动，更好地普及流域水利知识，传播流域治

水声音。海委漳卫南运河管理局深入挖掘水文化精神内涵和时代价值，开展水文化研究，加强水利史志编撰，编纂出版《漳卫南运河管理局局史》《岳城水库志》《四女寺水利枢纽工程志》《战洪2021——决胜海河流域百年罕见夏秋连汛纪实》等书籍。

（薛程　杨婧　郭恒茂　成诚）

【智慧水利建设】

1. 数字孪生永定河建设　以永定河水资源实时监控与调度系统为基础，推动数字孪生流域先行先试在永定河率先突破，与永定河流域投资有限公司签订《关于共同推进数字孪生永定河建设合作框架协议》，组织编制《数字孪生永定河建设先行先试实施方案》，经海委审查后印发。会同永定河流域投资有限公司推进数字孪生永定河开工建设，由海委承担的数字孪生永定河建设先行先试在水利部组织的数字孪生流域建设中期评估中获评优秀，申报的数字孪生永定河1.0应用案例被列入推荐应用案例。

2. 数字孪生海河　2022年1月4日，海委党组书记、主任、委网信领导小组组长王文生主持召开主任办公会议，研究部署数字孪生海河建设工作。会议原则审议通过《数字孪生海河建设实施方案》，听取数字孪生岳城水库、数字孪生永定河概念设计汇报，并对下一步工作作出部署；1月19日，《数字孪生海河建设实施方案（2021—2025年）》正式印发实施，该方案明确到2025年，通过数字孪生平台、信息基础设施、“2＋N”水利业务应用（“2”为防汛和水资源管理，“N”为其他业务应用）、网络安全、保障体系建设，推进水利工程智能化改造，依次建设流域七大河系与重点水利工程的数字孪生，优先在流域永定河、大清河、漳卫河等重点河系实现防洪、水资源管理调配“四预”，N项业务应用水平明显提升，初步建成数字孪生海河；1月24日，《2022年数字孪生海河建设工作要点》通过主任办公会审议并印发；4月2日，海委副主任张胜红主持召开主任专题办公会，研究讨论数字孪生海河建设流域防洪、水资源管理与调配业务应用系统和委直属各管理局工作进展情况；9月22日，《数字孪生海河平台技术方案》通过海委网信办组织的专家审查，作为“十四五”数字孪生海河平台建设的技术依据；10月11日，海委副主任韩瑞光主持召开海委网信办例会，听取2022年数字孪生海河建设各项工作最新进展，重点听取“2＋N”水利业务应用需求分析报告编制情况汇报，研究部署下一阶段工作；12月29日，《“十四五”数字孪生海河建设方案》通过水利部审查并印发。

3. 智慧海河创新实验室　2022年3月3日，海委举办智慧海河创新实验室启动会暨数字孪生海河技术讲座，海委副主任张胜红出席会议并讲话。智慧海河创新实验室内联海委系统资源，外聚科研院所和社会公司力量，在海委网信“六大工程”体系架构基础上，充分发挥软硬件资源优势，为海委各部门、各单位“四预”业务应用系统建设开发提供支撑，为流域各省（直辖市）水利部门、科技企业、科研院校的技术合作和研发提供广阔的科研平台与技术应用场景。

4. 海河流域“水利一张图”　海河流域“水利一张图”是推进数字孪生海河流域建设的重要基础，是海委网信基础设施建设的重要组成，是支撑“2＋N”业务的重要手段。截至2022年年底，海河流域“水利一张图”1.0版已上线运行并持续迭代优化，以20类水利对象的基础空间数据为基础，整合海河流域2m分辨率DOM（数字正射影像）、30m分辨率DEM（数字高程模型）以及部分重点水利工程的BIM（建筑信息模型），引入“天地图”等公共资源，实现二维三维融合展示、空间属性一体化查询、地图服务依申请提供等核心功能，符合水利部数字孪生流域建设相关要求，为构建数字孪生海河平台奠定坚实基础。根据数字孪生海河流域建设的总体安排部署，继续完善海河流域各河系数字孪生L2级地理空间数据底板和L3级数字孪生水利工程，多渠道、多途径积累数据资源，将海河流域“水利一张图”建设为海委的“数据中枢”。

5. 海委网信基础建设“七大工程”　海委网信基础六大工程初步建成并发挥成效，基本实现海委网信基础“四梁八柱”的1.0版。按照部委党组统一安排部署，随着数字孪生海河建设的深入推进，海委网信基础亟待深入推进建设，持续提档升级打造2.0版。2022年7月，为支撑好数字孪生海河建设，突出强化“算力、算据、算法”基础支撑，根据工作实际，将原有“六大任务”增加“模型管理平台建设”，完善为“七大工程”。（吕哲敏　成诚）

珠江流域

【流域概况】

1. 历史沿革　按照2009年水利部《关于印发〈珠江水利委员会主要职责机构和人员编制规定〉的通知》（水人事〔2009〕646号），水利部珠江水利委员会为水利部派出的流域管理机构，在珠江流域片

（珠江流域、韩江流域、澜沧江以东国际河流、粤桂沿海诸河和海南省区域内）依法行使水行政管理职责，为具有行政职能的事业单位。工作范围涉及云南、贵州、广西、广东、湖南、江西、福建、海南等8省（自治区）及港澳地区，总面积65.43万km^2（国内）。（黄小兵）

2．河流水系　珠江流域片所属河流包括珠江、韩江、澜沧江以东国际河流（不含澜沧江）、粤桂沿海诸河和海南省诸河。珠江是我国七大江河之一，由西江、北江、东江和珠江三角洲诸河组成，西江、北江、东江汇入珠江三角洲后，经虎门、蕉门、洪奇门、横门、磨刀门、鸡啼门、虎跳门和崖门八大口门入注南海，形成"三江汇流、八口出海"的水系特点，流域面积45.37万km^2，其中中国境内面积44.21万km^2。西江为珠江流域的主流，发源于云南省曲靖市乌蒙山余脉马雄山东麓，自西向东流经云南、贵州、广西、广东4省（自治区），分别由南盘江、红水河、黔江、浔江和西江等河段组成，至广东省佛山市三水区的思贤滘与北江汇合后流入珠江三角洲网河区，全长2 075km，流域面积35.31万km^2，主要支流有北盘江、柳江、郁江、桂江及贺江等。北江发源于江西省信丰县石碣小茅山，涉及湖南、江西、广东3省，至广东省佛山市三水区的思贤滘与西江汇合后流入珠江三角洲网河区，全长468km，流域面积4.67万km^2，主要支流有武水、连江、绥江、滃江、滃江等。东江发源于江西省寻乌县桠髻钵山，由北向南流入广东，至东莞市石龙镇汇入珠江三角洲网河区，全长520km，流域面积2.7万km^2，主要支流有安远水、新丰江、西枝江等。珠江三角洲诸河包括西北江思贤滘以下和东江石龙以下河网水系和入注珠江三角洲的流溪河、潭江、增江、深圳河等中小河流，香港、澳门特别行政区在其范围内，流域面积2.68万km^2。韩江的主流为梅江，发源于广东省紫金县和陆河县交界的七星崠，与汀江汇合后称韩江，进入三角洲网河区后分北溪、东溪、西溪出海，全长468km，流域面积3.01万km^2，主要支流有石窟河、梅潭河等。粤桂沿海诸河流域面积在1 000km^2以上的河流有黄冈河、榕江、练江、龙江、螺河、黄江、漠阳江、鉴江、九洲江、南渡河、遂溪河、南流江、钦江、茅岭江和北仑河等。海南岛及南海各岛河流众多，其中流域面积在3 000km^2以上的河流有南渡江、昌化江和万泉河。红河是我国西南部主要国际河流之一，发源于云南省巍山县哀牢山东麓，在河口县城流出国境进入越南，流域面积11.3万km^2，其中中国境内面积7.6万km^2。主要支流有李仙江、藤条江、南溪河、盘龙河、南利河等。（韩亚鑫　裴少锋）

3．地形地貌　珠江流域片地势北高南低，西高东低，总趋势由西北向东南倾斜。北部有南岭、苗岭等山脉，西有横断山脉，东有玳瑁山脉，西南有云开大山、十万大山等山脉环绕。按地貌组合特点，珠江流域片分为横断山脉区、云贵高原区、云贵高原斜坡区、中低山丘陵盆地区、三角洲平原区等五个地貌区。西部为云贵高原，东部和中部丘陵、盆地相间，东南和南部为三角洲冲积平原。地貌以山地、丘陵为主，约占总面积的82%；平原、盆地较少，约占总面积的16%；其他约占总面积的2%。

（黄小兵）

4．水文水资源　2022年，珠江流域片年平均降水量1 729.3mm，折合降水总量9 994.1亿m^3，比多年平均值多11.1%，比2021年多26.1%。全片地表水资源量5 404.0亿m^3，地下水资源量1 245.3亿m^3，地下水与地表水资源不重复量19.0亿m^3，合计水资源总量5 423.0亿m^3，比多年平均值多14.3%，比2021年多48.9%。

（张舒　刘寒青）

5．河流湖泊　珠江流域片流域面积大于1 000km^2的河流有190多条，分属珠江流域、韩江流域、粤东和粤西沿海诸河、桂南沿海诸河、海南岛及南海各岛诸河和红河水系，以珠江流域为最大；流域面积100km^2以上的河流有1 700余条，流域面积50km^2以上的河流有3 300余条。珠江流域片常年水面面积大于1km^2的湖泊有21个，其中较大的高原湖泊均位于云南省境内，主要有抚仙湖、杞麓湖、异龙湖、星云湖、阳宗海、大屯海和长桥海等7个；常年水面面积小于1km^2的湖泊有153个。

（黄小兵）

【河湖长制工作】

1．河湖长制体制机制运行情况

（1）建立健全珠江流域省级河湖长联席会议机制。2022年9月，珠江委联合流域7省（自治区）人民政府召开2022年珠江流域省级河湖长联席会议，商议珠江流域高水平保护与高质量发展大计。印发实施《联席会议工作细则》，完善联席会议规章，推动议定事项落实。

（2）推进实施"珠江委＋流域片省级河长办"协作机制。2022年7月，珠江委组织召开"珠江委＋流域片省级河长办"协作机制专题会议，研究流域河湖保护治理管理重大事项，持续强化上下游、左右岸、干支流、省际间联防联控联治。（黄小兵）

（3）指导幸福河湖建设。指导流域片各省（自

治区）科学编制实施省级重要河湖“一河（湖）一策”。指导广州南岗河“示范河湖”、幸福河湖建设，助推流域经济社会高质量发展。（姜沛）

2. 河湖管理督查

（1）组织开展2022年度河湖长制落实情况监督检查。2022年7—11月，珠江委派出20个工作组91人次，完成对云南、广西、广东、海南4省（自治区）20个县级行政区域的12个县级河湖长、20个县级河长办以及120个河段（湖片）的监督检查，全覆盖复查了2021年度检查发现的问题，共发现各类河湖问题57个，通过河湖管理督查系统下发，严促地方按时完成问题整改。（韩亚鑫）

（2）全面开展妨碍河道行洪突出问题排查整治。2022年2—4月，派出32个工作组，对西江、北江、东江干流，珠江河口及三角洲主干河道等流域重要行洪通道开展全覆盖排查，核查总长度约1 500km，共排查出妨碍河道行洪突出问题251个。持续指导督促流域片8省（自治区）开展全面排查整治，在主汛期来临前全面完成阻水严重问题清理整治，有力保障流域重要河道行洪通畅。（陈龙）

（3）开展2022年河湖长制工作评价赋分。根据水利部授权，发挥考核“指挥棒”作用，按照流域治理管理工作情况，严格对流域片8省（自治区）2022年河湖长制及河湖管护工作赋分，并将评价结果作为2022年国务院河湖长制督查激励的重要依据。（姜沛）

3. 推进河湖“清四乱”常态化规范化

（1）指导督促河湖“四乱”问题整改。指导地方完成2021年河湖管理督查、进驻式督查发现的331个“四乱”问题整改，逐一现场复核已整改问题，发文督办久拖不改、整改不力问题，推动问题按时真改实改。组织对流域内群众举报、媒体曝光的河湖问题进行现场核查，指导推动问题整改，及时回应社会关注、群众关切。（韩亚鑫）

（2）强力督导西江干流梧州段网箱养殖完成全面清拆。立足流域防洪安全大局，压紧压实相关河长和属地责任。16次赴现场明察暗访，建立“日报告、周调度、旬核查”工作机制，在主汛期前全面完成46万m^2非法网箱养殖清拆工作，防范化解重大防洪风险隐患。（张中元）

（3）组织开展河湖遥感影像解译工作。完成流域片3 557条总长9.4万km河流遥感影像解译工作，解译疑似河湖“四乱”图斑约16万个。运用解译图斑推进河湖“清四乱”，提高河湖监管数字化、网络化、智能化水平。（袁丹）

【水资源保护】

1. 取水许可　完成环北部湾广东水资源配置工程、广西平陆运河等重大工程规划水资源论证审查和取水许可审批。完成水资源论证报告书审查15项、取水许可审批16项、延续取水许可审批19项、取水设施核验8项，新发放取水许可证16套。制定印发《珠江委取水许可事中事后监管工作实施方案》，建立“2+3+2+9”监管体系，健全完善取水许可监管“两项清单”“两个数据库”。依法查处超许可取水4项，抽取26个重点监管对象开展取水许可事中事后监管，针对发现问题依法依规推进问题整改。（伍丽丽）

2. 跨省河流水量调度　完成西江流域水资源调度方案，2022年9月获水利部批复，印发六硐河、谷拉河、黄华河3条跨省河流水资源调度方案，编制郁江流域水资源调度方案。下达东江、北江、韩江、柳江、黄泥河、北盘江、西江（含六硐河、谷拉河、黄华河）10条跨省河流年度水资源调度计划并监督实施。针对韩江遭遇60年来最严重旱情，2022年上半年下达6份调度指令，下半年制定下达韩江流域枯水期水量调度方案，启动第4次韩江流域枯水期水量调度，有效保障流域供用水安全。针对西江梧州一度跌破生态基流、北盘江大渡口断面部分时段流量不达标情况，下达动态调度指令，严守供水安全和生态安全底线。（汝向文）

3. 取用水管理专项整治行动　全面完成取用水管理专项整治行动核查登记、整改提升任务，完成72个直管河道外用水取水项目“回头看”自查自纠。结合2022年水资源管理监督检查，完成云南、广西、广东、海南4省（自治区）20个县（市、区）200个取水项目专项整治行动“回头看”抽查检查，督促各省（自治区）推进问题整改。累计登记流域片取水口56 238个，建立珠江流域取水口“一张图”和取用水管理“一本账”，全面摸清取用水管理家底。（伍丽丽）

4. 最严格水资源管理制度考核　完成云南、贵州、广西、广东、海南5省（自治区）2021年度用水总量核算成果、水资源量评价成果技术复核，完成15个水量分配断面、53个生态流量断面、3 629个重点取水口考核评价，逐一甄别确认问题。完成2022年度云南、广西、广东、海南4省（自治区）20个县（市、区）的区域取用水管控、200个取水项目取用水监管情况检查、60个项目水资源论证和取水许可审批情况抽查。（伍丽丽）

5. 水资源刚性约束　指导广西、广东、海南完成地下水管控指标确定并经省级人民政府批准印发实施，指导云南完成多轮成果修改与审查。科学制定有关县级行政单元地下水取水总量、地下水水位控制指标和地下水管理指标，流域地下水刚性约束指标体系初步建立。（罗昊）

6. 节水行动

（1）实施国家节水行动。组织实施珠江流域国家节水行动，督促流域省（自治区）“十四五”用水总量和强度双控指标分解到市、县，推动流域省（自治区）全部出台省级“十四五”节水规划，全面建成水利行业节水型单位，建成23个节水教育基地，15所高校入选全国节水型高校建设典型案例，10处灌区获评全国节水型灌区，指导流域省（自治区）完成71个县（市、区）县域节水型社会达标建设。（谭韬）

（2）落实节水型社会建设规划。制定印发《珠江委落实〈“十四五”节水型社会建设规划〉实施方案》，紧紧围绕“提意识、严约束、补短板、强科技、建机制”，提出35项任务实施计划，建立工作联系机制和动态跟踪管理模式，获中国政府网站报道。（陈春燕）

（3）县域节水型社会达标建设复核。完成流域5省（自治区）54个县（市、区）达标建设复核、96家用水单位现场核查，形成问题“一省一单”及年度复核报告报送水利部，推动流域5省（自治区）建成五批192个达标县，创建率达40%，提前超额完成国家节水行动“到2022年，南方30%以上县（区）级行政区达到节水型社会标准”的目标。探索采用卫星遥感、无人机等，完成流域5省（自治区）6个试点灌区25万亩的土地利用和种植结构类型解析，复核精度在80%以上，有效解决量化复核难题，有力支撑农业水价综合改革现场复核工作。在全国七大流域管理机构中率先印发实施《珠江流域县域节水型社会达标建设管理办法实施细则（试行）》，破解省际县域达标建设评价尺度统一难题，促进县域达标建设提质增效。

（4）用水定额管理。开展珠江流域用水定额体系研究，提出珠江流域用水定额（工业部分），推动建立流域统一、协调定额标准体系。对云南省用水定额进行量化评估，完成《云南省用水定额评估报告》报送水利部。派员参加贵州、广西省级用水定额技术审查，指导流域省级用水定额科学规范动态修订。（蓝璇）

（5）计划用水管理。开展流域相关省（自治区）计划用水制度执行情况的评估，对33个县（市、区）144家用水单位计划用水执行情况进行现场核查，督促地方严格执行计划用水制度。加强粤港澳大湾区40家国家级重点监控用水单位计划用水管理，督促指导地方对12家超计划用水单位警示提醒，并严格执行超计划累进加价制度。（蓝璇）

（6）节水评价。首次开展环北部湾广东水资源配置工程、广西平陆运河工程等重大涉水工程规划水资源论证节水评价工作，核减用水量0.62亿m^3，把好源头节水关口。立足管理职责，严格开展技术初审、现场核查，完成19宗规划和建设项目节水评价审查，建立完善节水评价工作登记台账并报送水利部。加强队伍建设，印发珠江委规划和建设项目节水评价专家名单，完成9省（自治区）15个项目节水评价监督检查，有力支撑年度最严格水资源管理制度考核。（罗承平）

（7）节水载体建设管理。中水珠江规划勘测设计有限公司和广西大藤峡水利枢纽开发有限责任公司建成节水型单位，印发珠江委水利行业节水机关、节水型单位名单，自2019年起，历时4年，珠江委全面建成水利行业节水标杆，累计创建1个全国公共机构水效领跑者、2个水利行业节水机关、4个水利行业节水型单位，有效示范带动南方地区节约用水。指导开展节约型机关建设，珠江委荣获由国家机关事务管理局、中共中央直属机关事务管理局、国家发展和改革委员会、财政部4部门联合授予的“节约型机关”称号和证书。开展节水载体复核监管，完成节水载体建设、信息登记填报检查，推动流域15 450家用水单位建成节水载体。（蓝璇）

（8）非常规水源利用管理。开展粤港澳大湾区重点地区非常规水源调查及配置试点研究，以深圳市龙华区为试点，提出非常规水源与常规水源协同配置方案，形成《粤港澳大湾区重点地区非常规水源调查及配置试点研究（2022年度）》报送水利部。指导流域省（自治区）推进再生水利用配置试点，派员参与广东、广西试点方案审查，推动流域5省（自治区）12个城市列入水利部等6部门公布的典型地区再生水利用配置试点城市名单。（谭韬）

（9）节约用水监督检查。参与制定流域相关省（自治区）“十四五”用水总量和强度双控目标，督促指导云南、广西、广东、海南将双控指标分解到市、县级行政区。开展节水考核监管，完成流域内云南、广西、广东、海南4省（自治区）20家县级水行政主管部门、64家用水单位现场检查和问题反馈，形成问题“一省一单”及检查报告报送水利部，高标准、严要求推动地方落实节水管理责任。强化落实粤港澳大湾区重点监控用水户“监控-预警-核查-通报”制度，持续完善珠江委粤港澳大湾区重点监控用水户在线监控预警系统，总结经验形成的

《全链条监管牵住“牛鼻子”》在中国水利报刊发。全覆盖收集整理流域内5省（自治区）199家国家级重点监控用水单位用水量信息，编制珠江流域国家级重点监控用水单位监管专题简报。（赵颖）

（10）节水宣传教育。制定印发《珠江委2022年“节水中国　你我同行”联合行动方案》，构建珠江委上下联动、紧密协作的节水宣传行动格局，首次开展覆盖全委上下的节水宣传联合行动，委内联动多个部门（单位），委外协同科普、党建等领域，开展节水宣传进机关、进社区、进校园等宣传活动18次，宣传范围延伸至广西、广东2省（自治区）学校师生、社区居民等3 000余人，珠江委“节水中国　你我同行”联合行动、珠江委水文局“节水宣传进社区”活动荣获水利部等10部委组织评选的2022年“节水中国　你我同行”联合行动优秀活动，珠江委荣获优秀组织单位称号。制作珠江委流域节水主题曲《节水珠江》，征集评选流域节水吉祥物，逐步打造完善珠江流域节水宣传品牌。建立珠江委《全国节约用水信息专报》报送机制，畅通节水工作下情上报的重要渠道，组织在各级平台发布转载节水宣传报道超170篇。（蓝璇）

（11）基础科研。开展水资源刚性约束制度（节约用水）考核体系研究，从节水导向性、可操作性和应用频率三个维度对现行节水考核指标进行综合加权打分，提出了根据区域现状节水水平进行差异赋分的考核方式，助推水资源刚性约束制度建设。

（谭韬）

7. 生态流量监管

（1）生态流量管理。印发《六硐河（含曹渡河）等9条重点河流生态流量保障实施方案（试行）》，完成珠江流域片相关省（自治区）75个重点河湖生态流量目标复核。印发《珠江流域片已建水利水电工程生态流量核定与保障先行先试工作方案》。将生态流量保障目标纳入调度方案和年度调度计划，已实施调度的北盘江等6条跨省河流生态流量目标保障率均达到90%以上。实时监控河湖生态流量目标达标情况，针对长治、大渡口、缸瓦窑等主要控制断面部分时段目标流量难以保障的问题，多次实地调研，开展保障方案专题研究。（王丽）

（2）生态流量监测预警。制定印发《珠江委落实全国重点河湖生态流量监测预警分工方案》，建立生态流量“短信日报＋周报＋监管平台＋月报”监控预警体系，发送生态流量周报52期、月报12期，及时核查处置问题230项，为生态流量保障提供基础支撑。结合韩江雨水情中长期预测预报，开展生态流量监测预警试点研究，完成韩江生态流量月报、季报16期，推动建立科学高效的预警机制。

（罗昊）

（3）生态流量监控管理。制定印发《珠江委河湖生态流量监督管理办法》，建立生态流量“日监测、月通报、年考核”管理模式。现场调研九洲江流域生态流量保障工作，协调推进谷拉水文站升级改造。将最小下泄流量与水资源调度控制断面纳入动态监控预警，全面提升流域水资源监管能力水平。

（薛瑛）

8. 地下水管理与保护　制定印发《珠江委贯彻实施〈地下水管理条例〉工作方案》，提出严格地下水取用水总量、水位“双控”管理，逐步实现难以更新的地下水全面禁止开采，加快新一轮地下水超采区和禁、限采区划定，加强地下水开发利用监管及超采治理，推进地下水动态监测及信息共享等34项具体措施，系统加强珠江流域地下水管理，切实保障地下水安全和可持续利用。从严开展地下水禁限采区管理监督检查，现场核查60个地下水机井，推动深入落实最严格水资源管理制度。（赵颖）

9. 科技成果　2022年，在水资源保护领域荣获省部级科技奖3项，授权国家发明专利4项，1项成果被列入水利部成熟适用水利科技成果推广清单。“强扰动下珠江河口演变机制与治理关键技术”获大禹水利科学技术奖二等奖，“梯级水电站洪水预报关键技术研究与应用”获中国大坝工程学会科技进步奖二等奖，“南方暴雨洪涝灾害防控关键技术研发与应用”获广东省科学技术奖二等奖。“城市雨水排水改造式一体化管道泵”“城市雨水排水增管式一体化管道泵”“城市雨水排水前池出口一体化管道泵”获国家发明专利。“洪水实时模拟与洪灾动态评估技术”被列入水利部成熟适用水利科技成果推广清单。

（王智慧）

【水域岸线管理保护】

1. 水域岸线空间分区分类管控　严格落实《珠江—西江经济带岸线保护与利用规划》，指导云南、广东、海南等省开展重要河湖岸线保护与利用规划编制和实施工作，流域重要河湖规划岸线保护区、保留区比例总体达60%以上。（叶荣辉）

2. 河湖管理范围划定　指导督促流域片8省（自治区）完成第一次水利普查名录内河湖管理范围划定工作。组织开展河湖划界成果抽查复核，对2020年、2021年检查发现的3 629个问题进行“回头看”。全覆盖复核流域片省界、省际河湖划界成果，跟踪指导检查发现的5 326个问题整改。

（陈龙）

3. 河道采砂监督管理 严格落实《珠江流域重要河段河道采砂管理规划（2021—2025 年）》，指导地方开展柳江航道等工程疏浚砂综合利用。指导督促地方深入开展河道非法采砂专项整治行动。不定期开展暗访检查，2022 年共出动 228 人次，巡查河道 1 125km，排查整治河道管理范围内的非法采砂场 27 个，流域河道采砂秩序持续向好。（阮启明）

4. 涉河建设项目管理

（1）指导推进重点涉河建设项目前期工作。统筹发展与安全，指导推进香港应急医院临时栈桥，肇庆悦城、长岗、九市码头，惠州东江特大桥，来宾莆田作业区等重点涉河建设项目前期工作，助力地方稳经济、促发展。（叶荣辉）

（2）严格依法依规审批涉河建设项目。严格按照水利部授权，遵循确有必要、无法避让、确保安全的原则，依法依规审批涉河建设项目，2022 年共受理涉河建设项目水行政许可申请 91 宗，出具许可 58 宗。（黄小兵）

（3）强化涉河建设项目事中事后监管。依法依规强化涉河建设项目事中事后监管，制定印发事中事后监管实施方案。2022 年组织完成西江、北江、东江等流域重要河道及潖江蓄滞洪区共 25 个涉河建设项目现场测量复核。（顾春旭）

（4）强化涉河建设项目信息化管理。制作珠江委审批权限范围图册，结合珠江“水利一张图”，推动河湖管理范围划定成果、已批复涉河建设项目、河湖岸线功能分区成果、采砂管理规划分区成果上图入库，支撑数字孪生流域建设。（窦建磊）

【水污染防治】

1. 污染防治攻坚战 为深入打好污染防治攻坚战，制定印发落实《水利部贯彻落实〈中共中央、国务院关于深入打好污染防治攻坚战的意见〉实施方案》分工方案，梳理形成 30 项工作任务清单。着重推动实施国家节水行动，推进县域节水型社会建设，加强重点河湖生态流量保障和监管，强化饮用水水源监督管理，开展水量水质水生态监测评价等重点难点任务落地。（罗欢）

2. 生态环境突出问题整改督导 强力推进杞麓湖水体污染问题整改工作，制定印发督导工作方案，组织开展实地调研帮扶 3 次、水质监督性监测 5 期、无人机航拍核查 2 期；每双数月月底向水利部报送工作进展材料，完成报部调研报告和工作总结 3 份；建立技术帮扶机制，针对地方提出的问题困难开展专题研究，及时反馈解决方案书面材料，指导地方从严从实落实整改要求。（罗昊）

3. 协作机制 珠江委与生态环境部珠江流域南海海域生态环境监督管理局充分利用珠江流域跨省河流突发水污染事件联防联控协作机制，积极落实江河湖海清漂专项行动方案，加强生态环境应急和跨省联防联控，就信息通报、应急协作、联合执法等深化合作。（罗昊）

4. 突发水污染事件应对 制定印发《珠江委应对流域重大突发水污染事件实施办法》，根据职责授权明确任务、规范流程。及时核查贵州小黄泥河、广西乐里河突发水污染事件 2 项，开展应急监测 7 期，完成报部材料 6 份。历时 5 个月，全程跟进小黄泥河水污染事件，每日向水利部报送治理进展，确保事件得到妥善处置。（薛瑛）

【水环境治理】

1. 重要水源地名录复核 组织开展珠江流域重要饮用水水源地名录摸查，商各省级水行政主管部门复核完善名录信息，初步建立珠江流域覆盖向建制市和县城供水的 364 个重要集中式饮用水水源地名录。结合地方需求和实际，提出流域全国重要饮用水水源地名录调整建议报送水利部，针对调整后的重要水源地选取 30% 开展安全评估，夯实流域水源地保护管理基础。（薛瑛 崔凡）

2. 饮用水水源地安全评估 2022 年，珠江委共完成珠江流域片 30 个全国重要饮用水水源地安全保障达标建设评估，派出 18 个工作组 54 人次赴云南、贵州、广西、广东、海南 5 省（自治区）18 个水源地开展现场检查，对流域 12 个水源地进行资料核查。2022 年度新增核查水源地漂浮塑料垃圾治理情况，重点检查疫情防控期间饮用水水源管护、供水安全保障和应急防控措施等。经综合评估，2022 年度抽查的各水源地安全保障达标建设情况总体较好，评估结果为“优”等级水源地占比 100%，各水源地供水保证率均达到 95%以上。

（张舒 罗昊）

3. 饮用水水源监督性监测 珠江委选取受旱情影响、对港澳供水及历年检查存在问题的 13 个水源地，按照“遥感宏观判别—无人机巡航排查—人工定点监测”监督性监测技术体系，于 2022 年 7—9 月（丰水期）和 2022 年 10—12 月（枯水期）开展 2 期饮用水水源监督性监测，共完成遥感影像解译 58 景、无人机筛查 40 航次、人工采样监测 32 点位次、水质指标 17 项，建立模型进行水质遥感反演。排查发现疑似风险源 58 处，经无人机巡航筛查复核确认风险源 11 处，主要为农业种植、无关建设项目、水质较差的入河（库）沟渠等。（刘寒青 罗昊）

4. 重点水域水生态监测与评价　珠江委组织云南、广西、广东、江西等省（自治区）水文部门在珠江流域内选取东江、西江、谷拉河、珠江三角洲、杞麓湖、抚仙湖、青狮潭水库、大王滩水库、苏烟水库以及广东省内161座水库布设213个监测点位，开展珠江流域重点水域水生态监测与评价工作，监测指标16个，获取数据近700组。

（翁士创　崔凡　谭细畅）

5. 地下水超采治理

（1）地下水超采区划定。率先全面完成流域相关8省（自治区）新一轮地下水超采区划定成果复核，形成复核意见报送水利部，入选水资源监管信息动态，推动珠江流域作为全国样板率先审查。

（张宛宛）

（2）地下水动态评价。珠江委试点编制珠江流域重点区域地下水水位变化季报4期，对广西北海、南宁、广东湛江和海南儋州等重点地市地下水超采区和一般区域地下水水位变化进行动态评估，为科学实施地下水超采治理提供基础支撑。（张舒）

（3）地下水超采治理督导。指导督促湛江、北海落实地下水超采治理措施，成效经验在《中国水利报》头版刊发。推动实施北部湾地区重点区域地下水超采治理与保护方案，2022年12月，湛江市赤坎区、霞山区深层承压水超采区平均地下水水位较2021年同期上升2.41m，硇洲岛浅层地下水超采区上升1.78m；北海市海城区、禾塘村、合浦县城区浅层地下水超采区上升0.25m，北部湾地区地下水超采区水位全面回升。（薛瑛　罗昊）

【水生态修复】

1. 复苏河湖生态环境　制定印发《珠江委“十四五”时期复苏河湖生态环境实施分工方案》，明确总体目标和工作要求，确定保障河湖生态流量、加强河湖保护、加快地下水超采区治理、科学推进水土流失综合治理等主要实施内容，强化复苏河湖生态环境顶层设计。开展粤港澳大湾区河湖水生态保护与修复技术研究，构建适宜大湾区的水生态保护与修复关键技术体系，形成河湖水生态保护与修复技术清单，着力提升大湾区生态保护治理能力。

（薛瑛）

2. 生物多样性保护

（1）指导推进红水河珍稀鱼类保育中心（简称“保育中心”）建设取得突破性进展，会同广西壮族自治区人民政府成功召开保育中心运行管理工作协调会。保育中心集鱼类繁殖、保育、救护和水生态修复、监测、研究能力于一身，作为国内首个由政府搭建、企业参与、梯级运营、流域管理的流域水生态保护公益机构，致力打造国内外领先的珍稀鱼类繁育及水生态保护修复交流合作平台，全面助力流域生态文明建设。

（赵颖）

（2）2022年，大藤峡鱼类增殖放流站、来宾市红水河珍稀鱼类增殖保护站、落久水利枢纽鱼类增殖站和高陂水利枢纽鱼类增殖站陆续攻关长臀鮠、暗色唇鲮、倒刺鲃、光倒刺鲃、三角鲂、侧条光唇鱼、北江光唇鱼及间鲻人工繁育技术，共开展7次鱼类放流活动，累计放流自主繁育流域特色鱼类109万尾、四大家鱼285万尾。（吴慧英）

3. 水土流失治理

（1）水土保持重点工程监督检查。2022年8—9月，组成4个督查组对云南、广西、广东、海南4省（自治区）2022年度国家水土保持重点工程建设情况进行了监督检查，随机抽取了11个国家水土保持重点工程，通过现场检查、查阅资料、座谈交流等方式，全面了解了4省（自治区）国家水土保持重点工程建设情况，重点对中央投资执行进度和任务完成情况进行了督导，并以“一省一单”方式向省级水行政主管部门印发整改意见，有效推动工程进展，提升国家水土保持重点工程建设管理水平。

（2）水土保持预防监督管理。发布2021年珠江流域部管生产建设项目水土保持方案实施情况公告。开展了生产建设项目监督检查10个批次，检查了14个生产建设项目，其中开展跟踪检查12个项目、验收核查2个项目；对14个项目开展书面检查；督促15个项目开展自主验收工作，其中5个项目已完成水土保持设施自主验收。派出4个督查组，通过查阅资料、现场抽查、座谈交流等方式对云南、广西、广东、海南4省（自治区）2022年度生产建设项目水土保持监督管理情况进行督查。

（3）水土保持监测。完成珠江流域片5个国家级水土流失重点防治区、92个县（市、区）共24.76万km^2的监测工作，同时完成整个珠江流域片65.38万km^2的监测成果汇总工作，全面掌握国家级重点防治区和珠江流域片水土流失面积、强度和动态变化情况。2022年8—10月，全面完成广东、四川、重庆、江西和湖南5省（直辖市）的省级监测区水土流失动态监测成果抽查和复核工作，累计抽查了38个县的8 000余个图斑，复核22个县，面积4.36万km^2，形成抽查和复核意见以“一省一单”印发5省（直辖市）水利厅（局），并抄送水利部水土保持监测中心。（谢莉）

4. 科技成果　2022年，珠江委在水生态修复领域荣获省部级科技奖3项，授权国家发明专利3项。

“城市河湖污染底泥处理与资源化利用关键技术及应用”获中国产学研创新与促进奖产学研合作创新成果奖一等奖，“横县宝华江生态清洁型小流域综合治理项目实施方案”获广西水土保持学会科学技术奖二等奖，“南宁市沙江河流域综合整治PPP项目水土保持方案报告书”获广西水土保持学会科学技术奖三等奖。“一种河道治理用清淤装置”“一种河道岸坡用生态修复结构”“用于河道治理的河道净化屏障”获国家发明专利。（王智慧）

【执法监管】

1. 流域立法及政策研究　持续推进《珠江水量调度条例》立法工作，组织开展湖库管理立法调研并编制完成《珠江流域跨省水库库区管理办法（草案）》，编制完成《韩江流域保护管理办法（草案）》并征求韩江流域福建、江西、广东3省水利厅意见，达成立法共识。为强化体制机制法制管理，加快破解执法中存在的体制机制障碍，推动新阶段水利高质量发展，组织完成《珠江流域水行政执法体制机制研究报告》。开展《水法》《防洪法》实施情况总结，围绕《水法》《防洪法》多年来贯彻落实情况进行全面系统的总结，结合珠江流域管理实际情况，为《水法》《防洪法》进一步修编提出合理化建议。（严黎）

2. 执法机制建设　分别联合广东、云南、贵州3省检察院和水利厅出台关于水行政执法与检察公益诉讼协作机制的实施细则，率先在省级层面建立“水行政执法+检察公益诉讼”协作机制。（朱晓波）

3. 水法规宣传　在“世界水日”“中国水周”等重要时间节点，开展形式多样的普法宣传活动；采取线上线下联动宣传方式，广泛宣传水行政执法与检察公益诉讼协作意义及成效。组织开展《反有组织犯罪法》宣贯暨预防职务犯罪法制讲座，增强全委干部职工的风险防范意识和纪律规矩意识。运用广东省国家工作人员学法考试系统，组织开展全委干部职工年度学法考试；组织开展《地下水管理条例》《习近平法治思想学习纲要》宣贯及网络答题活动，珠江委在2项网络答题活动中均获优秀组织奖。依托百色、大藤峡水利枢纽工程，开展水利法治宣传教育基地建设，推动普法工作创新；组织开展年度普法检查，推动珠江委第八个五年水利法治宣传教育工作落到实处。（严黎）

4. 执法队伍建设　组织开展水政执法业务培训及首次申领水政监察证件人员资格考试，完成水政监察证件年度审验，调整注销水政监察人员2名，充实兼职水政监察人员16名，组织开展水政基建（三期）年度建设任务，开展体制机制法制管理装备方面自身能力建设规划（2023—2025年）编制工作。（马灿）

5. 专项执法行动　圆满完成防汛保安专项执法行动、侵占河湖行为专项执法行动任务，推动万峰湖库区水行政执法专项行动后续问题整改。推动1 629个问题落实整改，175起案件依法办结，挂牌督办案件3起，清除万峰湖库区非法占用水域面积约25万m^2，依法严厉打击妨碍河道行洪、影响水库大坝等防洪工程安全的违法行为，整治群众反映强烈的侵占河湖突出问题，确保防洪安全。（向家平）

6. 日常河湖巡查　积极组织开展日常河湖巡查。2022年，珠江委共出动执法人员551人次、车辆180车次、船只17航次，共巡查河道长度22 041.7km、水域面积9 982km^2、监管对象1 150个，现场制止违法行为1次。（黎嘉）

7. 水事违法行为监管　立案查处华润电力（贺州）有限公司超许可取水案，对广州市自来水有限公司、广州中电荔新热电有限公司进行约谈，依法规范取用水行为，增强当事人守法意识，起到警示效应。（向家平）

8. 水事纠纷调处　组织流域各省（自治区）水行政主管部门开展水事纠纷集中排查，对赣粤边界定南县境内5处水事纠纷疑似隐患点进行现场排查，并督促有关水行政主管部门对排查发现的问题进行整改，及时消除水事矛盾纠纷隐患，维护省际边界地区社会稳定和谐。（马灿）

9. 水行政执法监督　组织开展珠江流域水行政执法监督工作，主动对接广东省司法厅对珠江委自查工作进行指导监督，组织对广西、广东、福建、海南省（自治区）开展疑似涉河违法违规问题线索遥感排查，共排查出疑似问题线索1 640处，对有关省（自治区）近年来办理的33起案件进行抽查复核，推动严格规范公正文明执法。（向家平）

10. 科技成果　2022年，立项主编《水域岸线水政监察遥感辅助取证分析技术导则》，主要包括对水政监察遥感辅助取证分析对象、技术流程、方法及成果等内容，可规范遥感辅助取证分析作业流程，提高水政监察工作效率。（王智慧）

【水文化建设】

1. 水文化建设　制定印发《珠江委“十四五”水文化建设实施方案》，提出13项重点任务，加强水文化成果展示和宣传。运营维护好珠江水利公众开放区，丰富完善版面内容，制作网上“云展厅”。百色水利枢纽工程围绕“右江河谷明珠”定位，以

水文化教育为主线，大力提升工程水文化内涵，成功入选第四届水工程与水文化有机融合案例。珠江水利科学研究院里水试验基地、大藤峡水利枢纽工程积极发挥水利科普主阵地作用，成功入选2021—2025年第一批全国科普教育基地。

2. 水事专题　聚焦防大汛、抗大旱、粤港澳大湾区水安全保障、重大水利工程建设等重点工作，及时滚动发布新闻通稿，全力配合做好媒体报道。央视《焦点访谈》推出特别节目《迎战“龙舟水”》《兴水利　守安澜》，《经济半小时》推出《水利建设按下“快进键”》等，2022年在新闻媒体发稿554篇，同比增长100%。深入复盘总结，出版《迎战珠江流域罕见水旱灾害纪实——上册・防洪篇》《迎战珠江流域罕见水旱灾害纪实——下册・抗旱篇》2本专著，推出《中国水利》杂志《2022年珠江防洪启示特刊》，为水旱灾害防御工作提供借鉴参考。支持配合中央和地方媒体推出《江河奔腾看中国》直播特别节目和专题报道，梳理提供云南抚仙湖、广西漓江、广西大藤峡、广东茅洲河等鲜活素材，报送防汛抗旱、水风光等视频40余个，制作流域水系、三江汇流等多个动画。央视直播节目引起热烈反响，《人民日报》《经济日报》《光明日报》等刊登整版图文报道，珠江传播热度位居全国前三，有力提升了江河影响力。（吴怡蓉　黄丽婷）

3. 水情教育　出版发行《灵秀珠江》科普读本，图文并茂地展示珠江水自然、水科学、水人文等亮点；开展水情科普进校园活动、节水护水进社区活动，走进华南师范大学校园开设珠江水利科普展，在珠江委家属大院社区开展节水护水宣传；联合信息时报策划展开节水主题采访活动，截至2022年12月底，珠江水利公众开放区已接待广州市中小学生、广东省科学技术厅等各类涉水行业团体及个人累计上百批次、上千人次参观访问。百色水利枢纽工程建成以枢纽工程设施、库区为主体的教育展示场所和专题教育场馆，并成功入选第五批国家水情教育基地。（黄丽婷　李泽华）

4. 水利科普　2022年，完成水利科普重点工作顶层设计，编制印发《珠江委“十四五”水利科普重点工作分工实施方案》。策划全国科技活动周系列活动11项、全国科普日系列活动13项，共发布新闻报道69篇，活动参与人数超15万人次，影响力持续提升。创新开展珠江水利科普走进华南师范大学系列活动，作为全国科普活动日水利主场活动之一，珠江委与水利部科普主场进行了现场连线，珠江水利科普展在华南师范大学图书馆展出1个月，吸引了约 2 000 名师生到场参观，学生讲解员为9场122人次的主题党日或团日活动进行科普讲解，极大提高了展览的影响力。珠江水利科学研究院珠江水利科学试验基地、广西大藤峡水利枢纽开发有限责任公司成功入选全国教育科普基地。珠江委成功举办珠江委第三届科普讲解大赛，选派优秀选手参加全国水利科普讲解大赛获得佳绩，其中珠江水利科学研究院吴倩获一等奖并代表水利部参与全国科普讲解大赛，首次组织参加2022年广东省科普讲解大赛并获优秀组织奖。珠江委国际合作与科技处被中国科协授予“2022年全国科普日活动优秀组织单位”荣誉称号，广西大藤峡水利枢纽开发有限责任公司主办的“‘流域一盘棋，共护水生态’科普进企业——走进大藤峡水利枢纽工程”被授予“2022年全国科普日优秀活动”荣誉称号。（王智慧）

【智慧水利建设】

1. 数字孪生流域建设

（1）涉河建设项目审批信息上图。2022年4—12月，对2010—2022年193宗珠江流域河道范围水行政许可项目资料通过属性信息收集整理、坐标转换、位置核对与校正、服务发布、“一张图”展示等工作，制作属性数据和矢量数据，发布服务并基于“一张图”展示，支撑涉河建设项目管理，提高河湖保护与管理的数字化、网络化、智能化水平。

（2）河湖管理专题“一张图”应用。2022年，基于珠江“水利一张图”，整合珠江—西江经济带岸线规划、治导线规划、采砂规划、涉河建设项目信息以及江河湖泊和水利工程数据，构建河湖管理专题，提供多底图切换、多维度查询、河网分析、缓冲区分析等多元化功能，助力实现多层级、精细化的河湖管理。（王之龙）

2. 科技成果　2022年，9项成果被列入水利先进实用技术重点推广指导目录。8项成果被列入水利部成熟适用水利科技成果推广清单。“PrpsdcBIM三维开挖辅助设计软件”“珠江流域抗旱抑咸‘四预’会商系统”“河口海岸堤防越浪高精度预报技术”“感潮河段水文测验远程智控及信息智能融合系统”“一体化全量程内涝管网雷达水位计”“珠江水情信息共享平台系统”“感潮河网区水质监测预警系统”“水利水电工程滑坡预警关键技术”“工程勘测设计智慧协同系统”被列入水利先进实用技术重点推广指导目录。“城市群复杂网智能调度技术”“多波形海浪模拟智慧模型平台”“水利工程动态监管系统V1.0”“珠江三角洲水质遥感关键技术”“基于浪潮耦合的河口海岸风暴潮预报技术”“基于边缘计算的智能识别视频监控终端”“水电机组无人智能控制设备及远程集中监控平台”“智慧灌区用水全过程监管平台”“水下地形智能勘测船”被列入水利部成熟适用水利科技成果推广清单。（王智慧）

| 松花江、辽河流域 |

【流域概况】

1. 自然地理　松辽流域地处我国东北部，行政区划包括黑龙江省、吉林省、辽宁省和内蒙古自治区东部三市一盟以及河北省承德市的一部分，流域总面积 123.5 万 km^2。流域地貌特征为西、北、东三面环山，南临黄海、渤海，中南部为广阔的辽河平原和松嫩平原，东北部为著名的三江平原，山地与平原之间为丘陵过渡地带，以河流为界，与俄罗斯、朝鲜、蒙古接壤。

2. 河流水系　松辽流域分为松花江、辽河两大水系，主要有松花江、额尔古纳河、黑龙江、乌苏里江、绥芬河、图们江、辽河、鸭绿江以及独流入海河流等。松花江有南北两源，北源嫩江发源于大兴安岭伊勒呼里山，河长 1 370km，南源第二松花江发源于长白山天池，河长 958km，两江于三岔河口汇合后称松花江干流，河长 939km，流域面积 55.5 万 km^2，流经内蒙古、黑龙江、吉林、辽宁 4 省（自治区）。辽河发源于河北省境内七老图山脉的光头山，全长 1 345km，流域面积 22.1 万 km^2，流经河北、内蒙古、吉林、辽宁 4 省（自治区）。松辽流域国境界河总长 5 200km，中国侧流域面积 39.8 万 km^2，包括额尔古纳河、黑龙江、乌苏里江、绥芬河、图们江、鸭绿江等 15 条国际河流和贝尔湖、兴凯湖、长白山天池 3 个国际界湖。独流入海河流 60 余条，流域面积 6.1 万 km^2。第一次全国水利普查流域面积 1 000km^2 以上河流有 311 条、1km^2 以上湖泊有 554 个。

3. 气候水文　松辽流域处于北纬高空盛行西风带，有明显的大陆性季风气候特点，为温带大陆性气候，春季干燥多风，夏秋温湿多雨，冬季严寒漫长，降水年际变化很大，且连续丰枯交替发生。流域多年平均水资源总量 1 953 亿 m^3，占全国水资源总量的 7%，其中地表水资源量 1 642 亿 m^3，地下水 669 亿 m^3，地表水与地下水不重复量为 311 亿 m^3。地表水可利用量为 730 亿 m^3，平原区地下水可开采量 314 亿 m^3。松辽流域人均、亩均水资源量为 1 775 m^3、348m^3，分别为全国平均值的 88% 和 24%。流域水资源时空分布不均，在时间分布上，降水主要集中在 6—9 月，多年平均降水量 300～1 200mm，2/3 水资源量为汛期径流量；在空间分布上，松花江流域相对丰富，辽河流域短缺，周边国境界河水资源量较内陆河流丰富。（侯琳）

【河湖长制工作】

1. 河湖长制组织体系　2022 年 9 月，印发《松辽委关于调整推进河长制湖长制工作领导小组组成人员的通知》（松辽人事〔2022〕202 号），调整水利部松辽水利委员会推进河长制湖长制工作领导小组成员。组织召开领导小组会议，研究提请流域省级河湖长联席会议审议议题，扎实做好松辽委推动河湖长制工作。

2. 2022 年松花江、辽河流域省级河湖长联席会议　2022 年 9 月 28 日，2022 年松花江、辽河流域省级河湖长联席会议以视频形式召开，主会场设在黑龙江省哈尔滨市，在松辽委和吉林省、辽宁省、内蒙古自治区设分会场，邀请水利部领导在北京以视频方式出席会议。联席会议召集人、黑龙江省委副书记、省长胡昌升主持会议并讲话，水利部副部长田学斌出席会议并讲话，黑龙江省、吉林省、辽宁省和内蒙古自治区政府有关负责同志分别作交流发言，松辽委主任齐玉亮汇报松辽流域河湖长制及河湖管理保护工作情况。会议审议通过了《松花江、辽河流域省级河湖长联席会议工作规则》和《松辽流域河湖岸线利用建设项目和特定活动清理整治专项行动工作方案》。

3. 松辽委与流域省级河长办协作机制发挥作用　2022 年 6 月，松辽委联合黑龙江、吉林两省河长办及有关市级河长开展嫩江、松花江干流典型省界河段巡查，对省界河段河滩地草场互换、浮桥、育秧大棚等管理问题研究提出解决措施建议，推动解决省界河段妨碍河道行洪突出问题。2022 年 9 月 20 日，松辽委组织召开松辽流域河湖长制协作机制联席会议暨松花江、辽河流域省级河湖长联席会议办公室会议，与流域内 4 省（自治区）交流河湖长制和河湖管理保护工作，研讨松花江、辽河流域省级河湖长联席会议方案及拟提请会议审议的议题，会议审议通过了《松花江、辽河流域省级河湖长联席会议办公室工作规则》。

4. 河湖长制落实情况监督检查　2022 年 8 月，松辽委组织对黑龙江省、辽宁省的 4 个地市 10 个县（市、区）开展河湖长制落实情况监督检查，现场检查了 10 个县级河长办的河湖长制工作落实情况和 10 名县级河长履职情况，实地察看了 60 个河段湖片，发现问题 29 个，并通过河湖长制督查系统下发有关

省份整改，指导督促2022年年底整改完成问题11个。配合水利部河湖中心完成了吉林省河湖长制落实情况监督检查任务。

5. 河湖长制宣传　松辽委更新维护官方网站“松辽流域全面推行河长制湖长制”专题网页，总结提炼松辽流域各省（自治区）及全国各地河湖长制工作的相关政策和经验做法，发布宣传报道100余篇，按要求向水利部推荐2个全面推行河湖长制工作典型案例。（蔡永坤　刘彬）

【水资源保护】

1. 初始水权分配　积极推动水量分配方案制定工作，霍林河流域水量分配方案获水利部批复，截至2022年年底，流域18条主要跨省江河水量分配方案已有17条获批，剩余1条河流流域水量分配方案已通过技术审查，相关审批工作持续推进。地下水管控指标确定取得重大进展，协调并参与吉林省、辽宁省、内蒙古自治区水利厅地下水管控指标技术审查，基本完成地下水管控指标确定工作。

2. 水资源刚性约束监管　完成松辽流域可用水量管控指标体系复核与分解方法研究，以吉林省为试点开展农业灌溉面积遥感监测与用水量调查核算工作，制定松辽流域水量分配和生态流量实施情况监管考核技术方案，严格区域用水总量控制。严格水资源论证和取水许可管理，2022年审批取水许可12项，新换发证20套，对5个取水项目核减水量1.09亿m^3，建立“2+3+7”取水许可事中事后监管体系，对10个委管取用水户开展了现场检查，以西辽河上游老哈河流域为重点，完成取用水管理专项整治行动“回头看”。组织完成黑龙江、吉林、辽宁3省150个取水户水资源管理现场监督检查以及45个建设项目水资源论证和取水审批情况抽查检查工作，持续规范取用水行为。

3. 生态流量管理　印发实施流域全部18条主要跨省江河生态流量保障实施方案，明确39个控制断面生态流量管控目标、责任主体。强化生态流量（水量）目标监管，按月通报生态流量及下泄水量指标达标情况，2022年累计发布嫩江、洮儿河、东辽河和音河等河流生态流量（水量）7次红色预警，持续强化生态流量保障能力与水平。基本完成流域各省（自治区）重点河湖生态流量保障目标复核工作，推动地方加快水生态文明建设。

4. 西辽河生态环境复苏　审定内蒙古《西辽河2022年水资源调度方案》，制定年度分水指标核算报告，组织做好西辽河干流脉冲式生态调度。深入开展西辽河“量水而行”现场监管，确保水量下泄，通过各方的共同努力，2022年西辽河总办窝堡断面20年来实现首次过水，干流过流长度达92km，西辽河生态环境逐渐复苏，流域生态效益初步显现。持续推进技术攻关，开展西辽河干流河道基本情况调查，及时对脉冲式调度进行复盘研究，选取典型河段分析水量沿程衰减原因；深入分析西辽河生态水文演变规律，构建西辽河生态复苏指标体系，研究确定西辽河生态复苏不同阶段的目标和标准，为进一步推进西辽河实现全线通水、生态环境复苏提供技术支撑。

5. 重要节水政策落实　对流域内各省（自治区）2021年度国家节水行动方案落实情况进行跟踪，推动落实《国家节水行动方案》，印发实施《松辽委落实“十四五”节水型社会建设规划委内任务分工方案》。

6. 节水型社会建设　完成黑龙江、吉林、辽宁3省共83个县域节水型社会达标建设复核，其中56个县域达到节水型社会建设标准。开展流域农业节水示范区建设工作，总结提炼典型经验做法，编制完成《松辽流域农业节水示范区建设情况和经验总结报告》。指导并推动委属（管）相关单位开展水利行业节水型单位建设，按时实现松辽委全面建成节水型机关（单位）目标。

7. 节约用水监督管理　组织开展黑龙江、吉林、辽宁3省2022年度节约用水监督检查，配合水利部开展年度专项检查，累计派出工作组7组次26人次，检查1个地级水行政主管部门、16个县级水行政主管部门、52家重点用水单位。指导地方推进用水定额、计划用水、重点监控用水单位规范化管理。严格实施节水评价制度，完成12个建设项目的节水评价审查和2个建设项目的取水许可工程节水验收。对吉林省用水定额进行全面、客观评估，编制完成评估报告并报送水利部。（郭映　黄旭）

【水域岸线管理保护】

1. 河湖管理范围划定　2022年10—11月，利用河湖遥感平台，抽查复核流域121个省界河湖管理范围划定成果，发现疑点问题207个，下发流域各省（自治区）核实整改，协调指导有关省（自治区）修改完善省界河湖划界成果并上传河湖遥感平台，进一步明晰省界河湖管控边界。

2. 妨碍河道行洪突出问题排查整治　共派出5组次18人次对松花江干流（三岔河口—拉林河口）、嫩江（江桥水文站—三岔河口）河段开展妨碍河道行洪突出问题排查整治重点核查，发现问题426个，督促有关省（自治区）年底完成整改销号389个。对嫩江、松花江干流等重点河段开展妨碍河道行洪突出问题重点核查及水面线复核，推动流域全面排查发现问题 2 929 个，2022 年年底完成销号 2 875 个。配合水利部对辽宁省绕阳河溃口河段日常河道管理情况复盘调研，及时跟踪辽河、太子河、浑河等妨碍河道行洪突出问题排查整治情况。会同吉林省和辽宁省水利厅河湖管理部门调研核实东辽河妨碍河道行洪情况，发现东辽河省界重点河段河道内种植林木、建设跨河桥梁等 3 个妨碍河道行洪突出问题，通过水利部碍洪排查系统下发有关省（自治区）整改，切实保障河道行洪安全。

3. 河湖“四乱”问题跟踪督导　指导内蒙古自治区河长办制定西辽河问题整改方案，西辽河省级河长、内蒙古自治区副主席艾丽华签署河长令，推动西辽河通辽市城区段重大问题和较严重问题整改。

4. 涉河建设项目管理　依法开展河道管理范围内建设项目工程建设方案审批，准予水行政许可 10 项，并按规定进行政务公开。结合涉河建设项目现场评审、河湖管理监督检查等工作，对已准予许可的 10 项涉河建设项目开展事中事后监管，监督指导建设单位按照许可要求开展项目建设。

5. 河道非法采砂专项整治行动调研　2022 年 6 月，实地查看黑龙江省齐齐哈尔市富裕县、吉林省长春市德惠市、辽宁省铁岭市开原市、内蒙古自治区呼伦贝尔市莫力达瓦达斡尔族自治旗的 6 处采砂现场，查阅专项整治行动相关资料，与相关省（自治区）水行政主管部门座谈交流，将调研发现的问题及时反馈有关地方整改，督促指导地方规范开展河道采砂管理。同时开展松花江、辽河重要河段河道采砂管理规划落实情况监督检查，确保规划约束指导作用有效发挥。

（潘望　蒋美彤）

【水污染防治】

1. 联防联控机制　组织召开流域跨省水污染联防联控会商会暨应急防控高级研讨班，总结联防联控机制建设成效，通报流域汛期水文水质预测情况，统筹推进汛期水生态环境监管和水环境安全保障工作。

2. 突发水污染事件应对　编制印发《松辽委贯彻落实〈中共中央国务院关于深入打好污染防治攻坚战的意见〉实施方案》，提出了 19 项具体落实措施、责任分工及进度安排。按照《松辽流域跨省河流突发水污染事件联防联控协作框架协议》，继续深化与生态环境部松辽流域生态环境监督管理局合作，联合开展 2022 年汛期跨省水污染联防联控会商和应急演练。采取“桌面推演＋实战演练”方式，开展突发水污染事件应急演练，分 3 批次对 5 地市 20 个重点监管尾矿库开展污染防治情况现场调研及督导帮扶。加强应急值守，发布预警信息 4 期，调度疑似突发环境事件 3 起，发布简报 1 期。

3. 入河排污口设置审批和监管执法　制定生态环境部松辽流域生态环境监督管理局入河排污口设置审批工作规程、审批权限范围，调度汇总黑龙江、吉林、辽宁 3 省落实实施意见情况和入河排污口排查整治情况。对城市黑臭水体治理成效调查及线索进行核实，现场核查 36 条县级以上城市黑臭水体。对黑龙江、吉林、辽宁 3 省 10 个重点工业园区水污染防治工作开展监督检查，对违法行为予以反馈并跟踪督办，对生态环境部 2 个挂牌督办问题和 3 个督办问题开展现场复核。对黑龙江流域、兴凯湖流域、鸭绿江干流中上游段等国际河流水生态环境保护情况开展调研检查和监督检查。组织开展哈达山、新立城水库水源地调研和重要水功能区水质达标评估工作。

4. 流域水质巡查　制定《2022 年松辽流域水质巡查工作方案》，共派出 6 个工作组对黑龙江、吉林、辽宁 3 省 8 地市 411 个点位开展水质巡查，发现 8 大类 40 个违法线索，向有关地方反馈。紧盯问题整改，开展“回头看”，对措施到位、整改到位的问题予以销号。

5. 水生态环境形势分析和溯源独立调查　制定印发《水生态环境形势分析会商工作办法》和《水生态环境问题溯源调查工作指南》，按月研判流域水生态环境形势，完成 13 个国控断面溯源独立调查和现场复核工作，发现突出水生态环境问题 36 个，向有关地方反馈并持续跟踪，根据复核情况提出断面销号建议。分析辽河流域 23 条入海河流总氮浓度变化情况，对小凌河流域开展典型性分析。开展流域汛期水生态环境变化规律研究，梳理总结地方汛期污染强度管控经验做法。

（黄旭　杜超）

【水环境治理】

1. 饮用水水源地监管　开展 2022 年度松辽流域全国重要饮用水水源地安全保障达标建设抽查评估工作，累计派出检查组 7 组次 21 人次，现场抽查流域内 16 个全国重要饮用水水源地。以现场抽查工作为基础，对水量、水质、监控及管理共四方面 25 项指标建设情况进行评估，分析存在的问题，列出问题清单，提出工作建议，编制完成松辽流域全国重要饮用水水源地安全保障达标建设年度抽查评估报告并上报水利部，实现第二轮流域抽查评估全覆盖。

对4个县级及以上水源地规范化建设、8个乡镇级水源地“划、立、治”情况开展监督检查。

2. 生态环境保护督导　按月调度地方工作进展，夏季开展现场督导，生态环境部松辽流域生态环境监督管理局会同生态环境部相关司局、单位完成呼伦湖水华专项督导，指导地方做好水华防控和预警应急有关工作。制定印发工作方案，组织完成重点湖泊水生态环境现状调查评估工作。

3. 东辽河流域水环境治理　对东辽河流域水生态环境综合治理项目、水源地保护等情况开展巡查，并将发现的6大类突出问题向有关地方反馈。开展东辽河岸线开发生态环境监管工作，2022年，东辽河流域14个国考断面全部优于Ⅳ类，达到或好于Ⅲ类水质断面占比85.7%，同比增加7.1个百分点。

（黄旭　杜超）

【水生态修复】

1. 地下水超采治理　推动流域新一轮地下水超采区划定工作，完成流域4省（自治区）地下水超采区划定成果复核和《松花江区地下水超采区划定报告》《辽河区地下水超采区划定报告》初稿编制，并将成果报告和复核意见上报水利部。开展黑龙江省三江平原地下水超采治理情况调研，了解有关工作开展情况、取得成效及存在问题，指导加快推进实施重点区域地下水超采治理工作。

2. 地下水监管　开展黑龙江、吉林、辽宁3省地下水禁限采区管理监督检查，抽查5个县（市、区）水行政主管部门地下水禁限采区管理情况和90眼机井关停情况，编制监督检查报告并上报水利部。开展2022年度流域平原区地下水水位动态评估工作，编制完成3期松辽流域平原区地下水水位动态，为加强地下水管理提供支撑。发挥水行政执法作用，配合有关部门开展地下水专项执法行动，对各省（自治区）案件台账中的部分案件开展抽查复核和现场检查，并向相关水行政主管部门反馈检查情况。

3. 母亲河复苏行动　根据水利部部署，启动松辽流域母亲河复苏行动，明确责任分工与进度安排，建立相关工作机制和联系机制，将相应工作成果上报水利部。开展西辽河流域地下水人工调蓄及回补关键问题研究，探索研究西辽河流域地下水超采治理的人工补水等关键问题，促进西辽河水生态治理修复。

4. 水生态修复基础性工作　开展部分地表水国控断面例行监测，完成水生态环境问题调查、汛期水质巡查、黑臭水体调查等77批次1 400余个样品的采样和检测，出具检测数据2.6万余个。组织完成132个国家地下水考核点位丰水期、枯水期监测工作，开展8轮次现场质量监督检查和27个样品比对实验。完成流域86个水生态点位样品采集、筛分和鉴定工作，编制松花江、辽河2个流域水生态状况调查监测报告。完成9个水质自动站看护工作，审核采测分离数据和自动站数据10万余个，编制松花江流域、辽河流域地表水水质月报。制定印发《松辽流域局规划督导工作方案》，组织召开2022年度松花江、辽河流域水生态环境保护“十四五”规划实施情况调度会，推进规划落地实施。对流域水生态环境保护重点难点工作开展调研。

5. 水土流失综合治理　组织编制《松辽流域水土保持规划任务书》并通过水利部审查。完成东北黑土区全域108.75万km^2的侵蚀沟调查，并将调查成果审查后报送水利部。开展黑龙江、吉林、辽宁3省国家水土保持重点工程调度及督查，督促调度信息填报和投资计划执行，督查7个县（市、区）的16个项目重点工程实施，发现问题59个，督促立行立改问题36个，印发“一省一单”整改意见。开展东北黑土区小流域综合治理技术指南、小流域治理分类分级指标确定研究，形成成果报告。

6. 水土流失监督监测　对部批生产建设项目进行全链条全覆盖监管，其中现场检查7个，无人机技术核查12个，“互联网＋监管”1个，书面检查37个。推进新建辽宁营口民用机场等7个项目完成自主验收报备，现场验收核查新建五大连池民用机场等3个项目。完成黑龙江、吉林、辽宁3省生产建设项目水土保持监管履职督查，共抽查12个省、市、县批生产建设项目和30个遥感监管认定查处项目，印发“一省一单”整改意见。完成中交营口LNG接收站等7个生产建设项目征求流域机构意见反馈。印发《松辽流域生产建设项目业主单位依法依规应开展的水土保持工作事项》。发布《2021年松辽流域部管生产建设项目水土保持方案实施情况公告》。组织完成东北漫川漫岗、大兴安岭东麓、西辽河大凌河中上游3个国家级重点治理区和呼伦贝尔、长白山、大小兴安岭3个国家级重点预防区的水土流失动态监测，涉及167个县（市、区）共88.77万km^2。汇总松辽流域水土流失动态监测成果，完成松辽流域、东北黑土区、大小兴安岭森林等5个生态功能区以及松花江及辽河上中下游、东辽河等6条主要支流的水土流失动态监测成果分析评价。抽查天津、黑龙江、辽宁3省（直辖市）的省级动态监测遥感解译和专题信息提取成果，复核动态监测成果。开展松辽委“水利一张图”水土保持专题建设。选择黑龙江省海伦市前进镇约 5km^2 范围、光荣小流域、吉林省中部城市引松供水工程开展流域水土保持 L2 级数据底板建设试点。

（黄旭　杜超　钱佳洋）

【执法监管】

1. 队伍建设　组织全委水政监察人员参加水利部举办的水行政执法人员依法行政线上培训，举办松辽委 2022 年依法行政培训班，邀请有关领域专家重点对黑土地保护相关法律法规、行政处罚法修改新旧对比等内容进行授课与解读，共计 200 余人参加培训。组织开展水政监察执法人员清理工作，完成年度新办水政监察证件人员的资格考试和证件申报，以及离岗和退休人员的证件注销等工作。

2. 执法监管　加强执法巡查力度，2022 年共计巡查河道 3 927km，巡查水域面积 455km^2，巡查监管对象 116 个，出动执法人员 531 人次、车辆 133 台次、船只 2 航次，现场制止违法行为 8 次，切实维护松辽流域水事秩序。组织对流域内 4 省（自治区）开展防汛保安和地下水超采治理专项执法行动监督检查，共检查 6 个地级市、6 个县（市、区），抽查复核执法案卷 31 份，将检查发现的问题及时反馈确认，并提出整改意见，对黑龙江省和辽宁省共 8 个重大水事违法案件挂牌督办。

3. 执法机制建设　贯彻最高人民检察院、水利部联合出台的《关于建立健全水行政执法与检察公益诉讼协作机制的意见》，同吉林省人民检察院、吉林省水利厅共同签订《关于建立水行政执法与检察公益诉讼协作机制的实施意见（合作协议）》，指导推动松辽委察尔森水库管理局与科右前旗人民检察院建立检察公益诉讼协作机制。

4. 法制宣传　严格落实“谁执法谁普法”普法责任制，组织制定《水利部松辽水利委员会法治宣传教育第八个五年规划重要举措委内分工方案》，将法治宣传教育作为强化流域水法治建设的重要手段。利用网上答题等形式广泛开展“世界水日”“中国水周”主题宣传、全民国家安全教育日及“宪法宣传周”普法宣传活动，扎实做好水法治宣传教育工作，切实增强松辽流域水法治意识和水法治观念，为推进新阶段水利高质量发展营造良好法治氛围。

（张鹤）

【水文化建设】

1. 水文化宣传　发挥松辽委官方网站、微信公众号等新媒体平台宣传效用，建成松辽委官方微信矩阵，进一步丰富水文化宣传阵地。以“世界水日”“中国水周”等时间节点为宣传契机，组织志愿者开展水利科普宣传公益活动。联合吉林省水利厅、教育厅举办“守护生命之源　节水延续未来”中小学师生公益短视频征集展示活动，收到投稿作品 500 余个，对十佳作品开展进校园、进地铁等系列宣传展示活动。

2. 水利精神文明建设　不断强化对松辽流域水文化的调研、挖掘和总结，多角度、多层次开展水文化理论研究。持续推进“关爱山川河流”志愿服务行动，开展“战疫情我先行”专项行动。举办喜迎党的二十大主题演讲比赛和“我学我讲新思想”松辽青年理论宣讲，选送的《贯彻水利新发展理念　擘画智慧松辽新蓝图》荣获评水利部水利青年理论宣讲活动“优秀课程”。组织申报的《水润农家　松辽足迹》作品，获第一届“水润农家”短视频征集活动三等奖。

3. 水利工程文化研学　依托察尔森水库国家水利风景区自然人文资源，推出以“知行察尔森水库”为主题的研学课程，策划科普研学主题线路，开展科普惠民活动，累计接待游客 500 余人。参加黑龙江省齐齐哈尔市“中国品牌日”活动，对纳文湖风景区进行宣传展示，推广“景区＋研学”旅游项目，有效提高品牌知名度。

（李冰）

【智慧水利建设】

1. 河湖遥感影像解译　2022 年 5—11 月，依托水利部河湖遥感平台，对 3 399 条流域面积 50～1 000km^2 的河流开展遥感影像解译，解译图斑 2.68 万个并实时上传河湖遥感平台，随机选取 154 个图斑进行野外验证，并对类似解译错误的图斑复核检查，促进解译成果图斑类别属性正确率达到 100%。结合遥感解译对有关河流河道管理范围划界成果进行复核，发现疑点问题 2 041 个，下发有关省（自治区）核实整改，指导督促地方将修改完善的划界成果矢量数据上传河湖遥感平台。

2. 数字孪生流域建设先行先试　以嫩江尼尔基水库以下至三岔河口段为试点，以流域防洪为重点开展数字孪生流域建设，基本建成松辽流域 124 万 km^2 大场景、嫩江流域 4 800km^2 中场景数据底板，完成全景数字嫩江平台框架设计与主要功能开发，构建一二维水动力模型及洪水预演模型，初步搭建防洪“四预”系统并在汛前上线运行，为流域水旱灾害防御工作提供支撑。

3. “一张图”支撑业务应用　开展松辽流域涉河建设项目数据汇集与整理，将松辽委历年许可的涉河建设项目相关资料数字化，建设相应数据库，

共完成236个涉河建设项目的数据入库，实现涉河建设项目有关信息的查询、统计和调用。升级完善松辽委“水利一张图”，实现涉河建设项目的空间展示与查询，为河湖管理工作提供空间数据服务与成果应用支撑。

（廖晓玉）

| 太湖流域 |

【流域概况】

1. 自然概况　太湖流域及东南诸河（简称“太湖流域片”）地处我国东南部，总面积28.2万km^2，行政区划涉及江苏省、浙江省、上海市、福建省、安徽省、台湾省等省（直辖市）。太湖流域位于长江三角洲南翼，北抵长江，东临东海，南滨钱塘江，西以天目山、茅山等山区为界，行政区划分属江苏省、浙江省、上海市、安徽省，面积3.69万km^2。流域内河流纵横交错，水网如织，湖泊星罗棋布，是典型的平原水网地区。水面面积5 551km^2，约占15%，其中太湖水面面积2 338km^2。河道总长约12万km，河道密度3.3km/km^2，水面面积1km^2以上的湖泊有127个。东南诸河位于我国东南沿海地区，包括浙江省大部分地区（不含鄱阳湖水系和太湖流域）、福建省的绝大部分地区（不含韩江流域）、安徽省黄山市、宣城市的部分地区和台湾省，面积24.5万km^2（以下内容不包含台湾省）。区域内地形地貌以山地、丘陵为主。河流众多，一般源短流急，独流入海，流域面积1 000km^2以上的主要有钱塘江、闽江、椒江、瓯江、甬江、晋江、九龙江等河流。

2. 社会经济　2022年，太湖流域片总人口15 973万人，占全国总人口的11.3%；地区生产总值（GDP）226 773亿元，占全国GDP的18.7%；人均GDP 14.2万元。其中太湖流域总人口6 825万人，占全国总人口的4.8%；地区生产总值118 173亿元，占全国GDP的9.8%；人均GDP 17.3万元。

（李昊洋）

【河湖长制工作】

1. 启动太湖流域片省级河湖长联席会议运作　按照水利部统一部署，2022年3月，水利部太湖流域管理局协调流域片5省（直辖市）人民政府建立太湖流域片省级河湖长联席会议机制（简称“联席会议”）。2022年5月7日，率先召开联席会议全体会议，联席会议首任轮值召集人、江苏省省长许昆林、水利部副部长刘伟平出席会议并讲话，流域片5省（直辖市）副召集人或代表出席会议，联席会议常务副召集人、太湖局局长朱威主持会议并作工作报告。会议深入总结近年来流域片河湖长制工作，安排部署下阶段工作任务和妨碍河道行洪突出问题排查整治、水库除险加固和运行管护、幸福河湖样板建设、“一河（湖）一策”修编、跨界河湖联保共治等5项年度重点工作。太湖局切实履行联席会议办公室职责，多次以线上线下相结合的方式抽查检查工作质量，召开现场会议交流推进工作落实，2次行文向联席会议轮值召集人和各副召集人报告工作进展并提出工作建议。聚焦重要跨省河湖“一河（湖）一策”联合修编存在的重点难点问题，研究出台《关于太湖流域片重要跨省河湖“一河（湖）一策”联合修编的指导意见》，有力保障5项年度重点工作全部完成。

2. 推动太湖淀山湖湖长协作机制常态化运作　探索联席会议背景下太湖淀山湖湖长协作机制继续运作的模式。2022年6月，太湖局组织江苏省、浙江省、上海市河长办制定印发《太湖淀山湖湖长协作机制2022年工作方案》，明确14项跨界河湖联保共治工作任务，多次组织召开现场或视频会议研究推进任务落实，太湖淀山湖湖长协作机制作为联席会议重要支撑有效发挥作用。

3. 落实太湖局与苏浙沪闽皖省级河长办协作机制　太湖局细化完善信息共享机制，加快推进信息共享工作落实，组织流域片5省（直辖市）河长办建立工作组，明确共享联络员和具体共享途径，每季度定期完成流域片河湖长制信息共享。2022年11月，在安徽省黄山市组织召开2022年太湖流域片河湖长制工作交流会暨太湖局与苏浙沪闽皖省级河长办协作机制联席会议，持续深化流域性交流平台，组织不同地区、不同层级的河湖长及河长办人员总结交流经验做法，推广借鉴工作方法，有力助推流域片各地更好地深化河湖长制。

4. 推进流域片幸福河湖建设　2022年，太湖局以水利部样板河湖建设为抓手，深入指导浙江省衢州市、丽水市灵山港，福建省漳州市九十九湾等地开展幸福河湖建设。以联席会议为平台，推动江苏、浙江、上海、福建、安徽5省（直辖市）打造幸福河湖样板，发挥示范引领作用。2022年11月，太湖局联合江苏省、浙江省、上海市河长办制定印发《长三角生态绿色一体化发展示范区幸福河湖评价办法（试行）》，着力打造示范区河湖长制高质量发展地区、幸福河湖样板地区。

5. 加强经验总结提炼　按照水利部纪检大讲堂

工作要求，太湖局深入总结分析流域片各地河湖长制助力基层治理体系和治理能力提升、建设幸福河湖的实践经验，高质量完成《太湖流域片河湖长制的基层探索实践调研报告》上报水利部，共收录流域片深化河湖长制实践案例46个。

6. 完成河湖长制落实情况监督检查　按照水利部部署，太湖局组织对浙江省、上海市、福建省15个区（县）的河湖长制落实情况开展监督检查，分别形成“一省（市）一报告”上报水利部，持续督促问题整改。完成对流域片5省（直辖市）河湖长制落实情况以及河湖管理保护工作情况评价赋分上报水利部。

（王逸行）

【水资源保护】

1. 水资源刚性约束　2022年年初，太湖局向江苏省、浙江省、上海市下达一湖两河2022年度取水计划，依托水资源管理系统实现环湖口门进出水量以及重点河湖取水量动态监控，定期开展年度计划执行情况复核评估和监督检查，强化河湖取用水总量控制。协调、指导流域片省（直辖市）将省区水量分配指标逐级分解到市、县两级行政区，已批复的太湖、新安江、交溪、建溪4个流域水量分配方案全部完成分解工作，河道外用水指标已全部分解到区、县一级。完成2021年度流域片江苏省、浙江省、上海市、安徽省等地太湖流域和新安江流域水量分配目标完成情况的技术评价、考核赋分并上报水利部。

2. 生态流量（水位）监管　2022年1月，太湖局制定印发《太湖流域管理局生态流量（水位）预警响应工作规则》，全面规范太湖局生态流量监测、预警、会商、调度等程序。修订完善太湖、新安江、黄浦江、淀山湖—元荡、交溪、建溪等6个跨省河湖生态流量保障实施方案，并印发地方人民政府实施，有效提升生态流量保障和监管工作的科学性和针对性。完成松溪浙闽省界生态流量监测站及辅助站点建设及流量初步比测，建成流域内首个山区源头型河流生态流量智慧化管控系统，流域片重要跨省河湖生态流量实现全覆盖在线监测。针对流域片严重夏旱和汛期水库错峰调度等不利影响，及时加密局内外会商研判，第一时间发布生态流量预警，开展联合会商或派出工作组现场指导，确保影响严重的新安江水库罗桐埠断面生态基流100%达标，建溪浙闽省界、新安江皖浙省界断面生态基流尽可能不破坏、少破坏。太湖局参与水利部《河湖生态流量保障实施方案编制技术导则》编制工作，并获中国水利学会批复实施。

3. 水资源调度　太湖局制定印发《2022年度太湖流域水量分配方案和调度计划》（太湖资管〔2022〕28号）、《2022年度新安江流域水量分配方案和调度计划》（太湖资管〔2022〕27号），按季度开展复核评估。印发实施《新安江流域水资源调度方案》，推动新安江流域水资源统一调度工作落实落地。建立新安江流域水资源调度协商协作机制，编制提出《新安江水库水资源调度协作机制工作规则》，推动形成新安江流域水资源统一调度合力。

4. 取用水管理　太湖局在建设项目水资源论证、取水许可审查审批、延续取水评估等环节中严把总量关、定额关。指导取水单位转变观念，2022年审批的11个延续取水项目中有7个项目主动申请减少取水许可量共1.735亿m^3；变更取水用途重新申请取水的5个建设项目全部采用用水定额先进值核定取水量，全部实现“增产不增水”。制定《太湖局单位/个人取用水行为事中事后监管实施方案》和年度监督管理计划，全年开展重点检查，对发现问题的1家单位细化指导、督促整改并在太湖网公开。重点开展40个河道外取水项目取水计量和取水用途专项监督检查，对发现问题的5家取水单位发出行政告知函，建立问题整改台账，督促问题全部整改到位。采用“视频会议＋企业承诺”方式完成了4个项目的水资源论证审查及2个项目取水设施核验，为企业减轻负担，提高审批效率。积极指导江苏省苏州市吴江区开展水资源论证区域评估＋取水许可告知承诺制实施，营造更优的营商环境。

5. 最严格水资源管理制度考核　太湖局完成流域片江苏、浙江、上海、福建、安徽四省一市2021年度近20条重点河湖生态流量（水位）保障目标达标情况技术评估、考核赋分并上报水利部。派出105人次、累计外业工作25天，按时完成2022年度浙江、上海、福建3省（直辖市）共计15个区（县）水利局、140个取水口、10个机井水资源管理监督检查，形成问题“一省一单”和省区监督检查报告并上报水利部。完成3省（直辖市）45个建设项目水资源论证和取水许可审批情况抽查检查，形成复核报告并上报水利部，指导地方严格落实取水许可审查审批程序，严把水资源论证报告书质量关。

6. 水资源创新管理　太湖局组织召开2022年度太湖流域片水资源刚性约束制度政策及实务培训班，完善流域水资源管理创新互学互促交流平台运行机制，汇总推广区域水资源管理好做法、好经验。指导编制完成《长三角生态绿色一体化发展示范区水资源管理集成创新试点吴江区实施方案》《苏州市

吴江区水资源刚性约束“四定”试点实施方案》并获地方政府批复。推动新安江淳安—建德水权交易取得实质性进展，两县人民政府签订水权交易意向协议。

（陈俊颖）

7. 节水行动

（1）节水型社会建设。太湖局联合江苏省、浙江省、上海市节约用水工作联席会议办公室共同印发《推进太湖流域节水型社会高标准建设的指导意见》，推动太湖流域节水型社会建设提标增效。首次组织召开太湖流域片节水型社会建设工作交流会，率先搭建流域、省、市、县四级节水型社会建设交流分享平台。率先探索编制《县域节水型社会达标建设复核工作手册》，填补节水型社会评价标准缺少细项要求的空白。按时完成江苏省、浙江省、福建省共40个县域节水型社会达标建设复核，太湖流域片节水型社会达标率达到50%以上。

（2）节水监督管理。太湖局持续指导江苏省、上海市300余项产品的用水定额编制，不断完善流域内省（直辖市）用水定额的编制。完成浙江省、上海市、福建省节约用水监督检查工作，为实施最严格水资源管理制度节水考核提供依据。聚焦长三角一体化战略实施，开展示范区重点监控用水单位调研，推动重点监控用水单位监管。

（3）节水基础工作。太湖局研究制定《落实〈“十四五”节水型社会建设规划〉任务分工方案》，推动水利项目前期管理、取水许可管理等工作将节水摆在优先位置。注重宣传引导直管取用水单位树立节水优先意识，超过50%的延续取水单位主动申请减少取水量。严格采用先进用水定额审查节水评价，取用水单位新增用水全部通过强化节水供给。

（4）节水宣传教育。太湖局组织行业内外14家单位联合开展“节水中国　你我同行”宣传活动24项，获赞192万次，制作发布节水宣传短视频8个，获评《公民节水行为规范》主题宣传活动优秀组织单位和优秀活动。建立太湖局节水宣传机制，发布《关于进一步加强节约用水宣传工作的通知》，在各类媒体发表节水宣传报道100余篇，作为体量最小的流域机构取得“节水信息采用情况”统计排名第4的好成绩。

（冯志倩　赵晓晴）

【水域岸线管理保护】

1. 复核河湖管理范围划界成果　太湖局组织开展流域片87条（个）省际河湖管理范围划界成果抽查复核，发现37条（个）省际河湖的划界成果存在交叉叠加、不连贯、不衔接等问题，及时督促整改，帮助地方进一步提高划界成果质量。

2. 完善重要河湖岸线保护与利用规划　太湖局全力配合水利部开展《太湖流域重要河湖岸线保护与利用规划》成果征求意见、解释说明、修改完善以及报批等工作，并结合新形势、新变化、新要求，进一步完善岸线规划顶层设计，细化实化了目标任务和管控要求。2022年6—7月，规划成果2次通过部长专题办公会审议，并于9月通过部务会审议。2022年9—10月，太湖局会同江苏省水利厅编制完成新孟河岸线规划，科学划定“两线四区”，成果纳入流域重要河湖岸线规划。

3. 指导地方编制岸线保护与利用规划　立足河流整体性和流域系统性，太湖局指导江苏省京杭大运河、新沟河、洮湖、滆湖，上海市吴淞江（上海段）—苏州河、黄浦江、元荡、拦路港（上海段）—泖河—斜塘、红旗塘（上海段）—大蒸塘—园泄泾、胥浦塘（上海段）—掘石港—大泖港等重要河湖的岸线保护与利用规划编制，推动各地加快完善河湖岸线管理专项规划体系。

4. 完成妨碍河道行洪突出问题重点核查　太湖局组织完成太浦河、吴淞江、望虞河等流域片行洪任务和管理任务较重的25条河道（河段）的妨碍河道行洪突出问题重点核查，下发156个问题并持续跟踪督促问题整改，不定期抽查问题销号质量，有效保障流域片重点河道行洪畅通。

5. 涉河建设项目审批及监管　2022年，太湖局完成长三角生态绿色一体化发展示范区“方厅水院”涉太浦河工程、通苏嘉甬高速铁路跨望虞河大桥、太浦河隧道工程、沪武高速跨望虞河特大桥工程等9个涉河建设项目的行政许可审批；积极指导锡太高速公路跨望虞河大桥工程、东太湖隧道工程、苏州湾隧道工程等7个重大基础设施项目优化建设方案，推动项目尽早落地。按照2022年河道管理范围内建设项目事中事后监管计划及太湖局事中事后监管实施方案工作要求，有序组织开展涉河建设项目事中事后监管工作，完成计划内4批次共计12项监管任务，印发整改通知5份。创新开展线上云监管。汛期印发《关于开展河道堤防防洪风险隐患自查的通知》（太湖河湖〔2022〕126号），部署12个穿河（湖）堤类重要涉河建设项目开展自查，并对6个项目开展现场专项检查，印发整改通知2份。

（李昊洋　王啸天）

【水污染防治】

1. 入河排污口整治　根据水利部水资源管理司要求，太湖局针对《关于做好〈国务院办公厅关于加强入河入海排污口监督管理工作的实施意见〉贯彻落实工作的通知（征求意见稿）》《关于贯彻落实〈国务院办公厅关于加强入河入海排污口监督管理工作的实施意见〉》提出意见建议。

2. 持续完善太湖流域水环境综合治理信息共享机制　太湖局联合生态环境部太湖流域东海海域生态环境监督管理局和江苏省、浙江省、上海市水利（水务）厅（局）、生态环境厅（局），持续做好太湖流域水环境综合治理信息共享平台运行维护，不断丰富共享内容，完善平台功能，全面提升共享及时性。印发《太湖流域涉水信息共享清单》，推动实现太湖流域沿长江、环太湖、沿杭州湾、苏沪省界、苏浙省界、沪浙省界共 53 个口门以及 22 个国控、18 个省控断面工程调度、水量、水质监测信息共享。

3. 充分发挥太浦河水资源保护省际协作机制作用　太湖局联合生态环境部太湖流域东海海域生态环境监督管理局和江苏省、浙江省、上海市水利（水务）厅（局）、生态环境厅（局），持续强化太浦河沿线水资源保护联合监管、联合调度、信息共享、预警联动、水源地一体化管理和联合执法等工作。在杭嘉湖区遭遇强降雨、太浦河干支流水质指标异常时，及时发布预报提示和预警信息，督促有关单位采取紧急蓄水等措施以防范供水风险。预警启动后，有关成员单位加密监测频次，酌情增设监测断面，及时共享监测信息，应急实施限产限排、联合执法巡查、水利工程调度等措施，共同保障供水安全。2022 年发布太浦河水资源保护预报预警信息 28 次，组织召开太浦河水资源保护省际协作专题会议，组织协同地方水利、生态环境等单位加强太浦河、黄浦江沿线水资源保护和水污染联防联控，有效保障太浦河水源地供水安全。

4. 稳步运行太湖流域省际边界地区水葫芦联合防控工作机制　太湖局联合江苏省、浙江省、上海市水利（水务）厅（局）、河长办开展流域省际边界地区水葫芦防控联合巡查，沿昆山、吴江、青浦、嘉善、平湖、金山等省际边界地区，详细查看千灯浦、急水港、太浦河、红旗塘、俞汇塘、广陈塘、六里塘等省际边界河流水葫芦防控情况。组织召开 2022 年流域省际边界地区水葫芦联合整治专项行动现场会，座谈交流近年来防控工作做法经验，启动为期 40 天的“清剿水葫芦，美化水环境”联合整治专项行动。依托流域省际边界地区水葫芦联合防控工作机制，2022 年累计打捞水葫芦约 62 万 t，有效维护了党的二十大、第五届中国国际进口博览会以及国庆节等重大节日和活动期间的优美水生态环境，被人民网、上观新闻、文汇报、上海人民广播电台等多家媒体报道。　（邵嫣婷　陆志华）

【水环境治理】

1. 饮用水水源规范化建设

（1）加强重要饮用水水源水质和藻类动态监测预警。太湖局扎实开展太湖、太浦河重要饮用水水源水质、藻类监测，综合运用人工巡测、视频监控、卫星遥感解译等手段，“空天地一体”开展太湖重要水域蓝藻水华监测、预警、预报。形成《太湖水质信息》《太湖藻类监测月报》《太湖蓝藻与水生植物卫星遥感监测报告》等 200 余期，开展现场调查 30 余人次。创新完善蓝藻中长期预测预报方法，完善蓝藻短期预报模型，形成太湖藻华暴发风险预判 58 期。2022 年 5 月，组织召开太湖、太浦河重要饮用水水源地供水安全保障座谈会，督促地方落实供水安全和蓝藻防控责任，科学指导太湖安全度夏。太湖连续 15 年实现“两个确保”（确保饮用水安全，确保不发生大面积水质黑臭）目标，太浦河下游水源地连续 5 年未发生锑浓度异常。

（2）强化饮用水水源保护。太湖局组织完成太湖流域内长江流域饮用水水源地名录制定，33 个饮用水水源地被纳入长江流域重要饮用水水源地名录。开展饮用水水源地安全保障达标建设及评估，编制完成《2021 年度太湖流域与东南诸河区全国重要饮用水水源地安全保障达标建设评估报告》并报送水利部。太湖局和江苏、浙江、上海、安徽水利（水务）部门牵头，由市场监督、生态环境、住房和城乡建设部门配合，共同探索开展长三角区域集中式饮用水水源地管理与保护规范研究。　（邵嫣婷）

2. 推进太湖流域重大水利工程建设　2022 年，太湖局积极协调流域内省（直辖市）加快推进太湖流域重大水利工程建设，环湖大堤后续工程江苏段已基本完工、浙江段正在加快建设。2 月，吴淞江（江苏段）整治工程可研及先导段（黄墅江—油墩港段）工程初设先后获批，先导段工程于 5 月开工建设；吴淞江（上海段）省界段、新川沙河段工程建设进展顺利；7 月，苏州河西闸工程开工建设，罗蕴河段前期工作有序推进。太浦河后续（一期）工程可研完成招标，可研报告正在加快编制。望虞河拓浚工程可研报告通过水利水电规划设计总院复核、移民安置大纲通过水利水电规划设计总院审查。

（张宇虹）

【水生态修复】

1. 指导退渔（田）还湖规划编制　2022 年 3 月，江苏省人民政府办公厅批复《太湖（梅梁湖、

贡湖）无锡市退渔（田）还湖专项规划（2020年修编）》，太湖局持续监督指导规划实施。7月，江苏省苏州市吴中区启动吴中区沿太湖圩区退圩还湖规划编制，太湖局积极督促指导吴中区做好规划编制和完善工作。（张宇虹）

2. 生物多样性保护　太湖局依据太湖流域调度协调组相关工作要求，组织完成太湖调度水位优化调整、《太湖流域洪水与水量调度方案》修订，遵循太湖水位自然变化节律，降低枯水期（11月至次年2月底）调度水位，突出3—4月（汛前期）敏感期水位控制，努力为后期沉水植物复苏创造条件。在实际调度中，统筹考虑防洪、供水、水生态、水环境目标，围绕不同季节太湖水生植物生活史生长需求、太湖蓝藻水华防控等需要，实施多目标统筹协调调度，促进太湖水生态复苏、水环境改善。组织开展太湖高等水生植被遥感监测和调查，编制完成年度《太湖蓝藻水华与水生植物遥感调查分析报告》，全面掌握年内太湖水生植物生长演变情况。

3. 河湖健康评价　太湖局联合江苏省、浙江省、上海市水利（水务）厅（局）、河长办以及中国科学院南京地理与湖泊研究所编制发布《2021年太湖健康状况报告》，该报告显示，2021年太湖健康状况评价得分58.7分，处于亚健康水平，入湖河流水质达标率、浮游植物密度、浮游动物生物损失指数、鱼类保有指数等是影响太湖健康的关键因子。太湖局与生态环境部太湖流域东海海域生态环境监督管理局印发《长三角生态绿色一体化发展示范区生态环境评估指标体系》《长三角生态绿色一体化发展示范区"一河三湖"生态环境调查评估报告》，示范区"一河三湖"生态环境调查评估入选《长三角生态绿色一体化发展示范区生态环境一体化保护典型案例集》。太湖局与中国科学院南京地理与湖泊研究所联合编制完成《太湖生态图集（2021年版）》，分析展示2000—2020年太湖生态环境变化状况，为下阶段太湖治理保护提供决策支持。（陆志华）

4. 推动水土流失治理　2022年，太湖局组织编制完成《生态清洁小流域建设指导意见》初稿。3月，组织开展《水土保持法》修订施行十一周年系列宣传活动；8月，完成浙江、福建国家水土保持重点治理工程现场督查；11月，现场指导福建省龙岩市长汀县全国水土保持高质量发展先行区建设；12月，首次发布太湖流域片水土保持公报。完成流域片国家级水土流失重点防治区水土流失动态监测、大江大河及主要支流流域和长三角生态绿色一体化发展示范区水土流失监测成果评价。指导推动流域片24个县（市、区）及相关项目成功创建国家水土保持示范县和示范工程，占比达24%。

5. 开展人为水土流失监管　2022年2月，太湖局连续第7年公告流域片在建部管生产建设项目水土保持方案实施情况。3—11月，统筹开展"互联网+监管"、现场检查等，实现流域片在建部管项目监管全覆盖。5月，完成流域片在建部管项目水土保持补偿费征收情况梳理。10—11月，完成浙江、上海、福建水土保持监管履职情况督查。2022年出具8个新建部管项目水土保持方案同意审查意见。（周锋　冯昶栋）

【执法监管】

1. 河湖日常执法监管　2022年，太湖局组织巡查河道总长度约5 100km、水域面积约1.7万km，通报地方依法处理涉水违法线索18起。4—6月，组织调查菱湖渚片区码头等长江经济带生态环境突出问题整改情况报送水利部。11月，联合江苏省水政监察总队开展现场检查，推动太湖岛屿45处涉嫌违法问题依法完成整改。

2. 流域区域协同执法　深入推进流域片水行政执法协同，太湖局与上海市水务局签署常态化执法协作备忘录。落实最高检、水利部印发《关于建立健全水行政执法与检察公益诉讼协作机制的意见》，组织直属执法机构与属地检察机关签署水行政执法与检察公益诉讼协作协议。落实水利部、公安部印发《关于加强河湖安全保护工作的意见》，组织直属执法机构与属地公安机关签署执法协作协议，并开展联合执法巡查等活动。

3. 流域片执法监督　2022年3—10月，太湖局根据水利部办公厅印发《关于开展2022年防汛保安专项执法行动的通知》的要求，完成太湖局直管水工程防汛保安专项执法检查和浙江省、上海市、福建省10区县7起案件执法监督，印发分省（市）备忘录督促地方整改，形成监督报告、典型案例等成果报送水利部。联合上海市、浙江省省级水行政主管部门先后完成"黄浦江边'筒仓'涉嫌侵占堤岸""德清县政和桥港'水上茶室'涉嫌违建"2起涉水舆情问题现场核查报送水利部。（张哲）

【水文化建设】

1. 全力推进太湖水文化馆建设前期工作　太湖局组织召开太湖水文化建设协作委员会第一次会议和太湖水文化馆建设与管理委员会第一次会议，审议了太湖水文化馆建设总体规划和布展大纲，并推动后续修改完善工作。持续推进太湖流域治水古籍整编工作。

2. 打造水文化志愿服务品牌 太湖局志愿服务活动立足行业优势，通过广泛的宣传引导，助力宣传太湖水文化。近年来，相继开展“建设节水型社会 保障城乡用水安全”“关爱太湖，保护水源”“保护太湖，人人有责”“梦由志愿始，心聚水缘情”等各类节水护水、绿色环保公益活动，2022 年开展了“关爱山川河流 守护国之重器”等主题志愿服务活动，获得了良好的社会反响。

（邵曦钟 徐璐）

【智慧水利建设】

1. 完成河湖遥感影像解译工作 2022 年 6—10 月，太湖局组织开展流域面积 $50km^2$ 以上河湖管理范围内遥感影像地物解译工作，制定工作方案，细化问题图斑分级标准，加强成果审核把关。10 月底，提前完成水利部安排的流域片内 1 729 条河流的解译工作，共标注图斑 77 337 个，向有关地方推送 108 个较严重问题。

2. 智慧太湖数字孪生建设 太湖局统筹流域省市智慧水利建设，共谋流域一盘棋，提出了“一湖、四河、两线、八区”的数字孪生太湖建设框架，大力推进数字孪生太湖建设，全面完成先行先试建设任务，着力推进“2＋N”业务“四预”应用。助力上海市抗咸潮、保供水工作，及时布设 13 个水文水质应急监测站点加密监测，积极协调共享长江委、上海市监测数据，滚动预报重要断面水量水质，模型计算预演了 60 个补水方案，为切实保障“太浦河—黄浦江”水源地水质稳定、迅速打通“太湖/望虞河（阳澄湖）—河网—陈行水库”引水线路提供了技术支撑，为夺取抗咸潮保上海供水安全专项行动作出重要贡献。全力筑牢网络安全防线，初步实现太湖局网络安全的“动态防御、主动防御、纵深防御”，构建了太湖局网络安全态势感知平台、统一安全管理平台，初步实现了覆盖太湖局骨干网关键节点的网络流量全采集、系统日志全汇集、信息化资产全要素管理，为网络安全实战演练提供了有效的监测预警手段。

（王啸天 张莹）

十、地方河湖管理保护

Management and Protection of Regional Rivers and Lakes

北京市

【河湖概况】

1. 河湖数量　北京市位于海河流域，流域面积 $10km^2$ 及以上的河流共计 425 条，河流总长度 6 413.72km。北京市河流分布在蓟运河水系 42 条、潮白河水系 138 条、北运河水系 110 条、永定河水系 75 条、大清河水系 60 条。其中，蓟运河北京境内流域面积 1 $282km^2$，主河道长 54.15km；潮白河北京境内流域面积 5 $552km^2$，主河道长 259.50km。北运河北京境内流域包含北运河、温榆河两个流域，其中温榆河流域面积 2 $518km^2$，河长 97.50km，北运河流域面积 1 $729km^2$，河长 40.49km；永定河北京境内流域面积 3 $152km^2$，主河道长 172.16km；大清河北京境内流域面积 2 $177km^2$，主河道长 43.98km。

北京市共普查湖泊 41 个，分别位于东城区、西城区、朝阳区、丰台区、海淀区、房山区和大兴区 7 个区，湖泊水面面积共计 $6.88km^2$，全部为淡水湖，最大湖泊是位于海淀区的昆明湖，水面面积 $1.31km^2$。

2. 水量　2022 年，北京市平均降水量为 482mm，比 2021 年降水量 924mm 少 47.8%，比多年平均年降水量 585mm 少 17.6%。全市地表水资源量为 7.37 亿 m^3，地下水资源量为 16.37 亿 m^3，水资源总量为 23.74 亿 m^3，比多年平均 37.39 亿 m^3 少 36.5%。全市入境水量为 9.03 亿 m^3，比多年平均 $21.08m^3$ 少 57.2%；出境水量 27.94 亿 m^3，比多年平均 19.54 亿 m^3 多 43.0%。南水北调中线工程全年入境水量 11.07 亿 m^3。全市 18 座大、中型水库年末蓄水总量为 38.06 亿 m^3。全市平原区（不含延庆盆地）年末地下水平均埋深为 15.64m，与 2021 年同期相比，水位回升 0.75m，储量增加 3.84 亿 m^3。随着北京市不断加大地下水管控力度，多年来地下水位连续下降的趋势得到遏止，从 2016 年起连续 7 年回升。

3. 水质　全市共监测河流 104 条（段），湖泊 22 个、水库 18 座。其中水库水质较好，基本达到水环境功能区要求；河流、湖泊水质逐年好转。2022 年，全市地表水水质监测断面高锰酸盐指数年平均浓度值为 3.40mg/L，同比下降 7.6%；氨氮年平均浓度值为 0.28mg/L，同比下降 34.9%。全市Ⅰ～Ⅲ类水质河长占比 91.7%，较 2021 年增加 10.2%；无劣Ⅴ类水质河长。密云水库等集中式饮用水源水质持续符合国家要求，地下水水质总体保持稳定。

4. 新开工水利工程　2022 年，北京市新开工水利工程共计 24 项，其中市属工程 2 项，区属工程 22 项，总投资 19.23 亿元。纳入北京市重点工程 2 项，为西南二环水系滨水空间开放提升工程、昌平区天通河综合治理工程。水库除险加固工程 6 项，分别为大宁水库、房山区崇青、天开水库、昌平区桃峪口、羊石片水库、密云区肖河峪水库除险加固工程。

5. 水库　截至 2022 年年底，北京市现有水库 81 座，其中大型水库 4 座、中型水库 17 座、小型水库 60 座。按照管理权属划分，市属水库 8 座，包括官厅水库、密云水库、怀柔水库 3 座大型水库，十三陵水库等 4 座中型水库及 1 座小型水库；区属水库 73 座，包括海子水库 1 座大型水库、崇青水库等 13 座中型水库、苏峪口水库等 59 座小型水库。水库工程分布在 10 个区，其中密云区 23 座、怀柔区 16 座、昌平区 9 座、延庆区 5 座、房山区 11 座、平谷区 9 座、顺义区 1 座、门头沟区 6 座、石景山区 1 座。

（王槿妍　郭硕　唐女　张可欣　隋守军　康凯）

【重大活动】　2022 年 3 月 29 日，北京市河长制办公室召开 2022 年成员单位工作会，总结 2021 年河长制工作，研究讨论 2022 年市总河长令。北京市河长制办公室各成员单位、市检察院参加会议。

（卓子波）

【重要文件】　2022 年 2 月，北京市河长制办公室印发《关于在南水北调工程全面推行河湖长制的实施方案》（京河长办〔2022〕4 号）。

2022 年 4 月，市委书记、市总河长蔡奇，市长、市总河长陈吉宁共同签发 2022 年第 1 号市总河长令，印发 2022 年度河长制治水责任制任务清单（2022 年第 1 号）。

2022 年 6 月，北京市河长制办公室印发《北京市汛期暑期防溺水专项行动方案》（京河长办〔2022〕24 号）。

2022 年 8 月，北京市河长制办公室印发《北京市河湖垃圾清理整治专项行动方案》（京河长办〔2022〕40 号）、《永定河平原段生态空间优化调整实施方案》（京河长办〔2022〕35 号）。

2022 年 12 月，市委办公厅、市政府办公厅印发《关于进一步强化河（湖）长制工作的实施意见》（京办字〔2022〕17 号）。

（卓子波）

【地方政策法规】 2022年11月25日，北京市第十五届人民代表大会常务委员会第四十五次会议审议通过《北京市节水条例》，修改《北京市实施〈中华人民共和国水法〉办法》，自2023年3月1日起施行。

（寇瑞开）

【河湖长制体制机制建立运行情况】 2022年12月，市委办公厅、市政府办公厅印发《关于进一步强化河（湖）长制工作的实施意见》，突出从治河向治水转变，将河湖长制作为治水的总抓手，强化河湖长履职尽责，完善河长制办公室设置，坚持流域系统治理，坚持治水为民。全市各级河长5 322名［市级河长18名、区级河长218名、街（乡）级河长1 083名、村级河长4 003名］，开展巡河398 323人次［市级河长巡河17人次、区级河长巡河700人次、街（乡）级河长巡河37 596人次、村级河长巡河360 010人次］，发现并协调解决各类河湖环境问题2 735件，其中市级河长作出批示109件次。

（卓子波）

【河湖健康评价开展情况】 2022年，水生态监测共布设166个站点，涵盖148个水体（包括北京市湿地名录所列46个湿地），包括怀柔水库、密云水库等23个水库，圆明园福海、昆明湖等33个湖泊，白河大关桥、永定河三家店等30个山区河段，南护城河龙潭闸、通惠河高碑店闸等62个平原河段。所评价的148个水体全部处于健康或亚健康等级，健康综合指数为64.27～98.27，其中处于健康等级的水体129个，占87.2%；处于亚健康等级的水体19个，占12.8%。从水生态健康综合指数分析，全市水生态健康状况良好。

（刘波）

【“一河（湖）一策”编制和实施情况】 大力推进水生态空间管控规划相关工作。积极协调北京市规划和自然资源委员会完成潮白河、北运河水生态空间管控规划审查和会签，其中潮白河规划已正式上报市政府。同时督促各区加快区管河道水生态空间管控规划编制，并组织技术审查。编制完成《北京市加强水生态空间管控工作的意见》（京生态文明委〔2022〕4号）（简称《意见》），经市委生态文明建设委员会和市政府审议通过后，已正式印发实施。截至2022年年底，已按《意见》确定的水生态空间管控规划编制范围要求，完成全部河流规划初稿编制工作，为后续审查报批工作打下了良好基础。

（朱铭捷）

【水资源保护】

1. 落实最严格水资源管理制度 2022年，坚决落实最严格水资源管理制度，全面完成“三条红线”各项目标任务，加强用水总量和用水强度“双控”。2022年全市用水总量40.0亿m^3，万元地区生产总值用水量较2020年下降10.12%，万元工业增加值用水量较2020年下降27.95%，农田灌溉水有效利用系数0.751，重要江河湖泊水功能区水质达标率为88.9%，均达到水利部向北京市下达的考核控制目标要求。

2. 节水行动 北京市第十五届人民代表大会常务委员会第四十五次会议于2022年11月25日审议通过《北京市节水条例》，对取水、供水、用水、非常规水源利用全过程节水及监督管理活动做出规定，将节水的内涵从“节约用水”扩充到“取供用排”全链条节水。深入实施北京市节水行动，完成用水总量强度双控、重点工业行业产品取用水达标、农业高效节水行动、园林绿化滴灌等高效节水灌溉技术、再生水推广利用等节水重点工作，制修订29项节水标准，建成3万亩农业高效节水灌溉设施，实现500万m^2园林绿化用水再生水替代，节水型机关建成率达85%以上，连续20年保持节水型城市称号。更新改造居民智能远传水表100万支，非居民用户基本实现100%智能远传计量。2022年，北京市用水效率保持全国领先，全市生产生活用水量控制在30亿m^3以内，万元地区生产总值用水量降至9.6m^3，万元工业增加值降至4.8m^3，全市公共供水管网漏损率降至9.3%。

3. 生态流量监管 按照《水利部关于做好河湖生态流量确定和保障工作的指导意见》（水资管〔2020〕67号）和重点河湖生态流量保障目标工作要求，结合全市各河道湖泊生态水量保障能力现状，保障永定河、潮白河以及北护城河、清河、十三陵水库、昆明湖的生态流量。2022年，北京市纳入重要河湖生态流量考核的6个水体8个断面生态流量均达到考核标准。其中永定河三家店以下生态补水3.68亿m^3，潮白河苏庄站全年下泄生态水量1.57亿m^3。

4. 全国重要饮用水水源地安全达标保障建设 开展8个全国重要饮用水水源地安全保障达标建设评估，其中7个水源地为优秀。发布《北京市重要饮用水水源地名录》。

5. 取水管理 2022年，北京市基本完成了取水口专项整治，并按照水利部工作要求认真组织专项整治行动“回头看”，印发《北京市地下水管理专项排查整治工作方案》（京水务地〔2022〕15号），开展自查自纠工作。按照水利部工作部署，印发《北京市水务局关于开展取水许可电子证照数据信息治理工作的通知》（京水务资〔2022〕50 号），完成对所有取水许可电子证照数据的系统治理，基本实现取水户和纳税人类别、取水许可证和取水口（机井）、取水口和计量设施、计量设施和取水用途的有效关联，建立取水管理一本账，夯实了水资源管理基础。

6. 水量分配现状和规划　积极配合水利部海河水利委员会做好跨省河流水量分配工作，开展北京市可用水量研究。经市政府批准，印发《北京市地表水水量分配调整方案》（京水务资〔2022〕47 号），进一步提高区域多水源保障能力，促进新形势下水资源高效利用。（王振宇　贾晓丽　郭彬彬）

【水域岸线管理保护】

1. 河湖管理范围划界　全市河湖管理范围划定于 2021 年已经全部完成。2022 年按照水利部和海河水利委员会审查意见，依法依规对部分河流管理范围进行了调整，全市河湖管理范围划定全部完成。

2. 岸线保护利用规划　2022 年主要是在前期已经完成的全市 11 条重点河流（流域面积 1 000km^2 以上河流）岸线保护利用规划基础上，拟与北京市正在开展的河流水生态空间管控规划相结合，补充相关内容，确保规划既符合水利部的要求，同时也体现北京水生态空间管控规划的特点。其中温榆河水生态空间管控规划（岸线保护利用规划）已编制完成并获市政府批准同意。

3. 采砂整治情况　在持续贯彻落实《北京市水务局关于开展河道非法采砂专项整治行动的通知》、《关于加强河道采砂管理工作的通知》（京水务河文〔2021〕2 号）要求的基础上，积极拓宽案件线索途径，在北京市水务综合执法总队设立问题线索举报电话；在永定河、潮白河、北运河、密云水库等沿河关键点位完善技防措施，设置隔离墩、车辆限行杆、安置摄像头，实施全时监控；充分运用大数据、卫星遥感、“雪亮工程”等科技手段，提升信息化、智能化监管水平，及时发现、严厉打击河道非法采砂行为。自 2021 年 9 月专项整治行动开展以来，累计出动 109 742 人（次），巡查河道长度 492 561.03km，立案查处零星非法采砂行为 4 起，罚款 3.3 万元。

4. “四乱”整治情况　纵深推进河湖“清四乱”常态化、规范化，以永定河、潮白河、大清河等为重点，坚决遏增量、清存量，健全完善监督检查、违法认定、督促处置、挂账督办、整改审核、销账销号工作程序，实地督办水利部暗访检查疑似“四乱”和潮白河滩地内垃圾堆体问题，共清理河湖乱堆垃圾渣土 25.3 万 m^3、违法建设 1.84 万 m^2。

（朱铭捷　寇瑞开　卓子波）

【水污染防治】

1. 入河排污口整治　初步建立“查、测、溯、治、管”的入河排口精细化管理体系，持续组织开展入河排污口清理整治，完成整治入河排污口 216 处。

2. 城镇污水处理　城乡污水处理和再生水设施不断完善，第三个城乡水环境治理三年行动圆满收官。三年来，累计新建再生水厂 8 座，升级改造污水处理 5 座，污水处理能力提升至每日 773 万 m^3，新建污水管线 2 658km，改造雨污水管线 107.8km，集中整治全市雨污管线错接混接点位 1 484 处，城市污水收集处理效能持续增强，年污水处理量突破 22 亿 m^3，全市污水处理率达到 97%，中心城区达 99.7%，城镇地区基本实现污水全收集、全处理，污泥实现全部无害化处置。新建再生水管线 196km，再生水利用量达 12 亿 m^3，1 500 万 m^2 公园园林绿化用水完成再生水置换。1 000 余条小微水体全部完成治理并持续巩固，国考和市考断面劣Ⅴ类水体全面消除，全市河湖水系总体还清，重要江河湖泊水功能区水质达标率提升至 88.9%，优良水体比例提高到 75.7%。实施《北京市 2022 年“清管行动”工作方案》（京水务海〔2021〕17 号），从“查、清、治”三方面着手，提升排水设施运行、维护和管理能力，清掏范围扩大到城乡接合部、农村地区，累计排查雨水设施 10 000km 以上，清掏污染物 7.5 万 m^3。

3. 农业面源污染　深入开展农业面源污染治理，密云水库一级保护区内农作物种植全部实现施用有机肥。（陈晶　张祎　华正坤　卓子波）

【水环境治理】

1. 饮用水水源规范化建设　组织开展全市饮用水水源地环境状况年度调查评估，实现市、区、镇、村四级水源地全覆盖，密云水库等集中式饮用水水源地水质持续符合国家水源地考核要求。

2. 劣Ⅴ类水体治理　全市 19 条劣Ⅴ类水体已全部完成治理并销号，治理后的水体纳入河湖长制管理，动态清零，实现长制久清。

3. 农村污水治理　持续加强农村地区污水收集处理设施建设，2022 年共解决 312 个村庄的污水收集处理问题，通过城带村、镇带村、单村、联村方式收集处理的农村污水超 1 亿 m^3，农村污水处理率达到 83%。

（陈晶　张祎）

【水生态修复】

1. 生物多样性保护　2022年，浮游植物、浮游动物、水生植物物种数同比均有所增加，水生生物多样性稳步提升。陆续在怀柔水库、黄松峪水库、南水北调亦庄调节池等水域发现有"水中大熊猫"之称的桃花水母；在大宁水库、六渡发现了山地河流生态指示物种——黑鹳群落；在官厅水库首次发现了全球濒危珍稀鸟类黑脸琵鹭，以及北京地区较少见的彩鹮、半蹼鹬、黑翅长脚鹬。

2. 水土流失治理　2022年，继续推动水土流失动态监测全覆盖。根据监测结果，2022年北京市水土流失面积1 896.90km²，占土地总面积的11.56%。土壤侵蚀类型为水力侵蚀，其中轻度侵蚀面积1 882.64km²、中度侵蚀面积13.05km²、强烈侵蚀面积1.11km²、极强烈侵蚀面积0.10km²，分别占水土流失面积的99.24%、0.69%、0.06%、0.01%。与2021年北京市水土流失动态监测结果相比，全市水土流失面积减少了97.88km²，减幅4.91%，全市水土保持率持续提高。

3. 生态清洁小流域建设　牢固树立以水源保护为中心、山水林田湖草沙一体化保护的工作理念，构筑"生态修复、生态治理、生态保护"三道防线，持续推进生态清洁小流域建设。2022年，共实施18条生态清洁小流域建设工程，涉及门头沟、怀柔、密云、平谷4个区的12个乡镇14个村。在治理水土流失同时，统筹考虑小流域内水生态保护修复，在门头沟、怀柔、密云和平谷4个区累计开展了11.37km的河（沟）道水生态修复，实施水文地貌修复和微生境构建、横向拦水建筑物拆改、栽种水生植物、修建生态型跌水和生态护岸等措施，河（沟）道上下游、左右岸连通性、水生生境状况进一步改善，生态系统完整性得到提升。

（刘波　宋剑秋　丁建新　宿敏　包美春）

【执法监管】　2022年，在全市范围内开展"密云水库流域蓝盾""防汛保安"及"节假日河湖服务保障"专项执法行动，累计执法检查2 096次，出动执法人员5 233人次，清劝并制止不文明游河行为558人次，联合执法283次，立案92件，罚款2.96万元。健全"河长+警长+检察长"工作机制，推进行刑衔接，公安机关办理涉水案件2起，拘留7人；向检察机关提供相关案件线索200余条，组织检察机关人员参与联合巡查、联合执法活动近百次，梳理排查行政处罚案318件；办结生态损害赔偿案件4起。

（寇瑞开）

【水文化建设】　2022年，十三陵水库入选水利部《红色基因水利风景区名录》，纪念碑被确定为北京市重点文物；北京市拍摄的历史题材电影《九兰》于9月正式上映，再现40万首都军民用时160天建成十三陵水库的时代壮举，向市民广泛宣传和推介建库精神。以郭守敬纪念馆、自来水博物馆、节水展览馆、排水科普展览馆等水情教育基地为载体，面向社会公众广泛开展水文化传播和市情水情科普活动。

（巢坚）

【智慧水利建设】

1. 智慧水务　推进智慧水务基础底座感知平台、数据中心、"一张图"上线应用及服务支撑，开展水务码编码，初步具备支撑服务能力。完成取、供、用、排协同监管各模块业务功能设计，初步完成台账梳理和关联关系建立，按照四级管理体系分级建立水量统计，提炼关键指标，实现取、供、用、排四环节数据可视化展示设计。

2. 河长App　2022年，对河长App部分功能模块进行优化调整。北京河长App内现有河长巡河、问题上报、河长名录、河湖名录、工作通报、问题统计、排行榜、通知公告、考核断面、水环境侦察兵、游河人数等13个功能模块，为北京市各级河长巡河履职，发挥河长治水管水作用，提升首都水环境质量，提供了有力支撑保障。

3. 数字孪生　推进数字孪生流域建设，开展先行先试任务，推进北京市水务数字孪生流域（工程）建设。组织编制《北京市水务数字孪生流域建设工作方案》，以密云水库为例编制《北京市水务数字孪生流域建设内容要求和协同应用要点示例》，组织北运河、潮白河、永定河、密云水库管理处，水调中心等单位编制数字孪生流域（工程）建设方案。开展数字孪生大运河通航船闸工程建设先行先试工作。

（杨振宁　刘春阳）

天津市

【河湖概况】

1. 河湖数量　2022年，天津市境内有19条一级河道、185条（段）二级河道、7 000余条（段）沟渠、1个天然湖泊、81个建成区开放景观湖、21个水库、4个湿地、1.9万余个坑塘及景观水体。

2. 水量　天津市属于暖温带半湿润大陆性季风型气候。2022年，全市地表水资源量11.024 2亿m³，地下水资源量 6.786 3 亿 m³，地下水与地表水不重复量 5.622 1 亿 m³，水资源总量 16.646 3 亿 m³，比多年平均值（14.793 2 亿 m³）偏多 12.5%，属于平水年份。

3. 水质　2022 年，天津市共设置 36 个国家地表水考核断面，全市国家地表水考核断面优良水体比例为 58.3%，无劣Ⅴ类水体；8 条国家地表水考核入海河流水质均达到Ⅴ类及以上。

4. 水务工程　2022 年，天津市水务建设项目完成投资 64.36 亿元，全年完成水务工程竣工验收 19 项，全年共监督水务工程 21 项，其中新办理监督手续 4 项。圆满完成水利部 2021—2022 年度水利建设质量考核工作，考核成绩位居全国第 4 名，继续保持 A 级行列。

［天津市河（湖）长制办公室］

【重大活动】　2022 年 6 月 2 日，天津市召开河（湖）长制工作领导小组会议暨全市防汛抗旱工作会议，深入学习贯彻习近平生态文明思想，认真落实习近平总书记关于防汛抗旱和防灾减灾工作的重要指示精神和党中央决策部署，分析研判天津市防汛抗旱和水环境治理工作面临的形势，对统筹推进防汛抗旱、河（湖）长制工作进行动员部署。

［天津市河（湖）长制办公室］

【重要文件】　2022 年 1 月 6 日，天津市人民政府办公厅印发《关于印发〈天津市生态环境保护“十四五”规划〉的通知》（津政办发〔2022〕2 号）。

2022 年 4 月 1 日，天津市污染防治攻坚战指挥部印发《关于印发〈天津市深入打好蓝天、碧水、净土三个保卫战行动计划〉的通知》（津污防攻坚指〔2022〕2 号）。

2022 年 6 月 12 日，天津市市级总河湖长签发 2022 年第 1 号总河湖长令《关于开展妨碍河道行洪突出问题清理整治的决定》（总河湖长令〔2022〕第 1 号）。

［天津市河（湖）长制办公室］

【地方政策法规】　2022 年 3 月 17 日，天津市河（湖）长制工作领导小组发布《关于印发〈天津市在南水北调工程全面推行河湖长制的实施方案〉的通知》（津河长〔2022〕1 号）。

2022 年 3 月 21 日，天津市河（湖）长办发布《市河（湖）长办关于印发〈天津市河湖长制有奖举报管理办法〉的通知》（津河长办〔2022〕20 号）。

2022 年 5 月 20 日，天津市河（湖）长办发布《市河（湖）长办关于修订印发河湖长制考核及责任追究办法的通知》（津河长办〔2022〕33 号）。

2022 年 6 月 15 日，天津市人民政府办公厅印发《关于印发〈天津市入河入海排污口排查整治工作方案〉的通知》（津政办函〔2022〕23 号）。

［天津市河（湖）长制办公室］

【河湖长制体制机制建立运行情况】

1. 总河湖长令落实情况　天津市各区按照 2022 年天津市第 1 号总河湖长令《关于开展妨碍河道行洪突出问题清理整治的决定》相关要求，在全市组织开展妨碍河道行洪突出问题清理整治，73 项问题清理整治任务全部完成。同时，全市各区参照行洪河道排查标准将整治范围延伸至骨干排水河道，共排查出骨干排沥河道妨碍排沥突出问题 161 项，并全部完成整改，为全市河道行洪通畅、守住防洪安全底线提供了有力保障。市级河湖长在各自分管领域内，统筹河湖治理保护与高质量发展，协调督促解决北运河碍洪、北大港环境治理和扩容、大岛湖堤岸侵占等水环境问题。各级河湖长积极开展巡河、巡湖 87.5 万余人次，推动解决各类水环境问题 4 万余个。

2. “向群众汇报”机制运行情况　2022 年，全市 3 000 余名区级及以下河湖长通过现场座谈、村民大会、融媒体平台、官方微信公众号、政府网站等多种方式“向群众汇报”上一年度履职情况总计 3 000 余次，累计线上访问量达 21 万余人次、线下汇报参与群众共计 5 万余人，解决群众反映问题、采纳意见建议共 3 194 个，河湖长制全年总体满意度平均分同比提高 10 个百分点。

3. 强化河湖长制考核问责　把河湖水质考核向源头延伸，增加建成区雨水管网和村镇污水处理站等考核内容，将河湖长巡河湖、推动问题整改情况纳入考核，组织完成 2021 年河湖长制年度考核工作，考核结果上报天津市河（湖）长制领导小组批准后向全市通报。组织开展河湖长制考核工作，并将月度考核结果向全市通报。2022 年共印发河湖长制考核情况通报 6 期，共组织约谈区级河湖长 2 人次，发挥监督考核“指挥棒”作用，聚焦妨碍河道行洪突出问题清理整治、“榜样河长　示范河湖”创建、黑臭水体长效管护等重点工作，对 851 条（段、个）河湖、沟渠、坑塘开展暗查暗访和“回头看”复查，推动整改 247 处河湖管护问题，通报批评 1 次，切实让监管“长牙”“带电”。

4. 开展河湖环境专项整治行动　组织开展 2022 年清河湖、健康大运河和河湖突出问题排查专项整治行动，排查整治存在水环境问题河湖（沟渠、坑塘）4 500 条段（个），打捞清理水面漂浮物 0.29 万 t、

堤岸垃圾 0.52 万 t，清理取缔非正规垃圾堆放点 108 个、拆除违章建筑 14 个，清理三无船只 233 条、非法捕鱼网具 706 处，查处沿河非法放生、占路经营、围垦河道、破坏堤防、乱泼乱倒等行为 771 件，封堵、切改私接乱接点 199 处，进一步提升了全市河湖水环境面貌和管护水平。

5. 强化示范引领　扎实开展“榜样河长　示范河湖”三年行动，印发管理办法，建立评价退出机制，树立榜样河湖长 246 名，建设示范河湖 599 条（段、座）；评选 52 名“最美河湖卫士”，其中 3 名基层河湖长荣获全国“最美河湖卫士”称号。

6. 强化社会监督　修订印发《天津市河长制湖长制有奖举报管理办法》，聘请社会监督员 160 名，推动各区设立“民间河湖长”381 名，受理群众反映河湖问题 136 件，按时办结率和回访满意率均达到 100%。

7. 强化能力建设　开发天津市河湖长制网上培训系统，以河湖长履职、河湖长制考核、水环境治理为主题，对区级及以下总河湖长、河湖长和河（湖）长办工作人员共 6 300 余人开展培训；市河（湖）长办以“走出去”的方式，深入各区开展培训 700 余人次，全面提升各级河湖长及工作人员履职能力。建立河湖长制专家库，涵盖政策法规类专家 20 名、专业技术类专家 42 名，为河湖长制依法决策、科学决策提供支撑。

8. 强化宣传普及　向社会发布《文明垂钓倡议书》，组织各区加强垂钓行为日常监管，在地铁等处投放河湖长制公益广告。编发河湖长制工作简报 34 期，在《中国水利报》发表《九河下梢漾碧波》《把基层河长声音带上全国两会》等 9 篇文章，在《天津日报》《今晚报》、天津电台、天津电视台、津云等主流媒体刊发河湖长制重点工作报道 40 余篇，持续使用河湖长制微信公众号“津沽河长”，包括津沽河长、公众参与、新闻动态、系统管理模块，平均每日发布公众号文章 2～5 篇，全年共发布 898 篇，及时转发时政要闻、河湖长制相关动态及区县工作亮点等，并开展“最美河湖卫士”“美丽河湖”“示范河湖”等系列宣传报道，营造了全社会共同关注参与河湖水环境保护的良好社会氛围。

［天津市河（湖）长制办公室］

【河湖健康评价开展情况】　按照天津市《河湖健康评估技术导则》（DB/T 1058—2021）标准，开展潮白新河（张贾庄—宁车沽闸）健康评估工作，将潮白新河分为 10 个代表河段和 3 个行政区域河段，从水文水资源、物理结构、水质水环境、生物和服务功能完整性五个方面，制定了 15 项评估指标，对潮白新河健康状况进行全面评估，编制完成相关技术报告，评价结果为健康。

［天津市河（湖）长制办公室］

【“一河（湖）一策”编制和实施情况】　天津市河（湖）长办组织各修编单位编制天津市管河湖“一河（湖）一策”方案 35 本，区管河湖“一河（湖）一策”方案 264 本，其中跨区河湖方案 44 本。截至 2022 年年底，市、区级方案已全部印发。

［天津市河（湖）长制办公室］

【水资源保护】

1. 水资源刚性约束　严格控制用水总量，将水利部下达天津市的“十四五”用水总量控制指标分解细化到各区；制定印发 2022 年度供水计划，统筹各类水源预计可供水量，合理安排全市及各区生活、生产、生态用水；制定全市及各区地下水水量、水位管控指标。2022 年，全市用水总量控制在 33.55 亿 m^3，万元 GDP 用水量降至 20.57m^3、万元工业增加值用水量降至 8.48m^3、农田灌溉水有效利用系数提高到 0.722。

2. 节水行动　严格落实国家和天津市节水行动方案，2022 年制定印发《天津市深化节水型社会建设提升水资源集约节约利用水平实施方案》，提出打好农业节水增效、工业节水减排、城镇节水降损和非常规水源利用 4 个攻坚战，指导全市“十四五”节约用水工作。制定印发《天津市节约用水规划（2021—2035 年）》，明确 2025 年、2035 年天津市全域节水目标，以及重点领域节水规划和近期节水实施计划。将单位地区生产总值用水量纳入天津市高质量发展相关政绩评价指标体系。2022 年创建节水型企业（单位）199 家，其中节水型企业 46 家、节水型单位 104 家、节水型公共机构 5 个、节水型高校 16 家、水务行业节水型单位 28 个；创建节水型小区 195 家。静海区、宁河区完成县域节水型社会达标建设，全市 16 个行政区均被水利部命名为节水型社会建设达标区，建成率达到 100%。

大力开展节水宣传，实施节水宣传进机关、进校园、进社区、进企业、进农村等主题活动；联合团市委、市学联等部门开展节水创意设计大赛活动；利用手机短信、微信等途径加大节水宣传，推送宣传信息 72 万余条；持续发挥节水科技馆阵地宣传作用，全年接待游客 3 832 人次，参观满意率达到 100%。

3. 取水口专项整治　完成取用水管理专项整治

行动，在全市范围内核查登记各类取水口 25 212个，对有问题的取水口分类施策推动整改提升，依法规范取用水行为。在此基础上，组织开展取用水管理专项整治行动“回头看”，巩固取用水管理专项整治行动成效，确保取水口整改到位。

4. 全国重要饮用水水源地安全达标保障评估 天津市全国重要饮用水水源地为于桥—尔王庄水库饮用水水源地，按水利部要求完成了2022年于桥—尔王庄水库饮用水水源地安全保障达标建设自评估，评估报告已报送水利部。

5. 河流水量分配 在河流水量分配方案基础上，选取蓟运河、独流减河为试点，进一步细化实施方案，明确沿线各区年度取水计划，建立适合天津市河流实际情况、具有可操作性的河流水量分配运行机制。

6. 生态水位（水量）监管 对纳入国家最严格水资源管理制度考核的海河干流、七里海湿地（东）、七里海湿地（西）、潮白新河、南运河、洪泥河、龙凤河故道（104国道至北运河段）、北大港水库共8条重点河湖，严格落实生态水位（水量）保障方案，统筹雨洪水、再生水等各类水源，不断优化生态补水调度，加强日常巡查监测，建立完善生态水位数据日报制度，适时启动预警响应机制，及时解决突出问题。2022年，全市8条重点河湖生态水位（水量）全部达标，保障率100%。

［天津市河（湖）长制办公室］

【水域岸线管理保护】 强化河湖监督管理，持续开展第一次全国水利普查名录以外的建成区开放式景观湖、农村沟渠、坑塘等水体管理范围划界工作，补齐未划界河湖的管理保护短板，逐步实现市域范围内河湖管理范围划界全覆盖。截至2022年年底，河流应划界140条，完成技术性工作132条，已公告132条，应划界长度934.25km，完成技术性工作长度852.02km，已公告长度852.02km。

［天津市河（湖）长制办公室］

【水污染防治】

1. 工业水污染防治 严格环境准入，未审批工业园区外新建、改建、扩建新增水污染物的工业项目。强化工业园区污水集中处理设施排放监管，对排放水质进行月监测、季通报，促进污水稳定达标排放。

2. 农业农村污水处理 规模化养殖场粪污治理设施、现状保留村生活污水处理设施实现全覆盖。实施独流减河、大沽排水河等人工湿地、河道生态修复项目，水产养殖尾水和农田种植退水净化后排放入河，削减入河污染负荷。

3. 畜禽养殖污染防治 按照《天津市畜禽粪污治理和资源化利用三年行动方案的通知》（津农委〔2021〕11号）要求，2022年继续采取“自建提升一批、集中处理一批、日产日清一批、有序退出一批”的方式，分类推动规模以下畜禽养殖场（户）粪污治理。截至2022年年底，5 285家规模以下畜禽养殖场（户）得到治理，完成年度粪污治理任务。全市畜禽粪污综合利用率达到91.7%。

4. 水产养殖污染防治 按照制定的2022—2025年度渔业污染防治攻坚战实施计划的具体部署，完成滨海新区 8 100亩内陆池塘标准化改造与尾水治理项目建设、北辰区620亩池塘养殖尾水治理任务，启动并推进宝坻区 3 400亩内陆池塘标准化改造与尾水治理项目建设。完善海水工厂化养殖企业尾水处理设施并规范运行，2022年规范海水养殖池塘投产面积 9 000亩，25家海水工厂化企业稳定运行。制定了《2022年天津市水产绿色健康养殖技术推广“五大行动”实施方案》，建立9个水产绿色健康养殖技术推广骨干培育基地，推广以陆基高位圆池循环水养殖南美白对虾、池塘工程化推水养殖大口黑鲈技术、鱼菜共生技术、稻蟹鱼综合种养等先进技术模式6个，示范推广面积 3 000亩以上。2022年，组织各类放流活动80余次，放流品种23个，共放流各类苗种约18亿单位。

5. 船舶港口污染防治 按照《天津市内河船舶加油报告制度》，对全市市内河船舶的加油过程进行监督管理，2022年对天津海河游船股份有限公司进行加油监管11次，监管全过程进行录像存档。严格落实《400总吨以下内河船舶水污染防治办法》，采取为船舶安装污水储存舱（柜）、生活污水打包收集设施、建造专门的污水储存船等措施，有效防止生活污水直排海河情况的发生，全市内河各有船企业均建立了防止船舶污染工作制度，将责任落实到个人。严格落实《天津市地方海事局关于建立天津市内河船舶污染物接收转运及处置联合监督制度的通知》（津地海事〔2018〕16号）的各项要求，督促有船企业与环卫部门签订了船舶污水、垃圾接收协议。2022年，投入2艘90客位新能源绿色船舶，为建设低碳交通运输、绿色交通做出表率。

6. 城镇排水基础设施建设 2022年工作计划安排的8个雨污合流制片区、70余个小区管网完成改造，进一步提升了污水收集处理效能。加强汛期污染治理，开展“清洁雨水管网行动”，汛前掏挖检雨井约81万座次，疏通管道约 5 000km。

7. 入河排污口监管　开展全市入河排污口排查整治，2022 年完成 19 条骨干河道和 23 座大中型水库入河排污口的排查溯源。定期对蓟运河、海河、永定新河、独流减河、子牙河、北运河、大清河、青静黄排水渠 8 条主要河流入河排口水质进行监测、排名通报，将入河排口的治理责任进一步分解到街镇，有效提升重点河流沿线入河排口的排水水质。

［天津市河（湖）长制办公室］

【水环境治理】

1. 饮用水水源规范化建设　持续推进饮用水水源地规范化建设，定期进行检查、评估，督促相关区设置和完善界标、警示牌和宣传牌等标志，水源地规范化建设水平进一步提升，地级及以上饮用水源地水质达标率 100%。

2. 黑臭水体治理　编制印发了《天津市巩固城市建成区黑臭水体治理成效实施方案》，组织推动各区对已完成治理的 26 条建成区黑臭水体持续落实长效养管机制，组织各涉农区编制完成农村黑臭水体"一水体一方案"，推动城市黑臭水体长治久清。完成新一轮城市建成区黑臭水体排查，未发现新增黑臭水体。组织开展 2022 年度城市黑臭水体整治环境保护行动，采取"线索收集、现场排查、问题督办"模式，查找各区在巩固提升建成区黑臭水体治理成效方面存在的风险隐患，及时反馈相关区并督促整改。全市建成区黑臭水体在 2022 年生态环境部门组织开展的第二、第三季度监督性监测中各项指标全部合格，治理成效得到巩固。

［天津市河（湖）长制办公室］

【水生态修复】

1. 河湖生态补水　科学配置多种水源，充分利用再生水、雨洪水、优化调度外调水，2022 年累计向全市河湖湿地补水 18.25 亿 m^3，其中向中心城区海河等河道补水 5.67 亿 m^3，向州河、蓟运河等河道补水 1.93 亿 m^3，向潮白新河补水 1.18 亿 m^3，向武清段北运河补水 4.35 亿 m^3，向七里海湿地补水 0.43 亿 m^3，向大黄堡湿地补水 0.8 亿 m^3，向团泊湿地补水 0.3 亿 m^3，极大改善了全市水环境质量，为水生生物生长提供水资源保障。

2. 生态补偿

（1）引滦入津上下游横向生态补偿。强化引滦入津流域水生态环境质量保护，积极推动签订引滦入津上下游横向生态补偿三期协议，引滦入津水质 2022 年继续保持Ⅲ类及以上。

（2）地表水区域补偿。修订地表水环境质量月排名办法，继续实施水环境区域补偿办法，按月对各区水环境质量进行考核排名，并根据排名实施财政奖惩，有效促进上下游各区共同护河治河。

（3）河湖生态保护。开展天津市 15 条重点河流和 2 个水库的水生生物、水体缓冲带调查，评估河湖水生态健康状况，构建河湖水生态评估体系。海河（河北区段）入选全国 18 个美丽河湖优秀（提名）案例，营造保护水环境的良好社会氛围。

（4）市场化、多元化生态保护补偿。推进水权交易配置基础性工作，进一步落实跨区水量分配方案，在主要河流水量分配基础上，以农业取水口作为分水控制点，规范地表水有序取用。

3. 水土流失治理　2022 年，天津市通过实施京津风沙源治理二期工程林业项目，继续开展水土流失综合治理，实施补植补造、修枝割灌等封禁封育措施，治理水土流失 5.32km^2，圆满完成水土流失治理年度目标任务。大力推进生态清洁小流域建设，在东丽区、西青区、津南区、蓟州区、武清区、静海区和滨海新区建成生态清洁型小流域 14 条，有效保护水土资源，改善人居环境，乡村特色产业得到了培育和发展。

4. 湿地自然保护区保护修复　持续推动湿地自然保护区"1＋4"规划实施。开展土地流转、生态移民、生态补水、湿地保护修复等工作，规划确定的重点生态保护修复工程基本完成；七里海生态移民安置房主体建设基本完成，陆续开展各项验收，同时推进配套公建和市政设施建设；大黄堡湿地核心区生态移民工程还迁区推进建设，京津农药厂（英力公司）开展土壤和地下水修复；北大港湿地落实生产经营活动退出，开展清网、清船等行动，加强野生动物保护、救护和检测工作；团泊保护区启动鸟类资源本底调查，完成水库西堤部分区域水生植物栽植工作。通过规划实施，湿地生态系统明显向好。

［天津市河（湖）长制办公室］

【执法监管】　2022 年，天津市各级水务执法部门累计出动执法人员 37 517 人次，执法车辆 15 154 车次，巡查河道总长度 37.69 万 km，巡查水域面积 2.25 万 km^2，巡查监管对象 5 788 个，水事秩序和水务执法环境有了明显好转，水资源管理、河道管理等各项工作基本纳入法制化管理的轨道。2022 年，共开展专项执法行动 14 项，全市各级水务执法部门累计立案查处河湖案 443 起，其中结案 426 件，结案率 96.2%，案件查处数量质量较 2021 年同期均大幅提升。同时，在 2022 年内首次启用案件查处简易程序，办理河湖案 183 件，执法时效性

有效提升。 [天津市河（湖）长制办公室]

【水文化建设】

1. 天津节水科技馆　天津节水科技馆坐落于天津市西青区大寺工业园A栋，建筑面积2 245m²，布展面积1 800m²，是国内规模最大的现代化节水科技馆。场馆由序厅和4个展区组成，共设置展项200余组，通过融科学性、知识性、趣味性于一体的展览，介绍了水的特性、水资源状况及分布、大型水利工程概况、节水技术及应用、家庭节水窍门、天津节水工作开展情况等内容，突出“水是生命之源”的主题。2022年，天津节水科技馆延续服务大众的传统理念，与天津科技大学志愿服务团队达成服务协议，增加线上特色节水宣传活动频次，配合主流媒体录制科普宣传节目，并积极参加全国及市级有关部门开展的各类比赛。2010年3月开馆至今，已累计接待参观游客30万余人，先后被评为国家水情教育基地、全国中小学节水教育社会实践基地、全国科普教育基地、天津市科普教育基地、天津市新时代文明实践基地、天津市文明单位、天津市全民科学素质工作先进集体、天津市水务局青年文明号、西青区创建全国文明城区先进集体、2021年度优秀雷锋志愿服务站。同时，天津节水科技馆是中国水利博物馆联盟成员单位，天津市自然科学博物馆学会理事单位，还与天津市理工大学、城建大学、天津海军勤务学院、南开中心小学、岳阳道小学等14家学校达成共建协议。

2. 东丽区东丽湖　东丽区以东丽湖为实践创新基地，把幸福河湖建设与区域生态保护、产业发展、环境提升相结合，通过全面开展丽湖与东湖的湖体改造工程、环湖景观配套工程等项目，将区域湖景基本建成一带八区、三岛七星的景观布局。2022年以来，东丽湖街有效构建“上下联动、部门互动、齐抓共管”工作格局，持续完善工作机制，细化工作责任，积极开展河道环境综合整治提升系列专项行动，充分利用“河湖长＋河湖长办＋河湖管护队伍”机制，实现动态化巡查、常态化保洁。已建成具备科普展示条件的科普场馆2座；开发水陆结合科普讲解线路1条；东湖荷花塘内建有300m荷花科普展示木栈道；建设闸、涵、泵站等多项可用于户外科普讲解的水利设施。位于东湖西南角的自然艺苑生态亲水公园，总面积57.4万m²，水面面积21.9万m²。依托该地区良好的基础条件、丰富的生态资源和成熟的旅游资源，先后引进天鹅湾轻奢帐篷营地、花海艺术集市、水上乐园、冰雪乐园等文旅项目，为广大市民提供了更多层次、更多选择的绿色活动空间，让湖水“活起来”，人气“旺起来”。东丽湖先后被评为“国家生态旅游示范区”“天津市最美河湖”“国家水利风景区”。

3. 红桥区子牙河滨河公园　位于红桥区子牙河北岸河堤，东起老红桥、西至西站西大桥，总长约1 300m、占地14万m²，经过“渔村”搬迁、筑堤、修路和公园建设，将杂乱污染的老“渔村”打造成综合性绿色生态公园。2022年以来，红桥区持续强化子牙河滨河公园周边生态环境治理，不断提升人民群众对河湖生态环境的满意度，围绕“绿水青山就是金山银山”的设计理念，子牙河滨河公园增加绿地面积，减少硬化铺装，充分展现大绿的生态环境，子牙河滨河公园绿化突出“绿水青山就是金山银山”的设计理念，增加绿地面积，尽量减少硬化铺装，充分展现大绿的生态环境，公园最大的亮点是湿地景观，栽植了水生鸢尾、千屈菜、黄菖蒲、芦竹等耐涝植物，边坡栽植了紫穗槐、八宝景天、沙地柏等耐旱植物，利用大乔木如国槐、柳树、白蜡、黄杨来勾勒绿地的圈边，形成相互独立又首尾相连的景观特色。公园还打造了鱼形种植池，将双鱼迎新的形象融入公园的平面线条中，从空中俯瞰是两条鲤鱼从公园中心向东西两侧延伸。子牙河滨河公园的另一个特色是工程突出绿色环保，注重海绵城市功能设计，公园的绿地能起到吸水载体的作用，公园的步道也采用了透水砖进行铺设，使下渗的水流能够快速渗入到两侧的下沉式绿地内，使整个公园都有蓄水、渗水、净水作用。此外，公园的假山堆积、填埋坑土的主体材料来自棚改工程的渣土，绿色环保，公园从设计到建成，充分体现红桥区“生态立区”的绿色发展理念。

[天津市河（湖）长制办公室]

【智慧水利建设】　2022年，天津市各级河湖长依托天津市河长制信息管理平台App累计巡河约87.59万人次；各区通过平台对辖区内河湖进行实时监管，及时处置各类用户上报的河湖管护问题，全年整改问题43 753个，整改率达100%。

[天津市河（湖）长制办公室]

河北省

【河湖概况】

1. 河湖数量　河北省境内河流地跨三个流域，即辽河、海河和内流区诸河流域，三个流域细分为

11个水系，即辽河水系、辽东湾西部沿渤海诸河水系、滦河及冀东沿海诸河水系、北三河水系、永定河水系、大清河水系、子牙河水系、黑龙港及运东地区诸河水系、漳卫河水系、徒骇马颊河水系、内蒙古高原东部内流区。根据第一次全国水利普查，河北省 $50km^2$ 以上河流 1 386 条，河流总长度 40 916.4km。其中按流域划分，海河流域 1 315 条、辽河流域 38 条、内流区诸河 33 条；按水系划分，辽河水系 31 条，辽东湾西部沿渤海诸河水系 7 条，滦河及冀东沿海诸河水系 291 条，北三河水系 154 条，永定河水系 131 条，大清河水系 271 条，子牙河水系 186 条，黑龙港及运东地区诸河水系 244 条，漳卫河水系 32 条，徒骇马颊河水系 6 条，内蒙古高原东部内流区 33 条；按跨界类型划分，跨省河流 290 条，跨市河流 122 条、跨县河流 500 条，县域内河流 474 条；按流域面积划分，流域面积 1 $000km^2$ 以上河流 95 条，200～1 $000km^2$ 河流 212 条，50～$200km^2$ 河流 1 079 条；按河流类型划分，山地河流 649 条，平原河流 709 条，混合河流 28 条。根据第一次全国水利普查成果，河北省列入普查名录的湖泊共计 30 个，其中常年水面面积 $10km^2$ 以上湖泊 5 个；$1km^2$ 以上湖泊 23 个；特殊湖泊 7 个。按流域划分，海河流域 6 个，内流区诸河流域 24 个；按水系划分，滦河及冀东沿海诸河水系 3 个，大清河水系 1 个，黑龙港及运东诸河水系 2 个，其余湖泊均位于内蒙古高原东部内流区水系。

2022 年，河北省安排雄安新区防洪、大中型病险水库除险加固、中小河流治理、江河主要支流治理、蓄滞洪区防洪工程与安全建设等水利基本建设项目 39 个，中央投资计划 22.2 亿元。截至 2022 年年底，39 个项目完工 9 个，完成中央投资 21.8 亿元，中央投资计划完成率 98%，超预期完成 80%以上的目标任务。

2. 水质　2022 年，河北省实际监测 176 个地表水国、省控断面（河流 145 个断面，湖库淀 31 个点位）中达到或优于Ⅲ类水质断面比例为 84.1%，比 2021 年上升 13.3 个百分点；Ⅳ类水质断面比例为 15.9%，比 2021 年下降 10.9 个百分点；无Ⅴ类水质断面，比 2021 年下降 1.8 个百分点；无劣Ⅴ类水质断面，比 2021 年下降 0.6 个百分点。127 个地表水国考断面中达到或优于Ⅲ类水质断面比例为 84.4%，比 2021 年上升 9.8 个百分点；无劣Ⅴ类水体，与 2021 年持平。

2022 年，河北省国省控河流断面中，水质达到或优于Ⅲ类断面比例为 82.1%，比 2021 年上升 13.0 个百分点；Ⅳ类断面比例为 17.9%，比 2021 年下降 10.2 个百分点；无Ⅴ类水质断面，比 2021 年下降 2.2 个百分点；无劣Ⅴ类水质断面，比 2021 年下降 0.7 个百分点。

岗南水库等 14 座水库达到Ⅱ类水质标准，水质优；陡河水库、邱庄水库、洋河水库、白洋淀和衡水湖达到Ⅲ类水质标准，水质良好。对湖库淀水质进行富营养化评价，洋河水库、陡河水库、衡水湖和南大港湿地为轻度富营养，其他 16 座水库和白洋淀为中营养。（吴佳　董敏鹏　余正）

【重大活动】　2022 年 3 月 30 日，省委书记、省人大常委会主任、省级总河湖长王东峰主持召开 2022 年度省级总河湖长会议。深入贯彻落实习近平生态文明思想，听取全省 2021 年度河湖长制工作情况汇报，审议《河北省河道生态补水全覆盖工作方案》，研究部署 2022 年度河湖保护治理重点任务。（张倩）

【重要文件】

1. 省总河湖长令　2022 年 4 月，省级总河湖长签发 2022 年度落实河湖长制工作要点，安排部署 2022 年度河湖保护治理重点任务。

2022 年 12 月 27 日，省级总河湖长签发《关于印发〈关于开展幸福河湖建设的指导意见〉的通知》（〔2022〕第 2 号）。

2. 重要文件　2022 年 1 月 12 日，河北省河湖长制办公室印发《关于印发河北省 2022 年度河湖长制工作要点的通知》（冀河办〔2022〕1 号），安排部署河长办年度重点工作。

2022 年 2 月 10 日，河北省水污染防治工作领导小组办公室印发《关于印发〈河北省 2022 年水生态环境保护工作要点〉的通知》（冀水领办〔2022〕8 号）。

2022 年 2 月 15 日，河北省河湖长制办公室印发《关于印发〈在南水北调工程全面推行河长制的实施方案〉的通知》（冀河办〔2022〕13 号）。

2022 年 2 月 23 日，河北省河湖长制办公室印发《关于开展河湖长制工作落实排查整治专项行动的通知》（冀河办〔2022〕18 号）。

2022 年 2 月 28 日，河北省河湖长制办公室印发《关于印发〈河北省 2022 年度落实河湖长制重点工作推进方案〉的通知》（冀河办〔2022〕19 号）。

2022 年 3 月 25 日，河北省河湖长制办公室、河北省防汛抗旱指挥部办公室印发《关于深入推进妨碍河道行洪突出问题排查整治工作的通知》（冀河办〔2022〕21 号）。

2022 年 4 月 6 日，河北省水利厅印发《河北省

“十四五”时期复苏河湖生态环境实施方案》（冀水资〔2022〕18号）。

2022年4月12日，河北省节约用水办公室印发《河北省2022年全社会节约用水工作要点》（冀水节办〔2022〕3号）。

2022年4月26日，河北省水利厅、河北省政务服务管理办公室印发《河北省企业节约用水信用管理办法（试行）》（冀水节〔2022〕24号）。

2022年5月7日，河北省水利厅印发《河北省水平衡测试管理办法》（冀水节〔2022〕26号）。

2022年8月9日，河北省水利厅印发《河北省母亲河复苏行动工作方案（2022—2025年）》（冀水资〔2022〕39号）。

2022年8月15日，河北省水利厅印发《河北省县域节水型社会达标建设实施办法》（冀水节〔2022〕40号）。

2022年9月26日，河北省水利厅印发《关于公布开展水资源调度的跨市江河流域及重大调水工程名录（第一批）的通知》（冀水调管〔2022〕32号）。

2022年9月30日，河北省人民政府办公厅印发《关于印发河北省入河入海排污口排查整治工作方案的通知》（冀政办字〔2022〕130号）。

2022年11月4日，河北省河湖长制办公室印发《关于做好“一河（湖）一策”方案编制工作的通知》（冀河办函〔2022〕33号）。

2022年11月11日，河北省水利厅印发《河北省节约用水监督管理办法（试行）》（冀水节〔2022〕52号）。

2022年11月14日，河北省水利厅印发《关于公布开展水资源调度的跨市江河流域名录（第二批）的通知》（冀水调管〔2022〕39号）。

2022年11月22日，河北省水利厅、河北省发展和改革委员会、河北省住房和城乡建设厅印发《河北省计划用水管理办法（试行）》（冀水节〔2022〕54号）。

2022年11月22日，河北省水利厅印发《关于加强流域水资源统一管理的实施意见》（冀水资〔2022〕56号）。

2022年12月11日，河北省水利厅印发《河北省引黄工程调度应急预案》（冀水调管〔2022〕18号）。

2022年12月26日，河北省水利厅印发《河北省水资源调度管理实施细则（试行）》（冀水调管〔2022〕44号）。

2022年12月30日，河北省河湖长制办公室印发《关于印发〈河北省幸福河湖建设指南（试行）〉的通知》（冀河办〔2022〕40号）。

（张倩　彭帅　张永胜　王健　李明　卢亚卓）

【地方政策法规】

1. 法规　2022年9月28日，河北省第十三届人民代表大会常务委员会第三十三次会议批准通过《石家庄市滹沱河保护条例》，自2022年11月1日起施行。

2. 规范（标准）　2022年5月31日，河北省市场监督管理局发布《河长（湖长）公示牌设置管理规范》（DB13/T 5559—2022）。

2022年12月27日，河北省市场监督管理局发布《建设项目节约用水管理规范》（DB13/T 5650—2022）。

（张永胜　彭帅　王健）

【河湖长制体制机制建立运行情况】

1. 进一步健全河长组织体系　按照国家部署，河北省河湖长制办公室印发《在南水北调工程全面推行河长制的实施方案》（冀河办〔2022〕13号），在全省南水北调中线工程干线、南水北调东线一期工程北延应急供水工程相关河渠、南水北调配套工程明渠段全面推行河长制，共设立省、市、县、乡、村五级河长1 496名。

2. 高位推动部署全年工作　省委、省政府主要负责同志多次深入一线调研指导，组织召开2022年度省级总河湖长会议，两次联合签发省级总河湖长令，安排部署年度重点工作，推进幸福河湖建设专项行动。进一步强化河湖长履职和责任落实，全省五级河湖长累计巡河巡湖489万次。省河长办制定印发《河北省2022年度落实河湖长制重点工作推进方案》，明确年度河湖长制工作总体思路、目标要求、重点任务和保障措施。

3. 持续推动督查考核　将“落实河湖长制”纳入省管领导班子和领导干部综合考核体系，组织完成2021年度河湖长制工作考核，省委办公厅、省政府办公厅通报考核结果，对优秀的市、县进行资金奖励。河北省考核工作经验列入中组部河湖长制专题培训班授课内容。以碍洪排查整治、“清四乱”常态化为重点，综合运用遥感监测、现场检查、无人机巡查等方式，明察暗访相结合，累计检查132个河湖现场，发现问题全部督办整改到位。数字赋能强化河湖监管工作经验入选《全面推行河长制湖长制典型案例汇编（2022）》。

（张倩）

【河湖健康评价开展情况】　2022年，持续开展河湖数据调研监测，对211条（个）河流（湖泊）的评

价成果作了进一步完善。考虑到北方河流在功能定位等方面的特殊性，为进一步加强对市、县评价工作的技术指导，河北省河湖长制办公室结合一年多来的评价实践，对《河北省河湖健康评价技术大纲（试行）》进行了修改完善，并通过地方标准立项，起草河北省河湖健康评价技术规范，2022 年年底前完成了面向省级相关部门、各市（含定州、辛集市）和雄安新区、社会公众的征求意见工作。同时，依托省河长制信息平台，同步开发建设了河湖健康评价模块，初步建立了省级河湖电子健康档案。

（彭帅）

【“一河（湖）一策”编制和实施情况】 2022 年 11 月 4 日，河北省河湖长制办公室印发《关于做好“一河（湖）一策”方案编制工作的通知》，全面部署“一河（湖）一策”方案编制工作。在水利部《“一河（湖）一策”方案编制指南（试行）》的基础上，结合“十四五”河湖保护治理新形势、新要求和河北省河湖实际情况，组织编制了《河北省省级“一河（湖）一策”（2022—2025 年）方案编制工作大纲》，明确了编制工作的总体要求、主要工作、“一河（湖）一策”方案中的 7 方面主要任务及 27 项细化指标，为扎实推进省级方案编制提供依据的同时，也为各地提供技术参考。河北省河湖长制办公室按照大纲要求，组织技术单位先后多次开展实地调研、集体研讨、集中办公，明晰河湖现状问题和治理需求，研究治理目标和任务措施，提升方案编制质量。同时，对照第一次水普河湖名录和河北省河湖保护名录，组织各地梳理拟编制方案的河湖名称及数量，建立各地编制任务底账，健全上对下审查机制，定期跟进各地编制进展，督促提升质量、提升效率。

（彭帅）

【水资源保护】

1. 全面完成跨市河流水量分配　2022 年，印发滦河、滹沱河 2 个跨市河流分水单元水量分配方案，从而全面完成河北省 18 个跨市河流分水单元水量分配工作；印发滏阳河等 6 个重点河湖基本生态水量保障实施方案，河北省所涉全部 14 个重点河湖生态水量保障目标确定任务全面完成；用水总量控制在 182.43 亿 m^3，地下水用水总量控制在 73.92 亿 m^3，均在控制指标范围内；全力推进取水井关停，2022 年关停取水井 14 万余眼；组织河北省全国重要饮用水水源地管理单位按照水源地安全保障达标建设要求开展自评估工作，各水源地评价结果均为良好及以上。

2. 全面落实国家节水行动　2022 年 4 月，经河北省政府同意，成立了由省政府分管负责同志为召集人、省政府副秘书长和省水利厅厅长为副召集人、19 个省直部门为成员的省级节约用水工作协调机制。全省 11 个设区（市）以及定州、辛集等 167 个县（市、区）建立节约用水工作协调机制，省、市、县三级高规格节水协调机制基本建立。截至 2022 年年底，河北省已累计 99 个县（市、区）被水利部命名为节水型社会建设达标县（区）。2022 年，河北省万元国内生产总值用水量、万元工业增加值用水量分别较 2021 年下降 3.3%、11.2%，圆满完成国家和省确定的任务目标。

（王锐智　王健）

【水域岸线管理保护】

1. 河湖管理范围划界　按照水利部印发《关于加快推进河湖管理范围划定工作的通知》（水河湖〔2018〕314 号）要求，河北省认真部署，迅速行动，制定并印发了《河北省河湖管理范围划界指南》，明确了河流、湖泊的管理范围划定准则，依法划定河湖管理范围，明确河湖管理边界线。2021 年按照相关法规、规范要求对河道划界成果进行复核。截至 2022 年年底，河北省河湖管理范围划定工作已全面完成，并按要求将划界成果由各市、县人民政府统一公告。

2. 岸线保护与利用规划　按照水利部办公厅下发《关于印发河湖岸线保护与利用规划编制指南（试行）的通知》（办河湖函〔2019〕394 号）要求。省水利厅印发《关于做好河湖岸线保护与利用规划编制工作的通知》（冀水河湖〔2019〕50 号），明确河北省水利厅负责编制滦河大黑汀水库至入海口、潴龙河、滹沱河岗南水库至献县枢纽、南运河第三店至冀津界、滏阳新河、滏阳河艾辛庄枢纽至献县枢纽、子牙河献县枢纽至冀津界、子牙新河献县枢纽至阎辛庄、南拒马河北河店至新盖房枢纽、白沟河、滏东排河、南排河等 12 条河道岸线保护与利用规划的编制工作，同时要求各地抓紧研究确定市、县负责编制岸线保护与利用规划的河湖名录，并明确完成时间。2021 年 4 月 13 日，河北省水利厅负责编制的 12 条河道岸线保护与利用规划已全部编制完成，经省政府同意后由省水利厅印发实施。

3. 采砂整治　河北省开展全省河道非法采砂整治行动，截至 2022 年年底，全省各地水利、公安等部门开展联合执法 5 950 次，出动 11.6 万人次，查处非法采砂行政案件 110 起，处罚 157 人，罚没 126.45 万元，移送公安 6 起，进一步规范河道采砂管理秩序。

4. “四乱”整治　根据《水利部办公厅关于进一步推进妨碍河道行洪突出问题清理整治工作通知》(办河湖函〔2021〕771 号) 要求，在全省范围内常态化规范化开展河湖“四乱”清理整治。为巩固提升河湖清理整治成果，印发《关于纵深推进河湖“四乱”清理整治的通知》，结合河湖保护名录和河湖管理范围划定成果，指导市、县通过卫星遥感监测、无人机航拍和现场踏勘等方式，以妨碍河道行洪突出问题为重点，对域内河湖进行全面排查，明确河段排查责任人，摸清底数，建立问题台账，持续推进整改。截至 2022 年年底，河北省共排查整治河湖“四乱”问题 1 222 个。

(吕健兆　吴佳　靳乐)

【水污染防治】

1. 排污口整治　河北省加强入河排污口监管，持续推进全省入河排污口规范化建设，严格入河排污口管控，定期开展入河排污口监测，督促排污单位达标排放，组织开展排污口排查溯源和分类整治，推进建立长效监管机制。

2. 工矿企业污染防治　河北省加强工业污染治理，积极推进环境管理由末端治理向生产过程管控方式转变。推进清洁生产审核和清洁化改造，引导重点行业深入实施清洁生产改造，鼓励企业实施强制性清洁生产审核。强化工业园区污染治理，持续推进工业园区污水集中治理设施建设完善，污水集中收集处理能力不断提升，全省工业园区污水集中处理设施日处理能力累计达到 191.8 万 t。

3. 城镇生活污染防治　完善城镇污水收集处理设施。组织全省各地谋划“十四五”期间重点城市污水处理设施项目，指导污水处理厂运行负荷高于 90%的市、县积极谋划启动新建扩建计划，因地制宜，统筹推进建制镇生活污水处理设施建设，进一步提高城镇污水处理能力，补齐设施短板。强化城镇污水处理设施运行管理。组织开展 2022 年城镇污水处理厂考核评价工作，对 134 个城市污水处理厂和 191 个全国重点镇污水处理设施进行现场考核，进一步规范设施运行管理，提升设施运行水平。

4. 船舶港口污染防治　一是推进绿色港口建设。沧州矿石续建码头同步建设 1 套高压岸电、新增 2 个 5 万 t 级以上专业化泊位具备岸电供应能力，截至 2022 年年底，河北省沿海港口具备向船舶供应岸电能力的 5 万 t 级以上专业化泊位达到 64 个，2022 年港口岸电使用 1 771 次、用电量 293 万 kW·h。唐山港京唐港区建成 14.74 万 m^2 的煤炭堆场气膜条形仓，为全国沿海港口防尘首次应用。二是推进港口和靠港船舶污染物接收转运处置。港口环保设施均与主体工程同步设计、同步施工、同步投入使用。河北省港口船舶污染物接收转运处置能力基本满足港口生产需要，大多数港口企业建设了污水处理回用设施，处理达标的中水用于港区灌溉喷淋，有效节约水资源。靠港船舶生活污水、含油污水和船舶垃圾等污染物基本由第三方公司进行接收，再转运至符合环保要求的处理厂处置。

5. 畜禽养殖污染防治　河北省全面推进畜禽粪污资源化利用工作，截至 2022 年年底，全省畜禽规模养殖场粪污处理设施装备配套率继续保持 100%，畜禽粪污综合利用率达到 81%。印发《白洋淀流域畜禽养殖废弃物资源化利用专项工作方案》，“严禁任何一滴养殖污水流入白洋淀”。白洋淀流域 3 441 家规模养殖场粪污处理设施全部达到二级水平，推动规模以下养殖场户粪污资源化利用。

6. 农业面源污染治理　一是积极推进农膜回收利用。加强地膜回收试点示范，安排专项资金支持永清、尚义等 14 个地膜使用重点县开展地膜回收示范。积极推进地膜科学使用回收试点，成立省级地膜科学使用回收试点工作推进组和专家指导组。印发《河北省农膜回收利用支持政策清单》，给予支持政策措施，为项目实施营造良好产业发展环境。印发《2022 年全省农田地膜残留监测方案》，在全省 304 个地膜残留省控监测点持续开展地膜残留监测评价。印发《关于加强农膜污染防治宣传培训的通知》，编印地膜科学使用回收宣传挂图，制定《全省地膜科学使用回收技术指导手册》，组织开展农膜污染防治宣传培训活动。2022 年农膜回收率达到 90%以上。二是化肥减量增效。河北省以化肥减量增效项目为抓手，创新工作机制，不断提升科学施肥技术水平。2022 年，继续实施农业农村部化肥减量增效项目，夯实测土配方施肥基础，开展取土化验、田间试验、更新养分数据，优化施肥参数，完善肥料配方，示范推广肥料新产品、新技术、新机具，测土配方施肥技术推广面积达 1.1 亿亩次，主要粮食作物氮肥利用率达 41.4%。三是农药减量增效。河北省每年制定全省农药减量增效工作方案，坚持“预防为主、综合防治”的植保方针，以绿色发展为引领、围绕农药减量增效任务目标，坚持减药与保产并重、产量与质量统筹、生产与生态协调、节本与增效兼顾，整合植物检疫、监测预警、绿色防控、统防统治等业务工作，结合技术指导和宣传培训，以建设全程绿色防控示范区为抓手，促进技术创新、服务创新和机制创新，加快植保新药剂、新机械和集成技术推广应用，稳步提高主要农作物统防统治

覆盖率及绿色防控覆盖率，努力推进农药减量增效工作开展。2022年全省主要农作物专业化统防统治覆盖率达到58%（2021年为50.45%），主要农作物绿色防控覆盖率达55.67%（2021年为48.41%）。

（李明　宋甜甜　郜欢欢　边业）

【水环境治理】

1. 饮用水水源规范化建设　2022年，全省30个地级市集中式饮用水水源水质均达到Ⅲ类标准要求。30个城市集中式饮用水水源地均划定水源保护区，设置了标识标牌，实施了一级保护区隔离防护设施。

2. 黑臭水体治理　在农村黑臭水体治理上，持续开展全省农村黑臭水体常态化排查整治。印发《河北省农村黑臭水体长效管控机制实施方案》（冀水领办〔2022〕11号），围绕改善农村坑塘水体生态环境质量，聚焦农村垃圾杂物、生活污水、畜禽养殖污染等突出环境问题，强化排查摸底、全面整治、源头防控、巡查防范，建立健全长效管控机制。在城市黑臭水体治理上，强化问题排查治理。开展城市黑臭水体排查治理、暗访抽查等专项行动，及时排查建成区内水体黑臭及黑臭隐患等问题，限时完成问题整改。健全长效机制，印发《河北省“十四五”城市黑臭水体整治环境保护行动方案》《河北省城市黑臭水体治理攻坚行动方案》等文件，进一步健全防止返黑返臭长效机制，持续巩固城市建成区黑臭水体治理成效。截至2022年年底，河北省城市建成区范围内未发现新增黑臭水体及返黑返臭水体。

3. 农村水环境整治　河北省持续推动农村生活污水治理工作，探索建立遥感解译、现场踏勘、信息推送、核实整改工作机制，利用卫星遥感影像解译识别疑似农村黑臭水体点位，向各市推送并整治449个较大面积农村黑臭隐患水体。强化隐患排查，每季度组织开展一次农村黑臭水体水质监测，每半年开展一次专项执法检查，切实加强日常监管。组织开展农村地区水体漂浮和岸边积存垃圾专项清理百日行动，全省共排查农村地区水体3万余个，清理生活垃圾6.7万m^3、畜禽粪污2 100m^3、工业废弃物800m^3。

（冯亚平　宋甜甜　张钊兴）

【水生态修复】

1. 生态补水　一是积极配合水利部编制《2022年度华北地区河湖生态环境复苏实施方案》和《华北地区河湖生态环境复苏行动方案（2022年夏季）》。河北省水利厅强化联合调度管理，严格控制补水河道及沿线闸站水位，加强河道巡查巡护，大力推进补水工作，确保输水安全。夏季复苏行动期间，河北省共实施河湖生态补水6.13亿m^3，超额完成补水水量计划，实现了大清河水系、子牙河水系贯通入海和滹沱河、七里河—顺水河等15条支线全线贯通的目标任务，有力推进了全面复苏河湖生态环境和华北地区地下水超采综合治理。二是科学调度推进永定河通水。按照水利部和海委部署，调度友谊、响水铺水库集中输水0.47亿m^3，协调张家口、保定、廊坊市做好永定河通水管护工作中，确保工程安全、人员安全，实现永定河春、秋季865km两次全线贯通。三是联合调度大运河贯通补水。按照《水利部京杭大运河2022年全线贯通补水方案》要求，协调调度引黄水量，全力将工作抓实抓细抓好，实现了京杭大运河1 230km近一个世纪以来的首次全线贯通，并与永定河实现世纪交汇，总补水量6.08亿m^3，超计划5.15亿m^3。四是有序实施多水源河湖生态补水。落实属地责任，实施动态管理，强化信息报送，实行调水补水周报制度，实时掌握补水情况，科学施策，合理调度。河北省全年共完成河湖生态补水水量53.52亿m^3，其中本地水库水40.29亿m^3，形成有水河道3 930km、水面面积230km^2。累计向白洋淀补水9.48亿m^3（入淀水量），向衡水湖补水0.45亿m^3。

2. 生物多样性保护　2022年，河北省持续强化自然保护地建设，做好生物多样性保护工作。在前期自然保护地整合优化的基础上，统筹推进河湖流域内自然保护地整合优化预案再完善工作，并启动风景名胜区整合优化预案编制工作。督促指导相关市县林业和草原主管部门做好中央环保督察、“绿盾”行动、遥感监测、明察暗访、专项行动等发现的流域内自然保护地内存在的违法违规问题整改，坚持问题导向、目标导向和任务导向，有效解决自然保护地内的违法违规问题，促进自然保护地健康持续发展，提升了生物多样性。河北省共有鸟类486种，其中国家一级保护鸟类40种，国家二级保护鸟类86种，省级重点保护鸟类132种。衡水湖、白洋淀、南大港、曹妃甸、北戴河、闪电河、康巴诺尔湖等湿地为河北省重要的候鸟觅食地和栖息场所，渤海湾滩涂湿地更是红腹滨鹬、黑尾塍鹬及其他东北亚候鸟迁徙通道上唯一的停歇地。

为动态监测跨流域生态补水对受水区水生生物的影响，2022年，省生态环境厅对白洋淀、衡水湖重要湿地开展水生生物多样性本底调查及监测（本底调查每年3次，日常监测引水期每月1次、非引水期每两月1次），调查内容包括浮游生物、高等水生植物、底栖动物、游泳动物及生物栖息环境，动态掌握水生生物种类及其变化情况、分析水生生物物种迁移对受水区水生生物的影响，防止不同生物区系水生动植物因生态补水对白洋淀、衡水湖水生态系统造成破坏。

为修复水域生态环境，维护水生生物多样性，2022年，河北省持续在内陆的白洋淀、衡水湖和潘家口、大黑汀、岗南、黄壁庄、王快、西大洋、官厅、岳城等水库开展水生生物增殖放流，放流鲢鱼、鳙鱼、草鱼、青虾、中华鳖、池沼公鱼受精卵等各类水生生物苗种超30亿单位。6月6日，在黄壁庄水库举办了2022年全国“放鱼日”河北同步增殖放流活动，邀请社会各界共同参与，进一步提高公众对水生生物资源的保护意识。

3. 生态补偿机制　立足京津冀水源涵养功能区定位，着力提升水源涵养和水质保障能力，积极推动流域联防联控和生态补偿机制，2022年8月，河北省政府与北京市政府签订密云水库上游潮白河生态保护补偿二期协议，与天津市共同推进引滦入津上下游横向生态补偿三期协议起草，并于2023年1月签订。

4. 水土流失综合治理　落实《河北省水土保持规划（2016—2030年）》。2022年河北省依托国家水土保持重点工程和京津风沙源治理二期工程水利项目等，统筹发展和改革、财政、农业农村、生态环境、自然资源、林业和草原等部门生态项目投入，鼓励和引导社会资本积极参与水土流失治理，新增水土流失治理面积 2 245.7km²，其中修建梯田14.89km²，营造水土保持林546.01km²，栽植经济林 86.73km²，种草 196.24km²，实施封禁治理1 315.8km²，其他措施86.03km²。通过实施各项水土保持措施和保护修复，构建水土流失综合防治体系，有效减少了水土流失，提高了蓄水保土和涵养水源能力，减轻了河湖（库）的泥沙淤积，对提高土地生产力、改善人居环境、防灾减灾起到了积极作用。经估算，治理区新增保土能力303万t、增产粮食67万kg、增加林草覆盖15%，受益人口64.8万人。

5. 生态清洁小流域建设　河北省围绕密云水库上游潮白河流域、雄安新区上游等重要水源地有序推进生态清洁小流域建设，2022年建成生态清洁小流域10条。

（卢亚卓　李硕　赵璐　杜芮瑶　刘惠勤）

【执法监管】　2022年3—10月，河北省水利厅按照水利部的部署要求，在全省范围内组织开展了防汛保安专项执法行动。行动中认真落实党中央、国务院关于加强行政执法工作的决策部署，强化问题导向，突出动员部署、建立台账、督促指导、加强整改等重要环节，依法严厉打击妨碍河道行洪、影响水库大坝等防洪工程安全的违法行为，防汛保安专项执法行动取得了明显成效。

为做好河湖监管工作，河北省组织开展白洋淀流域水环境执法专项行动、汪洋沟沿线环境问题排查工作、汛期重点涉水企业执法帮扶行动和大运河沿线生态环境专项执法检查等工作。印发《关于开展2022年春季白洋淀流域强化环境执法监管专项行动的通知》《关于开展汛期重点涉水企业执法帮扶行动的通知》（冀环办字函〔2022〕252号），按照市县自查、省级抽查复核的方式，加大排查整治力度，对发现的问题，督促立行立改、限期整改，确保问题整改到位，消除河湖污染隐患。（靳松　王立豪）

【水文化建设】　河北省水利风景区建设管理工作坚持以习近平生态文明思想为指导，立足新发展阶段，贯彻新发展理念，构建新发展格局，积极践行“节水优先、空间均衡、系统治理、两手发力”治水思路和“绿水青山就是金山银山”理念，以满足人民日益增长的美好生活需要为根本目标，围绕建设幸福河湖，把强化规划引领、夯实建设基础、规范日常监管、加大宣传力度作为工作重点，结合区域实际推动水利风景区高质量发展。截至2022年年底，河北省水利风景区共计46个（国家级24个、省级22个），其中城市河湖型23个、水库型14个、水土保持型4个、自然河湖型3个、湿地型2个。

（相征）

【智慧水利建设】

1. “水利一张图”　2022年，河北省水利厅围绕水旱灾害防御、水资源调配、河湖管理、水利工程管理、水利政务管理五大业务需求，对河北省1 660条河流、41 862km河道、2 253座水闸、367个排污口等数据进行梳理，完成河道水情信息、河流流域信息、河道信息、机井信息、雨水情信息等28类、190万余条数据的分析，组织编制了《河北省“水利一张图”及网络安全防护建设方案》，7月5日，省委网络安全和信息化委员会办公室出具了对建设方案的初审意见。12月29日通过省发展和改革委员会的审核。

2. 数字孪生工作情况　按照《水利部关于开展数字孪生流域建设先行先试工作的通知》（水信息〔2022〕79号）要求，2022年3月18日，河北省水利厅将黄壁庄水库、王村分洪闸列入先行先试工作

试点，开展数字孪生流域建设。省水利厅组织建设单位抓好落实，先后完成了试点申报、方案核备、中期评估等工作。12 月 29 日，水利部印发《水利部办公厅关于印发〈数字孪生流域建设先行先试中期评估意见〉的通知》（办信息〔2022〕339 号），河北省水利厅数字孪生流域建设先行先试中期评估结果为优秀，“水库视频感知融合系统”被评为优秀案例，并推广应用。

2022 年 7 月 27 日，河北省水利厅印发《关于开展数字孪生流域建设工作的通知》（冀水〔2022〕24 号），要求各地市积极推进数字孪生流域（水利工程）试点建设工作。10 月 11 日，组织召开数字孪生流域建设视频宣讲会，对智慧水利和数字孪生流域（水利工程）等相关内容进行宣讲。通过深入对接各地市数字孪生建设需要，将雄安新区数字孪生南拒马河右堤防洪治理工程（容城段）、邯郸智慧水利数字孪生滏阳河等列入重点数字孪生水利建设项目，由点及面，逐步构建省级数字孪生流域体系。

3. 河湖遥感监测　利用卫星遥感技术开展河湖常态化监管，持续加强对河北省设省级河湖长河湖、生态补水河道、白洋淀上游河道等 36 条重要河湖和 160 条具有砂石资源河道进行动态监测。2022 年，解析监测影像总面积 110 万 km^2，单条河流影像数据 841 份，覆盖河流影像总面积 9 万 km^2，发现疑似“四乱”图斑 5 914 个，实地复核行程 2.6 万 km，抽查复核问题 1 209 个，组织地市对疑似“四乱”图斑进行了全面核查，推动解决河湖典型突出问题 632 个。

4. 河长制信息管理平台（河长 App）　持续深入加强河长制信息管理平台应用，截至 2022 年年底，河长制信息平台注册用户人数已达到 5.3 万余人，累计访问量 3 287 万余次，全省 4.6 万余名河湖长全部依托移动端河掌云开展巡河调研，年巡河次数 493 万余次，依托河长制信息管理平台处置解决河湖问题 2.5 万余个。

（孙王虎　张成哲　张永胜）

山西省

【河湖概况】

1. 河湖数量　山西省河流分布在黄河、海河两大流域内，黄河流域面积 97 138km^2，占全省面积的 62.2%，由汾河水系、入黄支流水系、涑水河水系、沁河水系组成；海河流域面积 59 133km^2，占全省面积的 37.8%，由永定河水系、滹沱河水系、漳卫河水系、大清河水系组成。流域面积 50km^2 及以上的河流总数为 902 条，其中：省内河流有 804 条，跨省河流有 98 条。流域面积 100km^2 及以上的河流总数为 451 条，其中：省内河流有 382 条，跨省河流有 69 条。按照《全国河湖基本情况普查实施方案》，河流级别根据入海、汇入内陆湖和消亡于沙漠的河流干流为 0 级，流入干流的河流为 1 级，以此类推。省 50km^2 标准以上河流中有 0 级河流 2 条，分别是永定河（桑干河）、黄河（山西段），有 1 级河流 113 条，2 级河流 357 条，3 级河流 293 条，4 级河流 114 条，5 级河流 21 条，6 级河流 2 条。其中省级河长责任河流有汾河、桑干河（御河）、滹沱河、漳河、沁河、潇河（含太榆退水渠）、涑水河、三川河、唐河、沙河 10 条河流。汾河流域面积 39 721km^2，干流全长 716km；桑干河在省界以上干流总长 338km，山西省内流域面积为 15 076km^2；御河干流全长 77km，山西省境内面积 2 612km^2；滹沱河山西段干流长度 324km，省内流域面积 14 038km^2；漳河在山西境内河道长度为 226km，山西省境内流域面积 15 884km^2；沁河流域总面积 13 532km^2，山西省境内面积 12 304km^2，山西省境内长 363km；涑水河全长 200.55km，流域面积约 5 774.4km^2；潇河河道总长 147km，流域总面积 4 064km^2；文峪河主河道长 160km，流域面积 4 050km^2；三川河河道长 174.9km，流域面积 4 161.4km^2；湫水河河道总长 122km，流域面积 1 989km^2；唐河山西境内 93km，山西境内流域面积 2 190km^2；沙河山西省境内全长 65km，流域面积 1 216km^2。

（杜建明）

山西省水域面积大于 1km^2 湖泊有 6 个（不含城市公园内的湖），分别为晋阳湖、圣天湖、伍姓湖、西塬湖、鸭子池、盐湖。

晋阳湖位于山西省太原市南端金胜镇南阜村，原名牛家营湖，是山西省最大的内陆人工湖，也是华北地区最大的人工湖。20 世纪 50 年代初由人工开挖而成，作为太原市第一热电厂的蓄水池使用，1957 年牛家营湖扩建为水库，并由西干渠引入汾河水，更名为晋阳湖。湖面南北长 2 990m，东西宽 1 700～2 000m，湖水面积 5.65km^2，蓄水量约 1 500 万 m^3，湖底高程为 773.0～775.9m，最大水深 4m，最浅处 1.5m，平均水深 2.2m，水位高程常年约 778m。晋阳湖作为太原市陆生生态系统和水域生态系统的重要资源，在优化水生态空间布局、防洪、供水、维持生物多样性等方面发挥着重要作用，是“一湖点睛”山水格局的有机构成。

圣天湖位于山西省芮城县陌南镇柳湾村的黄河之滨，地处黄河金三角旅游区核心位置。圣天湖景区原名“胜天湖水库”，地势整体呈西北高东南低，海拔为 316～520m。景区规划面积 7.71km²，其中水域面积 4km²。圣天湖是一处河道变迁遗迹性的湿地，分为内湖和外湖，内湖最高水位是 319.4m，最低水位是 318.2m。外湖最高水位 317m，最低水位为 315m。圣天湖相对高差 200 余 m，光照充足、雨量适宜、地貌多样、空气清新、物种丰富。湖内栖息着 238 种鸟类，147 种湿地植物及 52 种鱼类资源，堪称我国北方少有的湿地野生动植物基因库。2017 年 12 月，通过国家 4A 级旅游景区验收。2019 年 6 月被中国林业产业联合会确定为全国“森林康养基地试点建设单位”；8 月，承办了中华人民共和国第二届青年运动会铁人三项比赛。

伍姓湖位于永济市城东，距城边 1.5km。地理坐标：东经 110°29′22″和北纬 34°53′32″。涑水河、姚暹渠、湾湾河及中条山沟峪的水流均汇入伍姓湖，伍姓湖是涑水河下游平川区的主要天然水域，在一定程度上起着调节运城至永济洼地的地表水和地下水的功能，是涑水河流域的主要蓄洪排碱及地下水潜流排泄地。总容积为 1 900 万 m³。伍姓湖的设计防洪标准按 20 年一遇。根据蓄水量确定蓄水工程的等别为Ⅳ等，主要建筑物级别为 4 级，次要建筑物级别为 5 级。

西塬湖水库原名硝池滩，位于运城市西南 20km 处的盐湖区解州镇，距今约有 1 200 年的历史。呈封闭蚕豆型，汛期缓洪、泄洪、非汛期可调蓄城市排水，属涑水河流域。水库坝址以上流域面积 306.37km²（其中农田面积 178.56km²，水库水面面积 14km²，中条山北麓冲沟面积 101.54km²，运城市主城区面积 12.27km²），库区东西长约 5km，南北宽约 4.2km，最大水面面积 17.5km²。

鸭子池位于汤里滩与盐池之间，流域面积 24.9km²，埝顶高程 332.86m，最大库容 1 600 万 m³。鸭子池曾是盐湖东端的最后一道防洪设施，也是盐化生产的淡水储备区，以保证盐湖夏季用水之需。随着城市的东扩北移，该滩区除了保护盐池的防洪安全外，还是东部污水处理后中水的蓄存地。

（杨小萌）

盐湖位于运城市中心城区南部，与中条山平行，呈东西狭长形态，包含盐湖、汤里滩、鸭子池、硝池滩、北门滩五大水域，是运城千百年来形成的巨大历史奇观、文化奇观和自然奇观。盐湖水面面积 97km²（不包括北门滩），流域面积 785.07km²，总库容 10 300 万 m³（不包括盐池）。区域内盐硝矿产储量 6 134 万 t，有盐角草、盐地碱蓬等特色植物 30 余种，火烈鸟、白天鹅、反嘴鹬等特色动物 150 余种，盐湖大盐、黑泥等国家地理标志产品 2 个，凤凰谷、九龙山等森林公园 2 处，还有卤虫、盐藻等特色微生物。

2. 水质　2022 年，全省 94 个国考断面中优良断面 82 个，占比 87.2%，同比上升 14.9 个百分点，超额完成国家目标。汾河流域国考断面全部达到Ⅳ类以上水质，沁河、丹河、滹沱河、清漳河、浊漳河、唐河、沙河出境水质稳定保持Ⅱ类水质。

（范源）

3. 新开工水利工程　2022 年，山西省新开工的水利工程共 21 项，其中大水网骨干工程 4 项，县域水网配套工程 11 项，大中型病险水库除险加固工程 6 项。

（史胜军）

【重大活动】

1. 召开黄河大北干流河段河道采砂管理工作座谈会　2022 年 3 月 4 日，山西、陕西黄河河务局联合召开黄河大北干流河段河道采砂管理工作座谈会。山西黄河河务局副局长马继峰、陕西黄河河务局副局长杨忠理出席会议并讲话。

2. 汾河源生态环境司法保护基地成立　3 月 18 日，由山西省高级人民法院、忻州市中级人民法院、宁武县人民法院共同设立的汾河源生态环境司法保护基地正式启动。省、市、县三级法院共同设立汾河源生态环境司法保护基地，旨在持续强化司法保护的系统性、整体性和协同性，致力于打造集生态司法保护、生态环境修复、生态法治教育、生态理念宣传、生态文化推广于一体的保护平台，积极服务汾河流域生态文明建设，助力汾河流域生态保护走上法治化、规范化轨道。

3. 召开全省河湖长制工作会议　4 月 26 日，全省河湖长制工作会议在太原召开，省委书记、省总河长林武出席会议并讲话。会议深入学习贯彻习近平总书记关于治水的重要论述和考察调研山西重要指示精神，准确把握河湖长制改革发展新要求，创新完善河湖长制各项工作，着力抓好水资源管理、水污染防治、水生态修复、水工程建设、水旱灾害防御，为全方位推动高质量发展提供坚实水安全、水保障、水支撑。省委副书记、省长、省总河长蓝佛安主持会议。省领导张吉福、张复明、孙洪山、汤志平、于英杰出席会议。副省长贺天才通报有关情况。

4. 省委副书记、省长、省总河长蓝佛安在运城市调研　5 月 16—18 日，省委副书记、省长、省总河长蓝佛安在运城市调研督导经济运行、重大项目

建设、黄河流域生态保护和高质量发展等工作。副省长贺天才参加。

5. 省委副书记、省长、省总河长蓝佛安在晋中市巡河调研　5月24日，省委副书记、省长、省总河长蓝佛安在晋中市调研汾河治理等工作。副省长张复明、贺天才参加。

6. 省委副书记、省长、省总河长蓝佛安在太原市检查防汛减灾工作　7月13日，省委副书记、省长、省总河长、汾河河长蓝佛安在太原市检查防汛减灾等工作。省委常委、常务副省长张吉福，省委常委、太原市委书记韦韬参加。

7. 省委书记、省总河长林武调研指导防汛工作　7月14日，省委书记、省总河长林武在太原市清徐县汾河支流实地检查指导防汛工作，看望慰问基层一线防汛人员。省委常委、秘书长李凤岐，省委常委、太原市委书记韦韬参加调研。

8. 全省联动巡河护河系列活动　8月26日，由省河长制办公室、共青团山西省委、省水利厅等多家单位联合发起的"关爱河湖保护母亲河"全省联动巡河护河系列活动启动仪式正式举行。启动仪式采用"1+11"省市联动的方式进行，省水利厅设主会场，举办启动仪式，在太原汾河公园设线下活动，组织青少年、志愿者开展巡河护河和科普宣传实践活动；11个市在分会场收看启动仪式视频，并各自开展联动巡河护河活动。活动时间为8—12月，由各市河长办、共青团市委协同配合，各市青年生态环保组织链接各地市学生、群众及志愿者。全省11个地市的16个民间生态环保组织骨干，巡河1 232人次，开展活动28场，净滩总量达2 875kg，大大增强了公众对河湖保护的责任意识和参与意识，营造了全社会关爱河湖、保护母亲河的良好氛围。

9. 召开山西省全面推行河湖长制工作厅际联席会议　10月17日，副省长、省副总河长、省河长制办公室主任贺天才主持召开山西省全面推行河湖长制工作厅际联席会议。省水利厅、省发展和改革委员会等19个联席会议成员单位参会。省水利厅、生态环境厅、住房和城乡建设厅、交通厅、农业农村厅分管负责同志分别发言。会议审议通过《山西省全面推行河湖长制工作厅际联席会议工作规则》和《山西省河湖长制工作共性问题整改方案》，并研究部署相关共性问题的整改任务。

10. 河湖长履职培训　2022年，省河长办与有关院校沟通，结合委托培训、专题讲座、现场教学、编制典型案例等形式，对标先进走出去，选优择先请进来，积极搭建平台，加强学习交流，推广先进经验，不断提升履职能力。11月14—19日，委托河海大学为河长制工作人员和巡河湖员，组织网络培训。

（张秀福）

【重要文件】　2022年1月17日，山西省农业农村厅印发《山西省节约用水工作厅际联席会议2022年度工作要点》任务分工的通知。

山西省生态环境厅印发《关于建立完善全省地表水环境质量调度通报工作制度的通知》（晋环函〔2022〕60号）。

2022年2月11日，山西省生态文明建设和污染防治攻坚战领导小组办公室印发《关于开展2022年春浇农业灌溉污染防治专项检查行动的通知》（晋污防办函〔2022〕4号）。

2022年2月16日，山西省河长制办公室印发《"五水综改"抓落实工作推进机制》《汾河流域综合整治工作推进机制》《深度节水控水工作推进机制》（晋河办〔2022〕4号）。

2022年2月18日，山西省生态环境厅印发《关于进一步推动沿黄、沿汾县级城市（县改区）建成区黑臭水体排查整治工作的通知》（晋环便函〔2022〕157号）。

2022年3月1日，山西黄河河务局、山西省公安厅印发《关于开展山西黄河河道非法采砂专项整治行动的通知》（黄晋水政〔2022〕8号）。

2022年3月7日，山西省农业农村厅印发《关于落实〈山西省节约用水工作厅际联席会议2022年度工作要点〉任务分工的通知》（晋林办发〔2022〕1号）。

2022年3月11日，山西省农业农村厅办公室印发《2022年山西省农药减量增效工作指导意见》（晋农办种植发〔2022〕46号）。

2022年3月11日，山西省水利厅、山西省教育厅、山西省机关事务管理局印发《关于开展节水型高校典型案例遴选工作的通知》（晋水节水〔2022〕47号）。

2022年3月14日，山西省公安厅制定下发《全省公安机关"昆仑2022"专项行动工作方案》（晋公传发〔2022〕24号），组织全省公安机关对危害生态环境安全犯罪行为（"昆仑2022"3号行动）开展严厉打击。

2022年3月25日，山西省生态环境厅印发《关于加强全省入河排污口设置审核和管理有关事项的通知》（晋环发〔2022〕5号）。

2022年3月31日，山西省农业农村厅办公室印发《2022年山西化肥减量增效工作指导意见》（晋农办种植发〔2022〕63号）。

2022年4月24日，山西省生态环境厅、山西省农业农村厅、山西省住房和城乡建设厅、山西省水利厅、山西省乡村振兴局印发《山西省深入打好农业农村污染治理攻坚战实施方案（2021—2025年）》（晋环发〔2022〕10号）。

2022年4月25日，山西省生态环境厅、山西省人民检察院、山西省公安厅印发《关于深入开展打击危险废物环境违法犯罪和重点排污单位自动监测数据弄虚作假违法犯罪“利剑斩污”专项行动的通知》（晋环发〔2022〕13号）。

2022年4月26日，山西黄河河务局印发《关于抓紧开展妨碍河道行洪突出问题排查整治再次核查工作的通知》（黄晋水政便〔2022〕19号）。

2022年4月28日，山西省生态环境厅印发《关于加快推动县级城市建成区及农村黑臭水体排查整治 深入开展“我为群众办实事”实践活动的通知》（晋环函〔2022〕334号）

2022年4月28日，山西省农业农村厅印发《山西省“十四五”畜禽粪肥利用种养结合建设规划》（晋农牧医发〔2022〕10号）。

2022年5月5日，山西省林业和草原局印发《关于下达2022年度林草重点任务的通知》（晋水节水〔2022〕34号）。

2022年5月9日，山西省农业农村厅印发《关于做好2022年农作物秸秆综合利用工作的通知》（晋农科发〔2022〕8号）。

2022年5月13日，山西省生态环境厅、山西省财政厅、山西省住房和城乡建设厅印发《山西省城镇生活污水处理厂提质增效激励办法（试行）》（晋环函〔2022〕381号）。

2022年5月23日，山西省水利厅、山西省教育厅、山西省机关事务管理局、山西省住房和城乡建设厅印发《关于印发山西省高校节水专项行动实施方案的通知》（晋水节水〔2022〕117号）。

2022年6月1日，山西省河长制办公室印发《关于印发〈水土流失综合治理工作推进机制〉的通知》（晋河办〔2022〕14号）。

2022年6月17日，山西省防汛抗旱指挥部办公室印发《关于做好汾河万荣段河道清障的通知》（晋汛办〔2022〕24号）。

2022年6月27日，山西省畜牧技术推广服务中心印发《关于举办全省畜牧业低碳减排技术培训班的通知》（晋农牧技推函〔2022〕4号）。

2022年6月28日，山西省疾病预防控制中心印发《关于印发2022年山西省饮用水卫生监测质量控制方案的通知》（晋疾控检一〔2022〕14号）。

2022年6月30日，山西省农业农村厅、山西省生态环境厅印发《关于加强畜禽粪污资源化利用计划和台账管理的通知》（晋农牧医发〔2022〕11号）。

2022年6月30日，山西省河长制办公室印发《山西省黄河流域深度节水控水实施方案》（晋河办〔2022〕18号）。

2022年7月7日，山西省自然资源厅、山西省公安厅、山西省人民检察院印发《关于进一步加强全省自然资源行政执法与刑事司法衔接工作的实施意见》（晋自然资函〔2021〕416号）。

2022年7月11日，山西省河长制办公室印发《2022年山西省河湖长制工作要点》（晋河办〔2022〕20号）。

2022年7月19日，山西省生态环境厅印发《山西省2022年度保汛期水质稳定专项行动实施方案》（晋环函〔2022〕589号）。

2022年7月27日，山西省发展和改革委员会、山西省水利厅、山西省生态环境厅印发《关于贯彻落实江河湖海清漂专项行动方案的通知》（晋发改资环发〔2022〕307号）。

2022年8月3日，山西黄河河务局印发《关于开展水资源管理监督检查工作的通知》（黄晋水政便〔2022〕58号）。

2022年8月3日，山西省防汛抗旱指挥部办公室印发《关于贯彻落实〈山西省防汛抗旱应急预案〉的通知》（晋汛办〔2022〕39号）。

2022年8月5日，山西省发展和改革委员会、山西省财政厅、山西省水利厅、山西省地方金融监管局印发《关于深化水利投融资体制改革实施意见》（晋发改农经发〔2022〕321号）。

2022年8月21日，山西省防汛抗旱指挥部印发《关于抓紧开展河道堤防防洪风险隐患排查整改的通知》（晋汛〔2022〕13号）。

2022年8月29日，山西省农业农村厅印发《关于积极对接各市防汛抗旱指挥部抓紧开展河道堤防防洪风险隐患排查整改的通知》。

2022年9月2日，山西省生态环境厅、山西省住房和城乡建设厅印发《山西省“十四五”城市黑臭水体整治环境保护行动方案》（晋环函〔2022〕760号）。

2022年9月13日，山西省防汛抗旱指挥部印发《关于加快河道堤防风险隐患整改的督促函》（晋汛办函〔2022〕13号）。

2022年10月9日，山西省生态环境监测和应急保障中心、山西省生态环境科学研究院印发《关于2022年三季度全省黑臭水体监测情况的报告》（晋环

保障〔2022〕196号)。

2022年10月27日，山西省工业和信息化厅印发《关于开展2022年工业废水循环利用试点推荐工作的通知》。

2022年11月7日，山西黄河河务局印发《关于开展取水口取用水情况监督检查工作的通知》(黄晋水政便〔2022〕79号)。

2022年11月10日，山西省防汛抗旱指挥部办公室印发《关于做好2022—2023年度黄河防凌工作的通知》(晋汛办〔2022〕47号)。

2022年11月27日，山西省生态环境厅印发《关于2022年上半年地表水跨界断面考核扣缴及奖励生态补偿金的通报》(晋环函〔2022〕1027号)。

2022年11月28日，山西省河长制办公室印发《山西省全面推行河湖长制工作厅际联席会议工作规则》(晋河办〔2022〕36号)。

山西省河长制办公室印发《山西省全面推行河湖长制工作厅际联席会议成员单位主要职责》(晋河办〔2022〕38号)。

2022年11月28日，山西省河长制办公室印发《山西省河湖长制工作考核办法(试行)》(晋河办〔2022〕39号)。

2022年12月7日，山西省水利厅印发《关于印发〈山西省水利厅规范水行政处罚自由裁量权办法(试行)〉的通知》(晋水规发〔2022〕5号)。

山西省自然资源厅自然资源确权登记局印发《关于协助做好2022年省级自然资源统一确权登记工作的通知》(晋自然资登记函〔2022〕24号)。

(张秀福)

【地方政策法规】 2022年1月23日，省委书记、省总河长林武和省长、省总河长蓝佛安共同签发山西省总河长令第01号《关于深入开展妨碍河道行洪突出问题专项整治行动的决定》。

2022年5月27日，山西省第十三届人民代表大会常务委员会第三十五次会议通过关于修改《山西省水资源管理条例》等部分地方性法规的决定修正。

2022年9月28日，山西省第十三届人民代表大会常务委员会第三十七次会议修订《山西省泉域水资源保护条例》。

2022年12月28日，山西省水利厅、山西省发展和改革委员会、山西省住房和城乡建设厅、山西省生态环境厅、山西省农业农村厅印发《关于推行水务产业一体化改革的指导意见》(晋水政法〔2022〕319号)。

(杜建明)

【河湖长制体制机制建立运行情况】

1. 建立河湖长制联席会议工作规则 2022年11月28日，山西省河长制办公室制定了《山西省全面推行河湖长制工作厅际联席会议工作规则》(简称《规则》)并印发执行。《规则》有利于切实加强全面推行河湖长制工作的组织领导和统筹协调，防止出现因职责不清晰造成工作进展缓慢。

2. 制定河湖长制工作考核办法 为深入贯彻落实习近平生态文明思想，压紧压实河湖长制部门责任链条，推动山西省河湖长制各项任务落实，2022年11月28日，山西省河长制办公室制定了《山西省河湖长制工作考核办法(试行)》并印发执行。

3. 建立河湖长制工作重点跟进机制 成立河湖长制重点工作专班，通过清单化管理方式，重点对全省妨碍河道行洪安全的突出问题，特别是对省级河长责任河流上的217项个性问题，由省政府13710督办平台重点跟进、重点督办，全年完成整改215处，其余2处正在有序推进整改。针对河湖长制工作存在的5类共性问题，要求有关部门对照问题清单，按照各自职能提出整改落实方案，后经汇总形成《山西省河湖长制工作共性问题整改方案》，逐项提出整改措施，明确整改时限和部门分工。

4. "河湖长+检察长"机制 充分发挥公益诉讼检察职能，全省各级河长办、检察机关加强对接，各级检察机关共受理河长制有关部门移送线索157条，自行发现438条，立案办理636件，督促拆除清理河道管理范围内的阻水厂房、仓库、光伏电站和大棚等工业和民用建筑物、构筑物168处，督促拆除清理阻水围堤、道路、渠道等37处，督促清理河道管理范围内建筑垃圾、生活垃圾、工业废弃物等40764.78t，督促清理规范河道管理范围内跨河、穿河、穿堤、临河的桥梁、道路、渡口、管线、渡槽、取水口、排污口等违法违规岸线利用项目23个。

5. 持续开展全省河湖长制工作三年提升行动 2022年，省总河长带头巡河调研6次，其他省级河长巡河26次，全省各级河湖长认真履职、主动担当，累计巡河达到116.4万人次，推动解决了一大批涉河湖治理保护重点难点问题。持续完善"河湖长+河湖长助理+巡河湖员"体系，推行"河湖长交接班"制度，及时调整河湖长并在政府网站向社会公告。

6. 强化考核激励 将河湖长制工作纳入省委、省政府年度目标责任专项考核。突出日常考核和差异化考核，"一市一方案、一季一通报"，以季度通报促整改，以年终考核评先进。落实河湖长述职报告制度，下级河湖长向上级河湖长书面述职，上级河湖长对下级河湖长进行评价。认真落实已经出台的河湖长制考核办法。对考核成绩后两名的市通报批评，对成绩优秀的市、县予以资金奖励。2022年共奖励市、县420万元，通过正向激励有效调动各市、县做好河湖长制工作的积极性、主动性，做到问责激励两端发力。

7. 河湖长制培训　建立河湖长制培训基地，完善教育培训机制，加大基层河湖长、河湖长制工作人员、巡河湖员培训力度，采取线上、线下结合，走出去、请进来并行等多种培训形式，不定期开展河湖长制业务培训，不断提升河湖管护队伍素质和基层河湖管理人员能力与水平，全年全省共有25 497人次参加了培训。（范源）

【河湖健康评价开展情况】　2022年，省级层面选择汾河支流仁义河、涝河、滹沱河支流龙华河、黄河支流苍头河、沁河支流丹河、漳河支流浊漳西源、浊漳北源、浊漳南源、清漳东源、清漳西源等10条河流进行健康评价，评价河流总长度911km，涉及6个市21个县。截至2022年年底，全省累计开展河流健康评价271条，其中省级21条、市级35条、县级215条；累计开展湖泊健康评价13个，其中省级5个、市级4个、县级4个。（杜建明）

【“一河（湖）一策”编制和实施情况】　2022年年初，山西省完成了11条省级河长责任河流“一河一策”方案（2021—2023年）的滚动编制，经专家评审后呈报相关河长，并按照省级河长要求，分别督促相应地市有序开展问题整治工作。（杜建明）

【水资源保护】

1. 水资源刚性约束　落实“五水综改”工作要求，促进城镇公共供水用水结构调整。2022年6月24日，省财政厅联合省税务局、省水利厅向省政府联合提交了《关于提请印发〈山西省人民政府关于修订山西省水资源税改革试点实施办法的通知〉的请示》（晋财税〔2022〕11号），提请省政府审议新修订的《水资源税改革试点实施办法》（代拟稿）。

2. 总量控制指标　坚决落实“四水四定”重大决策部署，明确全省“十四五”用水总量控制指标，印发《关于印发“十四五”各市用水总量控制目标的通知》，将山西省85亿m^3（含6亿m^3非常规水利用量）用水总量控制目标细化配置至各市。

编制《山西省地下水管控指标确定报告》，水利部水利水电规划设计总院对其进行了技术审查，科学划定地下水取用水总量、水位控制指标，明确了地下水取用水计量率、监测井密度、灌溉用机井密度等管理指标。

3. 高校节水行动　2022年12月，开展了第三批节水型高校创建和评选工作，山西农业大学（太谷校区）等12所高校被评选为省级节水型高校。截至2022年年底，全省节水型高校创建率已达到35%，其中2所高校遴选为全国节水型高校典型案例。

4. 工业节水技术推广　鼓励企业使用工业和信息化部、水利部公示的《国家鼓励的工业节水工艺、技术和装备目录（2021年）》，组织地市及钢铁、有色、化工、纺织等行业重点用水企业900余人次参加工业和信息化部组织的节水标准及工业废水循环利用政策宣贯暨技术交流线上会，推广应用高盐废水处理与循环利用、高性能膜材料、高效催化剂、智能监测与优化控制等先进节水技术和冷却塔、空冷器、水处理膜等节水装备，进一步推动了全省的工业废水循环利用工作。

5. 节水型企业试点示范　开展省级节水型企业创建活动，推进晋南钢铁集团、华昱能源化工、阳泉食品总厂等企业创建节水型企业。会同省水利厅组织召开2022年度省级工业领域节水型企业评估会议，初步评选出16户省级节水型企业和1户节水标杆企业，树立先进示范典型，推荐华昱能源化工申报国家水效领跑者。

6. 高效节水灌溉项目建设　2022年，国家下达山西省的高标准农田建设任务为280万亩，同步发展高效节水任务45万亩。截至2022年12月10日，已建成高标准农田269万亩，占年度任务的96%，完成高效节水灌溉面积82.87万亩，占年度目标任务184%。预计年底全省能够建成高标准农田285万亩，完成高效节水灌溉面积85万亩以上。

7. 生态流量监管　在制定汾河、沁河、桑干河、滹沱河、漳河等25条省内重要河流34个断面生态流量目标和保障方案的基础上，组织编制湫水河、三川河等9条重点河流生态流量保障实施方案，印发各市并上报水利部。编制了《山西省河流生态流量保障方案》，明确了控制断面的生态流量目标，为保障河道内生态基流奠定了基础。

8. 重要饮用水水源地安全达标保障评估　对山西省13个重要饮用水水源地开展2021年度水源地安全保障达标建设评估工作，并按月按要求向水利部报送13个全国重要饮用水水源地水质监测情况。

9. 水质检测　设有省级水环境监测中心1处，地（市）水环境监测分中心9处。

10. 规范取用水秩序　建立取用水管理“四个一”体系（“一张图”，即取水口信息“一张图”；一

本账，即取用水管理发现问题及整改销号“一本账”；一张网，即水资源监测计量能力“一张网”；一机制，即违规取水责任追究“一机制”），基本实现了取用水管理问题的“见底清零”，全省共有取水项目3.23万个、涉及取水口11.4万个，其中排查有取水问题的项目1.69万个、取水口5.97万个，整改完成了1.58万个取水项目、5.89万个取水口的问题，整改完成率分别为93.5%和98.7%。

11. 水量分配 省政府印发《黄河干支流耗水指标细化方案》，各市将黄河耗水指标细化至各县，黄河流域省、市、县三级地表水管控指标体系全面建立。海河地表水分水指标取得重大突破。山西省海河流域地表水可用水量指标13.99亿m^3，为山西海河流域经济社会发展和供水工程建设提供了有力保障。（李建宇）

【水域岸线管理保护】

1. 河湖管理范围划定 完成全省901条河流、6个湖泊的河湖管理范围划界。开展50km^2以下河流河道管理范围划界，共完成355条河流的划界任务。完成50km^2以上河流划界成果复核发现问题整改。

2. 妨碍河道行洪突出问题排查整治 出台山西省第1号总河长令，对全省妨碍河道行洪突出问题排查整治进行安排部署。共排查出突出问题563处，涉及141条河流，通过省、市、县三级部门的共同努力，完成整治552处，完成率98%。清理河道内垃圾物料52.5万m^3，拆除阻水便道、围堰6 000余m，拆除违建12.36万m^2。

3. 汾河流域防洪能力提升 2021年秋汛暴露出全省防洪体系上存在的短板和问题，根据省委、省政府防汛救灾和灾后重建会议精神及《汾河流域防洪能力提升工程实施方案》，2022年，省财政厅投入20亿元地方政府一般债券资金，实施汾河流域防洪能力提升工程，提高汾河流域防灾减灾能力。

4. 河流确权登记 汾河、桑干河、滹沱河、漳河、沁河、潇河、御河7条省级主要河流已完成地籍调查、成果入库等确权登记主体工作，涉及全省11个市、68个县（市、区），河流长度2 657km，登记单元面积共计857.55km^2，在全国率先提出河流实景三维确权登记新模式，成果已由市、县政府核实确认，确权率达100%。全面启动沙河、唐河、文峪河、涑水河省级河流确权登记工作，基本实现省级河流全覆盖，整体进展位居全国前列。加强业务指导，有序推进市、县级河流确权登记工作。

5. 河湖岸线保护与利用规划 编制完成52条河流、6个湖泊的岸线保护与利用规划，建立河道堤防安全包保责任体系，河湖水域岸线管控基础进一步夯实。修改汾河等11条主要河流岸线保护与利用规划，报请省政府授权山西省水利厅完成批复。

6. 河道非法采砂专项整治 从2021年9月开始，山西省开展了为期1年的河道非法采砂专项整治行动。全省累计出动3.4万人次，巡查河道20万余km；查处违法采砂行为53起，实施行政处罚48起，移交公安机关刑事处罚2起；共没收砂石4.6万t，查处非法采砂挖掘机9台，没收违法所得16.16万元，罚款29.73万元，行政处罚47人，刑事处罚7人。省级全年办理非法采砂问题举报7起。同时，非法采砂纳入全省严厉打击非法违法开采矿产资源专项行动。配合省纪委监委开展惩治“沙霸”“矿霸”腐败及“保护伞”问题政治监督专项检查，对检查人员进行专题培训并参与检查。

7. “清四乱”整治 推进河湖“清四乱”、黄河岸线利用项目专项整治、妨碍河道行洪突出问题排查整治、河道非法采砂专项整治，处理各种涉河湖违规违法问题6 026处，河湖面貌大为改善。对2019—2021年以来实行备案延期整改的82处“四乱”问题，建立整改台账，实行清单化管理，依据问题整改方案，推进问题整治。2022年，计划完成问题整改26处，全年完成28处。（张德彪）

【水污染防治】

1. 排污口排查整治 2022年，组织开展了入河排污口“再排查、再整治”工作，每月对全省入河排污口开展水质、水量监测，对超标入河排污口按月通报各市，督促立即开展溯源排查及整治。

2. 工矿企业污染 稳步推进钢铁、焦化、化工等行业开展工业节水改造和废水循环利用改造升级，提升水资源重复利用水平。2022年，推进永鑫煤焦化废水深度治理综合利用、建龙水系统改造等项目建设，并使用省级技改资金对重点项目予以支持。开展工业废水循环利用试点建设，印发《工业和信息化厅关于开展2022年工业废水循环利用试点推荐工作的通知》（工信厅节函〔2022〕259号），围绕工业废水循环利用过程中的堵点、难点，加强协同攻关，打造工业废水循环利用技术、工程与服务等协同发力的示范样板。推荐太钢不锈钢、安泰集团、东义煤电铝、金达煤化工申报2022年工业废水循环利用试点企业。

3. 城镇生活污水处理 各市全面分析引起污水处理厂高负荷率的成因，分类施策，对于污水处理厂规模不足导致高负荷率的，要启动污水处理厂新建扩容工作，为汛期及高峰期污水处理留足余量。

印发了《关于加快2022年度全省城镇污水处理工作的通知》(晋建城函〔2022〕955号),督促各地持续推进城镇污水处理设施建设,2022年计划新增污水处理能力21.5万m^3/d。

制定《黄河流域城镇污水处理厂尾水人工湿地建设实施方案》,推动城镇污水处理厂尾水人工潜流湿地建设,推进沟、渠、支流等入干流入河口处建设堤外人工湿地。截至2022年年底,全省已完成40座人工湿地建设,包括14座城镇污水处理厂尾水人工潜流湿地建设、10座入河口湿地建设和16座河道内湿地建设。

4. *畜禽粪污资源化利用* 制定发布《山西省2022年畜禽粪污资源化利用夏季安全生产技术要点》,加强安全生产技术指导;在全国畜禽养殖废弃物资源化利用现场会上做了典型交流,相关情况被《农民日报》宣传报道。全省启动的7个畜禽粪污资源化利用整县推进项目县共支持项目949个,已全部完工,项目县畜禽粪污综合利用率达90%,示范带动畜禽粪肥就近就地还田利用;全省471个养殖场粪污处理设施建设任务已全部完工,粪污处理配套设施建设加强,预计到2022年年底,全省畜禽粪污综合利用率达79%;推广规模猪场粪水还田利用、禾谷类作物施用畜禽粪污沼液2项农业生产主推技术和1项农村领域主推标准,提高畜禽粪肥还田利用水平。

5. *农药减量增效* 2022年,全省种植业农药使用量为8 216.31t。其中化学农药使用量为7 300t,与前三年平均用量7 448.30t相比减少1.99%,实现了化学农药使用量负增长的目标。一是多措并举,推进农药减量增效向纵深发展。筛选出一批适合山西省农业生产实际的农药械产品,形成《2022年农作物病虫害绿色防控推荐产品名单》。集中创建了一批高标准绿色防控暨农药减量增效示范基地,示范作物10余种。二是重点培育,促进专业化防治服务全面开展。省市投入专项资金200万余元,在全省重点扶持了10余个农作物病虫害专业化防治服务组织。三是全面培训,提升农户安全用药技术水平。联合“山西省农药使用量零增长绿色发展联盟”成员单位企业,在全省广泛开展了“百县千乡万户”科学安全用药技术培训活动。

6. *化肥减量增效* 省农业农村厅制定《山西省2022年春季主要粮食作物施肥指导意见》和《山西省2022年冬小麦科学施肥技术指导意见》并印发执行。111个农业县“全覆盖”开展测土配方施肥技术,省农业农村厅组建了千人专家团队深入生产一线开展专家包联服务,全省90.3%的行政村开展施肥方案“进村上墙”覆盖,推广测土配方施肥技术5 302万亩次;积极争取农业农村部项目支持3 800万元,用于继续深入开展化肥减量增效项目,在28个化肥减量增效示范县集成推广肥料新技术、新品种、新机具,实现有机无机配合、速效缓效结合、农机农艺融合。

7. *严格水污染防治* 坚持“一断面一方案”,紧紧围绕国考断面控制单元内城镇生活、工业园区、河道综合治理等污染防治短板。2022年,全省共确立了102项省级水污染防治重点工程,建立了省级水污染治理重点工程建设工作推进机制,每月调度通报工程进展,多措并举、齐抓共管,推动各市全力加快水污染治理重点工程建设。2022年省级水污染防治重点工程已完工42项,不断夯实全省水污染防治的基础。

8. *资金保障* 2022年以来,省财政厅结合水污染防治工作重难点,投入资金30.93亿元支持打好碧水保卫战。在财政强支撑作用下,山西省水生态环境得到明显改善,全省地表水国考断面水质优良比例达到72.3%,汾河稳定实现“一泓清水入黄河”,习总书记提出的“水量丰起来、水质好起来、风光美起来”的目标正在加快实现。 (杨俊杰)

【水环境治理】

1. *饮用水水源规范化建设* 省水利厅、省生态环境厅、省自然资源厅印发《关于进一步规范县级及以上集中式饮用水水源保护区划分报批程序及有关要求的通知》,进一步明确了饮用水水源保护区划分的报批流程、部门职责,为水源地科学划分奠定基础。2022年,完成大同市阳高县城关水源地等20余个城镇集中式饮用水水源保护区的划分调整工作。定期组织开展环境保护状况调查和评估,推进饮用水水源地规范化建设。全省地级城市水源水质全部达到或优于Ⅲ类水质,有效保障群众饮用水安全。

2. *黑臭水体治理* 将沿黄、沿汾县级城市和30个国家监管农村的黑臭水体整治纳入省纪检委“我为群众办实事”实践活动和漠视侵害群众利益问题项目清单督办事项,开展黑臭水体排查整治专项行动,将城市黑臭水体治理作为开展保汛期水质稳定专项行动重点检查内容,监督指导各市加快黑臭水体排查整治。截至2022年年底,已基本完成9个沿黄、沿汾县级城市(县改区)建成区黑臭水体排查整治,完成28个国家监管农村黑臭水体。

3. *废旧农膜回收* 印发《关于开展春耕备耕期间地膜回收工作的通知》《关于加强2022年废旧农膜回收利用及清理整治工作的通知》,督促各地抢抓关键期强化废旧农膜回收及清理整治，建立回收台账；开展农膜污染防治宣传，向各市发放“地膜污染防治系列挂图”；印发《关于做好2022年农田地膜残留国控点监测工作的通知》《关于开展全省农田地膜残留监测的通知》，指导山西农业大学开展20个国控点农田地膜残留监测，组织11市81个县开展300个省控点农田地膜残留监测；积极争取申报地膜科学使用回收试点。（张秀福）

【水生态修复】

1. 永定河综合治理与生态修复　自2020年起，山西、河北、北京3省（直辖市）开展了永定河上下游横向生态补偿机制研究，制定了永定河流域生态补偿实施方案（讨论稿），协同共建永定河绿色生态河流廊道。2020年，山西充分利用黄河水及其他流域调入水，建立完善流域内水资源统一调度机制，通过万家寨引黄北干线向桑干河生态补水2.09亿m^3，持续统筹做好桑干河补水等工作；通过册田水库向下游永定河输水1.96亿m^3，圆满完成永定河生态补水年度计划任务。截至2022年年初，永定河流域公司在山西累计推动实施24个重大项目，总投资34.64亿元，全面支持永定河综合治理与生态修复。

2. “七河”流域生态修复治理　2022年，省财政安排资金10亿元支持以汾河为重点的“七河”流域生态修复；安排资金4.38亿元支持汾河生态补水；安排资金0.18亿元支持桑干河生态补水，逐步恢复河流生态。争取中央资金支持，安排资金3.34亿元用于中小河流治理项目；安排资金6亿元用于汾河、桑干河、滹沱河等流域地下水超采区综合治理以及重点岩溶泉域保护。推荐的朔州市怀仁市入选中央水系连通及水美乡村建设试点，获得补贴资金1.2亿元。

3. “五湖”生态保护与修复　2022年，省财政厅安排“五湖”生态保护与修复专项资金1.5亿元，用于支持相关市县开展“五湖”水利基础设施建设。

4. 生态保护补偿机制　山西省高度重视生态保护补偿工作，探索开展省内试点，持续推进跨省流域横向生态补偿机制建立。

探索省内流域上下游补偿机制。明确了省内流域上下游横向生态保护补偿机制实施的时间表和路线图，对省直有关部门和各市的工作职责、组织实施以及完善绩效考核等工作提出具体要求。探索建立汾河流域上下游生态补偿新机制和新模式，制定《汾河流域上下游横向生态补偿机制实施细则》，规定了生态补偿的具体实施规程，创新性实施了水质与水量联动考核，配套制定了生态流量保障工作机制及断面水质、水量目标，真正实现了省流域横向生态补偿工作的突破。

建立跨省流域横向生态补偿机制。为建立黄河流域横向生态补偿机制，山西省主动与河南、陕西、内蒙古3省（自治区）进行沟通交流，及时反馈意见建议。经过反复沟通交流，与黄河右岸陕西省、下游河南省已完成三轮意见交换，初步达成一致意见，将继续积极推动补偿协议落地。

5. 水土流失治理　2022年，省委、省政府带领全省人民，努力践行“绿水青山就是金山银山”理念，深入贯彻习近平总书记视察山西重要讲话、黄河流域生态保护和高质量发展重要讲话及重要批示指示精神，科学规划，系统治理，实施了小流域综合治理、坡耕地水土流失综合治理、黄土高原塬面保护、淤地坝除险加固等一系列水土保持重点工程。充分发挥重点工程示范带动作用，引导全社会力量参与水土保持生态建设，同时持续强化人为水土流失监管，治理水土流失面积3 881.8km^2。经测算，所实施的水土保持措施可以减少土壤流失量1 478.69万t、增产粮食0.63亿kg、增加经济效益约3亿元。

6. 生态清洁型小流域建设　2022年，全省建设生态清洁型小流域4条，初步实现当地生态环境良性循环，并有效促进经济结构转变和产业升级，助力经济社会可持续发展。临汾市乡宁县驮涧生态清洁小流域获评全国水土保持示范工程。

7. 推进试点示范工程建设　实施汾河太原段九河生态复流，率先开展北沙河、玉门河、虎峪河及九院沙河生态复流工程建设。按照生态环境导向的开发模式（EOD），研究制定了浍河流域生态保护和高质量发展项目方案，提出通过公益性生态环境治理与关联产业开发项目有效融合，确保以风光为主的新能源产业开发项目收益反哺生态环境治理项目，实现项目资金自平衡。推动山西省各市积极申报区域再生水循环利用国家试点城市，经地市申报、专家评议、省级审核比选，联合省发展和改革委员会、住房和城乡建设厅、水利厅推荐晋城市和运城市成功入选国家区域再生水循环利用第一批试点城市。

（陈生义）

【执法监管】

1. 水资源监管　开展水资源监管百日行动，对山西省煤矿、焦化、钢铁、化工行业和公共供水单位、岩溶泉域内企业，以“四不两直”方式开展监督检查。省、市、县三级共监管928人次，监管取用水单位 2 165 个，发现问题 1 398 个，全部以“一企一单”方式反馈整改，对于涉及违法行为的均进行了依法处罚。

2. 加强河道巡查巡防 山西省教育厅将河湖长巡查与防范青少年溺亡工作有机结合，积极与公安、水利、农业农村、民政等部门协调协作，要求各县市教育部门提请当地政府启动对河湾、水库、池塘、湖泊、水沟等水域的摸排，及时修复损坏的警示标识和防护设施，并由当地政府督导辖区乡镇街道、社区村组成立学生防溺水巡查组织，组建防溺水巡查小组，落实巡查制度，定期定时巡查，加强危险时段、危险水域、农忙季节、高温天气、主汛期等重点时段的巡查工作，做到了重要地点和重要时段有人巡、有人管、有人防。

3. 污水处理监督检查 2021 年 12 月至 2022 年 3 月，省住房和城乡建设厅组织开展“一厂一策”集中进驻督导检查，相继派出 6 个专项督导工作组对全省范围内污水处理厂开展检查工作，全省城镇污水处理厂三项主要排放指标合格率有了显著提升，实现了稳定运行达标排放。为全面掌握城镇污水行业各项工作进展情况，确保工作落实见效，推进黄河流域水环境持续改善，于 11 月 4 日印发《关于开展 2022 年度城市污水行业中期督导工作的通知》，开展全省城市污水行业中期督导工作。

4. 水资源联合监管 发挥部门优势，做好部门联合。逐步形成了“1＋1＞2”的取用水监管格局，全面提升水资源管理水平。

（1）执法联合。会同省自然资源厅、省生态环境厅印发《涉水领域联合执法工作机制》，建立联合会商、联合执法、案件移送、信息共享、督察整改和培训交流等机制，切实加强涉水领域联合执法，推动水资源管理走深走实。

（2）警示联合。会同省生态环境厅、山西省电视台，严厉打击涉水违法行为，对取用水管理中存在的问题深入现场拍摄警示片，并在省政府市长工作例会上进行播放，突出典型曝光，起到了很好的警示效果。

（3）政企联合。与国家电网山西省电力公司签订《山西省水利厅国网山西电力合作框架协议》，开启“水资源管理＋电力大数据”政企合作模式，通过“电力看水资源”，建立“以电管水”体系，强化对无证取水、超许可取水、超计划用水、非法转供水井的管控，持续提升全省地下水管理现代化水平。

（4）税改联合。会同省税务局，加快对水资源税试点实施办法的修订，优化城镇公共供水水资源税，将地下水按照非超采区、超采区、严重超采区分别设定适用税额，充分发挥税收调控作用，加强对工业用水的管控，不断调整优化供用水结构，促进地表水的开发利用。

5. 打造黄河河道管理与生态保护新格局 持续推动建立跨区域跨部门水行政联合执法机制，强化协作联动、行刑衔接司法服务保障，专题与省公安厅座谈开展非法采砂专项整治事宜，共同印发《关于开展山西黄河河道非法采砂专项整治行动的通知》；与运城市检察院开展座谈交流、巡河调研，印发《关于加强协作配合推动黄河流域（运城段）生态保护和高质量发展的意见》（晋运检发〔2022〕1 号），在所属 5 个县河务局及沿黄平陆、垣曲、夏县设立黄河生态保护公益诉讼工作站，“行政执法＋刑事打击＋检察监督＋司法审判”的山西黄河生态保护新格局基本形成。

6. “昆仑 2022”专项行动 推进“昆仑 2022”专项行动，对私挖盗采矿产资源、山西黄河河道非法采砂专项整治行动专项会战等重点工作进行调研督导。督导组采取召开座谈会、实地察看、现场走访等多种形式，先后到运城市河津市、夏县，临汾市公安局直属分局、洪洞县、乡宁县、吉县、襄汾县公安局及山西黄河河务局详细了解“昆仑 2022”专项行动和黄河流域打击非法采砂犯罪工作开展情况，积极协调市、县公安局和相关行政部门推进解决。

7. “利剑斩污”专项行动 2022 年 4 月 25 日，省生态环境厅、省检察院、省公安厅联合部署开展打击危险废物环境违法犯罪和重点排污单位自动监测数据弄虚作假违法犯罪“利剑斩污”专项行动，严厉打击环境违法犯罪分子嚣张气焰，有效遏制此类案件多发态势。

8. 河湖监管及联合督查百日行动 为进一步强化行业监管，加强河湖管理保护，切实维护河湖健康生命，全力推动河湖长制工作落地落实。2022 年 6 月，成立了由省水利厅河长处、河湖处、省水利发展中心河湖（库）部等及部分特邀技术专家组成 5 个联合督查组，每个组至少由 1 名处级干部带队，对 11 个市涉河湖建设管理相关方面工作进行督查监管，以“四不两直”方式为主，针对重点难点和水利部、省政府督办和群众举报的问题，采取座谈、查阅资料、实地督查等方式方法，多措并举，严督实导，成效明显。

（郭强）

【水文化建设】

1. 云竹湖水利风景区 晋中市榆社县云竹湖水利风景区位于山西省榆社县云竹水库，属人工湖泊。

水库占地面积 16 000 余亩，水域面积 10 000 余亩，云竹水库旅游优势尤为突出，此地气候宜人，依山傍水，空气清新，山清水秀，云竹湖内四季风景迷人，是人们观光旅游、回归自然、钓鱼度假、寻觅野味的天然场所和理想去处。湖边有国家级重点文物保护单位福祥寺、崇圣寺，省级重点文物保护单位资福寺和省级自然保护区悟云山景区。

2012 年 12 月，省水利厅公布榆社县云竹湖水利风景区为省级水利风景区。云竹湖旅游开发项目是榆社县打造“山水太行”品牌实施的重点项目之一，总投资 50 亿元，开发周期 10 年（2014—2024 年），力争将云竹湖打造成为山西独具魅力的运动和艺术、旅游和度假于一体的 5A 级景区。项目规划总面积 $21.4km^2$（含水域面积 $11.22km^2$），涉及云竹镇和河峪乡 2 个乡镇 10 个行政村。其中运动与艺术度假景区规划面积 $17.4km^2$（含水域面积 $11.22km^2$），度假文创小镇规划面积 $4km^2$。

为贯彻落实习近平总书记视察山西重要讲话重要指示，践行“绿水青山就是金山银山”理念，省委全面开展“五湖”生态保护与修复工作。晋中市将云竹湖作为全市“四带四湖八河流”生态修复治理的重要任务，对云竹湖进行重新定位，科学规划，全面推进云竹湖在保护中开发、在开发中保护。云竹湖生态保护与修复项目使其成为引领全省生态文明建设的典范。规划的总体目标为：构建山、水、林、田、湖景观生态系统，实现自然景观与人文景观相互辉映。

云竹湖生态保护与修复工程近期实施方案按照 EPC[1] 模式实施，由榆社县政府具体推进，市直有关单位予以指导配合。项目主要建设内容为：湖泊库岸生态修复与整治 47km、建设湿地 4 处、滩地绿化彩化 413 亩、湖区绿化彩化 2 470 亩、市政管网 26km、新建停车场 4 处，项目总投资 9.87 亿元（其中建安工程费 7.56 亿元），建设工期 2 年。2021 年，下达省级水利配套资金 4 000 万元，主要建设内容为：大坝右岸至石盘河入湖口段湖岸综合治理 14.37km、建设向阳湿地 $8.6hm^2$。2022 年，下达省级水利配套资金 3 040 万元，主要建设内容：生态湖岸治理、河道生态景观、湿地建设。

2. 九沟水利风景区　九沟水利风景区是依托昌源河灌区水利工程形成的自然生态旅游区，位于山西省中部，紧邻 208 国道，距祁县古城 15km、乔家大院 6km，处于晋商民俗文化旅游区中心位置。属于灌区型水利风景区，水源由子洪水库调节保证。风景区海拔 850m，现有水域面积 25 万 m^2，黄土山丘面积 22 万 m^2。

景区以生态、休闲为主题，重点开发黄土风貌、田园风光、民俗风情三大系列产品，是对晋商大院文化旅游的调节和互补。同时能够保护水生态环境，科学合理利用水资源，还能拉动当地经济发展，提高当地人民生活质量。经过多年开发，景区已初步具备吃、住、娱基本接待功能，能够开展休闲度假、生态旅游、会议培训、户外拓展训练、影视拍摄、爱国主义教育等活动。2007 年 10 月，山西省水利厅以晋水办〔2007〕707 号文公布祁县九沟水利风景区为省级水利风景区。

山西国家昌源湿地九沟鸟类公园工程建设完工后，能够实现让游客看乔家、游古城、住九沟，亲水观山乐享大自然美景的目标。能够加强对风景区鸟类、动物的全面监管和保护，维护生态功能和保护生物多样性，创建人与自然和谐共处的良好生态环境。将再现昌源河鸟语花香、碧波荡漾、曲水回环的美景。

3. 龙栖湖水利风景区　龙栖湖风景区位于山西省寿阳县西部，紧邻 216 省道，西南距太原市区 50km，南面距晋中市区 40km，东边到阳泉市 60km、石家庄市 170km，是晋冀交汇区都市圈理想的城郊花园，是寿阳西部旅游资源聚集区内的重点景区，也是“中国寿星文化之乡（寿阳）”对外开放的大型旅游度假区和福寿养生基地。

龙栖湖景区成立于 2009 年 6 月，注册资本 3 000 万元，景区依托于以防洪为主，兼顾灌溉、养殖的蔡庄水库。区域总面积 5 500 余亩，水域面积 1 000 余亩，沿湖有 18 个水湾、3 处湿地，更有湖心岛四面临水，景色宜人。经多年的开发，龙栖湖旅游度假区现有餐饮、住宿、大型会议接待、培训等完备设施，也有垂钓、冰雪乐园、游船客运、真人 CS 军事拓展基地、滑草、小树林游乐园、水产养殖区、采摘园等游乐项目，还有精彩的篝火晚会、卡拉 OK 等娱乐场地。龙栖湖现有宾馆两座，建筑面积达 6 000 多 m^2，宾馆内设 100 多间标准间客房及别墅，可同时容纳 400 人住宿。另有可容纳 400 人、120 人、50 人、30 人等四间不同的多功能会议室，有完善的停车场，公共厕所等设施，现年接待游客量十万多人次。2017 年 12 月，山西省水利厅以晋水

[1] EPC（Engineering Procurement Construction，指承包方受业主委托，按照合同约定对工程建设项目的设计、采购、施工等实行全过程或若干阶段的总承包）。

办〔2017〕452号文公布寿阳县龙栖湖水利风景区为省级水利风景区。

实施景区旅游环境的生态保护。运用系统论和生态学原理及方法对景区生态系统的负载能力、容量极限进行科学测定。使该景区旅游业的发展不破坏当地的生态系统，实现旅游业长期稳定的发展。此外，还对景区旅游的文化环境实施保护。宾馆、饭店等服务设施的布局、造型、容量等均与当地自然、人文景观的文化特征协调一致。龙栖湖风景区已发展成为休闲、康养、游乐，以及体验民俗和田园生活等不同功能于一体的旅游胜地，具有良好的社会效益和经济效益。

4. 加强涉水旅游资源利用　实施A级旅游景区倍增计划，严格按照《旅游景区质量等级的划分与评定》标准，组织开展全省A级旅游创建工作。黄河壶口瀑布成功晋升国家5A级旅游景区；共评定4A级涉水旅游景区4家；3A级涉水旅游景区11家。

（山西省水利厅）

【智慧水利建设】

1. 信息数据成果上图　推进河湖本底数据信息化，结合数字孪生河湖建设将河湖划界成果、岸线功能分区、涉河建设项目、采砂规划分区等信息数据上图。加强遥感等技术成果应用。将确认的河湖“四乱”问题纳入台账管理，按要求清理整改，对新增问题从严处置。

2. “水利一张图”　完成山西水利数据能力中心系统建设，打通各水利业务板块，实现水利业务数据有效整合。系统以“水利一张图”为数字底板，结合“天空地”实时监测数据，将河流水系、水利工程、各类监测站点和水利管理活动等逐一映射上图，实现全省水利运行状况的实时监测，结合专题分析支撑防汛指挥、水资源监管等核心业务，打造“实用、好用”的全省水利综合业务平台。通过水利数据资源整合，构建了山西水利数据资源池，可以发布地图服务空间数据和水利业务数据，提供数据的共享交换服务能力。

3. 河长App　为了将巡河制度落到实处，掌握河长巡河次数，山西省省、市、县、乡、村五级河长及专职巡河员均安装了河湖长制管理信息系统手机App，实行巡河河长App打卡制，常态化开展巡河，定期协调解决问题，持续跟踪问效。建立了通报督促机制，根据河长App数据及时下发通报，督促各级河长定期巡河。部分市、县河长App实现了巡河人员轨迹记录、问题定位、数据统计等功能，有效提升了相关人员工作效率，真正实现河道信息管理静态展现、动态管理、常态跟踪。2022年，全省各级河湖长利用手机App巡河湖累计96万人次。

4. 数字孪生流域建设　按照水利部数字孪生流域建设先行先试工作任务，2022年4月，成立数字孪生大禹渡灌区先行先试工作领导小组，正式启动数字孪生大禹渡灌区先行先试工作。2021年12月完成数字孪生先行先试中期评估工作，并在中国报道网、山西新闻网等多家主流媒体发布8篇省水利厅开展数字孪生先行先试建设宣传稿。现已开展灌区现代化升级改造项目信息化建设硬件基础工作，完成“数字资产一本账”建设，重点完善和打造“生产运营一片云”内容。

5. 水利感知网　按照“整合已建、统筹在建、规范新建”原则统一规划，强化资源整合，促进集约化利用，建立完善涉水全要素信息采集体系。优化升级感知体系布局，全面提升山西省水利“天空地”一体化透彻感知能力，为水利业务应用提供完善的信息、数据基础支撑。加快推进5G、大数据、无人机（船）、卫星遥感、人工智能等新一代信息技术在水利行业的应用。

（张秀福）

内蒙古自治区

【河湖概况】

1. 河湖数量　据全国第一次水利普查统计，内蒙古自治区河湖情况如下：

（1）河流。内蒙古自治区地域辽阔、河流众多。流域面积50km^{2}以上河流4 087条，总长度14.47万km；流域面积100km^{2}及以上河流2 408条，总长度11.35万km；流域面积1 000km^{2}及以上河流296条，总长度4.26万km；流域面积10 000km^{2}以上河流40条，总长度1.47万km。河流分外流和内流两大水系，大兴安岭、阴山和贺兰山是内外流水系的主要分水岭。外流水系主要由黄河、辽河、嫩江、海河、滦河和额尔古纳河等6个水系组成，流域面积61.37万km^2，占全自治区总面积的52.5%，主要汇入鄂霍次克海和渤海。内流水系主要河流有乌拉盖河、昌都河、锡林郭勒河、塔布河、艾不盖河、额济纳河等，流域面积11.66万km^2，占全自治区总面积的9.9%。无流区分布于深居内陆的荒漠地区，面积43.94万km^2，占全自治区面积的37.5%。河流数量东部多于西部，山地丘陵多于高原。

(2) 湖泊。内蒙古自治区湖泊星罗棋布，全自治区共有428个湖泊。由于气候干旱，降水量少，蒸发强烈，所造就的湖泊大型的少，中小型的多，淡水湖少，咸水湖或盐湖居多。根据湖泊所处地理位置和湖泊成因不同，除呼伦湖、乌梁素海是外流湖，其余湖泊绝大多数为内陆湖泊，呈区域性分布，主要靠大气降水直接补给或有少量河川径流和地下泉水补给。全自治区水面面积 1 000km^2 以上湖泊1个，100～1 000km^2 湖泊2个，10～100km^2 湖泊22个，1～10km^2 湖泊261个，1km^2 以下湖泊142个。

2. 水量

(1) 降水量。内蒙古自治区降水量时空分布极不均匀，年内降水量主要集中在汛期6—9月，年降水量空间分布趋势是由东向西逐渐递减。2022年全自治区平均降水量271.8mm，折合降水总量3 120.77亿m^3，较上年减少20.9%，较多年平均值减少1.0%，属平水年。

(2) 水资源总量。2022年内蒙古自治区水资源总量509.22亿m^3，其中地表水资源量365.91亿m^3，折合年径流深31.9mm，较上年减少53.6%，较多年平均值减少1.1%，地下水资源量223.13亿m^3，较上年偏少6.5%，较多年平均值增加2.4%，地下水与地表水间不重复计算量143.32亿m^3，全自治区水资源总量较多年平均值减少1.3%。截至2022年年底，全自治区大中型水库蓄水总量24.87亿m^3。

(3) 供用水量。2022年内蒙古自治区各水源工程总供水量193.47亿m^3，其中地表水源供水量95.82亿m^3，地下水源供水量90.70亿m^3，其他水源供水量6.94亿m^3。全自治区总用水量193.47亿m^3，其中生态环境用水量23.50亿m^3。

3. 水质　“十四五”内蒙古自治区地表水环境质量监测网共设置136个国控重点监测断面(点位)。2022年，全自治区121个地表水监测断面中，Ⅰ～Ⅲ类水质断面占76.9%，同比上升4.0个百分点；劣Ⅴ类水质断面占2.5%，同比下降2.8个百分点。按河流、湖库和流域单独评价，其水质状况为：

(1) 河流。“十四五”内蒙古自治区共设置129个国控重点河流水质监测断面，涉及黄河、辽河、松花江、海河和西北诸河5个流域。2022年实际监测118个断面中，Ⅰ～Ⅲ类水质断面占78.0%，同比上升14.7个百分点；劣Ⅴ类水质断面占2.5%，同比下降7.7个百分点。主要污染指标为化学需氧量、高锰酸盐指数和氟化物。其中，黄河流域35个断面中，Ⅰ～Ⅲ类水质断面占77.1%，同比上升2.8个百分点；劣Ⅴ类水质断面占2.9%，同比下降8.5个百分点；松花江流域46个断面中，Ⅰ～Ⅲ类水质断面占76.1%，同比上升27.9个百分点；劣Ⅴ类水质断面占4.3%，同比下降11.8个百分点；辽河流域32个断面中，Ⅰ～Ⅲ类水质断面占78.1%，同比上升6.2个百分点。无劣Ⅴ类水质断面，同比持平；海河流域5个断面中，Ⅰ～Ⅲ类水质断面占100.0%，同比持平；西北诸河3个断面中，Ⅰ～Ⅲ类水质断面占33.3%，无劣Ⅴ类水质断面，同比持平。

(2) 湖库。“十四五”内蒙古自治区共设置7个国控重点湖库水质监测点位，涉及乌梁素海、岱海、达里诺尔湖、贝尔湖、察尔森水库和尼尔基水库等6个湖库。2022年实际监测3个湖库，其中乌梁素海水质为Ⅳ类，湖库营养状态为中营养，污染指标为五日生化需氧量、高锰酸盐指数和化学需氧量；察尔森水库水质为Ⅲ类，湖库营养状态为中营养；尼尔基水库水质为Ⅳ类，湖库营养状态为轻度富营养，污染指标为总磷。

4. 新开工水利工程　2022年，引绰济辽工程下达投资计划31亿元，累计完成投资31.56亿元，投资完成率100.82%。引绰济辽工程自开工以来已累计完成投资179.98亿元，投资完成率71.38%。2022年，文得根水利枢纽主体工程基本完工，输水工程正在有序推进，引绰济辽工程、文得根水利枢纽库区移民有关工作全部完成。工程的建设将提高下游灌溉用水保证率，保障灌区粮食安全。2022年，赤峰市林西东台水库工程下达投资计划2亿元，累计完成投资2.01亿元，投资完成率100.39%。赤峰市林西东台水库工程自开工以来已累计完成投资18.55亿元，投资完成率86.35%，混凝土坝段已经完工，堆石坝工程建设进展顺利。

2022年，内蒙古自治区正在实施除险加固的大中型水库共3座，其中乌审旗巴图湾水库除险加固工程已按照水利部要求于11月10日完成主体工程建设任务；包头市昆都仑水库和兴安盟科右中旗翰嘎利2座水库年度投资完成率90%，完成了水利部要求的年度建设任务。

2022年，内蒙古自治区新增中小河流治理工程共29项，涉及10个盟市，完成治理河长433.77km，完成投资 68 062万元。2022年，主要支流下达中央预算内投资计划 48 431万元，其中中央预算内投资29 056万元，涉及自治区5个盟市8条河流9个项目，分别为新开河、绰尔河、艾不盖河、查干木伦河、乌拉盖河、滦河、二龙涛河、罕达罕河，截至2022年年底已基本完成93%。（李美艳　刘妍妍）

【重大活动】　2022年2月11日，内蒙古自治区党委常委、自治区常务副主席、呼伦湖湖长、额尔古纳河河长黄志强主持召开呼伦湖、额尔古纳河河湖长制工作会议，专题研究《呼伦湖管理保护实施方案（2022—2023)》和《额尔古纳河管理保护实施方案（2022—2023)》(简称“两个《实施方案》”)。会议原则同意两个《实施方案》，要求自治区河长办按照会议精神抓紧修改完善并印发实施。

2022 年 4 月 14 日，内蒙古自治区政府党组副书记、自治区副主席、岱海自治区级湖长张韶春主持召开岱海湖长会议，研究审议《岱海管理保护（一湖一策）实施方案（2021—2023 年)》，安排部署下一步重点工作。会议原则同意《岱海管理保护（一湖一策）实施方案（2021—2023 年)》。

2022 年 4 月 20—21 日，内蒙古自治区副主席、嫩江自治区级河长奇巴图赴呼伦贝尔市嫩江段开展巡河调研，主持召开嫩江河长工作调度视频会议，研究部署相关工作并审议通过了《嫩江内蒙古段管理保护（一河一策）实施方案（2021—2023 年)》。

2022 年 5 月 10 日，内蒙古自治区政府党组副书记、自治区副主席、岱海自治区级湖长张韶春开展巡湖工作，实地察看岱海生态补水工程建设情况，现场了解岱海保护治理重点工作进展情况，在凉城县主持召开 2022 年第二次湖长会议，研究解决存在的突出问题，安排部署下一步重点工作。

2022 年 8 月 30 日，内蒙古自治区党委副书记、自治区主席，自治区总河湖长王莉霞主持召开专题会议，研究黄河流域河湖管理保护工作，部署下一步全面推行河湖长制重点工作任务。

2022 年 12 月 5 日，内蒙古自治区政府党组副书记、自治区副主席、岱海自治区级湖长张韶春主持召开岱海湖长会议，听取岱海保护治理 2022 年度重点任务落实情况汇报，研究解决存在的问题，安排部署下一步工作。

2022 年 12 月 15 日，内蒙古自治区党委常委、常务副主席、额尔古纳河河长、呼伦湖湖长黄志强以视频会议形式，主持召开河湖长会议，听取呼伦湖、额尔古纳河综合治理和全自治区河湖长制工作开展情况，部署下一步重点工作。（刘颖　姚莉）

【重要文件】 2022 年 1 月 25 日，内蒙古自治区河长制办公室印发《内蒙古自治区河长制办公室关于印发〈2021 年内蒙古自治区河长制责任单位落实河湖长制情况考核方案〉的通知》(内河长办〔2022〕3 号)。

内蒙古自治区河长制办公室印发《内蒙古自治区河长制办公室关于印发〈2021 年内蒙古自治区重点河流湖泊盟市级河长湖长履职情况考核方案〉的通知》(内河长办〔2022〕5 号)。

2022 年 3 月 18 日，内蒙古自治区河长制办公室印发《内蒙古自治区河长制办公室关于印发〈2022 年河湖管理保护“春季”行动方案〉的通知》(内河长办〔2022〕10 号)。

2022 年 4 月 8 日，内蒙古自治区河长制办公室印发《内蒙古自治区河长制办公室关于调整自治区级河湖长名单的通知》(内河长办〔2022〕16 号)。

2022 年 4 月 10 日，内蒙古自治区水利厅印发《关于提供落实〈中共中央办公厅　国务院办公厅关于进一步加强生物多样性保护的意见〉具体措施及 2022 年工作计划的函》(内河湖〔2022〕14 号)。

2022 年 5 月 16 日，内蒙古自治区河长制办公室印发《内蒙古自治区河长办关于进一步做好妨碍河道行洪突出问题排查整治工作的通知》(内河长办〔2022〕33 号)。

2022 年 6 月 4 日，内蒙古自治区河长制办公室印发《内蒙古自治区河长制办公室关于开展妨碍河道行洪突出问题整治工作情况的报告》(内河长办〔2022〕23 号)。

2022 年 6 月 13 日，内蒙古自治区水利厅印发《内蒙古自治区水利厅关于尽快提供河湖管理范围划定成果的通知》(内河湖〔2022〕25 号)。

2022 年 6 月 29 日，内蒙古自治区河长制办公室印发《内蒙古自治区河长制办公室关于督办呼伦湖保护治理工作的函》(内河长办〔2022〕27 号)。

2022 年 7 月 8 日，内蒙古自治区总河湖长令第 1 号发布《关于印发〈内蒙古自治区 2022 年河长制湖长制工作要点〉的通知》。

内蒙古自治区水利厅印发《内蒙古自治区水利厅关于报送政协信息〈长效治理中的河湖长制急需完善〉有关落实情况的函》(内河湖〔2022〕34 号)。

2022 年 7 月 11 日，内蒙古自治区河长制办公室印发《内蒙古自治区河长制办公室关于反馈 2021 年度河长制湖长制考核情况的通知》(内河长办〔2022〕30 号)。

2022 年 8 月 12 日，内蒙古自治区河长制办公室印发《内蒙古自治区河长制办公室关于报送旗县（市、区）级、苏木乡镇级 2022 年至 2023 年“一河（湖）一策”实施方案编制印发情况的通知》(内河长办〔2022〕35 号)。

2022 年 8 月 16 日，内蒙古自治区水利厅印发《内蒙古自治区水利厅关于开展自治区重要河湖名录整编工作的通知》(内河湖〔2022〕36 号)。

2022 年 8 月 23 日，内蒙古自治区河长制办公室印发《内蒙古自治区河长制办公室关于协调推动黄

河滩区居民迁建任务的工作提示》(内河长办〔2022〕36号)。

2022年9月6日，内蒙古自治区河长制办公室印发《关于印发〈内蒙古自治区2022年河湖管理保护“秋季”行动方案〉的通知》(内河长办〔2022〕41号)。

2022年9月8日，内蒙古自治区河湖长令第1号发布《关于印发〈内蒙古自治区纵深推进黄河流域河湖“清四乱”常态化规范化行动方案〉的通知》。

2022年9月9日，内蒙古自治区河长制办公室印发《内蒙古自治区河长办　水利厅关于进一步加快妨碍河道行洪突出问题清理整治工作的通知》(内河长办〔2022〕44号)。

2022年10月10日，内蒙古自治区河长制办公室印发《内蒙古自治区河长制办公室关于印发〈内蒙古自治区2022年重点河流湖泊盟市级河长湖长履职情况考核细则〉的通知》(内河长办〔2022〕45号)。

内蒙古自治区河长制办公室印发《内蒙古自治区河长制办公室关于印发〈内蒙古自治区2022年河长制责任单位落实河湖长制情况考核细则〉的通知》(内河长办〔2022〕46号)。

内蒙古自治区河长制办公室印发《内蒙古自治区河长制办公室关于印发〈内蒙古自治区2022年河长制湖长制工作考核细则〉的通知》(内河长办〔2022〕47号)。

2022年11月9日，内蒙古自治区河长制办公室印发《内蒙古自治区河长制办公室关于报送2022年河湖长制工作情况的通知》(内河长办〔2022〕49号)。

2022年12月6日，内蒙古自治区河湖长令第2号发布《关于印发〈进一步完善黄河流域河湖信息化监管体系工作方案〉文件的通知》。

2022年12月9日，内蒙古自治区河长制办公室印发《内蒙古自治区河长制办公室关于开展2022年河长制湖长制考核复核工作的通知》(内河长办〔2022〕51号)。

2022年12月14日，内蒙古自治区河长制办公室印发《关于印发内蒙古自治区松辽流域河湖岸线利用建设项目和特定活动清理整治专项行动工作方案的通知》(内河长办〔2022〕53号)。

2022年12月30日，内蒙古自治区河长制办公室印发《内蒙古自治区河长制办公室关于报送2022年度河湖长制考核工作情况的通知》(内河长办〔2022〕58号)。
(李美艳　阿娜尔)

【地方政策法规】　2022年9月28日，内蒙古自治区第十三届人民代表大会常务委员会第三十七次会议通过《内蒙古自治区人民代表大会常务委员会关于修改〈内蒙古自治区动物防疫条例〉等4件地方性法规的决定》(简称《决定》)。《决定》公布了《内蒙古自治区实施〈中华人民共和国水法〉办法》(修订案)，于2022年12月1日起实施。

2022年11月23日，内蒙古自治区第十三届人民代表大会常务委员会第三十八次会议通过《内蒙古自治区河湖保护和管理条例》，于2023年1月1日起施行。
(少布　杜姝敏)

【河湖长制体制机制建立运行情况】　2022年，内蒙古自治区党委和政府坚持以习近平新时代中国特色社会主义思想为指导，深入贯彻落实党的二十大精神，全面落实习近平总书记对内蒙古重要讲话、重要指示批示精神，自觉扛起建设我国北方重要生态安全屏障的重大政治责任，研究部署河湖长制落实情况，持续推动河湖长制工作走深走实。

一是科学布局，高位推动。内蒙古自治区党委书记、自治区第一总河湖长孙绍骋，自治区政府主席、自治区总河湖长王莉霞共同签发总河湖长令，发布内蒙古自治区2022年河长制湖长制工作要点，安排部署全年重点任务。内蒙古自治区政府主要负责同志主持召开总河湖长会议，推动落实重点流域河湖治理工作。

二是履职尽责，担当作为。内蒙古自治区级河湖长带头履行巡、管、护、治第一责任人职责，孙绍骋同志先后4次深入黄河、呼伦湖等重点河湖巡查调研，推动解决重点难点问题；王莉霞同志先后深入黄河、西辽河和察汗淖尔等流域实地推进河湖综合治理工作。2022年，9位自治区级河湖长累计巡河、巡湖23人次，全自治区五级河湖长共巡河、巡湖31.1万人次，推动解决涉河湖问题2 165个。

三是健全河湖管护体制机制。颁布实施《内蒙古自治区河湖保护和管理条例》，修订《内蒙古自治区实施〈中华人民共和国水法〉办法》，以内蒙古自治区河湖长令第1号出台《内蒙古自治区全面推行河长制湖长制厅际联席会议工作规则》《内蒙古自治区全面推行河长制湖长制厅际联席会议办公室工作规则》，确保内蒙古自治区河湖长制工作有章可循、有法可依。制定印发《内蒙古主要河湖管理保护重点工作台账》，确保责任不悬空、任务不虚置。

四是持续开展河湖长制、河湖长制责任单位和对下一级河长湖长履职情况考核，并将河湖长制考核纳入党政领导干部综合考核评价内容，不断织密河湖长制工作责任体系。在全自治区范围内开展自然资源资产管理和生态保护专项审计调查，把各级党委和政府落实河湖长制责任情况作为重要内容，发挥监督考核“指挥棒”作用。

五是推动问题整改落实。全面推进黄河河道有关问题整治任务，基本实现 1.727 万 hm^2 高秆作物禁限种目标，完成年度 840 户 2 152 人迁建等任务；中央生态环境警示片共 15 项问题中已完成整改 14 项，德隆煤矿正在有序推进。推动赤峰市、鄂尔多斯市等地积极探索推行河道采砂国有化运营，实行统一管理、绿色开采。

六是强化部门联动。积极落实黄河、松辽流域及海河流域省级河湖长联席会议精神。2022 年，内蒙古自治区召开河长制湖长制厅际联席会议 6 次；发挥检察、公安协作新效能，圆满完成包头市王大汉浮桥拆除整改工作。

七是加强执法检查。2022 年河湖执法巡查 10.7 万 km，巡查水域面积 37 791km^2，巡查监管对象 6 217 个，出动执法人员 2.48 万人次，出动执法车辆 9 363 车次，现场制止违法行为 397 次，有效打击了涉河湖违法行为，维护了水法律法规的权威。

八是持续开展有关法律法规等宣传活动。制作《守护美丽河湖》宣传片，加强与《人民日报》《中国水利报》《内蒙古日报》等主流媒体合作，不断擦亮内蒙古河湖长制宣传品牌。2022 年内蒙古自治区河长制湖长制工作业务培训班累计培训 1.29 万人次。

（李美艳　张晓宇）

【河湖健康评价开展情况】　按照中办、国办《关于全面推行河长制的意见》（厅字〔2016〕42 号）、《关于在湖泊实施湖长制的指导意见》（厅字〔2017〕51 号）及内蒙古自治区河长制、湖长制工作方案，为进一步摸清自治区重要河湖健康状态，科学分析河湖存在问题，因地制宜提出有效的河湖治理保护措施，进一步提升湖泊生态功能和健康水平，截至 2022 年年底，内蒙古自治区已连续 3 年开展自治区重点湖泊的健康评估（评价）工作，共开展了呼伦湖、乌梁素海、岱海、居延海、哈素海和达里湖等 6 个重点湖泊的湖泊健康评估工作；自治区鄂尔多斯市也根据实际情况，组织对市级 13 条河流、1 个湖泊开展了河湖健康评价工作。河流分别为黄河干流（右岸）鄂尔多斯段、无定河鄂尔多斯段、窟野河鄂尔多斯段、东柳沟、母花沟、壕庆河、罕台川、西柳沟、卜尔色太沟、毛不拉孔兑、呼斯太河、哈什拉川、黑赖沟 13 条河流，湖泊为红碱淖属于三类湖泊。

评估经费由内蒙古自治区财政安排解决。评估工作按照《河湖健康评估技术导则》（SL/T 793—2020）和《水利部河长办关于印发〈河湖健康评价指南（试行）〉的通知》（2020 年第 43 号）要求，结合湖泊特点、现状生态环境状况和监测资料，从湖泊水文水资源、物理结构、水质、生物及社会服务功能等方面，选取有针对性的指标进行评价，判定湖泊健康状况，查找剖析河湖“病因”，提出治理对策，为其他同类型湖泊治理恢复提供参考和借鉴。结合湖泊的实际状况及环境特征，从“盆”“水（包括水量、水质）”、生物及社会服务功能四大方面建立各自的健康评估指标体系，用于对湖泊的健康状况进行评估。

（李美艳　宋薇）

【“一河（湖）一策”编制和实施情况】　“一河一策”编制实施周期为 3 年。截至 2022 年年底，内蒙古自治区河长制办公室先后对自治区级领导担任河长湖长的 9 条（个）河湖开展了 2 轮自治区级河湖管理保护“一河（湖）一策”实施方案编制工作，组织编制了额尔古纳河、西辽河、黄河内蒙古段、嫩江内蒙古段、黑河内蒙古段、呼伦湖、岱海、乌梁素海和居延海的河湖管理保护“一河（湖）一策”实施方案，并经内蒙古自治区级河长湖长审定同意后，印发至相关盟市和自治区河长制责任单位执行，用于指导开展河湖管理保护工作。（张晓宇　姚莉）

【水资源保护】

1. 强化水资源刚性约束　印发《内蒙古自治区地下水保护和管理条例》，夯实了旗（县、区）人民政府地下水保护和管理的主体责任。印发《内蒙古自治区“十四五”水资源配置利用规划》（内水资〔2021〕212 号），明确各盟市用水总量和强度，地下水用水总量控制指标细化至 371 个管理单元，指导盟（市）、旗（县）进一步细化分水，将用水总量控制指标分水源、分行业逐级分解到园区、到井、到户基本用水单元，确定了水资源开发利用“上限”。全面推行规划水资源论证和区域评估。制定了关于水资源论证区域评估的指导意见，审批自治区级工业园区水资源论证区域评估报告 64 份，明确了各园区取用水总量和用水效率准入条件，进一步促进产业布局和规模与水资源承载能力相适应。持续加强地下水管理和超采（载）区治理，呼和浩特市、巴彦淖尔市、通辽市 3 个大型超采区完成年度治理任务。巩固超采区治理成效，继续实行地下水水位通报制度，对地下水水位持续下降和个别控制井水位

低于允许最低水位要求的超采区进行了预警，对 7 个旗（县、区）进行约谈会商，对鄂托克旗等 6 个治理成效出现反弹的超采区所在旗县新增地下水取水实行限批，指导 11 个水位持续下降超采区开展了自评估并编制完成巩固治理方案。完成内蒙古自治区 2021 年度实行最严格水资源管理考核工作。配合水利部印发了《水利部关于印发察罕淖尔流域可用水量的通知》（水资管〔2022〕186 号），确定了自治区察汗淖尔流域可用水量。

2. 节水行动　在农业节水方面，完成河套和包头镫口两个灌区改造资金 6.26 亿元，实现节水量 5 165 万 m^3，完成黄河流域农业水价综合改革资金 6 187 万元、高标准农田建设 6.93 万 hm^2。内蒙古自治区 0.333 万 hm^2 以上大中型灌区实现在线监测计量全覆盖，建成自治区"以电折水"平台，纳入水价综合改革的井灌区实现"以电折水"方式取水计量。在工业节水方面，为 510 户工业企业提供公益性节水诊断服务，为 19 个节水技改项目安排节水改造资金 5 300 万元，节水 851 万 m^3。自治区本级建成节水型企业 17 家、节水标杆企业 9 家。在城镇生活节水方面，持续开展县域节水型社会达标建设，17 个旗（县）通过行政验收。内蒙古自治区共计建成节水型高校 13 所，累计建成 28 所，建成率达到 51%。呼和浩特市、包头市、鄂尔多斯市、乌海市成功入选国家首批典型地区再生水利用配置试点城市。

3. 生态流量监管　完成黄河、西辽河、黑河、嫩江及其重要支流水量调度工作，组织盟（市）编制完成查干木伦河、格尼河、归流河、哈素海生态流量保障实施方案，按季度通报重要河湖主要控制断面生态流量及下泄水量达标情况，开展年度综合评估，断面生态流量及下泄水量全部达到目标要求。

4. 全国重要饮用水水源地安全达标保障评估　按照《内蒙古自治区饮用水水源保护条例》重点开展了饮用水水源水量配置、调度及取水许可管理工作。按照水利部要求完成内蒙古自治区国家和自治区级重要饮用水水源地安全保障达标建设评估和全国重要饮用水水源地名录修订工作。

5. 取水口专项整治　2022 年，内蒙古自治区整改提升阶段需要整改的项目总数 47 135 个，整改完成项目数 46 458 个，全自治区整改完成率达到 98.56%。

6. 水量分配　2022 年，内蒙古自治区境内 22 条跨省河流中 20 条已批复，2 条河流已向流域委员会确认同意；9 条跨盟市河流完成水量分配。（周圆）

【水域岸线管理保护】

1. 河湖管理范围划界和岸线保护利用规划　按照水利部的统一部署，截至 2022 年年底，内蒙古自治区按要求完成第一次全国水利普查名录内河流 3 077 条、湖泊 367 个管理范围成果划定（无人区除外），完成率 100%。数据成果（除国际河流外）已经河湖遥感系统上传，用于水域岸线空间监控。针对水利部流域机构反馈的疑似划定问题，认领 7 个问题并组织地方重新划定了管理范围。2022 年完成第一次水利普查名录外的 957 条河流、181 个湖泊管理范围划定工作。在后续工作中，内蒙古自治区划界数据将跟随防洪规划修编、河道防洪治理工程的完成同步更新上图，对划界成果上图数据进一步完善。

2022 年，内蒙古自治区水利厅组织编制黑河、居延海、西辽河等 5 个由自治区领导担任河湖长的 7 个河湖岸线保护与利用规划，经自治区政府授权已印发实施；盟（市）、旗（县）两级共计编制完成 936 条河湖岸线规划，其中 353 条河流、68 个湖泊，总计 421 条（个）河湖岸线利用规划批复印发，其余正在履行相关手续。

2. 采砂整治

（1）河湖采砂管理。2022 年，内蒙古自治区进一步健全完善河道采砂监管制度，积极开展非法采砂专项整治行动，全自治区河道采砂管理工作平稳有序。结合河道砂石资源、群众反映问题线索等情况，2022 年重新对全自治区重点河段、敏感水域进行调整核定，最终确定 212 个重点河段、敏感水域，设立"四个责任人"（河长责任人、行政主管部门责任人、现场监管责任人、行政执法责任人）共 940 人。依托河湖长制体系强化采砂管理，将采砂管理工作纳入各级河长的职责范围，作为河湖长制年度考核的重要内容。同时，颁布实施《内蒙古自治区河湖保护和管理条例》，对采砂工作的规划、管理及处罚等内容作出明确规定，确保采砂监管工作有法可依。

（2）采砂规划编制。河道采砂规划是河道采砂管理的依据，是规范河道采砂活动的基础。为落实保护优先、绿色发展的要求，坚持统筹兼顾、科学论证，确保河势稳定、防洪安全、通航安全、生态安全和重要基础设施安全，严格规定禁采期，划定禁采区、可采区、保留区，合理确定可采区年度采砂控制总量、规划期采砂控制总量、可采范围与高程、深度、采砂船舶及机具数量与功率要求。黄河流域有采砂任务的旗（县、区）水行政主管部门根据河湖管理权限，依据有关法律、法规、规章规定和相关技术规程规范，经盟（市）水行政主管部门审查同意后，由本级人民政府审批实施，同时报内蒙古自治区水利厅备案。2022年，内蒙古自治区有采砂任务的旗（县、区）水行政主管部门根据河湖管理权限，共编制采砂规划62个、发放采砂许可证86个，其中黄河流域共编制河道采砂规划22个、许可采砂厂36个。

（3）采砂专项整治。为有效规范内蒙古自治区河道采砂管理秩序，依法打击河道非法采砂行为，2022年按照《水利部办公厅关于开展全国河道非法采砂专项整治行动的通知》（办河湖〔2021〕252号）要求，制定印发《内蒙古自治区水利厅关于开展河道非法采砂专项整治行动的通知》（内河湖〔2021〕29号），2021年9月至2022年8月31日，组织盟（市）水利（水务）局牵头，以旗（县）为单元，综合运用拉网式排查、常态化巡查、不间断暗访等方式，对全自治区有采砂管理任务的河湖开展为期1年的非法采砂专项整治行动。截至2022年年底，内蒙古自治区共出动整治人员33 200人次，累计巡查河道长度21.61万km，查处非法采砂行为91起，查扣非法采砂机械设备48台，办理案件71件，涉及处罚人数75人，没收违法所得9.39万元，罚款109.04万元。其中黄河流域河道采砂专项整治行动共出动12 172人次，累计巡查河道长度67 908km，查处非法采砂行为36起，查处非法采砂挖掘机械16台，办理行政处罚案件34件，行政处罚人数32人，罚款35万元。

3. 河湖“四乱”整治　内蒙古自治区始终把河湖“清四乱”作为河湖管护工作的重要内容，扎实推进河湖“清四乱”常态化规范化，不断推动河湖面貌持续改善。2022年，组织检察、公安等部门联合开展了河湖管理保护“春季行动”“秋季行动”，共清理非法占用河道岸线499.3km，清理建筑和生活垃圾96万t，拆除违法建筑10.7万m^2，清除围堤21.6km。2022年，全自治区共排查各类河湖问题699个，完成销号651个；组织开展相关专项行动，并圆满完成列入黄河干支流岸线利用项目专项整治行动的181个问题的整改工作。以内蒙古自治区河湖长令第1号印发《内蒙古自治区纵深推进黄河流域河湖“清四乱”常态化规范化行动方案》。协调推进中央环保督查关于德隆等3家煤矿侵占河道问题整改，截至2022年年底，德隆煤矿已完成第一阶段整改，累计回填土方2 544万m^3；神伊煤矿已完成整改，累计回填土方1 279万m^3，于9月通过黄河上中游管理局核验，现逐级上报整改销号文件；华能井煤矿完成整改，回填土方1 900万m^3，正在办理销号手续。2022年完成对通辽市西辽河城区段水利部发现重大问题整改销号。

2022年，内蒙古自治区开展妨碍河道行洪突出问题整治，按照《内蒙古自治区妨碍河道行洪突出问题排查整治行动方案》（内河湖〔2021〕38号），在全自治区水利工作会议上进行了再部署。自治区河长办按月开展对各盟（市）整改情况进行通报，成立专门技术组对佐证材料进行审核。组织盟（市）、旗（县）对下发的涉及全自治区728个河流、湖泊的8 741个遥感图斑实地复核。共计排查问题625个，现已完成问题整改564个，完成率达91.24%。（张智超　李美艳　张景裕　于振浩）

【水污染防治】

1. 排污口整治　加强入河排污口监管，按月组织开展排污口监测，2022年累计封堵取缔入河排污口166个。2022年，内蒙古自治区人民政府办公厅制定实施《内蒙古自治区关于加强入河排污口排查整治和监督管理工作方案》，印发《内蒙古黄河流域生态环境综合治理实施方案》，完成黄河流域干流及重要支流入河排污口三级排查。严格落实排污许可制度，核发排污许可证858张。

2. 城镇生活、工矿企业污染　持续推进城镇污水处理设施建设，2022年内蒙古自治区住房和城乡建设厅开展《内蒙古自治区城镇污水处理厂运行监督管理办法》修订工作，已上报内蒙古自治区人大常委会。制定《内蒙古自治区城镇供排水管网老化更新改造方案》，推动全自治区污水处理老旧管网更新改造。加快推进污水处理厂精准提标，内蒙古自治区重点流域城镇生活污水处理厂均已达到一级A排放标准，全自治区共有城镇污水处理厂108座，设计日处理能力331.8万t，2022年前三季度全自治区共处理污水6.72亿t，达标排放率98.82%，旗（县、区）、城市污水处理率分别达到85%、95%以上。2022年，对内蒙古自治区56个工业园区、117个片区污水处理基础设施建设情况进行调度，完成“一园一档”信息填报工作，强化污水处理厂达标监管，督促依托城镇污水处理厂处理工业废水不可行问题整改。2022年，内蒙古自治区生态环境厅会同自治区发展和改革委员会、水利厅、住房和城乡建设厅组织指导各盟（市）开展区域再生水循环利用试点创建申报工作，包头市、鄂尔多斯市成功申报国家2022年区域再生水循环利用试点城市。截至2022年年底，内蒙古自治区平均再生水利用率达42%。编制完成《内蒙古自治区“十四五”城镇污水处理及资源化利用发展规划》，积极完善再生水利用设施，推进污水处理厂再生水利用系统建设，推

动城市工业生产、道路清扫等生产和生态用水等优先使用再生水。

3. 农业面源污染　持续推进农业面源污染防治，在内蒙古自治区范围推广测土配方技术模式，引领带动黄河流域7盟（市）推广测土配方施肥技术，覆盖率达到90%以上。推进农药减量控害行动，内蒙古自治区已完成统防统治面积322.67万 hm^2、绿色防控面积320.33万 hm^2。完成0.7万 hm^2 耕地安全利用、0.086万 hm^2 耕地严格管控任务，全自治区受污染耕地安全利用率达到98%以上。2022年，自治区制定印发《内蒙古自治区农业农村污染治理攻坚战行动方案》，对2022—2025年内蒙古自治区农业农村污染治理作出全面部署。持续推进农业面源污染治理与监督指导，指导巴彦淖尔市五原县编制农业面源污染治理与监督指导试点实施方案和监测方案，启动农业面源污染调查监测，完成1次灌溉前背景、3次春灌、2次夏灌监测工作，初步掌握重点监测区域农业面源污染防治情况。

4. 畜禽养殖污染　推进畜禽粪污处理设施装备升级改造，2022年内蒙古自治区畜禽粪污综合利用率达到86.6%，规模养殖场粪污处理设施装备配套率99.5%。编制自治区36个畜牧养殖大县畜禽养殖污染防治规划。

（李美艳　张伟）

【水环境治理】

1. 强化水环境质量目标管理　将河湖长制与河湖水质达标深度衔接，定期向内蒙古自治区级河湖长、河长办报告国考断面水质情况，并抄送相关盟（市）级河湖长，推动难点、堵点问题解决。2022年，内蒙古自治区生态环境厅印发实施《内蒙古自治区重点流域水生态环境保护规划》，建立运行水环境形势分析会商和预警督办工作机制。针对汛期断面水质易出现波动的问题，印发实施《关于加强汛期水环境监测监管工作的通知》，指导督促各盟（市）通过开展汛前问题排查整治，汛期加密监测、污染强度分析，严格日常监管等措施，切实减少汛期人为污染对河湖断面水质影响。持续深入指导相关盟（市）开展额尔古纳河流域及岱海、达里诺尔湖等重点流域及湖泊受背景值影响评估论证，报请自治区政府致函生态环境部并持续跟进汇报。聚焦不达标断面整治，及时向相关盟（市）政府制发提醒、预警、督办函，就四道沙河水质改善不力问题约谈包头市政府，内蒙古自治区分管主席率队赴包头市现场督导问效，建立专项调度机制，2022年10—11月水质连续两个月消劣。推动黄河流域呼和浩特市三分闸前断面提前消劣。结合“十四五”地表水国考断面变化情况，内蒙古自治区生态环境厅、自治区财政厅印发《内蒙古自治区重点流域国考断面水质补偿办法（试行）》（内环发〔2022〕56号），奖优罚劣推进水环境质量改善。2022年1—11月，内蒙古自治区“十四五”国考断面实际监测中，地表水Ⅰ～Ⅲ类水质断面86个，占75.4%，同比上升9个百分点；劣Ⅴ类水质断面4个，占3.5%，同比下降0.8个百分点。黄河干流9个断面水质均为Ⅱ类。哈拉哈河被生态环境部评为全国首批9个美丽河湖优秀案例之一。2022年，内蒙古自治区地市级集中式饮用水水源地水量优良比例为86.0%，完成了12盟（市）、67个自治区级工业园区地下水环境状况调查评估。

2. 饮用水水源规范化建设　2022年，组织各盟（市）开展地市级、旗县级饮用水水源环境状况评估工作，完成旗县级及以上饮用水水源地保护区标志设置、保护区整治、监控能力、风险防范与应急能力等相关内容报审工作，更新完成乡镇及以下饮用水水源地基础信息。截至2022年年底，内蒙古自治区完成乌兰察布市、通辽市、赤峰市、呼伦贝尔市、锡林郭勒盟5个盟（市）饮用水水源保护区划分调整方案技术审查。

3. 黑臭水体治理　2022年，内蒙古自治区住房和城乡建设厅、自治区生态环境厅印发《关于开展城市黑臭水体排查整治工作的通知》，组织各盟（市）对全自治区20个县级及以上城市建成区所有河流（水体）开展黑臭水体排查整治工作，委托厅直属监测中心对全自治区13处黑臭水体开展检查工作，并对霍林郭勒市、丰镇市开展现场核查。截至2022年6月底，全自治区共排查河流44条和水域2处，均无返黑返臭和新增黑臭水体。按照住房和城乡建设部关于开展黑臭水体再排查工作要求，内蒙古自治区住房和城乡建设厅会同自治区生态环境厅印发《内蒙古自治区生态环境厅　住房和城乡建设厅关于印发〈内蒙古自治区2022年城市黑臭水体整治环境保护行动方案〉的通知》（内环办〔2022〕220号），组织各盟（市）开展再排查工作，并分别对呼和浩特市、包头市、丰镇市、通辽市、霍林郭勒市开展了内蒙古自治区2022年黑臭水体整治环境保护行动，经再排查与联合核查，无返黑返臭和新增黑臭水体。2022年，内蒙古自治区生态环境厅、自治区财政厅印发《关于开展2022年农村牧区黑臭水体治理试点工作的通知》，组织各盟（市）进一步加强农村季节性黑臭水体、畜禽粪污引起的黑臭水体及小面积黑臭水体排查，2022年各盟（市）均未发现农村黑臭水体。

4. 农村水环境整治　2022 年，内蒙古自治区生态环境厅印发《2022 年农村牧区生活垃圾整治提升行动计划》《2022 年建制镇生活污水处理设施建设行动计划》，指导各地以黄河流域、“一湖两海”周边地区、重要饮用水水源地、生态保护区等环境敏感区为重点，推动农村牧区生活垃圾收运处置体系进一步完善，加快补齐建制镇生活污水处理设施建设短板。加快推进农村牧区生活污水治理，2022 年内蒙古自治区完成以黄河流域为重点的 574 个建制村生活污水治理任务，超额完成国家下达任务。

（李美艳　张伟）

【水生态修复】

1. 退田还湖还湿　2022 年，内蒙古自治区推进察汗淖尔湿地保护治理，完成退化防护林修复 0.133 万 hm^2，实施“水改旱”面积 0.084 7 万 hm^2、压减地下水超用水量 150 万 m^3，推动实施 10 个治理项目、完成投资 1.84 亿元。2022 年，“一湖两海”实施 45 个年度治理项目，共完成投资 33.43 亿元。2022 年，乌梁素海生态补水 5.17 亿 m^3，水域面积稳定达到 $293km^2$，岱海生态应急补水工程于 9 月 20 日全线通水，已向岱海补水 50 万 m^3，岱海湖水域面积达到 $44km^2$，呼伦湖湖面面积达到 2 239.6km^2，稳定保持在合理区间。对西辽河实施常态化调度，2022 年共向西辽河干流下泄水量 3.29 亿 m^3，过水河长延长至 92km，总办窝堡枢纽实现 20 年来首次过水，流域地下水水位上升区占 49.6%。居延海结合黑河来水情况，通过生态补水，水域面积维持在 $40km^2$ 左右，实现连续 18 年不干涸。哈素海累计补水 5 544 万 m^3；达里诺尔投资 1.41 亿元实施草原生态修复、保护性耕作等项目，推动区域生态系统更加安全。

2. 生态补偿机制建立　编制完成查干木伦河、哈素海等 4 个河湖生态流量保障实施方案。2022 年，内蒙古自治区生态环境厅建立“十四五”期间“一湖两海”治理规划（方案）牵头项目定期调度督导机制，截至 2022 年年底，乌梁素海乌毛计人工湿地生态建设工程已建成，岱海弓坝河河口拦截净化工程已完成年度建设任务，其他 7 个项目按序时进度稳步推进。推进察汗淖尔生态保护，建立流域涉水企业监管清单，实施动态监管；将察汗淖尔监测工作纳入《2022 年内蒙古自治区生态环境监测方案》，明确监测有关要求，察汗淖尔流域内 3 个地下水点位水质与 2021 年同期相比保持稳定。强化重点湖库水华防控，2022 年内蒙古自治区生态环境厅印发实施《关于做好 2022 年重点湖库水华防控工作的通知》，指导督促各相关盟（市）制定完善蓝藻水华防控预案，加强重点湖库蓝藻水华预警及防控。

3. 水土流失治理（生态清洁型小流域）　按照《内蒙古自治区水土保持规划（2016—2030 年）》（内政办发〔2017〕8 号）确定任务和目标，依托自治区水土保持部门联席会议制度，明确各部门治理任务规模，并将任务分解落实到各盟（市）。内蒙古自治区水利部门以水土保持目标责任考核为抓手，以国家水土保持重点工程为引领，结合重要生态系统保护和修复重大工程，全面完成水土流失综合防治工作。2022 年，在政府主导、部门联动、社会参与的工作机制下，调动各方力量，完成水土流失综合治理面积 7 776km^2（1 166 万亩）。2022 年，内蒙古自治区水利厅大力推动国家水土保持重点工程有序实施，不断加强与财政、发展和改革部门沟通协调，及时分解小流域综合治理工程、东北黑土区侵蚀沟治理工程、淤地坝除险加固工程和坡耕地治理工程、淤地坝及拦沙坝建设工程等 6 类工程 149 个项目建设任务。2022 年，实施小流域综合治理 13 条，治理水土流失面积 $221km^2$，其中生态清洁小流域 9 条，治理水土流失面积 $110km^2$；实施坡耕地治理 $11.67km^2$；完成侵蚀沟治理 732 条；实施淤地坝除险加固 56 座，新建淤地坝 19 座，拦沙工程 40 座。

（李美艳　姜文达）

【执法监管】

1. 河湖日常监管　2022 年，内蒙古自治区河湖执法巡查 10.7 万 km，巡查水域面积 37 791km^2，巡查监管对象 6 217 个，出动执法人员 2.48 万人次，出动执法车辆 9 363 车次，现场制止违法行为 397 次，有效打击了涉河湖违法行为，维护了水法律法规的权威。

2. 联合执法　加大对执法体制改革、水行政执法的监督指导，结合内蒙古自治区流域分布情况，建立对盟（市）开展联合执法监督常态化机制。2022 年，内蒙古自治区组织开展黄河、松辽流域、海河的水行政执法监督，深入细致开展案卷评议，对发现的问题，强化整改落实，一抓到底，确保自治区水利行业依法治水管水取得明显成效。

（张晓宇　少步）

【水文化建设】　水文化建设主要围绕水利工程建设管理、水生态环境建设、农业灌溉及水资源保护和节约利用等方面，通过探索“水利文旅＋科普研学”模式，推动水利工程与水利文化建设的有机结合。

1. 内蒙古临河黄河国家湿地公园　内蒙古临河黄河国家湿地公园批准成立于 2013 年 12 月，位于

我国黄河流域上中游，黄河“几”字湾北岸，地处河套平原南麓、内蒙古自治区巴彦淖尔市临河区境内，规划总面积 4 637.6hm^2，是西部干旱、半干旱区典型的黄河河滩芦苇沼泽湿地类型，是中国中温带候鸟迁徙、繁衍生息的理想场所。巴彦淖尔市河套黄河湿地是维护黄河流域中下游水生态安全和祖国北方重要防沙、治沙绿色生态的天然屏障。

2018 年 12 月 29 日，内蒙古临河黄河国家湿地公园通过国家林业和草原局 2018 年试点湿地公园验收，正式成为“国家湿地公园”。

2022 年 8 月，内蒙古临河黄河国家湿地公园 2022 年中央财政提前下达湿地保护与恢复补助资金建设项目招标公告，并于 9 月开启。黄河湿地公园旅游景区位于巴彦淖尔市临河区南端、双河新区北侧，总占地面积 196 万 m^2，为国家 4A 级旅游景区。黄河湿地公园旅游景区是围绕巴彦淖尔市水、绿、文化 3 个篇章，结合湿地保护与恢复工程和水生态建设，精心打造的旅游精品景点，是展现黄河文化、草原文化、河套文化和独具北疆特色的旅游观光休闲度假基地。该景区以生态保护、文化传播、休闲游览和自然野趣为主要内容，共分为蒙元文化展示区、都市文化休闲区、黄河文化展示区（以黄河水利文化博物馆为主）、农耕文明观赏区、生态渔业体验区、生态休闲娱乐区、水上活动娱乐区 7 个功能区。

按照内蒙古自治区提出“建设祖国北方重要防沙、治沙的绿色生态屏障”的战略目标以及巴彦淖尔市委、市政府“融入呼包鄂经济圈、打造沿黄经济带”的战略部署，临河区委、区政府高度重视，成立了“内蒙古临河黄河国家湿地公园项目领导小组”，全力推进内蒙古巴彦淖尔市河套黄河国家湿地公园建设。

2. 内蒙古老牛湾黄河大峡谷旅游区　老牛湾建立于明朝成化三年（1467 年），位于内蒙古自治区和山西省交界处，以黄河为界，黄河北岸便为内蒙古老牛湾黄河大峡谷旅游区。内蒙古老牛湾黄河大峡谷旅游区位于呼和浩特市清水河县境内，地处山西、内蒙古黄河大峡谷的核心地段和黄河“几”字弯腹地，内外长城在此交汇，晋蒙大峡谷从这里开始，是黄河与长城唯一“握手”的地方，素有“天下黄河第一弯”“中国最美的十大峡谷之一”“北方小三峡”等美誉。该旅游区规划面积 196km^2，由老牛湾国家地质公园（占地面积 25.34km^2）、老牛湾古村落等组成。

内蒙古老牛湾黄河大峡谷旅游区是集传承弘扬黄河文化、长城文化、红色文化为一体的旅游区。旅游区拥有长城与黄河唯一握手之地的独特奇观、全国最美古村落——老牛湾古村落、全国最大面积（7 000 余 m^2）的石坪广场——神牛广场、具有黄河九十九道弯象征意义的九曲黄河阵、幽静深邃的杨家川小峡谷、270°大回环的太极湾、蜿蜒盘旋于峡谷的游步道、一览峡谷风光的望河楼、黄河岸边的亲子乐园——VR 体验馆、牵滩匐壁的历史记忆——黄河纤夫浮雕墙、地质风光“百宝箱”——地质影视展厅、黄河生活体验中心——黄河人家集市 12 大景点。

内蒙古老牛湾黄河大峡谷旅游区于 2014 年创建为内蒙古自治区级地质公园，2015 年创建为国家级地质公园，2016 年被评为国家 4A 级旅游景区。旅游区所在地老牛湾村 2015 年被评为中国传统古村落，2016 年入选全国最美乡村。

2022 年 11 月，内蒙古老牛湾黄河大峡谷旅游区创建国家 5A 级景区景观和基础设施提升建设项目获得批复，并于后续准备推荐申请国家 5A 级旅游景区景观质量评审。

（李美艳）

【智慧水利建设】　按照“应用至上、数字赋能、提升能力”要求，以数字化、网络化、智能化为主线，打造河湖信息化监管的数字化应用支撑体系，加强河湖水域岸线管理保护，推进河湖“清四乱”常态化规范化，提升河湖监管执法能力，实现河湖管理精细化、社会化和智能化。2022 年，内蒙古自治区水利厅建立河湖长制综合管理信息平台并通过验收，完成河长通（巡河通）App 的优化；进一步优化“内蒙古河湖长制”微信公众号并加强运营管理；针对黄河流域以内蒙古自治区河湖长令第 2 号印发《进一步完善黄河流域河湖信息化监管体系工作方案》。2022 年，内蒙古自治区水利厅同内蒙古自治区气象局签署战略合作，运用卫星遥感、无人机、视频监控对内蒙古重要河流、湖泊进行动态监控，对问题整治情况进行跟踪比对，实现“一张图”管理，推进建设“智慧河湖”，提升河湖管理的现代化、信息化水平。

（宗旭东）

辽宁省

【河湖概况】　辽宁省内河流分属辽河、松花江和海河三大流域，流域面积 10km^2 以上的河流 3 565 条，其中 10～50km^2 溪河 2 720 条、50～1 000km^2 小型河流 797 条、1000～5 000km^2 中型河流 32 条、

5 000km² 以上大型河流 16 条；常年水面面积 1km² 以上湖泊 4 个。2022 年，水资源总量为 561.72 亿 m³，其中地表水资源量 513.80 亿 m³，地下水资源量 154.34 亿 m³。全省地表水国考断面水质优良比例为 88.7%，无劣Ⅴ类水质断面；216 个国家重要水功能区水质达标率为 90.7%；86 个县级以上在用集中式饮用水水源水质全部达标。全省共有水库 749 座，总库容 374.3 亿 m³，按管理权限分，水利部门管理的水库 744 座，总库容 184.9 亿 m³，电力系统管理的水库 5 座，总库容 189.4 亿 m³；按水库等级划分，水利部门管理的 744 座水库中大型 32 座、中型 76 座、小型 636 座，电力系统管理的 5 座均为大型水库。水闸 1 150 座，其中大型 40 座、中型 143 座、小型 868 座、橡胶坝 99 座；五级及以上堤防工程 10 326.99km，其中，一级堤防 588.89km、二级堤防 1 601.03km、三级堤防 459.46km、四级堤防 2 223.81km、五级堤防 5 453.8km。推动完成河道治理项目年度建设任务，58 项中小河流完成中央投资 8.42 亿元，中央计划完成率 100%，完成治理河长 696km，治理河长完成率 95%；21 项主要支流治理完成投资 5.10 亿元，投资计划完成率 66%。推进 22 个 2023 年提前实施项目建设，总投资 8.62 亿元，治理河长 366km。

（黄晓辉）

【重大活动】 2022 年 1 月 8 日，辽宁省省长、省总河长李乐成主持召开省政府第 153 次常务会议，审议《辽宁省全面推行河湖长制工作落实情况的报告》《辽宁省深入打好污染防治攻坚战情况的报告》。

2022 年 1 月 24 日，辽宁省委书记、省总河长张国清主持召开第 10 次省委常委会会议，审议《辽宁省全面推行河湖长制工作落实情况的报告》。

2022 年 2 月 14 日，辽宁省省长、省总河长李乐成主持召开省政府第 117 次办公会议，听取关于引洋（大洋河）入连（大连市）工程有关情况，安排部署下一步工作。

2022 年 2 月 21 日，辽宁省省长、省总河长李乐成主持召开省政府常务会议，听取关于《重点河流生态流量保障实施方案》《跨市河流流量水量分配方案》起草情况的汇报。

2022 年 4 月 12 日，辽宁省省长、省总河长李乐成主持召开省政府第 163 次常务会议，听取关于 2021 年度全省“大禹杯（河湖湾长制）”竞赛考评和辽宁省农田基本建设“大禹杯”竞赛活动先进单位和个人评选表彰方案（2019—2021 年）起草情况的汇报。

2022 年 6 月 30 日，省总河长与各市总河长签订《2022 年河长制湖长制工作任务书》，压实工作责任。

2022 年 8 月 20 日，辽宁省省长、省总河长李乐成主持召开省政府第 193 次党组（扩大）会议，传达学习习近平总书记在辽宁考察时的重要讲话精神，全力抓好防汛救灾和河湖治理保护工作。

2022 年 9 月 5 日，辽宁省副省长、省副总河长、省河长办主任王明玉组织召开全省河长制办公室会议暨秋冬水利工程建设推进会议，安排部署河湖长制重点工作，推动水利工程建设。

2022 年 12 月 6 日，辽宁省省长、省总河长李乐成主持召开省政府第 191 次常务会议，审议 2022 年《辽宁省全面推行河湖长制工作落实情况的报告》。

2022 年 12 月 7 日，辽宁省省长、省总河长李乐成主持召开全省推进水润辽宁工程暨辽河流域综合治理工作领导小组会议，研究部署河湖治理保护工作。

（康军林）

【重要文件】 2022 年 1 月 6 日，辽宁省人民政府办公厅印发《辽宁省人民政府办公厅关于印发〈辽宁省“十四五”水安全保障规划〉的通知》（辽政办发〔2022〕10 号）。

2022 年 1 月 20 日，辽宁省人民政府办公厅印发《辽宁省人民政府办公厅关于印发〈辽宁省“十四五”生态环境保护规划〉的通知》（辽政办发〔2022〕16 号）。

2022 年 4 月 4 日，辽宁省人民政府办公厅印发《辽宁省人民政府办公厅关于对 2021 年度落实有关重大政策真抓实干成效明显地区予以表扬激励的通报》（辽政办〔2022〕12 号）。

2022 年 5 月 30 日，省委书记、省长签发《关于开展河湖水域岸线管理保护专项行动 全力保障河湖防洪安全生态安全的决定》（辽宁省总河长令第 4 号）。

2022 年 7 月 15 日，辽宁省人民政府印发《辽宁省人民政府关于表彰 2019—2021 年度全省农田基本建设“大禹杯”竞赛活动先进单位和个人的决定》（辽政发〔2022〕18 号）。

2022 年 10 月 31 日，辽宁省人民政府办公厅印发《辽宁省人民政府办公厅关于成立辽宁省水网先导区暨水润辽宁工程建设领导小组的通知》（辽政办〔2022〕51 号）。

2022 年 12 月 5 日，辽宁省人民政府办公厅印发《辽宁省人民政府办公厅关于印发〈辽宁省加强入河入海排污口监督管理工作方案〉的通知》（辽政办〔2022〕60 号）。

2022 年 12 月 28 日，辽宁省河长制办公室、辽

宁省高级人民法院印发《关于印发〈关于建立“河长湖长＋法院院长”协作机制的指导意见〉的通知》（辽河长办合〔2022〕6号）。（张野）

【地方政策法规】

1. 法规　2022年4月21日，辽宁省第十三届人民代表大会常务委员会第三十二次会议表决通过了《关于修改〈辽宁省食品安全条例〉等10件地方性法规的决定》，修改《辽宁省水污染条例》《辽宁省环境保护条例》。

2. 政策文件　2022年1月4日，辽宁省水利厅印发《辽宁省水利厅关于做好2022年河道采砂管理工作的通知》（辽水河湖函〔2022〕3号）。

2022年1月4日，辽宁省公安厅印发《关于下发〈全省江河保卫战线夏季治安打击整治“百日行动”工作推进落实方案〉的通知》（辽公江河〔2022〕36号）。

2022年1月7日，辽宁省河长制办公室印发《辽宁省河长制办公室关于2021年河湖长制工作完成情况的报告》（辽河长办〔2022〕1号）。

2022年1月20日，辽宁省河长制办公室印发《辽宁省河长制办公室关于印发〈辽河水系等“一河一策”方案（2021—2023年）〉的通知》（辽河长办〔2022〕2—9号）。

2022年2月22日，辽宁省河长制办公室印发《辽宁省河长制办公室关于印发〈辽宁省2021年度河湖长制工作真抓实干成效明显地方激励考评实施方案〉的通知》（辽河长办〔2022〕10号）。

2022年3月22日，辽宁省河长制办公室印发《辽宁省河长制办公室关于印发〈2022年河湖长制（河湖管理）工作要点〉的通知》（辽河长办〔2022〕11号）。

2022年4月23日，辽宁省河长制办公室印发《辽宁省河长制办公室关于印发〈妨碍河道行洪突出问题排查整治工作清单〉的通知》（辽河长办〔2022〕12—25号）。

2022年4月29日，辽宁省河长制办公室印发《辽宁省河长制办公室关于阻水严重的违法违规建筑物、构筑物等突出问题“三个清单”的报告》（辽河长办〔2022〕26号）。

2022年5月9日，辽宁省河长制办公室印发《辽宁省河长制办公室关于统计水库河道管理范围内高秆作物等情况的通知》（辽河长办〔2022〕27号）。

2022年5月10日，辽宁省河长制办公室印发《辽宁省河长制办公室关于印发〈2022年河长制监督检查工作方案〉的通知》（辽河长办〔2022〕28号）。

2022年5月20日，辽宁省河长制办公室印发《辽宁省河长制办公室关于妨碍河道行洪突出问题排查整治工作情况的报告》（辽河长办〔2022〕29号）。

2022年5月26日，辽宁海事局印发《辽宁海事局关于开展内河船舶水污染防治专项整治活动的通知》（辽海危防函〔2022〕240号）。

2022年5月30日，辽宁省河长制办公室、辽宁省水利厅印发《辽宁省河长制办公室　辽宁省水利厅关于进一步加强河道采砂管理工作的通知》（辽河长办合〔2022〕1号）。

2022年5月31日，辽宁省生态环境厅印发《辽宁省生态环境厅关于组织开展大伙房饮用水水源保护区集中强化监督帮扶工作的通知》（辽环综函〔2022〕190号）。

2022年6月27日，辽宁省河长制办公室印发《辽宁省河长制办公室关于开展河湖清漂专项行动的通知》（辽河长办〔2022〕30号）。

2022年7月5日，辽宁省河长制办公室印发《辽宁省河长制办公室关于下发第二批妨碍河道行洪突出问题排查整治工作问题清单的通知》（辽河长办〔2022〕31号）。

2022年7月7日，辽宁省农田基本建设“大禹杯”竞赛领导小组、辽宁省河长制办公室印发《关于印发〈辽宁省2022年“大禹杯（河湖长制）”竞赛考评方案〉的通知》（辽水合考评〔2022〕3号）。

2022年7月12日，辽宁省河长制办公室印发《辽宁省河长制办公室关于开展河湖垃圾分类清理专项行动的通知》（辽河长办〔2022〕32号）。

2022年7月15日，辽宁省防汛抗旱指挥部、辽宁省河长制办公室印发《辽宁省防汛抗旱指挥部　辽宁省河长制办公室关于开展绕阳河河道清障工作的紧急通知》（辽汛发〔2022〕11号）。

2022年7月18日，辽宁省防汛抗旱指挥部、辽宁省河长制办公室印发《辽宁省防汛抗旱指挥部　辽宁省河长制办公室关于开展辽河河道清障工作的紧急通知》（辽汛发〔2022〕12号）。

2022年7月20日，辽宁省河长制办公室印发《辽宁省河长制办公室关于印发2022年第一轮河长制监督检查工作情况的通报》（辽河长办〔2022〕33号）。

2022年7月26日，辽宁省河长制办公室、辽宁省水利厅印发《辽宁省河长制办公室　辽宁省水利厅关于进一步加强河湖水域岸线空间管控工作的通知》（辽河长办合〔2022〕2号）。

2022年7月26日，辽宁海事局印发《辽宁海事局关于印发〈辽宁海事局深入打好污染防治攻坚战实施方案〉的通知》（辽海危防函〔2022〕354号）。

2022 年 8 月 31 日，辽宁省河长制办公室、辽宁省水利厅印发《辽宁省河长制办公室　辽宁省水利厅关于加强对绕阳河等妨碍河道行洪突出问题进行专项清理整治的通知》(辽河长办合〔2022〕3 号)。

2022 年 8 月 31 日，辽宁省河长制办公室、辽宁省水利厅印发《辽宁省河长制办公室　辽宁省水利厅关于进一步推进妨碍河道行洪突出问题清理整治工作的通知》(辽河长办合〔2022〕4 号)。

2022 年 9 月 7 日，辽宁省河长制办公室印发《辽宁省河长制办公室关于印发绕阳河等妨碍河道行洪突出问题专项清理整治工作方案的通知》(辽河长办〔2022〕34 号)。

2022 年 9 月 20 日，辽宁省河长制办公室印发《辽宁省河长制办公室关于成立绕阳河等妨碍河道行洪突出问题专项清理整治工作领导小组的通知》(辽河长办〔2022〕35 号)。

2022 年 9 月 23 日，辽宁省河长制办公室印发《辽宁省河长制办公室关于印发〈辽宁省 2022 年河湖长制考评实施细则〉的通知》(辽河长办〔2022〕36 号)。

2022 年 10 月 27 日，辽宁省河长制办公室、辽宁省水利厅印发《辽宁省河长制办公室　辽宁省水利厅关于印发〈辽宁省河湖岸线利用建设项目和特定活动清理整治专项行动实施方案〉的通知》(辽河长办合〔2022〕5 号)。

2022 年 11 月 13 日，辽宁省河长制办公室印发《辽宁省河长制办公室关于印发〈2022 年第二轮河长制监督检查工作情况〉的通知》(辽河长办〔2022〕37 号)。

(李慧)

【河湖长制体制机制建立运行情况】

1. *落实河湖长动态管理机制*　2022 年，动态调整省级河长 2 人次。五级河湖长 1.9 万人巡河 66 万余人次，解决重点难点问题。

2. *落实考评监督机制*　制定《辽宁省 2022 年河湖长制考评实施细则》，健全政府、部门、河长和河长办“四位一体”考评体系。组织开展 2 轮河湖长制监督检查，以“一市一单”形式督导问题整改。安排省级资金 5 850 万元，激励河湖长制真抓实干成效明显地区。

3. *推动水行政执法与司法衔接*　深化河长、警长、检察长“三长”联动，各级河湖警长巡河 3.3 万余次，解决问题 2 216 件；全省检察机关共监督立案涉河湖犯罪案件 4 件，批准和决定逮捕涉河湖犯罪案件 26 件 36 人，提起公诉 67 件 111 人，办理涉河湖公益诉讼案件 120 件，提起公益诉讼 3 件。建立“河长湖长＋法院院长”协作机制，加大司法协同保护力度，不断提升水环境治理保护法治化、规范化、制度化水平。

4. *落实流域联席会议机制*　加强流域统筹、区域协调，参加松辽流域、海河流域省级河湖长联席会议，共同审议联席会议工作规则及河湖岸线利用建设项目和特定活动清理整治专项行动工作方案，构筑上下游互动、左右岸共治、省际间联防格局。

5. *强化部门协同，凝聚合力*　建立节约用水厅际协调、突发环境事件联防联控等机制。组织各级水利、生态环境、住房和城乡建设、农业农村、自然资源、公安等部门联合推进黑臭水体整治、农村垃圾清理、“三区三线”划定等工作，强化流域统筹、区域协同和部门联动。

(陈颖)

【河湖健康评价开展情况】　为深入贯彻落实水利部 2022 年河湖管理工作要点，检验河湖长制实施成效，推进美丽幸福河湖建设，组织开展辽宁省重点河流健康评价工作，并纳入《2022 年“大禹杯（河湖长制）”竞赛考评方案》。2022 年，全省共完成 21 条（段）重点河流健康评价工作，其中省级 2 条，市、县级 19 条（段）。主要评价依据采用水利部河长办印发的《河湖健康评价指南（试行）》(第 43 号) 和《辽宁省河湖（库）健康评价导则》(DB21/T 2724—2017)。

(史春阳　张瑞)

【“一河（湖）一策”编制和实施情况】　2022 年 1 月，省河长办组织印发辽宁省省级“一河一策”方案（2021—2023 年）及省级河长负责的八大水系“一河一策”方案（2021—2023 年），并推进“一河一策”方案有序实施，按市细化分解“问题与目标清单”以及“治理保护任务、措施及责任清单”任务措施，形成省级“一河一策”方案（2021—2023 年）任务清单，组织各地对照任务清单中明确的问题和工作目标，以半年为节点调度重点工作，年底完成对方案中 2021—2022 年的实施情况进行总结评估。

(刘玥)

【水资源保护】

1. *水资源双控行动*　2022 年，全省总用水量 125.97 亿 m^3，较年度控制目标 140 亿 m^3 少 14.03 亿 m^3，其中非常规水用水量 7.17 亿 m^3，较年度最低利用量目标 5.80 亿 m^3 多 1.37 亿 m^3；全省万元地区生产总值用水量较 2020 年下降 9.47%，超过下降 5.82%年度目标 3.65 个百分点，万元工业增加值用水量较 2020 年下降 14.61%，超过下降 4.98%年

度目标 9.63 个百分点，农田灌溉水有效利用系数稳定在 0.592；全省国家重要水功能区水质达标率 90.7%，较年度目标 70.8%高 19.9 个百分点，全面完成各项考核目标。

2. 落实节水行动方案　截至 2022 年年底，创建节水型灌区 9 个、旱作农业节水示范区 12 个、畜牧节水示范工程 100 个。实施农业水价综合改革面积 135.68 万亩，建设高效节水灌溉面积 34.31 万亩；推动工业节水减排。在火力发电、钢铁、纺织、造纸、石化和化工、食品和发酵等高耗水行业建成节水型企业 189 家；改造城市供水管网 1 918.92km，新建改造二次泵站 484 座，建设城市供水系统分区（DMA 分区）324 个；全省已有 50 个县（市、区）达到县域节水型社会标准，建成率 50%；建成节水型高校 33 所，建成率 32%；省直机关单位和水利行业机关单位全部建成节水型单位，57%的省属事业单位建成节水型单位；完成国家级、省级、市级重点监控用水单位名录动态调整，218 个年用水量 50 万 m^3 以上的工业和服务业用水单位、39 个大型和重点中型灌区全部纳入重点监控用水单位名录。

3. 地下水资源管理　编制完成全省地下水管控指标确定报告，初步确定各县级行政区地下水取用水量、水位控制指标和各市级行政区地下水取用水计量率、监测井密度、灌溉机井密度管理指标，成果已经水利部技术审查，并按照审查要求修改完善、上报复审。

4. 取水口监测计量体系建设　辽宁省水利厅按照《辽宁省取水口监测计量体系建设实施方案（2021—2023 年）》，明确对地表水年许可水量 50 万 m^3 以上、地下水年许可水量 5 万 m^3 以上工业、生活、服务业用水户实行在线监测计量建设目标。新建规模以上非农取水在线计量设施 2 208 台（套），朝阳市建设农业灌溉“以电折水”样本井在线计量设施 200 台（套），新建大中型灌区在线计量监测站点 223 处，5 万亩以上大中型灌区渠首全部实现在线计量。沈阳市采取宣传培训、严格程序、保障资金、技术支持等措施，推动取用水户安装取水在线计量设施 543 处，实现市内 5 个区非农取水在线监测全覆盖。

5. 取用水专项整治行动　开展取用水管理专项整治“回头看”。整治违规取用水问题取水口 17.05 万个，整改销号项目 2.07 万个，整改率达到 99.8%。加强取水许可管理。2022 年，全省新发取水许可电子证照 9 169 个，许可水量 41.10 亿 m^3，变更、延续取水许可电子证照 2 016 个，许可水量 17.31 亿 m^3。全省现有取水许可电子证照 19 906 个，其中河道外取水 19 800 个，许可水量 142.49 亿 m^3。完成 6 576 套取水许可电子证照数据治理，完成率 85.6%。

（王天一　李威）

【水域岸线管理保护】

1. 河湖岸线管理　实施妨碍河道行洪突出问题排查整治、河湖“清四乱”、清漂、垃圾分类清理、河湖岸线利用建设项目和特定活动清理整治等专项行动，解决碍洪问题 836 个、“四乱”问题 1 570 个、河湖垃圾 108 万 m^3。完成流域面积 $10km^2$ 以上河流划界成果复核，完成浑江、柳河自然资源确权登记，编制 7 条河流岸线保护与利用规划，加强岸线分区分类管控。

2. 河道采砂管理　落实 118 处重点河段、敏感水域采砂管理责任人，规范河道砂石利用管理，办理河道采砂许可证 55 本，许可采砂量 311 万 m^3，推行河道采砂政府统一经营管理，规范疏浚砂综合利用。

3. 堤防运行管理　组织开展堤防及公益水利设施维修养护工作；开展堤防管理与保护范围划定和基础信息数据库信息复核填报工作。开展全省江河防汛特征水位确定工作。

4. 水利风景区管理　组织开展国家水利风景区高质量发展典型案例征集与推广工作，辽宁省关门山水利风景区被授予“国家水利风景区高质量发展标杆景区”称号。

5. 建设项目管理　实施大江大河主要支流和中小河流治理、病险水库除险加固等项目 92 个。

（刘玥　郭颖）

【水污染防治】

1. 加强入河排污口整治　贯彻落实《国务院办公厅关于加强入河入海排污口监督管理工作的实施意见》（国办函〔2022〕17 号），出台《辽宁省人民政府办公厅关于印发辽宁省加强入河入海排污口监督管理工作方案的通知》（辽政办〔2022〕60 号），各市先后出台具体工作实施方案。印发《辽宁省 2022 年入河排污口规范整治工作方案》（辽环综函〔2022〕98 号），制定年度整治方案暨“一口一策”整治清单，完成 2 243 个排污口年度整治任务。强化事中事后监管，对完成整治的排污口开展资料审核与现场复核，将发现问题及时反馈并督促整改。组织开展主要入河排污口水质抽查监测。

2. 畜禽养殖和农业面源污染治理　发布《辽宁省规模以下畜禽养殖污染防治和粪污资源化利用技术指南（试行）》，强化规模以下畜禽养殖污染防治和粪污资源化利用。组织大连市庄河市编制完成

《农业面源污染治理与监督指导试点工作方案和农业面源污染监测体系建设方案》，按计划完成试点区域农业面源污染调查和负荷评估工作。

3. 巩固达标攻坚成效　开展城镇污水处理提质增效、化肥农药减量增效、畜禽粪污综合利用，推进排污口整治规范化试点、水产绿色健康养殖“五大行动”。核发排污许可证 10 580 家。新建、改造城市排水管网 580km，创建国家级水产健康养殖和生态养殖示范区 2 个。全省市、县污水处理率及污泥无害化处置率达到 95%以上，畜禽粪污综合利用率达到 83.5%，主要农作物农药利用率达到 41%。

（李强　高萌）

【水环境治理】

1. 饮用水水源环境状况评估　开展对市级和县级集中式饮用水水源地环境状况评估。2022 年，市级、县级集中式饮用水水源环境状况在水源水量水质、保护区建设、保护区整治、监控能力建设、风险防控与应急能力建设、管理措施等方面综合评估结果均为优秀。

2. 饮用水水源规范化建设　推进水源地规范化建设，开展超标水源达标治理，86 个县级以上在用集中式饮用水水源水质全部达标，国家拟考核的 56 个县级以上城市水源水质达标率达到 100%。开展乡镇级及以上水源保护区风险源排查整治，建立健全风险源管理清单，并实施动态管理。加强农村饮用水水源保护，283 个乡镇级集中式饮用水水源完成保护区标志设立，进一步提升农村群众饮用水安全保障程度。

3. 农村生活污水治理　2022 年，178 个行政村实施农村生活污水治理工程，287 个行政村实施资源化治理，全省农村生活污水治理率达到 27%，污水处理设施运行率达到 81.9%。

4. 美丽宜居村创建　按照“一村一策”原则，推动完成 469 个村的环境整治工作。

5. 黑臭水体治理　对全省 70 条已完成治理的城市黑臭水体开展异地交叉监测，开展城市黑臭水体排查整治专项行动，落实城镇污水处理提质增效三年行动方案。省生态环境厅、省水利厅、省农业农村厅加强协同，完成 39 条较大面积农村黑臭水体治理。

6. 水质动态预警制度　持续开展全省河流断面水质动态预警制度，完善多地协同的水质预警长效机制，实施河流断面水质问题零报告制度，累计预警通报 178 次，先后 3 次召开全省水环境工作视频调度会议，约谈相关市政府，推动解决 69 个断面超标问题。

7. 重点河段达标攻坚　持续开展重点河段达标攻坚工作，印发《关于开展 2022 年重点河段达标攻坚工作的通知》（辽生态委办〔2022〕4 号），确定 20 个重点河段 42 个断面为 2022 年达标攻坚对象，列出问题清单，制定 124 项整改措施，实施闭环管理，完成整改措施 112 项，其余 12 项措施按序时进度持续推进整改。全省 186 个省以上考核断面达标率为 99.5%。

（李慧　唐蕾蕾）

【水生态修复】

1. 巩固生态封育成果　加强水生态修复与保护，统筹实施“水润辽宁”“绿满辽宁”工程，巩固辽河等重点河流 134.5 万亩滩地生态封育成果，辽河干流生物多样性持续恢复。

2. 统筹山水林田湖草沙综合治理　治理水土流失 300 万亩，营造林 157.98 万亩。新增生态清洁小流域建设 6 个，完成草原生态修复 83.4 万亩。落实年度抚育任务，全年完成森林抚育任务 31.2 万亩。开展 21 条河流健康评价，辽河口国家公园通过国家现场论证和分区评估，实施 4 个水美乡村试点县建设。

3. 生态补偿机制实施　辽宁双台河口国际重要湿地实施湿地生态效益补偿试点项目，开展湿地生态效益补偿 76 989 亩、湿地生态补水 57.65 万亩，补水量 11 297 万 m^3，盘锦市入选“国家湿地城市”，提高湿地周围群众保护积极性，恢复湿地环境和湿地生物多样性。

4. 生态流量管理　落实重点河流生态流量保障实施方案，建立生态流量达标月通报制度。2022 年，纳入国家考核的辽河干流、柳河、大凌河、浑河、太子河、清河、柴河 7 条河流共 11 个断面生态流量全部达标。

（高萌　刘玥）

【执法监管】

1. 加强河湖长制监管　2022 年，开展两轮河长制监督检查工作，工作组采取明察与暗访相结合方式，对检查中发现的问题以“一市一单”形式通报各地。

2. 开展常态化打击整治　2022 年，全省共立案各类涉河涉水刑事案件 559 起，破获刑事案件 551 起，抓获犯罪嫌疑人 789 人，打掉团伙 11 个；查处治安案件 101 起，行政拘留 64 人；水行政部门与公安机关联合执法办理行政案件 130 起，行政处罚 147 人，全力维护河湖治安秩序持续稳定。

3. 加强水环境监督执法　2022 年，全省共查处涉水违法行为 234 件，共处罚 1 774 万元。其中按

日计罚1件，实施查封、扣押案件3件，移送适用行政拘留环境违法案件9件，环境污染犯罪案件2件，一般行政处罚219件。同时，将处罚信息录入全国信用信息共享平台及信用评价等信用系统，并向有关部门移交案件线索，实施联合惩戒。

4. 开展差异化生态环境监管　省生态环境厅将治污水平高、环境管理规范的企业纳入正面清单，全省14个市纳入清单企业574家，对清单内企业开展非现场生态环境执法。

5. 开展水源保护区执法检查　2022年5月31日，印发《辽宁省生态环境厅关于组织开展大伙房饮用水水源保护区集中强化监督帮扶工作的通知》（辽环综函〔2022〕190号），对大伙房饮用水水源保护区开展监督帮扶专项行动，发现65家企业105个环境问题，现环境问题全部整改完毕，立案处罚7家，共处罚29.7万元。

6. 开展涉氮企业监督帮扶　印发《辽宁省生态环境厅关于组织开展涉氮重点行业企业达标排放监督帮扶行动的通知》（辽环综函〔2022〕326号），统筹全省执法力量，对全省195座城镇污水处理厂、59座工业园区污水处理厂、917家重点涉氮行业企业、主河道5km范围内的规模化畜禽养殖场开展监督帮扶，发现违法问题384个，立行立改303个环境问题，立案调查81家，罚款128.6万元。

7. 加强面源污染执法监管　检查规模养殖场3 988家，占规模养殖场总数的39%。省生态环境厅、省农业农村厅开展联合惩戒试点，8批53家有环境违法行为的规模养殖场被取消养殖补贴。

8. 开展内河船舶污染物检查　全年共开展内河船舶防污染基础信息摸排220艘次，船舶污染物接收作业现场检查738艘次，船舶防污染现场检查50艘次，发现并整改缺陷6项，船舶防污染设备设施检查199艘次，发现并整改缺陷22项，船舶防污染证书文书检查278艘次，查处内河船舶防污染案件2起，共罚款2万元。及时消除隐患，保障辖区内河船舶污染防治形势持续稳定，保护内河水域环境清洁。

（李威　刘玥）

【水文化建设】　2022年，全省聘用水管员、库管员1.1万名，设置志愿者5 448名，积极构建全民管水新格局。

2022年6月，省水利厅组织开展2022年安全生产月宣传暨安全生产宣传进企业活动，营造浓厚水利安全生产工作氛围，增强安全生产意识。

2022年6月30日，省水利厅联合沈阳市和平区和平大街第一小学（和平一校）及沈阳市鲁园社区开展了“清澈之水不易来　点点滴滴是未来”，“人人珍惜一滴水　处处留得一片春”公民节约用水行为规范宣传活动，以校园节水带动家庭节水，深化居民节水护水意识。

2022年8月30日，省水利学会成立“辽宁省水利学会科普服务志愿队”，提升科普宣传服务能力。

2022年8月16—17日，省河长办举办辽宁省河长制湖长制专题培训班，推进河湖长履职尽责，提高河湖长制工作队伍能力建设。

2022年9月6日，省水利学会完成“大禹杯”35周年纪念活动的学术交流组工作，26篇论文入选优秀论文集，50篇论文收录到《水与水技术》（第13辑）。

2022年10月13日，省水利学会开展全国科普日宣传活动，广泛宣传水在人们生产生活中的重要性，促使大家了解水利、认识水利、支持水利，营造出良好的社会节水氛围。

2022年10月24日，省水利厅组织开展“大禹杯”35周年宣传活动书画摄影作品评选活动。

2022年10月26日至11月30日，省水利学会开展科学道德和学风建设宣讲教育活动，加强科研作风和学风建设，积极营造良好科研生态和舆论氛围。

2022年11月18日，生态环境部公布了第六批国家生态文明建设示范区及“绿水青山就是金山银山”实践创新基地名单，辽宁省朝阳市喀喇沁左翼蒙古族自治县被命名为生态文明建设示范区。

2022年11月22日，省水利厅举行纪念辽宁水文120周年暨辽宁水文应急监测竞赛活动，竞赛内容包括河道流量应急监测、雨量应急监测、水位应急监测、溃口流量应急监测以及无人机操作，体现了新时期水文工作的技术特点和要求。

2022年11月28日，省水利厅组织开展《传承——辽宁“大禹杯”的35年》展，弘扬水利精神、展示水利成就、宣传水利工程。

2022年12月9日，省水利学会微信公众号上发布“辽宁省大禹杯35周年宣传片”和主题歌《丰碑》。

2022年12月23日，省水利学会组织召开主题为“实施水润辽宁工程　为全省经济社会高质量发展提供水安全保障”的2022年学术年会，推动水利高质量发展。

2022年12月30日，省水利学会微信公众号上发布“辽宁省大禹杯35周年宣传片”6部。

（陈媛媛　郭颖　唐蕾蕾）

【智慧水利建设】 一是印发《辽宁省“十四五”时期推进智慧水利建设实施方案》（辽水规财〔2022〕185号）、《辽宁省水利厅信息系统整合实施方案》等，加快推进全省智慧水利建设。

二是提升水利网络保障能力。实施全省水利网络节点IPv6升级改造和省级网络等级保护（三级）符合性改造，构建等保三级省级网络防御体系。

三是推进全省数字孪生流域建设工作。参加水利部数字孪生流域建设先行先试，完成年度建设任务，中期评估被水利部评选为优秀，并被评选为水利部数字孪生先行先试优秀应用案例进行全国推荐。

四是持续完善水利感知网建设。新建、改建水文站81处、雨量站225处，新建（改建）规模以上取水在线监测设备2 208套，新建大中型灌区在线计量监测站点223处，完成全省591座小型水库雨水情和安全监测设施建设。

五是推进智慧应用建设。升级完善辽宁省国家水资源监控管理信息系统平台，深化取水许可电子证照应用；升级完善省山洪灾害平台，开展全省小型水库雨水情测报和大坝安全监测应用模块建设；建设河库联合预报调度系统，升级完善全要素手机报汛系统等业务应用，强化“四预”应用；建设水利监督、水利工程质量与安全监督管理、大中型数字灌区管理、综合档案管理等应用。

六是完成信创工程实施和竣工验收。

（江丽娟　高萌）

| 吉林省 |

【河湖概况】

1. 河湖数量　吉林省地处松辽平原腹地，是东北三省唯一横跨松花江、辽河流域的省份，更是河源省份。全省河流众多，分属松花江、辽河、鸭绿江、图们江、绥芬河五大水系，其中松花江、辽河为全国七大江河之二，鸭绿江和图们江为中朝界河。吉林是东北的“水塔”，长白山更是松花江、鸭绿江、图们江的发源地，润泽白山松水，素有“三江源”的美誉。吉林省河流总长度约3.2万km，河流和湖泊水面面积为26.55万hm^2。其中水面面积在1km^2以上的自然湖（泡）152个，流域面积20km^2以上的河流1 633条，流域面积50km^2以上的河流912条，流域面积100km^2以上的河流495条，流域面积200km^2以上的河流250条。

2. 水量　东北长白山区年降水量800～1 000mm，为全省的高值区；西部平原区降水量500～700mm，为全省低值区。2022年，全省平均降水量820.7mm（折合水量为1 537.99亿m^3），比2021年平均降水量710.4mm偏多15.5%，比多年均值多34.9%，属偏丰水年。全省水资源总量为705.12亿m^3，其中地表水资源量625.22亿m^3，较2021年增加64.5%，较多年平均值增加82.3%；地下水资源量192.58亿m^3（重复计算量为112.68亿m^3），较2021年增加15.9%，比多年平均值增加54.68%。全省19座大型水库、105座中型水库，2022年年末总蓄水195.5亿m^3，较2022年年初增加29.8%。2022年，全省总供水量为104.51亿m^3，以地表水供水为主，占总供水量的67.3%。2022年，全省总用水总量为104.51亿m^3，农田灌溉用水量最多，占总用水量的73.3%；生活用水量次之，占12.3%。

3. 水质　2022年1—12月，全省重点流域111个国家考核断面中，优良水体比例达到81.8%，高于国家控制目标（75.2%）6.6个百分点；劣Ⅴ类水质断面2个，分别是白城市莫莫格泡、向海水库断面，劣Ⅴ类水体比例1.8%，低于国家控制目标（6.4%）4.6个百分点。

4. 新开工水利工程　落实全口径水利投资152.09亿元，同比增长10.2%，拟实施的五大类660项水利工程，全部开工建设，完成年度投资145.16亿元。中部城市引松供水、西部河湖连通、松原灌区等重大工程主体或骨干已基本完工，中西部供水工程可研已通过国家发展和改革委员会审核，查干湖水生态修复与治理试点工程全面开工建设。

（刘金宇）

【重大活动】

1. 省总河长会议　2022年6月8日，吉林省2022年省级总河长会议以视频形式召开，会议播放吉林万里绿水长廊建设成果宣传片，听取全省河湖长制2021年工作总结及2022年工作安排，通报吉林省2021年度河湖长制考核结果，审议通过《关于建立河湖长＋河湖警长＋检察长＋法院院长协作机制的指导意见》（吉河办联〔2022〕23号）。辽源市、通化市、白山市总河长进行2021年度河长制工作述职。省长、省总河长韩俊主持会议，省委书记、省总河长景俊海出席会议并讲话。

2. 府院联动2022年第一次联席会议　2022年6月28日，省长、省总河长韩俊参加府院联动2022年第一次联席会议，总结府院联动工作经验，对涉河湖关键领域公益诉讼提出工作要求，明确提出健

全“河长＋法院院长＋检察长”等工作机制。

3. 吉林省“大水网”建设动员会　2022 年 8 月 31 日，吉林省“大水网”建设动员大会在吉林省中西部供水工程梨树县龙湾支洞施工现场举行。省委书记、省总河长景俊海出席会议并宣布吉林省“大水网”建设全面启动。（刘金宇）

【重要文件】

1. 省委、省政府重要文件　2022 年 5 月 17 日，吉林省人民政府办公厅印发《关于印发〈吉林省全域统筹推进畜禽粪污资源化利用实施方案〉的通知》（吉政办发〔2022〕5 号）。

2022 年 5 月 19 日，中共吉林省委办公厅、吉林省人民政府办公厅印发《关于印发〈吉林省农村人居环境整治提升五年行动方案（2021—2025 年）〉的通知》（吉厅字〔2022〕12 号）。

2022 年 11 月 10 日，吉林省委办公厅、吉林省人民政府办公厅印发《关于印发〈吉林省乡村建设行动实施方案〉的通知》（吉办发〔2022〕23 号）。

2. 省总河长令　2022 年 5 月 31 日，吉林省总河长签署吉林省总河长令第 4 号《关于全力推进河道清障工作的决定》，明确指出要强化河道管理，保障河道行洪通畅，守住防洪安全底线，切实做好妨碍河道行洪突出问题排查整治工作。

3. 省河长办重要文件　2022 年 5 月 25 日，吉林省河长制办公室印发《关于印发〈吉林省 2022 年度河湖长制宣传月活动方案〉的通知》（吉河办〔2022〕9 号）；吉林省河长制办公室印发《关于印发〈吉林省万里绿水长廊设计技术指引（试行）〉〈吉林省万里绿水长廊建设评价标准（试行）〉的通知》（吉河办〔2022〕11 号）。

2022 年 6 月 23 日，吉林省河长制办公室印发《关于开展 2022 年度“美丽河湖”创建工作的通知》（吉河办函〔2022〕20 号）。

2022 年 6 月 27 日，吉林省河长制办公室、吉林省高级人民法院、吉林省人民检察院、吉林省公安厅印发《关于建立“河湖长＋河湖警长＋检察长＋法院院长”协作机制的指导意见》（吉河办联〔2022〕23 号）。

2022 年 7 月 4 日，吉林省河长制办公室印发《关于印发〈吉林省 2022 年河湖长制考核细则〉的通知》（吉河办〔2022〕24 号）。

2022 年 9 月 9 日，吉林省河长制办公室、吉林省总工会、吉林省妇女联合会印发《关于第一届寻找“吉林省最美河湖卫士”活动结果的通报》（吉河办联〔2022〕26 号）。

2022 年 11 月 10 日，吉林省河长制办公室印发《关于印发〈吉林省河湖岸线利用建设项目和特定活动清理整治专项行动工作方案〉的通知》（吉河办〔2022〕30 号）。

2022 年 11 月 17 日，吉林省河长制办公室印发《关于印发〈吉林万里绿水长廊建设项目奖补方案（修订版）〉的通知》（吉河办〔2022〕31 号）。

2022 年 11 月 23 日，吉林省河长制办公室印发《关于务实高质量开展万里绿水长廊建设的通知》（吉河办〔2022〕33 号）。

4. 河长制成员单位重要文件　2022 年 2 月 15 日，吉林省生态环境厅印发《关于印发〈深化生态环境领域依法行政和优化营商环境持续强化依法治污实施意见〉的通知》（吉环法规字〔2022〕1 号）。

2022 年 4 月 23 日，吉林省水利厅印发《关于加快推进河道采砂复工复产有关事宜的紧急通知》（吉水河湖函〔2022〕8 号）。

2022 年 4 月 26 日，吉林省畜牧业管理局、吉林省农业农村厅等 4 部门印发《关于落实粪肥沃土政策措施的指导意见》（吉牧联发〔2022〕4 号）。

2023 年 6 月 23 日，吉林省水利厅印发《关于做好第十七批省级水利风景区申报工作的通知》（吉水河湖函〔2022〕18 号）。

2022 年 7 月 27 日，吉林省水利厅、吉林省发展和改革委员会、吉林省财政厅等 10 部门印发《关于印发〈吉林万里绿水长廊建设支持政策〉的通知》（吉水河湖联〔2022〕92 号）。

2022 年 8 月 17 日，吉林省畜牧业管理局、吉林省民政厅等 9 部门印发《关于贯彻落实〈吉林省全域统筹推进畜禽粪污资源化利用实施方案〉措施的通知》（吉牧联发〔2022〕19 号）。

2022 年 10 月 21 日，吉林省生态环境厅印发《关于报送 2021 年度水环境区域补偿结果的函》（吉环函〔2022〕257 号）。

2022 年 11 月 29 日，吉林省生态环境厅《关于印发〈吉林省生态环境监督执法正面清单管理办法（试行）〉的通知》（吉环执法字〔2022〕13 号）。

（刘金宇）

【地方政策法规】　2022 年，吉林省生态环境厅与吉林大学签订《松花江流域水污染防治条例》技术合同，组织开展相关资料收集和汇总，深入解析松花江流域水资源利用与水环境问题，研究流域保护制度需求，完成问题分析，确定了条例框架。

（刘金宇）

【河湖长制体制机制建立运行情况】

1. 河湖长组织体系　吉林省建立省、市、县、乡、村五级河长体系，省级总河长由省委书记和省长共同担任，副总河长由省委、省政府分管领导担任，松花江等“十河一湖”设省级河长湖长。中共吉林省委组织部、中共吉林省委宣传部等23个部门为省级河长制成员单位，省河长制办公室设在吉林省水利厅，办公室主任由省政府有关副省长担任，常务副主任由省政府有关副秘书长、吉林省水利厅厅长担任，副主任由吉林省水利厅、吉林省生态环境厅、吉林省住房和城乡建设厅分管副厅长担任，围绕河长制六大任务，承担河长制组织实施具体工作，落实河长确定的事项。各地参照省里模式组建了相应河长制组织体系。截至2022年年底，共设立各级河湖长1.25万名，所有河湖长均在各级主要媒体公告。全年各省级河湖长及地方党委政府担当尽责，围绕“巡、盯、管、督”重要环节狠抓落实，省级总河长全年开展巡河巡湖17次，带动10位省级河湖长巡河调研39次，协调解决相关问题149个。全省各级河湖长严格落实《水利部关于印发〈河长湖长履职规范（试行）〉的通知》（水河湖函〔2021〕72号）要求，开展河湖巡查工作，累计巡河湖38.7万人次，发现并整改河湖问题4 346个。

2. 省级河湖长设立　吉林省确定了由省级领导担任河湖长的河流10条、湖泊1座，分别为松花江、嫩江、图们江、鸭绿江、浑江、东辽河、伊通河、饮马河、辉发河、拉林河、查干湖。

3. 河湖警长制　吉林省公安厅在全省公安机关组织实施河湖警长制，截至2022年年底，共设立河湖警长4 300人。2022年，省公安厅以“昆仑2022”专项行动为主线，综合运用传统侦查手段和现代化侦查相结合的方式，对破坏河湖生态环境安全违法犯罪行为坚持重拳出击、露头就打，持续推进破案攻坚。累计侦办各类涉河湖案件275起，抓获违法犯罪嫌疑人402人，切实彰显了法治权威，形成了严打重治的有力威慑。各级河湖警长持续加大巡逻防控力度，通过安装视频监控探头开展电子巡逻、使用无人机开展远程巡逻、驾驶冲锋舟开展常态巡逻，构建起陆巡水巡结合、空巡地巡对接、人防技防并用的立体化、动态化巡防体系，切实提高了对违法犯罪活动的发现和处置能力。

4. 河长制办公室　吉林省组建了省、市、县三级河长制办公室，设在同级人民政府水行政主管部门，主要承担河湖长制的组织、协调、分办、督办等工作，河长制办公室主任全部由同级政府副职领导担任，水利、生态环境、农业农村、住房和城乡建设、林业和草原、交通运输、公安、财政、司法等相关部门为成员单位，部分地方将司法、检察、监察部门列为成员单位，在更大层面上形成合力。截至2022年年底，全省86个县级以上河长制办公室实际到位人员357人，其中在编人员122人、借调人员235人。

5. 河湖长制制度体系　2022年8月26日，松原市中级人民法院会同长春、吉林、白山、白城、长春铁路运输5家中级人民法院发出了建立协作机制的倡议，并在松原共同签署了《关于构建吉林省内松花江流域跨区域司法保护协作机制的意见》；2022年9月14日，伊通县河长制办公室、东辽县河长制办公室、东丰县河长制办公室印发《关于建立伊通河区域、孤山河区域河长制工作协作机制的意见》（伊河办联〔2022〕2号）；2022年，省、市、县三级全部建立“河湖长＋河湖警长＋检察长＋法院院长”协作机制，通过联合巡河、协作办案、信息共享，促进行政执法、刑事司法、检察监督、裁判执行有机衔接，有效预防和打击破坏河湖环境的违法犯罪行为，在全国率先开启“四长治河”新模式，全年开展联合巡河53次，发现并整改问题82件。

6. 河湖长制考核激励　设立省水利发展补助资金安排的河湖长制专项奖补资金5 000万元，修改完善了《吉林万里绿水长廊建设奖补方案（修订版）》（吉河办〔2022〕31号），编制了《吉林省重点支持2023年度乡村型绿水长廊项目评定细则》《吉林省2022年万里绿水长廊建设考核细则》（吉河办〔2022〕31号），设立工程建设奖补资金4 000万元，通过竞争遴选，重点支持2个乡村型绿水长廊项目建设，达到建设一个，成型一个的目的；设立河湖管护奖补资金1 000万元，对绿水长廊项目建设较好的市本级、县（市、区）进行奖补激励，年度考核排在第1～第5名各奖励40万元；第6～第15名各奖励30万元；第16～第40名各奖励20万元，支持各地对绿水长廊的河湖岸线进行维修管护，进一步调动各地的积极性。

（刘金宇）

【河湖健康评价开展情况】　2022年，选择伊通河、饮马河作为河湖健康评价试点，委托吉林省水文水资源局承担省级河湖健康评价工作。同时，强化示范引领作用，将河湖健康评价指标纳入省级河湖长制考核体系，市县级层面评价工作稳步推进。全省共完成河湖健康评价53条河段（湖片），累计完成投资214万元。

（刘金宇）

【“一河（湖）一策”编制和实施情况】　全省开展“一河（湖）一策”方案编制及修订工作。截至2022

年年底，全省共计滚动编制 2 128 个“一河（湖）一策”，其中省级 11 个、市级 191 个、县级 1 926 个。（刘金宇）

【水资源保护】

1. 水资源刚性约束　吉林省严格实行最严格水资源管理制度，注重合理分水，严格管控用水，强化水资源监督管理，促进水资源有效利用。2022 年，全省用水总量 104.51 亿 m^3，其中非常规水利用量 2.65 亿 m^3；年度万元国内生产总值用水量下降至 $77.19m^3$，较 2020 年下降 11.74 个百分点；万元工业增加值用水量下降至 $25.27m^3$，较 2020 年下降 11.25 个百分点；农田灌溉水有效利用系数提高到 0.604，全面完成了年度“三条红线”控制目标。另外，探索市场调节作用，水权交易取得新突破。指导吉林紫金铜业有限公司与珲春兴阳水产有限公司、珲春东鹏工贸有限公司、老姬海产发展有限公司 3 家企业在国家水权交易平台完成省首单取水权交易，为推进吉林省水权市场化交易提供了经验和借鉴。

2. 重要江河流域生态补水　2022 年，以保障粮食安全为主线，以护春耕为抓手，进一步强化流域用水统一调度，精准落实年度调度计划，解决嫩江橡胶坝维修造成的白城市取水问题，协调水利部松辽委加大丰满水库下泄放流，有效解决了松沐灌区等 3 个大中型灌区 46 万亩耕地的取水困难问题。同时，面对东辽河、伊通河、饮马河长期缺水，生产、生活和生态环境用水矛盾突出的状况，将流域生态流量保障作为重要调度任务，统筹外调水、再生水等各种水源，实施常态化补水，累计生态补水 1.79 亿 m^3。

3. 水量分配　2022 年，推动 9 个市（州）完成行政区域内 11 条重点江河水量分配方案的制定工作，并印发实施。分配水量达到 103.66 亿 m^3，明晰了全省县（市、区）流域地表水可用水量，形成了分水源、分行政区的水资源分配体系。

4. 节水行动　2022 年，全省持续推进县域节水型社会达标建设，新增 19 个县级行政区通过水利部复核，节水型社会建成率达到 72%。深入实施水效领跑者行动，启动双辽市再生水利用配置试点工作，完成全省 19 所节水型高校和 174 家水利行业节水型单位以及 26 个省级绿色制造体系示范项目创建，赢创高性能材料（吉林长春）有限公司、中粮生化能源（公主岭）有限公司等 40 家企业被评为 2022 年度省级节水型企业，为建立节水型生产和生活方式发挥示范带动作用。

5. 取用水专项整治行动　2022 年，吉林省依法推进取用水管理专项整治行动，对农业用水补办取水许可证。全面完成 115 个大中型灌区、11 521 个小型农业灌溉和农饮工程取用水项目问题整改，新建、改建计量设施 5 709 处，实施“以电折水”监测计量 125 处，大中型灌区整改完成达到 100%。截至 2022 年年底，累计补发取水许可证 1.6 万份，完成新改建或“以电折水”监测计量 1 万余处。

6. 河湖复苏行动　2022 年，印发了《吉林省“十四五”时期复苏河湖生态环境实施方案》（吉水资函〔2022〕71 号），提出了开展母亲河复苏行动、保障生态流量、加强河湖水域岸线管控和开展水土流失综合治理等措施。开展了母亲河复苏行动，完成规模以上 64 条河流、152 座湖泊的筛查工作，重点查找主要受人为影响导致河流断流、湖泊萎缩干涸问题的河湖，研判成因，分析修复必要性。确定了洮儿河、西辽河、卡岔河等 6 条断流河流以及爱国泡、东新荣泡等 8 个萎缩干涸湖泊，建立断流河流、萎缩干涸湖泊修复名录。（刘金宇）

【水域岸线管理保护】

1. 河湖管理范围划界　2022 年，依托“河湖遥感平台”和第三方遥感数据，开展内业筛查和外业随机抽查复核，内业筛查的疑似问题得到确认的共 1 114 个，外业核定问题得到确认的共 115 个，全部整改完成。

2. 采砂整治　2022 年，开展全省打击河道非法采砂专项整治行动，全省共出动执法人员 1.4 万人次，累计巡查河道 30 万 km，查处非法采砂案件 121 件，没收非法砂石 1.4 万 t，查处非法采砂船只 6 艘，拆解“三无”采砂船只 12 艘、非法采砂挖掘机 36 台，行政处罚 117 人，没收违法所得 10.2 万元，罚款 96.7 万元，向公安机关移交案件 5 件。

3. 河湖“四乱”整治　2022 年，以吉林省总河长第 4 号令印发《关于全力推进河道清障工作的决定》，进一步推动全省各地妨碍河道行洪问题排查整治工作。先后 2 次组织召开推进全省河湖“清四乱”排查整治工作专题视频会议，对碍洪问题整治再部署再落实。截至 2022 年年底，全省清除河道垃圾 44.47 万 t，清理非法占用河湖岸线 82.67km，清除阻水片林 17.07 万 m^2，销号严重碍洪问题 55 个，整改完成“四乱”问题 393 个。（刘金宇）

【水污染防治】

1. 排污口整治　2022 年，吉林省开展了《排污口规范化管理技术规范研究》的编写工作，并于 7

月27日通过专家组论证验收。同时，启动入河排污口复查复核。吉林省生态环境厅印发了《关于开展全省入河排污口排查整治复查复核工作的通知》，开展入河排污口排查整治和规范化建设现场复查复核，截至2022年年底，全省744个入河排污口全部建立档案。

2. 城镇生活污染　2022年，吉林省住房和城乡建设厅印发《关于开展全省城市污水收集处理设施排查与整治行动的通知》，指导各地加快推进污水厂、管网、再生水以及污泥处理处置建设管理工作。全省建成运行城市生活污水处理厂69座，总设计处理能力485.2万t/d，实际处理能力403.2万t/d，负荷率83.1%，全部达到一级A排放标准。全省426个建制镇219个生活污水处理设施建设完成，全省重点镇和重点流域周边常住人口1万人以上以及辽河流域全部建制镇生活污水得到有效治理。

3. 畜禽养殖污染　2022年，吉林省政府办公厅印发《吉林省全域统筹推进畜禽粪污资源化利用实施方案》，围绕畜禽粪污乱堆乱放、畜禽粪肥出口不畅等5个方面突出问题，扎实开展11个专项行动，推进畜禽粪污就地转化和就近还田利用。吉林省畜牧业管理局、吉林省财政厅、吉林省农业农村厅、吉林省乡村振兴局印发了《关于落实粪肥沃土政策措施的指导意见》，统筹黑土地保护、高标准农田建设和乡村振兴等项目资金支持粪污资源化利用，做法得到农业农村部和财政部肯定，并将此做法向全国推广。吉林省畜牧业管理局、吉林省生态环境厅、吉林省农业农村厅、吉林省乡村振兴局印发了《吉林省2022年畜禽粪污资源化利用考核实施方案》，对各市（州）、梅河口市政府畜禽粪污资源化利用工作开展情况进行了考核。成功将桦甸市、东辽县、通化县、乾安县、洮南市、通榆县和大安市纳入中央畜禽粪污资源化利用整县推进项目范畴，争取国家资金2.05亿元，到位中央资金1.61亿元，省级安排乡村振兴畜禽粪污资源化利用项目资金700万元，支持各地开展畜禽粪污资源化利用工作。全省累计建成区域性畜禽粪污资源化利用处理中心95个、散养密集村粪污集中收集点4 556个。通过各地自评、省级现场复核、第三方评估综合计算，2022年全省畜禽粪污产生量约为9 076万m^3，畜禽粪污资源化利用率达到91.26%。

4. 化肥农药科学使用　2022年，吉林省农业农村厅印发《全省及“两河一湖”流域科学使用农药化肥技术指导意见》《关于进一步加强科学安全使用农药工作的通知》（吉农办农发〔2022〕3号）等文件，指导各地开展农药减量控害和化肥减量增效工作，全省共采集测试土壤样品12.6万个，建设化肥绿色增效示范区21.27万亩，落实田间试验720个，“三新”配套技术推广面积116.5万亩。持续在全省水稻主产区和病虫害常发区开展生物防治水稻二化螟、水稻重大害虫性信息素诱控、飞防作业3项绿色防控和统防统治技术，实施面积达到217万亩。

5. 船舶港口污染防治　吉林省按照船舶检验法律法规开展检验工作，对达到强制报废船龄的船舶不再受理检验，对未按要求配备防污染设备的船舶不予签发船舶安全与环保证书，防止船舶对环境造成油类、生活污水、垃圾、噪声、空气等污染。同时，督促各地持续更新、购置防治船舶及其有关作业活动污染水域环境应急设施和设备，进一步加强处置船舶污染水域能力建设。2022年，全省未发生船舶污染事故。

（刘金宇）

【水环境治理】

1. 农村水环境整治　2022年，吉林省先后印发《吉林省农村生活污水治理模式指南》《吉林省农村生活污水治理设施运行管理工作指南》《关于进一步做好农村生活垃圾收运处置体系建设工作的通知》《关于印发吉林省乡镇生活污水处理设施提质增效行动方案的通知》等指导性文件。组织省内外优秀企业和专家召开农村生活污水治理技术交流会，搜集现有治理项目，形成《农村生活污水治理实用技术汇编（第一批）》《全省农村生活污水治理典型案例（第一批）》，为各地开展污水治理提供经验借鉴。截至2022年年底，农村生活污水治理任务中的310个行政村务，完成生活污水治理262个，完成率为84.52%。23条农村黑臭水体治理任务中完成16条，完工率为70%。

2. 黑臭水体排查整治　2022年，吉林省先后印发《吉林省“十四五”城市黑臭水体整治环境保护行动方案》（吉环发〔2022〕9号）、《关于开展县域城市黑臭水体排查工作的通知》（吉建联发〔2022〕7号）、《2022年城市黑臭水体整治环境保护行动专项督导帮扶工作的通知》（吉环发〔2022〕14号）等指导性文件，通过明确主体责任、排查范围、鉴别方式、判定标准等要素，完成了118处水体的实地排查检测。经县（市、区）自查、市（州）复核的程序，全省共计排查发现县域黑臭水体3处，分别为舒兰市2处、通榆县1处，排查结果均已公示。

3. 劣Ⅴ类水体治理　2022年，吉林省开展了劣Ⅴ类水体治理调度和检查，指导长春市制定消劣方案，细化管控措施，长春市公主岭新凯河断面已经消劣。针对白城市莫莫格断面、向海水库断面氟化

物、高锰酸盐指数等因子超标问题，结合白城地区水文地质环境等实际情况，不断强化对镇赉县、通榆县技术指导帮扶。截至2022年年底，全省劣Ⅴ类水质断面由年初的12个减少到3个。截至2022年年底，全省“十四五”初期的8个劣Ⅴ类水体中，6个断面已经消劣。（刘金宇）

【水生态修复】

1. 吉林万里绿水长廊建设　2022年，全省聚焦重点难点，紧盯目标任务，构建保障体系，强化政策支持，采取有效措施，扎实推进万里绿水长廊建设。2022年，新建和改善提升绿水长廊1 177.79km，提前超额完成了2022年建设任务。11月8日，省委书记景俊海同志在《吉林水利信息》第6期专报上作出“很好！要扎实有效低成本高质量推动下去”的重要批示，为全省做好2023年度绿水长廊建设提供了总方向。

2. “美丽河湖”及水利风景区创建　2022年，经各地申报、专家组初审、网上公众投票，评选出8个2022年度吉林省“美丽河湖”。经省水利厅水利风景区评审委员会认定，长春市莲花山天定山水利风景区、长春市九台区小南河水利风景区、伊通满族自治县伊通河水利风景区被评为第十七批省级水利风景区。长春市净月潭水库水利风景区、临江鸭绿江水利风景区成功入选水利部《红色基因水利风景区名录》。

3. 山水林田湖草生态保护修复　吉林省长白山区山水林田湖草生态保护修复工程纳入国家第二批山水林田湖草生态保护修复试点，由吉林省财政厅牵头，吉林省自然资源厅和吉林省生态环境厅配合，依托长白山区生态屏障功能定位，统筹开展森林保护与修复、生物多样性保护、土地整治与修复、矿山环境治理恢复、流域水环境保护治理等五大工程，实施生态保护修复工程项目104个，总投资84.76亿元。截至2022年年底，104个项目已全部完工，国家下达吉林省的15项绩效目标全部完成。

4. 水生生物资源养护　2022年，吉林省共组织各类增殖放流活动57次，6月6日全国“放鱼日”期间，以“养护水生生物资源　促进生态文明建设”为主题，在白山市抚松县设立了主会场，向松花江放流鲢鱼、草鱼鱼苗66万尾，全省多地在松花江、鸭绿江、嫩江、东辽河等水域同步进行了放流活动。全省全年共放流各类苗种1 788.85万尾，其中鲢鱼、草鱼、大马哈鱼等经济物种1 731.18万尾，细鳞鲑、马苏大马哈鱼、花羔红点鲑、鸭绿江茴鱼等珍稀濒危物种57.67万尾，放流范围覆盖了松花江、鸭绿江、图们江、东辽河等主要水系以及松花湖、云峰水库等重要湖库。同时，吉林省农业农村厅印发《吉林省2022年禁渔通告》，在全省范围内张贴禁渔通告5 000份，对松花江、辽河等流域实施全流域禁渔。（刘金宇）

【执法监管】

1. 专项、联合执法　2022年，吉林省联合黑龙江省组织松花江、嫩江沿岸7个县（市、区）渔业行政执法机构开展了省际共管水域禁渔期渔政联合执法行动，共出动渔政执法人员130人次，执法船艇14艘次。江上巡查嫩江江段356km、松花江江段376km，收缴地笼、绝户网等20余个。2022年，吉林省组织开展“中国渔政亮剑2022”吉林省系列专项执法行动，开展了清理取缔涉渔“三无”船舶和“绝户网”、水生野生动物保护和规范利用、涉渔船舶审批修造检验监管、重点水域禁渔、水产养殖投入品规范使用涉外渔业、打击电鱼行为、渔业安全生产监管等专项行动，查处渔业违法案件104件，涉案人员122人，其中移送司法部门15件、15人；清理取缔涉渔“三无”船舶22艘，违规网具2 730张顶，收缴电鱼器32台。2022年，全省开展地下水治理专项执法行动，全省累计出动执法人员6 848人次、执法车辆2 573台次，巡查地下水取水户4 910个，发现问题线索265条，责令停止违法行为151次，责令补办取水许可手续151个，处理违法案件40起，罚款20.6万元。2022年，全省开展春季清河行动，共出动执法人员34 876人次、执法车辆10 291台次，共清理生活垃圾26 112.51t、畜禽粪便9 401.17t、医疗废弃物0.74t，检查企业1 407家，发现问题47个，责令整改39个。2022年，全省开展省级及以上工业园区重点污水排放企业专项执法检查，对照全省83个省级及以上工业园区涉水企业清单，采取重点检查与随机抽查相结合的方式，对重点区域、重点行业、重点领域进行“体检式”检查，全省累计检查省级及以上工业园区重点涉水企业653家，发现问题27个，立案查处11起。

2. 河湖日常监管　2022年，吉林省将河湖长制专项督查纳入省级“督检考”范围，中共吉林省委督查室、吉林省人民政府督查室及吉林省生态环境厅、吉林省住房和城乡建设厅、吉林省公安厅、吉林省水利厅、吉林省农业农村厅、吉林省林业和草原局等部门均开展有关专项督查。（刘金宇）

【水文化建设】

1. 河长制主题公园　2022年，长春市九台区依托万里绿水长廊建设项目——小南河综合治理工程，高规格建设河长制主题公园，这是吉林省内第一个以“保护水环境、弘扬水文化”为出发点和落脚点建设的河长制主题公园。公园共占地 10 万 m^2，2022 年完成投资 6 426 万元，绿化面积 82 217m^2，栽植乔木 7 605 棵、灌木 1 232 棵、水生植物 4 623m^2，园路广场透水铺装 12 419m^2，在河道内实施了气盾闸主体工程。岸边设有绿化、景观和公共卫生间，建设 4 个亲水平台及木栈桥、2 处廊架、景亭、蝴蝶雕塑、雨水花园、下沉式绿地等项目。

2. 河湖长制教育实践基地　吉林省大力推进并建立了 64 个布局合理、目标明确、主题鲜明的“河湖长制教育实践基地”，累计组织特色教育实践活动 200 余次，培训学员 13 000 余人。其中，2022 年白城市投资 100 万余元，建设了一座建筑面积 300m^2，集科普宣教、成果展示、研学旅游于一体的综合性教育实践基地。基地内配有多媒体投影、电子展示屏、沙盘模型、教育警示板、河湖长制成果展等多个单元，特别配备了模拟洗车、大自然的水循环模拟操作、VR 观影等互动设施。2022 年，白城市河长办先后组织机关干部、中小学生、民间河湖长到教育实践基地参观学习，详细了解河湖长制重大意义、河流水系分布以及水资源现状，以实物、图片、互动等方式展现河湖长制在白城的探索、做法和成效。

（刘金宇）

【智慧水利建设】

1. 河长制湖长制专业信息系统　吉林省河长制湖长制专业信息系统按省、市、县三级河长办和河长制成员单位应用分级制定，围绕实现河湖长指挥作战、河长制成员单位及河长办信息报送及共享等功能，设计了信息管理、事件处理、监测管理、考核评估等 9 大模块。2022 年，积极组织开展本辖区内河湖名录、河湖长名录以及其他基础信息核对工作。

2. 取用水管理系统和信息资源整合　2022 年，依托全国取用水政务服务平台，整合吉林省取用水管理政务信息系统和数据资源，通过统一身份认证集成服务，实现了吉林省全流程一体化政务服务平台与吉林省水资源管理系统平台数据融合接入，并结合省内实际情况，开发了计划用水和取水许可审批等功能。

3. 河湖特征值　2022 年，利用遥感分析、多源数据融合提取技术、估算推算等多种调查手段，对河湖基本情况进行修订，进一步完善河流湖泊名称、省内流域面积、流域内最高山峰、河源河口位置、河道坡度、河流长度和湖泊位置与面积等特征信息，在此基础上完成对《吉林省河湖特征值》（1988 年 12 月编制）修编，为吉林省开展智慧河湖建设提供了数据支撑。

4. 巡河 App　2022 年，指导各地广泛聘任民间河长参与全面推进河湖长制工作，走“开门治河”之路，让河湖长制度更接地气、更切实际、更具活力。为增加民间河湖长的责任感、荣誉感，将已聘任的民间河湖长巡河情况纳入吉林省河湖长制信息系统，推动 900 名民间河湖长使用巡河 App 进行河湖巡查 4 650 次。全省各级河湖长利用手机 App 巡河巡湖累计 38.7 万人次。

（刘金宇）

黑龙江省

【河湖概况】

1. 河湖数量　黑龙江省有松花江、黑龙江、乌苏里江、绥芬河四大水系，流域面积 50km^2 及以上河流 2 881 条，总长度为 9.21 万 km。其中，流域面积 100km^2 及以上河流 1 303 条，流域面积 1 000km^2 及以上河流 119 条，流域面积 10 000km^2 及以上河流 21 条。黑龙江省有兴凯湖、大龙虎泡、镜泊湖、连环湖和五大连池等常年水面面积 1km^2 及以上湖泊 253 个，水面总面积 3 037km^2。其中，常年水面面积 10km^2 及以上湖泊 42 个，常年水面面积 100km^2 及以上湖泊 3 个，常年水面面积 1 000km^2 及以上湖泊 1 个。

2. 水量　黑龙江省水资源存在时空分布不均、年内年际变化较大的规律，呈现“四少四多”的特点，即春季少，夏秋季多；腹地少，过境多；平原区少，山丘区多；发达地区少，欠发达地区多。2022 年全省年平均降水量 578.8mm，折合水量为 2 622.59 亿 m^3，比 2021 年平均值少 10.6%，位居 1956 年以来的第 22 位，属偏丰水年份。2022 年全省地表水资源量 771.43 亿 m^3，比多年平均多 15.6%；地下水资源量 307.07 亿 m^3，比多年平均多 1.1%；水资源总量 918.47 亿 m^3，比多年平均多 13.7%。地表水资源与地下水资源不重复计算量为 147.04 亿 m^3。2022 年全省总用水量 307.66 亿 m^3，其中农田灌溉用水量 265.91 亿 m^3、林牧渔畜用水量 7.88 亿 m^3、工业用水量 14.56 亿 m^3、生活用水量 15.43 亿 m^3、生态与环境补水用水量 3.88 亿 m^3。

3. 水质　2022 年黑龙江省国考断面优良水体比例为 74.8%，超额完成年度目标 8.1 个百分点，劣

Ⅴ类水体清零，水质改善幅度居全国前列。松花江干流10个国考断面全部达到Ⅲ类，水质由轻度污染改善为优。（黑龙江省河湖长制办公室）

【重大活动】

1. 省总河湖长会议　2022年5月27日，黑龙江省召开2022年度省总河湖长会议，黑龙江省委书记、省总河湖长许勤主持会议并讲话，省委副书记、省长、省总河湖长胡昌升作工作部署。会议审议并原则通过了《黑龙江省部分河长湖长调整方案》《黑龙江省在小微水体实施河湖长制工作方案》《黑龙江省河湖长会议制度》《黑龙江省河湖长制信息共享制度》《黑龙江省河湖长制信息报送制度》《黑龙江省河湖长制工作督导检查制度》《黑龙江省河湖长制工作考核制度》《黑龙江省河湖长制举报受理制度》《黑龙江省河长湖长巡查制度》《黑龙江省河湖长制工作督办制度》《黑龙江省河湖长制警示约谈办法（试行）》等文件。

2. 省生态文明建设领导小组暨生态环境保护委员会全体会议　2022年7月19日，黑龙江省召开生态文明建设领导小组暨生态环境保护委员会全体会议，省委书记许勤主持会议并讲话，省委副书记、省长胡昌升出席会议。（黑龙江省河湖长制办公室）

【重要文件】

1. 省委、省政府重要文件　2022年2月28日，黑龙江省人民政府办公厅印发《关于鼓励和支持社会资本参与生态保护修复的实施意见》（黑政办规〔2022〕5号）。

2022年6月21日，黑龙江省人民政府办公厅印发《关于印发〈黑龙江省入河排污口排查整治专项行动实施方案〉的通知》（黑政办规〔2022〕19号）。

2022年9月30日，黑龙江省人民政府印发《关于印发〈黑龙江省地方级自然保护区建立和调整暂行管理规定〉的通知》（黑政规〔2022〕4号）。

2. 省总河湖长令　2022年6月9日，黑龙江省委书记、省总河湖长许勤，省委副书记、省长、省总河湖长胡昌升共同签发黑龙江省总河湖长令第5号《关于印发〈黑龙江省在小微水体实施河湖长制工作方案〉的通知》。

2022年6月23日，黑龙江省委书记、省总河湖长许勤，省委副书记、省长、省总河湖长胡昌升共同签发黑龙江省总河湖长令第6号《关于印发〈黑龙江省侵蚀沟治理专项行动方案〉的通知》。

3. 跨省（自治区）协作文件　2022年3月3日，水利部印发《关于建立松花江、辽河流域省级河湖长联席会议机制的函》（水河湖函〔2022〕21号）。

2022年9月29日，松辽委印发《松辽流域河湖岸线利用建设项目和特定活动清理整治专项行动工作方案》（松辽办〔2022〕239号）。

4. 河湖长制成员单位重要文件　2022年1月7日，黑龙江省河湖长制办公室、黑龙江省水利厅、黑龙江省自然资源厅、黑龙江省交通运输厅、黑龙江省农业农村厅、黑龙江省林业和草原局印发《关于印发〈全省妨碍河道行洪突出问题排查整治专项行动方案〉的通知》（黑河办字〔2022〕1号）。

2022年1月14日，黑龙江省河湖长制办公室、黑龙江省水利厅印发《关于印发〈2022年全省病险水库除险加固工作实施方案〉的通知》（黑河办字〔2022〕2号）。

2022年1月19日，黑龙江省河湖长制办公室印发《关于印发省级河湖长负责河湖“一河（湖）一策”方案的通知》（黑河办字〔2022〕3号）。

2022年3月15日，黑龙江省河湖长制办公室、黑龙江省水利厅印发《关于印发〈2022年全省河湖管理工作要点〉的通知》（黑河办字〔2022〕5号）。

2022年3月25日，黑龙江省河湖长制办公室印发《关于印发〈2022年黑龙江省河湖长制重点工作任务〉的通知》（黑河办字〔2022〕6号）。

2022年3月30日，黑龙江省河湖长制办公室、黑龙江省水利厅印发《关于印发〈关于河道采砂规范化管理工作的实施意见〉的通知》（黑河办字〔2022〕9号）。

2022年4月22日，黑龙江省住房和城乡建设厅、黑龙江省生态环境厅、黑龙江省发展和改革委员会、黑龙江省水利厅印发《关于印发〈黑龙江省深入打好城市黑臭水体治理攻坚战实施方案〉的通知》（黑建基〔2022〕5号）。

2022年4月27日，黑龙江省河湖长制办公室印发《关于印发〈黑龙江省河湖长制办公室工作规则（试行）〉和〈黑龙江省河湖长制宣传工作制度〉的通知》（黑河办字〔2022〕11号）。

2022年5月5日，黑龙江省河湖长制办公室、黑龙江省生态环境厅、黑龙江省水利厅、黑龙江省农业农村厅、黑龙江省文化和旅游厅、黑龙江省林业和草原局印发《关于推动黑龙江省水利风景区高质量发展的指导意见》（黑河办字〔2022〕12号）。

2022年5月30日，黑龙江省河湖长制办公室印发《关于调整省级河长湖长的通知》（黑河办字〔2022〕14号）。

2022年5月30日，黑龙江省河湖长制办公室印发《关于印发黑龙江省河湖长制有关制度的通知》(黑河办字〔2022〕15号)。

2022年6月6日，黑龙江省河湖长制办公室、黑龙江省公安厅、黑龙江省司法厅、黑龙江省生态环境厅、黑龙江省水利厅、黑龙江省农业农村厅、黑龙江省人民检察院印发《关于印发河湖生态环境公益保护典型案例的通知》(黑河办字〔2022〕16号)。

2022年6月7日，黑龙江省河湖长制办公室、黑龙江省住房和城乡建设厅、黑龙江省生态环境厅、黑龙江省水利厅印发《关于充分发挥河湖长制作用进一步加大全省城市黑臭水体治理力度的通知》(黑河办字〔2022〕17号)。

2022年6月12日，黑龙江省河湖长制办公室印发《关于印发〈2022年度省总河湖长会议主要任务推进工作方案〉的通知》(黑河办字〔2022〕19号)。

2022年7月5日，黑龙江省河湖长制办公室印发《关于加强全省小微水体治理工作的通知》(黑河办字〔2022〕20号)。

2022年7月18日，黑龙江省河湖长制办公室印发《关于调整省级河长湖长的通知》(黑河办字〔2022〕21号)。

2022年7月20日，黑龙江省河湖长制办公室、黑龙江省生态环境厅印发《关于充分发挥河湖长制作用加强全省入河排污口排查整治工作的通知》(黑河办字〔2022〕22号)。

2022年8月17日，黑龙江省河湖长制办公室印发《关于开展2022年度全省河湖长制专项督查工作的通知》(黑河办字〔2022〕24号)。

2022年9月13日，黑龙江省河湖长制办公室印发《关于印发〈2022年市(地)及省直责任单位落实河湖长制工作考核方案〉的通知》(黑河办字〔2022〕26号)。

2022年9月21日，黑龙江省河湖长制办公室印发《关于印发〈黑龙江省河湖长制工作述职制度〉的通知》(黑河办字〔2022〕27号)。

2022年9月21日，黑龙江省河湖长制办公室、黑龙江省财政厅、黑龙江省水利厅印发《关于印发〈黑龙江省河湖长制工作激励暂行办法〉的通知》(黑河办字〔2022〕28号)。

2022年9月21日，黑龙江省河湖长制办公室印发《关于做好2022年市(地)级河长湖长考核工作的通知》(黑河办字〔2022〕29号)。

2022年9月21日，黑龙江省河湖长制办公室、中共黑龙江省委老干部局印发《关于在强化河湖长制工作中充分发挥离退休干部作用的通知》(黑河办字〔2022〕30号)。

2022年10月28日，黑龙江省河湖长制办公室、黑龙江省水利厅、黑龙江省公安厅印发《关于印发〈关于加强河湖安全保护工作的实施方案〉的通知》(黑河办字〔2022〕34号)。

黑龙江省河湖长制办公室、黑龙江省自然资源厅、黑龙江省生态环境厅、黑龙江省住房和城乡建设厅、黑龙江省交通运输厅、黑龙江省水利厅、黑龙江省农业农村厅、黑龙江省文化和旅游厅、黑龙江省体育局、黑龙江省林业和草原局印发《关于印发〈黑龙江省河湖岸线利用建设项目和特定活动清理整治专项行动实施方案〉的通知》(黑河办字〔2022〕35号)。

黑龙江省水利厅、黑龙江省河湖长制办公室印发《关于印发〈黑龙江省"十四五"水利工程标准化管理工作实施方案〉〈黑龙江省大中型水库3级以上堤防大中型河道水闸工程标准化管理评价细则〉及评价标准等的通知》(黑水发〔2022〕122号)。

(黑龙江省河湖长制办公室)

【河湖长制体制机制建立运行情况】

1. 河湖长组织体系　黑龙江省建立了以党政主要领导负责制为核心的省、市、县、乡、村五级河湖长组织体系，市、县两级总河湖长包抓包管本辖区内规模最大、问题最多、治理难度最大、与百姓福祉关系最为密切的河湖管理保护工作。截至2022年年底，共设立省、市、县、乡、村五级河湖长23 954名，其中省总河湖长2名、省级河湖长13名、市级河湖长138名、县级河湖长1 457名、乡级河湖长6 453名、村级河湖长15 891名。各级河湖长名单全部向社会公布。

2. 省级河湖　黑龙江省确定了由省级领导担任河湖长的河流14条、湖泊2座，分别为黑龙江、乌苏里江、松花江、嫩江、呼兰河、牡丹江、挠力河、倭肯河、汤旺河、穆棱河、讷漠尔河、乌裕尔河、通肯河、拉林河、兴凯湖、五大连池。

3. 河湖警长制　黑龙江省公安厅为贯彻落实全面推行河湖长制决策部署，在全省公安机关组织实施河湖警长制，设置省、市、县、乡四级河湖警长，各级河湖警长是所辖河湖保护工作中落实公安机关工作任务的主要责任人，负责维护河湖水域治安秩序、打击破坏环境资源犯罪等工作。截至2022年年底，共联合开展河湖联合执法检查1.8万次，查处违法案件588件、违法人员629人。

4. 河湖长制办公室　黑龙江省组建了省、市、县三级河湖长制办公室，常设同级水行政主管部门，主要承担河湖长制的组织、协调、分办、督办等工

作，主任全部由同级党委或政府副职领导担任，水利、生态环境、农业农村、住房和城乡建设、林业和草原、交通运输、公安、财政、司法等相关部门为成员单位。截至2022年年底，共设置省、市、县三级河湖长制办公室143个，乡级设置河湖长制工作部门338个，全省从事河湖长制工作人员1 075人。

5. 河湖长制作战指挥部　黑龙江省成立了河湖长制挂图作战指挥体系，2022年将病险水库除险加固、妨碍河道行洪突出问题排查整治、黑臭水体治理、入河排污口整治等23类7 505项重点任务纳入挂图作战指挥体系，实行清单管理。

6. 河湖长制制度体系　2022年，黑龙江省共出台了13项制度，分别是《黑龙江省河湖长会议制度》《黑龙江省河湖长制信息共享制度》《黑龙江省河湖长制信息报送制度》《黑龙江省河湖长制工作督导检查制度》《黑龙江省河湖长制工作考核制度》《黑龙江省河湖长制举报受理制度》《黑龙江省河长湖长巡查制度》《黑龙江省河湖长制工作督办制度》《黑龙江省河湖长制警示约谈办法（试行）》《黑龙江省河湖长制办公室工作规则（试行）》《黑龙江省河湖长制宣传工作制度》《黑龙江省河湖长制工作述职制度》《黑龙江省河湖长制工作激励暂行办法》。

7. 河湖长制考核激励　2022年，黑龙江省对各市（地）落实河湖长制工作情况开展考核，考核结果作为市（地）党政领导班子和相关党政领导干部综合评价的重要参考。2022年，黑龙江省河长制湖长制工作再次获得国务院督查激励，获得中央水利发展资金1 000万元。（黑龙江省河湖长制办公室）

【河湖健康评价开展情况】　2022年，黑龙江省完成102条省、市、县级河湖健康评价工作，同步建立了健康档案。依据《河湖健康评价技术指南（试行）》和《河湖健康评估技术导则》（SL/T 793—2020），在总结黑龙江省河湖健康评价的实践经验基础上，结合季节性河流和冬季漫长等实际情况，制定了《黑龙江省河湖健康评价技术规范》（T/HHES 002—2022）和《黑龙江省河湖健康评价报告编制导则》（T/HHES 003—2022）。

（黑龙江省河湖长制办公室）

【“一河（湖）一策”编制和实施情况】　按照黑龙江省河湖长制办公室《关于开展“一河（湖）一策”方案（2021—2023年）编制工作的通知》（黑河办字〔2020〕7号）要求，在全面总结上一阶段“一河（湖）一策”方案实施成效的基础上，编制完成了16条省级河湖《“一河（湖）一策”方案（2021—2023年）》并印发实施，同步更新、完善“一河（湖）一档”。（黑龙江省河湖长制办公室）

【水资源保护】

1. 水资源刚性约束　2022年，国务院考核黑龙江省人民政府实行最严格水资源管理制度考核结果为“优秀”等次。2022年，全省用水总量303.93亿万m^3，达到国家考核目标要求。

2. 生态流量监管　将生态流量保障目标纳入呼兰河等10条跨地市重点河流水量调度计划。以松辽委和省级批复生态流量保障目标的控制断面为试点，开展生态流量监测预警工作。

3. 全国重要饮用水水源地安全达标保障评估　开展市、县、村三级水源地评估工作。完成22个市级、102个县级、3 428个农村集中式饮用水水源环境状况调查评估工作，形成数据库3个，编制完成评估报告3个，为黑龙江省水源地管理工作提供了重要依据，为保障黑龙江百姓饮水安全保驾护航。

4. 节水行动　黑龙江省水利厅、黑龙江省发展和改革委员会、黑龙江省住房和城乡建设厅、黑龙江省农业农村厅、黑龙江省工业和信息化厅印发《黑龙江省“十四五”节水型社会建设规划》；黑龙江省水利厅、黑龙江省发展和改革委员会印发《2022年黑龙江省节水行动工作要点》，召开黑龙江省节约用水联席会议联络员会议。省直有关部门、单位组织召开节约用水工作协调会议，研究节水宣传、再生水利用配置试点等工作。印发《黑龙江省2022年度县域节水型社会达标建设实施方案》，累计97个县（市、区）启动县域节水型社会达标建设，其中76个县（市、区）通过水利部复核，达到建设标准。印发《关于开展〈公民节约用水行为规范〉主题宣传活动的通知》，省直11个部门开展“节水中国、你我同行——节水龙江、一起行动”联合行动，共同实施“2＋10＋1”省级活动，全省累计开展宣传活动328个，位居全国第5位。

（黑龙江省河湖长制办公室）

【水域岸线管理保护】

1. “四乱”整治　2022年1月7日，黑龙江省河湖长制办公室、黑龙江省水利厅、黑龙江省自然资源厅、黑龙江省交通运输厅、黑龙江省农业农村厅、黑龙江省林业和草原局印发《全省妨碍河道行洪突出问题排查整治专项行动方案》（黑河办字〔2022〕1号），进一步强化河道管理，全面排查妨碍河道行洪突出问题，依法依规开展清理整治，确保河道行洪通畅，开展排查整治专项行动。截至2022年年底，共清理整治妨碍河道行洪突出问题1 144个，清理整治河湖“四乱”问题91个。

2. 河湖管理范围划界　为进一步明确河道管理范围，加强河道管理，推动河湖管理范围划定成果不断完善，开展河湖管理范围划定成果复核和在“全国水利一张图”更新上图工作。截至2022年年底，完成第一次全国水利普查名录内2 881条流域面积$50km^2$以上河流和253个常年水面面积$1km^2$以上湖泊的管理范围划定成果复核，并在“全国水利一张图”更新上图。

3. 岸线利用与保护规划编制　黑龙江省严格落实规划岸线分区管理要求，部署开展河湖水域岸线利用与保护规划编制工作。截至2022年年底，省级完成了14条有规划需求河流、2个湖泊的水域岸线利用与保护规划编制任务（共1 237个，其中省级16个、市级143个、县级1 078个），划定了岸线保护区、保留区、限制开发区和开发利用区。

4. 采砂整治　黑龙江省明确有采砂任务的河流及重点河段、敏感水域清单，逐级逐段严格落实河长、行政主管部门、现场监管部门、行政执法部门四个责任人管理职责，持续加强河道采砂监管，保持对非法采砂高压严打态势，切实维护河道采砂秩序，部署开展河道采砂“强监管重威慑”专项行动，全省共开展联合监督执法440次，出动人员7 300余人次，巡查河道长度3.6万km，盗采砂石等违法行为得到了有效遏制，河湖面貌持续向好。

（黑龙江省河湖长制办公室）

【水污染防治】

1. 排污口整治　黑龙江省生态环境厅按照省政府办公厅印发的《全省入河排污口排查整治专项行动实施方案》要求，指导各市（地）科学制定具体实施方案，按照“有口皆查清、有污皆封堵、有水皆达标”的整体思路目标，利用基础信息初步筛查、人工实地核查与科技手段相结合的方式，在全省开展排查整治专项行动。截至2022年年底，共排查发现入河排污口12 185个，全部完成溯源工作，整治问题排污口12 016个，整治率98.6%，有效解决了排污口底数不清、来源不明、管理不实等突出问题。

2. 工矿企业污染　黑龙江省生态环境厅通过河湖长制、优化营商环境、机关能力作风建设等平台分类有序推进省级及以上工业园区（经济开发区、工业集聚区）建设污水集中处理设施，全省共有省级及以上工业园区98个，全部建成污水处理厂或完成依托，提前3年完成国家任务。严格按照排污许可证申请与核发技术规范，采取非现场审查和现场核查相结合方式，持续推进排污许可动态全覆盖。

3. 城镇生活污染　黑龙江省住房和城乡建设厅、黑龙江省生态环境厅、黑龙江省发展和改革委员会印发《黑龙江省城镇污水管网补短板三年攻坚行动实施方案（2022—2024年）》，启动城镇污水管网补短板三年攻坚行动，排查排水管网3.5万km，全面摸清底数现状，建立“排水一张图信息管理平台”。2022年，全省新建改造排水管网1 241km，超额完成1 000km的年度计划目标。完成剩余8座一级B污水处理厂升级改造，实现县级以上生活污水处理厂一级A全覆盖。

4. 畜禽养殖污染　黑龙江省全面推进畜禽粪污资源化利用，坚持源头减量、过程控制、末端利用的治理路径，紧紧围绕畜禽粪污资源化利用和畜禽污染防治。2022年，全省畜禽粪污综合利用率达到83.3%。印发《关于加强畜禽养殖废弃物资源化利用工作的通知》等文件，在齐齐哈尔市拜泉县等5个县（市、区）实施畜禽粪污资源化利用项目，改造升级规模养殖场粪污处理设施，成立专家指导组深入基层进行包扶指导服务，通过惠农达人、畜禽养殖大讲堂、召开现场会、举办技术培训班、印发简报等形式，推广畜禽粪污处理典型技术模式，受众达10万余人次。

5. 水产养殖污染　黑龙江省持续推动水产生态健康养殖发展，组织各地开展水产健康养殖和生态养殖示范创建活动，推广绿色养殖技术，打造生态渔业发展模式。2022年，齐齐哈尔市泰来县以县人民政府为主体、巴彦县以冠一江湾水库养殖生态生产经营单位为主体，获批国家级水产健康养殖和生态养殖示范区。

6. 农业面源污染　黑龙江省推进农药包装废弃物“控源头、抓回收、促利用”全链条回收治理，组织开展多种模式回收，实行数字化电子台账管理，推进大包装农药使用、药瓶清洗等源头减量措施，全省农药包装废弃物回收率达到88.3%。新增病虫疫情监测网点1 000个，全省总量达到4 000个，配备监测设施1.4万台，全年发布省级病虫预报20期，开展黑龙江植保技术网络大讲堂55期。完成以绿色防控措施为主的重大病虫疫情统防统治863.8万亩次，开展减量增效、绿色防控技术试验示范72项，更换节药喷头16万套，累计更换98.4万套，改造农户非标准打药机1万余台。示范配备21台高效节药风幕式打药机，在14个县举办农药减量规范施药现场观摩培训120期，全省植保无人机保有量增至2.7万台。

7. 船舶港口污染防治　黑龙江海事局充分发挥中直专业部门优势，对标省河湖长制年度重点工作，印发《黑龙江海事局年度巡航巡河工作计划》，组织开展以春季开江出坞和冬季封江卧坞特殊时段为重点的船舶防污染专项检查。深入辖区一线，以港口码头、船舶坞区、采砂区、渡口和浮桥水域船舶等为重点，加强巡航检查和船舶登临检查，严厉打击船舶非法排污等违法行为。截至2022年年底，累计开展巡航 1 205 次，出动执法人员 3 055 人次，巡航时间 2 694.98h，巡航里程 19 613.56 海里，开展电子巡航 442 次，远程核查船舶 156 艘次，开展夜航船舶动态跟踪 121 次，开展防污染登轮检查 911 艘次，开展防污染文书监管 1 168 次。共查处纠正各类缺陷 105 项，实施防污染行政处罚 16 起，收缴罚金 6.55 万元，有力打击了船舶违法排污行为。

（黑龙江省河湖长制办公室）

【水环境治理】

1. 饮用水水源规范化建设　黑龙江省生态环境厅累计完成 170 个集中式饮用水水源保护区新建、调整、撤销省政府批复工作。组织完成全省集中式饮用水水源保护区评估和县级以上水源保护区春、秋季风险隐患排查，推进“一源一档”规范化建设，全省县级及以上城市集中式饮用水水源水质达标率达到 100%。组织开展全省乡镇级水源保护区环境问题排查整治，对大庆、七台河、黑河、鸡西和大兴安岭等地乡镇级水源保护区划界立标情况开展现场抽查，全省 819 个乡镇级水源保护区已基本完成划定和立标任务。制发《关于进一步开展集中式饮用水水源地环境问题整治“回头看”工作的函》，组织各地针对 2018 年以来已完成整治任务的 43 处市、县（区）级和 27 处“千吨万人”级集中式饮用水水源地内 235 个环境问题开展“回头看”，严防污染问题反弹。

2. 黑臭水体治理　黑龙江省住房和城乡建设厅联合黑龙江省生态环境厅、黑龙江省发展和改革委员会、黑龙江省水利厅印发《黑龙江省深入打好城市黑臭水体治理攻坚战实施方案》，采取无人机航拍、现场踏查、暗访核查等方式加密督导频次，将地级城市黑臭水体长效管护纳入省河湖长制重点任务、挂图作战任务，督促各地做好地级城市黑臭水体治理成效巩固，2022 年省级水质监测结果显示，44 个地级城市黑臭水体未出现反弹问题。开展县级城市黑臭水体排查治理，组织 21 个县级城市自查、地级城市和省级现场抽查核查，共发现 14 个黑臭水体，均已制定“一水体一策”系统化整治方案，2022 年完成整治 6 个，超额完成国家要求 40%的任务目标。

3. 农村水环境整治　黑龙江省生态环境厅联合黑龙江省农业农村厅、黑龙江省住房和城乡建设厅、黑龙江省水利厅、黑龙江省乡村振兴局印发《黑龙江省农村生活污水治理规划（2022—2025 年）》，将农村生活污水治理任务按年度分解到各市（地），明确污水治理重点。制发《黑龙江省农村生活污水资源化利用技术指南》，指导规范化开展资源化利用。配合黑龙江省财政厅下达农村生活污水治理债券 5.14 亿元，用于支持 95 个行政村开展农村生活污水处理设施及配套管网建设。

（黑龙江省河湖长制办公室）

【水生态修复】

1. 退田还湖还湿　2022 年 7 月 24 日，黑龙江省人民政府办公厅印发《关于印发黑龙江省贯彻落实〈中华人民共和国湿地保护法〉实施方案的通知》（黑政办发〔2022〕33 号）。

2. 生物多样性保护　黑龙江省生态环境厅强化自然生态保护监管，制发进一步加强生物多样性保护实施意见，推进小兴安岭—三江平原山水林田湖草生态保护修复工程试点，双鸭山市饶河县、伊春市丰林县获评国家生态文明建设示范县，佳木斯市汤原县获评“绿水青山就是金山银山”实践创新基地。全省建成 8 个国家生态文明建设示范市（县）、2 个“绿水青山就是金山银山”实践创新基地。

3. 生态补偿机制建立　黑龙江省生态环境厅分别指导帮扶齐齐哈尔市和大庆市发布了《齐齐哈尔市嫩江流域跨行政区界水环境生态补偿办法（试行）》（齐政办发〔2022〕28 号）、《大庆市水环境生态补偿办法（试行）》（庆政规〔2022〕1 号）。2022 年，全省水环境生态补偿资金共扣缴 4 164.65 万元，补偿 164.65 万元。

4. 水土流失治理　2022 年 6 月，黑龙江省委书记、省总河湖长许勤，省委副书记、省长、省总河湖长胡昌升共同签发黑龙江省总河湖长令第 6 号《关于印发〈黑龙江省侵蚀沟治理专项行动方案〉的通知》，借助河湖长制工作平台，强化地方政府主体责任落实，推进侵蚀沟治理。2022 年，通过中央水利发展资金、省级财政和转贷地方政府一般债券基金等渠道开展水土流失治理工作，实施侵蚀沟治理 0.9 万条。

5. 生态清洁型小流域　2022 年，研究探索生态清洁型小流域建设工作，开展调查研究，结合本地实际情况，开展3条生态清洁小流域建设。

（黑龙江省河湖长制办公室）

【执法监管】

1. 联合执法　黑龙江省河湖长制办公室会同黑龙江省公安厅、黑龙江省检察院、黑龙江省法院等部门，充分利用“河湖长＋警长＋检察长＋法院院长”工作机制，开展联合执法行动，严厉打击破坏河湖违法犯罪。2022年，联合开展河湖联合执法检查1.8万次，查处违法案件588件、违法人员629人。

2. 河湖日常监管　黑龙江省测绘地理信息局围绕省河湖长制工作需求，持续开展河湖动态监测、河湖长制各类省级专题图编制喷绘、全省在线河湖数据监测服务等工作。基于高分辨率卫星遥感影像，结合遥感技术及地理信息技术，对流域面积1 000km² 以上重点河湖，覆盖全省125个县（市、区），开展河湖岸线变化、违法建筑物、非法采砂、乱堆乱放等日常监测，提取疑似“四乱”点位6 000多处，建立河湖动态监测数据集，编制完成17个重点河湖变化监测报告和61幅河湖动态监测专题图。

（黑龙江省河湖长制办公室）

【水文化建设】　齐齐哈尔市河湖长制主题公园主要由嫩江城区防洪堤防沿线主题公园和劳动湖沿线主题公园两部分组成。河湖长制主题公园立足本地、更接地气，以“保护生态、文化传播、美化环境、便民简洁”为建设原则，围绕河湖长制工作主题，基于中国传统文化，融入科普休闲、历史文化、品质生活元素，在满足人民群众河湖生态环境需求基础上，全面增强群众“知水、爱水、护水、惜水”意识，有力有效提升河湖长制工作知晓度和参与度，为全省打造了新时代幸福河湖提供了“鹤城样板”。公园设置嫩江流域水文化、落实河湖长制、保护水资源、节约用水4个主题，建设手绘山水画仿石雕塑和印章形石雕等5处雕塑、文化宣传栏10处及路灯宣传栏多处，全方位展示河湖长制重大战略意义和重点工作内容，广泛宣传推介嫩江历史沿革、伟大抗洪精神、新时代水利精神、水文化内涵及河湖长制突出成效，努力实现“水清、河畅、岸绿、景美”的河湖治理目标。（黑龙江省河湖长制办公室）

【智慧水利建设】

1.“水利一张图”　启动黑龙江省水利系统资源整合项目，建成黑龙江省“水利一张图”平台，建立统一访问门户，进行省政务云安装部署，适配完成国产化软硬件基础环境。“水利一张图”平台包含了数字看板、防汛专栏、气象服务、综合查询等基础板块，涵盖了水文、山洪、气象、河湖水系、水利工程等多源信息和空间信息，收集业务数据12类共计18 520条数据，汇集空间数据34类，共计24 161条矢量数据，10类模型数据。

2. 巡河App　2018年12月15日，黑龙江省河湖长巡河App上线运行，为2万余名河湖长提供巡河工具。巡河App主要包括河湖名录、河长巡河、事件处理、巡河统计、指令下达和公众反馈6项功能。支持离线巡河，解决了没有网络信号区域巡河问题。支持线上交办事件，根据事件性质分配和成员单位职能设置了事件处置权限，灵活交办事件，实现无纸化办公，缩短事件处理流程和处理时间。利用黑龙江省河湖长制管理信息系统，可以对河长巡河情况进行统计，并借助事件处理功能监控河长巡河履职情况和事件处理情况。

3. 数字孪生　加快实施关门嘴子水库数字孪生流域建设先行先试试点工作，结合水库工程建设，利用工程主体信息化项目先期启动了数字孪生建设任务，对工程设计、建造资料进行数据治理，形成了以基础数据、监测数据、业务数据和地理空间数据为主体的基础数据底板，完成了水库以上控制流域（1 846km²）30m数字高程模型（DEM）、库区管理区域正射影像（DOM）优于1.0m数据融合加工处理，形成水库大坝、电站等建筑信息模型（BIM）。

（黑龙江省河湖长制办公室）

上海市

【河湖概况】

1. 河湖数量　2022年，全市共有河道（湖泊）46 822条（个），其中河道46 771条，湖泊51个，全市河湖面积共652.94km²，河湖水面率10.30%（表1）。

表1　2022年上海市河湖基本情况

年份	河道/条	湖泊/个	总计/(条/个)	河湖面积/km²	河湖水面率/%
2022	46 771	51	46 822	652.94	10.30

2. 水量　2022年，全市平均降水量1 072.8mm，折合降水总量68.02亿m³。全市年地表径流量27.55亿m³，地下水资源量为8.44亿m³，本地

水资源总量33.08亿m^3。过境水资源量方面，通过黄浦江松浦大桥站年平均净泄流量为580m^3/s，年净泄水量为183.0亿m^3；长江徐六泾站年平均流量为23 500m^3/s，年净泄水量为7 409.0亿m^3（表2）。

3. 水质　2022年，本市地表水环境质量较2021年显著改善，并全面消除Ⅴ类和劣Ⅴ类水体，优Ⅲ类水体比例达到国家及本市年度考核要求。优Ⅲ类断面占95.6%，较2021年上升15.0个百分点；Ⅳ类断面占4.4%，较2021年下降14.3个百分点；无Ⅴ类和劣Ⅴ类断面。其中，本市国控断面优Ⅲ类断面比例为97.5%，较2021年上升2.5个百分点，无Ⅴ类和劣Ⅴ类断面，达到2022年及“十四五”水质目标。

表2　　2022年上海市水资源量统计表

年度	平均降水量/mm	地表径流量/亿m^3	地下水资源量/亿m^3	本地水资源总量/亿m^3	黄浦江松浦大桥站平均净泄流量/(m^3/s)	黄浦江松浦大桥站年净泄水量/亿m^3	长江徐六泾站平均流量/(m^3/s)	长江徐六泾站年净泄水量/亿m^3
2022	1 072.8	27.55	8.44	33.08	580	183.0	23 500	7 409.0

4. 新开工水利工程　截至2022年年底，全市共有水闸设施2 898座（表3），其中市管24座、区管349座、镇管2 478座、其他（非水务部门管理）47座；涉及全市16个行政区、14个水利控制片（除太浦河泵站于苏州市吴江区外）。

表3　2022年上海市水闸设施基本情况

年份	全市				
	总计/座	市管/座	区管/座	镇管/座	其他/座
2022	2 898	24	349	2 478	47

黄浦江、苏州河堤防岸段共2 023段，长度604.85km。其中，公用岸段1 214段，长度391.32km；非经营性专用岸段490段，长度131.81km；经营性专用岸段319段，长度81.72km。防汛通道闸门1 231扇、潮拍门1 193个、堤防管理保护范围内标志牌2 683个。

（蒋国强　徐芳　毛兴华　何冰洁　沈利峰　陈轶凡）

【重大活动】　2022年1月，根据有关规定要求，市委、市政府向党中央、国务院报告了上海市2021年度河长制湖长制贯彻落实情况。

2022年1月4日，市委书记、市总河长李强出席并宣布浦东新区2022年白龙港污水处理厂扩建三期工程等82个重大项目集中开工。市委副书记、市长、市总河长龚正指出，以项目建设促产业升级、促能级提升、促制度创新，推进浦东新区高水平改革开放、打造社会主义现代化建设引领区，以优异成绩迎接党的二十大和市第十二次党代会胜利召开。

2022年7月6日，上海市委、市政府召开上海市河湖长制工作会议。市委书记、市总河长李强出席会议，市委副书记、市长、市总河长龚正主持会议，副市长、市副总河长、市河长办主任彭沉雷布置2022年河湖长制重点工作。

2022年7月12日，长江委召开长江流域省级河湖长第一次联席会议。副市长、市副总河长、市河长办主任彭沉雷在上海分会场出席会议，并交流上海市近年来全面落实河湖长制取得的成效以及下一步工作计划。

2022年7月21日，市河长办召开2022年第一次主任（扩大）会议，会议以视频会议形式召开。副市长、市副总河长、市河长办主任彭沉雷出席会议，并就贯彻落实全市河湖长制会议精神再动员、再部署、工作责任再压实。　（肖龙啸）

【重要文件】　2022年1月21日，上海市河长制办公室印发《关于授予金杨新村街道等107个街镇“河长制标准化街镇”称号的通知》（沪河长办〔2022〕8号），全市已按计划全部完成182个“河长制标准化街镇”建设。

2022年3月2日，上海市河长制办公室、上海市防汛指挥部办公室印发《关于对照“三个清单”推进妨碍河道行洪突出问题清理整顿工作的通知》（沪河长办〔2022〕11号），对照“三个清单”要求开展集中清理整治，保障河道行洪畅通。

2022年3月9日，上海市水务局、上海市发展和改革委员会、上海市经济和信息化委员会、上海市农业农村委员会印发《关于印发〈上海市节水型社会（城市）建设“十四五”规划〉的通知》（沪水务〔2022〕280号）。

2022年6月8日，上海市河长制办公室印发《关于印发〈上海市河道内废弃船、沉船专项整治工作方案〉的通知》（沪河长办〔2022〕13号）。

2022年6月20日，上海市河长制办公室印发《关于开展本市2020—2021年河湖水面积变化疑点疑区专项核查工作的通知》（沪河长办〔2022〕17号）。

2022年6月22日，上海市河长制办公室印发《关于开展第二届“寻找最美河湖卫士”主题实践活动的通知》（沪河长办〔2022〕19号）。

2022年6月29日，上海市水务局印发《关于印发〈上海市生产建设项目水土保持监测成果编制指南〉的通知》（沪水务〔2022〕339号）。

2022年7月7日，上海市河长制办公室印发《关于印发〈2022年上海市河长制湖长制工作要点〉的通知》（沪河长办〔2022〕20号）。

2022年7月18日，上海市河长制办公室印发《关于印发〈上海市各区河湖水质综合评价方案（试行）〉的通知》（沪河长办〔2022〕21号）。

2022年7月20日，上海市河长制办公室印发《关于印发〈上海市河长制办公室工作规则（试行）〉的通知》（沪河长办〔2022〕22号）。

2022年7月29日，上海市河长制办公室印发《关于进一步加强小微水体分类管控的通知》（沪河长办〔2022〕25号）。

2022年9月21日，上海市河长制办公室印发《关于印发〈2023年全市河湖水质监测计划〉的通知》（沪河长办〔2022〕31号）。

2022年10月31日，上海市河长制办公室印发《关于印发〈对部分问题河湖实行河长提级的管理办法（试行）〉的通知》（沪河长办〔2022〕33号）。

2022年11月9日，上海市水务局印发《关于印发〈上海市河道维修养护技术规程〉的通知》（沪水务〔2022〕901号）。

2022年11月14日，上海市水务局、交通运输部长江口航道管理局、上海海事局印发《关于印发〈长江中下游干流河道采砂管理规划（2021—2025年）上海段实施方案〉的通知》（沪水务〔2022〕930号）。

2022年12月27日，上海市水务局印发《关于印发〈2022上海市河道（湖泊）报告〉的通知》（沪水务〔2022〕1071号）。 （潘志华）

【地方政策法规】 2022年10月28日，上海市第十五届人民代表大会常务委员会第四十五次会议审议通过《上海市人民代表大会常务委员会关于修改〈上海市公共场所控制吸烟条例〉等5件地方性法规和废止〈上海市企业名称登记管理规定〉的决定》。其中，包括修改《上海市河道管理条例》。根据行政审批制度改革需要，新修改的《上海市河道管理条例》中对行政许可事项进行调整，该条例自2022年10月28日起施行。 （郑逸）

【河湖长制体制机制建立运行情况】 2022年7月18日，上海市河长制办公室印发《上海市各区河湖水质综合评价方案（试行）》（沪河长办〔2022〕21号），进一步明确优良水、进出水、敏感性、趋势性等评价要素和评价细则，建立科学开展水质综合评价机制。

2022年7月20日，上海市河长制办公室印发《上海市河长制办公室工作规则（试行）》（沪河长办〔2022〕22号），进一步细化实化河长制办公室工作规则，更好地发挥河长制办公室组织、协调、分工、督办功能。

2022年8月25日，上海市河长制办公室印发《2022年河湖长制重点工作挂图作战方案》（沪河长办〔2022〕29号），进一步细化年度工作任务和责任部门，建立挂图作战、亮灯推进各项重点工作的工作机制。

2022年10月31日，上海市河长制办公室印发《对部分问题河湖实行河长提级的管理办法（试行）》（沪河长办〔2022〕33号），进一步规范部分问题河湖河长的提级管理，更好地提升问题河湖的整改效率。同时，加强落实“周暗访、月通报、季约谈、年考核”工作机制，持续推进河湖长制工作落实落地。 （肖龙啸）

【河湖健康评价开展情况】 2022年，编制形成《吴淞江—苏州河健康评估报告》。采用历史资料收集与现场调查相结合的方法，开展河湖健康评估工作，综合反映吴淞江—苏州河的生态健康状况。结果表明吴淞江—苏州河各河段评估结果为“健康”，属于二类河湖。中游段滨岸带亟待改善，岸线生态性仍需关注，生物多样性有待提高。 （卢智灵 李佩君）

【“一河（湖）一策”编制和实施情况】 2022年，启动市领导担任河长的长江口（上海部分）、黄浦江、吴淞江（上海段）—苏州河、淀山湖（上海部分）、太浦河（上海段）、拦路港（上海段）—泖河—斜塘、红旗塘（上海段）—大蒸塘—园泄泾、胥浦塘（上海段）—掘石港—大泖港、元荡（上海部分）等9条河道的“一河（湖）一策”修编工作，并完成技术大纲编制。按照“一河（湖）一策”方案，全年完成河道整治160.7km，其中骨干河道74.4km、中小河道86.3km。 （闫莉 宋伟）

【水资源保护】

1. 水资源刚性约束　2022年，上海市积极落实“节水优先、空间均衡、系统治理、两手发力”治水思路，把实行最严格水资源管理制度作为重要抓手，强化节水即治污、节水即减碳的理念。根据流域水量分配方案，制定各区2022年、2025年和2030年水量分配方案，下达各区“十四五”用水总量和强度双控目标，“水资源节约利用率达标率”指标纳入2022年度各区政府党政领导班子绩效考核体系。印发《上海市落实节水行动实施方案2021年工作总结和2022年工作要点》（沪水务〔2022〕29号）、《2022年度上海市节约用水和水资源管理工作要点》（沪水务〔2022〕272号），全面实施节水行动，持续强化取用水监管，不断加强水资源保护。

2. 节水行动　2022年，依托上海市节约用水工作联席会议制度，市级相关部门进一步强化统筹协调，解决节水工作中的重大问题；稳步推进《上海市节水行动实施方案》（沪水务〔2022〕1394号），印发《上海市节水型社会（城市）建设“十四五”规划》（沪水务〔2022〕280号），制定“节水惠”扶持政策和污水资源化利用实施方案，持续推进各类节水型载体创建，巩固节水型社会建设成效。2022年，全市用水总量为76.96亿m^3；万元国内生产总值用水量较2020年降幅为10.5%；万元工业增加值用水量较2020年降幅为2.9%；农田灌溉水有效利用系数为0.739，均完成考核控制目标。

3. 生态流量监管　2022年，严格落实跨省重点河湖生态流量保障工作要求，以监测预警为核心，开展黄浦江松浦大桥断面流量、淀山湖元荡（商榻水位）的实时监测、数据报送和信息共享。2022年，黄浦江松浦大桥断面生态流量达标率为97.3%，淀山湖、元荡生态水位达标率为100%，均满足保障要求。

4. 全国重要饮用水水源地安全达标保障评估　2022年，对列入全国重要饮用水水源地名录的青草沙、陈行、黄浦江上游（金泽）、崇明东风西沙水源地，从“水量保证、水质合格、监控完备、制度建设”等方面开展安全保障达标建设年度评估，结果均达标。

5. 取水口专项整治　2022年，印发《关于开展取用水管理专项整治行动“回头看”工作的通知》（沪水务〔2022〕347号），要求各区水务局、各相关单位对照《水利部关于印发取用水管理专项整治行动方案的通知》（水资管〔2020〕79号）、《水利部办公厅关于做好取用水管理专项整治行动整改提升工作的通知》（办资管〔2021〕189号），重点围绕取水口核查登记全不全、问题认定准不准、问题整改是否到位、监管长效机制是否建立等，组织开展“回头看”。2022年8月，市水务局以《关于报送取用水管理专项整治行动“回头看”自查自纠情况的函》（沪水务〔2022〕647号）为依据，报送自查自纠情况并完成整改工作。

6. 水量分配　2022年，依据国家批复的太湖流域水量分配方案，市水务局发出《太湖流域河道外水量分配方案（上海部分）》（沪水务〔2021〕897号），明确2020年和2030年各相关行政区太湖流域河道外水量控制指标。根据水利部太湖流域管理局《关于印发2022年度太湖流域水量分配方案及调度计划的通知》（太湖资管〔2022〕28号），市水务局发出《2022年度上海市用水总量分解方案》（沪水务〔2022〕643号），明确2022年度水量分配指标。

（顾珏蓉　刘潇潇　王森　黄大宏）

【水域岸线管理保护】

1. 河湖管理范围划界　对接水利部以及长江委和太湖局，复核河湖管理范围成果。将第一次全国水利普查名录内河湖复核整改后的划界成果报送河湖遥感平台，完成“全国水利一张图”更新上图。同时，动态备案全市河湖管理范围调整内容。根据太浦河河道管理实际需要，对太浦河部分河道管理范围线进行调整，调整后管理范围线根据河道实际情况，沿太浦河河口线向陆域侧延伸11～22m不等。

2. 岸线保护利用规划　2022年，市水务局开展了《上海市重要河湖岸线保护与利用规划》（简称《规划》）的编制工作，对黄浦江、苏州河、元荡（上海段）、拦路港—泖河—斜塘、红旗塘—大蒸港—园泄泾、胥浦塘—掘石港—大泖港等9条重要河湖进行规划方案研究，划分河湖岸线的功能分区和岸线边界范围，并提出岸线的保护和管控要求。其中长江口（上海段）、太浦河（上海段）和淀山湖（上海段）由流域机构编制完成岸线规划，相关成果纳入本次规划。《规划》形成的初步成果征询太湖流域管理局以及本市相关部门意见后，已修改完善，即将印发。

3. 采砂整治　持续贯彻落实《中华人民共和国长江保护法》等相关法律法规，以及上级关于开展非法采砂行为和非法采砂船舶整治的相关文件精神，强化多方联动，提升非法采砂打击合力，着力推动构筑“常态联勤、应急联动、部门联治、监管联防”工作机制，通过市、区两级及跨部门的务实合作，有力打击不法分子，切实遏制非法采砂势头。

2022年，全市共开展执法检查2 306次，出动

9 043 人次，罚款 100 万元，没收江砂 1 499t。

4.“四乱”整治　2022 年，上海市持续开展“清四乱”常态化规范化工作，全市共摸排出“四乱”问题 25 个、“碍洪”问题 39 个，截至 2022 年年底，已全部完成整改。

（卢智灵　李佩君　宋国煜　高超　赵韵凯　蒋国强　徐芳）

【水污染防治】

1. 排污口整治　2022 年，上海市持续推进长江入河排污口整治工作，涉及的浦东新区、宝山区、崇明区累计完成 90%以上排污口整治。按照市生态环境局印发的《上海市入河（海）排污口现场排查溯源工作手册（试行）》（沪环水〔2022〕45 号），各区有序开展全市入河排污口排查溯源工作；按照“有口皆查、应查尽查”的要求，累计完成约 10 000km 河湖岸线入河排污口排查溯源，占全市河湖岸线总长 30%以上。

2. 工矿企业污染监管　2022 年，结合日常执法检查，对工业企业开展监督监管工作。

3. 城镇污水处理　2022 年，上海市已建成投运的城镇污水处理厂共 42 座，总设计规模 896.75 万 m^3/d，年平均日处理量 823.44 万 m^3。全部执行国家《城镇污水处理厂污染物排放标准》（GB 18918—2002）一级 A 及以上排放标准。

4. 畜禽养殖污染防治　2022 年，上海市加快推动畜禽粪污资源化利用，规模化畜禽养殖场粪污处理设施装备配套率达 100%。一是加强政策扶持，持续通过都市现代农业发展专项等政策，推进畜牧标准化生态养殖基地建设和畜禽粪污资源化利用相关工作；实施农业绿色生产补贴管理细则、农业机械购置补贴等相关政策，鼓励使用有机肥，并对购买畜禽粪污处理利用装备实行农机购置敞开补贴；通过各项政策落实落地，本市畜禽粪污综合利用水平得到进一步加强。二是加强技术推广，组织开展规模化畜禽场养殖废弃物资源化利用技术培训，为进一步做好资源化利用有关工作提供技术指导；实施养殖环节兽用抗菌药减量化行动；开展绿色种养循环农业试点，推动粪肥就近就地还田利用。三是形成工作合力，农业农村部门、生态环境局联合开展畜禽养殖污染防治规划编制；加强畜禽粪污资源化利用计划和台账管理，进一步提高本市畜禽粪污资源化利用的规范化、标准化水平。

5. 水产养殖污染防治　2022 年，上海市继续开展水产养殖污染防治工作。一是加强水产养殖绿色生产方式推广，全市共有 583 家水产养殖场按照《上海市水产养殖绿色生产操作规程（试行）》（沪水产办〔2018〕34 号）开展绿色生产方式养殖，覆盖水面 12.13 万亩，覆盖率达 89.9%。二是推进水产养殖尾水治理设施建设和改造，全市下达尾水治理面积约 2.02 万亩。三是开展水产健康养殖场创建，全市创建（含复审）水产健康养殖场 32 家，创建面积达 4.93 万亩。四是组织水产绿色健康养殖技术推广“五大行动”，上海市以 10 个骨干基地为核心，辐射带动 9 个涉农区开展绿色健康养殖，技术服务累计达 9 934 人次。

6. 农业面源污染防控情况　2022 年，上海市共实施蔬菜绿色防控技术集成示范应用面积 10.6 万亩、蔬菜水肥一体化应用面积 2.9 万亩。

2022 年，全市完成绿肥、深耕面积 122 万亩，推广应用商品有机肥 29 万 t，农作物配方肥 220 万亩次，缓释肥 55 万亩次。充分发挥农机购置与应用补贴政策引导作用，新增侧深施肥装备 98 台，对实施侧深施肥作业的经营主体给予市级补贴 15 元/亩，2022 年，实施水稻侧深施肥作业面积 21.6 万亩，超额完成预定目标，测土配方施肥技术覆盖率保持在 90%以上。试点示范施肥“三新”技术推广达 6 万亩次，全市水稻绿色防控技术覆盖率达 64%。2022 年，在农作物播种面积增加的情况下，全市化肥（折纯）量、农药使用量分别为 6.56 万 t、0.23 万 t，比 2021 年分别下降 0.5%和 4%。

7. 船舶港口污染防治　2022 年 12 月，上海市人大立法通过《上海市船舶污染防治条例》，使船舶污染防治的法治保障更为健全。条例的出台进一步提高了船舶污染防治的严格程度，形成了船舶防污管理上制度性的闭环。

2022 年，上海市各级政府进一步加大财政投入，提升船舶污染物免费接收、转运、处置能力，现已开行 17 条“公交化”运行的船舶污染物流动接收线路，共计投入接收转运船舶 25 艘；同时加快设置公共固定接收点，现已设置 11 个固定接收点为往来船舶提供免费污染物接收服务，接收量占比稳步提升。2022 年上海市内河水域共计接收船舶油污水 8 405 艘次、896.67m^3，生活垃圾 50 763 艘次、571.51m^3，生活污水 44 912 艘次、9 422.73m^3。

2022 年，上海市持续推进港口船舶配备岸电设施，全市内河低压标准化岸电设施已实现全覆盖，集装箱岸电覆盖率达到 91%；船舶岸电受电设施改造方面，共有 198 艘船舶按照国家补助方案完成改造，并申请补助资金近 1.15 亿元。

（蒋明　何冰洁　宋志伟　邵莅宇　林久兴　孙廷东　李为福　陶家伟）

【水环境治理】

1. 饮用水水源地保护　2022年全市四大集中式饮用水水源地每月水质均稳定达到Ⅲ类及以上，水质达标率为100%。市生态环境局与市财政局、市发展和改革委员会印发《上海市水源地生态补偿工作考核办法（2022年修订版）》，并完成上一年度水源地生态补偿工作考核。更新2022年度水源地环境风险企业名录，高风险企业每月检查1次，中、低风险企业纳入随机抽查体系。每季度对全市卫星遥感发现的水源地疑似环境违法问题开展核查，并对核查确认的问题点位加强后续监管。持续开展水源保护区内入河排污口排查整治工作。开展全市水源地标志牌巡查，完成青西郊野公园和水乡客厅区域的水源地标志牌建设。与浙江省协同优化调整黄浦江上游水源保护区，并完成调整后的保护区边界精准落地。结合“世界环境日”开展饮用水水源保护宣传活动。咸潮入侵期间，加强水源地和应急（临时）取水口周边污染源监管和水质监测工作，保障全市供水安全。

2. 河道综合整治　2022年，上海市实施河道整治160.7km，其中骨干河道74.4km，中小河道86.3km。

3. 河湖养护　一是水质持续向好。2022年共计监测3 871个镇管以上河道断面水质中优Ⅲ类水质断面3 257个，占比84.1%；43 822个村级河道断面水质中优Ⅲ类水质断面30 396个，占比69.36%；无劣Ⅴ类水质断面。二是养护规模不断壮大。全市河湖养护市场规模达到25亿元以上、从业人员达到2.2万人。三是河湖养护工作机制不断完善。行业内河道养护人员作业能力和设备专业化水平逐步提升，适应上海管理实践的一些工作机制不断健全。比如，以“低成本、广覆盖、高频次、严把关”为要求，建立了村级河道代表断面水质常态化监测机制，完善了河湖水质监管体系，巩固了村级河道“消黑除劣”成效。

4. 农村水环境整治　2022年，为提高全市农村生活污水治理运维水平，出台了《上海市农村生活污水治理运行维护技术规程》（DB31 SW/Z 028—2022），规范了相关运维工作的开展。完成了农村生活污水治理信息化平台建设，实现了市区跨级、跨部门分级管理的功能，形成数据互联通道，提升了农村生活污水治理的工作效率。2022年，全市完成了2万户农村生活污水治理任务，行政村治理率达到93.3%，农村生活污水治理覆盖面不断扩大，进一步改善了农村人居环境，夯实了上海市农业农村发展基础。

（苏平如　季林超　卢智灵　施圣　季铁梅　翁晏呈）

【水生态修复】

1. 生物多样性保护　2022年，结合全市生态清洁小流域建设、“一江一河”滨水公共空间贯通开放和长三角生态绿色一体化发展示范区建设，进一步加强长江口、黄浦江、淀山湖、元荡等主要水体水生态保护与修复，因地制宜推进岸线生态化改造，主要水体生物多样性有所提高，水生态系统缓慢恢复。

2022年是长江“十年禁渔”第二年，上海市共投入各类增殖放流资金1 000万余元，在重要渔业水域放流各类水生生物1亿余尾（只）。加强珍稀濒危物种救护保护，全市共收容救护各类水生野生动物及其制品419尾（只）。长江口中华鲟自然保护区基地二期建设工程项目进展顺利，已完成主体建筑和工艺系统安装调试，即将开展竣工验收。加强渔业资源监测，完善监测调查事前、事中、事后全程监管。

2022年，上海市农业农村委员会统筹安排财政资金，在长江口、杭州湾等近海水域共设置120余个监测站位，持续开展各类渔业资源调查项目。调查结果显示，随着长江大保护和长江全面禁捕工作的顺利推进，非法捕捞行为得到有效遏制，洄游通道恢复畅通，长江流域各种洄游性物种在内的所有渔业资源均获得休养生息的机会，预期渔业资源将趋于逐步恢复。

2. 水土保持工作　2022年1月5日，上海市水务局组织召开上海市水土保持相关工作推进会。

2022年10月31日，上海市水务局印发《上海市生产建设项目水土保持信用监管“两单”制度》（沪水务规范〔2022〕1号）。

2022年11月17日，上海市水务局组织召开2022年度上海市全国水土保持规划实施情况评估工作部署会。

2022年，全市共审批生产建设项目水土保持方案436项。其中市水务局审批36项，涉及水土流失防治责任范围11.88km^2；各区水务局、中国（上海）自由贸易试验区临港新片区管委会审批400项，涉及水土流失防治责任范围27.28km^2。

2022年，全市580项生产建设项目完成水土保持设施验收报备，其中市水务局完成报备26项；各区水务局、中国（上海）自由贸易试验区临港新片区管委会完成报备554项。

2022年，上海市组织开展三期覆盖全市的生产建设项目水土保持遥感监管工作，利用卫星遥感解译和无人机核查，完成850个疑似违法违规图斑的现场复核和违法项目认定、查处工作，下达整改意见 53 份，实现了生产建设项目水土保持遥感监管全覆盖，有效提升了监管效能和水平。

2022 年，全市完成了 2 868 项已开工生产建设项目的监督检查，其中现场检查 1 238 项，下发监督检查意见 744 项，督促落实水土流失防治责任。

3. 生态清洁小流域建设　2022 年，全市完成 15 个示范点建设。启动并按计划推进 5 个新城生态清洁小流域建设，指导形成项目清单并组织开展 2023 年水利专项项目储备和技术评审。全市面上治理任务启动面积占“十四五”治理面积比例达到 50%，完成面积占“十四五”治理面积比例达到 10%，完成年度目标任务。

8 月 18 日，水利部副部长朱程清带队调研上海市生态清洁小流域建设，上海市水务局局长史家明陪同调研。

2022 年 12 月 26 日，浦东新区张家浜小流域、青浦区西虹桥小流域、松江区小昆山镇现代农业示范小流域、闵行区浦锦街道河狸社区小流域成功创建生态清洁小流域国家水土保持示范工程。

（孙凯博　何冰洁　林久兴　苏平如　赵杰）

【执法监管】

1. 联合执法　上海市坚持依法治水管水，不断加大河湖执法力度，切实落实跨区域联动、跨部门联合、与刑事司法衔接、与检察公益诉讼协作等水行政执法四项机制。2022 年 2 月，上海市水务局执法总队与上海市生态环境局执法总队签订《党建联建暨水生态环境执法协作协议》；7 月，上海市人民检察院与上海市水务局共同印发《关于建立健全本市水行政执法与检察公益诉讼协作机制的实施细则》；12 月，水利部太湖流域管理局与上海市水务局签订《常态化执法协作备忘录》。上海市水务局执法总队与市城管执法局联合开展防汛保安专项执法行动；与交通、生态环境、城管执法总队开展港口污染防治执法监督联合检查；与生态环境部太湖流域东海海域生态环境监督管理局、生态环境执法总队联合开展黄浦江上游饮用水水源地保护区执法巡查；联合港航公安和警务航空，联合开展为期 3 周的护航联巡行动；参与公安、农业农村等部门联合举行的“长江大保护”冬春季水空百日联巡行动。

2. 河湖日常监管　围绕年度执法形势，聚焦长江大保护和水安全保护，聚焦全市重点河道和骨干河道，开展防汛保安、河湖保护、长江采砂等专项执法行动，进一步加大执法力度，保护全市河湖安澜。

2022 年，市水务局执法总队在河湖执法方面开展执法检查 895 次，共计 2 246 人次，立案 111 件，罚款 473.6 万元。

（刘杰）

【水文化建设】　2022 年，青草沙水库获评“人民治水·百年功绩”工程项目。

2022 年，浦东新区滴水湖国家水利风景区在“水美中国”——首届国家水利风景区高质量发展典型案例发布会上宣传推介。

（阜志钢　赵杰）

【智慧水利建设】　2022 年 11 月 5 日，上海市水务局在上海市河长制工作平台的基础上，完成了水务综合督查平台（暨水务综合督查模块）建设，建设了监督日常工作管理模块、监督数据互联互通、监督综合态势管理、监督考核管理四大模块。通过构建市、区两级用户体系和基础业务流程，实现了督查工作电子化。通过市级用户制定督查计划、完成督查填报、区级用户完成督查整改等核心功能，对相关督查内容进行考核管理，满足了监督工作的日常闭环管理，大大提升了相关部门的工作协同效率与管理效能。平台通过对督查业务数据的收集与治理，构建了全市督查情况综合态势感知，实现了督查数据的直观可视化，为全市各级水务督查单位、相关行业管理单位等用户提供了信息服务，为落实水务督查推行提供了信息技术支撑，有助于推动水务行业监管工作机制和制度措施的建立与完善。

2022 年 11 月 15 日，上海市水务局完成了上海市河长制工作平台升级改造模块，主要建设了长三角协调治水功能建设、“一江一河”幸福河湖功能建设、治水成果巩固功能拓展、河湖长制制度保障功能完善、数据对接共五大模块。通过长三角区域河道信息查询、河道“一河一档”信息联动、跨界河湖水质数据分布、幸福河湖评价管理、排污口在线水质监测数据接入、泵站放江预警管理、公众护河管理、市、区级平台数据互联互通等核心功能，进一步推动河长制工作的精细化管理，加强河长制的宣传，畅通社会公众参与渠道，积极拓展社会公众力量来护水治水。

（沈建刚）

江苏省

【河湖概况】

1. 河湖数量　江苏省地处长江、淮河两大流域下游，水域面积 1.8 万 km^2，约占全省国土面积的

17%，是全国唯一拥有大江、大河、大湖、大海的省份。全省乡级以上河道2万多条，其中省骨干河道723条，长约2.07万km，包括流域性河道33条，区域性骨干河道123条，跨县及县域重要河道567条；共有列入省湖泊保护名录的湖泊137个。

2. 水量　2022年全省地表水资源量142.5亿m^3，其中淮河流域73.3亿m^3、长江流域25.0亿m^3、太湖流域44.2亿m^3。

3. 水质　全省重点水功能区水质达标率91.6%，县级及以上城市集中式饮用水水源地达标（达到或好于Ⅲ类标准）水量为75.57亿t，占取水总量的98.8%。210个国考断面优于Ⅲ类比例达91.0%，同比上升3.9个百分点，无劣Ⅴ类断面，均达到国家考核目标要求。长江干流江苏段各断面水质均符合Ⅱ类，同比保持稳定；长江主要支流断面水质全部达到或好于Ⅲ类，同比上升1.7个百分点。655个省考断面水质优于Ⅲ类比例为96.0%，达到省级考核目标要求，同比上升3.3个百分点。

4. 新开工水利工程　截至2022年年底，全省新开工淮河入海水道二期、吴淞江（江苏段）整治、赣榆区青口河治理、新桃花港江边枢纽、大型灌区续建配套及现代化改造等水利重点工程建设项目66个。（何羌　胡颖　董正兴）

【重大活动】　2022年6月2日，江苏省淮安市高淳区河湖长制工作成效突出，受到国务院督查激励。江苏省政府对2021年河湖长制工作推进力度大、河湖管理保护成效明显的地方予以督查激励通报，4个设区市、6个县（区、市）河长制工作受到省政府督查激励。

2022年6月15日，省河长办发布省级总河长、副总河长和省级河湖长调整名单。

2022年5—11月和8—11月，分别部署开展里下河地区和苏锡常镇地区40余个区、县一体化协同开展“清剿水葫芦、改善水环境”联保共治专项行动。

2022年7月1日，副省长陈星莺赴石臼湖、固城湖等地开展现场调研检查。

2022年，编辑出版全国首部河湖长制蓝皮书——《江苏省河湖长制发展蓝皮书（2017—2021）》，全面梳理总结江苏河湖长制工作开展以来的成效与经验。全省4个案例入选全国全面推行河湖长制典型案例汇编（2022），数量居全国各省之首。

2022年10月19日，副省长胡广杰赴新沟河、新孟河、滆湖、长荡湖等地开展现场调研检查。

2022年11月21日，经省委督查室同意，联合相关厅局对13个省辖市河湖长制工作开展年度专项督查。（任伟刚）

【重要文件】　2022年11月15日，省河长办会同水利部太湖流域管理局、浙江省河长办、上海市河长办印发《长三角生态绿色一体化发展示范区幸福河湖评价办法（试行）》（苏河长办〔2022〕21号）。

2022年12月15日，南京市河长办印发《南京都市圈联合河湖长制工作规则》（宁河长办〔2022〕56号）。（任伟刚）

【地方政策法规】

1. 法规　2022年3月31日，省十三届人民代表大会常务委员会第二十九次会议审议通过了《江苏省洪泽湖保护条例》，自2022年5月1日起实施。《江苏省洪泽湖保护条例》是江苏省首个针对单体湖泊制订的省级地方性法规，旨在统筹洪泽湖发展和保护关系，推动洪泽湖系统治理保护，是保障和促进洪泽湖区域高质量发展的一部重要法规。

2. 政策性文件　2022年1月9日，江苏省水利厅印发《关于印发〈江苏省取水许可实施细则（试行）〉的通知》（苏水规〔2021〕5号）。

2022年1月28日，江苏省水利厅印发《关于印发〈江苏省重点用水单位节约用水管理办法（试行）〉的通知》（苏水规〔2021〕6号）、《关于印发〈江苏省重点水利基本建设工程从业单位履约信用管理办法〉的通知》（苏水规〔2021〕7号）、《关于印发〈江苏省生产建设项目水土保持管理办法〉的通知》（苏水规〔2021〕8号）。（陈文）

【河湖长制体制机制建立运行情况】　不断完善协同共治机制，深化联合河长机制，构建共治共建共享的河湖治理新格局。一是推动跨流域联动，充分发挥“流域机构+省河长办”协作机制作用，会同两省一市河长办及水利部太湖局、长三角示范区执委会等有关部门联合制定《长三角生态绿色一体化发展示范区联合河（湖）长制工作规范》，强化省际跨界河湖联保共治；以江苏省幸福河湖建设标准为蓝本，两省一市及太湖局印发《长三角生态绿色一体化发展示范区幸福河湖评价办法（试行）》（苏河长办〔2022〕21号），共同打造跨界幸福河湖。做深做实太湖淀山湖湖长协作机制，不断完善“河长制+禁捕水域网格化”协同机制。二是推动跨区域联动，以省骨干河道和省保护名录湖泊为重点，推动上下游左右岸联保共治，区域内县级以上跨界河湖联合河长制已实现全覆盖。建立苏锡常镇地区跨界河湖水葫芦联保共治协作机制，持续开展“清剿水葫芦、美化水环境”联保共治专项行动，2022 年太湖地区累计打捞水葫芦等水面漂浮物 37.7 万 t，保障区域内水环境安全。三是推动跨部门联动，整合各行政条线优势力量，合力开展幸福河湖建设和河湖长制专项督查，积极推进河长制与断面负责人机制衔接，省水利、生态环境等部门围绕生态水位调度、运行管理及水质监测、生态河道建设、数据信息共享等 8 个方面，建立部门协同机制，定期会商会办，落实水质改善、黑臭水体治理等任务。召开省总河长会议，压实各级河湖长责任。印发年度工作要点，制定年度重点河湖问题清单、项目清单、责任清单，通过责任清单化、任务项目化、管护常态化，提高河湖治理管护质量，形成一级抓一级、层层抓落实的工作格局。

（任伟刚）

【河湖健康评价开展情况】 依据《生态河湖状况评价规范》，持续开展流域性骨干河道和省管湖泊生态状况评估，组织各市同步开展重点河湖生态状况评估。

（胡颖）

【“一河（湖）一策”编制和实施情况】 组织开展“一河（湖）一策”修编工作，省级河湖长“一河（湖）一策”修编工作已基本完成，年度修编 30 个，部署开展新增编制 6 个，幸福河湖建设实施方案（规划）实现市级全覆盖。南通焦港河入选全国 7 个幸福河湖建设试点之一。

（任伟刚）

【水资源保护】

1. 水资源刚性约束 率先探索丰水地区水资源刚性约束制度和指标体系，全面完成河湖水量分配工作，制定地下水管控指标，将用水总量控制指标分解至水源和重点河湖，构建具有江苏特色的用水总量与强度控制体系，推动形成“高效利用地表水、管理使用再生水、限制开采地下水”的水资源配置新格局。南京江北新区、徐州丰县、沛县等 8 个水资源刚性约束“四水四定”试点实施方案全部由地方政府批复实施。

2. 节水行动 2022 年，全面深化国家节水行动，细化分解“十四五”用水总量和效率控制目标，加快长江沿线、环太湖、沿海等地区的县域节水型社会达标建设进程，年内完成 16 个县域达标建设任务。高质量推进节水型企业、高校、社区、工业园区等载体建设，研究制订《节水型民用机场评价规范》（T/JSSL 0006—2022）、《节水型高速公路服务区评价规范》（T/JSSL 0007—2022）省级团体标准。全省建成节水型高校 23 家、水利行业节水型单位 57 家、各类省级节水型载体 479 家、节水型工业园区 9 个。调整完善重点监控用水单位名录，将年用水量 50 万 m^3 以上的工业企业、服务业和大型灌区全部纳入省级重点监控用水单位名录。广泛开展节水宣传，积极组织推进水利部等十部委联合举办的《公民节约用水行为规范》主题宣传活动，省水利厅获评优秀组织单位。在全省中小学开展第二届“水韵江苏——节水少年行”活动，并被全国节水办评为“节水中国 你我同行”优秀活动。“节水我先行——丰水地区创意节水公益宣传项目”荣获水利部水利公益宣传教育类一等奖。建设省级节水教育基地云展示平台，21 个省级节水教育基地实现在线展示。

3. 生态流量监管 积极开展母亲河复苏试点行动，“一河一策”有效保障重点河湖生态水位（流量）。出台《生态水位（流量）监测与评估技术指南》，加强 28 个省级重点河湖生态水位保障，建设监测预警系统，实行日监测、月评估、年考核制度。针对特殊干旱等情况，加强水雨情监测和生态流量（水位）监控预警，通过专题会商研判、优化工程调度、加强取用水监管等措施，使得重点河湖生态流量（水位）均得到有效保障。

4. 全国重要饮用水水源地安全达标保障评估 全省 22 个国家重要饮用水水源地均完成达标建设任务，全省县级以上城市水源地率先实现达标建设、双源供水、长效管护三项全覆盖，形成相互调配、互为补充、全面监控的安全供水格局。通过优化调度、应急供水等措施，科学应对咸潮入侵、湖库蓄水减少等情况。开展全国重要饮用水水源地名录复核和调研工作，完成国家重要饮用水水源地安全达标保障评估。

5. 取水口专项整治 颁布实施全国首个《取用水管理技术规范》（苏水办资〔2023〕1 号），按照“三规范、二精准、一清晰”的要求，持续推进取水工程规范化管理改造，省市组织开展抽查复核，提升建设质量。全面完成取用水管理专项整治“回头看”，深入推进取用水管理信息化，组织编制《江苏省取用水管理信息系统整合共享实施方案》。

6. 水量分配 全面建立省、市、县三级行政区域用水总量控制指标，配合流域机构完成淮河、太湖等 12 条跨省河湖水量分配方案，累计完成并批复省内包括秦淮河在内的 22 条河流、4 个湖泊的跨市河湖水量分配方案，提前超额完成水利部目标任务，

做到“应分尽分”。认真落实已批复的河湖水量分配方案，实施重点河湖水量调度，加强重要口门、重点取用水户管控，实现水量分配指标落实落地。

（胡颖）

【水域岸线管理保护】

1. 河湖管理范围划定　全面完成河湖保护规划编制，省级32个重点流域性河湖保护规划获省政府批复；市、县按照事权完成骨干河道和省名录湖泊保护规划编制。加快完善河湖划界成果，全面完成省政府公布的《江苏省湖泊保护名录（2021修编）》中新增单体湖泊的划界工作；省水利厅印发《江苏省河湖和水利工程管理范围划定管理办法（试行）》，建立河湖划界成果动态调整管理机制。以河湖管理保护范围划定成果为基础，完成重点河湖水流自然资源统一确权登记。

2. 岸线保护与利用规划编制　严格落实分区管理，贯彻水利部关于加强河湖水域岸线空间管控的指导意见，全面建立水域岸线分区管理制度，制定功能分区管控办法，确保水域岸线保护区、保留区从严管控，控制利用区、开发利用区高效利用。

3. 采砂管理　明确长江河道省级河长和省政府长江河道采砂管理责任人。按照“强化年”行动方案要求，组织水利、公安、海事、工信、交通运输等部门加大对采砂船、运砂船、砂石码头、船厂等重点环节的巡查检查，突出市县交界、节假日、夜间等重点区域、重点时段巡查。重要节日、重大活动期间，联合相关部门开展集中巡江行动，释放严管信号，形成强大威慑。各地创新巡查监管模式，灵活运用多种手段，取得明显成效。

4. “四乱”整治　出台《江苏省防汛保安和水文监测环境及设施保护专项执法行动方案》。对水利部进驻式督查交办问题，第一时间组织相关地方现场核查，明确整治时间表、路线图。水利部进驻式督查交办的32个大运河“四乱”问题，完成整改29个；水利部太湖流域管理局交办的涉及太湖岛屿、苏南运河、淀山湖水域71个“四乱”问题，完成整改68个；防汛保安和水文监测环境及设施保护专项执法行动中共出动执法人员8万余人次，执法车船18 000余台（航）次，发现问题线索1 200余条，查处防汛保安类案件104起，查处破坏水文监测环境及设施案件4起。

（何羌　董万华）

【水污染防治】

1. 排污口整治　开展了淮河流域入河（湖）排污口排查整治工作，共涉及徐州市、南通市、连云港市、淮安市、盐城市、扬州市、泰州市、宿迁市8个设区市。截至2022年年底，淮河流域内累计排查确认排污口69 131个，开展现场采样30 144个，系统填报实验室监测数据12 156个，溯源开展37 107个，系统填报分类编码33 578个，系统填报河长信息16 048个。

2. 工矿企业污染防治　2022年，全省累计关闭退出化工企业212家，超额完成年度目标任务。编制《智慧化工园区建设规范》，打造一批智能示范工厂和示范车间。印发《关于组织开展2022年重点行业落后生产工艺装备排查和淘汰工作的通知》，组织各地开展全面排查。制定实施《江苏省工业领域节能技改行动计划（2022—2025年）》，建立重点节能技改项目清单204项，有序推进节能改造。启动年新增能耗5 000t标准煤以上技改项目节能审查，严把能效准入门槛。组织对钢铁、有色、石化化工、建材、数据中心等行业的107家企业和年耗能5万t标准煤以上的155个固定资产投资项目开展专项节能监察，督促超能耗限额标准及违规使用淘汰类用能设备的企业限期整改、落实惩罚性电价措施。

3. 城镇生活污染防治　2022年，全省新增污水处理设施规模89万m^3/d，新增城镇污水收集主干管网2 684km。截至2022年年底，全省建成城镇污水处理厂898座，城镇污水处理能力达2 165万m^3/d，其中城市污水处理厂217座，处理能力1 736万m^3/d；镇级污水处理厂681座，处理能力429万m^3/d。累计建成城镇污水收集主干管网约66 935km。全省城市和县城均建有城镇污水处理厂，实现建制镇污水处理设施全覆盖，城市（县城）污水处理率达97%（初步统计）。2022年全省城市（县城）生活污水集中收集率约72.4%（初步统计）。印发《“十四五”江苏省长江经济带城镇污水垃圾处理实施规划》，加快推进污染治理“4＋1”工程建设，进一步提升污水收集处理能力。编制印发《江苏省太湖流域城镇生活污水治理专项规划》，推进新一轮太湖水环境治理。深入推进城镇污水处理提质增效精准攻坚“333”行动。持续推进“污水处理提质增效达标区”建设，截至2022年年底，全省累计建成污水处理提质增效达标区3 300km^2，占全省城市建成区总面积60%左右，基本消除建成区污水直排口和管网空白区，整治餐饮、洗车等“小散乱”排水22 134个、整治单位和居民小区排水5 182个、整治工业、企业排水1 394个。联合省有关部门组织开展2021年度城镇污水处理提质增效“333”行动考核并印发情况通报。2022年全国城镇污水处理提质增效三年行动评估中，江苏位列全国前3名。

4. 畜禽养殖污染防治 组织各地建立规模养殖场清单，年度整治提升清单 4 000 多家，农业农村、生态环境部门联合开展检查认定。建立健全巡查指导常态化机制，指导督促畜禽养殖场户全面履行主体责任，全年巡查超过 2.4 万场次。指导主要涉牧地区制定管理办法，推进台账规范化管理。举办全省畜禽粪污资源化利用培训，编写《畜禽标准化生态健康养殖典型案例和工作交流资料汇编》，南京市高淳区、如皋市入选全国规模以下养殖场户畜禽粪污资源化利用典型案例。持续开展标准化生态健康养殖示范创建，新创建 6 家部级示范场。全省畜禽粪污综合利用率达 95%以上。

5. 水产养殖污染防治 印发《江苏省养殖水域滩涂规划（2020—2030 年）》，划定了养殖区、限养区和禁养区。贯彻落实《省政府办公厅关于加快推进池塘标准化改造 促进渔业绿色循环发展的通知》，分解落实各设区市池塘标准化改造年度目标任务，会同省生态环境厅印发《关于进一步加快推进池塘标准化改造促进养殖尾水达标排放的通知》，联合召开全省工作推进会，部署推动池塘标准化改造，2022 年全省改造标准化池塘超过 40 万亩。实施水产绿色健康养殖“五大行动”，组织开展水产养殖规范用药科普下乡活动，集成示范推广一批生态健康技术模式，组织南京市高淳区、盐城市射阳县等 6 个经营主体参加国家级水产健康养殖和生态养殖示范区创建。

6. 农业面源污染防治 开展部级绿色种养循环农业试点建设。强化测土配方施肥基础工作，发布 2022—2023 年主要农作物基肥主推配方。发布江苏省农企合作肥料企业名单和科学施肥技术指导专家库人员名单，加强产需对接和农企合作。省政府办公厅出台《关于积极探索化肥农药实名制购买定额制使用持续推进化肥农药减量增效的指导意见》，南京、昆山、姜堰和洪泽等地率先开展化肥“两制”试点；发布全国首个主要农作物化肥用量定额省级地方标准。2022 年全省化肥使用量较 2020 年预计削减 1%以上。扎实开展农药减量控害行动。强化农作物病虫疫情监测预警，推进智能监测预警体系建设。推广病虫害绿色防控技术，公布 269 种农药类产品、6 类其他防控产品及 12 项技术。持续推进绿色防控示范区和示范县建设。加强农作物病虫害统防统治，培育省级农作物病虫害专业化防治星级服务组织 103 家。

7. 船舶港口污染防治 印发实施《关于深入打好交通运输污染防治攻坚战的实施方案》《2022 年度深入打好交通运输污染防治攻坚战工作要点的通知》，全省辖区 1 046 艘新建船舶全部按要求达标配备防污设施设备，实现新建船舶防污设施配备达标率 100%。共有 4 768 家船舶水污染物接收、转运和处置企业在系统中注册并正常使用，全年共接收船舶垃圾 4 184.6t、生活污水 33.3 万 m^3、含油污水 3.4 万 m^3、残油废油 3.8 万 m^3，系统中全省各类船舶污染物转运处置率已稳定保持在 90%以上。开展船舶防污染专项检查 12 308 艘次，检查内河港口码头的船舶污染物接收设施 1 921 次，查处各类船舶和港口污染违法行为 598 起。沿江 5 座水上洗舱站共开展作业 453 艘次，接收处置洗舱水约 20 420m^3。

（李昌成　高领　李舜尧　刘一帆　邱效祝）

【水环境治理】

1. 饮用水水源规范化建设 持续优化水源地布局，明确提出“扎根长江、依托三湖、江水北调、南济东引”的水源地空间格局，对取水口布局不合理的水源地进行调整，形成安全保障程度更高的水源地布局。建立长效管护标准化建设机制，规范水源地名录核准和注销，实现水源地名录库动态管理。按照《集中式饮用水水源地管理与保护规范》地方标准，全面推进集中式饮用水水源地规范化建设，完成 2/3 以上城市水源地规范化建设，进一步实现饮用水水源地管理与保护提档升级。依托跨部门的水源地信息共享平台，强化信息共享，每月发布水源地水文情报；全省城市水源地实现双源供水，满足应急供水需求。

2. 黑臭水体治理 2022 年全省排查新增和返黑返臭水体 15 条，其中已完成整治 10 条，预计在 2023 年 3 月完成其余 5 条整治工作；对已完成整治的 591 条水体按季度开展水质监督检测，94%的水体稳定达标；推动城市水体滨水空间建设，年度建成 35 条城市滨水空间示范水体建设。印发《江苏省持续打好城市黑臭水体治理攻坚战行动方案》（苏污防攻坚指办〔2022〕109 号），会同生态环境部门组织开展黑臭水体治理环境保护专项行动。督促指导各地结合已整治水体治理效果评估、城镇污水处理提质增效达标区建设、群众举报问题线索核实等工作，对城市建成区水体开展全面排查，推进城市黑臭水体动态消除。督促各地发挥好河长制作用，加强已整治的城市黑臭水体巡查和管护。会同省生态环境部门按季度开展水质监督检测工作。推动实施城市水系联通等河道活水工程，推进将城镇污水处理厂尾水用于河道生态补水，提升水体流动性，增强水体自净能力，推动从黑臭水体整治向滨水宜人

开放空间塑造升级，全年共完成 35 条示范水体建设。

3. 农村水环境整治　按照省委、省政府美丽江苏建设要求，以农村生态河道建设为抓手，着力加强农村水生态环境治理修复，促进河道休养生息，维护河道生态健康。截至 2022 年年底，全省已建成农村生态河道 7 500 余条（段）、长度 2.92 万 km，全省农村生态河道覆盖率达 37.7%。累计投入资金超过 40 亿元，新建成农村生态河道 2 000 余条（段）、长度 6 800 余 km，累计打造生态护岸 4 700km，配套建筑物 2 000 余座，植树 180 万株，绿化岸坡 1 000 万 m^2。“五位一体”长效管护模式在全国得到推广。　（胡颖　李舜尧　张健）

【水生态修复】

1. 退田还湖还湿　淮安、宿迁两市结合洪泽湖周边滞洪区近期建设工程，稳妥、有序、集中连片开展退圩还湖综合治理，巩固退圩退养还湖还湿成果。恢复洪泽湖水域面积 30km^2，恢复防洪库容近 5 000 万 m^3。太湖累计打捞蓝藻 217 万 t，望虞河累计引江入湖 7.9 亿 m^3。启动新一轮生态清淤工程，完成 150 万 m^3 年度清淤任务。编制《洪泽湖近岸生态修复示范工程建设规划》，加快推动“百里画廊”“醉美湖湾”建设。

2. 生物多样性保护　建立省相关部门参加的外来物种入侵防控厅际联络员制度，会同省财政厅等 7 部门印发《江苏省外来入侵物种普查工作方案》，不定期召开外来入侵物种普查与防控工作会议。启动实施全省农业外来入侵物种普查，对农业外来入侵植物、病虫害和水生动物开展普查，联合生态环境厅发布《江苏省外来入侵物种名录（第一批）》。根据农业农村部等七部委部署要求，会同省有关部门组织开展野生蚯蚓保护排查整治，推动各地加强对社会公众宣传引导，积极探索通过立法等手段加强依法监管。强化水产种质资源保护区建设管理，在重点渔业水域组织开展“全国放鱼日”等增殖放流活动，组织开展长江、重点湖泊、近海等重要渔业水域的资源监测，按照农业农村部部署完成第 4 次长江江豚江苏段科学考察任务，组织编制并发布《2021 年江苏省水生生物资源与渔业水域环境状况公报》。

3. 生态补偿机制建立　编制《长三角区域一体化发展背景下太湖流域生态补偿和污染赔偿联动机制研究》，以长三角生态绿色一体化发展示范区为对象，基于流域跨界断面水量和水质保障核心，开展跨区域横向补（赔）偿的资金测算标准、太湖流域水质考核体系、多元化补偿方式、省市际谈判机制等研究，提出太湖流域太浦河区域生态补偿和污染赔偿平台建设思路以及社会资本参与等市场化多元化补偿方式，形成上海、江苏、浙江跨省（直辖市）际的流域生态补偿和污染赔偿研究成果。

4. 水土流失治理　2022 年，全省坚持政府主导、水利牵头、各有关部门协调联动，按照山水林田湖草沙系统治理要求，以国家水土保持重点工程为抓手，积极整合多部门及社会资源，多措并举推动水土流失综合治理。2022 年全省重点实施的 25 个国家水土保持重点工程小流域综合治理项目全面完成年度建设任务和投资计划，新增各类水土保持措施面积 91.21km^2，任务完成率为 103.6%；完成投资 2.49 亿元，投资完成率 102%。全年综合治理水土流失面积 322km^2，全省水土流失面积下降至 2 165.15km^2，水土保持率达 97.89%，水土流失面积和强度实现“双下降”。

5. 生态清洁型小流域建设　2022 年，全省认真落实“节水优先、空间均衡、系统治理、两手发力”治水思路，以生态清洁小流域建设为抓手，创建了一批高标准、有特色的生态清洁小流域。2022 年新建成省级生态清洁小流域 48 个，为历年最多，累计建成 180 个。通过水土流失治理、生态修复、水源涵养、水质提升、村庄环境整治等措施，全省生态清洁小流域建设成效显著，水土保持效益明显提升，水环境明显改善，经济收益明显提高，社会效益持续彰显。　（何羌　刘一帆　张健　李昌成）

【执法监管】

1. 河湖日常监管　开展重点河湖水域岸线空间动态遥感监测，及时发现处置违法违规利用行为；开展常熟市、徐州市、丰县等水域保护试点工作，实施水域清单化、图斑化管控，探索水域“空间不减少、功能不衰退”的实现路径。积极推进第二轮中央环保督察涉及水利问题整改，开展长江干流岸线利用项目排查整治行动“回头看”，不断完善长江堤防岸线涉河巡查机制，建立完善“周巡查、旬抽查、月通报”制度，不断健全源头预防、过程控制、终端治理的闭环管理体系。

2. 联合执法　重要节日、重大活动期间，联合相关部门开展集中巡江行动。各地创新巡查监管模式，灵活运用多种手段，取得明显成效。南京市守住长江“西大门”不放松，在苏皖交界水域盯牢盯死。苏州、南通、无锡、泰州等地连续多次开展“两岸四地”巡查行动。南通、泰州两市加大对通江河道巡查力度，适用《长江保护法》查处长江流域内河非法采砂案。2022 年共出动执法人员 33 215 人次，执法船 4 397 艘次，开展各层级集中打击行动 519 次，查处非法采砂船 1 艘，非法移动采砂船 6 艘，拆解“三无”采砂船 17 艘（累计 381 艘），对 10 艘改装隐形采砂船拆除采砂机具去功能化（累计 128 艘）。

（董万华　何羌）

【水文化建设】

1. 水利风景区　2022 年，南京浦口象山湖、常州武进滆湖 2 家景区成功认定为国家水利风景区；南京市栖霞区周冲水库、徐州市睢宁县白塘河、常州市滨江毗陵潮、常州市武进区春秋淹城遗址、淮安市清江浦区大口子湖、淮安市金湖县水上森林、盐城市盐都区小马沟、扬州市仪征市月塘水库、镇江市句容市北山水库、泰州市泰兴市长江生态廊道等 10 家景区通过省级水利风景区认定。截至 2022 年年底，全省累计建成省级以上水利风景区 186 家，其中国家级 66 家。南京玄武湖、省泰州引江河入选第二批国家水利风景区高质量发展典型案例，省三河闸被列为重点推介案例。省江都水利枢纽、省三河闸、盐城市大纵湖、宿迁市古黄河、连云港市赣榆区夹谷山等 5 家景区入选水利部红色基因水利风景区名录。上线全国首个水利风景区线上服务平台——云上水景，创新开展水利风景区精品线路推选，设计推出“故道千里远，故事千年传”等 15 条水利风景区精品线路。编撰的《水韵江苏——河湖印记丛书》，入选“江苏省 2022 年主题出版重点出版物”。在《江苏水利》推出水文化专栏，连续 9 期展现水利风景区、水利遗产管理保护成果。

2. 河长制主题公园　全省各地河长制主题公园建设呈现三大特点。一是在主题内容上由河长制展示向水情科普教育、水韵文化传播方向深化；二是在品质内涵上由寓教于乐型向生态环境、文旅健身、幸福河湖方向拓展；三是在建设方式上由水利部门“单打独斗”向多部门联建、社会公众参与、多要素融入方向转变。全年共建成河长制主题公园 229 个，启动建设 166 个。

3. 河湖文化博物馆　出台《江苏省“十四五”水情教育规划》，为“十四五”期间全省水情教育工作提供依据；编制《水情教育基地评价规范》并由省市场监管局正式发布，成为全国首个水情教育基地评价地方标准。召开全省水利新闻宣传暨水情教育工作座谈会，指导推进各地蓬勃开展水情教育。推荐扬州中国大运河博物馆申报 2022 年度国家水情教育基地。加强基地监管，鼓励已建成的省级以上基地建设云展厅，打造多渠道开放展示平台。举办全省水情教育科普讲解大赛并推荐优秀选手参加全国比赛，其中 4 人获奖。联合生态环境厅，完成首届省中小学生水科技发明比赛，扩大水情教育覆盖面。制作歌曲、视频片、动漫等水情教育科普读物和文创产品，丰富水情教育呈现形式，《水・江苏》公益宣传片和“碧水绕苏”水情教育系列活动分获第六届中国青年志愿服务项目大赛二、三等奖。

（王新儒　任伟刚　程瀛）

【智慧水利建设】

1. “水利一张图”　更新全省 1∶10 000 矢量瓦片数据；更新全省 0.5m 分辨率影像；更新南京市、无锡市、苏州市、淮安市、南通市、徐州市、扬州市 0.2m 分辨率影像；更新长江、京杭两条河流 0.2m 分辨率影像；集成灌区“一张图”、水土保持等业务数据。通过水利专网到物联网的映射，同时满足在移动端使用“一张图”的需求。在此基础上，依托已有软硬件支撑环境，构建江苏省水利数字孪生数据底板，完成全省 13 个设区市建筑白膜数据、全省地形数据和新孟河三维数据生产，并提供二次开发接口。

2. 河长 App　主要包括统计分析、河湖信息和河长巡河三部分内容，统计分析展示了河长制管理概况，巡河情况统计和“清四乱”督察统计信息。河湖信息可以供用户查询管理辖区内的各个河湖的信息。河长巡河可以通过“附近河湖”和“我的河湖”进行巡河，可以查询历史巡河记录，对在巡河过程中发现的问题可以通过问题上报功能进行上报。

3. 数字孪生　加快河湖数字赋能。不断加强河湖保护治理与信息技术深度融合，依托省市已建成的信息化管理系统，充分运用卫星遥感、大数据等新一代信息技术，贯通省、市、县河湖信息化管理系统，形成全省河湖信息化“一张网”。省级完成新孟河数字孪生系统建设，河湖资源与系统集成、河湖巡查系统正式投入运行；常州市启动数字孪生滆湖建设项目，入选水利部先行先试工作试点；南通市建成长江堤防精细化管理“一平台”；泰州靖江市、姜堰区建成数字孪生河湖管理平台和支撑“大引大排、数字孪生、智能调控”的智能水网。江苏省河长制管理信息系统建设了河湖长制标准规范体系、河湖长制综合数据库、河长制数据整合、集成和管理、综合展示、河长制“一张图”服务、河长制业务管理系统（巡河管理、问题处理、热线问题、协同办公、智慧分析、公示牌管理、河湖岸线整治、数据审核、省级数据维护）、河湖长 App、“跑步巡河”小程序等内容。

（何羌　许建平）

浙江省

【河湖概况】

1. 河湖数量　浙江省地处我国东南沿海，省内河流纵横、河网湖泊星罗棋布，自北向南有苕溪、运河、钱塘江、甬江、椒江、瓯江、飞云江和鳌江八大水系及浙江沿海诸河水系。钱塘江、甬江、椒江、瓯江、飞云江、鳌江独流入海，苕溪流入太湖。尚有杭嘉湖平原、萧绍平原、宁波平原、台州沿海平原、温州沿海平原等五大平原河网。全省河道总长度14.1万km，其中流域面积50km² 以上河流为856条，长度2.2万km；流域面积1万km² 以上的河流有钱塘江、瓯江、新安江。全省水面面积0.5km² 以上的湖泊为86座。

2. 水量　2022年，全省平均降水量1 567.0mm，较2021年降水量偏少21.4%，较多年平均降水量偏少3.4%。全省水资源总量934.27亿m³，较2021年水资源总量偏少30.5%，较多年平均水资源总量偏少4.3%，产水系数0.57，产水模数89.1万m³/km²。全省地表水资源量917.95亿m³，较2021年地表水资源量偏少30.6%，较多年平均地表水资源量偏少4.4%。地表径流的时空分布与降水量基本一致。全省地下水资源量208.34亿m³，地下水与地表水资源不重复计算量16.32亿m³。

3. 水质　2022年，全省158个国控断面优良水质达到99.4%，296个省控断面水质达到或优于地表水环境质量Ⅲ类标准的断面占97.6%（其中Ⅰ类占11.8%、Ⅱ类占47.0%、Ⅲ类占38.9%），Ⅳ类占1.7%，Ⅴ类占0.7%，无劣Ⅴ类断面，与2021年相比，Ⅰ～Ⅲ类水质断面比例上升2.4个百分点。八大水系所有断面都达到或优于Ⅲ类，京杭运河水质为Ⅱ～Ⅲ类。平原河网水质为Ⅱ～Ⅴ类，其中Ⅱ～Ⅲ类水质断面占91.4%，Ⅳ类占5.7%，Ⅴ类占2.9%。与2021年相比，Ⅲ类及以上水质断面比例上升5.7个百分点。

4. 新开工水利工程　2022年，全省重大水利工程项目投资计划300亿元，至2022年年底完成投资340亿元，完成率113.3%。新开工建设钱塘江西江塘闻堰段海塘提标加固工程、东苕溪防洪后续西险大塘达标加固工程等重大工程60项。（何斐）

【重大活动】　2022年5月10日，副省长、太湖流域省级湖长徐文光赴湖州开展太湖巡河工作。

2022年6月10日，省政协副主席、瓯江流域省级河长周国辉赴丽水开展瓯江巡河工作，并主持召开2022年瓯江流域河长制工作会议。

2022年7月8日，全省建设新时代美丽浙江推进大会暨生物多样性保护大会在杭州市召开。省委书记袁家军出席会议并讲话。

2022年8月12日，副省长、钱塘江流域省级河长卢山赴杭州开展钱塘江巡河工作，并组织专题研究钱塘江流域水生态保护专项审计调查反映问题。

2022年8月18日，省人大常委会副主任、京杭运河省级河长史济锡赴湖州德清开展运河巡河工作。

2022年9月2日，省人大常委会副主任、苕溪流域省级河长李学忠赴长兴开展苕溪巡河工作，并组织开展《中华人民共和国长江保护法》执法检查和苕溪生态环境保护专题调研。

2022年11月2日，省政协副主席、飞云江流域省级河长陈小平赴温州开展飞云江巡河工作，并在平阳召开河长制工作座谈会。

2022年11月22日，省委副书记、曹娥江流域省级河长黄建发赴绍兴开展曹娥江巡河工作。

2022年11月24日，省政府召开“五水共治”工作暨城镇“污水零直排区”建设工作电视电话会议，贯彻落实党的二十大精神及省第十五次党代会和美丽浙江推进大会要求，总结交流“五水共治”工作，部署“五水共治”新“三五七”、城镇“污水零直排区”建设等重点工作。

2022年12月1日，浙江省人民政府办公厅召开全省农村生活污水治理和城乡垃圾分类处理工作电视电话会议。副省长高兴夫出席会议并讲话，省政府副秘书长梁群主持会议。（何斐　徐靖钧）

【重要文件】　2022年4月27日，浙江省人民政府印发《浙江省美丽海湾保护与建设行动方案的通知》（浙政发〔2022〕12号）。

2022年12月21日，中共浙江省委办公厅、浙江省人民政府办公厅关于印发《关于高质量推进“五水共治”打造生态文明高地的意见》（浙委办发〔2022〕70号）。（何斐　徐靖钧）

【地方政策法规】

1. 地方性法规　2022年7月29日，《浙江省海塘建设管理条例》经浙江省第十三届人民代表大会常务委员会第三十七次会议修订通过，自2022年9月1日起施行。

2. 规范（标准）　2022年8月19日，浙江省水利厅发布《海塘工程安全评价导则》（DB33/T 852—2022），自2022年9月19日起实施。

3. 政策性文件 2022 年 2 月 22 日，浙江省水利厅发布《关于 2021 年度河长制湖长制工作激励市名单公示》，拟推荐丽水市作为激励市。

2022 年 3 月 21 日，省美丽浙江建设领导小组河长制办公室、浙江省水利厅印发《关于开展“寻找最美河湖长”活动的通知》（浙河长办〔2022〕4 号）。

2022 年 3 月 30 日，省美丽浙江建设领导小组河长制办公室印发《关于抓紧做好河湖长信息动态更新工作的通知》（浙河长办〔2022〕6 号）。

2022 年 4 月 28 日，省美丽浙江领导小组河长制办公室印发《关于 2022 年浙江省河湖长制工作强宣传行动方案的通知》（浙河长办〔2022〕9 号）。

2022 年 5 月 7 日，省美丽浙江建设领导小组河长制办公室印发《关于抓紧开展河湖长公示牌更新工作的通知》（浙河长办〔2022〕11 号）；省美丽浙江建设领导小组河长制办公室印发《2022 年浙江省河湖长制工作要点的通知》（浙河长办〔2022〕12 号）。

2022 年 5 月 16 日，省美丽浙江建设领导小组河长制办公室、浙江省水利厅印发《关于加快推进妨碍河道行洪突出问题整改的通知》（浙河长办〔2022〕13 号）。

2022 年 6 月 20 日，省美丽浙江建设领导小组河长制办公室、浙江省水利厅印发《关于进一步做好妨碍河道行洪突出问题排查整治工作的通知》（浙河长办〔2022〕14 号）。

2022 年 7 月 11 日，省美丽浙江建设领导小组河长制办公室印发《关于开展河湖长履职绩效评价与报送工作的通知》（浙河长办〔2022〕17 号）。

2022 年 7 月 14 日，省美丽浙江建设领导小组河长制办公室、浙江省水利厅发布《关于加强江河湖库水域溺水事故安全防范工作的通知》（浙河长办〔2022〕18 号）。

2022 年 7 月 26 日，省美丽浙江建设领导小组河长制办公室印发《关于抓紧做好浙水美丽（河长在线）应用平台迭代升级工作的通知》（浙河长办〔2022〕19 号）。

2022 年 9 月 27 日，省美丽浙江建设领导小组河长制办公室印发《关于全面开展河湖长制述职工作的通知》（浙河长办〔2022〕21 号）。（何斐 陆佳）

【河湖长制体制机制建立运行情况】 2022 年，浙江省以河湖长制为牵引，统筹“五水共治”一体谋划、一体部署、一体推进工作机制，研究提出高质量推进“五水共治”打造生态文明高地实施意见，制定实施新“三五七”目标，系统推进高效能水质感知网、高质量处理设施网、高标准防洪排涝网、高水平水资源配置网、高品质幸福河湖网“五张网”建设。制定《关于印发〈2022 年浙江省“五水共治”“河湖长制”工作要点及重点任务清单〉的通知》（浙治水办发〔2022〕9 号），明确年度工作目标、重点任务和实施路径。制定《关于印发〈2022 年度省级有关单位“五水共治”“河湖长制”重点工作任务书〉的通知》（浙治水办〔2022〕12 号）、《关于印发〈2022 年度“五水共治”“河湖长制”工作各市责任书〉的通知》（浙治水办〔2022〕13 号），明确省级涉水部门的具体任务和各市年度治水目标任务，表格化、清单式抓落实，压紧压实工作责任。

围绕河湖长责任体系建设，制定《河湖长述职工作制度》《河湖长履职评价积分规则》《河湖长履职绩效评价与报送制度》等一系列制度，量化评价河湖长履职成效，定期开展排名晾晒，直达河湖长本人和联系单位，督促提升履职实效。按照《河湖长工作规范》要求，规定河湖长履职内容、要求和工作标准，提升履职规范化、标准化水平。建立河湖健康档案、开展河湖健康评价，精准编制“一河一策”，为河湖长高效履职提供技术支撑。强化联动协同，建立“联合河长制”“河长＋警长”“河长＋检察长”等机制，促成治理成效。

按照“流域统一、区域分级，责任到人、五级联动”的要求，印发《省美丽浙江建设领导小组河长制办公室关于抓紧做好河湖长信息动态更新工作的通知》（浙河长办〔2022〕6 号），完善设置省、市、县、乡、村五级河湖长。结合党委政府换届年，对全省各级总河长、五级河湖长名录信息进行全面梳理、系统更新，实现全省 2 964 名总河长、49 164 名五级河湖长名录信息线下线上同步更新。强化河湖长社会监督，全省完成 8.2 万块河湖长公示牌信息更新。

（何斐 王巨峰）

【河湖健康评价开展情况】 2022 年，省级下达河湖健康评价任务 100 个，并将完成情况纳入河湖长制工作考核指标。各地市参照《浙江省治水办（河长办）、水利厅、生态环境厅关于印发〈浙江省河湖健康及水生态健康评价指南（试行）〉的通知》（浙治水办函〔2021〕56 号），从水文、水质、河湖形态、水生生物、社会服务和河湖管理等多个方面综合评价河湖健康状态。采用“现场监测＋内业分析”结合的形式，综合水生态（生物）监测、国土地类图斑识别、无人机巡航等多种手段开展生态、生境的调查；通过多部门资料收集、交流座谈和公众调查，获取河湖管护和社会服务情况。2022 年，全省累计完成 189 条（个）河湖健康评价，其中省级完成曹

娥江的河湖健康评价。（汪馥宇）

【“一河（湖）一策”编制和实施情况】 2022年，全省累计完成13 929条（个）河流（湖泊）“一河（湖）一策”年度实施方案编制任务，其中包括钱塘江、苕溪、曹娥江、运河、飞云江、瓯江、太湖等7条（个）省级河湖长责任河湖“一河（湖）一策”年度实施方案，各级联系部门组织印发并实施。

（李梅凤）

【水资源保护】

1. 水资源刚性约束　2022年，全省用水总量167.8亿m^3，万元GDP用水量较2020年降低8.5%，万元工业增加值用水量降低14.1%，城市公共供水管网漏损率5.4%，城镇居民年人均生活用水量53.3m^3，农田灌溉水有效利用系数提高到0.609。全国重要江河湖泊水功能区水质达标率为98.8%，达历史新高。推动建立水资源刚性约束制度，制定各设区市“十四五”用水总量和强度双控目标，各市将双控目标分解到年度、落实到县（市、区）。经省政府同意印发《浙江省地下水管控指标》，确定省、市、县三级管控指标以及45个平原区县（市、区）的水位控制指标。开展地下水禁限采区评估调整。完善水资源管理制度体系，印发《浙江省水资源综合评价指标体系（试行）》（浙水资〔2022〕17号），并首次发布全省评价成果。配合省财政厅等4部门出台《关于深化省内流域横向生态保护补偿机制的实施意见》（浙财资环〔2022〕55号），明确了实施范围，制定了补偿指标、基准、标准等内容。

2. 节水行动　2022年4月15日，省水利厅等12部门联合下发《关于印发〈浙江省2022年度节水行动计划〉的通知》（浙节水办〔2022〕4号），加快推进实施国家节水行动。5月20日，为确保高质量完成阶段目标任务，组织召开2022年度节水行动重点工作推进会，进一步加强各部门统筹协调，明确职责分工，加快节水重点工程建设。7月1日，省水资源管理和水土保持工作委员会办公室印发《关于协助做好2022年浙江省节水行动实施进展情况通报信息报送的函》（浙水委办函〔2022〕3号），执行节水行动任务进度季度通报制度。省水资源管理和省水土保持工作委员会办公室分别于7月29日、11月8日印发《关于2022年1至6月浙江省节水行动重点任务实施进展情况的通报》（浙水委办〔2022〕4号）、《关于2022年1至9月浙江省节水行动重点任务实施进展情况的通报》（浙水委办〔2022〕7号）。9月19日，省水资源管理和省水土保持工作委员会办公室印发《浙江省节水工作部门协调机制2022年度工作要点》（浙水委办〔2022〕6号），进一步明确部门职能分工和目标任务。同时结合2022年水资源管理和节约用水监督检查，开展实施情况专项督导，确保节水行动取得实效。2022年，省水利厅会同其他厅局共同发力，以《浙江省节水行动实施方案》为统领，以节水数字化改革为支撑，协同推进农业节水增效、工业节水减排、城乡节水降损和非常规水利用，不断完善政策制度、创新市场机制，各项年度目标任务圆满完成，水资源利用效率得到进一步提升。

3. 生态流量管控　完成省级13条重要河湖、21个控制断面生态流量复核，建立生态流量监测评价月度通报制度，定期发布《浙江省重点河湖主要控制断面生态流量监测信息》，评价成果在“九龙联动治水”的浙水节约和浙水美丽平台中公布。33座大型水库生态流量控制要求纳入控运计划，2 699座小水电站生态流量泄放纳入“浙江省农村水电站管理数字化应用”监测监管。12月，选择分水江、鳌江、合溪、西苕溪、马金溪等5个典型河湖开展已建水利水电工程生态流量核定与保障先行先试，并上报水利部。

4. 全国重要饮用水水源地安全达标保障评估　2022年3月，经地方自评、现场抽查、资料评审等环节，完成79个饮用水水源地安全保障达标年度评估工作，省水利厅会同省生态环境厅印发《关于公布2021年度县级以上集中式饮用水水源地安全保障达标评估结果的通知》（浙水资〔2022〕3号），其中77个水源地评估等级为优，2个水源地评估等级为良。11月，省水利厅印发了《浙江省水利厅办公室关于开展2022年度县级以上集中式饮用水水源地安全保障达标评估的通知》（浙水办资〔2022〕18号），制定浙江省重要饮用水水源地安全保障评估技术指南，开展2022年度县级以上集中式饮用水水源地安全保障达标评估工作。

5. 水量分配　2022年，编制交溪、建溪、信江等3条跨省河流省内水量分配方案。9月，经省政府同意后，省水利厅印发《关于浙江省交溪流域水量分配方案的通知》（浙水资〔2022〕21号）、《关于浙江省建溪流域水量分配方案的通知》（浙水资〔2022〕20号）、《关于浙江省信江流域水量分配方案的通知》（浙水资〔2022〕19号）。（沈仁英）

【水域岸线管理保护】

1. 河湖管理范围划界　2022年，省水利厅组织深入推进全省水域调查成果和河湖管理范围划界成果复核工作，第一次水利普查名录内河湖管理范围划界成果已全部完成复核。

2. 岸线保护利用规划　推进钱塘江、瓯江、大运河（浙江段）、苕溪、飞云江、曹娥江等重要河湖岸线保护与利用规划编制。结合《浙江省水域保护办法》规定，以县域为单元加快推进全省水域保护规划编制，提出河湖水域岸线空间管控和保护要求，制定负面清单，强化岸线用途管控和节约集约利用。全省各县（市、区）已完成水域保护规划编制。

3. 采砂整治　在水利部网站公示重点河段、敏感水域采砂管理四个责任人清单，接受社会监督。深入开展非法采砂整治专项行动，累计查处非法采砂行为144起，移送行政处罚案件81起、刑事案件3起。推进河湖疏浚砂石资源综合利用，全省28个县（市、区）的107个项目中累计供应砂石 1 144万t。

4. “四乱”整治　2022年，浙江全面推进妨碍河道行洪问题整治专项行动，共排查294个碍洪突出问题，全部整改到位，销号率100%。常态化规范化推进河湖“清四乱”，排查整改销号“四乱”问题4 054处，清理非法占用河道岸线268.3km，清理建筑和生活垃圾64.7万t，拆除违法建筑7.5万m^2。完成衢丽铁路等10个省级重大项目涉水审批，开展涉河涉堤在建项目检查49个，督促完成问题整改31个。　（马跃东　罗正）

【水污染防治】

1. 排污口整治　根据《长江入河排污口排查整治专项行动工作方案》要求，推进生态环境部交办的900个长江入河排污口排查、监测、溯源工作。经排查，其中32个为非排污口、868个为排污口。截至2022年年底，完成采样监测点位794个，采样监测率达91.47%，完成溯源点位868个，溯源率达100%。

2. 工矿企业污染　全域推进“污水零直排区”。省生态环境厅会同省美丽浙江建设领导小组五水共治办公室、省经济和信息化厅印发实施《浙江省长江经济带工业园区水污染整治专项行动暨深化工业园区“污水零直排区”建设工作方案》及配套省级标杆工业园区“污水零直排区”建设指南和工业园区“污水零直排区”建设数字化监管指引。2022年，完成23个重点工业园区“污水零直排区”建设及验收，组织开展已完成建设园区第三方技术评估。指导各市积极培育省级标杆工业园区“污水零直排区”，经各市推荐、专家审查、集体研究，确定公布第一批23个省级标杆工业园区“污水零直排区”培育名单。义乌信息光电高新技术产业园小散企业整治、天子湖工业园区管网高标准排查整治、建德高新技术产业园初期雨水风险防范、开化经济开发区雨水排放智能监管等4个案例入选全国工业园区水污染防治地方治理典型案例。

3. 城镇生活污染　2022年，全省持续深化城镇污水处理提质增效，提升城镇污水处理能力，全年新增污水处理能力102.85万t/d，完成59座城镇污水处理厂清洁排放技术改造；加快推进城市建成区污水管网全覆盖和老旧破损污水管网改造修复，全年新建改造市政污水管网 1 165km；打好生活小区“污水零直排区”建设“收官战”与设施长效管理“持久战”，全年完成 1 039个城镇生活小区“污水零直排区”建设。

4. 畜禽养殖污染　持续完善畜禽粪污资源化规范利用。省农业农村厅联合省生态环境厅印发《关于加强畜禽粪污资源化利用计划和台账管理的通知》（浙农字函〔2022〕45号），压实主体责任，强化日常监督管理，指导大型规模场应用浙江数字畜牧系统。印发《浙江省畜禽养殖废弃物资源化利用与减臭典型案例》，推广低蛋白日粮配方技术、优化畜舍清粪技术、生物发酵床养殖技术、堆肥生物基除臭技术等关键技术，指导新建猪场加快粪污处理配套设施建设。深化整县推进，杭州市临安区整县制开展畜禽粪污资源化利用项目建设，开展规模化养殖场粪污综合利用提升改造、第三方服务组织培育、有机肥厂扩建、监管平台优化等资源化利用项目，19个子项目已全部开工。2022年全省畜禽粪污资源化利用和无害化处理率达92%。

5. 水产养殖污染　全力推进渔业规模养殖尾水“零直排”收官战。制定《浙江省渔业绿色循环发展试点工作实施方案》，推动实施集中连片内陆养殖池塘标准化改造和尾水治理项目。2022年，新建成21个省级渔业健康养殖示范县、127家省级水产健康养殖示范场，9 700余家30亩以上规模水产养殖场已全部实现养殖尾水“零直排”。

6. 农业面源污染　创新配方肥推广源头管控机制。以供给端“配方肥替代平衡肥”行动为载体，建立“政府引导、行业自律、财政支持、数字智控”的测土配方施肥长效机制，系统重塑以源头管控为核心的配方肥推广路径。2022年，全省主要农作物配方肥推广51.65万t、按方施肥10.89万t，全省测土配方施肥覆盖率达90.9%。重塑统防统治多元化机制。大力培育统防统治服务组织，因地制宜推

广政府购买服务的整建制统防统治机制，出台《浙江省病虫害统防统治实施导则（试行）》，规范统防统治组织指导工作。基本形成“市场化＋规模主体＋政府购买服务”的多元化统防统治机制。2022年全省主要农作物统防统治实施面积646.7万亩，覆盖率达46.5%。迭代升级农田退水减排体系。印发《农田区域退水“零直排”试点方案》，在嘉兴市全域、湖州南浔、金华开发区和台州路桥区共10个县（市、区）开展农田区域退水“零直排”试点。全省新建成农田生态沟渠系统101条，总长度147.5km，有效覆盖农田7.5万亩。

7. 船舶港口污染防治　按照《浙江省交通运输厅　浙江省发展和改革委员会　浙江省生态环境厅　浙江省住房和城乡建设厅　浙江海事局关于建立健全船舶和港口污染防治长效机制的实施意见》（浙交〔2021〕65号）要求，全面推进船舶和港口污染防治工作，不断加强船舶和港口污染治理工作。截至2022年年底，全省累计建成内河储存池（罐）/垃圾箱等6 221个，并配备156艘接收船实行流动接收，基本实现船舶和港口污染物接收设施“全覆盖”。全省849家内河港口经营人100%注册“船E行”，内河到港船舶“船E行”注册率达99.5%。2022年，省管内河全年接收船舶污染物5.6万t。内河主要港口船舶污染物转运率处置率均超95%；开展船舶监督检查36 784艘次，燃油抽检3 479艘次，燃油抽检合格率99.3%。印发《浙江省港口岸电奖补办法》（浙交〔2022〕52号），分级分档制定奖补定额。2022年，全省新建港口岸电设施219套，全年全省港口岸电累计接电15.1万次，接电时长212.8万h，使用岸电量807.6万kW·h、同比增长27.2%。

（王巨峰）

【水环境治理】

1. 饮用水水源规范化建设　持续推进勘界定标工作，2022年全省累计完成93个县级以上饮用水水源保护区勘界定标报告编制及现场立标，64个县级以上饮用水水源地完成电子围栏建设，加快实现饮用水源保护基础信息可视化、日常监管信息化、风险预警智慧化。完成县级以上饮用水水源有机物全指标分析，掌握可能影响饮用水水源水质安全的有机物指标，提升饮用水水源安全保障水平。浙江省生态环境厅联动长三角一体化示范区执委会和上海市生态环境局，联动推进嘉善县太浦河（长白荡）和上海黄浦江上游（金泽）饮用水水源保护区优化调整方案，创新示范区饮用水水源一体化保护。组织开展县级以上、“千吨万人”和其他乡镇级饮用水水源保护区基础环境状况调查，全面排查饮用水水源保护区内存在的问题和风险隐患，建立问题清单、隐患清单，开展整治销号。

2. 黑臭水体整治　建立健全城市黑臭水体隐患排查、问题发现、追本溯源、整改治理、成果巩固5大机制，印发《“十四五”巩固提升城市黑臭水体整治环境保护行动实施方案》（环办水体〔2022〕8号），建立城市黑臭水体和返黑返臭风险清单，2022年省美丽浙江建设领导小组“五水共治”办公室、省美丽浙江建设领导小组河长制办公室、省住房和建设厅、省生态环境厅联合开展年度省级核查环境保护行动。

3. 农村水环境整治　建立健全农村黑臭水体排查发现、小微水体水质维护长效机制。2022年，开展已整治的25个农村黑臭水体整治效果“回头看”及农村小微水体维护工作，印发全省90个涉农村的县（市、区）农村小微水体维护方案，农村水环境持续改善。全省农村生活污水治理行政村覆盖率和出水达标率分别为84.46%和82.84%。积极推进全省村镇污水处理设施建设，2022年，全省农村生活污水治理“4＋1”重大项目累计完成投资66.88亿元。完成农村生活污水治理管理服务系统开发项目验收，实现全省贯通运行。

（汪馥宇）

【水生态修复】

1. 生物多样性保护　2022年，浙江省首次实施八大流域统一禁渔期制度。禁渔期间，开展八大水系禁渔执法行动，累计执法行动5 383次、联合检查796次，移送司法案件375件，取缔违禁渔具6.1万件，查扣涉渔“三无”船筏339艘。开展水生生物多样化调查。制定实施《浙江省八大水系及近岸海域水生生物资源调查方案（2022—2025）》，组织开展全方位调查。组织开展全国“放鱼日”系列活动，持续在近岸海域开展大黄鱼、曼氏无针乌贼、海蜇等主要经济物种的增殖放流，在八大水系开展鲢、鳙、鲴、鲌、鲂等物种放流，加大土著物种放流比例，共投入资金近1.1亿元，放流各类苗种约59.7亿单位。

2. 生态补偿机制建立　实施绿色发展财政奖补机制。对衢州、丽水全域及重点生态功能区实施出境水水质财政奖惩制度，2022年兑现资金23.28亿元；对其他地区实施环保财力转移支付制度，与林、水、气等反映区域生态环境质量的指标挂钩，2022年兑现资金16亿元。推动流域横向生态保护补偿。延续执行新安江流域水环境第三轮生态补偿协议，根据考核结果拨付安徽省2亿元。配合推动新安江一千岛湖生态补偿试验区建设。出台《浙江省财政厅　浙江省生态环境厅　浙江省发展和改革委员会　浙江省水利厅关于深化省内流域横向生态保护补偿机制的实施意见》（浙财资环〔2022〕55号），推动建立责任清晰、合作共治的流域保护和治理长效机制。2022年，全省（不含宁波）54个市、县签订51份流域横向生态补偿协议，兑现补偿资金1.88亿元。加强重点生态保护修复。下达中央重点生态保护修复治理资金11.5亿元，支持瓯江源头区域山水林田湖草沙一体化保护和修复工程。继续安排省级资金2亿元，推动10个省级山水林田湖草试点。争取中央海洋生态保护修复资金2.96亿元，支持温州市洞头区、乐清市开展海洋生态保护修复。安排省级资金1亿元，支持6个省级“蓝色海湾”项目，用于改善海洋环境质量，提升海岸、海域和海岛生态环境功能。

3. 水土流失治理　坚持山水林田湖草一体化保护和系统治理，坚持生态优先，绿色发展，注重与民生需求相结合，推动生态资源转化为城乡发展、惠民富民的经济优势。2022年，完成水土流失治理面积420.6km^2，完成计划目标，水土流失面积减少79.8km^2，水土保持率达到93.03%，位列全国非平原省份第二位。

4. 生态清洁型小流域　将人居环境整治、饮用水源保护、面源污染防治等融入水土保持治理体系，整体推进生态清洁小流域建设。2022年，全省实施了25个生态清洁小流域治理，治理水土流失面积277km^2，以水土流失治理促进小流域“共富”。

（王巨峰　马昌臣）

【执法监管】

1. 河湖日常监管　河湖监管能力提质增效。推进河湖“清四乱”常态化规范化。制定河湖“清四乱”暗访督查方案，完善监测监控体系，打造“天、空、地、人”一体化监管网络，全省通过自查、暗访、卫星遥感、无人机航拍等方式，排查发现河湖“四乱”问题；以县为单元开展妨碍河道行洪突出问题排查整治工作；做好省级涉水项目审批和批后监管；加强河道疏浚采砂管理。推进水域监管“一件事”应用试点建设，通过跨部门跨层级联动协同，实现牵头部门（水利）与各责任部门（自然资源、环保、建设、交通、农业执法）、乡镇（街道）之间的功能贯通、机制贯通和数据贯通。

2. 联合执法　2022年，省水利厅联合省综合行政执法指导办公室开展防汛保安专项执法行动。聚焦防汛防台，集中组织开展4次水旱灾害防御大排查，整改风险隐患2 061处，聚焦河道行洪，第一时间复核妨碍河道行洪突出问题疑似图斑5 745个，排查整改问题291个。全年累计出动巡查检查人员3万多人次，巡查河道19.62万km，全覆盖排查水库4 277座，全省综合行政执法部门查处各类妨碍河道行洪、破坏水利工程设施案件504件。

（马跃东　郜宁静）

【水文化建设】

1. 湖州市吴兴区太湖溇港国家水利风景区　该水利风景区依托太湖溇港水利遗产而建，属于灌区型水利风景区。景区充分挖掘水生态、水文化、水景观等资源优势，坚持以服务乡村振兴为初心和使命，通过溇港文化体验与休闲娱乐功能联动的双轮驱动，打造了水乡民俗、溇港古村落、创意农庄、生态观光等板块，将景区“美丽水生态”“美丽水资源”转变为“美丽水经济”，成功推动“绿水青山”向“金山银山”转化，塑造了“太湖溇港”知名品牌，以水美乡村建设助力乡村振兴。2016年11月，太湖溇港水利工程成功入选“世界灌溉工程遗产”；2017年9月，太湖溇港水利风景区成功创建为第十七批国家级水利风景区；2019年4月，太湖溇港文化展示馆获评第三批全国水情教育基地；2019年10月，太湖溇港又被国务院公布为第八批全国重点文物保护单位。2020年被水利部景区办列为《太湖溇港水利风景区水利遗产保护与利用》试点。2022年入选“国家水利风景区高质量发展标杆景区”。

2. 缙云县大洋水库史迹陈列馆　1970年8月1日，缙云大洋水库破土动工，缙云人民在高山峡谷中“战天斗地”“愚公移山”，创造了“青山镶明珠、高峡出平湖”的辉煌壮举和伟大奇迹，铸就了弥足珍贵的“自力更生、艰苦奋斗，不计得失、舍己为公，团结拼搏、奋勇争先”的“大洋水库精神”。为了继承和弘扬大洋水库工程建设文化精神，在大洋水库河（湖）长的推动下，在大洋水库开工建设50周年之际修建了大洋水库史迹陈列馆，馆陈列位于大洋镇大洋水库边，利用大洋水库闲置的船房改建而成，总建筑面积200m^2。陈列馆采用场景、图文、多媒体等多种形式再现大洋水库建设艰辛历程，共设4个区域，分别为入党宣誓区、主展厅、多功能展厅、老物件展示区。于2021年6月建成开馆，并被缙云县把大洋水库史迹陈列馆作为缙云县党史学习教育特色实践教学点。2022年入选浙江省第一批水工程与水文化有机融合典型案例。　（汪馥宇）

【智慧水利建设】

1. “水利一张图” 完善河湖“一张图”，为水域监管、美丽河湖、河湖库采砂疏浚、涉河涉堤建设项目等业务模块赋能，提供了“一图浏览、一键搜索、移动导航、分析计算”的功能。实现河湖基础类、管理分区类、管理业务类、景观文化类、基础监测类、自然地理类、基础底图类七大类空间信息的展示，实现对约26万个对象跨图层统一搜索定位，提供对象导航、在线分析等功能。

2. 河长App 2022年，浙江省持续深入推进治水工作长效化管理，优化迭代完善“河长制App”治水模式。各级河湖长可以通过App开展日常巡河、待办处理、问题上报等河长履职相关工作，实现河湖巡查、问题发现等数据实时上传，问题处置闭环管理。同时App还提供责任河流湖泊所在的空间位置、基础信息、管护对象以及河湖状况等查看功能以及相关政策法规学习功能，为河湖长制工作提供数据支撑，推动河湖长制工作整体智治、高效协同、实战实效。2022年，浙江省累计为48 554位河长提供服务，五级河长共计巡河3 698 058次，累计发现问题590 924个，解决问题581 835个，解决率98.46%。

3. 数字孪生 2022年，开展全省数字孪生流域建设方案编制工作，形成感知体系、数据底板、模型平台、知识平台等专项方案，从省域层面整体规划数字孪生流域建设，初步构建数字孪生流域“1+1+8”（1套信息化基础设施、1个省数字孪生平台、8个数字孪生流域）总体框架，推进数字孪生钱塘江、数字孪生曹娥江、数字孪生瓯江大溪、数字孪生飞云江、数字孪生椒江、数字孪生甬江、数字孪生水网、数字孪生金华横锦水库、数字孪生周公宅—皎口梯级水库9项数字孪生流域建设先行先试任务，截至2022年年底，初步上线运行。

（马跃东 张炜 归力佳）

安徽省

【河湖概况】

1. 河湖数量 安徽省流域总面积50km² 以上河流901条，总长度29 930km。安徽省分为淮河流域（含废黄河及以北复新河安徽段）、长江流域、新安江流域（含龙田河、分水江），其中淮河流域67 288.49km²（含淮河66 623.4km²、废黄河365.4km²、沂沭泗复兴河299.69km²），共419条河流，省内长度14 555km；长江流域66 699km²（含直接入鄱阳湖、太湖），共437条河流，省内长度13 757km；新安江流域6 186.9km²（含新安江6 016.1km²、龙田河79.7km²、分水江91.1km²），共45条河流，省内长度1 618km。

列入《安徽省湖泊保护名录（第一批）》的湖泊有498个（常年水面面积0.5km² 及以上），其中天然湖泊193个（含部分塌陷区），正常蓄水位相应水面面积0.5km² 以上水库形成人工湖泊305个。列入第一次全国水利普查常年水面面积1km² 以上的天然湖泊128个，其中淮河流域44个、长江流域84个，省内常年水面面积为2 389km²，50km² 以上的湖泊22个，其中巢湖为全国第五大湖泊。

2. 水量

（1）水资源量。2022年，安徽省水资源总量为545.19亿m³，比2021年减少38.3%，较多年平均值偏少26.2%，其中地表水资源量为476.72亿m³，地下水资源量为159.01亿m³，地下水与地表水资源不重复量为68.47亿m³。人均水资源量为890.84m³。全省入境水量7 696.72亿m³，出境水量8 033.86亿m³，比2021年分别减少1 992.99亿m³、2418.62亿m³。

全省大中型水库年末蓄水量为43.59亿m³，较年初减少29.91亿m³，比多年平均减少10.66亿m³。

（2）用水量。2022年，全省供用水总量均为300.46亿m³（含火电直流冷却水48.16亿m³），较2021年增加28.77亿m³。按水源分：地表水源供水量268.96亿m³、地下水源供水量24.12亿m³、其他水源供水量7.38亿m³。按用水对象分：耕地灌溉用水161.97亿m³、林牧渔畜用水13.75亿m³、工业用水78.87亿m³、城镇公共用水8.30亿m³、居民生活用水27.82亿m³、人工生态环境补水9.75亿m³。

3. 水质 2022年，全省194个国考断面水质优良比例为86.1%，优于年度目标5.2个百分点，同比上升2.6个百分点，无劣Ⅴ类断面。长江、淮河、新安江干流总体水质状况持续为优，长江流域水质优良断面比例为94.8%，同比提高2.1个百分点，淮河流域水质优良断面比例为75.6%，同比提高3.4个百分点。巢湖全湖及东、西半湖水质均保持Ⅳ类。

4. 新开工水利工程 2022年，全省新开工849个项目，完成竣工验收72个，基建管理重点工程共完成投资计划236.42亿元，其中中央96.10亿元、省级 43.66 亿元、市县 96.66 亿元。

(1) 重大项目建设情况。全省列入国家 172 项、150 项重大水利工程共有 26 大项、38 子项。14 个子项已完工，16 个子项在建，8 个子项正在开展前期工作。

1) 已完工子项包括：大中型灌区续建配套节水改造骨干工程、田间高效节水灌溉工程、安徽省长江崩岸应急治理工程、淮干蚌埠—浮山段行洪区调整和建设工程、西淝河等沿淮洼地治理应急工程、淮水北调工程、下浒山水库工程、淮干一般堤防加固工程、安徽省怀洪新河水系洼地治理工程、月潭水库工程、江巷水库工程、巢湖环湖防洪治理工程、大型灌区续建配套与节水改造（淠史杭、驷马山、女山湖、茨淮新河 4 处）、长江马鞍山河段二期整治工程。

2) 在建子项包括：牛岭水库工程、港口湾水库灌区工程、引江济淮工程（安徽）、洪汝河治理工程、安徽驷马山滁河四级站干渠一期工程、淮河干流王家坝—临淮岗段行洪区调整及河道整治工程、淮河干流正阳关—峡山口段行洪区调整和建设工程、安徽淮河行蓄洪区及淮干滩区居民迁建工程、安徽省淮河流域重要行蓄洪区建设工程、华阳河蓄滞洪区建设工程、长江芜湖河段治理工程、安徽省巢湖流域水生态修复与治理工程、安徽省包浍河治理工程、怀洪新河灌区工程、引江济淮二期工程、安徽省沿淮行蓄洪区等其他洼地治理工程。

3) 正在开展前期工作子项包括：长江铜陵河段综合治理工程、长江安庆河段治理工程、长江池州段河道治理工程、淮河干流峡山口—涡河口段行洪区调整和建设工程、淮河干流浮山以下段行洪区调整和建设工程、驷马山大型灌区续建配套与现代化改造工程、安徽省淮河流域一般行蓄洪区建设工程、临淮岗枢纽综合利用工程。

(2) 其他重点项目建设情况。灾后水利薄弱环节建设安排实施的主要支流、中小河流治理、易涝区排涝泵站、小型病险水库加固建设全面完成，新一轮防汛抗旱提升项目和中小河流系统治理持续实施。

(3) 新一轮治淮工程进展情况。安徽省新一轮治理淮河项目涉及 4 大类、19 子项工程，总投资约 696 亿元。

2022 年，引江济淮二期工程可研获批，淮河重要行蓄洪区建设、长江华阳河蓄滞洪区建设等 6 项重大工程初设相继批复。水利部在安徽省重点推进的 5 项重大水利工程中，包浍河治理、长江芜湖河段整治、巢湖流域水生态修复与治理、怀洪新河灌区工程先后于 2022 年 6 月 25 日、6 月 30 日、9 月 16 日、9 月 22 日提前开工，引江济淮二期工程于 12 月 30 日开工，如期完成目标任务。史河等 10 条主要支流治理工程前期工作同步推进。南水北调东、中线新增 5 座中型水库加固工程完成初设批复。82 个中小河流治理、51 座沿江泵站完成前期工作。成功申报蚌蜱市固镇县、芜湖市南陵县为国家第四批水美乡村建设县，初设已经批复。

（安徽省全面推行河长制办公室）

【重大活动】 2022 年 1 月 28 日，安徽省委书记郑栅洁主持召开安徽省推动长江经济带发展领导小组全体会议。

2022 年 2 月 12 日，安徽省委书记、省级总河长郑栅洁赴合肥市实地调研督导巢湖综合治理、环巢湖湿地群保护修复等工作。

2022 年 3 月 17 日，安徽省委书记、省级总河长郑栅洁在蚌埠市实地察看 2021 年第二轮中央环保督察反馈问题整改进展情况。

2022 年 3 月 24 日，安徽省委书记、省级总河长郑栅洁在合肥市调研引江济淮工程建设。

2022 年 3 月 29 日，安徽省副省长、省级副总河长、省河长办主任张曙光主持召开河湖突出问题整改调度会，通报河湖突出问题整改工作情况，听取有关河长办成员单位和有关市关于河湖突出问题整改进展情况汇报，对河湖突出问题整改进行全面调度。

2022 年 4 月 14—15 日，安徽省委书记、省级总河长郑栅洁在芜湖市调研时察看芜湖长江“十里江湾”，督导城市黑臭水体治理工作。

2022 年 4 月 21 日，安徽省委书记、省级总河长郑栅洁赴安庆市调研，实地察看长江江堤及石塘湖周边环境。

2022 年 4 月 22 日，淮河防汛抗旱总指挥部召开 2022 年工作视频会议，深入贯彻习近平总书记关于防汛抗旱和防灾减灾救灾工作的重要指示精神，认真落实国务院总理李克强批示要求和全国防汛抗旱工作电视电话会议部署，分析会商淮河流域洪涝干旱趋势，安排部署 2022 年工作。淮河防汛抗旱总指挥部总指挥、安徽省省长王清宪出席会议并讲话。

2022 年 5 月 19 日，全省防汛抗旱工作暨防汛推演会议在合肥召开。安徽省委书记郑栅洁，安徽省省长、省防汛抗旱总指挥部总指挥王清宪出席会议并讲话，安徽省领导刘惠、虞爱华、汪一光、周喜安出席会议，安徽省副省长张曙光主持会议。

2022 年 6 月 8 日，省级总河长第六次会议在合

肥召开。安徽省省长、省级总河长王清宪出席会议并讲话，安徽省领导刘惠、张红文、何树山、王翠凤、杨光荣、周喜安出席会议，安徽省副省长、省级副总河长、省河长办主任张曙光主持会议。

2022 年 11 月 9 日，安徽省委、省政府水利建设暨防汛抗旱会议在合肥召开。安徽省委书记郑栅洁出席会议并讲话。安徽省委副书记、省长王清宪主持会议，安徽省领导张曙光、周喜安出席会议。

2022 年 11 月 17 日，安徽省委书记、省级总河长、长江省级河长郑栅洁在铜陵市调研时深入了解长江生态环境问题整治、岸线生态建设等情况。

2022 年 12 月 30 日，引江济淮工程试通水通航暨二期工程开工仪式在合肥举行。水利部副部长刘伟平、交通运输部总工程师兼水运局局长李天碧及国家发展改革委有关负责同志讲话，安徽省委书记郑栅洁出席开工仪式，省长王清宪致辞，国家开发银行、水利部长江水利委员会、水利部淮河水利委员会、交通运输部长江航务管理局有关负责同志以及省领导张韵声、张曙光出席。安徽省委常委、省政府党组副书记费高云主持开工仪式。

（安徽省全面推行河长制办公室）

【重要文件】 2022 年 1 月 12 日，安徽省全面推行河长制办公室印发《关于印发〈关于建立河湖健康档案的指导意见〉的通知》（皖河长办〔2022〕1 号）。

2022 年 3 月 10 日，安徽省全面推行河长制办公室印发《关于进一步强化南水北调东线工程干线河湖长制工作的通知》（皖河长办〔2022〕7 号）。

2022 年 3 月 18 日，安徽省全面推行河长制办公室印发《关于做好河湖突出问题整改工作的通知 》（皖河长办〔2022〕9 号）。

2022 年 3 月 20 日，安徽省委办公厅、安徽省人民政府办公厅印发《关于印发〈深入打好污染防治攻坚战行动方案〉的通知》（皖发〔2022〕13 号）。

2022 年 3 月 31 日，安徽省生态环境厅、安徽省财政厅印发《关于印发〈安徽省地表水断面生态补偿办法〉的通知》（皖环发〔2022〕19 号）。

2022 年 4 月 22 日，安徽省水利厅印发《关于开展 2022 年全省打击非法采砂“蓝盾——五一、汛期”综合整治行动的通知》（皖水河湖函〔2022〕200 号）。

2022 年 4 月 25 日，安徽省水利厅印发《关于印发〈加强河湖水域非法采砂行为监管力度工作方案〉的通知》（皖水河湖函〔2022〕202 号）。

2022 年 4 月 27 日，安徽省生态环境厅印发《关于做好 2022 年度巢湖等重点湖库水华防控工作的通知》（皖环函〔2022〕519 号）。

2022 年 5 月 16 日，安徽省生态环境保护委员会印发《关于开展全省重点流域岸线生态环境问题排查整治专项行动的通知》（安环委〔2022〕1 号）。

2022 年 5 月 27 日，安徽省生态环境厅印发《关于加强 2022 年汛期水环境监管强化汛期污染强度分析的通知》（皖环函〔2022〕637 号）。

2022 年 5 月 31 日，安徽省全面推行河长制办公室印发《关于开展河湖长制能效提级县建设的通知》（皖河长办函〔2022〕5 号）。

2022 年 6 月 2 日，安徽省全面推行河长制办公室印发《转发〈水利部关于加强河湖水域岸线空间管控的指导意见〉》（皖河长办〔2022〕12 号）。

2022 年 6 月 14 日，安徽省生态环境厅印发《关于全面加强国控断面水生态环境管理的通知》（皖环发〔2022〕33 号）。

2022 年 6 月 24 日，安徽省全面推行河长制办公室印发《关于组织参加第四届守护幸福河湖全国短视频公益大赛的通知》（皖河长办函〔2022〕7 号）。

2022 年 6 月 26 日，安徽省全面推行河长制办公室印发《关于印发〈安徽省河湖长制工作省级考核办法〉的通知》（皖河长办〔2022〕13 号）。

2022 年 7 月 8 日，安徽省全面推行河长制办公室印发《关于印发河湖明查暗访问题整改措施清单的通知》（皖河长办〔2022〕14 号）。

2022 年 7 月 18 日，安徽省全面推行河长制办公室印发《关于调整省级河长会议成员单位的通知》（皖河长办〔2022〕16 号）。

2022 年 9 月 13 日，安徽省打击长江非法采砂联席会议机制办公室印发《关于进一步加强我省长江河道采砂管理工作的通知》。

2022 年 10 月 8 日，安徽省全面推行河长制办公室印发《关于印发〈安徽省河湖长制工作 2022 年度省级考核方案〉的通知》（皖河长办〔2022〕41 号）。

2022 年 10 月 9 日，安徽省全面推行河长制办公室印发《关于印发〈安徽省幸福河湖三年行动计划（2022—2024）〉的通知》[附件：《安徽省幸福河湖建设评价标准（试行）》]（皖河长办〔2022〕42 号）。

2022 年 11 月 10 日，安徽省人民政府办公厅印发《关于成立安徽省湿地保护工作联席会议》（皖政办复〔2022〕319 号）。

2022 年 11 月 11 日，安徽省生态环境厅、安徽省住房和城乡建设厅印发《关于印发〈安徽省“十四五”城市黑臭水体整治环境保护行动方案〉及开展 2022 年度环境保护行动的通知》（皖环发〔2022〕

56 号)。（安徽省全面推行河长制办公室）

【地方政策法规】 2022 年 1 月 12 日，安徽省全面推行河长制办公室印发《关于印发〈关于建立河湖健康档案的指导意见〉的通知》(皖河长办〔2022〕1 号)。

2022 年 3 月 10 日，安徽省全面推行河长制办公室印发《关于进一步强化南水北调东线工程干线河湖长制工作的通知》(皖河长办〔2022〕7 号)。

2022 年 3 月 20 日，安徽省委办公厅、安徽省人民政府办公厅印发《关于印发〈深入打好污染防治攻坚战行动方案〉的通知》(皖发〔2022〕13 号)。

2022 年 3 月 31 日，安徽省生态环境厅、安徽省财政厅印发《关于印发〈安徽省地表水断面生态补偿办法〉的通知》(皖环发〔2022〕19 号)。

2022 年 4 月 25 日，安徽省水利厅印发《关于印发〈加强河湖水域非法采砂行为监管力度工作方案〉的通知》(皖水河湖函〔2022〕202 号)。

2022 年 5 月 5 日，安徽省农业农村厅印发《关于印发〈安徽省“十四五”渔业发展规划〉的通知》(皖农渔〔2022〕71 号)。

2022 年 5 月 16 日，安徽省生态环境保护委员会印发《关于开展全省重点流域岸线生态环境问题排查整治专项行动的通知》(安环委〔2022〕1 号)。

2022 年 5 月 31 日，安徽省全面推行河长制办公室印发《关于开展河湖长制能效提级县建设的通知》(皖河长办函〔2022〕5 号)。

2022 年 6 月 26 日，安徽省全面推行河长制办公室印发《关于印发〈安徽省河湖长制工作省级考核办法〉的通知》(皖河长办〔2022〕13 号)。

2022 年 7 月 18 日，安徽省全面推行河长制办公室印发《关于调整省级河长会议成员单位的通知》(皖河长办〔2022〕16 号)。

2022 年 10 月 8 日，安徽省全面推行河长制办公室印发《关于印发〈安徽省河湖长制工作 2022 年度省级考核方案〉的通知》(皖河长办〔2022〕41 号)。

2022 年 10 月 9 日，安徽省全面推行河长制办公室印发《关于印发〈安徽省幸福河湖三年行动计划（2022—2024）〉的通知》[附件：《安徽省幸福河湖建设评价标准（试行）》]（皖河长办〔2022〕42 号)。

2022 年 11 月 11 日，安徽省生态环境厅、安徽省住房和城乡建设厅印发《关于印发〈安徽省“十四五”城市黑臭水体整治环境保护行动方案〉及开展 2022 年度环境保护行动的通知》(皖环发〔2022〕56 号)。（安徽省全面推行河长制办公室）

【河湖长制体质机制建立运行情况】 安徽省全面推行河长制办公室于 2022 年 7 月印发《关于调整省级河长会议成员单位的通知》（皖河长办〔2022〕16 号)，比照国家全面推行河湖长制工作部际联席会议组成，新增安徽省公安厅、安徽省民政厅、安徽省司法厅、安徽省人力资源和社会保障厅、安徽省文化和旅游厅为省级河长会议成员单位，省级河长会议成员单位扩容至 19 个。

（安徽省全面推行河长制办公室）

【河湖健康评价开展情况】 截至 2022 年年底，安徽省共完成 993 条河湖健康评价，其中 2022 年完成 712 个。设立省级河长湖长的 12 个河湖健康评价完成 11 个，包括淮河干流安徽段、新安江干流、巢湖、龙感湖、菜子湖、枫沙湖、石臼湖、焦岗湖、高塘湖、天河湖、高邮湖。设立市级河湖长（不含设立省级河湖长）的 184 个河（段）湖（片）全部完成健康评价，同步建立健康档案。安徽省全面推行河长制办公室印发《关于建立河湖健康档案的指导意见》，计划到“十四五”末，全省设立县级以上河长湖长的河湖、列入《安徽省湖泊保护名录》（第一批、第二批）的湖库、列入《第一次水利普查河湖名录》的河湖实现基本建立健康档案。

（安徽省全面推行河长制办公室）

【“一河（湖）一策”编制和实施情况】 2022 年 8 月，完成包括省级 3 条河流和 9 个湖泊，即长江干流安徽段、淮河干流安徽段、新安江干流、巢湖、龙感湖、菜子湖、枫沙湖、石臼湖、焦岗湖、高塘湖、天河湖、高邮湖新一轮“一河（湖）一策”修订工作，经省级河湖长审定后印发，由相应市级河湖长负责实施，省相关部门指导监督。全省共完成新一轮 1 548 个市、县级“一河（湖）一策”方案的修订。（安徽省全面推行河长制办公室）

【水资源保护】

1. 水资源刚性约束 将“十四五”用水总量和用水效率控制指标细化分解到市、县，全面建立省、市、县三级水资源消耗总量和强度控制指标体系；印发实施地下水管控指标，以县域为单元，强化地下水取水总量、水位“双控”管理。

2. 节水行动

(1) 节水型社会达标建设。完成 22 个县（市、区）节水型社会达标建设任务；配合水利部淮委完成 2021 年 19 个县域节水型社会达标建设县复核，17 个县（市、区）通过复核并由水利部命名公布。

截至2022年年底，安徽省共有71个县（市、区）获水利部命名公布，县域节水型社会建设达标县建成率达68%。

（2）节水载体创建。推进省级节水型企业建设，审核命名安徽省第八批节水型企业47家；68家企业开展了节水型企业建设并申请省级审核。推进省级节水型高校建设，其中5所高校被水利部办公厅、教育部办公厅、国家机关事务管理局办公室公布为节水型高校典型案例，24所高校完成节水型高校建设任务并申请省级审核。推进节水型灌区创建、节水型工业园区建设工作，8家灌区被水利部公布为国家级节水型灌区，13个灌区完成节水型灌区建设任务并通过省级审核；19家工业园区开展了节水型工业园区建设并申请省级审核。开展水利行业节水型单位建设，164家水利单位完成水利行业节水型单位建设任务并通过验收。推进省级节水教育基地建设，公布安徽省第五批节水教育社会实践基地（8家）。开展重点用水企业、园区水效领跑者和节水标杆遴选工作，4家企业、3家园区被遴选为安徽省节水标杆。

（3）节水管理。严格执行计划用水制度，按时审核下达了2022年度各市区域取水计划294.56亿m^3和98家省管用水单位取用水计划162.95亿m^3。严格落实节水评价制度，2022年度全省共有321个规划和建设项目开展了节水评价，核减水量11 661.72万m^3。完成国家级、省级、市级重点监控用水单位名录年度调整，调整后名录数量为454家。经省政府同意，建立了由分管省长为召集人，相关副秘书长、省水利厅厅长为副召集人的省节约用水工作协调机制。推进合同节水管理，2022年共签订合同节水项目8个，总投资1.56亿元，预计年节水量470万m^3，节水率43.7%，年直接经济效益6 246万元。指导缺水地区积极开展再生水利用配置试点申报工作，合肥市、淮北市、临泉县成功入选国家再生水利用配置试点城市。在全国率先实现集取水户（省管用水户、部分市管用水户）年度取用水计划建议申请、调整、审批和取水过程管理等全流程信息化管理，计划用水事项“一网”（省政务服务网）通办；2022年通过该系统共向31家省管取水户发出35条超计划预警，省管非农取水户全年节约水量约8.5亿m^3。

3. 生态流量监管　加强生态流量管控，完善月通报制度，落实监测、预警、调度主体责任，针对持续高温干旱天气，全力保障河湖生态流量，2022年全省19个重点河湖生态流量（水位）均达标；推动淠河、水阳江、扬之水实施已建水利水电工程生态流量核定与保障先行先试工作。

4. 全国重要饮用水水源地安全达标保障评估　开展流域水源地调查，制定印发安徽省《县级以上集中饮用水水源地名录》（168处），建立名录准入退出机制；全面完成安徽省33个重要饮用水水源地安全保障达标建设评估工作。

5. 取水口专项整治　安徽省水利厅出台《关于印发〈取用水管理专项整治行动“回头看”工作方案〉的通知》，将“回头看”工作成效纳入实行最严格水资源管理制度考核，采取“四不两直”、日常测评等方式，强化工作督导；建立取水口管理长效机制，整合长江、淮河、新安江流域取水口核查登记、电子证照、实时监测数据，全省24.3万个取水口实现一图管理、动态更新。

6. 水量分配　全面推进长江干流等重点跨市河流水量分配，不断健全初始水权分配制度。配合水利部及长江水利委员会完成滁河、青弋江及水阳江等跨省江河流域水量分配。

7. 深化用水权制度改革　加快水权制度改革，在新安江、江淮之间、淮河以北地区开展水权交易试点，建立归属清晰、权责明确、监管有效的水权确权登记管理体系；探索构建多水源、跨行业、跨区域多模式水权交易格局，全年完成水权交易18宗，盘活存量水权236.46万m^3。

（安徽省全面推行河长制办公室）

【水域岸线管理保护】

1. 河湖管理范围划定　完成第一次全国水利普查以外1 184条河流、77个湖泊的划界工作，并由县级以上人民政府批复公告，划界长度1.37万km。安徽省共完成2 085条河流、205个湖泊的管理范围划界工作，划界长度达4.37万km。

2. 岸线保护与利用规划编制　完成流域面积1 000km^2以上的67条河流、常年水面面积1km^2以上的124个湖泊的岸线保护与利用规划编制工作，其中省级审批36个、审查16个。

3. 采砂管理　安徽省打击长江非法采砂联系机制办公室印发《关于进一步加强我省长江河道采砂管理工作的通知》，加大协调联动，深化部门合作。与河南签署《河南、安徽淮河等跨界河段（水域）采砂联合监管协议》，开展豫皖、皖苏等省界打击非法采砂联合行动。在元旦、春节、全国“两会”、“五一”、汛期等重要时期，开展6次打击非法采砂“蓝盾”“清江清河”专项行动。全省共出动车船3万余艘次、人员10万余人次，查获“三无”非法采砂船只61艘，拆除取缔57艘，拆解“三无”采砂船只 57 艘，实现了安徽省长江干流、淮河干流“三无”采砂船只动态清零。

4. 河湖“四乱”问题整治　组织开展新一轮河湖“四乱”问题排查整治，对河湖动态监管发现的 637 处疑似问题图斑进行复核。全省共排查河湖“四乱”问题 193 处、妨碍河道行洪问题 198 处，已全部完成整改。印发《妨碍河道行洪突出问题排查整治工作方案》，对 151 处疑似问题卫星遥感监测图斑逐一复核。

5. 长江、淮河干流、大运河岸线利用项目清理整治　组织开展长江、淮河干流和大运河有水河段岸线利用项目清理整治，制止并清理整治违法违规问题，消除隐患，对巡查发现的 14 处问题下达整改通知单。开展大运河有水河段联合执法 20 余次，清理整治“四乱”问题 50 余个。

（安徽省全面推行河长制办公室）

【水污染防治】

1. 排污口整治　编制完成《安徽省长江入河排污口整治行动实施方案》。经生态环境部审定，截至 2022 年年底，安徽省长江干流沿线入河排污口共 4 077 个，列入整治计划的 3 123 个入河排污口中完成整治 2 219 个。开展巢湖入湖排污口核定工作，确认入湖排污口 172 个。

2. 工矿企业污染　持续开展历史遗留废弃矿山生态修复，全年修复废弃矿山 259 个，治理面积 1 015.23hm^2。

3. 城镇生活污染　2022 年，全省新建和改造污水管网 1 400km，新增日污水处理能力 46.5 万 t。新增完成 413 个乡镇政府驻地生活污水处理设施提质增效任务，全省 1 180 个乡镇政府驻地生活污水处理设施累计完成提质增效任务 797 个，占设施总数的 67%；完成提质增效后的污水处理设施污水收集覆盖率达到 75%。

4. 畜禽养殖污染　制定并组织实施《安徽省农作物秸秆综合利用和畜禽养殖废弃物资源化利用两个五年提升行动计划（2021—2025 年）》，在全省组织实施中央财政农作物秸秆综合利用试点和畜禽粪污资源化利用整县推进项目，畜禽粪污综合利用率达到 82%。

5. 水产养殖污染　发挥增殖渔业生态功能，发展不投饵、不施肥的大水面生态渔业。规范发展稻渔综合种养，面积达到 633.6 万亩。实施水产绿色健康养殖技术推广“五大行动”（生态健康养殖模式推广行动、养殖尾水治理模式推广行动、水产养殖用药减量行动、配合饲料替代幼杂鱼行动、水产种业质量提升行动），推进骨干基地“五大行动”内容全覆盖，组织开展国家级水产健康养殖和生态养殖示范区创建活动，累计创建国家级示范区 10 个。

6. 农业面源污染　全省秸秆标准化收储中心达到 1 300 余个，其中粮食主产区 1 127 个，实现粮食主产区乡镇全覆盖，2022 年度全省农作物秸秆综合利用率为 92%。2022 年 7 月 15 日，《人民日报》整版报道安徽秸秆资源化利用工作。

7. 船舶港口污染防治　安徽省政府印发《安徽省“十四五”船舶污染治理行动方案》，推进船舶和港口污染治理，全年累计接收船舶污染物 69 006t，对违反船舶污染行为实施行政处罚 249 例。安徽省交通运输厅印发《淮河流域港口岸线专项整治方案》，开展沿淮地区船舶和港口污染治理专项行动。

（安徽省全面推行河长制办公室）

【水环境治理】

1. 饮用水水源地规范化建设　开展县级以上集中式饮用水水源地环境问题排查，排查问题 329 个，完成整治 284 个。对蚌埠、淮南、滁州等 10 个市饮用水水源环境保护情况开展专项审计调查，反馈问题 112 个，完成整改 103 个。

2. 黑臭水体治理　安徽省设区市建成区内 231 条黑臭水体进入常态化管护阶段，推动各地扎实做好县（市、区）建城区黑臭水体核查评估和规范整治，巩固治理成效。2022 年，县城建成区约 60% 的黑臭水体整治项目主体工程完工，并按照《安徽省城市黑臭水体整治工作复核办法》要求完成复核。

3. 农村水环境整治　2022 年，全省新增完成 761 个农村生活污水治理任务，累计完成生活污水治理的行政村为 3 391 个，农村生活污水治理率达到 23.1%，同比提高 5.1 个百分点，超过国家下达的年度目标 2.1 个百分点。新增完成农村黑臭水体治理任务 826 个，全省累计完成 883 个农村黑臭水体治理，治理率达到 24.5%。

（安徽省全面推行河长制办公室）

【水生态修复】

1. 湿地保护修复　全面建成环巢湖十大湿地，总面积 100km^2，年净化巢湖水体能力达 2 亿 t。在池州升金湖、铜陵淡水豚、宣城扬子鳄重要湿地组织实施 2022 年度中央财政湿地修复资金项目，在合肥市肥东县等 11 个县（市、区）组织实施 2022 年度安徽省财政湿地保护修复项目。安徽省林业和草原局组织启动 52 处省重要湿地动态监测和评价工作。

2. 生物多样性保护　修订《安徽省实施〈渔业法〉办法》，在全国率先实施禁捕水域全面禁钓。集中开展全省重点水域“四清四无”大排查等活动，全面巩固长江“十年禁渔”成果。2022 年，长江安徽段监测采集鉴定鱼类 72 种，同比增加 9 种，长江刀鲚资源密度显著上升。安徽长江流域重点水域禁捕退捕工作连续 2 年被评定为优秀等次。

3. 生态补偿机制建立　2022 年，下达新安江流域水环境生态补偿资金 4.9 亿元（省级补偿资金 2.2 亿元，中央水污染防治资金 2.7 亿元），大别山区水环境生态补偿资金 1.32 亿元。全省地表水断面生态补偿产生补偿金 19 862.5 万元、污染赔付金 17 100 万元、年度奖励金 20 196.5 万元。沱湖流域生态补偿中，蚌埠市支付污染赔付金 1 700 万元，宿州市获得生态补偿金 1 900 万元，淮北市不赔不得。

4. 水土流失治理（生态清洁小流域建设）　2022 年，新增水土流失治理面积 659.45km^2，完成重点预防保护面积 613km^2，建成生态清洁小流域 17 条。实施小流域治理项目 49 个，治理水土流失面积 604.14km^2，占总新增治理面积 91.61%。其中，国家水土保持重点工程 23 个，治理水土流失面积 386.92km^2；省级水土保持水土流失治理项目 26 个，治理水土流失面积 217.22km^2。

（安徽省全面推行河长制办公室）

【执法监管】

1. 河湖日常监管

（1）涉河建设项目管理。2022 年，安徽省组织审查、审批涉河建设项目 657 个，其中省级审查审批 146 个、市级审批 188 个、县级审批 323 个。组织对全省 177 个涉河建设项目进行集中检查，及时消除安全隐患，确保河道行洪通畅。组织长江、淮河干流岸线利用现状检查，建立长江、淮河干流岸线利用项目台账。截至 2022 年年底，长江干流安徽段共有涉河建设项目 588 个，占用岸线 108.65km，岸线利用率达 9.8%；淮河干流安徽段（含颍河阜阳闸以下、涡河西阳集以下、西淝河邵楼以下河段）共有涉河建设项目 489 个，占用岸线 101.87km，岸线利用率达 7.6%。

（2）采砂管理。安徽省打击长江非法采砂联系机制办公室印发《关于进一步加强我省长江河道采砂管理工作的通知》，加大协调联动、部门合作。在元旦、春节、全国“两会”“五一”、汛期等重要时期开展 6 次打击非法采砂“蓝盾”“清江清河”专项行动。全省共出动车船 3 万余艘次、人员 10 万余人次，查获“三无”非法采砂船只 61 艘，拆除取缔 57 艘，拆解“三无”采砂船只 57 艘，实现了安徽省长江干流、淮河干流“三无”采砂船只动态清零。

2. 联合执法　建立完善打击非法采砂联合执法长效机制，安徽省打击长江非法采砂联系机制办公室印发《关于进一步加强我省长江河道采砂管理工作的通知》。分别召开淮河干流安徽段上、下段采砂管理联席会议，确立了以政府为主导，水利、公安、交通、经济和信息化、市场监管、渔政等部门为主的联席工作机制。与河南签署《河南、安徽淮河等跨界河段（水域）采砂联合监管协议》，开展豫皖、皖苏等省界打击非法采砂联合行动。推动建立水行政执法与检察公益诉讼协作机制。常态化水利行业扫黑除恶斗争。2022 年，全省各级水利部门共查处水事违法案件 587 起。

（安徽省全面推行河长制办公室）

【水文化建设】

1. 宣传阵地建设　2022 年，王家坝闸成功入选第五批国家水情教育基地。王家坝闸建于 1953 年，位于淮河上游、中游分界处，地处安徽和河南两省的阜南、固始、淮滨三县交界处，淮河、洪河、白露河三河交汇处，为淮河干流蒙洼蓄洪区的进洪建筑物，与蒙洼蓄洪圈堤、曹台孜退水闸共同组成蒙洼蓄洪工程。2003 年汛后加固重建，汛期由国家防总统一调度运用。自 1953 年建成以来，先后有 13 个洪水年份 16 次开闸蓄洪，累计蓄洪总量达 75 亿 m^3，为削减淮河洪峰、蓄滞洪水、减轻上中游防汛压力、保障流域防洪安全发挥了至关重要的作用。

淮南市寿县芍陂成功申报国家水利遗产。芍陂为 2 600 多年前春秋时代楚国相国孙叔敖主持修筑的大型水利工程，被誉为“世界塘中之冠”，与都江堰、灵渠、郑国渠并称为“中国古代四大水利工程”。

2. 史志年鉴出版　完成《安徽水利年鉴（2022 卷）》编撰工作，合计 600 个条目、60 万字，彩版 16 页。完成《安徽年鉴》《中国水利年鉴》《长江年鉴》《治淮汇刊（年鉴）》合计 40 万字的组稿工作、2 个宣传专版的编辑校核任务。

牵头组织并指导承编单位完成《佛子岭水库志》《梅山水库志》《响洪甸水库志》《龙河口水库志》《驷马山工程》5 部志书约 200 万字二轮审查后的修改完善工作。

完成《中国名水志·淠河志》大纲初审和约40万字的初稿编辑工作。

3. 河湖长制主题公园　2022年，安徽省共建成河湖长制主题公园53处，总面积436.5万m^2。截至2022年年底，全省累计建成河湖长制主题公园96处，总面积达1 261万m^2。

（安徽省全面推行河长制办公室）

【智慧水利建设】

1. "水利一张图"　安徽省水利信息化省级共享平台融合全省901条河流、128个湖泊、2万km堤防、5 493座在册水库、4 218座水闸等重要水利工程数据，建立多尺度（全境1∶10 000、最高1∶1 000）、多分辨率（全境0.5m、最高0.1m）全省水利专题空间数据库，按季度进行更新。在底图基础上添加基层防汛预警、河湖划界、河长制等业务图层。

2. 安徽省河长制决策支持系统　截至2022年年底，系统管理全省各级河流（河段）38 016条、湖泊（湖片）2 117个、水库（水库片）7 560座、河湖长52 623名（按人次计）。全省共有10个市直接使用省级平台开展河湖长制管理工作，用户（包括河湖长和从事河湖长制工作的人员）40 812名。全年系统共记录河湖长更新信息28 090条。

3. 数字孪生河湖建设　开展数字孪生淠河、数字孪生引江济淮（蜀山枢纽至淠河干渠段）2项先行先试任务，截至2022年年底，数字孪生淠河初步完成数据底板与模型构建，数字孪生引江济淮开展了数据底板、模型平台、知识平台、业务应用、基础设施、网络安全等建设内容。结合滁州市明湖幸福河湖建设，以数字化、网络化、智能化为主线，建设数字孪生明湖，融合工程全要素和全过程地理空间数据、基础数据、监测数据、业务管理数据以及外部共享数据，构建了明湖流域69km^2 L2级、重点区域精度L3级的明湖流域数字底板和孪生体系，构建水文—水动力—水质耦合河网—管网一体化模型以及湖泊风生流模型，实现了水利业务"四预"（预报、预警、预演、预案）的重点管理应用，提升了湖泊管护能力。

（安徽省全面推行河长制办公室）

福建省

【河湖概况】

1. 河湖数量　福建省河流纵横、水系密布、自成体系，除赛江发源于浙江、汀江流入广东外，其余河流都发源于境内，独流入海，源短流急。全省流域面积50km^2以上河流共有740条，总长度为24 629km；流域面积100km^2及以上河流389条，总长度为18 051km；流域面积1 000km^2及以上河流41条，总长度为5 697km；流域面积10 000km^2及以上河流5条，总长度为1 719km。较大河流有闽江、九龙江、晋江、汀江、赛江和木兰溪等"五江一溪"，其中闽江长562km，流域面积6.1万km^2，是东南沿海地区流域面积最大的河流，约占福建省土地面积的一半；九龙江河长285km，流域面积1.47万km^2；晋江河长182km，流域面积0.56万km^2；汀江河长285km，流域面积0.9万km^2；赛江河长162km，流域面积0.55万km^2；木兰溪河长105km，流域面积0.17万km^2。由于福建独特的自然地理条件和湖泊成因等条件限制，福建湖泊较小，常年水面面积1.0km^2及以上湖泊仅1个，为泉州市龙湖，水面面积1.53km^2。

2. 水量　2022年，福建省平均降水量1 712.4mm，比上年偏多15.9%，比多年平均偏多0.9%，属平水年。全省年降水量最大点为地址在南平市建阳区黄坑镇坳头村的坳头站2 962.5mm，年降水量最小点为地址在泉州晋江市金井镇钞岱村的金井站765.0mm。全省地表水资源量1 173.05亿m^3，地下水资源量303.65亿m^3，地下水和地表水不重复量1.63亿m^3，水资源总量为1 174.68亿m^3，人均拥有水资源量23.23m^3；外省入境水量为2 805亿m^3，出境水量为115.87亿m^3。

3. 水质　2022年，福建省主要流域Ⅰ～Ⅲ类水质比例98.7%，同比提高1.4个百分点，其中国控断面优良水质比例98.1%，比全国平均高10.2个百分点；小流域Ⅰ～Ⅲ类水质比例95.5%，同比提高2.2个百分点；县级及以上集中式生活饮用水水源地水质达标率100%，同比持平。宁德市地表水国考断面水质状况、漳州市地表水国考断面水质改善情况排名均进入全国前30名。莆田市入选全国首批区域再生水循环利用试点城市。

4. 新开工水利工程　新开工中型水库2座，即大田县下岩水库、霞浦县田螺岗水库；总库容7 209万m^3，概算总投资13.67亿元。新开工小型水库5座，即将乐县大拔水库、大田县雪山水库、建宁县黄家水库、南靖县象溪水库、永春县暗坑水库；总库容1 037.6万m^3，概算总投资6.07亿元。新开工安全生态水系79个，下达治理河长664km；新开工"五江一溪"主要支流治理项目1项，即闽江上游沙溪流域防洪四期工程（永安段），建设堤防

12.3km，总投资 17 224 万元；新开工山洪沟治理 9 项，含 2022 年度完成投资 6 903 万元。

（福建省河长制办公室）

【重大活动】

1. 召开全省互花米草除治攻坚行动动员部署视频会 2022 年 9 月 28 日，福建省委书记、总河湖长尹力，省长、总河湖长赵龙赴泉州、宁德、福州等地调研指导互花米草治理工作，并召开全省互花米草除治攻坚行动动员部署视频会，要求坚定坚决开展互花米草除治攻坚。

2. 召开闽江流域生态环境综合治理推进会 2022 年 8 月 23 日，福建省省长、总河湖长赵龙召开闽江流域生态环境综合治理推进会，听取相关单位汇报，研究落实闽江流域生态环境问题整改工作。

3. 在中央组织部全国河湖长培训班上授课 2022 年 5 月 10 日，福建省委常委、福州市委书记、市总河湖长林宝金在中央组织部全国河湖长培训班讲授了《牢记嘱托科学治水 扎实推进幸福河湖建设》课程，将福州治水理念推向全国。

4. 召开九龙江流域河湖长制工作推进会 2022 年 9 月 22 日，福建省副省长、副总河湖长兼任九龙江流域河长李建成赴漳州市开展巡河调研，并召开九龙江流域河湖长制工作推进会，听取相关设区市河湖长述职，安排部署下阶段河湖长制有关工作。

5. 召开敖江流域河湖长制工作推进会 2022 年 10 月 14 日，福建省副省长、副总河湖长兼任敖江流域河长林文斌赴福州连江、罗源县开展巡河调研，并召开敖江流域河湖长制工作推进会，听取相关设区市河湖长述职，研究部署下阶段河湖长制有关工作。

6. 成立幸福河湖促进会 2022 年 2 月 18 日，福建省幸福河湖促进会成立，这是全国首家幸福河湖促进会，标志着福建河湖治理保护工作迈入新征程。福建省省总河湖长、省委书记尹力，省总河湖长、省长赵龙专门作出批示，对福建省幸福河湖促进会寄予厚望。水利部专门发函，充分肯定了福建成立幸福河湖促进会的做法。促进会的成立，将架设政府与社会之间沟通的桥梁，形成职能部门、科研院校、企事业单位合作的纽带，组织动员和整合社会各方智慧和力量，有力促进福建“一河一网一平台”建设，探索建立幸福河湖长效机制，推动形成人水和谐幸福河湖的“福建方案”，为推动生态省建设作出积极贡献。在省幸福河湖促进会的引导推动下，福州、柘荣等 20 个地市相继成立了幸福河湖促进会，形成了纵深推进的良好工作局面。

7. 召开首届福建省幸福河湖建设交流会 2022 年 8 月 19 日，以“幸福河湖 美丽福建”为主题的福建省幸福河湖建设交流会在莆田召开。福建省人大常委会原主任、省幸福河湖促进会特约顾问袁启彤作书面致辞。中国工程院院士、省幸福河湖促进会专家委名誉主任王浩作视频讲话。莆田市委书记付朝阳、水利部太湖流域管理局总工程师林泽新、福建省水利厅厅长刘琳、省幸福河湖促进会会长刘道崎出席会议并讲话。会议旨在深入贯彻落实习近平生态文明思想和习近平总书记治理木兰溪的重要理念，响应习近平总书记建设“造福人民的幸福河”的伟大号召，探讨幸福河湖创建和实践经验，为全省搭建幸福河湖建设经验交流平台。

（福建省河长制办公室）

【重要文件】

1. 修订《福建省湿地保护条例》 2022 年 11 月 24 日，《福建省湿地保护条例》经福建省十三届人大常委会第三十六次会议审议通过修订，于 2023 年 1 月 1 日起施行。

2. 制定出台《福建省人民政府关于支持莆田市践行木兰溪治理理念建设绿色高质量发展先行市的意见》 2022 年 11 月 27 日，福建省人民政府印发《福建省人民政府关于支持莆田市践行木兰溪治理理念建设绿色高质量发展先行市的意见》（闽政〔2022〕29 号），支持莆田市深化“变害为利、造福人民”生动实践，以木兰溪全流域系统治理统揽推动水资源高效利用和经济社会绿色高质量发展，实现以水定城、以水定地、以水定人、以水定产，全力建设绿色高质量发展先行市。

3. 福建省人大立法加强九龙江流域水生态环境协同保护 2022 年 9 月 28 日，福建省人大常委会批准福州、泉州、三明、莆田、南平、龙岩、宁德市人大常委会《关于加强闽江流域水生态环境协同保护的决定》（简称《决定》），《决定》有利于用法治筑牢闽江流域生态保护屏障，《决定》规定各有关设区市要建立健全流域水生态环境保护联席会议制度，共同改善流域水生态环境质量；从立法协同、执法协同、司法协同、监督协同等方面，对流域水生态环境共建、共治、共管、共享作出了原则规定，形成流域内依法治理的一致性、协调性，确保流域经济社会高质量发展和生态环境高水平保护协同并进，有助于构建“共饮一江水、共抓大保护”的格局。

（福建省河长制办公室）

【地方政策法规】

1. 发布《河湖（库）健康评价规范》 2022年12月27日，由福建省水利厅牵头、三明市水利局参与制定的福建省地方标准《河湖（库）健康评价规范》获批准发布，该标准在全国首创开展全域性河湖（库）健康评价工作实践的基础上，提出河湖（库）健康评价的指标和方法、评价等级的划分、评价报告的编制、评价成果的推送等要求，对于提升河湖（库）健康评价管理工作水平具有积极的促进作用。

2. 发布《独流入海型河流生态建设指南》 2022年12月27日，由莆田市河长办、市水利局与河海大学共同起草的福建地方标准《独流入海型河流生态建设指南》发布，该指南明确了独流入海型河流生态建设的总则，内容包括水安全、水生态、水环境、水景观、水文化的建设及水管理等。该指南的发布也将进一步巩固全国生态文明建设的“木兰溪样本”，打造人与自然和谐共生的生态河、智慧河、幸福河，为全省扎实推进国家生态文明试验区建设打下坚实基础。 （福建省河长制办公室）

【河湖长制体制机制建立运行情况】

1. 组织体系 福建省委书记、省长担任总河湖长，3位副省长担任副总河湖长兼任主要流域河长，市、县、乡党政主要负责同志全部担任河长；河流湖泊分级分段设河湖长，省、市、县、乡设立河长办，村级设河道专管员，形成省、市、县、乡、村五级穿透、河流湖泊山塘水库全覆盖的河湖长组织架构。福建6 886名河湖长、265名河道法官、检察官和1 908名河道警长累计巡河29.7万人次，协调解决问题5.3万个。

2. 运行机制 依托河长办建立协调调度平台，统一部署、统一检查、统一监测、统一评价。通过集中办公，福建省水利厅、省生态环境厅各抽调1位副厅长担任专职副主任，10个部门选派人员到河长办挂职，把力量整合起来；通过联席会议，研究解决重大问题，明确目标任务，把工作统筹起来；通过立法规范，赋予河长办协调、指导、监督、通报、约谈等职责，把作用激发出来。逐级落实党委政府年度报告、河长年度述职和年度考核制度，逐级下发河长令，推行“河长日”，开展上下游联合会商。将河湖长制工作纳入各级党政绩效考核、环保责任制、文明城市测评和领导干部自然资源资产离任审计，并将考核结果与河湖长制相关项目资金安排挂钩。进一步规范河湖长履职行为，依托覆盖各设区市的河湖长学院组织培训；完善河湖长动态调整机制，向社会公布，接受监督。

（福建省河长制办公室）

【河湖健康评价开展情况】

1. 发布《2022年度福建省幸福河湖评价报告》 评价结果显示，2022年福建省流域面积大于200km^{2}的179条河流中，幸福指数大于75分的三星级河流有170条，占95%；幸福指数大于85分的五星级河流有31条，占17.3%，主要分布在三明市、南平市、龙岩市、福州市、莆田市、宁德市。

2. 发布《2022年度福建省河湖健康蓝皮书》 已是连续4年对全省179条流域面积200km^{2}以上的河流和21座大型水库进行“健康体检”。

（福建省河长制办公室）

【“一河（湖）一策”编制和实施情况】 动态更新“一河（湖）一档一策”。以县为单元，编制“一河（湖）一档一策”，10个设区市（含平潭）、84个县（市、区）全部完成编制，摸清了河湖本底，建立了河湖档案，制定了治理方案并动态更新。

（福建省河长制办公室）

【水资源保护】

1. 水资源刚性约束 完成“十四五”水资源消耗总量和强度双控目标分解工作，并下达至各地市；组织编制《福建省地下水管控指标报告》；组织开展市级水资源配置规划。

2. 节水行动

（1）持续推进节水载体建设。2022年度新完成县域节水型社会建设17个，全省累计43个县（市、区）完成县域节水型社会达标建设，占比50.6%，其中26个已通过水利部复核，占比31%。2022年度新建成11所节水型高校，全省累计建成30所节水型高校，占比34%，黎明职业大学、福建中医药大学节水型高校创建入选全国节水型高校典型案例。省直机关累计创建85家节水型单位，达到100%目标。全省市、县两级具备独立物业管理条件的44个水利机关和69个水利行业所属单位全部建成节水型单位。全省累计建成节水型大、中型灌区2个，其中茜安中型灌区获评国家级节水型灌区，建成省级农业节水示范区10个。全省累计在火力发电、钢铁、纺织、造纸、石化和化工、食品和发酵等高耗水行业建成节水型企业

196家。

(2) 推动节水评价实施。对省、市、县三级水行政主管部门开展取用水相关的水利规划、水利工程项目、需开展水资源论证的相关规划、办理取水许可的非水利建设项目4类规划和建设项目节水评价审查，建立节水评价登记台账管理。

(3) 推广合同节水。立足推广市场化模式，积极应用合同节水管理模式，拓宽资金渠道，调动社会资本和专业技术力量，集成先进节水技术和管理模式参与节水工作。2022年实施7项合同节水管理项目，全省累计实施11项，其中福建工程学院合同节水管理项目入选水利部“十三五”践行水利改革发展总基调典型案例。

(4) 开展水效领跑者遴选。2022年新增遴选用水产品水效领跑者3项，重点用水企业、园区水效领跑者5企业1园区。全省累计评选出国家用水产品水效领跑者3项，国家公共机构水效领跑者6家，省级水效领跑者企业7家、园区1家，其中百威雪津啤酒有限公司2次入选国家工业企业水效领跑者名单。

(5) 提档节水宣传教育。2022年，福建省省水利厅联合省精神文明建设办公室等10部门印发《关于开展〈公民节约用水行为规范〉宣传贯彻工作的通知》(闽水〔2022〕41号)；组织开展节水宣教进社区、进校园、进企业、进公共机构等多种类宣传活动；联合福建省省教育厅、团省委，共同开展“青春相作伴　节水八闽行”青年志愿服务三年专项行动。

(6) 做大做强“节水贷”。研究推出“节水贷”政策，开展节水工程建设与改造项目所需贷款享受绿色金融优惠贷款政策，年利率优惠至不超过3.85%，为省内企业开展节水技术改造、供水管网改造、非常规水源利用等节水项目进行贷款。2022年共批复8.39亿元，投放2.99亿元。

(7) 开展节水试点建设。不断探索打造各种类型节水试点和样板，梳理总结典型先进经验，在全省乃至全国进行宣传推广。有建设中试点5个，分别是厦门市、平潭综合实验区水资源节约集约利用先行示范区；湄洲岛再生水利用配置试点；漳州市东山县农业水资源节约集约利用示范项目；福州大学城片区节水型高校示范区项目；龙岩节水水情教育基地试点。

3. 生态流量监管　对3条省界河流、12条省内河流均编制了生态流量保障实施方案，并开展监测评估。经太湖流域管理局复核，12个纳入考核的断面生态流量达标率99.6%。

4. 全国重要饮用水水源地安全达标保障评估　福建省共有17个水源地被列入国家重要饮用水水源地名录，按照要求每天向水利部报送水源地水质在线监测数据，按月报送水源地水质人工监测数据，每年组织开展达标建设自评估。2022年，17个重要饮用水水源地实际供水量为15.78亿 m^3，水源地水质总体达标。

5. 取水口专项整治　福建省累计核查取水项目16 665个，其中整改类项目1 840个，已全部完成整改。

(福建省河长制办公室)

【水域岸线管理保护】

1. 河湖管理范围划界　福建省完成740条 $50km^2$ 以上的河流及1个 $1km^2$ 以上的湖泊管理范围划定工作，并按程序审批公告。

2. 岸线保护与利用规划编制　福建省完成闽江干流、九龙江、汀江、交溪、晋江、敖江、霍童溪、木兰溪、诏安东溪及漳江10条河流的岸线保护与利用规划编制工作，并严格按相关程序完成审批。

3. 采砂管理　科学编制河道采砂规划，严控年度采砂总量，保持河道冲淤平衡，持续推进集约化、规模化、规范化开采管理模式。严格按照“一船一证”“一年一批”原则，依法实施采砂权招投标方式，明确采砂办证程序，规范许可发证。紧盯采砂管理问题突出的重点河段、敏感水域，逐级逐河段压紧压实采砂管理“四个责任人”。开展常态化监督检查，将工作责任和打击措施层层传导至基层一线，对非法采砂打击整治不力、整改不到位、管理问题突出的单位进行约谈，倒逼各级水行政主管部门把“管、治、保”职责落到实处。

4. “四乱”整治　将“四乱”突出问题排查范围重点从流域面积 $50km^2$ 以上河流延伸到所有河流。委托第三方利用无人机、监控探头，发动河道专管员等方式开展常态化暗访，及时收集突出问题信息。各级河长办对发现的问题及时跟踪了解、核实督办，做到一般问题即查即改，重点问题挂牌督办，历史问题区别对待、稳步清理。全省排查“四乱”问题921个，已全部销号。

5. 妨碍河道行洪突出问题排查整治　将实施“碍洪”突出问题排查整治纳入2022年河湖长制工作重点工作内容，并列为“四项攻坚战”之一。省纪律检查委员会将“碍洪”突出问题排查整治纳入年度监督内容，逐级落实责任，确保了排查整治工作扎实推进。派出27个督查小组，对全省84个县(市、区)已整改完成的“碍洪”突出问题列入督查范围，进行全覆盖核查，确保问题整改到位。全省排查“碍洪”问题821个，已全部销号。

（福建省河长制办公室）

【水污染防治】

1. 排污口整治　坚持“依法取缔一批、清理合并一批、规范整治一批”，分批次推进福建省入河排污口排查整治，排查发现全省 9 758 个入河排污口，其中闽江流域 3 241 个入河排污口全部完成整治。

2. 工矿企业污染防治　大力推动省级及以上各类开发区、工业园区“污水零直排区”建设，实现污水分流分治、分质回用。开展造纸、印染、制革、化工、电镀等重点行业企业专项治理。持续推进落后产能依法依规退出。引导重点行业、重点地区加强工业废水处理后回用，培育工业和信息化部工业废水循环利用试点企业2家。

3. 城镇生活污染防治

（1）市县生活污水处理。2022 年新建改造污水管网 1 220km，新增污水处理能力 37 万 t/d，生活污水收集处理能力持续提升，污水厂日处理水量较 2021 年增长 7.7%，城市水体水质有效提升。

（2）乡镇生活污水治理。2022 年新建乡镇生活污水配套管网 1 287km，新增 21 个县（市、区）以县域为单位打捆打包所有乡镇生活污水处理设施改造提升、管网铺设和运营管护实施市场化，闽江流域各县（市、区）全面完成以县域为单位市场化，强化了建设资金保障，实现了专业化运营管理，有效提升了治理水平。

4. 畜禽养殖污染防治　2022 年安排省级以上财政资金 4 550 万元，组织 8 个县（市、区）实施畜禽粪污资源化利用整县推进和提升工程，重点支持粪污收储运输、处理利用、臭气处理及信息化等设施升级改造和设备更新换代，推进畜禽粪污高水平利用。全省畜禽粪污综合利用率达 93%，规模养殖场粪污处理设施装备配套率达 100%。

5. 水产养殖污染防治　2022 年，全省 213 家规模以上淡水养殖主体中除 5 家关闭外，其他 208 家均已建尾水处理设施，实现尾水达标排放或循环利用。

6. 农业面源污染防治

（1）组织实施化肥减量工程。全面实施测土配方施肥，集成推广施肥新技术、新产品、新机具，创新服务新模式，打造化肥减量增效“三新”升级样板，多元替代减少化肥投入，因地制宜推广绿肥种植和秸秆还田，培肥地力，减少化肥使用量。在福清、仙游等 30 个县（市、区）开展化肥投入定额制试点，推动化肥使用总量和施用强度“双降”、耕地质量和作物品质“双提升”。全省农用化肥施用量比 2021 年减少 4.7%，超出年度目标 2.7 个百分点。

（2）持续开展农药减量行动。强化病虫监测预警，准确掌握重大病虫害发生消长动态，及时发布病虫情报，科学指导防治，减少用药次数；推广绿色防控，减少化学农药使用；开展统防统治，围绕水稻、茶叶、柑橘 3 大农作物建设一批服务面积超 1 万亩的专业化统防统治服务组织，带动统防统治壮大提升，提高用药效率。全省农药使用量比 2021 年减少 4.42%，超出年度目标 2.42 个百分点。

7. 船舶港口污染防治　完善港口码头含油污水及垃圾的接收、转运和处理机制，推进 100 总 t 以上船舶废水的规范收集与处置；推动达到强制报废条件的运输船舶强制退出水路运输市场，全面推行中国第六阶段机动车污染物排放标准船用柴油。

（福建省河长制办公室）

【水环境治理】

1. 饮用水水源规范化建设　以福州山仔水库、莆田东圳水库、福清东张水库等为重点，督促指导各地在高温时节做好水华防控工作，切实保障群众喝上放心、干净的水。持续推进水源地环境保护专项行动向农村延伸，完成福建省 11 682 个千人以下农村分散式水源保护范围划定。

2. 黑臭水体治理

（1）城市黑臭水体治理。福建省设区市建成区 87 条黑臭水体在 2020 年年底基本消除黑臭、基本实现长制久清的基础上，各地将城市黑臭水体治理、排水防涝、海绵城市建设、污水处理提质增效等统筹实施，深入开展排水管网建设改造，进一步提高污水收集处理效能，持续巩固黑臭水体治理成效。开展县级城市建成区黑臭水体摸排，共摸排出 6 条黑臭水体，全面实施控源截污、内源治理、生态修复等措施，基本完成消除 40%县级城市黑臭水体的年度目标，治理成效初步显现，水体水质得到改善。

（2）农村黑臭水体治理。消除 36 条较大面积农村黑臭水体，指导漳州市成功申报农村黑臭水体治理试点城市，获得 2 亿元中央资金支持。

3. 农村水环境整治　以农村人居环境整治提升和农业面源污染防治为重点，组织实施农村生活污水治理为民办实事项目，全年投入 20.88 亿元，推

进614个村庄建设污水管网或小型污水处理设施。

（福建省河长制办公室）

【水生态修复】

1. 退田还湖还湿

（1）组织实施滨海湿地生态修复。2022年9月，在全国率先开展互花米草除治攻坚行动，省级财政投入2.5316亿元，于2023年1月完成全省136620亩互花米草除治任务，比计划提早了8个月。

（2）开展红树林保护修复专项行动。完成红树林保护修复面积11300.78亩，其中种植红树林4067.6亩，修复红树林7233.18亩，超额完成年度任务，红树林面积和质量进一步提升。

（3）实施湿地保护修复工程。2022年争取中央和省级财政湿地保护修复资金4341万元，其中中央财政资金3341万元、省级财政资金1000万元，用于在省级以上重要湿地和湿地公园实施湿地保护修复项目，完成三叶鱼藤等湿地有害生物除治447.33hm²、植被恢复15.42hm²、湿地生态修复28.72hm²，进一步提升项目实施区湿地生态系统服务功能。

2. 生物多样性保护　各级海洋渔业部门在交溪、闽江、木兰溪、晋江、九龙江等主要江河和水库放流各类淡水鱼类3759万单位。继续加强闽江水域禁渔期监管，各级渔业执法机构共组织执法行动123次，出动执法车辆142辆次、执法船艇112艘次、执法人员1275人次，查办案件10起，其中移交公安机关1起，查扣/拆解涉渔“三无”船舶12艘，取缔违规渔具4220件（m）。

3. 生态补偿机制建设　福建省人民政府办公厅制定《福建省综合性生态保护补偿实施方案的通知》（闽政办〔2022〕51号），出台了13条激励措施鼓励和支持社会资本参与生态保护修复，建立覆盖福建省主要流域的生态补偿机制，落实生态补偿资金19亿元。

4. 水土流失治理　2022年，福建省各部门共完成水土流失综合治理面积200.33万亩，占计划任务150万亩的133.55%；完成水土保持水土清洁小流域164.64km，占计划任务100km的164.64%。截至2022年年底，全省水土保持率已提升至92.63%，属全国领先水平。永春、浦城、周宁成功创建国家水土保持示范县；尤溪汤川风电场项目获评生产建设项目国家水土保持示范工程；6个单位、12名个人获评全国水土保持工作先进称号。高标准开展全国首个部省共建“中国·福建水土保持科教园”建设；在全国率先开展以“三个一”（一个标准、一套流程、一张网络）为主要特点的水土保持科教园体系建设。持续加强水土保持国策宣传，组织全省第9个“水土保持宣传日”活动，开展水土保持进机关、进校园、进企业、进社区、进工地、进田头“六进”宣传活动，在全省掀起了舆论热潮，取得了良好的社会效益。

5. 生态清洁型小流域建设　长汀、惠安、南靖小流域治理项目获评生态清洁小流域国家水土保持示范工程。

（福建省河长制办公室）

【执法监管】

1. 河湖日常监管　以网格化为重点，整合优化乡镇水质交接断面1100处，动态更新1.39万个河（湖）长公示牌，完善“96133”河湖监督热线工作机制，打通了河湖管护“最后一公里”。以规范化为载体，制定了全国首个《河湖（库）健康评价规范》（DB35/T 2096—2022）和《独流入海型河流生态建设指南》（DB35/T 2095—2022），利用厦门大学海丝系列卫星对河流岸线进行跟踪评价，动态更新“一河（湖）一档一策”，落实了河湖管护“末梢职责”。以数字化为依托，整合汇聚35类10亿条涉河信息，形成河长“一张图”，建立了全国首个省、市、县、乡、村五级共享共用的河湖长指挥系统，创新推出河流健康码实时公布河湖健康状况，提高了河湖管理效率。

2. 联合执法　福建省出动执法人员155043人次，累计巡查河道长度389272km，查处非法采砂行为154处，没收非法砂石0.919万t，查处、拆解“三无”采砂船只52艘，行政处罚111件，累计罚款361.01万元。

（福建省河长制办公室）

【水文化建设】

1. 水利风景区　福建现有省级以上水利风景区124家（其中国家级41家、省级83家）。2022年，上杭江滨水利风景区和德化银瓶湖水利风景区获批第二十批国家水利风景区。厦门杏林湾、福鼎市赤溪、惠安科山、寿宁县武曲4家景区获批第十二批福建省水利风景区。南靖土楼水乡水利风景区入选国家水利风景区高质量发展典型案例；永春桃溪水利风景区成为第二批重点推介的10个国家水利风景区高质量发展标杆景区之一；泉州市水利局“立足流域整体打造幸福河湖风景区”的经验做法在全国水利风景区视频工作会议上作典型发言。

2. 河长制主题公园　福建省共有河长制主题公园251个，其中福州8个、宁德5个、莆田3个、泉州 167 个、漳州 6 个、龙岩 11 个、三明 35 个、南平 9 个、厦门 5 个、平潭 2 个。

3. 河湖文化博物馆　福建省共有河湖文化博物馆 10 个，其中龙岩 2 个、三明 1 个、宁德 3 个、泉州 4 个。

（福建省河长制办公室）

【智慧水利建设】

1. “水利一张图”　福建省河湖长制综合管理平台结合河湖长制工作需要，建设首页、“河湖长一张图”、事件清单、履职情况、资料文件、工作台等模块，其中“一张图”模块将重要的河湖管护基础信息如流域河段责任划分信息、重要水功能区和水源地信息、入河湖排污口信息、采砂信息、水利工程信息、水域岸线管理信息、水质与水雨情信息通等通过 GIS 地图生动地展现在各级河湖长面前。实现全省 6 497 条河流河段、14 个湖泊、1 159 个水库矢量展示，监测数据实现 200 余个水质监测点位、500 余个雨情站、1 200 余个水情站、900 多路实时视频等实时数据接入，全省实现河湖信息的动态直观展示，将河湖数据矢量化，实现河湖水系的 7 级划分，实现河湖信息管理的可视化，达到河湖健康管理工作“挂图作战”的效果；对河湖进行全方位动态监控，辅助应急决策。

2. 河长 App　为更好地辅助河长及相关人员开展巡河任务，配套开发了河长 App，主要包含巡河、河湖态势、河湖事件、河湖履职、河湖资料、工作台等功能，提供河湖长移动办公能力，实现问题上报、信息查看、巡河日志、轨迹记录、工单事件流转等，方便河长日常巡查工作，提升河长制督查督办工作信息化水平。同时公众在发现河湖问题时也可通过 App 直接拍照上传，并在事件管理中对事件进行后续跟踪，实现全民参与。河长 App 自建成以来，全省每年平均完成巡河 240 万余次，有效推进河湖的管理养护，并且实现了完善的巡河事件处置流程。每年巡河完成率也是河湖长制工作考核的主要指标。

3. 数字孪生　福建省选取溪源溪小流域和九龙江北溪为试点，以“数字化场景、智慧化模拟、精准化决策”为路径，以大力提升数字化、智能化、科学化为方向，围绕水库安全和流域防洪两块核心业务需求，充分运用物联网、数字映射、数字孪生等新一代信息技术，集成各级水利信息资源，采用水利专业模型，建成兼具智慧感知和“四预”防洪调度安全的业务应用系统，提高河湖管理工作效率、辅助决策能力，为打造安全、生态、美丽的溪源溪“幸福河”提供全方位的信息化技术支撑。

（福建省河长制办公室）

江西省

【河湖概况】

1. 河湖数量　江西省水系发达，河湖众多，共有流域面积 10km² 以上的大小河流 3 771 条。根据全国水利普查成果统计，全省现有流域面积 50km² 以上的河流有 967 条，200km² 以上的河流 245 条，3 000km² 以上的河流有 22 条，10 000km² 以上的赣江、抚河、信江、饶河、修河五大水系，均发源于与邻省接壤的边缘山区，从东、南、西三个方向汇入鄱阳湖，经鄱阳湖调蓄后由湖口汇入长江，形成完整的鄱阳湖水系。其控制站（湖口水文站）以上集水面积 16.2 万 km²，其中属于江西省面积为 15.7 万 km²，占全省面积的 94%；直接流入邻省和直接注入长江的河流，流域面积为 10 205km²，占全省面积的 6%。长江干流 152km 流经江西。

江西省湖泊众多，主要分布于五河下游尾闾地区、鄱阳湖滨湖地区及长江沿岸低洼地区，根据全国水利普查成果统计，全省涉及流域面积 1km² 及以上湖泊 86 个，以鄱阳湖为最大。鄱阳湖是我国第一大淡水湖，由众多的小湖泊组成，包括军山湖、青岚湖、金溪湖、蚌湖、珠湖、新妙湖等。鄱阳湖具有“高水是湖，低水似河”的特点。汛期湖水漫滩，湖面扩大，茫茫无际；枯季湖水落槽，湖滩显露，湖面缩小，蜿蜒一线，比降增大，流速加快。2022 年，鄱阳湖湖区断面水质优良比例为 22.2%，同比上升 5.5 个百分点；总磷浓度均值为 0.063mg/L，同比下降 7.4%。

2. 水量　江西省多年平均降水量为 1 646mm，多年平均水资源总量为 1 569 亿 m³，列全国第七位。2022 年，江西省水资源总量为 1 556.19 亿 m³，平均年降水量为 1 599mm，地表水资源量为 1 533.60 亿 m³，地下水资源量为 363.65 亿 m³，供水总量为 269.77 亿 m³，占全年水资源总量的 17.3%。受旱情影响，依据 2022 年江西省农业用水量折算方案对农业用水量进行折减，折算后供水总量为 212.42 亿 m³。

（殷国强）

3. 水质　2022 年，江西省地表水水质良好。积极克服极端高温干旱天气的不利影响，国考断面水质优良比例达 96.2%，同比上升 0.7 个百分点。

（邓香平）

4. 新开工水利工程　截至2022年年底，江西省已建成各类水利工程160万余座（处）。其中堤防1.3万km，水库1.06万座、水电站3678座，大中型灌区317处，集中供水工程1.36万处。构建了较为完善的水资源配置和科学利用体系、水资源保护和河湖健康体系、民生水利保障体系、水利管理和科学发展制度体系。（桂冠　高云平）

【重大活动】

1. 召开2022年河湖长制省级责任单位联席会议　2022年2月25日，江西省政府副秘书长、省河长办常务副主任杜章彪主持召开2022年河湖长制省级责任单位联席会议。会议书面审议了《关于2021年度河湖长制工作情况的汇报》，审议并原则通过了《2022年度强化河湖长制建设幸福河湖工作要点及考核方案》《河湖长制履职评价及述职规定（试行）》以及2021年度全省河湖长制工作考核结果。会议强调，要进一步凝聚思想共识，更加准确地把握强化河湖长制建设幸福河湖的目标方向；进一步落实主体责任，全力推动幸福河湖建设；进一步创新完善机制，形成工作合力。

2. 召开2022年省级总河长会议　2022年3月15日，江西省委书记、省级总河湖长易炼红主持召开省级总河湖长会议。会议听取了2021年度全省河湖长制工作情况汇报，审议通过了2022年工作要点、2021年河湖长制工作考核结果等相关文件。会议指出，全省上下认真贯彻落实习近平生态文明思想，全面实施河湖长制，大力整治河湖突出问题，河湖生态明显改善，机制创新亮点纷呈，各项工作取得了新成效。

3. 举办第四届“江西省河湖保护活动周”　2022年3月22—28日是第四届“江西省河湖保护活动周”。江西省河长办公室、江西省水利厅就“推进地下水超采综合治理复苏河湖生态环境”的主题广泛开展系列活动，对《江西省湖泊保护条例》《江西省实施河长制湖长制条例》《地下水管理条例》等法规进行重点宣传，引导广大群众积极参与河湖保护。

4. 罗小云在《江西日报》发表署名文章　2022年3月22日，江西省副省长罗小云在《江西日报》发表署名文章《坚持系统观念　建设幸福河湖》，指出要坚定不移贯彻落实党中央、国务院关于强化河湖长制、推进大江大河和重要湖泊湿地生态保护和系统治理的决策部署，全面落实“重在保护、要在治理”的战略要求，努力在河湖环境治理保护上作示范、勇争先，持续建设幸福河湖，增进人民福祉，全面夯实建设“六个江西”的幸福河湖基础。

5. 组织开展第二届河湖长制工作省级表彰　2022年5月22日，江西省人民政府发布《关于表彰2019—2021年度江西省河长制先进集体和优秀河长的决定》，对全省15个先进集体和60名优秀河湖长进行了表彰。（占雷龙）

【重要文件】　2022年1月6日，江西省委书记、省级总河湖长易炼红签发2022年第1号总河长令，要求全省上下认真贯彻落实《江西省关于强化河湖长制建设幸福河湖的指导意见》，坚持问题导向，强化系统治理，健全长效机制，持续强化河湖长制，努力建设造福人民的幸福河湖。

2022年3月15日，江西省级总河湖长会议审定通过了《2022年度强化河湖长制建设幸福河湖工作要点及考核方案》。文件明确了江西省河湖长制年度重点工作任务及措施、考核指标、考核组织及时间安排、考核评分方法及考核结果运用等，并配套制定考核细则。

2022年3月15日，江西省级总河湖长会议审定通过了《河湖长制履职评价及述职规定（试行）》。文件主要包含河湖长制履职评价制度和河湖长制述职制度，分别对履职评价的主体对象、组织形式、主要内容、结果运用等方面做了规定。同时，对述职主体、述职方式、述职频次等方面进行了明确。

2022年4月28日，江西省河长办印发《江西省2022年“清河行动”实施方案》，2022年清河行动包含“工业污染集中整治、城乡生活污水整治、城乡垃圾整治、保护渔业资源整治、黑臭水体管理和治理、船舶港口污染防治、破坏湿地和野生动物资源整治、畜禽粪污资源化利用提质行动、农药化肥减量化行动、河湖“清四乱”整治、非法采砂整治、水域岸线利用整治、入河排污口整治、河湖水库生态渔业整治、饮用水源保护、河湖水域治安整治等16个专项行动。

2022年5月5日，江西省河长办印发《河湖长履职评价细则（试行）》。该细则对《河湖长制履职评价及述职规定（试行）》作了有效补充，对河湖长履职成效进行了详细的指标量化。

2022年5月13日，江西省河长办印发《2022年河湖长制工作考核细则》。该细则对《2022年度强化河湖长制建设幸福河湖工作要点及考核方案》作了有效补充，为充分发挥河湖长制考核指挥棒作用提供了更为翔实的制度保障。（占雷龙）

【地方政策法规】 2022年7月26日，江西省第十三届人民代表大会常务委员会第四十次会议对《江西省实施河长制湖长制条例》进行第一次修正。新修订的《江西省实施河长制湖长制条例》对总河长、总湖长、省（市）级河湖长巡河巡湖频次和乡级以上河湖长履职考核等内容作了具体要求和补充。

（占雷龙）

【河湖长制体制机制运行情况】

1. 压实各方职责，充分发挥全覆盖责任体系作用

（1）强化河湖长第一责任。江西省委主要负责同志签发总河湖长令，主持召开省级总河湖长会议，全面部署工作；省政府主要负责同志就重点问题作出批示要求；7位省级河湖长带着问题开展巡河督导，推动整改；各级河湖长巡河巡湖144万余人次，推动解决重点问题2.4万余个。

（2）严格各部门主体责任。各责任单位持续开展“清河行动”，摸排整改突出问题2 379个；深化“河湖长＋检察长”“河湖长＋警长”机制，发挥“河小青”等作用，全民参与，热情高涨。

（3）压实河长办协调责任。持续抓好《江西省实施河长制湖长制条例》和河湖长制各项制度的落实；省、市、县三级河长办下发督办函597件，督促解决问题667个。

2. 聚焦污染防治，持续抓实全领域专项整治

（1）水污染源头防控有力。推进工业污染防治，整改污染问题242个；推动城镇生活污水收集处理设施建设，新增管网1 500余km；开展黑臭水体整治，县级城市消除比例50%；推进农村生活垃圾治理及分类试点；推进入河排污口整治，完成1 026个入河排污口整治和3 249个排污口溯源；强化饮用水水源保护，建成127个水源地水质自动监测站。

（2）鄱阳湖水质提升有效。推进鄱阳湖总磷污染控制与削减专项行动，加快总磷污染防治立法；推进船舶港口污染整治，21个船舶污染物接收站全部投入运行；建立健全禁捕执法长效管理机制和长效帮扶机制；在遭遇特大干旱情况下，鄱阳湖总磷浓度同比下降7.4%。

（3）河湖“四乱”整治有为。排查整治河湖“四乱”问题579个、妨碍行洪突出问题278个，整治有妨防洪安全的圩堤管理范围内房屋704栋。

3. 坚持系统治理，纵深推进全流域幸福河湖建设

（1）健全完善制度机制。印发《江西省关于强化河湖长制建设幸福河湖的指导意见》（赣总河令〔2022〕1号），全面启动幸福河湖建设；各市、县总河湖长组织实施本地实施规划或实施方案。

（2）着力强化示范引领。争取将宜黄县宜水列入全国幸福河湖建设7个试点之一，推进宜春市靖安县全域幸福河湖建设和萍乡市湘东区萍水河幸福河湖建设。

（3）有效实现整体推进。全省确定对108条（段）河湖开展幸福河湖建设，基本实现全覆盖；94条（段）幸福河湖正式开工建设，建成河湖生态廊道743km。

4. 夯实基础能力，不断筑牢全方位长效管护防线

（1）安全保障能力持续提升。大力实施堤防加固和升级提质工程，1 664座病险水库除险加固任务开工率100%；加强城市排水防涝体系建设，新建改造雨水管网580km；深入推进城乡供水一体化建设，完成投资76.5亿元；面对罕见旱情，采取超常规手段应急保障供水。

（2）改革创新探索不断深化。超90%的县（市、区）开展河湖健康评价；实施全域流域生态补偿，3个设区市和11个县（区）开展生态系统生产总值（Gross Ecosystem Product，GEP）核算试点；开展水权交易132宗；利用社会资本开展湿地生态修复633亩。

（3）传承保护步伐更加坚实。赣州市崇义县上堡梯田成功入选世界灌溉工程遗产名录；挖掘打造“五河一湖一江”旅游精品线路，推出“长江最美岸线”等特色线路；启动长江国家文化公园江西段建设。

（占雷龙）

【河湖健康评价开展情况】 积极开展河湖（水库）健康评价试点工作，省级层面启动抚河流域、饶河流域和修河干流开展健康评价二期试点，为进一步验证流域综合治理、河湖长制等现代治水策略效果提供有力支撑，为河流的健康问题诊断和健康修复提供科学依据。

（吴小毛）

【“一河（湖）一策”编制和实施情况】 2022年，持续对省、市、县三级“一河（湖）一策”实施方案进行修编。

（吴小毛）

【水资源保护】

1. 水资源刚性约束 充分发挥考核指挥棒作用，2021年国务院最严格水资源考核继续保持自2018年以来的“优秀”等次。科学制定2022年江西省最严格水资源考核指标，不断强化考核成果应用，落实政府主体责任，促进水资源管理水平持续提升。

2. 节水行动　高效完成《江西省节水行动实施方案》2022年度各项工作任务的推进和调度。持续推进县域节水型社会达标建设，2022年，7个县获“国家节水型社会建设达标县（区）”称号，累计共40个县（市、区）通过水利部复核，提前三年完成“十四五”任务目标。完成2022年县域节水型社会达标建设省级审核，共有17个县通过省级审核，报水利部备案，争取到中央节水补助资金1 735万元。节水型高校建成率达到45%，超额完成水利部下达的任务。（欧阳任娉）

3. 生态流量监管　制定印发了《江西省已建水利水电工程生态流量核定与保障先行先试工作方案》，向水利部和长江水利委员会报送了江西省开展先行先试工作的典型河湖和工程名录。指导各设区市完成21条市级重点河湖生态流量保障目标确定工作。（吴涛）

4. 全国重要饮用水水源地安全保障达标评估　江西省42个水源地被列入水利部制定的《长江流域重要饮用水水源地名录》；组织开展了《江西省县级以上城市集中式饮用水水源地名录》制定和列入《全国重要饮用水水源地名录》的复核调整。（吴涛）

5. 取水口专项整治　完成取用水专项整治“回头看”发现的244个问题整改，向水利部报送《江西省取用水管理专项整治行动工作总结》。完成96个大中型灌区无证取水问题整改。完成取水许可电子证照数据清理整治任务。（陈芳）

6. 水量分配　全面完成“五河一湖”和其他16条流域面积1 000km²以上的跨地市河流水量分配，指标细化到县级行政区。（欧阳任娉）

【水域岸线管理保护】

1. 河湖管理范围划界　持续做好《江西省第一次水利普查名录》内河湖管理范围划定成果的复核工作，积极部署水利普查名录外河湖管理范围划定，要求各地结合管理实际，分阶段、有步骤推进，力争在2023年年底前实现有管理任务的河湖全部完成划界。

2. 岸线保护利用规划　按水利部工作部署，加快推进江西省重要河湖岸线保护与利用规划编制。2022年度督促各地完成省级以下21条200km²以上河流和赤湖、赛城湖等5个湖泊岸线保护与利用规划的编制，启动长江岸线保护和开发利用总体规划外的抚河、修河、饶河及信江4条河流（原岸线规划已超水平年）规划修编，2022年10月，开展基础资料收集、水文分析及现状评估等相关工作。

3. 采砂整治　扎实开展河道非法采砂专项整治行动，全省专项整治出动人次64 000余次，累计巡查河道长46万余km，查处非法采砂行为470起，拆解三无船只71艘，查处非法采砂挖掘机156台，累计没收违法所得近880万元，罚款1 287万余元，移交刑事案件12起。

4. “四乱”整治　抓好《深入推进全省河湖“清四乱”常态化规范化工作实施方案》落实落地，持续推进河湖“清四乱”常态化规范化。2022年，全省共统计上报579个“四乱”问题，包括乱占问题122个、乱采问题20个、乱堆问题238个、乱建问题125个、其他违法违规问题74个，并全部整改销号。（阳少林）

【水污染防治】

1. 排污口整治　研究制定《江西省入河排污口监督管理工作方案》《长江江西段及赣江干流入河排污口整治实施方案》，逐步建立健全管理规范的长效监督管理机制。推动“五河一江”干流及鄱阳湖、仙女湖、柘林湖周边以及国省考断面、敏感保护区5km范围内入河排污口排查、监测、溯源。率先推进长江入河排污口整治，已对江西省3 830个长江入河排口分类和命名编码等进行动态更新，已完成1 026个入河排污口整治和3 249个排污口溯源工作。

2. 工矿企业污染整治　开展矿山生态保护修复专项行动，2022年，主要完成2021年大排查、大整治发现问题整改复核工作，完成历史遗留废弃矿山生态修复面积7 385.5亩，“五河一湖一江”沿岸等重点生态功能区废弃露天矿山生态修复工作稳步推进。

3. 城镇生活污染整治　开展新一轮城镇生活污水处理提质增效行动，加快补齐城镇生活污水收集处理设施建设短板。全省121座城镇生活污水处理厂全部完成一级A提标改造，累计建成污水管网2.3万余km，日处理能力达547.6万t，11个设区市本级全部建成污泥处理设施。加快推动建制镇生活污水收集处理能力建设，全省已有615个建制镇具备生活污水处理能力，设施覆盖率达85%，较2021年提高9个百分点。

4. 畜禽养殖污染整治　推动畜禽粪污资源化利用，全省畜禽粪污综合利用率保持在80%以上，畜禽规模养殖场粪污处理设施装备配套率达99%。

5. 水产养殖污染整治　持续开展水产养殖污染治理专项行动，打击河湖水库投肥养殖行为，实施水产绿色健康养殖技术推广“五大行动”，持续规范水产养殖行为。水产绿色健康养殖技术得到进一步普及，水产养殖清洁生产能力得到稳步提升。稻渔综合种养发展面积达251万亩，全省养殖尾水治理试点数量达330个，涉及86个涉渔县（市、区），覆盖率达95.6%

6. 农业面源污染整治　引导养殖企业增强绿色发展内生动力，优化养殖方式，提升养殖水平。引导种植户科学合理使用化肥农药，强化绿色植保。以实施水产绿色健康养殖技术推广“五大行动”为主抓手，规范养殖生产，提升基础设施建设，稻渔综合种养发展面积达251万亩，路基循环水养殖圈养桶数量达6 300个以上，创建18家水产健康养殖和生态养殖示范区。推广应用绿色防控技术，全省绿色防控示范面积124.63万亩，绿色防控覆盖率50%以上，同比提高4.5个百分点。在新干、鄱阳、高安等17个县（市、区）整县开展粪肥就地消纳、就近还田补奖试点，完成绿色种养循环面积65.3万亩。建设化肥减量增效示范片14.59万亩。创建化肥减量增效“三新”配套模式，全省建成化肥减量增效“三新”示范样板116.5万亩。

7. 船舶和港口污染防治　进一步增强船舶污染物处置能力，船舶生活垃圾、污水处置率均达到90%以上，获得交通运输部的肯定。强化船舶港口污染物接收转运监管，2022年累计接收船舶垃圾279t、生活污水3万余t、含油污水196t。印发《全面深化船舶污染防治专项执法活动》等一系列文件，深入推进专项执法行动。2022年查处违章行为123起。

（占雷龙）

【水环境治理】

1. 饮用水水源规范化建设　九江市、宜春市应急备用水源建设工程完成通水及单位工程验收，并通过水利部的现场复核。

2. 黑臭水体治理　对城市建成区内水系、水体以及已完成整治的黑臭水体再次开展全面排查，共排查水体629个，其中确认4个黑臭水体。完成79个农村黑臭水体（国家监管）整治，全省县级城市建成区黑臭水体消除比例达50%，超额完成国家下达的任务。

3. 农村水环境整治　大力开展农村生活污水治理，累计建成7 700余座农村生活污水治理设施。完成961个行政村的环境整治任务，超额完成国家下达的任务。

（占雷龙）

【水生态修复】

1. 退田还湖还湿　将符合《江西省重要湿地确定指标》（DB36/T 960—2017）各项条件的东鄱阳湖、景德镇玉田湖等10处湿地认定为第二批省级重要湿地，进一步完善了湿地分级管理体系。扎实推进湿地资源运营机制创新，全省利用社会资本开展湿地生态修复633亩，实现湿地占补平衡指标交易额3 053万元，商业银行为湿地权属人发放湿地修复专项贷款1.2亿元、湿地资源经营专项贷款1 000万元，拟向湿地资源运营中心发放湿地后备资源收储专项贷款1亿元。

2. 生物多样性保护　建立健全禁捕执法长效管理机制和长效帮扶机制，推动水生生物资源保护落到实处。构建了“监测中心—监测站—监测点位”三级组织架构，设立了1个监测中心、7个监测站和111个监测点位的体系布局。在全流域率先发布资源监测准用网具“白名单”和《监测渔获物处置办法》，切实保障监测活动规范有序开展。全国唯一的省部共建江豚保护基地在江西落户。组织协调全流域长江江豚科考涉赣有关活动。完成九江市湖口县建立长江江豚迁地保护基地可行性研究报告论证。成功举办第四届长江江豚保护日暨第三届鄱阳湖长江江豚保护论坛。针对鄱阳湖历史罕见极枯水位，联合省内外科研院所开展江豚应急救护，精准投放江豚饵料，解困江豚111头。

3. 生态补偿机制建立　继续实施全流域生态补偿机制，2022年全省补偿资金34.44亿元，跨省补偿省级奖补资金2.12亿元。

4. 水土流失治理　2022年，江西新增水土流失治理面积1 351km²。严格落实水土保持方案审批制度，批复2 500余个生产建设项目水土保持方案。集中约谈29个违法违规生产建设单位和43个交通、风电项目，形成监管震慑。

5. 生态清洁型小流域治理　印发实施《江西省生态清洁小流域建设规划》（赣水水保字〔2022〕15号），推进了26条生态清洁小流域建设。2022年9月21—23日，水利部副部长朱程清在南昌市调研乌源港小流域综合治理工程，对综合治理成效给予充分肯定。

（占雷龙）

【执法监管】

1. 河湖日常监管　2.5万余名河长湖长全面行动，以签发河湖长令、召开会议、开展巡河督导、现场协调督办等多种方式，有效推动问题整改。2022年，五级河湖长累计开展巡河巡湖144万余人次，推动解决重点问题2.4万余个。规范涉河建设

项目许可，2022年完成涉河建设项目审批31个，抽查历年来涉河建设项目85个。坚持规划引领，严格采砂许可，依法许可可采区202个。加强疏浚砂石综合利用管理，完成赣江下游尾闾综合整治工程砂石综合利用等3个项目的审批，排查整改项目28个。做好河道采砂源头治超工作，完成100个砂场称重和监控设备安装。抓好《江西省“五河一湖一江”流域保护治理规划》落实，推动完成省、市、县三级“一河（湖）一策”修编工作。

2. 联合执法　深化“河湖长＋警长”“河湖长＋检察长”协作机制，全省各级河长办、公安、检察院定期通报工作情况，共同开展联合巡查和执法活动。在鄱阳湖重点水域开展驻点联合巡逻执法，推动沿江沿湖增设10个县级联合执法点实体化运行，构建起“1个省级、2个市级、16个县级联合执法点”的湖区治安防控网络。（占雷龙）

【水文化建设】

1. 水利风景区　积极做好水利风景区建设与管理工作。2022年新增了2家国家水利风景区和8家省级水利风景区，其中1家景区被列入了国家水利风景区高质量发展典型案例推荐名单，4家景区纳入了国家传承红色基因水利风景区名录。建设了各具特色的水科普展示教育馆，包括灌区文化展示馆、农业水价综合改革展示馆、水文科普展示馆、鄱阳湖动植物展示馆、峡江水利枢纽展示馆等。截至2022年12月26日，共创建48家国家水利风景区、61家省级水利风景区。（徐川洋）

2. 河湖长制主题公园　2022年，为进一步宣传河湖长制工作，建设造福人民的幸福河湖，江西省打造了一批集水文化宣传、水景观展示、水工程教育于一体的河长制主题公园105个。

（1）南昌市持续推动河湖长制主题公园建设。南昌市新建区河湖长制主题公园位于乌沙河欣悦湖畔，是南昌市首座以“因水而生、因水而利、因水而兴、因水而治、因水而名、因水而美”为主题的河湖长制主题公园，项目总面积10万m^2，由南昌市水利局和新建区水利局联合建造，于2022年年底完工，累计投资50万元。（杨增武）

（2）赣州市赣县区打造独具特色的晓境河长制主题公园。依托赣州古“八景”文化、储潭风水潭文化、中国稀金文化进行建设，分为水系概况、河湖长制体系及知识、历代治水名人、晓境传说、稀土王国等版块，充分展示了赣江水系、河湖长制组织体系、河湖长制背景、河湖长制工作目标、举措和成果、科普水资源与水利知识、稀有金属材料知识等，让人民群众在享受河湖长制带来的福祉的同时，也增强了民众知水、爱水、护水、惜水意识，提升了对河湖长制工作的知晓度和参与度。该项目总面积约1 400m^2，由赣州市赣县区水利局建造。截至2022年年底，该园已完成文化景墙、木栈道、景观桥、曲廊绕榕景观、亲水平台等工程建设，累计完成投资5 680万元。（曾小华）

（3）宜春市靖安县全域推进幸福河湖建设。创新提出“一核提质，两河联动，全域发力”的幸福河湖总体布局。建成全省首个河湖长制展示馆，倾力打造靖安县河湖长制主题公园，该公园于2022年竣工，项目总投资约2.6亿元。公园设计占地19.15hm^2，按照“有一种幸福在北潦河”的设计理念和目标，分为“湿地生态游览区、生态培育带、城市形象展示带、文化艺术区、河长制文化展示区、滨河休闲景观带”六大功能区，打造城市休闲公园，提升城市品质。公园功能完善、布局合理、环境优美，独具滨水景观、人文魅力及创新活力的景观风貌带，养眼、养心且养生，已成为靖安新老城区居民日常休闲活动和全域旅游的重要绿地节点，成为靖安河湖长制的新名片。（易婷）

（4）上饶市广丰区河长制主题公园建于2022年，位于城区丰溪河畔，依托广丰区中洲公园建设，旨在积极践行“绿水青山就是金山银山”的发展理念，提升广丰区人民群众爱水、惜水、节水护水的生态意识。公园坐落于丰溪河，环境优美，与河长制的精神内涵相契合，并配套建设观光桥、休闲走廊、音乐喷泉、休闲座椅等配套设施，是集宣传、普法、教育、休闲、娱乐为一体的综合性主题公园。（周国君）

（5）吉安市于2022年年初建成河长制主题公园，为赣江流域首个河长制主题公园，项目总投资60万余元，占地面积约25 000m^2。公园主要围绕熟悉庐陵水、读懂河长制、讲好水文化、履行河长责、建设幸福河5个主题，全面展示了吉安市河湖水系情况、水文化、水生态以及河长制工作概况、发展历程、特色亮点等内容。（刘涛）

3. 水文化建设与推广

（1）水利遗产保护利用成效显著。推介赣州市崇义县上堡梯田成功入选2022年度世界灌溉工程遗产，被中央广播电视总台、人民网、《新京报》等多家主流媒体平台宣传报道。积极指导组织地市按水利部通知要求进行国家水利遗产申报工作，赣州“福寿沟”、瑞金“红井”旧址群正式入选首批国家水利遗产候选名单，极大地提升了水文化软实力。

（2）水文化阵地建设、品牌打造强化成效。全年出版《江西水文化》杂志共 4 期，创新性开辟了“沿着江河水利行”“打造模范机关”等多个特色专栏，面向省内外开展“绿水青山看江西”主题征文活动，不断拓宽优质稿源及宣传渠道。《荣光》（江西水文化走基层丛书第三部）于 2022 年 7 月正式出版，该书宣传展示了建党百年来江西水利发展的突出成就，书评《治水惠民　光耀江河》被“学习强国”平台推介。

（3）水文化宣传展示特色明显。紧扣江西省水利中心工作及水文化建设成效，制作 12 期水文化宣传短视频，在水利部“中国水文化”“中国水利报”“水利文明”及“长江水利”等微信公众号推送发布，充分发挥了文化引领作用。（王雅坤）

【智慧水利建设】

1.“水利一张图”　全面汇聚江西省水利空间数据对象，以空间化形式高效管理水利对象，按照水利基础地理数据、标准对象要素、业务空间数据和三维数据内容发布标准统一的空间服务，稳定高效支撑防汛抗旱、水资源管理等专项业务开展，为防汛抗旱以及水利突发事件的应急处置提供精准化支撑，为河湖长制的实施提供精细化服务。平台提供基础地理数据服务 21 个、标准对象要素服务 86 个、业务空间数据服务 123 个和三维数据服务 11 个，年访问量达 2 600 万人次。

2. 江西省河长制河湖管理地理信息平台　完成江西省河长制河湖管理地理信息平台项目建设，实现省、市、县、乡、村五级统一的河长制河湖管理信息化服务覆盖，满足各级河湖管理人员的日常监管需求，全面提升河湖管护工作效率，提高河湖信息化监管能力和水平。为各级河长及巡查人员量身定制掌上河长 App，使河长可以随时随地进行任务派发、河湖监测、视频监控、事件上报、移动巡查等，通过掌上河长 App 传递河湖巡查数据 140 万余条。

3. 数字孪生流域建设　2022 年 4 月，数字孪生峡江水利枢纽工程、数字孪生乐安河成功入选水利部数字孪生流域建设先行先试。依托智慧水利年度项目，落实建设资金 4 000 万元。数字孪生峡江水利枢纽工程基本完成数字化映射，阶段成果参加第五届数字中国建设峰会成果展、2022 中国水博览会，在迎战 2022 年赣江第 1 号洪水中提前滚动预报模拟，充分发挥工程削峰、错峰作用。数字孪生乐安河初步构建数字化场景，开发定制多要素小流域分布式水文模型和城市雨洪模型，初步具备乐安河流域预演能力，在应对乐安河超历史洪水中发挥积极作用。两项成果在 2022 年年底水利部数字孪生流域建设先行先试中期评估考核获评优秀，分别被评为水利部数字孪生流域建设先行先试优秀应用案例和推荐应用案例。积极推进数字孪生灌区建设，江西赣抚平原灌区、西坑水库灌区、黄泥埠灌区纳入水利部数字孪生灌区先行先试范畴。（陶祎）

山东省

【河湖概况】

1. 数量　山东省共有河流 9 711 条，其中流域面积 50km² 及以上河流 1 049 条，总长度为 3.25 万 km，其中跨省河流 79 条；流域面积 100km² 及以上河流 553 条，总长度为 2.37 万 km，其中跨省河流 53 条；流域面积 1 000km² 及以上河流 39 条，总长度为 0.535 万 km，其中跨省河流 7 条；流域面积 10 000km² 及以上河流 4 条，总长度为 0.155 万 km，其中跨省河流 3 条。列入《山东省湖泊保护名录》的湖泊共计有 11 个，总面积 1 956.27km²，跨省湖泊 1 个（南四湖，下同）；常年水面面积 1km² 及以上湖泊 8 个，总面积 1 945.29km²，其中跨省湖泊 1 个；常年水面面积 10km² 及以上湖泊 2 个（南四湖，东平湖），总面积 1 892km²，其中跨省湖泊 1 个；常年水面面积 1 000km² 及以上湖泊 1 个，总面积 1 266km²。

2. 水量　2022 年，山东省水资源总量为 508.94 亿 m³，其中地表水资源量为 391.08 亿 m³、地下水资源量为 225.38 亿 m³、地下水资源与地表水资源不重复量为 117.86 亿 m³。当地降水形成的入海、出境水量为 292.91 亿 m³。2022 年年底，大中型水库蓄水总量 58.77 亿 m³，总供水量为 216.96 亿 m³，其中地表水源供水量 130.35m³、地下水源供水量 69.27 亿 m³、其他水源供水量 17.33 亿 m³。全省海水直接利用量 62.44 亿 m³。2022 年全省跨流域调水 57.68 亿 m³，其中黄河水 53.16 亿 m³、南水北调水 4.52 亿 m³。

3. 水质　2022 年，山东省国控断面优良水体比例达到 83.0%，首次超过 80%，优于国家下达的年度目标 15.7 个百分点，在上年度改善幅度全国第一的基础上，又同比改善了 5.2 个百分点；Ⅴ类及以下水体连续 2 年保持清零。黄河流域、南四湖流域、小清河干流国控断面优良水体比例均首次达到 100%，同比分别改善 5.9 个百分点、2.8 个百分点和 33.3 个百分点。济南、淄博、枣庄、济宁、泰安、菏泽国控断面水质实现年度“全优良”。

4. 新开工水利工程

2022年山东省新开工水利工程

序号	项目类型	项目主管部门		主要建设内容
		市	县（市、区）	
供水保障				
1	章丘区杏林水库扩容工程	济南	章丘区	新增兴利库容101万m^3，水库土方开挖、库底清淤等
2	莱芜区雪野水库至大冶水库连通工程	济南	莱芜区	设计流量1.74m^3/s，新建泵站1座，新建输水管道13.2km
3	胶州市东西大通道配套供水一期工程	青岛	胶州市	自尚德大道向西敷设管道至大闹埠，新建DN 1 000mm管道8.6km
4	山洲水库至车家河水厂供水管线改造工程	青岛	胶州市	实施山洲水库至车家河水厂供水管线改造工程，总长18.6km，建设配套输水设施，提高管道输水能力
5	黄同水库至尹府水库输水工程	青岛	平度市	新建输水管道，从黄同水库向尹府水库调水，补充尹府水库储备。包括新建DN 1 200mm输水管道19.2km，改造渠首工程1处，沿途配套渡槽、倒虹吸等构筑物53座
6	平度市新河水厂二期扩建及配套工程	青岛	平度市	利用新河水厂一期预留地对新河水厂进行扩建，供水规模由原来的6万m^3/d达到9万m^3/d。配套建设管网及连通管线，解决西部镇街供水水源紧张问题，提高城区供水水源保障能力
7	官路水库	青岛、潍坊	胶州市、高密市	水库围坝、放水洞、入库泵站、出库泵站、管理区、墨水河和顺溪河改道工程、引黄济青衔接工程、黄水东调衔接工程等
8	文昌湖水库连通供水工程	淄博	文昌湖区	新建萌山水库至周村水库管道8km，改造泵站1座；新建萌山水库至高塘、马鞍山水库供水管道8km
9	高新区东部山区水系连通项目	淄博	高新区	整修太河水库二干渠，整治军屯、凤凰等塘坝，新建泵站、管线等
10	市中区周村水库增容工程	枣庄	市中区	增加兴利库容759万m^3，包括库区清淤、抬田等工程
11	枣庄市市中区郭里集支流河道拦蓄工程	枣庄	市中区	拦蓄库容10万m^3，新建单孔净宽30m橡胶坝1座
12	枣庄市市中区税郭支流河道拦蓄工程	枣庄	市中区	拦蓄库容13万m^3，新建单孔净宽30m橡胶坝1座
13	薛城区引湖入薛工程	枣庄	薛城区	铺设管道34km及附属设施
14	滕州市调水拦蓄工程	枣庄	滕州市	治理调水河道55.21km，对8座拦河闸坝进行提升改造。项目调水规模为3 000万m^3/年

续表

序号	项目类型	项目主管部门		主要建设内容
		市	县（市、区）	
15	滕州市户主水库增容工程	枣庄	滕州市	增加兴利库容 395 万 m^3，包括水库清淤增容，库区安全设施等
16	滕州市马河水库增容工程	枣庄	滕州市	增加兴利库容 2 032 万 m^3，包括水库清淤增容，库区管理路和配套设施建设等
17	枣庄市两库四河水系连通工程	枣庄	滕州市、薛城区、山亭区、市中区	设计流量 14 万 m^3/d，由 48.95km 输水管道、隧洞和河道补水工程三部分组成
18	枣庄市西城区水系水环境治理项目	枣庄	薛城区	水系连通、河道疏浚及扩挖等
19	河口区水库扩容改造工程	东营	河口区	实施水库改造 2 座
20	利津县城乡供水改造项目（一期）	东营	利津县	新建原水泵站 1 座；铺设沙于闸至利津水库原水主管线 16.6km，至城南水库原水支管线 1.6km，铺设利津水库至利津水厂原水管线 11km
21	广饶县南堤水库增容工程	东营	广饶县	新增兴利库容 437.8 万 m^3，库底清淤、坝体加高培厚、引水渠疏浚、铺设输水管线 10km 等
22	广饶县水源工程高质量发展淄河下游拦蓄工程	东营	广饶县	拦蓄库容 620 万 m^3，在淄河下游新建 2 座拦河建筑物
23	孤北水库改造提升工程	东营	河口区	对丁字路泵站至孤北水库沿线渠道、建筑物进行改造；水库工程新建隔坝及围坝加高培厚，围坝边坡衬砌及截渗，入库泵站及建筑物改造，水库设计总库容 3 500 万 m^3
24	中心城区河湖湿地连通及入海河流水质提升工程	东营	东营市	疏挖河道水系 37.4km，疏挖整理湿地 130hm^2，建设拦河闸 6 座，倒虹吸 3 处，涵洞涵闸 35 座等
25	莱阳市北夏格庄拦河闸工程	烟台	莱阳市	拦蓄库容 20 万 m^3，新建橡胶坝 1 座
26	莱阳市乔家泊拦河闸工程	烟台	莱阳市	拦蓄库容 57.04 万 m^3，新建橡胶坝 1 座
27	胶东调水干线新增蓬莱分水口工程	烟台	蓬莱区	新增分水口 1 座、加压泵站 1 座、引水管路 236m
28	栖霞市黄水河雨洪资源利用调水	烟台	栖霞市	新建水闸 1 座、泵站 1 座、高山流水管线长 12.7km
29	栖霞市杨础河雨洪资源利用工程	烟台	栖霞市	治理河道 1.82km，在杨础河布设闸、堰 3 座
30	栖霞市蚬河雨洪资源利用工程	烟台	栖霞市	河道清淤 0.84km、护岸 1.66km、挡墙 0.06km；建设拦河闸 1 座、泵站 1 座；新建生产桥 1 座，改建路 0.23km，路宽 4m

续表

序号	项目类型	项目主管部门		主要建设内容
		市	县（市、区）	
31	临朐县水系连通引调水工程项目	潍坊	临朐县	将嵩山水库、大关水库、沂山水库与冶源水库进行联通，铺设调水管道82km，自嵩山水库铺设35km供水管道至红叶小镇、食品工业园，沿线建设阀门井、排气阀井、排泥阀（湿）井等附属设施。项目建成后：冶源水库年供水能力增加2 920万m^2
32	临朐县辛寨丹河引调水工程项目	潍坊	临朐县	工程蓄水扩容总长度2.54km，新建护坡4.61km、泵站2座、铺设输水管道4.26km、改建穿堤管涵5座
33	杨庄水库增容及改造提升工程	潍坊	昌乐县	新建拦河坝，防汛管理道路，库区清淤，改建南水北调干渠
34	诸城市引墙入青调水工程	潍坊	诸城市	按设计流量2m^3/s新建泵站1座、管道14.7km
35	寿光市弥河分流挡潮闸扩建工程	潍坊	寿光市	工程主要建设内容包括挡潮闸扩建工程、上下游连接段堤防改建工程、上下游河道主槽扩挖疏浚工程、配套观测、管理设施工程等
36	寿光市羊田路东橡胶坝工程	潍坊	寿光市	新建橡胶坝一座
37	安丘市五水库水系连通调水工程一期项目	潍坊	安丘市	新建管道32km，设计流量0.58m^3/s，原调水干渠维修和清淤等
38	高密市胶河堤大栏、公婆庙拦河闸新建工程	潍坊	高密市	新建大栏、公婆庙拦河闸2座，拦蓄库容分别为190万m^3、200万m^3
39	昌邑市引胶入潍8万亩盐碱地改良增产项目	潍坊	昌邑市	漩河补水工程，包括防渗河治理4.75km、清淤8.77km及七干渠引水，新建、改修桥、涵、闸30座。卜庄镇灌溉引水工程，包括大寨沟治理、灌溉沟渠清淤及配套建筑物建设，清淤43.17km，新建、改修桥、涵、闸45座
40	鱼台县水系连通工程	济宁	鱼台县	疏挖排水沟41条，总长186.12km；新建、改建、维修加固泵站13座，配套建筑物及生态护坡等
41	金乡县水系连通工程	济宁	金乡县	将苏河与白马河、沙河与莱河、新西沟与老西沟、莱河与苏河等连通，实施沟渠疏挖，建设泵站、涵洞等建筑物
42	金乡县羊山水库工程	济宁	金乡县	新建羊山水库1座，设计库容512万m^3
43	嘉祥县西北部缺水地区水系连通工程	济宁	嘉祥县	治理河道（含连通沟）54.275km，维修桥梁9座、改建桥涵57座，维修、改建桥带闸5座，改建渡槽1座，新建泵站1座
44	汶上县泉河下游段引调水工程	济宁	汶上县	新建工业供水泵站1座，铺设输水管道6.5km，新改建引水、拦蓄水各类建筑物78座，引水河道疏挖22.511km等

续表

序号	项 目 类 型	项目主管部门		主 要 建 设 内 容
		市	县（市、区）	
45	汶上县水系连通及农村水系综合整治（二期）工程	济宁	汶上县	治理迎客河、东小新河、朱家沟子、大寨河、小新河、红纱河、王全沟共 53.21km 沟渠的清淤疏浚以及配套建筑物等
46	汶上县小汶河引调水工程	济宁	汶上县	新建供水泵站 1 座，铺设输水管道 6.5km，新改建引水、拦蓄水各类建筑物 23 座，引水河道疏挖 61.11km 等
47	泗水县泗河岳陵拦河闸工程	济宁	泗水县	新建水闸、交通桥、管理道路、安全监测设施等
48	梁山县引黄调蓄工程	济宁	梁山县	防汛路翻修 13.73km、防汛路薄弱点边坡整修 7.41km
49	水库增容工程	济宁	济宁市	清理 45 座水库及塘坝淤泥，清淤量约为 422.31 万 m^3
50	邹城市东毛堂拦蓄工程	济宁	邹城市	改建 30m 拦水坝 1 座，拦蓄库容 10 万 m^3，建设上下游连接段、拦水坝段、充排水系统、供电设施
51	济宁市太白湖新区石桥镇幸福河流域引调水治理工程项目	济宁	太白湖新区	铺设管线 10km，疏通幸福河流域河道 66.11km，配套建筑物等
52	徂汶景区 2022 年农村饮水提升改造工程	泰安	岱岳区	铺设给水管道 717 593m，安装智能水表 16 510 块，配套表井、阀门等附属设施设备；新打水源井 11 眼，配套水泵、泵房，安装净水设备等设施；新建高位水池 3 座
53	经开区石家河拦蓄工程	威海	经开区	新建橡胶坝 1 座、拦河闸 1 座，分别配套建设截渗墙、消力池和管理房
54	临港区小阮水库增容工程	威海	临港区	新增兴利库容 10 万 m^3，主要建设内容包括水库清淤等
55	荣成市纸坊水库至港西镇自来水厂调水工程	威海	荣成市	年调水量 800 万 m^3，设计流量 0.33m^3/s，新建泵站 1 座、管道 17.7km
56	乳山市调水、供水及灌溉一体化工程	威海	乳山市	对 45 个村进行饮水改造
57	东港区傅疃河地下水库	日照	东港区	新建傅疃河地下水库，新建橡胶坝 1 座，新建取水工程等
58	五莲县潘家庄水库工程	日照	五莲县	新建小（2）型水库，总库容约 15 万 m^3，新建大坝、溢洪道等
59	五莲县宣王沟水库工程	日照	五莲县	新建小（2）型水库，总库容约 17 万 m^3，新建大坝、溢洪道等
60	沭河引调水拦蓄工程	日照	莒县	拆除莒县沭河日照路大桥下游 300m 处的原浆砌石溢流坝，在其附近新建橡胶坝 1 座，拦蓄库容约 320 万 m^3

续表

序号	项目类型	项目主管部门		主要建设内容
		市	县（市、区）	
61	罗庄区陷泥河店子橡胶坝	临沂	罗庄区	新建净宽54m的单孔橡胶坝1座，包含上下游连接段、橡胶坝段、充排水系统、供电设施等
62	沂南县蒙河双堠水源工程	临沂	沂南县	橡胶坝工程、充排水设施及控制设施等
63	莒南县陡山水库至石泉湖水库水系连通工程	临沂	莒南县	年调水量 5 000 万 m^3，设计流量 4.05m^3/s，新开挖隧洞 8.9km 等
64	临沭县凌山头水库增容工程	临沂	临沭县	新增兴利库容391万 m^3，库盆开挖及支流口防护工程、隔离网防护工程、取水泵站进水渠开挖工程等
65	临沂市中心城区水系连通工程	临沂	兰山区、罗庄区、河东区	实施沂河向祊河补水等水系连通工程，新建泵站、管道工程等
66	沂南县蒙河双堠水库工程	临沂	沂南县	新建水库大坝、溢洪道、放水洞、工程管理设施等，新建大（2）型水库，总库容 1.6 亿 m^3
67	宁津县宁津水库管道引水工程	德州	宁津县	主要包括埋设输水管道22km（管道直径1.6m双线敷设）、新建1座提水泵站（装机总容量4 800kW）、新建1座拦河橡胶坝（坝高4.5m）。本工程设计引水流量为6m^3/s，年引水量为0.25亿 m^3
68	临邑县第二水库工程	德州	临邑县	水库设计库容 998.28 万 m^3，建设引水工程、围坝、出入库泵站、管理设施等
69	齐河县城区水系连通项目	德州	齐河县	主要包括晏城街道308沟拓宽治理，舟桥沟清淤，老赵牛河下游段综合治理，城区段新老倪伦河治理，开发区四分干、五支沟等排涝河道清淤治理
70	德州市三库连通调水工程	德州	德州市	1. 城区供水一期工程 （1）管道工程：新建丁东水库向第三水厂供水管道25.2km，采用双管输水，管径DN 1 400mm；新建丁东水库城市供水延长管道0.56km；新建大屯水库与丁东水库供水连通管道4.5km，采用双管输水，管径DN 1 400mm；改造丁东水库向城市供水管道长度10km，采用单管输水，管径DN 1 200mm。 （2）三水厂沉淀池工程：包括预臭氧接触池和平流沉淀池，设平流沉淀池2座，单座设计容积为1.5万 m^3。 2. 减马横河调水工程 减马横河治理范围自入马颊河口—入减河口，长度7.76km。包括河道清淤疏浚7.76km；拆除改建桥梁3座，拆除桥梁1座；改建入减河口水闸1座，拆除改建入河涵洞4座。 3. 横河调水工程 横河调水工程治理长度4.6km。包括河道清淤，拆除重建横河入减河、入岔河闸站工程

续表

序号	项目类型	项目主管部门		主要建设内容
		市	县（市、区）	
71	莘县南北水库连通工程	聊城	莘县	新建出库泵站一处，DN 1 200mm 输水管道 52.43km
72	东阿县赵牛河引调水项目	聊城	东阿县	疏浚官路沟 10km、牛贩子沟 11.15km；衬砌马安沟下游段 5km、衬砌赵牛河（鱼山大姜村——铜城西堂村）10.5km
73	金堤河徒骇河引调水工程	聊城	莘县、东阿、阳谷	清淤道口、张秋河道
74	漳卫河马颊河引调水工程	聊城	冠县、临清	清淤班庄、乜村、王庄河道
75	滨城区滨源水库供水工程	滨州	滨城区	新建水库 1 座，库容 980 万 m^3；新建坝坡护砌、库底大坝防渗、入库泵站、放水洞、水文观测设施等
76	滨源水库供水工程（水厂部分）	滨州	滨城区	新建 5 万 t/d 净化水厂 1 座。主要建设内容有一泵房、膜滤池、提升泵房、清水池、集水井、二泵房及智慧水务运营管理平台，配套建设供水管网
77	沾化区胡营河拦蓄工程	滨州	沾化区	河道疏浚 18.5km、连通沟渠疏浚 20km、骨干河道衬砌 5.80km，配套引水闸、节制闸及涵闸建筑物，配套管理道路等
78	沾化区秦口河省级美丽示范河湖建设工程	滨州	沾化区	对秦口河示范段 23.82km 河段实施滩地整平并建设道路路肩绿化，建设 5 处亲水休憩文化广场
79	沾化区西水东调工程	滨州	沾化区	新建提水泵站 1 座、渠道治理 11.41km、暗渠 0.51km、倒虹吸、过徒干沿线分水口 13 座等
80	惠民县大崔灌区续建配套与节水改造项目	滨州	惠民县	渠道衬砌 21.299km、硬化管理道路 2.702km、改造管理道路 7.0km，渠系建筑物配套 73 座，包括新建分水闸 1 座、新建节制闸 1 座、新建分水口门 4 座、联通排水涵管 55 座，新建、改建生产桥 12 座，改建姚家闸管理所 1 处，设置 5 处雷达明渠流量计测流设施等
81	芦家河子水库水源地提升改造工程	滨州	无棣县	水库围坝及隔坝由原坝加高护砌（加高坝体部分为 8.0～9.0m）而成，清淤库底。主要建筑物包括新建北库区取水头部、原水泵站和隔坝联通涵闸各 1 座，新建管理用房 3 处
82	无棣县城东水库工程	滨州	无棣县	新建水库围坝、入库泵站、出库泵站、小开河分水闸、截渗沟涵闸等
83	无棣县城市供水服务中心城乡供水一体化项目	滨州	无棣县	新建日供水能力 5 万 m^3 水厂 1 座，新建取水头部、取水泵房、综合净水间、清水池、供水泵房等
84	无棣县埕口水库增容工程	滨州	无棣县	围坝增高，新建引水涵闸、引水涵洞、入库泵站、出入库涵闸等，新增兴利库容 386 万 m^3

续表

序号	项目类型	项目主管部门		主要建设内容
		市	县（市、区）	
85	邹平市河道拦蓄供水工程	滨州	邹平市	对潴龙河、白云河进行综合整治，配套改造拦河坝，改造穿路管涵，维修生产桥，新建管理道路等
86	邹平市黛溪湖水库增容工程	滨州	邹平市	库区开挖防渗、新建水库隔坝、溢洪闸库，新增总库容 250 万 m^3，新增兴利库容 155.2 万 m^3
87	滨州市水环境综合治理工程	滨州	滨州市	新立河片区排水管网改造、新立河沿岸初期雨水调蓄工程、城区引调水工程及河道治理
88	菏泽市南水北调调蓄及供水保障工程	菏泽	郓城市	主要包括采煤塌陷地疏挖、围坝建设、入库涵闸、出库泵站、出库涵闸、引水管道、铺设供水管网等
89	洙赵新河雨洪资源利用东台寺拦蓄工程	菏泽	菏泽市	新增拦蓄库容 536.7 万 m^3，河道扩挖 1.7km；新建 3 孔（单孔净宽 5m）水闸 1 座，新建 6.6 万 m^3/d 取水泵站 1 座等
90	农业水价综合改革项目	全省	全省	完善农业灌溉计量设施，建立农业水权制度，实施农业用水补贴奖励机制，创新农业用水管理方式
91	中型灌区续建配套与节水改造工程	全省	济南、东营、德州、滨州、菏泽市	葛店、韩家、张桥、胜利、东水源、韩刘、大道王、道旭、高村、旧城 10 处中型灌区配套完善骨干渠系工程和建筑物，建设计量设施、管理设施和信息化设施等
92	工程运行维护及大修	全省	全省	省调水中心工程运行维护及大修项目，涉及工程沿线的渠道、泵站、水库、管道（暗渠）等工程，包括工程日常维修、大修、所站提升、委托运行维护、安全监测等项目，由省调水中心下属的滨州、东营、潍坊、青岛、烟台、威海 6 个分中心分头进行预算和实施
93	干线工程功能提升	全省	全省	维护提升金属结构与机电设备、维修养护专项、自动化系统日常维护、信息化自动化升级改造、土建金属结构与机电信息类专项等
防洪提升				
1	长清区南大沙河（小屯水库至沙河入黄口段）治理工程	济南	长清区	治理河长 10km，实施河道清淤、堤防加固、岸坡整治、改建路庄闸等
2	徒骇河防洪治理工程济阳段	济南	济阳区	拆除改建 4 座跨河桥，改建孙王涵闸，堤顶防汛路与地方沿线道路衔接工程 11km 等
3	莱芜区嬴汶河上王庄至埠口段河道治理工程	济南	莱芜区	嬴汶河干流段河道治理长度约 9.11km，吉山河支流段治理工程长约 1.02km，主要建设内容包括：河道疏浚及岸坡整修约 10.13km，堤岸防护 8.06km，新建、改建、维修拦砂坎 19 座，新建、维修加固生产桥 13 座，新建涵洞 7 座，同步实施防汛道路等管护设施工程及沿河绿化工程

续表

序号	项目类型	项目主管部门		主要建设内容
		市	县（市、区）	
4	莱芜区嬴汶河雪野水库至山口段治理工程	济南	莱芜区	河道疏浚约 8.07km，微地形整理约 7.26km，险工护砌约 5.17km，新建防洪墙 0.17km，改建拦砂坎 3 座，维修加固拦砂坎 3 座，改建泄水闸 1 座，新建涵洞 6 座，同步实施警示标志安装等工程
5	平阴县汇河综合治理工程	济南	平阴县	治理河长 14.65km，实施河道整治、防汛道路、桥梁等工程
6	平阴县浪溪河下游综合治理工程	济南	平阴县	治理河长 2.6km，主要包括疏浚工程、堤防工程、护岸工程、防汛道路工程、大河口闸等建筑物工程以及生态绿化工程等
7	商河县沙河故道综合治理工程	济南	商河县	拟改建生产桥 6 座，新建生产桥 4 座，维修桥梁 1 座，改建涵闸 1 座，新建拦河闸 1 座。拟对沙河右岸新建防汛路 14.21km，路宽 7.0m，自 S240 线至霍庙涵闸。利用原有防汛道路 8.270km，增设错车平台 30 处。17 座现状桥梁及 7 座现状涵闸上下游河道边坡防护面积 37 614m^2，怀仁镇波浪桩＋混凝土连锁块护坡 409m
8	济南新旧动能转换先行区牧马河治理工程	济南	济南新旧动能转换起步区	治理河长 16.3km，实施河道整治，清淤护岸等
9	济南新旧动能转换先行区齐济河治理工程	济南	济南新旧动能转换起步区	治理河长 13.5km，实施河道整治，清淤护岸等
10	济南市鹊山水库除险加固工程	济南	济南市	大坝加固，改建堤顶路、围坝观测设施，改扩建 1 号泵站厂房等
11	即墨区皋虞河社生河挡潮闸拆除重建工程	青岛	即墨区	对皋虞河、社生河挡潮闸 2 座挡潮闸进行拆除重建。 对皋虞河挡潮闸上游河道左岸砌石挡墙护岸进行修复，长度为 320m；对社生河挡潮闸上游河道右岸砌石挡墙护岸进行修复，长度为 400m；对社生河挡潮闸下游河道砌石围坝进行修复，长度为 30m
12	即墨区宋化泉水库除险加固工程	青岛	即墨区	实施坝体坝基截渗和大坝加固工程，配套大坝附属设施等，重点解决水库大坝安全和构造带渗漏问题
13	即墨区桃源河拦河闸除险加固工程	青岛	即墨区	实施桃源河拦河闸除险加固，拆除、重建桃源河拦河闸，水闸挡水宽 50.0m，挡水高度 2.5m，水闸包含闸前铺盖、闸室段以及闸后消能防冲设施
14	西海岸新区胶河治理工程	青岛	西海岸新区	清淤 12.736 2km、维修拦河坝 4 座、新建涵闸 27 座等

续表

序号	项目类型	项目主管部门		主要建设内容
		市	县（市、区）	
15	李村河拦河坝工程	青岛	青岛市	包括李村河胜利桥、曲戈庄两座拦河坝拆除重建工程、河道清淤疏浚工程、景观绿化工程等。工程规模中型，主要建筑物级别为3级
16	张店区涝淄河防洪能力提升工程	淄博	张店区	治理河长4.24km，河道扩挖、护坡整修、新改建桥梁5座等
17	博山区淄河（石马水库至谢家店段）河道治理工程	淄博	博山区	河道治理12.7km，清淤疏浚，护岸护坡、堤防加固，改建生产桥等
18	临淄区乌河综合治理项目	淄博	临淄区	治理河长17km，河道清淤，岸坡护坡、生产桥及防汛路建设等
19	周村区淦河防洪排涝治理工程	淄博	周村区	治理河长21km，包括淦河、涿河、月河岸坡防护，防汛道路建设等
20	淄博经济开发区漫泗河流域防洪提升工程	淄博	经开区	漫泗河、暖水河、焕然河、瓦村沟、狼狗河、白蛇沟等治理河长29.8km，疏浚、岸坡护砌、防汛道路等
21	桓台县病险水闸拆除改建项目	淄博	桓台县	拆除、改建7座四类闸，修建交通桥、管理道路、安全监测设施等
22	沂源县沂河治理工程	淄博	沂源县	治理河长54.8km，河道清淤，新建橡胶坝、溢流堰、漫水桥、防汛路等
23	乌河高新区段流域治理项目	淄博	高新区（先创区）	治理乌河9km、支流15.5km，河道扩挖、岸坡防护，防汛路修筑等
24	太河水库西溢洪道出口段应急除险加固工程	淄博	淄博市	工程治理范围为挑流鼻坎末端至下游河道交界处（桩号0+250～0+417），总长167m，主要包括挑流消能段和出水渠段两部分。按50年一遇洪水标准设计西溢洪道挑流消能段渠道（桩号0+250～0+335）消能设施，总长85m，新建挑流鼻坎下端护坦，新建下游防冲槽及渠底护砌。出水渠段与下游河道治理成果衔接，按20年一遇洪水标准治理出水渠段渠道（桩号0+335～0+417），总长82m，新建跌坎3座；新建跌坎之间以及跌坎与两侧岸墙之间护砌，新建3号跌坎下游消力池
25	市中区峄城大沙河上游段	枣庄	市中区	治理河长5.6km，全段清淤、护坡0.5km、修复险工段1.5km、防汛路9km等
26	台儿庄区北洛截水沟河道综合治理工程	枣庄	台儿庄区	治理河长4.4km，包括堤防加固、清淤、建筑物加固等
27	山亭区十字河南支河口至西河岔段治理工程	枣庄	山亭区	治理河长8.5km，清淤等
28	山亭区十字河中支新声村至岩头村段治理工程	枣庄	山亭区	治理河长9.6km，河道清淤扩挖、险工段护砌，河道护坡，新建防汛道路、生产桥、拦沙坎等

续表

序号	项目类型	项目主管部门		主要建设内容
		市	县（市、区）	
29	山亭区西伽河综合治理工程	枣庄	山亭区	治理河长 5.85km，清淤等
30	山亭区峄城大沙河综合治理工程	枣庄	山亭区	治理河长 3.8km，按 20 年一遇防洪标准，清淤、护坡，新建生产桥、拦沙坎等
31	滕州市北沙河上游段治理工程	枣庄	滕州市	治理河长 13km，包括河道扩挖、堤防加固等
32	打渔张河东营区段治理工程	东营	东营区	治理河长 13.1km，河道疏浚及配套建筑物改造等
33	新广蒲河流域河道支排疏浚连通工程	东营	东营区	疏浚河道、排沟，整修生态岸坡，新建高速路东侧拦河闸，拆除、重建新广蒲河六户一支渡槽、一支桥、南王桥
34	垦利区永丰河综合治理工程	东营	垦利区	治理河长 27km，全线清淤、岸坡整治 8.95km、新建水闸 4 座、维修水闸 7 座、新建提水泵站 1 座、改造维修泵站 2 座、维修生产桥 4 座、拆除现状拦河闸 1 座
35	利津县褚官河河道治理工程	东营	利津县	对褚官河利津段河道进行清淤、疏浚，长 29.10km；部分河段复堤，左右岸复堤总长度 29.78km；沿线建设 5m 宽素土管理路，长 30.63km。配套建设跨河生产桥 3 座，支流桥涵 53 座。建设美丽幸福河湖节点 3 处
36	东营市广利河河道治理工程	东营	东营区、垦利区、东营经济技术开发区	治理河长 54km，河道干流及支流清淤疏浚、岸坡修复、管护道路硬化等
37	福山区柳子河综合治理工程	烟台	福山区	河道治理总长 5.7km，河道清淤疏浚、岸坡整治、防汛路修建等
38	福山区洛汤河、月牙河、寨里河、瓮留河综合治理工程	烟台	福山区	河道治理总长 34km，河道清淤疏浚、岸坡整治、防汛路修建等
39	福山区清洋河上游段综合治理工程	烟台	福山区	河道治理总长 24.3km，河道清淤疏浚、岸坡整治、防汛路修建等
40	福山区省级美丽幸福河湖建设	烟台	福山区	13 条河道清淤、堤防加固等
41	龙口市北河综合整治工程	烟台	龙口市	河道治理长度 1.3km，筑堤、清淤、岸坡整治、防汛路修建，新建跨河桥梁 7 座等，2022 年完成征迁和建筑物拆除
42	莱阳市富水河北支北夏格庄段治理工程	烟台	莱阳市	治理河长 3km，含筑堤、清淤、岸坡整治、防汛路修建、建筑物改建等
43	莱阳市鹤山河治理工程	烟台	莱阳市	治理河长 6.785km，含筑堤、清淤、岸坡整治、防汛路修建、建筑物改建等

续表

序号	项 目 类 型	项目主管部门		主 要 建 设 内 容
		市	县（市、区）	
44	莱阳市滩港河治理工程	烟台	莱阳市	治理河长 2.02km，含筑堤、清淤、岸坡整治、防汛路修建、建筑物改建等
45	莱州市留驾水库除险加固工程	烟台	莱州市	实施放水洞拆除重建，建设 880m 防渗板墙，500m 副坝培厚加高、护坡等
46	莱州市王河综合治理工程	烟台	莱州市	清淤疏浚 42.11km，加高培厚堤防 57.56km，险工段护砌 1.85km，新建管理路 30.10km，新建、改建橡胶坝 4 座，新建生态溢流堰 5 座，新、改建排水涵洞 18 座，新、改建顺堤桥 3 座，新建水闸 1 座，维修水闸 1 座
47	莱州市小沽河综合治理工程	烟台	莱州市	治理河长 40km，含筑堤、清淤、岸坡整治、防汛路修建等
48	蓬莱区黄水河拦河闸除险加固工程	烟台	蓬莱区	老闸拆除底板保留，下游 27m 处新建 1 孔枕式橡胶坝工程
49	蓬莱区平畅河上游治理工程	烟台	蓬莱区	治理河长 5.35km，含筑堤、清淤、险工段、护坡、防汛路、建筑物改建等
50	蓬莱区乌沟河治理工程	烟台	蓬莱区	治理河长 4.5km，含护岸、清淤、新建漫水桥 7 座等
51	招远市大沽河综合治理工程	烟台	招远市	主河槽清淤疏浚长 27.5km，新筑堤防 13.75km，加高培厚 1.401km，堤防整修 1.98km，新建防浪墙 0.33km，新建雷诺护垫护坡长 515km，两岸新建浆砌石护坡 0.1km，漫水桥改建 18 座，维修拦沙坎 2 座，交通桥底部增设护底 4 座，新建穿堤排水涵洞（管）77 座，新建防汛路长 2.684km，安装防护栏长 2.718km，河道两岸共设置 60 处安全警示牌
52	栖霞市“三河”综合整治工程	烟台	栖霞市	治理白洋河、汶水河、翠屏河长度 14.7km，治理长度 1.6km。主要建设内容包括河道疏浚、堤防加固等
53	栖霞市清水河干流治理项目	烟台	栖霞市	新建护岸 37.5km、堤防加固 11.32km、堤顶防汛路 18.57km、建筑物改造等
54	栖霞市桃村河二期工程	烟台	栖霞市	治理河长 10km，修复河堤 8km，新建拦河闸 6 座，新建跨河桥梁 2 座
55	栖霞市蚬河治理工程	烟台	栖霞市	河道清淤 14km、复堤及堤防加固 8.7km、生态护坡 12.65 万 m^2 和拦河坝 4 座
56	寒亭区夹沟河治理工程	潍坊	寒亭区	河道疏浚 7.8km；生产桥改建 5 座、维修加固 11 座；新建排水涵洞 3 座、改建 9 座、加固 8 座；新建入河支沟沉泥池 3 座；拆除废弃渡槽 1 座；河道护岸 500m

续表

序号	项 目 类 型	项目主管部门		主 要 建 设 内 容
		市	县（市、区）	
57	昌乐县潍河综合治理工程	潍坊	昌乐县	治理河长 17km，清淤疏浚、堤防加固、生态护坡等
58	昌乐县圩河综合治理工程	潍坊	昌乐县	治理河长 9.1km，清淤疏浚、堤防加固、生态护坡等
59	高崖水库库区上游支流治理工程	潍坊	高崖水库库区	对汶河上游支流洋河、寺后河、魏家沟河、池子河等进行治理，治理河长 12km，包括疏浚扩挖、培厚补坡等
60	诸城市潍河引调水项目——道明橡胶坝除险加固工程	潍坊	诸城市	对西中墩、两侧底板及消力池进行拆除重建，维修海漫，更换橡胶坝坝袋；拆除老道明坝等
61	诸城市潍河引调水项目——拙村拦河闸除险加固工程	潍坊	诸城市	改建消能防冲设施、连接段、闸墩加固，更换部分工作闸门启闭机、闸门止水等
62	寿光市水利设施灾后重建续发项目——潍坊市弥河防洪治理工程（寿光段）	潍坊	寿光市	主要包括河道工程、堤防工程、护坡护岸工程、桥梁工程、穿堤建筑物工程、拦蓄建筑物工程、管理道路工程等
63	安丘市渠河巩固提升工程（一期）	潍坊	安丘市	治理河长 8.5km，新改建防汛道路、护岸、新建漫水桥等
64	高密市胶河（城区段）综合治理工程（一期）	潍坊	高密市	治理长度 10km，其中全线筑堤、清淤、整治护坡、新建防汛路等
65	高密市胶河堤东、姚哥庄、王党拦河闸改建工程	潍坊	高密市	新建橡胶坝 2 座，其中姚哥庄橡胶坝长 118.7m、王党橡胶坝长 125.2m，拦蓄库容分别为 177 万 m^3、357 万 m^3
66	高密市顺溪河防洪治理工程	潍坊	高密市	河道治理长度 6km，其中筑堤 12km、清淤 6km、整治护坡 12km、新建防汛路 6km
67	济宁市新万福河治理工程（任城段）	济宁	任城区	扩挖河道 9.69km，堤防整治 9.757km，修筑堤顶防汛道路 9.856km，治理建筑物 4 座等
68	微山县北沙河治理工程	济宁	微山县	河道疏浚 2.7km、改建防汛道路 0.95km 等
69	济宁市新万福河治理工程（鱼台段）	济宁	鱼台县	扩挖河道 17.742km，堤防整治 17.67km，修建防汛管理道路 17.701km，新、改建及维修加固建筑物 10 座等
70	鱼台县惠河治理工程	济宁	鱼台县	筑堤 25.33km，修建堤顶防汛路 25.33km，改建沿线排灌站 4 座，加固排灌站 10 座，改建干、支沟涵洞 2 座
71	鱼台县老万福河防洪提升工程	济宁	鱼台县	复堤 34.52km，新建堤顶防汛路 39.06km，改建排灌站 7 座，维修加固排灌站 3 座，改建生产桥 1 座

续表

序号	项目类型	项目主管部门		主要建设内容
		市	县（市、区）	
72	鱼台县西支河治理工程	济宁	鱼台县	治理河长14.5km，含筑堤14.5km、清淤7.2km、防汛路17.97km，改建加固排灌站4座，改建生产桥2座，岸坡护砌80m
73	济宁市新万福河治理工程（金乡段）	济宁	金乡县	干流河槽疏挖8.052km，堤防整治54.93km，修筑防汛道路54.04km，新、改建及维修加固建筑物15座等
74	金乡县惠河治理工程	济宁	金乡县	治理河长8.4km，对沿岸涵洞、泵站、桥梁等水工建筑物进行治理，铺设堤顶防汛道路
75	金乡县老西沟河治理工程	济宁	金乡县	治理河长4km，对沿岸涵洞、泵站、桥梁等水工建筑物进行治理，铺设堤顶防汛道路
76	金乡县新西沟河治理工程	济宁	金乡县	治理河长10.07km，对沿岸涵洞、泵站、桥梁等水工建筑物进行治理，铺设堤顶防汛道路
77	嘉祥县防洪除涝设施提升工程	济宁	嘉祥县	东来河河道清淤3.1km，新建、改建排涝泵站，维修加固涵闸23座等
78	嘉祥县老赵王河综合治理工程	济宁	嘉祥县	清淤治理河道8.1km，加固、改建桥梁、涵洞、提水设施等建筑物6座，除涝面积5.1万亩
79	嘉祥县赵王河治理工程	济宁	嘉祥县	治理河长3.1km，河道清淤等
80	湖东排水河治理工程（汶上段）	济宁	汶上县	治理河长12km，河道清淤等
81	汶上县琵琶山溢流坝除险加固	济宁	汶上县	闸墩加固、拆除重建冲沙闸上部结构，更换启闭机，部分坝体及翼墙加固，增设信息化设施等
82	汶上县泉河毕桥闸维修改造工程	济宁	汶上县	坡维修和重建、更换闸门和启闭机以及重建机架桥和机房，增设信息化设施等
83	汶上县泉河曹营北闸除险加固工程	济宁	汶上县	维修加固
84	汶上县泉河大屯闸维修改造工程	济宁	汶上县	现状护坡及扭面浆砌石勾缝，裂缝修补；重建上游铺盖及下游消力池、海漫、防冲槽；更换钢筋混凝土闸门，重建机架桥及启闭机房；重建生产桥；增设安全观测设施等
85	泗水县百顶河治理工程	济宁	泗水县	扩挖疏浚9.744km，岸坡整治，交叉建筑物
86	泗水县北顶河贺庄拦河闸除险加固工程	济宁	泗水县	老闸拆除，新建水闸、交通桥、管理道路、安全监测设施等
87	泗水县高峪河高峪拦河闸除险加固工程	济宁	泗水县	老闸拆除，新建水闸、交通桥、管理道路、安全监测设施等
88	泗水县济河治理工程	济宁	泗水县	河道治理长度11.45km，清淤、维修加固护坡、护砌、险工段等

续表

序号	项目类型	项目主管部门		主要建设内容
		市	县（市、区）	
89	泗水县泗河星四拦河闸除险加固工程	济宁	泗水县	老闸拆除，新建水闸、交通桥、管理道路、安全监测设施等
90	泗水县柘沟河治理工程	济宁	泗水县	河道疏浚 7.92km，岸坡防护，建筑物改造，路面硬化
91	东平湖洪水外排河道应急疏通工程（梁山段）	济宁	梁山县	司垓闸下河道疏挖工程，输挖长度 525m
92	邹城市白马河、大沙河综合治理工程	济宁	邹城市	筑堤 9.735km，清淤 5.45km，新建防汛路 9.735km，新、改建建筑物等
93	邹城市塘坝除险加固工程	济宁	邹城市	实施西埠、颜庄新村、狼窝、戏楼沟等 15 座塘坝除险加固，包括坝前护坡、坝顶硬化、溢洪道开挖等
94	邹城市小沂河上游段治理工程	济宁	邹城市	河道疏浚、护砌、新建拦沙坎、新建维修桥涵。上游治理 5.66km
95	邹城市小沂河下游段治理工程	济宁	邹城市	河道疏浚、护砌、新建拦沙坎、新建维修桥涵。下游治理 8.2km
96	泰山区大汶河提升改造工程	泰安	泰山区	治理河长 2km，主要建设内容包括河道岸坡整治，岸坡护砌，新建防汛道路，新建桥梁和管涵等
97	岱岳区石汶河上游段治理工程	泰安	岱岳区	清淤疏浚 5km，岸坡防护 2km，新建防汛路 8km，新建拦河坝 1 座
98	东平湖洪水外排河道应急疏通工程（东平段）	泰安	东平县	河道疏挖，堤防填筑
99	东平县沿湖排涝河治理工程	泰安	东平县	排水沟治理 50km，沿线水工建筑物加固等
100	东平县跃进河东柿子园至东梯门和南李庄至王台段治理工程	泰安	东平县	治理河长 9.491km，筑堤 0.73km、清淤 9.491km、岸坡防护 0.68km、治理险工段 1.2km 等
101	小汶河东平段治理工程	泰安	东平县	治理河长 17.48km，清淤 17.48km、岸坡防护 0.68km、治理险工段 3.25km、新建穿堤涵闸 2 座等
102	肥城市漕浊河三岔口至辛庄段防洪治理工程	泰安	肥城市	河道治理长度为 12km，包括筑堤、清淤、岸坡防护、治理险工段、建设防汛路，改建穿堤涵闸、维修加固跨河生产桥梁，堤岸绿化等
103	环翠区石家河埠上村段治理工程	威海	环翠区	治理河长 1.5km，清淤疏浚、岸坡护砌、防汛管理道路等
104	环翠区石家河及其支流河道治理工程	威海	环翠区	治理河长 8km，清淤疏浚 8km，修复塘坝 5 座，修复拦水坝 1 座，硬化道路 1km，护坡砌护 8km
105	环翠区石家河桥头段治理工程	威海	环翠区	治理河长 2.2km，清淤疏浚、岸坡护砌、修建防汛管理道路等

续表

序号	项目类型	项目主管部门		主要建设内容
		市	县（市、区）	
106	环翠区五渚河及其支流整治工程	威海	环翠区	河道治理长度1.1km，其中筑堤、清淤、新建拦水坝等
107	环翠区于家河及其支流整治工程	威海	环翠区	治理河长2km，清淤疏浚、岸坡护砌、修建漫水桥1座、修建防汛管理道路等
108	经开区泊于镇小河道治理工程	威海	经区	治理河长11.4km，其中清淤11.4km、护坡砌护22.8km、修建防汛路1.3km、新建拦沙坎3座等
109	经开区五渚河治理工程	威海	经区	清淤疏浚河道2.7km，新建长50m、高3m拦水坝2座，新建长60m、高3m拦水坝1座等
110	经开区皂埠河治理工程	威海	经区	治理河长2.5km，其中清淤2.5km、护坡砌护5km、维修加固拦沙坎4座等
111	经开区崮山镇小河道治理工程	威海	经区	治理河长8.6km，其中清淤8.6km、护坡砌护17.2km、修建防汛路1.1km、新建拦沙坎3座等
112	经开区逍遥河治理工程	威海	经区	治理河长3.1km，其中清淤3.1km、护坡砌护6.2km、维修加固拦沙坎6座等
113	临港区草庙子镇河道治理工程	威海	临港区	治理长度9.1km，其中清淤9.1km、修护防汛路6.2km，新建拦沙坎24座等
114	临港区东母猪河治理工程	威海	临港区	治理长度6.75km，其中筑堤4.72km、清淤6.75km、整治护坡8.5km等
115	临港区汪疃镇河道治理工程	威海	临港区	河道治理长度10km，其中清淤10km
116	东母猪河文登段二期治理工程	威海	文登区	河道治理长度为12km，包括筑堤、清淤、岸坡防护、治理险工段、建设防汛路，改建穿堤涵闸、维修加固跨河生产桥梁，堤岸绿化等
117	东母猪河文登段三期治理工程	威海	文登区	河道清淤疏浚13.60km；维修加固现状挡土墙7.45km；新建险工段砌石挡土墙3.12km；改建生产桥6座
118	乳山河乳山险工段（二期）治理工程	威海	乳山市	治理河长4.393km。其中堤防工程0.875km、清淤4.13km、险工段护砌0.911km，新建漫水桥1座、改造农桥1座等
119	乳山河乳山险工段（三期）治理工程	威海	乳山市	治理河长1.58km。其中堤防工程2.232km、清淤1.58km、险工段护砌0.421km、生态岛绿化设计7.492km、新建涵洞1座等
120	乳山河乳山险工段（一期）治理工程	威海	乳山市	治理河长2.534km，其中堤防工程1.663km、清淤1.984km、险工段护砌0.682km。新建拦沙坎1座、涵洞1座、拆除交通桥1座等
121	南海新区母猪河裴赵线村至观海路段治理工程	威海	南海新区	河道疏挖整治4.56km；新建浆砌石挡墙7.46km，新建拦沙坎3座；拆除重建漫水桥2座

续表

序号	项目类型	项目主管部门		主要建设内容
		市	县（市、区）	
122	南海新区小观镇中小河流河道整治工程	威海	南海新区	治理河长 9.667km；新建挡墙 2.855km、新建田间输水管涵 7 座、新建板涵 2 座
123	东港区丁家营子河治理工程	日照	东港区	河道治理长度 6km，河道清淤、堤防加固等
124	东港区皋陆河治理工程	日照	东港区	河道治理长度 7km，清淤疏浚、堤防加固、新建建筑物等
125	东港区三庄河上游河道治理工程	日照	东港区	治理河道 4km，新建加固河堤、疏浚河道、险工段护坡、新建穿堤建筑物和拦蓄水工程等
126	东港区涛雒中心河二期治理工程	日照	东港区	河道治理长度 2km，河道清淤、堤防加固等
127	岚山区浔河二期治理工程（浔河下游段）	日照	岚山区	河道治理长度 12.14km，其中堤防加固 17.2km、清淤 12.14km、新建拦沙坎 3 座、穿堤涵洞 25 座、新建拦砂砍、跨支流桥 2 座、护岸 2.02km 等
128	莒县鹤河龙山段综合治理提升工程	日照	莒县	治理河长 9.5km，新筑堤防 1.2km，堤顶路面 9km，新建橡胶坝 1 座
129	沭河（莒县段）综合治理提升改造工程	日照	莒县	河道治理长度 58km，其中筑堤 8.77km，完成洛河入沭口回水段防汛路 7.6km，章庄桥上游段 10.05km，章庄桥下游段防汛路基填筑，新建涵洞 44 座，生产桥 1 座等
130	山海天前沙沟河综合治理工程	日照	东港区	河道治理长度 1.54km，其中清淤 1.5km、岸坡整修 0.9km，维修加固生产桥 3 座等
131	高新区萝花北河治理工程	日照	高新区	治理河长 3.8km，清淤疏浚 3.8km，堤防加固、新建拦河坝 1 座等
132	临沂市高新区燕子河综合整治工程	临沂	高新区	河道治理长度 14.78km，其中清淤 14.78km，筑堤 0.33km，护险 1.88km，挡土墙 2.035km，跨河生产桥 9 座，钢坝闸 3 座等
133	河东区汤河八湖段治理工程	临沂	河东区	包括管仲河、鸭蛋沟、和洪沟子等河道治理工程，包含清淤疏浚、岸坡整治、修筑堤防、改建阻水建筑物、新增（改）建排水涵洞、修建防汛路以及景观绿化亮化工程等
134	沂南县蒙河三期治理工程	临沂	沂南县	河道治理长度 12km，清淤疏浚 7.15km，新筑堤防 6.61km，险工护砌 5 处 2km，新建防汛路 10.64km，新建涵闸 12 座
135	郯城县白马河综合治理工程	临沂	郯城县	河道治理长度 13km，其中堤防加固 3.2km、清淤 13km、左右岸护坡 8.5km 等
136	沂水县沂河上游综合治理工程（跋山水库上游至沂源县段）	临沂	沂水县	河道治理长度 7.27km，其中河道疏浚整治 2.87km，新建右岸防洪工程长 5.06km，修筑右岸防汛路长 5.12km，新建护险工程 1.3km、顺堤防汛桥 1 座，穿堤（路）排水涵洞 11 座等

续表

序号	项 目 类 型	项目主管部门		主 要 建 设 内 容
		市	县（市、区）	
137	沂水县沭河上游综合治理工程（沙沟水库至青峰岭水库段）	临沂	沂水县	河道治理长度24.13km，其中河道疏挖21.67km，堤防加固10.963km；险工护砌16处，总长度6.91km；左、右岸新（改）建涵洞59座，新（改）建桥梁11座，新建橡胶坝2座；左、右岸铺设防汛道路工程总长31.715km；设置上堤坡道17处等
138	兰陵县横沟崖闸除险加固工程	临沂	兰陵县	拆除重建、水闸主体工程及附属设施除险加固等
139	兰陵县孟渊闸除险加固工程	临沂	兰陵县	拆除重建、水闸主体工程及附属设施除险加固等
140	兰陵县吴坦河上游防洪治理工程	临沂	兰陵县	治理长度8.05km，河道清淤、疏浚、开挖，新改建沿线建筑物等
141	兰陵县吴坦河向阳闸除险加固工程	临沂	兰陵县	拆除重建、水闸主体工程及附属设施除险加固等
142	费县祊河综合治理工程（县道X210段至平邑县交界处）	临沂	费县	河道治理长度9.536km，其中筑堤0.51km，护险整治1.48km，修建防汛路7.627km等
143	费县丰收河综合治理工程	临沂	费县	主要建设内容分为河道工程、建筑物工程、景观工程三部分，其中河道工程范围为G327高速至下游入祊河口处，长度1.1km，主要为清淤疏浚；建筑工程主要为新建2座鱼鳞堰、改建1座桥梁、新建1座钢坝闸；景观工程范围为新石铁路下游至入祊河口处，长度3.7km，主要对河道边坡、道路两侧绿化亮化等进行改造提升
144	莒南县鸡龙河二期治理工程	临沂	莒南县	河道治理长度3.63km，其中筑堤2.142km，清淤3.63km，护坡2.705km等
145	莒南县鲁沟河综合治理工程	临沂	莒南县	河道治理长度14km，清淤疏浚、护岸工程等
146	莒南县浔河三期治理工程	临沂	莒南县	河道治理长度2.52km，其中筑堤0.86km，护坡1.72km等
147	蒙阴县第二橡胶坝除险加固工程	临沂	蒙阴县	拆除重建橡胶坝、泵站及充排水管路系统等
148	蒙阴县第三橡胶坝除险加固工程	临沂	蒙阴县	拆除重建橡胶坝、泵站及充排水管路系统等
149	蒙阴县第一橡胶坝除险加固工程	临沂	蒙阴县	拆除重建橡胶坝、泵站及充排水管路系统等
150	临沭县于科橡胶坝除险加固工程	临沂	临沭县	坝袋更换，机电设备更换，主体加固等
151	临沭县中型水闸除险加固工程（三座）	临沂	临沭县	拆除重建
152	临沭县沭河华山橡胶坝除险加固工程	临沂	临沭县	坝袋更换，机电设备更换，主体加固等
153	宁津县宁北河治理工程	德州	宁津县	综合治理河长7.05km，清淤疏浚、硬化堤顶路、改造建筑物、生态护坡等

续表

序号	项目类型	项目主管部门		主要建设内容
		市	县（市、区）	
154	齐河县老赵牛河引调水工程	德州	齐河县	对齐河县老赵牛河 19.257km 实施清淤；改建生产桥 2 座（甘隅南桥、甘隅东桥），改建拦河闸 1 座（朱官屯节制闸），新（改）建排水涵闸 7 座（范庄南闸、后王涵闸、康庄涵闸、刘西涵闸、生官涵闸、309 公路沟赵牛河西侧闸、刘东涵闸）、维修泄水闸 1 座（三干沉沙池泄水闸）
155	平原县笃马河生态综合治理工程	德州	平原县	综合治理河长 22.5km，河道干支渠清淤治理，堤顶路铺装，配套建筑物修建等
156	乐陵市病险水闸除险加固工程	德州	乐陵市	对乐陵境内河道病险水闸除险加固，改建及维修水闸，恢复蓄水和排涝功能
157	德州市马颊河综合治理工程	德州	德州市	河道治理长度 64.72km，其中筑堤 15.90km、清淤 15.90km、新建防汛路 80.62km 等
158	德州市徒骇河综合治理工程	德州	德州市	河道治理长度 60.48km，其中筑堤 4.835km、清淤 60.48km、新建防汛路 54.161km 等
159	徒骇河省级美丽幸福示范河湖建设项目	德州	德州市	根据省级美丽幸福示范河湖标准，完成 28km 河道达标建设
160	度假区四新河治理工程	聊城	江北水城旅游度假区	治理河长 6.7km，清淤，河岸管理道路硬化等
161	金堤河水源保障综合提升工程（金堤河聊城段）	聊城	阳谷县、莘县	建设规模为中型，对金堤河干流道口至关门口段清淤，北小堤加固 9.4km，新建橡胶坝 2 座，改建涵闸 9 座，改建泵站 17 座，维修泵站 1 座，改（新）建及维修桥梁 35 座，南、北小堤顶硬化长度 20.6km，新建管理所 1 座
162	聊城市徒骇河蓄排引调水能力提升工程	聊城	阳谷县、东昌府区、江北水域旅游度假区、高新区、茌平区、高唐县	（1）管理道路硬化工程 86.249km。其中左岸长 22.5km，右岸长 6.72km。 （2）建筑物工程共 57 座。包括改建穿堤涵洞 53 座，改建箱涵 1 座，改建朱庄泵站、崔堂泵站、姜北泵站共 3 座。 （3）节制闸标准化提升工程共 10 处。其中阳谷县 3 处、东昌府区 2 处、茌平区 3 处、高唐县 2 处，分别为新金线河节制闸、俎店渠节制闸、羊角河上节制闸、羊角河下节制闸、四新河节制闸、丁新河节制闸、茌新河节制闸、茌中河节制闸、七里河节制闸及辛浦沟节制闸。对徒骇河重要支流羊角河（下）、丁新河、茌中河、辛浦沟 4 座入口涵闸配备常备电源。 （4）加固岸坡险工段 1.31km。其中李集险工段 0.75km，大王庄险工段 0.56km。 （5）抬田工程 3 处。包含 165＋390～165＋570 右岸、166＋354～166＋494 左岸、166＋382～166＋742 右岸 3 处。 （6）信息化工程 1 项。包含构建立体感知体系、自动控制体系、智能应用体系、支撑保障体系 4 项

续表

序号	项目类型	项目主管部门		主要建设内容
		市	县（市、区）	
163	沙河石庙段治理工程	滨州	惠民县	河道清淤疏浚 7.8km 及新建、改建沿线配套建筑物
164	徒骇河（惠民县下游段）综合治理工程	滨州	惠民县	新建夏家桥钢坝及钢坝管理房，河道清淤 17.07km、险工段防护 1.3km、维修改建穿堤涵闸 4 座、新建防汛管理道路总长 12.53km
165	阳信县白杨河综合治理工程	滨州	阳信县	河道治理长度 35.5km。清淤疏浚等
166	阳信县德惠新河综合治理工程	滨州	阳信县	河道治理项目治理长度 19.2km；堤防加固，修建管理道路、生产桥等
167	阳信县河道防洪排涝能力提升工程	滨州	阳信县	开挖大济河，疏浚官庄沟，打通三分干、四分干和白洋河，疏浚河道 260km
168	秦口河（无棣县段）综合治理工程	滨州	无棣县	河道疏浚总长 16.46km；对两岸现状堤防进行加固，加固总长 29.1km；沿线 22 座建筑物配套及改造，其中新建涵闸 14 座、改建涵闸 8 座；修建管理道路 47km
169	无棣县马颊河黄瓜岭橡胶坝除险加固工程	滨州	无棣县	新建拦河闸、闸上交通桥、管理所、观测设施和管理设施等
170	邹平经济技术开发区河道综合治理工程	滨州	邹平市	对开发区主要排洪河道新民一干、小店干渠、新民河综合治理 15.02km
171	邹平市美丽河湖示范项目	滨州	邹平市	整治黛溪河下游河道 10km，达到美丽河湖标准
172	牡丹区安兴河上游段治理工程	菏泽	牡丹区	河道治理长度 17.61km，其中筑堤 11.64km、清淤 17.61km
173	定陶区河道治理工程	菏泽	定陶区	定陶新河、店子河、二坡河等 20 条河道治理长度 265km，新修改建桥涵 50 座、改建引水闸 56 座
174	单县惠河下游段治理工程	菏泽	单县	治理河长 13.40km。河道疏浚整治工程、堤防工程、防汛管理道路工程、建筑物改建、维修工程
175	单县太行堤河上游段治理工程	菏泽	单县	清淤疏浚河道 15.8km，堤防加高培厚 24.82km，新建排水管涵 18 座等
176	成武县东鱼河涵闸工程	菏泽	成武县	成武县东鱼河徐庄涵闸工程新建穿堤涵闸 1 座，由堤内引渠段、堤内闸室段、穿堤单孔矩形涵洞段等组成
177	巨野县河道综合治理工程	菏泽	巨野县	治理县级河道 22 条 309.8km，其中清淤 31km，新建护坡 2.0km，整修河坡 92km，新建险工段 1.3km，新建防汛道路 3.0km 等
178	巨野县巨龙河董官屯闸除险加固工程	菏泽	巨野县	旧闸拆除，新建闸室、上游连接段和下游连接段，闸门采用平板钢闸门、卷扬式启闭机启闭，架设高压线等

续表

序号	项目类型	项目主管部门		主要建设内容
		市	县（市、区）	
179	巨野县小型病险水闸除险加固工程	菏泽	巨野县	改建小型水闸2座，拆除旧闸，新建水闸；维修加固小型水闸19座，维修加固闸墩、更换闸门和启闭机等
180	巨野县洙水河中段治理工程	菏泽	巨野县	河道疏挖16.17km，改建桥梁15座、新建提水泵站1座、改建刘庄泵站1座、改建尾水闸、新建钢坝闸1座、新建节制闸1座、改建支沟排水管涵3座
181	郓城县丰收河红门厂闸除险加固工程	菏泽	郓城县	拆除改建红门厂闸，共4孔，每孔净宽4.0m，建设护底、铺盖、闸室、消力池、海漫、防冲槽等
182	郓城县老赵王河大尹庄闸除险加固工程	菏泽	郓城县	拆除重建大尹庄闸，共7孔，每孔净宽2m，建设防冲槽、护底、铺盖、闸室、消力池、海漫、防冲槽等
183	郓城县郓城新河侯庄闸除险加固工程	菏泽	郓城县	拆除重建侯庄闸，共15孔，每孔净宽2m，顺水流方向依次布置防冲槽、护底、铺盖、闸室、消力池、海漫、防冲槽等
184	菏泽市赵王河治理工程	菏泽	菏泽市	通过建设节制闸、疏挖河道、修筑堤防等措施拦蓄水源新增拦蓄库容388万m^3
185	史庄病险水闸除险加固工程	菏泽	菏泽市	拆除老闸，新建水闸、交通桥、管理道路、安全监测设施等
186	万福河（日兰高速—裴河闸）河道综合治理工程	菏泽	菏泽市	河道治理长度8.7km，筑堤16.2km、新建防洪墙0.8km，清淤8.7km、修筑防汛路16.2km等
187	杨湖病险水闸除险加固工程	菏泽	菏泽市	拆除老闸，新建水闸、交通桥、管理道路、安全监测设施等
188	张湾病险水闸除险加固工程	菏泽	菏泽市	拆除老闸，新建水闸、交通桥、管理道路、安全监测设施等
189	小型水库雨水工情自动测报设施建设与水库安全运行及防洪调度项目建设	全省	全省	完成了5 238座水库工程基础信息、管理单位信息等基础数据的收集、复核、入库；完成了5 238座水准点埋石、2 494座库容曲线绘制及3 580座1：500地形图绘制；完成了雨水情永久设施建设696座（其中钢管浮子式539座、雷达式41座、气泡式116座）、工情设施建设451座。完成了雨水情信息接收处理展示及纳雨能力分析平台开发；完成了网络通信及安全运行保障建设和小型水库工程基础信息数据库、工情信息接收处理和综合展示、数字化管理、防洪预案管理等平台开发；有序推进大汶河与沂沭河流域空间基础设施建设和数据底板、水利模型、水利知识平台等平台开发

续表

序号	项目类型	项目主管部门		主要建设内容
		市	县（市、区）	
水生态保护与修复				
1	济南市莱芜区瀛汶河王家洼村至山口村段水毁修复工程	济南	莱芜区	（1）拦蓄水建筑物修复工程，桩号15+845处新建橡胶坝1座，坝高4.5m，坝长139m，同步实施右岸堤岸修复308m；桩号17+158处周家洼村拦河坝左岸拆除重建钢筋混凝土挡土墙68m、修复浆砌石护坡63m，右岸修复浆砌石护坡42m；桩号29+499处东留村1号拦河坝拆除重建海漫20m，左岸拆除重建扭面岸坡15.57m；桩号37+739处三山村拦河坝拆除重建海漫25m，左岸上游新建裹头墙3.48m，左岸下游新建浆砌块石挡土墙及裹头墙30.54m。 （2）堤岸修复工程，修复堤岸569m，包括桩号14+084～14+144河道右岸河堤修复60m、渠道修复42m；桩号15+469～15+679左岸挡土墙修复216m；桩号16+123～16+254左岸挡土墙拆除重建31m、挡墙基础防护131m；桩号18+282大槐树河入瀛汶河河口修复护砌47m；桩号20+168～20+283右岸护岸修复115m。 （3）同步实施坝体修复、橡胶坝控制室电气及金属设施安装等工程建设
2	济南市钢城区大汶河西部支流水环境综合治理项目	济南	钢城区	河床生态修复，新建生态护岸及生态隔离带，配套建设交叉建筑物和生态步道、防汛道路
3	济南市钢城区颜庄河及支流水环境综合治理项目	济南	钢城区	河床生态修复，新建生态护岸及生态隔离带，新建、改建配套建筑物橡胶坝、生产桥、挡水堰等，新建生态步道和防汛道路
4	济南市钢城区闫王河水环境综合治理项目	济南	钢城区	河床生态修复，新建生态护岸及生态隔离带，新建、改建配套建筑物生产桥、挡水堰等，新建生态步道和防汛道路
5	南部山区2022年水毁修复工程	济南	南部小区	对济南市南部山区5个街道水毁工程实施修复
6	青宁沟流域生态治理及截污工程	济南	新旧功能转换起步区	疏浚扩挖河道7.9km，新建河道5.4km，新建节制闸1座，改建节制闸1座等
7	嘉祥县防洪除涝及河道整治工程	济宁	嘉祥县	新建、维修加固泵站26座，新建、维修涵闸20座，疏挖河道及排水沟9.83km
8	汶上县水系连通及农村水系综合整治工程	济宁	汶上县	河道、排水沟疏挖及涵闸、生产桥维修改建、河道岸坡衬砌等
9	东平县水系连通及水美乡村建设试点县项目	泰安	东平县	二十里铺引湖干渠、无盐灌区胜利渠整修及延伸工程，稻屯洼区域连通、汇河入汶连通、汇金渠连通等

续表

序号	项目类型	项目主管部门		主要建设内容
		市	县（市、区）	
10	荣成市水系连通及水美乡村建设试点县项目	威海	荣成市	治理河道 96.39km，生态护岸 61.44km
数字水利				
1	淄博市数字水利一体化平台建设	淄博	淄博市	整合现有水利业务信息系统，初步建成统一用户、统一门户、统一地图服务的水利业务综合管理平台
2	奎文区水利信息化建设	潍坊	奎文区	安装在线监控、在线洪峰流量监测站、增建雨量监测站等
3	潍坊市防汛预报预警平台升级改造项目	潍坊	潍坊市	在潍坊市防汛预报预警平台建设成果的基础上，进行升级、改造、完善
4	荣成市智慧水利工程	威海	荣成市	对全市重点水利设施自动化监控、监测全覆盖，实现大数据关联分析
5	邹平市数字水利 2022 年度工程	滨州	邹平市	实施防洪河道、水库、拦河闸等水利工程数字化、信息化设施及网络建设
其他				
1	龙栖湖及湿地提升工程	东营	东营区	渠道、排沟疏浚 12km，新建渠道 846m，维修新建泵站 3 座、水闸 10 座、生产桥 4 座
2	哨头水库及湿地提升工程	东营	东营区	水库沉砂池、截渗沟、支沟疏浚，新建水库进场路、坝顶道路、管理设施等

（李晨　李传镇　郑从奇　李长江　周易）

【重大活动】　2022 年 4 月 1 日，山东省委书记李干杰主持召开 2022 年度总河长会议。会议听取了全省河湖长制工作情况汇报，审议《山东省 2022 年度河湖长制工作要点》《第 8 号省总河长令：关于加快现代水网建设助力河湖长制提标升级的通知》，听取 2021 年度省河长制办公室成员单位重点任务完成情况，对 2022 年度河湖长制工作进行安排部署。省委副书记、省长周乃翔，省委副书记、省人大常委会副主任、党组书记杨东奇，省委常委、常务副省长、省政协副主席王书坚，副省长凌文、孙继业、范华平、傅明先、王心富出席会议。

2022 年 4 月 11 日，山东省总河长联合签发《第 8 号省总河长令：关于加快现代水网建设助力河湖长制提标升级的通知》。4 月 14 日，山东省河长制办公室印发《山东省 2022 年度河湖长制工作要点》，对年度河湖长制重点工作进行安排部署。

2022 年 9 月 22—25 日，山东省河湖长制专题培训班在东营市举办，副省长江成出席结业式并作总结讲话，山东省河长办常务副主任、省水利厅党组成员、厅长刘中会作开班动员。培训班由山东省水利厅党组成员、副厅长刘鲁生主持，新任市、县政府分管负责同志共 180 余人参加培训。通过采取专题讲座、现场教学、交流研讨等方式开展培训，主要学习传达习近平总书记关于生态文明建设、新时期治水方针、河湖管理保护等方面的重要论述；邀请水利部、兄弟省份和高校的领导、专家授课，重点讲解全面实行河湖长制政策及全国推行河湖长制典型经验、黄河流域生态保护与高质量发展、河湖管理保护、幸福河湖建设、数字河湖建设等内容。

（万少军　李晨）

【重要文件】　2022 年 1 月 10 日，山东省河长制办公室印发《关于印发黄河、东平湖等省级重要河湖“一河（湖）一策”综合整治方案的通知》（鲁河长办字〔2022〕1 号）。

2022 年 4 月 11 日，山东省总河长联合签发《山

东省总河长令：关于加快现代水网建设助力河湖长制提标升级的通知》(第8号)。

2022年4月13日，山东省河长制办公室印发《山东省2022年度河湖长制工作要点》(鲁河长办字〔2022〕4号)，对年度河湖长制重点工作进行安排部署。

2022年5月9日，山东省生态环境厅、山东省农业农村厅、山东省畜牧兽医局印发《关于印发〈山东省农业面源污染治理与监督指导实施方案（试行）〉的通知》(鲁环发〔2022〕6号)。

2022年7月8日，山东省水利厅印发《山东省用水统计调查制度实施细则（试行)》(鲁水规字〔2022〕3号)。

2022年11月1日，山东省生态环境厅、山东省农业农村厅、山东省畜牧兽医局印发《关于印发〈山东省“十四五”畜禽养殖污染防治行动方案〉的通知》(鲁环发〔2022〕16号)。

2022年11月10日，山东省水利厅、山东省发展和改革委员会印发《关于印发〈“十四五”用水总量和强度双控目标〉的通知》(鲁水资字〔2022〕9号)。

2022年12月8日，山东省水利厅、山东省生态环境厅印发《山东省水利厅　山东省生态环境厅关于印发〈各市2022年度水资源管理控制目标〉的通知》(鲁水资字〔2022〕10号)。

2022年12月31日，山东省人民政府印发《国家省级水网先导区建设方案（2023—2025年）的通知》(鲁政字〔2022〕248号)。

（李晨　王昱　奚君　周易）

【地方政策法规】　2022年5月17日，山东省市场监督管理局批准发布《河湖管护规范》(DB37/T 4506—2022)。

2022年6月20日，山东省市场监督管理局批准发布《河湖水域岸线遥感监测技术规范》(DB37/T 4518—2022)。

（李晨）

【河湖长制体制机制运行情况】

1. 体系建设　2022年9月16日，山东省河长制办公室印发《关于调整公布省级河湖长体系的通知》(鲁河长办字〔2022〕5号)，根据省领导工作变动情况，经报请省总河长批准，对省级河湖长体系进行了适当调整。由省委书记李干杰、省长周乃翔共同担任总河长；由省委副书记陆治原、常务副省长曾赞荣、副省长江成共同担任副总河长；省长、3位副总河长和其他4位省领导同志共同担任省级重要河湖省级河湖长。

2. 制度建设　2022年1月10日，山东省河长制办公室印发《关于印发〈黄河、东平湖等省级重要河湖“一河（湖）一策”综合整治方案〉的通知》(鲁河长办字〔2022〕1号)，印发16条省级骨干河道、2条输水干线、4个湖泊、8个水库等省级重要河湖“一河（湖）一策”综合整治方案，以有序推进美丽幸福河湖建设为目标，坚持问题导向、目标导向、结果导向，将具体问题整治明确到月、目标性任务明确到季度，为未来3年河湖治理和管护提供目标清晰、阶段合理、推进有序的规划指导。

2022年，结合前两年建设经验对《山东省省级美丽幸福示范河湖评价标准及评分细则》进行修订，进一步推进美丽幸福河湖建设工作。

2022年3月24日，山东省河长制办公室印发《数字河湖建设推进工作方案》；4月24日，印发《山东省数字河湖试点建设技术导则（试行)》，明确“人、盆、水、事”等河湖管理基础指标22项，“算法、算据、算力”等扩展指标14项，为提升河湖及工程管护数字化、标准化、可视化、智慧化水平提供技术支撑。

2022年5月17日，山东省市场监督管理局批准发布《河湖管护规范》(DB37/T 4506—2022)；6月20日，批准发布《河湖水域岸线遥感监测技术规范》(DB37/T 4518—2022)，为河湖管理工作的规范化、科学化开展提供标准支撑。

2022年11月8日，作为《山东省河湖长制年度工作综合评价管理办法》的年度评价重点事项，山东省河长制办公室印发《山东省2022年度河湖长制工作综合评价指标》，实化、硬化绩效评价内容，进一步完善河湖长制工作绩效评价体系。

3. 省级河湖　确定了由省级领导担任河湖长的骨干河道黄河、沂河、沭河等16条河流，南四湖、东平湖等4个湖泊，峡山水库、跋山水库等9座水库，南水北调、胶东调水2条输水干线。

4. 河湖长制考核激励　2022年，山东省河长制办公室将河湖长制工作纳入各市高质量发展综合绩效考核和重点督查事项，印发《山东省河长制办公室关于做好2022年度河湖长评价工作的通知》《山东省河长制办公室办关于做好2022年度河湖长制总结及评价有关工作的通知》，对河湖长制考核工作进行部署安排。印发《山东省河长制办公室关于市级河（湖）长年度绩效评价有关事项的补充通知》(鲁河长办函字〔2022〕17号)、《山东省河长制办公室关于省河长制办公室成员单位年度绩效评价有关事

项的补充通知》(鲁河长办函字〔2022〕20号),对考核有关工作进行明确。(万少军　张学忠　李晨)

【河湖健康评价开展情况】　2022年,山东省持续做好河湖健康评价工作,及时转发《水利部办公厅关于开展河湖健康评价建立河湖建立档案工作的通知》至各市,要求各市着眼于复苏河湖健康生命,结合我省河湖实际,明确年度目标任务,截至2022年年底,山东省在全部完成省级河湖健康评价,市级完成河湖健康评价的河湖41条(个)的基础上,开展24条(个)河湖的健康评价工作。(李晨　李传镇)

【"一河(湖)一策"编制和实施情况】　2022年1月10日,山东省河长制办公室印发《黄河、东平湖等省级重要河湖"一河(湖)一策"综合整治方案的通知》,印发16条省级骨干河道、2条输水干线、4个湖泊、8个水库等省级重要河湖"一河(湖)一策"综合整治方案,以有序推进美丽幸福河湖建设为目标,坚持问题导向、目标导向、结果导向,将具体问题整治明确到月、目标性任务明确到季度,为未来3年河湖治理和管护提供目标清晰、阶段合理、推进有序的规划指导。(万少军　李晨)

【水资源保护】

1. 水资源刚性约束　落实最严格水资源管理制度,山东省水利厅、山东省发展和改革委员会印发《"十四五"用水总量和强度双控目标的通知》(水节约〔2022〕113号),明确山东省各市"十四五"期末用水总量、万元国内生产总量用水量下降率、万元工业增加值用水量下降率、农田灌溉水有效利用系数等控制目标。将水资源集约节约利用工作成效纳入省级督查激励事项。持续完善节水标准体系,发布实施省级用水定额31项,实现主要用水行业全覆盖。落实节水评价机制,2022年对365个规划和建设项目开展节水评价审查。强化计划用水管理,将年用水量1万m^3以上工业、服务业单位全部纳入计划用水管理范围,将1 001家重点用水单位纳入国家、省、市三级重点监控用水单位名录。配合国家实施最严格水资源管理制度考核,开展省节水监督检查,抽查了部分重点取用水单位,进一步规范了节水管理。

2. 节水行动　2022年,山东省持续做好节水工作,印发《2022年省节水联席会议工作要点和全省深度节水控水任务清单》。召开山东省节水联席会议成员单位联络员会议,通报表扬一批落实国家节水行动表现突出的集体和个人。持续开展县域节水型社会达标建设,累计建成119个县(市、区),覆盖率达到87%,其中包括2021年建成的25个县(市、区)。印发《黄河流域高校节水专项行动实施方案》,深化高校节水工作,2020年以来共创建省节水型高校76所,建成率达48.4%,其中2022年创建32所。省级党政机关和省直属事业单位全部建成节水型单位,连续3年开展复核。实施非常规水最低利用量目标管理,推动各市将其纳入水资源统一配置。2022年全省非常规水利用量17.33亿m^3,超额完成12.75亿m^3的年度最低利用量目标。济南等4个城市成功纳入国家典型地区再生水利用配置试点。利用"世界水日""中国水周"、全国城市节水宣传周、节能宣传周、全国科普日等节点,加强节水宣传,深入宣传《公民节约用水行为规范》,广泛开展节水志愿服务活动。发布一批节水公益广告,印发《节水知识普及读本》《节水典型案例集萃》,省、市、县三级建成一批节水教育基地,其中省级24处,全社会节水意识进一步增强。

3. 生态流量监管　2022年,山东省以复苏河流生态环境为方向,优化河流生态水量调度。

(1)规范省级重点河流水资源调度管理。依据水利部《水资源调度管理办法》,制定实施《山东省水利厅水资源调度管理实施办法(试行)》,完善调水工作机制,规范调水管理流程,推进水资源统一调度。制定并公布《山东省水资源调度省级重点河流和重大调水工程名录》,将大汶河、小清河、沂河等25条河流纳入省级重点河流调度名录,南水北调东线一期山东段、胶东调水、黄水东调3项骨干调水工程纳入省级重大调水工程名录。

(2)强化省级重点河流水资源调度管理。开展大汶河、沂河、沭河、小清河、大沽河、泗河、潍河、孝妇河8条重点河流水资源调度工作,编制印发水资源调度方案和年度水资源调度计划,实施调度管理,按月编发《山东省主要河流水资源调度监测信息》,8条河流重点控制断面实现了水量(流量)调度目标,大汶河自2008年以来首次实现全年不断流。

4. 全国重要饮用水水源地安全保障达标评估　山东省高度重视做好饮用水水源保护工作,参照《全国重要饮用水水源地安全保障评估指南(试行)》,聚焦水量保证、水质合格、监控完备、制度健全总目标,连续多年开展饮用水水源地评估工作。2022年,全省79处列入国家"十四五"考核的县级以上城市集中式饮用水水源地水质稳定达标且总体向好,全年各月水质均达到或优于Ⅲ类标准,达标率为100%。

5. 水量分配　为落实《中华人民共和国水法》对用水实行总量控制制度的规定，按照山东省水利厅印发了《关于明确山东省主要跨设区的市河流及边界水库水量分配方案的通知》（鲁水办字〔2010〕3号），对大汶河、小清河、沂河、沭河、北胶莱河、大沽河6条主要河流和马河、陡山、墙夼3座边界水库的水量在相关设区市之间进行了分配。考虑区域用水需求，先后对省内沭河、潍河（含墙夼水库）水量指标进行了优化调整，水资源配置更加合理。按照《山东省跨县（市、区）河流（水库）水量分配工作方案》要求，山东省各地继续将水量分配到县级行政区，指标上限为《关于明确山东省主要跨设区的市河流及边界水库水量分配方案的通知》（鲁水办字〔2010〕3号）分配给各市的总量。截至2022年年底，全省16个地级市已全面实现“分水到县”。（李晨　王琛　张立同　刘媛媛　刘波）

【水域岸线管理保护】

1. 河湖管理范围划界　2022年，山东省扎实做好河湖管理范围划界成果复核工作。先后10余次利用卫星遥感技术解译河湖空间变化，促进河湖“清四乱”与河湖划界协同推进。同时，做好水利部流域机构反馈56项疑似问题复核工作，对其中省级边界接边、流域机构直管河湖接边43项问题进行了处置。

2. 岸线保护与利用规划编制　2022年，山东省河长制办公室秉持规划引领、依法管控的理念，按照保护为主、合理利用的原则，及时修编岸线保护利用规划，在前期全省已完成2 375条（段）河流规划编制并由所属县级以上人民政府批复的基础上，对胶东调水工程干线和综合治理后的小清河分别组织了保护利用规划编制和修编，为科学实施岸线保护与利用提供规范依据。切实做好已批复河湖岸线利用规划实施，联合山东省自然资源厅将东平湖岸线保护区、保留区比例纳入省委、省政府对泰安市综合考核的指标。强化涉河建设项目监管，组织开展专项监督检查，对2020年以来山东省水利厅审批许可的涉河建设项目进行抽查，共检查36个项目95个点位，发现各类问题101个，以“一市一单”形式反馈各市整改。

3. 采砂管理　2022年4月20日，山东省水利厅印发《关于深入开展河道非法采砂专项整治行动的通知》（鲁水河湖函字〔2022〕6号），摸清河道采砂监管底数，动态打击包括非法采砂和取土在内各类违法活动，全省各级共出动18万余人次，累计巡河77.5万余km，查处非法活动396起，查处各类机具114台（部）。其中，行政处罚案件308起，没收违法所得28.09万元，罚款256.84万元；刑事处罚案件9起，处罚人数13人，追责问责1人。

4.“四乱”整治　2022年3月8日，山东省河长制办公室印发《关于印发妨碍河道行洪突出问题排查整治工作“三个清单”的通知》（鲁河长办函字〔2022〕4号）；3月24日，山东省河长制办公室印发《妨碍河道行洪突出问题排查整治工作的报告》（鲁河长函字〔2022〕23号）和《山东省影响防洪安全水生态安全拦河工程排查整治工作推进方案》（鲁河长办字〔2021〕10号），明确排查范围、整治内容、推进步骤、序时进度，要求各级河湖长亲自牵头推动督导，全程跟踪问效。全年共排查妨碍河道行洪问题1 142处，除1处问题进入司法程序延期整改外，其他已全部整改到位并销号。拦河工程共摸排梳理流域面积50km²以上河道上的桥梁、闸坝、码头、管线等35 000余处，列入拆除或改造的500处，列入2022年度整改的484处已全部按时间节点完成。（万少军　王喜臣　张学忠　李晨）

【水污染防治】

1. 排污口整治　2022年，山东省生态环境厅依照《山东省入河湖排污（水）口溯源整治及规范化管理工作方案》规定，持续做好排污口整治工作，全年共排查出来的入河排污口4万余个，整治完成率超过90%，其中黄河流域入河排污口整治完成率达到95%。2万余个入海排污口已全部完成整治。

2. 城镇生活污水处理　山东省住房和城乡建设厅持续开展城市污水处理设施建设运营月调度和季通报工作度，截至2022年年底，全省正在运行的生活垃圾处理设施110座，总设计处理能力8.75万t/d，全省城乡生活垃圾无害化处理率维持在99%以上，焚烧处理率达到92%以上，满足全省城乡生活垃圾处理需求。

3. 畜禽养殖污染防治　根据2022年11月1日，山东省生态环境厅、山东省农业农村厅、山东省畜牧兽医局印发《山东省“十四五”畜禽养殖污染防治行动方案》（鲁环发〔2022〕16号）要求，印发《山东省畜禽养殖场（户）粪污处理设施建设技术指南》（鲁牧畜发〔2022〕12号），以推动畜牧业绿色发展为目标，按照畜禽粪污减量化、资源化、无害化处理原则，规范畜禽粪污处理设施设备建设标准，对畜禽粪污进行科学处理，促进污染防治与畜牧业协调发展。推进畜禽粪肥还田种养结合样板基地打造，公布全省首批畜禽粪肥还田种养结合样板基地80个。制定发布《畜禽养殖环境保护倡议书》，梳理畜禽养殖环境保护相关法律法规 9 项 40 条，摘选涉畜禽养殖环境污染裁量基准 7 大类 42 项，通报环境保护执法典型案例 18 个。通过督促指导畜禽规模养殖场制定年度畜禽粪污资源化利用计划、建立畜禽粪污资源化利用台账，进一步落实规模养殖场主体责任，强化部门监管，提高全省畜禽粪污资源化利用的规范化、标准化水平，推动畜禽粪肥就地就近还田利用。加大山东畜禽粪污资源化利用技术模式推介力度。推介 10 大主推技术、20 个典型案例，涉及 18 个省（自治区、直辖市），其中山东省有 2 个典型案例，与安徽省并列全国第一。

4. 水产养殖污染防控　2022 年，山东省持续推进水产养殖业绿色发展，创建 2022 年国家级水产健康养殖和生态养殖示范区 12 家。下达 49 000 亩养殖池塘标准化改造和尾水治理改造任务。印发《2022 年山东省水产绿色健康养殖技术推广“五大行动”工作实施方案》（鲁农渔字〔2022〕4 号），举办培训班 6 期和线上、线下观摩活动 80 余次，发放“五大行动”明白纸、用药科普手册等材料 1 万余份，培树健康养殖示范推广基地 80 家。

5. 农业面源污染防治　2022 年 5 月 9 日，山东省生态环境厅、农业农村厅、畜牧兽医局印发《山东省农业面源污染治理与监督指导实施方案（试行）》（鲁环发〔2022〕6 号），明确主要任务和保障措施。充分利用中央财政资金，实施化肥减量增效和种养循环项目，支持济南市商河县等 23 个试点县开展绿色种养循环试点县创建。示范引领规模化应用化肥农药减量增效、测土配方施肥技术，持续推进“统防统治百强县”创建和“星级服务组织”认定，全省有 14 个县（市、区）获得全国“统防统治百县”称号，有 69 个服务组织被认定为全国统防统治“星级服务组织”。深入推进病虫害精准防治、绿色防控和统防统治，2022 年，山东省 19 个县（市、区）被评为全国农作物病虫害绿色防控整建制推进县，4 家单位被评为首批 100 个全国农作物病虫害绿色防控技术示范推广基地。全省化肥、农药使用量保持下降趋势。

6. 船舶港口污染防治　2022 年 8 月，山东省地方海事局牵头组织有关部门成立检查组赴济宁、枣庄，采取登船检查、问询交流等方式，调研内河船舶防污染工作开展情况。2022 年第 4 季度，山东省地方海事局采取座谈交流和现场检查相结合方式在济宁市组织枣庄、济宁和菏泽三地交通运输主管部门开展内河运输船舶绿色发展专项督导，要求相关市县交通运输主管部门加大船舶现场检查力度，持续开展以固体垃圾、生活污水和含油污水处理情况为重点的日常监督检查，确保内河船舶防污染工作走深走实。创新建立内河船舶防污染全链条智慧监管体系，实现了内河船舶防污染从粗放监管到智慧监管的转变，有效遏制内河船舶违法排污行为，推动省内河船舶污染防治工作不断迈上新台阶。全年内河港口（含流动接收船）共收集接收内河运输船舶移交的固体垃圾 114.72t、生活污水 1 704.4m^3、含油污水 172.2.5m^3。

（刘婷　张正尊　王昱　杨硕林　窦忠娟）

【水环境治理】

1. 饮用水水源地规范化建设　2022 年，山东省将水源地规范化建设作为夯实管护基础、提升管理水平的重要着力点，不断在精细化和精准度上下功夫，完善水源地“一源一档”建设，全面提升水源地安全保障水平。2022 年 9 月，山东省人民政府印发实施《山东省饮用水水源保护区管理规定（试行）》（鲁政字〔2022〕196 号），按照分级审批、逐步推进的原则，动态完成全省饮用水水源保护区划定工作。同时，指导各市对县级以上饮用水水源保护区规范设置设立界碑、界桩、宣传牌和道路警示牌等保护区标志和隔离防护设施，截至 2022 年年底，全省累计设置保护区隔离防护围网 1 560km。

2. 黑臭水体治理　2022 年，山东省继续对 166 个设区市建成区黑臭水体进行监测，持续巩固黑臭水体治理成效，保障黑臭水体“长制久清”。按照《山东省农村黑臭水体治理行动方案》要求，通过实施控源截污、清淤疏浚、水体净化等工程，2022 年新增完成 500 处农村黑臭水体治理。其中济宁市成功申报全国农村黑臭水体治理试点。

3. 农村水环境整治　2022 年，山东省全面开展农村生活污水治理工作。按照《农村生活污水处理处置设施水污染物排放标准》（DB45/ 2413—2021），明确农村生活污水和黑臭水体治理验收要求，形成较为系统完备的标准体系。组织 2 次现场观摩、2 次集中培训、5 次以上专家现场帮扶，遴选发布 40 余个治理成效突出、示范效应明显的典型案例，指导各地因地制宜选取治理技术路线。荣成市、蒙阴县农村生活污水治理案例成功入选全国示范案例。

（李晨　刘媛媛　王东升）

【水生态修复】

1. 生物多样性保护　山东省深入实施《山东省生物多样性保护战略与行动计划（2021—2030 年）》（鲁环发〔2021〕2 号），2022 年启动黄河三角洲、泰山—徂徕山等 9 个生物多样性保护优先区域本地

调查。黄河三角洲生态环境定位观测站完成装修入驻。挂牌建设青头潜鸭、青岛百合等10个生物多样性养护观测站。东平湖举办“5·22国际生物多样性”纪念活动，全省各市同步组织开展海、湖、河“放鱼养水”联袂行动。

2. 生态补偿机制建立　山东省深化改革创新，健全完善省级地表水生态补偿办法，修订完善实施地表水环境质量生态补偿。根据各市考核断面地表水环境质量改善情况，由省级财政向各市拨付补偿资金或由各市向省财政上缴的赔偿资金作为补偿资金，具体包括断面水质达标、水质类别提升补偿、水质指数改善补偿、水源地水质达标补偿和省内流域横向生态补偿机制补助。2022年共计兑现省级地表水生态补偿资金 46 088万元，有效调动各地水污染防治积极性，推动全省水环境质量持续改善，2022年12月，山东省财政厅、山东省生态环境厅等6部门印发实施《生态文明建设财政奖补机制实施方案（2023—2025年）》（鲁财资环〔2022〕32号）。

3. 水土流失治理　2022年，山东省各级共批复水土保持方案 6 601个（其中省级64个），涉及人为水土流失防治责任范围 5 645.78km^2，验收报备生产建设项目 3 859个（其中省级98个）。完成水利部遥感监管任务，复核扰动图斑 3 110个，共计查处违法违规项目 2 001个；于2022年9月、12月自主开展2次遥感监管，解译扰动图斑 3 522个；省级征收水土保持补偿费0.58亿元。全省完成新增水土流失治理面积 1 390.55km^2，年减少土壤流失量243万t，增产粮食 4 221万kg，增加收入 19 263万元。

4. 生态清洁型小流域　2022年，山东省全面推进生态清洁小流域建设，年内认定建成生态清洁小流域18条，流域内水土保持措施布置合理，村容村貌整洁卫生，水土资源得到有效保护和合理利用，符合生态清洁小流域建设要求。2021年在27个县（市、区）34个国家水土保持重点工程小流域治理项目于2022年全部竣工验收。（梁伟　张芮　刘振勇）

【执法监管】

1. 河湖日常监管　2022年，山东省继续推进河湖清违清障常态化规范化。健全完备“天上看、地上巡、空中查、社会督、网上管”的河湖监测立体防控体系，形成卫星遥感监测、人工巡查、无人机航拍的立体化监测网络，2022年开展3轮次河湖问题暗访、3轮次卫星遥感监测，黄河流域9省（自治区）开展三级联动排查整治，排查整治各类河湖违法问题 1 711处。4月1日，印发《山东省河长制办公室关于做好漳卫新河河口碍洪问题清障工作的通知》（鲁河长办函字〔2022〕6号），提前一个月完成漳卫新河河口清障任务，共清理整治6类27处问题，累计清理养殖池 652.4万m^2、围堰围埝8万m、树障7.5万m^2、房屋建筑 9 760m^2。

2. 联合执法　2022年，山东省继续聚焦河湖执法监管重点难点问题，打破多部门、多行业、多领域监管“壁垒”，积极探索河湖长制与司法部门衔接创新机制，不断推进执法监管创新，各县（市、区）建立“河湖长＋生态警长＋法院院长＋检察长”“河湖长＋生态警长”“河湖长＋检察长”“河湖警务室”“河湖巡回法庭”等工作新机制，全力推动涉河湖违法犯罪案件依法查处、依法移送、依法办理，为河湖长制深入推进构筑了强有力的司法屏障。

（王喜臣　张学忠　李晨）

【水文化建设】

1. 水利风景区　山东省景区办按照水利部有关要求，在2022年继续组织开展国家水利风景区推荐申报工作，推荐临沂市郯城县沭河水利风景区申报第二十批国家水利风景区。8月30日至9月1日，水利部国家水利风景区评审委员会办公室派出专家组对景区开展现场考察评价并给予充分肯定。2022年，山东省继续开展第二批国家水利风景区高质量发展典型案例征集遴选工作，推荐聊城市位山灌区、金乡县羊山湖水利风景区参加申报。2022年11月17—19日，水利部专家组前往聊城市位山灌区水利风景区进行现场复核并对规划创意、水景观打造、助推社会经济发展、现代化管理等给予较高评价。2022年12月12日，按照水利部下发的《关于公布〈红色基因水利风景区名录〉的通知》（景区办函〔2022〕68号），聊城位山灌区水利风景区、金乡县羊山湖水利风景区、沂南县沂蒙红色影视基地水利风景区被列入《水利部红色基因水利风景区名录》。为做好水利风景区安全管理工作，2022年，山东省水利厅印发《关于开展水利风景区安全管理隐患排查与治理工作的通知》，组织抽查国家、省级水利风景区20处。

2. 黄河国家文化公园　2022年，山东省组织实施《〈山东省黄河文化保护传承弘扬规划〉的通知》（鲁文旅发〔2021〕37号），制定配套实施机制和“一台账、两清单、双责任”分工方案，建立领导小组例会制度和工作调度机制，推动各项任务落实。实施黄河文化遗产系统保护，将黄河流域文物保护列入全省文物保护利用“十大工程”第一项，编制实施2022年山东省黄河非遗保护行动计划，加强黄河流域3个新成立文化生态保护区建设。推进黄河流域博物馆建设，已建设318家。组织参加《木本水源——黄河流域史前文明展》《黄土、黄河、黄帝——黄河流域生态文明与历史文化展》等多个特展。对接黄河、大运河、长城国家文化公园建设战略，组建省级工作专班，制定2022年文化公园建设工作要点，配合编制《黄河国家文化公园（山东段）建设保护规划》。编制完成《黄河国家风景道（山东）建设指南》。加快黄河文化旅游带建设，启动"2022山东黄河生态旅游体验季"活动。争取2022年中央预算内资金1.4亿元。

3. 大运河国家文化公园　2022年4月，正式印发实施《大运河国家文化公园（山东段）建设保护规划》并组织召开大运河国家文化公园建设文物保护利用工作暨大运河文化遗产保护条例研究项目座谈会。联合运河沿线7省（直辖市）共同举办2022年"大运河主题旅游海外推广季"活动。争取2022年中央预算内资金1.4亿元，支持大运河微山湖博物馆等项目建设。（李晨　张凯华　吴红）

【智慧水利建设】

1. 河长制App　2022年，为继续高效发挥河湖长制App和河长制系统的作用，加强河湖长制工作的管理及推进，利用技术手段约束工作落实，山东省调整优化河长制湖长制App，有针对性区分河长、河长办工作人员、河管员监管需求，将河湖基础信息查询、河湖问题监管、河湖长巡河有机整合，实现河湖长制信息"一机通办"。滨州市对河湖长制App进行全新功能改版，可以查询周边河湖、河湖问题、河湖划界等信息，能够对附近河流、湖泊、水库、河湖问题等进行查找，支持路线导航。能够通过"一张图"查看河流划界、规划、界桩、雨水情、公示牌、水闸、泵站以及视频监控等信息，可以实现模糊搜索河湖、河湖问题、水闸、泵站等信息。增加"市级河湖问题暗访"功能，使系统更加简单易用，人机交互更加友好；优化App中"首页""工作""我的"三个功能。

2. 数字孪生　按照水利部关于数字孪生流域建设部署安排，2022年，山东省率先启动数字示范河湖建设，印发《数字河湖建设推进工作方案》，配套出台《山东省数字河湖试点建设技术导则（试行）》（鲁水河湖函字〔2022〕8号）。截至2022年年底，山东省顺利完成年初确定的每市都要完成不少于一条河道、一座中型水库、一座大中型水闸、一个县域的（"4个一"）数字示范河湖建设任务，全省共建成139条（个）数字示范河湖。其中济宁市泗河流域数字孪生系统实现物理流域与数字流域深度融合，有效提升泗河流域"四预"能力，在汛期发挥了显著作用。（王喜臣　李晨　李传镇）

河南省

【河湖概况】

1. 河湖数量　河南省地处中原，跨海河、黄河、淮河、长江四大流域，全省流域面积50km²及以上的河道共1 030条，其中海河流域108条，黄河流域213条，淮河流域527条，长江流域182条。

2. 水量　河南省多年平均降水量为771.1mm，其中76.2%的降水量由植物吸收蒸腾、土壤入渗以及地表水体蒸发所消耗，另有23.8%的降水量形成河川径流量。河南省多年平均河川径流量302.67亿m³，多年平均地下水资源量196.00亿m³，多年平均进境水量413.64亿m³，多年平均出境水量630.22亿m³。

3. 水质　2022年，国家考核省的160个断面中，Ⅰ～Ⅲ类水质断面131个，占比81.9%，高于国家要求的74.3%的目标；无劣Ⅴ类水质断面，低于国家要求的1.3%的目标。参加国家考核的城市集中式饮用水水源地取水水质达标率100%；南水北调中线工程水源地陶岔取水口及河南出境水质持续稳定在Ⅱ类及以准，保障了"一渠清水永续北送"。

4. 新开工水利工程　先后建成大型水库28座（含流域机构管理的水库）、中型水库125座（含3座省界水库）、小型水库2 366座，总库容432亿m³；5级以上堤防2万余km；蓄滞洪区14处（含流域机构管理的蓄滞洪区），设计蓄滞洪量38.06亿m³。南水北调中线工程境内总长度731km。中型（灌溉面积667km²以上）以上灌区336处，其中灌溉面积2万km²以上大型灌区38处，有效灌溉面积达到545.3万km²。建成农村饮水安全工程2万多处，覆盖农村人口7 900多万。治理水土流失面积391.3万km²。建成小型水电站534座，装机容量51万kW。2022年，新开工面上工程项目55个，重要支流治理年度项目2个，大中型病险水库除险加固项目2个，蓄滞洪区建设项目1个。

（王洪涛　程明珠）

【重大活动】　2022年5月17日，河南省黄河流域生态保护和高质量发展领导小组召开第六次会议，

研究部署2022年重点工作。

2022年6月17日，河南省副省长戴柏华到周口市调研防汛等工作，履行河长职责，实地巡查河道。

2022年6月27日，颍河河长制专题视频调度会议召开，安排部署颍河防汛备汛和管理保护工作，省委常委、宣传部部长、颍河省级河长王战营主持会议并讲话。

2022年7月12日，长江流域省级河湖长第一次联席会议以视频形式召开。会议部署2022年长江流域河湖管理保护重点工作，进一步加强流域统筹和区域协作，携手打造幸福长江。

2022年7月21日，淮河流域第一次省级河湖长联席会议召开，水利部副部长刘伟平，联席会议召集人、河南省省长、省总河长王凯，出席会议并讲话。

2022年7月20日，唐白河省级河长、副省长何金平赴南阳巡河调研，河南省水利厅副厅长刘玉柏，南阳市副市长刘江等陪同调研。

2022年7月26日，河南省委常委、秘书长、史灌河省级河长陈星前往信阳市商城县开展巡河工作。

2022年8月2日，黄河流域省级河湖长联席会议以视频形式召开。

2022年10月21日，河南省幸福河湖建设推进工作电视电话会议在郑州召开，副省长、省副总河长武国定出席并讲话。会议强调要认真落实省第5号总河长令《关于开展幸福河湖建设的决定》。

2022年12月15日，南阳市河长办与南阳师范学院、南水北调渠首分公司联合成立的南水北调河湖长学院正式揭牌，标志着南阳市 5 000 余名河湖长队伍从此有了学习、培训和“充电”的基地。

（王洪涛　程明珠）

【重要文件】　2022年1月30日，由河南省委书记、省第一总河长楼阳生和省长、省总河长王凯签发河南省总河长令（第4号）《关于开展妨碍河道行洪突出问题清理整治的决定》，全面排查妨碍河道行洪的突出问题，开展集中清理整治，保障河道行洪通畅。

2022年3月3日，河南省水利厅印发了《2022年全省河道采砂管理工作要点》（豫水办河〔2022〕2号）。坚持惩防并举、疏堵结合、标本兼治，严守“不发生规模性滥采”底线，扎实开展河道采砂综合整治，持续推进河道采砂集约化、规模化、规范化，不断巩固河道采砂综合整治成果，维护良好采砂管理秩序。

2022年6月6日，经河南省第一总河长、总河长同意，河南省河长制办公室联合河南省四水同治工作领导小组办公室印发《2021年度省级河长制四水同治工作考核结果的通报》（豫河办〔2022〕15号），对2021年度河长制四水同治工作省级考核结果进行通报。

2022年9月23日河南省水利厅印发《河道砂石处置方案编制规范（试行）通知》（豫水办河〔2022〕7号）。

2022年10月9日，河南省委书记、省第一总河长楼阳生和河南省省长、省总河长王凯共同签发省第5号总河长令《关于开展幸福河湖建设的决定》，河南省河长办同步印发《河南省幸福河湖建设实施方案》，计划“十四五”期间建成不少于30条（段）省级幸福河湖、300条（段）市县级幸福河湖，实现“持久水安全、优质水资源、健康水生态、宜居水环境、先进水文化、科学水管理”目标，推动河湖水域岸线管控工作提档升级。

（王洪涛　程明珠）

【地方政策法规】　2022年，河南省水利厅重点领域立法取得重大进展。1月8日，河南省第十三届人民代表大会第六次会议通过了《河南省南水北调饮用水水源保护条例》，自2022年3月1日起施行。

2022年7月30日，《漯河市河湖保护管理条例》经河南省十三届人大常委会第三十四次会议批准通过，将于2022年12月1日起施行，标志着漯河市河湖管理保护和河湖长制工作全面迈入法治化轨道。

2022年11月14日，《河南省地下水管理办法》经省政府第164次常务会议通过，于2022年11月24日公布，自2023年1月1日起施行。

2022年年底，组织完成了《河南省水利工程管理条例》（修订）和《河南省农村供水管理办法》立法调研内部所有程序，已列入省人大常委会、省政府2023年度立法计划审议项目。

（杜波）

【水资源保护】

1. 水资源刚性约束

（1）建立硬指标。通过建立区域用水总量、江河水量分配方案、地下水取水总量、地下水水位、河湖生态流量等总量控制方面的指标，以及万元国内生产总值用水量、万元工业增加值用水量等强制性用水标准和定额等用水效率方面的指标，严控用水总量，提高用水效率，倒逼各地区、各行业保护水资源。2020年年底，部署开展了流域面积 1 000km^2 以上66条河流的水量分配和生态流量目标确定工作，计划于2022年完成。

（2）采取硬措施。严格生态流量监管和地下水水位管控，严格水资源论证和取水许可管理，严格取用水监测计量监管，对水资源超载地区给予暂停新增取水许可，加快推进水资源超载问题治理，强化监督检查考核。对7个地下水和2个地表水水资源超载地区给予暂停超载水源新增取水许可，压减超载水源开发利用，加快推进水资源超载问题治理，约束和抑制不合理用水需求，把刚性约束指标落到实处。

（3）形成硬约束。先后颁布实施了《河南省取水许可管理办法》《河南省节约用水条例》，联合河南省发展和改革委员会印发了《关于加强规划水资源论证工作的意见》，推动各地根据水资源承载能力优化国土空间格局、产业结构规模、城市发展布局，真正做到以水定城、以水定地、以水定人、以水定产，“有多少汤泡多少馍”，逐步实现人口、经济与水资源相均衡的局面。（杨永生）

2. 节水行动

（1）实施用水总量与强度“双控”行动。印发河南省《“十四五”用水总量和强度双控目标》（豫水节〔2022〕2号），明确了“十四五”期间各地用水总量和强度双控目标。下达《2022年度区域用水计划》，将年度区域用水总量和效率分解到各省辖市和济源示范区，指导各地逐级分解，严格按照双控目标下达用水计划，持续强化水资源刚性约束作用。2022年，河南省级层面开展节水评价项目46个，其中6个未通过节水评价。

（2）强化计划用水管理。对纳入取水许可管理的单位、个人和使用公共管网供水达到规定用水规模的非居民用水单位实施计划用水管理，建立国家、省、市、县四级重点用水单位监控名录。2022年度共下达用水计划约3万户，黄河流域年用水量1万m^3以上工业和服务业用水单位实现计划用水管理全覆盖。

（3）开展节水型社会建设。9个县（市、区）通过县域节水型社会达标建设省级初审，已报水利部备案待复核。

（4）广泛开展节水宣传教育。围绕宣传贯彻《河南省节约用水条例》《公民节约用水行为规范》等，制定年度宣传工作方案，开展形式多样的节水宣传活动，以润物无声的方式厚植节水理念，推动社会公众从“要我节水”向“我要节水”转变。

（河南省节约用水办公室）

3. 生态流量监管　按照《河南省主要河流水量分配和生态流量保障目标确定工作方案》的部署，组织开展省内29条重点河流的生态流量保障实施方案编制工作；完成水利部部署的河南省重点河流生态流量保障目标确定任务；制定印发了河南省第三批生态流量保障目标，累计确定28条河流54个控制断面生态流量保障目标。组织开展生态流量保障工作，对控制断面生态流量达标情况及时通报预警。针对沙颍河沈丘断面最小下泄流量不达标、唐白河鸭河口断面、史灌河蒋家集断面、洪汝河班台断面生态流量不达标问题，及时组织有关县（市、区）分析原因，采取有效措施，保障断面流量快速回升。

4. 全国重要饮用水水源地安全达标保障评估　2022年，河南省对纳入《全国重要饮用水水源地名录（2016年）》的25个重要饮用水水源地按照《河南省国家重要饮用水水源地达标建设评估工作大纲》的要求，对重要饮用水水源地进行调研，并核实25个重要饮用水水源地变更情况，按照水利部提出的“水量保证、水质合格、监控完备、制度健全”的总要求，进行年度达标建设评估。（李森）

5. 取水口专项整治　2022年3月23日，河南省水利厅在郑州召开了取用水管理专项整治行动工作会商视频会议，对取用水管理专项整治的收尾工作进行了安排部署。7月18日，河南省水利厅印发了《关于开展取用水管理专项整治行动“回头看”的通知》（豫水办资〔2022〕31号），重点围绕取水口核查登记、问题认定、问题整改、监管长效机制建立等完成情况进行“回头看”。截至2022年年底，河南省取用水管理专项整治行动基本结束，全省共登记取水口129.36万个，涉及项目6.6万个，对存在问题的4.78万个项目进行了整改。

6. 水量分配　将境内流域面积大于1 000km^2的54条主要河流水量分配到有关省辖市和县（市、区），其中跨省辖市的30条主要河流由省水利厅负责分配，其他非跨省辖市的河流由省辖市负责分配。截至2022年年底，由河南省水利厅负责的跨省辖市河流水量分配工作中，已批复5条河流水量分配方案，完成19条河流水量分配方案编制，其余6条河流的水量分配工作已列入2023年工作计划。

（杨永生）

【水域岸线管理保护】

1. 河湖管理范围划界　2021年，安排部署河流管理范围划定成果省级复核工作。2022年配合流域机构开展流域级河流管理范围划定成果省级复核工作。对发现的问题，要求各地依法依规，严格按照技术规范进行修改完善。在此基础上，河南省水利厅将相关成果通过水利部河湖遥感平台进行了上图。

2. 岸线保护利用规划　持续推进河南省河湖岸线保护与利用规划编制批复工作，除双洎河（航空港区段）外，河南省流域面积 1 000km^2 以上的 64 条河流和常年水面面积 1km^2 以上的 6 个湖泊均完成岸线保护与利用规划报告编制工作。各地负责的 41 条区域性重要河流岸线保护与利用规划已批复 30%，其他正在抓紧履行批复程序。（岳鹏展）

3. 采砂整治　在河南省开展为期 1 年的河道非法采砂专项整治行动，严查各类非法采砂行为，查处河道非法采砂案件 379 起，刑事立案 12 起；积极探索推进河道砂石资源统一经营管理模式，实行国有化经营、规模化开采、标准化生产、网格化监管、联合化执法，2022 年全省累计批复采砂规划 79 个，规划控制总开采量 3.2 亿 m^3，许可开采量 4 666 万 m^3；出台《河道砂石处置方案编制规范（试行）》，强化工程涉砂管理，河南省规模性非法采砂杜绝、依法许可采砂企业实现有序开采。规范工程性涉砂活动，从严密组织施工、做好群众工作、加强政策宣传、强化监督指导等方面要求各地进一步规范工程性涉砂活动，对河道疏浚砂综合利用实施全过程监督检查，确保疏浚砂综合利用的科学合理、安全有序。（王利仁　王源）

4. “四乱”整治　大力推广“河长＋检察长”“河长＋警长”机制，推进黄河“清四乱”常态化规范化，2022 年共清理整治黄河“四乱”问题 428 个，累计清理整治“四乱”问题 2 865 个，基本编制完成黄河流域重要支流重要河段岸线保护与利用规划，进一步擦亮了黄河“底色”。基本完成南太行山水林田湖草生态保护修复工程，治理河道长度 287.6km、新增林地面积 69.2km^2，恢复黄河湿地保护重点区域湿地 9 030 亩，治理黄河流域水土流失面积 516km^2，建成黄河干流右岸 711km 生态廊道，沿线建成国家级森林城市 13 个、省级森林城市 29 个，进一步筑牢了黄河中游生态屏障。2022 年濮阳市河长办、检察院、河长办共同协作，彻底清除了滞留在黄河流干流豫鲁交界处重达 3 400 余 t 的浮舟问题，受到水利部、黄委的好评。2022 年全省四水同治项目开工建设 1 312 个，完成年度投资 1 163 亿元，连续三年超千亿。开展丹江口“守好一库碧水”专项整治行动，省、市、县、乡四级联动，全力抓好专项整治，共清理整治影响库区水质问题 571 处，拆除库区违建 15.3 万 m^2、堤坝 9 600 余 m，恢复有效库容 530 万 m^3。开展南水北调水源保护区生态环境问题专项行动，整治环境问题隐患 522 个，完成库区石漠化土地生态修复治理 32 万亩，丹江口水库及渠首陶岔断面水质稳定达到Ⅱ类标准，确保了“一泓清水永续北送”。（王利仁　王源）

【水污染防治】

1. 排污口整治　按照国务院办公厅印发的《关于加强入河入海排污口监督管理工作的实施意见》、生态环境部办公厅和水利部办公厅印发的《关于贯彻落实〈国务院办公厅关于加强入河入海排污口监督管理工作的实施意见〉的通知》要求，研究起草《河南省加强入河排污口监督管理工作方案》，督促、指导省辖市制定并印发实施方案。根据生态环境部印发的《关于做好黄河流域入河排污口排查整治工作的函》，运用高科技手段，扎实推进黄河流域入河排污口排查整治工作；高位推进丹江口水库及丹江入河（库）排污口排查。组织开展重点入河排污口监督性监测，将监测结果进行了通报，各省辖市、济源示范区生态环境局加强对存在超标情况入河排污口的监督管理，强化污染源管控。向郑州、洛阳下放入河排污口的设置和扩大审核省级管理权限。

2. 工矿企业污染防治　河南省生态环境保护委员会印发《河南省 2022 年水污染防治攻坚战实施方案》（豫环委办〔2022〕9 号），从持续打好城市黑臭水体治理攻坚战、着力打好黄河生态保护治理攻坚战、巩固提升饮用水安全保障水平、推进河湖水生态环境治理与修复等方面进行安排部署，统筹谋划，以确保各项目标任务的完成。实施《河南省黄河流域水污染物排放标准》（DB41/ 2087—2021），制定印发《河南省加快推进黄河流域涉水排污单位稳定达标排放专项行动方案》，筹划召开专项行动推进会，对各地存在的问题进行解惑答疑；结合水环境容量、地表水环境目标、排污许可证要求，对直排企业污水处理设施适时进行提标改造，推动企业绿色发展。以涉重金属、危险化学品、有毒有害等行业企业为重点，加强水环境风险日常监管，深入检查污染防治设施运行情况，在线监控设施安装运行情况和提标改造情况等，做到污染源头预防，风险全过程管控。紧盯沿黄 8 市（三门峡、洛阳、济源、焦作、郑州、新乡、开封、濮阳）164 家黄河流域涉水重点排污单位检查进度，确保及早发现问题隐患，及时解决环境问题。按照生态环境部黄河流域“清废行动”部署，推进黄河流域一般工业固废、危险废物、废弃矿渣、建筑垃圾、生活垃圾、混合垃圾等固体废物倾倒排查整治工作。严厉打击在线监测和手工监测数据造假、超标排污、不正常运行污染治理设施等突出环境违法行为，坚持发现一起、严查一起，绝不让企业突破生态环境底线。

（河南省生态环境厅）

3. *城镇水污染防治* 指导各地抓好黄河流域生态环境警示片问题清单反映问题整改，并举一反三，建立健全体制机制，防止此类问题再次发生。针对中央环保督察整改问题，制定了《河南省中央生态环保督察城镇污水处理设施问题整改工作专项方案》，督促当地市政府和主管部门查明问题原因，制定整改方案，压实整改责任，限期完成整改；同时，对当地开展全面排查整治，建立问题台账，逐一整改销号。积极推进城镇污水处理提质增效，指导各地全面开展城市排水管网普查和检测，加快推进雨污混接、错接改造，围绕问题污水处理厂开展“一厂一策”片区系统化整治，提升管网建设质量，提升污水收集处理效能。2022 年，河南省新建污水管网 900 余 km，改造污水管网 500 余 km，建成污水处理厂 5 座，新增污水处理能力 24 万 t/d。

（河南省住房和城乡建设厅）

4. *畜禽养殖污染防治* 在河南省 76 个县（市、区）组织实施畜禽粪污资源化利用整县推进项目，新改扩建储粪场 399.07 万 m^2、污水储存池 1 118.01 万 m^3，铺设还田施肥管网 2 515.3km，购置粪污运输车辆、节水型饮水器等设施设备 25.43 万台（套）。在印发《畜禽规模养殖场粪污资源化利用设施建设指南》的基础上，于 2021 年联合生态环境厅印发了《规模以下养殖户粪污处理设施建设指导意见》；2022 年，联合河南省生态环境厅印发了《关于在大型规模养殖场示范推广氨气治理成套设施建设的通知》。督促畜禽规模养殖场加快完善粪污处理利用台账，依据畜禽粪便土地承载能力，发展农牧结合的循环经济；督促规模以下养殖户规范养殖行为，提高粪便污水就近就地消纳利用能力。积极配合生态环境部门做好 2 个国家级、8 个省级农业面源污染治理与监督指导试点县建设，指导 60 个畜牧大县在 2022 年年底前完成畜禽养殖业污染防治规划编制。农业农村部联合生态环境厅推广南阳市内乡县种养结合经验，并在生态环境部、农业农村部进行典型宣传。南阳市内乡县针对规模以下养殖户数量多、分散广、难监管的实际情况，坚持正向激励，用活惠民政策，科学精准治污，走出一条规模以下畜禽养殖粪污“产量清、去向明、全利用”的路子。河南省畜禽规模养殖场粪污处理利用设施配套率达 99.79%，提前完成国家“十四五”计划目标。

5. *水产养殖污染防治* 做好黄河、长江禁渔工作是实施流域生态保护的重要举措，河南省认真落实“中国渔政亮剑”系列专项行动等要求，以打击禁渔期、禁渔区无证捕捞和“电毒炸”鱼等非法活动，惩治出售、收购国家重点保护水生野生动物及其制品违法犯罪行为。落实河南南阳、陕西商洛、湖北十堰 3 市 5 县（区）《长江流域交界水域禁捕联防联控协议》，实现协同管理、联合执法、联防联控。2022 年禁渔专项行动中，张贴春季禁渔期制度通告 4.5 万份，出动执法人员 6 000 余人次，查办案件 130 余起，处罚金额 30 万余元，移送司法机关 29 起，有力打击和震慑了违法分子。对黄河、长江在河南省境内重点水域的 1 500 艘渔船加装了 GPS 定位器，实时掌握渔船动向。持续推进“中国渔政亮剑”等专项行动，建立 3 个水生生物保护区和 55 个监测点位。

6. *农业面源污染防治* 废旧农膜综合回收率稳定在 90%以上，回收农药包装废弃物 1 041.6t。通过多年来开展的测土配方施肥示范推广，测土配方施肥技术覆盖率保持在 90%以上，河南省测土配方施肥技术面积达 6.8 亿亩次，较正常施肥亩均减少不合理用肥 1.05kg/hm^2（折纯，下同），大大降低了农业面源污染风险。通过化肥使用量零增长行动，集成推广施肥新技术、新产品、新机具“三新”配套技术模式 80 余项。据测算，截至 2022 年年底，主要农作物化肥利用率为 40.54%，较 2015 年提高了 5.3 个百分点。河南省以推广测土配方施肥、绿色防控等为抓手，力争化肥农药减量常态化；以青储饲料补贴和粪肥就近还田为抓手，促进“过腹还田、变肉换奶”；以废旧地膜和农药包装废弃物回收试点建设为抓手，降低农业面源污染程度。在沿黄 8 市 25 县和南水北调沿线 8 市 24 县打造农业生态保护和高质量发展示范带；在大别山、伏牛山、太行山区域打造特色产业优势区，全力构建“一区两带三山”农业高质量发展新格局。

（河南省农业农村厅）

7. *船舶港口污染防治* 河南省交通运输厅印发《关于认真做好南水北调中线工程水源保护区船舶、码头污染防治工作的通知》，要求加强船舶、码头日常监管，防止船舶污染水体，建立监管联单制度，构建全链条、闭环管理机制，保障船舶、码头污染物依法合规转移处置，积极推动船舶标准化，鼓励新能源和清洁能源船舶研发和应用。根据《河南省船舶岸电设施改造项目实施方案》（豫交运管函〔2022〕38 号）要求，积极推进船舶岸电设施改造工作。周口市、南阳市和信阳市淮滨县已完成船舶受电设施改造项目招标工作，信阳市正在推进采购招标前期工作，河南省计划于 2023 年年底前，完成改

造船舶 29 艘。持续淘汰低效率、高污染的老旧运输船舶，鼓励使用清洁能源船舶。2022 年度计划更新报废老旧客船约 30 艘，现已更新报废老旧客船 24 艘。截至 2022 年年底，河南省共有新能源和清洁能源船舶 225 艘，且全部为电瓶船。完成了 18 处航道方面安全隐患与 1 处水上交通方面安全隐患治理的整治及 8 座桥梁的标志标识完善，并推进 9 座桥梁的加固改造工作。（河南省运输交通厅）

【水环境治理】 开展“治理六乱、开展六清”集中行动，成立以河南省委副书记周霁为组长的工作专班，建立健全月调度、月排名、常态化暗访检查的工作机制。切实发挥牵头抓总作用，通过视频调度会、现场会等形式，指导各地积极行动，引导发动群众积极参与。全省共清理垃圾堆（带）约 478 万处，农村生活垃圾收运处置体系已覆盖所有行政村和 97%的自然村。（河南省农业农村厅）

【水生态修复】

1. 生态补偿机制建立 实施了《河南省水环境质量生态补偿暂行办法》（豫政办〔2017〕74 号），建立了激励和约束并重的生态补偿机制，对各省辖市、省直管县（市）城市水环境质量实行阶梯式奖惩，用经济手段倒逼绿色发展，促进地方政府严格落实污染防治主体责任，扎实推进全省水环境质量持续改善。2017 年 5 月至 2022 年年底，全省各省辖市、省直管县（市）共支偿水环境质量生态补偿金 32 657 万元，得补 80 705 万元。积极推进省际横向生态补偿机制。根据《山东省人民政府 河南省人民政府黄河流域（豫鲁段）横向生态保护补偿协议》，2022 年获得了山东省给予的 5 005 万元补偿资金。探索省内横向生态补偿机制。为引导省内市、县间开展横向生态补偿机制探索，积极开展生态补偿政策研究，印发了《关于建立河南省黄河流域横向生态补偿机制的实施细则》，在省级层面出台了可操作的指导性文件。截至 2022 年年底，濮阳市在黄河流域和海河流域、南阳市在长江流域分别组织辖区内县（市、区）建立了横向生态补偿机制。（河南省生态环境厅）

2. 水土流失治理 2022 年水利系统下达小流域综合治理资金 20 626 万元，完成防治水土流失面积 409km^2；下达淤地坝除险加固工程资金 2 380 万元，完成淤地坝除险加固 22 座；下达新建淤地坝工程资金 1 607 万元，完成 5 座淤地坝建设；下达坡耕地水土流失综合治理资金 9 000 万元，完成坡耕地水土流失综合治理面积 4.5 万亩。

3. 生态清洁小流域 2022 年，河南省新增生态清洁小流域 17 个。（河南省水利厅）

【执法监管】 部署 2022 年河南省河道非法采砂暗访工作，下发河湖暗访巡查方案，通过暗访巡查共发现河湖“四乱”问题 259 个。开展妨碍河道行洪突出问题清理整治，对妨碍河道行洪的 262 个问题图斑进行了现场核查。开展河湖“清四乱”清理整治情况省级核查，对周口市抽查的 97 个“四乱”问题进行现场复核。完成了“清四乱”专项行动省级系统台账中 2 874 个“四乱”问题的整改情况审核工作，确保省“清四乱”专项整治行动圆满完成。配合长江委开展丹江口水库“守好一库碧水”专项整治工作，对库区内的 497 个“四乱”问题整改情况进行现场复核验收。

【水文化建设】 2022 年，根据水利部、中共中央宣传部、教育部等 6 部委印发的《“十四五”全国水情教育规划》，谋划《全省“十四五”水情教育规划》；根据水利部《十四五全国水文化建设规划》，结合河南省水利工作实际，初步完成《河南省进一步加强水文化建设实施意见》。实施河南水文化工程，编纂完成《河南河湖大典》，7 月举行《河南河湖大典》发行仪式；组织参加省政协“乡村记忆”专题史料征集工作；按照省委党史和地方志办公室要求，搜集改革开放 40 余年来河南水利事业发展综述、重大水旱灾害防洪抢险情况综述等相关书籍资料十万余字。

协调林州红旗渠灌区管理处完善国家水利遗址申报的相关材料和专家实地考察工作，8 月顺利通过专家组考评。落实 2022 年 10 月 28 日习近平总书记重要讲话精神，大力宣传弘扬红旗渠精神，推动河南水利高质量发展；推荐红旗渠申报水利部“大思政课”实践教学基地。（河南省水利厅）

【智慧水利建设】 依托河南省电子政务云平台，充分利用现有资源，建设基础信息数据库、应用支撑平台，以及 Web 端、河长 App、公众平台等业务应用系统，构建由水利部、河南省共同开发，省、市、县、乡、村各级应用的河长制信息一体化平台，打造了智能化河湖长制管理系统。委托技术单位利用卫星遥感监测进行问题排查，复核认定问题 2 874 个。组织各市建立问题清单台账，明确整改措施、整改时限、责任河长及水行政部门责任人，加快问题整治。截至 2022 年年底，已完成整治 2 865 个，整治率达 99.5%。（王洪涛 张二飞）

湖北省

【河湖概况】

1. 河湖数量　湖北省共有流域面积 50km² 以上河流 1 232 条（其中省界和跨省界河流 116 条），总长度为 4 万 km；流域面积 100km² 以上河流 623 条（其中省界和跨省界河流 95 条），总长度为 2.89 万 km；流域面积 1 000km² 以上河流 61 条（其中省界和跨省界河流 26 条），总长度为 0.92 万 km；流域面积 10 000km² 以上河流 10 条（其中省界和跨省界河流 8 条），总长度为 0.32 万 km。长度 5km 以上河流（不含长江、汉江）4 229 条，总长度为 5.9 万 km。

湖北省列入省政府保护名录的湖泊 755 个，水面面积合计 2 706.9km²。其中，水面面积超过 100km² 的大型湖泊有洪湖、长湖、梁子湖、斧头湖 4 个，水面面积 1km² 以上湖泊 231 个，水面面积 1km² 以下湖泊 524 个；城中湖 103 个，跨省湖泊 3 个，其中龙感湖跨安徽省，牛浪湖、黄盖湖跨湖南省。

2. 水量　2022 年，湖北省平均降水量 987.2mm，折合降水总量 1 835.17 亿 m³，比 2021 年减少 22.2%，比常年偏少 15.2%，属偏枯年份。地表水资源量 690.07 亿 m³，地下水资源量 258.09 亿 m³，水资源总量 714.26 亿 m³，比常年偏少 29.4%。全省入境水量 5 559.63 亿 m³，比常年偏少 13.1%；出境水量 6 156.20 亿 m³，比常年偏少 15.8%。全省总供水量和总用水量均为 353.09 亿 m³。供水量中，地表水源供水量 343.41 亿 m³，占总供水量的 97.3%；地下水源供水量 5.00 亿 m³，占总供水量的 1.4%；其他水源供水量 4.68 亿 m³，占总供水量的 1.3%。全省总用水量中，农业用水 192.46 亿 m³，占 54.5%；工业用水 80.94 亿 m³，占 22.9%；生活用水 79.69 亿 m³，占 22.6%。总用水消耗量 147.78 亿 m³，耗水率为 41.9%。全省平均万元 GDP（当年价）用水量为 62m³，万元工业增加值（当年价）用水量为 46m³。

3. 水质　2022 年，湖北省牢牢守住流域水环境安全底线，谋划实施“1+7”年度方案，精准筛选 59 个风险断面和水质超标频繁的 7 个跨界河湖，“一水一策”小切口推进。长江、汉江、清江等主要河流干流水质总体为优，丹江口水库水质持续保持Ⅱ类。省控断面全面消除劣Ⅴ类，水质优良比例达 90.5%，同比提升 1.8 个百分点；其中国控断面水质优良比例达 94.2%，优于国家目标 1.1 个百分点。

4. 新开工水利工程　2022 年，湖北省水利基础设施建设共落实投资 604.8 亿元，共完成投资 597.5 亿元，全年使用银行贷款、吸引社会资本投资 219 亿元。水利“补短板”四大类别工程均已开工，127 个项目中，重大水利工程 9 项已开工 6 项，洪涝灾害补短板工程 19 项已开工 11 项，抗旱补短板及其他项目 99 项已开工 93 项。

（张康　佘华泽　朱江　周薇　冯鑫）

【重大活动】

1. 总河湖长会议　2022 年 12 月 28 日，中共湖北省委、湖北省人民政府召开省河湖长制工作推进会，就落实湖北省第十二次党代会精神和《湖北省河湖长制工作规定》、推进全省河湖长制工作走深走实进行研究部署。湖北省委副书记、省副总河湖长李荣灿出席会议并作重要讲话，湖北省副省长、省副总河湖长杨云彦主持会议，17 家省级河湖长联系单位负责人参加会议。

2. 省级河湖长联系部门联络员会议　2022 年 9 月 29 日，湖北省河湖长制办公室召开省级河湖长联系部门联络员会议，湖北省河湖长办公室副主任、湖北省水利厅党组成员、副厅长潘颖主持会议并总结讲话。17 家省级河湖长联系部门联络员参加会议。湖北省纪委监委驻省水利厅纪检监察组、省检察院派员列席会议。

（刘超　王小娉）

【重要文件】　2022 年 2 月 22 日，湖北省河湖长制办公室印发《关于印发〈2022 年湖北省河湖长制工作要点〉的通知》（鄂河办发〔2022〕5 号）。

2022 年 5 月 2 日，湖北省省长、省总河湖长王忠林签署《关于开展碧水保卫战“专项整治行动”的命令》（第 6 号）。

2022 年 5 月 23 日，湖北省河湖长制办公室印发《关于进一步巩固完善河湖库划界成果的通知》（鄂河办发〔2022〕8 号）。

2022 年 7 月 20 日，湖北省河湖长制办公室印发《关于印发〈湖北省河湖长制“十四五”规划〉的通知》（鄂河办发〔2022〕12 号）。

2022 年 9 月 13 日，湖北省河湖长制办公室印发《关于进一步推进全省河湖健康评价工作的通知》（鄂河办发〔2022〕13 号）。

（杨爱华）

【地方政策法规】

1. 省级出台的法规　2022 年 9 月 28 日，中共湖北省委、湖北省人民政府印发《湖北省河湖长

制工作规定》（鄂发〔2022〕15号）（简称《规定》）。《规定》是全国首部河湖长制的省级党内法规，共分为六章三十九条，坚持政治引领、突出问题导向、体现湖北特色，认真贯彻了习近平总书记关于河湖长制的重要指示精神，体现了《中华人民共和国水法》《中华人民共和国水污染防治法》《中华人民共和国长江保护法》等法律规定要求，全面系统总结归纳了湖北省河湖长制工作实践经验，具有较强的政治性、规范性、针对性和可操作性。

2. 省级出台的标准　2022年3月23日，省级地方标准《河道管理范围钻孔封孔技术规程》（DB42/T 1833—2022）正式发布。

2022年8月31日，省级地方标准《湖北省工业行业用水定额》（DB42/T 1921—2022）正式发布。

2022年11月3日，省级地方标准《湖北省水利工程白蚁防治概算定额》（DB42/T 1934—2022）正式发布。

3. 省级出台的规范、政策性文件　2022年5月16日，湖北省水利厅联合湖北省公安厅、湖北省交通运输厅、湖北省农业农村厅、长江航运公安局及长江航务管理局印发《湖北省河道采砂管理联合执法工作制度》（鄂水利函〔2022〕257号）。

2022年12月30日，湖北省水利厅印发《湖北省计划用水管理办法》（鄂水利规〔2022〕5号）。

（金伟　李兵　周宗友　陈坤）

【河湖长制体制机制建立运行情况】

1. 法制保障　2022年9月16日，经湖北省委常委会会议审议批准，湖北省委、湖北省政府于2022年9月28日印发《湖北省河湖长制工作规定》，进一步明确河湖长职责权限，全面强化河湖长及河湖长联系单位履职尽责。

2. 考核激励　将河湖长制纳入省委对地方党委政府的目标责任考核和地方高质量发展综合绩效考核。持续开展省级河湖长制激励，省级安排2 000万元激励资金，遴选2个市（州）、5个县（区）作为真抓实干河湖长制激励对象。

3. “四联”机制　充分发挥省内跨界河湖“四联”（联席联巡联防联控）机制作用，统筹“上下游、干支流、左右岸”，加强跨市县协同联动。加快推进跨省河湖联防联控，在长江委协助下，与陕西省、河南省建立跨界河湖联防联治工作机制，全面强化跨省界河湖治理保护。

4. “河湖长＋”　全省“河湖长＋检察长”协作机制、“河湖长＋警长”机制作用逐步凸显，全年涉河湖检察建议或立案223件，开展联合执法行动3 516次。组织选聘民间河湖长及党员河湖长1.9万名，带动引领10万余名河湖保护志愿者开展河湖巡查保洁超百万人次。

5. 制度体系　全省河湖新一轮“一河（湖）一策”全部编制完成，制定印发河湖长制“十四五”规划，明确“十四五”期间治水路线图。实施湖北省河湖健康评估导则，推广试行湖北省河湖管护指南和湖北省河湖长巡查工作指南，进一步丰富完善河湖长履职标准规范体系。

湖北省率先全面推行河湖警长制，率先建立“总河湖长办公室＋分河湖长办公室”运转机制，率先由省总河湖长签发河湖长令，率先在省级层面将河湖长制延伸至沟渠塘堰等小微水体，率先开展河湖长巡河履职定期通报、省级河湖水质水量月度变化及问题提醒，河湖长制组织领导、考核评价和技术支撑体系建立健全，以河湖长履职为核心的工作平台稳步推进。市、县两级全部挂牌成立河湖长制办公室，全省搭建河湖长制工作平台3 000余个，明确近20万名社会公众为民间河湖长和河湖志愿者，形成了“党政主导、部门协同、社会参与”的工作格局。

（刘超）

【河湖健康评价开展情况】　全面推进开展河湖健康评价，组织完成19个省级河湖健康评估工作，评估基准年为2020年，采用省级地方标准《湖北省河湖健康评估导则》（DB42/T 1771—2021），在调查分析省级河湖现状基础上，从水文水资源、物理结构、水质状况、水生生物状况、社会服务功能、管理状况6个方面开展了健康评估诊断。组织完成十堰市泗河、襄阳市襄水、宜昌市求索溪、潜江市兴隆河、武汉市东湖、京山市高关水库等第一批健康（示范）河湖试点建设验收。推进淮河流域浉河、游河、竹竿河大悟段3条幸福河湖建设工作。

（高明亚）

【“一河（湖）一策”编制和实施情况】　编制完成新一轮19个省级河湖“一河（湖）一策”实施方案，明确相应河湖的管护目标，细化工作措施，提出行动计划，制定问题、措施和责任清单，为河湖长抓好责任河湖管护提供工作抓手。经各省级河湖长批阅同意，印发各地各单位实施。

（高明亚）

【水资源保护】

1. 水资源刚性约束

（1）“三条红线”年度控制目标完成情况。2022年，湖北省全口径用水总量353.09亿m^3，考核口径用水总量［扣除河湖生态补水量、98.5%的火（核）电直流冷却用水量及枯水年农业折算水量］287.12万m^3，万元国内生产总值用水量62m^3（当年价），万元工业增加值用水量46m^3（当年价），农田灌溉水有效利用系数0.537，均优于考核目标，全省“三条红线”年度控制目标全部完成。

（2）节水刚性约束。核定下达2022年度88家省管取（用）水单位和72家长江委委托湖北省管理的取（用）水单位取（用）水计划，部署开展2023年度取（用）水单位用水计划申报工作。推进实施国家级重点监控用水单位现场监督全覆盖。对600余家重点监控用水单位信息进行动态更新完善。

2. 节水行动

（1）推进国家节水行动。湖北省水利厅联合湖北省发展和改革委员会等部门印发《湖北省实施国家节水行动厅际协调机制2022年工作要点》，明确11个省直部门14项节水目标任务。2022年2月，经省政府同意，联合省发展和改革委员会印发《湖北省节约用水“十四五”规划》，提出“十四五”时期全省节水工作规划目标、主要任务、重点领域和保障措施。指导各地编制本地区节水“十四五”规划。

（2）节水型社会建设。配合长江委完成2021年度湖北省10个县（市、区）节水型社会达标建设复核工作。积极推进2022年县域节水型社会达标建设。十堰市竹溪县等10个县（市、区）被水利部评为第五批节水型社会建设达标县。公布省级公共机构节水型单位244家、11家省级工业节水型企业和3家节水标杆企业，2家企业被评为国家工业企业水效领跑者。审核公布湖北省第三批节水型灌区4家。评定13所节水型高校，新增2个合同节水项目。

（3）节水宣传教育。持续开展“节水中国　你我同行”节水主题宣传活动，组织开展武汉百万中小学生“力行节水”“世界水日·中国水周进乡村”等系列子活动，3项活动被水利部全国节约用水办公室评为优秀活动。印发1期《节约用水　助力抗旱保水》水利简报，4篇文章入选全国节水信息专报，2所高校入选全国节水型高校典型案例。

3. 生态流量监管　2022年7月，印发滠水、倒水、北河、堵河、金水、斧头湖、梁子湖、汈汊湖等8个第二批重点河湖生态流量（水位）保障目标。每月对湖北省两批14个河湖16个断面生态流量（水位）保障情况进行监管和通报。公布2022年全省水工程生态基流重点监管名录，建立全省水工程生态基流重点监管名录923个。

4. 全国重要饮用水水源地安全达标保障评估　对2022年度全省重要饮用水水源地安全保障达标建设情况进行了自评估，30个全国重要饮用水水源地均达到标准要求。配合水利部制定《长江流域饮用水水源地名录》，湖北省45个饮用水水源地纳入名录。

5. 取用水管理　统筹开展取用水专项整治行动“回头看”、电子证照数据治理、大中型灌区取水许可及计量设施安装、超许可取水等行动，探索推进水资源论证区域评估和取水许可告知承诺制。实现取水许可证照电子化并推进网上办理。完成2022年度966个取水口监测计量设施和188个大中型灌区取水口在线计量设施建设工作，编制并印发《2023年湖北省取水监测计量体系建设实施计划》。基本完成湖北省取用水管理信息系统整合并投入试运行，全年数据到报率、完整率、及时率均达90%以上。持续开展用水统计调查基本单位名录库维护建设工作。截至2022年年底，湖北省用水统计直报系统新增名录676个，总数达4 300个。

6. 水量分配　2022年，印发省内汉江流域水量分配方案，指导地市加快推进跨县河流水量分配。累计完成19条重点江河流域水量分配。

（朱江　陈坤）

【水域岸线管理保护】

1. 河湖管理范围划界　巩固完善湖北省河湖划界成果，复核修正划界基础数据，推进划界成果数据归档，制作完成第一次全国水利普查湖北境内河流、流域面积50km^2以下河流、省保护名录内湖泊及国有水管主要水利工程划界成果“一张图”，启动制作全省河湖及国有水管主要水利工程划界成果图册。

2. 岸线保护利用规划编制　经湖北省人民政府授权，湖北省水利厅于2022年12月29日印发清江、倒水、富水、陆水、举水、府澴河、汉北河、沮漳河等8条河道《湖北省清江岸线保护与利用规划》，对湖北省境内的清江等8条河流的1 972km河道、5 055.4km岸线进行规划。规划岸线保护区429个、岸线保留区382个、岸线控制利用区156个、岸线开发利用区55个。全省列入省政府保护名录的755个湖泊全部完成了保护规划编制批复。

3. 采砂管理　湖北省公告了河道采砂管理河湖长、人民政府、主管部门、现场监管和行政执法等责任人。确定重点河段、敏感水域采砂管理“五个责任人”756名，长江河道采砂管理“四个责任人”220名。全年拆除“三无”采砂船舶50艘、隐形采砂船舶22艘；全省设置采砂船舶集中停靠点79个，强化采砂船舶移动监管，共开具采砂船舶移动函

135份。

4. 河湖“清四乱”

（1）河湖“四乱”问题整治。湖北省深入推进河湖“四乱”问题常态化规范化，严格河湖空间管控，2022年，新排查河湖“四乱”问题331个，其中乱占问题53个、乱采问题1个、乱堆问题128个、乱建问题107个、其他问题42个，已全部清理整治销号，实现“四乱”问题年度动态清零。

（2）“守好一库碧水”专项整治。湖北省深入贯彻落实习近平总书记在推进南水北调后续工程高质量发展座谈会上的讲话精神，切实维护南水北调工程安全、供水安全和水质安全，大力开展“守好一库碧水”专项整治行动，共清理整治库区侵占问题427个，累计拆除违建面积8万m^2，清除弃土弃渣139万m^3，恢复岸线7.65km。

（高明亚　杨小琴　张康　佘华泽
谢晓明　周宗友　刘超）

【水污染防治】

1. 排污口整治　对湖北省12 480个长江入河排污口的监测、溯源和整治进展持续实行清单管理。2022年，累计完成9 067个排污口整治任务，占比72.7%。湖北省整治工作做法5次获得生态环境部转发推广，其主要成效分别获得生态环境部领导和湖北省领导批示肯定。制定《湖北省加强入河排污口监督管理工作实施方案》（鄂政办电〔2023〕6号），在国家重点清单基础上，新增21个省控重点湖泊和5条水质较差河流，全流域推进排污口排查。

2. 工矿企业污染防治

（1）完成沿江1km范围内化工园区整治。推进51家化工园区建设集中处理排放量72.8万t/d。颁布《湖北省磷矿开采行业水污染物排放标准》（DB42/T 1796—2022），强化排污者治污责任。2022年5月，湖北省人大审议通过《湖北省磷石膏污染防治条例》，成为全国首部聚焦磷石膏污染精准防治的地方性法规；多部门印发实施《磷石膏无害化处理技术规程（试行）》（鄂经信原材料〔2022〕76号）。全省累计推进实施总磷减排项目676个，实现重点工程减排量1 339.47 t。

（2）部署开展工业企业涉水排放专项行动。2022年，全省共立案306件，罚款金额3 348.5万元，移送公安机关43件，发布典型案例190件，立行立改环境问题733个。

（3）强化尾矿库污染防治。2022年，组织对全省354座尾矿库开展全面污染隐患排查及“回头看”工作。同步建立并动态更新全省尾矿库环境监管清单，实行尾矿库分类分级环境监管。

3. 城镇生活污染防治

（1）城乡生活垃圾分类。湖北省住房和城乡建设厅联合省发展和改革委员会、省供销合作总社、省机关事务管理局、省教育厅等部门印发《湖北省城镇生活垃圾分类专项规划（2021—2025年）》（鄂发改环资〔2022〕114号）等文件，加强生活垃圾分类工作部署推动，全面开展垃圾分类示范创建活动。全省共配备厨余垃圾运输车1 160辆、其他垃圾运输车7 100余辆、可回收物回收车645辆、有害垃圾运输车140辆。持续将生活垃圾分类投放收集站（点）升级改造和背街小巷整治工作纳入为群众办实事工作中。2022年，升级改造生活垃圾分类投放收集站（点）7 004个，整治背街小巷237个。根据住房和城乡建设部通报的生活垃圾分类工作考核评估情况，湖北省位居中部省份第一位。地级以上城市生活垃圾资源化利用率达到72%。

（2）固体废物综合治理。编印《城市建筑垃圾治理工作资料汇编》，指导各地做好建筑垃圾管理工作。全省现已建成建筑垃圾消纳场45座、建筑垃圾资源化利用厂27座，年处理能力达2 097万t。推进共建共享建设焚烧发电设施，推动生活垃圾处理方式由填埋向焚烧转型升级。全面启动生活垃圾处理设施等级评定和复核工作。2022年，新建成武汉千子山、天门市、黄冈市、恩施市、黄石市阳新县、荆州市江陵县生活垃圾焚烧发电厂，新增处理能力6 350t/d；武汉市新沟、星火和千子山二期、宜昌市、宜昌市枝江市、兴山县、丹江口市、十堰市房县、黄冈市罗田县、黄冈市黄梅县、襄阳市谷城县、孝感市汉川市等项目处于开工在建阶段。全省共建成焚烧发电厂32座、水泥窑协同处置厂16座，焚烧处理能力（含水泥窑协同）达到3.935万t，焚烧占比73%，城市（含县城）生活垃圾无害化处理率达到100%。

（3）城镇污水处理。全省38个设市城市已排查污水收集管网1.67万km，实施管网缺陷检测0.99万km，新扩建污水处理设施15个，新改建市政污水管网1 265km，新增污水处理能力55.5万t/d，出水水质均达到一级A标准。

4. 畜禽粪污资源化利用　湖北省生态环境厅联合湖北省农业农村厅印发《关于进一步加强畜禽养殖污染防治工作的通知》，完成畜禽养殖场、养殖小区的具体规模标准备案工作，确定湖北畜禽规模养殖场标准。组织开展畜禽养殖污染防治规划编制工作，全省44个畜牧大县均印发实施专项规划。实施兽用抗菌药减量化行动，创建10家国家级畜禽标准化养殖示范场。争取中央预算内投资 1.42 亿元，其中 2022 年争取 7 100 万元，支持黄冈市罗田县、荆州市石首市、恩施土家族苗族自治州来凤县、宜昌市五峰县和孝感市孝昌县整县推进畜禽粪污资源化利用。组织参加畜禽粪污资源化利用技术培训，总结畜禽粪污资源化利用典型模式，其中荆门市钟祥市“反应器堆肥技术”入选全国规模以下养殖场（户）资源化利用十大主推技术模式之一。全省 25 498 个规模养殖场通过农业农村和生态环境部门联合验收，粪污处理设施装备配套率达到 99.86%，畜禽粪污综合利用率超过 95.8%。

5. 渔业绿色转型升级　编制《湖北省水产养殖尾水污染物排放控制标准研究实施方案》，开展湖北省水产养殖夏季进水、池水和冬季尾水监测。编制修订发布《湖北养殖水域滩涂规划（2022—2035 年）》（鄂农发〔2022〕37 号），印发《2022 年湖北省水产绿色健康养殖技术推广“五大行动”实施方案》（鄂农办函〔2022〕55 号），遴选 34 个示范基地，开展种业提升、生态养殖模式推广、尾水治理等新品种、新技术、新模式推广。着力发展设施渔业，已建成圈养桶 1 709 个、陆基圆池 7 435 个、池塘跑道 2 702 条、工厂化循环水养殖规模 196 万 m^3 水体，全省生态环保设施渔业规模达 462 万 m^3。安排项目资金 2.76 亿元，支持打造 2 000 亩及以上集中连片示范点 19 个，安排 3.1 亿元支持各地自主选点全面推进尾水治理工作，全年治理面积近 30 万亩。对 20 个养殖主产区、85 个养殖基地开展池塘养殖尾水监测工作，2022 年完成尾水样品抽样 340 批次。

6. 农业面源污染治理

（1）农业面源污染防治。湖北省生态环境厅联合省农业农村厅印发《湖北省农业面源污染治理与监督指导实施方案》（鄂环发〔2022〕5 号），明确湖北省“十四五”农业面源污染防治的总体要求、工作目标和重点任务等。推动荆门市钟祥市开展农业面源污染治理与监督指导试点工作，开展农业面源污染调查监测、负荷评估、污染治理、绩效评估等，探索总结治理与监督指导模式经验。

（2）农业示范园区建设。2022 年，湖北省宜昌市夷陵区、黄石市大冶市、恩施土家族苗族自治州咸丰县入选农业农村部全国农业绿色发展典型案例，咸宁市“五抓共进——力推农业绿色发展”的典型经验在农业农村部《中国乡村振兴》第 38 期刊发。孝感市云梦县、襄阳市襄州区、黄冈市麻城市、天门市 4 个县（市、区）获批创建农业现代化示范区。截至 2022 年年底，湖北省农业现代化示范区创建县（市、区）已达 7 个。全省农业绿色发展先行区达到 6 个。

（3）农业投入品使用情况。湖北省农业农村厅成立了由分管厅长任组长的“减肥减药”工作领导小组。制定发布春季、秋冬季主要农作物科学施肥技术指导方案，制定主要农作物氮肥定额用量（试行），在湖北卫视天气预报栏目发布区域施肥“大配方”，指导各地因地制宜“小调整”，2022 年，全省测土配方施肥技术覆盖率达 91.7%。示范推广侧深施肥、种肥同播等机械施肥技术模式，结合应用缓控释肥等新型肥料产品，推进施肥用量精准化、施肥过程轻简化。2022 年，全省累计推广机械深施肥技术 700 多万亩、绿色种养循环农业试点面积 180 多万亩。印发《2022 年湖北省农药减量化行动工作方案》（鄂植总发〔2022〕6 号）等 7 个有关指导文件和技术方案，并先后 6 次召开有关会议和培训班进行部署推动。2022 年，全省主要农作物绿色防控覆盖率达 55.2%，主要粮食作物统防统治覆盖率达 45.2%，已建立省级绿色防控示范区 110 个，成功新申报 5 个全国绿色防控整县制推进县和 7 个全国统防统治百强县，申报 5 个全国绿色防控示范基地及“玉米草地贪夜蛾综合防控技术”“主要粮食作物农药减量控害增效技术”2 项主推技术。

7. 土壤污染防治　印发《湖北省 2022 年受污染耕地安全利用工作计划》（鄂农发〔2022〕26 号）和《湖北省受污染耕地安全利用率核算方法》（鄂农发〔2022〕4 号）。在黄石市大冶市建立部省联合受污染耕地生态修复技术攻关基地；与武汉大学合作，创新推进红莲系镉超低积累水稻品种培育与试验示范。争取中央资金 5 800 万余元，组织 26 个县实施受污染耕地安全利用与耕地生产障碍修复项目，治理修复与安全利用受污染耕地达 15 万亩以上。2022 年，湖北省完成安全利用耕地面积 133.02 万亩，严格管控类面积 13.83 万亩，任务完成率达到 101%。抽样检测分析水稻、蔬菜样品 2 496 个，其中水稻 533 个、蔬菜及其他样品 1 963 个，核算出湖北省受污染耕地安全利用率为 95.1%。

8. 船舶港口污染防治　按照全省长江高水平保护专项行动要求，湖北省交通运输厅牵头会同相关部门持续深化船舶和港口污染防治攻坚提升行动。截至 2022 年年底，全省已完成所有 4 016 艘船舶生活污水收集处置装置改造任务，建成船舶污染物接收固定设施 3 700 余个，船舶污染物接收设施已覆盖全省所有港口。建成具备岸电供应能力港口泊位 446 个，港口岸电使用量 568 万 kW·h，完成船舶受电设施改造 1 007 艘。2022 年，完成全省船舶污

染物接收需求能力评估工作，全省船舶污染物综合日常年接转能力船舶生活垃圾大于1万t，生活污水大于60万t，含油污水大于20万t。长江经济带船舶水污染物联合监管与服务信息系统（船E行）在全省全面应用，交通运输、生态环境、住房和城乡建设部门共同发力，基本实现船舶污染物交付、接收、转移、后方处置闭合管理。2022年，全省船舶生活垃圾接收量2 880t，生活污水接收量近24万t，含油污水接收量近8 700t；船舶污染物接收转运处置率均达90%以上。宜昌、武汉2座化学品船舶洗舱站有效运行，全年共洗舱56次，共完成洗舱水接收转运处置3 282m^3，接转处率达100%。宜昌、鄂州2座LNG加注站已建成并具备运营条件。全省纳入危险废物管理的修造船企业共59家，已全部在物联网系统注册。

（闫帅　李强　雷鸣　徐晓　陈诗　叶莹　刘伟　吴小龙　湖北省住房和城乡建设厅　湖北省农业农村厅）

【水环境治理】

1. 饮用水水源规范化建设　围绕“划、立、治、测、管”，切实加强饮用水水源地生态环境保护。湖北省全年饮用水水源地新增178个、调整14个、撤销46个。深入开展全省生态环境领域隐患排查整治，将乡镇饮用水水源地的突出环境问题纳入全省生态环境领域隐患排查整治工作，重点对28个水质不能稳定达标或保护区存在重大风险的乡镇水源地进行集中排查整治。全年撤销荆州市、天门市24个乡镇地下水型水源地。县级及以上饮用水水源地水质达标率为100%。

2. 农村黑臭水体治理　从农民群众的愿望和需求出发，按照实施乡村振兴战略的总要求，统筹规划好“十四五”农村生活污水治理和黑臭水体整治工作。全省新增完成国家监管清单96条黑臭水体治理，累计完成129条国家监管清单黑臭水体治理。

3. 城市黑臭水体治理　印发《关于加快推进城市黑臭水体治理年度重点工作的通知》，部署推动县级市黑臭水体排查认定、方案编制实施等工作。全省26个县级市共识别认定建成区黑臭水体33个，根据全国城市黑臭水体整治监管平台统计数据显示，截至2022年年底，15个黑臭水体完成整治，水质检测指标达到不黑不臭。

4. 农村水环境整治　湖北省委办公厅、省政府办公厅印发《农村人居环境整治提升行动实施方案》等4份文件，推进完成2022年13.15万户厕建改任务、134个农村厕所粪污与农村生活污水一体化治理试点工作。深入推进农村户厕问题摸排“回头看”。按照全国统一标准，新发现问题户厕101 586座，完成整改60 917座。2022年3月16日、8月19日，湖北省分别在全国农村户厕问题整改暨农村人居环境整治提升推进视频会和农村户厕问题摸排整改情况交流座谈会上作典型发言。在第10个“世界厕所日”，《农民日报》对荆门市钟祥市的农村厕所革命工作进行专题宣传。按照“分区、分类、分级、分期”的总原则，推进农村生活污水治理，全省农村生活污水治理率达到32.39%。

（雷鸣　陈诗　湖北省住房和城乡建设厅　湖北省农业农村厅）

【水生态修复】

1. 生物多样性保护

（1）湿地公园建设。湖北省现有国际重要湿地6处、国家重要湿地8处、国家湿地公园66处。“十三五”以来，湖北省累计实施湿地保护恢复工程161个，退垸（田、渔）还湖36.75万亩，修复退化湿地10.79万亩，新增湿地面积7.77万亩，腾退岸线150km，完成长江两岸造林84.2万亩，长江岸滩复绿超过856万m^2。

（2）生物多样性保护。在长江及汉江流域选取神农架林区、恩施土家族苗族自治州巴东县、十堰市丹江口市、宜昌市点军区、荆州市石首市、武汉市蔡甸区和黄冈市黄梅县共7个县（市、区）作为试点区域，开展省生物多样性本底调查观测评估。持续开展“绿盾”自然保护地强化监督，严肃查处破坏湿地生态环境违法违规问题。推动全省湿地自然保护区内1 831个问题整改，整改完成率达97.86%。

2. 生态补偿机制建立　湖北省财政厅、省生态环境厅、省水利厅、省林业和草原局印发《湖北省支持推进流域横向生态保护补偿机制全覆盖的实施方案》（鄂财环发〔2021〕37号），明确了全省推进生态补偿机制建设的目标与路线图。湖北省财政厅联合湖北省生态环境厅印发了《省级流域横向生态保护补偿机制建设奖补资金管理办法》（鄂财环发69号），按照“早建早奖、多建多奖”的原则，综合考虑协议签订、机制运行、补偿资金投入等因素，重点引导激励市（州）建立跨市补偿机制。2022年已下达奖补资金2亿元，对已开展机制建设的县（市、区）给予奖励。湖北省17个市（州）均已建立流域横向生态补偿机制，共签订补偿协议40个，其中跨市协议11个，协议金额共计达6亿元。已建机制覆盖全省85.4%的县（市、区）的51条河流和5个湖（库）。

3. 水土流失治理　2022年，全省共完成新增水土流失治理面积 1 671km²。其中，水利部门完成 587km²，其他部门完成 915km²，地方政府完成 132km²，社会力量完成 37km²。水利行业全年共争取中央水利发展资金 17 666 万元，在 45 个县实施小流域综合治理项目。2022 年，共治理小流域 52 条，新建及维修坡耕地 193.06hm²，种植水土保持林 2 309.41hm²、经果林 1 056.38hm²，种草 93.08hm²，封禁治理及其他 539.78km²，治理区生态环境和生产生活条件得到显著改善。7 个市（州）的 24 个乡村振兴重点县治理重点区域水土流失 306km²，816 名农民工直接参与工程建设，近 22 万名脱贫摘帽群众从项目中受益。

4. 生态清洁型小流域建设　2022 年，湖北省实行“政府主导、水利牵头、部门协同、社会参与”的治理模式，结合小流域特色打造示范工程，对 52 条小流域实施综合治理，建设 33 条生态清洁小流域。宜昌市夷陵区墩子河生态清洁小流域被评为 2022 年国家水土保持示范工程。

（周卫平　朱艳　郭嫦娟　李菁）

【执法监管】

1. 河湖日常监管

（1）河道监管。开展妨碍河道行洪突出问题整治工作，全省共有 306 个妨碍河道行洪突出问题，其中需要整改的 298 个问题全部整改完成。组织开展涉河建设项目审批流程优化研究，办理涉河建设项目许可文件 101 件，转报长江委审批 46 件，办理涉及岸线保留区意见回复 21 件。

（2）湖泊监管。坚持运用湖泊卫星遥感监测系统开展湖泊形态监测，全年对 12 个湖泊 16 处疑似违法点进行现场核查，移交地方水行政主管部门处理 6 处，发布 12 期《湖泊监测与核查月报》。以《湖北省湖泊保护条例》颁布实施 10 周年为契机，全方位宣传《湖北省湖泊保护条例》实施 10 年成效。连续 10 年举办“爱我千湖”志愿服务活动，品牌效应更加突显，爱湖意识深入人心。

2. 联合执法

（1）河道采砂管理执法。组织全省各地联合相关部门开展“2022－联动”系列执法行动，以长江打击非法采砂为重点，在敏感及交界水域开展“雷雨”“谷雨”“寒露”等联合执法行动；在汉江重点江段开展“端午”联合执法行动，始终保持对河道非法采砂高压严打态势。

（2）环保执法。按照生态环境部、最高人民检察院和公安部专项行动要求，紧密结合湖北省实际，湖北省生态环境厅会同省人民检察院、省公安厅组织开展了严厉打击危险废物环境违法犯罪和重点排污单位自动监测数据弄虚作假违法犯罪专项行动。2022 年，全省共查处涉危废环境违法案件 162 件，罚款金额 1 767.9 万元，移送公安机关涉嫌犯罪案件 35 件；共查处涉在线造假违法案件 92 件，罚款金额 900.6 万元，移送公安机关涉嫌犯罪案件 10 件。　（张康　佘华泽　周宗友　谢晓明　闫帅）

【水文化建设】

1. 水利风景区　襄阳三道河水镜湖水利风景区入选 2022 年度国家水利风景区高质量发展典型案例，并被列为第二批国家水利风景区高质量发展典型案例重点推介名单。襄阳引丹渠水利风景区获批第二十批国家水利风景区。新认定武汉硚口汉江湾、十堰竹溪桃花岛、房县方家畈、襄阳谷城南河小三峡、谷城百花岛、老河口汉江、老河口杨家山水库、老河口杨家湾水库、荆州监利三闸、荆门东宝仙居河水库 10 家省级水利风景区。武汉江滩、襄阳三道河水镜湖、荆州北闸、武穴梅川水库 4 家水利风景区入选水利部《红色基因水利风景区名录》。

2. 水情教育　截至 2022 年年底，湖北省成功创建授牌 19 家省级水情教育基地。长渠（白起渠）、武汉市节水科技馆、黄冈市蕲春县大同水库获批国家水情教育基地。2022 年，湖北省水利厅推荐荆江防洪工程水情教育基地和襄阳市引丹渠水情教育基地申报第五批国家水情教育基地。在第六届中国青年志愿服务项目大赛中，由湖北省水情教育基地——荆江分洪工程报送的“长江大保护　公安县在行动”志愿服务项目荣获节水护水志愿服务类一等奖；武汉节水科技馆报送的“节水微课堂”系列短片荣获水利公益宣传教育类二等奖。国家水情教育基地——武汉节水科技馆选手刘俊荣获第三届全国水利科普讲解大赛三等奖。　（陈龙　秦双）

【智慧水利建设】

1.“水利一张图”　湖北省“水利一张图”是推进湖北省数字孪生流域建设的重要基础，是湖北省水利网信基础设施建设的重要组成部分，是支撑“2＋N”业务的重要手段。湖北省“水利一张图”开展了信息资源规划、资源目录与交换体系、数据资源整合与共享、业务应用支撑平台、综合信息服务门户、标准及安全体系六大方面的建设，形成了以“统一门户、统一资源目录、统一‘一张图’、统一运行环境”为主体的建设成果，构建了湖北水利 L1 级地理空间

数据底板，统一资源目录体系已梳理、清洗、抽取和入库了36类水利对象，集成水利专题空间数据实现一体化，实现了二维、三维实景浏览展示和空间分析等功能，并为防汛抗旱、河湖管理、水土保持、水资源管理等业务场景提供数据和服务支撑。

2. 数字孪生　为贯彻落实湖北省委第十二次党代会关于流域综合治理的相关要求，推进"荆楚安澜"现代水网规划和省级水网先导区建设中数字孪生流域（工程）有关建设任务，湖北省水利厅启动了省级数字孪生流域（工程）建设先行先试工作。经各地相关单位自愿申报、专家审核与遴选，湖北省水利厅确定了武汉市、十堰市、宜昌市、孝感市、仙桃市、天门市水利和湖泊（水务）局6家地方水利部门和省汉江河道管理局、省漳河工程管理局、省富水水库管理局3家厅直单位作为湖北省数字孪生流域（工程）建设先行先试单位。先行先试工作涉及汉江、府澴河等多个一级、二级流域，涵盖水库、灌区、泵站等多种类型，为湖北省数字孪生流域（工程）建设提供一批可借鉴、可复制、可推广的经验，不断提升湖北省流域综合治理的科学化、精准化和高效化水平。

3. 河湖长 App　为有效落实河湖长制工作，推进湖北省河湖健康监管，2019年，湖北省水利厅开发建设湖北河湖长 App，App包括河湖巡查、事务办理、"四乱"核查、督办、知识库、在线培训、评选活动、河湖信息、消息通知等多项功能。湖北省河湖长 App 创新将各级联系部门纳入系统内管理，明确河湖长及联系部门履职要求，进一步具体化、精准化履职责任；打通各级、各部门之间的信息壁垒，提高巡查工作质量、提升问题处置效率；湖北河湖长 App 用户已超 60 119 人，范围覆盖省、市、县、乡、村五级，包含总河湖长、河湖长、河湖长办公室、联系部门、巡河保洁员5类用户；巡查记录超过 201 153 次，问题在线流转数达 27 494 条，有效调动全省共同管水、治水，提升河湖管理水平，做到河湖管护、管治常态化，实现河湖管护尽在"掌"握，为打造健康河湖、幸福河湖提供有效保障。

（樊峻　杨小琴　王湖波　罗楠）

湖南省

【河湖概况】

1. 河湖数量　湖南省河流众多、河网密布，水系复杂。全省水系以洞庭湖为中心，湘江、资江、沅江、澧水为骨架，主要属长江流域洞庭湖水系。长江流域占全省面积的97.6%，珠江水系2.4%。河长5km以上的河流 5 341条。流域面积10～50km²河流 4 766条；流域面积50km²以上的河流 1 301条；流域面积100km²以上的河流660条；流域面积 1 000km²以上的河流66条；流域面积 10 000km²以上的大河9条，包括湘江、资江、沅江、澧水，以及湘江支流潇水、耒水、洣水和沅江支流舞水、酉水；常水面面积1km²以上湖泊156个。

2. 水量　2022年，湖南省平均降水量 1 305.3mm，折合水量 2 765亿m³，全省水资源总量 1 684亿m³，地表水资源量 1 677亿m³，地下水资源量416.2亿m³（其中地下水非重复计算资源量6.633亿m³）。全省入境总水量723.5亿m³，出境总水量 2 374亿m³，全省用水总量330.99亿m³。按当年价计算，万元地区生产总值用水量68.01m³，万元工业增加值用水量33.85m³，全省水资源利用率为19.5%。

3. 水质　2022年，全省147个国家地表水考核断面中，Ⅰ～Ⅲ类水质断面145个，占98.6%；534个省控断面地表水考核断面中，Ⅰ～Ⅲ类水质断面合计520个，占97.4%。14个城市的32个在用地级以上城市集中式生活饮用水水源水质达标率为100%。

4. 新开工水利工程　大兴寨水库和洞庭湖区重点垸堤防加固一期工程分别于2022年6月25日、9月30日开工。

龙塘河、燎原、寺垭、青山垅、牛形山、枫树坑、燕霄水库除险加固工程分别于2022年8月5日、9月13日、9月14日、9月16日、10月17日、10月28日、11月20日开工。

仙丰、王家洞、土坪（向北）水库新建工程分别于2022年4月20日、8月26日、10月31日开工。

（顿佳耀　吕慧珠　呙少轩　杨潇　苏樑　彭如新　刘苏　谢续华）

【重大活动】　2022年3月15日，国家推动长江经济带发展领导小组办公室（简称"国家长江办"）会同生态环境部、住房城乡建设部赴湖南省开展调研长江经济带突出问题整改。

2022年4月6日，湖南省委常委、副省长、省河长制工作委员会办公室主任张迎春主持召开省河长办主任会议。

2022年5月31日，湖南省委书记、省人大常委会主任、省总河长张庆伟主持召开省总河长会议。

2022年6月2日、8月26日、10月28日，三次召开湖南省河湖长制工作推进会议。

2022年7月15日，国家发展改革委督导司副司长吴君杨一行8人赴湖南省开展长江经济带绿色发展（生态环境突出问题整改方向）中央预算内投资专项项目实地监督检查。

2022年8月4日，发布《推动长江经济带发展工作简报》第18期，多措并举统筹推进生态环境突出问题整改。

2022年10月11日，湖南省发展和改革委员会、湖南省生态环境厅牵头，会同湖南省自然资源厅、湖南省住房和城乡建设厅、湖南省水利厅等部门，对长江经济带生态环境警示片披露湖南省突出问题整改开展专项督查及“回头看”检查。

2022年11月7日，湖南省委常委、副省长、省河长制工作委员会办公室主任张迎春主持召开省级节约用水工作联席会议。

2022年11月29日，湖南省委常委、副省长、省河长制工作委员会办公室主任张迎春主持召开2022年洞庭湖省级湖长会议。

2022年12月23日，长江中游三省协同推动高质量发展座谈会以视频形式在长沙、武汉、南昌同步举行。湖南省水利厅与湖北省水利厅、江西省水利厅共同签署《长江中游三省推进“一江两湖”系统治理合作协议》。

湖南省发展和改革委员会牵头，会同湖南省财政厅、湖南省水利厅、湖南省农业农村厅、湖南省住房和城乡建设厅、湖南省生态环境厅组织实施世界银行贷款长江经济带生态环境系统保护修复和绿色发展示范项目，洞庭湖区的岳阳市汨罗市、常德市石门县、益阳市资阳区等3个县（市、区）被纳入实施范围。

（陈宇新　郭慧　庄晋阳　呙少轩　杨潇）

【重要文件】　2022年1月18日，湖南省人民政府办公厅印发《湖南省贯彻落实〈中华人民共和国长江保护法〉实施方案的通知》（湘政办发〔2022〕6号）。

2022年1月30日，湖南省水利厅印发《湖南省“十四五”期末农业用水总量预测及分配方案》（湘水办〔2022〕5号）。

2022年2月16日，湖南省生态环境厅、湖南省农业农村厅印发《关于印发〈湖南省畜禽养殖污染防治规划（2021年—2025年）〉的通知》（湘环发〔2022〕21号）。

2022年2月24日，湖南省发展和改革委员会印发《关于印发〈湖南省大通湖流域水环境综合治理与可持续发展试点实施方案（2022—2024）年〉的通知》（湘发改地区〔2022〕150号）。

2022年2月28日，湖南省水利厅办公室、湖南省生态环境厅办公室印发《关于进一步加强小水电站生态流量监督检查工作的通知》（湘水办〔2022〕11号）。

2022年3月1日，湖南省水利厅联合湖南省发展和改革委员会、湖南省自然资源厅、湖南省生态环境厅、湖南省农业农村厅、湖南省林业局、湖南省能源局印发《关于转发水利部等部委〈关于进一步做好小水电分类整改工作意见〉的通知》（湘水发〔2022〕7号），明确全省小水电分类整改相关要求。

2022年3月2日，湖南省生态环境厅、湖南省农业农村厅联合下发《关于加强畜禽养殖规模场粪污资源化利用计划和台账管理的通知》。

2022年3月6日，湖南省水利厅印发《湖南省水利厅关于印发贯彻落实〈水利部关于建立健全节水制度政策的指导意见〉工作方案的通知》（湘水发〔2022〕12号）；湖南省水利厅印发《贯彻落实〈水利部关于大力推进智慧水利建设的指导意见〉工作方案的通知》（湘水发〔2022〕11号），明确“十四五”期间河长制和河湖管理信息化建设的任务、内容以及目标。

2022年3月23日，湖南省水利厅办公室印发《湖南省小型病险水库除险加固工程初步设计技术指南》（湘水办〔2022〕20号）。

2022年3月28日，湖南省推动长江经济带发展领导小组办公室（简称“湖南省长江办”）印发《关于巩固强化全省长江禁捕和退捕渔民安置保障工作的通知》（第58号）。

2022年4月11日，湖南省水利厅印发《湖南省水利厅办公室关于印发〈2022年水利系统巩固深化“洞庭清波”专项监督工作方案〉的通知》（湘水办〔2022〕25号）。

2022年4月14日，湖南省第一总河长张庆伟，总河长毛伟明签发第8号总河长令《关于开展妨碍河道行洪突出问题排查整治的决定》。

2022年4月20日，湖南省水利厅办公室印发《关于印发〈严控小水电增量巩固清理整改成果行动方案〉的通知》（湘水办〔2022〕27号），对全面落实小水电生态流量提出明确要求。

2022年4月23日，湖南省水利厅印发《湖南省水利厅办公室关于印发〈2022年水利工作真抓实干督查激励实施方案〉的通知》（湘水办〔2022〕31号），将限期退出类电站退出工作纳入重点考核

对象。

2022年4月24日，湖南省河长制工作委员会印发《关于印发〈湖南省2022年实施河湖长制工作要点〉〈湖南省2022年河湖长制工作评价办法〉的通知》（湘河委〔2022〕1号）。

2022年5月20日，湖南省水利厅、湖南省发展和改革委员会、湖南省住房和城乡建设厅、湖南省工业和信息化厅、湖南省农业农村厅印发《湖南省“十四五”节水型社会建设规划》（湘水发〔2022〕20号），明确“十四五”时期湖南省节水型社会建设目标任务和重点工作。

2022年5月，湖南省生态环境厅、湖南省发展和改革委员会、湖南省工业和信息化厅、湖南省自然资源厅、湖南省住房和城乡建设厅、湖南省水利厅印发《关于印发〈资江流域锑污染综合整治实施方案〉的通知》（湘环发〔2022〕43号）。

2022年6月1日，湖南省水利厅印发《水利服务现代化新湖南建设方案（2022—2025年）》（湘水发〔2022〕21号）。

2022年6月10日，湖南省水利厅办公室印发《湖南省小型病险水库除险加固工程初步设计报告技术审查要点（试行）》（湘水办函〔2022〕112号）。

2022年6月14日，湖南省长江办印发《关于深入推进洞庭湖生态保护补偿机制建设实施方案》（第69号）；湖南省水利厅印发《关于建立重点水利规划和重大水利工程前期工作协调推进机制的通知》（湘水函〔2022〕143号）；湖南省水利厅印发《关于建立水利投资计划执行工作协同推进机制的通知》（湘水函〔2022〕144号）；湖南省水利厅办公室印发《关于做好小水电站生态流量泄放评估工作的通知》（湘水办函〔2022〕115号）。

2022年6月16日，湖南省水利厅印发《强化取水许可管理十条措施》（湘水办函〔2022〕119号）。

2022年6月20日，湖南省自然资源厅印发《湖南省历史遗留矿山生态修复实施方案（2022—2025年）》（湘自资发〔2022〕17号）。

2022年6月，湖南省政府办公厅印发《洞庭湖总磷污染控制与削减攻坚行动计划（2022—2025年）》（湘政办发〔2022〕29号）。

2022年7月7日，湖南省长江办、湖南省督查整改办印发《关于印发〈关于长江经济带生态环境警示片交办问题整改工作的会议备忘录〉的通知》；湖南省河长制工作委员会办公室印发《关于印发〈湖南省2022年实施河湖长制重点工作任务表〉的通知》（湘河委办〔2022〕5号）。

2022年7月13日，湖南省水利厅办公室印发《湖南省水电站生态流量监督管理工作指南（试行）》（湘水办〔2022〕51号）。

2022年7月18日，湖南省水利厅、湖南省生态环境厅、湖南省住房和城乡建设厅印发《湖南省县级以上城市集中式饮用水水源地名录》（湘水发〔2022〕28号），公布了向市（州）、县（市、区）城市建成区供水的177个集中式饮用水水源地信息。

2022年7月29日，湖南省水利厅办公室印发《关于进一步做好县级以上城市第二水源建设有关工作的通知》（湘水办函〔2022〕158号）。

2022年8月12日，湖南省水利厅印发《关于进一步做好小水电清理整改查漏补缺工作的通知》，以“县级普查、市级抽查”的形式对前期小水电清理整改情况进行再检查、再复核，确保严格落实相关政策文件要求，切实保障小水电生态流量泄放和工程安全。

2022年8月18日，湖南省水利厅、湖南省发展和改革委员会印发《关于印发〈“十四五”用水总量和强度双控目标〉的通知》（湘水发〔2022〕31号）。

2022年8月22日，湖南省长江办印发《关于进一步深入加强宣传贯彻〈湖南省洞庭湖保护条例〉的通知》（第71号）。

2022年9月20日，湖南省长江办印发《关于做好建立长江流域信息共享机制有关工作的通知》。

2022年9月，湖南省生态环境厅、湖南省市场监督管理局出台《工业废水锰污染物排放标准》（DB43/2426—2022）。

2022年10月31日，湖南省水利厅印发《湘资沅澧四水流域水资源调度方案》（湘水发〔2022〕41号），明确“四水”流域水资源的调度原则、调度目标、调度期和调度方式等。

2022年11月10日，湖南省自然资源厅印发《湖南省国土空间生态修复规划（2021—2035年）》（湘自资发〔2022〕42号）。

2022年11月28日，湖南省水利厅、湖南省自然资源厅印发《湖南省河湖管理范围划定成果调整办法》（湘水发〔2022〕46号），规范有序开展全省河湖管理范围划定成果调整工作。

2022年11月28日，湖南省农业农村厅印发《关于进一步推进规模以下畜禽养殖废弃物资源化利用的通知》（湘农发〔2022〕109号）。

2022年12月1日，湖南省水利厅印发《湘江、资水、沅江、澧水2022—2023年度水量调度计划》（湘水发〔2022〕48号）。

2022年12月6日，湖南省自然资源厅印发《湖南省历史遗留矿山生态修复项目和资金管理办法》

（湘自资发〔2022〕45 号），大力推进全省矿山治理和生态保护修复工作。

2022 年 12 月 7 日，湖南省水利厅印发《关于开展限期退出类小水电站省级核查的通知》。

2022 年 12 月 9 日，湖南省水利厅等 10 部门印发《关于印发〈湖南省强化农村防汛抗旱和供水保障专项推进方案〉的通知》（湘水发〔2022〕59 号）。

2022 年 12 月 14 日，湖南省水利厅与湖南省公安厅联合下发《湖南省水利厅　湖南省公安厅转发〈水利部　公安部关于加强河湖安全保护工作意见〉的通知》（湘水发〔2022〕53 号）。

2022 年 12 月 26 日，湖南省水利厅印发《湖南省重点河湖生态流量保障方案》（湘水发〔2022〕56 号）。

2022 年 12 月 28 日，湖南省水利厅印发《关于印发〈湖南省水行政执法效能提升行动方案（2022—2025 年）〉的通知》（湘水发〔2022〕57 号）。

（陈宇新　呙少轩　杨潇　邹云伏　胡杰　肖乐　黄旺星　周奇　郭慧　左莉娜　苏樑　唐少刚　张恒恺　庄晋阳　袁再伟）

【地方政策法规】　2021 年 12 月 3 日，经湖南省第十三届人民代表大会常务委员会第三十七次会议通过批准，邵阳市、益阳市、娄底市三地同步出台《资江保护条例》，于 2022 年 3 月 1 日正式实施。

2022 年 8 月 30 日，湖南省人民政府办公厅印发《关于印发〈湖南省畜禽规模养殖污染防治规定〉的通知》（湘政办发〔2022〕46 号）。

2022 年 9 月 26 日，湖南省委副书记、省长毛伟明主持召开省人民政府第 150 次常务会议，审议通过《湖南省取水许可和水资源费征收管理办法》（省人民政府令第 166 号，省人民政府令第 310 号最新修订）修订稿；10 月 8 日，修订内容以省人民政府令第 310 号正式公布。

2022 年 11 月 10 日，湖南省市场监督管理局发布《用水定额：火力发电》（DB43/T 2455—2022）。

2022 年 12 月 16 日，湖南省农业农村厅印发《关于印发〈湖南省禁捕水域垂钓管理办法〉的通知》（湘农发〔2022〕110 号）。

（袁再伟　邹云伏　呙少轩　杨潇　龙新年）

【河湖长制体制机制建立运行情况】

1. 坚持高位引领　2022 年 4 月 14 日，湖南省签发第 8 号省总河长令；省级河湖长巡河巡湖 35 次。

2. 突出任务牵引　完善河湖长公示、巡河、会议等工作体制机制，落实河湖长述职考核制度，强化考核结果运用，推动守河有责、守河负责。

3. 强化政治监督　发挥湖南省纪委监委“洞庭清波”专项监督作用，督导完成重点问题整改 22 项。

4. 完善机制体制　深化河湖长部门协作、跨区域合作、行刑衔接机制。

5. 抓好亮点打造　湖南省建设 4 532 个（段）幸福美丽健康河湖。

6. 深化协同联治　湖南省河长制工作委员会办公室联合 26 个委员会成员单位制定年度河湖长制工作要点，定期联合开展季度督查暗访，组织召开 3 次工作推进会议，形成“一江一湖四水”的系统保护合力。

（肖通）

【河湖健康评价开展情况】　组织市、县开展 14 条典型河湖健康评价工作，将评价结果作为评价河湖健康状态、科学分析河湖问题、强化落实河湖长制的重要技术手段，作为检验全面推行河湖长制成效的重要方式。

（张恒恺）

【“一河（湖）一策”编制和实施情况】　湖南省河长制工作委员会办公室将“一河一策”编制相关工作纳入年度重点工作任务和年度考核范围。完成由省级领导担任河湖长的 14 条河湖、市级领导担任河湖长的 121 条河湖、县级领导担任河湖长的 1 414 条河湖、乡级领导担任河湖长的 5 575 条河湖的“一河（湖）一策”编制工作。

（郭慧）

【水资源保护】

1. 水资源管理　湖南省本级批复取水许可申请 14 件、取水许可延续 12 件、取水许可变更 6 件，核发取水许可证 9 张，印发规划水资源论证审查意见 2 个。截至 2022 年年底，湖南省共保有取水许可电子证照 17 007 张，河道外许可水量 267.42 亿 m^3。下达 166 个委管、省管取水项目年度用水计划。全省征收水资源费 5.68 亿元。开展取用水管理专项整治行动“回头看”和大中型灌区无证取水问题整改，完成 618 个取用水管理问题专项整治，98 个中型灌区无证取水和监测计量不规范问题整改销号。完成 12 545 张取水许可电子证照数据治理。持续整治超许可取水问题，对疑似超许可取水问题实行“周预警、月调度”，超许可取水户数量比 2021 年同期降低 80%。完成 2 413 个在线取水计量设施建设任务，全省 85%以上许可水量和 55%以上用水总量实现在线计量，增加 17 亿 m^3 许可水量在线监测能力。完

成湖南省取用水管理政务服务平台和“湘水资源”微信小程序部署上线。以良好等级通过国务院对省人民政府2021年度实行最严格水资源管理制度考核。

2. 水资源节约　组织13家省直单位召开湖南省节约用水工作联席会议，推动落实节约用水年度重点工作。推动新建成17个节水型社会达标县、17所节水型高校、33家省级节水型企业、62家省直公共机构节水型单位、148家水利行业节水型单位，中南大学等5所高校入选国家节水型高校典型案例，高校入选数量全国并列第二。湖南省水利厅组织编辑《节水湖南在行动——水利行业篇》《守护好一江碧水——最严格水资源管理的湖南实践》等湖南节水系列书籍。“节水湖南你我同行——潇湘列车主题宣传”活动在第六届中国青年志愿服务项目大赛中荣获水利公益宣传教育类一等奖。

3. 水资源监测　配合水利部印发湘江、资江、澧水和洞庭湖环湖区水量分配方案；公布全省177个县级以上城市集中式饮用水水源地信息；明确四水流域水资源调度原则、调度目标、调度期、调度方式和年度调度计划以及23条河流、44个重点河湖控制断面生态流量保障目标、调度保障措施和生态流量预警阈值；印发8期生态流量监测通报；批复国家基本水文测站上下游建设影响水文监测工程的审批6件、专用水文测站设立审批2件；开展地下水超采区划定工作，湖南省水利厅组织编制上报《湖南省地下水超采区划定报告》；围绕“推进地下水超采综合治理　复苏河湖生态环境”年度主题，开展“世界水日”“中国水周”地下水资源节约与保护专题宣传。

4. 水资源改革　推进用水权改革工作开展，组织编制《湖南省区域水权划定研究报告》，研究提出各市州区域初始水权和试点地区郴州市各县域初始水权。指导长沙市长沙县桐仁桥灌区灌溉水权回购和长沙市高新区雨水资源水权交易等试点地区水权交易开展，桐仁桥灌区连续4年累计交易水量1 342万m^3，交易金额111.41万元。指导长沙市长沙县白石洞等4座水库转让特许经营权引入社会资本9.34亿元。开展郴州市用水权改革试点工作，指导郴州市编制青山垅灌区灌溉用水权确权方案，持续推进郴州市宜章、临武两县就莽山水库供水签署水权交易协议。完成郴州市“水资源可持续利用与绿色发展”国家可持续发展议程创新示范区建设年度重点工作。完成长株潭一体化2022年度水利重点工作。2022年8月30日，湖南省委改革调研专报（第13期）刊登《做好节约用水文章　推动水资源节约集约高效利用》文章。

5. 小水电生态流量监管　制订监督检查计划，督促市、县水利部门开展生态流量监督检查和小水电站生态流量泄放评估。2022年以来，结合抗旱督查、安全生产检查等工作，先后派出40余个工作组深入各地开展小水电监督检查，全力督促落实生态流量泄放，2022年年底前完成了需泄放生态流量的3 170座电站的评估。　（禹少轩　杨潇　胡杰）

【水域岸线管理保护】

1. 河湖管理范围划定　2022年，湖南省完成水利普查名录内河湖划界成果复核，整改问题10 858个，共划定河湖管理范围线11.3万km、面积1.1万km^2，成果汇入国土空间管控“一张图”。

2. 岸线保护利用规划编制　2022年，湖南省推进名录外河湖划界方案编制（批复）河流（湖泊）269个，完成226个重点河湖岸线规划批复，推进江河湖库保护利用国土空间规划，有力推动河湖岸线分区管控。

3. 采砂管理　2022年，湖南省完成规划编制174个。推进新一轮省管河道采砂规划编制并开展规划环评，初步规划采砂量9.9亿t。推行政府统一开采管理模式，开展清查闲置资源资产专项行动，全省开采6 000万t，增加财政收入36亿元。开展巡查执法2.8万次，查获涉砂船舶13艘。严格闭环监管，累计使用河砂采运管理单3.6万张。

4. “四乱”整治　2022年，湖南省持续开展河湖“清四乱”常态化、规范化，2022年度排查发现365个碍洪问题及267个“四乱”问题，全部整改到位，发布河湖管理典型案例12期，编印《河湖“四乱”问题分类处置指引》。推进沅水航道、G59高速等重点项目建设。　（肖通）

【水污染防治】

1. 排污口整治　开展排污口排查溯源、实施分类分批整治、规范设置审批，推进入河排污口整治的年度任务全部完成。截至2022年年底，全省4 564个入河排污口已全部完成初步溯源。其中1 034个点位完成深度溯源；789个需立行立改的排污口全部完成治理，20%长期整改及规范化建设的259个排污口年度整治任务全部完成。完成需要监测或达到监测条件的排污口2 190个，完成率达96.9%。

2. 城镇生活污染防治　截至2022年年底，湖南省共建成169座县级以上城市生活污水处理厂，总设计处理规模为1 102.55万t/d，处理规模较2018

年增长 36.55%。共建成排水管网 3.97 万 km（其中污水管网 1.56 万 km、雨水管网 1.57 万 km、合流制管网 0.84 万 km）。全省地级市上报的 375 个生活污水直排口和 96.1km² 的管网空白区基本消除，污水直排口和管网空白区得到整治。全省地级市、县级市生活污水集中收集率分别达到 72.53%、41.95%。32 个设市城市进水 BOD 平均浓度为 76.87mg/L。

3. 工矿企业污染防治　2022 年，湖南省建立制度创新、严执法、优服务、夯基础“四维度”执法新格局，聚焦“利剑”专项执法，共出动执法人员 13.2 万余人次，检查企业 5.7 万余家次。2022 年，查处环境违法案件 3 127 宗，罚款 1.857 9 亿元，办理配套办法案件 402 宗，其中查封扣押 83 宗、限产停产 30 宗、移送拘留 239 宗、移送涉嫌污染犯罪 47 宗。

湖南省自然资源厅发挥遥感数据资源和技术优势，对舂陵水、洞庭湖、黄盖湖、耒水、澧水干流、涟水、渌水、㵲水、湘江干流、酉水、沅江干流、长江湖南段、资水干流、浏阳河 14 条（个）省级河（湖）和 144 条（个）市级河（湖）“四乱”问题及影响河湖防洪安全和生态安全行为开展监测；在洞庭湖水域及湘江干流开展重要河湖“蓝藻水华”监测。推进“十四五”期间第二批“山水林田湖草沙”一体化保护和修复工程、湘桂岩溶地资江沅江上游历史遗留矿山生态修复示范工程项目申报和实施，持续做好湘江流域和洞庭湖生态保护修复工程试点后续工作，推进生态保护修复重大工程。完成 10 917hm² 未治理历史遗留矿山的核查工作，开展 1 242hm² 历史遗留矿山生态修复工作，推进关闭矿山和生产矿山生态修复，扎实推进绿色矿山建设。截至 2022 年年底，共建成绿色矿山 449 家。

4. 畜禽养殖污染　2022 年，湖南省规模养殖场粪污处理设施设备配套率达 99.6%，畜禽粪污综合利用率达 83%以上，均高于国家任务（95%、80%）要求。

5. 水产养殖污染　“十三五”期间，完成洞庭湖区 75.5 万亩水产养殖池塘生态化改造。2022 年，完成新增 6.3 万亩改造任务。

6. 农业面源污染　“十三五”以来，全省实施了 46 个农业面源污染生态治理修复项目，建成农田氮磷生态拦截沟渠系统 528 条。

7. 化肥减量增效　2022 年，湖南省推广测土配方施肥 1.18 亿亩次，超计划 0.2 亿亩次，技术覆盖率达 96%，高出计划 6 个百分点。在浏阳等 22 个县（市、区）开展绿色种养循环农业试点，试点面积 224 万亩次，处理固体粪污 53 万 t、液体粪污 193 万 m³，项目区减少化肥施用量 1.28 万 t。在洞庭湖三市一区（岳阳市、益阳市、常德市、长沙市望城区）完成了种植绿肥 80 万亩任务。

8. 船舶港口污染防治　2022 年，根据船舶水污染物联合监管与服务信息系统数据统计，全省到港船舶注册使用率达 98.62%。船舶污染物转运处置率达 97.83%以上，主要港口中的岳阳港达 91%以上，长沙港达 98%以上，其他 12 市（州）港均达 90%以上，达到交通运输部工作要求。

完成整改销号第二轮中央环保督察反馈省港口码头污染防治问题 2 项。完成建设岸电 45 套（港口岸电 37 套、锚地岸电 8 套），完成 533 艘船舶受电设施改造。

（欧阳鑫　梁钦　江立军　唐少刚　胡斌清　周亚宾）

【水环境治理】

1. 饮用水水源规范化建设　2022 年，湖南省 1 000 个农村千人以上集中式饮用水源保护区突出生态环境问题全部完成整治。整治累计投入资金 1.112 亿元，新设置标识标志牌 5 822 个，新建隔离防护设施 156.73km，取缔关闭、搬迁工业企业 2 家，整治保护区居民生活排污口 1 037 个、工业排污口 2 个，为 3 座桥梁、29 条道路建设应急收集处理设施；在生活面源方面，为保护区内 3 273 户居民新建 3 176 套一体化污水处理设施，新建截污管网 30.79km，新建输水管网 15.7km。

2. 黑臭水体治理　截至 2022 年年底，湖南省地级城市建成区共摸排出黑臭水体 185 个，已完成整治 183 个，全省平均消除比例达 98.91%，湘潭市爱劳渠、怀化市茅谷冲溪分别计划于 2023 年年底、2024 年年底完成整治。县级城市建成区共摸排出黑臭水体 48 个，截至 2022 年年底，已完成整治 23 个，全省平均消除比例达 47.9%，超额完成国家要求达到 40%的年度目标任务。

3. 农村水环境整治　湖南省立足乡村河道特点和保护发展需要，开展水系连通与水美乡村试点建设和“水美湘村”示范创建，积极推进农村水系综合整治和水生态保护治理。

（1）开展水系连通与水美乡村建设。采取水系连通、清淤疏浚、岸坡整治、河湖管护等措施，开展农村水系综合整治。湘西土家族苗族自治州永顺县、资阳市资阳区、郴州市北湖区 3 个国家试点县建设总体进展顺利。2022 年完成投资 6.5 亿元，治理河道 50km、塘坝 54 处。

（2）“水美湘村”示范创建。以水为主线，以小

微水体治理为重点，开展“水美湘村”示范创建。共完成30个省级“水美湘村”建设项目，累计治理农村河道35km，建设生态护岸25.3km，新建改造塘坝92处，服务人口7.8万人，提升了百姓的宜居环境和幸福指数，促进了农村产业发展。

（3）农村小水源供水能力恢复。继续实施农村小水源供水能力恢复三年行动，2022年完成农村小水源供水能力恢复1万余处，新增蓄水能力3 000万 m^3，水源保障能力和农业防灾减灾能力显著提升，有效改善了项目区人居环境。

（4）启动全省农药包装废弃物回收处理四年行动计划，全省农药包装废弃物回收站（点）达2.4万余个，同比增加0.4万个。全年回收农药包装废弃物1 775t，无害化处理1 064.6t，完成了目标任务。

4．水库除险加固　2022年，湖南省实施小型病险水库除险加固1 018座，总投资23.58亿元，其中中央补助资金项目685座，地方一般债券资金项目333座，总投资完成率达到100%，主体工程基本完工，恢复或新增蓄水能力1 500万 m^3。

（陈晓峰　梁钦　彭一航　李拥兵　周奇）

【水生态修复】

1．生物多样性保护　2022年，湖南省农业农村厅组织开展水生生物监测，监测到土著鱼类121种、珍稀濒危鱼类15种，通过科普考察发现，江豚资源有一定恢复，洞庭湖长江江豚数量由2017年的110头增加到了162头，年均增幅6.55%

2．生态补偿机制建立　2022年，不断推进省内流域横向生态保护补偿机制建设。湖南省财政厅下达流域横向生态补偿资金6 320万元，鼓励相关市、县深入推进流域横向生态保护补偿机制建设。逐步完善跨省流域横向生态保护补偿机制建设。湖南省与重庆市、江西省分别签订第二轮酉水、渌水流域横向生态补偿协议，与湖北省签订首轮长江流域（湘鄂段）横向生态补偿协议，并在考核指标、资金补偿方式等方面积极探索创新。自与重庆市、江西省建立机制以来，协议各方合力治水，全部跨界考核断面水质均达到或优于考核目标值，总体较机制建立前有一定改善。2022年，湖南省按协议分别如期兑付重庆市和江西省生态补偿资金480万元、1 200万元。

3．水土流失治理　2022年，湖南省共争取国家水土保持重点工程中央投资18 806万元，下达治理项目30个，治理小流域30条，完成治理面积581.09 km^2。

4．生态清洁小流域治理　2022年，湖南省实施生态清洁小流域治理项目22个，完成治理面积452.93 km^2。

5．流域治理　2022年6月1日，湖南省政府办公厅印发了《洞庭湖总磷污染控制与削减攻坚行动计划（2022—2025年）》（湘政办发〔2022〕29号），聚焦农业农村污染防治、城镇生活污水收集处理、黑臭水体整治、入河排污口管控、生态保护与修复等重点领域进行强力攻坚，岳阳市、常德市、益阳市及长沙市望城区推进实施了324个年度重点治理项目。2022年，洞庭湖湖体平均总磷浓度下降至0.06mg/L（优于国家0.07mg/L的考核要求），其中洞庭湖常德湖区水质连续2年达到Ⅲ类，洞庭湖益阳湖区水质突破性达到Ⅲ类。

6．小水电站清理整治　截至2022年年底，小水电清理整改工作完成37座限期退出类电站退出并销号。（龙新年　梁探书　胡学翔　苏樑　肖乐）

【执法监管】

1．联合执法　2022年，湖南省公安机关与农业农村、水利部门开展部门联合执法118次，出动警力2 500多人次，召开联席会议96次。全年共侦破非法捕捞案件1 260起、非法采砂案件41起，收缴非法捕捞工具2 317件、渔船136艘、渔获物26 470kg、河砂1.97万t。打掉犯罪团伙129个，移送起诉2 064人，共办理部督案件9起。央视13频道《一线》栏目对衡阳“1·29非法捕捞案件”进行了36分钟的专题报道。将永顺县董某顺等人非法捕捞水产品案列入2022年度公安部打击长江非法捕捞非法采砂犯罪十大典型案例。

组织岳阳、常德、益阳3市开展洞庭湖湿地生态保护联合巡护执法行动，探索建立区域联合巡护执法新模式。查处行政案件202起，移送刑事案件25起，涉案人数63人，收缴渔具563套。

2．河湖日常监管　建立健全“河长办＋部门”“河湖长＋警长”“河湖长＋检察长”等协作机制，完善基层“一办两员”（河长办、办事员、巡护河员）体系建设，强化河湖长述职考核制度。推进渌水省级示范河建设，强化渌水、黄盖湖、长江等河流跨省联防联治。联合湖南省检察院深化“检察长＋河湖长”机制，专题部署长江流域船舶污染治理行动。3次组织开展季度暗访督查，运用卫星遥感对省、市级河湖实现季度监测全覆盖，全面推进乡镇河长办标准化建设，完善基层“一办两员”体系，打通河湖管护“最后一公里”。成功侦破水利招投标市场“8·15”系列案，打掉11个职业围标串标团伙，将7家从业单位、6名从业人员列入“黑名单”，将

17 名自然人列入严重失信名单，实施联合惩戒。对 3 家企业进行了行政处罚，发布不良行为记录 73 条。

3. 涉河湖执法　2022 年，水行政执法有力推进，法治建设成效显著，全省水行政执法累计巡查河道 723 957km、水域面积 368 023km^2、巡查监管对象 9 146 个，出动执法人员 85 963 人次、车辆 23 102 车次、船只 6 243 航次，现场制止违法行为 1 752 次，立案查处水事案件 403 个（河湖案 228 个、水工程案 11 个、水资源案 108 个、水土保持案 21 个、水利建设管理案 13 个、其他案 22 个）。2021 年遗留水事案件 110 个，共 513 个，结案 417 个，结案率 81.28%。

4. 涉码头船舶执法　2022 年，湖南省各级水上交通执法部门继续强化船舶防污染监督检查，严格查处船舶未按规定安装防污染设施设备、未有效使用防污染设施设备、偷排超排污染物等违法行为，共实施行政处罚 31 起，有效遏制不按规定安装和使用船舶防污染设施设备等违法行为。

5. 涉禁捕退捕执法

（1）建设智慧渔政天网工程。在 14 个市（州）、68 个重点县（市、区）建设智慧渔政平台，构建渔政监管网络。为 78 个重点水域县（市、区）配备无人机 120 架，培训无人机操作员 130 人，加强执法装备建设。

（2）推进重点区域治理。成立应对干旱极端天气救护队，组建救护专班，救助鱼类 28 万 kg，救助搁浅长江江豚 5 头。长江江豚基本接近 2006 年种群规模，由 2017 年的 110 头增至 162 头。

（3）加大专项整治力度。扎实推进长江禁捕“回头看”“渔政亮剑”执法行动，联合公安、市场监管等部门开展跨区域联合执法，有效遏制湖南省长江流域非法捕捞犯罪活动季节性多发、高发的态势。全年查处涉渔违法违规案件 2 378 件，比 2021 年略有增加。

（吴晓刚　陈瀚祥　袁再伟　周亚宾　蒋宪军）

【水文化建设】

1. 省河长制主题公园　截至 2022 年年底，湖南省完成省河长制主题公园建设 51 处。

2. 水文化建设情况　2022 年以来，湖南省积极推动水文化建设。正式成立湖南省水文化研究会，各市（州）设立代表处，首批会员 373 名。经湖南省政府同意，2022 年 12 月 28 日，湖南省水利厅、文化和旅游厅印发实施《湖南省水文化建设规划（2021—2035 年）》（湘水发〔2022〕58 号）。首次开展全省水利遗产调查，形成《湖南水利遗产名录》，收录 1 000 余个水利遗产基本信息。创办《湖湘水文化》等一批水文化杂志，以丰富多样的形式促进水文化传播。

3. 水利风景区　湖南省努力推进水利风景区高质量发展。组织完成第十六批省级水利风景区认定，新增娄底市娄星区高灯河省级水利风景区。推送韶山灌区、芷江和平湖成功入选水利部《红色基因水利风景区名录》，推送金洞白水河、澧县王家厂水库、边城茶峒、蓝山湘江源 4 家景区视频分获水利部“60 秒看水美中国”活动一、二等奖及优秀奖。截至 2022 年年底，湖南省已有 95 家水利风景区，其中国家水利风景区 43 家、省级水利风景区 52 家。

4. 水文化研究　2022 年 7 月 17 日，湖南省水文化研究会成立暨第一次代表大会在长沙举行，出席大会代表 193 人。湖南省政协副主席胡伟林出席大会并讲话，水利部办公厅、长江委、湖南省水利厅、省文化和旅游厅等单位领导出席会议。大会通过《湖南省水文化研究会章程》，选举产生第一届理事会和领导机构。

湖南省已明确至 2025 年、2035 年水文化建设的阶段目标、总体要求和具体举措，提出了发掘水文化资源、保护水文化遗产、打造水文化品牌、提升水工程文化品质、繁荣水文化事业、培育水文化产业六大主要任务。

5. 河湖文化博物馆　截至 2022 年年底，湖南省建成洞庭湖博物馆。设展厅 5 个，分别陈列洞庭湖的历史变迁、沅江地区的民风民情、洞庭湖水产植物等标本及古今名人字画等。

（郭慧　向往　石佳　郭斌）

【智慧水利建设】

1. “水利一张图”　加快构建水利数据中心，对 50 余类实时监测、基础对象、业务应用、历史知识等涉水数据及跨行业共享数据进行整合和治理，初步实现“一数一源、实时更新、全面共享、支撑应用”的数据管理体系，持续完善“水利一张图”，整合包括河流、湖泊、采砂分区和河湖划界等成果的 74 个图层资源和 3 个底图资源，为河长制和河湖管理业务应用系统的建设开发提供基础支撑。

2. 数字孪生　依托湖南省智慧水利综合展示平台开发河湖管理模块，以河湖长制为抓手，基于河湖划界范围，采集遥感监测、巡河管理、河道采砂等方面的监测监管信息，系统展示河湖基本概况、河湖管理范围线长、“四乱”问题分布和整改情况、各级河湖长巡检路线、河道采砂可采区和许可方式等内容，形成“空、天、地”全方位、“事前、事中、事后”全过程、“省、市、县”全覆盖的河湖监

管格局，为河湖行政管理决策指挥提供有力支撑。

3. 河湖长信息系统　湖南省河湖长制综合管理信息系统建成以来，辅助全省各级河长办完成各类数据上报、河湖名录更新、问题处置、年度考核等多项工作。2022 年，完成河湖信息更新完善，更新完善全省“一河（湖）一策”7 126 个，完成全省 14 个市（州）、144 个县（市、区）年度考核评价。

4. 巡河 App　巡河 App 辅助各级河湖长开展河湖巡查，2022 年累计完成巡河、巡湖超 170 万次，各级河湖长发现并解决各类问题超 30 万个。

5. 卫星遥感　2022 年，湖南省河长办牵头，会同湖南省自然资源厅、湖南省水利厅以季度为周期对全省 158 条（个）重要河（湖）开展常态化卫星遥感监测，提升了河湖管护能力，河湖面貌持续向好。

（黄旺星　张恒恺　左仲芝）

广东省

【河湖概况】

1. 河湖数量　广东省地处珠江流域下游，境内河流众多，主要江河有东江、西江、北江、韩江和鉴江等，共有河流 2.4 万条，总长度为 10.3 万 km，其中流域面积为 50km^2 及以上的河流 1 211 条。全省共有湖泊 156 个，常年水面面积合计 81.75km^2。其中，常年水面面积大于 1km^2 的湖泊有 15 个，其总面积为 61.6km^2。

2. 水量　2022 年，广东省地表水资源量 2 213.3 亿 m^3，较 2021 年及常年分别偏多 82.7%及 20.7%；全省大、中型水库年末蓄水总量 189.2 亿 m^3，较年初增加 57.0 亿 m^3。

3. 水质　2022 年，广东省 149 个地表水国考断面的水质优良率 92.6%，较 2021 年上升 2.1 个百分点；270 个省考断面的水质优良率为 92.2%，较 2021 年上升 1.3 个百分点。常年水面面积大于 1km^2 的 15 个湖泊中，7 个湖泊水质达到Ⅲ类以上。

4. 新开工水利工程　截至 2022 年年底，广东省共有 7 756 座水库，其中大型水库 40 座，中型水库 337 座，小型水库 7 379 座。广东省已建成水闸 6 659 座，其中大型水闸 110 座，中型水闸 622 座，小型水闸 5 927 座。广东省 5 级及以上堤防 3 214 段，合计长度 17 476.9km。

5. 万里碧道及幸福河湖　截至 2022 年年底，全省累计建成碧道 5 215km，实现“三年见雏形”（5 200km）目标。其中 2022 年建成碧道 2 273km，超额完成 1 800km 的年度目标。广东省河长办对 2020 年度、2021 年度碧道建设成效显著的 24 个县（市、区、镇）给予激励，并下达 2 亿元激励资金。组织广州南岗河成功申报全国首批幸福河湖建设项目，2022 年度建设任务和中央投资 7 908 万元均已提前完成，项目累计完成投资 4.4 亿元。务实稳妥推进水经济发展工作，以水上运动、河湖游轮游艇和滨水旅游等新业态为重点，推动地方开展水经济试点，广州白云湖入选水利部首批《红色基因水利风景区名录》。

（黄武平　刘菁　秦澜　谌汉舟　林冰莹）

【重大活动】　2022 年 1 月 20 日，推进万里碧道建设纳入广东省十件民生实事，以碧道建设为牵引，加快补齐水安全水环境短板，强化水生态保护与修复，构建景观游憩系统，打造江河安澜、秀水长清、造福人民的幸福河湖。

2022 年 1 月 24 日，广东省河长办发布《广东万里碧道公众行为文明公约》。

2022 年 2 月 11 日，经省政府同意，广东省河长办向社会发布《关于禁止在出海水道与河道水域洗砂洗泥等污染环境活动的通告》。

2022 年 2 月 24 日，全省河湖长制暨水利工作会议在广州召开。会议传达学习了水利部 2022 年全国水利工作会议有关精神，全面总结 2021 年广东河湖长制和水利工作情况，分析研判当前推进河湖长制和水利改革发展面临的形势，部署实施“851”水利高质量发展蓝图及 2022 年重点任务。

2022 年 3 月 21 日，国家发展改革委网站发布《广东省坚持河湖长制引领　健全河湖“清漂”长效机制　实现河湖保洁常态化》专文，推广广东省河湖“清漂”工作经验。

2022 年 4 月 3 日，经报省领导同意，广东省河长办对 2020 年度和 2021 年度碧道建设成效显著的 24 个县（市、区、镇）给予激励，并下达激励资金。

2022 年 4 月 27 日，广州市南岗河入选水利部首批幸福河湖建设项目，通过实施河湖系统治理、管护能力提升、助力流域发展三大任务，打造安澜之河、富民之河、宜居之河、生态之河、文化之河。

2022 年 5 月 20 日，广东省河长办在广州组织召开推进水经济发展交流座谈会，邀请相关科研院所、行业协会、俱乐部和企业负责人，就推动广东水上运动发展进行广泛深入交流。

2022 年 5 月 23 日，广东省河长办收到惠州市某县村民送来的锦旗和感谢信。锦旗上书写着“扑灭砂盗　护国为民”8 个大字。

2022 年 5 月 26 日，省级信息化项目“广东智慧河长”服务项目完成初步验收工作，并开展全省试运行。

2022 年 5 月 30 日，经省第一总河长、省总河长审定，广东省全面推行河长制工作领导小组向各地级以上市党委、人民政府和各成员单位通报了 2021 年度全面推行河长制湖长制工作考核结果，并向全社会公布。

2022 年 6—7 月，水利部举办强化河湖长制网上专题班，广东省获邀为全国市、县级河湖长分享智慧河湖建设经验。

2022 年 6 月 2 日，国务院办公厅印发《关于对 2022 年落实有关重大政策措施真抓实干成效明显地方予以督查激励的通报》(国办发〔2022〕21 号)，明确广东省河长制湖长制工作推进力度大，河湖管理保护成效明显，决定对东莞市予以 2 000 万元资金奖励。至此，广东省河湖长制工作已连续 4 年获得国务院督查激励。

2022 年 7 月 1 日，广东省河长办、广东省水利厅、广东省总工会、广东省妇联、团省委员共同发起第二届“寻找最美河湖卫士”主题实践活动暨“2022 年寻找广东最美河湖卫士”主题实践活动。

2022 年 7 月 4 日，广东省水利厅成立水利风景区建设管理领导小组，组建专家库，启动省级水利风景区评审认定工作。

2022 年 10 月 1—7 日，正值国庆期间，中央主要媒体、重要网络新媒体和地方主流媒体共同推出“江河奔腾看中国”特别节目，中央电视台《新闻联播》、新华社客户端首页等 16 家中央媒体平台报道广东河湖长制。

2022 年 11 月 1 日，水利部、全国总工会、全国妇联联合发文，通报第二届“寻找最美河湖卫士”主题实践活动结果，广东有 3 人上榜，分别为“最美巾帼河湖卫士”梁丽珠、“最美民间河湖卫士”赵德光、“最美河湖卫士”孙莉莉。

2022 年 11 月 9 日，广东省河长办、广东省水利厅、团省委、广东省志愿者联合会、广东省青年志愿者协会联合发布《“护万里碧道　助秀水长清”——致全省志愿服务组织的倡议书》。

2022 年 11 月 30 日，“碧道联粤幸福河湖”——广东省“最生态碧道”主题评选活动活动结果公布，东莞市华阳湖碧道等 11 条碧道入选广东省最生态碧道。

2022 年 12 月 8 日，在广东省河长办的指导下，广东省水利水电科学研究院（河长制研究院）联合南方新闻网正式发布首个以露营亲水为主题的全省性便民地图《广东露营亲水地图》，为公众休闲出行提供贴心指引。

2022 年 12 月 8 日，广东智慧河长服务项目——水域岸线管理服务及项目整体服务方案分获 2022 广东省政务服务创新案例和 2022 广东省政务服务创新解决方案。

2022 年 12 月 12 日，白云湖国家水利风景区积极推动红色文化和廉洁文化建设，成功入选水利部首批红色基因水利风景区名单。

2022 年 12 月 18 日，广东省全面推行河长制工作领导小组对部分省级河长进行调整，省委书记黄坤明同志任省第一总河长。调整后的省级总河长、副总河长和五大河流（流域）、潼湖的省级河湖长名单在省主要媒体上进行公布。

2022 年 12 月 21 日，第四届“守护幸福河湖”短视频征集活动获奖名单公布，广东省共获 23 个奖项，其中广东省河长办（广东省水利厅）荣获全部 3 项比赛（1 项主题赛，2 项专题赛）优秀组织奖，是获得全部 3 项优秀组织奖的 2 个省份之一。

2022 年 12 月 30 日，广东省排查的 664 宗妨碍河道行洪突出问题全部完成清理整治，累计清拆涉河违法建筑面积 87 万 m^2。

2022 年 12 月 31 日，全省累计建成碧道 5 212km，其中 2022 年度建成碧道 2 273km，超额 26％完成 2022 年省十件民生实事任务。至此，《广东万里碧道总体规划（2020—2035 年）》确定的到 2022 年建成碧道 5 200km 的阶段性目标如期实现。

2022 年 12 月，水利部河长办印发《2021 年全国全面推行河湖长制典型案例》，广东省有 4 个案例入选，分别是广东省智慧河湖建设实践、佛山市创新“季考”制度推动河湖长制提档升级、深圳市以河长制为统领推动成立流域管理中心的实践、江门市以“碧道＋”大力推进幸福河湖建设。

（林冰莹　冯炳豪　范泽璇）

【重要文件】　2022 年 1 月 24 日，广东省水利厅印发《关于印发〈广东省妨碍河道行洪突出问题排查技术指引〉的通知》(粤水河湖〔2022〕1 号)。

2022 年 2 月 11 日，广东省河长办印发《关于禁止在出海水道与河道水域洗砂洗泥等污染环境活动的通告》。

2022 年 2 月 21 日，广东省水利厅修订印发《广东省河道水域岸线保护与利用规划编制技术细则》(粤水河湖〔2022〕2 号)。

2022 年 2 月 22 日，广东省河长办印发《关于做

好省十件民生实事万里碧道建设工作的通知》（粤河长办〔2022〕14号）。

2022年3月2日，广东省水利厅印发《关于印发〈广东省妨碍河道行洪突出问题排查整治工作问题清单、任务清单、责任清单〉的通知》（粤水河湖〔2022〕3号）。

2022年3月17日，广东省河长办印发《关于印发〈广东省出海水道与河道水域非法洗砂洗泥问题整改工作方案〉的通知》（粤河长办〔2022〕24号）。

2022年3月24日，广东省第一总河长、省总河长令共同签发省总河长令《关于开展妨碍河道行洪突出问题排查整治工作的动员令》（2022年第1号）；广东省全面推行河长制工作领导小组办公室印发《广东省全面推行河长制工作领导小组关于调整省级河长湖长的通知》（粤河长组〔2022〕1号），对省级河长湖长进行调整。

2022年3月24日，广东省全面推行河长制工作领导小组印发《广东省全面推行河长制工作领导小组关于调整组成人员的通知》（粤河长组〔2022〕2号），对省领导小组成员进行调整。

2022年3月24日，广东省全面推行河长制工作领导小组办公室印发《广东省全面推行河长制工作领导小组办公室关于调整成员的通知》（粤河长办〔2022〕27号）。

2022年3月29日，广东省河长办印发《广东省2021年度全面推行河长制湖长制工作和水土保持目标责任考核工作方案的通知》（粤河长办〔2022〕28号）。

2022年4月3日，广东省河长办印发《广东省河长办关于对2020—2021年度万里碧道建设成效明显地区予以激励的通知》（粤河长办〔2022〕30号）。

2022年4月30日，广东省全面推行河长制工作领导小组印发《关于印发〈广东省2022年河长制湖长制工作要点〉的通知》（粤河长组〔2022〕3号）。

2022年5月30日，广东省全面推行河长制工作领导小组印发《关于2021年度全面推行河长制湖长制工作考核情况的通报》（粤河长组〔2022〕4号）。

2022年6月30日，广东省河长办印发《关于印发〈广东省广州市南岗河幸福河湖建设实施方案〉的通知》（粤河长办〔2022〕43号）。

2022年7月6日，经省政府同意，广东省水利厅印发实施《广东省主要河道水域岸线保护与利用规划》（粤水河湖〔2022〕5号）。

2022年8月2日，广东省水利厅印发《关于开展省级水利风景区认定工作的通知》（粤水河湖函〔2022〕1997号）。

2022年8月4日，《中共广东省委机构编制委员会办公室关于调整省水利厅机构编制事项的函》（粤机编办发〔2022〕164号）印发，同意广东省水利厅增设河湖长制工作处。

2022年8月12日，广东省河长办印发《关于印发〈广东万里碧道省“十廊”项目合规性审查细则〉的通知》（粤河长办〔2022〕50号）。

2022年8月12日，广东省河长办印发《广东省河长办关于强化河长湖长履职推动城乡黑臭水体和农村生活污水治理工作的通知》（粤河长办函〔2022〕93号）。

2022年8月22日，广东省河长办印发《广东省河长办关于进一步加强万里碧道运行管护的指导意见》（粤河长办〔2022〕51号）。

2022年9月14日，广东省河长办印发《广东省洗砂监管执法机制（试行）》（粤河长办〔2022〕52号）。

2022年9月21日，广东省河长办印发《广东省河长办关于推动水经济高质量发展工作思路的报告》（粤河长办〔2022〕53号）。

2022年10月8日，广东省市场监督管理局发布实施省级地方标准《河道管理范围划定技术规范》（DB44/T 2398—2022），于2023年1月8日正式实施。

2022年11月9日，广东省河长办、广东省水利厅、团省委、广东省志愿者联合会、广东省青年志愿者协会联合发布《“护万里碧道　助秀水长清”——致全省志愿服务组织的倡议书》。

2022年12月18日，广东省全面推行河长制工作领导小组印发《关于调整省级河长湖长的通知》（粤河长组〔2022〕5号），对省级河长湖长进行调整。

2022年12月19日，广东省河长办印发《广东省2022年度全面推行河湖长制工作考核实施细则》（粤河长办函〔2022〕156号）。

2022年12月20日，广东省全面推行河长制领导小组印发《关于调整组成人员的通知》（粤河长组〔2022〕6号）。

（林冰莹）

【地方政策法规】

1\. 规范（标准）　2022年10月8日，颁布《河道管理范围划定技术规范》（DB44/T 2398—2022）。

2\. 政策性文件　2022年2月7日，广东省河长办印发《关于禁止在出海水道与河道水域洗砂洗泥等污染环境活动的通告》。

2022年9月14日，广东省河长办印发《广东省洗砂监管执法机制（试行）》（粤河长办〔2022〕52号）。

（林冰莹）

【河湖长制体制机制建立运行情况】 河长领治特色更加鲜明。持续压实各级河湖长责任，省、市、县三级发出河长令35件，五级河湖长巡河265.5万人次，发现问题16.8万个，落实整改16.4万个，整改率达97.17%。

河湖长体制机制实现多项突破。广东省全面推行河长制工作领导小组新增广东省体育局作为成员单位，进一步强化推动水经济发展工作职能。广东省水利厅推动增设了河湖长制工作处，增加处级干部职数，强化了河湖长制的组织保障。完善了省级河湖长流域季报机制，将住房和城乡建设、生态环境、水利、农业农村、交通运输、林业等部门的关键指标完成情况纳入季报范围。建立了河湖长岗位调整自然递补机制以及信息定期公告制度，有效防止责任出现“真空”。开展常态化暗访，有效解决群众投诉问题。《广东省河湖长制监督检查办法》通过省河长办主任会议审议，首次在河湖长制监督检查范围中实现对成员单位主要涉河湖工作的全覆盖。首次将省级成员单位纳入年度河湖长制工作考评范围。首次对市、县级河湖制工作考核到河湖长个人，考核“指挥棒”作用日益明显。

（冯炳豪　陈婉莹　林冰莹）

【河湖健康评价开展情况】 2022年，完成了广东省2.4万个河湖名录及5 551个河湖建档对象的更新、《广东省2022年河湖健康评价工作技术指引》编制修订、《广东省河湖健康监测评价与管理保护综合项目》工作大纲编制、五大江二级和三级支流水质监测及评价等工作。截至2022年年底，累计完成了226条（个）河（湖）（168条河流、58个湖泊）健康评价工作，其中2022年度完成了110条（个）河（湖）（102条河流、8个湖泊）健康评价工作。

（黄武平　黄锋华）

【“一河（湖）一策”编制和实施情况】 2022年，广东省对4 085条河流对象（市级146条、县级3 939条）开展“一河一策”滚动编制工作，对174个湖泊对象（市级31个、县级143个）开展“一湖一策”滚动编制工作。

（黄锋华　林冰莹）

【水资源保护】 广东省全面落实最严格水资源管理制度，严格落实用水总量和强度双控，着力推进河湖生态环境复苏，以水资源刚性约束倒逼各地和各行各业节约保护水资源。2022年，广东省全面完成国家下达的水资源管理“三条红线”约束性指标任务，荣获2021年度国家实行最严格水资源管理制度考核优秀等次。

1. 水资源刚性约束　印发实施《广东省“十四五”用水总量和强度管控方案》《广东省地下水管控指标方案》，健全覆盖流域与区域、地表与地下、常规与非常规水源的水资源刚性约束指标体系。2022年，在保持经济社会持续稳定发展的同时，广东省用水总量控制在401.7亿m^3，万元地区生产总值用水量、万元工业增加值用水量分别较2020年下降10%、19%，农田灌溉水有效利用系数提高至0.532，重要江河湖泊水功能区水质达标率达到88.4%。

2. 节水行动　在深圳举办“中国国际高新技术成果交易会”期间，以“线上＋线下”的方式，举办首届全国节水创新发展大会和节水高新技术成果展，吸引国内外46家节水领域知名企业参展，涵盖工业节水、农业节水、城镇公共生活节水等7个行业领域。2022年，累计建成43个节水型社会建设达标县（区），超额完成国家确定的目标任务；全部省级机关和省级事业单位100%建成节水型单位，59所高校建成节水型高校，省、市、县各级共241个水利行业单位100%建成节水型单位；广州市黄埔区、深圳市、东莞市被国家确定为再生水利用配置试点城市。经广东省统计局批准同意，在全国率先出台《广东省节水统计调查制度（试行）》。广东省推动水效领跑行动，截至2022年年底，累计建成9家水效领跑者工业企业、24个水效领跑者用水产品型号、6家水效领跑者公共机构；累计建成5个省级水效领跑者城市、35个省级节水标杆企业、10个省级节水标杆园区、2个省级节水标杆星级饭店。组织开展铜箔等13个产品定额指标修订，制定公共机构、居民小区、酒店（宾馆）、灌区等4项节水载体评价地方标准。打造省级节水体验实验室，以“沉浸式”方式宣传普及节水科技知识，全省建成首批11个省级节水教育社会实践基地，实现大湾区9市节水教育基地全覆盖。

3. 生态流量监管　全面完成重点河湖生态流量目标确定工作任务，广东省累计确定13条省级、128条市（县）级重点河湖共235个管控断面生态流量目标，生态流量保障体系不断健全。将生态流量目标纳入各流域年度水量调度计划，建立生态流量监测月报机制，健全调度—评估—反馈的闭环管理机制。

4. 全国重要饮用水水源地安全达标保障评估　完成国家重要饮用水水源地安全保障达标建设，水源地

安全保障水平不断提高。复核调整全国重要饮用水水源地名录，新增 3 个水源地，申请退出 7 个水源地，在用水源地名录由 76 个调整为 72 个。

5. 用水管理　全面完成取用水管理专项整治行动，核查登记河道内外 3.25 万个取水口，问题项目 100%完成整改提升。严格水资源论证和取水许可管理，2022 年全省共开展 12 项规划水资源论证，完成 1 544 个建设项目水资源论证和 17 项水资源论证区域评估，核减不合理取水量 1.6 亿 m^3。印发《广东省取水计量技术指南》，广东省非农业取水计量以及万亩以上灌区渠首取水在线计量基本实现全覆盖。完成覆盖全省各地的水资源管理监督检查，定期发布《广东省水资源监管信息》，推动各级水行政主管部门依法履行水资源管理职责。深入落实水资源有偿使用制度，2022 年全省共计征收水资源费 31.5 亿元，连续多年位居全国前列。

6. 水量分配　累计完成东江、西江、北江、韩江、鉴江等 14 条跨市、40 条跨县（区）江河水量分配，广东省内主要流域分水实现应分尽分。

（王艺霖　刘学明）

【水域岸线管理保护】

1. 河道管理范围划定　2022—2024 年将按照 40%、40%、20%的比例完成对第一次水利普查内流域面积 $50km^2$ 以下河流管理范围划定工作。2022 年已完成河道管理范围划界 3.7 万 km（累计完成 7.4 万 km），达到年度流域面积 $50km^2$ 以下河流管理范围划定工作任务要求的 40%。为夯实河湖管理制度基础，全面提升合规管理能力，广东省出台了地方标准《河道管理范围划定技术规范》（DB44/T 2398—2022）。

2. 岸线保护利用规划　经广东省人民政府同意，广东省水利厅印发实施《广东省主要河道水域岸线保护及利用规划》，共划定广东省主要河道各类功能区 1 648 个，其中岸线保护区 435 个、保留区 561 个、控制利用区 652 个，岸线保护区及岸线保留区长度占岸线功能区总长度的 55.7%。科学规划了岸线功能区、严格分区管理和用途管制，为加强广东省主要河道水域岸线保护与利用规划提供了重要依据，对于强化岸线保护和节约集约利用、保障经济社会可持续发展具有重要意义。

3. 采砂管理　充分发挥河湖长制优势，公告全省采砂管理责任人。2022 年批准省主要河道采区 4 个，采砂计划量 225.2 万 m^3。采用卫星遥感技术对省内主要河道乱采情况进行监测，并搭建广东省河道采砂管理系统。开展全省河道非法采砂专项整治行动，共查处非法采砂行为 239 起、非法采运砂船 50 艘，立案 181 件。

4. 侵占河湖水域岸线问题整治　高位推动妨碍河道行洪突出问题整治，报请省双总河长签发总河长令部署推进，664 宗问题全部整治销号。依托“广东智慧河长”信息化系统，用智慧化手段破解河湖管理难题，有效加强河湖监管能力。启用“卫星遥感+AI”自动识别技术对 2 654km 省主要河道岸线“四乱”问题进行常态化监测，深入推进河湖“清四乱”常态化工作，水利部系统 2 100 宗“四乱”问题全部整治销号，广东省启用卫星遥感技术对省内主要河道岸线进行常态化监测，共发现“四乱”问题整治 7 266 宗。2022 年，累计清理违规侵占河湖的建筑物面积 188.5 万 m^2，腾退被侵占的河湖管理面积 2 200 余 m^2，清理非法占用河湖岸线长度 200km，清理垃圾废弃物等 32.6 万 t，扣押非法车船 350 架（艘）。有效做到遏制“四乱”增量，强化河湖水域岸线保护。2022 年，“水域岸线管控卫星遥感监测服务”入选广东省政务服务创新案例。

（凡士成　宁俊云）

【水污染防治】

1. 排污口整治　2022 年，根据《国务院办公厅关于加强入河入海排污口监督管理工作的实施意见》，广东省人民政府印发了《广东省入河入海排污口排查整治工作方案》，全面推动广东省入河排污口“查、测、溯、治、管”工作，推动各市启动入河排污口全面排查和 4 015 个问题排污口整治工作，截至 2022 年年底，已完成整治 3 293 个，完成率达 82%。严格执行入河排污口设置审批，建立重点监管入河排污口名录，实行全省入河排污口信息化动态管理。

2. 工矿企业污染防治

（1）深入推进“双随机、一公开”工作。全省 21 个地级以上市和 204 个县（市、区、镇）生态环境部门全部实施污染源日常环境监管“双随机、一公开”。全省纳入随机抽查范围的排污单位合计 553 936 家，建设项目 137 057 个。2022 年以来，广东省通过“双随机”共检查企业 54 226 家次，发现问题企业 1 386 家次。

（2）持续加强自动监控系统运行管理。2022 年，已安装联网至重点污染源自动监控与基础数据库系统的重点单位合计 4 859 家。其中纳入生态环境部考核范围的重点单位 4 746 家，2022 年全省重点单位年均传输有效率达 97.68%。

3. 城镇生活污染防治　城镇生活污水处理及资

源化利用稳步推进。

(1) 污水收集处理效能明显提高。“城市平均生活污水集中收集率”和“生活污水处理厂进水 BOD 浓度”两项关键指标逐年上升。2022 年，全省地级以上城市平均生活污水集中收集率达 76.9%，比 2020 年（67.2%）提升了 9.7 个百分点；地级以上城市污水处理厂进水 BOD 浓度达 91.9mg/L，比 2020 年（87.9mg/L）提升了 4.0 个百分点。

(2) 污水收集处理设施建设继续领跑先行。坚持方向不变、力度不减，持续补齐城市生活污水收集处理设施短板。2022 年，全省城市新建污水管网 3 627km，新增污水处理能力 154 万 t/d。截至 2022 年年底，全省城市累计建成污水管网约 7.7 万 km，建成运行污水处理设施 422 座，处理能力达 3 019 万 t/d，管网长度及处理能力保持全国第一。

(3) 全省积极推进再生水利用及污泥处理处置工作。截至 2022 年年底，全省城市再生水利用率为 39.35%，缺水型城市再生水利用率为 43.92%，全省污泥无害化处理处置率由 2020 年年底的 91.52% 提升到 2022 年年底的 95.04%，污泥无害化处置能力显著提高。

(4) 乡镇生活污水处理设施建设运维管理工作取得显著进展。全省 1 123 个乡镇实现生活污水处理设施全覆盖，截至 2022 年年底，已建有乡镇生活污水处理设施 1 061 座，总处理能力达 619.09 万 t/d，建有配套管网 2.00 万 km。其中 2022 年新增处理能力 16.91 万 t/d，新建配套管网 1 791.76km。

4. 水产养殖污染防治

(1) 加快推进水产养殖尾水处理。制定印发《广东省池塘养殖尾水治理专项建设实施方案（试行）》，全面推进池塘养殖尾水治理建设。联合广东省财政厅印发《广东省渔业绿色循环发展试点工作实施方案》，组织开展渔业绿色循环发展试点工作。分批下达第一批美丽渔场建设项目资金。成立广东省养殖池塘升级改造绿色发展和示范性美丽渔场建设专家咨询组，举办珠三角示范性美丽渔场建设项目管理培训班，加快推进示范性美丽渔场创建工作。

(2) 推进水产绿色健康养殖。积极指导开展水产绿色健康养殖技术推广“五大行动”，抓好结构调整，加强技术指导，持续推进水产健康养殖和生态养殖示范区创建活动，集中推广应用主导品种和主推技术，多措并举，促进水产养殖业绿色发展。制定《广东省 2022 年水产绿色健康养殖技术推广“五大行动”实施方案》，印发《关于全面推进水域滩涂养殖发证登记工作的通知》，养殖水域滩涂规划养殖区和限养区内现状养殖面积全民所有 66 316.3hm²，集体所有 294 348.8hm²。印发《关于做好养殖水域滩涂禁养区清退工作的通知》，指导各地开展禁养区清退工作，广东省已清退禁养区养殖面积 13.49 万 hm²。同时，继续在全省范围内开展水产健康养殖和生态养殖示范区创建示范活动。截至 2022 年 12 月，创建国家级水产健康养殖和生态养殖示范区 9 个，省级水产健康养殖和生态养殖示范区 201 个。示范区内开展池塘工程化循环水养殖、工厂化循环水养殖、稻渔综合种养、鱼塘种稻、鱼菜共生生态种养、养殖尾水治理等关键技术研发与示范推广。

5. 农业面源污染防控

(1) 农药减量控害。2022 年，全省农业生产中农药使用量为 4.97 万 t（数据来自各级农业农村部门逐级上报），比 2021 年（5.04 万 t）减少 1.4%。2022 年，全省水稻病虫害专业化统防统治面积 4 868 万亩次，统防统治覆盖率为 45.92%，比 2021 年（43.96%）增加 2 个百分点。2022 年，全省农作物病虫害绿色防控面积 3 351 万亩，病虫害绿色防控覆盖率为 48.05%，比 2021 年（42.44%）增加 5.6 个百分点。

(2) 全面推进化肥减量增效。突出重点区域和主要作物，创新工作机制和服务模式，集成推广化肥减量增效技术，全省主要农作物测土配方施肥技术推广面积 4 950 万亩次，打造“三新”集成配套示范区 85 万亩次，绿肥种植、秸秆还田、施用有机肥等有机替代面积持续增加，2022 年，全省农用化肥使用量 208.74 万 t（折纯）（数据来源于广东省统计局），较 2021 年减少 1.9%，连续 6 年保持负增长。开展绿色种养循环农业试点工作，13 个试点县探索创新粪肥还田社会化服务长效机制，集成推广畜禽粪肥资源化利用模式，在蔬菜、果树、水稻、玉米和茶叶等作物实施粪肥还田面积 145 万亩，施用固体粪肥 33 万 t、液体粪肥 119 万 t，有效促进畜禽粪污资源化利用，减少农业面源污染，推动农业绿色低碳发展。

(3) 扎实推进畜禽粪污资源化利用工作，加快推进畜牧业转型升级高质量发展，提升河湖生态保护治理能力。组织开展 2021 年度畜禽粪污资源化利用延伸绩效考核，狠抓 2018—2022 年实施的 22 个畜禽粪污资源化利用整县推进项目建设，大力推进源头减量、过程控制和末端利用，推进种养循环；加强畜禽粪污资源化利用计划和台账管理。2022 年度，广东已制定年度粪污资源化利用计划的规模养殖场共 14 985 家，占全省规模场数的 81%；建立粪污资源化利用台账的规模养殖场共 15 269 家，占比

82.5%；加快推进畜牧业转型升级高质量发展，紧紧围绕“四个转型”，加快养殖场户升级改造，建设绿色、高效的现代化养殖场，发展标准化、规模化、生态绿色养殖。2022年，全省创建10家国家级畜禽养殖标准化示范场、339家省级畜禽养殖标准化示范场和31家广东省现代化美丽牧场，禽养殖规模养殖比例达到80.4%。

6. 船舶和港口污染防治　全省19个地市（河源市、梅州市暂未有发放港口经营许可证码头）全部完成船舶水污染物接收转运及处置设施建设方案修订并发布实施。截至2022年年底，全省348个内河码头和靠泊内河船舶的67个沿海码头已实现接收设施100%覆盖。全省港口已配套建设船舶生活垃圾设施1 320套，基本满足船舶生活垃圾上岸需求。全省679个码头中，229个已接入市政生活污水管网，其他码头已建有生活污水处理设施或配套收集转运设施。2022年，全省内河港口接收船舶含油污水2 728m^3，生活污水7 999m^3，生活垃圾1 602m^3；沿海港口接收船舶含油污水39.53万m^3，生活污水2.97万m^3，生活垃圾9 547m^3，化学品洗舱水1 468m^3；推动船舶水污染物上岸处置取得较好效果。截至2022年年底，已在广东省船舶水污染物监测平台注册船舶码头、转运单位和后方处置单位占比超过95%；试运行期间，全省共完成6 236条电子联单。依托广东省船舶水污染物监测平台，逐步完善船岸交接登记制度，基本实现接收转运处置全链条闭环管理。扎实推进并确保广东400总t以下待改造营运船舶全部按期完成污染设施改造。2022年，全年查处船舶非法排放水污染物行为138宗，查处其他涉污违法行为411宗。

（秦澜　周阳　孙宇航　叶志超　栗珂）

【水环境治理】

1. 饮用水水源规范化建设　坚持“保好水”与“治差水”并重，切实保障人民群众饮水安全，广东省主要河流干流和供水通道水质长期保持优良。

（1）加强水源保护综合管理。完善水源保护区基础信息，逐步建立分级管理名录。开展县级以上集中式水源地环境状况评估。

（2）扎实推进水源保护区“划、立、治”工作。依法依规划定或优化调整水源保护区，截至2022年年底，全省乡镇级饮用水水源保护区已全部划定。推进保护区设标立牌，全省县级及以上水源地标志设置率达100%，乡镇级水源地标志设置率达94.2%。

（3）持续提升农村水源地环境管理，持续推进农村水源地规范化建设，每季度通报“千吨万人”水源地水质情况。

2. 黑臭水体治理　2022年，广东省深入贯彻党中央、国务院关于深入打好城市黑臭水体治理攻坚战的决策部署，印发《广东省深入打好城市黑臭水体治理攻坚战工作方案》，持续巩固各地级以上城市黑臭水体治理成效，推进城市黑臭水体治理向20个县级市和东莞、中山镇街拓展。根据各地排查上报，全省20个县级市共排查出26条县级城市黑臭水体。广东省住房和城乡建设厅持续加强统筹调度、工作督办和技术指导，每月调度县级城市黑臭水体治理进展，每季度开展城市黑臭水体治理“一对一”明察暗访，加大力度推动各市压实城市黑臭水体治理主体责任，完善工作机制，制订整治计划，落实整治措施。各地落实主体责任，系统治理，精准施策，对排查出的县级城市黑臭水体逐一制定系统化整治方案。紧盯年度目标任务，持续加大要素投入，通过采取“控源截污、内源治理、生态修复”等综合治理措施，使得城市黑臭水体水质明显改善。经公众评议、水质监测等综合评估，全省县级城市黑臭水体消除比例达到46%，县级城市黑臭水体治理工作初见成效。

3. 农村水环境整治　2022年，以办好民生实事为抓手，扎实推进农村生活污水治理和黑臭水体整治工作，新增完成1 172个行政村农村生活污水治理工作，全省自然村生活污水治理率达53.4%，新增完成81个农村黑臭水体整治，全省农村环境整治成效进一步巩固提升。

（1）加强统筹谋划。各相关部门编制印发年度工作方案，部署规范有关工作开展。指导各市按“一村一策”原则制定市级农村生活污水治理攻坚行动方案，按“一水体一方案”原则编制农村黑臭水体整治方案，因地制宜推进治理工作。

（2）强化监督管理。多次深入一线督导民生实事办理，靠前指挥现场办公。常态化开展民生实事进展月抽查、季通报工作，加强日常派驻监察，清单化、信息化推进问题整改。将民生实事办理情况纳入乡村振兴、河湖长制和污染防治攻坚战成效考核，压实治理责任。

（3）深化指导帮扶。组建由45名行业专家组成的高规格专家库及16个省级技术团队，每月赴各市开展现场技术帮扶。组织参与市、县相关培训指导64场次，在项目申报、融资支持、运营管护等多个方面加强指导。

（4）抓好宣传引导。通过工作简报、广东省生态环境厅公众网专栏、“广东生态环境”微信公众号推文等形式发布农村生活污水治理民生实事进展，制作宣传片、宣传手册、小视频等宣传相关政策、技术、案例，提高民生实事办理的质量和效果。

（秦澜　孙宇航）

【水生态修复】

1. 自然保护地　广东省已建立各种类型、不同级别的自然保护地共 1 361 个，是全国自然保护地数量最多的省份，批复总面积为 306.72 万 hm^2。其中自然保护区 377 处，湿地公园 217 处，风景名胜区 30 处。

2. 生物多样性保护　广东位于中国大陆南部，地处热带亚热带，北回归线穿越全省，是我国光、热和水资源较丰富的地区，境内多山地、丘陵，地势总体北高南低，大陆海岸线长 4 114km，居全国首位，复杂的地貌和湿热气候孕育了多样的自然生态系统和丰富的野生动植物资源，具有子遗物种和特有物种多、濒危物种比例高等特点，是我国具有最高生态系统与物种多样性的地区之一。广东省记录分布有陆生脊椎野生动物共 1 052 种（包括哺乳纲 182 种、鸟纲 584 种、爬行纲 172 种、两栖纲 114 种），其中由林业部门主管的国家重点保护陆生野生动物 188 种、省重点保护陆生野生动物 146 种，如黑脸琵鹭、鳄蜥等。广东省记录分布有野生高等植物 6 658 种（包括苔藓植物 691 种、石松类和蕨类植物 588 种、裸子植物 29 种、被子植物 5 350 种），其中由林业部门主管的国家重点保护野生植物 110 种、省重点保护野生植物 39 种。

3. 生态补偿机制建立

（1）建立跨省流域生态补偿机制。广东省分别与广西壮族自治区、江西省、福建省建立九洲江流域、东江流域、汀江-韩江流域上下游横向生态补偿机制，广东省财政厅为建立横向生态补偿机制的流域每年各安排 1 亿元。2022 年，广东省先后与福建省、江西省签订并实施第三轮跨省流域生态补偿协议，与广西壮族自治区实施《九洲江上下游横向生态补偿协议》（2021—2023 年）。广东省已累计拨付跨省流域生态补偿资金 19.45 亿元，各跨省流域考核断面水质稳中向好。

（2）探索省内流域生态环境保护财政激励机制。为进一步深化生态保护补偿制度改革，广东省积极探索构建省内流域生态环境保护财政激励机制，推动东江、北江流域上下游城市联防联治，切实保障水质稳定。广东省财政厅已累计拨付东江流域受偿地市省级激励资金 4 亿元，北江流域受偿地市 2 亿元。

4. 水土流失治理　以水土流失动态监测成果为指引，统筹生产生活生态需求，多措并举推进山水林田湖草沙综合治理。2022 年，全省完成新增水土流失治理面积 868.50km^2，包括封禁治理 601.59km^2，种植水土保持林 223.38km^2，种植经济林 27.79km^2，种草 2.16km^2，新修或改造梯田 1.22km^2，其他措施完成治理面积 12.36km^2。开展水土流失重点区域治理和重点工程建设，完成国家水土保持重点工程 8 项、崩岗综合治理 101 座。2022 年，广东省水土保持率为 90.42%，较 2021 年增加 0.15%，广东省水土流失面积由 2011 年的 21 305.43km^2 减少为 2022 年度的 17 108.75km^2，水土流失面积占全省面积的比例由 11.93%下降到 9.58%，减少 2.35 个百分点。中度及以上侵蚀强度占比下降到 15.67%。水土流失状况持续好转，水土流失面积与强度持续“双降”。

5. 生态清洁型小流域　2022 年，广东省积极推进生态清洁小流域建设，以小流域为单元，以山青、水净、村美、民富为目标，统筹水土流失治理、面源污染防治、沟（河）道水系整治、农村人居环境改善、特色产业发展等工作，建成高标准生态清洁小流域 15 个。

6. 创建绿色小水电　稳步推进小水电分类整改工作。积极推动小水电站绿色改造、转型升级。2022 年，完成 8 个绿色小水电示范电站创建，关停或退出 264 个小水电站；广东省需落实生态流量的小水电站已全部完成生态流量核定和生态流量泄放设施改造。

（秦澜　周娟　罗华军）

【执法监管】

1. 联合执法

（1）持续加强打击非法采砂力度，建立“上下联动、部门联合、跨界联治”执法“三联”模式，开展为期 1 年的河道非法采砂专项整治行动。全省共出动执法人员 21.9 万人次，累计巡查河道长度 129.96 万 km，立案查处非法采砂行为 267 起，没收非法砂石 20.98 万 t，查处非法采运砂船 55 艘，拆解“三无”、隐形采砂船 53 艘，查处非法采砂挖掘机 57 台，行政处罚案件 231 件，行政处罚 212 人，没收违法所得 18.39 万元，罚款 771.86 万元，向公安部门移送一批涉刑案件。

（2）推动非法洗砂洗泥问题整改取得阶段性成效。发布《关于禁止在出海水道与河道水域洗砂洗泥等污染环境活动的通告》，并组织有关地市及相关部门对违法活动进行严厉打击。积极推动河道洗砂监管进入法治轨道，先后出台《广东省洗砂监管执

法机制（试行）》和支持陆地海砂淡化场规划建设的指导性文件。截至2022年年底，全省各级各部门开展打击非法洗砂洗泥活动联合专项执法行动1 381次，出动执法人员14 037人次，查处涉嫌洗砂案件59宗，有效遏制非法洗砂、洗泥多发势头。

2. 河湖日常监管

（1）建立河长制暗访工作常态化机制。2022年，共派出暗访组19批次，在一年的时间里走遍全省21个市、122个县，检查河湖现场点1 033个，有效解决群众投诉问题，村民给省河长办送来锦旗和感谢信，智慧河长平台投诉办理满意率达97.6%。省、市、县三级河长办开展督导督查3 137次，发出督办函1 930件，全省河长湖长因治水不力共被问责266人次（其中县级20人次，镇级246人次）。

（2）规范执法监督行为，强化监督检查。制定并印发了《广东省2022年水行政执法监督工作实施方案》，指导全省各地级以上市水利（水务）局和广东省各流域管理局按照《广东省2022年水行政执法监督工作实施方案》部署开展工作。组织广东省水利厅和广东省各流域管理局组成8个实地监督组，对全省21个地市开展全覆盖实地监督，共实地监督县（市、区）47个，抽查复核水事违法案件90宗，现场复核违法行为发生地数量12个。

（3）组织开展重点排污单位自动监控数据弄虚作假专项执法行动，在前期大数据排查的基础上，对17家企业开展了突击行动。印发《广东省2022年排污许可清单式执法检查实施方案》，组织各地对造纸、炼钢、电力生产、污水处理及其再生利用等行业进行清单式执法检查。印发《排污许可执法检查清单》，进一步为排污许可执法提供明确指引。

3. 专项行动

（1）广东省各级水政监察队伍持续加大水行政执法力度，按照水利部统一部署，开展全省非法采砂专项整治、防汛保安、侵占河湖等专项执法行动，严格依法查处各类水事违法行为。2022年，全省各级水行政主管部门共办理水事违法案件1 569宗（含上年遗留案件662宗），已结案1 236宗，行政罚款6 125万元，广东省查处水事违法案件数量连续4年排名全国第二，案件处罚金额全国排名第一，水利规费征收及追缴金额全国第二。

（2）紧紧围绕建设平安水域总体目标，以水域反偷渡反走私专项行动为抓手，加快推进全省水域治安防控体系，组织开展打击突出涉水刑事犯罪“飓风”“净水”“清湾”等专项打击整治行动，对沿海沿江岸线及重点水域进行拉网式排查，严厉打击水域突出违法犯罪，成功破获水域走私偷渡、水域污染、非法捕捞、非法采砂等一大批涉水大案要案。2022年，全省共破获破坏水域生态环境类案件266起，刑拘480人，逮捕206人；破获危害水域公共安全类案件7起，刑拘11人，逮捕6人。破获危害水域社会管理类案件1 260起，刑拘2 339人，逮捕897人；其中破获对应危害水域危害社会管理类案件1 033起，刑拘1 639人，逮捕633人，查扣各类违法船舶3 256艘，其中涉走私偷渡船舶1 270艘；查获走私冻品、成品油、香烟及其他物品一批，涉案金额超90亿元。

（3）开展“三无”船舶专项整治。中华人民共和国海关总署广东分署、省公安厅、省交通运输厅、省农业农村厅、广东海事局五部门联合出台《广东省“三无”船舶联合认定处置办法》。编写《广东海事局“三无”船舶勘验核查工作指引》。全年查处“三无”船舶共4 081艘，认定2 687艘次，拆解2 565艘，纳入乡镇监管1 216艘。

（曾紫凤　曹丽　秦澜　栗珂　黄武平）

【水文化建设】

1. 河湖长制宣传　广东全省护河志愿者注册人数增至98万人。先后组织开展“寻找广东最美河湖卫士”主题实践活动、“益苗计划”——广东志愿服务组织成长扶持行动暨志愿服务项目大赛、“最生态碧道”评选、“志愿服务组织助管碧道”倡议书发布、“广东露营亲水地图”发布等社会活动，宣传效果显著。3人入选全国第二届“最美河湖卫士”。广东省河长办组织参加“守护幸福河湖”全国短视频征集活动，获3项优秀组织奖。国庆节期间，在中共中央宣传部组织的“江河奔腾看中国”特别节目和相关专题报道的珠江专题中，新华社、中央广播电视总台、《光明日报》《经济日报》等16家中央媒体聚焦报道广东省河湖长制工作。省河湖长制工作群众满意程度逐年提高，公众信心度提升至91.9%。茂名市开展2家河湖长制教育示范学校创建工作，中山市创新“河小青”工作机制，打造“河小青”学院。清远市成立“媒体河长”队伍，建立河湖治理媒体监督机制。惠州市联动深圳、东莞、河源、赣州等东江流域城市开展保护东江母亲河“捡跑”公益活动，是五城首次联动开展“捡跑”活动。广东省韩江流域管理局以韩江水情水利史、韩江红色文化以及水利常识为主要内容，初步构建“读本＋图册、视频＋课件、网站＋公众号”的多元化立体式韩江水文化传播体系。

2. 碧道水文化建设　广东省依托万里碧道，统筹考虑水环境、水生态、水资源、水安全、水文化和水经济等方面的有机联系，使万里碧道成为广东水文化建设的重要载体。

（1）以碧道为载体，结合水文化、水科技、治水成果，做好水利科普、特色文化宣传，提升全民水科学素养，提高公众参与治水积极性。广州增城区百花涌碧道利用景墙、桥下空间、广场、栏杆进行文化输出，在入口处新增百花涌文化墙，解读百花涌文化历史脉络，融入古诗文化，改造桥下空间，对河涌沿线的栏杆进行改造，融入以花为主题的诗句，打造了多处特色的文化景观节点。中山翠亨国家湿地碧道通过公园内的科普展馆、文化展馆，让市民充分了解红树林分布、成长、繁殖的科普知识，感受中山文化的魅力，了解中山的咸水歌文化、疍家文化、造船航海文化和中山居民历史文化。云浮市郁南县南江河（连滩、东坝镇段）碧道深挖“南江文化”精神内核，依托南江文化发源地的独特优势，以碧道为载体，在空间上整合连接连滩、东坝两个镇及一河两岸沿线众多的历史文化遗存，将南江碧道段打造为南江之魂碧道，对可利用的自然与人文元素进行提炼，把南江文化元素具象化呈现在雕塑、园林建筑亭廊、小品、道路平台和景观置石中，给人以强烈的文化冲击，推动南江文化的传播，促进南江文化的传承和发扬。江门市环人才岛公园碧道通过打造“百鸟归巢”“映水莲清”等 18 个景点，围绕潮连文化和人才文化设计景观，通过互动投影、书法刻石等氛围，展示江门文化内涵，讲述属于江门人才岛的风景故事。韩江流域依托广东省潮州供水枢纽工程，融合提升枢纽水文化展示设施，整合“韩江潮客文化长廊”碧道上的南粤“左联”之旅系列水文化纪念地和潮安、横山 2 个国家重要水文站等韩江代表性水工程设施，打造多层次韩江水文化宣传教育精品线路。

（2）碧道建设牵引特色文化保护，助力乡村振兴，助推全域旅游，带动沿岸建设发展。广州南沙区乌洲涌碧道以水乡文化为载体，保留了原跨河桥梁遗迹，保留城市记忆，留住乡愁，打造一条最具水乡风情、黄阁汽车小镇的城镇型风貌特色廊道，形成“漫游黄阁工业重镇的穿梭廊道”，充分发挥生态效应、带动沿线旅游经济和地区产业升级的情动水乡绿廊。梅州平远县石正河碧道建设依托红色活动遗址，充分发挥山水人文优势，以客家历史人文、特色山水人文为主题，带动了农村的产业和文旅发展，实现了“产区变景区、田园变公园、劳作变体验、民房变民宿”的华丽蜕变，把乡村独特的生态价值、文化价值、社会价值转化为农民实实在在的经济收入。江门新会小鸟天堂碧道途经东甲村、天马村以及曾获“全国十大最美乡村”称号的茶坑村等村落，串联了小鸟天堂国家湿地公园、梁启超故居、凌云塔、陈皮村、梅江农业生态园等生态文旅景点，利用地域自然、文化资源，打造极具新会本土特色、自然景观和文化历史相结合的生态廊道，助力城市品质提升和乡村振兴。茂名根子河碧道注重整理和挖掘当地深厚的历史文化、荔枝文化、红色文化和民俗风情，把浮山潘茂名故里、红荔阁、荔枝贡园、荔枝文化博物馆以及根子河沿线的传统村落、古树名木等历史文化、自然资源和乡村风貌融入碧道规划元素，建成桥头村段古韵乡村、滨水休闲便道、亲水平台、江边公园等景观，形成富有地方特色的乡村旅游观光带，有力带动乡村文旅发展和当地的产业发展。清远连州湟川三峡水利风景区具有连州独树一帜的“湟川三峡”文化，其以水文化旅游为中心，举办“湟川三峡”山水节庆文化活动、水生态创意设计展览、水文化创意论坛、水文化摄影大赛等活动，有效充实和推广湟川水文化，并在此基础上统筹旅游资源，以“连州地下河”溶洞和“湟川三峡水利风景区”组成的观光游览带为核心，串联起连州骑楼、慧光斜塔、丰阳古村、秦汉古道、古城温泉以及千年瑶寨等亮点旅游资源，有效推动乡村振兴和全域旅游发展。

3. 河湖长制主题公园　茂名市茂南区小东江河湖长制主题公园位于小东江坡头段河滩地，建设面积 12 500m^2。公园以河湖长制工作和水文化为主线，以文化性、科普性、趣味性为特色，以“共治鉴江水·共享水文化”为主旨，以科普性主题景观激活城市滨水空间，普及河长制方针政策、河湖治理理念、水安全、水生态等知识，进一步传播河长制文化知识，充分展示近年来河长制工作成效，进一步提升公众知水、爱水、护水、惜水的意识。

4. 水务遗产认定　2022 年，广州市深入开展水务遗产调研，推进体制机制建设，制定《关于开展广州市水务遗产认定的工作方案》，科学有效制定《广州市水务遗产认定申报工作指引》，明确水务遗产定义，开展水务遗产认定申报，指导水务遗产精细分类，明确水务遗产保护管理职责，切实传承好广州水文化、讲好广州水故事。印发广东首个、广州市第一批水务遗产名录，南越国木构水闸、东濠涌、增埗水厂旧址、西山堤围、广州市黄龙带水库及南沙妈祖信俗共 6 个项目入围，其中 5 项是物质

类遗产，1项是非物质遗产。

（林冰莹　陈仲成　彭思远　黄芳　刘明昕）

【智慧水利建设】

1. 推进智慧水利和数字孪生水利建设　完成广东智慧水利工程（一期）项目立项批复，逐步构建全省水利大数据平台、水利应用支撑平台和省级数字孪生平台等智慧水利支撑体系，建设“水安全、水资源、水工程、水环境、水生态、水服务”六大应用体系。推动数字孪生水利建设，东江、北江、潭江流域纳入水利部数字孪生流域建设先行试点，试点建设中期评估优秀等次，“数字孪生潭江建设”获评优秀应用案例。探索构建具有预报、预警、预演、预案“四预”功能的智慧水利体系。通过试点引领推动全省各地智慧水利建设，在全省选取10个地市，在18个业务领域任务开展全省智慧水利试点工作，形成一批可推广、可复制、可共享的成果。

2. 智慧化手段解决河湖管理难题　2022年，“广东智慧河长”平台增加亲水指数、河湖美景等模块，完善了万里碧道、河湖健康评价档案、河湖长制在线考核等内容，为市民互动亲水、协同共治打下良好基础。优化了河湖问题处理流程，提出“四服务、四提升”的智慧河湖建设思路，进一步为河长办履行组织、协调、交办、督办职责提供支撑。持续开展卫星遥感、人工智能识别等前沿技术用于对河湖的感知预警工作，保障了“四乱”等河湖问题上报的时效性，提升了准确率和处理的效率，做到早发现、早处理，进一步降低了执法成本。

（杨嘉俊　林晓敏）

广西壮族自治区

【河湖概况】

1. 河湖数量　全国水利普查成果广西壮族自治区（简称“广西”）流域面积50km^{2}及以上的河流1 350条。其中，流域面积100km^{2}及以上的河流有678条，200km^{2}及以上的河流有361条，500km^{2}及以上的河流有157条，1 000km^{2}及以上的河流有80条，3 000km^{2}及以上的河流有26条，5 000km^{2}及以上的河流有18条，10 000km^{2}及以上的河流有7条。全国水利普查成果中广西常年水面面积大于1km^{2}的现状天然湖泊1个，位于南宁市青秀区的南湖，水面面积为1.11km^2。

2. 水量　2022年，广西水资源总量为2 208.54亿m^3，比多年平均值偏多16.2%。

3. 水质　2022年，广西112个国家地表水考核断面水质优良比例为98.2%，总体水质状况为优。其中，Ⅰ类水质断面19个，占17.0%；Ⅱ类水质断面80个，占71.4%；Ⅲ类水质断面13个，占11.6%；无Ⅳ类、Ⅴ类和劣Ⅴ类水质断面。

4. 新开工水利工程　2022年，广西新开工重大水利工程有大藤峡水利枢纽灌区工程和玉林市龙云灌区工程。大藤峡水利枢纽灌区工程设计灌溉面积100.1万亩，其中改善灌溉面积48.4万亩，新增和恢复灌溉面积51.7万亩，概算总投资79.71亿元；玉林市龙云灌区工程设计灌溉面积51.4万亩，其中新增灌溉面积18.8万亩，恢复灌溉面积9.0万亩，改善灌溉面积23.6万亩，概算总投资44.65亿元。

（吴奇蔚　谭亮　蓝月存　苏俊）

【重大活动】　2022年1月12日，自治区党委常委、自治区副主席、桂江干流自治区河长许永锞赴南宁市调研平陆运河项目前期工作。

2022年2月6日，自治区党委书记、自治区人大常委会主任、自治区总河长刘宁赴南宁、钦州调研平陆运河项目推进情况，研究解决平陆运河项目规划建设推进过程中遇到的重大问题。

2022年3月7—8日，自治区党委常委、自治区副主席、桂江干流自治区河长许永锞赴桂林市漓江调研指导河长制、生态环境保护等方面工作。

2022年3月19日，自治区党委书记、自治区人大常委会主任、自治区总河长刘宁赴贵港市大藤峡水利枢纽工程开展调研。

2022年4月26日，自治区党委书记、自治区人大常委会主任、自治区总河长刘宁赴河池市凤山县三门海镇调研。

2022年4月29日，自治区党委常委、自治区副主席、桂江干流自治区河长许永锞赴南宁市调研检查防汛备汛和安全生产工作。

2022年5月1日，自治区党委常委、自治区常务副主席、柳江干流自治区河长蔡丽新赴梧州市广西西江船闸运行调度中心调研。

2022年5月7—8日，自治区党委常委、自治区常务副主席、柳江干流自治区河长蔡丽新赴钦州市调研西部陆海新通道及（平陆）运河先导工程。

2022年5月24—25日，自治区党委书记、自治区人大常委会主任、自治区总河长刘宁赴柳州市调研，实地检查指导融安县长安镇大洲岛防洪堤建设。

2022年6月2日，自治区党委常委、自治区副主席、桂江干流自治区河长许永锞赴南宁大王滩水库调研。

2022 年 6 月 8—9 日，自治区党委副书记、自治区主席、自治区总河长蓝天立赴梧州市西江河段调研长洲水利枢纽工程运行和西江水情情况。

2022 年 6 月 19 日，国家防汛抗旱总指挥部副总指挥、水利部部长李国英，自治区党委书记、自治区人大常委会主任、自治区总河长刘宁一行赴西江干流大藤峡水利枢纽检查指导珠江流域防汛工作。

2022 年 6 月 21—22 日，自治区党委副书记、自治区主席、自治区总河长蓝天立赴桂林检查指导防汛救灾工作。

2022 年 6 月 21—22 日，自治区党委常委、自治区副主席、桂江干流自治区河长许永锞赴梧州检查指导防汛救灾工作，并于 6 月 21 日陪同国家防汛抗旱总指挥部秘书长、应急管理部副部长兼水利部副部长周学文检查指导。

2022 年 7 月 1 日，自治区党委书记、自治区人大常委会主任、自治区总河长刘宁赴北海市调研总江水闸运行情况并听取北海市海堤工程备汛等情况汇报。

2022 年 8 月 3 日，自治区党委副书记、自治区主席、自治区总河长蓝天立深入来宾市忻城县、合山市调研桂中治旱乐滩水库引水灌区工程建设情况。

2022 年 8 月 17—18 日，自治区党委副书记、自治区主席、自治区总河长蓝天立赴钦州市实地调研平陆运河项目情况。

2022 年 8 月 25 日，自治区党委书记、自治区人大常委会主任、自治区总河长刘宁赴钦州市灵山县旧州镇的平陆运河马道枢纽实地检查平陆运河建设现场工作情况。

2022 年 9 月 20 日，自治区党委书记、自治区人大常委会主任、自治区总河长刘宁赴南宁调研那考河湿地公园生态综合治理成效和城市内河水体综合治理情况。

2022 年 9 月 28 日，自治区党委书记、自治区人大常委会主任、自治区总河长刘宁专程前往贵港市桂平市拜会出席大藤峡水利枢纽工程二期蓄水验收会议的水利部副部长刘伟平、总工程师仲志余等验收组领导专家一行，代表自治区党委、政府感谢水利部等国家有关部委对大藤峡水利枢纽工程建设和广西经济社会发展给予的大力支持，对大藤峡水利枢纽工程通过二期蓄水验收表示祝贺，并实地察看大藤峡水利枢纽工程建设运行情况。

2022 年 10 月 30 日，自治区党委书记、自治区人大常委会主任、自治区总河长刘宁赴桂林市阳朔县考察漓江流域综合治理、生态保护等情况。

2022 年 11 月 10—11 日，自治区党委书记、自治区人大常委会主任、自治区总河长刘宁赴玉林市深入调研铁山港东岸码头规划建设有关情况。

2022 年 11 月 25—26 日，自治区党委常委、自治区常务副主席、柳江干流自治区河长蔡丽新赴梧州市深入调研梧州港码头有关情况。

2022 年 11 月 28 日，自治区全面强化河湖林长制专题研讨班在自治区党校开班。自治区党委常委、自治区副主席、桂江干流自治区河长许永锞出席开班仪式并讲话。自治区副主席、郁江干流自治区河长、自治区河长制办公室主任方春明为学员授课。

2022 年 12 月 13—14 日，自治区党委常委、自治区副主席、桂江干流自治区河长许永锞赴桂林市调研灵川县东兴水电站、流丰河水电站和兴安县庙湾水电站等。

2022 年 12 月 15 日，自治区副主席、郁江干流自治区河长、自治区河长制办公室主任方春明出席西江航运干线双线船闸全面贯通暨西津枢纽二线船闸通航现场会，宣布西江航运干线双线船闸全面贯通、西津枢纽二线船闸正式通航。（吴奇蔚　谭亮）

【重要文件】　2022 年 2 月 23 日，广西壮族自治区水利厅等 11 个部门印发《广西河道采砂十项监管机制》（桂水河湖〔2022〕2 号）。

2022 年 3 月 29 日，广西壮族自治区生态环境厅、自治区发展和改革委员会、自治区水利厅印发《广西壮族自治区“十四五”重点流域水生态环境保护高质量发展规划》（桂环发〔2022〕14 号）。

2022 年 3 月 30 日，广西壮族自治区发展和改革委员会、自治区水利厅、自治区住房和城乡建设厅、自治区工业和信息化厅、自治区农业农村厅印发《广西“十四五”节水型社会建设规划》（桂发改环资〔2022〕332 号）。

2022 年 5 月 20 日，广西壮族自治区河长制办公室印发《关于深入推进妨碍河道行洪突出问题专项整治行动的通知》（总河长令第 6 号）。

2022 年 7 月 17 日，广西壮族自治区河长制办公室、自治区公安厅印发《关于在河湖长制工作中建立“河湖长＋警长”工作机制的意见》（桂河长办〔2022〕19 号）。

2022 年 8 月 16 日，广西壮族自治区水利厅印发《关于规范水库库汊光伏建设项目洪水影响评价审查审批的实施意见》（桂水河湖〔2022〕7 号）。

（吴奇蔚　谭亮）

【地方政策法规】 2022年5月17日，广西壮族自治区水利厅印发《广西壮族自治区水利厅行政检查办法（试行）》（桂水规范〔2022〕1号）。

（吴奇蔚 谭亮）

【河湖长制体制机制建立运行情况】 2022年，自治区全面完成了各地集中换届后的河湖长调整。全自治区共落实各级总河长2 710名，河湖长2.4万余名；自治区、14个设区市、111个县（市、区）全部设立河湖长制办公室，932个乡镇设立河长制办公室。

（吴奇蔚 谭亮）

【河湖健康评价开展情况】 2022年，广西完成了484条流域面积50km² 以上的河流健康评价工作。其中4条自治区级河长河流全部完成，58条市级河长河流已完成46条，1 290条县、乡级河长河流已完成433条；19个水面面积1km² 以上湖泊已完成3个（南湖、明月湖、苍海湖）。

（杜广林）

【“一河（湖）一策”编制和实施情况】 2022年，全面完成西江、柳江、桂江、郁江4条自治区河长河流健康评价、第一周期“一河一策”方案实施情况评估均达优秀等级，完成编制实施第二周期“一河一策”方案。

（吴奇蔚 谭亮）

【水资源保护】

1. 水资源刚性约束 2022年广西用水总量为264.01亿m³，按考核口径折算为244.35亿m³；万元地区生产总值用水量比2020年下降9.9%；万元工业增加值用水量比2020年下降26.2%；农田灌溉水有效利用系数达到0.521；重要江河水功能区水质达标率为100%；水资源管理控制目标全部完成。根据自治区对各市实行最严格水资源管理制度的考核结果，柳州市、桂林市、崇左市等10个市获“优秀”等级。

2. 节水行动 2022年，自治区发展和改革委员会、自治区水利厅等5部门印发《广西“十四五”节水型社会建设规划》（发改环资〔2022〕332号），明确“十四五”广西节水工作的目标、主要任务、重点措施和工作机制，推动节水多元共建共治。落实国家节水行动任务，5项用水效率目标及30项重点节水任务全部完成，农业、工业、城镇生活等重点领域节水成效显著。累计有59个县（市、区）建成节水型县域，建成率达到53.2%；52个高校（校区）达到节水型高校标准，建成率达到40%；区直机关节水型单位建成率达到100%，区直事业单位建成率达到62.4%。

3. 生态流量监管 2022年，广西印发《2022年广西河流水量分配和生态流量达标评价办法》（桂水资源〔2022〕21号），明确34条河流46个断面生态流量目标，明确保障和监管责任主体，建立生态流量目标达标评价月通报制度。初步搭建生态流量监管平台，对生态流量开展实时监测、短信通报，实行动态监管和预警，开展小水电站生态流量达标情况监督检查，推动全自治区小水电站生态流量达标泄放。

4. 全国重要饮用水水源地安全达标保障评估 2022年，广西14个设区市的53个地级城市集中式生活饮用水水源地水源达标率为96.2%，比2021年上升1.7个百分点；水量达标率为98.6%，比2021年下降0.2百分点。全自治区73个县（市、区）中的130个县级城镇集中式生活饮用水水源地水源达标率为96.9%，比2021年上升4.4个百分点；水量达标率为99.9%，比2021年上升1.0个百分点。

5. 取水口专项整治 2022年广西完成第一、二批取用水管理专项整治问题的整改和现场复核销号工作，小型人饮和小型灌区整改已基本完成系统销号，大中型灌区无证取水问题完成整改。完成水利部2021年水资源管理和节约用水监督检查发现问题整改，对2022年度自治区第一次水资源管理监督检查发现的58个问题开展整改。开展取水监测计量体系建设工作，各市完成非农、农业灌区及农村人饮等取水口取水计量设施安装2 001个。

6. 水量分配 2022年，广西完成37条主要跨市河流和97条主要跨县河流水量分配方案编制并印发实施，明晰全自治区各市级行政区水权初始分配量。对河流水量分配监测断面流量（水量）进行动态监测，将流量（水量）达标情况纳入绩效考核，充分保障各市级行政区水权。明确各级行政区地下水取用水总量年度控制指标，开展地下水水位变化情况预警通报，在水资源论证技术审查环节，从严核定地下水取水量与控制指标符合性，严防超目标开采地下水，推进地下水管控落实。

（蓝月存 冯世伟）

【水域岸线管理保护】

1. 河湖管理范围划界 2022年，广西强化河湖水域岸线空间管控，按照国土空间规划“一张图”和“三区三线”划定成果汇交技术要求，完成所有河流划界成果复核修订。

2. 岸线保护利用规划 2022年，广西全面完成332条（段、个）重要河湖水域岸线保护与利用规划成果集中复核，助推“多规合一”，夯实河湖管护法治基础，依法加强河湖水生态空间管控。出台《关于规范水库库汉光伏建设项目洪水影响评价审查审批的实施意见》（桂水河湖〔2022〕7号），规范水库库汉等水域岸线用途管控，严格依法依规审批河湖管理范围内建设项目和活动。

3. 采砂整治　2022年，广西扎实推进河道非法采砂专项整治，严厉打击“沙霸”及其背后“保护伞”，共查处非法采砂行为248起，办理非法采砂案件183件，处罚206人，拆解非法采砂船121艘。全面完成中央环保督察反馈的丹竹江、大风江、茅岭江等入海流域非法采砂问题清理整治，拆解非法采砂船110艘，打掉采销团伙6个，抓获涉案人员79人。

4. “四乱”整治　2022年，广西深入推进河湖“清四乱”常态化规范化，积极开展妨碍行洪突出问题专项整治行动。全自治区排查发现220个妨碍行洪突出问题，整治销号181个，销号率82.3%；发现河湖“四乱”问题1 113个，问题数量逐年明显下降，已完成整治销号1 105个，清理整治河湖水域岸线约367km，拆除违法建构筑物约19万m^2，累计清理养殖网箱面积约48万m^2，河湖面貌持续改善。

（吴奇蔚　谭亮）

【水污染防治】

1. 排污口整治　2022年，全自治区继续统筹推进入河入海排污口排查整治工作，全面摸清城市建成区范围内入河排污口底数，共排查8 905个入河入海排污口。开展全自治区规模以上、未纳入在线监控系统的入河排污口监督性监测，2022年上半年和下半年分别抽查入河排污口257个和260个，监测达标率分别为87.5%和92.3%。

2. 工矿企业污染　2022年，全自治区加快推进工业集聚区污水集中处理设施建设，全自治区135个工业集聚区实现污水集中处理；印发《关于加快推进工业企业废水纳入城镇污水处理厂处理评估工作的通知》（环督办函〔2022〕11号），完成60个工业集聚区工业废水处理涉及的94个城镇污水处理厂、589个纳管工业企业评估，工业企业排放的工业废水污染物不能被城镇生活污水处理厂有效处理或影响城镇生活污水处理厂出水稳定达标的，要求立即整改或限期退出。

3. 城镇生活污染　2022年，全自治区加快城乡污水处理基础设施建设和改造，切实提升城镇污水、镇级污水处理效能。全自治区累计建成城市（含县级市）污水处理厂132座，处理规模达573万t/d，城市平均生活污水集中收集率达到52%，年增速与全国平均水平持平；建成镇级污水处理设施723座，平均负荷率达63%。

4. 畜禽养殖污染　2022年，广西印发《小散养殖户污染防治和粪肥利用指导意见》《全区生态敏感流域和水质不达标支流养殖污染治理指导意见》（桂农厅办函〔2022〕67号），指导相关市、县开展畜禽养殖污染治理。新增4个畜禽粪污资源化利用整县推进项目，新增国家扶持资金10 500万元，全自治区整县推进项目县达到31个。全自治区畜禽粪污综合利用率达到93.52%；97.31%的畜禽规模养殖场配套有畜禽粪污处理利用设施，超过任务指标2.31个百分点；96.34%的畜禽规模养殖场制定了畜禽粪污利用计划，95.45%的畜禽规模养殖场落实了台账制度。

5. 水产养殖污染　2022年，广西持续深入开展网箱养殖清理整治，全自治区累计清理养殖网箱面积约48万m^2。全自治区新建大水面生态渔业示范区2个，新增大水面生态渔业面积约3万亩。继续推进水产绿色健康养殖“五大行动”，建立30个养殖尾水处理监测示范基地，抽样检测养殖尾水120多次，有效推动全自治区生态健康养殖全面发展。

6. 农业面源污染　2022年，广西印发《2022年化肥农药减量增效工作方案》（桂农厅办发〔2022〕39号）系列文件，组织指导测土配方施肥、绿色防控、统防统治、安全用药等科学施肥用药技术推广工作。在南宁市隆安县、柳州市柳江区等11个县（市、区）开展化肥减量增效“三新”技术示范县建设。在南宁市武鸣、柳州市融安等35个县（市、区）建设农作物病虫害绿色防控集成示范区42个，示范面积约28.81万亩。

7. 船舶和港口污染防治　2022年，广西进一步加强对船舶防污染设施设备、船舶防污染作业、船舶污染物排放与接收的监督检查，依法查处船舶非法排污行为。全年使用燃油快检设备开展燃油质量监督检查4 134艘次，查处超标使用燃油违法行为70起；全自治区到港船舶单船数37 908艘次，开展防污染登轮检查5 136艘次，防污染登轮检查率达13.55%；查处船舶违法排放污染物案件23起，其他违反船舶防污染有关规定的案件67起。内河港口完成船舶垃圾接收转运约143.75t，船舶生活污水接收783.13t，含油污水接收转运约15.92t。

（吴奇蔚　谭亮　蓝月存　庞毅）

【水环境治理】

1. 饮用水水源规范建设　广西城乡饮用水监测乡镇覆盖率已达到100%，设立城市饮用水监测点

1 369 个，农村饮用水监测点 3 936 个。2022 年，广西围绕“划、立、治”，深入推进饮用水水源地规范化建设，严格审查县级及以上饮用水水源保护区调整划定方案，全自治区 3 623 个农村千人以上水源地已基本完成保护区划定批复；完成 8 个县级及以上饮用水水源保护区划定（调整、撤销）方案审查。

2. 黑臭水治理　2022 年，广西开展全自治区城市（设区市、县级市）黑臭水体整治环境保护专项行动，确认县级城市黑臭水体 17 条，其中认定已消除 3 条，基本消除 4 条，消除比例达到 41.2%；确认城市黑臭水体 77 条，其中认定已消除 69 条，基本消除 1 条，消除比例达到 90.9%。

3. 农村水环境整治　2022 年，广西统筹推进农村生活污水治理和农村黑臭水体整治。截至 2022 年年底，完成污水治理的行政村数量 2 514 个，新增完成污水治理行政村 735 个，完成 31 条农村黑臭水体整治，全自治区农村生活污水治理率达到 17.1%。

（蓝月存　吴琦）

【水生态修复】

1. 退田还湖还湿　2022 年，广西申报的桂林漓江流域山水林田湖草沙一体化保护和修复工程成功入选国家“十四五”期间第二批山水林田湖草沙一体化保护和修复工程。完成广西左右江流域革命老区（百色、崇左、南宁）山水林田湖草生态保护与修复工程试点总结，左右江试点工程的 283 个项目中，总体完工 280 个，验收 276 个，国家考核的 14 项指标已全部完成。

2. 生物多样性保护　2022 年，广西加强生物多样性保护，完成了广西桂西南、南岭、桂西黔南 3 个生物多样性保护优先区域外来入侵动植物普查工作，共发现外来入侵物种 127 种，其中入侵动物 33 种、入侵植物 94 种。成功举办“5·22 国际生物多样性日”宣传活动。自治区党委办公厅、自治区政府办公厅印发《关于进一步加强生物多样性保护的实施意见》（桂办发〔2022〕14 号）。参加联合国生物多样性大会第二阶段会议举办广西主题日活动，COP15 主席、生态环境部部长黄润秋，生态环境部副部长赵英民亲临广西主题日现场，对广西生物多样性展览展示予以充分肯定。柳州市鹿寨县、钦州市灵山县和贵港市平南县获得第六批国家生态文明建设示范区称号，贺州市富川县获得“绿水青山就是金山银山”实践创新基地称号。全自治区县（市、区）级获国家生态文明建设示范区命名 16 个，“绿水青山就是金山银山”实践创新基地授牌 5 个。

3. 生态补偿机制　2022 年，广西初步建立右江、漓江流域上下游横向生态保护补偿试点机制，并会同广东省人民政府正式签署第三轮（2021—2023 年）生态补偿合作协议，同时，根据 2021 年右江、漓江流域水质水量监测结果制定《广西区内右江、漓江流域上下游横向生态保护补偿试点奖补资金分配方案》。11 月，对右江、漓江流域上下游横向生态保护补偿试点工作（2020—2022 年）开展综合监测考核。

4. 水土流失治理　2022 年，广西各级水利部门发挥行业主管部门的作用，积极抓好水土保持工程建设，统筹社会各部门水土保持生态建设成果，鼓励社会民间资本参与水土保持生态建设。全自治区共完成水土流失治理面积 1 939.32km^2，其中水利部门实施水土保持工程 70 项，完成水土流失综合治理面积 827.87km^2。

5. 生态清洁小流域建设　2022 年，广西建设完成生态清洁小流域水土保持工程 4 个，改造坡耕地 96.88hm^2，种植林草 496.18hm^2，封禁治理 82 193.93hm^2，并建设完成一批项目配套小型水利水保工程。

（蓝月存　李四高）

【执法监管】

1. 河湖日常监管　2022 年，广西加大河湖违法案件查处力度。开展重点领域、敏感水域常态化排查整治，重点查处非法侵占河道、非法采砂等水事违法行为。2022 年，广西各级水政监察队伍累计出动执法人员 3.49 万人次、投入执法巡查 1 860 船次，累计巡查河道 13.1 万 km，巡查监管对象 6 176 个，现场制止违法行为 1 018 次，立案查处水事违法案件 363 件，结案 306 件，结案率达 85.4%。

2. 联合执法　2022 年，广西全面建立“河湖长＋检察长”“河湖长＋警长”工作机制，推动行政执法和刑事司法相衔接，全自治区检察机关共受理查河湖治理公益诉讼案件 1 329 件，立案 1 286 件。牵头组织 11 个部门印发实施《广西河道采砂十项监管机制》（桂水河湖〔2022〕2 号），持续强化和规范河道采砂全链条、全要素监管，推广河道采砂“采销分离”管理新模式，有关经验做法获中央和国家有关部委充分肯定。

（吴奇蔚　谭亮　劳少昭）

【水文化建设】　2022 年，广西建成北流市会仙河河长制主题公园及合浦河长制夜景主题公园，在为市民游客提供休闲娱乐的同时，也为市民提供了学习河长制知识的好去处。公园中有许多“河长制”文化元素，是广西展示幸福河湖的重要标识与彰显生态文明建设的“水利名片”，旨在营造人人关心河长制、人人参与河长制、人人都是“河长”的良好氛围，群众在公园游玩时可以学习知识，潜移默化地接受河长制文化、生态环保理念的熏陶。

（吴奇蔚　谭亮）

【智慧水利建设】　广西河湖长 App 服务于各级河湖长用于日常巡河、问题处置等，支持对巡河当中发现的问题进行上报、处理、结案等操作，以数字化、信息化的手段提升各地河湖管理水平及成效。2022 年，自治区各级河湖长应用广西河湖长 App 巡河巡湖累计 100 万余次，整治河湖“四乱”问题 1 113 个。

（丁锦佳）

海南省

【河湖概况】

1. 河湖数量

(1) 海南岛属热带季风气候，年平均气温为 23～25℃，年降雨量 1 000～2 600mm，年平均降雨量 1 758mm，海南岛地势中高周低，较大的河流都发源于中部山区，并由中部山区或丘陵区向四周分流入海，构成放射状的水系。全岛河流 3 526 条，其中，流域面积在 $50km^2$ 以上的河流 197 条，$100km^2$ 以上的河流 95 条，$500km^2$ 以上的河流 18 条，$1\ 000km^2$ 以上的河流 8 条。南渡江、昌化江、万泉河是海南岛三大江河，流域面积分别为 $7\ 066km^2$、$4\ 990km^2$、$3\ 692km^2$。（张明）

(2) 2022 年，海南省现有水库 1 105 座，已进行注册登记 1 096 座，其中大型水库 2 座，中型水库 8 座，小型水库 1 086 座，完成率 99.19%。

（李芳）

2. 水量

(1) 2022 年，全省年平均降水量 2 068.6mm，折合降水总量 708.0 亿 mm，比多年平均值偏多 13.8%，相应频率 19.4%，属偏丰年。

(2) 2022 年，海南省地表水资源量 356.1 亿 m^3，地下水资源量 100.3 亿 m^3，地下水与地表水资源不重复量 7.7 亿 m^3；全省水资源总量 363.8 亿 m^3，比多年平均值偏多 13.7%。（吴海伟）

3. 水质

(1) 2022 年，海南省地表水水质为优，水质优良（Ⅰ～Ⅲ类）比例为 94.9%，劣Ⅴ类比例为 0.5%。与 2021 年相比，水质优良比例上升 2.7 个百分点，劣Ⅴ类比例下降 1.1 个百分点，全省地表水水质总体优中向好。

(2) 2022 年，海南省主要河流水质为优。监测的 76 条主要河流 141 个断面中，Ⅰ～Ⅲ类水质比例为 95.8%，同比上升 4.3 个百分点；劣Ⅴ类比例为 0.7%，同比下降 1.4 个百分点。南渡江、昌化江、万泉河流域和西北部、南部、南海各岛诸河水质为优，东北部诸河水质良好。与 2021 年相比，南渡江、昌化江流域和南部、南海各岛诸河水质保持稳定，万泉河流域和西北部诸河水质有所好转，东北部诸河水质明显好转。超Ⅲ类断面主要污染指标为总磷、高锰酸盐指数、化学需氧量。

(3) 2022 年，海南省主要湖库水质总体为优。监测的 41 座主要湖库中，水质优良湖库 38 个，占 92.7%，同比持平；无劣Ⅴ类湖库，同比持平。超Ⅲ类点位的主要污染指标为总磷、化学需氧量、高锰酸盐指数。41 个湖库中，轻度富营养化状态 5 个，占 12.2%，其余湖库均呈中营养状态。

(4) 2022 年，海南省 75 个地下水环境质监测点位中，Ⅱ～Ⅳ类水质比例为 90.7%，其中Ⅱ类水质占 4.0%，Ⅲ类水质占 32.0%，Ⅳ类水质占 54.7%，Ⅴ类水质占 9.3%。Ⅴ类水质主要定类指标为 pH 值、锰、氯化物。三亚市凤凰山庄、琼海市官塘、万宁市兴隆、儋州市蓝洋农场热矿水水质基本稳定。

4. 新开工水利工程　2022 年，海南省有迈湾水利枢纽工程、天角潭水利枢纽工程、琼西北供水工程、南渡江龙塘大坝枢纽改造工程、白沙西部供水工程（一期）、牛路岭灌区工程、南渡江水系廊道生态保护修复工程、儋州市松涛东干渠改线工程、三亚市西水中调工程（一期）等 9 个在建重大水利工程项目，年度投资为 53.07 亿元。

(1) 迈湾水利枢纽工程。2022 年 11 月 1 日，迈湾水利枢纽工程管理区地基与基础、主体结构、建筑物装饰装修、屋面、通风与空调等 5 个分部工程通过验收，标志着迈湾水利枢纽工程主体工程首批分部工程验收顺利完成。

(2) 天角潭水利枢纽工程。2022 年 5 月，主坝浇筑至 48.00m 度汛高程；2022 年 11 月 29 日，首个坝段封顶，获中央广播电视总台新闻频道报道；2022 年 12 月，主坝基本全线浇筑至坝顶高程。

(3) 琼西北供水工程。2022 年 5 月 22 日，施工二标工程正式进行合同工程开工。截至 2022 年年底，琼西北供水工程长岭隧洞完成洞身开挖及支护 840.75m，完成年度计划的 105.09%，开工累计完成 1 447.95m，完成长岭隧洞总长 3 492m 的 41.46%。

(4) 南渡江龙塘大坝枢纽改造工程。2022 年 3

月 29 日，海口市南渡江龙塘大坝枢纽改造工程成功实现一期围堰合龙，标志着南渡江龙塘大坝枢纽改造工程正式进入施工阶段。4 月 13 日，南渡江龙塘大坝枢纽改造工程主体工程正式开工；5 月 16 日，完成开工备案手续；8 月 26 日，一期拦河闸底板混凝土全部浇筑完成；11 月 15 日，一期拦河闸闸墩 6 高程以下施工完成。

（5）白沙西部供水工程（一期）。2022 年 3 月 20 日，全断面硬岩隧道掘进机（TBM）设备进场组装，5 月 8 日开始试掘进。这是 TBM 施工技术首次进场海南并运用于治水领域。

（6）牛路岭灌区工程。2022 年 9 月 13 日，牛路岭灌区工程开工建设。该工程是国务院部署实施的 150 项重大水利工程，也是 2022 年国务院确定的当年重点推进开工建设的 6 大灌区之一。

（7）南渡江水系廊道生态保护修复工程。2022 年 3—12 月，完成施工总承包、施工监理，水土保持监测、第三方质量检测、造价咨询、水保监测、征地移民评估等招标工作。2022 年 9 月，施工单位进场施工。

（8）儋州市松涛东干渠改线工程。2022 年 1 月 6 日，儋州市松涛东干渠改线工程在儋州市那大镇举行工程开工仪式，海南省水务厅党组成员陈德皎、儋州市副市长莫正群出席。

（9）三亚市西水中调工程（一期）项目。该工程为海南省重大民生项目，2018 年 10 月项目开工建设，2023 年 3 月 28.1km 主洞全线贯通；截至 2022 年年底，二次衬砌已完成 13 946m，占总长度的 44%，工程整体形象进度完成 75%，预计 2024 年 8 月完成通水。（吴永涛）

【重大活动】 2022 年 1 月 4 日，海南省“六水共治”攻坚战动员部署会在文昌召开。省委书记、省总河湖长、省治水工作领导小组组长沈晓明出席会议并讲话。省长、省治水工作领导小组组长冯飞等省领导出席会议。

2022 年 1 月 14 日，海南省水务工作会议在海口召开。会议传达学习省长冯飞、副省长刘平治对水务工作的批示精神，通报表扬 2021 年水务先进单位。省水务厅党组书记钟鸣明作总结讲话，厅长王强作工作报告。

2022 年 6 月 9 日，海南水浮莲清理“百日大战”攻坚行动新闻发布会在海口召开，省水务厅党组成员、副厅长梁誉腾出席发布会并答记者问。

2022 年 11 月 1 日，省委书记、省总河湖长、省治水工作领导小组组长沈晓明主持召开全省总河湖长暨治水工作领导小组全体会议。

2022 年 11 月 9—11 日，为贯彻落实省总河湖长会议精神和省委、省政府关于“能力提升建设年”工作部署，切实提升各级河湖长履职能力和业务水平，更好推进全省河长制和“六水共治”各项工作任务，省委组织部、省河长制办公室在文昌举办了 2022 年市、县、乡三级河长培训班。全省 18 个市、县、乡三级河长参加了培训。（李芳）

【重要文件】 2022 年 3 月 28 日，海南省水务厅印发《2022 年水生态环境保护年度工作计划的通知》（琼水便函〔2022〕346 号）。

2022 年 4 月 12 日，海南省河长制办公室印发《海南省 2022 年河长制湖长制工作要点的通知》（琼河办〔2022〕25 号）。

2022 年 4 月 19 日，海南省河长制办公室印发《关于开展水浮莲清理“百日大战”攻坚行动的通知》（琼河办〔2022〕27 号）。

2022 年 6 月 2 日，海南省水务厅关于印发《对河湖长制工作真抓实干成效明显地方进一步加大激励支持力度的实施方案的通知》（琼水河湖〔2022〕163 号）。

2022 年 6 月 7 日，海南省水务厅印发《关于南渡江及昌化江河道采砂规划的通知》（琼水河湖〔2022〕168 号）。

2022 年 7 月 8 日，海南省水务厅、海南省总工会、海南省妇女联合会印发《关于开展“寻找最美河湖卫士”主题实践活动的通知》（琼水河湖〔2022〕193 号）。

2022 年 9 月 27 日，海南省河长制办公室印发《关于加快推进幸福河湖建设的通知》（琼河办〔2022〕7 号）。

2022 年 10 月 29 日，海南省河长制办公室、海南省治水工作领导小组办公室印发《关于召开 2022 年全省总河湖长暨治水工作领导小组全体会议的通知》（琼河办〔2022〕67 号）。

2022 年 10 月 31 日，中共海南省委组织部、海南省河长制办公室印发《中共海南省委组织部　海南省河长制办公室关于举办 2022 年市县乡三级河长培训班的通知》（琼河办〔2022〕68 号）。

2022 年 11 月 2 日，海南省河长制办公室印发《海南省 2022 年河湖长制工作考核实施方案的通知》（琼河办〔2022〕66 号）。

2022 年 11 月 28 日，海南省河长制办公室印发《关于按时完成妨碍河道行洪突出问题清理整治工作的通知》（琼河办〔2022〕78 号）。

2022 年 12 月 2 日，海南省河长制办公室印发《关于开展 2022 年河湖长制考核工作的通知》（琼河办〔2022〕80 号）。

2022 年 12 月 6 日，海南省河长制办公室印发《海南省河长制办公室关于开展 2022 年幸福河湖验收的通知》（琼河办〔2022〕81 号）。 （李芳）

【地方政策法规】

1. 规范（标准） 2022 年 4 月 20 日发布《海南智慧水网物联网标准规范》（HNSW 20212—2022）。

2022 年 4 月 20 日发布《海南智慧水网大数据标准规范》（HNSW 20212—2022）。 （李芳）

2. 政策性文件 2022 年 2 月，海南省水务厅联合 14 部门印发《海南省节水行动 2022 年实施计划》（琼水资源〔2022〕21 号）。 （陈颖）

【河湖长制体制机制建立运行情况】 2022 年，海南省以习近平新时代中国特色社会主义为指引，深入学习贯彻党的二十大精神，积极践行习近平总书记提出的“节水优先、空间均衡、系统治理、两手发力”治水思路，以“六水共治”为抓手，推动河湖管理工作取得新成效。

（1）以党政领导负责制为核心的河湖监管体系进一步完善。2022 年 11 月 1 日，省委、省政府召开总河湖长暨治水工作领导小组全体会议，明确对 13 条劣Ⅴ类水体由市、县党政主要领导兼任河长。5 700 名河湖长带头落实治水责任，巡查河湖超 19 万人次，省级重点监控的 21 条河湖中有 13 条水质得到明显改善。河湖长制连续 6 年纳入省委党校乡镇党政领导干部培训课程。

（2）以专项行动为抓手，严格管控河湖水域岸线。开展妨碍河道行洪突出问题排查整治，发现问题 103 个，全部完成整改。开展水浮莲清理“百日大战”攻坚行动，动员机关、企事业单位、党员、干部、群众、志愿者广泛参与，出动人力 4 万余人次、挖机 1 851 辆次、船只 2 303 艘次、运输车辆 5 665 辆次，清理水浮莲 1.17 万亩，共计 8.01 万 t。常态化推进河湖“清四乱”，全年排查问题 744 个，整改 722 个。全面加强河道采砂管理，制定南渡江、昌化江采砂规划，严厉打击非法采砂，坚决杜绝大规模非法采砂行为。

（3）完成第一次全国水利普查名录内 197 条河流管理范围划定，名录外河流划界完成率达 74%。编制 8 条河流岸线保护与利用规划，实现流域面积 500km^2 以上河流全覆盖。启动 42 条河湖健康评价。2022 年 11 月 30 日，率先出台《生态环境保护考核评价和责任追究规定》（海南省人民代表大会常务委员会公告第 131 号）。

（4）坚持向民而行，持续打造幸福河湖。三亚打造“两河四岸”绿色项链和生态湿地公园。儋州利用千年玉蕊花、鹭鸶天堂、文峰塔、“两院”等特色景观打造水美乡村、湿地景观。定安在潭榄溪等河流设置驿站、亲水平台，打造“十里古岸”。五指山获评第六批国家级生态文明建设示范区。保亭获评首批“国家水生态文明城市”和“绿水青山就是金山银山”实践创新基地。 （李芳）

【河湖健康评价开展情况】 2022 年，海南省结合河流管护实际，印发《海南省河湖健康评价技术指引（试行）》（琼河办函〔2022〕10 号），更好地指导各市、县开展河湖健康评价工作；积极开展河流健康评价，通过制定海南省河湖健康评价实施计划，确保水普名录内河流健康评价工作在“十四五”期间全部完成。截至 2022 年年底，已完成健康评级河流 32 条，占“十四五”目标任务的 16%，计划 2023 年完成 40%，2024 年完成 70%，2025 年完成 100%，河流健康评价工作稳步推进。 （刘辉）

【“一河（湖）一策”编制和实施情况】 2022 年，海南省按照“一河（湖）一策”，结合“六水共治”，加大治污水力度，提升水环境。深入推进极致融合，建立河流湖库水质督查工作机制，每月对不达标水体水质进行研判，推动河湖长与属地、部门协同推进岸上治理和河湖保护修复工作。建立省人大、省政协、省纪委监委联合监督机制，不断压实河湖长工作，跨部门重协同，全民参与治水格局市县新跨越。

（刘辉）

【水资源保护】

1. 水资源刚性约束 2022 年，海南省积极完善水资源刚性约束制度。

（1）划定生态保护红线，明确水资源开发利用上限。组织开展水资源承载能力评价，完成 18 个市、县水资源承载能力评价报告。

（2）维护河湖健康。持续推进重点河流生态流量目标的确定和管理，完成流域面积 500km^2 以上 15 条河流生态流量保障实施方案，建立监测预警机制和管控责任制，进一步保护河湖生态。省水文水资源勘测局每季度汇报重点河流重点断面的生态流量数据，2022 年以来，生态流量实际值都在目标值范围内。

(3) 对地下水实行用水总量和水位双控制及分区管理。进一步提升地下水管理精细化水平，经省政府同意印发《海南省水务厅关于印发〈海南省地下水管控指标〉的函》(琼水资源函〔2022〕12号)，确定了全省地下水用水总量和水位双控指标。对地下水分区管控。持续开展地下水超采区划定及成果复核工作，编制完成《海南省地下水超采区划定报告（征求意见稿）》，为海南自贸港高质量发展提供水资源安全保障。

(4) 加强流域水资源统一管理。先后印发《海南省水务厅关于报送水资源调度管理机构和责任人信息的通知》《海南省水务厅关于公布开展水资源调度的跨地市江河流域及重大调水工程名录（第一批）》，明确了海南省第一批开展水资源调度工作的跨地市江河流域及调水工程名录，以用水总量和管控断面流量为目标，科学实施水资源调度管理。

(5) 建立覆盖全域的水资源管理与调配系统，提高信息化水平。将取水许可电子证照系统、用水直报系统接入智慧水网平台。完成36个非农业取用水户63个站点在线监测计量设施的安装，并接入智慧水网平台。整合完成重要河流来水量、用水户取用水量、松涛、大广坝、红岭三大灌区水位流量等数据，实现用水总量和生态流量的预报预警，依托智慧水网信息平台及时科学开展水资源调度。

2. 节水行动　2022年，海南省深入贯彻落实国家节水行动，联合14部门印发《海南省节水行动2022年实施计划》(琼水资源〔2022〕21号)，联合海南省发展和改革委员会、海南省工业和信息化厅、海南省农业农村厅印发《海南省"十四五"节约用水规划》(琼水资源〔2022〕185号)，统筹部署推进节水工作，强化监督管理，持续提高水资源集约节约利用能力。2022年全省用水总量45.58亿m^3，万元GDP用水量为66.9m^3，万元工业增加值用水量为17.9m^3，农田灌溉水有效利用系数为0.576，均满足国家下达的"三条红线"控制指标。海口市美兰区、三亚市吉阳区、澄迈县节水型社会达标建设通过水利部复核，列入全国第五批节水型社会达标县（区）名单。全省7个县（区）完成县域节水型社会达标建设工作，完成国家节水行动方案规定的2022年30%以上的县（区）级行政区达到节水型社会标准的目标。

3. 生态流量监管　2022年，海南省持续推进重要江河生态流量管控工作，编制完成新吴溪、珠碧江、陵水河、定安河4条河流生态流量保障实施方案，利用水文站点对河流重要控制断面开展生态流量监控。加快推进地下水管控指标确定，编制印发《海南省地下水管控指标确定》。　（吴海伟）

4. 全国重要饮用水水源地安全达标保障评估　2022年，海口市龙塘南渡江水源地、赤田水库水源地、松涛水库水源地、东方市昌化江水源地（玉雄）、琼海市万泉河红星水源地5个国家级重要饮用水水源地均已完成水源地规范化建设，水质达标率为100%，监测结果在政府门户网站向社会公开。

（吴海伟）

【水域岸线管理保护】

1. 河湖管理范围划界、岸线保护利用规划　2022年，海南省全面完成第一次全国水利普查名录内的197条河流管理范围划定，名录外河流划界工作完成74%。编制完成8条流域面积500km^2以上的河流岸线保护与利用规划，同步推进其他重要河湖岸线保护利用规划编制工作。　（刘辉）

2. 采砂整治　2022年，海南省持续开展非法采砂整治行动。经省政府同意，编制并印发南渡江、昌化江采砂规划，引导河砂有序开采。落实"河长＋检察长"协作机制，将行政执法与检察监督有效衔接，通过定期会商、线索移送、协作调查取证、联合巡查、联合督办等方式，强化行政执法与检察监督有效衔接。

2022年，全省累计出动巡查人员20 057人次，查处非法采砂行为233起，查处抽砂浮台206处、采砂挖掘机管械71台、车辆349辆。行政处罚案件119件，处罚86人；刑事处罚案件17件，处罚21人；罚款121.3万元。全省主要江河长时间、大规模的非法采砂行为已杜绝，偏远地区小规模盗采河砂的现象也有了明显减少。

3. "四乱"整治　2022年，全省排查"四乱"问题744个，完成整改722个。环岛高铁及高速公路沿线43个河湖"四乱"问题已全部整改。其中针对海南水浮莲滋生可能影响行洪、供水安全的实际情况，结合江河湖海清漂行动，2022年4—7月，在全省范围内开展水浮莲问题大排查、大清理、大整治，并召开新闻发布会。全省累计出动人力4万余人次，投入挖机1 851辆次、铲车306辆次、船只2 303艘次、运输车辆5 665辆次、无人机907架次，清理水浮莲1.17万亩8.01万t，河湖内超80%的水浮莲得到清理，河湖再现"河畅、水清、岸绿、景美"秀美风貌。　（李芳）

【水污染防治】

1. 排污口整治　2022年，海南省严控入河污染排放，加强入河排污口监督管理和排查整治。印发实施《海南省入河入海排污口排查整治工作方案》，全面部署推进入河排污口排查整治，完成117条河湖入河排污口排查，建立入河排污口清单并实行动态管理，明确排污口责任主体，督促责任主体加强排污口整治、规范化建设、维护管理等。开展业务指导培训，进一步规范入河排污口审批流程，指导市、县科学合理设置入河排污口。对工矿企业、工业及其他各类园区污水处理厂、城镇污水处理厂排污口开展监督性监测，发现超标排污行为及时依法处置。

2. 城镇生活污染　2021年海南省生活垃圾产生量为465.2万t，实际处理量为446.7万t，城乡无害化处理率为96.0%。

2021年海南省运营（含试运营）的城镇污水处理厂共146座，合计污水处理能力173.3万m^3/d，同比增加13.3万m^3/d。其中城市污水处理厂38座，处理能力139.8万m^3/d。城市污水产生量38 552万m^3，污水处理量38 208万m^3，处理率达99.1%。

2022年，全省新增污水处理能力17.65万m^3/d，建设改造城镇污水收集管网650km；全省城市（县城）生活污水集中收集率为56.2%，较2021年提升5.3个百分点。澄迈老城、临高县城、临高县新盈镇、昌江县城4个城镇污水处理厂完成一级A提标改造，东方市感城镇、白沙县城、屯昌县城、枫木镇、陵水县城、本号镇6个城镇污水处理厂已启动一级A提标改造。全省175个建制镇已完工生活污水处理设施127座，其中48座正在建设38座，建制镇污水处理设施开工率100%，覆盖率达到72%，已超额完成年度67%工作目标。（林录超）

3. 畜禽养殖污染　2022年，实施畜禽粪污资源化利用整市（县）推进项目。坚持以项目带动引领，利用中央财政资金1.45亿元支持儋州、海口琼山区、澄迈、屯昌4个县（市、区）实施畜禽粪污资源化利用整市（县）推进项目，有效带动全省畜禽粪污资源化水平再上新台阶。海南省继续坚持保供给与保环境并重，以创建畜禽养殖标准化示范场为契机，以畜禽粪污资源化利用整县推进项目为抓手，全面推进畜禽粪污资源化利用。组织各市、县开展畜禽养殖标准化示范场创建工作，引导养殖场改造升级设施装备条件，提高生物安全防控和畜禽粪污资源化利用水平。累计创建国家级、省级畜禽养殖标准化示范场155家，其中2022年创建省级、国家级畜禽养殖标准化示范场23家（含到期复验4家），以点带面发挥示范引领作用，带动中小型养殖场户向标准化、规模化、设施化转型发展。畜禽粪污综合利用率达88.51%，规模场粪污处理设施配套率达98.24%，大型规模养殖场粪污处理设施配套率达100%。（任爽）

4. 水产养殖污染　2022年，海南省针对淡水养殖尾水污染，在海口、文昌、乐东等市、县实施一批水产养殖池塘标准化改造和尾水治理项目，研究制定大水面生态养殖规划，鼓励市、县发展大水面生态养殖、稻渔综合种养等生态健康养殖模式，推动全省水产养殖业点状污染治理。加快推动禁养区内水产养殖清退，结合两轮中央环保督察反馈问题整改落实，指导市、县落实《海南省养殖水域滩涂规划（2021—2030年）修编》《海南省2021—2022年水产养殖整治工作实施方案》，大力推进禁养区水产养殖清退整治工作，截至2022年年底，海南省禁养区淡水养殖清退面积约6.4万亩。积极探索水产养殖尾水治理模式，推广应用淡水池塘“三池两坝”生态沟渠尾水处理模式，针对重点河流流域的养殖池塘，指导开展生态湿地尾水治理模式，谋划制定集中连片养殖区绿色改造升级支持政策，支持集中养殖片区的整体改造升级。（王建明）

5. 农业面源污染　2022年，海南省农业面源污染总体治理思路是：以种植业、畜禽养殖业、水产养殖业污染治理及水源地保护等为重点，以源头减量、过程控制、末端利用为路径，遴选治理技术，配套治理工程项目，创新治理机制，开展全要素综合防治和全流域协同治理，系统解决海南省重点流域农业面源污染问题。

重点针对化肥、农药、农膜及农药包装废弃物等污染物进行治理。贯彻落实海南省人民政府办公厅印发的《海南省化学农药化肥减量实施总体方案（2021—2025年）》（琼府办〔2021〕74号）、海南省农业农村厅印发的《2022年农药化肥减量补助项目实施方案》（琼农字〔2022〕125号）；明确农药化肥减量年度任务目标和技术措施，重点推广病虫害统防统治、秸秆还田、增施有机肥、水肥一体化等技术。2022年，海南省化学农药、化肥使用量分别为1.76万t、100.51万t，比2020年分别减少10.71%和8.72%，农药包装废弃物回收率达72%，农膜回收率达88.35%。（王槐蓬）

6. 船舶港口污染防治

（1）强化船舶大气污染物排放监督管理。严格落实《船舶大气污染物排放控制区实施方案》（交海发〔2018〕168号）和《2020年全球船用燃油限硫令实施方案》，强化对船舶大气污染防治的监督检查。采取“快检-送检”相结合的方式对到港船舶开展燃油质量检测监督，配备18套燃油快检设备，用

于到港船舶燃油质量现场检测。2022 年，使用快检设备检测燃油样品 2 854 艘次，委托第三方检测 316 艘次，查处超标使用燃油违法行为 30 起，罚款 110.4 万元，有效遏制了船舶使用超标燃油的违法行为发生。依法对船舶燃油供应单位油品质量开展监督检查，定期对辖区 18 家船舶供油单位进行现场抽查，重点检查供油单证、燃油样品情况，以及相关规章制度建立情况，对发现的违规行为及时作出处理。

（2）强化船舶水污染物转移处置监督管理。通过检查船舶和接收单位的记录和单证、核查船上污染物处理设备等方式，核实船舶水污染物转移处置数量和去向，严厉查处船舶水污染物偷排漏排和超标准排放等违法行为。辖区共有 6 家船舶污染物接收单位。据统计，2022 年海南省接收船舶污染物 12 970m³，其中船舶垃圾 8 789m³、含油污水 2 487m³、残油 642m³、生活污水 1 052m³。未接收化学洗舱水。共查处船舶违规排放污染物违法行为 19 起，罚款 59.6 万元。继续推动沿海市、县建立实施船舶水污染联合监管制度，在海南海事局的推动下，海南省主要港口所在地的沿海市、县均已建立并实施船舶水污染物联合监管制度，实现了对船舶污染物转移处置的全链条管理。推动实施三亚游艇水污染物零排放、全接收、智慧管新模式，推动完善游艇水污染物接收设施，免费提供游艇水污染物排海阀铅封服务，实施游艇水污染物联单管理。2022 年，三亚辖区共接收游艇生活污水 950m³。

（3）推进船舶靠港使用岸电。督促船舶靠港使用岸电，结合公司安全管理体系审核、现场检查等方式积极宣贯船舶岸电使用政策，督促新建、改建船舶改造或加装受电设施，并经船检部门检验。同时，加强对到港集装箱船、邮轮等船舶受电设施监督检查，督促其在海南省具备岸电供应能力泊位停泊时使用岸电。辖区公务船、游艇和港作船舶等均已安（改）装受电设施，并在靠泊期间使用岸电，有效降低了船舶大气污染物排放。支持配合琼州海峡客滚船舶岸电设施改造，进一步加强客滚船舶靠港使用岸电监督检查。（张向迎）

【水环境治理】

1. 饮用水水源规范化建设　2022 年，海南省继续加强集中式饮用水水源地规范化建设。开展 35 个县级以上城市集中式饮用水水源地环境状况评估，完成 489 个乡镇级及以下集中式饮用水水源地基础信息调查更新。完成 127 个城市和 372 个乡镇级及以下集中式饮用水水源地保护区环境问题整治，提高水源地水质安全保障程度。持续配合推进水源地优化布局，对 7 个饮用水水源保护区予以及时调整、撤销。

2. 城镇水体治理　印发《开展城市黑臭水体治理工作通知和整治行动方案》（琼水便函〔2022〕1615 号），明确治理工作目标，督促市、县加快排查治理。完成预评估、民意调查、水质检测、黑臭分解判定、城市黑臭水体清单公示和开展再次排查等，18 条城市（县城）黑臭水体均已制定治理方案并开展治理。截至 2022 年年底，万宁市东山河南侧水体、后涧村南侧水体，东方市老福根沟、龙须沟已完成治理工作，达到基本消除的成效。

海南省城市（县城）污水集中收集率达 54.6%，建制镇污水处理设施 100% 开工，88 个城镇内河（湖）水体 104 个断面水质达标率为 91.3%，农村生活污水治理率提高 12.1%，整体达到 41.9%，高于全国平均水平，水生态环境质量持续保持全国一流。

截至 2022 年年底，海南省有 23 家城市（县城）供水企业，供水能力为 263.8 万 m³/d，全年供水量为 55 788.57 万 m³，供水普及率为 99.4%，供水水质综合合格率为 99.9%，平均供水管网漏损率为 8.39%。全省城市（县城）DN75（含）以上供水管道总长为 216.63km，比 2020 年增加 349.67km。

（倩倩　云大健　林录超）

3. 农村水环境整治　2022 年，海南省加快推进农田水利重点工程建设，红岭灌区田间工程、南繁（乐亚片）水利设施建设基本完工，进入验收阶段。推进松涛灌区、大广坝灌区续建配套与现代化改造工程建设，实施陀兴、宝芳、合水、碑头 4 个中型灌区续建配套与节水改造工程建设。加强小型农田水利设施运行管护，加快推进农业水价综合改革，完成年度改革任务 25.5 万亩。2022 年农田水利建设任务全面完成，新增恢复灌溉面积 4.1 万亩，改善灌溉面积 4.87 万亩，新增粮食生产能力 1 364 万 kg，新增节水能力 1 965 万 m³。2022 年海南省农田灌溉水有效利用系数达 0.575。截至 2022 年年底，全省有效灌溉面积 580 万亩，耕地总面积 730.46 万亩（第三次全国国土调查数据）。有效灌溉面积占比为 79.4%。

2022 年，实施 92 处农村供水保障工程建设（基本为规模化供水工程，需要跨年度建设），总投资 28.37 亿元，其中省级资金 3 亿元。截至 2022 年年底，已有 61 处工程建成发挥效益，23.52 万名群众受益（其中脱贫人口 0.24 万人）。全省农村供水工程 5 450 处，服务人口 589.39 万人，工程均正常运行，其中规模化供水工程 103 处，服务人口 345.44

万人；小型集中供水工程 4 973 处，服务人口 241.39 万人；分散供水工程 374 处，服务人口 2.56 万人，全省农村供水工程设计供水规模为 135 万 m^3/d，供水能力满足用水需求。截至 2022 年年底，海南省农村自来水普及率达到 93%，规模化工程服务农村人口比例达 55%。（周朝童）

【水生态修复】

1. 退田还湖还湿

（1）2022 年，海南省造林绿化面积 16.5 万亩。森林覆盖率 62.1%。列入国家一级重点保护野生动物 30 种，列入国家二级重点保护野生动物 132 种；列入国家一级重点保护野生植物 10 种，列入国家二级重点保护野生植物 117 种。

（2）近年来，海南省加大力度推进湿地和红树林的保护修复，探索"政府主导、部门协作、社会参与"的湿地公园发展模式，建设了一批各有特色的湿地公园。据海南省林业局统计，截至 2022 年年底，海南省已建设或在建国家级和省级湿地公园达 12 个，湿地生态产品供给能力持续增强。

（3）2022 年 2 月 2 日，海南省林业局举办"世界湿地日"线上宣传活动，活动主要内容有"海南湿地，你好""湿地多美妙""守护者故事会""湿地，你好吗？"和"走进市县湿地"共 5 个板块，组织海南省 18 个市、县及有关湿地保护地单位工作人员进行线上观看。（刘景）

2. 生物多样性保护

（1）"两江一河"水生生物多样性保护。海南三大河流南渡江、昌化江、万泉河称"两江一河"，其鱼类资源丰富，多样性高，维持着海南岛淡水生态系统。也是海南生态文明建设中水生态和生物多样性优先保护的水域。其水生生物的多样性和特殊的渔业水域环境构成了海南特有的陆域与海洋生态高度关联的自然环境，是海南省生态环境中的重要组成部分和关键指针。水生生物栖息地是海南陆地生态环境中的一个核心环节，众多的鱼类和其他水生生物也是国家重要的水产种质资源基因库。

（2）开展水生生物及资源环境调查与监测。近年来，围绕"两江一河"水生态和水生生物多样性保护，海南组织科研院所开展了"两江一河"水生生物资源环境的本底调查，摸清了本底，构建立了数据库和鱼类基因库。为水生态治理与保护提供了科学依据。在"两江一河"设立监测断面和位点近 300 个，2016—2022 年连续六年开展水生生物及资源环境动态监测，形成年度监测报告。完成了"两江一河"鱼类"三场一通道"调查，划定了"两江一河"鱼类产卵场、索饵场、越冬场和洄游通道。出版了《海南淡水及河口鱼类图鉴》《万泉河国家级水产种质资源保护区鱼类图鉴》《海南鹦哥岭淡水鱼类图鉴》《海南主要外来水生生物识别手册》《海南省主要淡水野生鱼类手册》《海口湿地淡水鱼虾蟹螺贝图鉴》。

3. 加强水产种质资源保护区建设与管理

近几年，原农业部批准设立万泉河国家级水产种质资源保护区，保护区自烟园至博鳌总长 61.64km，主要保护对象为花鳗鲡和尖鳍鲤等。

2020—2022 年，省市高度重视保护区建设和管理，成立了管理机构，充实队伍，开展春季禁渔，日常巡护与管理。组织实施了水产种质资源调查和科学研究、开展了花鳗鲡"两场一通道"和尖鳍鲤的"三场一通道"调查和花鳗鲡和尖鳍鲤引种、驯养技术研究。设立了万泉河水生生物及资源环境监测站，开展常态化监测。调查显示保护区共有鱼类 166 种，其中土著鱼类 50 种，隶属 5 目 13 科，外来鱼类 21 种，5 目 10 科，河口鱼类 95 种，13 目 42 科。规范涉水工程对保护区水生生物影响的专题论证工作，落实生态修复措施，论证涉渔工程 6 个，落实修复资金 4 176.5 万，实施修复工程 5 项，开展生境修复、珍稀濒危鱼类人工繁育及增殖放流等，取得明显成效。（徐刚）

4. 生态补偿机制建立　2022 年，深入贯彻落实《海南省流域上下游横向生态保护补偿实施方案》（简称《实施方案》）（琼府办函〔2020〕383 号），政策实施后，17 个断面（不含赤田水库流域）上下游市、县按《实施方案》要求签订补偿协议，建立起流域上下游横向生态保护补偿机制。2022 年，流域上下游横向生态保护补偿省级财政奖补资金 3 474.79 万元，市、县之间补偿资金 2 409.79 万元，共计 5 884.58 万元。纳入《实施方案》的 10 条河流、4 个湖库、18 个断面水质总体保持优良，水质优良率为 100%，其中南渡江大塘河龙兴村断面水质较 2021 年提升 1 个类别。

2022 年，继续贯彻落实《赤田水库流域生态补偿机制创新试点工作方案》（琼府办函〔2021〕304 号）等系列文件，建立起"资金补偿—流域治理—监测评价—动态评估—监管考核—督查整改"的闭环工作机制。赤田水库流域生态补偿工作取得了良好的生态、经济和社会效益。赤田水库流域生态环境质量稳定向好发展，赤田水库取水口断面水质类别由Ⅲ类提升至Ⅱ类，三道农场十五队取水口断面由Ⅳ类提升至Ⅲ类。赤田水库流域综合治理将污染源治理与流域内转产转型相结合，坚定不移走绿色发展之

路，引入社会资本参与，探索生态环境导向（EOD）的开发模式，实现环境改善和农民增收双赢。赤田水库流域生态保护补偿试点工作得到社会各界广泛认可，被省“能力提升建设年”暨深化拓展“查堵点、破难题、促发展”活动领导小组办公室纳入省级“揭榜挂帅”第一批榜单。

5. 水土流失治理、生态清洁型小流域　2022年，海南省共完成水土流失治理面积 120.08km²，包括水务部门实施的国家水土保持重点工程治理水土流失面积 74km²、林业和草原部门实施的造林绿化治理水土流失面积 46.08km²，减少土壤流失量 3.32 万 t，增加林草覆盖 4 610 余 hm²，减少农业面源污染约 2.6km²。其中水务部门实施的国家水土保持重点工程共投入 8 062 万元，涉及 9 个县（市、区），完成了 16 条小流域综合治理。根据 2022 年水土流失动态监测成果，全省水土流失面积为 1 648.22km²，水土保持率为 95.20%，较 2021 年提高 0.07%。（吕春明）

【执法监管】　落实“河长＋检察长”协作机制，将行政执法与检察监督有效衔接，通过定期会商、线索移送、协作调查取证、联合巡查、联合督办等方式，强化行政执法与检察监督有效衔接。2022 年，提起河湖管护公益诉讼案件 22 件。全省累计出动巡查人员 25 327 人次，巡查河道 26 836km，查处非法采砂行为 405 起，没收非法砂石量 1.19 万 t，查处非法采砂船数量 14 艘、采砂挖掘机械 69 台；行政处罚查处案件 155 件，处罚 189 人，没收违法所得 6.44 万元，罚款 498.65 万元；刑事处罚查处案件 7 件，处罚 18 人，追责问责 6 人。全省主要江河长时间、大规模的非法采砂行为已杜绝，偏远地区小规模盗采河砂的现象也有了明显减少。（张明）

【水文化建设】　2022 年，儋州水土保持示范园获国家级水土保持示范园称号；五指山获评第六批国家级生态文明建设示范区；保亭获评首批“国家水生态文明城市”和“绿水青山就是金山银山”实践创新基地。（李芳）

【智慧水利建设】

1. “水利一张图”　海南省水网“一张图”整合了多个业务部门自有数据，将区域内河流、1 105 座水库、421 座水闸、88 座泵站、582 个视频监控、426 处图像监测站等要素数字化，结合测绘部门提供的 19 级影像地图打造全省水务数字化“一张图”，并建成集水文、水务等于一体的综合监测站网。包括 639 个河道站、2 554 个雨量站、95 个地下水监测站、302 个取用水监测点等，实现重点领域全过程、全要素监管。基本实现了“一张网、一个平台、一个数据中心、一张图、一套标准、一个窗口”的功能，整合海南省水务行业 12 个原有的、孤立的信息系统，打通了海南水务行业数据壁垒，为未来业务建设提供一个智慧化的大平台，基本实现“一图观所有、一图管所有、一图知所有”的服务能力，用数据支撑预报、预警、运行调度、评估评价等智能应用，全面提升了海南水网的数字化服务能力。（周劲松）

2. 海南河长管理信息系统　海南河长管理信息系统以信息化手段带动管理创新，运用互联网、大数据、云计算机等信息技术，建设一个以信息化管理为手段，旨在为用户提供高效、便捷的服务。系统包含河长、河长办、成员单位的日常管理、巡河管理、文档管理（“一河（湖）一档”“一河（湖）一策”、管理制度等）、问题上报等业务平台，实现河长制管理精细化、业务标准化、协同高效化、应用智能化，打造具有海南特色的河长制新型管理模式。（王伟）

3. 数字孪生

为推进水利工程运行管理的数字化、智能化水平，省水务厅将松涛水库作为先行试点，打造水利工程运行管理数字松涛孪生系统，增强松涛水库的信息全面感知能力、深度分析能力、科学决策能力和精准执行能力，大幅提高松涛水库的智能化运行管理水平。深入探索数字孪生的实现路径和实现形式，为后续的数字孪生水利工程管理提供可复制、可推广的经验做法。2022 年，以数字孪生松涛水库为试点的“海南智慧水网信息平台”获得 2022 年 IDC 亚太区智慧城市大奖、2022 年第八届 IDC 亚太区智慧城市最佳应用案例奖（SCAPA）。2022 年，数字孪生松涛水库入选水利部“数字孪生流域建设先行先试推荐应用案例”。（周劲松）

重庆市

【河湖概况】

1. 河湖数量　重庆市境内有长江、嘉陵江、乌江、渠江、涪江、酉水、芙蓉江、綦江、阿蓬江、小江、任河、郁江、大宁河、琼江、御临河、龙溪河、濑溪河、磨刀溪等主要河流，流域面积 50km² 以上河流 510 条。其中，流域面积 100km² 以上河流

275 条；流域面积 200km^2 以上河流 149 条；流域面积 500km^2 以上河流 74 条；流域面积 1 000km^2 以上河流 42 条；流域面积 3 000km^2 以上河流 19 条；流域面积 5 000km^2 以上河流 11 条；流域面积 10 000km^2 以上河流 7 条。水系均属长江流域，分为长江、嘉陵江、乌江、沱江、沅江、汉江 6 大水系。重庆市境内干流河段总长 16 849.6km（其中流域面积 50～1 000km^2 河流 12 012km，流域面积 1 000km^2 以上河流 4 837.6km）。

2. 水量　2022 年，重庆市水资源总量为 373.5 亿 m^3，其中地表水资源量为 373.5 亿 m^3，地下水资源量为 82.6 亿 m^3，重复计算量为 82.6 亿 m^3。总的看来，水资源地区分布不均，东部和东南部明显高于中西部。

3. 水质　2022 年，长江干流重庆段水质为Ⅱ类，纳入国家考核的 74 个断面水质达到或优于Ⅲ类的比例为 98.6%，高于国家考核目标值 1.3 个百分点，城市集中式饮用水水源地水质达标比例为 100%。

4. 新开工水利工程　2022 年，全市在建重点水利工程 209 项，其中水源工程 156 座（大型 6 座、中型 55 座、小型 95 座），河道治理 45 处，中型病险水库整治 3 处，水美乡村 5 处；新开工水源工程 19 座（大型 2 座，中型 8 座，小型 9 座）；完成 9 座水库下闸蓄水阶段验收；完成 7 座水源工程竣工验收（含技术预验收）；完成大江大河治理长度 11km；完成 5 处项目竣工验收（含竣工技术预验收）；完成中小河流治理 242km。藻渡、向阳两座大型水库 10 月开工建设。巴南观景口、梁平左柏两座水库申报 2021—2022 年度中国水利工程优质（大禹）奖，通过现场复核，进入水利部终选项目名单。中小河流治理工作在全国高质量推进中小河流系统治理会议上进行经验交流。綦江区、梁平区水美乡村及水系连通试点项目实施情况终期评估被水利部、财政部评为“优秀”。

（江泽秀　邢乔）

【重大活动】　2022 年 1 月 5 日，重庆市纪念全面推行河长制五周年大型主题宣传活动——“长河河长行”正式开始，通过采用全媒体全景式报道，在上游新闻、《重庆晨报》、华龙网和重庆沿长江 18 个区、县融媒体中心同步刊播相关报道内容，并进行全网推送。

2022 年 1 月 17 日，“贯彻二十大精神推动高质量发展——2021 十大重庆经济年度人物”颁奖典礼举行。“川渝携手跨界河流联防联控联治”获评成渝地区协同创新案例，重庆市水利局党组成员、副局长、市河长办副主任任丽娟参加颁奖典礼。

2022 年 2 月 15 日，举行《重庆市生态环境保护“十四五”规划（2021—2025 年）》新闻发布会。重庆市水利局党组成员、副局长、市河长办副主任、新闻发言人任丽娟对“十四五”期间重庆将如何全面强化河长制、进一步筑牢长江上游重要生态屏障进行介绍。

2022 年 3 月 30 日，2022 年第一季度重庆市重点水利工程集中开工顺利举行，副市长郑向东出席活动并宣布项目开工。此次集中开工涉及 11 个重点水利工程，总投资 50.3 亿元，包括 7 个重点水源工程、2 个防洪护岸工程以及 2 个水美乡村建设项目，分布在綦江、秀山、荣昌等 5 个区（县）。

2022 年 4 月 8 日，市委书记、市总河长陈敏尔主持召开 2022 年市级总河长会议，市委副书记、市长、市总河长胡衡华，市人大常委会主任张轩，市政协主席王炯，市委副书记吴存荣，市委常委、市政府有关副市长参加会议，会议听取全市河长制工作情况汇报，研究部署下一步工作；2022 年第二期重庆学习论坛在重庆市委党校举办，市水利局党组书记、局长、市河长办常务副主任张学锋以“深学笃用习近平生态文明思想　全面深化落实河长制”为主题作河长制工作专题报告，市委党校 384 名主体班学员在主会场参加报告会，各区、县（自治县）2 358 名干部通过党校视频系统在分会场参加。

2022 年 4 月 19 日，市水利局党组书记、局长、市河长办常务副主任张学锋以“聚焦查河治河管河要‘实’推动河长制‘有名有责’‘有能有效’”为题，在《重庆日报》就第 4 号市级总河长令作政策解读；重庆市市级部门河长制联席会议召开，市人大常委会办公厅、市政协办公厅、市纪委监委机关等 25 个部门有关负责同志参加会议，会议传达 2022 年市级总河长会议精神，安排部署新一轮“一河一策”方案实施和市级河流河长制暗访等工作。

2022 年 4 月 28 日，市水利局党组成员、副局长、市河长办副主任任丽娟走进《重庆日报》新闻会客厅，对第 4 号市级总河长令作相关解读。

2022 年 5 月 9 日，市水利局党组成员、副局长、市河长办副主任任丽娟，市住房和城乡建设委员会党组成员、副主任杨治洪，市生态环境局二级巡视员彭启学做客华龙会客厅，以聚焦“排查”“整治”重庆多部门合力打好碧水保卫战为主题，解答如何落实第 4 号市级总河长令。

2022 年 7 月 13 日，由中央网信办网络社会工作局、中国互联网发展基金会、水利部办公厅、水利部三峡工程管理司联合指导，水利部宣传教育中心、

中国网、重庆市委网信办和湖北省委网信办共同主办的“美丽三峡”网评品牌活动在重庆正式启动。该活动旨在通过中央和地方新闻媒体全面、充分、典型的报道，展示三峡后续环境保护工作不断取得的新成效，充分反映当地百姓的幸福感、安全感和获得感，面向世界讲好新时代的生态文明故事和美丽中国故事。

2022 年 7 月 28—29 日，全国政协副主席、台湾民主自治同盟中央主席苏辉一行赴重庆开展长江生态环境保护民主监督工作推进会暨专题调研活动。

2022 年 8 月 1 日，市委副书记、市长胡衡华主持召开市政府第 189 次常务会议，调度河长制工作。

2022 年 8 月 15—18 日，全国人大常委会副委员长沈跃跃率全国人大常委会执法检查组来渝开展长江保护法执法检查。全国人大常委会委员、全国人大环资委副主任委员王洪尧、窦树华，全国人大常委会委员、全国人大环资委委员矫勇，全国人大代表田春艳、方敏参加执法检查。市委副书记、市长胡衡华，市人大常委会主任张轩汇报有关情况并陪同执法检查。市委常委、副市长陆克华，市人大常委会副主任沈金强、陈元春等陪同执法检查。执法检查组先后前往渝中区、万州区、巫山县等地开展实地检查，召开座谈会听取市政府及市级相关部门有关情况的汇报，听取人大代表、专家学者、一线执法人员和企业代表的意见建议。

2022 年 8 月 20 日，水利部部长李国英一行来渝调研抗旱保人饮安全、农业灌溉等工作，并与市委书记陈敏尔、市委副书记、市长胡衡华进行座谈。长江委主任马建华，重庆市领导罗蔺、郑向东参加。

2022 年 10 月 20 日，市人大常委会组织召开《重庆市河长制条例》贯彻实施情况调研座谈会，市人大常委会副主任刘强出席会议并讲话。

2022 年 11 月 7—11 日，川渝河湖长制工作培训班（第三期）在四川省举办。培训内容涉及习近平生态文明思想理论学习、幸福河湖建设、数字孪生流域建设、绩效考核、中小河流水污染治理、经验交流和现场教学等，以进一步深化落实成渝地区双城经济圈建设的重大战略部署，为川渝两地“共护一江水、共话一家亲、共绘一张图”，推动川渝跨界河流联防联控再上新台阶。 （重庆市河长办公室）

【重要文件】 2022 年 1 月 4 日，重庆市水利局、重庆市发展和改革委员会、重庆市经济和信息化委员会、重庆市城市管理局、重庆市农业农村委员会、重庆市机关事务管理局印发《关于重庆市“十四五”节水型社会建设规划的函》（渝水函〔2021〕354 号）；重庆市水利局、重庆市发展和改革委员会印发《重庆市水土保持“十四五”规划（2021—2025 年）的通知》（渝水〔2021〕68 号）。

2022 年 1 月 6 日，重庆市河长制办公室印发《关于第一批市级示范河流建设进展情况的通报》（渝河长办水〔2022〕1 号）。

2022 年 3 月 1 日，重庆市河长制办公室、重庆市水利局印发《关于印发〈重庆市妨碍河道行洪突出问题“三个清单”〉的通知》（渝河长办〔2022〕3 号）。

2022 年 3 月 10 日，重庆市河长制办公室印发《关于开展“三送三进三学”活动的通知》（渝河长办〔2022〕4 号）。

2022 年 3 月 29 日，重庆市河长制办公室印发《重庆市 2022 年河长制工作要点的通知》（渝河长办〔2022〕2 号）。

2022 年 3 月 31 日，重庆市河长制办公室印发《关于认真实施新一轮“一河一策”方案（2021—2025 年）的通知》（渝河长办水〔2022〕7 号）。

2022 年 4 月 11 日，重庆市双总河长发布重庆市第 4 号总河长令，印发《关于深入开展查河要实、治河要实、管河要实专项行动的决定》。

2022 年 4 月 19 日，重庆市检察院、重庆市河长制办公室印发《贯彻落实“河长＋检察长”协作机制 2022 年度工作要点》（渝检会〔2022〕7 号）；重庆市河长制办公室印发《重庆市深入开展查河要实、治河要实、管河要实专项行动工作方案》（渝河长办〔2022〕12 号）。

2022 年 8 月 15 日，重庆市河长制办公室印发《关于 3 起落实市级总河长令不力典型问题的通报》（渝河长办〔2022〕14 号）。

2022 年 8 月 18 日，重庆市河长制办公室印发《关于开展 2022 年度河流健康评价试点工作的通知》（渝河长办〔2022〕15 号）。

2022 年 9 月 8 日，中共重庆市委办公厅、重庆市人民政府办公厅印发《关于印发〈重庆市全面强化河长制工作实施方案〉的通知》（渝委办发〔2022〕11 号） （王敏）

【地方政策法规】 2022 年 9 月 28 日，《重庆市河道管理条例》《重庆市水利工程管理条例》经市第五届人民代表大会常务委员会第 37 次会议修正。

（重庆市河长办公室）

【河湖长制体制机制建立运行情况】

1. 河长设置 重庆市委书记、市长共同担任市级总河长，全面建立市、区县（自治县）、乡镇（街道）三级“双总河长”架构和市、区县（自治县）、乡镇（街道）、村（社区）四级河长体系。设市级河长 23 名、市级河流 22 条。全市共分级分段设立河长 1.83 万名。

2. 河长办公室设置　设立市、区县（自治县）、乡镇（街道）三级河长办公室，作为本级总河长、河长的办事机构，用于承担河长制具体工作。各级河长办公室主任由同级政府分管领导同志担任，并配备相应的工作人员，由河长制责任单位和牵头单位负责人作为办公室成员。

3. 河长制责任单位及牵头单位设置　市、区县（自治县）的发展和改革、教育、经济和信息、公安、财政、规划和自然资源、生态环境、住房和城乡建设、城市管理、交通、水利、农业农村、卫生健康、团委、林业和草原、海事等部门作为本行政区域的河长制责任单位。市、区县（自治县）根据工作需要，确定相应河流的河长制牵头单位。

4. 河长述职机制　市委将河长履职情况纳入各级领导班子民主生活会对照检查内容，不断提高各级河长开展河流管理保护工作的政治站位，增强履职担当的使命感和责任感，并对检查出的问题实行清单化整改、全过程管理，提升河流管理保护质效。

5. 年度考评机制　市委、市政府将河长制纳入对区县（自治县）党委政府经济社会发展业绩考核和市级党政机关目标管理绩效考核。细化制定《重庆市河长制工作考核办法》，按照年度重点工作细化量化考核指标、健全考核体系，通过下达年度目标、季度任务，强化过程考核、季度打分，压实属地责任和行业监管责任。

6. 联防联控机制　与周边省份各级河长办累计签署相关协议 96 份，分级建立联席会商、联合巡查等工作机制，共同推进跨省市河流联防联控。持续深化推进川渝河长制联合推进办公室工作，常态化组织开展联席会议、联合巡河、联合执法，编制实施 50 条重要跨界河流“一河一策”方案，联动整治污水“三排”、河道“四乱”问题，统筹协调解决跨部门、跨流域的重难点问题。

7. “河长＋”制度　实行“河长＋检察长”机制，充分发挥检察联络室作用，移交线索、办理案件 166 件次；实施“河长＋警长”协作，1 000 余名河库警长常态化巡河 6 600 余次，侦办案件 819 件。实行“河长＋民间河长”制度，设河道保洁员、巡河员、护河员 1.6 万余名，将河流日常保洁、清漂向支流延伸、向农村拓展。2.3 万名“河小青”“巾帼护河员”等民间河长踊跃巡河护河。实行“河长＋社会监督员”制度，印发实施《河长制社会监督员管理办法》，聘请社会监督员 1 100 余名，制作电子化河长公示牌 1.8 万余个，开通微信公众号“随手拍”，受理办结社会投诉举报问题 70 个。

8. 离任交接制度　建立河长工作交接制度，由各级河长制办公室和河流河长制牵头单位统筹，采取签署《离任交接清单》的方式，交接河流基本情况、“一河一策”编制实施情况、河流巡查、群众反映的未整改销号问题等六大内容，确保河长在调整时，其所负责河流河长制工作做到无缝对接、延续有序。

9. 暗访调度机制　市政府常务会议定期调度河长制重点工作。全市深化市、区县（自治县）、乡镇（街道）三级定期调度机制，采取暗访问题交办、现场巡河交办、召开专题会议、印发工作通报等多种方式，专题调度河流突出问题，并督促整改到位。常态化派出暗访组，对长江、嘉陵江、乌江等河流开展两轮全覆盖暗查暗访，发出问题督办函、交办单，动态处置、按时销号突出问题 137 个。

10. 责任追究机制　全市针对“各级总河长、河长未按照规定巡查责任河流”等 5 类行为，按照不同情形、后果，进行提醒、约谈、通报及追责。2022 年，针对基层河长巡河不达标、巡河不查河等问题，采取集中约谈、现场约谈等方式，提醒、约谈、通报和追责河长及有关部门负责人 500 余人次。同时，将河长制实施情况纳入领导干部综合考核评价和自然资源资产离任审计的重要内容，加强监督问责。

11. 督查激励机制　重庆市铜梁区获国务院 2022 年度河长制湖长制工作激励，获 1 000 万元激励资金，用于河长制湖长制及河湖管理保护工作。同时，市政府开展河长制工作激励，对九龙坡区、大足区、南川区、奉节县等 4 个区（县）分别给予 300 万元资金奖励支持，用于河流管理保护工作。

（重庆市河长办公室）

【河湖健康评价开展情况】　根据《河湖健康评价指南（试行）》相关指标赋分方法，经资料收集、实地调查、数据监测及公众满意度调查等工作环节，由相关专家对大陆溪健康情况进行计算打分，全面分析其存在的主要健康问题，并形成《重庆大陆溪健康评价报告》，并对下一步河流管理保护工作提出建议。

（邢乔）

【“一河（湖）一策”编制和实施情况】　印发《关于认真实施新一轮“一河一策”方案（2021—2025

年）的通知》（渝河长办〔2022〕7号），要求市级河流牵头单位、各区县（自治县）综合研判责任河流方案中目标、任务的轻重缓急、当前突出问题以及2021年度未完成的任务，制定年度任务分解表，分流域统筹实施系统治理、综合治理和源头治理。璧南河、龙溪河、琼江等河流水质实现根本性好转，荣昌荣峰河、丰都龙河、永川临江河先后获评“最美家乡河”、全国示范河湖、全国幸福河湖。

（重庆市河长办公室）

【水资源保护】

1. 水资源刚性约束　重庆市水利局联合市发展和改革委员会印发《关于印发重庆市“十四五”用水总量和强度双控目标的通知》，明确各区县（自治县）用水总量控制指标和用水效率控制指标。

2. 全国重要饮用水水源地安全达标保障评估　2022年，按照水量保障、水质合格、监控完备和制度健全4个方面，对列入国家级名录的重要饮用水水源地开展年度安全保障达标建设评估，每月对全市768个河流（水库）（其中210个饮用水水源地）断面开展水质监测，定期印发水资源质量月报。

3. 生态流量监管　编制完成嘉陵江、乌江、涪江、酉水、綦江、芙蓉江、任河、州河、藻渡河9条跨省河流在重庆市辖区范围内的生态流量保障方案。

（重庆市河长办公室）

【水域岸线管理保护】

1. 河道岸线规划　2022年10月10日，重庆市水利局印发实施《重庆市重要河道岸线保护与利用规划》（渝水〔2022〕74号），规划范围为39条流域面积大于1 000km²的河流（除长江、乌江、嘉陵江外）及梁滩河；规划基准年为2020年，规划水平年为2030年；规划目标为岸线四大管控指标（自然岸线保有率、岸线利用率、岸线保护率、水域空间保有率）；主要规划内容为划定河道岸线两线四大功能区（外缘边界线、临水控制线，保护区、保留区、控制利用区、开发利用区）；规划岸线长度为9 093km，保留区和保护区比例达76.97%。

2. 河道划界　截至2022年年底，重庆市完成了对流域面积50km²以上的510条河流的河道管理范围划定工作，划界岸线长度35 028km，设置界桩（界牌）62 836处、公示牌（告示牌）5 302处。其中流域面积1 000km²及以上的河流42条，划界河段长4 837.6km，岸线长10 288km，设置界桩（界牌）17 890处、公示牌（告示牌）1 591处。完成对流域面积50km²以下的155（段）河流的河道管理范围划定工作，划界岸线长1 542km。

（谭婧洋）

3. 涉河建设项目审批监管　2022年，全市累计许可涉河建设项目487个；对涉河建设项目全过程实行闭环管理，开展现场日常监督检查和涉河事项现场复核，对批建不符、侵占行洪断面、侵占三峡库容等问题，及时督促整改。全市全年累计开展涉河建设项目现场监督检查1 556人次，完成55个市级（含）以上审批的涉河建设项目现场监督检查，开展涉河事项施工期监督复核66个，完工复核59个。

（洪波）

4. 河道“清四乱”　持续推进河道“清四乱”常态化规范化，制定河道管理工作年度暗访巡查计划，组织专业技术人员，分期、分批开展巡查暗访，排查整改“四乱”问题1 800余个，拆除违法建筑面积35万m²，清理建筑和生活垃圾67.5万t，累计腾退收回岸线长度68.4km。

（陈骛）

5. 河道采砂许可实施　按照《重庆市重要河道采砂规划》要求，依法开展河道采砂审批许可，累计核发长江河道采砂许可证30件，许可总量774.8万t，其他河流发放采砂许可证77件，许可总量482.4万t。实施长江采砂规划保留区调整转化为可采区工作，获长江委批复5个区县（自治县）7个可采区，优化提升开采实施率32%，增加许可开采量288万t。

6. 河道采砂管理新模式　推行河道砂石采运管理电子“四联单”制度，全市许可采区和长江疏浚砂综合利用项目基本实现采运管理电子“四联单”，赋予每船砂石“身份识别”，达到追根溯源的目的。通过区县（自治县）政府统筹，国有平台公司统一开采经营管理的创新模式，进一步挤压黑恶势力滋生的土壤和生存空间，规范采砂管理秩序，达到规模化、集约化开采、国有资源由政府整合配置统筹调度的目的，既增加区县（自治县）财政收入，又从源头上杜绝非法采砂行为。截至2022年年底，全市长江干流及重要支流有采砂任务的区县（自治县）全部采取这一模式，基本实现规范管理和经济效益“双赢”。

（何满）

7. 清淤疏浚砂综合利用　开展朝涪段航道整治工程疏浚砂综合利用试点工作，规范有序推进实施疏浚砂综合利用110万t，有效保障渝西水资源配置工程等重点水利工程用砂需求。总结试点工作成功经验，在全市正面推广，达到可复制、可推广的目的。截至2022年年底，全市疏浚砂综合利用项目17个，涉及15个区县（自治县），疏浚砂综合利用量达177万t。

（陈骛）

【水污染防治】

1. 排污口整治　重庆市政府办公厅印发实施《重庆市入河排污口排查整治和监督管理工作方案》（渝府办发〔2022〕124号），编制印发入河排污口排查、监测及溯源等技术规范，组建专家团队开展技术帮扶，三江干流4 012个排污口全部完成监测、溯源工作，全市入河排污口整治率达到80%。推进主城排水系统溢流控制及能力提升专项行动，现场抽查督办20余次，26项重点工程完成16项，太平门泵站、鸡冠石污水处理厂溢流次数较2021年减少65%、42%，溢流量较2021年减少54%、43%，基本实现“旱季不溢流、雨季有缓解”的阶段性目标。

2. 工矿企业污染治理　组织开展节水型企业、水效“领跑者”评选工作，2022年，创建市级节水型企业15家，遴选水效领跑者10家，创建国家级水效“领跑者”企业2家、园区1个。统筹安排市级资金480万元，支持节水和清洁生产项目6个，鼓励企业开展节水减排清洁生产改造；联合相关市级部门印发《重庆市污水资源化利用实施方案》（渝发改规范〔2022〕2号）、《重庆市工业废水循环利用实施方案》（渝经信发〔2022〕39号），统筹推进全市工业废水循环利用工作，推动重点行业废水循环利用水平提升、关键装备技术研究、废水循环利用标杆打造等重点任务落实，成功打造国家工业废水循环利用试点企业1家，全市工业废水重复利用率达到91.3%。

3. 城镇生活污染治理　2022年，全市累计完成水管网建设改造1 300余km，建成乡镇污水管网400余km，完成12座城市污水处理厂新改扩建工程，新增处理规模35.3万t/d；累计处理水量15亿t，化学需氧量消减量35万t，生化需氧量消减量18万t。城市、乡镇生活污水集中处理率分别达96%和85%以上；城市生活污水集中收集率达68%以上，城市污泥无害化处置率达93%以上，均达到国家部委下达的任务指标。

4. 畜禽养殖污染治理　市农业农村委员会与市生态环境局印发《关于加强畜禽粪污资源化利用计划和台账管理的通知》（渝农办发〔2022〕29号）、《关于加快推进畜禽养殖污染防治规划编制的通知》（渝环办〔2022〕112号），推动畜禽粪肥就近就地还田利用；加强已建成粪污处理设施的日常管理，支持349家畜禽养殖场户与专业机构建设完善畜禽粪污处理与利用设施。2022年，全市畜禽粪污综合利用率保持在80%以上。

5. 水产养殖污染治理　市农业农村委员会与市生态环境局印发《关于加强水产养殖尾水治理工作的通知》《整改销号市级核查验收方案》，成立7个调研指导组、1个专家组，联合督导区县（自治县）工作。全年累计投入财政资金1.1亿元，在10个区县（自治县）建立市级示范点20个，布设150个市级水质达标监测点。选择13个重点区县（自治县）实施整县推进池塘标准化改造和尾水治理项目。截至2022年年底，完成13 593万t的整改任务，完成率达126.2%。

6. 农业面源污染治理　市生态环境局组织18个畜牧大县编制畜禽养殖污染防治规划，印发《中心城区畜禽禁养区划定方案》《关于加强畜禽粪污资源化利用计划和台账管理的通知》，对畜禽粪污利用过程和去向进行监管。配合市农业农村委员会对20余个区县（自治县）开展暗查暗访、水质检测及核查验收，对水产养殖尾水治理问题整改销号，组织制定水产养殖尾水排放地方标准。会同市农业农村委员会召开农业面源污染防治工作市级部门协调会，增强农业面源污染治理监督指导基础。2022年，化肥农药使用量下降0.2个百分点，主要粮食作物病虫害专业化统防统治覆盖率达到51.76%，较2021年提高7.54个百分点。投入3 170万元在渝北、涪陵等11个区县（自治县）开展有机肥推广示范面积10万亩；投入300万元在巴南、城口等10个区县（自治县）开展水肥一体化示范3 000亩；投入1 700万元在万州、忠县等10个区县（自治县）实施绿色防控与统防统治融合推进补贴试点，绿色防控覆盖率达到90%以上。推广实施新技术、新产品、新机具“三新”配套技术“百千万”核心示范带8.62万亩，打造64万亩测土配方施肥升级版。

7. 船舶和港口污染防治　贯彻落实交通运输部等4部委印发的《关于建立健全长江经济带船舶和港口污染防治长效机制的意见》，完成全市船舶生产生活污水的收集、处置、装置和改造工作，累计完成158座码头船舶污染物固定接收设施建设。船舶污染物监管信息平台备案企业达到600余家，共计接收船舶污染物12.33万单，接收船舶垃圾1 738.01 t、生活污水13.64万t、含油污水1 953.76 t、洗舱废水4.18万t；累计完成1 373艘船舶岸电改造工作，具备岸电供应能力泊位达274个，接电时间近30.2万h，港口岸电使用量达718.8万余kW·h。编制液化天然气加注站港口岸线纳入港口总体规划，建成投入使用的巴南麻柳液化天然气加注码头运行良好，并取得燃气经营许可证，全年共加注船舶24艘次，加注约194t。

（重庆市河长办公室）

【水环境治理】

1. 饮用水水源规范化建设　开展集中式饮用水

水源地保护区调整划分，截至2022年年底，累计调整划定集中式饮用水水源地保护区81个；完成70余个乡镇集中式饮用水水源地规范化建设；组织开展水源地环境保护专项整治“回头看”专项行动，完成1 502个集中式饮用水水源地的问题排查，发现423个问题并制定整改方案，完成整改131个；督促区县（自治县）编制不达标水源地达标整治方案38个；开展川渝路界饮用水水源地名录更新和问题排查整改，推进荣昌区清江镇濑溪河清江自来水厂水源地内排污口问题整治。2022年度城市集中式饮用水水源地水质达标比例保持100%，乡镇集中式饮用水水源地水质持续改善。

2. 黑臭水体治理　市城乡和建设委员会制定加强城市黑臭水体治理长效管理工作方案，对城市黑臭水体开展4轮巡河检查，印发《关于加强城市黑臭水体治理长效管理工作的通知》，指导督促各区县（自治县）城市水体长制久清工作，全市无新增城市黑臭水体和返黑返臭水体。

3. 农村水环境整治　2022年，完成94座农村生活污水处理设施和140km配套管网建设，农村生活污水治理率稳步提升。市生态环境局制定《重庆市农村生活污水处理设施正常运行比例核算细则（试行）》《重庆市农村生活污水处理设施提质增效实施方案》，39个区县（自治县）印发所在地区《农村生活污水处理设施运营管理办法》，分期分批推进农村生活污水处理设施问题整改。组织开展污水资源化利用试点、农村25户区域污水治理试点，探索山地农村污水分散治理模式，涪陵区、合川区等部分区县（自治县）成效显著。联合9部门印发《重庆市农业农村污染治理攻坚战行动方案（2021—2025年）》《重庆市农村环境整治成效评估细则（试行）》，新增完成330个行政村环境整治。联合排查出农村黑臭水体160条，其中80条被纳入国家监管清单，80条被列为市级监管对象，分类、分期推进农村黑臭水体治理。实施“查、治、验”相结合，编制《农村黑臭水体现场核查手册》，健全方案审核、现场核查、进度调度、专家帮扶、效果评估等试点工作机制。截至2022年年底，41条农村黑臭水体完成整治，消除黑臭水体面积15.4万m^2，1.7万户村民直接受益，群众满意度达到90%以上。

（重庆市河长办公室）

【水生态修复】

1. 生物多样性保护　组织开展“亮剑2022”“零点”“百日攻坚”等专项行动，常态化开展“四清四无”整治行动，发布典型案例，形成宣传震慑效应，保持禁渔打非高压态势。2022年，全市查处涉渔行政案件1 467件（其中非法垂钓类案件944件），清理取缔禁捕水域“三无”船舶174艘，查获涉案渔获物1 900余kg，行政处罚金额达250万余元，移送司法机关206件；长江、嘉陵江、乌江等干流水域发案数，“电毒炸”案件数，使用禁用渔具案件数“三下降”。出台《重庆市长江流域禁捕水域休闲垂钓管理办法（试行）》，修订市级水生野生保护动物名录，建立长江流域重庆段“十年禁渔”违法行为有奖举报制度。实施生态健康养殖模式推广、养殖尾水治理模式推广、水产养殖用药减量、配合饲料替代冰鲜幼杂鱼、水产种业质量提升“五大行动”，在大水面普遍采取“不投饵、不投药、不投肥”的“人放天养”方式。

2. 水土保持　2022年，全市新增水土流失治理面积1 617km^2，水土流失面积和强度连续下降。截至2022年年底，水土流失面积达24 390.87km^2，较2021年减少362.05km^2，减幅为1.5%，水土保持率提升到70.4%，区域和流域的水土保持和水源涵养生态功能持续增强。

（刘栋）

【水文化建设】

1. 工作组织　结合重庆市水文化工作实际，构建“行政＋专家”工作模式。成立重庆市水利局水文化建设领导小组，印发关于《贯彻落实〈水利部关于加快推进水文化建设的指导意见〉〈“十四五”水文化建设规划〉任务分工表》。理顺组织领导关系，明确当前和今后一个时期的目标任务、工作方向和各处室（单位）的职能职责。组建重庆市水文化专家库，34名水文化专家进入专家库，涵盖水工、水文、文博、社科、教育等15个主要专业学科。

2. 工作支撑　2022年，市水利局依托第三方专业机构通过数据搜集与实地调查相结合的方式，对全市水文化遗产的数量、分布、类型、现状等进行初步调查摸底。共发现重庆市域各类水文化遗产503处，其中水利工程设施类275处、水运交通设施类11处、水利题刻碑刻类172处、水神崇拜建筑类45处。其中水利工程设施和水运交通设施类近现代较多，古代遗存较少，水利题刻碑刻和水神崇拜建筑则以古代为主。

3. 工作成效　积极支持符合条件的对象申报国家水利遗产、世界灌溉工程遗产、国家水情教育基地以及水利风景区等。重庆长寿狮子滩水电站入选水利部“人民治水·百年功绩”水利工程项目；重庆白鹤梁题刻进入首批国家水利遗产复核名单；重庆秀山永丰-巨丰堰申报世界灌溉工程遗产工作进展顺利；重庆三峡移民纪念馆、重庆水利电力职业技术学院水情教育基地被评为重庆市第一批水情教育基地，荣昌荣峰河入选第二届“全国最美家乡河”。探索水利工程与水文化融合，在工程规划、设计、建设中融入水文化元素，在渝西水资源配置工程、荣昌区高升桥水库、酉阳县桃花源水库等项目中，依据工程特点进行人文景观打造，配建水利工程建设文化展示区、水科学文化长廊、水利科普和历史展示馆等；将水文化元素融入水美乡村建设，在綦江区、梁平区、黔江区、荣昌区、秀山土家族苗族自治县、永川区、城口县等水美乡村项目建设试点中，建设亲水平台、休闲栈道、文化长廊等景观设施。（重庆市河长办公室）

【智慧水利建设】

1. 智慧河长系统　重庆市建成市级统建、四级共用的智慧河长系统平台，构建“1（智慧中枢）＋1（感知体系）＋4（App、微信、电脑、平板电脑四终端）＋7（河长制工作管理、河长智慧监管、一河一策实施监管、一张图、数字驾驶舱、调度会商、污染溯源七大子系统）”的智慧河长系统。截至2022年年底，累计记录四级河长巡河97.1万人次，巡河里程达193.2万km，巡河时长达73.1万h。成功预警水体污染、非法垂钓等问题500余次直接进入问题受理中心，由区县（自治县）、乡镇（街道）常态化闭环处置，办结率为100％。

2. 数字孪生建设　以正在建设的鹅公水库为试点，建成鹅公水库约5km^{2}的数据底板，建成水利工程建设阶段智慧工地系统、智慧建造系统并投入使用。

3. 水利工程“智慧建管”　建成全国水利行业首个以建筑信息模型（BIM）技术为核心构建的省厅级水利工程建设管理平台——重庆水利BIM管理平台。平台已录入243个水利建设项目（包括171个水源工程、5个除险加固工程、5个水美乡村建设项目、62个河道治理工程），建立163个BIM模型，形成了试点项目的实名制信息、施工机械数据、环境监测数据、视频监控数据、隧洞气体监测数据等实时物联网数据。（重庆市河长办公室）

四川省

【河湖概况】

1. 河湖数量　四川省面积48.6万km^2，其中长江流域面积46.7万km^2、黄河流域面积1.9万km^2，长江流域占全省面积的96.16％。截至2022年年底，全省纳入河湖名录的河流有8 596条，其中流域面积50km^{2}及以上河流有2 816条。全省常年水面面积1km^{2}及以上湖泊有29个，常年水面面积1km^{2}以下湖泊有388个，水库8 109座，重要渠道5 002条，是长江、黄河上游重要的生态屏障和水源涵养地。（四川省河湖保护和监管事务中心）

2. 水质　2022年，四川省203个国考断面中202个达到Ⅲ类以上，优良断面占比99.5％，同比上升3.4个百分点，优良断面数量与优良率分别位居全国第一和第二；140个省考断面中139个达到Ⅲ类以上，优良断面占比99.3％，同比上升6.4个百分点。13条主要河流中，安宁河、雅砻江、青衣江、赤水河、岷江、大渡河、涪江、渠江、嘉陵江、黄河、沱江、琼江12条流域国考断面水质优良占比均为100％；长江（金沙江）干流国考断面水质优良占比为97.1％。（四川省生态环境厅）

3. 新开工水利工程　2022年，四川省新开工青峪口水库、亭子口灌区一期2处大型水利工程；新开工久隆水库、斑竹沟水库等6处中型水利工程；新开工三合水库、赶羊沟水库等4处新建小型水库工程；新开工宝石桥水库、双桥水库等5处大中型病险水库除险加固项目。完成主要支流治理河长183km，完成中小河流治理河长621km。

（四川省水利厅）

【重大活动】　2022年2月17日，四川省副省长、安宁河省级河长杨兴平带领有关部门赴凉山彝族自治州开展安宁河流域巡河调研，安排部署安宁河流域下一步重点工作。

2022年3月1日，四川省副省长、省总河长办公室主任尧斯丹主持召开全省小水电分类整改、涉水生态环境问题整改暨水库水电站安全管理工作会议。

2022年3月7日，副省长、省总河长办公室主任尧斯丹主持召开省总河长办公室主任第15次会议，传达学习党中央、国务院和省委、省政府相关会议文件精神，听取2021年省级第二轮河湖长制工作暗访情况汇报、观看典型问题专题片，审议有关材料，安排部署下一步重点工作。

2022年3月7日，省委常委、组织部部长、渠江省级河长于立军赴达州市开展渠江流域巡河调研，安排部署渠江流域下一步河湖长制工作。

2022年3月14日，四川召开河湖健康评价工作推进会，安排部署省级12条河湖的健康评价工作。

2022年3月28日，嘉陵江、泸沽湖省级河长邓

勇、叶寒冰共同签发嘉陵江泸沽湖省级河湖长令第1号，出台《嘉陵江省级河湖长制工作联席会议制度》。

2022年4月13日，副省长、雅砻江省级河长罗强赴凉山彝族自治州锦屏水电站调研，开展雅砻江流域巡河调研，安排部署雅砻江流域下一步河湖长制工作。

2022年4月28日，省委副书记、省长、省总河长黄强主持召开全省防汛抗旱、地质灾害防治和河湖长制推进工作电视电话会议。

2022年6月20—21日，省委副书记、省长、省总河长黄强前往阿坝藏族羌族自治州调研黄河流域生态保护治理和高质量发展等工作。

2022年6月23日，省河长制办公室携手巴中市人民政府，在省人民政府网站开展以“全面推行河湖长制 建设人民幸福河湖”为主题的在线访谈活动，与广大网民互动交流河湖长制工作。

2022年7月12日，长江流域省级河湖长第一次联席视频会议在湖北省召开。四川省政协副主席钟勉在四川分会场参加会议，并代表四川作交流发言。

2022年7月19日，省人民政府新闻办公室举办《四川省河湖长制条例》《四川省水资源条例》新闻发布会。

2022年7月20日，省政协副主席、琼江省级河长杜和平在成都召开琼江流域河长制工作视频会议，听取有关各方汇报交流发言，总结回顾2022年上半年琼江流域河长制工作，分析研判当前突出问题，研究部署下一步重点工作。

2022年8月2日，黄河流域省级河湖长联席视频会议在青海省召开。四川省副省长胡云在四川分会场参加会议，并代表四川作交流发言。

2022年8月16日，省委常委、宣传部部长、大渡河省级河长郑莉赴乐山市开展大渡河流域巡河调研，详细了解大渡河管理保护现状，督导落实大渡河流域河湖长制工作，并对下一步工作作出安排部署。

2022年8月16—17日，省政协副主席、黄河省级河长祝春秀赴阿坝藏族羌族自治州开展黄河流域巡河调研，在听取黄河流域阿坝段河湖长制工作开展情况汇报和实地查看现场点位后，对黄河流域下一步河湖长制工作进行了安排部署。

2022年8月17日，省人大常委会副主任、青衣江省级河长王一宏赴眉山市开展青衣江流域巡河调研，听取了眉山市青衣江流域河湖长制工作开展情况汇报，实地察看了百花滩等现场点位，安排部署青衣江流域下一步河湖长制重点工作。

2022年8月18日，省政协主席、安宁河省级河长田向利率省直相关部门赴攀枝花市和凉山彝族自治州开展安宁河流域巡河调研。实地查看攀枝花市米易县草场河水系连通项目、凉山彝族自治州德昌县安宁河河湖公园等现场点位，分别听取攀枝花和凉山彝族自治州安宁河流域河湖长制工作情况汇报，安排部署安宁河流域下一步河湖长制工作。

2022年9月21日，副省长胡云主持召开河湖长制工作专题会议，听取全省河湖长制工作情况汇报，审议《2022年省总河长全体会议建议方案》《关于开展幸福河湖建设的令（送审稿）》《2022年省级第一轮河湖长制工作暗访督查发现典型问题汇报片》，安排部署全省下一步河湖长制重点工作。

2022年9月23日，省人大常委会副主任、沱江省级河长杨洪波在泸州市主持召开沱江流域治理第七次专题会议。深入学习贯彻习近平总书记来川视察重要讲话精神，观看“2022年沱江流域河长制工作暗访资料片”，听取省直相关部门和地方工作情况汇报，研究部署下一阶段沱江流域治理工作。

2022年9月28日，省委书记、省总河长、省总林长王晓晖主持召开2022年省总河长全体会议暨省林长制全体会议并讲话。省委副书记、省长、省总河长、省总林长黄强出席会议并讲话，省政协主席田向利出席会议。

2022年11月22日，省政协副主席、大渡河省级河长尧斯丹深入大渡河流域甘孜藏族自治州泸定县开展巡河调研，实地查看硬梁包水电站枢纽区建设情况、泸定县城区污水处理厂运行情况、大渡河泸定段岸线利用与城市建设融合工作情况。

2022年11月22—24日，省人大常委会副主任、赤水河省级河长邓勇赴泸州市开展2022年度省级河长巡河调研，并查看现场点位，听取相关工作汇报，研究部署进一步推动赤水河流域生态保护和绿色发展工作。

2022年11月23—24日，省委常委、统战部部长、省总工会主席、涪江省级河长赵俊民赴遂宁市、绵阳市开展涪江流域巡河调研，并查看现场点位，听取遂宁、绵阳2市关于涪江流域河湖长制工作情况的汇报，安排部署下一步工作。

2022年12月8—9日，省政协党组副书记、副主席、长江（金沙江）省级河长曲木史哈赴攀枝花市开展长江（金沙江）流域巡河调研，组织召开2022年长江（金沙江）河湖长制工作推进会，研究部署长江（金沙江）流域下一步河湖长制工作。

2022年12月28日，省委常委、省委秘书长、岷江省级河长陈炜赴成都市温江区开展岷江流域（温江段）巡河调研，并查看现场点位，听取工作汇报，对进一步做好岷江流域管理保护工作进行安排

部署。（四川省河长制办公室）

【重要文件】 2022年3月29日，四川省河长制办公室印发《关于〈四川省省级河长联络员单位联席会议制度〉的通知》（川河长制办发〔2022〕9号）。

2022年3月29日，川渝河长制联合推进办公室印发《关于〈2022年度川渝河长制联合推进工作要点〉的通知》（川渝河长办〔2022〕2号）。

2022年3月30日，四川省发布第2号总河长令，印发《2022年四川省全面强化河湖长制工作要点》（四川省总河长令第2号）。

2022年4月11日，四川省河长制办公室印发《2022年四川省河湖长制激励工作实施方案的通知》，进一步健全正向激励机制，推动全省各地真抓实干推进河湖长制工作（川河长制办发〔2022〕11号）。

2022年7月19日，四川省总河长办公室印发《关于对全面推行河湖长制工作成绩突出的河湖长或巡河员、干部职工、有关集体给予表扬的通报》（川总河长办发〔2022〕15号），对2020年度、2021年度全面推行河湖长制工作中成绩突出的385名河湖长或巡河员、100名干部职工、80个集体给予表扬。

2022年8月15日，四川省河长制办公室印发《关于2022年四川省基层河湖管护"解放模式"试点推广指导意见的通知》（川河长制办发〔2022〕20号）。在成都市、攀枝花市、德阳市、遂宁市、巴中市、眉山市和甘孜州开展基层河湖管护"解放模式"试点推广工作。（四川省河长制办公室）

【地方政策法规】 2022年3月31日，《四川省水资源条例》经四川省第十三届人民代表大会常务委员会第三十四次会议第三次审议并全票表决通过，于2022年7月1日正式施行，该条例是四川省首部水资源管理方面的地方性法规。

2022年12月2日，《四川省水文条例》经四川省第十三届人民代表大会常务委员会第三十八次会议审议并全票表决通过，于2023年1月1日起正式施行，该条例是四川省首部水文地方性法规。

（四川省河长制办公室）

【河湖长制体制机制建立运行情况】 2022年，四川省委常委会会议、省政府常务会议多次专题研究长江流域保护治理等工作。四川省委书记、省总河长王晓晖主持召开2022年省总河长全体会议，全面部署河湖长制工作。四川省委副书记、省长、省总河长黄强主持召开全省河湖长制推进工作电视电话会议并作出具体安排。省总河长带头深入河湖一线检查调研，发布省总河长2号令，安排部署年度河湖长制重点工作。2022年，省级河湖长巡河45次、多次召开责任流域河湖长制工作推进会，协调解决具体问题。全省近5万名河湖长巡河、问河360万次，推动整改问题19万余个。截至2022年年底，全省203个国考断面中优良断面占比达99.5%，主要河流出川断面水质全部达到优良。全省34个国家级水量分配考核断面、23个国家级重点河湖生态流量考核断面全部达标。

1. "五项行动"开展情况

（1）清河行动。常态化规范化开展河湖"清四乱"，排查整改妨碍河道行洪突出问题212个，全面整治非法占用岸线问题30个。扎实推进小水电清理整改，四川省长江经济带小水电清理整改工作于2022年年底整体完成，全省5 131座小水电整改后保留3 749座，需退出1 382座，已退出1 349座，其余未退出电站继续推进中。认真开展赤水河流域小水电清理整改"回头看"。持续加强水电站生态流量泄放监管，停运违规电站21座，解除并网协议电站40座。深入开展水电站风险隐患大排查和水电行业"堵漏洞、防事故、保安全"专项督导，推动整改问题4.4万余个。

（2）护岸行动。严格岸线管护，完成3 055条河流、171个湖泊管理范围划定，以及155条流域面积1 000km^{2}以上河流、29个湖泊的岸线保护与利用规划编制。出台《四川省进一步规范河道砂石管理的意见》（川水发〔2022〕21号），强化行业监管，破获非法采砂案件68件。深入实施"绿航行动"，常态化长效化推进船舶港口污染治理和非法码头"动态清零"，注销拆解环保、安全不达标船舶647艘，建成岸电设施135套。加快推进黄河河岸治理，黄河干流若尔盖段应急处置工程顺利完工。

（3）净水行动。深入开展琼江、茫溪河、隆昌河等重点小流域水污染治理攻坚，开工建设城镇污水和城乡生活垃圾处理设施项目1 833个，新（改）建污水管网8 940km，完成长江干流、岷江等流域入河排污口整治6 600余个，纳入全国城市黑臭水体整治监管平台的105条地级及以上城市建成区黑臭水体治理工程全面竣工。持续加强农业面源污染治理，在42个县开展化肥减量增效示范，集成推广施肥新技术、新产品、新机具210万亩次。

（4）保水行动。颁布实施《四川省水资源条例》，对557个流域套县域用水总量管控单元实施精细化管理。加快推进安宁河流域水资源配置工程等重大水利工程；强力推进引大济岷工程前期工作，完成可研报告及28个审批专题、48个可研课题编

制。大力推进节水行动和水土保持工作，创建国家节水型社会建设达标县（市、区）21个，评定省级节水标杆企业4户、标杆园区2家和节水型高校23所，新增水土流失综合治理面积5 130km²。积极开展若尔盖国家公园创建工作，累计投入资金近2亿元，用于长江黄河上游湿地保护恢复。

（5）禁渔行动。加强禁渔联合执法，累计出动执法人员48.6万人次，查办违法违规案件3 832件、抓获犯罪嫌疑人1 513人、打掉非法捕捞团伙76个。健全长江流域禁捕水域网格化管理体系，依托河湖长制"一张图"，绘制完成长江、沱江、岷江、嘉陵江、大渡河、赤水河干流及一级支流的十年禁捕区和45个永久禁捕区矢量图，搭建禁捕网格化信息管理系统。全年共增殖放流鱼苗3 505万尾。

2. 建立完善河湖长制五大机制

（1）激励机制。省级财政预算安排水利发展资金2 000万元，对河湖长制工作年度考核前三名和进步最大的市（自治州）进行激励，并对获得国务院督查激励的地区予以配套激励。通报表扬全省河湖长制工作成绩突出的485名个人和80个集体，充分激发和调动各地积极性、主动性和创造性。

（2）考核机制。修订印发《四川省河湖长制工作省级考核办法》（川委办〔2022〕33号），坚持定量与定性相结合的方式，明确水资源保护、河湖水域岸线管理保护、履职尽责等6个方面的考核内容。强化结果运用，将考核结果纳入领导干部自然资源资产离任审计和生态环境损害责任追究，并作为对被考核对象开展目标绩效考核的重要参考。

（3）督查机制。探索开展全省河湖长制进驻式督查，试点进驻3个县（区），查找分析河湖长制工作中存在的问题，发布典型案例3个，移交河湖管理保护问题121个、突出问题责任追究线索4条，达到以督促改、以改促治的效果。

（4）暗访机制。将暗访督查作为河湖长制工作的重要抓手，建立并充实暗访工作专家库，集中开展3轮暗访督查。摄制暗访发现典型问题专题警示片，在省总河长全体会议上播放并下发各地。暗访发现的151个问题已全部完成整改。

（5）协作机制。推行"河长+"联动机制，鼓励推广"河长+警长""河长+检察长""河长+法院院长"等机制，着力构建"大联动、大治理、大融合"的河湖管护新格局。建立省级河长联络员单位联席会议制度，组织开展会商调度4次，有效推动河湖长及相关单位履职尽责。

3. 联防联控　开展川滇藏长江（金沙江）联合巡河，会商联合治理措施，协调解决流域重大问题。联合甘肃省、陕西省开展白龙江垃圾污染治理，嘉陵江上游入川垃圾污染大幅减少。川渝共同打造琼江跨界示范河流，累计实施项目89个，完成投资6.77亿元；多次召开川渝河长制工作联席会议，开展人员交流和联合培训。

4. 基层河湖管护"解放模式"情况　深化完善农村基层河湖管护"解放模式"，在7个市（州）1 054个村（社区）试点推广雅安市名山区解放村依托基层党组织、健全管护体系、增强管护力量的治理经验，切实推动解决河湖管护"最后一公里"问题，相关做法纳入中央组织部河湖长制网上专题班、全国基层河湖保护和监管能力培训班授课内容。

5. 宣传发动　深入贯彻长江保护法、黄河保护法和四川省河湖长制条例，举办河湖长制新闻发布会、开展河湖长制访谈。持续开展河湖长制进机关、进乡村、进社区、进党校、进学校、进企业、进单位"七进"宣传活动。持续开展"寻找最美家乡河湖""寻找最美河湖卫士""守护幸福河湖"短视频征集、"最美家乡河湖"主题征文摄影等大型公益和评比活动，凝聚社会广泛共识，积极营造全民爱河、护河、治河的良好宣传舆论氛围。

（四川省河长制办公室）

【河湖健康评价开展情况】　截至2022年年底，全省累计投入资金1.25亿元，完成750条（个）河（湖）的健康评价，全部建立电子健康档案，健康率达90%以上。其中青衣江、安宁河2条省级河流完成健康评价报告并印发，其他12条（个）省级河（湖）完成河湖健康评价技术评审。

（四川省河长制办公室）

【"一河（湖）一策"编制和实施情况】　2022年，四川省在《"一河（湖）一策"管理保护方案（2021—2025）》基础上，完成川渝23条跨界河流"一河一策"汇编。结合河湖长制工作要点、河湖健康评价成果及"十四五"规划内容，根据河湖保护治理实际，编制印发省级主要河湖2022年度工作清单，落实河湖长制工作要点、实施"一河（湖）一策"。

（四川省河长制办公室）

【水资源保护】

1. 水资源刚性约束　2022年7月1日，四川省首部水资源地方性法规《四川省水资源条例》（简称《条例》）正式施行，《条例》创设细化一系列水资源管理重要制度，为推进水资源刚性约束提供了法律遵循。健全水资源刚性约束指标体系，推动江河流域水量分配、区域用水总量控制、重点河湖生态流量保障、地下水取用水总量和水位控制等水资源刚性约束指标体系的落实。

2. 节水行动　实施水资源节约集约战略，推进《四川节水行动实施方案》(川发改环资〔2019〕515号) 6大重点行动、19项行业任务、44项具体事项全面完成，在充分保障全社会用水需求的前提下，提升用水效率9.9%以上。2022年，全省用水总量251.56亿m^3，万元国内生产总值用水量44.3m^3，万元工业增加值用水量12.9m^3，比2020年分别降低14.3%和20.6%，均超额完成降幅控制目标6.8%，农田灌溉水有效利用系数达0.497，优于年度控制目标。

按照《关于下发各市（州）“十四五”期间各年度用水效率控制指标的通知》文件要求，建立省、市两级行政区用水总量和强度双控指标体系。2022年，全省开展节水评价项目277个，其中规划类项目22项、建设类项目255项，有效核减规划和建设项目新增取用水量18 000万m^3。严格事中计划用水和定额管理，将《四川省用水定额》作为节水管理新标尺，强化在节水评价、计划用水、监督检查等各环节的应用，联合住房和城乡建设部门印发《加强黄河流域计划用水工作的通知》(川水函〔2022〕432号)，做好管网内、外取用水户计划用水管理。

2022年，新建高效节水灌溉面积40.6万亩，创建省级节水型企业80家，创建省级节水标杆企业2家、标杆园区2家，重点用水企业园区水校领跑者2家，节水型高校23所，省直机关、市直机关和50%的直属事业单位建成公共机构节水型单位，全省新建节水型社会达标县22个，新增合同节水项目15个，重点监控用水单位名录库383个，全省节水宣传新闻媒体宣传次数825次，其中发表在国家级媒体28篇，四川省在全国节水办信息采编排名较2021年度上升11位。

3. 饮用水全国水源地安全保障评估　完成2022年度41个重要饮用水水源地安全保障达标建设评估，对62个饮用水水源地水质数据实行按旬通报。

4. 生态流量监管　2022年，对全省十大主要江河开展优良水体评价通报，全省优良水体河段总长7 743.17km，占比98%。成立专班推进已建水利水电工程生态流量复核先行先试工作，明确先行先试流域与工程名录。以复苏河湖生态环境为核心，以修复断流河段、强化生态流量保障为重点，全面开展母亲河复苏行动，排查断流河湖和生态流量不达标河流，确定母亲河复苏行动河流8条。

联动发展和改革、农业农村、生态环境、林业和草原、电力等部门，平衡蓄、泄、调关系，精准调度、调配水资源，全面保障经济社会高质量发展用水需求。2022年7—8月，针对特大旱情，统筹用水、用电、蓄水、生态基流，克服极端天气不利影响，统配统调蓄水保供，严格保障生态基流。2022年，国、省两级调度管控断面日均流量达标率为98%，生态流量考核断面日均达标率为99%。

5. 水量分配　围绕“三大供水”任务，适应“要素水利”特征，综合考虑当前用水量、经济社会发展指标、水网规划以及全省重大水利工程布局，开展各地区2030年用水“红线”调整研究。根据水利部下达四川省“十四五”用水总量控制指标，结合各地经济社会发展现状和区域用水情况，分解下达“十四五”用水总量指标到市、县。

6. 取水口专项整治　全面开展取用水管理专项整治行动“回头看”，对接税务、审计相关部门，从取水许可、水资源配置调度等方面着力，持续推进都江堰灌区、长葫灌区审计中发现水资源问题的整改工作。按照水利部统一部署，开展大中型灌区中央审计发现无证取水问题排查，全面完成30个灌区无证取水问题整改。对申报中央项目支持的55处中型灌区许可水量进行梳理，对12处不具备水资源立项条件的灌区组织论证并补办了手续。联合住房和城乡建设部门开展黄河流域计划用水专项行动，将21家取用水单位纳入了重点监管范围。

(四川省水利厅)

【水域岸线管理保护】

1. 采砂管理　一是落实河道采砂管理责任。四川省将河道采砂管理作为四川省总河长令重要内容，纳入河湖长制“5+9”重点工作和河湖长制考核内容。长江（金沙江）干流4市（州）18县（区、市）落实河道采砂管理“五个责任人”及其他319个重点河段、敏感水域河道采砂管理“四个责任人”，全面落实采砂管理责任。各地健全长江、沱江、岷江等流域协作机制，构建了“属地+部门”“河长+”工作机制，形成党委重视、河长问巡、部门协同、多方携手、齐抓共管的工作局面。组织召开全省河道采砂安全暨水利安全生产工作视频会，印发《关于做好河道采砂安全源头管控和重要时段河道采砂管理工作的通知》(川水函〔2022〕58号)，落实重点时段采砂管理24小时值守制度，强化水利行业职责，落实企业安全主体责任，压实安全管护责任。

二是严格采砂规划与实施。长江干流四川段总长219.3km，流经宜宾和泸州两市。因处于国家级珍稀特有鱼类保护区，长江干流四川段全域禁采。

除长江干流外，四川省其余河道严格落实河道采砂规划和许可制度，有采砂任务的河道按照国家最新法律法规及技术要求编制河道采砂规划，实现采砂规划全覆盖，按照河道管辖权限，组织审查省管河道采砂规划 9 个。规范河道采砂许可，采砂许可前需明确采砂堆放（转运、加工）场设置要求，对于现场管理责任不到位、日常监管措施不到位，无可采区实施方案、堆砂场设置方案及采后修复方案的，不予许可河道采砂。2022 年备案河道采砂许可证 769 个，许可采砂量 6 505.9 万 m^3。

三是开展专项整治行动。全面完成为期 1 年的全国河道非法采砂专项整治行动，全省各级水行政主管部门共出动 11.7 万余人次，累计巡查河道 53 万余 km，查处非法采砂 292 起，没收非法砂石 1.7 万余 t，办理行政处罚案件 272 件，罚款 1 200 万余元。开展全省河道违法采砂和侵占岸线问题排查整治专项行动，全省梳理违法采砂和侵占岸线问题 184 个，形成问题台账，制定整改措施。配合公安机关开展打击“沙霸”专项行动，与公安部门召开任务对接会 2 次，定期共享非法采砂线索。按照《河道采砂行政执法案件涉嫌刑事犯罪移送办法》（川水函〔2017〕1503 号），梳理行政与刑事适用条款、执行尺度等问题，加强行刑衔接，省级办理非法采砂价值认定 2 起，涉案金额 35 万余元。

四是规范河道采砂管理。经四川省政府授权，联合交通运输厅共同印发《四川省进一步规范河道砂石管理的意见》（川水发〔2022〕21 号），会同省税务局印发《关于建立河道砂石资源税协同管理机制的通知》（川税发〔2022〕57 号），从税收层面强化河道采砂监管。采砂现场严格实施计重计量、公开公示、登记统计等关键制度，强化砂石运输源头装载管理；规范河道采砂、装卸、加工标准化建设，整治河道砂石污水排放、噪声污染、扬尘治理等问题，推动河道采砂标准化、集约化管理；建立河道采砂后期生态修复验收制度，将采后生态评估作为下轮规划的重要依据，河道砂石规划、许可、采运全环节以及人、机具、砂各要素监管有序。

五是强化执法能力建设。推进水利、公安、交通运输三部门河道采砂管理合作机制向经济和信息化、市场监管等部门和县（市、区）延伸，全省 21 个市（州）有采砂管理任务的县（市、区）全面建立河道采砂管理合作机制，强化信息共享，开展联动打击，形成部门协同、多方携手、齐抓共管的工作格局。以“涉砂数据电子化、砂石采区空间化、采砂数据共用化”为目标，坚持问题导向，主动解决河道采砂面临的点多、线长、面广等难题，研发四川省河湖长制采砂信息化平台，实现河道采砂规划、许可要素及其采砂权出让等资料在线电子备案；推行四川省河道砂石采运管理单信息平台，将各采区按照统一接口标准纳入采运管理单系统，实现各采区采量数据自动采集、实时传输、分类调用，及时掌握各采区情况。打通各平台信息接口，实现河道砂石数据实时监测和互联共享，省、市、县三级用户可根据权限实时查询管辖范围内采砂规划、采砂区信息、许可情况和开采期限等相关信息，为各级提供信息化监管支撑，基本实现“电子旁站式监管”。

2. 河湖管理范围划定　四川省水利厅印发《关于进一步完善河湖管理范围划定成果的通知》（川水函〔2022〕1366 号），组织各地进一步规范河湖划界成果复核调整程序，建立河湖管理范围动态更新机制，统筹推进水利普查名录外河湖划界工作。结合河湖管理日常工作，动态调整河湖管理边界 432 段，并同步在“四川省河湖长制一张图”中更新。

3. 岸线保护与利用规划编制　全省编制完成并印发实施 155 条流域面积 1 000km^2 以上河流、29 个常年水面面积 1km^2 以上湖泊的岸线保护与利用规划。2022 年 6 月，四川省水利厅印发长江（金沙江）、黄河、岷江、嘉陵江、沱江、雅砻江、大渡河、涪江、渠江、青衣江、安宁河、泸沽湖 12 个省级重要河湖岸线保护与利用规划，涉及河长 6 755km、岸线长度为 12 509km，岸线保护率占比达 73%。

4. 妨碍河道行洪突出问题排查整治　发布 2022 年第 2 号总河长令，印发《2022 年四川省全面强化河湖长制工作要点》《四川省妨碍河道行洪突出问题排查整治工作问题清单、任务清单、责任清单》（川河长制办发〔2022〕6 号），将妨碍河道行洪突出问题排查整治纳入 2022 年河湖长年度考核。组织全省开展三轮妨碍河道行洪突出问题排查整治，累积出动 1.62 万人次，对 9 246 个妨碍河道行洪遥感疑似图斑进行全面排查复核，排查整改问题 212 个。实行“旬调度、月通报”制度，按照不低于 30% 的比例开展省级抽查复核，避免虚假整改、表面整改，确保整改经得起检验。

5. 涉河建设项目管理　利用河湖“清四乱”、河湖划界和岸线规划等工作成果，研发填录系统，组织各地全面复核清理码头工程、跨江设施、穿江设施、防洪护岸整治工程、生态环境整治工程、造（修、拆）船项目以及规模以上取排水设施等涉河建设项目，开展涉河项目清理入库，清理填报涉河建设项目 2.39 万余个，实现涉河建设项目排查成果台账化、可视化。

6. 河湖“清四乱” 完成水利部第一轮河湖管理督查反馈的40个问题、25个金沙江下游非法占用岸线项目、5个赤水河干流违法违规岸线利用项目整改销号；组织开展长江干流岸线利用项目排查整治“回头看”。指导各地深入开展自查自纠，清理整治河湖“四乱”问题405个。（四川省河长制办公室）

【水污染防治】

1. 排污口整治 截至2022年年底，四川省完成河湖岸线排查约5.9万km，涉及流域面积约43.6万km^2。合计排查各类口门约12万个，核定排污口数量27 175个，其中工业排污口1 935个、城镇污水处理厂排污口2 091个、农业排污口1 050个，其他排污口22 099个。完成监测排污口11 407个，监测完成率42.0%；完成溯源排污口24 331个，溯源完成率89.5%；完成问题排污口整治6 333个，整治完成率62%。探索入河排污口设置审核“四川模式”，不断“提速度、优服务、严质量”。截至2022年年底，全省累计设置审核入河排污口1 271个，平均用时7.8个工作日，较法定时限缩短12.2个工作日，办理效率提升3倍，提前办结率、群众满意率均达100%。（四川省生态环境厅）

2. 工矿企业污染治理 四川省经济和信息化厅印发《关于开展2022年工业废水循环利用试点工作的通知》（川经信办函〔2022〕408号），组织重点用水行业工业企业和符合条件的省级以上工业园区申报用水过程循环模式、区域产城融合模式等五类试点模式。四川泸天化股份有限公司、宜宾海丰和锐有限公司被工业和信息化部确定为2022年工业废水循环利用试点企业。全面停止审批长江干支流岸线1km范围内新建、扩建化工园区和化工项目。制定《四川省危险化学品“禁限控”目录（第一批）》《关于加强精细化工企业安全监管工作的通知》（川经信办函〔2022〕408号），严格确定外部安全防护距离，强化危险化学品安全风险管控。（四川省经济和信息化厅）

3. 城镇生活污染治理 实施污水垃圾处理设施三年推进方案，有序推进项目建设。截至2022年年底，开工1 833个项目，完工1 059个项目。累计新增污水处理能力164万m^3/d，累计新（改）建污水管网8 940km；累计新增垃圾收转运能力19 439.49 t/d，累计新增焚烧处理能力8 776.5 t/d，累计新增厨余垃圾处置能力998.2t/d。

常态化开展农村生活垃圾治理，建立以“村收集、乡镇转运、市县处理”为主，片区处理、就地就近处理为辅相结合的治理模式，基本形成完善的农村生活垃圾收运处置体系。全省于2019年全面启动18个地级以上城市生活垃圾强制分类，截至2022年年底，全省地级以上城市生活垃圾回收利用率达40%。有序推进城乡垃圾处理设施项目建设，重点补齐垃圾分类投放和收转运设施短板，提升焚烧处理能力和厨余垃圾处置能力。截至2022年年底，全省建成生活垃圾无害化处理能力6.4万t/d（焚烧处理能力达到4.43万t/d）。截至2022年年底，全省城市污水处理率为96.25%，县城污水处理能力为95.53%，建制镇污水处理率污水处理能力为70.66%；全省地级以上城市生活垃圾回收利用率达40%；城市（县城）生活垃圾无害化处理率达到99.94%。（四川省住房和城乡建设厅）

4. 畜禽养殖污染治理 2022年，四川省出台《四川省农业农村污染治理攻坚战实施方案》（川环发〔2022〕10号）、《四川省畜禽养殖污染防治规划》（川环发〔2022〕18号）、《关于做好畜禽粪污资源化利用相关工作的通知》（川农函〔2022〕24号）等系列政策和技术文件，明确推进畜禽养殖废弃物资源化利用的指导思想、基本原则、工作目标、工作措施、保障政策、考核办法和技术标准。全省新增实施4个畜禽粪污资源化利用整县推进项目、7个畜禽产业绿色发展项目，落实中央省级资金1.75亿元，重点支持改造畜禽粪污资源化利用设施装备，提升全省畜禽粪污资源化利用水平。推广雨污分流、干湿分离等科学饲养方式及工艺，全省新创建畜禽标准化养殖场1 169个，其中部级畜禽养殖标准化示范场21个、省级畜禽标准化养殖场282个；推动标准化养殖场发挥示范带动效应，提升标准化生产水平，构建现代养殖体系，推进畜牧业高质量发展。联合生态环境厅共同开展规模养殖场粪污处理设施装备配套验收工作。截至2022年12月，全省畜禽粪污综合利用率达77%以上。

5. 水产养殖污染治理 2022年，投入资金1.3亿元，实施渔业绿色循环发展试点，支持4.89万亩养殖池塘开展标准化改造和尾水达标治理，完善基础设施，提升水产品增产保供能力。大力发展稻渔综合种养、设施渔业养殖、大水面生态增养殖健康养殖模式；设了2 329个渔业养殖设施，设施渔业养殖总容量达到94.493m^3，择优推荐绵阳市安州区等4个县（市、区）创建国家级水产健康养殖和生态养殖示范区。组织科研单位和高校起草省级水产地方标准，以主养品种、主推技术为主线，用标准指导水产健康养殖，全年新增省级水产标准11项，现行有效标准达102项。

6. 农业面源污染治理 四川省农业农村厅印发《四川省2022年化肥减量化工作推进方案》（川农函

〔2022〕9号），将化肥减量化工作纳入粮食安全党政同责等工作考核范畴，指导全省持续开展化肥减量化行动。投入中央资金3.6亿元，推进全省化肥减量增效基础工作全覆盖，深化测土配方施肥，优化施肥方式，调整施肥结构，替代部分化肥；在24个县开展绿色种养循环农业试点，建设绿色种养循环示范区240万亩；在42个县开展化肥减量增效示范，集成推广化肥减量增效新技术、新产品、新机具210万亩次；建设15 000个农户施肥量监测调查点，监测调查种植生产过程中肥料使用情况。组织开展科学施肥宣传培训，印发《关于开展“专家包片联县”科学施肥活动工作方案的通知》（川农函〔2022〕39号）、《四川省2022年主要农作物科学施肥指导意见》《四川省化肥减量增效技术宣传手册》，录制了《化肥减量增效关键技术》《测土配方施肥技术路径》宣传视频，培训化肥减量增效关键技术，指导各地落实好化肥减量化技术措施，推进科学施肥技术进村入户。

2022年，安排省级病虫监测预警专项资金用于新型测报工具更新换代，提升重大病虫害监测预警能力。在65个重点县选聘乡村植保员1 320名，承担病虫情报侦察兵、植物保护法律法规宣传员、病虫防治技术指导员和农药使用情况调查员“一兵三员”任务。实行病虫害信息周报制度，各级发布重大病虫预报、警报等病虫信息3 000期以上，发送植保短信超过52万条，为病虫害精准防控提供了科学依据。以示范创建活动为抓手，打造店面亮化、展示规范、分柜摆放的标准化农药经营示范门店，创建“四川省农药经营示范门店”200家，进一步规范农药经营行为。多点多地开展试验示范，加强植物免疫诱抗剂、生物农药试验示范，做好化学农药“替代”技术储备。推行处方笺制度，优先开具“绿色处方”，引导农民首选生物农药。稳步推进高毒农药淘汰，加大生物农药营销力度，设立生物农药专柜200个，提高生物农药市场占比。开展全省禁限用农药经营门店实地抽查工作，实地对4个市（州）7个县（区）的15家禁限用农药销售门店进行农药经营许可证证后巡查。全面实施“百县千乡万户”科学安全用药培训行动，以粮油作物和主要经济作物为重点，突出各生态区域种植特点，以“5＋N”方式［省级组织启动仪式暨“5”场主题培训，市（州）、县（市、区）、乡镇分级组织“N”场开展全年培训］推动培训行动顺利开展，全省累计开展“百县千乡万户”科学安全用药培训2 000余场次，培训50万余人次，发放技术资料66万余份，实现乡村植保员、新型农业经营主体、农药经营人员、专业化防治服务组织全覆盖。充分利用中央农业生产救灾资金通过政府购买病虫防治公共服务，扶持专业化防治服务组织，整建制推进病虫统防统治。继续开展“五有五好”植保社会化服务组织创建活动，以创建活动引导服务组织提升技术水平、装备配置、服务质量和防控水平，新评选四川省“五有五好”植保社会化服务组织36家，累计评选127家，全省植保社会化服务组织超过7 800家，农作物病虫害统防统治覆盖率同比增加3.8%。

（四川省农业农村厅）

7. *船舶和港口污染防治*　2022年，四川省依托《四川省推进绿水绿航绿色发展五年行动方案》，完成船舶受电设施改造22艘。结合新能源船舶试点、“平安渡运”等专项工作，在全省推广建造纯电动客渡船，新能源船舶总计达到29艘。推进现有港口岸电设施标准化改造，全省具备岸电供应能力泊位达到135个，港口累计使用岸电10 083艘次，接电时间104 610h，用电量407 874kW·h。推动具备受电设施船舶靠泊港口超过2h使用岸电，提高岸电设施使用率。与生态环境、住房和城乡建设等部门积极协作，强化对船舶污染物接收、转运、处置全流程监管，推广应用船舶污染物联合监管与服务信息系统，全省累计船舶交付垃圾162.4t、生活污水26 682m^3、含油污水77.6m^3，船舶垃圾、生活污水、含油污水的转运、处置率均达到90%以上。

（四川省交通运输厅）

【水环境治理】

1. *饮用水水源规范化建设*　四川省297个城市集中式饮用水水源地保护区划定完成率达到100%；276个城市集中式饮用水水源地完成保护区边界立标，完成率达92.93%；281个城市集中式饮用水水源地完成一级保护区隔离防护设施建设，完成率达94.61%。21个市（州）政府所在地基本具备应急备用水源或多水源互为备用，280个城市集中式饮用水水源地突发环境事件应急预案制定完成，完成率达94.28%。完善农村集中式饮用水水源地名录和档案管理，建立并定期更新农村集中式饮用水水源地名录，农村集中式饮用水水源保护区划定工作全部完成。全面推进农村集中式饮用水水源地规范化建设，保护区边界标志设置完成率达95.48%，一级保护区隔离防护设施建设完成率达87.28%。截至2022年年底，四川省有集中式饮用水水源地2 706个，地级及以上集中式饮用水水源地55个，县级集中式饮用水水源地242个，农村集中式饮用水水源地2 409个。全省县级及以上集中式饮用水水源水质达标率为100%，农村集中式饮用水水源地水质达标率为97.6%。

2. 黑臭水体治理　2022年5月，与省发展和改革委员会、生态环境厅、水利厅印发《四川省深入打好城市黑臭水体治理攻坚战实施方案》（川建城建发〔2022〕113号）。完成全省县级及以上城市黑臭水体排查，地级及以上城市黑臭水体返黑返臭排查，无新增黑臭水体，无返黑返臭现象。10月，与生态环境厅印发《四川省“十四五”城市黑臭水体整治环境保护行动方案》（川环发〔2022〕15号）。

（四川省住房和城乡建设厅）

3. 农村水环境整治　开展1 040个农村生活污水治理“千村示范工程”建设，从中优选171个试点开展平原、山地、丘陵、缺水、高寒高海拔和生态环境敏感等典型地区农村生活污水治理，探索不同地理、气候条件下最适宜的治理技术模式。2022年5月，四川省生态环境厅、发展和改革委员会等7部门印发《四川省“十四五”农业农村生态环境保护规划》（川环发〔2022〕3号），同时配套印发《四川省农村生活污水治理实施方案（2021—2025年）》，明确工作目标，细化重点任务，按照“因地制宜，分区分类，利用优先”的原则，将行政村划分为治理类和管控类，建立名录，优先对治理类行政村开展整治。截至2022年年底，全省66.05%的行政村（含涉农社区）生活污水得到有效治理，其中“改厕+资源化利用”占比40.19%，采用纳管或集中设施处理占比25.86%。累计完成99个纳入国家监管清单的农村黑臭水体整治。（四川省生态环境厅）

【水生态修复】

1. 生物多样性保护　将长江十年禁渔纳入市（州）政府政务目标考核、河湖长制工作考核和市（州）党政领导班子领导干部推进乡村振兴战略实绩考核体系。将禁捕工作融入河湖长制管理平台，建立健全长江流域禁捕水域网格化管理体系，加强禁渔联合执法，及时整治各类涉渔违法违规问题。四川省农业农村厅印发《四川省长江流域禁捕水域休闲垂钓管理办法（试行）》（川农规〔2022〕1号）等制度文件。开展长江鲟、川陕哲罗鲑等珍稀濒危物种繁育研究，推进农业农村部长江上游珍稀特有鱼类保护基地和农业农村部宜宾长江鲟人工繁育基地建设。截至2022年年底，全省长江流域重点水域设置132个监测站位，开展水生生物资源监测和完整性指数评价，覆盖60%以上的水生生物关键栖息地。开展“放鱼日”增殖放流活动，利用中央资金增值放流经济物种及濒危物种1 863万尾。开展水生野生动物保护科普宣传月活动。举办四川省长江水生生物专题展，引导全社会共同参与水生生物保护。

（四川省农业农村厅）

2. 生态补偿机制建立　组织流域相关市（州）签订沱江、岷江、嘉陵江第二轮协议与实施方案；与重庆市签订长江流域川渝横向生态保护补偿协议；与云南省、贵州省签订第二轮赤水河流域横向生态保护补偿协议。会同四川省财政厅、四川省水利厅、四川省林业和草原局印发《四川省流域横向生态保护补偿激励政策实施方案》（川财资环〔2022〕107号）。自2021年起，全省累计安排流域横向生态保护补偿奖励资金38.75亿元，其中，2021年补偿12.91亿元，2022年补偿13.04亿元，用于支持推动长江、黄河、赤水河、沱江、岷江、嘉陵江和安宁河流域建立运行流域横向生态保护补偿机制，促进流域水环境质量改善与流域社会经济可持续发展。截至2022年年底，四川省内流域生态保护补偿实现21个市（州）全覆盖。（四川省生态环境厅）

3. 水土流失治理　2022年，四川省完成水土流失综合治理面积5 268km²，治理水土流失面积1 031km²，治理小流域59条。成功创建国家水土保持示范县2个，国家水土保持科技示范园1个，国家水土保持示范工程（生态清洁小流域）3个。

（四川省水利厅）

【执法监管】

1. 联合执法　2022年，四川省公安、农业农村、市场监管部门共出动执法人员48.6万余人次，查办涉渔违法违规案件3 832件；现场制止违法行为1 054次，办理涉河湖案件322起；注销拆解环保、安全不达标船舶647艘，建成岸电设施135套；完成排查整治河湖“四乱”问题405个，妨碍河道行洪突出问题212个，停运违规电站21座，解除并网协议电站40座。全面完成为期1年的全国河道非法采砂专项整治行动，全省各级水行政主管部门共出动11.7万余人次，累计巡查河道53万余km，查处非法采砂292起，没收非法砂石1.7万余t，办理行政处罚案件272件，罚款1 200万余元。配合公安机关开展打击“沙霸”专项行动，与公安部门召开任务对接会2次，定期共享非法采砂线索，加强行刑衔接，省级办理非法采砂价值认定2起，涉案金额35万余元。开展全省河道违法采砂和侵占岸线问题排查整治专项行动，全省梳理违法采砂和侵占岸线问题181个。

2. 河湖日常监管　2022年，全省近5万名河湖长巡河、巡湖360万余次，整改河湖问题19万余

个；组织开展省级河湖长制暗访，发现问题151个，制作暗访督查警示片2部；创新开展河湖长制进驻式督查，向3个县（市、区）移交河湖长制问题121个，在一定范围内曝光进驻式督查典型案例；发出省级提示单44份和工作通报13期，督促各地强化河湖监管。（四川省河湖保护和监管事务中心）

【水文化建设】

1. 水利风景区　2022年，四川省眉山市洪雅县烟雨柳江、南充市仪陇县柏杨湖、广元市剑阁县翠云湖3家水利风景区被成功评定为第二十批国家水利风景区，都江堰、米易县迷易湖入选国家水利风景区高质量发展典型案例，新认定省级水利风景区25家、河湖公园7家。截至2022年年底，全省累计培育省级水利风景区104个、河湖公园17个，成功创建国家水利风景区48个。

（四川省农村水利厅）

2. 河长制主题公园　广安市渠江河长制主题公园位于四川省广安华蓥市明月镇白鹤咀村，处于省级河流渠江左岸，占地面积约1 017亩，于2021年6月建成并面向市民开放。2022年，华蓥市把渠江河长制主题公园作为幸福河湖建设的重要内容来抓，将水工程文化融入主题公园。同时，整合文旅资源、乡村振兴项目，投资2 200万余元将渠江沿岸荒废的100亩烂泥坑改造成荷塘，修护草坪20亩，建成湿地（旱地）活动区9亩、农耕文化园1个。利用“世界水日”“世界环境日”和节假日等时间节点，不定期向游客开展水利科普、水利法制和河湖长“七进”宣传活动13次。（四川省河长制办公室）

绵阳河长制文化主题公园位于涪江绵阳中心城区段，占地196.4亩，于2022年6月建成并向市民开放。主题公园建设以习近平生态文明思想为指导，依托绵阳市的母亲河——涪江为本底，以人与自然和谐共生和“绿水青山就是金山银山”理念为公园之魂，以“山水海绵城市”为设计理念，共设“绿水青山就是金山银山、大禹精神、河长制简介、涪江渊源、流域文化、逐梦幸福河”等板块，整合了自然、生态、历史、人文四大核心要素，集功能性、观赏性、宣传性、熏陶性为一体，综合打造山水相融、人水和谐、寓教于乐的生态景观公园。

（四川省河长制办公室）

【智慧水利建设】

1. 河长制“一张图”　完成2022年度“四川省河湖保护和监管能力提升项目”，形成河湖基础数据调查、保护水位线调查计算、河湖长制管理信息生产、河湖水域岸线保护利用调查与规划、河湖水系专题图集图册制作与更新等项目成果，并将项目成果相关基础数据更新至河长制“一张图”信息平台，逐步装入四川省智慧水利“一张图”和数字孪生框架中进行检验运用。

2. 数字孪生建设　2022年，四川省积极推进青衣江、琼江数字孪生项目，召开3次专题会议研究部署数字孪生流域建设工作，邀请具有数字孪生项目实践经验的行业知名专家学者开展6次数字孪生流域建设研讨会，从流域特色、业务重点、关键技术等方面多角度、多层次、多维度为项目建设提供专业咨询和技术支持。四川省“基于人工智能的四川省河湖知识平台构建与应用”入选《数字孪生流域建设先行先试应用案例推荐名录（2022年）》，获评优秀应用案例。（四川省河长制办公室）

贵州省

【河湖概况】

1. 河湖数量　贵州省是长江、珠江上游重要的生态安全屏障，境内河流众多，共有河流4 696条，流经贵州省且流域面积在50km^{2}及以上的河流有1 059条，总长度为33 829km；全流域面积在100km^{2}及以上的河流有547条，总长度为25 386km；全流域面积在1 000km^{2}及以上的河流有71条，总长度为10 261km；全流域面积在10 000km^{2}及以上的河流有10条，总长度为3 176km。河网密度达到17.1km/100km^2。全省水域面积1 941.3km^2，占全省面积的1.1%。其中，河流水域面积1 167.6km^2，占总水域面积的60.1%；水库和天然湖泊水域面积773.7km^2，占总水域面积的39.9%。

全省河流以乌蒙、苗岭山脉为界分属长江流域和珠江流域，顺地势由西部、中部向北、东、南三面分系四流。乌蒙、苗岭以北属长江流域，面积115 747km^2，占全省总面积的65.7%；乌蒙、苗岭以南属珠江流域，面积60 420km^2，占全省总面积的34.3%。长江流域有牛栏江横江水系、赤水河綦江水系、乌江水系、沅江水系四大水系，珠江流域有南盘江水系、北盘江水系、红水河水系、柳江水系四大水系。其中乌江是贵州最大的河流，也是长江上游右岸最大支流。

全省天然湖泊多分布在贵州西部和黔西南地区。其中，水面面积1km^{2}以下的天然湖泊有41个；水面面积 1km² 以上的湖泊有 1 个，即威宁草海。威宁草海常年水域面积为 20.96km²，平均水深 1.08m，最大水深 3.66m。

2. 水量　贵州多年平均降雨量 1 159.2mm，雨量丰沛，水资源比较丰富，全省水资源多年平均总量为 1 041.84 亿 m³（长江流域 665.59 亿 m³，珠江流域 376.25 亿 m³），其中地下水资源量为 249.7 亿 m³；全省可利用水资源总量为 229.6 亿 m³，占全省水资源总量的 22.0%，其中长江流域可利用量为 157.8 亿 m³，珠江流域可利用量为 71.79 亿 m³；全省水力资源理论蕴藏量为 1 808.6 万 kW。

2022 年，全省降水量和水资源总量比多年平均值偏少，大中型水库蓄水总体稳定，用水总量比 2021 年有所减少。全省年平均降水量 1 016.6mm，比多年平均降水量 1 159.2mm 少 12.3%。全省水资源总量 912.42 亿 m³，比多年平均水资源总量（1956—2016 年）1 041.8 亿 m³ 少 12.4%，地表水资源量 912.42 亿 m³，地下水资源量为 246.45 亿 m³。入境水量为 27.64 亿 m³；出境水量为 888.92 亿 m³，其中直接出境水量 685.43 亿 m³、入省际界河水量 203.49 亿 m³。平均每平方千米产水量 51.79 万 m³/a，人均水量 2 366m³/a。全省总供水量为 96.32 亿 m³，较 2021 年减少 7.74 亿 m³，其中地表水源供水量 94.00 亿 m³、地下水源供水量 1.11 亿 m³、其他水源供水量 1.21 亿 m³。全省用水量与供水量持平，其中生活用水 20.28 亿 m³（含居民生活用水、城镇公共用水）、生产用水 74.32 亿 m³（含农田灌溉用水、林牧渔畜用水、工业用水）、人工生态环境用水 1.72 亿 m³，总耗水量 51.18 亿 m³。全省人均综合用水量为 250m³，万元地区生产总值（当年价）用水量 47.77m³，农田灌溉水有效利用系数提高到 0.494，万元工业增加值（当年价）用水量为 20.33m³，城镇人均生活用水量（含公共用水）193L/d，农村居民人均生活用水量为 86L/d；按可比价计算，万元地区生产总值用水量和万元工业增加值用水量分别比 2021 年下降 11.7%和 47.0%。

3. 水质　2022 年，119 个国控断面水质优良率为 98.3%，主要河流出境断面水质优良率保持在 100%，县级以上集中式饮用水水源地水质达标率为 100%，无劣Ⅴ类水体。

4. 新开工水利工程　2022 年，全省开工建设骨干水源工程 25 个，其中中型 2 个、小（1）型 19 个、小（2）型 4 个。截至 2022 年年底，全省建成水库 179 个，其中中型 17 个、小（1）型 124 个、小（2）型 38 个。

截至 2022 年年底，全省水库（电站）共计 2 692 个，其中大型 27 个、中型 166 个、小（1）型 698 个、小（2）型 1 801 个。水利系管理水库（电站）共计 2 314 个，其中长江流域 1 798 个、珠江流域 516 个。

全省中型以上灌区数量达到 236 处。其中，万亩以上灌区 236 处，10 万～30 万亩灌区 0 处，5 万～10 万亩灌区 53 处，1 万～5 万亩灌区 183 处，2 000～10 000 亩灌区未统计。（段金红）

【重大活动】

1. 重要会议　2022 年 7 月 12 日，长江流域省级河湖长第一次联席会议召开，贵州省副省长王世杰在贵州省分会场出席会议并发言。

2022 年 9 月 29 日，珠江流域省级河湖长联席会议召开，贵州省分管副省长在贵州省分会场出席会议并发言。

2022 年 12 月 14 日，贵州省副省长、省副总河湖长、省河湖长制办公室主任主持召开省级河湖长制部门联席会议，要求认真学习贯彻习近平生态文明思想，以更高标准、更严要求推进水资源保护、水环境整治、水污染防治、水生态修复，奋力谱写多彩贵州现代化建设新篇章。会议总结了 2022 年河湖长制工作，研究部署河湖长制下步重点工作。

2. 省级重大活动　2022 年 6 月 18 日，连续第六年成功举办“贵州生态日”“保护母亲河 · 河长大巡河”活动，贵州省委书记、贵州省省长率先垂范，带头巡河。贵州省委书记、省人大常委会主任、省总河湖长谌贻琴到乌江支流开阳县南江乡鱼梁河畔开展巡河活动，沿河察看水质和周边生态环境，实地了解中央环保督察反馈问题整改情况。贵州省委副书记、省长李炳军到黔西南自治州北盘江湿地公园调研，详细了解全省河湖长制落实情况，乘船考察北盘江生态环境保护和水质状况，听取航运开发等情况汇报。

担任其他重点河流的 33 名省级河湖长分别到责任河湖开展巡河，全省五级河湖长巡河近 2.8 万人次，带动超 7 万人参加，现场巡河发现问题近 3 300 个，全部跟踪整改完毕。（段金红）

【重要文件】　2022 年 1 月 23 日，贵州省人民政府办公厅印发《贵州省“十四五”自然资源保护和利用规划的通知》（黔府办发〔2022〕5 号）。

2022 年 5 月 19 日，贵州省水利厅印发《关于进一步明确河湖管理范围内建设项目审查权限及有关要求的通知》（黔水河〔2022〕2 号）。

2022 年 6 月 2 日，贵州省河湖长制办公室印发

《贵州省河湖长制办公室工作细则》（黔河湖长办〔2022〕5号）。

2022年6月15日，贵州省河湖长制办公室印发《贵州省流域河湖长制工作方案》（黔河湖长办〔2022〕7号）。

2022年9月23日，贵州省人民政府办公厅印发《贵州省城镇生活污水治理三年攻坚行动方案（2022—2024年）和贵州省生活垃圾治理攻坚行动方案的通知》（黔府办函〔2022〕95号）。

2022年11月11日，贵州省水土保持委员会印发《贵州省水土保持委员会工作规则（试行）》《贵州省水土保持委员会办公室工作职责（试行）》（黔水保委〔2022〕1号）。

2022年11月23日，贵州省生态环境厅、贵州省水利厅印发《贵州省美丽幸福河湖评定管理办法（试行）》。

2022年12月30日，贵州省水利厅印发《贵州省水土保持示范创建管理办法（试行）》（黔水保〔2022〕8号）。

（段金红）

【地方政策法规】 2022年12月1日，贵州省第十三届人民代表大会常务委员会第三十六次会议通过《贵州省赤水河流域酱香型白酒生产环境保护条例》，自2022年12月9日起施行；贵州省第十三届人民代表大会常务委员会第三十六次会议通过《贵州省乌江保护条例》，自2023年3月1日起施行。

（段金红）

【河湖长制体制机制建立运行情况】 在全面建立从省到村五级河湖长体系基础上，制定印发《贵州省流域河湖长制工作方案》（黔河湖长办〔2022〕7号），省、市、县三级共设2 285名流域河湖长，进一步提升流域统筹协调能力和效率。印发《贵州省河湖长制办公室工作细则》（黔河湖长办〔2022〕5号），对省河湖长制办公室进行“提档升级”，省级及9个市（州）、84个县（市、区）、684个乡（镇）河长办主任由本级人民政府分管领导担任，进一步发挥河湖长办组织、协调、分办、督办的作用。持续开展“青清河”保护河湖志愿服务行动，招募“青清河”保护河湖志愿者3.34万人，开展巡河8.29万人次，有效带动广大群众参与河湖管护。全省五级聘请超过11 000名河湖民间义务监督员、近17 000名河湖巡查保洁员参与河湖日常监督、巡查和保洁工作，着力解决河湖管护“最后一公里”问题。

（段金红）

【河湖健康评价开展情况】 制定出台《贵州省河湖健康评价指南（试行）》（黔河湖长办〔2022〕9号），进一步完善评价指标体系和评价方法。与贵州省生态环境厅联合制定出台《贵州省美丽幸福河湖评定管理办法》，指导各地规范开展美丽幸福河湖评定和管理。

（段金红）

【“一河（湖）一策”实施情况】 督促指导各省级责任单位对2022年目标任务进行细化分解，指导各地抓好工作任务落实。“一河（湖）一策”年度目标任务落实情况纳入省级责任单位年度考核及“一河（湖）一考”，充分调动和激发了各级各部门强化河湖长制工作的积极性、主动性和创造性，进一步压实河湖长制工作任务落实落地，有力推动河湖管理保护工作。

（段金红）

【水资源保护】

1. 水资源刚性约束　2022年全省用水总量96.32亿m^3，万元地区生产总值用水量、万元工业增加值用水量较2020年分别下降11.7%和47.0%，农田灌溉水有效利用系数提高到0.494。非常规水利用量1.2亿m^3，比2020年提高0.17亿m^3。

2. 生态流量监管　开展2022年度国家重要河湖生态流量控制断面月度保障评估，2022年度重点河湖生态流量考核断面30个，全部满足管控要求。组织开展贵州省大中型水利工程生态流量复核工作。开展赤水河流域、沅江流域生态流量调度保障工作。组织开展贵州省已建水利工程生态流量核定与保障先行先试工作。召开贵州省水资源调度协商联席会议，印发《贵州省水资源调度协商会议机制（试行）》进一步完善贵州省水资源调度保障体系。加强小水电生态流量监管，建立全省小水电站生态流量预警信息处置机制和重点监管名录，全面开展排查并每月通报生态流量泄放情况。

3. 持续规范取用水管理　开展贵州省取用水管理规范化建设后评估工作，累计完成1 463个项目的监督检查，对全省88个县（市、区）开展实地监督检查。

制定印发《贵州省水资源管理和节约用水监督检查实施细则（试行）》（黔水资〔2022〕19号），规范开展水资源管理和节约用水监督检查工作，强化监督执法。

4. 节水行动　全面完成《贵州省节水行动实施方案》2022年目标任务，53%以上的县域达到节水型社会标准。遵义、安顺获得“国家节水型城市”称号，累计建成46个县域节水型社会达标县。所有省直机关及53.6%的省属事业单位建成节水型单位。累计建成节水型高校39所、节水型小区763处。全省水利系统全面建成节水型单位，贵州水利水电职业技术学院等5所高校入选“全国节水型高校建设典型案例”，行业和领域节水示范带动作用明显。

新增高效节水灌溉面积115.7万亩，建成节水型灌区国家级2处、省级3处。推进高田灌区创建旱作农业示范区，建成畜牧渔业节水单位2处，生态水产品产量达32.5万t。农村集中供水工程水费实缴率达96.99%。

开展典型地区再生水利用配置试点的遴选，明确贵阳市中心城区、遵义市播州区为国家试点城市。利用中央和省级水利发展资金1 694万元，推进贵阳市中心城区、播州、惠水、七星关等再生水试点项目建设。

火力发电等6个行业规模以上高耗水企业的节水型企业建成率达到100%。建成171家食品和发酵行业节水型企业，建成11家节水标杆企业。

培育第三方节水服务企业参与合同节水管理。全面执行城镇居民阶梯水价制度及非居民用水超定额累进加价制度。建立150家重点监控用水单位名录。30家在建中型灌区渠首实现取水在线计量。

累计开展合同节水试点项目24个，累计开展区域水权交易和取水权交易共41单。

6家单位获“国家公共机构水效领跑者”称号，1处灌区获全国第二批“灌区水效领跑者”称号。

5. 重要饮用水水源地安全达标保障评估　围绕水量保证、水质合格、监控完备和制度健全四个方面，对全省19个重要饮用水水源地开展评估，编制《2022年度贵州省重要饮用水水源地安全保障达标建设评估情况》。

完成贵州省2021年度全国重要饮用水水源地安全保障达标建设评估和上报。制定《贵州省县级以上城市集中式饮用水水源地名录》。制定复核全省县级以上饮用水水源地情况，配合水利部完成《长江流域重要水源地名录》编制。（段金红）

【水域岸线管理保护】

1. 河湖管理范围划定　全面完成第一次全国水普名录内流域面积50km²以上的1 059条河流管理范围划定及成果上图。流域面积50km²以下的河流完成管理范围划定3 614条。

2. 岸线保护与利用规划编制　完成流域面积50km²以上的1 022条河流岸线保护与利用规划编制，省级组织修编了㵲阳河、清水河、清水江3条省管河流岸线保护与利用规划。

3. “四乱”整治　印发《关于进一步明确河湖管理范围内建设项目审查权限及有关要求的通知》（黔水河〔2022〕2号），对历史遗留“四乱”问题进行分类整改。实施《贵州省河湖管理范围内建设项目洪水影响评价报告表》，简化审查流程，提高规范整改效率。完成全省各级排查和碍洪排查关联“四乱”问题整改3 000余个。2022年度水利部河湖管理监督检查发现问题26个，完成整改22个，剩余问题按整改时限有序推进。

4. 河湖采砂管理　将河道非法采砂持续纳入河湖“清四乱”常态化排查和日常巡河督导，加大对采砂管理的重点河段、敏感水域的排查力度。落实重点河段、敏感水域采砂管理“四个责任人”，2022年，15个重点河段、敏感水域明确河长责任人19名、行政主管部门责任人10名、现场监管责任人21名、行政执法责任人10名。

5. 病险水库治理　2022年，规划治理病险水库87座（中型2座、小型85座），已下达投资3.29亿元，已全部开工建设。小型水库除险加固已基本建设完成，将恢复改善灌面11.65万亩，保护人口10.12万人，恢复和新增城镇年供水量1 232万m³；2座中型水库计划于2024年汛前全部完工。

（段金红）

【水污染防治】

1. 排污口整治　全面开展入河排污口“查、测、溯、治、管”。开展流域排污口无人机排查，共排查出入河排污口4 891个。其中，乌江干流1 219个，纳入整治的110个已完成整治107个；赤水河干流280个，纳入整治的85个已完成整治52个；全省1 499个长江入河排污口，已完成1 463个排污口整治。

2. 工矿企业污染　实施《贵州省深化磷污染防治专项行动方案》，对乌江、清水江流域“三磷”企业开展全面排查，着力推进磷矿开采企业和洗选企业、磷肥企业严格执行总磷特别排放限值。着力推进磷石膏综合利用，督导磷化集团加快建设无水石膏、磷石膏净化提纯等项目，磷石膏综合利用能力和水平得到进一步提升。

优化白酒产业结构调整，着力推进白酒产业有序集聚，实施白酒企业整治退出一批、就地改造提升一批、兼并重组做大一批，白酒企业小散乱问题得到初步解决，白酒产业发展进一步规范。推进白酒企业工艺系统改造，799家企业实施窖底防渗收集改造、酿酒冷却方式改造、接酒池防渗改造、厂内废水管道改造和企业自建废水处理设施建设。

建立松桃河流域19座锰渣库“库长制”，实施锰矿山“一矿一策”、电解锰企业“一厂一策”、锰渣库“一库一策”、渗滤液处理站“一站一策”治理。治理修复锰矿山、矿堆矿坪16.81hm²，关闭退出3座锰矿山。

重点推进鱼洞河零散煤矸石污染问题调查，启动实施东林煤矿零散煤矸石治理，完成下院桥头煤矿零散煤矸石治理，完成11处有主、17处无主规模堆存煤矸石治理，累计治理煤矸石约160万余 m^3，年削减煤矸石淋溶水约45万 m^3。

3. *城镇生活污染* 制定实施《贵州省城镇生活污水治理三年攻坚行动方案（2022—2024年）和贵州省生活垃圾治理攻坚行动方案》（黔府办函〔2022〕95号）。全省城市（县城）新增污水管网2 052.24km；全省新增生活垃圾焚烧处理能力5 600t/d，行政村垃圾收运处置体系覆盖率达90%以上，30户以上自然村寨垃圾收运覆盖率达60%以上。

4. *农业面源污染* 推进绿色防控新技术推广应用。加大有机肥替代化肥、测土配方施肥推广力度，全年化肥农药持续减量增效，水稻、玉米化肥利用率达到41.53%，主要农作物病虫害绿色防控覆盖率达53.18%。

推进农膜科学使用回收。印发《贵州省2022年农膜回收利用工作实施方案》，争取农膜回收利用示范项目省级财政资金 1 200万元，开展废旧农膜回收利用体系建设。全省布设70个农田地膜残留省级监测点开展监测工作。

持续推进畜牧业绿色发展。推广应用山地畜禽粪污资源化利用模式，严格控制畜禽养殖污染，持续实施绿色发展专项整县推进项目，推广畜禽粪污资源化利用集成应用，全年畜禽粪污综合利用率保持在80%以上。

抓好水产养殖污染防治。印发《2022年贵州省水产绿色健康养殖技术推广“四大行动”实施方案》，组织开展生态健康养殖模式推广行动、养殖尾水治理模式推广行动、水产养殖用药减量行动、水产种业提升行动。加强水生动物疫病监控工作，建立102个水产养殖病害监测点。

5. *船舶港口污染防治* 印发《关于优化调整农村客运出租车油价补贴政策的通知》（黔财建〔2022〕111号），制定出台《贵州省优化调整农村水路客运行业油价补贴资金申报实施方案》（黔交航〔2022〕42号），延用油价补助资金，用于对船舶污染物防治、客运船舶结构调整以及岸电设施建设改造等进行补助。制定出台《贵州省“十四五”长江经济带船舶和港口污染治理实施方案》（黔交航〔2022〕27号），涵盖严格源头管控、强化船舶污染物接收转运处置、加强船舶和港口污染执法监管等共6大类13项具体任务，项目化、清单化、责任化推进工作落实。截至2022年年底，在线注册码头管理单位（企业）145个，信息系统覆盖的港口码头涉及全省9个市（州），船舶各类污染物转运处置率均达到95%以上，污染物转运处置率逐步提升，联合监管效能显著提升。

（段金红）

【水环境治理】

1. *饮用水水源规范化建设* 持续推进县城以上、“千吨万人”、乡镇级、农村千人以上集中式饮用水水源地环境整治巩固提升工程。2022年，安排中央水污染资金约2.929亿元，实施19个集中式饮用水水源保护项目，涉及84个集中式饮用水水源地。

组织实施《贵州省“十四五”饮用水水源地环境保护规划》（黔环水〔2022〕1号），规划项目131个，已开工项目98个，其中已完工项目42个，累计完成投资3.28亿元。

2. *黑臭水体治理* 持续巩固提升地级市建成区黑臭水体治理成效，动态排查整治城市水环境相关问题。加快推进县级市建成区黑臭水体排查整治，针对排查出的黑臭水体逐一制定系统化整治方案，因地制宜，采取“控源截污、清淤疏浚、源头治理、生态修复”等措施，有序推进整治工作。

3. *农村水环境整治* 持续推进农村水环境整治，印发《关于持续做好2022年村庄清洁行动的通知》（黔乡振函〔2022〕14号）、《贵州省2022年农村人居环境整治提升工作要点》（黔乡振领办发〔2022〕7号）、《贵州省乡村建设行动2022年工作要点》（黔农领〔2022〕1号）、《关于下达2022年全省农村环境整治任务的通知》等文件，成立农村人居环境提升工作专班；印发《关于开展农村生活污水处理与资源化利用试点的通知》（黔环土〔2022〕4号）、《贵州省农村生活污水处理适用指南》《贵州省农村生活污水处理设施建设与运行维护技术指南》（黔环土〔2022〕8号）、《贵州省农村生活污水资源化利用指南（试行）》（黔环土〔2022〕2号）等文件，推进农村生活污水治理制度化、标准化和规范化；协调争取一般债券预算资金3亿元，开展农村生活污水治理；下达2.3亿元用于全省乡镇生活污水收集处理设施运行维护。

加快推进农村厕所革命，2022年，全省已完成新（改）建农户厕所22万户，完成全年目标任务。

全省累计完成农村生活污水治理行政村 2 374

个，完成国家监管的农村黑臭水体整治任务 21 个，农村生活污水治理率达 17.3%。（段金红）

【水生态修复】

1. 水土流失治理　科学推进水土流失综合治理，2022 年全省累计新增治理水土流失面积 3 214km^2，目标任务完成率达 107.85%。在黔南布依族苗族自治州龙里县、遵义市湄潭县投入 5 827 万元开展水土保持示范小流域建设试点，初步探索出“绿水青山变金山银山”的小流域治理路子。积极开展水土保持示范创建，成功创建赤水市凤凰沟小流域国家水土保持示范工程。有序推进全省石漠化治理，开展石漠化综合治理示范区建设，2022 年完成石漠化治理 108.75 万亩，《贵州省推进石漠化综合治理》入选国家发展改革委编制的《建设美丽中国的探索实践——国家生态文明试验区改革成果案例汇编》。全面推进全省国土绿化，2022 年完成营造林 275 万亩，全省森林覆盖率达 62.81%。

2. 生态补偿机制建立　2022 年安排省级财政赤水河流域纵向生态保护补偿资金 1.5 亿元，用于赤水河流域水污染防治生态补偿。发起第二轮赤水河流域横向生态补偿协议签订工作，云、贵、川 3 省达成一致，协议年限延长为 5 年，贵州、四川 2 省主动提高补偿金额至 3 000 万元，3 省出资规模由 2 亿元提高到 3 亿元，推动形成“合作共治、成本共担、效益共享”的流域保护和治理长效机制。2023 年 1 月 11 日，云、贵、川 3 省在全国流域横向生态保护补偿机制建设推进会上正式签订《第二轮赤水河流域横向生态补偿协议》。

3. 生物多样性保护　坚决落实长江流域十年禁渔计划，组织实施长江流域重点水域巡航检查行动、涉渔工程“回头看”检查行动等专项行动，禁渔秩序总体平稳。

实施增殖放流，全省投入资金 734 万元，下达 37 个县（市、区）开展增殖放流工作，投放青鱼、草鱼、鲢鱼、鳙鱼等 10 余个品种，投放数量 3 310 万尾。2022 年 6 月 6 日，在仁怀市开展 2022 全国“放鱼日”暨贵州省水生生物增殖放流活动，投放中华倒刺鲃鱼苗 50 万余尾。

启动全省首个森林生态系统大样地生物多样性调查和新增国家重点保护野生植物调查。开展全省农田生态系统、渔业水域、森林、草原、湿地生态系统外来入侵物种普查。梵净山国家公园创建获得批复同意，西南岩溶国家公园纳入《国家公园空间布局方案》。

对《贵州省生物多样性保护战略与行动计划（2016—2026 年）》进行评估修编。圆满完成联合国生物多样性大会（COP15）贵州线上展览，浏览量超 66 万次。

开展贵州省生态状况变化遥感调查评估（2015—2020 年）和重点区域生态状况调查评估。开展生物多样性减贫示范总结和传统村落知识编目试点。

4. 生态清洁小流域建设　紧抓巩固脱贫成果有效衔接乡村振兴战略机遇，以水系、村庄周边为重点，统筹推进水系整治、生态修复、人居改善等工程，大力推进 20 条生态清洁小流域建设，实施经果林种植 6.13km^2、封禁治理 204.27km^2、河道综合整治 33.73km、生产便道 45km、污水处理设施 3 套、污水收集站 17 处、地梗植物带 209hm^2、等高植物篱 11km。（段金红）

【执法监管】

1. 水行政执法监管　印发《贵州省水行政执法效能提升行动分工方案（2022—2025 年）》，逐步理顺执法体制机制，提升执法效能。制发《贵州省水行政处罚裁量基准》《水行政处罚裁量权适用规定》（黔水政法〔2022〕1 号），规范全省水行政处罚裁量权。印发《关于水行政执法与检察公益诉讼协作机制的实施细则》（黔检发办字〔2022〕53 号），建立健全水行政执法与检察公益诉讼协作机制。

开展 2022 年防汛保安专项执法行动及珠江流域侵占河湖专项执法行动；印发《关于开展赤水河流域联合执法检查的通知》，组织对赤水河流域开展联合执法，督导整改赤水河流域涉水违法行为；印发《关于开展水资源费征缴执法检查的通知》，对省级征收水资源费的取水单位开展执法检查。

严厉打击水事违法行为，2022 年，全省办结水行政处罚案件 118 件，责令停止违法行为 62 起，责令限期拆除 22 起，罚款 1 222 万元。

2. 打击破坏渔业资源行为　印发《贵州省“中国渔政亮剑 2022”系列专项执法行动方案》（黔农办发〔2022〕11 号）《贵州省 2022 年长江禁渔系列专项行动工作方案》，加强跨界水域执法，采取蹲点驻守、夜间巡查，多部门多层级联合执法，从严从重打击非法捕捞行为。累计查办违法违规案件 1 130 件，查获涉案人员 1 412 人，行政罚款 103.74 万元。

3. 强化水生态环境检察　深入推进环境治理专项监督工作，贵州省检察院安排部署赤水河全流域全领域全行业专项治理工作，遵义、毕节两地检察机关共立案办理涉赤水河环境污染治理公益诉讼案

件37件，推动解决了一批赤水河流域环境污染问题。集中立案办理乌江流域公益诉讼案件103件，推动乌江干支流生态环境污染、安全生产隐患等问题得到有效解决。

充分履行检察职能，通过检察建议、诉前磋商、提起公益诉讼等形式，依法督促行政机关履行职责，推动涉水、涉湖环境问题及时有效整改。2件涉中央环保督察公益诉讼案分别被列入最高检长江经济带生态环境警示片、服务保障长江经济带发展典型案例。

4. 开展生态环境问题排查整治专项行动　持续开展打击环境违法犯罪“利剑2021—2025”专项行动，全省累计共出动执法人员11万余人次，检查企业5万家次，立案查处1 770件，罚（没）款金额2亿元，移送公安行政拘留案件111件，移送涉嫌犯罪26件。（段金红）

【水文化建设】

1. 水利风景区　利用河湖长制平台，将水利风景区建设与管理工作纳入《2022年度贵州省水资源管理、河湖长制等重点工作考核方案》“一市一考”考核内容。2022年5月，修订《贵州省水利水电工程系列定额与计价管理规定》并颁布实施。强化国家水利风景区监督管理，制定《贵州省国家水利风景区复核工作方案》。绥阳双门峡水利风景区《与水共舞》短片获“60秒看水美中国”水利风景区短视频征集宣传活动三等奖，黔南布依族苗族自治州获优秀组织奖。清水江锦屏段（三江国家水利风景区）美丽河湖短视频获第四届“守护幸福河湖”全国短视频公益大赛优秀奖。

2. 河长制主题公园　2022年1月，黔东南苗族侗族自治州政协十三届一次会议提出了“关于建立黔东南州水文化展览馆以及河长制主题公园的建议”。2022年9月，黔东南苗族侗族自治州建成贵州省第一个河长制主题公园，在锦屏县三江国家水利风景区基础上，围绕读懂河长制、讲好水文化、河长的一天、治水成效、成语典故5个主题，全面展示锦屏县河湖水系情况、水文化、水生态以及河长制工作概况、发展历程、特色亮点等内容，营造出人人关心河长制、参与河长制、人人都是河长的良好氛围。（段金红）

【智慧水利建设】

1. “水利一张图”　以水利云平台为基础，编制数据资源目录，开展数据治理，统一数据底图，建设统一平台，优化视频系统，逐步物理整合“贵州省防汛抗旱指挥系统”“国控水资源”“水保天地一体化大数据平台”等12个主要业务系统，建成“水利一张图”，支撑贵州省水利行业决策的空间全域化、时间序列化、过程自动化、应用智能化、管理一体化、决策科学化。

2. 水利云App河长助手模块　新增“四乱”督查、岸线利用、违规整治功能。基于“四乱”督查完成了50km^{2}以上河流的疑似“四乱”图斑监测数据的复核；基于岸线利用、违规整治完成了34条设省级河长河流岸线利用图斑监测数据的核查填报与岸线利用中属于违法违规项目的整治填报；基于岸线利用新增功能，可勾绘市（州）管、县管河流内岸线利用图斑。有效地支撑了河长制工作方式多样化及操作便捷化。

3. 数字孪生　开展数字孪生贵州清水江干流（都匀市茶园水库至施洞水文站河段）试点，系统基本具备了预报、预警、预演、预案“四预”和水资源综合管控智慧决策能力。2022年，发布洪水预报32期，为各级党委政府应对水旱灾害提供有力技术支撑。该项目入选2022年度数字孪生流域建设先行先试应用案例推荐名录（2022年）。（段金红）

西藏自治区

【河湖概况】

1. 河湖数量　西藏自治区（简称“西藏”）地处祖国西南边陲，水资源丰富，是“亚洲水塔”，境内江河纵横，湖泊密布，是全国重要的江河源和生态源，是东南亚众多大江大河源头。特殊的地理位置、重要的生态功能使西藏成为国家重要的生态安全屏障，在全国生态文明建设中具有特殊地位。境内流域面积50km^{2}以上的河流有6 418条，总长度17.73万km，长度约占全国1/7；常年水面面积大于1km^{2}的湖泊有808个，总面积达2.89万km^2，约占全国湖泊面积的1/3。（次旦卓嘎　柳林）

2. 水量　全自治区地表水资源量4 394亿m^3，约占全国河川径流量的16.5%，水资源总量、人均拥有量居全国之首。

3. 水质　2022年，西藏主要江河、湖泊水质整体保持优良，达到国家规定相应水域的环境质量标准。澜沧江、金沙江、雅鲁藏布江、怒江干流水质达到Ⅱ类标准；拉萨河、年楚河、尼洋河等流经重要城镇的河流水质达到Ⅱ类标准；发源于珠穆朗玛峰的绒布河水质达到Ⅰ类标准。色林错、班公错、普莫雍错、羊卓雍错、纳木错和佩枯错湖泊水质均达到Ⅲ类标准。全自治区七地（市）行署（人民政府）所在地城镇19个集中式生活饮用水水源地水质均达到Ⅲ类标准。全自治区主要江河、湖泊水质整体保持良好，国控断面、省控断面水质达标率均为100%。（西藏自治区生态环境厅）

4. 新开工水利工程　2022年全自治区已累计建成水库141座，总库容约43.76亿m^3，已建成规模以上水闸28座、泵站99处、农村集中式供水工程9 063处，供水人口达221.68万人。

（西藏自治区水利厅）

【重大活动】　2022年4月13日，西藏自治区党委书记王君正、党委副书记、自治区人民政府主席严金海共同签发总河长令《西藏自治区河湖长制2022年工作要点》，部署年度河湖长制工作任务。自治区主要领导高度重视河湖长制工作，及时组织研究、协调解决重大问题。王君正书记亲赴自治区总河长办实地调研，了解工作进展，强调要进一步强化河湖长制工作。严金海主席对妨碍河道行洪突出问题排查整治等工作作出批示，多次调研河湖长制相关工作并提出明确要求。（次旦卓嘎　柳林）

【重要文件】　2022年3月1日，西藏自治区总河长办公室印发《西藏自治区总河长办关于认真做好妨碍河道行洪突出问题排查整治工作的通知》（藏河办〔2022〕7号），推动全自治区妨碍行洪突出问题排查整治工作。

2022年4月13日，自治区双总河长签署《关于印发〈西藏自治区2022年河湖长制工作要点〉的通知》（西藏自治区总河长令第2号），部署年度河湖长制工作。

2022年11月1日，西藏自治区水利厅印发《西藏自治区水利厅关于做好河道采砂规划编制工作的通知》（藏水河〔2022〕14号），规范河道采砂管理工作。（次旦卓嘎　柳林）

【河湖长制体制机制建立运行情况】　2022年，全自治区深入贯彻落实关于进一步强化河长湖长履职尽责的实施意见，完善以党政主要领导为主体的责任体系，健全河湖管护责任链，区、市、县、乡、村五级共1.47万名河湖长上岗履职，全年累计巡河湖39.1万人次。建立各级河湖长动态调整机制和河湖长责任递补机制，确保组织体系、制度规定和责任落实到位。落实巡河员58 733名，加强河湖日常巡查管护，打通河湖管护“最后一公里”。

健全跨部门协调联动机制和河长办履职机制，组织对各地市政府和各级河湖长落实河湖长制工作情况进行考核，纳入对地市的综合考核指标。充分发挥“河湖长＋检察长＋警长”协作机制作用，建立行政执法与刑事司法衔接机制。全年检察机关受理涉河案件线索154条，立案128件，发出检察建议36份；公安机关出动警力2 000余人次，开展巡查517次，排查整治隐患12处。推动建立区内外上下游、左右岸、干支流等跨界河湖联防联控机制，滇、川、藏三省（自治区）联合开展长江（金沙江）巡河并召开河湖长制联席会议。（次旦卓嘎　柳林）

【河湖健康评价开展情况】　2022年，印发《西藏自治区开展河湖健康评价建立河湖健康档案工作方案》，编制《西藏整治河湖健康评价技术导则》，全年完成健康评价河湖90个，累计完成154个，21个自治区级河湖健康评价工作全部完成，河湖健康率达100%。（次旦卓嘎　柳林）

【“一河（湖）一策”编制和实施情况】　2022年，编制地方规范《西藏“一河（湖）一策”编制导则》，组织编制长江源、怒江源、易贡藏布、然乌湖4个新增自治区级河湖“一河（湖）一策”报告。

（次旦卓嘎　柳林）

【水资源保护】　严守“三条红线”，强化用水总量和强度双控，分解下达全自治区“十四五”用水总量和强度双控指标。加强用水计划与定额管理，规范取水许可。坚持“四水四定”，深入实施国家节水行动，加快推进节水型社会建设，大力推进农业节水增效、工业节水减排、城镇节水降损。自治区政府批复拉萨河、年楚河水量分配方案。全自治区用水总量控制在34亿m^3以内，万元地区生产总值用水量控制在155m^3以内，万元工业增加值用水量控制在77m^3以内，超额完成控制指标。（张轶超　郗波）

【水域岸线管理保护】　2022年，完成121个河湖岸线保护与利用规划编制，完成水利基础设施空间布局规划、雅鲁藏布江中上游生态修复与保护综合治理规划编制，50条重点中小河流流域综合规划已全部获批。编制重点流域水生态环境保护“十四五”规划等。

2022年，根据《水利部关于印发〈河湖管理范围内建设项目各流域管理机构审查权限〉的通知》（水河湖〔2021〕237号）、《水利部长江水利委员会关于印发〈河湖管理范围内建设项目工程建设方案

审查权限工程规模划分表〉的通知》（长河湖〔2022〕142 号）有关要求，结合西藏自治区正在修订完善的《西藏自治区河道管理范围内建设项目管理暂行办法》，进一步厘清涉河湖建设项目审批事权，根据河湖分级、项目类别和规模等情况，合理确定各级水行政主管部门审查许可权限。2022 年，全自治区共审批涉河建设项目 158 个。

（次旦卓嘎　柳林）

【水污染防治】　2022 年度争取彩票公益金 5 932 万元实施扎囊县等 4 个县城的污水处理设施建设，建立排污口长效监督管理机制，完成全自治区 600 余个排污口 80%的排查整治工作。争取中央预算内资金 15 亿元实施察雅县等 6 个县城的污水处理设施建设；争取地方债券 8 600 万元、地方自筹资金 3 826 万元实施那曲市污水处理厂二期建设，共争取到 333 亿元实施 11 个县城的污水处理设施建设。全自治区污水能力处理约为 44 万 t/d，覆盖 7 地市所在地、59 个县城，21 个乡镇；共 95 座污水处理厂，其中城市 14 座，县城 60 座，乡镇 21 座，配套污水处理管网 961.94km。全自治区城市、县城以上城镇污水处理率分别达到 96.28%、78.06%。

（西藏自治区生态环境厅
西藏自治区住房和城乡建设厅）

【水环境治理】　印发《西藏自治区持续打好饮用水水源地保护攻坚战行动方案》，城镇集中式饮用水水质达标率为 100%。2022 年 3 月 1 日起实施《自治区农牧区供水工程运行管理办法》，要求各级河湖长加强农牧区供水工程水源地监管。印发《西藏自治区农牧区人居环境整治提升五年行动方案》，开展 200 个美丽宜居乡村建设及 157 个人居环境整治项目，改造农村户用卫生厕所 3.7 万座，清理农村生活垃圾 2.9 万 t、村内水塘 3 813 口、村内沟渠 8 938 km。

2022 年，印发《西藏自治区深入打好城市黑臭水体治理攻坚战实施方案》，联合自治区生态环境厅开展全自治区黑臭水体排查工作，全面启动 7 地市所在地建成区黑臭水体排查工作，摸清建成区黑臭水体情况，逐步建立黑臭水体清单。2022 年，全自治区 7 地市已完成建成区黑臭水体排查，未发现黑臭水体。（西藏自治区住房和城乡建设厅）

2022 年，以全自治区实施树立农牧民新风貌行动为契机，以重大节庆日重要活动为时间节点，组织各地市、县（区）集中开展以“四清两改”为重点的村庄清洁行动，重点清理农村生活垃圾、村内塘沟、畜禽养殖粪污等农业生产废弃物、饲草料等，并通过红黑榜、积分制、流动小红旗等方式开展评选活动，推动村庄清洁行动常态化、制度化。全年累计发动农牧民群众 47.8 万余人次，清理农村生活垃圾 19 万 t、农村白色垃圾 0.4 万 t、畜禽粪污废弃物 0.6 万 t、村内水塘 3 813 口、村内沟渠 8 938km、秸秆乱堆乱放 1 759 处。

（西藏自治区乡村振兴局）

【水生态修复】　积极通过中央森林生态效益补偿项目、重点区域造林工程、长江上游天然林保护工程、重要湿地保护与恢复工程等，大力加强流域生态保护与恢复。通过实施重点区域生态公益林建设工程、飞播造林（种草）、乡村“四旁”植树行动等，加大“两江四河”流域植树造林力度，全年共完成营造林 116.95 万亩（包含拉萨南北山绿化工程营造林 10.34 万亩）。在长江上游实施天然林保护工程，管护面积 1 915 万亩，2022 年享受中央财政补贴 19 150 万元。实施中央森林生态补偿项目，将江河源头 83.79 万亩公益林纳入中央财政森林生态效益补偿范围，全自治区大江大河源头及流经区域水源涵养林、水土保持林得到持续有效保护。

2022 年，落实重点区域草原生态保护和修复项目资金 43 320 万元，建设草原围栏 34.4 万 m，修复退化草原面积 93.57 万亩，人工补播种草 97.94 万亩。积极开展草原生态修复治理，2022 年，落实中央财政资金 45 932 万元，计划开展草原生态修复 101 万亩，草原有害生物防治 65 万亩。将江河源区和拉萨南北山绿化工程项目区部分草畜平衡面积共计 4 194.52 万亩调整为禁牧面积。

落实 2022 年度中央财政林业改革发展资金湿地保护修复补助 6 639 万元，主要对拉鲁、江萨、玛旁雍错、多庆错、拿日雍错、江龙玛曲、约雄错高山冰缘 7 个重要湿地开展退化湿地恢复、湿地监测、湿地管护、科普宣教等项目建设。落实 2022 年度中央财政和自治区财政湿地生态效益补偿资金 7 200 万元，组织实施玛旁雍错、色林错、麦地卡、扎日南木错 4 个国际重要湿地和色林错国家级自然保护区申扎县片区、珠穆朗玛峰国家级自然保护区定结县片区、雅鲁藏布江中游河谷黑颈鹤国家级自然保护区浪卡子县片区湿地生态效益补偿试点。申请重要湿地保护与恢复工程建设，获批朱拉河国家湿地公园湿地保护与恢复工程、昂拉错-马尔下错湿地自然保护区保护与恢复工程（二期），总投资 5 850 万元，获批玛旁雍错国际重要湿地生态保护与恢复综合治理项目 3 672 万元。

（西藏自治区林业和草原局）

【执法监管】 2022年，充分发挥“河湖长＋检察长＋警长”协作机制作用，建立行政执法与刑事司法衔接机制。全年检察机关受理涉河案件线索154条，立案128件，发出检察建议36份；公安机关出动警力2 000余人次，开展巡查517次，排查整治隐患12处。

2022年3月，自治区总河长办公室组织有关成员单位组成6个调研组，深入7个地市、46个县（区）、120余条（个）河（湖），围绕黑臭水体、“清四乱”、非法采砂、妨碍河道行洪等工作开展明察暗访，共计抽查复核140个问题，对发现的80个问题进行通报并责令限时整改。（次旦卓嘎　柳林）

【智慧水利建设】 2022年，西藏自治区总河长办公室组织建立并全面推广使用西藏自治区河长制湖长制信息化平台，作为覆盖自治区、市、县、乡、村五级河湖长的上下联通、协同处置、联防联控的综合信息管理和联动协同业务工作平台。持续推动智慧河湖建设，积极运用卫星遥感等技术手段进行动态监控，依托西藏自治区河湖长制信息系统、“河湖长”App和“水利一张图”河湖基础数据信息平台，推进河湖巡查、河湖管理范围划定、岸线保护与利用规划、采砂管理等工作。（次旦卓嘎　柳林）

云南省

【河湖概况】

1. 河湖数量　云南省河流众多，共有长江、珠江、红河、澜沧江、怒江及伊洛瓦底江六大水系。云南省集水面积50km²及以上河流2 095条，其中集水面积10 000km²及以上河流17条、集水面5 000～10 000km²河流15条、集水面积1 000～5 000km²河流86条、集水面积100～1 000km²河流884条、集水面积50～100km²河流1 093条。云南省常年水面面积1km²以上湖泊30个，均为淡水湖泊；常年水面面积30km²以上湖泊9个，称为“九大高原湖泊”。

2. 水量　云南省多年平均降水量1 278.8mm，水资源总量2 210亿m³，排全国第三位。2022年全省年平均降水量1 173.8mm，地表水资源量1 743亿m³，地下水资源量602.6亿m³，人均水资源量3 714m³。全省入境水量1 005亿m³，出境水量2 687亿m³。全省供河道外用水的大、中、小型水库以及坝塘年末蓄水总量90.75亿m³，九大高原湖泊年末蓄水量289.2亿m³，全省河道外供用水量163.4亿m³。

3. 水质　2022年，云南省优良水体比例为91.6%（多年90%以下，2021年89.6%，2022年国考目标90.6%）；全省劣Ⅴ类断面历史最少，国控由7个减少为3个，省控由14个减少为10个。九大高原湖泊水质按全湖均值评价，泸沽湖达到Ⅰ类标准；抚仙湖、阳宗海、洱海达到Ⅱ类标准；滇池草海、程海（不含氟化物）达到Ⅳ类标准；滇池外海、星云湖达到Ⅴ类标准；杞麓湖、异龙湖劣于Ⅴ类标准。

4. 新开工水利工程　2022年全省新开工滇中引水二期配套工程、黑滩河水库等207项重点水网工程。（王应武）

【重大活动】

1. 总河长会议　2022年6月16日，云南省委、省政府在昆明召开九大高原湖泊保护治理暨2022年度省总河长会议。云南省委书记、省级总河长王宁出席会议并讲话，云南省省长、省级副总河长王予波主持会议，省委副书记石玉钢出席会议。全体与会人员在昆明市开展考察调研，前往星海半岛生态湿地共同重温领会习近平总书记关于滇池保护治理的重要指示精神，到西山区采莲路实地察看永昌片区雨污分流改造情况，在滇池湖滨详细了解生态湿地建设、污水净化处理、环湖绿道建设、历史文化村落保护等情况。

2. 珠江流域省级河湖长联席会议　2022年9月29日，2022年珠江流域省级河湖长联席会议以视频形式召开。会议深入贯彻党中央、国务院关于强化河湖长制的决策部署，全面总结流域河湖长制和河湖管理保护工作成效，研究加强河湖长制流域统筹与区域协作，凝聚流域河湖保护治理合力，共商珠江高水平保护大事，共谋流域高质量发展大计。联席会议召集人、云南省委副书记、省长王予波，水利部副部长刘伟平分别在云南省、水利部会场出席会议并讲话。（于健　王应武）

【重要文件】

1. 省级总河长签发文件　2023年1月8日，印发《关于印发〈加强云南省河流保护管理工作的实施意见〉的通知》（云南省总河长令第9号），明确了河流保护50条措施，系统推进六大水系、牛栏江及赤水河流域治河理念更加科学、治河责任更加明确、治河机制更加完善、治河措施更加系统，实现从“一河之治”向“流域之治”“全域联治”转变。

2022年4月29日，印发《关于印发〈2022年云南省全面推行河湖长制工作要点〉的通知》（云南省总河长令第8号）。

2. 省委省政府印发文件　2022年4月28日，印发《云南省人民政府关于九大高原湖泊“三区”管控的指导意见》（云政发〔2022〕25号），从严制定生态保护核心区、生态保护缓冲区、绿色发展区“三区”30条管控措施，严格流域空间管控。

2022年7月4日，印发《中共云南省委关于加强九大高原湖泊监督检查的意见》（云发〔2022〕18号）。

2022年7月7日，印发《中共云南省委、云南省人民政府关于进一步加强河（湖）长制工作的通知》（云发〔2022〕19号）。

2022年7月27日，印发《中共云南省委　云南省人民政府关于深入打好污染防治攻坚战的实施意见》（云发〔2022〕20号）。

3. 省级有关单位重要文件　2022年5月24日，印发《云南省河长制办公室关于印发云南省河湖长制领导小组成员单位联席会议工作规则等3个文件的通知》（云河长办发〔2022〕43号）；制定《云南省河湖长制领导小组成员单位联席会议工作规则》《云南省河湖长制领导小组成员单位联席会议办公室工作规则》《云南省河长制办公室工作规则（试行）》3个工作规则。

2022年7月12日，印发《云南省生态环境厅关于印发云南省加强入河排污口监督管理工作方案的通知》（云环发〔2022〕27号）。

2022年7月13日，印发《云南省水利厅云南省生态环境厅关于印发云南省“十四五”九大高原湖泊保护治理规划的通知》（云水发〔2022〕42号）。

（王应武）

【地方政策法规】　2022年11月30日，云南省第十三届人民代表大会常务委员会审议通过《楚雄彝族自治州河湖岸线保护管理条例》；云南省第十三届人民代表大会常务委员会审议通过《普洱市思茅城区河道管理条例》；云南省第十三届人民代表大会常务委员会审议通过《文山壮族苗族自治州河道管理条例》。

（李凌　李谨妤）

【河湖长制体制机制建立运行情况】

1. 建立体系　云南省全面建立了省、州（市）、县（市、区）、乡（镇）、村五级河（湖）长和省、州（市）、县（市、区）三级河长制办公室的组织体系，共设置河长33 882名、湖长2 034名，覆盖全省6 573条河流、71个湖泊、5 914座水库、4 793座塘坝、2 549条渠道。

2. 压实责任　2022年，云南省委、省政府召开河（湖）长制会议13次，省人大、省政协开展监督检查19次。省级河长湖长组织研究、协调解决重大问题340个。全省五级河湖长巡河巡湖105万余次，发现问题108 812个，解决问题108 421个。实行全省河（湖）长制和九大高原湖泊保护治理工作进度定期通报制度。编制《云南省省级河长水质月报》12期，向省级河长湖长报告全省主要河湖重点断面（点位）水质状况。

3. 强化流域统筹区域协同　组织召开滇、川、藏三省（自治区）长江（金沙江）联合巡河暨河（湖）长制联席会议，与四川省河长制办公室印发《2022年滇川两省共同推进长江（金沙江）管理保护治理工作清单的通知》（云河长办发〔2022〕35号）。

4. 强化部门联动　联合省检察院印发了《关于全面推行“河（湖）长＋检察长”协作机制的意见》，制定了《河湖警长制工作实施办法》，打造河（湖）长＋河湖警长“多轮驱动”、网格＋警格＋水格“三格合一”的水域保护新模式，河湖长制体制机制更加完善。

（李谨妤）

【河湖健康评价开展情况】

1. 制度完善　2021年，云南省河长办印发《云南省河湖库渠健康评价指南（试行）》，组织州（市）、县（市、区）全面开展河湖健康评价，组织丽江市、红河州等州（市）开展全域河湖健康评价并形成评价报告。

2. 全面部署　将云南省六大水系、牛栏江及赤水河干流划分为285个评价河段，分段布设监测点位，区分城镇段、农村段、天然段、复合段河段类型。将九大高原湖泊划分为40个评价区域，分区布设180个监测点位，分类开展监测评价，从水域岸线状况、水量水质、生物状况和社会服务功能4个准则层，构建云南省河湖健康评价指标体系，定量分析诊断河湖健康状况。

3. 健康评价结果　洱海、抚仙湖、泸沽湖、阳宗海为健康状态，滇池、程海、星云湖为亚健康状态，杞麓湖、异龙湖为不健康状态。怒江为非常健康状态，长江、澜沧江、伊洛瓦底江、赤水河为健康状态，珠江和红河为亚健康状态。

（曹言）

【“一河（湖）一策”编制和实施情况】　将健康评价内容与“一河（湖）一策”方案有效衔接，将健康评价内容和结果作为“一河（湖）一策”方案中河湖问题诊断的章节内容，以健康评价结果为导向，分类、分段、分准则层剖析空间差异性，查找影响河湖健康的主要问题、具体指标和原因，形成具体问题清单。

印发了九大高原湖泊、六大水系、牛栏江及赤水河“一河（湖）一策”方案。其中省级“一河一策”筛选出各河流重点项目清单，共提出水资源保护、水污染防治、水环境治理、水域岸线管理、水生态修复和执法监管六大类 141 个重点项目，总投资 360.13 亿元。其中干流项目 70 个，总投资 125.79 亿元，占比为 34.93%；支流项目 71 个，总投资 234.34 亿元，占比为 65.07%。省级“一湖一策”方案共提出“退、减、调、治、管”五大类 375 个重点项目，总投资 556.32 亿元。（曹言）

【水资源保护】 制定完善 21 条跨州（市）重要江河水量分配和生态流量保障目标方案。强化用水调度管理，指导重点项目制定年度调水计划并严格实施，每月发布重要河湖断面水生态流量预警月报。全面完成了长江流域 5 611 个取水项目取用水核查登记和 3 227 个问题排查整改，整改完成率达 100%。

扎实开展中央环保督察“回头看”整改工作，加强牛栏江等重要流域的水资源保护和水量调度管理工作。截至 2023 年 6 月 1 日，牛栏江—滇池补水工程通水以来，累计向滇池生态补水和昆明城市应急补水 47.81 亿 m^3（其中 2022 年度补水 4.26 亿 m^3），为滇池水生态环境显著改善发挥了不可替代的作用，有效改善了滇池水环境，切实增强了滇池流域水资源承载能力。水资源费创历史新高，完成征收 32.19 亿元，在经济下行压力较大的背景下较 2021 年度增长 7.9 亿元。

深入推进小水电清理整改后续工作，协调推进 178 座未完善行政手续电站的整改，其中 117 座已完善相关行政审批手续，由水利部门负责的水资源论证（取水许可）手续已全部完善。（李谨好）

【水域岸线管理保护】

1. 推进河湖“清四乱”常态化规范化 通过河湖“清四乱”等系列专项行动，整改“四乱”问题 813 件，整改完成率 100%。清理非法占用河道岸线 688.6km，清理非法砂石量 85 114.7m^3，打击非法采砂船 17 只，清理建筑和生活垃圾 498 809.1t，拆除违法建筑 48 717.4m^2，清除围堤 5.6km，清除非法林地 2 206.1m^2，清除非法网箱养殖 265 263.0m^2，清除违规种植大棚 14 883.9m^2。

2. 整治妨碍河道行洪突出问题 对水利部推送的 14 344 个疑似问题图斑逐个进行现场核查，按照增量问题、存量问题、历史遗留问题分类审核销号，组织州（市）现场交叉复核已整改问题。全省共排查认定碍洪问题 468 个，其中需在 2022 年年底前完成整改的 1～5 类问题中的 446 个已基本整改完成，需长期整改的 6～7 类问题中的 22 个正按时序推进。

3. 严格河湖水域岸线管控 已完成 3 185 条河流、44 个湖泊管理范围划定，累计划定长度 15.56 万 km。编制完成流域面积 1 000km^2 以上河流和常年水面面积 1km^2 以上湖泊岸线保护与利用规划。

4. 严格河道采砂管理 已完成 739 条河道采砂规划编制。全省共出动 34 585 人次，累计巡查河道达 18 789km，共查处非法采砂行为 423 起，没收非法砂石量 7.23 万 t，查处非法采砂船 23 艘，拆解“三无”采砂船 31 艘，查处非法采砂机械 31 台，行政处罚案件 157 件，处罚 151 人，没收违法所得 14.19 万元，罚款 330.68 万元，刑事处罚移交案件 4 件，查处案件 1 件，处罚 2 人。河湖面貌明显改善。（李蔚）

【水污染防治】

1. 制定实施方案 印发《中共云南省委 云南省人民政府关于深入打好污染防治攻坚战的实施意见》（云发〔2022〕20 号），明确任务分工，强化责任落实，扎实加快推进深入打好污染防治攻坚战工作。2022 年 12 月 18 日，云南省水利厅联合云南省发展和改革委员会等 10 部门印发《深入打好长江流域（云南段）保护修复攻坚战实施方案》（云水资源〔2022〕56 号）、《深入打好珠江流域（云南段）保护治理攻坚战实施方案》（云水资源〔2022〕57 号）。

2. 开展劣Ⅴ类断面“清零”集中攻坚行动 2022 年 6 月，启动劣Ⅴ类断面“清零”集中攻坚行动，并将此作为污染防治攻坚战的一场硬仗来打。成立以云南省生态环境厅党组书记、厅长为组长的领导小组，下设厅主要领导、分管领导、督察专员牵头的行政专班、技术专班和日常专班，研究编制《云南省重度污染水体脱劣攻坚战实施方案》（云发改基础〔2022〕529 号），及时印发《云南省劣Ⅴ类水质断面“清零”集中攻坚行动工作方案》，与 7 个劣Ⅴ类断面水质所在州（市）人民政府签订目标责任书，按日分析报送《云南省劣Ⅴ类断面“清零”攻坚水质监测日报》。按照“一个断面一个实施方案”和“一个断面一个工作专班”的要求，指导编制符合劣Ⅴ类断面水质达标要求的攻坚实施方案。

劣Ⅴ类水质断面“清零”攻坚集中行动取得初步成效。

3. 强化水环境监测和预警分析　以九大高原湖泊及六大水系水质监测为重点，对516个国控省控水质断面（含210个国控断面）开展水质监测，实行水质监测月报，对水质下降的断面，及时向地方政府发出预警函，督促整改。对148个水质监测自动站日传输数据出现异常的，立即预警，督促排查存在问题。2022年，督促州（市）重点对现状水质为Ⅳ类、Ⅴ类、劣Ⅴ类断面开展整治。

4. 抓好问题督查和环境执法　扎实抓好中央环保督察反馈问题整改。跟踪督察整改情况，坚持每月清单化调度中央环保督察反馈问题的整改进展情况，及时进行研判和督导。践行“一线工作法”，不定期组织工作组赴现场，以中央环保督察发现问题整改为重点开展现场调研督导，督促地方加快推进问题整改落实。持续抓好滇池沿岸违规违建整改后续工作。2022年7月11日，中央广播电视总台《焦点访谈》节目报道了滇池长腰山“督察整改见成效”。实行联合执法、区域执法、交叉执法等，以六大水系和九大高原湖泊为重点，全面排查、严厉打击各类污染环境和破坏生态的环境违法行为。

（郑林）

【水环境治理】

1. 持续推进九大高原湖泊保护治理

（1）云南省委常委带头履行政治责任。九大高原湖泊省级湖长全部为省委常委担任，省委常委认真履行湖长责任，既挂帅又出征，坚持“一线工作法”，深入现场、发现问题、研究对策、解决问题。省级湖长巡湖检查和召开专题会议30余次，九大高原湖泊流域的2 034名河（湖）长巡河巡湖达2万余次。

（2）坚持规划引领。经云南省政府批准，云南省河长制办公室联合云南省生态环境厅印发《云南省“十四五”九大高原湖泊保护治理规划》，涉及项目391个，总投资629.89亿元，较“十三五”规划增长14%。同时组织涉湖州（市）人民政府编制《九大高原湖泊“一湖一策”保护治理行动方案（2021—2025年）》。

（3）精准施策系统治理。推动九大高原湖泊“两线”（湖滨生态红线、湖泊生态黄线）物理标识落地；健全监督体系，印发《关于加强九大高原湖泊监督检查的意见》；制定“三区”（生态保护核心区、生态保护缓冲区、绿色发展区）管控措施30条；甄别梳理4个事项清单（生态保护核心区内保留事项清单、退出事项清单、需逐步退出的历史遗留事项清单以及生态保护缓冲区内逐步退出事项清单）1 545项；全面落实“退、减、调、治、管”5大措施精准施策和系统治理。

（4）持续深化依法治湖。加快建立“9+1”法律体系，“9”即修订九大高原湖泊保护条例，“1”即制定《云南省九大高原湖泊入湖河道保护条例》。

2. 大力推进美丽河湖建设　2022年评定省级美丽河湖122个，省级财政安排1亿元奖补资金对工作突出的州（市）进行奖补。对已公布的116个2020年度和122个2021年度省级美丽河湖进行复查，对达不到省级美丽河湖评定标准的，责令限期整改。云南省委、省政府印发《关于云南省城乡绿化美化三年行动（2022—2024年）的通知》（云办发〔2022〕43号），部署开展“绿美河湖”建设专项行动，着力打造生态安全、水清河畅、岸绿景美、人水和谐的河湖美景。

3. 紧盯工业园区水污染治理　持续推动各地开展长江经济带云南省工业园区水污染整治专项行动，启动《云南省长江流域总磷污染控制方案》编制工作。编制《云南省加强入河排污口监督管理工作方案》，组织开展全省入河排污口排查工作。开展2022年度城市黑臭水体整治环境保护专项行动，进一步摸排城市黑臭水体、督促整治。制定《云南省“十四五”城镇污水处理及资源化利用发展规划》《云南省九湖保护污水垃圾治理工程三年行动实施方案》，持续推动城镇污水收集处理率提升。

4. 推进农村生活污水治理　编制印发《云南省“十四五”农村生活污水治理规划（2021—2025年）》《九大高原湖泊环湖截污总体方案》（云环通〔2022〕101号）、《云南省农村生活污水治理三年行动方案（2022—2024年）》，将九大高原湖泊流域列为重点区域，进一步明确目标和工作任务。组织技术力量深入九湖流域等重点区域，开展农村生活污水治理调研，实地察看了已建治理设施运行情况，一线帮扶指导推进农村生活污水治理。在云南省楚雄彝族自治州牟定县召开省级农村生活污水治理推进现场会，进一步对推进农村生活污水治理进行安排部署。

（王应武　郑林）

【水生态修复】

1. 保护河湖流域生物多样性　2022年，继续实施第三轮草原生态保护补助奖励政策，云南省禁牧草原面积2 733.84万亩、草畜平衡面积15 060.24万亩，完成退耕还草9.06万亩，退化草原生态修复治理209.68万亩。完成森林管护 32 874万亩，森林抚育105.35万亩。分类群、分区域开展新增极小种群和国家重点保护野生动物、植物物种补充调查，其中分类群调查了361个物种，分区域调查覆盖独龙江流域、赤水河流域2个重点区域。组织全省森林草原湿地生态系统外来入侵物种普查工作，完成踏查面积302.88万 hm^2，发现记录外来入侵物种共计147种。

2. 湿地保护与恢复工作　争取中央财政湿地项目资金 13 318万元，批复实施湿地保护与恢复项目13个，全省4个国际重要湿地生态效益补偿首次实现全覆盖。沾益西河湿地公园试点期满，顺利通过国家验收，正式成为国家湿地公园。向国家林草局申报了会泽念湖、腾冲北海两处国际重要湿地和剑川县剑湖、香格里拉市千湖山两处国家重要湿地。筹集安排自然保护区基础设施资金 16 495万元，开展全省自然保护地基本综合调查和评估，制定《云南省国家公园为主体的自然保护地体系规划建设方案》。

3. 生态补偿机制　建立横向生态补偿机制，云南省委办公厅、省政府办公厅印发《关于深化生态保护补偿制度改革实施意见》（云办发〔2022〕51号），明确提出健全完善流域横向生态补偿制度、加强横向补偿制度引导支持、积极探索多元化横向补偿方式。省级层面开展横向生态补偿共计7次，2022年度补偿金额为2.4亿元。（徐倩）

【执法监管】

1. 增强监督合力　将河湖长制责任落实情况作为各级政治监督、审计监督重点内容。2022年，省级组织开展河湖管理及河湖长制监督检查113次。其中，省人大督查9次，省政协督查10次，省委、省政府督查室10次，民主党派监督检查16次，省级联系部门58次，省级河长制成员单位10次。

2. 强化监督整改　云南省河长办牵头组织对中央生态环境保护督察反馈问题、河湖“清四乱”、河湖突出问题和美丽河湖建设等开展多次暗访督查，印发督办通知30余份。各级总河长、副总河长、河长湖长、总督察、副总督察、河长制办公室、河（湖）长制领导小组成员单位开展督查或暗访 16 686次，发现问题 6 419个，整改问题 6 374个。

3. 严格考核评价　完成了云南省2021年度全面推行河（湖）长制工作考核，以云南省河长制领导小组名义印发公布考核结果。云南省委、省政府印发《全省综合绩效考评工作实施方案》，把河（湖）长制责任考核作为考评指标，将考核结果作为党政领导干部综合绩效、选拔任用的重要依据，进一步强化考核“指挥棒”作用。

4. 完善问责机制　云南省纪委监委把精准监督助力“湖泊革命”列为“清廉云南”建设“七个专项行动”之一，统筹各级纪检监察力量，靠前开展监督执纪问责，为“湖泊革命”提供坚强的纪律保障。

（李加顺　王应武）

【水文化建设】

1. 加大水文化宣传建设　2022年，泸沽湖（云南部分）入选生态环境部美丽河湖优秀案例；洱海流域成功入选全国第二批“山水林田湖草沙”一体化保护和修复项目；松华坝水库工程、甸溪河治理工程在水利部第四届水工程与水文化有机融合案例展示投票中位居前2名。制作完成《大自然的馈赠人类的杰作——元阳梯田》宣传片，大力宣传云南省红河哈尼族彝族自治州元阳梯田水文化情况。

2. 党建引领河湖长制　坚决贯彻落实党对河湖保护治理工作的领导，忠诚拥护“两个确立”、坚决做到“两个维护”，全面落实党风廉政建设责任制，深入推进作风革命、效能革命，推行项目工作法、一线工作法、典型引路法，深入开展调查研究，认真回应社会关切。积极探索“党建＋河（湖）长制”“党建＋湖泊革命”，首次将“加强党的建设，以党建引领河湖长制”写入2022年全省河（湖）长制工作要点，以省总河长令第8号印发，加强“党员河长”队伍建设，结合主题党日、双服务双报道、志愿者服务等工作，开展“河长清河行动”、河（湖）长制主题宣讲等活动。发挥基层党组织在河湖保护治理中的战斗堡垒作用，聚焦“湖泊革命”攻坚战，推动上下游、左右岸建立联合党支部，培育基层党建＋河（湖）长制示范点，形成组织引领、党员带动、群众参与“三位一体”的强大护河合力。组织九大高原湖泊流域20家示范联建党组织 1 000余名党员联合开展线上主题党课，实现州（市）、县、乡、村四级党组织全覆盖，形成辐射带动效应。

（王应武　熊珹）

【智慧水利建设】　云南省水利普查名录内的 2 084条河流、30个湖泊管理范围已上“水利一张图”。加大省级河湖长制管理信息系统运用，建立河（湖）长制工作日常数据统计报送机制，对河湖长基本履职情况、重点项目推进情况和突出问题整改进展实行月调度。持续推进“智慧湖泊”建设，建成“智慧洱海”“智慧程海”平台，阳宗海实现“掌上治

水”全覆盖；在异龙湖以地理信息系统、物联网、大数据技术为载体，搭建智慧湖泊“精准治污”新模式；在泸沽湖通过“泸沽湖全域智慧旅游”环境监管平台融合智慧旅游、生态环境监管和社会治理，精准提高泸沽湖管理效率；中国农业大学、云南农业大学、大理州人民政府共同成立洱海流域农业绿色发展研究院。

（曹言　王应武）

| 陕西省 |

【河湖概况】

1. 河湖数量　陕西省流域面积 $10km^2$ 及以上河流 4 296 条；流域面积 $50km^2$ 及以上河流 1 097 条，总长度 3.85 万 km，其中黄河流域 687 条、长江流域 410 条。

陕西省水域面积 $1km^2$ 以上天然湖泊共 5 处，分别是榆林市定边县莲花池、花马池、苟池、明水湖，神木市红碱淖。其中红碱淖是陕西省最大的湖泊，水面面积 $33.2km^2$，其中陕西省境内面积 $27.3km^2$，库容 0.89 亿 m^3。

2. 水量

（1）降水量。2022 年陕西省平均降水量 671.2mm，折合降水总量 1 379.99 亿 m^3，比多年平均（1956—2000 年）降水总量 1 349.16 亿 m^3 增加 2.3%，比 2021 年降水量 1 963.00 亿 m^3 减少 29.7%。

（2）水资源量。2022 年陕西省水资源总量 365.75 亿 m^3（其中地表水资源量 330.65 亿 m^3，地下水资源量 139.90 亿 m^3，地下水资源与地表水资源重复计算量 104.80 亿 m^3），比 2021 年减少 57.10%，比多年平均水资源总量 423.28 亿 m^3 减少 13.59%。

3. 水质　2022 年，陕西省河流总体水质优。1—12 月平均，111 个国控断面（点位）中，Ⅰ～Ⅲ类水质断面 107 个，占 96.4%；Ⅳ～Ⅴ类水质断面 4 个，占 3.6%；无劣Ⅴ类断面。与 2021 年同期相比，Ⅰ～Ⅲ类水质断面比例上升 5.4 个百分点，Ⅳ～Ⅴ类下降 2.7 个百分点，劣Ⅴ类下降 2.7 个百分点。

4. 新开工水利工程　2022 年，陕西省新开工水利工程项目共 1 994 项，当年建成并投产的有 1 563 项。新开工项目涉及水保及水生态治理工程 316 项，涉及防洪除涝工程 705 项，涉及农村水利建设 242 项，涉及其他重点水利建设 58 项，涉及农业水价及维修养护项目 563 项，涉及前期及库区移民等其他项目 110 项。

（罗娜　李润武　刘任杰　郭力涛）

【重大活动】　2022 年 2 月 21 日，水利部办公厅公布第二届“最美家乡河”名单，全国共 11 条江河入选，陕西清姜河入选。

2022 年 3 月 1 日，陕西省深入贯彻落实习近平总书记关于防汛救灾工作的重要指示批示精神，根据全国水利工作会议和水利部妨碍河道行洪突出问题排查整治工作推进会议精神，结合水利部办公厅《关于开展妨碍河道行洪突出问题排查整治工作的通知》（办河湖〔2021〕352 号）要求，开展妨碍河道行洪突出问题排查整治工作。

2022 年 6 月 1 日，陕西省水利厅举办全省河湖长制与水旱灾害防御培训业务培训班。

2022 年 6 月 2 日，陕西省水利厅在安康市汉阴县召开全省小库管理体制改革现场会，安排部署小型水库管理体制改革工作，保障水库安全运行和效益长期发挥。

2022 年 6 月 27—28 日，甘川陕三省跨界河流联防联控联治 2022 年联席会议在甘肃省陇南市召开。

2022 年 7 月 12 日，长江流域省级河湖长第一次联席会议以视频形式在湖北省武汉市召开。

2022 年 7 月 21 日，陕西省水利厅召开全省中小河流治理总体方案编制工作动员视频会议，通报全省重要支流、中小河流治理工作进展情况，安排部署全省中小河流治理工作。

2022 年 8 月 2 日，黄河流域省级河湖长联席会议以视频形式召开，主会场设在青海省西宁市。

2022 年 8 月 17 日，陕西省召开全省河湖长视频会议。陕西省委书记、省总河湖长刘国中出席会议并讲话。省长、省总河湖长赵一德主持会议。省委副书记赵刚，省委常委王晓、方红卫、李春临、王琳出席。副省长、副总河湖长叶牛平从河湖水环境治理、水生态保护修复、水资源节约集约利用、水灾害风险防控、河湖长责任等方面安排河湖长制工作重点任务。

2022 年 9 月 14 日，陕西省水利厅召开全省水库除险加固视频会，安排部署下一阶段工作。

2022 年 9 月 17 日，陕西省水利厅召开全省主要支流和中小河流治理建设推进视频会议。

2022 年 9 月 23 日，丹江口水库及上游地区跨省河流联防联治专题会议在湖北省丹江口市召开。

2022 年 9 月 28 日，陕西省河长办联合省公安厅、黄河上中游管理局开展渭河干流非法采砂监督检查整治专项打击行动。

2022年10月25日，陕西省水利厅召开全省中小河流治理和病险水库除险加固调度会商会。

2022年10月31日至11月30日，陕西省河长制办公室主办、群众新闻网承办首届省级“示范河湖”线上投票活动。

2022年11月23日，陕西省人民检察院、陕西省水利厅印发《关于建立健全“河湖长＋检察长”水行政执法与检察监督协作机制的意见》（陕检会〔2022〕12号）。

2022年12月2日，陕西省人民政府新闻办公室举办陕西省河湖长制工作新闻发布会。

2022年12月5日，陕西省河长制办公室公示首届省级“示范河湖”评选结果；

2022年12月6—7日，陕西省水利厅举办全省小型水库管理体制改革暨运行管理工作培训班。

2022年12月8日，陕西省水利厅召开全省水资源重点工作暨河湖长制考核工作督导推进视频会。

2022年，汉中石门水利风景区入选《第二批国家水利风景区高质量发展典型案例重点推介名单》，延安黄河壶口瀑布水利风景区入选《红色基因水利风景区名录》。

2022年，陕西省组织开展河湖长制考核工作，经陕西省委组织部同意，对成员单位、市级河湖长及市区河湖长制工作进行考核。

2022年，“陕西省汉中市全面推进幸福河湖工作实践”“陕西省安康市石泉县创新河湖管护机制打造生态美丽河湖”等经验做法入选《2022年全面推行河湖长制典型案例汇编》。（罗娜）

【重要文件】 2022年1月26日，陕西省河长制办公室印发《关于加快开展妨碍河道行洪突出问题排查整治工作的紧急通知》（陕水河湖发〔2022〕5号）。

2022年3月25日，陕西省河长制办公室印发《关于印发〈对河长制湖长制工作真抓实干成效明显地方进一步加大激励支持力度的实施办法〉的通知》（陕河湖长发〔2022〕15号）。

2023年4月23日，陕西省河长制办公室发布《陕西省总河湖长令》（2022年第1号）。

2022年4月24日，陕西省河长制办公室印发《关于省水利厅系统河湖长制工作任务分工的通知》（陕河湖长发〔2022〕5号）。

2022年6月14日，陕西省河长制办公室印发《关于开展河湖长制示范河湖建设验收和省级“一河一策”（2018—2020年）方案实施情况评估工作现场查核的通知》（陕河湖长函〔2022〕43号）。

2022年6月30日，陕西省河长制办公室印发《关于印发〈2022年陕西省河长制办公室成员单位重点任务〉的通知》（陕河湖长函〔2022〕44号）。

2022年7月8日，陕西省水利厅陕西省总工会、陕西省妇女联合会印发《关于组织参加第二届“寻找最美河湖卫士”的通知》（陕水河湖发〔2022〕38号）。

2022年7月22日，陕西省发展和改革委员会、陕西省生态环境厅、陕西省水利厅印发《关于开展陕西省江河湖塑料垃圾清漂专项行动的通知》（陕发改环资〔2022〕1370号）。

2022年8月8日，陕西省河长制办公室印发《关于印发〈2022年各市河湖长制工作目标任务清单〉的通知》（陕河湖长发〔2022〕7号；陕西省住房和城乡建设厅、陕西省自然资源厅、陕西省水利厅、陕西省生态环境厅印发《关于印发〈陕西省建筑垃圾乱堆乱倒排查整治工作方案〉的通知》（陕建发〔2022〕188号）。

2022年8月17日，陕西省河长制办公室印发《关于2021年度全省河湖长制工作考核情况的通报》（陕河湖长〔2022〕10号）。

2022年8月23日，陕西省河长制办公室印发《关于转发〈黄河流域省级河湖长联会议办公室有关文件〉的通知》（陕河湖长发〔2022〕11号）。

2022年9月5日，陕西省河长制办公室印发《关于开展2022年度进驻式暗访督查的通知》（陕河湖长发〔2022〕12号）。

2022年9月20日，陕西省河长制办公室印发《关于调整省级河湖长的通知》（陕河湖长发〔2022〕13号）。

2022年9月26日，陕西省河长制办公室印发《关于贯彻落实全省河湖长视频会议精神纵深推进河湖长制工作的通知》（陕河湖长发〔2022〕14号）。

2022年10月17日，陕西省人民检察院、陕西省水利厅印发《关于印发〈关于建立健全“河湖长＋检察长”水行政执法与检察监督协作机制的意见〉的通知》（陕检会〔2022〕12号）。

2022年10月24日，陕西省河长制办公室印发《关于开展省级河湖“一河一策”方案编制工作的通知》（陕河湖长函〔2022〕67号）。

2022年10月27日，陕西省河长制办公室印发《关于开展河湖健康评价和幸福河湖建设情况的报告》（陕河湖长函〔2022〕69号）；陕西省河长制办公室印发《关于进一步落实各级河湖长巡查河湖工作的通知》（陕河湖长函〔2022〕68号）。

2022年11月1日，水利部、全国总工会、全国

妇联印发《关于第二届“寻找最美河湖卫士”主题实践活动结果的通报》（水河湖〔2022〕394号）。

2022年11月14日，陕西省河长制办公室印发《关于印发〈陕西省河湖“四乱”问题清理整改工作规程（试行）〉的通知》（陕水河湖发〔2022〕76号）。

2022年12月26日，陕西省河长制办公室印发《关于命名“陕西省幸福河湖”的决定》（陕河湖长发〔2022〕18号）。 （杜安民）

【地方政策法规】

1. 法规 2022年2月1日，修订施行《陕西省节约用水办法》。

2022年12月1日，陕西省十三届人大常委会第37次会议审议通过《陕西省渭河保护条例》，自2023年4月1日起施行。

2. 规范（标准） 2022年12月5日，《陕西省河道管理范围内建设项目技术审查导则（试行）》（陕水河湖发〔2022〕78号）。

2022年11月14日，《陕西省河湖“四乱”问题清理整改工作规程（试行）》（陕水河湖发〔2022〕76号）。

2022年12月16日，《陕西省水利风景区管理办法》（陕水河湖发〔2022〕79号）。

3. 政策性文件 2022年3月25日，《对河长制湖长制工作真抓实干成效明显地方进一步加大激励支持力度的实施办法》（陕水河湖发〔2022〕15号）。

2022年10月17日，《关于建立健全“河湖长＋检察长”水行政执法与检察监督协作机制的意见》（陕检会〔2022〕12号）。

（张婷婷 拓哲 罗娜 张冰洁）

【河湖长制体制机制建立运行情况】 2022年，陕西省委书记刘国中、省长赵一德担任省总河湖长，同时分别担任渭河和汉江省级河长，省委常委、省政府领导分别担任丹江、泾河、延河、北洛河、黄河陕西段、红碱淖、昆明池省级河湖长。召开全省河湖长视频会议，发布《陕西省总河湖长令》，与陕西省人民检察院建立健全“河湖长＋检察长”水行政执法与监察监督协作机制，与中共陕西省教育工委联合开展预防中小学生溺水工作，与陕西省发展和改革委员会、陕西省生态环境厅联合开展陕西省江河塑料垃圾清漂专项行动，与陕西省住房和城乡建设厅、陕西省自然资源厅、陕西省生态环境厅联合开展陕西省建筑垃圾乱堆乱倒排查整治工作。同时，全年组织开展2批次覆盖全省的暗访明察行动，对4个“四乱”问题多发、频发地市实施进驻式暗访。全省2.03万名各级河湖长通过专题会议、督办、督查、巡河等方式履职，全年巡河107万余人次，研究解决问题2.06万个。 （罗娜）

【河湖健康评价开展情况】 2022年，省级开展健康评价河流2条，延河、月河健康评价综合得分分别为70.38分和70分；市级开展健康评价9河2湖，西安灞河干流、沣河干流，兴庆湖、汉城湖；汉中汉江、嘉陵江、褒河、湑水河、泾洋河；延安葫芦河；安康黄洋河，评价均为健康；县（市、区）开展健康评价河流65条。 （马热孜亚）

【“一河（湖）一策”编制和实施情况】 2022年，陕西省全面评估总结“一河（湖）一策”（2018—2020年）方案实施情况，编制渭河、泾河、延河、北洛河、陕西黄河段、汉江、丹江及红碱淖等“一河（湖）一策”（2021—2025年）方案。 （魏宝俊）

【水资源保护】

1. 水资源刚性约束 2022年，陕西省水利厅印发全省“十四五”用水总量控制目标，将国家下达陕西省的107亿指标逐级分解到市、县，明确各级总量红线及分年度非常规水源开发利用下限。12月22日，陕西省水利厅印发《关于印发〈清涧河、浞河、漆水河、韦水河、石川河、清河、沣河、湑水河、子午河流域水量分配方案〉的函》（陕水函〔2022〕48号），完成列入水利部名录的25条江河水量分配任务。

2. 节水行动 2022年，陕西省水利厅制定年度实施国家节水行动及黄河流域深度节水控水工作方案，全省年度用水总量94.88亿m^3，万元国内生产总值用水量、万元工业增加值用水量分别较2020年下降6.2%、13.95%，规模以上工业用水重复利用率达到92%以上，年度用水总量和用水效率控制目标全面完成。全省各级开展规划和建设项目节水评价工作293项，累计核减水量2 511.84万m^3。陕西省印发《陕西省“十四五”农业节水行动方案》，启动旱作农业节水示范建设，共建核心示范区100个，建成农业节水面积120万亩以上。2022年，全省建成节水型单位107个，建成省级节水型公共机构192个（含63所节水型中小学校）、节水型高校10所、节水型企业19个（含省级节水标杆企业4个）、节水型居民小区101个、省级节水型灌区8个。

3. 生态流量监管　2022 年，陕西省印发并实施秃尾河、灞河、褒河、石川河、泔河、冶峪河 6 条河流生态流量（水量）保障实施方案，编制完成渭河、北洛河、汉江 3 条河流生态流量保障实施方案。全省重点河流纳入国考的 11 个水文断面生态流量全部达标。组织开展秃尾河、褒河 2 条河流已建水利水电工程生态流量核定与保障先行先试工作。持续深化陕蒙合作红碱淖跨省（自治区）补水 100 万 m^3；实施黄河流域河道外生态补水 2.43 亿 m^3。

4. 全国重要饮用水水源地安全达标保障评估　2022 年，陕西省水利厅根据《水利部办公厅关于进一步明确全国重要饮用水水源地安全保障达标建设年度评估工作有关要求的通知》（办资源函〔2018〕204 号）要求，对《水利部关于印发〈全国重要饮用水水源地名录（2016 年）〉的通知》（水资源函〔2016〕383 号）公布的陕西省 18 个全国重要饮用水水源地，按照水利部达标建设评估要求的“水量保证、水质合格、监控完备、制度健全”四大方面共 25 项指标组织开展 2022 年度安全保障达标建设自评估工作。自评结果显示，黑河金盆水库水源地、石砭峪水库水源地、李家河水库水源地、灞河水源地、沣皂河水源地、渭滨水源地、石头河水库水源地、冯家山水库水源地、咸阳市自来水公司水源地、安康市汉江马坡岭水源地 10 个重要饮用水水源地自评结果均为优；桃曲坡水库水源地、沈河水库水源地、涧峪水库水源地、王瑶水库水源地、汉中市国中自来水公司东郊水源地、瑶镇水库水源地、榆林市自来水公司红石峡水源地、商洛市自来水公司水源地 8 个重要饮用水水源地自评结果均为良。同时向水利部上报《陕西省 2022 年度全国重要饮用水水源地安全保障达标建设评估报告》（陕水资函〔2022〕220 号）。

5. 取用水专项整治　2022 年，陕西省开展取用水管理专项行动整改提升和“回头看”，对全省 5.65 万个取水项目涉及的 18.9 万个取水口进行核查登记，电子证照由 1.1 万个增加到 3.3 万个。建立取水口动态更新和取用水监管机制，推进取用水由专项整治转向常态化监管。

6. 水量分配　2022 年，陕西省印发《关于加强和推进水量分配工作的通知》（陕水资〔2022〕17 号），制定跨市主要江河水量分配方案编制工作安排意见，按计划完成 9 条跨市江河水量分配工作。12 月 22 日，陕西省水利厅印发清涧河、湑河、漆水河、韦水河、石川河、清河、沣河、湑水河、子午河 9 条跨市江河流域水量分配方案。水利部认定的陕西 25 条跨省、跨市江河流域水量分配方案编制工作全面完成。（李润武　刘爱民　陈博）

【水域岸线管理保护】

1. 河湖管理范围划定　2022 年，依据水利部《关于加快推进河湖管理范围划定工作的通知》（水河湖〔2018〕314 号）、《关于加快推进水利工程管理与保护范围划定工作的通知》（水运管〔2018〕339 号）及《陕西省河湖和水利工程管理范围与保护范围划定工作方案》要求，陕西省水利厅组织完成陕西省第一次水利普查名录内 1 082 条河流及水面面积 1km^2 以上 5 个湖泊的管理与保护范围划定工作，并对划定成果进行了省级复核。

2. 岸线保护与利用规划编制　2022 年，陕西省完成 274 个河湖库岸线保护与利用规划编制名录，明确省、市、县规划编制主体及审批责任。其中省级领导担任河湖长的 8 个（河流 7 条，湖泊 1 个）河湖岸线保护与利用规划待报省政府审定批准。

3. 采砂管理　2022 年，陕西省公布重点河段、敏感水域河道采砂管理“四个责任人”，编制采砂规划 40 个，完成《陕西省渭河干流耿镇桥以上河道采砂规划（2023—2025 年）》。全年省、市、县三级共出动人员 11.3 万人次，巡查河道 83.7 万 km，查处非法采砂行为 484 起，没收非法采砂量 1.2 万 t，拆解“三无”、隐形采砂船 5 艘，处罚非法采砂挖掘机 117 台，行政处罚案 463 件，罚款 351.62 万元，追责问责人员 3 名。公安机关共侦办河道非法采砂案 14 起，抓获犯罪嫌疑人 31 人，涉案价值 534 万余元。

陕西省水利厅联合陕西省人民检察院印发《关于建立健全“河湖长＋检察长”水行政执法与检察监督协作机制的意见》；联合陕西省公安厅、黄河上中游管理局制定印发《渭河干流下游打击非法采砂协调工作机制的意见》；联合陕西省公安厅开展全省河道非法采砂专项打击整治行动；联合陕西省交通运输厅在全省推行河道砂石采运管理单制度。省河长办组织开展非法采砂专项整治行动、黄河流域河道非法采砂专项整治行动。

4. “四乱”整治　2022 年，陕西省开展以妨碍河道行洪突出问题排查整治为重点的河湖“清四乱”工作，全年开展暗访明察行动 2 批次，对 4 个“四乱”问题多发、频发地市实施进驻式暗访，共发现整改河湖“四乱”问题 390 个。核查水利部反馈 8 179 个遥感疑似图斑，黄委、长江委、黄河上中游管理局分批次反馈的 518 个问题，建立问题台账 463 个，完成整改 456 个。制定印发《陕西省河湖“四

乱”问题清理整改工作规程（试行）》，进一步规范全省河湖“四乱”问题发现、认定、整改、验收、销号程序。

（杨艳　马热孜亚）

【水污染防治】

1. 排污口整治　2022年，陕西省生态环境厅印发《陕西省入河排污口监督管理工作实施方案》，逐步建立排污口清单台账及矢量化信息图库。按照生态环境部总体工作部署，开展黄河（陕西段）、渭河、石川河、汉江和丹江干流排污口排查，共排查面积3 215km^2。完成基础资料整合，基本完成无人机航测及图像解译。

2. 工矿企业污染　2022年，陕西省依据生态环境部印发《关于做好重点单位自动监控安装联网相关工作的通知》（环办执法函〔2021〕484号）和《重点排污单位名录管理规定（试行）》，对全省2021年排查出的444家实行排污许可重点管理且在排污许可证中明确应实施自动监测的排污单位，按照相关规定纳入2022年重点排污单位名录。全省2022年重点排污单位名录中涉水企业729家。截至2022年年底，全省纳入生态环境部污染源自动监测数据有效传输率统计的重点单位，全年平均有效传输率为96.5%，达到生态环境部要求。全省已联网重点单位废水污染物排放超标率仅为0.32%，企业遵纪守法的自觉性不断增强。

3. 城镇生活污染　2022年，陕西省建成运行城市（含县城）污水处理厂144座，日处理能力646.93万t，城市、县城污水处理率分别达到97.14%和95.5%，城市污水集中收集率达到75%以上，污泥无害化处理率达到90%以上。建成运行城市（县城）生活垃圾处理场（厂）87座，日处理能力2.95万t（其中焚烧厂17座，日处理能力1.96万t；填埋场70座，日处理能力0.99万t），城市、县城生活垃圾处理率分别达到100%和98.94%。

4. 畜禽养殖污染　“十四五”以来，陕西省农业农村厅贯彻实施中央预算内投资畜禽粪污资源化利用整县推进项目。2022年，争取中央预算内资金1.44亿元，在洛南等5个畜牧大县实施畜禽粪污资源化利用整县推进项目。在宝鸡市陈仓区等地实施现代生态农业示范基地建设，创建5家国家级生态农场、39家省级生态农场。支持221个养殖场户和集中处理中心改造提升畜禽粪污收集、储存、处理、利用设施装备，项目开工率达100%。截至2022年年底，全省畜禽粪污综合利用率和规模场粪污处理设施装备配套率分别达到90.6%和99.3%。

5. 水产养殖污染　2022年，陕西省渔业生态环境监测共设置168个点位，采集245个样本，监测水质和生物环境指标17项，获取检测数据9 702项次。覆盖省内的12个天然渔业水域，8个水产种质资源保护区、3个水生野生动物自然保护区，1个鱼类产卵、繁殖场，5个渔业生产基地。从监测结果看，陕西省重要渔业功能水域生态环境质量状况总体保持良好，所有点位重金属均未超标，河流、水库渔业水质状况与2021年持平。水生野生动物自然保护区水质状况与2021年基本持平。

6. 农业面源污染　2022年，陕西省农业农村厅印发《加快推进2021—2022年黄河流域农业面源污染项目建设的通知》，以“两减四提”为抓手，开展试点示范，实施整县推进。在岐山、大荔、礼泉、府谷、黄龙、韩城6个项目县（市）实施黄河流域农业面源污染治理项目，总投资3亿元，形成以解决农田氮磷流失为重点的8种治理模式，打造出“秸秆饲料＋畜禽粪污＋生物有机肥＋地力提升”的府谷模式和岐山县“厚地治理”等模式。截至2022年年底，全省测土配方施肥技术覆盖率稳定在90%以上，农药、化肥使用量持续实现零增长，利用率提高到40%以上，畜禽粪污、秸秆综合利用率达到90%以上，农膜回收利用率达到83.2%，农药包装废弃物回收水平也在逐年提升。

7. 船舶和港口污染防治　2022年，陕西省交通厅按照交通运输部印发的《内河船舶法定检验技术规则》《400总t以下内河船舶水污染防治管理办法》《关于请报送400总t以下内河船舶生活污水防污染设施设备改造情况的函》等文件要求，督促船舶安装油水分离器963套，改建船舶环保厕所85个，新建船舶生活污水柜、污油柜、污油水舱205套，在船舶上增加污油桶1 207个、垃圾桶1 582个，改建污水柜183个。经统计，截至2022年年底，全省400总t以下在册检验船舶中1 041艘已全部完成防污染设施设备改造。

（刘任杰　楚江　舒敦涛　仝欣楠）

【水环境治理】

1. 饮用水水源规范化建设　2022年，陕西省水利厅印发《关于推进农村供水工程标准化建设与改造的指导意见》《关于全面推进城乡供水信息化建设的指导意见》、联合陕西省生态环境厅印发《关于统计乡镇级集中式饮用水水源相关信息的通知》，持续推进城乡供水饮用水水源规范化建设工作。全年累计完成农村供水工程建设投资11.73亿元，建成供水工程 1 766 处，农村受益人口 228 万人；完成县城供水投资 4.3 亿元，建设水源工程 8 处，新建和改扩建水厂 10 座，铺设输配水管网 223km，新增设施供水能力 12.5 万 t。

2. 黑臭水体治理 2022 年，陕西省有 26 处地级及以上城市黑臭水体（其中西安市 21 条，铜川市 1 条，渭南市 1 条，榆林市 3 条），经过治理已全部达到长制久清标准。全省共有 2 处县级城市黑臭水体，包括兴平市板桥退水渠、工业退水渠。兴平板桥退水渠临时控源截污工程已经完成，渠内已无水，基本消除黑臭。

3. 农村水环境整治 2022 年，陕西省生态环境厅按照“突出重点、因地制宜、科学合理、分区分类、简便实用”的治理思路，扎实有序推进农村生活污水治理，推动建立完善县域农村生活污水治理设施运行监管长效机制，全年完成 448 个行政村农村生活污水治理，全省农村生活污水治理率达到 34%。加强农村黑臭水体整治，重点整治群众反映强烈、面积较大的农村黑臭水体，实行“拉条挂账、逐一销号”，全年完成 46 个农村黑臭水体整治，咸阳市泾阳县农村黑臭水体整治经验得到生态环境部充分肯定。 （庞秀明　楚江　刘任杰）

【水生态修复】

1. 生物多样性保护 陕西省位于我国内陆腹地，秦岭横亘中部，跨温带、暖温带和北亚热带，自然条件复杂多样，野生动植物资源丰富。根据新修订的《国家重点保护野生动植物名录》，全省现有陆生野生动物 792 种，其中国家一级重点保护野生动物 35 种、国家二级重点保护野生动物 121 种、省重点保护野生动物 55 种、“三有动物” 383 种；全省现有种子植物 4 600 余种，其中国家一级保护野生植物 8 种、国家二级保护野生植物 95 种、省重点保护野生植物 211 种。

2. 水土流失治理 2022 年，陕西省新增水土流失治理面积 4 038.25km^2。全省完成国家水土保持重点工程水土流失治理面积 640.35km^2，新建淤地坝 70 座，新建拦沙坝 499 座，完成病险淤地坝除险加固 247 座。根据水利部动态监测成果，全省水土流失面积为 62 636.19km^2，较 2021 年减少 887.11km^2，实现区域内水土流失面积和强度“双下降”。截至 2022 年年底，全省水土保持率达到 69.54%，较 2021 年增加 0.43%。

3. 生态清洁型小流域建设 2022 年，陕西省加快推进生态清洁小流域建设，实施生态清洁小流域 20 条，其中竣工验收 4 条，治理面积 24.50km^2，完成投资 2 013 万元。 （杨彬　孙霄伟）

【执法监管】

1. 河湖日常监管 2022 年，陕西省水利厅编制印发《陕西省河道管理范围内建设项目技术审查导则》，对全省涉河建设项目提出明确技术要求，严格涉河建设项目审查与许可审批，省级审查涉河建设项目 22 项。

2. 联合执法 2022 年，陕西省水利厅贯彻落实水利部《水行政执法效能提升行动方案（2022—2025 年）》（陕水政法〔2022〕18 号）。配合陕西省人大开展《长江保护法》《秦岭生态环境保护条例》等法律法规贯彻实施情况执法检查。组织开展全省防汛保安专项执法行动、全省黄河流域地下水超采治理专项执法行动。全年共立案查处各类水事违法案件 692 件，罚款 1 084 万元，结案率达 98%。 （吉玉洁　张婷婷）

【水文化建设】 2022 年，陕西省水利厅制定《贯彻〈水利部关于加快推进水文化建设的指导意见〉实施方案》《陕西省水利系统中华优秀传统文化、革命文化、社会主义先进文化网络传播工程实施方案》。组织开展陕西省黄河流域水利历史文化挖掘研究及《陕西黄河流域重点水利工程简史》编撰工作。组织编撰的《陕西省志·水利志（1996—2015 年）》荣获“陕西省哲学社会科学优秀成果奖”；陕西水利博物馆全年累计接待社会各界游客 6.6 万人次，提供讲解服务 806 次。陕西省水利信息宣传教育中心制作了《当代大禹——李仪祉》大型文献纪录片，参与制作的专题片《黄河安澜》在中央广播电视总台播出。“节水陕西　空瓶行动”宣传教育项目、“寻找节水达人”公益宣传项目分别被水利部办公厅、共青团中央办公厅评为第六届中国青年志愿者服务项目大赛节水护水志愿服务与水利公益宣传教育专项赛一等奖、二等奖。 （王怡婷　耿涛）

【智慧水利建设】

1. “水利一张图” 2022 年，持续开展陕西省河长制湖长制信息系统平台建设，完善河湖巡查板块分时间段和分区域查找功能，新增河湖巡查板块河流信息搜索功能等。

2. 河长 App 2022 年，河长 App 移动应用平台运行正常，河道巡查、事件上报、位置上报、核实反馈、日常管理等日常工作满足河湖长河道网格化管理日常工作。

3. 数字孪生　2022年，陕西省水利厅编制完成智慧水利建设可行性研究报告，开展数字孪生流域先行先试工作，《陕西省智慧水利一期项目实施方案》通过评审。《陕西省智慧水利顶层设计》梳理出陕西水利整体业务架构全景图，进行水资源、水旱灾害防御、河湖、水土保持等业务需求分析，取得阶段性成果。

（刘彬侠　崔泽宇）

甘肃省

【河湖概况】

1. 河流数量　甘肃省地处黄土高原、内蒙古高原和青藏高原交汇地带，地域辽阔，地势高亢，降雨量小，蒸发量大，气象、地理、地形、水源补给条件区间不同，流域分布、水系发育差异明显。全省总面积 42.58 万 km^2，分属长江、黄河、内陆河 3 大流域和嘉陵江、汉江、黄河干流、洮河、湟水、渭河、泾河、北洛河、石羊河、黑河、疏勒河、苏干湖等 12 个水系。

甘肃省流域面积 $50km^2$ 及以上河流 1 590 条，河流总长度 70 665km（其中省内河长 55 773km）；流域面积 $100km^2$ 及以上河流 841 条，河流总长度 56 353km（其中省内河长 41 932km）；流域面积 $1\ 000km^2$ 及以上河流 132 条，流域面积 $10\ 000km^2$ 及以上河流 21 条。年径流量在 1 亿 m^3 以上的河流有 71 条，年径流量在 3 亿 m^3 以上的河流有 28 条，年径流量在 10 亿 m^3 以上的河流有 12 条。见甘肃省主要河流基本情况一览表。

甘肃省主要河流基本情况一览表

序号	河名	省内河流长度/km	省内流域面积/km^2	多年平均径流量/亿 m^3	省内流经市（州）
1	疏勒河	460	68 500	10.4（昌马堡） 3.59（党城湾）	酒泉市
2	讨赖河	240	13 439	6.27（嘉峪关）	张掖市、嘉峪关市、酒泉市
3	黑河	394	56 000	16.7（莺落峡）	张掖市、酒泉市
4	石羊河	268	41 800	3.20（九条岭）	张掖市、武威市、金昌市
5	黄河干流	913	56 700	303（兰州）	甘南藏族州、临夏回族州、兰州市、白银市
6	庄浪河	188	4 000	1.99（红崖子）	武威市、兰州市
7	湟水（含大通河）	71（102）	3 800（2 500）	15.9（民和） 29.7（享堂）	兰州市、临夏回族州、武威市
8	洮河	574	24 000	46.2（红旗）	甘南藏族州、定西市、临夏回族州
9	渭河	360	26 000	13.1（北道）	定西市、天水市、平凉市
10	泾河	177	31 200	7.16（杨家坪） 4.39（雨落坪）	平凉市、庆阳市
11	嘉陵江（含白龙江）	70（465）	38 100（18 100）	80.2（碧口） 13.1（谈家庄）	陇南市、甘南藏族州

（张德栋　朱朝霞）

甘肃省常年水面面积 $1km^2$ 及以上湖泊 7 处（苏干湖、小苏干湖、干海子、德勒诺尔、河西新湖、尕海、震湖），其中淡水湖 3 处、咸水湖 4 处（含 1 处盐湖）、特殊湖泊 2 处（敦煌月牙泉、民勤青土湖）。湖泊水域总面积 $150km^2$，$10km^2$ 以上湖泊 3 处；$100km^2$ 以上湖泊 1 个。见甘肃省主要湖泊基本情况一览表。

甘肃省主要湖泊基本情况

序号	流域	水　　系	湖泊名称	湖泊面积/km^2	湖泊类型	备　注
1	内流区诸河	柴达木内流区水系	苏干湖	104	盐湖	平均水深 2.84m
2	内流区诸河	柴达木内流区水系	小苏干湖	12	咸水湖	
3	内流区诸河	河西走廊、阿拉善河内流区水系	干海子	1.23	淡水湖	
4	内流区诸河	河西走廊、阿拉善河内流区水系	德勒诺尔	1	咸水湖	
5	内流区诸河	河西走廊、阿拉善河内流区水系	河西新湖	9.64	咸水湖	
6	黄河流域	洮河水系	尕海	20.5	淡水湖	
7	黄河流域	渭河水系	震湖	1.65	淡水湖	
8	内流区诸河	河西走廊、阿拉善河内流区水系	月牙泉	—		特殊湖泊
9	内流区诸河	河西走廊、阿拉善河内流区水系	青土湖	—		特殊湖泊
10	长江流域	白龙江	文县天池	0.88	淡水湖	

（张德栋　朱朝霞）

2. 水质　2022 年，74 个国控断面水质优良（达到或优于Ⅲ类）比例为 95.9%，劣Ⅴ类水体比例为 2.7%。

（周颖）

3. 新开水利工程　甘肃省 2022 年新开工建设小型水库 14 座，总投资 31.51 亿元，完成投资 8.48 亿元。项目建成后，可新增年供水量 3 704.5 万 m^3；解决城镇水源不稳定人口 9.89 万人、农村水源不稳定人口 67.75 万人；发展灌溉面积 0.27 万 hm^2，改善灌溉面积 1.73 万 hm^2。2022 年新开工建设流域面积 200～3 000km^2 中小河流治理工程 44 项，总投资 13.82 亿元，综合治理河长 534km，新建（加固）堤防 360km，新建（加固）护岸 114km，项目建成后可保护 15.25 万人和 1.4 万 hm^2 耕地。

（马铁城　黄斌）

【重大活动】

1. 重要会议　2022 年 4 月 2 日，甘肃省 2022 年全面推行河湖长制工作部门联席会议在兰州召开。甘肃省全面推行河湖长制工作部门联席会议召集人、副省长孙雪涛主持会议并讲话。

会议通报了 2021 年甘肃省河湖长制工作进展情况和考核结果，审议了《甘肃省 2022 年河湖长制工作要点》《关于开展美丽幸福河湖创建工作的决定》《甘肃省美丽幸福河湖创建评价办法》，安排部署了 2022 年度河湖长制重点任务。生态环境、住房和城乡建设、交通运输、农业农村等部门代表作了大会交流发言。

2022 年 4 月 17—22 日，甘肃省河长制办公室组织开展美丽幸福河湖创建省级验收会议。甘肃省水利厅副厅长程江芬出席验收会议并讲话，嘉峪关市副市长王晋婷、酒泉市副市长李生潜参加会议。

按照《美丽幸福河湖创建验收导则（试行）》相关要求，验收组通过现场查看、走访群众、查阅资料、座谈问询等方式，综合评判，量化打分，认为两地全面完成美丽幸福河湖创建任务，建设成果特色鲜明，示范引领性强，同意通过省级验收。

2022 年 6 月 14 日，甘肃省 2022 年河湖长制工作会议暨全省河长制湖长制工作先进集体和先进个人表彰大会在兰州召开。

甘肃省省长、省总河长任振鹤主持会议并宣读全省河长制湖长制工作先进集体和先进个人表彰决定。甘肃省委副书记、省级河长王嘉毅通报 2021 年全省河湖长制工作落实情况及考核结果。省领导石谋军、朱天舒、程晓波、孙雪涛、刘长根、周伟、张世珍出席会议。会议以视频形式开到县一级。

2022 年 6 月 27—28 日，甘川陕三省跨界河流联防联控联治 2022 年联席会议在甘肃省陇南市康县召开。长江委二级巡视员黄思平出席会议并讲话，甘肃省水利厅副厅长程江芬主持会议并讲话，四川省水利厅二级巡视员刘金山、陕西省水库工作中心主任张军旗参加会议并发言，陇南市人民政府副市长张永刚致辞。甘、川、陕三省河长办、生态环境厅有关处室负责人，陇南、广元、汉中三市有关市级河长，陇南市康县、文县、广元市青川县、汉中市宁强县有关县级河长分别作了交流发言。

会议观看了《甘肃省河湖长制工作五周年》汇报片，审议通过了《甘肃省文县四川省青川县陕西省宁强县2022年行刑检联合执法工作方案》。

会前，与会人员联合巡查了陇南市文县碧口污水处理厂、白龙江文县中庙镇漩滩段、广元市青川县沙州镇污水处理厂及白龙江青川县沙州镇段管理保护情况，调研了陇南市康县改板沟尾矿库治理、花桥村水美乡村、长坝河农村水系连通及整治工程情况。

2022年9月20日，甘肃省水利厅召开全省河湖管理重点工作推进调度视频会议，厅党组成员、副厅长程江芬出席会议并讲话。

会议通报了2022年前三季度全省河湖管理重点工作进展情况，武威市、金昌市、白银市、张掖市、定西市临洮县代表作了发言。（王兆民）

2. 省级河长巡河

2022年4月7日，甘肃省副省长孙雪涛在武威就河湖长制工作落实情况进行了调研。

孙雪涛深入武威市凉州区沙沟河检查了河湖长制公示牌设置和市、区、镇、村四级河湖长巡河履职情况。在古浪县黄花滩5号蓄水池听取武威市外流域调水及水系连通和水资源管理情况汇报。

2022年4月9日，甘肃省副省长、庄浪河省级河长刘长根巡查调研庄浪河兰州段河长制落实和生态环境保护工作。甘肃省政府副秘书长郭春旺、甘肃省生态环境厅厅长杨建武、甘肃省水利厅副厅长程江芬、兰州市副市长杨德智一同调研。

刘长根实地巡查庄浪河西固段、永登段河长制工作落实情况，调研庄浪河入黄口段河道生态环境保护、兰州市西固区河口镇防洪治理工程、永登县苦水镇河道生态环境整治、永登县大同镇河道治理、中堡镇环境卫生整治情况。

2022年4月18日下午，甘肃省副省长张锦刚在酒泉市调研河长制落实、智慧物流建设等工作时强调，要始终胸怀"国之大者"，切实扛牢河长制工作责任，强化河道综合治理，保护河道周边生态环境；建设高效智慧物流体系，聚焦冷链物流发展，着力打造具有影响力的物流枢纽。

2022年4月20日，甘肃省副省长何伟深入武威市调研指导河湖长制工作。

何伟来到石羊河蔡旗断面，详细了解河湖长制责任落实情况。

2022年5月7日，甘肃省委书记、省人大常委会主任尹弘在兰州市、白银市开展巡河检查并调研生态文明建设。石谋军、朱天舒、刘长根参加调研。

2022年5月10日，甘肃省副省长、省公安厅厅长余建赴洮河临洮县段开展巡河调研，查看沿河岸边环境整治、河道治理保护情况，在太石镇段详细了解洮河干流堤防工程建设和生态廊道规划编制进展情况，省政府副秘书长周忠宇、省水利厅副厅长牛军参加巡河调研。（王兆民）

【重要文件】　2022年1月13日，甘肃省河长制办公室印发《甘肃省河长制办公室关于抓紧对水利部河湖"清四乱"进驻式暗访检查发现问题进行整改的通知》(甘河办发〔2022〕3号)。

2022年1月21日，中共甘肃省委　甘肃省人民政府关于2021年河湖长制工作情况的报告（甘委〔2022〕8号）。

2022年1月27日，甘肃省水利厅办公室印发《甘肃省水利厅关于优化调整河湖管理联系包抓工作的通知》(甘水河湖发〔2022〕32号)。

2022年4月3日，甘肃省河长制办公室印发《甘肃省河长制办公室关于开展2022年河湖健康评价相关工作的补充通知》(甘河办发〔2022〕8号)。

2022年4月14日，甘肃河长制办公室印发《甘肃省河长制办公室关于做好河湖长制工作公众满意度调查工作的通知》(甘河办函〔2022〕14号)；甘肃省委书记、省总河长尹弘和省委副书记、省长、省总河长任振鹤共同签发了《甘肃省2022年河湖长制工作要点》(甘肃省总河长令第5号)；甘肃省委书记、省总河长尹弘和省委副书记、省长、省总河长任振鹤共同签发了《关于开展美丽幸福河湖创建工作的决定》(甘肃省总河长令第6号)。

2022年4月24日，甘肃省委书记、省总河长尹弘和省委副书记、省长、省总河长任振鹤共同签发了《关于加快推进妨碍河道行洪突出问题集中清理整治的通知》(甘肃省总河长令第7号)。

2022年4月26日，甘肃省水利厅办公室印发《甘肃省水利厅关于进一步做好河湖长制督查激励工作的通知》(甘水河湖发〔2022〕153号)；甘肃省河长制办公室印发《甘肃省河长制办公室关于印发〈甘肃省美丽幸福河湖创建评价办法（试行）〉的通知》(甘河办发〔2022〕21号)。

2022年6月6日，甘肃省水利厅办公室印发《甘肃省水利厅关于妨碍河道行洪突出问题排查整治情况的报告》(甘水发〔2022〕52号)。

2022年10月13日，甘肃省水利厅印发《甘肃省水利厅关于进一步完善河湖管理范围划定成果的通知》(甘水河湖函〔2022〕383号)。

2022年12月16日，甘肃省水利厅印发《甘肃省水利厅关于上报妨碍河道行洪突出问题清理整治工作总结的报告》(甘水河湖发〔2022〕485号)。

2022年12月23日，甘肃省水利厅印发《甘肃省水利厅关于河湖长制及河湖管理工作2022年度进展情况的函》(甘水河湖函〔2022〕485号)。(张函)

【河湖长制体制机制建立运行情况】 甘肃省探索建立黄河流域生态保护多部门检察公益诉讼与水行政执法协作机制；建立黄河流域横向生态补偿机制，落实《黄河流域(四川—甘肃段)横向生态补偿协议》，甘肃、四川两省按照1∶1的比例共同出资1亿元设立黄河流域甘川横向生态补偿资金，专项用于流域内污染综合治理和生态环境保护。(席德龙)

【河湖健康评价开展情况】 2022年，根据水利部、甘肃省水利厅《河湖健康评价指南(试行)》的要求，甘肃省高度重视河湖健康评价工作，始终把维护河湖健康作为践行生态文明思想和推动黄河流域生态保护和高质量发展的重要任务常抓不懈。通过近年来的不断深入推进，河湖健康评价取得了积极成效和经验，初步形成了适合甘肃省河流特点的评价体系和工作方法。规范了河流健康管理，建立了河流健康档案，为全省河湖高效保护和合理开发提供支撑，为各级河长及相关主管部门了解掌握河湖健康状况、履行河湖管理保护职责提供基础数据；发布了《甘肃省河流健康蓝皮书——甘肃省河流健康评价报告(2017—2021年)》，标志着甘肃省河湖治理工作进入新阶段，对推进全省河湖生态环境复苏，促进生态文明建设和高质量发展具有重要指导作用。积极编制评价标准，编制了符合甘肃河流实际的地方标准《河流健康评价技术规范》(DB62/T 4681—2023)，该标准将促进甘肃省河流健康评价工作规范化和标准化，推动河流健康管理系统化，为各级河长及相关主管部门履行河流管理保护职责提供有力支撑；编制了河流健康评价表，简化了季节性河流、中小河流的健康评价工作，为广泛开展河流健康评价工作提供了基础。加强合作、实现共赢，在资源共享、信息交流、联合创新等方面，与高校、科研院所深化合作并建立合作伙伴关系，利用其技术和人才优势，共同推进河流健康监测、评价及预警系统化。(张英)

【"一河(湖)一策"编制和实施情况】 "一河(湖)一策"方案是加强河湖治理与保护的重要环节和抓手，是落实河湖长制工作任务的技术指南。2021年年底，甘肃省启动新一轮省级河湖"一河一策"方案编制工作，并对2018—2021年省级河湖"一河一策"方案进行评估。2022年12月，《甘肃省省级河湖"一河(湖)一策"方案(2018—2020年)》评估和《甘肃省省级河湖"一河(湖)一策"方案(2022—2025年)》编制完成，并通过了技术咨询和技术审查。(谢兵兵)

【水资源保护】

1. 节水行动 甘肃省节约用水办公室印发了《甘肃省节约用水工作联席会议2022年工作要点》，确定2022年甘肃省节水行动实施方案目标任务清单，协调推进任务落实。印发《2022年全省水利系统节约用水工作要点》，细化分解任务。11个县(区)被水利部命名为县域节水型社会达标县，完成16个县(区)省级技术评估验收工作；农业灌溉用水有效利用系数提高至0.578，水利部评定节水型灌区13处，评定省级节水型高校8所、省级节水型企业10家；新建水利行业节水型单位169家。对256个规划和建设项目开展节水评价。制定印发了《甘肃省"十四五"节水型社会建设规划》《甘肃省高校节水专项行动实施方案》《甘肃省节约用水奖励办法》《甘肃省节约用水监督检查办法》《甘肃省黄河流域深度节水控水行动实施方案》。全面开展《甘肃省非常规水资源开发利用规划(2022—2030年)》编制工作。2022年3月22日，甘肃省水利厅举办了《公民节约用水行为规范》主题宣传活动暨"节水中国 你我同行"联合行动启动仪式和系列线上活动。全省举办节水宣传教育进机关、进校园、进社区、进企业、进农村等现场活动181项；组织开展《公民节约用水行为规范》主题宣传教育和志愿服务活动106项；在公共场所醒目位置张贴或悬挂行为规范10 187幅；在省级媒体播放和刊登节约用水公益广告36条；在省级及以上媒体发布节水宣传报道285篇，其中在中央媒体上发布节水宣传报道226篇。(仲伟斌)

2. 水资源刚性约束 强化水资源刚性约束，水资源集约节约利用不断提升。甘肃省水资源管理工作认真践行习近平总书记"节水优先、空间均衡、系统治理、两手发力"治水思路，深入贯彻甘肃省委、省政府甘肃水利"四抓一打通"(抓续建、抓配套、抓更新、抓改造、打通"最后一公里")工作部署，全面强化水资源刚性约束，坚决落实最严格水资源管理制度，用水总量控制有力，用水效率不断提高，水资源监管能力持续提升。2022年，全省全口径用水总量112.88亿m^3，万元地区生产总值用水量、万元工业增加值用水量较2021年分别下降11%、9.1%，农田灌溉水有效利用系数提高至0.578。

3. 明晰初始水权分配　印发实施《甘肃省盘活水指标工作方案》，对365个重点取水工程及近5万个一般取水工程的取水许可水量和实际取用水量进行比对分析，建立甘肃省水指标“点线面”一套账，对效益发挥不充分的取水指标进行动态调剂，《甘肃省水指标盘活指导意见》形成初步成果。全省8条跨省江河、9条跨地市河流水量分配已批复，25条重点河流44处主要控制断面生态流量保障目标已确定，地下水管控指标成果进入水利水电规划设计总院审查修改阶段。

4. 规范取用水秩序　一方面，摸清问题抓整改，从取用水管理专项整治行动“回头看”“三超两无一拖欠”集中整治行动、大中型灌区无证取水问题排查整改、各类督察检查审计反馈问题统筹整改等方面精准发力，打出了一套严厉打击超许可取水、超计划用水、超用途配水、无证取水、无计量取水、拖欠水资源费等违规取用水行为的有效“组合拳”，截至2022年年底，甘肃省50 701个取水项目、58 140个取水口均逐项建立台账，25 808个问题取水项目整改完成率达97%，大中型灌区无证取水问题整改完成率达99%，问题取水单位“闻风而动”，积极自查，主动对接整改，整治成效初显。另一方面，夯实基础补短板，针对取水监测计量工作覆盖面不全、精准度和在线率不高、信息平台功能及数据共享待完善的问题，积极争取中央财政水利发展资金2 500万元，支持甘肃省取水监测计量设施建设体系建设，全省大型及重点中型灌区取水计量全覆盖，在线计量率达到98%；针对省级水资源费征缴“老大难”问题开展专题研判，进一步规范水资源费征收管理流程，制作甘肃省省级水资源费征收系列动漫宣传片，通过媒体宣传、现场走访重点取水单位等方式，履行取用水单位督促水资源费缴费义务，2022年度共征收省级水资源费2.4亿元。

5. 优化水资源配置　紧盯构建“四横一纵”全域供水网络体系，聚焦水利基础设施建设、粮食安全、能源改革等关键领域水资源保障，指导白龙江引水工程受水县（市、区）完成用水总量指标优化调整，协调投资过百亿的玉门（昌马）抽水蓄能电站用水指标，依法依规提出皇城抽水蓄能电站“内部挖潜、外部购买”的用水指标问题处理意见。不断规范调度管理，公布《第一批省级开展水资源调度的跨市（州）江河流域及重大调水工程名录》，黑河流域正义峡断面实测下泄水量13.71亿m^3，东居延海实现连续18年不干涸，石羊河流域蔡旗断面过水量达3.31亿m^3，连续13年超额完成年度调水任务。

6. 实施水生态复苏　生态流量（水量）管理从目标确定向“目标确定＋全方位监管”加快转变，对已确定生态流量（水量）目标并纳入考核的20条河流35处控制断面实行达标情况季度通报制，对继续不达标的断面生态流量保障情况进行跟踪督办。2022年，甘肃省26处生态流量断面中有25处达标，达标率为96%，9处生态水量断面全部完成年度下泄水量目标。地下水管理迈入规范化新阶段，印发实施《甘肃省水利厅贯彻落实〈地下水管理条例〉重点工作方案（2022—2023年）》，全省地下水超采区水位变化季通报机制全面建立，新一轮地下水超采区划定成果“出省入（黄）委”，《甘肃省地下水管理办法》《甘肃省地下水利用保护与超采治理方案研究》《甘肃省地下水超采综合治理方案》形成初步成果。母亲河复苏行动全面启动，印发实施《甘肃省母亲河复苏行动方案（2022—2025年）》，全面排查确定甘肃省断流河流、萎缩干涸湖泊修复名录和2022—2025年母亲河复苏行动河湖名单，开展《母亲河复苏行动“一河（湖）一策”方案》编制。

7. 提升水资源管理综合水平　确定了“一张证照、一个系统、一种交易、一项考核”的“四个一”改革重点，稳步推进水资源重点领域改革。“一张证照”作为水利系统首个实现电子证照管理的行政许可事项，取水许可“一网通办”全面实行；甘肃省取水许可证保有量5.06万套，许可水量共计2 500亿m^3，其中河道外许可水量88亿m^3，有力保障了经济社会发展和生态环境保护合理用水需求，“一个系统”，“一个工作平台、四大业务系统、三类用户端口”的智慧水资源建设总体框架基本成型，国控水资源系统、用水统计直报系统、取水许可电子证照系统稳定运行，数字水资源综合服务系统开始上线试运行，取用水管理信息系统整合共享与应用推广有序开展，逐步构建统一规范的甘肃省智慧水资源管理系统。“一种交易”，甘肃省用水权改革制度建设专项研究紧锣密鼓，各市（州）因地制宜，积极探索推进用水权改革，酒泉市以疏勒河流域水权和水流产权确权试点为工作基础，建立起全市水权制度基本框架；武威市以灌区为基本单元，培育灌溉用水户水权交易市场；兰州新区在全国率先探索开展清水增量责任指标水权交易，通过将污水处理厂的可再生水转让给有需要的企业进行生态和绿化用水的方式，推进资源全面节约和循环利用，提升水资源节约集约利用水平。“一项考核”将实行最严格水资源管理制度考核作为最有力抓手，“国考”牵好头，对上加强汇报衔接，对省直部门加强沟通联动，争取好结果；“省考”把好关，加强与各类省级考核互通，结合贯彻落实“四抓一打通”实施方案推动水利高质量发展奖补激励，更好发挥最严格水资源管理考核的激励与鞭策作用。（柴璟　杨晓婧）

8. 全省重要饮用水水源地安全达标保障评估　2022年，根据水利部工作安排，甘肃省水利厅印发了《关于开展2022年度全国重要饮用水水源地安全保障达标建设评估工作的通知》，专题部署将重要饮用水水源地安全保障达标建设作为考核市（州）落实最严格水资源管理制度的一项重要内容。结合甘肃省饮用水水源地分布及供给情况，组织相关单位和人员对《全国重要饮用水水源地名录（2016年）》中11个国家重要饮用水水源地进行安全保障达标建设，从水量保证、水质合格、监控完备、制度健全四个方面进行了认真自查评估并对存在问题进行查验。根据评估得分统计，甘肃省11个国家重要饮用水水源地安全保障达标建设评估得分均在90分以上，等级为优秀。（张英）

【水域岸线管理保护】

1. 岸线保护利用规划　持续强化岸线空间分区管控，依据《甘肃省黑河、石羊河等16条河流岸线保护与利用规划》，开展岸线规划应用及涉河项目合规性复核。甘肃省省级河流水域岸线管理信息系统完成试运行，于2022年10月通过验收并正式投入运行，为甘肃省河湖岸线管理保护与岸线利用工作提供信息数据支持。（王广文）

2. 河道管理　组织全省有采砂任务的地区核实更新2022年河道采砂重点河段、敏感水域84处，明确了河道采砂管理河长、水行政主管部门、现场监管和行政执法4个责任人。督促各地严格执行“一年一审一换证”制度，2022年起全面推行河道采砂许可证线上申领程序，并制定采砂许可申领操作手册，指导全省开展网上申领工作，全省共申领河道采砂许可证（空证）139套。持续推进陇南、天水、白银、定西、庆阳5市8县（区）河道采砂集中统一经营模式试点工作，掌握了解试点工作进展及存在问题，对采砂试点工作进行月调度管理，进一步明确试点工作任务和试点成果。督促各地全面完成为期1年的非法采砂专项整治行动，持续打击非法采砂。2022年，共出动人员3.5万人次，累计巡查河道16.3万km，查处非法采砂行为34起，查处非法采砂船2艘，查处行政处罚案件23件，罚款70.67万元，移交公安机关案件5件。组织第三方机构对陇南市、武都区、宕昌县、庆阳市镇原县、定西市陇西县、天水市武山县、白银市平川区、靖远县等试点市、县（区）的河道采砂规划进行了技术评估，并将评估结果印发，督促试点市、县（区）修编完善采砂规划，进一步提高规划编制质量，规范河道采砂管理。（赵扬）

3. “清四乱”　进一步推进河湖“清四乱”工作常态化规范化，加强明察暗访和公众监督力度，将清理整治重点向农村河湖、小河小沟延伸，持续改善河湖面貌和功能，全年累计排查解决河湖“四乱”问题694个，受理核查群众举报、信访舆情160件。开展妨碍河道行洪突出问题清理整治，组织力量对有行洪任务的河道进行全面排查，细致复核4 479个水利部反馈疑似图斑，认定妨碍河道行洪问题229个，建立“三个清单”，明确整改措施及整改时限，年内整改销号226个。紧盯水利部反馈问题整改，强化沟通衔接，严格整改标准，从严从快落实问题整治，全年整改销号水利部进驻式督查反馈和河湖监督管理检查反馈问题79个，推动河湖岸线面貌持续改善。（张峰）

【水污染防治】

1. 排污口整治　完成排污口整治年度任务，严格按时间节点和技术要求推动黄河流域入河排污口排查整治工作。截至2022年年底，生态环境部交办甘肃省黄河流域入河排污口问题4 509个，其中兰州市3 022个、白银市579个、临夏州874个、甘南州34个，4个市（州）已完成生态环境部规定的监测、溯源、分类命名编码、河长信息填报等工作；印发入河排污口“一口一策”整治方案，按照“取缔一批、整治一批、规范一批”的原则，完成排污口整治3 710个，其中兰州市完成2 759个，白银市完成155个，临夏回族自治州完成796个。天水市先行开展渭河天水段入河排污口排查整治，定西市有序开展现有排污口取缔清理和规范化整治。

2. 工矿企业污染防治　2022年，甘肃省工业源化学需氧量排放量为0.23万t，排放量主要集中在化学原料和化学制品制造业，农副食品加工业，酒、饮料和精制茶制造业。化学需氧量排放量居全省前3名的市（州）分别为兰州市、白银市、平凉市。工业源氨氮排放量为0.01万t，排放量主要集中在化学原料和化学制品制造业、黑色金属冶炼和压延加工业、医药制造业。氨氮排放量居全省前3名的市（州）分别为临夏回族自治州、兰州市、白银市。（周颖）

3. 深入推进化肥农药减量增效行动　甘肃省农业农村厅印发了《2022年化肥减量增效实施方案的通知》（甘农财发〔2022〕40号）、《甘肃省2022年农药减量增效工作方案的通知》《2022年甘肃省绿色

种养循环农业试点项目实施方案》（甘农财发〔2022〕39号）等，大力推广机械深施、种肥同播、水肥一体化、有机肥替代化肥等新技术和配方肥、复混肥、水溶肥等新产品，示范带动全省测土配方施肥技术推广面积5 630万亩；在全省12个试点县（市、区）开展绿色种养循环农业试点，完成试点面积120.4万亩，带动全省施用有机肥（农家肥）3 050万亩。大力推广高效低风险农药及高效药械，开展新型生物农药、高效环保型农药及高效植保机械试验示范，全省主要农作物病虫害绿色防控面积2 810万亩，主要粮食作物统防统治面积2 629万亩。全省化肥利用率达41.3%、农药利用率达41.5%。

4. 水产养殖尾水治理与水生态保护　甘肃省农业农村厅印发了《2022年甘肃省水产绿色健康养殖五大行动实施方案》，以遴选骨干基地为抓手，创新模式、示范推广，开展“五大行动”骨干基地创建，全省共创建骨干基地21个，示范带动推广面积5 000多亩，示范提炼技术模式6项。2022年，临夏回族自治州永靖县完成460亩相对集中连片养殖池塘标准化改造和尾水治理，推动“三池两坝”（沉淀池＋生物净化池＋曝气池＋两级过滤坝）尾水处理模式，降低了养殖水体富营养化；水产养殖尾水资源化利用或达标排放，减轻了养殖尾水对当地水环境造成的压力，解决了渔业提质增效与水环境保护之间的矛盾。在甘肃省境内黄河、长江和内陆河等自然水域规范开展增殖放流，放流各类水生生物1 670万尾；通过增殖放流，实现以渔抑藻、以渔净水，保护水域生态环境。

5. 畜禽废弃物资源化利用　2022年，甘肃省畜禽养殖粪污产生量1.03亿t，资源化利用总量8 263万t，其中粪污肥料化利用7 356万t，能源化利用736万t，垫料化、饲料化和燃料化等方式利用165万t；畜禽粪污综合利用率达到80%，甘肃省4 393个规模养殖场粪污处理设施装备配套率达97%。甘肃省农业农村厅印发《甘肃省畜禽养殖场（户）粪污处理设施建设技术指南》，指导各地提升管理和服务水平。并配合甘肃省生态环境厅制定《甘肃省“十四五”畜禽养殖污染防治规划》，督促各地建立粪污资源化利用台账，台账建立率达到80%以上。组织开展畜禽粪便土地承载力测算工作，编印畜禽粪污处理设施安全标志标准图册、利用模式等宣传材料，发放全省各地重点推介，加强安全生产管理。举办全省畜禽养殖废弃物资源化技术培训班，全省各地累计培训2万人次以上。甘肃省畜牧兽医局畜禽废弃物利用管理处荣获“全省河长制湖长制工作先进集体”荣誉称号。“酒泉市玉门市家庭农场储存发酵全量还田利用模式”入选全国规模以下养殖场（户）畜禽粪污资源化利用典型案例。

（甘肃省农业农村厅）

6. 船舶和港口污染防治　2022年，甘肃省水运事业发展中心全面落实《水污染防治行动计划》《船舶与港口污染防治专项行动实施方案》《甘肃省2022年河湖长制工作要点》，印发了《关于组织开展2022年水路运输领域生态环境问题排查整治工作的通知》（甘水运函〔2022〕29号），围绕船舶码头污染防治、船舶大气污染排放、码头环境卫生综合治理等重点工作任务，督促四个重点水域水路交通管理单位严格履职、抓好落实，保障船舶污染防治相关制度常态化运行。组织开展了线上水污染防治专题讲座，进一步提高了管理队伍和从业企业环境保护意识。与交通运输部科学研究院合作评估全省船舶码头污染防治成效，形成了《甘肃省“十四五”港口码头和船舶污染防治指导意见》《甘肃省船舶污染物接收能力评估意见报告》。

（1）制度运行情况。兰州、白银、临夏和陇南市（州）均正常运行本地区印发的《港口码头和船舶污染物接收转运及处置设施建设方案》《船舶污染物接收转运处置监管联单及联合监管制度》《船舶防治污染应急预案》《防治船舶及其有关作业活动污染水域环境应急能力建设规划》。

（2）码头污染防治情况。兰州、白银、临夏和陇南市（州）码头和船舶污染物接收、转运及处置设施保持良好运转，继续运行码头船舶污染物接收转运处置监管联单及联合监管制度，并积极对接当地卫生、环保等部门，扎实做好港口码头、船舶检验起泊设施油污、污水及生活垃圾等污染物的接收，做好船舶与港口码头之间、港口码头与城镇之间污染物转运、处置，提高了污染物接收处置的效率。

（3）船舶污染防治情况。为加强船舶水污染物排放管理，防治船舶污染水域环境，分别从推进港口码头船舶污染防治设施建设、加强海事监督管理、做好船舶检验工作等方面进行了安排部署，提出工作要求。兰州市、白银市、临夏回族自治州、陇南市正常运行船舶污染物接收转运处置监管联单及联合监管制度，船检机构在船检过程中严格执行排放标准要求，对船舶防治水污染设施设备不满足条件的船舶不予签发船检证书，依法报废超过使用年限的船舶，杜绝不达标船舶进入甘肃省水运市场。

（甘肃省交通运输厅）

【水环境治理】

1. 饮用水水源地规范化建设　开展2021年度地级、县级集中式饮用水环境状况评估和基础信息调查工作。完成6个道路穿越水源保护区工作方案技术审查，指导市（州）15个县级及以上集中式饮用水水源保护区污染防治方案制定工作，完成定西市岷县城区等一批县级及以上水源保护区调整划分工作。完成全省128个县级及以上集中式饮用水水源保护区矢量信息审核工作。编制出台《集中式饮用水水源地环境保护档案管理技术规范》《集中式饮用水水源保护区矢量边界数据采集规范》。32个地级饮用水水源地水质均达到或优于Ⅲ类，100个县级集中式饮用水水源地均达到地表水（地下水）Ⅲ类水质目标，水质达标率为100%。（周颖）

2. 黑臭水体治理　2022年2月，甘肃省住房和城乡建设厅下发了《关于做好2022年城市黑臭水体整治工作的通知》（甘建城〔2022〕44号），对全省2022年度城市黑臭水体治理工作作出安排部署，指导兰州、张掖、天水、平凉等地市巩固黑臭水体治理成效，启动县级城市黑臭水体排查工作。2022年5月，省住房和城乡建设厅、生态环境厅、发展和改革委员会、水利厅印发《甘肃省深入打好城市黑臭水体治理攻坚战实施方案》（甘建城〔2022〕117号），对“十四五”期间全省黑臭水体排查整治工作作出安排部署，进一步加快推进甘肃省城市黑臭水体整治，改善河道水质，提升人居环境质量。2022年6月，省生态环境厅、省住房和城乡建设厅印发《甘肃省“十四五”城市黑臭水体整治环境保护行动方案的通知》（甘环水体发〔2022〕4号），通过每年开展城市黑臭水体整治环境保护行动，推动地市建成区黑臭水体基本实现长制久清，县级城市建成区黑臭水体基本消除。2022年5月起，甘肃省住房和城乡建设厅通过无人机航拍对各地黑臭水体整治、排查情况进行巡查，并将巡查结果及时反馈各地，督促各地逐一逐项进行整改。截至2022年年底，全省地市18条黑臭水体均完成整治，华亭市、玉门市、敦煌市、临夏市、合作市5个县级城市完成排查工作，经属地政府公示，建成区范围内未发现黑臭水体。（甘肃省住房和城乡建设厅）

【水生态修复】

1. 国土绿化　2022年9月17日，甘肃省政府办公厅印发《关于科学绿化的实施意见》，9月28日，省绿化委员会办公室组织召开全省国土绿化工作会议，安排部署2022年度科学绿化工作。严格落实国家造林任务“落地上图”精细化管理要求，开展造林绿化空间适宜性调查评估工作。坚持重点工程项目带动，部门绿化、社会造林、义务植树共同推进，实施国家“双重”项目、国家储备林项目、国土绿化示范试点项目。2022年，全省完成造林绿化393.19万亩，任务量居全国第二。开展森林城市、森林小镇、森林城市创建，平凉市创建为国家森林城市，平凉、天水、陇南、武威4市和陇南市康县、两当县、天水市麦积区、秦州区、清水县5县（区）创建为省级森林城市。加快推进“互联网+全民义务植树”工作，全省10个市（州）创建市级网络平台，累计募集网络捐款资金766.75万元。国家授予武威市古浪县八步沙林场等8个单位“全国绿化先进集体”称号，授予张彦伟等4名同志“全国绿化劳动模范”称号，授予徐先英等5名同志“全国绿化先进工作者”称号，全省荣获集体和个人奖项共计17个。

2. 湿地保护　开展《湿地保护法》宣传活动，印发《甘肃省林业和草原局关于学习宣传贯彻湿地保护法的通知》（甘林动函〔2022〕319号），对学习宣传贯彻落实湿地保护法活动进行安排部署。实施玛曲湿地保护修复工作，2022年中央财政林业改革发展资金安排玛曲县域黄河首曲国际重要湿地保护与恢复补助资金共计2 945万元，治理侵蚀沟130km、黑土滩1.5万亩，湿地恢复植被1.9万亩，鼠害防治7万亩，补偿牧民禁牧20万亩。敦煌西湖湿地成功申报国际重要湿地。2022年，中央财政投入10 345万元，开展国际重要湿地、湿地类型国家级自然保护区湿地生态效益补偿及湿地保护与修复工程建设。开展全省林草湿荒调查监测工作，全省347个湿地样地调查和663个湿地图斑识别工作全部完成。（甘肃省林业和草原局）

3. 生物多样性保护宣传工作　甘肃省生态环境厅组织开展“4·15全民国家安全教育日”“5·22国际生物多样性日”系列宣传活动。联合甘肃省教育厅、甘肃省林业和草原局组织全省大、中小学生开展“我与生物多样性”主题公益创作大赛。组织开展全省生物多样性保护案例征集活动，推荐报送的“甘肃安南坝野骆驼国家级自然保护区监测平台建设”被生态环境部列为“2022生物多样性优秀案例”。组织开展2020年联合国生物多样性大会（COP15）第二阶段会议宣传工作，“多姿多彩　生态甘肃”COP15生物多样性主题宣传片被甘肃省委宣传部选为甘肃省迎接二十大宣传片之一，还被生态环境部选为参加加拿大蒙特利尔COP15第二阶段会议展播片，持续宣传甘肃省生态文明建设和生物多样性保护工作取得的成效。

4. 生态补偿机制建立　有序推进流域生态补偿，推进落实黑河石羊河流域上下游横向生态保护补偿，根据对纳入试点的7个县考核断面2021年度平均水质及主要水污染物指标考核，下达补偿资金1 400万元。开展黄河流域干流生态补偿，下达兰州市、白银市、临夏回族自治州奖补资金3 000万元。落实与四川省签订的补偿协议，根据监测总站监测数据，两省均达到国家水质目标，互不补偿。与四川省签订的黄河流域补偿协议，获得财政部、生态环境部奖励资金2 000万元。联合省财政厅研究制定落实《关于深化生态保护补偿制度改革的意见》重点任务分工方案，经省政府同意印发实施。联合省财政厅推进甘肃 宁夏流域生态补偿协议签订。

（周颖）

【执法监管】

1. 联合执法　聚焦河湖、地下水资源等重点领域，联合水利厅政策法规处、河湖管理处、水资源处、水旱灾害防御处集中执法力量开展防汛保安、地下水超采治理专项执法行动，累计摸排问题线索129个，立案查处37起，已全部结案。

2. 执法巡查　坚持常态执法巡查与专项执法巡查一体推进，强化水事案件源头防控、动态治理，以水资源、河湖等各领域为重点开展全覆盖、全过程执法检查，及时发现和处置水事违法行为。2022年，全省累计巡查河道30万km，巡查湖泊水库3.1万km^2，出动人员3.5万人次，现场制止违法行为792个，全省共查处结案水事违法案件147件。

（徐慧）

3. 河湖包抓　按照《甘肃省水利厅关于优化调整河湖管理保护联系包抓工作组的通知》（甘水河湖发〔2020〕63号）要求，2022年河湖包抓组共计巡河94次，全年参与河湖包抓563人次，共计巡查河长26 155km，全年共计发现河湖各类问题394个，其中“乱堆”问题265个、“乱建”问题71个、“乱占”问题12个、“乱采”问题10个，其他河湖问题36个。

（戴秀雯）

【水文化建设】　通过构筑黄河文化廊道和黄河生态廊道，形成文化新场景。把黄河百里风情线建成展示黄河文化的廊道，利用传统村落、文物遗迹、人文场馆、非物质文化遗产等文化场所，通过实施保护传承、研究发掘、数字再现等工程，深度开发创作舞台剧目，强化文化感知体验，形成黄河文化长廊。重点建设了一批开放式沿黄河城市滨水景观带状公园，串联绿地水景，构筑“河畅、岸绿、水清、景美”滨水景观长廊。

（王兆民）

【智慧水利建设】

1. 甘肃省河湖长制信息管理平台　平台充分运用地理信息系统（GIS）、大数据分析、物联网、视频监控、无人机航拍等技术手段，利用Web端、移动端App以及微信公众号3端互联互通，实现省、市、县、乡、村五级应用，横向连通河湖长制成员单位，纵向连通水利部和各级河长办。

2. 甘肃河湖长制App　甘肃河湖长制App作为甘肃省河湖长制信息管理平台项目的主要成果，为全省各级河长办和河湖长提供日常巡河、任务考核、巡河问题上报和处理、信息查阅、数据统计分析等功能。截至2022年年底，已涵盖现示河流（含沟渠洪道）4 998条、河段19 199段、湖（库）445个（座）、电子公示牌13 096个、河湖健康档案352套、河长21 080人、湖长968人、巡河员3 864人、河湖警员1 409人，以及事件、“一河（湖）一档”“一河（湖）一策”及河湖视频监控等信息，可实时掌握全省河湖长制工作推进情况。

3. 甘肃水利“一张图”　甘肃水利“一张图”以甘肃省基础地理信息中心“天地图前置服务”为底图，建成河湖管理业务专题，实现专题信息的一图总揽。完成以河流为主体、其他主要水利对象为客体的关联关系构建，完成了1 590条河流的上下级关系知识图谱，建立了河流与水库水电站、水闸、水源地、取水口、水文站、水位站等8类水利对象的关联关系并上图。

4. 智慧河湖　选取黄河白银段祖厉河入黄口等8处作为智慧河湖试点，采用“前端感知＋后端算法”的方式，实现人员闯入、船只闯入、垃圾堆积、河面漂浮物的识别分析，利用遥感影像数据对比、无人机巡河等手段实现对河湖事件的识别，并与河湖长制信息管理系统进行事件共享，扩展事件识别手段，提高河湖事件监控的实时性和主动性，形成事件上报、处理的业务闭环。

（李效宁）

青海省

【河湖概况】

1. 河湖数量　青海省境内流域面积50km^2及以上河流3 518条，总长度11.41万km；流域面积100km^2及以上河流1 791条，总长度8.2万km；流域面积1 000km^2及以上河流200条，总长度

2.81 万 km；流域面积 10 000km² 及以上河流 27 条，总长度 0.99 万 km。河流长度 100km 及以上的河流总数为 128 条，其中黄河流域 28 条、长江流域 28 条、西南诸河 6 条、西北诸河 66 条。

青海省湖泊主要分布于青南高原的外流区、柴达木盆地和羌塘高原区。常年水面面积 1km² 及以上湖泊 242 个（不包括 3 个特殊湖泊），省内水面总面积 12 825.8km²，其中淡水湖 104 个、咸水湖 125 个、盐水湖 8 个、未确定属性湖泊 5 个。水面面积 10km² 及以上湖泊 88 个，省内水面面积 12 344.9km²；水面面积 100km² 及以上湖泊 22 个，省内水面面积 10 025.7km²；水面面积 500km² 及以上湖泊 5 个，省内水面面积 6 586.7km²；水面面积 1 000km² 及以上湖泊 1 个（青海湖），2022 年水面面积为 4 533.0km²。

2. 水量　2022 年，青海省平均年降水量 341.1mm，折合降水总量 2 376.1 亿 m³，地表水资源量 707.51 亿 m³，地下水资源量为 319.76 亿 m³，地下水资源与地表水资源不重复量为 18.23 亿 m³，水资源总量 725.74 亿 m³。其中，黄河流域水资源总量 207.29 亿 m³，长江流域水资源总量 201.86 亿 m³，西南诸河水资源总量 110.20 亿 m³，西北诸河水资源总量 206.39 亿 m³。2022 年，全省出境水量 658.84 亿 m³。其中，黄河流域出境水量 285.56 亿 m³，长江流域出境水量 203.16 亿 m³，西南诸河出境水量 123.48 亿 m³，西北诸河出境水量 46.64 亿 m³。全省 35 座大中型水库年末总蓄水量 246.90 亿 m³，比年初减少了 41.0 亿 m³；青海湖年平均水位 3 196.57m，较 2021 年上升 0.06m，年初水位 3 196.48m，年末水位 3 196.59m，较年初上升 0.11m，全年蓄水量增加 5.0 亿 m³；扎陵湖年末水位 4 294.78m，较年初上升 0.01m，蓄水量增加 0.05 亿 m³；鄂陵湖年末水位 4 270.1m，较年初上升 0.36m，全年蓄水量增加 2.09 亿 m³。

3. 水质　2022 年，青海省地表水环境质量持续保持稳中向好趋势，全省 35 个地表水国考断面水质总体保持稳定，水质优良率为 100%。其中，长江、黄河干流、澜沧江出省境断面年均水质达到Ⅱ类及以上，湟水出省境断面年均水质达到Ⅲ类，青海湖等重点湖库水体优良。

4. 新开工水利工程

（1）中小型水库工程。2022 年，青海省新开工建设 2 座小型水库工程，分别为海东市平安区响河峡水库和玉树州治多县加吉水库。其中，响河峡水库为小（2）型水库，总库容 24 万 m³，批复总投资 6 645.37 万元；加吉水库为小（1）型水库，总库容 159.1 万 m³，批复总投资 22 525.55 万元。工程建成后，可进一步提高受益区城乡供水和农田灌溉保障水平。

（2）中小河流治理。2022 年，青海省紧紧围绕“治理一条，见效一条”目标，持续推进 200～3 000km² 中小河流治理，新开工中小河流治理项目 26 项，治理河长 257km。通过新建堤防（护岸）、清淤疏浚等工程措施，治理河段防洪能力将进一步提升，有效保护河流沿岸人民群众生命财产安全和重要城镇、耕地和基础设施安全。

（3）山洪灾害防治项目。2022 年，青海省完成了贵德县、乌兰县、循化县 3 条山洪沟治理和 117 个重点集镇调查评价、15 个重点城镇调查评价、11 县危险动态管理清单、4 县动态预警指标分析，进一步掌握山洪灾害易发区和危险区，为后期精准防御提供基础数据。持续开展群测群防工作，群众防灾、减灾、避灾意识进一步增强，社会水旱灾害防御氛围浓厚。监测水平预警能力进一步加强，指导各地做好山洪灾害防御工作，加强山洪灾害监测预报预警平台及监测设施维修养护，完成 90 个自动雨量（水位）站改造升级，配备入户型简易雨量站 32 个，平台正常率为 100%，站点平均到报率为 96.7%。积极衔接省发展和改革委员会，落实专项资金 6 600 万元，开展 8 条山洪沟治理。

（4）湟水、大通河、布哈河、察汗乌苏河、柴达木河（香日德河）、黑河、澜沧江、那棱格勒河 8 条流域面积 3 000km² 以上主要支流防洪治理。2022 年，青海省内澜沧江、柴达木河、布哈河（共和段）3 条主要支流纳入中央预算内投资计划，年内落实中央预算内投资 1.73 亿元，落实省级投资 0.2 亿元。其中澜沧江（扎曲河）河道治理工程（囊谦县河段）项目总投资 1.01 亿元，计划治理河长 11.64km，工程防洪标准为 10～30 年一遇设计。工程建设任务主要为保护玉树藏族自治州囊谦县香达镇康达村等地，以及沿线林地、草地和道路桥梁安全。柴达木河（香日德河）河道治理工程（都兰县段）项目工程总投资 3.97 亿元，治理河道总长 48.37km，防洪标准按 10～20 年一遇设计。工程建设主要任务为保护海西蒙古族藏族自治州都兰县香加乡、香日德镇两岸及部分耕地、林地的安全。青海省布哈河河道治理工程（共和段二期）项目总投资 3 711 万元，治理河道长度 6.0km，河道防洪标准采用 10 年一遇设计。工程通过对海南藏族自治州共和县石乃亥镇铁卜加村、肉龙村、向公村等河道右岸进行分段防护，防止河岸因洪水淘刷而扩张，改善区域生态环境和

人居环境，保障人民生命财产安全。

（汪清旭　王有巍　李生忠　孙杰　贺晓宇）

【重大活动】　2022年7月12日，长江流域省级河湖长第一次联席会议以视频形式在湖北省武汉市召开。青海省省级责任河湖长、副省长刘涛在会上作题为“深化河湖长制　履行源头责任　当好‘中华水塔’守护人”的交流发言。会上发布了“携手共建幸福长江”倡议书。

2022年7月22日，青海省河湖长制办公室召开省级河湖长制办公室工作会议。青海省河湖长制办公室主任、水利厅厅长张世丰出席会议并讲话，青海省河湖长制办公室专职副主任、水利厅副厅长刘泽军主持会议。

2022年8月2日，首届黄河流域省级河湖长联席会议以视频形式在西宁市召开。会议审议通过《黄河流域省级河湖长联席会议工作规则》《黄河流域省级河湖长联席会议办公室工作规则》《关于纵深推进黄河流域河湖“清四乱”常态化规范化的指导意见》《坚决遏制黄河流域违规取用水实施意见》等文件，发出《“共同抓好大保护　协同推进大治理　联手建设幸福河”西宁宣言》。

2022年8月4日，青海省省级责任河湖长、副省长刘涛在西宁市主持召开“六河三库”责任河湖长座谈会。会议传达学习长江流域、黄河流域省级河湖长联席会议精神。

2022年9月20日，青海省全面推行河湖长制工作领导小组会在西宁市召开。青海省委书记、领导小组组长信长星主持并讲话，省长、领导小组组长吴晓军作安排部署。

（张福胜　钟斌成　文生仓　王有巍　段敏　郑文强）

【重要文件】　2022年1月24日，青海省农业农村厅、青海省生态环境厅印发《关于开展禁养区内养殖场“复养”核查工作的通知》（青农牧〔2022〕21号）。

2022年3月15日，青海省河湖长制办公室印发《关于印发2022年河湖长制及河湖管理工作要点的通知》（青河湖办〔2022〕8号）；青海省农业农村厅印发《2022年水产绿色健康养殖五大行动实施方案》（青农渔〔2022〕52号）。

2022年3月16日，青海省农业农村厅印发《2022年养殖渔业“三大安全”检查工作方案》（青农渔〔2022〕59号）。

2022年3月22日，青海省地方海事局印发《青海省地方海事局关于做好2022年船舶、码头污染防治及塑料污染治理工作的通知》（青海事〔2022〕16号）。

2022年3月31日，青海省水利厅、青海省生态环境厅印发《关于进一步加强水电站生态基流保障监管工作的通知》（青水资〔2022〕27号）。

2022年4月28日，湟水省级责任河长签发《关于进一步强化湟水治理保护的决定》（青海省湟水河长令2022年第〔1〕号）；青海省水利厅印发《关于开展水电站生态基流泄放评估工作的通知》（青水资函〔2022〕153号）。

2022年5月30日，青海省住房和城乡建设厅、青海省生态环境厅、青海省发展和改革委员会、青海省水利厅印发《青海省深入打好城市、县城黑臭水体治理攻坚战重点任务及责任清单》（青建城〔2022〕118号）。

2022年6月16日，青海省农业农村厅印发《2022年度青海省农作物秸秆综合利用实施方案》（青农科〔2022〕149号）。

2022年6月29号，青海省农业农村厅、青海省乡村振兴局印发《青海省2022年农村人居环境整治提升工作要点的通知》（青农函〔2022年〕72号）。

2022年7月1日，青海省水利厅印发《青海省水利厅关于开展取用水管理专项整治行动“回头看”工作的通知》（青水资函〔2022〕235号）。

2022年7月12日，青海省水利厅、青海省发展和改革委员会印发《“十四五”用水总量和强度控制指标分解方案的通知》（青水资〔2022〕55号）。

2022年7月18日，青海省生态环境厅、青海省农业农村厅、青海省住房和城乡建设厅、青海省水利厅、青海省乡村振兴局印发《青海省农业农村污染治理攻坚战实施方案（2021—2025年）》（青生发〔2022〕182号）。

2022年7月19日，青海省人民政府办公厅印发《关于印发国家督察激励事项青海省“勇争先”工作方案的通知》（青政办〔2022〕50号）。

2022年9月16日，青海省省级总河湖长签发《关于真抓实干奋勇争先推动河湖长制有能有效的决定》（青海省总河长湖长令2022年第〔1〕号）。

（张福胜　钟斌成　文生仓　王有巍　段敏　郑文强）

【地方政策法规】

1. 法规　2022年10月11日，青海省林业和草原局印发《青海省重要湿地占用管理办法（试行）》（青林湿〔2022〕692号）。

2. 规范　2022年1月21日，青海省住房和城乡建设厅印发《青海省城乡生活垃圾治理集中排查整治工作指南》(青建城函〔2022〕12号)。

2022年6月9日，青海省生态环境厅、青海省财政厅、青海省住房和城乡建设厅、青海省农业农村厅、青海省乡村振兴局印发《青海省农村生态环境保护“十四五”规划》(青生发〔2022〕121号)。

3. 政策性文件　2022年3月24日，青海省人民政府办公厅印发《青海省黄河流域地表水可供水量控制指标分配方案》(青政办〔2022〕22号)。

2022年3月25日，青海省人民政府办公厅印发《关于加强河湖水域岸线生态管控的意见》(青政办〔2022〕20号)。

2022年9月5日，青海省委办公厅、青海省人民政府办公厅印发《青海省深化生态保护补偿制度改革的实施意见》(青办发〔2022〕29号)。

(张福胜　钟斌成　文生仓　王有巍　段敏　郑文强)

【河湖长制体制机制建立运行情况】　2022年，青海省6 723名各级河湖长、15 980名河湖管护员认真履职尽责，积极推进各项工作落地见效，省内流域水生态环境持续向好。年内各级河湖长和河湖管护员累计巡查河湖28.7万人次，其中省级河湖长巡查河湖10人次。成功举办首届黄河流域省级河湖长联席会议，发出《“共同抓好大保护　协同推进大治理　联手建设幸福河”西宁宣言》，开启了流域联防联控联治新局面。落实河湖长动态调整和责任递补机制，全省五级河湖长及河湖管护员队伍总体保持稳定，其中2名基层河湖长和1名河湖管护员在水利部、全国总工会、全国妇联联合开展的第二届“寻找最美河湖卫士”活动中荣获“最美河湖卫士”和“基层河湖卫士”。筹备召开青海省河湖长制工作领导小组会议、省级河湖长专题会议，有效发挥双总河湖长、双组长组织协调机制，推动各级党委政府扛牢扛实主体责任。采取会议调度、协调督促、跟踪督办、考核激励等措施，统筹推进河湖长制六项任务落实。城镇生活污水收集处理设施提质增效，农业面源污染防治，黄河干流及湟水流域入河排污口监测、溯源、整治和规范化管理等工作取得积极成效；减轻了河湖外源压力，增强了水体自净能力。

(吉定刚　徐得昭)

【河湖健康评价开展情况】　2022年，青海省河湖长制办公室印发《关于印发2022年河湖长制及河湖管理工作要点的通知》(青河湖办〔2022〕8号)，要求各市(州)、县(市、区)开展河湖健康评价工作，并将河湖健康评价工作纳入对各地河湖长制考核内容。对3条省管河流开展了健康评价工作，对8个市(州)河湖健康评价工作进行技术指导和进度管理。同时，组织专家咨询研讨青海省河湖健康评价指标体系建设。

(钟斌成　李晶晶)

【“一河(湖)一策”编制和实施情况】　2022年，组织开展《青海省省级责任河湖“一河(湖、库)一策”实施方案(2021—2025年)》修编工作，进一步强化水资源保护、水域岸线管控、水污染防治、水环境治理、水生态修复、执法监管、智慧河湖建设及河湖健康评价等河湖长制工作任务。

(钟斌成　李晶晶)

【水资源保护】

1. 水资源刚性约束　2022年，青海省深入贯彻“节水优先、空间均衡、系统治理、两手发力”治水思路和习近平总书记关于治水的重要讲话和指示批示精神，精打细算用好水资源，从严从细管好水资源，把水资源作为最大的刚性约束，严格取用水监管，加强水资源保护，不断提高水资源集约节约安全利用能力和水平。2022年，全省用水总量24.46亿m^3，其中非常规水源利用量0.81亿m^3。万元地区生产总值用水量72.9m^3，万元工业增加值用水量27.2m^3，分别较2020年下降9.7%、11.4%，农田灌溉水有效利用系数达0.506，重要江河湖泊水功能区水质达标率100%，湟水、大通河、格尔木河等6条主要河流控制断面生态流量(水量)达标率为100%。印发《青海省黄河流域地表水可供水量控制指标分配方案的通知》(青政办〔2022〕22号)、《“十四五”用水总量和强度控制指标分解方案的通知》(青水资〔2022〕55号)，分解下达全省黄河流域地表水可供水量控制指标和“十四五”用水总量和强度控制指标。

2. 生态流量监管　实施《青海省湟水流域生态流量实施方案》《青海省格尔木河生态水量(流量)实施方案》，强化重点河流生态流量管理，湟水西宁、民和控制断面生态流量及大通河天堂寺、享堂控制断面生态流量全面达标。印发《关于进一步加强水电站生态基流保障监管工作的通知》(青水资〔2022〕27号)《关于开展水电站生态基流泄放评估工作的通知》(青水资函〔2022〕153号)，健全完善水电站生态基流保障长效监管机制，组织开展生态基流泄放评估并按时报送评估报告。分级建立重点监管名录和监督检查事项清单，将河道生态基流纳入河湖长制目标考核体系。全省需泄放生态基流小

水电站150座，已确定并泄放生态基流150座，达标率为100%。

3. 取水口专项整治　持续推进取用水管理专项整治行动，印发《青海省水利厅关于开展取用水管理专项整治行动“回头看”工作的通知》（青水资函〔2022〕235号），及时组织各地开展“回头看”，并将有关情况按时上报水利部。综合采取会议调度、举办培训班、约谈、印发工作动态、水利工作通报、督办通知等方式抓整改、促提升，整改完成率达87.1%。

4. 水量分配　印发青海省跨市（州）江河水量分配计划名录，选取湟水作为省跨市（州）重点河流水量分配试点，组织编制完成并印发实施《湟水水量分配试点方案》。

5. 节水行动　2022年，青海省深入贯彻落实党中央、国务院关于节水工作的决策部署，坚持“节水优先”治水方针，把“以水而定，量水而行”作为总目标和总要求，以落实国家节水行动作为推动生态文明和高质量发展的重要抓手，充分发挥省级节水管理联席会议制度作用，加强工作统筹和协商，相互协作，同向发力，重点节水行动稳步推进，体制机制改革进一步深化，组织保障和基础能力持续增强。

总量强度双控力度加大，健全省、市（州）、县（市、区）三级行政区域用水总量和用水强度控制指标体系，实施最严格水资源管理制度考核，分解下达“十四五”用水总量和强度控制指标，连续10年全面完成“三条红线”控制目标。加大计划用水管理力度，及时核定下达用水计划，实现各市（州）、省管取用水单位及黄河流域年用水量1万m^3及以上用水单位计划用水管理全覆盖。强化用水定额执行运用，充分发挥其刚性约束作用。全面落实节水评价机制，严格审查把关，坚决抑制不合理用水需求，开展节水评价专章审查307项（4项暂缓通过）。稳步推进县域节水型社会达标建设，截至2022年年底，全省26个县（市、区）通过省级验收，19个县（市、区）被水利部命名为节水型社会建设达标县，分别占全省县级行政区的57.8%、42.2%，超额完成2022年达到30%的目标任务。将节水主要指标纳入市（州）和省直相关单位目标考核，完成2022年度实行最严格水资源管理制度节水部分考核。

农业节水增效加快推进。实施6处中型灌区续建配套与节水改造项目，改善灌溉面积11.26万亩。西宁市大通县北川渠灌区、海西蒙古族藏族自治州德令哈灌区、怀头他拉灌区3个节水型灌区通过水利部复核。建设完成高标准农田21.86万亩，发展高效节水灌溉面积1.14万亩。在全省8个市（州）32个县（市、区）及15个国有农牧场（草业公司）实施化肥农药减量增效行动，形成了一批旱作农业示范典型。建设完成15个千头牦牛、15个藏羊标准化规模养殖基地，全省畜禽粪污资源化利用率达83.2%。新建陆基循环水育苗基地2处，已建或在建陆基养殖基地18处。建成都兰枸杞等4个国家级现代农业产业园和湟中云谷川果蔬产业园、互助高原蔬菜产业园等27个省级现代农业产业园。

工业节水减排持续加强。创建了2个节水型工业园区，5家省级节水型企业，涉及有色冶炼、冶金、无机盐制造、有色金属冶炼等传统高耗水行业。在青海云天化公司、阳光能源公司等企业实施一批废水循环利用节水改造项目。率先在火电行业开展用水定额对标达标，5家火电企业水效均达到通用值，全省规模以上工业企业用水重复利用率达到92.7%。按国家要求，梳理评估青海省沿黄重点地区和各类工业项目，对8个园区及19个不符合取用水规定或手续不全的项目提出整改意见并推动整改，坚决遏制高污染、高耗水、高耗能项目盲目发展。

城镇节水降损持续推进。提请国家相关部委对西宁市创建国家节水型城市工作进行考核评审并命名。督促海东市、格尔木市、德令哈市、茫崖市系统推进城市节水工作，尽快达到国家节水型城市标准。逐步对超过使用年限、材质落后或受损失修的供水管网进行更新改造，抓紧补齐供水管网短板。推进西宁市、海东市开展城市供水管网分区计量管理试点工作。在西宁市试点建设的基础上，指导海西蒙古族藏族自治州格尔木市成功入选“十四五”第二批系统化全域推进海绵城市建设示范城市，3年建设示范期内获中央财政定额补助9亿元，着力打造干旱地区节水、治水、蓄水、保水协同推进示范。创建8家水利行业节水型单位、500家省级节水型单位、101家省级节水型小区和2所节水型高校，1所高校入选水利部首批节水型高校典型案例名单，节水示范引领作用明显。

加强节水开源并进。组织开展地下水超采专项执法行动，共查处非法取用地下水案件4起，罚款11万元，追缴水资源费9.64万元。开展新一轮地下水超采区划定工作，有关成果已通过水利部水利水电规划设计总院审查。将国家分配给青海省“十四五”1.2亿m^3的非常规水源利用量分解下达到各市（州）、各年度，为推进青海省非常规水源利用提供了保证。积极开展典型地区再生水利用配置试点，德令哈市、玉树市被列入试点城市名单，正在按计划开展相关工作。全省非常规水源利用量达0.81亿

m^3，完成 0.58 亿 m^3 的控制指标。

科技创新示范作用明显。研发了新型渗渠取水工艺，开发了水厂级自动化监控系统和县级农村供水信息监管系统，建设完成了 9 处示范工程，覆盖 18 个村、供水人口达 23 万。开展柴达木盆地水循环过程高效利用与生态保护技术、智能型水肥一体化技术集成等研究与示范。开展盐湖矿区水资源综合评价与节水关键技术集成示范研究，建立了盐湖矿区三级水平衡技术体系及适用于青海高寒高海拔、水资源紧缺地区的水资源评价技术。研发了浓缩锂洗脱液反渗透水处理、氢氧化钾生产系统碱水回收和钾肥生产水浴除尘废水回收等新技术。建立"黄河上游生态保护和高质量发展实验室""青海省流域水循环与生态重点实验室"等科技创新平台，为水资源地方标准、精准灌溉、信息化管理等提供技术服务。

6. 全国重要饮用水水源地安全达标保障评估 扎实开展国家重要饮用水水源地安全保障达标建设与评估工作，青海省内 7 个国家重要饮用水水源地均达标，其中 6 个评级为优。每月组织开展对全省 7 个国家重要饮用水水源地水质监测工作，监测分析结果逐月上报水利部。 （党明芬 罗长江）

【水域岸线管理保护】

1. 河湖管理范围划定 截至 2022 年年底，全省河湖管理范围划定 3 728 条（名录内 3 518 条、名录外 210 条），湖泊 245 个（名录内 242 个、名录外 3 个）。合计划定总长度 12.86 万 km。埋设实物界桩 8 万余根。

2. 岸线保护与利用规划 青海省人民政府办公厅制定出台《关于加强河湖水域岸线生态空间管控的意见》（青政办〔2022〕20 号），指导全省水域岸线分区管理、用途管控。严格涉河建设项目审批和河道采砂许可管理，岸线和河道砂石资源保护和开发利用秩序持续好转。

3. 采砂管理 为强化河道采砂管理、规范河道采砂秩序、维护河道防洪安全和生态安全，青海省河湖长制办公室组织各地扎实开展河道非法采砂专项整治，2022 年度依法打击取缔非法采砂问题 15 处，恢复河道原貌，确保了河势稳定、行洪安全、生态安全。

4. "四乱"整治 持续推进河湖"清四乱"常态化规范化，坚持遏增量、清存量，将整治范围向中小河流、乡村河湖延伸，全面排查整治问题。2022 年，全省累计排查整治完成河湖"四乱"问题 124 项，清理涉河湖违规建筑物 2.52 万 m^2，腾退非法占用河道岸线 14.64km，清运建筑生活垃圾 6.34 万 t，河湖面貌持续改善。 （徐得昭 钟斌成）

【水污染防治】

1. 排污口整治 2022 年，完成黄河干流排污口排查工作，同时，完成湟水排污口 61%的整治任务。

2. 城镇生活污染 印发《青海省城乡生活垃圾治理集中排查整治工作指南》（青建城函〔2022〕12 号），指导西宁市、海东市加快推进生活垃圾焚烧发电项目建设，完善"村收集、镇转运、县（市）集中处理"的城乡统筹生活垃圾收运处理体系，推动建立焚烧发电为主导、源头分类减量和转运能力做支撑的生活垃圾治理新模式。会同生态环境厅开展"双随机、一公开"检查，有效推动城镇生活污水治理规范化、系统化。配合省发展和改革委员会争取中央预算内节能减碳专项资金 6 亿元，实施 21 个污水垃圾处理设施及管网项目。实施美丽城镇 10 个，省级补助资金 5 亿元，开展城镇配套管网建设、环境卫生整治和风貌打造等项目，加快补齐基础设施短板。截至 2022 年年底，全省城市、县城建成并投运的生活污水处理厂 51 座，实现污水处理设施全覆盖，设计日处理能力 89.31 万 m^3，城市、县城生活污水处理率达到 95.14%；全省城市、县城建成并投运的生活垃圾处理设施 49 座，均达到无害化处理要求，设计日处理能力 4 112t，城市、县城生活垃圾无害化处理率达到 98.08%。140 个建制镇建成区生活垃圾收运处置能力全覆盖，98 个镇具备污水收集处理能力。

3. 畜禽养殖污染 印发《关于开展禁养区内养殖场"复养"核查工作的通知》（青农牧〔2022〕21 号），坚持畜牧业生产与环境保护协调发展，不断加强畜禽养殖废弃物无害化处理与资源化利用基础设施建设，强化关键技术攻关，加强安全督导，在西宁市大通回族土族自治县、湟源县、海东市乐都区整县实施粪污收集、储存、处理、利用等环节基础设施建设及粪污处理设施设备升级改造，持续提升省畜禽粪污资源化利用水平。同时，在 71 个规模养殖场和 15 个奶农合作社实施粪污资源化利用设施装备提升改造，积极推广"五化"标准，改进粪污收集、储存、处理设施设备和输送管网，构建畜禽粪污综合利用循环体系，形成"养殖→粪肥→种植→养殖"农牧循环发展模式，绿色健康养殖水平不断提高。完成年度畜禽粪污综合利用率 83%的目标任务，全省规模以上养殖场粪污处理设施配套率达到 97%以上，畜禽养殖废弃物资源化利用率和规模养殖场设施配套率显著提高。

4. 水产养殖污染　印发《2022年水产绿色健康养殖五大行动实施方案》（青农渔〔2022〕52号），《2022年养殖渔业“三大安全”检查工作方案的通知》（青农渔〔2022〕59号）等文件，明确了全省水域禁养区、限养区和养殖区空间区划，科学构建渔业生产布局，严格落实沿黄流域网箱养殖容量指标。为黄河流域所有养殖网箱加装粪便、残饵收集系统。所有池塘养殖企业均实行轮养和空塘消毒制度，改造了尾水处理系统，实现了尾水达标排放。通过对省内青海湖、黄河、长江等重点水域生态环境监测，均符合渔业水质标准及地表水Ⅱ类标准。

5. 农业面源污染　印发《2022年度青海省农作物秸秆综合利用实施方案》（青农科〔2022〕149号），投入中央和省级资金1 224万元，在西宁市湟中区、海东市乐都区、互助县、化隆县、循化县、海北州门源县、黄南州尖扎县7个县（市、区）开展秸秆综合利用重点县建设，完成秸秆捡拾、打捆，农作物草谷比、秸秆可收集系数和秸秆还田监测工作，建成秸秆综合利用展示基地，示范展示秸秆利用新技术新成果，围绕秸秆“五化”利用重点领域，积极培育以农作物秸秆资源利用为基础的产业发展，延伸产业链、提升价值链，有效提高了秸秆饲料化利用率，各重点县农作物秸秆综合利用率均达到90%以上。

安排财政补贴资金1 260万元，在西宁市大通回族土族自治县、湟中县等10个县（市、区）回收农田残膜，坚持源头控制，执行“谁供膜谁回收”责任延伸制度，通过实行合同制管理、使用标准农用地膜、示范推广生物降解膜、机械化捡拾、强化回收处置、加大宣传等措施，多渠道多形式统筹推进农田残膜回收工作，回收农田残膜776.154万kg，超额完成146.154万kg，农田残膜回收率达到90%以上，有效遏制了白色污染，保护了耕地生态环境。

探索建立了以“市场主体回收、专业机构处置、公共财政扶持”为模式的农药包装废弃物回收处置体系，压实生产企业、经营单位和使用者责任回收义务。在县、乡镇兽医站、兽药经销站设立338个农兽药废弃包装物回收点，定期回收、集中处置过期农药、疫苗、农兽药废弃包装物等。全省回收各类农药包装物738万个以上，超额完成600万个回收目标任务，集中处置重量约25t，实现回收的包装废弃物无害化处理率100%的目标。

6. 船舶和港口污染防治　青海省交通运输厅紧密结合全省通航水域船舶码头污染防治工作实际，制定《2022年船舶、码头污染防治及塑料污染治理工作方案》（青海事〔2022〕16号），针对船舶码头设计、建造、检验、营运、维修等环节提出具体防治措施和要求，督促各级交通运输主管部门和水运企业全面加强船舶码头污染物收集、储存、转运和接收各环节监管，切实提升船舶码头污染防治治理水平。大力推广污染防治法规知识普及工作。深入基层对海事管理人员及航运企业从业人员进行污染防治法律法规、标准等知识进行培训、宣讲宣传，深入基层进行1次宣讲，各地集中培训26次，通过培训宣讲，形成共抓大保护的社会氛围，提升社会对绿色交通的认知度。采取严格的监管措施，明确要求严禁向水域内排放油污水、舱底水及生活污水，严禁向水域内抛投生活垃圾，所有污染物一律打包上岸，定期进行回收、转运和处置，并对全过程进行记录，实施跟踪管理。并督促各级交通运输主管部门和航运企业在船舶码头按照规定配备警示提醒标志、垃圾告示牌、垃圾桶等设施设备，规范记录垃圾记录簿、油类记录簿等法定文书，并存档备查。全年共产生生活垃圾15 859kg、生活污水66 000L、油污水290L，均由专业公司回收、转运和处置。

结合船舶检验、船舶安全监督、日常检查等工作对船舶码头污染防治设施设备、标志标识、文书资料及各项记录等进行全面督查。监督检查过程中发现各类问题，并下发整改通知书8份，督促涉事企业和单位按期纠正整改，整改完毕后申请复查，确保了全省通航水域不发生船舶码头垃圾、油污污染事故。

在省内各通航水域应急力量薄弱、应急装备匮乏的实际情况下，组建了以“自救互救”方式为主的应急处置体系，每年均督促指导各辖区交通运输主管部门开展形式多样的水上应急演练活动，并将防污应急演练作为其重要组成部分。重点演练油污应急处置的响应、围油栏的设置、油污水域的控制、吸油毡的投放、油污水的回收和处置等科目，全年共组织污染防治应急演练28次，有效提高了防污应急协调作战水平和快速反应能力。

（王有巍　郑文强　段敏　赵振利）

【水环境治理】

1. 饮用水水源规范化建设　持续强化饮用水水源保护。以着力补齐农村水源地保护短板，持续推进乡镇级水源保护区“划、立、治”工作为主线，组织完成西宁市湟源县申中乡纳隆4村等13个乡镇级水源保护区、湟源县大华水库水源保护区、西宁市丹麻寺第五水源集中式饮用水水源保护区划定和调整工作，安排资金1.04亿元支持西宁市实施盘道水库及19处“千吨万人”水源地保护项目。完成县级以上城镇（市）集中式饮用水水源保护区人类活动遥感监测和县级及以上集中式饮用水水源保护区环境状况评估。

2. 黑臭水体治理　2022年5月30日，青海省住房和城乡建设厅会同青海省生态环境厅、发展和改革委员会、水利厅印发《青海省深入打好城市、县城黑臭水体治理攻坚战重点任务及责任清单》（青建城〔2022〕118号），将县城黑臭水体治理纳入攻坚战重点任务，全面开展黑臭水体排查整治，城市、县城建成区未发现黑臭水体及返黑返臭水体。

3. 农村水环境整治　青海省委办公厅、青海省政府办公厅印发《农村人居环境整治提升五年行动实施方案（2021—2025年）的通知》（青办字〔2022〕12号），青海省农业农村厅、乡村振兴局印发《青海省2022年农村人居环境整治提升工作要点的通知》（青农函〔2022〕72号）。在海东市民和回族土族自治县、海北藏族自治州门源回族自治县、玉树藏族自治州曲麻莱3县投资6 000万元实施农村人居环境整治生活垃圾治理项目，推进农村生活垃圾处理体系建设。持续开展“三清一改治七乱”村庄清洁行动，实现全省4 146个行政村全覆盖。西宁市湟源县、河南蒙古族自治县、果洛藏族自治州玛沁县、海东市互助土族自治县、海南藏族自治州共和县、海北藏族自治州门源回族自治县6个县被中共中央农村工作领导小组办公室、农业农村部评为全国村庄清洁行动先进县。制定印发《青海省农村生态环境保护“十四五”规划》（青生发〔2022〕121号），《青海省农业农村污染治理攻坚战实施方案（2021—2025年）》（青生发〔2022〕182号），推进重点工作任务落实，持续推进农村生活污水治理项目实施，安排省级农村生活污水治理资金1亿元，支持农村生活污水治理项目31个。

（王有巍　郑文强）

【水生态修复】

1. 退田还湖还湿　《中华人民共和国湿地保护法》施行后，及时出台了《青海省重要湿地占用管理办法（试行）》（青林湿〔2022〕692号），2022年审核湿地占用项目53件，并对2022年国家林业和草原局卫星像片图判读发现的19处疑似问题进行了核实，核实率达到100%。在依法保护湿地资源的同时，保障了重大工程项目的顺利实施。2022年落实湿地保护项目资金8 405万元，开展湿地生态效益补偿、湿地保护与恢复、小微湿地等项目共33处，进一步提高了湿地生态系统质量，保护和恢复物种栖息地，扩大湿地野生动植物生存，提升生物多样性保护能力。完成了2022年度森林、草原、湿地综合监测，确定青海省的416个湿地样地的综合调查和图斑遥感判读工作。开展了2022年度木里哆嗦贡玛矿区种草复绿“三补”、莫纳措日湖湿地修复工作，完成木里矿区湿地修复面积9 935.42亩，湿地保护面积172.9万亩。全面完成木里矿区湿地监测和玛多“5·22”地震灾后生态修复和湿地监测工作。

2. 生物多样性保护　召开2022年长江禁捕工作部署会、部门联席会，出台长江禁捕重点工作任务、重点水域联合交叉执法行动等方案，巩固长江禁渔“四有”“五包”“六查”“七进”长效管理机制，开展“渔政亮剑”“清风”等专项行动，累计联合执法124次，青海省长江流域未发生非法捕捞、销售案件。设立长江流域视频监控点32处，基本实现网格化管理和重点水域监控全覆盖。永久禁止三江源区域放生外来鱼类，继续实施增殖放流，2022年放流长江土著鱼10万尾，已累计放流75万尾。启动川陕哲罗鲑种群栖息地重建项目，弥补了青海省长江流域缺失物种。长江源特有鱼类小头裸裂尻鱼人工繁育取得技术突破，已培育1 400余尾苗种，生长状况良好。

3. 生态补偿机制建立　根据中共中央办公厅、国务院办公厅印发的《关于深化生态保护补偿制度改革的意见》（中办发〔2021〕50号），并结合青海省省情，青海省委、省政府印发了《青海省深化生态保护补偿制度改革的实施意见》（青办发〔2022〕29号），坚持“系统推进、政策发力，政府主导、各方参与，权责清晰、硬化约束”的原则，构建以分类补偿为基础，综合补偿、多元补偿为目标的生态保护补偿长效机制，加快健全有效市场和有为政府更好结合、分类补偿与综合补偿统筹兼顾、纵向补偿与横向补偿协调推进、强化激励与硬化约束协同发力的生态保护补偿制度，推动全社会形成尊重自然、顺应自然、保护自然的思想共识和行动自觉，为打造青海省生态文明高地、筑牢国家重要生态安全屏障提供坚实有力的制度保障。2022年，青海省财政厅积极争取中央重点生态功能区转移支付资金50.88亿元，较2021年增加9.3%，按照重点生态功能区面积常住人口等因素，将资金及时分配至各市（州）、县（区），由各地区统筹用于森林、草原、湿地等领域，开展生态环境保护及建设工作，保障和改善民生，促进基本公共服务均等化。

4. 生态清洁型小流域建设　2022年共安排2项生态清洁型小流域，计划投资2 700万元，治理水

土流失面积 20km²。截至 2022 年年底，已全部完工。通过实施生态清洁小流域建设，有效改善区域生态和水环境、增强水源涵养能力、减少面源污染、提高土地生产力、促进农业产业结构调整，同时还能发展休闲观光农业和乡村旅游业、助力乡村振兴和社会经济发展，切实增强人民群众幸福感、安全感、满足感。

5. 水土流失治理　2022 年共实施水土保持项目 51 项（小流域综合治理 28 项，坡耕地综合整治 5 项，淤地坝除险加固 14 项，新建淤地坝 4 项），工程总投资 3.41 亿元。截至 2022 年年底，完成治理水土流失面积 486.34km²，为年度计划治理水土流失面积目标值的 162.11%。水土保持重点工程建设呈现出全面发展、协调推进、效益彰显的新态势，水土保持发展进入“快车道”，生态、经济、社会三大效益愈发凸显，对促进重点治理区当地农业增产、农民增收和农村经济发展发挥了重要作用。

（段敏　徐金良　李海川　段荣薇）

【执法监管】

1. 河湖日常监管　聚焦河湖“四乱”、非法采砂、妨碍河道行洪突出问题，与统筹督查、汛前检查、“双随机、一公开”检查结合起来，开展河湖管理督导检查。对发现的重点问题建立台账，逐项明确责任、整改措施和完成时限，督促问题整改。市（州）、县、乡、村河湖长和河湖管护员常态化开展巡查管护，实现河湖监管全覆盖、无死角。

2. 联合执法　依法强化河湖长制，结合统筹监督、汛前检查、“双随机、一公开”监督检查工作，严厉打击涉河湖违法违规行为。青海省全面推行河湖长制工作领导小组各成员单位担当履职，密切配合，相互支持，协调解决河湖管理保护中的重点难点问题，加强对地方全面推行河湖长制工作的指导和督查力度。

（吉定刚　徐得昭　李志远）

【水文化建设】　青海省因地制宜，突出高原山水特色，深入挖掘高原文化、源头文化、民族文化蕴含的历史价值和时代价值。在水利风景区建设中充分融入河湟文化、热贡文化、禹王传说、喇家遗址、三江源水文化等当地历史文化遗存，提升水利风景区的文化承载力和文化品位。多方联动，联合旅游等相关部门及新闻媒体推介水利风景区。充分利用“大江、大河、百库、千湖”的水利风景资源，累计建成水利风景区 18 家，其中国家级水利风景区 13 家，省级水利风景区 5 家。

（张福胜）

【智慧水利建设】

1. “水利一张图”　青海省水利信息化资源整合共享工程（二期）项目在现有“一张图”的基础上，整合青海水利自有数据资源，包括农村小水电、水土保持监测站、供（取）水量监测点、地下水监测站、河湖管理范围、水利工程管理和保护范围、岸线功能分区、采砂分区、水利管理单位等水利对象数据，完善“水利一张图”。同时，实现行业内外数据接入，行业内接入长江水利委员会青海省范围内的数据资源目录和共享数据，包括基础数据、监测数据和跨行业共享数据，行业外接入青海省应急管理厅地震预警发布数据。

2. 河长 App　持续优化完善青海省河长制湖长制综合管理信息平台，实现河湖综合管理信息展示、巡河日志和影像资料、工作数据上传、河湖长通 App 巡河等功能，为统筹协调全省河湖管理保护工作提供了数据支撑。2022 年，全省河湖长及河湖管护员使用河湖长通 App 累计巡河达 14.9 万人次，累计巡河里程达 78.5 万 km。

3. 数字孪生　青海水利厅召开厅党组会、厅长办公会专题研究、积极部署湟水数字孪生流域建设工作，分管负责同志指导推动落实，协同推进数字孪生流域建设先行先试工作落实落地。厅领导组织机关部门和厅属单位，自湟水源头顺流而下，系统踏勘了干支流重要水文测站、水库（水电站）、堤防、水闸、洪水淹没区及影响区等。成立湟水数字孪生流域试点建设工作专班，协同工作机制，合力推动落实。严格按照水利部工作时间节点要求，组织召开专家咨询和内部审查，按时向水利部和黄委上报《青海省湟水数字孪生流域建设先行先试实施方案》。同时，《数字孪生湟水试点建设可行性研究、初步设计报告前期工作任务书》已通过专家审查，经青海省发展和改革委员会核准，可行性研究报告编制基本完成。进一步提升“四预”水平。一是预报。基于地面雷达回波数据和气象部门共享数据，实现未来 3 天、7 天和 10 天的全流域降雨预报。以“点 线 面”的预报模式实现全流域各个重要环节的精准化预报。二是预警。掌握水雨情、灾情等现状及可能发生的态势变化，根据制定的风险阈值和指标进行预警，及时采取应急处置措施，提前做好防灾避险准备。三是预演。基于洪水预报成果，结合防汛形势，开展湟水流域水库、分洪口等水工程联合调度及多目标优化调度计算，实现预报调度一体化应用。四是预案。当未来发生与本次过程相似的洪水情况时，可直接通过相似度匹配等技术推荐相似方案，提高未来洪水灾害事件的防御决策效率。

（张福胜　文生仓　陈玉梅　贺晓宇）

| 宁夏回族自治区 |

【河湖概况】

1. 河湖数量　宁夏回族自治区（简称“宁夏”）境内有黄河、清水河、典农河、泾河、葫芦河、苦水河等主要河流，流域面积 50km² 及以上河流（含排水沟）406 条（全国第一次水普数据），总长度 10 120km。其中，流域面积 100km² 及以上河流 165 条，总长度 6 482km；流域面积 1 000km² 及以上河流 22 条，总长度 2 226km；流域面积 10 000km² 及以上河流 2 条，黄河长度 397km，清水河长度 320km。境内湖泊湿地主要分布在黄河、清水河流域，常年水面面积 1km² 及以上的 23 个，总面积约 109km²；1km² 以下的 200 余个。全自治区纳入河湖长制管理的河流、湖泊共 997 个。（王学明）

2. 水量　2022 年，黄河干流宁夏段入境实测年径流量 294.10 亿 m³，出境实测年径流量 248.5 亿 m³，进出境水量差 45.60 亿 m³。自治区水利厅根据国家分配宁夏的取水指标，从黄河及其主要支流取水总量 68.6 亿 m³，其中湖泊湿地生态补水指标 6.02 亿 m³。经宁夏回族自治区人民政府专题会议研究同意，2022 年 4 月 29 日，自治区水利厅联合发改委、财政厅印发了《关于免收 2022 年生态补水水费的通知》，明确了补水对象、计量监测、用途管制、水费政策等。自治区水利厅采取优化水量调度、严控补水用途、加强督导检查、及时掌握补水动态、拓展补水通道等措施，全力保障河湖湿地生态用水需求。2022 年全自治区累计向湖泊湿地生态补水 3.74 亿 m³。（童钰芳　陈丹　辛黎东）

3. 水质　2022 年，黄河干流宁夏段 6 个国控断面均为Ⅱ类水质。自 2017 年全面推行河湖长制以来，黄河干流宁夏段连续六年实现“Ⅱ类进Ⅱ类出”，与上年同期相比，6 个断面水质均无明显变化。“十四五”地表水国家考核的 20 个断面水质同比总体稳定，Ⅲ类及以上水质优良比例为 90.0%，无劣Ⅴ类水质，水质优良比例达到国家考核目标要求且高出国家考核目标 10 个百分点。（赵倩）

4. 新开工水利工程　2022 年，涉及河湖投资 11.64 亿元，开展了中小河流治理、水系连通及农村水系综合整治、水土保持及生态修复工程、水资源节约与保护等项目。治理黄河主要支流清水河和苦水河 33.4km、200～3 000km² 中小河流 51km、山洪沟道 13km，不断筑牢区域防汛安全防线。通过 PPP 等模式引入社会资本投资，大力实施清水河、典农河、葫芦河等重点河流综合治理与生态修复，助力全自治区河湖水生态环境持续好转，清水河、苦水河等重点河湖生态流量保障程度达 100%。推进河湖水系连通、水美乡村试点等重点项目建设，泾源县水系连通和水美乡村建设试点获得全国优秀等次，沙坡头区全国水系连通及水美乡村试点项目建成并发挥效益，中宁县成功获批 2023—2024 年水系连通及水美乡村建设县。大力推进小流域综合治理、坡改梯、淤地坝建设等水土保持重点工程，新增治理水土流失面积 985km²，水土保持率达到 76.9%。（韩梅）

【重大活动】　2022 年 3 月 15 日，自治区政府副主席、自治区河湖长制工作联席会议召集人王道席主持召开 2022 年自治区河湖长制工作第 1 次联席会议，自治区河长制责任部门主要负责同志参加。

2022 年 5 月 3 日，自治区党委书记、人大常委会主任、自治区总河长梁言顺在吴忠市利通区调研黄河宁夏段生态保护和治理情况。

2022 年 6 月 1 日，自治区党委副书记、自治区主席、自治区副总河长张雨浦出席并宣布“黄河流域生态保护主题宣传实践月活动”启动暨黄河支流典农河水质改造项目开工。自治区党委常委、宣传部部长李金科、自治区副主席刘可为出席。

2022 年 6 月 29 日，自治区党委书记、人大常委会主任、自治区总河长梁言顺调研贺兰山生态保护、防洪治理和文旅产业发展情况。

2022 年 8 月 17 日，自治区党委书记、人大常委会主任、自治区总河长梁言顺率自治区人大常委会第一执法检查组对《自治区水资源管理条例》实施情况开展执法检查。

2022 年 8 月 19 日，自治区党委书记、人大常委会主任、自治区总河长梁言顺主持召开自治区总河长第 6 次会议，自治区副总河长、政府主席张雨浦及自治区有关领导出席会议，自治区河长制责任部门主要负责同志及各市、县（区）总河长参加会议。

2022 年 9 月 16 日，自治区党委书记、人大常委会主任、自治区总河长梁言顺对贺兰山自然保护区全线巡查调研。（王斌）

【重要文件】　2022 年 4 月 26 日，自治区全面推行河长制办公室印发《关于深入开展妨碍河道行洪突出问题专项整治工作的决定》（自治区总河长 3 号令）。

2022年5月11日，自治区全面推行河长制办公室印发《宁夏回族自治区全面推行河长制办公室工作规则》（宁河长办发〔2022〕7号）。

2022年5月12日，自治区全面推行河长制办公室印发《宁夏回族自治区河湖长公示牌设置补充规定》（宁河长办发〔2022〕8号）。

2022年5月29日，自治区全面推行河长制办公室印发《自治区河湖长制2022年工作要点》（宁河长办发〔2022〕9号）。

2022年8月29日，自治区全面推行河长制办公室印发《宁夏回族自治区河湖管护群众监督有奖举报实施办法（试行）》《宁夏回族自治区全面推行河长制重点工作月通报制度》（宁河长办发〔2022〕14号）。

2022年11月3日，自治区生态环境厅、水利厅等12部门印发《黄河（宁夏段）生态保护治理攻坚战行动实施方案》《河湖生态保护治理行动实施方案》《减污降碳协同增效行动实施方案》《补齐城镇环境治理设施短板行动实施方案》《农业农村环境治理行动实施方案》《生态保护修复行动实施方案》（宁环发〔2022〕75号）。（王斌）

【地方政策法规】　2022年7月4日，自治区水利厅印发《宁夏回族自治区非常规水源开发利用管理办法（试行）》（宁水规发〔2022〕2号）；自治区水利厅、财政厅印发《宁夏回族自治区节约用水奖补办法》（宁水节供发〔2022〕17号）。

2022年7月5日，自治区水利厅印发《宁夏回族自治区河道管理范围内建设项目管理办法（试行）》（宁水规发〔2022〕3号）。

2022年9月8日，自治区生态环境厅、农业农村厅印发《宁夏回族自治区畜禽养殖污染防治管理办法》（宁环发〔2022〕64号）。（王丽）

【河湖长制体制机制建立运行情况】　坚持高位推动凝聚合力。自治区级河长巡查调研黄河及重点河湖17人次，多次在河湖长制工作通报上作出批示，先后6次召开自治区党委常委会议、政府常务会议、总河长会议、河湖长制工作联席会议等，部署河湖长制重点工作。发布自治区总河长3号令《关于开展全区妨碍河道行洪突出问题专项整治工作的决定》，对妨碍河道行洪问题排查整治专项行动再安排、再部署，高位推动，确保整治工作扎实有效。

健全完善体制机制。制定印发《宁夏回族自治区全面推行河长制办公室工作规则》（宁水河长办发〔2022〕7号），进一步明确河长办履职要求、规范履职行为；深入落实乡村级河湖长工作机制，坚持推行"巡河＋环境保洁"管护模式，打通河湖管护"最后一公里"。出台《宁夏回族自治区河湖长制重点工作月通报制度》《宁夏回族自治区河湖管护群众监督有奖举报实施办法》（宁水河长办发〔2022〕14号），《宁夏回族自治区河湖长公示牌设置补充规定》（宁水河长办发〔2022〕8号），进一步完善河湖长制制度体系。

压紧压实河湖长责任。全自治区4 330名河湖长"既挂帅又出征"，自治区级河长主动担当、带头履职，全年巡河暗访督导17人次，市级河湖长巡查河湖328人次，县级河湖长巡查河湖6 037人次，乡、村级河湖长及保洁员巡查31万余人次，切实解决了一批河湖管理保护突出问题。

深化落实"1＋N"监督机制。充分发挥河长办、检察机关、公安机关、督查机关职能优势，实现业务监督、行政执法、刑事司法、检察监督有机衔接，全面提升河湖管理法制化水平。开展现场督导9次、暗访检查3次、"自治区河长办＋检察院＋公安厅联合督查"1次、"政府督查室＋自治区河长办联合督查"1次，下发督办交办单10份，约谈1次，推动重点任务落实到位。按照自治区领导批示要求，及时调整月通报内容，点实问题、压实责任，对重点断面水质、河湖长巡河、各责任部门涉河湖重点工作完成情况逐月通报，印发《月通报》12期，有力解决了一批河湖长制问题"硬骨头"，河湖"四乱"问题实现动态清零。（王斌）

【河湖健康评价开展情况】　根据水利部办公厅印发的《关于开展河湖健康评价建立河湖健康档案工作的通知》（办河湖〔2022〕324号）要求，自治区河长办组织开展河湖健康评价，对自治区河湖保护名录内的河湖健康评价作出安排部署，要求"十四五"期间全面完成。自治区本级完成了黄河、清水河、典农河河湖健康评价，启动实施清水河固原市原州区、中卫市海原县、吴忠市同心县、中宁县段综合治理和苦水河同心县段综合治理。青铜峡罗家河、沙坡头区第四排水沟建成自治区示范河湖、美丽河湖。截至2022年年底，全自治区完成48条河流河湖健康评价，建立健全河湖健康档案，多方面、多层次为河湖健康问诊把脉，为保障河湖治理奠定基础。（刘晓龙）

【"一河（湖）一策"编制和实施情况】　2022年，自治区级完成葫芦河、泾河等重点河流"一河一策"修编完善，各市、县（区）累计编制"一河（湖）一策"方案河湖数量达到452条。依据河湖长制工作进展和任务变化，对已实施“一河（湖）一策”方案进行阶段性后评估，并对方案目标进行阶段性验收，及时发现和协调处理实施过程中的问题，进一步为下阶段任务落实提出优化解决方案和政策法规建议。按照“一河（湖）一策”方案实施周期动态开展新一轮“一河（湖）一策”方案编制工作。

（刘晓龙）

【水资源保护】

1. 水资源刚性约束　2022年，自治区全方位贯彻“四水四定”，不断健全水资源刚性约束体系。完善顶层设计，制定出台用水权管控指标、地下水管控指标，印发水资源节约集约利用、节约用水奖补、河湖复苏等20余项管理办法和实施方案，建立总量控制、空间均衡、行业统筹的管控体系。修订最严格水资源管理考核办法，完善考核内容，将非常规水利用、水行政执法纳入年度考核，压实各市、县（区）“四水四定”属地责任。强化总量管控，制定年度水量分配及调度计划、水量调度方案，全口径配置黄河干、支流引水及地下水、非常规水等各类水资源，严格落实旬月计划和调度通报制度，自治区2022年取水总量66.33亿 m^3，较2021年度减少1.8亿 m^3。严格许可管理，强化水资源论证和节水评价，督导全自治区80%工业园区完成规划水资源论证，推进26个中型灌区完善取水手续，严格高耗水项目用水审批，严控水资源超载地区新增取水许可。

（陈丹）

2. 节水行动　2022年，自治区深入实施节水控水行动，推进水资源节约集约利用，印发了《宁夏深度节水控水行动实施方案》（宁水节供发〔2022〕9号）、《宁夏“十四五”建立健全节水制度政策实施方案》（宁水节供发〔2022〕16号）、《宁夏节水型社会建设“十四五”规划分工方案》（宁水节供发〔2021〕8号）、《宁夏水资源节约集约利用实施方案》（宁水节供发〔2022〕24号），建立了深度节水控水任务清单。组织22个厅局召开了宁夏回族自治区节约用水行动厅际联席会议，部署深度节水控水工作，协调推进水资源节约集约利用。自治区水利厅会同自治区发展改革委员会等9部门制订印发了《2022年全区节约用水工作要点》，明确了各行各业节水年度“任务书”；会同自治区工业信息化厅、教育厅、机关事务管理局等部门共同推进节水型载体达标建设，截至2022年年底，自治区重点用水行业规模以上节水型企业达到90.4%，自治区级节水型机关达到90.4%、节水型高校达到40%，13个县（区）建成“全国节水型社会建设达标县（区）”；会同自治区文明办、民政厅、团委、妇联等10个部门联合举办《公民节约用水行为规范》宣传活动，全年在各类媒体发布节水宣传报道88篇。印发《宁夏非常规水源开发利用管理办法》（宁水规发〔2022〕2号）、《宁夏节约用水奖补办法》（宁水节供发〔2022〕17号），实行非常规水源利用配额制，激发各地区、各行业、各领域节水内生动力。2022年，全自治区取水总量66.33亿 m^3，控制在国家下达指标以内；万元地区生产总值用水量150.9 m^3、万元工业增加值用水量29.2 m^3，分别较2020年下降15.2%、12.2%，以有限水资源保障了高质量发展水安全。

（张博容）

3. 生态流量监管　自治区水利厅强化重要河湖生态流量保障，大力推进“十四五”时期河湖复苏，制定清水河、苦水河、沙湖、星海湖生态流量保障实施方案，科学确定重点河湖生态流量保障目标，实施清水河、苦水河生态流量监管情况监督检查，督导沿河县（区）制定调度方案，在入黄及省界重要断面开展河湖生态流量监测，生态流量满足程度达到100%。科学实施生态补水，将生态补水和生态流量纳入自治区水量调度方案，定期通报河流生态流量保障情况及沿黄河湖湿地生态补水情况，全年生态补水量达3.74亿 m^3，阅海、沙湖等湖泊生态系统有效改善、水质稳定向好。强化生态流量工程调度，确定第一批开展水资源调度河流和29处重大调水工程名录，统筹生活、生产、生态用水，以沈家河等4座中型水库为控制性工程，探索清水河流域干支流水库联合调度，保障断面生态流量。

（陈丹）

4. 全国重要饮用水水源地安全达标保障评估　2022年，全自治区13处地级城市集中式饮用水水源取水量保证率为91.7%、水源达标率为91.7%、水量达标率为91.7%，取水保证状况评估得分9.17分（满分10分），其中地下水型水源地水源达标率、水量达标率均为88.9%、88.9%，地表水（水库）型水源地水源达标率、水量达标率均为100%；水源标志设置完成率为100%，一级保护区隔离防护完成率为100%，保护区划定完成率为100%，一级保护区整治率为97.4%，二级保护区整治率为100%。全自治区饮用水水源地监测指标及监测频次完成率均为100%。

（赵倩　陈丹）

5. 取水口专项整治　2022年，自治区水利厅全面完成取用水专项整治“回头看”，印发《取用水专项整治行动“回头看”实施方案》，重点围绕取水口核查登记、问题认定整改、健全监管机制，组织市、县（区）进一步梳理排查已有取用水工程，调整补

录取水项目600项。截至2022年年底，自治区累计整改完成取水项目 10 638 项，整改完成率95.8%。通过取用水管理专项整治行动“回头看”，进一步理清取水口现状，依法规范取用水行为，压实水资源管理责任，遏制不合理用水需求，强化水资源刚性约束，取用水户依法用水意识明显增强。（陈丹）

6. 水量分配　2022年，为深入贯彻黄河流域生态保护和高质量发展国家战略，强化水资源最大刚性约束，以水资源节约集约利用保障全自治区各地、各业用水安全，宁夏水利厅根据《水利部关于批准下达2021年7月至2022年6月黄河可供耗水量分配及非汛期水量调度计划的通知》（水调管〔2021〕348号）和《黄委关于印发2021—2022年度黄河生态调度方案的通知》（黄水调〔2021〕303号），结合《宁夏“十四五”用水权管控指标方案》，制定了《2022年宁夏水量分配及调度计划》。确定2022年全自治区取水总量控制在76.02亿m^3以内，其中黄河水66.94亿m^3、当地地表水1.63亿m^3、地下水6.38m^3、非常规水1.08亿m^3。2022年全自治区实际取水总量66.33亿m^3，其中黄河水58.97亿m^3、地表水源1.10亿m^3、地下水源4.82亿m^3、非常规水1.43亿m^3。（辛黎东　陈丹）

【水域岸线管理保护】

1. 河湖管理范围划界　2022年，对全国第一次水普名录内河流管理范围划定成果进行复核，其中，规模以上河流22条，长度 2 202km，规模以下河流364条，长度 7 222km。完成水普名录外622条河流管理范围划定，长度 3 591km。各市县按照《宁夏河湖界桩制作与安装标准》，河湖管理范围界桩设立达到90%，切实明晰了河湖管理边界。开展了河流管理范围线、界桩点、岸线利用规划及采砂规划矢量数据“水利一张图”上图管理，提高了河湖管理保护规范化、信息化水平。

2. 岸线保护与利用规划编制　自治区明确河湖水域岸线保护与利用规划由县级以上人民政府水行政主管部门编制，征求同级有关部门意见后，报本级人民政府批准。规划一经批准，必须严格执行。经批准的规划需要修改时，必须按照规划编制程序经原批准机关批准。2022年，随着岸线保护与利用规划编制工作推进，累计编制岸线保护与利用规划的河道共计188条。

3. 采砂管理　2022年，编制采砂规划的河道共计63条，其中石嘴山市市本级4条，惠农区5条、大武口区6条，吴忠市红寺堡区12条、青铜峡市1条、同心县8条，中卫市沙坡头区16条，固原市原州区2条、彭阳县3条、西吉县2条、隆德县4条。根据水利部办公厅《关于开展全国河道非法采砂专项整治行动的通知》（办河湖〔2021〕252号），自治区坚持“对有采砂管理任务的河湖，持续深入开展非法采砂专项整治，坚持以打击为先、以防控为基、以监管为重、以立质为本、以明责为要”，明确要求全自治区范围内有采砂需求的河道必须编制采砂规划，采砂规划编制完成后必须报请本级人民政府批复实施，批复后的规划范围矢量数据必须上传河长制信息平台备案，采砂范围、深度、开采期、禁采区、修复方案等相关活动必须严格遵守采砂规划并报水利部门审批，水利部门加强许可采砂现场监管（对已经超过规划期限的河湖采砂规划进行复核修编再批复），对监管不力的必须问责。固原市西吉县率先颁发第一本采砂电子证照。（刘晓龙）

4. “四乱”整治　2022年，持续推动“清四乱”常态化规范化，推进河湖“清四乱”向中小河流、农村河湖延伸。自治区总河长签发第3号总河长令，安排部署全自治区妨碍河道行洪突出问题专项整治。全力整改水利部“清四乱”进驻式暗访检查反馈问题，自治区领导先后多次作出指示批示，要求严肃认真进行整改。自治区河长办（水利厅）全程盯办，充分发挥“三长”机制优势，采用现场督查、暗访检查、督办通报、约谈提醒等方式，新排查的河湖“四乱”问题100%完成整改，河湖“四乱”问题实现动态清零；依法整治河道内阻水建筑物、片林等10类突出问题，49个自治区内妨碍河道行洪突出问题全部销号，切实消除行洪安全隐患。（徐浩）

【水污染防治】

1. 排污口整治　2022年，自治区生态环境厅印发《关于进一步推进黄河流域宁夏段入河排污口排查整治专项行动工作的通知》（宁环办函〔2022〕103号），组织银川市、石嘴山市、吴忠市、中卫市按照“有口皆测”的原则，对生态环境部交办任务清单中 2 084 个排污口进行监测及初步溯源分类。组织编制《宁夏回族自治区加强入河（湖、沟）排污口监督管理工作方案》，并提请自治区人民政府印发，明确了2023—2025年全自治区黄河干流、重要支流、重点湖泊、主要排水沟排污口的补充排查、监测溯源和分类整治的目标任务。

2. 工矿企业污染防治　2022年，持续推进工业污染防治，加快推进工业园区污水处理厂建设，工业园区实现污水全部集中收集处理，建成平罗工业园区污水处理厂和宁东鸳鸯湖污水处理厂。开展涉水特征污染物专项治理行动，自治区安排中央水污染资金 1 010 万元支持石嘴山市开展平罗县工业园区精细化工产业园废水综合毒性管控试点项目，进一步提高工业园区涉水企业精细化管理水平。针对石嘴山市第三排水沟水质异常、石嘴山市第一污水处理厂、平罗县第一、第二污水处理厂不能稳定达标排放、都思兔河个别月份水质异常等环境问题，邀请相关部门和专家先后 7 次赴石嘴山市、平罗县服务指导水污染问题，确保地表水水质达到国家考核标准。 （顾伟）

3. 城镇生活污染防治　2022 年，宁夏回族自治区持续推动城镇生活污水处理提质增效，实施污水处理厂提标改造，补齐老城区、城中村、城乡接合部等污水管网短板，现有排水管网近 4 400km，建成并投入运行的城镇生活污水处理厂 35 座，全部实现一级 A 排放标准，城镇生活污水处理率达 98%以上。同时，聚焦国家污染防治攻坚战考核目标任务，围绕进水生化需氧量（BOD）浓度较低的城市生活污水处理厂，开展“一厂一策”系统化整治，进水浓度高于 100mg/L 的城市生活污水处理厂规模占比达 80%以上。深化生活垃圾污染防治，将生活垃圾治理纳入《宁夏回族自治区固体废物污染环境防治条例》，出台《宁夏城市生活垃圾分类处理奖补资金管理办法》（宁财〔建〕发〔2022〕171 号），制定《关于加强全区环卫行业硫化氢中毒和窒息等事故防范工作的通知》（宁建〔督〕发〔2022〕11 号），深化银川市永宁县闽宁镇生活垃圾分类交流协作机制，多层次多领域开展垃圾源头减量行动，持续推进末端设施建设，全自治区运行城市生活垃圾填埋场 14 个、垃圾焚烧发电厂 4 座、厨余垃圾处理厂 7 家、垃圾转运站 438 座，无害化处理能力达 7 400t/d，城市生活垃圾无害化处理率达到 100%。 （马沛贤）

4. 畜禽养殖污染防治　2022 年以来，宁夏深入贯彻落实中央关于加快推进畜禽养殖废弃物资源化利用部署要求，以实施乡村振兴战略为总抓手，认真践行绿色发展理念，制定《自治区畜禽养殖污染防治“十四五”规划》《自治区畜禽养殖污染防治管理办法》（宁环发〔2022〕64 号）等文件，着力推进畜禽粪污资源化利用。规范畜禽粪污处理，投资 2 000 万元，支持 5 个畜禽养殖集中县（区）建设粪污集中处理中心 6 个，促进中小型养殖户粪污集中收集、统一处理；创新落实农机购置补贴政策，清粪机、固液分离机、沼液沼渣抽排等粪污处理设备补贴标准在国家补贴的基础上再累加提高 10%；创建国家和自治区级畜禽养殖标准化示范场 61 个，大力推广营养调控、精准饲喂、清洁养殖等绿色健康养殖技术 30 余项，有效降低养殖污染物排放；按照“一场一策一方案”进行指导服务，规模养殖场全部建立了粪污利用台账，西吉县“牛粪银行”技术模式入选全国 20 项典型案例。截至 2022 年年底，宁夏全自治区范围内畜禽粪污综合利用率达到 90%以上，规模养殖场粪污处理设施装备配套率达到 95%以上，大型规模养殖场粪污处理设施装备配套率提前达到 100%，全面完成了国务院制定的目标任务。

5. 水产养殖污染防治　2022 年，严格落实河湖长制工作职责，加强农村河湖水域生态环境管理。加快推进渔业结构优化调整，推进常规品种提质增效，名优品种扩量增收，全自治区水产品产量和产值同比分别增长 2.7%和 6.4%；优化养殖空间布局，科学划定禁止养殖区 5.1 万 hm^2，限制养殖区 1 万 hm^2，养殖区 2.4 万 hm^2，积极利用稻田、盐碱地、温棚等宜渔资源，稳定和拓展养殖空间；持续实施鱼类资源增殖放流，落实黄河禁渔期制度，在黄河宁夏段及其附属水域开展禁渔，结合专项执法行动，严厉打击“电毒炸鱼”及使用违规渔具等非法捕捞行为。推进水产生态健康养殖，因地制宜推广池塘底排污、“三池两坝”、人工潜流湿地等尾水治理技术，综合治理水产养殖尾水。加快推进生态渔业发展，合理开发利用宜渔资源，发展大水面生态养殖，因地制宜推广“陆基设施养殖＋稻渔综合种养”，示范推广鱼菜生态种养，实现养殖全程不换水、不施药、尾水零排放和“一地双收、一水两用”。

6. 农业面源污染防治　研究制定了《2022 年全区农作物秸秆综合利用实施方案》《2022 年宁夏农作物秸秆综合利用重点县项目实施方案》《关于进一步加强农用塑料制品污染治理的通知》（宁农（科）发〔2022〕3 号），《关于印发〈2022 年全区农用残膜回收利用项目与农田地膜残留监测方案〉的通知》等指导性文件，统筹做好顶层设计和技术指导。积极推广现代农业高效节水技术，组织实施化肥农药零增长、畜禽粪污、秸秆和残膜综合利用 5 项行动，扎实推进农业面源污染防治工作。2022 年，全自治区主要粮食作物测土配方施肥技术覆盖率达 90.8%，化肥利用率达到 41%，全自治区主要农作物病虫害专业化统防统治覆盖率和绿色防控覆盖率分别达到 45%和 47%，主要农作物农药利用率达到 41.5%；规模养殖场粪污处理设施装备配套率达到 99.8%，畜禽粪污综合利用率达到 98.7%；渔业尾水实现达标排放或零排放循环利用；农作物秸秆综合利用率达到 89%以上，农用残膜回收率达到 87%以上，农药包装废弃物回收率达到 80%以上，无害化处置率达到 100%；全自治区农村卫生厕所普及率达到 64.9%。 （王丽）

【水环境治理】

1. 饮用水水源规范化建设　2022 年，持续深入开展全自治区集中式饮用水水源地环境保护专项行动，依法清理饮用水水源保护区内违法建设项目。安排专项资金 2 738 万元用于支持石嘴山市第三水源地环境保护与修复。完成中卫市河北地区城乡供水工程饮用水水源地保护区划定和沙坡头区城市饮用水水源地保护区调整。在全自治区水源地保护区划定的基础上，规范制作全自治区各级饮用水水源地保护区矢量图，构建全自治区饮用水水源保护区“一张图”。开展县级及以上城市集中式饮用水水源环境状况评估工作，实施不达标水源地专项治理行动，动态更新城市集中式饮用水水源地名录。国家考核的城市集中式饮用水水源地 17 个，剔除地质本底超标因素后水质达到或优于Ⅲ类标准的比例为 100%。（李淑娟）

2. 黑臭水体整治　宁夏回族自治区持续巩固地级城市黑臭水体整治成果，制定印发《全区深入打好城市黑臭水体治理攻坚战实施方案》（宁建发〔2022〕34 号），全面开展县级城市黑臭水体整治。自治区住房和城乡建设厅等 4 部门联合下发《关于开展城市黑臭水体再排查治理工作的通知》（宁建发〔2022〕62 号），深入开展黑臭水体再排查治理和排查认定专项行动，督促指导全自治区 7 个城市再次组织人员力量，对城市建成区所有水体进行排查识别。2022 年，自治区生态环境厅联合住房和城乡建设厅，组织相关专家、环境执法人员对全自治区 4 个地级城市建成区已完成治理的 13 条黑臭水体和 2 个县级城市（灵武市、青铜峡市）建成区黑臭水体排查认定情况开展专项检查，未发现新增黑臭水体，确定灵武市、青铜峡市城市建成区不存在黑臭水体。完成新增 20 个行政村、7 条黑臭水体整治的目标任务，全自治区农村黑臭水体整治率达到 51.8%。

（马沛贤　顾伟　殷倩）

3. 农村水环境整治　2022 年，自治区生态环境厅印发《宁夏回族自治区“十四五”土壤、地下水和农村生态环境保护规划》（宁环发〔2022〕8 号）、《宁夏农业农村污染治理攻坚战行动方案（2021—2025 年）》（宁环发〔2022〕38 号）、《关于进一步推进农村生活污水治理工作的实施意见》（宁党农办发〔2022〕53 号）等文件，全力推动农业农村污染治理工作上台阶。开展农村生活污水治理整县推进试点，严格把控污水治理项目规划设计和资金使用，分两批组织市、县（区）申报农村生活污水治理项目并严格审核项目方案，指导市、县（区）系统梳理提质增效、改造升级、新建扩建农村生活污水治理的村庄范围，科学设计治理方案，因地制宜开展治理。切实加强项目管理，做好项目库申请、环保投资核准、项目进展调度等事宜，严格奖补资金使用监管。2022 年共支持农村生活污水治理项目 37 个，核定总投资 61 022 万元，全自治区农村生活污水治理率达到 31.6%，超额完成国家和自治区的目标任务。

（殷倩）

4. 水环境预警监管能力建设　2022 年，在黄河流域干流、支流、重点湖库及全自治区主要入黄排水沟布设 52 个水质自动监测站，与 115 个手工监测断面形成了水环境质量监测网，构成水环境质量监测、评价、预警、溯源等功能性监测体系，实现了黄河干支流、地级及以上城市、重要水体省市界、重要水功能区“四个全覆盖”。水质自动监测站全部联网，实现水质实时、连续监测。同时，更大程度上满足手工与自动协同监测、精准监测、预警预测的需求。根据实时数据发布主要入黄排水沟水质自动监测日报，对水质异常变化情况及时发布预警预报信息，有效支撑环境违法行为排查，真正做到及时预警、准确溯源。（顾伟）

【水生态修复】

1. 退田还湖还湿　2022 年，进一步加强湿地保护修复和管理，认定发布自治区级重要湿地名录 6 处，并对全自治区 6 处国家重要湿地、33 处自治区重要湿地持续开展保护修复，对哈巴湖国家级自然保护区周边因保护野生动物而受损的 1.35 万 hm^2 耕地进行生态效益补偿，认真开展林草生态综合监测和湿地年度动态监测工作，完成湿地样地 293 个、样方 846 个的调查监测任务。按照第三次国土调查变更调查数据，全自治区现有湿地面积 18.44 万亩，其中一级地类湿地 2.44 万 hm^2，二级地类河流水面 3.28 万 hm^2、湖泊水面 1.19 万 hm^2、水库水面 0.96 万 hm^2、坑塘水面 2.14 万 hm^2（不含养殖坑塘）、沟渠 8.44 万 hm^2。湿地内共有维管束植物 57 科 143 属 222 种，有脊椎动物 6 纲 19 目 33 科 139 种。

（马国东）

2. 生物多样性保护　自治区农业农村部门采取划定水生生物资源保护地、黄河禁渔、增殖放流、调查研究等方式，确保水生生物多样性。2022 年，增殖放流黄河鲶、黄河鲤、赤眼鳟、草鱼、鲢鱼等苗种 1 586 万尾，建成国家级水产种质资源场 2 个，建立黄河重点经济鱼类活体库 2 个。在宁夏境内黄河干流及水库、湖泊开展水生野生动物植物资源调查，发现鱼类 31 种，浮游动物 59 种，底栖动物 15 种，水生植物 30 种，浮游植物 63 种。开展黄河濒危物种救护和驯养繁育，科学收集黄河鲶、黄河鲤、赤眼鳟、大鼻吻鮈等野生种质资源，完善赤眼鳟亲鱼培育、人工孵化、水质监测等技术，繁育苗种 380 万尾；对大鼻吻鮈基础生物学、胚胎发育机制开展研究，首次成功孵化苗种 2 000 余尾；创制黄河鲶 F5 代新品系 1 个，组建核心育种群 50 组；以"金鳞赤尾"表型性状选择为重点组建黄河鲤核心群 500 组。

（王丽）

自治区林业和草原局制定了《宁夏森林草原湿地生态系统外来入侵物种普查工作实施方案》（宁林函〔2022〕104 号），积极组织开展外来物种入侵普查工作。监测调查表明，近年来监测到遗鸥、玉带海雕、东方白鹳、卷尾鹈鹕等新纪录鸟类 12 种，连续 7 年在宁东南湖监测到国家一级保护鸟类遗鸥，连续 2 年监测到世界极危物种国家一级保护鸟类青头潜鸭，黄河沿岸大鸨、黑鹳、白尾海雕等国家一级保护鸟类种群数量逐年增多，冬春季在黄河沿岸栖息、停留的国家二级保护鸟类灰鹤单个种群数量达到近万只，国家二级保护鸟类大天鹅、小天鹅在自治区多地停留时间长达 1 个多月，种群数量也逐年增多，湿地保护成效显著，鸟类成为湿地生态环境改善的晴雨表。（马国东）

3. 生态补偿机制建立　2022 年，自治区生态环境厅会同自治区财政厅继续实施以财政投入与环境质量和污染物排放总量挂钩为主的纵向生态保护补偿政策，兑现水污染治理奖补资金 1 亿元，由各市、县（区）专项用于水污染治理项目相关支出。会同自治区财政厅、水利厅、林业和草原局，继续实施黄河宁夏段干支流及入黄排水沟上下游横向生态保护补偿机制试点，共兑现横向生态保护补偿资金 2 亿元，由市、县（区）统筹用于水污染治理、水资源保护与节约集约利用、水土保持、生态保护与修复、环境治理能力建设等推进黄河流域生态保护相关项目和工作支出。各市、县（区）普遍重视横向生态保护补偿资金的兑现情况，积极关注水质改善、节水效率、水源涵养相关指标情况。（张守君）

4. 水土流失治理　2022 年，宁夏水土保持工作按照"五个区"战略定位和"一带三区"总体布局，坚持以小流域为主的山水林田湖草沙一体化保护和系统治理，新增治理水土流失面积 985.69km²，占年度目标任务的 107%。水利部门共实施国家水土保持重点工程 62 项，涉及坡耕地水土流失综合治理工程 11 项、小流域综合治理 24 条、新建淤地坝 8 座、病险淤地坝除险加固 19 座。水土保持重点工程共新增水土流失治理面积 379.42km²，其中建设旱作梯田 93.82km²、营造水土保持林 28.60km²、经济林 0.17km²、种草 0.03km²、封禁 248.56km²、其他措施 8.24km²，全年完成国家水土保持重点工程中央补助资金 2.6 亿元。项目实施有效改善了治理区水土流失及生产生活条件，为促进区域经济社会发展、宜居宜业和美乡村建设提供了水保支撑。

5. 生态清洁型小流域　2022 年，水土保持生态清洁型小流域建设以"山青、水净、村美、民富"为目标，将水土保持综合治理与面源污染、美丽乡村、清幽库区、农村生活垃圾整治等相结合，开展了原州区黑刺沟、上黄、何家沟 3 条生态清洁型小流域建设，新增治理面积 32.45km²。验收治理到期生态清洁型小流域 4 条。锚定国务院支持先行区建设战略机遇和利好政策，积极探索流域综合治理高质量发展新路径，指导西吉、海原、彭阳探索水土保持与产业融合发展模式，在西吉县葫芦河流域二府营项目区先行先试，整合资金 3.05 亿元，实施供水工程、高效节灌、小流域综合治理、坡耕地治理等水利工程，建设冷凉瓜菜基地、马铃薯良种繁育基地、设施农业拱棚等特色种植工程，深度挖掘当地水土、民俗、旅游等资源，发展休闲农业和乡村旅游，引领带动全自治区流域综合治理高质量发展。

（张虎威）

【执法监管】

1. 河湖日常监管　深化"1+N"（1 季度 1 次明察+若干次暗访）督导机制和"河长+检察长+警长"协作机制，289 名河湖检察长、344 名河湖警长到岗协助河湖长履行职责，自治区河长办、政府督查室、检察院、公安厅等部门联合开展督导，全年督导调研、暗访检查 13 次。2022 年各地移送检察公益诉讼案件线索 54 条、收到检察建议书或行政公益诉讼 31 件，有力促进河湖管理提质增效。（徐浩）

2. 联合执法　2022 年，水利执法工作聚焦问题导向，着力提升执法效能。加强水利执法监管顶层设计，完成 7 项重点政策研究任务；联合人民检察院印发《关于建立健全水行政执法与检察公益诉讼协作机制的实施细则》，构建上下协同、横向协作的公益诉讼机制；完成《宁夏回族自治区水行政主管部门与综合执法部门执法衔接指导意见》《宁夏回族自治区水行政主管部门与综合执法部门执法衔接办法》（宁水法发〔2022〕11 号），建立健全部门之间协作配合机制，细化综合执法部门与业务主管部门之间的职责边界，综合提升涉水事项执法效能；出台《水利厅"十四五"强化水利体制机制法治管理重点工作实施方案》（宁水法发〔2022〕7 号），为强化水利体制机制法治管理，推动新阶段水利高质量

发展提供有力支撑；印发《新行政处罚法理解与适用工作指引》《涉水违法行为处罚条款汇总表》《水资源涉嫌违法犯罪行为表》，及时举办水行政执法人员培训班，执法记录仪及新行政处罚法等专题培训，组织执法人员考试，有效提升执法人员业务能力。开展水行政执法提升年活动，特别加强防汛保安、地下水、河湖等专项执法行动，查处水事违法案件42件，罚款86.9万元。（屈佳瑛）

【水文化建设】

1. 水利风景区　2022年，自治区夯实水利风景区建设基础，切实高标准建设、高质量管理，推动水利风景区高质量发展。将水利风景区建设纳入自治区水安全保障“十四五”及自治区河湖管理保护“十四五”规划，明确水利风景区发展方向。因地制宜实施河湖综合治理，分期分批打造美丽河湖，中卫市中宁县获批2023—2024年水系连通及水美乡村建设试点，沙坡头区第四排水沟和青铜峡市罗家河建成自治区级美丽河湖。持续优化水利风景区监管方式，将水利风景区建设管理纳入年度河湖长制工作要点，各地加强辖区内水利风景区建设管理、功能发挥和安全隐患排查，全年督导调研、暗访检查13次，及时通报发现问题，提升水利风景区管理质量。全方位、多角度开展水利风景区宣传，提升水利风景区知名度和美誉度，刊发水利风景区及河湖保护治理相关新闻报道40余篇。组织开展第二届“寻找最美河湖卫士”活动，1人荣获“全国最美基层河湖卫士”、2人荣获“全国最美河湖卫士”，全民关注水利风景区的氛围日益浓厚。（王斌）

2. 宁夏水利博物馆　2022年，宁夏水利博物馆（简称“水博馆”）坚持水文化展示传播，坚持预约制免费开放236天，高质量接待了全国政协副主席陈晓光、自治区党委书记梁言顺等国家、自治区各级领导，以及水利部、黄委相关司局部门和自治区内外企事业单位的参观考察，获得一致好评。2022年共接待团体考察220余批次、1.5万余人次，游客11.6万人次，其中学生近1万人次。在文旅厅博物馆免费开放绩效考核中被评为优秀等次。被自治区党委全面依法治区委员会公布为第二批自治区法制宣传教育基地。为进一步做好水文化展示宣传工作，水博馆与《宁夏日报》《吴忠日报》等媒体共同协作，从国之重器、千秋流韵等不同侧面，对宁夏悠久水利历史文化进行了宣传报道。

3. 宁夏引黄古灌区世界灌溉工程遗产展示中心　宁夏引黄古灌区世界灌溉工程遗产展示中心（简称“展示中心”）位于银川市贺兰县、满达桥东侧，总建筑面积9 901m^2，展陈空间面积4 450m^2，是黄河（宁夏段）国家文化公园的标志性建筑。2022年上半年，展示中心布展与土建工作同步开展，收集了秦汉时期陶水管、铁质农耕用具等水利文物10余件，搬运惠农渠、第二农场渠明代闸墩砌石千余块，购买《历代治黄史》《治河述要》等书籍共百余本以及其他400余册书籍史料，大型测流仪、自记水位仪、测船、钳鱼、木桩基等实物300余件。全面航拍灌区关键水工建筑物照片千余张，吴尚贤等老专家捐赠水利图纸及其他资料4 000余件。

4. 水文化研究　为进一步规范遗产保护利用工作，自治区水利厅启动了《水利相关地名研究》《宁夏引黄灌溉工程遗产保护名录》汇编工作。2022年，整理出引黄灌溉工程遗产保护名录280余条；收集整编水利相关地名的沿革变迁、现况描述和历史文化等内容近300处；收集宁夏灌溉古图140余张，包含5张未对外公开、极具研究价值的清代宁夏水利舆图，完成图纸电子化扫描和修图校对；收集清代宁夏水利奏折240余份，收集的所有资料已汇编成册。（徐李碧芸）

【智慧水利建设】

1. “水利一张图”　自治区水利厅通过地图数据购买服务，已获取宁夏全境0.8m分辨率DOM数据（L2级数据），搭建完成宁夏水利地图共享服务平台。整合现有各类地图资源数据，发布地图服务资源299个，为水利系统及相关单位提供水资源管理、城乡供水管理、水土保持监测管理、水旱灾害防御管理等空间数据支撑，实现全自治区水利空间信息的“共建共享”，提高水利基础地理信息服务保障能力。依托贺兰山东麓防洪业务项目，通过机载雷达航摄获取3 923.6km^2，0.5m分辨率的DEM和1m分辨率的DOM，现阶段流域防洪业务中所涉及的数据均已采集完毕（L2/L3级数据）。依托黄河宁夏段及重要河湖三维地理信息系统项目，构建了青铜峡水利枢纽、沙坡头水利枢纽三维模型（L3级）。为加强河湖岸线管理，生产了黄河宁夏段1∶1 000比例尺高精度正射影像，以及清水河、葫芦河、典农河1∶1 000比例尺高精度正射影像。

2. 数字孪生工作　2022年4月，宁夏数字孪生流域省级建设试点纳入水利部数字孪生先行先试台账和黄委数字孪生流域建设规划。对标水利部、自治区智慧化数字化、水利高质量发展部署，按照“全域推进、省级试点”的思路，将数字孪生、“四预”全面纳入《宁夏数字治水“十四五”规划》，数字孪生工作纳入贯彻落实自治区十三次党代会精神以及各项工作部署分工任务。启动了宁夏数字孪生平台“四预”建设方案编制前期工作。完成贺兰山东麓山洪防御管理应用系统建设并投入试运行，初步实现山洪灾害以及洪水灾害“四预”功能，被评为水利部数字孪生先行先试优秀案例。建设黄河三维地理信息系统，搭建了黄河干流宁夏段及重要支流的防汛“四预”框架。按照“数据不出库、可用不可见”的原则，创新解决数据保密与共享问题，探索开展宁夏国土地理时空信息（1∶2 000）支持全自治区数字孪生流域建设的底图服务工作。采取市场化方式，开展黄河云暨数字治水产业云建设，一期项目已启动建设。完成数字孪生灌区 2 个试点建设实施方案编制工作。宁夏数字孪生流域省级试点工作获水利部中期评估优秀等次。（袁少帅）

3. 河湖信息化建设　遵循“需求牵引、应用至上、数字赋能、提升能力”要求，积极推进智慧河湖建设。在宁夏河湖长制信息平台新开发河湖岸线管理模块，购买了遥感解译服务器，完成了新版“河长通”App 更新、上线运行，实现智能解译卫星遥感影像，分析河湖水域空间地物，自动圈画河湖疑似“四乱”问题图斑，开展疑似图斑下发、复核和整改销号工作。河湖长制信息平台和“河长通”App 新增开发了打卡巡河功能模块，在全自治区实行全新的巡河打卡制度，河湖上共设置 38 900 个打卡点位，用信息化手段有效督促河长湖长上岗巡河巡湖，提升了河长湖长履职质效。在河湖长制信息平台“一张图”模块新增岸线规划、采砂规划、河湖管理范围划界模块，进行了河湖空间数据上图。开展全自治区河湖管理数据底板完善“百日攻坚”行动，推进数字治理河湖战略，全面整理河湖长制业务数据入平台、可视化。不断加强河湖长制信息平台网络安全管理和运行维护，对河湖长制信息平台数据库进行了每日增量自动备份，实现河湖长制业务数据主备同步。（王学明）

新疆维吾尔自治区

【河湖概况】

1. 河湖数量　新疆维吾尔自治区纳入河湖长制管理河流 3 355 条，其中流域面积 50km² 以上的河流 3 276 条，流域面积 50km² 以下的河流 79 条。

（1）按流域面积划分。流域面积 1 000km² 以上的河流共 262 条，分别是额尔齐斯河、伊犁河、喀什噶尔河、奎屯河、玛纳斯河、白杨河、头屯河、金沟河、和田河、叶尔羌河等河流。流域面积 500～1 000km² 的河流 245 条，流域面积 200～500km² 的河流 604 条，流域面积 200km² 以下的河流 2 244 条。

（2）按水量划分。以出山口统计，自治区共有大小河流 570 多条，根据第三次水资源调查评价成果，自治区境内多年平均（1956—2016 年）自产水资源总量 834.3 亿 m³，其中地表水资源量 791.3 亿 m³、地表水与地下水不重复量 43 亿 m³。多年平均入境水量 102 亿 m³，全疆河川径流量 893 亿 m³。

自治区纳入河湖长制管理湖泊 121 个，其中水域（湖区）面积 100km² 以上的湖泊 12 个、水域面积 10～100km² 的湖泊 32 个、水域面积 1～10km² 的湖泊 66 个、水域面积 1km² 以下的湖泊 11 个。

（徐瑜良）

2. 水量　2022 年，全疆总供水量 562.22 亿 m³。其中地表水源供水量 426.03 亿 m³，地下水供水量 129.87 亿 m³，其他水源利用量 6.31 亿 m³。

2022 年，全疆用水量 562.22 亿 m³，其中农业用水量 511.76 亿 m³、工业用水量 11.24 亿 m³、生活用水量 18.92 亿 m³、其他用水量 20.3 亿 m³。

（雅里坤江·雅克夫）

3. 水质　全自治区水环境质量状况保持稳定，2022 年全自治区国考断面水质优良率达到 94.5%，超全国平均水平 6.6 个百分点，全自治区监测的 170 个区考断面水质优良率达到 98.8%，同比提高 0.6 个百分点，监测的 72 个区考湖库点位水质优良率达到 80.5%，同比提高 2.4 个百分点。

（新疆维吾尔自治区生态环境厅）

4. 新开工水利工程　2022 年，在水利部的大力支持和关心指导下，全自治区控制性枢纽项目、引调水项目、大中小型灌区续建配套节水改造骨干项目、内陆河治理项目、中小河流治理项目、农村安全饮水项目、病险水库（水闸）项目、水资源利用项目、水保及生态保护项目、大中型水库移民后期扶持项目及其他水利项目均顺利完成。全年实施续建和新建水利项目 375 个，完成投资 255 亿元，超额完成 252.53 亿元年度目标任务。

2022 年，全自治区计划实施国家节水供水重大工程玉龙喀什、大石峡等 10 项工程，自治区重点工程叶城县莫莫克、金沟河红山水库等 24 项中小型水库工程。2022 年年底，国家节水供水重大工程库尔干水利枢纽、玉龙喀什水利枢纽、大石峡水利枢等 9 项工程按计划有序推进，哈密供水工程可行性研究报告通过国家发展改革委批复，临建工程开工建设。自治区重点水利工程楼庄子水库、温宿县台兰河洼地水库等 3 项工程已基本建成，乌苏市四棵树吉尔

格勒德水利枢纽通过下闸蓄水阶段验收，金沟河红山水库、提孜那甫河莫莫克水利枢纽等20项工程按计划顺利推进。 （汪杰）

【重大活动】

1. 自治区水利工作座谈会　2022年3月29日，自治区水利工作座谈会在乌鲁木齐召开，自治区党委书记、自治区全面推行河（湖）长制领导小组组长、总河（湖）长马兴瑞主持会议并讲话，会议指出要优化水资源配置与合理利用，千方百计提高水资源利用效率，深入实施生态治理修复工程，实现新疆水安全有效保障、水资源高效利用、水生态明显改善。

2. 自治区党委理论学习中心组专题学习习近平关于治水兴水重要论述　2022年7月2日，自治区党委理论学习中心组专题学习习近平关于治水兴水重要论述在乌鲁木齐召开，自治区党委书记、自治区全面推行河（湖）长制领导小组组长、总河（湖）长马兴瑞主持会议并讲话。

3. 自治区党委召开专题工作会议　2022年8月9日，自治区党委专题工作会议在乌鲁木齐市召开，自治区党委书记、自治区全面推行（湖）长制领导小组组长、总河（湖）长马兴瑞主持会议并讲话，会议指出要正确处理水资源开发配置同经济发展、生态环境保护的关系，推进山水林田湖草沙一体化保护和系统治理，统筹提高水资源高效配置合理利用水平，全面落实河湖长制，加快河湖生态保护修复和综合治理，为建设美好新疆提供水安全水保障支撑。

4. 新疆维吾尔自治区河湖长制工作调度会　2022年12月9日，自治区河湖长制工作调度会在乌鲁木齐市召开，自治区党委副书记、人民政府主席、自治区全面推行河（湖）长制领导小组副组长、副总河（湖）长艾尔肯·吐尼亚孜出席会议，会议听取自治区2022年全面推行河湖长制工作开展情况报告，调度赛里木湖等点位河湖长制工作情况，要求针对新疆河湖实际，强化水资源统一调度，切实提高水资源配置效率，进一步明确水生态保护修复目标，加强水生态保护修复，压实各级河湖长、各有关部门责任，提升河湖管理保护水平，把河湖长制工作引向深入，努力建设造福人民的幸福河湖。

5. 新疆生态文明建设和生态环境保护暨中央生态环境保护督察整改动员大会　2022年12月13日，新疆生态文明建设和生态环境保护暨中央生态环境保护督察整改动员大会在乌鲁木齐召开，自治区党委书记、自治区全面推行（湖）长制领导小组组长、总河（湖）长马兴瑞主持会议并讲话，会议指出要认真对标对表中央生态环境保护督察反击问题，坚持山水林田湖草沙一体化保护和系统治理，推动新疆生态环境质量持续改善。要抓好水生态环境治理，贯彻“节水优先、空间均衡、系统治理、两手发力”治水思路，加强水资源集中统一管理，统筹节水需水调水，强化水资源、水生态、水环境治理和水灾害防治。要加强生态系统保护和修复，强化综合治理、系统治理、源头治理，加强草原湿地保护和修复等工作。 （赵娟）

【重要文件】

1. 方案　2022年2月25日，自治区党委办公厅、自治区人民政府办公厅印发《自治区农村人居环境整治提升五年行动方案（2021—2025年）》（新党厅字〔2022〕12号）。

2022年9月14日，自治区水利厅办公室印发《关于进一步加强涉河项目和有关活动监管的通知》（新水办〔2022〕226号）。

2022年9月30日，自治区生态环境厅、农业农村厅、住房和城乡建设厅、水利厅、乡村振兴局印发《新疆维吾尔自治区农业农村污染治理攻坚战实施方案（2021—2025年）》（新环土壤发〔2022〕114号）。

2022年10月13日，自治区人民政府办公厅印发《自治区入河（湖）排污口排查整治工作方案》（新政办函〔2022〕281号）。

2. 要点　2022年2月11日，自治区农村工作领导小组暨乡村振兴领导小组印发《2022年自治区农村人居环境整治提升工作要点》（新党农领办〔2022〕14号）。

2022年3月23日，自治区河湖长制办公室印发《2022年博斯腾湖湖长制工作要点》（新河长办〔2022〕2号）。

2022年4月26日，自治区全面推行河（湖）长制领导小组办公室印发《2022年自治区全面推行河湖长制工作要点》（新河（湖）领办发〔2022〕1号）。

3. 办法　2022年10月12日，自治区水利厅印发《自治区示范幸福河湖评价验收办法》（新水厅〔2022〕235号）。 （沙尼亚·沙力克）

【地方政策法规】　2022年年底，根据国家水法律法规制定（修改）进程，结合自治区水利立法工作需求，认真谋划2023—2027年立法规划建议项目，选择对自治区水利事业影响较大和社会关注度高的自

治区农田水利条例、塔里木河流域水资源管理条例等11部建议项目申报列入五年立法规划。（王胜虎）

【河湖长制体制机制建立运行情况】 2022年，印发《自治区2022年全面推行河湖长制工作要点》，明确年度12项重点工作任务，压实河湖管理保护工作职责。多次召开自治区党委专题会议、河湖长制工作调度会议，研究安排推动强化水资源统一管理、加强水生态保护修复等河湖长制重点工作。根据换届情况，及时调整充实各级全面推行河（湖）长制领导小组组成人员、各级河湖长，完善河湖长制组织体系。落实《自治区河湖长巡查制度》，各级河湖长积极履行河湖管理职责，认真开展河湖巡查，全自治区1.5万余名各级河湖长共开展河湖巡查21万人次。各地方、各有关部门坚决落实好河湖管理保护责任，持续推进河湖管理保护工作走深走实。

在自治区各级各部门的共同努力下，全面推行河湖长制工作取得新成效，河湖管理保护水平不断提高，河湖水生态水环境质量持续好转，为建设生态良好的新疆作出新贡献。（熊雪宇）

【河湖健康评价开展情况】 2022年，编制了《新疆河湖健康评价技术指南（试行）》（简称《指南》），并在阿勒泰地区、博州、巴州、塔城等地的5条河流开展河湖健康评价试点工作，对《指南》确定的评价指标合理性、适用性、可操作性等进行科学验证，进一步修改完善《指南》。根据水利部河湖健康评价工作安排部署，自治区按照河湖健康评价工作要求，结合新疆实际，组织专家对《指南》进一步修改完善，为2023年启动87条河流、8个湖泊的健康评价工作提供技术支撑。（徐瑜良）

【“一河（湖）一策”编制和实施情况】 2022年，自治区指导督促各级河湖长制办公室滚动编制了257条河流的“一河一策”方案和12个湖泊的“一湖一策”方案，更新河湖整治任务，各级河湖长严格落实“一河一策”“一湖一策”方案，常态化开展巡河巡湖，加强组织领导，压实工作责任，精准施策、靶向治理，积极推动解决水资源管理、水环境治理、水域岸线空间管控、水污染防治等河湖突出问题，河湖面貌得到进一步改善。（熊雪宇）

【水资源保护】

1. 水资源刚性约束 科学制定各地（州、市）“十四五”期末用水效率控制指标。经初步测算，2022年全自治区万元国内生产总值用水量为368.1m^3，较2020年下降7.6%；万元工业增加值用水量为26.27m^3，较2020年下降17.18%。

对14个地（州、市）和石河子市开展了2022年新疆实行最严格水资源管理制度考核工作，并发布考核结果。

全面开展地下水超采专项整治行动，规范取用地下水行为。开展新一轮地下水超采区评价，编制完成《新疆地下水管控指标确定报告》。编制《新建自治区100口地下水监测井（站）项目工作方案》，进一步完善地下水监测体系，召开4次地下水调度会议。

建立地下水位变化情况通报机制，印发四个季度地下水位变化情况通报，与地下水水位持续下降的地（州、市）和县（市、区）进行会商，推动地下水超采治理相关措施落实落地落细。

2. 节水行动 开展县域节水型社会达标创建。组织完成36个县（市、区）县域节水型社会达标建设验收，完成48家水利行业单位节水型单位建设，建成节水型企业188家，建成自治区级节水标杆企业2家，节水企业1家。实施合同节水项目10项，新疆师范大学、阿勒泰职业技术学院完成节水型高校创建，新疆医科大学等8所高校正在开展创建工作。

3. 生态流量监管 推进重点河流湖泊生态水量（水位）目标确定，《新疆博州艾比湖最低生态水位目标制定与保障方案》《新疆博州赛里木湖最低生态水位目标制定与保障方案》通过水利厅技术审查，并经博尔塔拉蒙古自治州人民政府审批。

开展母亲河复苏行动试点，组织各地（州、市）全面排查断流河流、萎缩干涸湖泊，组织编制迪那河、乌伦古河、博尔塔拉河“一河一策”方案。

4. 重要饮用水水源地安全达标保障评估 根据水利部《全国重要饮用水水源地安全达标保障评估指南》，组织开展2022年度新疆5处全国重要饮用水水源地安全保障达标建设评估工作，形成《2022年度新疆重要饮用水水源地安全保障达标情况评估报告》并上报水利部水资源管理司。

5. 取水口专项整治 深入推进取用水管理专项整治行动及整改提升工作，切实抓好问题整改，进一步规范取用水行为及管理秩序。完成用水总量控制集成系统框架搭建，完成14个地（州、市）和6个流域管理机构地表水一级取水口、机电井基础信息的统一整编工作。（阿米娜）

【水域岸线管理保护】

1. 河湖管理范围划定及岸线保护利用规划 2022年，自治区组织对各地（州、市）、水利厅直属

流域管理机构划定的河湖管理范围划定成果进行了进一步复核，进一步明确了河湖管理范围，夯实了河湖空间管控工作基础。截至2022年年底，自治区已划定679条河流和46个湖泊的管理范围并经同级人民政府公示；编制完成535条重点河流和34个重点湖泊的岸线保护与利用规划并经同级人民政府审批；完成重点河湖段管理范围的界桩埋设。

（徐瑜良）

2. 采砂整治　指导督促各地严格落实河道采砂管理责任制，向社会公布河道采砂管理91个重点河段、敏感水域“四个责任人”名单。加强采砂活动监管，认真组织开展河道非法采砂排查整治，依法严厉打击非法采砂行为，维护河道采砂秩序，查处非法采砂行为34起、砂石量5.63万t，河道采砂管理井然有序。

各地压紧压实工作责任，不断加强河道采砂事中、事后监管，充分发挥基层河湖长、巡河员、护河员优势，加大河湖巡查，上下联动、齐抓共管，建立问题台账，扎实做好问题整治。针对河道非法采砂问题易发多发区域、问题频发河段时段，定期、不定期开展执法，依法查处非法采砂行为，着力维护河道采砂秩序。2022年度许可采区累计开采河道砂石595.76万t，河道整治项目累计利用河道砂石94.8万t，河道疏浚项目累计利用河道砂石60.6万t。

（赵娟）

3. 河湖“四乱”整治　组织各地持续开展河湖“清四乱”排查整治，巩固河湖“清四乱”成效，充分利用河湖长制抓手，督促各地切实履行主体责任，通过巡河、日常巡查检查等，认真排查“四乱”问题，建立问题台账，紧盯问题整改。简单问题立查立改，复杂问题建立台账，制定整治方案，加强部门协调联动，形成工作合力，确保整治到位。通过现场调研、明察暗访、遥感核查、电话指导等加强跟踪督办，协调解决河湖突出难点问题。2022年，各地累计排查列入台账的111处“四乱”问题已全部完成整治，实现了“四乱”问题当年动态清零，共清理非法占用河道岸线6.4km、垃圾1 147t，拆除违法建筑设施7.97万m^2，河湖面貌进一步改善。

（赵娟）

【水污染防治】

1. 排污口整治　推动印发《关于印发〈自治区入河（湖）排污口排查整治工作方案〉的通知》（新政办函〔2022〕281号），明确全自治区入河（湖）排污口排查整治工作目标、任务和要求，加强入河（湖）排污口监督管理。指导各地（州、市）制定印发入河（湖）排污口排查整治方案，进一步明确各地入河（湖）排污口排查整治具体内容。

组织开展入河（湖）排污口排查，强化现场排查，累计排查河流岸线长度6 200余km，湖泊岸线500余km，累计排查出排污口35个，进一步改善全自治区水环境质量。

强化入河排污口审批，推动入河排污口管理标准化，指导各地（州、市）规范审批程序，便捷申请流程，提高审批效率。

2. 工矿企业污染防治　牵头编制了《自治区工业高质量发展“十四五”规划》《自治区信息产业（电子产品）“十四五”发展规划》《自治区葡萄酒产业“十四五”发展规划》等系列规划。印发《新疆维吾尔自治区节水行动实施方案》，在全疆开展工业领域节水型企业创建，3家企业被评为自治区第一批节水标杆企业和节水型企业，向工业和信息化部推荐了5家企业参加“水效领跑者”遴选。确定10个园区为工业废水循环利用示范园区。德蓝水技术股份有限公司列入国家工业节水技术装备目录，承担5项工程项目，实现总回用水量2 128.5万m^3/年，泽普县工业园区污水处理厂（一期）建设项目实施后，水回用率提升了58.36%。组织召开了自治区工业水效提升交流会，为川宁生物有限公司、美克化工等5家企业提出了15条中水回用措施，指导企业提升水资源利用效率。

（新疆维吾尔自治区工业和信息化厅）

3. 城镇生活污染防治　成立了生态环境保护工作领导小组，将城镇污水处理设施建设及规范化运营管理、城市建成区黑臭水体排查整治、城市节水工作纳入水污染防治专项组工作内容，召开生态环境保护领导小组会议，对城镇水污染治理进行安排部署。会同自治区生态环境厅印发《关于开展2022年城镇污水处理厂部门联合专项执法工作的通知》（新环执法发〔2022〕61号），对城镇污水处理厂开展了“双随机、一公开”跨部门联合抽查。督促污水处理厂落实主体责任，污染物达标排放，确保设施稳定运行。印发《关于进一步加强自治区城镇生活污水处理设施规范化运行管理的通知》，指导各地加强城镇供水行业监管，及时报送城镇污水处理设施运营情况信息，确保达标排放。

（新疆维吾尔自治区住房和城乡建设厅）

4. 畜禽养殖污染防治　完善畜禽粪污资源化利用管理制度，健全完善畜禽养殖场直联直报系统粪污资源化利用跟踪监测工作，录入监测信息1万余条，配套验收规模养殖场2 389个。积极推进畜禽规模养殖场建立粪污资源化利用计划和台账，组织全疆14个地（州、市）2 400余个规模养殖场制定2022年度畜禽粪污资源化利用计划和台账。推动畜禽规模场粪污处理设施装备提档升级。2022年，争取中央预算项目资金1.175亿元，在5个项目县实施畜禽粪污资源化利用整县推进项目，已完成新增堆肥场、发酵池80余座，购置粪污清运设备、粪污加工处理设备、粪肥还田监测设备等300余台（套）。组织制定《规模化肉牛养殖场粪污处理与利用技术规范》《规模化猪场粪污处理与利用技术规范》《规模化奶牛场粪污处理与利用技术规范》3项标准，集成配套畜禽粪污资源化利用技术措施，因地制宜推广沤肥、条垛堆肥、垫料发酵等粪污收集还田利用技术。通过典型模式推荐、理论培训、经验交流等方式，在线举办视频培训班2期，实地观摩培训1期，培训基层粪污资源化利用管理和技术人员200余人次。

5. 水产养殖污染防治　印发《关于加快推进养殖池塘标准化改造和尾水治理工作的通知》（新农办渔函〔2022〕299号），督促各地明确目标，压实责任，因地制宜，实施复合人工湿地尾水治理、养殖池塘底排污等尾水处理模式。2022年，积极争取国家资金1 298万元，支持全自治区4 500亩池塘标准化改造与尾水治理，改善养殖生产条件，保护养殖水域生态环境。

6. 农业面源污染防治　加强对春季、秋冬季主要农作物科学施肥指导，提高肥料利用率。制定印发《2021—2022年度自治区田间试验工作实施方案》，科学开展化肥利用率田间试验工作，测算2021—2022年度小麦、玉米、棉花三大农作物化肥利用率，客观评估自治区化肥减量增效工作成效。2022年累计创建“三新”配套升级版示范区102万亩，取土化验7 040个，田间试验211个，农户施肥情况调查11 000户，制作和发放施肥建议卡50万张，宣传培训28万人次，预计推广测土配方施肥技术面积6 700万亩次。投入中央财政农业生产救灾资金2 600万元，在全自治区实施小麦、玉米统防统治及农区蝗虫可持续治理总面积647万亩，针对小麦、玉米推广应用激健等农药增效剂、氨基寡糖素等植物诱抗剂为主的农药减量技术，在农区蝗虫发生区推广应用印楝素、微孢子虫等生物药剂为主的绿色防控模式。投入自治区农业生产发展资金165万，在莎车县、巴楚县、伽师县、巴里坤县建立4个农作物病虫害绿色防控示范区，开展“治违禁，控药残，促提升”行动，培训技术人员、菜农等300人次，针对“四个百万亩”制种基地培训检疫员80人。积极组织全自治区开展全国“绿色防控示范县”“统防统治百强县”和“绿色防控基地”创建工作，乌鲁木齐县、和田市、温泉县、克拉玛依市克拉玛依区、乌苏市5县（市、区）获评第二批全国农作物病虫害绿色防控整建制推进县，沙湾县、莎车县2家单位被评为全国农作物病虫害绿色防控技术示范基地。

（新疆维吾尔自治区农业农村厅）

【水环境治理】

1. 饮用水水源规范化建设　持续推进集中式饮用水水源保护区规范化建设。开展集中式饮用水水源保护区标志设置与污染源分布情况现场核查，规范水源“界碑”“交通警示牌”和“宣传牌”等标识。截至2022年年底，地级城市的32个饮用水水源地中有26个完成了规范化建设，完成率为81.25%，较2021年度提升7.06个百分点；县级城市的101个水源地中有70个完成了规范化建设，完成率为69%，较2021年度提升17个百分点。

组织开展全自治区集中式饮用水水源地环境保护专项行动，对全自治区县级及以上地表水型集中式饮用水水源地问题进行排查、督导和整治，督促各级政府对饮用水水源保护区的违章建筑进行清理整治。对供水人口在10 000人以上或日供水1 000 t以上的所有饮用水水源地开展“划、立、治”工作，汇总问题清单，深入开展问题整治，截至2022年年底，已基本完成清理整治。

建立自治区级、地（州、市）级信息共享平台，完善现有水源地水质信息公开制度，逐步建立违反饮用水水源地保护条例行为的举报和信息反馈机制，让公众充分享有知情权、水源保护的参与权和监督权。

（新疆维吾尔自治区生态环境厅）

2. 黑臭水体治理　印发《2022年自治区住房城乡建设领域大气、水、土壤污染防治暨持续开展中央环保督察反馈意见整改“回头看”工作要点》，对全自治区城镇节水、城镇污水处理及再生利用、黑臭水体排查整治工作进行安排部署。印发《自治区县级及以上城市建成区黑臭水体排查整治工作实施方案》《自治区“十四五”城市黑臭水体整治环境保护行动方案》，明确工作重点，提出落实措施，指导各地持续巩固黑臭水体整治成果，全面推进城市黑臭水体排查整治工作。开展住房和城乡建设领域水污染防治、城市黑臭水体排查整治、城市节水工作督查。

截至2022年年底，全自治区共建成投运城镇生活污水处理厂111座，其中达到一级A排放标准污水处理厂102座，全自治区城镇污水处理率约

97.36%，全自治区21个设市城市、66个县城中有20个设市城市、49个县城已开展污水再生利用工作，生活污水再生利用率达43.04%，现已建成“冬储夏灌”中水库（中水池）56座。对全自治区城市开展黑臭水体排查整治工作，未发现黑臭水体。

（新疆维吾尔自治区住房和城乡建设厅）

3. 农村水环境整治　开展农村河湖综合整治，2022年2月，自治区党委办公厅、自治区人民政府办公厅印发《自治区农村人居环境整治提升五年行动方案（2021—2025年）》，组织各地统筹农村河湖管控与生态治理保护，深入开展河湖监督检查，强化河湖长履职尽责，严厉打击河道乱占、乱采、乱堆、乱建等违法违规行为；建立健全促进水质改善的长效运行维护机制。扎实推进农村厕所革命，坚持数量服从质量、进度服从实效，求好不求快，统筹各地环境、经济、社会发展水平、生活习惯、供排水设施等情况因素，按照“两有两化四防”标准要求，科学选择技术模式，全面提高农村卫生户厕普及率；统筹厕所粪污和农村污水一体化处理，在全自治区12个地（州、市）66个行政村实施农村粪污一体化处理能力提升示范项目，因地制宜推进农村水冲式厕所建设；印发《关于深入推进农村户厕问题摸排整改“回头看”工作方案》，在2021年问题户厕摸排整改基础上，对全自治区所有农村户厕进行全面排查，查缺补漏、纠正偏差、规范提升。

（新疆维吾尔自治区农业农村厅）

【水生态修复】

1. 湿地保护工作　落实中央财政林业改革发展（湿地补助）资金3 488万元，实施湿地保护修复项目21个，修复退化湿地面积8.26万亩。5处国家湿地公园通过国家林业和草原局验收并正式挂牌。全力开展湿地调查监测工作，完成湿地样地监测300个、图斑监测1 949个，完成率达100%。建立博斯腾湖湿地生态定位站，进一步为湿地资源监督管理和生态系统保护修复等提供科学依据。

2. 生物多样性保护　印发实施《新疆维吾尔自治区野生动物保护名录》，开展了《新疆维吾尔自治区野生植物保护名录》修订工作。重点加强对普氏野马、野骆驼、蒙新河狸等极小种群野生动物和野外生存环境、活动规律及种群数量调查。完成罗布泊野骆驼自然保护区综合科考。

全面部署野生动物疫病监测工作，督促指导27个国家级监测站、91个自治区级监测站开展疫源疫病监测调查工作，安排部署14个地（州、市）全年开展野生动物疫病日常监测和突发疫病监测工作，全年平均日报告率为96.7%。编制了《新疆森林、草原、湿地生态系统外来入侵物种普查项目实施方案和技术规程》，开展新疆林草外来入侵物种普查工作。

（新疆维吾尔自治区林业和草原局）

3. 水土流失治理　2022年，新疆维吾尔自治区水利厅强化统筹协调，切实履行好水利部门牵头组织作用，加强自然资源、生态环境、农业农村、林业草原等部门的协调配合，根据《新疆维吾尔自治区水土保持“十四五”规划》，完成水土保持率分解落实到地（州、市）和县（市、区）工作。完成水土流失治理面积1 860.66km²，减少土壤流失量930.33万t，超额完成年度水土流失治理目标任务。落实水土流失治理资金215.07亿元，其中中央资金161.9亿元，自治区配套资金53.17亿元。全自治区水土流失面积和强度逐年递减，林草覆盖率增加，生态环境和农牧民生产生活条件得到有效改善。

4. 生态清洁型小流域建设　2022年生态清洁小流域实施2项，完成水土流失治理面积50km²。

（侯进平）

【执法监管】　印发《2022年自治区水政监察工作要点》，对全自治区水行政执法工作进行了统一部署。组织各地（州、市）开展“防汛保安”专项执法行动，全年共执法巡查河道54.3万km，执法巡查水域面积约5万km²，执法检查监管对象21 483个，出动水政监察人员44 135人次，出动执法车辆17 225车次，制止违法行为1 378起。全自治区各级水行政主管部门和流域管理机构依法依规严肃查办水事违法案件603件，结案581件，结案率达96%。实施警告33次，没收违法所得共计11.25万元，责令停产停业3次，罚款979.3万元。会同各级水行政主管部门和厅直属流域管理机构开展水行政联合执法检查13次，派出执法人员76余人次，对13个地（市、州）35个水利部门、72家企业开展实地执法检查、面对面进行答疑、涉水法律宣传工作。现场反馈水行政主管部门水行政执法监督检查问题反馈单34份，下发企业整改通知书5份、并做好跟踪落实。发挥“兵地环境执法信息共享平台”作用，完善环境执法机制，监管污染源7 890家次，查处环境违法案件514件，罚款8 522万元。开展“清风行动”及“2022渔政亮剑行动”，出动执法人员1.46万人次、执法车辆4 367次。开展“昆仑2022”、打击危险废物环境违法犯罪和重点排污单位自动监测数据弄虚作假违法犯罪行动等专项行动，强化部门联合执法，保护水生态环境。

（艾力库提·斯拉音）

【水文化建设】 2022年，新疆维吾尔自治区因地制宜，多措并举，持续推动水利风景区建设，提升群众安全感、满意度。加强制度建设，促进水利风景区规范管理，指导各地及各国家水利风景区管理单位建立健全水利风景区管理与保护制度，不断提升工程管理的信息化、精准化水平，定期开展工程隐患排查和治理工作，认真落实工程运行应急管理措施，推进新疆水利风景区建设与管理工作有序发展。坚持规划引领，推动水利风景区高质量发展，组织自治区各国家水利风景区管理单位结合景区实际完善景区相关规划，强化山水林田湖草沙一体化保护和系统治理，推进河湖生态修复和保护，不断提升河湖湿地的生态功能，为水利风景区健康发展、水资源合理开发利用和有效保护提供保障。强化监督管理，确保水利风景区安全有序开放，定期督促各地水行政主管部门和水利工程管理单位对水利风景区进行督查检查，确保景区旅游安全。广泛宣传，形成景区品牌效应，自治区坚持把水利风景区宣传作为一项重要工作来抓，指导各水利风景区开展形式多样的宣传活动，扩大水利风景区社会影响力和知名度。

（沙尼娅·沙力克）

【智慧水利建设】

1.“水利一张图” 新疆维吾尔自治区水利厅以信息化资源整合项目为抓手，按照“基础共享，专业自建，分布服务”的地理信息服务模式，建立了新疆水利统一的地理信息服务平台，建成新疆“水利一张图”。通过制定颁布标准办法，约束规范全自治区水利信息化建设和共享的标准。通过编制和下发新疆“水利一张图”标准规范和建设要求、数据共享标准规范共16项，进一步规范了各级各部门建设水利信息化数据资源的统一标准要求和共享办法，为全自治区水利信息化建设统一步调、共建共享，搭建“水利一张图”奠定基础；通过建设新疆“水利一张图”，完成了全自治区516座水库、116个水文站、723个雨量站、4 429座水闸、1 791个取水口、10万余眼机电井等30类水利对象、水利要素的整理和上图入库工作；完成164座山区水库、223座平原水库大坝安全监测和雨水情监测设施建设和数据接入工作；完成1 800余个气象站、170余个水文站、11万余眼机电井等监测数据接入工作，为新疆智慧水利建设打下坚实的“算据”基础；通过建设“一张图”业务应用专题，实现了利用信息化手段对水资源、水旱灾害防御、水利工程运行、农村饮水安全、河湖长制等重要业务的监管和支撑；同时，通过服务共享的技术手段实现了“一张图”对地（市、州）水利信息化建设的共享和支撑。新疆“水利一张图”作为业务信息化“一张图”应用典范，已由自治区政府电子政务办在全自治区范围其他行业中进行推广和应用。

（李勇）

2.“河长通”App 2022年，根据自治区巡河制度，调整了“河长通”App各级河湖长巡河次数、巡河周期、巡河时长、巡河有效千米数等限制，增加了巡河提醒、未配置或配置错误河湖长提醒等功能。各级河湖长通过手机移动端接收巡河湖任务，开展巡河湖工作，上传巡河湖照片和路线，随时向上级部门上报每条河流发现的情况，及时解决发现的河湖问题并上传销号，做到巡河有记载、有依据，切实做好河湖保护工作。2022年，通过“河长通”App巡河共计21万余人次，累计巡河长度达49万km。

（申丽婷）

3. 数字孪生 新疆维吾尔自治区水利厅成立“数字孪生流域（水利工程）建设”专项小组，并以新疆头屯河流域和乌鲁瓦提水利枢纽为试点，有序开展新疆数字孪生流域和数字孪生工程先行先试建设。

2022年，自治区水利厅对全自治区数字孪生流域建设齐抓共管，多次召开专题会议研究讨论相关事宜，有序推进工作开展和项目实施。5月，《数字孪生乌鲁瓦提水利枢纽先行先试建设实施方案》和《数字孪生头屯河流域建设先行先试实施方案》通过黄委评审和水利部备案，并通过公开招标方式确定各相关项目的承建单位。乌鲁瓦提水利枢纽基础设施建设部分的机房建设和安全补充项目实施完成，通过政府采购购买信创国产计算机35台，初步实现重点岗位的计算机信创国产化替代，并制定2023年建设计划，落实投资 1 385.02万元；头屯河流域基础设施建设完成流域取水口流量监测站14处，建设头屯河水库和楼庄子水库视频会议终端，2座水库接入水利厅汛期的应急指挥调度系统；部分水利信息网建设、视频会议系统和网络安全项目先期实施，共计完成投资304万元，制定2023年建设计划，落实投资 1 034.10万元；改造和升级完成水利厅本级的视频会议核心管理平台，完成区、地、县、水库的四级视频会商，水利信息网带宽扩容至50M，水利厅本级新增视频监控管理转流设备一套，用于连接乌鲁瓦提水利枢纽和头屯河流域管理局视频监控平台，并可汇聚全自治区水库的视频监控数据，供各级部门各应用系统调用。

（李勇）

新疆生产建设兵团

【河湖概况】

1. 河湖数量　流经新疆生产建设兵团（简称“兵团”）辖区内的主要河流有塔里木河、阿克苏河、喀什噶尔河、和田河、玛纳斯河、奎屯河、伊犁河、额尔齐斯河等，共有河流（段）233 条，其中独立管辖河流 34 条，完成划界公告总长度 6 513km；辖区内有湖泊 5 个。

2. 新开工水利工程　2022 年，兵团 38 团二期水利工程、224 团二期水利工程顺利开工建设。大石峡水利枢纽兵团配套缩库工程、扩建 37 团水利工程、新建 225 团水利工程主体基本完工，进入收尾阶段。通过实施重大水利工程，充分发挥了水利拉动宏观经济的重要作用。（魏旭斌）

【重大活动】　2022 年，兵团按照《水利部关于开展妨碍河道行洪突出问题排查整治的通知》（办河湖〔2021〕352 号）要求，先后召开兵团碍洪问题视频推进会和兵团行政常务会议，明确妨碍行洪问题的整改责任、整改措施和整改时限，部署开展妨碍行洪问题排查整治工作。（魏旭斌）

【重要文件】　2022 年 3 月 28 日，兵团全面推行河（湖）长制领导小组办公室印发《关于印发〈兵团妨碍河道行洪突出问题“问题清单、任务清单、责任清单”〉的通知》[兵河（湖）领办发〔2022〕1 号]。

2022 年 4 月 28 日，兵团全面推行河（湖）长制领导小组办公室印发《关于印发〈2022 年兵团全面推行河湖长制工作要点及任务分解方案〉的通知》[兵河（湖）领办发〔2022〕2 号]。（魏旭斌）

【地方政策法规】　2022 年，兵团生态环境局、发展和改革委员会、水利局印发《深入打好兵团城市黑臭水体治理攻坚战实施方案》，建立城市黑臭水体排查治理机制，全面开展兵团城市黑臭水体治理和水污染防治工作。（张辉）

【河湖长制体制机制建立运行情况】　2022 年，兵团和新疆维吾尔自治区（简称“新疆”）同步建立健全河湖长动态调整机制和河湖长责任递补机制。兵团第八次党代会后，新任的兵团领导担任自治区全面推行河湖长制领导小组副组长、自治区副总河湖长以及自治区级河流的副河长，确保兵地一体化推进河湖长制工作的组织体系得到有效延续。（魏旭斌）

【河湖健康评价开展情况】　按照《水利部办公厅关于开展河湖健康评价建立河湖健康档案工作的通知》（办河湖〔2022〕324 号）要求，兵团需开展河湖健康评价的河流共 9 条，其中年径流量 1 亿 m^3 以上的 3 条河流名录已报送至自治区河长办，由自治区河长办统一报送水利部，其余年径流量 1 亿 m^3 以下的 6 条河流由兵团各师市自行安排组织编制。（田强）

【“一河（湖）一策”编制和实施情况】　2022 年，兵团各级河湖长严格落实“一河一策”“一湖一策”方案，常态化开展巡河巡湖，加强组织领导，压实工作责任，精准施策、靶向治理，积极推动解决水资源管理、水环境治理、水域岸线空间管控、水污染防治等河湖突出问题，河湖面貌得到进一步改善。（魏旭斌）

【水资源保护】

1. 落实最严格水资源管理制度　进一步完善水资源管理制度，印发《关于开展兵团地下水位变化通报工作的通知》（兵水资源〔2022〕21 号）、《关于进一步加强水资源论证工作的通知》（兵水资源〔2022〕25 号），坚持“四水四定”原则，把水资源作为最大刚性约束，在兵团范围内规划和建设项目水资源论证工作和地下水位变化通报制度，强化地下水水位管控。持续加强地下水管理工作，印发《关于进一步加强机井管理工作的通知》（兵水发电〔2022〕16 号），切实加强机井管理工作，严格落实《地下水管理条例》，严禁在超采区新打机井，严格执法、严厉打击非法取用地下水等行为；编制完成《新疆生产建设兵团地下水管控指标确定报告》《新疆生产建设兵团地下水超采区划定报告》并上报水利部黄河水利委员会审查；组织超采师市因地制宜编制《地下水超采治理方案》，明确超采治理措施，确定分年度压采计划。2022 年年底，对兵团各师市开展实行最严格水资源管理制度考核工作，考核结果经报请兵团领导同意后以“一师一单”方式反馈各师市。

2. 节约用水　建立兵团节约用水局际联席会议制度，促进全行业开展节约用水工作。开展水利行业节水型单位创建工作，组织专家对师市水利局机关节水型单位创建工作进行现场核验，兵团具备条件的水利行业单位全部完成节水型单位创建工作。印发《关于加强计划用水管理工作的通知》（兵水节约〔2022〕49号），加强用水定额管理和执行，强化用水单位（户）用水需求和过程管理，提高计划用水管理规范化、精细化水平。印发《关于开展县域节水型社会达标建设工作的通知》（兵水节约〔2022〕15号），部署各师市开展县域节水型社会达标建设工作，举办"兵团县域节水型社会建设培训班"。指导各师水利局积极开展节水宣传工作，让节水知识走进校园、社区、企业，通过多种方式广泛宣传《公民节约用水行为规范》，使爱水、惜水和节水的意识家喻户晓，深入人心，为人水和谐共生、共建美好生态家园营造浓厚的宣传氛围和良好的社会氛围，全年向全国节约用水办公室报送信息11篇。

3. 全国重要饮用水水源地安全达标保障评估　强化水环境质量目标管理，对兵团21个断面开展水质监测评价考核。推进兵团重点流域水生态环境保护"十四五"规划编制工作。加强水质监测，完善河湖监测网络。持续推进集中式饮用水水源地保护区规范化建设管理，兵团团场（乡镇）级集中式饮用水水源保护区划定率达到100%。（李灵波　田强）

【水域岸线管理保护】

1. 河湖管理范围划定　进一步完善河湖管理范围划定成果和岸线保护与利用规划成果，与自治区河长办共同推进划定范围上图工作，兵团已完成划界河流界桩埋设工作。按照"三区三线"划定要求，完成了兵团河湖管理范围12.7万亩耕地复核工作。指导各师市积极开展划界河流确权工作，积极推进兵团重点河湖的管理范围划定成果纳入"国土空间规划"一张图"。

2. 采砂管理　组织各师市落实辖区内有采砂管理任务河流湖泊的河长责任人、水行政主管部门责任人、现场监管责任人和行政执法责任人。督促各师市将重点河段、敏感水域采砂管理责任人名单向社会公示。每两个月收集汇总各师市河湖采砂专报、每季度统计河道采砂情况，及时掌握兵团采砂开展情况。

3. 河湖"四乱"整治　2022年初，部署各师市开展常态化规范化河湖"四乱"问题清理整治工作，要求对兵团范围内河湖进行全覆盖、拉网式排查，深入自查自纠，确保立行立改。2022年兵团累计排查发现"四乱"问题6个，已全部整改销号。按照《关于开展妨碍河道行洪突出问题排查整治的通知》要求，对水利部推送的165个疑似碍洪问题图斑进行了全面复核，并对各师市其他河流开展了排查，认定的5个碍洪问题全部完成整治，其余161个疑似图斑全部完成销号。（田强）

【水污染防治】

1. 城镇生活污染　持续加强城镇污水处理设施运行监管，摸底调查各师市污水处理设施基本情况及运行现状，督导师市主管部门切实履行行业监管责任，加强对辖区城市、团场城镇污水处理设施的监督管理，对违法违规行为加大查处力度，确保设施正常运行，污水达标排放。兵团现有城市生活污水处理厂10座（一级A标准9座、一级B标准1座），总规模41.5万m^3/d，十三师新星市正在建设一座日处理能力1.5万m^3污水处理厂；团镇污水处理厂68座（一级A标准56座、一级B标准8座，二级标准4座），总规模19.2万m^3/d。印发《关于规范城镇污水排入排水管网许可的通知》，督导师市按照《城镇污水排入排水管网许可管理办法》（住房和城乡建设部令第21号）要求，规范实施城镇污水排入排水管网许可工作。

2. 畜禽养殖污染　印发《关于开展2022年兵团畜禽养殖标准化示范创建活动的通知》，确定新疆中盛天康畜牧科技有限公司、新疆泰裕种猪有限公司为2022年国家级畜禽养殖标准化示范场。会同兵团财政局印发《兵团病死畜禽及病害畜禽产品无害化处理工作实施方案（2021—2025年）（试行）》，兵团本级设立了病死畜禽无害化处理专项补助资金1 040万元，将除生猪外的牛、羊、禽等畜禽全部纳入无害化处理补贴范围。持续推进畜禽养殖废弃物资源化利用工作，大力推进清洁养殖，从源头促进畜禽养殖废弃物减量；加快畅通有机肥还田渠道，推进畜禽养殖废弃物肥料化利用；完善支持政策，创新建设运营模式，鼓励企业创新商业模式，促进畜禽养殖废弃物能源化利用；加强污染物排放监管。下达项目资金3 798万元，组织实施第五师双河市畜禽粪污资源化利用整县推进续建项目和第九师畜禽粪污资源化利用整县推进新建项目。2022年年底，兵团畜禽粪污综合利用率达到89.62%，规模养殖场粪污处理设施装备配套率达到98.99%，大型规模养殖场粪污处理设施装备配套率达到100%。

3. 农业面源污染　推进农药、化肥合理使用，编印《兵团重点推荐农药械品种名录》，开展农药生产信息调度和用药高峰期农药种类、价格信息调查，做好农药经营许可申请的材料审查和实地核查，加强宣传教育，通过线下、线上培训宣传《农药管理条例》及其配套规章管理办法，讲解《农药包装废弃物回收处理管理办法》；制定《新疆兵团2022年

化肥减量增效实施方案》，分解推广任务，2022 年推广测土配方面积 1 400 万亩，技术覆盖率 90%以上，开展化肥减量增效试验示范，建立主要农作物肥料肥效试验示范基地 140 个，2022 年主要农作物化肥利用率达 45%。积极推进农田残膜监测，2022 年全兵团布设 20 个地膜残留监测点，对农膜使用、残留、回收和资源化利用进行调研，总结废旧地膜回收模式和利用体系。农作物秸秆综合利用能力进一步提升，制定印发《2022 年兵团农作物秸秆综合利用实施方案》，明确了时间表、路线图和任务书，安排项目资金 3 835 万元，筛选确定 17 个重点团场，探索秸秆综合利用新机制新模式；完善秸秆资源台账建设，建成秸秆综合利用基地 17 个，各师市共举办培训班 120 期，培训有关人员 6 717 人次，秸秆综合利用率达 97%以上。（张辉　朱昌伟）

【水环境治理】

1. 城市黑臭水体治理　经兵团同意，印发《深入打好兵团城市黑臭水体治理攻坚战实施方案》，建立城市黑臭水体排查治理机制，全面开展兵团城市黑臭水体治理和水污染防治工作；会同兵团生态环境局、发展和改革委员会、水利局组织师市对城市建成区黑臭水体进行摸排和风险分析，经排查，兵团城市建成区无黑臭水体。

2. 农村人居环境整治提升　制定印发《新疆生产建设兵团连队人居环境整治提升五年行动方案（2021—2025 年）》，持续开展连队厕所革命、垃圾污水治理、连容连貌提升等重点工作。印发《关于开展连队户厕问题摸排整改“回头看”工作的通知》，开展连队户厕问题摸排整改“回头看”，发现问题厕所 1 373 个，已完成整改 1 244 个，正在整改 129 个。稳步扩大连队卫生厕所普及范围，卫生厕所普及率达 81%。印发《关于开展“迎新春　助冬奥”连队清洁行动的通知》《关于常态化开展连队清洁行动的通知》，持续组织开展春季、夏季、秋冬季战役，落实“红黑榜”制度，引导带动职工群众共建美丽连队。第七师 129 团、五师 87 团、十三师红星四场荣获全国村庄清洁行动先进县，五师双河市被评定为 2022 年国家乡村振兴示范县创建单位。

（张辉　朱昌伟）

【水生态修复】　加大流域湿地保护与恢复工程建设，统筹 800 万元用于三师叶尔羌河中下游等 4 个湿地基础设施建设和退化修复工作，落实湿地补助资金 380 万元，对兵团 4 处保护区进行调查与评价。组织专业力量对兵团 22 处自然保护地开展了调研核查，强化保护地监督执法，累计完成三师叶尔羌河中下游自然保护区等 20 个建设项目占用保护区生物多样性影响评价、选址论证等报告。积极推进生态环境监测网络建设，建成各类水环境质量监测点位 56 个。推进 7 个水土保持重点治理工程项目建设，治理水土流失面积 $99km^2$。加强小水电生态流量监管，印发《关于加强小水电生态流量监管工作的通知》（兵水水电〔2022〕51 号），对各师市核定小水电生态流量、完善监控监视设施、生态流量泄放设施、开展生态流量评估等工作提出了具体的要求，明确了完成时限。组织增殖放流活动，投放各类鱼苗 305 万尾（新疆特有鱼类）。持续开展示范幸福河湖建设，统筹河湖管理保护、治理和生态建设，头屯河等河流水清、岸绿、景美，沿河湖群众的幸福感、获得感得到明显提升。（田强）

【执法监管】　2022 年，开展常态化执法和专项执法，现场制止违法行为 216 个，立案查处案件 200 件。组织开展防汛保安专项执法行动，发现的 5 个问题线索均已及时整改到位，1 个立案案件已及时结案。通过该项行动，有力打击了影响防洪安全的违法行为，有效维护了河湖水事秩序。积极推进水行政执法与检察公益诉讼协作机制落实，兵团及 8 个师市已出台协作机制文件，形成执法合力。兵团公安、林业和草原、水利等部门密切配合，开展河湖问题整治联合执法工作，不断加大涉水违法犯罪的打击力度。（刘丽娟　田强）

【水文化建设】　加大对现有水利工程建筑的时代背景、人文历史以及地方民风民俗的挖掘与整理，保护利用好党领导人民治水的红色资源，对具有红色基因的重要治水工程、治水制度等资源进行调查，逐步建立台账、摸清底数。开展深入系统研究，科学阐释党领导人民治水的经验与优势。打造党领导人民治水的精品展陈，从治水角度生动传播红色文化。从中遴选并确定老军垦艰苦创业的精神符号“十八团渠纪念碑”、新疆军垦第一库“猛进水库”等一批重要标识地，发挥教育功能，赓续红色血脉。加强水文化的阵地建设，推进水文化的成果展示和广泛传播，推进奎屯河博物馆建设，打造特色鲜明的水文化展示平台。不断增加文化配套设施建设的投入，丰富现有水利工程的文化环境和艺术美感，着力推进水利工程与水文化的有机融合，积极推进兵团从屯垦戍边到建城戍边，不断续写兵团各族人民追求美好生活的新篇章，传承发扬兵团人“热爱祖国、无私奉献、艰苦奋斗、开拓进取”的兵团精神。加强水利文艺创作，联合兵团电视台拍摄《水润兵团》专题纪录片，充分挖掘兵团水文化中的思想理念、人文精神，讴歌、记录新时代气壮山河的治水实践，获得兵团各族职工群众一致好评。

（赵倩）

【智慧水利建设】 强化数字平台应用，兵团各级河湖长利用“巡河通”App不断推进线下巡河管河与线下和线上护河管河相结合。2022年，利用“巡河通”App累计开展巡河近3万次，巡河长度达13万km，有效提高了河湖监管能力。

（赵倩）

十一、大事记

Major Events

2022 年中国河湖大事记

序号	时　间	事　　件	备　注
1	1月11日	水利部办公厅印发关于加强春节、全国“两会”和北京冬奥会、冬残奥会期间河道采砂管理工作的通知	
2	1月19日	第26个世界湿地日中国主场宣传活动发布《中国国际重要湿地生态状况白皮书》	
3	1月21日	水利部召开妨碍河道行洪突出问题排查整治工作推进会	
4	2月10日	李国英主持召开水利部河湖长制工作领导小组会议	
5	2月21日	水利部办公厅印发2022年河湖管理工作要点的通知	
6	3月3日	水利部发布2021年打击长江河道非法采砂典型案例	
7	3月9日	水利部废止《水利部　国土资源部　交通运输部关于进一步加强河道采砂管理工作的通知》	
8	3月28日	水利部印发《水利风景区管理办法》的通知	
9	3月29日	水利部、公安部、交通运输部召开长江采砂管理合作机制领导小组（扩大）会议	
10	4月1日	水利部、公安部、交通运输部长江河道采砂管理合作机制领导小组办公室印发长江河道采砂管理合作机制2022年度工作要点的通知	
11	4月13日	水利部召开京杭大运河2022年全线贯通补水行动启动会	
12	4月18日	国务院批复关于支持宁夏建设黄河流域生态保护和高质量发展先行区实施方案	
13	5月7日	水利部召开2022年太湖防总指挥长会议暨太湖流域片省级河湖长联席会议	
14	5月14日	水利部办公厅印发关于强化流域管理机构河湖管理工作的通知	
15	5月20日	水利部印发关于加强河湖水域岸线空间管控的指导意见	
16	5月27日	水利部组织实施华北地区河湖生态环境复苏2022年夏季行动	
17	6月1日	《中华人民共和国湿地保护法》施行	
18	6月28日	生态环境部、国家发展和改革委员会、自然资源部和水利部等4部委印发《黄河流域生态环境保护规划》	
19	7月12日	长江流域省级河湖长第一次联席会议召开	
20	7月21日	淮河流域省级河湖长第一次联席会议召开	
21	8月2日	黄河流域省级河湖长联席会议召开	
22	8月5日	生态环境部、最高人民法院、最高人民检察院、国家发展和改革委员会、工业和信息化部、公安部、自然资源部、住房和城乡建设部、水利部、农业农村部、气象局、林业和草原局印发《黄河生态保护治理攻坚战行动方案》	
23	8月31日	生态环境部、国家发展和改革委员会、最高人民法院、最高人民检察院、科技部、工业和信息化部、公安部、财政部、人力资源社会保障部、自然资源部、住房和城乡建设部、交通运输部、水利部、农业农村部、应急部、林草局、国家矿山安全监察局印发《深入打好长江保护修复攻坚战行动方案》	

续表

序号	时 间	事 件	备 注
24	9月6日	水利部印发《强化流域水资源统一管理工作的意见》	
25	9月13日	水利部持续推进永定河水量调度和生态环境复苏	
26	9月19日	水利部召开深入推动黄河流域生态保护和高质量发展工作座谈会	
27	9月23日	水利部办公厅印发关于推广应用河道采砂许可电子证照的通知	
28	9月28日	水利部、公安部共同发布《关于加强河湖安全保护工作的意见》；2022年松花江、辽河流域省级河湖长联席会议召开	
29	9月29日	2022年珠江流域省级河湖长制联席会议召开	
30	10月13日	国家林业和草原局、自然资源部印发《全国湿地保护规划（2022—2030年）》	
31	10月15日	国家林业和草原局、农业农村部、自然资源部、国家乡村振兴局印发《“十四五”乡村绿化美化行动方案》	
32	10月30日	第十三届全国人民代表大会常务委员会第三十七次会议通过《中华人民共和国黄河保护法》	
33	11月5日	习近平主席以视频方式出席在湖北武汉举行的《湿地公约》第十四届缔约方大会开幕式并发表致辞	
34	11月18日	水利部在京召开加强河湖水域岸线空间管控工作推进视频会议	
35	12月5日	水利部修订印发《水利监督规定》	
36	12月10日	中国多个自然保护地入选世界自然保护联盟绿色名录	
37	12月16日	生态环境部办公厅、水利部办公厅印发《关于贯彻落实〈国务院办公厅关于加强入河入海排污口监督管理工作的实施意见〉的通知》	
38	12月22日	2022年海河流域省级河湖长联席会议召开	

十二、附录

Appendix

| 督察激励 |

国务院办公厅关于对2021年落实有关重大政策措施真抓实干成效明显地方予以督查激励的通报

（国办发〔2022〕21号）

各省、自治区、直辖市人民政府，国务院各部委、各直属机构：

为进一步推动党中央、国务院重大决策部署贯彻落实，充分激发和调动各地担当作为、干事创业的积极性、主动性和创造性，根据《国务院办公厅关于新形势下进一步加强督查激励的通知》（国办发〔2021〕49号），结合国务院大督查、专项督查、“互联网＋督查”和部门日常督查情况，经国务院同意，对2021年落实打好三大攻坚战、深化“放管服”改革优化营商环境、推动创新驱动发展、扩大内需、实施乡村振兴战略、保障和改善民生等有关重大政策措施真抓实干、取得明显成效的199个地方予以督查激励，相应采取30项激励支持措施。希望受到督查激励的地方再接再厉，取得新的更好成绩。

2022年将召开中国共产党第二十次全国代表大会，是党和国家事业发展进程中十分重要的一年。各地区、各部门要在以习近平同志为核心的党中央坚强领导下，以习近平新时代中国特色社会主义思想为指导，全面贯彻落实党的十九大和十九届历次全会精神，弘扬伟大建党精神，坚持稳中求进工作总基调，完整、准确、全面贯彻新发展理念，加快构建新发展格局，高效统筹疫情防控和经济社会发展，继续做好“六稳”“六保”工作，严格落实责任，强化实干担当，勇于改革创新，狠抓督查落实，力戒形式主义、官僚主义，以实际行动迎接党的二十大胜利召开。

附件：2021年落实有关重大政策措施真抓实干成效明显的地方名单及激励措施

国务院办公厅

2022年6月2日

附件

2021年落实有关重大政策措施真抓实干成效明显的地方名单及激励措施

二十四、河长制湖长制工作推进力度大、成效明显，全面推行林长制工作成效明显的地方

河长制湖长制：北京市延庆区，河北省滦平县，辽宁省桓仁满族自治县，黑龙江省哈尔滨市道外区，江苏省淮安市，浙江省丽水市，安徽省蚌埠市，福建省福州市，江西省宜春市，山东省威海市，湖南省临湘市，广东省东莞市，重庆市璧山区，四川省遂宁市安居区，西藏自治区朗县；林长制：辽宁省桓仁满族自治县，安徽省宣城市，福建省南平市，江西省上饶市，湖北省十堰市，湖南省浏阳市，重庆市云阳县，新疆维吾尔自治区温宿县。

2022年对河长制湖长制工作推进力度大、成效明显的地方，在安排中央财政水利发展资金时适当倾斜，给予每个市2 000万元、每个县（市、区）1 000万元激励，用于河长制湖长制及河湖管理保护工作；对全面推行林长制工作成效明显的地方，在安排中央财政林业改革发展资金时，给予每个市2 000万元、每个县（市）1 000万元激励。（水利部、财政部、国家林草局组织实施）

（此条为节选）

水利部关于印发《对河长制湖长制工作真抓实干成效明显地方进一步加大激励支持力度的实施办法》的通知

（水河湖〔2022〕48号）

各省、自治区、直辖市河长制办公室、水利（水务）厅（局）：

为贯彻落实《国务院办公厅关于新形势下进一步加强督查激励的通知》要求，强化河长制湖长制正向激励，在总结以往河长制湖长制激励措施落实情况的基础上，水利部对河长制湖长制激励措施及实施办法进行了调整完善，修订形成了《对河长制湖长制工作真抓实干成效明显地方进一步加大激励支持力度的实施办法》，现印发给你们，请结合实际认真执行。

水利部

2022年1月28日

对河长制湖长制工作真抓实干成效明显地方进一步加大激励支持力度的实施办法

根据《国务院办公厅关于新形势下进一步加强督查激励的通知》（国办发〔2021〕49号）的有关要求，为充分调动和激发各地全面强化河长制湖长制工作的积极性、主动性和创造性，进一步健全正向激励机制，增强河长制湖长制工作激励效果，加大河长制湖长制工作真抓实干成效明显地方激励支持力度，在总结以往河长制湖长制激励措施落实情况的基础上，水利部对河长制湖

长制激励措施及实施办法进行了调整完善。修订后的实施办法如下。

一、激励对象

对河长制湖长制工作推进力度大、成效明显的地方，综合考虑区域平衡及发展差异等情况，在安排年度中央财政水利发展资金时予以适当奖励。在全国范围内，遴选不超过15个市（地、州、盟）、县（市、区、旗），给予激励并奖励一定的资金，其中地市级数量不超过50%。

二、评价标准

（一）基本条件

以习近平新时代中国特色社会主义思想为指导，深入落实“节水优先、空间均衡、系统治理、两手发力”治水思路，以满足人民群众对美好生活的需要为根本出发点和落脚点，加快推动河长制湖长制从“有名有责”到“有能有效”，坚持生态系统整体性和流域系统性，深入推进河湖“清四乱”常态化规范化，完善体制机制法治管理，实施山水林田湖草沙系统治理，主动作为、团结协作、真抓实干，河长制湖长制工作取得明显成效。

（二）评价主要内容

评价主要内容包括两大类共10个子项。

第一大类，河湖管理保护成效

1. 河湖“清四乱”情况。推动“清四乱”常态化规范化工作成效明显；水利部组织的暗访抽查情况好，没有发现新增的重大乱建、乱占问题，河湖面貌明显改善。

2. 河道采砂监督管理情况。本行政区域内河道采砂管理秩序总体平稳，责任制落实，制度完善，监管严格，严厉打击非法采砂行为，合理开发利用砂石资源，非法采砂专项整治有力有效。

3. 河湖管理范围划定及岸线保护利用规划推进情况。河湖管理范围划定工作依法依规，省级河湖岸线规划编制进展快。

4. 注重河湖系统治理、综合整治，积极推进健康美丽幸福河湖建设。

5. 河湖水环境、水生态改善明显，河长制湖长制及河湖管理保护工作成绩突出。

6. 水库除险加固和运行管护情况。水库安全鉴定任务、年度除险加固任务、小型水库雨水情测报和大坝安全监测设施建设任务落实情况良好，形成运行管护长效机制。

第二大类，工作推进力度

1. 省级总河长以总河长令等形式部署年度河长制湖长制、河湖“清四乱”等工作任务；省级河长湖长组织研究、协调解决河湖管理重大问题，对发现的突出问题督促整改。

2. 河长制湖长制考核、问责、激励、表彰等制度健全，并认真执行。

3. 河湖管理监督检查问题整改落实力度大。中央领导同志指示批示等指出问题，中央巡视、审计等反馈的涉河湖问题，水利部组织的河湖管理监督检查发现问题，生态环境警示片反映的涉河湖问题，媒体曝光问题整改落实情况好；对举报调查反映问题能及时调查处理并按时提交报告。

4. 改革创新意识强，攻坚克难力度大，出台河长制湖长制有关法规制度办法，积极探索建立长效机制。

（三）评分办法

总分为150分，“河湖管理保护成效”占100分，“工作推进力度”占50分，各子项按照细化指标分别赋分，指标充分考虑水利部各流域管理机构流域治理管理工作成果。

三、评审程序

水利部组织对各省份予以赋分和综合排名，并按照排名分配激励名额，同等条件下，激励名额优先考虑中西部地区。有关省份按分配的名额，参照本办法标准，严格评审，遴选出拟激励的市（地、州、盟）、县（市、区、旗）名单，并报省级人民政府同意后报送水利部。水利部审核通过后，在水利部网站公示，各地在一定范围内同步公示。水利部于2月底前向国务院办公厅报送经公示无异议的拟激励市（地、州、盟）、县（市、区、旗）名单。

四、激励措施

对每个激励市（地、州、盟）、县（市、区、旗）通过中央财政水利发展资金予以一次性资金奖励。资金使用严格执行《水利发展资金管理办法》（财农〔2019〕54号）规定，具体可由激励省份的省级水利、财政部门根据本地区实际情况，研究提出资金使用方向并予以实施。

五、其他事项

水利部以及有关省份按职责做好激励政策措施的政策解读，加大地方经验做法推广力度，积极营造互学互鉴、比学赶超的良好氛围。

本办法自印发之日起施行，《水利部关于印发对河长制湖长制工作真抓实干成效明显地方进一步加大激励支持力度实施办法的通知》（水河湖〔2021〕5号）停止执行。

2021年度河长制湖长制工作拟激励市县名单公示

根据国务院办公厅《关于新形势下进一步加强

督查激励的通知》和水利部《对河长制湖长制工作真抓实干成效明显地方进一步加大激励支持力度的实施办法》，我部组织研究提出了2021年度河长制湖长制拟激励市县名单，现予以公示。如有意见，请在公示期内以书面（实名）形式反馈水利部河湖管理司。

拟激励市县名单：北京市延庆区、河北省滦平县、辽宁省桓仁满族自治县、黑龙江省哈尔滨市道外区、江苏省淮安市、浙江省丽水市、安徽省蚌埠市、福建省福州市、江西省宜春市、山东省威海市、湖南省临湘市、广东省东莞市、重庆市璧山区、四川省遂宁市安居区、西藏自治区朗县。

公示时间：2022年2月21—25日

联系电话：010－63202715

传　　真：010－63202685

2022年2月21日

第二届“最美家乡河”名单公示

第二届“最美家乡河”在前期申报材料复核、专家现场考察、公众投票、河长答辩的基础上，已经水利部部务会议审议通过。现将名单予以公示（见附件）。

公示时间：2022年2月7—11日

受理部门：中国水利报社

联 系 人：樊弋滋　杨桦

联系电话：(010) 63205452、63205285

地　　址：北京市海淀区玉渊潭南路3号C座6楼

邮　　编：100038

附件

第二届“最美家乡河”名单
（排名按行政区划）

1. 内蒙古二黄河（河长：郭占江）
2. 江苏七浦塘（河长：曹路宝）
3. 安徽秋浦河（石台段）（河长：张旭）
4. 福建九龙江西溪（河长：郑立敏）
5. 湖北清江（河长：张文兵）
6. 广东东江（河长：陈良贤）
7. 海南美舍河（河长：罗增斌、丁晖）
8. 重庆荣峰河（河长：唐成军）
9. 贵州赤水河（遵义段）（河长：汪海波）
10. 陕西清姜河（河长：吴昱昕）
11. 湖南凤凰沱江（河长：田建新）

关于发布2021年度实行最严格水资源管理制度考核结果的公告

根据《国务院关于实行最严格水资源管理制度的意见》（国发〔2012〕3号）和《国务院办公厅关于印发实行最严格水资源管理制度考核办法的通知》（国办发〔2013〕2号）规定，水利部会同发展改革委、工业和信息化部、财政部、自然资源部、生态环境部、住房城乡建设部、农业农村部、统计局等部门，制定了考核方案，成立了考核工作组，对31个省（自治区、直辖市）2021年度实行最严格水资源管理制度情况进行了考核。考核结果已经国务院审定，现公告如下。

2021年，各地区、各部门认真落实党中央、国务院决策部署，完整、准确、全面贯彻新发展理念，积极采取有力措施，扎实推进最严格水资源管理制度实施，节约用水深入推进，取用水监管持续强化，水资源保护不断加强，河湖管理成效明显，农村供水保障水平持续提升，全国用水总量、用水效率和重要江河湖泊水功能区水质达标率等控制目标全面完成，水资源刚性约束加快推进，水资源集约节约利用水平显著提升，为生态文明建设和高质量发展提供了有力支撑。2021年，全国31个省（自治区、直辖市）用水总量为5 920.2亿m^3，完成了2021年控制在6 400亿m^3以内的目标；万元国内生产总值用水量、万元工业增加值用水量分别比2020年下降5.8%和7.1%，均完成了2021年下降3.4%的控制目标；农田灌溉水有效利用系数为0.568，比2020年提高0.003，完成了2021年度目标；重要江河湖泊水功能区水质达标率为88.4%，完成了控制在83%以上的目标。

考核工作组对31个省（自治区、直辖市）目标完成情况、制度建设和措施落实情况进行了综合评价，形成考核结果。31个省（自治区、直辖市）2021年度考核等级均为合格以上，其中江苏、浙江、重庆、广东、上海、广西、江西、安徽、福建、贵州10个省（自治区、直辖市）考核等级为优秀。

2022年，各地区、各部门要全面落实习近平总书记“节水优先、空间均衡、系统治理、两手发力”治水思路和关于治水重要讲话指示批示要求，深入实施国家节水行动，强化水资源刚性约束，落实“四水四定”要求，全面提升水资源集约节约安全利用，促进经济社会发展与水资源承载能力相协调，推动生态文明建设和经济社会高质量发展，以优异成绩迎接党的二十大胜利召开。

实行最严格水资源管理制度考核工作组

2022年6月27日

水利部 全国总工会 全国妇联
关于第二届“寻找最美河湖卫士”
主题实践活动结果的通报*

（水河湖〔2022〕394号）

各省、自治区、直辖市河长办、水利（水务）厅（局）、总工会、妇联：

为进一步加强河长制湖长制宣传和舆论引导，进一步提高全社会对河湖保护的责任意识和参与意识，2022年6月，水利部、全国总工会、全国妇联联合组织开展第二届“寻找最美河湖卫士”主题实践活动。主题实践活动开展以来，各地认真组织推荐、宣传坚守河湖管护一线的基层河湖长、巡（护）河员、民间河湖长和志愿者先进事迹，有力推动河湖管理保护意识深入人心。经地方推荐提名、投票遴选等环节，现通报第二届“寻找最美河湖卫士”主题实践活动结果。请各地河长办、水利、总工会、妇联等部门综合利用网络、报刊等多种媒介，进一步加大宣传力度，营造全社会关爱河湖、珍惜河湖、保护河湖的浓厚氛围。

水利部 全国总工会 全国妇联

2022年11月1日

百名“最美河湖卫士”名单

一、“十大最美河湖卫士”10名（按姓氏笔画排序）

王孝文，陕西，志愿者

王锦彬，福建，乡级河长

刘俊巧（女），河北，民间河长

竹书鸿，浙江，民间河长

余克，江苏，民间河长

张洪春，黑龙江，巡（护）河员

何登琼（女），重庆，巡（护）河员

郑成仙（女），云南，乡级河长

彭启华，四川，村级河长

蔡继民，山东，巡（护）河员

二、“最美巾帼河湖卫士”10名（按姓氏笔画排序）

马丽（女），山西，志愿者

吕丽（女），内蒙古，巡（护）河员

次仁措（女），西藏，志愿者

孙莉（女），新疆，乡级河长

李青（女），上海，民间河长

李光霞（女），甘肃，村级河长

郑婷婷（女），辽宁，村级河长

黄国艳（女），天津，乡级河长

梁丽珠（女），广东，民间河长

曾冬喜（女），湖南，乡级河长

三、“最美基层河湖卫士”10名（按姓氏笔画排序）

马建军，新疆生产建设兵团，村级河长

池风兰（女），青海，巡（护）河员

杨仕文，广西，巡（护）河员

沈建民，宁夏，村级河长

李其柱，安徽，巡（护）河员

张黑弟，海南，巡（护）河员

陈殿国，北京，村级河长

陈楚楚（女），浙江，村级河长

周耀林，湖北，巡（护）河员

强晓忠，甘肃，巡（护）河员

四、“最美民间河湖卫士”10名（按姓氏笔画排序）

王启明，江西，民间河长

孙彩云（女），河南，民间河长

孙明艳（女），吉林，民间河长

刘惟炳，湖南，民间河长

李明法，四川，志愿者

李宝宝（女），山东，志愿者

李培昌，福建，民间河长

陆小龙，贵州，志愿者

赵德光，广东，民间河长

程瀛（女），江苏，志愿者

五、“最美河湖卫士”60名（各省份按姓氏笔画排序）

郁世民，北京，乡级河长

殷小平（女），北京，巡（护）河员

郝庆水，天津，村级河长

胡金领，天津，村级河长

张会军，河北，巡（护）河员

陈雪飞（女），河北，志愿者

霍剑军，河北，村级河长

刘军，山西，巡（护）河员

陈婉囡（女），山西，乡级河长

要斯图，内蒙古，巡（护）河员

敖云塔娜（女），内蒙古，村级河长

李红岩（女），辽宁，乡级河长

韩治兵，辽宁，村级河长

闫勋友，吉林，志愿者

栾鸽（女），吉林，志愿者

张志全，黑龙江，民间河长
梁月（女），黑龙江，村级河长
吴全英（女），上海，民间河长
葛园春（女），上海，民间河长
顾全，江苏，乡级河长
顾静（女），江苏，民间河长
宋晓，浙江，志愿者
郑李慧（女），浙江，乡级河长
吴丹（女），安徽，志愿者
袁祖发，安徽，村级河长
彭道发，安徽，民间河长
陈瑞明，福建，民间河长
林卡（女），福建，村级河长
彭启萍（女），江西，志愿者
熊波，江西，志愿者
李宁，山东，乡级河长
张霞（女），山东，村级河长
李森，河南，巡（护）河员
阚荣杰，河南，乡级河长
吴有才，湖北，民间河长
李春梅（女），湖北，村级河长
周玉琴（女），湖南，村级河长
孙莉莉（女），广东，志愿者
孙国健，广西，村级河长
沈扬凤（女），广西，志愿者
冯雪丽（女），海南，巡（护）河员
李敏，海南，民间河长
陈健，重庆，乡级河长
蒋世佳，重庆，村级河长
廖丹（女），重庆，志愿者
张慧玲（女），四川，民间河长
苏天福，贵州，志愿者
宋聚勇，贵州，巡（护）河员
杨敏（女），云南，村级河长
李克奇，云南，巡（护）河员
达娃，西藏，村级河长
索朗央宗（女），西藏，志愿者
王开强，陕西，民间河长
陈凤（女），陕西，巡（护）河员
冯学刚，甘肃，巡（护）河员
万玛加，青海，村级河长
党海伟，青海，村级河长
马凤莲（女），宁夏，巡（护）河员
徐茂，宁夏，乡级河长
邢娟（女），新疆，巡（护）河员

水利部办公厅　财政部办公厅关于公布2023—2024年水系连通及水美乡村建设县名单的通知

（办规计〔2022〕298号）

有关省（自治区、直辖市）水利（水务）厅（局）、财政厅（局）：

根据《水利部办公厅、财政部办公厅关于开展2023—2024年水系连通及水美乡村建设的通知》（办规计〔2022〕239号）有关要求，水利部、财政部组织专家对各地报送的水系连通及水美乡村建设县实施方案开展了评审，择优确定了纳入中央财政支持的2023—2024年水系连通及水美乡村建设县名单（见附件）。为做好相关建设工作，现将有关事项通知如下：

一是尽快修改完善实施方案。请相关省级水利、财政部门指导2023—2024年水系连通及水美乡村建设县，根据审核意见进一步修改完善实施方案，细化年度实施计划，经水利部审核同意后按程序审批，并于2022年12月底前将批复文件及实施方案报送水利部、财政部。

二是抓好建设项目实施。按照两年时间完成建设的要求，请相关省级水利、财政部门指导督促建设县加强组织领导，落实工作责任，统筹建设任务和建设时序，加快项目前期工作，积极落实建设资金，争取尽早开工建设。同时，强化建设管理，加强监督检查，确保按期完成建设任务。

三是加强资金使用管理。请相关省级水利部门、财政部门按照《水利发展资金管理办法》（财农〔2022〕81号）等相关规定，加强对建设县中央财政水利发展资金使用的监管。同时，指导督促建设县多渠道筹集项目建设资金，充分发挥资金合力；切实加快预算执行，不断提升资金使用管理水平。

水利部办公厅　财政部办公厅
2022年11月7日

附件：2023—2024年水系连通及水美乡村建设县名单

附件

2023—2024年水系连通及水美乡村建设县名单

序号	省　份	建设县
1	河北	宁晋县
2		平泉市
3	山西	沁源县

续表

序号	省　份	建设县
4	辽宁	清河区
5	吉林	抚松县
6	江苏	武进区
7		淮阴区
8	浙江	建德市
9		平阳县
10	安徽	固镇县
11		南陵县
12	福建	寿宁县
13		泰宁县
14	江西	井冈山市
15		宁都县
16	山东	莒南县
17		齐河县
18	河南	民权县
19		唐河县
20	湖北	竹溪县
21		丹江口市
22	湖南	醴陵市
23		芷江县
24	广东	开平市
25		茂南区
26	广西	宾阳县
27		钟山县
28	海南	东方市
29	重庆	城口县
30		永川区
31	四川	达川区
32		梓潼县

续表

序号	省　份	建设县
33	贵州	台江县
34		罗甸县
35	云南	陆良县
36		威信县
37	陕西	平利县
38	甘肃	秦州区
39	青海	大通县
40	宁夏	中宁县

第四届“守护幸福河湖”短视频征集活动获奖名单公布

由水利部河长办指导，中国水利水电出版传媒集团、水利部宣传教育中心、水利部水利风景区建设与管理领导小组办公室、水利部河湖保护中心、中国宋庆龄青少年科技文化交流中心共同主办的第四届“守护幸福河湖”短视频征集活动已圆满结束。活动得到全社会特别是各地水利相关单位的广泛关注和积极参与，共收到正式提交报名表的作品 1 594 部，其中“守护幸福河湖”主题活动 808 部，“60 秒看水美中国”专题活动 526 部，“跟着河长去巡河”专题活动 260 部。

活动组委会本着客观、公正、严谨的原则，组织完成了初审、网络投票、初评、复评、终评和公示工作，现将获奖名单予以公布。

第四届“守护幸福河湖”短视频征集
活动组委会办公室
2022 年 12 月 19 日

附件：1. “守护幸福河湖”主题活动获奖名单
2. “60 秒看水美中国”专题活动获奖名单
3. “跟着河长去巡河”专题活动获奖名单

“守护幸福河湖”主题活动获奖名单

奖项	作品名称	作者单位
一等奖（3 个）	那人那筏那条河	安徽省六安市河长办
	送给母亲的一封“情书”	重庆市永川区河长制办公室
	大兵小将	福建省河长制办公室　福州市河长制办公室

续表

奖项	作品名称	作者单位
二等奖（5个）	河之影	四川天府新区河长制办公室
	碧水守护者	贵州省水利厅
	步履不停	成都市金牛区河长制办公室
	归	河北省邯郸市复兴区河湖长制办公室
	吴江　我的家	苏州市吴江区河长办
三等奖（10个）	龙尾张的笑声	芜湖市湾沚区河长制办公室
	蚊蝇迁居大会	成都市双流区水务局
	一汪湖水清如许	江苏省秦淮河水利工程管理处
	炙热无声	新宁县河长制工作委员会办公室
	我以芳华付绿水	昆明市河（湖）长制工作领导小组办公室
	彼岸	怀宁县水利局
	库管员的夏天	永春县河长制办公室
	爱算小账的妈妈	四川省成都市河湖保护和智慧水务中心
	高考的故事	滁州市河长办
	幸福只道是寻常	珠海市水库管理中心
优秀奖（60个）	看我的吧！	淮南市河长办
	天井湖之恋	铜陵市铜官区河长办
	江湖	成都高新区河长制办公室　成都高新区生态环境和城市管理局
	家乡的那条河	黔西南州河湖长制办公室
	女掌柜们的护水情	南阳市河长制办公室
	孔雀湖畔	广东省江门市河长制办公室
	护得水韵沁香城——“博士河长”在新都	成都市新都区河长办
	以“检察之名”守护绿水青山	雨城区人民检察院
	龙湖之恋	蚌埠市河长制办公室
	我的御河	大同市河长制办公室
	深夜的电话	龙岩市水利局　龙岩市河长制办公室
	单舸撑来明镜里	嵩明县河长办
	心桥	安徽省合肥市河长制办公室
	守湖人	安宁市河长制工作领导小组办公室
	实制陵归	亳州市河长办
	草原上的吉祥河	巴林左旗河长制办公室
	信念成就奇迹	松山湖管委会
	“河”我一起，守护徽山绩水	绩溪县河长办
	就为那一河清水入长江——罗二爷护河记	毕节市河湖长制办公室

续表

奖项	作品名称	作者单位
优秀奖（60个）	兄弟	当涂县河长制办公室
	我家住在绛溪河畔	简阳市水务局　简阳市河长制办公室
	山水嵌明珠魅力天子湖	湖南省邵阳市邵阳县河长办
	冰城夏都　水乐光华	哈尔滨市河湖长制办公室
	追梦	新罗区河长制办公室龙岩市新罗区融媒体中心
	守望者	河北省河湖长制办公室
	熊猫幻想曲	成都市成华区农业和水务局
	清清	都江堰市水务局
	露天矿好心湖-城市边的“九寨沟”	茂名市河长办
	画一幅“画”	滁州市琅琊区河长办
	一座坝的一天	荥阳黄河河务局《黄河人　黄土　黄种人》杂志社
	幸福河湖追梦人	吉林省白山市水务局
	大海旁的幸福湖（洪潮江水库）	北海市洪潮江水库工程管理局
	共护母亲河共享八桂美	广西壮族自治区河长制办公室
	建德河长们的治水“法宝”	浙江省建德市水利局
	长江岸边我家乡	芜湖市全面推行河长制办公室
	保护母亲河绘就洣水新画卷	湖南省衡东县河长制工作委员会
	归之若水	福建省福州市长乐区河长办
	梦里水乡	四川省彭州市水务局
	守护与传承	金堂县水务局　金堂县河长制办公室
	一江畔武侯　明珠映江安	成都市武侯区水务局
	锦屏县建设清水江美丽河湖	锦屏县水务局
	民间河长	忠县水利局
	护河有我	秦皇岛市河湖长服务中心
	清清河湖水	宜章县黄岑水库管理所
	梦回麻川	黄山市黄山区农业农村水利局　黄山区融媒体中心
	河清清水亲亲	龙岩市水利局　龙岩市河长制办公室
	守护幸福河湖——重庆篇	重庆市河长办公室
	一所小学，走出一批批小河长 一位校长，养出一碧道兰花香	广州市水务局
	何叔，河疏	明光市河长办
	“美丽河湖点亮幸福生活”	陕西省汉中市留坝县河长办
	古今对话吴淞江	苏州市河长办
	小小护河先锋队之探寻公园式幸福河道	张家港市全面深化河长制改革工作领导小组办公室
	连接生态　连通幸福	广东省江门市河长制办公室

续表

奖项	作品名称	作者单位
优秀奖（60个）	安安与宁叔之较量	安宁市河长制工作领导小组办公室
	木兰溪治理赞	荔城区河长办
	滏水谣	河北省邯郸市河湖长制办公室
	守护人间天河	安徽省淠史杭灌区管理总局
	"河湖长说"系列短视频——温州篇	浙江河（湖）长学院
	虎门幸福河湖守护者	虎门镇全面推行河长制工作领导小组办公室
	守护	汉江集团库区管理中心
最佳人气奖（5个）	"河"我一起　守护母亲河	湖南省怀化市溆浦县河长制工作委员会办公室
	滕子京守护一江碧水	岳阳楼区河长办　岳阳楼区融媒体中心
	一江畔武侯　明珠映江安	成都市武侯区水务局
	就为那一河清水入长江——罗二爷护河记	毕节市河湖长制办公室
	雷知明：用脚步丈量河道，守护一汪碧水	湖南省嘉禾县水利局
优秀组织奖（12个）	广东省河长制办公室	
	四川省河长制办公室	
	安徽省全面推行河长制办公室	
	福建省河长制办公室	
	河北省河湖长制办公室	
	湖南省河长制工作委员会办公室	
	苏州市河长办	
	成都市河长制办公室	
	龙岩市水利局　龙岩市河长制办公室	
	广东省中山市全面推行河长制工作领导小组办公室	
	江苏省苏州市吴江区河长办	
	济南黄河河务局	

"60秒看水美中国"专题活动获奖名单

奖项	标题	景区名称	作者单位
一等奖（3个）	水美中国水韵江苏	江苏省水利风景区集锦	江苏省水利厅
	歌中仙境　梦里水乡	湖南永州金洞白水河水利风景区	金洞管理区河长制工作委员会办公室
	宿建德江	浙江建德新安江-富春江水利风景区	浙江省建德市水利局

续表

奖项	标题	景区名称	作者单位
二等奖（5个）	水美秦淮	江苏南京外秦淮河水利风景区	江苏省秦淮河水利工程管理处
	滇中画卷·明月湖水利风景区	云南九乡明月湖水利风景区	昆明市河（湖）长制工作领导小组办公室
	水美中国　诗画西海	江西庐山西海水利风景区	庐山西海风景名胜区管理委员会
	水美王家厂	湖南王家厂水利风景区	湖南澧县王家厂水库管理处
	水美中国·绿意海口	海南海口美舍河水利风景区	海口市河长制办公室
三等奖（12个）	丹山奇景锦水牵——韶关丹霞源水利风景区	广东韶关丹霞源水利风景区	韶关市河长办
	引滦明珠潘家口	河北迁西潘家口水利风景区	水利部海河水利委员会引滦工程管理局
	富水湖美百鸟飞	湖北通山富水湖水利风景区	湖北省富水水库管理局
	山清水秀九鹏溪	福建漳平九鹏溪水利风景区	漳平市河长制办公室
	江河安澜荡漾美好生活	浙江海宁钱江潮韵度假村水利风景区	嘉兴市杭嘉湖南排工程盐官枢纽管理所
	60秒看水美中国-水韵胥·浦·塘	江苏苏州胥·浦·塘水利风景区	苏州市水利工程管理处
	天湖锁钥安民生　湖清河晏润江淮	江苏淮安三河闸水利风景区	江苏省三河闸管理所
	幸福河新汴河	安徽宿州新汴河水利风景区	灵璧县全面实施河长制办公室
	水之城-乌兰浩特	内蒙古乌兰浩特洮儿河水利风景区	乌兰浩特市水利局
	与水共舞	贵州绥阳双门峡水利风景区	遵义市河长制办公室
	水美玉湖	广东茂名玉湖水利风景区	茂名市河长办
	兴安灵渠	广西桂林灵渠水利风景区	兴安县河长办
优秀奖（39个）	邢襄古水韵，魅力七里河	河北邢台七里河水利风景区	邢台市七里河建设管理中心
	诗意大圣湖，幸福一方人	江苏连云港花果山大圣湖水利风景区	连云港市市区水工程管理处
	江南风物镜中看	江苏金坛愚池湾水利风景区	常州市金坛区愚池湾水利风景区管理处
	水美陆水	湖北陆水水库水利风景区	长江水利委员会陆水试验枢纽管理局
	60秒看水美中国-旺山水利风景区	江苏苏州旺山水利风景区	苏州市吴中区水务局
	江苏省泰州引江河风景区	江苏泰州引江河水利风景区	江苏省泰州引江河管理处
	60秒看水美中国	湖南边城茶峒水利风景区	花垣县河长办
	水美考亭——考亭水利风景区	福建南平考亭水利风景区	考亭水利风景区（南平市建阳区旅游发展有限公司）
	湘江源头美如画	湖南蓝山湘江源水利风景区	蓝山县水利局
	钟灵毓秀大别山　源清流洁东淠河	安徽六安佛子岭水库水利风景区	霍山县河长办

续表

奖项	标　　题	景区名称	作者单位
优秀奖（39 个）	水美青龙潭	江苏常州青龙潭水利风景区	常州市城市防洪工程管理处（青龙潭水利风景区管理中心）
	红旗渠风景区欢迎您	河南红旗渠水利风景区	红旗渠风景区
	铜都翡翠-天井湖	安徽铜陵天井湖水利风景区	铜陵九鼎传媒
	江淮中流，手绘枢纽	江苏淮安水利枢纽水利风景区	江苏省灌溉总渠管理处
	绿水长流	福建华安九龙江水利风景区	华安县河长办
	60 秒看最美青龙湖	安徽宁国青龙湾水利风景区	宁国市水利局
	水韵赤山湖	江苏句容赤山湖水利风景区	句容市赤山湖管理委员会
	淄博黄河水利风景区	山东淄博黄河水利风景区	山东黄河河务局淄博黄河河务局
	天然明镜，一汪深情	江苏昆山明镜荡水利风景区	昆山市水务局
	佛山市顺德区乐从水利风景区	广东佛山乐从水利风景区	佛山市顺德区乐从镇河长制工作领导小组办公室
	光武帝重游壶口	陕西黄河壶口瀑布水利风景区	陕西黄河壶口文化旅游发展有限责任公司
	幸福河湖　魅力曲阳	保定易水湖水利风景区	河北省保定市曲阳县产德镇人民政府
	水韵护城河	山东惠民古城河水利风景区	惠民县河长制办公室
	醉美龙河口	安徽六安龙河口（万佛湖）水利风景区	舒城县河长办
	看燕赵水利风景区	河北省水利风景区集锦	河北省河湖长制办公室
	水美月城	江苏江阴芙蓉湖水利风景区	江阴市水利局
	水美方与圆	福建南靖土楼水乡水利风景区	南靖县河长办
	氿见灵湖　福至一方	江苏阳羡湖水利风景区	宜兴市油车水库管理所
	水美淠史杭	安徽横排头水利风景区	安徽省淠史杭灌区管理总局
	水美江滩	湖北武汉江滩水利风景区	武汉市江滩管理办公室
	“河长制”守护下的“醉美”岱仙湖	福建德化岱仙湖水利风景区	德化县河长制办公室　德化县水口镇人民政府
	醉美丰都龙河	重庆丰都龙河谷水利风景区	重庆市丰都县龙河示范河湖建设办　丰都县河长办公室
	水美八马醉游人	江西新余八马水利风景区	江西省新余市八马水利风景区
	幸福河湖入画来	河北迁西滦水湾水利风景区	迁西县河长制办公室
	陶都宜兴　醉氧竹海	江苏宜兴竹海水利风景区	无锡市竹海公园服务有限公司
	亲清横山水　饮水当思源	江苏宜兴横山水库水利风景区	宜兴市横山水库管理所
	梯子坝国家水利风景区	山东梯子坝水利风景区	邹平黄河河务局
	新疆喀什吐曼河国家水利风景区宣传短片	新疆喀什吐曼河水利风景区	喀什市水利局
	河畅、水美，幸福河湖	福建省水利风景区集锦	福建省水利风景区建设管理办公室

续表

奖项	标　题	景区名称	作者单位
优秀组织奖（10个）		江苏省水利厅	
		广东省水利厅	
		河北省水利厅	
		苏州市河长办	
		安阳市河长制办公室	
		广安市河长制办公室	
		黔南州河湖长制办公室	
		苏州市姑苏区河长办	
		黄山市徽州区水利局	
		红旗渠风景区	

“跟着河长去巡河”专题活动获奖名单

奖项	作品名称	作者单位
一等奖（3个）	跟着河长去巡河	安宁市河长制工作领导小组办公室
	永福守护河湖，与我同行	永福县河长制办公室
	李想的河长	泰州市河长制办公室
二等奖（5个）	大喇叭爷爷	昆明市河（湖）长制工作领导小组办公室
	从此锦江·川流不息——跟着河长去巡河	成都市双流区河长制办公室
	让城镇因水而灵动	安庆市河长制办公室
	擦亮天空之镜	江苏省秦淮河水利工程管理处
	山与河	广安区河长制办公室
三等奖（8个）	水阳江上	宣城市宣州区水利局
	小河长大使命	遵义市河长制办公室
	跟着网红河长去巡河——最美基层河长刘钧	张家港市全面深化河长制改革工作领导小组办公室（张家港市河长办）
	寄情河长治理　护住绿水青山	珠海市香洲区全面推行河长制工作领导小组办公室
	民间河长彭道发的一天	宁国市水利局
	一江清水的承诺	黄山市水利局
	巡河童谣	湖南省怀化市溆浦县河长制工作委员会办公室
	倾情守护一泓碧水·绘就幸福河湖画卷	海口市河长制办公室
优秀奖（40个）	我的家乡河	吉林省四平市梨树县水利局
	生态廊道串起“美丽乡愁”——大亚湾晓联河村级河长的巡河记	惠州市大亚湾区河长办
	用心呵护城市绿水·同心共守美丽春城	长春汽车经济技术开发区河长制办公室
	无水河长的“治水经”	福建省晋江市河长制办公室
	撒梅河长的一天	昆明经济技术开发区河长办
	守望	上杭县河长制办公室

续表

奖项	作品名称	作者单位
优秀奖（40个）	跟着河长去巡河	广东省中山市民众街道全面推行河长制工作领导小组办公室
	初心如磐，责任在肩，同护幸福长河	迁西县河长制办公室
	河流守护神——河长	保亭黎族苗族自治县河长制办公室
	护河人	广西防城港市河长办
	蝶变龙里河	贵州省龙里县河长制办公室
	谭春秀——我的邕江我的河	南宁市河长制办公室　南宁市水利局
	在水一方，护水有责	江门市河长制办公室
	你好河长	铜陵市郊区河长办
	最美普法公益变集体	湖南省怀化市溆浦县河长制工作委员会办公室
	守护绿水青山　共享绿色发展	澄江市融媒体中心
	民间河长关艺敏	辽源市河长制办公室
	她与河道共成长	成都市青羊区河长制办公室　成都市青羊区综合行政执法局
	河长带你去巡河	西樵镇河长办
	爸爸的河	汨罗市河长制工作委员会办公室
	跟着民间河长去巡河	贵州省铜仁市碧江区河长制办公室
	脚步	河北省河湖长制办公室
	走，巡河去	宁夏隆德县水务局
	你“河”我——保护松花江母亲河联盟民间河长巡河记	哈尔滨市河湖长制办公室
	跟着河长去巡河	佛山市南海区桂城街道河长制工作领导小组办公室
	我的河长我的河	蒲江县水务局
	仁者爱水·治者护水	铜仁市河长制工作办公室
	呵护一方碧水共建美好家园	新疆克州河湖长办
	用情护水，守岸绿景美	重庆市大足区河长办
	河长日志	上海市闵行区河长办
	河长，侬好	苏州高铁新城（北河泾街道）全面深化河长制改革工作领导小组办公室
	我的村庄我的河	上海市崇明区河长制办公室
	让我们共同守护、创建美好生态家园	深圳市宝安区新桥街道新桥社区工作站
	以“长”治河，共建幸福家园	平塘县河长制办公室
	坚守河畔　呵护青山绿水	普洱市河长制办公室
	不忘初心筑梦河湖	邯郸市涉县河湖长制办公室
	跟着河长去巡河	宁津县河长制办公室
	踏山河万里，护千顷澄碧	漳浦县河长制办公室
	履河长使命　育幸福生活	鹿寨县河长制办公室
	爱岗敬业　筑梦清河	河北省张家口市清水河河务中心

续表

奖项	作品名称	作者单位
优秀组织奖（10个）	湖南省河长制工作委员会办公室	
	河北省河湖长制办公室	
	广东省河长制办公室	
	佛山市河长制办公室	
	衡水市河长制办公室	
	宣城市河长制办公室	
	安庆市河长制办公室	
	揭阳市河长制办公室	
	湖南省怀化市溆浦县河长制工作委员会办公室	
	大城县河长制办公室	

水利部办公厅　财政部办公厅
关于公布2020—2021年水系连通及水美乡村建设试点县实施情况终期评估结果的通知
（办规计〔2022〕170号）

有关省（自治区、直辖市）水利（水务）厅（局）、财政厅（局）：

按照《水利部办公厅、财政部办公厅关于开展2020—2021年水系连通及水美乡村建设试点县实施情况终期评估的通知》（办规计〔2022〕13号）要求，水利部、财政部组织完成了第一批55个试点县实施情况终期评估工作，现将评估结果予以公布，并就有关事项通知如下。

一、试点县实施情况

第一批水系连通及水美乡村试点县于2020年启动实施。自实施以来，各试点县加强组织领导，建立工作机制，细化工作举措，落实建设资金，全力推进试点建设，较好地完成了各项任务，基本实现预期目标，形成了一批典型经验做法。第一批试点县建设累计完成投资289亿元，治理河流900多条、湖塘1 200多处，实施水系连通400多公里，新建改建生态护岸4 000多公里，受益村庄达3 300多个。通过治理，河道防洪、灌溉、供水等基本功能得到恢复，治理区水安全保障能力明显提升，河湖生态功能和农村水环境显著改善，建成一批各具特色的县域综合治水示范样板，有力助推了乡村振兴，进一步增强了农村群众的获得感、幸福感、安全感。

二、终期评估结果

水利部、财政部组织成立覆盖多专业的评估专家组，对55个试点县报送的自评材料认真复核，并结合视频答疑、流域机构日常指导监督情况，从任务完成、过程管理、建设成效、满意程度等4方面，逐一评定各试点县得分。根据评分结果，31个试点县为优秀等级，15个试点县为良好等级，9个试点县为合格等级（详见附件）。终期评估结果将作为2023年试点县名额分配的重要参考。

三、下一步工作要求

（一）切实抓好收尾工作。省级水利、财政部门要指导督促第一批试点县抓好建设收尾工作，加强组织实施和协调推动，确保6月底前全面完成建设任务。对于建设任务已经完成的试点县，要及早组织开展验收工作，力争年底前全面完成完工验收和竣工验收。要加强建后管护工作，落实管护主体、人员和经费，确保已建工程持久发挥效益。

（二）及时总结经验做法。省级水利、财政部门和试点县要认真总结提炼试点建设中的好经验、好做法，深入分析存在的问题，积极组织开展交流研讨，健全完善相关制度办法，指导后续试点县更好推进项目建设，确保按期高质量完成各项建设任务。

（三）加强新闻宣传报道。省级水利、财政部门和试点县要充分利用电视、报纸及新媒体平台等渠道，大力宣传试点建设经验做法，全面展现水美乡村建设成效，用群众听得懂的语言，讲好水美乡村故事，进一步凝聚社会共识，营造全社会关心支持水美乡村建设的良好氛围。

水利部办公厅　财政部办公厅

2022年6月2日

附件：2020—2021年水系连通及水美乡村建设试点县实施情况终期评估结果

2020—2021年水系连通及水美乡村建设县名单

序号	省 份	建设县	序号	省 份	建设县
1	河北	宁晋县	21	湖北	丹江口市
2		平泉市	22	湖南	醴陵市
3	山西	沁源县	23		芷江县
4	辽宁	清河区	24	广东	开平市
5	吉林	抚松县	25		茂南区
6	江苏	武进区	26	广西	宾阳县
7		淮阴区	27		钟山县
8	浙江	建德市	28	海南	东方市
9		平阳县	29	重庆	城口县
10	安徽	固镇县	30		永川区
11		南陵县	31	四川	达川区
12	福建	寿宁县	32		梓潼县
13		泰宁县	33	贵州	台江县
14	江西	井冈山市	34		罗甸县
15		宁都县	35	云南	陆良县
16	山东	莒南县	36		威信县
17		齐河县	37	陕西	平利县
18	河南	民权县	38	甘肃	秦州区
19		唐河县	39	青海	大通县
20	湖北	竹溪县	40	宁夏	中宁县

2022年省级河长湖长名录

序号	省级行政区	省级河湖长姓名	行政职务	所负责河湖	备 注
1	北京	蔡 奇	市委书记	总河长	1—11月
		尹 力	市委书记	总河长	11—12月
		陈吉宁	市委副书记、市长	总河长	1—10月
		殷 勇	市委副书记、代市长	总河长	10—12月
		崔述强	市委常委、常务副市长	大清河流域	
		齐 静	市委常委、政法委书记	潮白河流域	
		殷 勇	市委常委、副市长	凤河（凤港减河）流域	1—10月
		孙梅君	市委常委、组织部部长	蓟运河（泃河）流域	
		莫高义	市委常委、宣传部部长	清河流域	
		夏林茂	市委常委、教育工委书记	密云水库流域	
		张建东	副市长	官厅水库流域	
		隋振江	副市长	城市河湖流域	

续表

序号	省级行政区	省级河湖长姓名	行政职务	所负责河湖	备　注
1	北京	卢　彦	副市长	永定河（平原段）流域	
		王　红	副市长	十三陵水库流域	
		杨晋柏	副市长	永定河（山区段）流域	
		亓延军	副市长	沙河水库流域	
		谈绪祥	副市长	北运河流域	
2	天津	李鸿忠	市委书记	市总河湖长，河湖长制全面工作	
		陈敏尔	市委书记	市总河湖长，河湖长制全面工作	12月
		廖国勋	市委副书记、市长	市总河湖长，河湖长制全面工作	1—5月
		张　工	市委副书记、市长	市总河湖长，河湖长制全面工作	5—12月
		孙文魁	副市长	海河干流水系（含引滦）行洪河道、大黄堡湿地、七里海湿地	1—3月
		孙文魁	副市长	海河干流水系河道、城市排水河道、供水河道、大黄堡湿地、七里海湿地、北塘水库、王庆坨水库、尔王庄水库、于桥水库	3—10月
		李树起	副市长	北三河、永定河、大清河、子牙河、漳卫南运河水系河道、北大港湿地（水库）、团泊湿地（水库）	
		周德睿	副市长	城市排水河道、供水河道、北塘水库、王庆坨水库、尔王庄水库、于桥水库	1—3月
		杨　兵	副市长	海河干流水系河道、城市排水河道、供水河道、大黄堡湿地、七里海湿地、北塘水库、王庆坨水库、尔王庄水库、于桥水库	10—12月
3	河北	王东峰	省委书记、省人大常委会主任	总河湖长	1—5月
		倪岳峰	省委书记、省人大常委会主任	总河湖长	5—12月
		王正谱	省委副书记、省长	总河湖长	
		廉毅敏	省委副书记	滦河（冀蒙界至入海口）	

续表

序号	省级行政区	省级河湖长姓名	行政职务	所负责河湖	备注
3	河北	葛海蛟	常务副省长	潴龙河（安国市军诜村至高阳县大教台村）、赵王新河（枣林庄枢纽至西码头闸）	
		刘　凯	副省长	南运河（冀鲁界至冀津界）、卫运河（馆陶县徐万仓村至四女寺枢纽）	1—6月
		刘文玺	副省长	南运河（冀鲁界至冀津界）、卫运河（馆陶县徐万仓村至四女寺枢纽）	6—7月
		时清霜	副省长	南水北调中线工程干线（豫冀界至冀京界）、滏东排河（宁晋县孙家口村至冯庄闸）	
		严鹏程	副省长	永定河（洋河、桑干河汇流口至冀京界、冀京界至冀津界）	
		高云霄	副省长	潮白河（京冀界至吴村枢纽）、北运河（京冀界至冀津界）	
		胡启生	副省长	滹沱河（冀晋界至献县枢纽）、子牙新河（献县枢纽至冀津界）	
		张国华	省委常委、副省长、雄安新区党工委书记、管委会主任	白洋淀	
		时清霜	副省长	衡水湖	
4	山西	林　武	省委书记、省人大常委会主任	省总河湖长	
		蓝佛安	省委副书记、省长	省总河长、汾河	
		张吉福	省委常委、常务副省长	省副总河长、涑水河	4—12月
		卢东亮	省委常委、大同市委书记	省副总河长、桑干河（御河）	4—12月（1—3月为张吉福）
		韦　韬	省委常委、太原市委书记	省副总河长、潇河（含太榆退水渠）	4—12月（1—3月为罗清宇）
		贺天才	副省长	省副总河长（省总湖长）、黄河山西段	
		张复明	副省长	漳河	
		孙洪山	副省长	滹沱河	4—12月（1—3月为王一新）

续表

序号	省级行政区	省级河湖长姓名	行政职务	所负责河湖	备 注
4	山西	汤志平	副省长	沁河	4—12 月（1—3 月为卢东亮）
		于英杰	副省长	唐河、沙河	
5	内蒙古	石泰峰	自治区党委书记	第一总河湖长	（1—4 月）
		孙绍骋	自治区党委书记	第一总河湖长	（4—12 月）
		王莉霞	自治区党委副书记、主席	总河湖长	
		杨伟东	自治区党委副书记、政法委书记	副总河湖长	
		李秉荣	自治区副主席	副总河湖长	
		黄志强	自治区党委常委、常务副主席	呼伦湖、额尔古纳河	
		张韶春	自治区副主席	岱海	
		艾丽华	自治区副主席	西辽河	
		李秉荣	自治区副主席	黄河内蒙古段、乌梁素海	
		奇巴图	自治区副主席	嫩江内蒙古段	
		包献华	自治区副主席	黑河内蒙古段、居延海	
6	辽宁	张国清	省委书记、省人大常委会主任	省总河长	
		李乐成	省委副书记、省长	省总河长	
		王　健	省委常委、常务副省长	省副总河长、浑河水系	
		张立林	省委常委、副省长	绕阳河水系	
		陈绿平	副省长	辽东南沿海诸河水系	
		姜有为	副省长	辽河水系	
		王明玉	副省长	省副总河长、大凌河水系、鸭绿江水系（兼任）	5 月兼任鸭绿江水系省级河长
		高　涛	副省长	小凌河水系	
		郑　艺	副省长	太子河水系	
7	吉林	景俊海	省委书记	省总河长	
		韩　俊	省长	省总河长	
		刘　伟	省委副书记	省副总河长，松花江	2—12 月（1 月为高广滨）
		韩福春	副省长	省副总河长，东辽河、查干湖	
		李明伟	省委常委、省政法委书记	嫩江	7—12 月（1—6 月为范锐平）
		吴靖平	省委常委、常务副省长	饮马河	
		阿　东	省委常委、宣传部部长	浑江	
		胡家福	省委常委、延边州委书记	图们江	
		张恩惠	省委常委、组织部部长	鸭绿江	
		张志军	省委常委、长春市委书记	伊通河	
		刘金波	副省长、省公安厅厅长	拉林河	
		刘　凯	副省长	辉发河	

续表

序号	省级行政区	省级河湖长姓名	行政职务	所负责河湖	备 注
8	黑龙江	许 勤	省委书记	省总河湖长	
		胡昌升	省长	省总河湖长	
		梁惠玲	省长	省总河湖长	12月
		陈海波	省委副书记	黑龙江	1—5月
		王志军	省委副书记	黑龙江	5—12月
		张 巍	省纪委书记、监委主任	呼兰河	
		沈 莹	副省长	挠力河	
		徐建国	统战部部长	拉林河	
		杨 博	组织部部长	汤旺河	
		李玉刚	政法委书记	倭肯河	
		何良军	宣传部部长	乌苏里江、兴凯湖	
		于洪涛	省委秘书长	牡丹江	
		孙东生	副省长	讷谟尔河	
		余 建	副省长	穆棱河	7—12月
		李 毅	副省长、公安厅厅长	通肯河	
9	上海	李 强	市委书记	总河长	1—10月
		陈吉宁	市委书记	总河长	10—12月
		龚 正	市委副书记、市长	总河长	
		彭沉雷	副市长	副总河长，长江口（上海段）、黄浦江、吴淞江（上海段）—苏州河、淀山湖（上海部分）、太浦河（上海段）等5条河湖河长	
		王为人	政府副秘书长	拦路港—泖河—斜塘、红旗塘（上海段）—大蒸塘—园泄泾、胥浦塘—掘石港—大泖港、元荡（上海部分）等4条河湖河长	
10	江苏	吴政隆	省委书记、 省人大常委会主任	总河长	
		许昆林	省委副书记、省长	总河长	
		邓修明	省委常委、政法委书记	淮河入江水道（含金宝航道）、邵伯湖、高邮湖、宝应湖、白马湖	
		张爱军	省委常委、宣传部部长	淮河入海水道、苏北灌溉总渠	
		费高云	省委常委、常务副省长	苏南运河	

续表

序号	省级行政区	省级河湖长姓名	行政职务	所负责河湖	备　注
10	江苏	韩立明	省委常委、南京市委书记	秦淮河（含秦淮新河、外秦淮河）	
		赵世勇	省委常委、组织部部长	京杭大运河苏北段（含不牢河）、微山湖	
		惠建林	省委常委、统战部部长	沂河、新沂河、分淮入沂	
		潘贤掌	省委常委、秘书长	里下河地区湖泊群（含三阳河、潼河）	
		曹路宝	省委常委、苏州市委书记	太浦河、吴淞江、淀山湖	
		陈星莺	副省长	石臼湖、固城湖	
		马　欣	副省长	通榆河、泰州引江河、新通扬运河	
		胡广杰	副省长	新孟河、新沟河、滆湖、长荡湖	
		储永宏	副省长	省级副总河长，洪泽湖、淮河江苏段	
11	浙江	袁家军	省委书记	总河长	
		王　浩	省长	总河长	
		黄建发	省委副书记	曹娥江	
		卢　山	副省长	钱塘江、新安江水库	
		李学忠	省人大常委会副主任	苕溪	
		史济锡	省人大常委会副主任	运河	
		陈小平	省政协副主席	飞云江	
		周国辉	省政协副主席	瓯江	
		徐文光	副省长	太湖	
12	安徽	郑栅洁	省委书记	总河长，长江干流安徽段	
		王清宪	省长	总河长，淮河干流安徽段	
		刘　惠	省委常委、常务副省长	副总河长	
		虞爱华	省委常委、合肥市委书记	巢湖	
		张红文	省委常委、常务副省长	枫沙湖	
		何树山	副省长	高塘湖	
		王翠凤	副省长	石臼湖	
		张曙光	副省长	副总河长，菜子湖、焦岗湖	
		钱三雄	副省长	龙感湖	
		杨光荣	副省长	高邮湖	
		周喜安	副省长	新安江干流、天河湖	
13	福建	尹　力	省委书记、省人大常委会主任	总河湖长	
		赵　龙	省委副书记、省长、党组书记	总河湖长	

续表

序号	省级行政区	省级河湖长姓名	行政职务	所负责河湖	备注
13	福建	郑建闽	副省长	副总河湖长，闽江流域	
		林文斌	副省长、党组成员	副总河湖长，敖江流域	
		李建成	副省长、党组成员	副总河湖长，九龙江流域	
14	江西	易炼红	省委书记	总河湖长	3—12月
		尹　弘	省委书记	总河湖长	12月
		叶建春	省委副书记、省长	副总河湖长	
		吴忠琼	省委副书记	赣江流域	
		曾文明	省人大常委会副主任	信江流域	
		张小平	省人大常委会副主任	抚河流域	
		陈小平	副省长	饶河流域	
		罗小云	副省长	鄱阳湖流域	1—7月
		尹建业	省政协副主席	长江江西段	
		刘卫平	省政协副主席	修河流域	
15	山东	李干杰	省委书记、 省人大常委会主任	总河长	
		周乃翔	省委副书记、省长	总河长，黄河、东平湖	
		陆治原	省委副书记、 青岛市委书记	副总河长，潍河、胶东调水输水干线、大沽河、峡山水库、墙夼水库、产芝水库	
		曹赞荣	省委常委、常务副省长	副总河长，小清河、南水北调工程山东段输水干线（济平干渠、济南市区段、济东明渠段）、马踏湖	
		江　成	副省长	副总河长，沂河、沭河、跋山水库、沙沟水库、青峰岭水库、田庄水库	
		凌　文	副省长	东鱼河、洙赵新河、韩庄运河、梁济运河、南水北调工程山东段输水干线（柳长河段）、南四湖	
		孙继业	副省长	大汶河、雪野水库	
		范华平	副省长、公安厅厅长	徒骇河、马颊河、德惠新河、南水北调工程山东段输水干线（小运河、七一河、六五河段）、芽庄湖	
		范　波	副省长	漳卫南运河、泗河、贺庄水库	

续表

序号	省级行政区	省级河湖长姓名	行政职务	所负责河湖	备 注
16	河南	楼阳生	省委书记	第一总河长	
		王 凯	省委副书记，省政府省长	总河长，黄河花园口以下段	
		周 霁	省委副书记、政法委书记	副总河长，黄河花园口以上段	
		孙守刚	省委常委，常务副省长	涡惠河	
		江 凌	省委常委，洛阳市委书记	伊洛河	
		曲孝丽	省委常委，省纪委书记、监委主任	沁河	
		王战营	省委常委，宣传部部长	颍河	
		陈 星	省委常委、省委秘书长	史灌河	
		安 伟	省委常委、郑州市委书记	贾鲁河	
		徐元鸿	省委常委，河南省军区政委	金堤河	
		王 刚	省委常委、组织部部长	淇河	
		张雷鸣	省委常委、统战部部长	漳河	
		刘玉江	副省长	沙河	
		宋争辉	副省长	洪汝河	
		孙运锋	副省长	唐白河（含丹江）	
		张 敏	副省长	沙颍河	
		郑海洋	副省长	沱河、淮河、南水北调水源区及干线工程	
		刘尚进	副省长	卫河	
17	湖北	王蒙徽	省委书记	总河湖长	
		王忠林	省委副书记、省长	总河湖长，长江	
		李荣灿	省委副书记	汉江、东荆河	
		郭元强	省委常委、武汉市委书记	府澴河	
		许正中	省委常委、宣传部部长	长湖	
		张文兵	省委常委、组织部部长	清江	
		董卫民	省委常委、常务副省长	沮漳河	
		肖菊华	省委常委、政法委书记	富水	
		宁 咏	省委常委、统战部部长	洪湖	
		王祺扬	省委常委、襄阳市委书记	南河	
		陈新武	省委常委、省委秘书长	汉北河	
		赵海山	副省长	斧头湖	
		杨云彦	副省长	龙感湖	
		徐文海	副省长	汈汊湖	

续表

序号	省级行政区	省级河湖长姓名	行政职务	所负责河湖	备注
18	湖南	张庆伟	省委书记	省总河长	
		毛伟明	省委副书记、省长	省总河长	
		朱国贤	省委副书记	省副总河长、沅水干流	
		王双全	省委常委、纪委书记	省河湖长制落实情况的监督检查	
		李殿勋	常务副省长	湘江干流	
		张迎春	副省长	省河长办主任，洞庭湖	
		王　成	省委常委、组织部部长	㵲水	1—2月
		肖百灵	组织部常务副部长	㵲水（代管）	3—6月
		汪一光	省委常委、组织部部长	㵲水	7—12月
		吴桂英	省委常委、长沙市委书记	浏阳河	
		隋忠诚	省委常委、统战部部长	渌水	
		谢卫江	省委常委、秘书长	涟水	
		魏建锋	省委常委、政法委书记	黄盖湖	
		杨浩东	省委常委、宣传部部长	耒水	
		何报翔	副省长	资水干流	
		陈　飞	副省长、国资委党委书记	长江湖南段	
		许显辉	副省长、公安厅厅长	酉水	
		王一鸥	副省长	澧水干流	1—5月
		李建中	副省长	澧水干流	5—12月
		秦国文	副省长、衡阳市委书记	舂陵水	
19	广东	李　希	省委书记	第一总河长	1—11月
		黄坤明	省委书记	第一总河长	12月
		王伟中	省委副书记、省长	第一副总河长	
		张　虎	省委常委、常务副省长	副总河长，西江流域	
		叶贞琴	省委常委	副总河长，北江流域	1—11月
		王瑞军	省委常委	副总河长，北江流域	12月
		许瑞生	副省长	副总河长，韩江流域	1—11月
		王　曦	副省长	副总河长，韩江流域	12月
		陈良贤	副省长	副总河长，东江流域、潼湖	
		孙志洋	副省长	副总河长，鉴江流域	
		王志忠	副省长、公安厅厅长	副总河长、省河湖第一总警长	

续表

序号	省级行政区	省级河湖长姓名	行政职务	所负责河湖	备　注
20	广西	刘　宁	自治区党委书记	总河长	
		蓝天立	自治区党委副书记、自治区主席	总河长	
		刘小明	自治区党委副书记	西江干流自治区河长	
		蔡丽新	自治区党委常委、自治区常务副主席	柳江干流自治区河长	
		许永锞	自治区党委常委、自治区副主席	桂江干流自治区河长	
		方春明	自治区副主席	郁江干流自治区河长	
21	海南	毛万春	省政协党组书记、主席	南渡江、松涛水库、松涛东干渠	
		沈丹阳	省委常委，党组副书记、副省长	加浪河、白石溪、塔洋河、沙荖河	
		冯忠华	省委常委、副省长、组织部部长	石碌河、光村水	
		王　斌	省委常委、副省长、宣传部部长	南洋河、文教河	
		苗延红	省委常委、省政协党组副书记、统战部部长	宁远河、雅边方河、龙潭河	
		巴特尔	省委常委、省委秘书长	新吴溪、洋坡溪、卜南河	3—12月
		李　军	省人大常委会党组书记、副主任	万泉河、牛路岭水库	
		胡光辉	省人大常委会党组副书记、副主任	珠碧江、大岭河、打拖河	
		肖　杰	省人大常委会党组成员、副主任	藤桥河、藤桥西河、英州河	
		苻彩香	省人大常委会党组成员、副主任	西昌溪、岭后河	
		孙大海	省人大常委会党组成员、副主任	石滩河、贤水、腰子河、南水吉沟	
		王　路	副省长	老城河、大塘河、美龙河	
		刘平治	副省长	昌化江、大广坝水库、戈枕水库	
		闫希军	副省长	定安河、沟门村水、文曲河	3—12月
		倪　强	副省长	文昌江、北山溪	6—12月
		肖莺子	省政协党组副书记、副主席	文澜河、光吉河、尧龙河、文科河	6—12月
		李国梁	省政协党组副书记、副主席	陵水河、板来河、金聪河、长兴河	

续表

序号	省级行政区	省级河湖长姓名	行政职务	所负责河湖	备 注
22	重庆	陈敏尔	市委书记	总河长，长江	
		胡衡华	市委副书记、市长	总河长，嘉陵江	
		张 轩	市人大常委会主任	梁滩河	
		王 炯	市政协主席	璧南河	
		李明清	市委副书记、政法委书记	乌江	
		陆克华	市委常委、常务副市长	涪江、濑溪河	
		宋依佳	市委常委、市纪委书记、市监委代理主任	大溪河	
		姜 辉	市委常委、宣传部部长	龙河	
		蔡允革	市委常委、组织部部长	芙蓉江	
		张鸿星	市委常委、两江新区党工委书记	御临河	
		陈鸣波	市委常委、副市长	小安溪	
		于会文	市委常委、万州区委书记	磨刀溪	
		卢 红	市委常委、统战部部长	龙溪河	
		罗 蔺	市委常委、秘书长、办公厅主任	长江（协助）	
		刘士胥	市委常委、警备区司令员	渠江	
		胡明朗	副市长、市公安局党委书记、局长	梅溪河	
		郑向东	副市长	阿蓬江、大宁河、郁江（代管）	
		但彦铮	副市长	小江（澎溪河）	
		董建国	副市长	琼江	
23	四川	王晓晖	省委书记、省人大常委会主任	总河长	
		黄 强	省委副书记、省长	总河长	
		杨洪波	省人大常委会副主任	沱江	
		廖建宇	省委常委、省纪委书记、省监委主任	岷江	
		陈 炜	省委常委、省委秘书长	岷江	
		罗 强	副省长	雅砻江	
		田向利	省政协主席	安宁河	
		杨兴平	副省长	安宁河	
		李云泽	省委常委、副省长	长江（金沙江）	

续表

序号	省级行政区	省级河湖长姓名	行政职务	所负责河湖	备　注
23	四川	曲木史哈	省政协副主席	长江（金沙江）	
		郑　莉	省委常委、宣传部部长	大渡河	
		尧斯丹	省政协副主席	大渡河	
		靳　磊	省委常委、省委政法委书记	泸沽湖、嘉陵江	
		叶寒冰	副省长	泸沽湖、嘉陵江	
		赵俊民	省委常委、统战部部长	涪江	
		田庆盈	副省长	涪江	
		于立军	省委常委、组织部部长	渠江	
		王一宏	省人大常委会副主任	青衣江	
		胡　云	副省长	黄河	
		祝春秀	省政协副主席	黄河	
		邓　勇	省人大常委会副主任	赤水河	
		杜和平	省政协副主席	琼江	
24	贵州	谌贻琴	省委书记、 省人大常委会主任	乌江干流	总河湖长
		李炳军	省委副书记、省长	乌江干流	总河湖长
		刘晓凯	省政协主席	赤水河	
		时光辉	省委副书记、政法委书记	草海	
		卢雍政	省委常委、宣传部部长	芙蓉江	
		吴　强	省委常委、常务副省长	重安江	
		胡忠雄	省委常委、贵阳市委书记、 贵安新区党工委书记	猫跳河	
		谭　炯	省委常委、统战部部长	瓮安河	
		吴胜华	省委常委、毕节市委书记	白甫河	
		李　睿	省委常委、遵义市委书记	湘　江	
		时玉宝	省委常委、组织部部长	清水江	
		陈少波	省委常委、省委秘书长	黄泥河	
		慕德贵	省人大常委会 党组书记、副主任	三岔河	
		蓝绍敏	省人大常委会副主任	马别河	
		何　力	省人大常委会副主任	水城河	
		李飞跃	省人大常委会副主任	㵲阳河	
		桑维亮	省人大常委会副主任	都柳江	
		王　忠	省人大常委会副主任	桐梓河	
		杨永英	省人大常委会副主任	红水河	
		王世杰	副省长	六冲河	

续表

序号	省级行政区	省级河湖长姓名	行政职务	所负责河湖	备　注
24	贵州	陶长海	副省长	南盘江	
		郭瑞民	副省长、公安厅厅长	樟江（含打狗河）	
		董家禄	副省长	松桃河	
		蔡朝林	副省长	偏岩河	
		郭锡文	副省长	涟江	
		赵德明	省政协副主席	巴拉河	
		李汉宇	省政协副主席	麻沙河	
		罗　宁	省政协副主席	野纪河	
		陈　坚	省政协副主席	习水河	
		任湘生	省政协副主席	锦江	
		孙诚谊	省政协副主席	打邦河	
		张光奇	省政协副主席	乌都河	
25	云南	王　宁	省委书记、 省人大常委会主任	洱海	
		王予波	省委副书记、省长	抚仙湖	
		刘洪建	省委常委、昆明市委书记	滇池	
		曾　艳	省委常委、宣传部部长	程海	
		杨亚林	省委常委、政法委书记	泸沽湖（云南部分）	
		杨　宁	省委常委、统战部部长	杞麓湖	
		邱　江	省委常委、秘书长	星云湖	
		李　刚	省委常委、组织部部长	阳宗海	
		石玉钢	省委副书记	异龙湖	
		纳云德	副省长	长江（云南段）	
		刘　非	省委常委、常务副省长	珠江（云南段）	
		杨　洋	副省长	红河（云南段）	
		王　浩	副省长	澜沧江（云南段）	
		王显刚	省政府党组副书记	怒江（云南段）	
		张治礼	副省长	伊洛瓦底江（云南段）	
		杨　斌	副省长	牛栏江（云南段）	
		郭大进	副省长	赤水河（云南段）	
		岳修虎	副省长	黑惠江	
26	西藏	王君正	自治区党委书记、 自治区政府主席	总河长	
		严金海	自治区党委书记、 自治区政府主席	总河长	

续表

序号	省级行政区	省级河湖长姓名	行政职务	所负责河湖	备注
26	西藏	庄　严	自治区党委常务副书记，政协党组书记	雅鲁藏布江	
		陈永奇	自治区党委副书记，政府党组副书记、常务副主席	纳木错	
		尹红星	自治区党委常委，西藏军区党委书记、政治委员	西巴霞曲	
		刘　江	自治区党委常委、政法委书记	朋曲	
		汪海洲	自治区党委常委、宣传部部长	色林错	
		赖　蛟	自治区党委常委、组织部部长	拉萨河	
		任　维	自治区人民政府副主席	扎日南木错	
		普布顿珠	自治区党委常委、拉萨市委书记	澜沧江	
		嘎玛泽登	自治区党委常委、统战部部长，区政协党组副书记、副主席	狮泉河	
		肖友才	自治区党委常委、自治区副主席	玛旁雍错	
		达娃次仁	自治区党委常委、秘书长，区直属机关工委书记	金沙江（西藏段）	
		多　托	自治区人大常委会副主任	尼洋河	
		甲热·洛桑丹增	自治区人民政府副主席	羊卓雍错	
		多吉次珠	自治区政协党组成员、副主席	班公错	
		坚　参	自治区人大常委会党组副书记、副主任	怒江	
		张延清	自治区人大常委会党组成员、副主任	年楚河	
		罗　梅	自治区人民政府副主席	帕隆藏布（含易贡藏布）	
		孟晓林	自治区政协副主席	察隅曲	
		江　白	自治区人大常委会党组成员、副主任	长江源（西藏段）	
		张洪波	自治区人民政府副主席、自治区公安厅厅长	孔雀河	
		卓　嘎	自治区政协副主席	然乌湖	

续表

序号	省级行政区	省级河湖长姓名	行政职务	所负责河湖	备注
27	陕西	刘国中	省委书记	省总河湖长，渭河	1—11月
		赵一德	省委书记	省总河湖长，渭河	12月
		赵一德	省长	省总河湖长，汉江	1—11月
		赵　刚	省长	省总河湖长，汉江	12月
		赵　刚	省委副书记	省副总河湖长，丹江	5—8月
		王　晓	省委常委、常务副省长	泾河	1—8月
		王　晓	省委常委、常务副省长	丹江	9—12月
		赵　刚	延安市委书记	延河	
		赵　刚	省委副书记、延安市委书记	北洛河	9—12月
		方红卫	省委常委、西安市委书记	渭河西安段、昆明池	
		王　琳	省委常委、副省长	北洛河	1—8月
		王　琳	省委常委、副省长	泾河	9—12月
		蒿慧杰	副省长	黄河陕西段、红碱淖	1—7月
		叶牛平	副省长	黄河陕西段、红碱淖	8—12月
28	甘肃	尹　弘	省委书记、 省人大常委会主任	总督导	
		任振鹤	省委副书记、省长	总调度	
		王嘉毅	省委副书记	黑河—甘肃省段	
		石谋军	省委常委、组织部部长	渭河—甘肃省段	
		朱天舒	省委常委，兰州市委书记	湟水—甘肃省段、大通河—甘肃省段	
		程晓波	省委常委、常务副省长	嘉陵江—甘肃省段、白龙江—甘肃省段	
		孙雪涛	省委常委、统战部部长	黄河干流—甘肃省段、刘家峡水库	
		刘长根	省委常委、政法委书记	庄浪河—甘肃省段	
		张锦刚	省委常委、副省长	讨赖河—甘肃省段	
		张世珍	副省长	疏勒河—甘肃省段、大苏干湖	
		李沛兴	副省长	泾河—甘肃省段	
		何　伟	副省长	石羊河	
		余　建	副省长	洮河—甘肃省段、九甸峡水库	
29	青海	王建军	省委书记	总河湖长	1—4月
		信长星	省长	总河湖长	

续表

序号	省级行政区	省级河湖长姓名	行政职务	所负责河湖	备注
29	青海	王卫东	省委常委、副省长	黄河，扎陵湖、鄂陵湖，班多水库、莫多水库、龙羊峡水库、拉西瓦水库、李家峡水库、公伯峡水库、积石峡水库	3—12 月
		才让太	副省长	布哈河、格尔木河、那棱格勒河、巴音河、柴达木河（香日德河），青海湖、苏干湖、温泉水库	
		刘　涛	副省长	湟水、隆务河、大通河、黑河、长江、澜沧江，黑泉水库、纳子峡水库、石头峡水库	
30	宁夏	梁言顺	自治区党委书记、 自治区人大常委会主任	总河湖长	5—12 月
		张雨浦	自治区党委副书记、 自治区人民政府主席	副总河湖长	5—12 月
		王道席	自治区人民政府副主席	黄河宁夏段	
		刘可为	自治区人民政府副主席	清水河	
		张雨浦	自治区党委常委、 银川市委书记	典农河	1—4 月
		赵旭辉	自治区党委常委、 银川市委书记	典农河	6—12 月
		马汉成	自治区党委常委、 固原市委书记	茹河、泾河、渝河、葫芦河	1—3 月
31	新疆（含自治区和兵团）	马兴瑞	自治区党委书记， 新疆军区党委第一书记， 新疆生产建设兵团党委 第一书记、第一政委	自治区总河（湖）长	
		艾尔肯·吐尼亚孜	自治区党委副书记、 自治区人民政府主席	自治区总河（湖）长	
		肖开提·依明	自治区人大常委会主任	自治区总河（湖）长	1—3 月
		努尔兰·阿不都满金	自治区政协主席	自治区总河（湖）长	1—4 月
		李邑飞	自治区党委副书记， 新疆生产建设兵团 党委书记、政委	自治区副总河（湖）长	
		张春林	自治区党委副书记、 宣传部部长、 教育工委书记	自治区副总河（湖）长，伊犁河	4—12 月（1—3 月为陈伟俊）
		何忠友	自治区党委副书记	自治区副总河（湖）长，塔里木河流域	4—12 月（1—3 月为张春林）
		杨　诚	自治区党委常委、 新疆军区政委	自治区副总河（湖）长	1—4 月

续表

序号	省级行政区	省级河湖长姓名	行政职务	所负责河湖	备注
31	新疆（含自治区和兵团）	张　柱	自治区党委常委、组织部部长	自治区副总河（湖）长，玛纳斯河、玛纳斯湖	
		田湘利	自治区党委常委、纪委书记、监委代主任	自治区副总河（湖）长，喀什噶尔河流域	
		陈伟俊	自治区党委常委、自治区人民政府常务副主席	自治区副总河（湖）长，额尔齐斯河	4—12 月（1—3 月为薛斌）
		王明山	自治区党委常委、政法委书记	自治区副总河（湖）长	
		祖木热提·吾布力	自治区党委常委、统战部部长	自治区副总河（湖）长，白杨河	4—12 月（1—3 月为哈丹·卡宾）
		杨发森	自治区党委常委、乌鲁木齐市委书记	自治区副总河（湖）长，头屯河	
		玉苏甫江·麦麦提	自治区党委常委、自治区人民政府副主席	自治区副总河（湖）长，金沟河	
		伊力扎提·艾合买提江	自治区党委常委、自治区总工会主席	自治区副总河（湖）长，艾比湖	4—12 月（1—3 月为赵青）
		哈丹·卡宾	自治区党委常委、秘书长	自治区副总河（湖）长，奎屯河	4—12 月（1—3 月为何忠友）
		芒力克·斯依提	自治区人民政府副主席	自治区副总河（湖）长，赛里木湖	
		薛　斌	自治区人民政府副主席，新疆生产建设兵团党委副书记、司令员	自治区副总河（湖）长，额尔齐斯河河长、塔里木河流域副河长、伊犁河副河长	任期分别为 1—4 月、4—8 月、8—12 月
		木合亚提·加尔木哈买提	自治区人大常委会副主任	副河长，伊犁河	
		邱树华	自治区政协副主席，伊犁哈萨克自治州党委书记、霍尔果斯经济开发区党工委书记	副河长，伊犁河	1—4 月
		钟　波	新疆生产建设兵团党委常委	副河长，伊犁河	1—4 月
		托乎提·亚克夫	自治区人大常委会副主任	副河长，塔里木河流域	4—12 月
		刘新建	新疆生产建设兵团党委常委、副政委	副河长，塔里木河流域	8—12 月
		马雄成	自治区政协副主席	副河长，玛纳斯河	1 月
		李新明	新疆生产建设兵团党委副书记、副政委、宣传部部长	副河长，玛纳斯河	1—4 月
		张文胜	新疆生产建设兵团党委常委、副政委、组织部部长	副河长，玛纳斯河	8—12 月

续表

序号	省级行政区	省级河湖长姓名	行政职务	所负责河湖	备　注
31	新疆（含自治区和兵团）	伊力哈木·沙比尔	自治区政协副主席	副河长，喀什噶尔河	
		邵　峰	新疆生产建设兵团党委常委、副政委、纪委书记、监委主任	副河长，喀什噶尔河	1—8月（8—12月为姜新军）
		董新光	自治区人大常委会副主任	副河长，额尔齐斯河	1—12月
		孔星隆	自治区政协副主席，新疆生产建设兵团党委副书记、副政委	副河长，额尔齐斯河	1—8月（8—12月为哈增友）
		李冀东	新疆生产建设兵团党委常委、兵团党委、兵团秘书长	副河长，白杨河	1—8月
		李　萍	新疆生产建设兵团党委常委、副司令员	副河长，头屯河	1—8月（8—12月为刘见明）
		张　勇	新疆生产建设兵团党委常委、副司令员	副河长，金沟河	1—8月（8—12月为穆坦里甫·买提托合提）
		努热木·斯玛依汗	自治区政协副主席	副河长，奎屯河	
		刘见明	新疆生产建设兵团党委常委、副政委、组织部部长，自治区党委组织部副部长	副河长，奎屯河	1—8月（8—12月为杨秀理）
		吉尔拉·衣沙木丁	自治区人民政府党组成员、自治区政协副主席	台特玛湖	
		孙红梅	自治区人民政府副主席	博斯腾湖	
		刘苏社	自治区人民政府副主席、自治区党委教育工委副书记	乌伦古湖	

十三、索引

Index

索 引

说 明

1. 本索引采用内容分析法编制，年鉴中有实质检索意义的内容均予以标引，以便检索使用。

2. 本索引基本上按汉语拼音音序排列。具体排列方法为：以数字开头的，排在最前面；汉字款目按首字的汉语拼音字母（同音字按声调）顺序排列，同音同调按第二个字的字母音序排列，依此类推。

3. 本索引款目后的数字表示内容所在正文页的页码，数字后的字母 a、b 分别表示该页左栏的上、下部分，字母 c、d 分别表示该页右栏的上、下部分。

4. 为便于读者查阅，出现频率特别高的款目仅索引至条目及条目下的标题，不再进行逐一检索。

0～9

A

B

C

D

E

F

G

H

J

K

L

M

N

P

Q

R

S

T

W

X

Y

Z